中国气象灾害大典

山东卷

主　　编　温克刚
本卷主编　王建国
　　　　　孙典卿

气象出版社

图书在版编目（CIP）数据

中国气象灾害大典．山东卷/《中国气象灾害大典》编委会编．—北京：气象出版社，2006.12
ISBN 7-5029-4231-9

Ⅰ．中…　Ⅱ．中…　Ⅲ．①气象灾害-气象资料-中国②气象灾害-气象资料-山东省　Ⅳ．P429

中国版本图书馆 CIP 数据核字（2006）第 154211 号

出 版 者：气象出版社
地　　址：北京市海淀区中关村南大街 46 号
邮　　编：100081
电　　话：总编室　010-68407112　发行部　010-62175925
网　　址：http：//cmp.cma.gov.cn
E-mail：qxcbs@263.net
责任编辑：陶国庆　江彦文
终　　审：黄润恒
封面设计：刘　扬
责任技编：都　平
责任校对：于建慧
印　　刷：北京中新伟业印刷有限公司
装　　订：北京恒智彩印有限公司
发 行 者：气象出版社
开　　本：787mm×1092mm　1/16
印　　张：41.25
插　　页：6
字　　数：988 千字
版　　次：2006 年 12 月第 1 版
印　　次：2006 年 12 月第 1 次印刷
印　　数：1—3000
定　　价：130.00 元
ISBN 7-5029-4231-9/P·1564

ISBN 7-5029-4231-9
9 787502 942311 >

《中国气象灾害大典》编委会

主　　任： 温克刚（兼主编）

副 主 任： 李　黄　毛耀顺　阮水根

丁一汇　朱祥瑞

委　　员：（按姓氏笔画排列）

于新文　王存忠　孙　健

许小峰　李泽椿　李维京

沈国权　周曙光　倪允琪

裘国庆　董超华　韩通武

《中国气象灾害大典》编辑部

主　　任： 毛耀顺（兼副主编）

副 主 任： 王存忠　朱祥瑞　李维京

特约编辑： 江彦文

《中国气象灾害大典·山东卷》编委会

《中国气象灾害大典·山东卷》编写组

总　　序

我国是一个季风气候特点显著的国家。季风气候有利的方面是：气候类型多样，气候资源丰富，世界上绝大多数动植物类型都能在我国生存繁衍，从而为大农业（农林牧副渔）的发展提供了宝贵的种质资源。但是，季风气候不利方面是：它的不稳定性又使我国成为气象灾害频繁发生的国家。干旱、洪涝、台风、寒潮以及冰雹、龙卷、高温酷暑、低温冷害等对国民经济和人民生命财产安全造成严重危害，此类灾害所带来的损失约占所有自然灾害的70%，随着经济不断发展，气象灾害造成损失的绝对值越来越大。20世纪90年代全球重大气象灾害造成的损失比50年代高出10倍。我国每年因气象灾害造成的经济损失占GDP的3%～6%。天气气候的变化，气象灾害的发生是客观存在。中国几千年的文明史就是认识自然，掌握天气变化规律，与气象灾害作斗争，推动生产力向前发展的历史。早在原始社会时期，人类就学会了在各种天气气候条件下生存的本领，在殷商时期的甲骨文中就有关于气象灾害的记载，在2000多年前，黄河流域一带形成了反映季节与农事活动关系的“二十四节气”。随着生产力的发展，人类为了取得生产的主动权，更加关心天气气候的变化，在生产实践中逐渐加深了对气象变化规律的认识，学会了在复杂变化的天气气候条件下生产、生活，逐步积累了预防、抵御气象灾害的经验，从而推动了气象科学的发展。气象科学的发展离不开劳动人民的实践与智慧。

随着现代科技水平的提高与全球化趋势的发展，气候变化和气象灾害问题受到世界各国的普遍关注。由于人类对自然认识的局限性以及社会经济和科技发展水平等诸多原因，从总体上说，今后相当长的时期内气象灾害对国民经济和人民生命财产安全带来的危害仍然是难以完全避免的。但是，只要我们在规划国民经济、社会发展时坚持可持续发展的观点，依靠科技进步，充分重视气象灾害所带来的影响，加强对气象灾害规律的研究、监测和预报，立足于趋利避害，增强防灾抗灾意识，克服侥幸心理，树立长期作战的思想，人类必将在防御减轻并最终战胜气象灾害的斗争中不断前进！

编纂《中国气象灾害大典》（以下简称《大典》）正是在这样的背景下经过长期酝酿而付诸实施的。编纂《大典》旨在全面反映我国几千年来发生过的气象灾害以及劳动人民与其斗争的历史，总结历史经验，承上启下，继往开来，服务当代，有益后世。编纂《大典》既是气象文化建设的内在要求，也是社会主义精神文明建设系统工程的组成部分。《大典》把实用性放在第一位，以现代资料为重点，由近及远，详今略古，立足气象行业，面向全社会。

《大典》的问世将有助于提高全民族对气象灾害的忧患意识，加深对气象工作在经济、社会发展中的地位和作用的认识，为各级党政领导规划经济、社会发展和组织防灾减灾提供科学依据。《大典》收集了大量宝贵而翔实的资料，不仅可以为气象科研人员研究气候变化特别是短期气候预测提供基础性资料，同时也为其他学科的专家学者从事社会、经济、军事、科技、文化诸多领域的研究提供历史证据，为后人搜集整理我国劳动人民与自然作斗争的史料奠定基础。

编纂《大典》按照“大统一，小灵活”的原则，整体上分卷、章、节、目四级。全书编成若干卷，每卷单独成册，综合卷为全国性气象灾害的综述、评价；地方卷为各地具体灾害的“概述”与个例的辑录，分地区单独成卷。章按气象灾害种类划分，每卷设章数量按各地灾害种类发生的多少与频繁程度而定；节按年代划分，每章设节的多少按资料密集程度而定。章节的设定地方卷有一定的灵活性。章节之前分别撰写“绪论”和“概述”。条目是《大典》内容的基本单元，每个条目包括：灾害出现时间、地点，灾情（气象要素、造成的危害），防灾减灾措施等，编排按时间先后列出。

《大典》既是历代劳动人民的贡献积累，也是当代气象工作者集体智慧的结晶。编纂者虽然尽了很大的努力，但不足与疏漏仍在所难免，恳请读者批评指正。

《中国气象灾害大典》编委会

2005年3月23日

凡　　例

一、《中国气象灾害大典·山东卷》主要集纳对山东省影响较大的气象灾害事例及其对国民经济和社会发展影响的评述。列入本卷的内容均是由气象原因直接引发或间接引发（次生）的灾害。如干旱、暴雨与洪涝、大风与沙尘暴、冰雹、寒潮与低温冻害、热带气旋、龙卷风、雷电、雨凇与雾凇、干热风、雾灾、雪灾等直接灾害，或者风暴潮、泥石流、赤潮、蝗灾等次生灾害。

二、本卷时间计限按照中国史学界的最新界定，即1839年前为古代，1840—1948年为近代，1949年以后为现代。本卷现代部分截至2000年。

三、资料取舍。由于古代、近代、现代资料详略不一，本着“古宽今严”的原则，对古代资料原则上凡有记载的均予收集；现代资料则严格筛选，仔细校核后采用。

四、地域范围。对不同历史时期行政区划内事物的记述，均按当时行政区划界定；古代、近代所辖范围与现代县市区相同但名称不同者，括注现代县市区的名称。

五、纪年。本卷采用横分门类，以时为序的编年体。清代以前采用朝代年号纪年，中华民国时期采用民国纪年，以上均括注公元纪年，1949年后采用公元纪年。

六、本卷所用数字。除规定或习惯用中文数字者外，一律用阿拉伯数字；计量单位统一用汉语名称，不用符号。例如，米、平方米不用m、m^2；米/秒不用m/s等。1949年以前的计量单位维持历史资料原貌；1949年以后的计量单位采用GB3100－1993《国际单位制及其应用》，但非法定计量单位在第一次出现时，采用括注的方式处理，如1里＝1/2千米，1亩＝1/15公顷等。

七、资料来源。本卷资料来源于有关史志文献、档案材料、统计资料等，除特殊情况外，一般不注明出处。对于未标明灾害发生地点的古代灾条、近代灾条，在其后括注该灾条的来源。灾条中有关年度灾情主要来源于《山东省自然灾害史》、《十年灾情与救灾》等。

八、为读者便于查阅原文，在编辑过程中，仅对古代、近代部分资料中的错误进行了修改，对文体、格式未作变动。

九、同一年出现不止一条灾条时，仅对排序最前的灾条标明其灾害出现的年份。

图例
省政府驻地
市（地）政府驻地
县（市、区）政府驻地
省界
市（地）界
县（市、区）界
铁路
高速公路汽车专用线建筑中高速公路
国道
省道
河流
济南市
青岛市
淄博市
枣庄市
东营市
烟台市
潍坊市
济宁市
泰安市
威海市
日照市
莱芜市
临沂市
德州市
聊城市
滨州市
菏泽市
石家庄市
沧州市
衡水市
邢台市
邯郸市
濮阳市
商丘市
徐州市
连云港市
渤海
黄海
莱州湾
海州湾
胶州湾
渤海海峡
庙岛群岛
黄河口

山东省行政区划图

民国九年（公元1920年），山东、河北等省酷旱成灾，灾民流离失所

民国九年（公元1920年），山东、河北等省酷旱成灾，难民涌入沈阳，在沈阳火车站前接待站门口等待救助

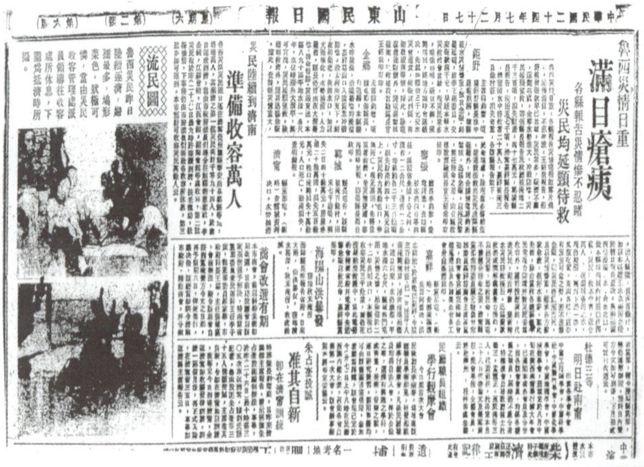

中華民國二十四年七月二十七日 山東民國日報

魯西災情日重

滿目瘡痍

各縣報告災情慘不忍睹

災民均延頸待救

災民陸續到濟南

準備收容萬人

流民圖

民国二十四年（公元1935年），鲁西水灾严重。图为七月二十七日《山东民国日报》刊登的鲁西各县灾情及流民情况

民国十九年（公元1930年），黄河北四分段钩头高家之坍塌石坝

1935 年 4 月 17 日，昌邑县沿海一带被海潮水淹地面情景（青乡区渔而堡附近）

1946 年 8 月淫雨，山洪暴发，图（上、右）为在德州罗家院堵截运河决口情况

1946 年 8 月 15 日，山洪暴发，潍河、白浪河溃决为灾。图为平度县石庄村水灾残迹情景

1946 年 9 月，惠民渤海区遭受洪涝灾害

1947年夏，北镇（今滨州）大雨成灾，平地积水一尺。图为被水围困之小口子

1947年夏，北镇（今滨州）大雨成灾。图为被水冲毁之复兴村

1947年夏，北镇（今滨州）大雨成灾，复兴村之良田变成一片沙地

1966年3月4～7日，日照出现雨凇，压折树木

1966年3月6～7日，郯城雨凇成灾，电线结冰严重，交通通讯中断数日

1966年3月4～7日，山东日照县出现雨凇

1981年7月8日,枣庄出现龙卷风,市气象局在吴林食品站进行灾情调查,龙卷风在此强烈旋转,造成吴林食品站围墙南北向的朝东倒，东西向的朝南倒

1981年7月8日，枣庄出现龙卷风，吴林公社14米高的高压线杆被刮断

1981年7月8日，枣庄市吴林公社乱沟大队主径50厘米的大树被龙卷风连根拔起

1989 年 8 月 12 日，中国石油天然气总公司管道局胜利油田黄岛油库遭雷击引起特大火灾。消防人员正在奋力扑救(图左、图下)

1991 年 7 月 24 ~ 25 日，临沂平邑县遭暴雨袭击。图为军民奋力抗洪救灾

1991 年 7 月 24 ~ 25 日，临沂降暴雨，大桥被冲跨

1989年8月，威海发生严重伏旱。图为因旱而干枯的玉米

1992年8月31日至9月1日，受16号热带风暴影响，无棣县房屋被毁

1992年8月31日至9月1日，受16号热带风暴影响，荣成沿海公路被冲毁

1992年8月31日至9月1日，受16号热带风暴影响，日照沿海防护坝被冲垮

1992 年 8 月 31 日至 9 月 1 日，受 16 号热带风暴影响，荣成市果园被刮得落果满地

1992 年，山东省大部分地区春、夏干旱，田地干裂

1992 年，春、夏季干旱，果树大面积枯死

1992 年，山东境内干旱，黄河出现断流

1995年6月24日，德州庆云遭雹灾，农作物被砸成光秆

1995年7月1日，阳谷遭受冰雹袭击。图为西瓜被砸坏情景

1996年7月1日，乳山遭受雹灾，冰雹最大直径30毫米

1998 年 7 月 13 ～ 14 日，德州平原降特大暴雨，村庄被淹

1993 年 7 月 9 ～ 12 日，菏泽市降大暴雨，村庄被水围困

1993 年 7 月 12 日，巨野降暴雨，农田被淹

1993 年 7 月 18 日，菏泽降暴雨，市区出现积水

目　　录

绪论……………………………………………………………………………………………（1）
第一章　干旱灾害……………………………………………………………………………（9）
　第一节　概述……………………………………………………………………………（9）
　第二节　公元前 602 年—公元 1839 年干旱灾害 ……………………………………（18）
　第三节　公元 1840—1948 年干旱灾害 ………………………………………………（53）
　第四节　公元 1949—2000 年干旱灾害 ………………………………………………（63）
第二章　暴雨与洪涝灾害……………………………………………………………………（120）
　第一节　概述……………………………………………………………………………（120）
　第二节　公元前 711 年—公元 1839 年暴雨与洪涝灾害 ……………………………（129）
　第三节　公元 1840—1948 年暴雨与洪涝灾害 ………………………………………（177）
　第四节　公元 1949—2000 年暴雨与洪涝灾害 ………………………………………（196）
第三章　大风与沙尘暴灾害…………………………………………………………………（275）
　第一节　概述……………………………………………………………………………（275）
　第二节　公元前 64 年—公元 1839 年大风与沙尘暴灾害……………………………（281）
　第三节　公元 1840—1948 年大风与沙尘暴灾害 ……………………………………（293）
　第四节　公元 1949—2000 年大风与沙尘暴灾害 ……………………………………（300）
第四章　冰雹灾害……………………………………………………………………………（353）
　第一节　概述……………………………………………………………………………（353）
　第二节　公元前 841 年—公元 1839 年冰雹灾害 ……………………………………（360）
　第三节　公元 1840—1948 年冰雹灾害 ………………………………………………（375）
　第四节　公元 1949—2000 年冰雹灾害 ………………………………………………（381）
第五章　寒潮与低温冻害灾害………………………………………………………………（421）
　第一节　概述……………………………………………………………………………（421）
　第二节　公元前 509 年—公元 1839 年寒潮与低温冻害 ……………………………（432）
　第三节　公元 1840—1948 年寒潮与低温冻害 ………………………………………（440）
　第四节　公元 1949—2000 年寒潮与低温冻害 ………………………………………（444）
第六章　热带气旋灾害………………………………………………………………………（458）
　第一节　概述……………………………………………………………………………（458）
　第二节　公元 1949—2000 年热带气旋灾害 …………………………………………（465）
第七章　龙卷风灾害…………………………………………………………………………（479）
　第一节　概述……………………………………………………………………………（479）
　第二节　公元 36—1839 年龙卷风灾害 ………………………………………………（480）
　第三节　公元 1840—1948 年龙卷风灾害 ……………………………………………（481）

第四节　公元 1949—2000 年龙卷风灾害 ……………………………………………………（482）
第八章　雷电灾害……………………………………………………………………………（499）
第一节　概述……………………………………………………………………………………（499）
第二节　公元 1367—1839 年雷电灾害 …………………………………………………………（501）
第三节　公元 1840—1948 年雷电灾害 …………………………………………………………（503）
第四节　公元 1949—2000 年雷电灾害 …………………………………………………………（504）
第九章　雨凇与雾凇灾害……………………………………………………………………（522）
第一节　概述……………………………………………………………………………………（522）
第二节　历代（公元 1511—2000 年）雨凇与雾凇灾害 ………………………………………（525）
第十章　干热风灾害…………………………………………………………………………（535）
第一节　概述……………………………………………………………………………………（535）
第二节　公元 1438—1839 年干热风灾害 ………………………………………………………（540）
第三节　公元 1840—1948 年干热风灾害 ………………………………………………………（541）
第四节　公元 1949—2000 年干热风灾害 ………………………………………………………（542）
第十一章　雾灾………………………………………………………………………………（549）
第一节　概述……………………………………………………………………………………（549）
第二节　公元 1511—1839 年雾灾 ………………………………………………………………（552）
第三节　公元 1840—1948 年雾灾 ………………………………………………………………（553）
第四节　公元 1949—2000 年雾灾 ………………………………………………………………（554）
第十二章　雪灾………………………………………………………………………………（556）
第一节　概述……………………………………………………………………………………（556）
第二节　公元 187—1839 年雪灾…………………………………………………………………（559）
第三节　公元 1840—1948 年雪灾 ………………………………………………………………（561）
第四节　公元 1949—2000 年雪灾 ………………………………………………………………（562）
第十三章　风暴潮灾害………………………………………………………………………（565）
第一节　概述……………………………………………………………………………………（565）
第二节　公元前 48 年—公元 1839 年风暴潮灾害………………………………………………（569）
第三节　公元 1840—1948 年风暴潮灾害 ………………………………………………………（574）
第四节　公元 1949—2000 年风暴潮灾害 ………………………………………………………（576）
第十四章　泥石流灾害………………………………………………………………………（586）
第一节　概述……………………………………………………………………………………（586）
第二节　公元 1671—2000 年泥石流灾害 ………………………………………………………（591）
第十五章　赤潮灾害…………………………………………………………………………（598）
第一节　概述……………………………………………………………………………………（598）
第二节　公元 1949—2000 年赤潮灾害 …………………………………………………………（601）
第十六章　蝗灾………………………………………………………………………………（603）
第一节　概述……………………………………………………………………………………（603）
第二节　公元前 707 年—公元 1839 年蝗灾 ……………………………………………………（605）
第三节　公元 1840—1948 年蝗灾 ………………………………………………………………（627）

第四节　公元 1949—2000 年蝗灾 …………………………………………………………………… (634)
附录一　宋、元、明、清时期县名与现今地名对照表……………………………………… (640)
附录二　宋、元、明、清时期（山东）路府州县一览表…………………………………… (643)
参考文献……………………………………………………………………………………………… (647)
后记　……………………………………………………………………………………………………… (648)

绪　论

山东省位于我国东部沿海、黄河下游，在北纬34度25分至38度23分、东经114度36分至122度43分之间，东西最长约700千米，南北最宽420千米，陆地总面积15.67万平方千米，约占全国总面积的1.6%，居全国第十九位。属于暖温带季风气候。夏季盛行偏南风，炎热多雨；冬季盛行偏北风，寒冷干燥；春季天气多变，干旱少雨多风沙；秋季天气晴爽，冷暖适中。特殊的地理及气象特点使全省气象灾害多，造成的损失大。

一、地理概况

山东省东临渤海、黄海，与朝鲜半岛、日本列岛隔海相望，西北与河北省接壤，西南与河南省交界，南与安徽、江苏省毗邻。山东半岛与辽东半岛相对，环抱着渤海湾。

山东的地势，中部为隆起的山地，东部和南部为和缓起伏的丘陵区，北部和西北部为平坦的黄河冲积平原，是华北大平原的一部分。山东主要的山脉有泰山、蒙山、崂山、鲁山、沂山、徂徕山、昆嵛山、五莲山、艾山、牙山、大泽山、尼山等。山东省的最高点是位于中部的泰山，海拔1545米；最低处是位于东北部的黄河三角洲，海拔2米至10米。山东省地形以平原丘陵为主，平原、盆地约占全省总面积的63%；山地、丘陵约占34%；河流、湖泊约占3%。

山东境内河湖交错，水网密布，干流长50千米以上的河流有100多条。被誉为“中华民族母亲河”的黄河自西南向东北斜穿山东境域，流程610多千米，从渤海湾入海。著名的京杭大运河自东南向西北纵贯鲁西平原，长630多千米。其它比较重要的河流还有徒骇河、马颊河、沂河、沭河、大汶河、小清河、胶莱河、潍河等。山东较大的湖泊有南四湖和东平湖。南四湖由微山湖、昭阳湖、独山湖和南阳湖组成，总面积1375平方千米，为中国十大淡水湖之一。山东半岛有3000多千米黄金海岸，占全国海岸线的六分之一，居全国第二位，近海海域中散布着296个岛屿，岸线总长688.6千米。

二、气候特征

山东省气候温和，雨量集中，四季分明，属于暖温带季风气候。夏季盛行偏南风，炎热多雨，冬季多偏北风，寒冷干燥；春季天气多变，干旱少雨多风沙；秋季天气晴爽，冷暖适中。

（一）气温

全省年平均气温基本遵循由西南向东北递减的分布规律，但地区差别不大，多数都在

13℃左右。济宁、菏泽的南部地区和济南、枣庄都在14℃以上，其中济南14.7℃，是全省年平均气温最高的地方；山东半岛的内陆地区年平均气温都比较低，一般为11.4～11.9℃；鲁北和半岛沿海地区基本在12.0～12.9℃之间；其它地区一般为13.0～13.9℃。1月全省各地的平均气温都在0℃以下，为全年最低。鲁北和山东半岛内陆是全省气温最低的区域，一般在－3℃左右；半岛的东部和南部沿海地区以及鲁南一般在－1.0～－0.2℃之间，是全省的高值区；其它地区多数都在－2.0～－1.0℃。夏季太阳辐射最强，各地夏季气温最高。7月是内陆地区气温最高的月份，而半岛的东部和南部沿海受海洋气候的影响，8月的气温才达到全年最高。7月全省各地的平均气温在21.5～27.5℃之间。济南、淄博、济宁及菏泽的以南地区的平均气温都在27℃以上；潍坊、莱芜和临沂的大部及以西地区的气温都在26～27℃之间；半岛的东南沿海一般在21.5～25.0℃，其它地区多数为25～26℃。济南7月的平均气温仍然高居全省榜首，为27.5℃。从1月至7月，气温逐渐升高。8月以后，各地气温逐月下降。

除了成山头和泰山外，全省各地都可以出现≥35℃的高温。全省高温日数大致从西往东，从北到南递减。鲁西北和鲁西南地区最多，多数在10～11天，其中济南和高青县最多，年平均12天；半岛东部地区最少，一般在2天以下；鲁中山区、鲁东南和半岛的中西部地区多在2～6天之间；其它地区一般为7～9天。

各地均可出现日最低气温≤－10℃的低温天气。全省低温日数差异很大，以鲁北、鲁中山区北部和半岛的内陆地区最多，年平均在12～20天之间，其中泰山平均47天，居全省之首；沿海地区和鲁南地区的低温日数一般在2～4天，河口、长岛、成山头、威海、烟台、青岛和日照等站点最少，平均仅有1天；其它地区一般为5～10天。

山东无霜期一般为174～260天，其分布规律是南部多于北部，平原多于山地，沿海多于内陆。鲁南、鲁西南及鲁西北平原和沿海地区在200天以上，鲁中山区和半岛内陆少数地区在200天以下。

（二）降水量

山东大部分地区年平均降水量在600～750毫米之间，其分布特点是东南多西北少。泰山的年平均降水量达到了1042.8毫米，是全省降水最丰富的地方。临沂和枣庄的南部地区降水量在800～848毫米之间，是全省降水最多的区域，最多的临沭达848毫米；鲁东南的大部分地区和半岛的东南部为700～800毫米；鲁中山区、鲁西南及半岛的大部分地区降水量一般在600～700毫米之间；鲁西北和半岛北部降水较少，一般都在600毫米以下，降水最少的是黄河以北的地区，多数不足550毫米，其中武城是全省降水量最少的地方，只有508.6毫米。

山东各地年降水日数基本遵循从西北向东南递增的规律。鲁西北地区较少，多数在65～70天，宁津最少，只有62.7天；鲁东南和半岛的东部地区是降水日数最多的区域，一般在80～90天之间，其中文登最多，为90.9天；其它地区多数都在70～80天。泰山年平均降水日数高达95.1天。

（三）日照时数

山东年平均日照时数的分布和云量的分布规律相反，从南往北增多，大致呈西南－东北走向，全省变化范围为2200～2800小时。半岛的中东部和鲁北的大部分地区在2600～2800小时之间；鲁南最少，多数在2200～2400小时之间变化，其它地区多在2400～2600

小时之间。蓬莱以2807小时居全省之首，鲁西南的成武只有2148小时，为全省最少，也是唯一不足2200小时的站点。

三、气象灾害

由于山东地处中纬度，经常受冷暖气团交绥或交替影响，天气气候复杂多变，加上地形复杂多样，森林覆盖率低，裸露岩石面积较大，水土流失较严重；因此气象灾害频繁，种类多，一年四季都有气象灾害发生。冬季，强大干冷的蒙古高压控制我国，它主宰着冷空气的活动。影响山东的天气系统主要是冷锋，它是极地大陆气团和变性极地大陆气团之间的界面。较强冷锋过境后，常常出现偏北大风并引起强烈的降温，当南方温暖空气较强时也会造成雨雪天气，有时还出现雨凇。当青藏高原上有较深的低槽移出，西南气流较强时，南方气旋也会北上影响山东，造成大风和雨雪天气。入春以后，随着太阳辐射日益增强，地面和空气的温度不断升高，蒙古高压强度减弱，并向西收缩；蒙古气旋频繁出现，发展强烈，形成南高北低的气压场，所以春季是山东偏南大风出现最多的季节。同时，南方气旋活跃，活动路径比冬季偏北，气旋出海后常常发展，造成山东大风天气。春季虽然冷空气势力减弱，但仍经常出现，若有较强的冷空气南下，会造成较强的降温并出现晚霜冻，有时还能造成冰雹等强对流天气。此时西太平洋副热带高压、大陆热低压势力逐渐增强，西南暖湿气流较冬季活跃，降水比冬季明显增多，但仍属于降水较少的季节，春季回暖快，风力大，蒸发强，所以常出现春旱。夏季主要受西太平洋副高和大陆热低压控制，经常受热带海洋气团影响。在单一热带海洋气团控制之下，天气晴朗，高温而潮湿。此时来自高纬度的冷空气仍时常南下，在变性极地气团与热带海洋气团之间形成冷锋。虽然影响山东的冷锋次数及强度远不如春季，但由于南方暖湿气流强盛，经冷空气抬升造成大量降水，有时达到暴雨强度，甚至出现冰雹等强对流天气。6、7月份南方气旋经常影响山东，造成大范围的降水，易出现暴雨。盛夏副高南侧的台风活动频繁，平均每年有2个左右影响山东，带来大风和降水天气。秋季，随着蒙古高压的建立和加强，山东又转受极地大陆气团控制，气温明显下降，降水骤减，多秋高气爽天气。晚秋，随着寒潮暴发南下，山东可出现大范围的初霜冻。

（一）气象灾害特点

主要的气象灾害有干旱、暴雨洪涝、台风、冰雹、大风、寒潮、霜冻、雾、干热风等。这些气象灾害有以下几个特点：

1. 灾害种类多、发生频次高

全省年平均降水量为649毫米，折合降水资源1017亿立方米，全省平均每人占有降水资源不足全国人均占有量的五分之一，且降水年际变化大，年内分布不均，雨量多集中在夏季，河川径流变化悬殊，丰枯交替，旱涝不均；春季“十年九旱”，有时有晚霜冻，春播期间有时会出现低温连阴雨天气，春末夏初多冰雹天气，常有干热风出现；夏季多暴雨洪涝，有台风侵袭，夏旱也经常出现；秋季有时有干旱、早霜冻、连阴雨天气；冬季可出现寒潮大风、低温、冻害。干旱、大风、雾一年四季都有出现。据1949—2000灾情资料统计，除1964年全省无旱灾外，其它年份均有不同程度的旱灾；除1968年特大干旱年无水灾外，其它年份均有不同程度的水灾。每年都有冰雹灾害，降雹范围在3个县市区以上的降雹次数平均每年有11.3次，最多的一年达32次。大风是全年都可出现的一种常见的灾害性天气，山东半岛东部沿海年平均大风日数在40天以上，成山头高达120天，为全省之冠。寒潮是冬半年出现的重大灾害性天气，平均每年有3次寒潮影响山东。雾在一年四季均可出现，以冬季较多。

2. 持续时间长，影响范围广

气象灾害不仅持续性特征显著，而且许多灾害的发生范围较大，一次气象灾害常常危害省内大部分地区乃至全省。

有些气象灾害常常连季或连年出现，具有明显的连续性特点。如干旱灾害；连旱两季经常发生，多为冬春连旱；连旱三季、四季也时有发生，仅在20世纪80年代就分别于1986年、1988年和1989年出现了四季连旱。干旱还常常连年发生，1965—1966年、1981—1983年和1986—1989年，分别出现了2～4年连旱。其它象洪涝、冰雹、台风等灾害连年发生的特点也较显著。例如，1956—1957年、1960—1964年、1993—1994年，均连续出现了较大范围的洪涝灾害；1962—1963年、1967—1968年、1976—1980年、1987—1991年分别出现了连续2～5年多冰雹天气；1959—1960年和1984—1985年，均连续每年遭受了3次以上台风袭击。

从地理分布上看，各地都会出现多种气象灾害，只是出现的几率和影响程度有所不同。干旱、暴雨洪涝和寒潮灾害在全省各地发生几率均较高，其影响范围往往是全省性的；台风、雾、大风等在沿海地区出现较多；冰雹和霜冻多危害鲁北、半岛内陆和泰沂山区。

3. 群发性突出、连锁效应显著

由于各种灾害性天气大多在一定的环流背景下产生，因此当某种大尺度天气形势稳定时，在某段时间内会接连出现同类气象灾害。例如，1957年7月6～19日，中南部接连受到5次气旋暴雨袭击，菏泽、济宁、临沂三市和泰安市南部7月降水量高达600～800毫米，造成沂沭河、大汶河、南四湖水系特大洪水，形成大片洪涝区，淹地213万多公顷，成灾167万多公顷；1964年6月12～14日，连续3天遭遇冰雹袭击，全省先后有73个县遭受冰雹危害，受灾面积20多万公顷。

由于天气、气候状况是许多自然灾害发生、发展的环境条件和触发机制，因此有些气象灾害往往对其它灾害有引发、加重或抑制的作用。因干旱造成地下水超采，而地下水的过度开采又会产生大面积的地下水漏斗，进而引发地面下沉、沿海地区海水入侵等灾害。暴雨可以引起洪水，并导致泥石流、山体滑坡等灾害，但暴雨带来的大量降水也起到解除旱情的重要作用。台风不仅会带来狂风、暴雨，而且会引起风暴潮，而大量海水内侵又会引起土地盐碱化、淡水资源污染、海岸侵蚀等次生灾害。受寒潮降温的影响，黄河有时也可产生凌汛。

4. 灾害损失重，且呈增长趋势

由于气象灾害种类多、出现频率高、影响范围广、持续时间长、具有群发性以及容易诱发其它灾害的特点，所以在各类自然灾害中，气象灾害所造成的损失最大。据1996—2000年民政部门灾情资料统计，全省平均每年因各种自然灾害造成的农作物受灾面积519.8万公顷，成灾面积320.9万公顷，绝收面积63.6万公顷，有5295.7万人口受灾，减产粮食71.49亿千克，直接经济损失203.9亿元。其中因干旱、洪涝、台风、冰雹、低温、雪灾等气象灾害平均每年农作物受灾面积就达472.2万公顷，成灾面积293.9万公顷，绝收面积62.9万公顷，有4909.2万人口受灾，死亡19人，伤9014人，减产粮食

66.85 亿千克，直接经济损失 196.8 亿元，占各种自然灾害造成的经济损失的 96.5%。由此可见，山东气象灾害造成的经济损失占各种自然灾害损失的百分比，远远大于全国平均 70%的比重。

（二）气象灾害区划

气象灾害在各地的发生几率和强度均有明显的差异。据 1949 年新中国建立以来各地主要气象灾害出现的几率、强度和危害等特征，综合将全省划分为 5 个不同的灾害区（见图 1）。

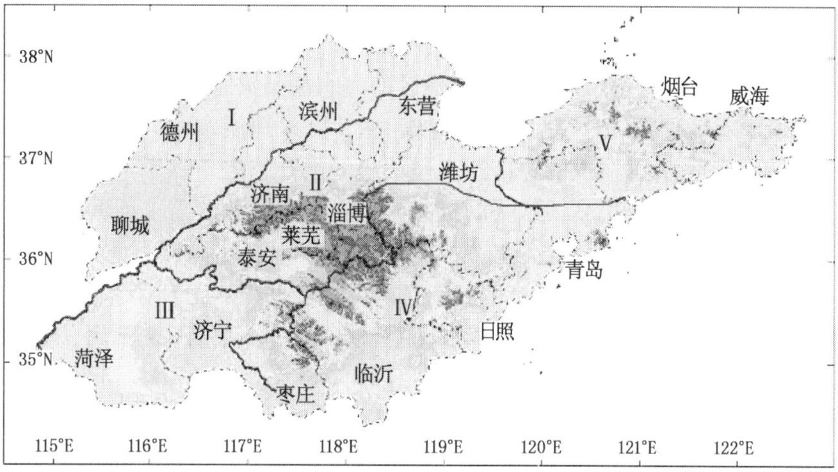

图 1　山东省气象灾害区划

Ⅰ区（鲁北地区）：黄河以北地区。干旱几率位于全省之首，暴雨次数少，冰雹灾害较多；东北部大风和风暴潮灾害较多，影响台风次数少；初霜冻和终霜冻日期均较早；干热风出现日数最多，危害最重；大部地区雾日数较多。

Ⅱ区（鲁中地区）：泰安、莱芜、淄博三市，滨州、济南、东营三市的黄河以南地区，潍坊市的胶济线以北地区。暴雨次数少，冰雹灾害较多；东北部多干旱、大风日数较多、风暴潮灾害居全省沿海之冠；大部地区初霜冻日期较早、终霜冻日期较晚；雾日数较少，北部干热风较多。

Ⅲ区（鲁西南地区）：菏泽地区和济宁市。暴雨次数较少，强度较大，洪涝灾害较多；西部多干旱；冰雹灾害、大风日数和台风影响次数少；初霜冻日期晚，终霜冻日期早；干热风日数较多，雾日数较少。

Ⅳ区（鲁东南地区）：枣庄、临沂、日照三市，青岛市南部，潍坊市胶济线以南地区。干旱几率小，暴雨次数多；冰雹灾害多，北部降雹次数为全省之最；大风日数少，东部沿海地区受台风影响和风暴潮灾害较多；北部初霜冻日期早、终霜冻日期晚；干热风日数少，东部沿海地区雾日数较多。

Ⅴ区（半岛地区）：烟台、威海两市，青岛市北部。干旱几率较小，尤其是本区东南部沿海地区，其干旱几率为全省之末；东部沿海地区暴雨次数多、强度大；冰雹灾害较少；大风日数多，特别是东北部沿海地区，年大风日数达 60 天以上，为全省之冠；台风影响次数多，其东部沿海地区的台风影响次数位于全省之首；东部地区初霜冻日期晚，西部地区初霜冻日期早；本区大部地区终霜冻日期晚；干热风日数少，其东部沿海地区无干热风；雾日数多，成山头年均多达 82 天，为全省之冠，山东省气象灾害区划见图 1。

四、气象灾害对国民经济和社会发展造成的影响

自古以来，水、旱、冰雹等自然灾害就给人类的生息造成巨大的灾难和威胁，是人类生存的大敌。由于气象灾害种类多、出现频率高、影响范围广、持续时间长、具有群发性以及容易诱发其它灾害的特点，所以在各类自然灾害中，气象灾害所造成的损失最大。

据初步统计，1949 年新中国建立以来，仅山东省沿海自然灾害造成的直接经济损失每年约为 20 亿元。随着经济的发展，人口的增加，还能够诱发产生新的灾害。例如从 20 世纪 70 年代中期以来，遍及山东整个海岸地区的海水浸染灾害致使每年直接减产粮食3～5 亿千克，损失工农业产值 3～4 亿元，并造成 44.5 万人缺淡水，45.1 万人患了地方病。随着经济的发展，气象灾害造成的经济损失呈明显的上升趋势。以干旱灾害为例，随着工农业生产和城市的发展、人民生活水平的提高，现在对水资源的需求远远大于过去生产水平较低的年代，在同样干旱的情况下，造成的经济损失现在就比过去大得多，象 1997 年的严重干旱造成全省直接经济损失 170 多亿元；再如，据史料分析，1900 年以来，沿海灾害发生的频率明显高于过去的年代。如风暴潮灾害，公元前 44 年到公元 1987 年约 2000 年间渤海莱州湾沿岸共发生 73 次。其中 1949 年以来发生 26 次，不仅频次增加，而且随着建设“海上山东”事业的发展和沿海经济的开发，造成的损失也越来越大。1992 年 8 月底强热带风暴袭击沿海地区，引发莱州湾特大风暴潮，造成直接经济损失达 43 亿元，其危害之大非常惊人。

重大灾害伴随着人类的生存和发展，已渗透到社会生活之中，人们随着对灾害认识的提高，已自觉地把减灾作为自己生存和发展的重要内容。频繁的自然灾害时时干扰着山东的正常社会秩序和人们的正常生活。民国以来北方各省移入东北地区者，随灾荒之发展而增加。1927—1928 年间山东仅西部各州县移往东北地区就达 7 万余人。1960 年前后自然灾害期间，山东灾民向东北迁移可谓达到历史上的最高潮，当时政府为了控制人口外流，无证件者不卖给火车票，灾民沿火车线徒步向北，据估计该时期山东省移至东北地区的灾民不少于 50 万。其间山东人口死亡率由 12‰增至 23‰，人口出生率由 32‰降至 19‰。

这些数字表明自然灾害具有巨大的破坏力，经常阻挠破坏人们社会发展计划的实现，成为社会发展的制约因素。据有关资料统计，重大自然灾害一般都会使灾区社会发展落后 5～10 年。为争取安定团结的政治局面和社会的协调、稳定、持续地发展，必须加强和不断改善系统防灾、减灾工作。

五、防灾、减灾所取得的成就

人类的社会生产发展史从某种意义上说就是一部与自然灾害作斗争的历史。1949 年新中国建立以来山东一贯重视综合防灾、减灾，始终把防灾、减灾与发展摆到同等重要的位置。

（一）灾害研究与预测预报取得一定的发展

初步建立起了气象、水文、地震、地质、海洋、植保等部门为主体的多学科、多门类的灾害预测预报体系，基本形成了技术力量比较强、设备比较先进、并有广泛群众基础的防灾、减灾网络，灾害研究取得了一些可喜成果，预测预报工作也正在向科学化、制度化、规范化的方向发展。

气象科学是防灾、减灾的尖兵，它在制定防灾、减灾对策措施中起着先导作用。1949年新中国建立以来，在党和政府的关怀下，气象事业取得长足的进展，以“9210工程”为基础已建成国家—省—市—县4级气象信息网，使气象信息的收集、处理、分发实现了较完整的电子计算机通信系统化；在监测天气变化上发展了新一代雷达和气象卫星等遥感遥测技术，为进一步了解和掌握天气变化规律提供了一些新的条件；积极发展数值预报产品释用、统计预报和人工智能等客观预报技术，加强了灾害性天气的联防，使天气预报准确率得到了稳步提高；建立了多种形式的辅助通信网和天气预报、警报系统，从而拓宽了气象服务的领域，加强了气象服务的针对性，并开展了产前、产中、产后以及防灾、减灾、救灾等跟踪性、系列化服务，提高了传递天气预报等信息的速度。切实提高了气象服务的社会、经济、生态效益，深受各级党政领导和用户的欢迎。

1997年山东省气象台对“9711”号台风预报服务取得圆满成功。期间，省台除正常发布天气预报外，先后向省委、省政府等领导机关和有关部门发出有关台风消息、警报、紧急警报的传真电报8次，共计38份。主动给中央气象台、上海、江苏等省台及各地市台打长途电话45次，发布气象新闻稿3份；接受省、市电视台、广播电台及报社采访8次。通过各种新闻媒体迅速将台风路径及天气预报传了出去，为指导各地市气象台做好当地的气象服务和直接服务于全省广大群众发挥了重要作用。

由于省台对这次台风过程预报及时准确，服务效果好，最大限度地减轻了台风灾害带来的损失。省委、省政府领导对此感到非常满意，并给予高度赞扬。

（二）防灾、减灾能力大大增强

围绕抗旱排涝，长期坚持了农田水利基本建设，经过几十年坚持不懈的努力，山东的“兴水利、除水害”建设取得了历史上几千年无可比拟的成就，对保障人民生命财产安全、促进社会经济的发展，起到了重要作用。对31条主要大中型河道进行了整治、新修和加固堤防9000余千米，基本形成了涝能排、旱能灌的排水、灌溉体系。全省在山丘地区进行大规模的调蓄工程建设，修建了大中型水库165座、小型水库5498座、塘坝33282座，拦蓄总库容151.86亿立方米。沿黄兴建引黄涵闸57座、虹吸10处，设计引黄能力2313立方米/秒，全省有效灌溉面积由建国初的25万公顷，上升到1997年的469万公顷。初步改变了全省“大雨大灾、小雨小灾、无雨旱灾”的局面。如引黄济青工程解决了青岛市缺水问题，在近20年的抗旱中发挥了重要作用。

黄河是我国第二大河，黄河流域是中华民族的摇篮和文化发源地，对于中华民族的繁荣昌盛做出了重大贡献。同时黄河亦是一条难于治理的患河，洪水泛滥，灾害频繁，被称为中国之忧患。黄河山东段特点是：河道比较平缓、宽浅散乱，泥沙淤积严重，河床逐年升高，一般高出两岸地面3～5米，有的高达10余米，成为世界著名的“悬河”。历史上黄河的变迁改道和决溢灾害，主要发生在这段河道。黄河泛滥迁徙北至天津，南达江淮。据历史记载，1949年新中国建立前的2000多年中，黄河决溢达1500多次，大改道26次。因此，黄河以“善淤、善决、善徙”而著称于世。中华人民共和国成立后，在“根治黄河水害，开发黄河水利”的总方针指导下，上、中、下游统一规划，全面治理，经过30多年艰苦努力，黄河发生了由害河变利河的历史性变化。在黄河下游，以防洪保安全为目标，加强了修防工作，完成了防御花园口站22000立方米/秒标准的三次大修堤工程。初步建成了“上拦下排，两岸分滞”的防洪工程体系。依靠人民群众加强防汛，战胜了历年洪水，连续取得了伏秋大汛不决口的伟大胜利，保障了黄淮海平原的安全。

围绕治理水土流失，发展生态农业，有计划、有重点地抓小流域综合治理和集中联片治理，十年治理小流域850条，治理水土流失面积9140多平方千米。随着黄淮海平原、黄河三角洲等农业综合开发项目的实施，这些地区的防灾、减灾能力大大增强，农业综合生产水平显著提高。围绕防止风暴潮侵袭，建设“海上山东”，在漫长的海岸线上建起了800多千米的防潮坝。围绕维护生态环境，改善小气候，始终抓了森林绿化工作，沿黄、沿海防护林建设初具规模，有效地改变了昔日风沙肆虐的局面。在农业生产上，采取了多种形式的防灾、减灾、增产措施，如发展旱作农业、推广良种、保护地栽培等。

古往今来，防灾、减灾活动中从来没有离开科学技术，科技是防灾、减灾的关键，是提高减灾效益必须使用的重要手段。霜冻灾害是山东主要自然灾害之一，人们在不断的研究战胜霜冻灾害的方法。20世纪90年代前后，兴起的塑料薄膜大棚技术已得到广泛的大面积应用，给种植业的发展带来生机。它可以防风、防寒、保温、保湿、保肥，创造良好的小气候环境，一年四季可生长蔬菜，为丰富城市菜篮子起到了积极作用。地膜覆盖、地膜种植能够抗旱、防寒，可培育早熟品种，种植早上市的经济作物，取得了良好的经济效益。1949年新中国建立后，山东省人工影响天气工作也取得长足的发展。1989年3月23日，首次进行了飞机人工增雨作业。之后，每年在全省范围实施飞机增雨作业，全省的高炮、火箭防雹增雨工作也发展迅速，取得了显著的社会和经济效益，在防灾、减灾中发挥了重要作用。1989—2000年，省人工影响天气办公室共组织飞机人工增雨174个作业日，飞行245架次，累计作业飞行569小时，催化作业面积达486.5万平方千米，增加降水资源约130亿立方米。1987—2000年，全省累计进行高炮、火箭防雹、增雨作业1393次，据不完全统计，作业防护区内雹灾损失减少60%以上。

（三）健全各级救灾协调组织，发挥政府领导职能

截止到2000年，省、市、县三级救灾协调机构已经健全，协调各部门的有关工作，使防灾、减灾、救灾工作集中领导、统一行动。

1985年第9号台风，于8月19日上午10时前后在胶南登陆，穿过胶东半岛，当天下午3时前后于龙口至蓬莱之间入海，向辽宁方向移动。台风登陆后，阵风达12级，最大风速30米/秒，伴随特大暴雨，袭击了青岛、烟台两市全部和潍坊市东部、临沂地区东北部的30多个县市。暴雨中心最大三天降雨量达646毫米，造成河道、水库洪水猛涨，不少水文站水位超过了建站来最高水位，整个胶东半岛汛情紧急。由于各地作了防汛准备，及时清障，加固了堤坝。党、政、军、民各行业奋起抗洪救灾，并发挥了水库调蓄洪水和河道防洪排涝的作用，减轻了灾情。使胶济、兰烟两条铁路免被洪水冲毁。使胶东地区免遭一场大灾难，使灾区群众的生产和生活几个月后就得以恢复。

这次暴雨洪水面广量大，在胶东地区是罕见的。由于各级领导同志亲临第一线指挥广大干部群众抗洪抢险，青岛、烟台两市驻军指战员全力支援，以及平时对水库河道注意维修加固与清障，加之气象部门对9号台风暴雨的较准确预报和雨情、水情的及时传递，为搞好洪水调度和有关领导部门指挥部署提供了科学依据，采取了一系列有效措施，多数较大河道干流没有决口，洪水安全下泄。1949年新中国建立以来修建的大量水库、塘坝河堤和排水等工程对减、免洪涝灾害，保护工农业生产和人民生命财产的安全，发挥了很大作用，取得了显著的社会经济效益。

第一章　干旱灾害

第一节　概　　述

通常所说的旱灾，是指因久晴无雨或少雨，降水量比常年同期明显偏少而形成的。其干旱程度与前期降水量、干旱持续日数、地下水位、地表水资源状况（水库、湖泊、河道蓄水量的多少）以及农作物种类、品种及其生长发育期等有密切关系。干旱是山东最主要的自然灾害之一，特别是近年来更为突出，给国民经济造成重大损失和影响。干旱的形成是多方面的，是由气候变化、天气条件（大气环流）和海陆分布、地形地貌等自然因素及人类活动综合产生的。过去，曾有许多学者及气象专家对干旱做过深入细致地研究，但因其涉及的面广及侧重点不同，而无法提出一个认识统一，涵盖范围广，科学确切的定义。根据国际上众多研究成果，对干旱的涵义可归纳为气象干旱、农业干旱、水文干旱、社会经济干旱。

山东气候温和、四季分明，雨热同季，属于暖温带季风气候。山东年平均降水量只有640毫米，而农作物需水量全年约900毫米，相差250毫米左右，且降水的年际变化大；受季风气候的影响，降水量年内分配极不均匀，全年降水量的70%以上集中在6～9月，其它季节降水稀少。因此，干旱的出现几率高、地理范围广、持续时间长，造成的农作物受灾面积居各种自然灾害之冠，经济损失仅次于洪涝灾害。严重的干旱使得溪河断流，塘坝、水库干涸，对航运、农田灌溉产生致命影响，甚至造成人畜饮水发生困难和工厂限产或停工停产。尤其农业生产多在露天条件下进行，受干旱制约很大，农田水分不足，使农作物不能按期播种或因体内水分大量亏缺，导致生长发育不良而减产，甚至农作物被干死绝收。历史上发生的重大干旱都给山东人民带来了深重的灾难，“赤地千里，荒野无村，村荡无烟，人相食，死者枕藉，村落成虚，丁户百不存一”是重旱发生时的真实写照。1949年新中国建立以后，抗御自然灾害的能力明显增强，重大干旱虽不能造成人员大量死亡，但随着经济的发展，干旱造成的经济损失明显增多，严重的旱灾往往对全省的经济和社会发展造成重大的影响。例如，据1996—2000年最新灾情资料统计，山东平均每年因干旱使农作物受灾面积290.5万公顷，成灾面积177.2万公顷，绝收面积36.3万公顷，受灾人口2980.2万，成灾人口1820.4万，饮水困难人口299.1万，减产粮食416.9万吨，94.4万头大牲畜饮水困难，造成直接经济损失92.6亿元，其中农业直接经济损失80亿元。1997年，山东遭受百年不遇的大旱，不仅导致农作物生长发育不良而大幅度减产或绝产，而且造成部分工厂企业停产或限产，直接经济损失达172.4亿元；频繁出现的严重干旱还造成了生态环境恶化。20 世纪 80 年代和 90 年代多次出现的严重干旱迫使许多地区超量开采地下水，使地下水位大幅度下降，形成大范围的地下水漏斗区，全省地下水漏斗区总面积达 2 万平方千米，造成地下水水质恶化，机井报废，使部分地区出现地裂缝、地面下沉，产生了一系列工程地质问题，并在沿海地区出现了总面积为 1173.55 平方千米的海（咸）水入侵，在此区域内，土壤次生盐渍化，土壤肥力下降。

一、历史上的旱灾

（一）旱灾概况

山东有关旱灾的记载最早见著于公元前七世纪。元朝以前，对旱灾的记载较少，内容也比较简略，山东共出现旱灾 32 次，其中全省性的旱灾 16 次。

明朝开始，有关旱灾的记载明显增多，对灾情的记述也比较详细。明朝的 277 年间，共出现旱灾 159 次，平均 1.7 年一遇，其中全省性的旱灾 40 次，连续 2 年或以上的全省性旱灾 10 次。

清朝民国时期，关于旱灾的记载内容更加丰富，该时期山东共发生不同范围的旱灾 238 次，平均 1.2 年一遇，其中全省性的旱灾 25 次，连续 2 年或以上的全省性旱灾 9 次。

（二）明　崇祯十一年至十四年（1638—1641 年）全省性大旱

1638—1641 年，山东连续 4 年大旱，这次大旱其持续的时间之长、涉及的范围之广和灾害程度之重是历史上少见的。尤其是 1640 年，出现了以华北、黄河流域为中心的大旱。《睢宁县志》曾记有：天下大旱，黄河水涸，流亡载道，人相食。山东的史志记载：崇祯十一年（1638 年），六月，山东大旱，寿张、朝城、郓城、莘县春大旱，井泉竭，且蒸风时作，飞沙闭天；曹州、金乡、鱼台、滋阳、黄县、文登、福山、招远、栖霞、牟平、荣城春不雨，春旱；海丰、邹平、平原、曲阜、安丘、历城、临朐、昌乐、胶州、诸城、胶县、长山、潍县夏大旱；齐河、濮州大旱；泰安、新泰旱，泰安州大饥，人相食。崇祯十二年（1639 年），夏六月，山东旱蝗，人相食；沾化、阳信、聊城、东昌、商河、观城、沂州、曹县、宁阳、曲阜、菏泽、临沂县、胶县大旱；平原、寿张、诸城、朝城、临邑、济南郡、长岛、鱼台、濮州、滋阳、莱阳、长清、馆陶、莘县、滨州、海阳、郓城、金乡旱；泰安旱蝗，州大饥，人相食；齐河蝗旱，人死无存。崇祯十三年（1640 年），两京、山东、河南……大旱，至冬大饥，人相食，草禾俱尽，道殣相望。登、莱、青三府旱。全省共八十九县，其中八十二县分别记有：大旱，赤地千里；是岁井泉涸，叶不生，花不开，果不食，牛羊不肥，鸡鸭不卵；民掘草根、剥木皮皆尽；斗米千钱，自明二百余年，贵无甚此；大饥，人相食，甚有父子相食者等。崇祯十四年（1641 年），六月，山东大旱，洊饥。东阿、商河、武定、海丰、阳信、平原、济阳、茌平、泗水等四十九县分别记有：大旱饥，人相食；父子夫妇相食，村落无人；大饥，群众骚动；父子相食，行人断绝，大盗滋矣；赤地千里，人相食，死者十分之九；人食树皮、叶；斗粟三两，瘟疫大作，尸骨枕藉，村落成虚，丁户百不存一。

（三）旱灾的变化

利用《华北、东北近五百年旱涝史料》中的山东济南、德州、莱阳、菏泽、临沂共 5 个地区的旱涝指数，分别统计各地区干旱出现的几率和全省的干旱级别，并分析全省性干旱的阶段变化。

确定全省干旱级别的标准为：

1. 全省有一个地区为 5 级两个地区为 4 级，或全省有三个地区以上（包括三个）为 4 级时，全省旱涝指数定为 4 级（4 级：旱；5 级：大旱）。

2. 全省有 3 个或以上地区为 5 级时，全省旱涝指数定为 5 级。

3. 全省有两个地区为 1 级，两个地区为 5 级，另外一个地区的旱涝指数若为 4 级，全省旱涝指数定为 5 级。

4. 全省有两个地区为 5 级，三个地区为 4 级，全省旱涝指数定为 5 级。

5. 全省有两个地区为 5 级，三个地区为 3 级，全省旱涝指数定为 4 级。

6. 全省有两个地区为 1 级，两个地区为 4 级，一个地区为 5 级，全省旱涝指数定为 4 级。

7. 全省有两个地区为 3 级，一个地区为 4 级，·个地区为 5 级，另外个地区为 1 级或者 2 级，全省旱涝指数定为 4 级。

8. 全省有两个地区为 2 级，两个地区为 4 级，另外一个地区的旱涝指数若为 5 级，全省旱涝指数定为 4 级。

1470—1948 年各地大旱出现频数自西向东递减，鲁西北最多，在 60 次以上，半岛东部最少，在 40 次以下（见图 1. 1）。

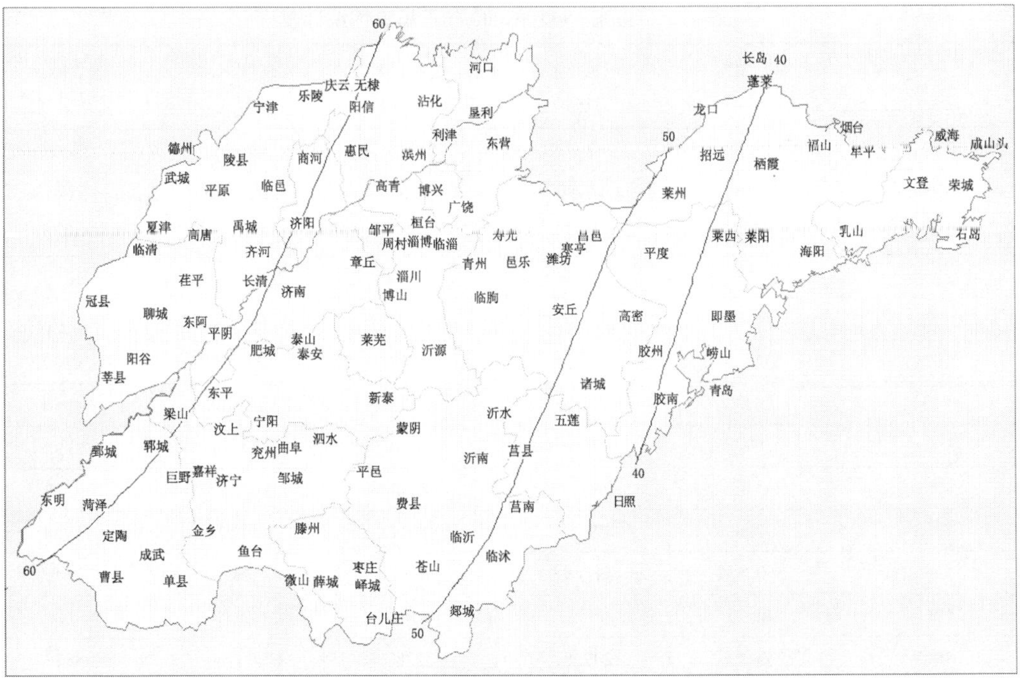

图 1. 1　山东大旱出现频数分布图（1470—1948 年）

山东的干旱具有较明显的阶段变化，据 1470—1948 年的全省旱涝指数可将山东的干旱变化划分为 5 个不同的时期（见表 1. 1）。

表 1.1　山东干旱的超长期变化（1470—1948 年）

多旱时期			少旱时期		
年代	大旱几率	干旱几率	年代	大旱几率	干旱几率
1470—1590	17	36	1591—1782	11	24
1783—1838	23	36	1839—1915	13	26
1916—1948	12	39			

二、1949 年新中国建立以来的旱灾

（一）旱情

除 1964 年全省无旱灾外，其它年份均有不同范围、不同程度的旱灾；全省平均每年因干旱使农作物受灾（农作物减产 1 成或以上）面积 186.21 万公顷，成灾（农作物减产 3 成或以上）面积 114.96 万公顷，绝收面积 9.80 万公顷，受灾人口 860 万，减产粮食 171.14 万吨。全省干旱成灾面积在 67 万公顷以上的有 31 年，大约平均 3 年 2 遇；在 133 万公顷以上的有 16 年，约 3 年一遇；在 200 万公顷以上的有 10 年，平均 5 年一遇。1959、1966、1968、1981、1983、1988、1989、1992、1997、1999、2000 年，全省受旱面积都在 317 万公顷或以上，达到或超过了全省总耕地面积的二分之一。

表 1.2　山东 1949—2000 年干旱灾情统计表

年份	受灾面积（万公顷）	成灾面积（万公顷）	绝收面积（万公顷）	受灾人口（万人）	粮食减产（万千克）
1949	115.53	82.00	0.80	420.60	26960
1950	33.40	16.80	0.53	121.80	5950
1951	63.20	39.20	0.20	203.20	13910
1952	89.80	53.87	2.33	265.80	23740
1953	270.73	270.73	3.20	1489.10	123940
1954	102.33	51.60	1.07	244.50	24160
1955	63.80	28.73	0.73	125.60	14050
1956	19.60	9.80	0.00	49.70	3080
1957	253.67	253.67	4.47	1377.90	168020
1958	107.80	89.13	1.27	550.70	42940
1959	360.53	117.93	8.87	599.70	73540
1960	142.27	99.33	1.87	521.40	49300
1961	253.13	209.87	12.87	965.80	98820
1962	97.80	59.00	2.20	425.60	21630
1963	48.60	18.67	0.00	137.90	10050
1964	0.00	0.00	0.00	0.0	0
1965	259.00	123.73	2.13	774.6	58020
1966	330.60	198.27	3.20	1343.2	125370

续表

年　份	受灾面积（万公顷）	成灾面积（万公顷）	绝收面积（万公顷）	受灾人口（万人）	粮食减产（万千克）
1967	113. 47	56. 33	1. 73	345. 4	29170
1968	380. 00	380. 00	14. 87	2462. 0	311600
1969	45. 13	32. 93	0. 00	201. 1	16250
1970	74. 47	20. 53	0. 13	167. 5	10040
1971	20. 60	8. 00	0. 00	76. 2	4550
1972	210. 87	114. 33	11. 87	786. 7	233800
1973	154. 93	53. 73	2. 00	462. 2	40910
1974	87. 07	46. 87	3. 93	387. 8	42600
1975	107. 60	59. 40	0. 67	409. 7	40850
1976	101. 13	60. 80	2. 07	549. 7	50660
1977	231. 20	134. 07	8. 00	1239. 1	131690
1978	211. 00	110. 00	10. 13	859. 4	168650
1979	254. 60	121. 47	6. 73	965. 1	395100
1980	151. 53	75. 00	2. 33	661. 8	84040
1981	412. 27	229. 47	17. 87	2100. 8	386890
1982	305. 53	184. 80	23. 87	1687. 9	331850
1983	350. 27	182. 33	29. 87	1717. 3	349600
1984	156. 93	96. 80	11. 33	924. 2	186600
1985	101. 33	62. 07	5. 60	557. 1	140270
1986	260. 27	165. 93	18. 67	1256. 3	368300
1987	178. 73	104. 80	12. 93	923. 4	295700
1988	317. 20	202. 20	21. 27	1962. 0	477200
1989	422. 53	230. 73	26. 20	2233. 9	546510
1990	36. 00	20. 07	0. 13	202. 5	44910
1991	136. 79	78. 42	23. 82	1150. 0	144000
1992	503. 69	379. 83	61. 98	2075. 0	850000
1993	140. 61	81. 67	34. 54	422. 0	57800
1994	145. 42	67. 45	23. 57	261. 0	71000
1995	88. 24	42. 45	21. 72	2200. 4	389010
1996	117. 03	67. 13	9. 60	1258. 9	142540
1997	358. 22	251. 04	77. 77	3556. 3	697860
1998	147. 20	46. 10	4. 80	126. 3	101930
1999	390. 50	181. 50	25. 80	248. 8	289870
2000	358. 90	307. 50	68. 30	672. 0	584000

由于省内地理和气候条件的差异，旱灾的轻重程度和出现的几率也不尽相同，在年度干旱的总次数中，轻、重、极旱的比例关系也有很大差别。干旱发生次数从东南沿海、鲁南到鲁西北逐渐增多。全省干旱可划分三个区：1、鲁南及东南沿海轻旱区，该区包括：枣庄、临沂、日照、威海共4市，面积30967平方千米，占全省面积的20.2%。本区多年平均降水量大于800毫米，多年平均蒸发量1000毫米左右，多年平均湿润度（降水量与蒸发量的比值）大于0.8，多年平均的均度加权雨量大于1.0毫米，年干旱几率为26%。2、鲁中干旱区，包括鲁中山区、鲁西南平原、胶东半岛西部，即为菏泽、济宁、泰安、莱芜、济南部分县区、淄博、潍坊、烟台、青岛共9个市，面积86334平方千米，占全省总面积的56.3%。该区多年平均降水量为650～800毫米，多年平均蒸发量为1100～1200毫米，多年平均湿润度（P/E）在0.6～0.8之间，多年平均均度加权雨量为0.6～1.0毫米之间，年干旱几率44%。3、鲁西北重旱区，此区主要为黄河以北地区，主要包括东营、滨州、德州、聊城、济南（黄河以北部分）共有5个市，面积为36025平方千米，占全省面积的23.5%。这一地区的多年平均降水量小于650毫米，多年平均蒸发量为1200～1300毫米，多年平均湿润度（P/E）小于0.6，多年平均均度加权雨量小于0.6毫米，年干旱几率67%。

（二）干旱特点

1. 出现几率高、范围大、持续时间长

就全省而言，几乎每年都有不同范围，不同程度的干旱发生，其中受旱面积在200万公顷（约为全省耕地面积的三分之一）以上的为21年，约5年2遇；受旱面积在300万公顷以上的有12年，约4年一遇。以1992年受旱面积为最大，达503.7万公顷，全省绝大多数耕地受旱；两季连旱经常发生，多为冬春连旱，三季或四季连旱也时有发生，仅在20世纪80年代就分别于1986年、1988年和1989年出现了四季连旱，1981年和1983年出现了三季连旱。干旱还常常连年发生，1965—1966年、1977—1979年、1981—1983年、1986—1989年和1997—2000年分别出现了2～4年连旱。

2. 季节性显著

山东春季降水量稀少，约占年降水量的15%，而春季恰是山东的主要粮食作物小麦的返青生长成熟期，需水量比较大，此期间需水量约占全生育期需水的60%～70%，山东春季小麦需水量与降水量比较，多年平均缺水率为57.5%～78.3%，因此，山东多春旱，鲁东南和半岛东南部地区春季干旱几率在50%以下，以日照为最少，仅20%；鲁西北大部地区在70%以上，其中夏津、齐河、临邑、乐陵、无棣同为最多，达73%，其它地区一般在50%～70%。秋季降水占年降水的18%；早秋（9月上旬至10月上旬）是山东秋收作物的生长成熟期，需水量较大，秋旱发生几率也较高，仅次于春季。

3. 地区差异明显

全省降水量分布的特点是东南部多，西北部少。临沂和枣庄的南部地区降水量在800～848毫米，是全省降水最多的地区，鲁东南的大部分地区和半岛的东南部为700～800毫米；鲁中山区、鲁西南及半岛的大部分地区一般在600～700毫米；鲁西北和半岛北部降水较少，一般在600毫米以下。而蒸发量的分布与降水量的分布大致相反，鲁北和鲁中山区的南部蒸发量多为1800～2000毫米；鲁南和鲁东南地区较小，大部在1400～1600毫米；其它地区多在1600～1800毫米。鲁西北地区降水量少而蒸发量大，为重旱区；鲁东南及东部沿海地区降水量多而蒸发量少，为轻干旱区；其它地区为中度干旱区。

4. 具有阶段性和群发性

据 1949—2000 年全省农作物受旱面积资料，可将干旱的变化划分为 4 个少旱阶段和 4 个多旱阶段。

表 1.3　山东农作物受旱面积的阶段变化

少旱阶段		多旱阶段	
年　代	距平频率	年　代	距平频率
1949—1964	－12/16	1965—1968	＋3/4
1969—1976	－7/8	1977—1983	＋6/7
1984—1985	－2/2	1986—1989	＋3/4
1990—1996	－6/7	1997—2000	＋3/4

多旱阶段的长度 4～7 年，1977—1983 年是干旱的高发期，先后出现了两次连续 3 年的严重干旱；少旱阶段的长度差别较大，以在干旱群发的 20 世纪 80 年代出现的少旱阶段最短，只有 2 年。

三、干旱的成因

干旱的成因是多方面的，其中有自然条件因素，也有人为因素的影响。

（一）大气环流的影响

大气环流的规律性运动和异常是形成山东干旱和特大干旱的主要原因。常年 9 月至次年 5 月，500 百帕等压面上东亚槽位于 130°E～145°E，山东以受东亚槽后西北下沉气流控制为主，西南暖湿气流很少有机会到达山东，降水稀少，此期共 9 个月，降水只有 242.2 毫米，仅占全年的 37%，加之天气晴朗、多大风，空气干燥，因此多干旱发生；常年 6 月底西太平洋副热带高压再次北跳，脊线到达 25°N～27°N，山东开始进入雨季，直至 8 月底，随着西太平洋副热带高压的南退，雨季结束。雨季是山东全年降水的集中期，7～8 月降水量占全年的 52%，也是山东彻底解除干旱、充分补充底墒的时期。但有的年份此期内副热带高压明显偏南或过于偏东或过于偏西，都会使山东出现雨季无雨、汛期无汛，造成严重的夏旱。例如，1983 年 7 月和 8 月副热带高压脊线位置分别在 23°N 和 20°N，分别较常年偏南 2 个和 8 个纬度，造成 7～8 月降水仅有 225.9 毫米，较常年偏少 31%，其中，7 月降水 158.3 毫米，较常年偏少 10%，8 月降水只有 67.6 毫米，较常年偏少 55%，8 月上、中旬全省最大受旱面积达 350 万公顷；1968 年 7 月和 8 月副热带高压西伸脊点分别在 144°E 和 139°E，分别较常年偏东 22 个经度和 17 个经度，副热带高压带来的暖湿气流和西风带冷空气的交绥带在海上，造成全国大部地区夏季降水偏少，山东夏季（6～8 月）全省平均降水量 242 毫米，比常年（449 毫米）偏少 46%，全省发生特大伏旱，成灾面积达 380 万公顷；1989 年 7 月和 8 月副热带高压西伸脊点分别位于 115°E 和 153°E，分别较常年偏西 7 个经度和偏东 31 个经度，7～8 月降水 173.1 毫米，较常年偏少 47%，其中 7 月降水 115.2 毫米，较常年偏少 34%，8 月降水仅有 57.9 毫米，较常年偏少 62%，“三伏”期间高温少雨，出现了罕见的“卡脖子”旱，最大受旱面积 423 万公顷，其中重旱 200 万公顷。

（二）降水量偏少，水资源不足，不能满足农作物需要，这是发生干旱的根本原因。

山东是水资源比较贫乏的省份，水资源人均占有量 941.1 立方米，不足全国人均量的二分之一，每公顷占有水资源 5452.8 立方米，约为全国的五分之一。农作物全年需水量 900 毫米，而全省多年平均降水量 640 毫米，缺少 250 毫米左右，不能满足农作物生长发育的需要。一般年份全省缺水 30～60 亿立方米，干旱年份缺水 100 亿立方米。

（三）降水量年际变化大，在少雨年份干旱尤为严重。

据 1916—2000 年的资料统计，最大年降水量是最小年降水量的 3.3 倍，连续 4 年少雨的平均降水量仅 491 毫米，比连续 4 年多雨的平均降水量少 396 毫米。1971—2000 年全省平均降水 641.5 毫米，该期平均降水距平百分率为 14%，即平均每年偏离平均值近 90 毫米。

（四）降水量年内分配不均。

受季风气候的影响，一年的降水量约 70%以上集中在 6～9 月，其它季节降水稀少，是造成山东多春旱、秋旱的根本原因。

（五）水源污染，水质恶化，可利用的水资源大量减少。

山东污废水排放量每年 30000 亿千克，其中工业和生活废水 25000 亿千克，绝大部分未达标或未处理，造成了新的污染，减少了水资源的可利用量。据 20 世纪 90 年代中期监测，有 42.4%的河段和部分水库水体超Ⅴ类标准。

（六）工程老化，地表水利用程度不高。

山东水利基础薄弱，发展滞后，工程老化、退化，84 座大中型水库和 45.5%的小型水库为病险库，建筑物破损，跑水、漏水现象普遍存在，汛期不敢多蓄水，供水保证程度低。

（七）水土流失严重，保水工程和土壤蓄水能力降低。

山东水土流失面积，山丘区 3.06 万平方千米，平原尚有近 8000 平方千米的风沙区，这些地区保水、保肥能力很低，干旱频繁发生。

（八）水资源利用率不高，浪费严重，加剧了水资源供需的矛盾，加重了干旱灾害。

到 2000 年，山东省灌溉水利用系数仅有 0.50 左右，全省平均工业用水重复率只有 55%左右，万元增加值综合用水量 134 立方米，与发达国家比有相当大的差距，群众节水意识不强，节水器具不普及，跑、冒、滴、漏严重，全省城市平均管道漏水率在 20%以上。

四、防旱减灾对策

水是生命的源泉，农业的命脉，工业的血液。干旱缺水已成为制约山东经济和社会发展的重大问题。面对干旱的威协，要树立长期抗旱的思想，坚持开源与节流并重的方针，实行水资源的开发与保护相结合，搞好水资源的开发利用。

（一）充分利用黄河水。

黄河流经山东 9 个市，20 世纪 80 年代平均每年黄河入境水量 374 亿立方米，引用黄河水量 73 亿立方米，仅占来水量的五分之一。应扩大引黄灌溉面积，抓住时机，早引、多引、多蓄黄河水，利用洼地、盐碱地、废河道，修建平原水库，做到“引蓄结合”，充分利用。

（二）尽早完成南水北调东线工程建设，实现“西水东输”，解决山东半岛水资源紧缺的矛盾。

（三）积极拦蓄地表水。

加固和增建水库，增大蓄水能力；广泛开展小流域综合治理，大力兴建小塘坝、小水库、河道潜流等小型拦蓄工程，以解决山区人畜吃水困难和农业、林果的抗旱灌溉水源；搞好水土保持，植树种草，发展林业，改善农田小气候和生态环境，防止水土流失，涵养水分，增加水源。

（四）合理开发利用地下水。

加强地下水资源管理，做到“采补平衡”。在黄河沿岸、沂水河下游平原和南四湖周边等地下水丰富地区继续打井采水；在地下水超量开采形成的漏斗区、沿海地下水负值区及海水入侵区应禁止开采地下水，并尽可能采取地下水回灌措施，使这些地区的地下水尽快恢复正常。

（五）开发利用空中云水资源。

据研究，山东春、秋季9种主要降水天气系统的自然降雨效率为33％～65％，平均增雨潜力为47.8％。春、秋季层状云中有丰富的液态水，但冰晶浓度偏低，云水的自然转化率偏低。如适量播撒催化剂，增加冰晶浓度，可使更多的云水转化为雨水。

（六）开辟多种水源，逐步建立多水源开发利用的水资源综合体系。

在充分利用地上、地下、客水资源的基础上，进行城市污废水处理、农业微咸水利用、工业海水利用、海水淡化处理等，逐步建立多水源联合开发利用的综合供水体系。

（七）增强节水意识，强化节水措施，建立节水型社会。

1. 改革灌溉方式，节约农业灌溉用水

农业灌溉是用水大户，用水量占总用水量的90％，但利用率低，只有50％左右，浪费严重，应大力推广喷灌、滴灌、微灌、低压管道灌溉、改宽长畦为窄短畦灌溉等农田节水灌溉技术，提高灌溉水的利用率；试验研究确定适宜的灌溉期、灌溉次数、灌溉量等优化灌溉措施，提高灌溉水的“产量转化率”。

2. 培育抗旱农作物品种，改革农业结构，调整和优化作物布局。

3. 大力推广沟、垄、膜盖种植，提高自然降水资源的利用率。

4. 逐步建立节水型城市

广泛宣传，增强全体市民的节水意识，从节水入手，一水多用，提高水的重复利用率；加强污废水处理，做到达标排放，保护水源，防止污染，并逐步创造条件达到污废水资源化，增加再生补充水源。

第二节 公元前602—公元1839年干旱灾害

周 定王五年（公元前602年） 齐鲁大旱。

西汉 元始二年（公元2年） 郡国大旱、蝗，青州尤甚，民流亡。

东汉 永平十八年（公元75年） 兖、豫、徐三州大旱。诏勿收田租。

东汉 元嘉元年（公元151年） 济宁州，旱，饥民相食。

东汉 兴平元年（公元194年） 聊城，自正月至七月不雨，人相食。

晋 太康六年（公元285年） 三月，青、梁、幽、冀、郡国旱。

晋 永宁元年（公元301年） 自夏及秋，青州旱。

北魏 延昌二年（公元513年） 二月己巳，占日“旱”。六月乙酉，青州民饥，诏开仓赈恤。

隋 大业八年（公元612年） 大旱、疫，人多死，山东尤甚，百姓流亡。

唐 贞观元年（公元627年） 山东旱，免今岁租。

唐 总章元年（公元668年） 京师及山东、江淮大旱。

唐 神龙元年（公元705年） 冬，不雨，至于明年五月，京师、山东、河北、河南旱，饥。

唐 神龙三年（公元707年） 山东、河北二十余州县大旱，饥馑死者二千余人。宁津，草木枯焦，道殣相望。

五代 后晋 天福八年（公元943年） 春夏旱，秋冬水、蝗大起，北抵幽蓟，南逾江淮，竹木叶皆尽。……饿死及流亡者不计其数。

北宋 建隆三年（公元962年） 滑、濮、郓、齐、德、沧等州，春夏不雨。宁津，苗皆焦仆；春夏大旱，济州等十余县苗皆槁，蝻生。宋太祖“以旱减膳撤乐”。

北宋　太平兴国七年（公元 982 年）　春，密州、淄川旱。

北宋　端拱二年（公元 989 年）　胶东大旱，“民多饿死”，“诏贷粟，人五斗"。

北宋　政和四年（公元 1114 年）　旱，诏赈德州流民。

南宋　淳熙三年（公元 1176 年）　山东旱蝗。

南宋　淳熙四年（公元 1177 年）　春，三月，全免山东等十路租税，以旱、蝗也。

金　明昌二年（公元 1191 年）　秋，山东旱，饥。

金　明昌三年（公元 1192 年）　大旱，尚书省奏，近以山东、河北之饥，已委宣差所至安抚赈济，复遣右三部司正范文渊往视之。敕尚书省曰：“饥民如至辽东，恐难逐得食，必有饥死者。其令散粮官问其所欲居止，给以文书，命随从官长计口分散，令富者出粟养之，限以两月，其粟充秋税之数。”

金　泰和四年（公元 1204 年）　二月丁酉，以山东、河北旱，诏祈雨东、北二岳。

金　大安二年（公元 1210 年）　四月，山东、河北大旱；六月，雨复不止，地震，岁大饥。济宁、邹平、济阳、齐河、临朐、黄县：“斗米千钱”。

金　崇庆元年（公元 1212 年）　河东、陕西、山东、南京诸路旱。

元　至元二十九年（公元 1292 年）　棣州春旱且霜。

元　大德元年（公元 1297 年）　七月，山东饥，赈粟一万六千石；八月，宁海州旱。饥，八月大旱。

元　皇庆元年（公元 1312 年）　滨、棣、德三州旱。

元　致和元年（公元 1328 年）　高唐州有虫食桑如枯株。山东大饥。冠州旱。

元　天历二年（公元 1329 年）　夏，泰安、高唐、曹、冠、徐、邳诸州旱，饥民六十七万六千余户；益都（路）莒、密二州春水，夏旱蝗，饥民三万一千四百户。诸城民采草木实食之。

元　至正五年（公元 1345 年）　四月，莱州饥，诏赈山东，饥民免田赋。

元　至正十八年（公元 1358 年）　山东旱，免租税。淄州诸县大旱。

明　洪武五年（公元 1372 年）　夏，山东旱，大饥，草实树皮食为之尽。武定、沾化、济阳、德州、齐河、观城、胶州、平度、莱阳、掖县、禹城、曲阜等州县旱。

明　洪武十八年（公元 1385 年）　武定、沾化、济阳、平原、临朐、诸城、莱阳、历城、长山，旱，以山东旱免租。

明　洪武二十五年（公元 1392 年）　长清、东阿、滋阳（兖州）、济宁、济南（历城）、海丰（无棣）、齐河、平原、胶州、沂州，旱，饥。

明　永乐十年（公元 1412 年）　定陶、莒州、齐河、昌乐、掖县、诸城旱。

明　洪熙元年（公元 1425 年）　济南府三十州县、兖州府二十七州县、东昌府十八州县、青州府十四州县及即墨、高密、莱阳共九十二州县旱。据宣德元年四月，山东奏：自上秋迄今，雨雪不降，麦苗俱槁，秋田未种。

明　宣德元年（公元 1426 年）　一至四月，山东春、夏旱。

明　宣德二年（公元 1427 年）　冬，十一月，山东旱。东昌等府高唐等州所属地方，自七月至八月不雨；德州旱饥；全省总计旱县二十二个。

明　宣德七年（公元 1432 年）　滨州、巨野亢旱，田禾无收；东昌、泰安、历城诸府州县，自去岁夏、秋无雨，禾稼未收，饥赈；安丘、昌邑，上冬至是年春夏不雨，田禾旱伤；平度、潍县上年冬无雪，是年春、夏无雨，谷死，恤。据此范围还应包括：平原、齐河、清平、高唐、东平、茌平、长清、肥城、邹县等共计三十一县旱。

明　宣德八年（公元 1433 年）　山东春夏不雨，宿麦焦槁，谷种不生，饥馑流亡。泰安、济宁、临清、安丘、日照、蓬莱、东平、高唐、曲阜等四十县旱。

明　宣德九年（公元 1434 年）　临邑、德州、武定、阳信、乐陵、滨州、陵县，春夏不雨，旱稼；济南、东昌、兖州三府，五、六月亢旱不雨，苗稼尽枯，民皆乏食。

明　正统八年（公元 1443 年）　掖县、临淄、莱阳、文登、栖霞夏秋不雨，金乡、济宁等县夏秋旱。

明　正统九年（公元 1444 年）　聊城、益都、昌乐、金乡、济宁、寿光、昌乐、安丘等县夏旱。

明　正统十一年（公元 1446 年）　青州府旱灾，人民艰食，次年停征青州逃户粮；昌邑、潍县先因水旱，人民缺食，赈；兖州府、沂州、诸城、单县累岁旱涝，民饥逃、免。

明　正统十二年（公元 1447 年）　滋阳（兖州）、济宁、文登、沂水、莒州、沂州、历城、福山、金乡等州县旱。

明　正统十三年（公元 1448 年）　诸城境内旱蝗，上命停征。郯城、费县连岁荒歉，全免。

明　正统十四年（公元 1449 年）　历城、益都、高唐、临清、聊城、滋阳（兖州）、平度等州县旱。

明　景泰元年（公元 1450 年）　齐河、胶州、平度、诸城、滨州、禹城、德州、聊城、益都等二十七县旱。

明　景泰六年（公元 1455 年）　闰六月以来，济南、兖州、青州数月不雨。又济南、东昌、青州、兖州四府，二月至五月不雨，田苗旱伤；十二月，免山东济南等四府及武定、阳信等三十八州县夏税。

明　天顺二年（公元 1458 年）　济、青、东、兖等府各奏所属八十九州县上年冬无雪，是年春历夏不雨，麦苗无收。

明　天顺三年（公元 1459 年）　济南府所属三十州县，上年冬无雪，是年春无雨；东昌府所属十八州县自春及夏不雨，田禾枯槁。

明　成化四年（公元 1468 年）　平原、齐河、胶州等县旱；夏，五月，山东无麦。

明　成化六年（公元 1470 年）　山东六府，夏麦已全无收。八月，免山东六府丝绢，以旱灾；十月，免济、东、兖、青四府秋粮及济南、东昌、平山（聊城）等地税粮。博平、冠县、曹县、济宁、胶州、濮州、诸城、曲阜等二十四县旱。

济南府：夏旱大饥，发粟赈之。临朐：春旱。潍县：旱。山东：多旱。冠县：旱，八月不雨至次年二月始雨。平原：旱。惠民：正月至六月不雨，麦苗尽枯。掖县：大饥。文登：大饥。成武：大旱。济宁：大旱，泉流枯竭。曲阜：四月大旱。定陶、巨野、曹县：大旱。汶上：大旱，民食草根树皮。金乡：大旱，源泉涸竭。诸城县：春三月免被灾税租，夏五月赈饥。

明　成化七年（公元 1471 年）　武定、冠县、淄川、济宁、安丘，旱；淄川八月大饥，人相食。

明　成化八年（公元1472年）　德州、临清、朝城、曹州、济宁、昌邑、武定、观城等二十七县旱。临朐、寿光、昌邑等五县：旱。新泰：饥。潍县：大饥，人相食。山东：饥。商河：大饥，人相食。莘县：大旱，人多饿死。朝城：大旱，人多饿死。掖县：大饥。菏泽：秋大旱。济宁、巨野：旱，运河水涸。即墨：大饥。

明　成化九年（公元1473年）　济宁、金乡、濮州、博平、陵县、平原、历城、胶州等二十七县旱。

济南府：八月旱蝗又大水，民大饥，人相食，民茹草木尽，免税粮发粟赈之。寿光：岁饥。临朐：夏四月大饥。淄川、青城：大饥，人相食。山东：旱，八月蝗。平原：旱，大饥，大旱蝗。堂邑：旱。陵县：旱大饥。博平、濮州：夏六月旱，大饥。定陶：大旱。濮州：大旱。汶上：大饥。济宁：旱大饥。金乡：旱，人相食。巨野：春三月旱。临沂县：大饥人相食。胶县：大饥秋八月旱蝗旋大水。

明　成化十年（公元1474年）　寿光、乐安（广饶）、利津、沾化、海丰（无棣），旱（七月，以旱灾免山东运司、永利等十二盐场盐课）。博平、平原、齐河冬暖无雪。

海丰（无棣）、沾化、利津、乐安（广饶）等县秋旱。平原、齐河二县冬旱。博平：春旱。

明　成化十三年（公元1477年）　山东：饥。平原、齐河、高唐、茌平等县春夏旱。登州府、蓬莱、海阳、莱阳：先旱后涝，伤禾。福山：先旱后涝。莱阳：旱涝为灾。诸城：旱。

明　成化十四年（公元1478年）　朝城：大旱，民多流殍。福山：先旱后涝。诸城：旱。

明　成化十五年（公元1479年）　济南府：旱赈饥免秋粮，冬无雪。临朐：大旱，春正月饥。诸城：旱。

明　成化十六年（公元1480年）　临朐：大旱。山东：饥。诸城：旱。

明　成化十七年（公元1481年）　平度：大饥，人相食。郯城、沂州：旱。

明　成化十九年（公元1483年）　冠县、夏津、聊城、濮州等县旱。冠县：春夏大旱民饥。夏津：大饥。滨州：春旱秋蝗，是年柴米昂贵。濮州大旱，民饥。

明　成化二十年（公元1484年）　阳信、齐河、德州、莱芜、胶州、昌乐、济阳等及东昌府十八州县（包括朝城、堂邑在内），兖州府二十七州县（包括金乡、曲阜在内），约五十六县旱。

昌乐：大旱。莱芜、潍县：大旱。淄博：旱。德县：大旱。山东：大旱赈饥。平原：大旱饥。朝城：大饥，民多病死。堂邑：旱。金乡：河南、北、山东、西俱大旱。曲阜：夏大旱。曹州、郓城、巨野、定陶、曹县、成武、单县、济宁、嘉祥、金乡、鱼台、汶上、泗水、曲阜、滋阳（兖州）、滕县、峄县（枣庄）等夏旱，志记有人相食。兖州府：春至秋不雨，蝗蝻满地，人相食。胶县：大旱。

明　成化二十一年（公元 1485 年）　历城、德州、聊城、胶州、诸城、沂州、安丘等十五县春至秋不雨，蝗蝻遍地，人相食；东昌府十八州县，兖州府二十七州县，计六十九州县旱。次年，莱芜、昌乐、安丘、诸城大饥。

山东：秋旱饥，人相食。夏津：大饥人相食。阳谷：春至秋不雨，蝗满地，人相食。莘县：大旱，遍地赤野，禾谷无收。濮州、曹州、郓城、巨野、定陶、曹县、成武、单县、济宁、嘉祥、金乡、鱼台、汶上、泗水、曲阜、滋阳（兖州）、邹县、滕县、峄县（枣庄）：春夏秋旱，县志多记有人相食。临沂县：春至秋不雨，蝗灾，人相食。

明　成化二十二年（公元 1486 年）　昌乐：冬大饥。莱芜：大饥。安丘、诸城：旱。

明　成化二十三年（公元 1487 年）　山东：饥。胶州：旱。

明　弘治三年（公元 1490 年）　山东平原、武定、海丰（无棣）、利津、乐安（广饶）、德州、武城、夏津、恩县、齐河、聊城、丘县、临清、高唐、清平、博平、茌平、馆陶、冠县、堂邑、莘县、朝城、观城、范县、濮州等县旱。蓬莱：旱。曲阜：夏旱。

明　弘治四年（公元 1491 年）　肥城：旱，民饥。平阴：大旱，民饥。

明　弘治五年（公元 1492 年）　八月，今山东、河南及大名等处，三伏少雨，五谷不生。九月，以济南等五府灾伤，免州县官朝。十一月，自济南至兖州……流民呻吟道路。阳信、聊城、临清、肥城、濮州、莱阳、安丘、沂州、泰安等三十七县旱。鲁西北地区，自春徂夏不雨，井涸树枯；冬无雪，春无雨，禾稼不生；胶东半岛地区，自八月至明年五月不雨，大饥，人相食。

本年，济南、东昌、青州等府大旱，全省四十余州县受灾。肥城、新泰：旱。淄川：饥民相食。昌邑：大旱。益都：春旱大饥。寿光：春旱大饥。临朐：七月旱。新泰：大旱，饥。肥城：旱，大饥。临朐：春夏连旱。济南：大旱，饥。阳谷：冬无雪，春无雨，禾稼不生，民饥。濮州：大旱。观城：旱。朝城：正月至四月不雨。博平：旱。堂邑：旱。昌邑：大旱。益都、寿光：春旱，大饥。聊城：旱，大饥疫。海丰（无棣）：旱，大饥，人相食。东昌：正月大旱。无棣：旱饥。夏津、馆陶：旱大饥。莘县：自春至夏不雨，井涸树枯，民饥不堪命，父子兄弟离散。招远、蓬莱、栖霞、牟平、海阳、莱阳、黄县、福山、文登：大旱。观城：旱。汶上：大饥。安丘县：春旱。临沂：大旱饥，人相食。费县：旱饥。高密县：大旱自八月至明年五月不雨。

明　弘治六年（公元 1493 年）　四月，上以京师、河南、山东等处久不雨；五月，山东一方旱甚，借四十万石赈之；六月，以灾伤免济南、兖州、东昌三府弘治六年盐钞。临清、德州、曹州、胶州、沂州、禹城、聊城、濮州等二十九县大旱。山东冠县：旱，民饥。平原：旱。寿张：春大旱，饥民捕鼠为食。郓城：春大旱，大饥，民掘鼠为食。曲阜：复旱饥。菏泽：春大旱，民饥，掘鼠为食。临沂县：春大旱。胶县：夏四月旱饥。费县：旱蝗。

明　弘治十一年（公元 1498 年）　历城、聊城、泰安、章丘、高苑、莱芜、高唐、寿光等三十四县旱。十二年二月，以旱灾免山东济南、东昌、青州等府所属三十四州县，并济南、东昌等五卫、所弘治十一年夏税子粒有差。

济南：旱免被灾夏税。泰安、历城、长清、肥城、章丘、莱芜：旱。寿光、临淄、淄川、临朐、益都、昌乐、昌潍等县：旱。青城、新城、临邑、平原、夏津、禹城、济阳、齐河、聊城、高唐、清平、博平、茌平、堂邑：夏旱。曲阜：夏旱。安丘：夏旱。

明　弘治十二年（公元 1499 年）　山东：秋旱。曲阜、滋阳（兖州）：秋旱。

明　弘治十六年（公元 1503 年）　胶州、诸城、莱阳、文登、历城，旱；山东大旱，自春至夏，六月不雨。济南府：自正月不雨至于六月，饥，发粟赈之。山东：饥。莱阳：大旱。正月至六月不雨。文登：大旱。

明　弘治十七年（公元 1504 年）　武定、阳信、济阳、沾化、海丰（无棣）、诸城，自正月至秋九月不雨；济南府三十州县旱，东昌府十八州县、兖州府二十七州县、青州府十四州县大旱；河南、山东、河北及直隶一带，自春徂夏不雨，黄河迤北旱风大作。十月，以旱灾民免山东济南等府七十九州县、卫、所，夏税有差。十八年二月，以旱灾免山东德州等二十九州县及济南等四卫所弘治十七年粮草。

青城、博兴、乐安（广饶）、齐东、邹平、新城、长山、泰安、历城、长清、平阴、肥城、东平、宁阳、新泰、莱芜、章丘等县：春夏旱。武定、海丰（无棣）、济阳、阳信、惠民：正月至九月不雨。沾化：旱。曹州、郓城、巨野、定陶、曹县、成武、单县、济宁、嘉祥、金乡、鱼台、汶上、泗水、曲阜、滋阳（兖州）、邹县、滕县、峄县（枣庄）：春夏旱。沂州、蒙阴、费县、郯城、沂水、莒州、日照：春夏旱。

明　正德二年（公元 1507 年）　十月以旱灾免山东济南等府、滨州等七十州县、济南等十卫、肥城等六十户所存留夏税。

泰安、历城、长清、肥城、新泰、莱芜、章丘、寿光、临淄、临朐、益都、昌乐等县：夏旱。武定、海丰（无棣）、阳信、沾化、滨州、利津、青城、乐安（广饶）、德州、乐陵、德平、商河、临邑、平原、武城、夏津、恩县、禹城、济阳、齐河、聊城、丘县、临清、高唐、清平、博平、茌平、馆陶、冠县、堂邑、莘县、朝城、观城、范县：夏旱。莱阳、福山、栖霞、黄县、蓬莱、宁海（牟平）、招远等县：夏旱。蒙阴、沂水、莒州、日照、安丘、诸城等县：夏旱。

明　正德三年（公元 1508 年）　沂州、莒州、沾化、利津、日照、平度州、莱阳等地大旱，民多死，人相食，大饥。四年二月，以水旱，免山东沂、莒等州、沾化、利津等县并沂、莒等卫、所正德三年粮草。潍县：大饥。临沂县：大旱人相食。日照县：大旱，民绝食。

明　正德四年（公元 1509 年）　朝城、福山、文登、栖霞、莱阳（海阳）、黄县、新城、金乡、济宁、鱼台、冠县：大旱，饥，人相食。长清：大旱。淄博、新城：旱蝗，田无禾。莘县、朝城：大旱。栖霞：大饥，人相食。文登：大饥，人相食。金乡：旱蝗。济宁：州县旱蝗。济宁、金乡、鱼台：秋旱。

明　正德五年（公元 1510 年）　济南府三十州县、青州府十州县、东昌府十州县、兖州府四州县，春、夏，大旱，饥。九月，以旱免山东济南等府五十四州县，济南、肥城等九卫所税粮。以久旱井竭，免山东盐运滨州、乐安（广饶）今岁盐课。

长清：大旱。泰安、历城、长清、平阴、肥城、东平、宁阳、新泰、莱芜、章丘、寿光、淄川、临淄、益都、昌乐、安丘：春夏旱。德平、德州：夏大旱。武定、海丰（无棣）、阳信、沾化、滨州、利津、青城、乐陵、陵县、商河、临邑、平原、武城、夏津、恩县、禹城、济阳、齐河、聊城、茌平、冠县：夏旱。蒙阴、沂水县：旱。安丘：春旱。

明　正德七年（公元 1512 年）　蓬莱：旱。

明　正德九年（公元 1514 年）　长清：大旱。

明　正德十年（公元 1515 年）　冠县：夏不雨至次年四月雨。曲阜：夏旱。

明　正德十一年（公元 1516 年）　长清：大旱。昌潍、昌乐：夏大旱。德平：秋七月不雨，春夏不雨。德州：春夏不雨。荣城：旱潦不收。文登：旱涝为灾。兖州：旱。滕县：大饥，人相食。曹州、单县、滕县：夏旱。

明　正德十二年（公元 1517 年）　蓬莱、掖县：旱。

明　正德十六年（公元 1521 年）　六月，北直隶、山东、河南……诸郡县旱，自正月未雨至是月。武定、历城、肥城、海丰（无棣）、齐河、平原、泗水、曲阜等地大旱，计济南府三十州县，东昌府十八州县、青州府二十七州县，合计七十五州县旱。

历城：大旱。泰安、历城、长清、平阴、肥城、东平、宁阳、新泰、莱芜、章丘、淄川：春夏旱。山东：正月到六月不雨。平原：正月至六月不雨。武定、海丰（无棣）、阳信、沾化、滨州、利津、青城、德州、乐陵、德平、商河、临邑、平原、武城、夏津、恩县、禹城、济阳、齐河、聊城、丘县、临清、高唐、清平、博平、茌平、馆陶、冠县、堂邑、莘县、阳谷、寿张、朝城、观城、范县、东阿：春夏旱。曲阜：夏旱。泗水：大饥。曹州、郓城、巨野、定陶、曹县、成武、单县、济宁、嘉祥、金乡、鱼台、汶上、泗水、曲阜、滋阳（兖州）、邹县、滕县、峄县（枣庄）：春夏旱。沂州、费县、郯城：春夏旱。

明　嘉靖二年（公元 1523 年）　两京、山东、河南等地俱旱，赤地千里，殍殣载道。聊城、夏津，自正月至六月不雨，无麦。博平：旱饥，民多饿殍。七月，以旱灾免山东济南等府、德州等卫粮。德州、东阿、齐河春夏旱，阳谷、夏津、博平、平原，自正月至六月无麦，春夏大旱。朝城、肥城、平阴、长清、济宁、昌乐、平度、莱阳、历城、聊城、堂邑等地，春夏大旱

济南府：秋旱赤地，殍殣载道。昌乐：夏旱。平度：大饥。肥城：岁大旱。平阴：大旱。长清：大饥，民食树皮。潍县：夏四月旱。肥城：大旱。山东：四月旱，赤地千里，殍殣载道。德州：大旱。齐河：旱。山东：正月旱。阳谷：夏五月旱，民饥。夏津：自正月至六月不雨无麦。平原：春夏大旱。莘县、朝城：大旱。堂邑：旱，秋旱。滨州：夏旱。博平：夏秋旱，民饥。东阿：春夏旱。德县：大旱。莱阳：旱。曲阜：夏旱。巨野、济宁：旱，运河水涸。

明　嘉靖三年（公元 1524 年）　是岁山东旱，临清饥。临清、平原、夏津、沂州、长清、莱阳、曲阜等十六县春夏大旱、大饥，人相食。长清：大旱。平阴：春，民大饥。平度：大饥。潍县：大旱。山东：旱。平原：三月旱，蝗蝻遍野。夏津：大旱。德平：旱，阅三月不雨。山东：旱。莱阳、牟平：旱。曲阜：夏旱。

明　嘉靖四年（公元 1525 年）　长清大旱，费县春大饥，人相食。临淄、临朐大饥。胶县：夏旱。

明　嘉靖五年（公元 1526 年）　山东：旱。费县：夏大旱。

明　嘉靖六年（公元 1527 年）　德州、文登、历城、滋阳（兖州）、聊城、益都、掖县、蓬莱等州、县旱。

明　嘉靖七年（公元 1528 年）　夏六月，山东大旱。安丘、海丰（无棣）、观城、范县、平度、文登、莱阳、福山、蓬莱、宁海（牟平）等二十一县旱，大饥，死者载道。寿张，春夏不雨。范县：大旱，民转徙。鄄城，人相食。章丘、长清、齐东、平度：大饥，大旱。临朐：大旱。海丰（无棣）：夏五月旱。范县：大旱。山东：大旱。夏津：旱。平原：旱蝗。寿张：春夏不雨。朝城：大饥。福山、莱阳、栖霞、黄县、蓬莱、牟平、招远、文登：旱。鱼台：夏旱。

明　嘉靖八年（公元 1529 年）　聊城、齐河、德州、昌乐、胶州、临朐等十二县旱。昌乐：夏旱蝗。平度、潍县：旱蝗。山东：饥。利津、德州、齐河、聊城、阳谷、寿张、东阿：旱。莱阳：旱蝗。金乡：旱蝗。济宁：旱蝗。胶县：夏旱。

明　嘉靖十年（公元 1531 年）　夏津：四月旱。

明　嘉靖十一年（公元 1532 年）　长清：旱蝗。莘县：四月不雨。朝城：四月不雨。

明　嘉靖十二年（公元 1533 年）　长清：旱蝗。临朐：春旱。恩县：春不雨，至夏六月始雨。兖州、阳谷：春夏不雨至秋七月，飞蝗遍野。山东饥。

明　嘉靖十四年（公元 1535 年）　淄博、新城：春夏大疫，夏四月无雨。

明　嘉靖十五年（公元 1536 年）　临清：六月旱螟。夏津：旱螟生。

明　嘉靖十六年（公元 1537 年）　山东：秋大灾。

明　嘉靖十七年（公元 1538 年）　齐河、德州、平原、济宁、金乡、历城、曲阜：夏，大旱。费县自上年冬至是年春二月不雨，淄川孝妇河竭，自辰至午。莱阳、平度菽麦不登。昌邑、高密大饥。恩县、高唐、茌平夏旱。平度：麦菽不登。历城：大旱。益都：夏旱。德县、德州：大旱。山东：夏大旱。平原：夏大旱。曲阜：夏大旱。曲阜、金乡、济宁：旱。山东：夏大旱。

明　嘉靖十八年（公元 1539 年）　曹州、费县春大饥，七月旱。莒州大旱，死者枕藉，自后比岁灾。沂州秋七月旱，昌乐、掖县大饥。即墨大荒。博平春饥。菏泽：春大饥。曹州：秋旱。即墨：大饥。临沂：秋七月旱。莒县：大旱饥。费县：七月大旱，春旱大饥疫，七月旱谷不实，春旱四月雨雹害麦。

明　嘉靖十九年（公元 1540 年）　十月，以旱蝗免山东济南等府、德州等州、历城等县、东昌等卫……秋粮。莒州大旱。长清大饥。

明　嘉靖二十年（公元 1541 年）　武定，春大荒，六月旱。冠县，夏大旱。费县夏大旱，无麦，秋大旱，无禾。诸城秋七月，免被灾税粮。黄县，春二月不雨，至六月始雨。博平春饥。惠民：春大饥。峄县（枣庄）、沂州、郯城：夏秋旱。

明　嘉靖二十一年（公元 1542 年）　冠县：夏旱，民大饥。峄县（枣庄）：春夏旱。

明　嘉靖二十二年（公元 1543 年）　济宁：运河水涸。巨野、济宁、鱼台、峄县（枣庄）：春夏旱。

明　嘉靖二十三年（公元 1544 年）　邹平：大旱。

明　嘉靖二十四年（公元1545年）　五月，以旱灾免兖州、东昌、登州、济南诸州府县、卫所夏粮。齐河旱；沂州四月旱；曲阜夏旱。惠民：六月旱。山东：旱饥。临沂县：夏旱蝗。

明　嘉靖二十五年（公元1546年）　海丰（无棣），春二月不雨，至夏六月。汶上：漕河水竭。淄川、新城，春夏旱。济宁、巨野运河水竭。

明　嘉靖二十六年（公元1547年）　十月，以灾伤免山东济南、东昌、兖州各府州县税粮；武定、蒲台（北镇）、乐陵，六月旱；淄川、济宁，夏旱；文登、宁海（牟平）、春饥，夏旱。惠民：六月旱。

明　嘉靖二十七年（公元1548年）　福山：旱。

明　嘉靖二十八年（公元1549年）　长山、淄川、肥城：春夏旱蝗。淄川：春夏旱蝗。长山县：春夏旱蝗。高苑：正月至六月不雨。平原：旱蝗，春夏旱。

明　嘉靖二十九年（公元1550年）　淄博、高苑：春夏不雨。乐陵：大旱。泗水、曲阜、滋阳（兖州）、邹县、滕县、峄县（枣庄）：夏旱。费县：春旱。峄县（枣庄）、沂州、莱阳、郯城、沂水、莒州、日照：春夏旱。

明　嘉靖三十年（公元1551年）　淄博、高苑：春旱。

明　嘉靖三十一年（公元1552年）　峄县（枣庄）：自春正月不雨至夏四月始雨。沂州、费县、郯城：春夏旱后秋涝。

明　嘉靖三十二年（公元1553年）　四月奏：山东、江北连岁水旱；六月奏：山东徐、邳岁荒、赈恤……或赤地千里，或大水腾溢。武定大饥，禾麦无收。沾化、齐河、东阿、寿张、范县、馆陶、郓城、曹县、单县等地，大饥。博平连三年俱饥。泰安大饥，民相劫夺，行旅不通。莱芜、东平，大饥，死者枕藉。济宁、泗水、滕县大饥，割殍肉啖之，人相食。蒙阴、郯城大饥，人相食，饿殍载道。淄川旱，饥。邹平、泰安、肥城诸州邑大饥。鲁西北：共十二个县旱灾。费县春无雨。峄县（枣庄）：自春正月不雨至夏四月始雨。

明　嘉靖三十三年（公元1554年）　馆陶大旱，濮州旱，曹州岁大饥，泰安春大饥，人相食。新泰、曲阜：夏旱，饥。沂州、费县大饥，人相食。蒙阴、莒州、郯城：旱，大饥，人相食。单县、滋阳（兖州）、聊城旱。临沂县：大饥，人相食。费县：大饥，人相食。沂州、宁阳、费县、郯城、莒州：夏旱。淄川：饥，人相食。泰安、新泰：旱饥。馆陶：大旱。东昌府：旱。东昌：旱饥。兖州：夏旱。兖州：旱饥。菏泽：大饥。

明　嘉靖三十四年（公元 1555 年）　肥城：旱蝗，食禾殆尽。寿光：灾。泗水：夏旱复大饥。诸城：夏旱。

明　嘉靖三十五年（公元 1556 年）　山东：夏旱。曲阜：夏旱。

明　嘉靖三十六年（公元 1557 年）　平原：大旱。

明　嘉靖三十七年（公元 1558 年）　淄川：春饥，人相食。长山、长清：大旱。淄博：大旱。海丰（无棣）：大饥。平原大旱地裂。

明　嘉靖三十八年（公元 1559 年）　莒州：夏旱荒，人民饥馑逃散。昌乐、淄川：春大旱。安丘、历城、潍县：夏大旱。济南府：夏大旱。昌乐：夏大旱。新泰：旱蝗。山东：旱。鲁西北：七县旱。

明　嘉靖三十九年（公元 1560 年）　商河、海丰（无棣）、濮州大饥。蒲台（北镇）夏六月旱。德州大旱，无麦禾。平原大旱，麦谷俱尽。东阿、临清、馆陶、博平：春大旱。寿张大旱。新泰旱。新城旱，无禾。淄川，春、夏旱。夏津、单县：秋旱。福山、莱阳、海阳：夏大旱。蓬莱、栖霞、黄县、宁海（牟平）、招远、文登：夏大旱，蓬莱为甚。

淄川：春夏不雨，岁乃不登。淄博：旱蝗，田无禾。德县、德州、平原：大旱，麦谷俱尽。临清：大旱。夏津：秋大旱。登州府：夏各属大旱，蓬莱为甚。牟平、荣城、莱阳、文登：夏大旱。单县：饥。菏泽：岁大饥。临清：大旱民转徙。

明　嘉靖四十年（公元 1561 年）　蒲台（北镇）春大旱，无麦。海丰（无棣）再饥，人皆食草禾。平原：夏，大旱，民流移。临清：春，大饥。博平：春饥。莱阳、海阳大饥。

明　嘉靖四十一年（公元 1562 年）　沂州、峄县（枣庄）、郯城、滕县、费县、泗水六地夏秋旱。蒲台（北镇）大旱无麦。德州无麦。寿张夏旱。馆陶春大饥。邹县无麦无禾。

明　嘉靖四十二年（公元 1563 年）　费县：秋旱灾。

明　嘉靖四十三年（公元 1564 年）　山东：大饥。蓬莱：大旱饥，时炎蒸异常，道多渴死，七月初九日始雨，又至九月不雨。费县、胶州：秋旱。日照县：大饥。

明　嘉靖四十四年（公元 1565 年）　泗水：二月不雨至于七月。汶上：春大旱。曹州、郓城、巨野、定陶、济宁、嘉祥、金乡、鱼台、汶上、泗水、曲阜、滋阳（兖州）、邹县：春夏秋旱。

明　隆庆二年（公元 1568 年）　德县：旱。德州：夏大旱蝗。馆陶：大旱。蓬莱：夏不雨。福山：大饥，夏不雨。沂州、费县、郯城、莒州：夏旱。

明　隆庆三年（公元 1569 年）　肥城：旱蝗。山东，闰六月旱蝗。齐河闰六月旱蝗。无棣：夏六月旱。曲阜：闰六月旱。胶县：夏六月旱蝗。沂县、费县、郯城、莒州、胶州：夏旱后秋涝。

明　隆庆四年（公元 1570 年）　阳谷：大旱，民饥。蒲台（北镇）：春正月不雨，至六月始雨，麦苗尽枯。沂州、费县、郯城：春夏旱。

明　隆庆五年（公元 1571 年）　临朐：夏四月旱。淄川：正月旱至七月方雨。蒲台（北镇）：夏六月旱。文登、莱阳：夏旱。沂州、费县、郯城、莒州：夏旱。

明　隆庆六年（公元 1572 年）　六月，以山东登州府旱，蠲其夏税。沂州、费县、郯城、莒州、昌邑、即墨、莱阳、文登：旱。诸城大饥，民多流亡。淄川正月旱，至七月方雨。历城夏旱。新城：正月雪深三尺，夏旱至七月方雨。

明　万历元年（公元 1573 年）　沂州、费县、郯城、莒州、昌邑、即墨、莱阳、文登等县：旱。沾化、阳信：旱。蒲台（北镇）：春二月大旱，麦苗枯，四月不雨，至秋八月始雨。德州：秋不雨，无麦。济阳、长清、历城、临邑：春、夏、秋大旱。淄川、新城大旱。

山东：大旱，七月始雨。淄川、新城：正月大旱至七月始雨。济南：大旱。德县：秋不雨无麦，冬不雨雪无麦。

明　万历二年（公元 1574 年）　沂州、费县、郯城、莒州、昌邑、即墨、莱阳、文登、蒲台（北镇）：夏旱。

明　万历五年（公元 1577 年）　淄川：大旱，蝗蝻食禾殆尽。蒲台（北镇）：春正月旱至夏五月，麦枯，疫作。沂州、莒州：春夏旱。

明　万历六年（公元 1578 年）　齐河：自五月不雨至秋七月。沂州、费县、郯城：夏秋旱。

明　万历七年（公元 1579 年）　淄川：大旱，人食榆杨叶。平原：五月大旱。蒲台（北镇）：秋至次年春三月不雨，无麦苗。

明　万历八年（公元 1580 年）　淄川：大旱，榆杨皮根殆尽。

明　万历九年（公元 1581 年）　滨州：旱。

明 万历十年（公元 1582 年） 滨州：春酷旱。

明 万历十一年（公元 1583 年） 滨州：春旱，是年柴米昂贵。

明 万历十二年（公元 1584 年） 福山、文登：秋旱。即墨：饥。临沂县：三至七月不雨。郯城县三至七月不雨禾尽枯。

明 万历十三年（公元 1585 年） 淄川等县：大旱，免灾伤地方田租之半。博山：岁饥。堂邑：春大旱，剥树皮草根以食。文登：大饥。文登、福山：春旱。郯城县：旱。日照县：（1585—1587）三年夏旱饥。

明 万历十四年（公元 1586 年） 七月，以山东灾伤，……钱粮蠲免有差。又十五年三月：今山东诸省旱灾，宣今天下郡县置义仓。十一月，济南、济宁、东昌三府灾伤重大，……沂、费、郯三州县，俱缓停征一年。商河、乐陵、平原、博平、长清、定陶：春、夏大旱。聊城春、夏大旱，民多逃亡。日照连年旱饥。淄川大旱，包括博山岁饥。恩县、新城、临邑：夏大旱。郯城、日照：旱饥。齐东：夏大旱。平原：旱施赈。

明 万历十五年（公元 1587 年） 商河、阳谷、青城：大旱，饥，民食草、树皮殆尽。聊城、临清、长清、淄川、观城，大旱。蒲台（北镇）、高苑、寿张自春至六月不雨。海丰（无棣）春大旱，民饥。博平春大旱，多殍。汶上、鱼台旱，无麦禾。日照连年旱饥。曲阜、昌乐、历城：秋七月旱。郯城旱饥。新城：夏大旱。高苑：正月至六月不雨，岁大饥。无棣：大旱。德州：仓粟赈之。郓城：自春至六月不雨，地皆赤。郯城县、日照县：旱。

明 万历十六年（公元 1588 年） 蒲台（北镇）、齐河、东阿、寿张、长清：大旱，民食树皮草根。定陶大饥，人食树皮草根殆尽。曹州疫盛行，病饿死者大半。成武、莱芜、泰安、新泰：饥，人相食。济宁、观城、汶上：大饥。长山、新城：旱蝗。泗水、胶州：夏大旱。平阴、肥城、宁阳、巨野、朝城、阳谷等十五县旱。历城：大旱。淄博、新城：夏大旱。曲阜：夏五月疫旱。曹县：大饥，人食树皮。郓城：春大饥，人食树皮草根。菏泽：岁大饥，人食榆树草根既尽，遂相食。

明 万历十七年（公元 1589 年） 泰安、文登（包括荣成）：大饥，人相食。曹州、曹县、定陶、汶上：五、六月大旱。菏泽：五月旱至六月不雨。

明 万历十八年（公元 1590 年） 蒲台（北镇）春旱。汶上、沾化：旱。日照：自春正月不雨至夏五月。胶州：春夏大旱。临邑：六月大旱。

明 万历二十年（公元 1592 年） 泗水：二月不雨至五月。

明　万历二十一年（公元1593年）　各省灾伤，山东、河南及徐、淮近河地区为尤甚。民间至有剥树皮草子而食，至割死尸杀生人而食者。平原、峄县（枣庄）：旱，大饥。昌乐无麦，秋饥，人食草木。诸城、胶州：春大旱。

明　万历二十二年（公元1594年）　滕县：春夏旱。定陶：春大饥如十六年。莒县：大饥死者枕藉。费县：春大饥，人相食。

明　万历二十三年（公元1595年）　恩县：夏六月旱。

明　万历二十四年（公元1596年）　临朐：大饥。汶上：春旱。滕县：春夏旱。

明　万历二十五年（公元1597年）　利津：七月旱。莒县：旱，八月不雨水沸。

明　万历二十六年（公元1598年）　莘县、朝城：大旱。

明　万历二十七年（公元1599年）　济南、齐东：大旱，饥。德平：大旱螟，无禾麦，道殣相望。

明　万历二十八年（公元1600年）　海丰（无棣）：夏旱。

明　万历二十九年（公元1601年）　五月，山东大旱。巨野、成武、曹县、济宁、峄县（枣庄）、朝城、濮州、滕县、莘县等十五县，秋旱。商河、临邑：五月大旱，赤地七百余里。平原、金乡、历城、胶州：大旱。昌乐、齐河、曲阜、德平：旱。

昌乐：夏旱。益都：大旱。德平：春大旱无麦。德州：旱。濮州、巨野、定陶、曹县、成武、单县、济宁、嘉祥、金乡、鱼台、曲阜、滕县：夏旱。

明　万历三十年（公元1602年）　六月，山东齐河等州县灾，命地方官查勘以闻。朝城：大旱，至五月不雨，民多流离。沂州、黄县：旱，次年饥。德平：大旱，麦苗枯死。德州：旱。莘县：大旱至六月不雨，民多流难。沂州：春夏旱。

明　万历三十二年（公元1604年）　诸城：春夏旱。

明　万历三十三年（公元1605年）　广饶：五月旱。

明　万历三十四年（公元1606年）　海丰（无棣）：旱。高密县：大旱。

明　万历三十五年（公元1607年）　全省六十一州县旱。即济南府十州县，青州府四州县，莱州府一州县，登州府一州县，东昌府十八州县，兖州府二十七州县。历城：冬十月旱，饥。昌乐：春大饥，夏五月始雨。寿光：春大旱，饥。莱阳：旱饥。诸城县：春大旱饥。安丘：春大旱饥。莒县：春夏恒风，历二十日不雨。胶县：冬十月旱饥。峄县（枣庄）、沂州、费县、安丘、诸城、胶州：春夏旱。

明　万历三十六年（公元1608年）　汶上、沂州，春、夏大旱。莒州春、夏旱，凡一百二十日不雨。胶州，秋九月旱。临沂县：春夏大旱。

明　万历三十七年（公元1609年）　河南、山东、山西旱。济阳、齐河，春、夏、秋大旱。曲阜夏旱。胶州九月旱。武定、临邑、禹城、滨州、青城、齐东等州县，春、夏、秋旱。诸城：秋旱。

明　万历三十八年（公元1610年）　四月，北直隶、山东、山西、河南等处灾伤，赈济；十月，以济、青、登、莱四府旱灾，视连年更剧，照例蠲免。又十月……其被灾十分，丘县、堂邑等县酌另赈恤。齐河、历城、曲阜，夏旱。临朐、益都、沂州大旱。福山、黄县、掖县、莱阳，夏，大旱。青城，无麦。堂邑，春、夏旱，正月不雨至于五月。登州府，夏旱。新城：饥。济南府：夏大旱，发粟赈之。平度：旱蝗饥、人相食。青州：大旱。诸城县：夏四月赈饥大旱。临沂县：旱。

明　万历三十九年（公元1611年）　青城：秋旱蝗。齐东：大旱。

明　万历四十一年（公元1613年）　莱阳、福山、蓬莱：夏大旱。登州府：夏大旱。

明　万历四十二年（公元1614年）　武定、商河，夏大旱。阳信，夏旱，无麦。莘县、莱芜，大旱。馆陶、聊城，旱。蓬莱、栖霞，夏大旱，无麦。诸城自七月至次年十月不雨。惠民：春疫夏大旱。登州府：夏大旱无麦。福山：旱。菏泽：旱蝗岁饥。

明　万历四十三年（公元1615年）　山东春夏大旱，雨无涓滴，田禾槁枯，千里如焚。十月，山东省州县灾至十分者十之七八，余亦皆八九，绝无轻灾之地。十二月，阖省饥民九十余万，盗贼蜂起，抢劫公行，请……急救阳信、滨州、沂州大旱。齐河，春夏大旱，赤地千里，饥，人相食。寿张自春至夏，六月不雨，大饥。潍县大饥，人相食，妇女南贩以千计。平度、滋阳（兖州）、沂水、聊城、海丰（无棣）、利津、泗水大旱饥，人相食。掖县春旱，大饥，人相食，死者山积。莱阳（包括海阳）、福山大旱，千里如焚，饥疫，人啖树皮。宁海（牟平）、文登大旱，自三至九月不雨，赤地千里。莱芜春夏大旱，汶水绝流，民饥。蒙阴大饥，民多饿死，就食河南者数千人。巨野春、夏旱蝗，大饥，人相食。鱼台大旱，人民离散。新城、青城、陵县、泰安、德州、邹县、黄县、招远、蓬莱等一百零四县春、夏大旱。

临朐等地连年大旱，五谷不生，树木枯死，蝗蝻遍野，老弱转乎沟壑，壮者散之四方，子女贩销与外省，残朽者骨肉相食，逃死者十之七八，尚存者十之二三，人烟鲜少，常年风雨殿宇倾颓……。

三月大雪，桃杏无花，麦熟后大旱，汶水断流，秧禾尽伤，大饥。历城：六月大旱，三月不雨。广饶、平度、临淄：大饥，人相食。昌乐：夏旱蝗，大饥，人相食。博兴：大荒，人相食。齐东：夏大旱。博山：大饥，人相食。莱芜：春夏大旱、汶水断流。肥城：旱蝗。益都：大饥，人相食。平阴：旱蝗。长清：大旱饥民。宁阳：大旱，饥。章丘：大饥，人相食。东平：旱，大饥。潍县：大饥，人相食，…。寿光：旱，蝗，岁大饥，人相食。临朐：夏旱蝗，秋大饥。新泰：大旱，水泉涸。东平：旱。德平、德州：大旱。商河、山东：大旱，人相食。德州：大饥。山东：春夏大旱，千里如焚，饥，人相食。禹城：大旱。茌平、博平：大饥。平原：春夏大旱蝗，千里如焚，人相食。莘县：自春至秋不雨，大旱。寿张：自春至六月不雨。朝城：大旱，自春至秋不雨。滨州：旱，人相食。利津：大饥，人相食。沾化：大旱，人相食。临邑：大饥。阳信：大旱，雨雹，蝗蝻满地，禾麦全无。蒲台（北镇）：旱，秋八月大饥，人相食。招远：春夏旱，秋又旱。蓬莱：大旱，三月不雨，千里如焚，至七月初九日始雨。又至九月不雨，蝗蝻遍野，人啖树皮，城几罢市。栖霞：大旱饥。牟平：大旱，三月至九月不雨。荣城：大旱，三月至七月不雨。海阳：大旱饥。登州府：大旱饥，时炎热异常，道多渴死，七月初九日始雨，又至九月不雨。莱阳：大旱，自三月不雨，千里如焚，至七月初九始雨，又至九月不雨。文登：大旱，三月至七月不雨，九月又不雨。黄县：春夏旱，秋又旱。福山：大旱，三月至九月不雨。泗水：大饥，人相食。兖州府：大旱饥，人相食。济宁、金乡：旱，大饥。滋阳（兖州）：大旱，人相食。鱼台：大旱，人民离散。菏泽、济宁二地区全大旱。山东春夏大旱，千里如焚。诸城：大旱蝗。高密县：旱蝗大饥，人相食。安丘：夏旱。临沂：旱。蒙阴县：大饥，民多饿死，就食河南者数千家。日照：大旱。峄县（枣庄）：旱大饥。胶县：夏大旱，人相食。

明　万历四十四年（公元1616年）　二月，山东比年荒旱，道殣委藉，父子兄弟互相残食，妇女流鬻江南。山东饥，夏四月蝗，复大饥；九月，山东累灾之余，死徙流离者十之六七。

武定岁歉，海丰（无棣）饥。沾化、平原、肥城，旱。朝城大旱多蝗。成武大旱，青齐尤甚，……流离载道。宁阳、栖霞、昌乐、临朐大旱，饥。沂州、阳信饥，人相食。曹县，是年周岁无雨，稼穑粮无获。莱阳（包括海阳）、文登（包括荣成）、黄县、宁海（牟平）、德平、昌邑、招远大饥，人相食，村舍为墟。黄县大饥，人相食，饿殍载道，市卖子女。曲阜旱，饥，人相食。掖县、寿光旱蝗，大饥。乐安（广饶）春，大饥疫。滨州、泗水、邹平、高苑旱。历城：春旱饥。益都：大饥，人相食。莱芜：七月旱。肥城：七月旱。临朐：旱蝗。莘县：大旱多蝗。沾化：春旱。文登：大饥。曹县、成武、费县：亢旱大饥人相食。沂州、诸城：夏旱。

明　万历四十五年（公元1617年）　山东属邑多饥。阳信、临朐旱蝗为灾，饥民益众。海丰（无棣）饥，移民，旱蝗。齐东、曹县，大旱。成武大旱，赈荒。朝城旱，七月始雨。武定、滨州、邹平、莱芜、济阳、青城、临邑等州县，春、夏大旱。新泰：旱。莘县：七月始雨。泗水：夏旱。

明 万历四十六年（公元 1618 年） 胶县：夏大旱。安丘：旱。

明 万历四十七年（公元 1619 年） 莘县：七月始雨。招远、蓬莱、栖霞、牟平、荣城、莱阳、黄县、文登：夏旱。福山：夏旱。登州府：夏各属大旱。

明 泰昌元年（公元 1620 年） 蓬莱、栖霞：六月不雨。文登：夏旱。

明 天启元年（公元 1621 年） 淄川、邹平、齐东：旱蝗。茌平：大旱，树木生火，百叶零落，人多迁移，至七月间始雨。惠民：七月旱蝗。沾化：七月旱。掖县：春大旱。

明 天启五年（公元 1625 年） 商河：六月旱。

明 天启六年（公元 1626 年） 五月，北直、河南、山东等处地方苦干。麦田业已失望，秋成又不知如何。曹县、胶州、诸城夏旱。商河、历城、曲阜六月旱蝗。历城：夏旱蝗。成武：夏旱蝗。曲阜：旱。曹县：夏旱，蝗大起，田禾一空。胶县：夏六月旱蝗。

明 崇祯二年（公元 1629 年） 广饶：夏大旱。曲阜：夏大旱。

明 崇祯三年（公元 1630 年） 寿张：大旱。郓城：大旱。

明 崇祯四年（公元 1631 年） 广饶：夏大旱。

明 崇祯五年（公元 1632 年） 兖州府：夏旱至六月朔雨。滋阳（兖州）：春旱六月雨至八月大水。曲阜：六月旱。邹县，春旱至六月初始雨。临沂县：春旱。沂州：春旱、六月始雨。

明 崇祯七年（公元 1634 年） 昌乐：夏大旱。

明 崇祯八年（公元 1635 年） 济南：秋旱蝗。历城：秋七月旱蝗。

明 崇祯十年（公元 1637 年） 阳信、沾化、乐陵、济阳、海丰（无棣），夏旱，无麦。莘县大旱，岁饥。莱阳（包括海阳）连年旱蝗，秋大饥。平原、鱼台，旱。成武大旱。黄县：春旱。

明 崇祯十一年（公元 1638 年） 六月，山东大旱。海丰（无棣）、邹平，夏旱。平原，夏大旱，谷苗尽槁。齐河、濮州大旱。寿张、朝城，春大旱，井泉竭，黄风时作，飞沙蔽天。郓城，春大旱，井泉大竭。曹州，春旱。金乡、滋阳（兖州），春旱，六月始雨。临朐自六月不雨至于十月，冬无雪。昌乐、胶州、诸城，夏六月大旱。长山、潍县，夏旱。曲阜，六月大旱。历城、安丘，六月大旱。黄县、文登、福山，春不雨。

淄川：六月旱，夏旱，夕时有赤气如火……。昌乐：秋大旱。泰安、新泰：旱。泰安州：大饥，人相食。平原：大旱。莘县：春大旱蝗，四月始雨。寿张：春大旱，井泉涸。朝城：春大旱。招远、栖霞、牟平、荣城、黄县：春旱。蓬莱：春不雨。登州府：各属春不雨。文登：春不雨。菏泽：旱蝗。郓城：春大旱，井泉大竭，且蒸风时作，飞砂遍天。兖州府：春旱，六月始雨。鱼台：春旱。兖州、金乡：春旱，六月始雨。曲阜：六月大旱。诸城、胶县：夏六月大旱蝗。安丘县：夏六月大旱。

明　崇祯十二年（公元1639年）　夏六月，山东旱蝗，大饥，人相食。沾化大旱。阳信，秋大旱。平原夏旱，谷苗尽槁。丘县连荒，颗粒不收。寿张旱，大饥，人相食。聊城、东昌、商河、观城、沂州大旱，饥。齐河蝗旱，瘟疫大作，人死无存。益都自春正月不雨，至于夏，六月，水涸，大饥，人相食。临朐，自正月不雨至于七月。胶州夏六月旱，诸城夏旱，潍水断流。朝城旱，至次年五月始雨。临邑、济南郡、长岛，旱，民饥。禹城大疫，民十死八九。鱼台、濮州，旱。曹县夏大旱。滋阳（兖州）、莱阳，连年旱。

青州府：益都自正月不雨至于七月，水涸，大饥。济南：旱蝗。长清：旱蝗。宁阳：大旱。泰安：旱蝗，州大饥，人相食。馆陶：旱蝗捕食麦。莘县：旱蝗，至次年五月始雨。朝城：旱蝗，至次年五月始雨。滨州：旱。曲阜：大旱。鱼台：旱蝗。曹州、郓城、金乡、曲阜、滋阳（兖州）：春夏旱。菏泽：大旱。临沂县：大旱饥。胶县：夏六月大旱蝗。

明　崇祯十三年（公元1640年）　两京、山东、河南……大旱，至冬大饥，人相食，草禾俱尽，道殣相望。登、莱、青三府旱。阳信春、夏，大旱，野无寸草，道殣相望。沾化夏、秋大旱。滨州大饥，斗粟千钱，村落无烟。德州大旱，禾尽槁。济阳，春、夏大旱，野无青草，道殣相望，发帑赈。范县岁大饥，甚有父子相食者。丘县连荒，颗粒不收，人相食。曹县民大饥，夏、秋旱，饥尤甚。成武夏、秋旱，饥，冬无雪，民大饥，斗米千钱，有明二百余年，贵无甚此。泰安、利津、章丘、胶州、掖县、沂水，旱，大饥，人相食。峄县（枣庄）大地，前此旱、蝗频年，至此赤地千里。益都旱大饥，自六月不雨至八月。福山春、夏无雨，杀稼殆尽，人相食。即墨沙鸡遍野，大饥，人相食。栖霞大旱，秋大饥。无棣，二月日出如血，大风霾，不雨，至秋七月；夏六月，日出入时复如血。

济南府：连岁旱，天下大饥……，诸州连岁旱饥，五月大旱饥，树皮皆尽。连岁旱，天下大饥，人相食，历城：夏五月大旱蝗。青州府：自六月不雨至八月蝗，大饥。人相食，草根木皮俱尽；益都、沂水、临淄、昌乐、蒙阴：斗粟二千钱。泰安、新泰：旱蝗。淄川：大饥，人相食。长清、章丘：大旱，饥，人相食。肥城：旱蝗禾稼俱尽，人相食。莱芜：旱稼俱尽，人相食。博兴：大饥。平阴：旱，禾稼俱尽，人相食。宁阳：大旱，饥。寿光：岁大饥。临朐：大旱，五月雨。德县：大旱禾尽槁。德平：大旱，人相食。德州：大旱，禾尽槁。济阳：春夏大旱，野无青草，道殣相望。齐河：五月旱蝗大饥，人相食，土地荒芜。禹城：大旱饥。阳谷：旱大饥，人相食。馆陶：夏五月大旱，冬十二月大饥，人相食。高唐：夏至秋不雨。平原：夏大旱，人相食。莘县：大旱，无禾，人民食尽草子树皮。临清：自春至秋不雨，人相食。朝城：大饥。斗米千钱。堂邑：大旱，野无青草，冬，人相食。沾化：夏秋大旱，荒野无村，人相食。阳信：春夏大旱，野无寸草。东昌：大饥，赤地千里。蒲台（北镇）：春大饥，斗米千钱，村荡无烟。招远、蓬莱、栖霞：夏大旱。牟平：夏旱。荣城：夏旱饥。海阳：（1638—1640）连年蝗旱，秋大饥。莱州府：莎鸡遍天，大旱，蝗，饥，人相食。登州府：夏各属大旱。莱阳：夏旱。黄县：夏旱。福山：春至夏无雨，杀稼殆尽，人相食。文登：夏大旱，大饥。掖县：旱。菏泽：春季不雨，岁种不入至于六月。七月始雨，惟荞播种，八月陨霜杀荞，民大饥，是岁井泉涸，叶不生，花不开，果不食，牛羊不厚，鸡鸭不卵，十二月，人相食。曹县：二月黄风蔽天日，屋瓦墙垣皆作重金色，民大饥，剥食榆皮殆尽，夏秋旱饥尤甚，八月陨霜，秋禾枯死。邹县：四季无雨，人相食。兖州府：连岁旱蝗。曹州、曹县、成武、单县、济宁、鱼台、汶上、曲阜、滋阳（兖州）、邹县、滕县：夏旱。济宁：旱蝗大饥，泗水断流。鱼台：大旱，湖尽涸。金乡：旱蝗，大饥。曲阜：夏旱。滕县：大饥，人相食。高密县：旱蝗，大饥，人相食。临沂县：大旱，人相食。郯城：大旱，春麦无收。日照县：旱。峄县（枣庄）：大饥，前此旱频年，至是赤地千里，民掘草根，剥木皮皆尽，蓬蒿遍野，鸡豚荡然。胶县：夏五月大旱蝗，冬十二月大饥，人相食。费县：大旱飞蝗蔽天害稼，人相食。

明　崇祯十四年（公元 1641 年）　六月，山东大旱，洊饥；七月，临清运河涸。东阿、商河、武定、海丰（无棣）、阳信，大旱饥，人相食。沾化大旱，粟贵。平原，夏旱蝗，父子夫妇相食，村落无人。单县洊饥，人相食。金乡大饥，群众骚动。新泰，春大旱，夏饥。淄川（包括博山）洊饥，人相食，龙泉、范泉尽涸，孝妇河十里亦绝流。莱阳，春大饥，人相食。文登（包括荣成）大饥，人相食，民死大半。莒州、招远、宁海（牟平）大饥。德州洊饥，父子相食，行人断绝，大盗滋矣。堂邑春又不雨，斗米千钱，六月，大旱蝗，父子相食，死者十之八九。邹县三春无雨，怪风频起，岁大饥。济宁旱，大饥，人相食。平阴，旱蝗，大饥，斗米千钱，瘟疫复炽。

新泰：春大旱，夏饥。淄川：龙泉、范泉尽涸，孝妇河十里亦绝流。历城：大旱。博山：岁再饥，人相食，范泉尽涸。平阴：大饥，旱蝗。临朐：夏旱。乐陵、海丰（无棣）、沾化：旱饥。德州、商河：旱饥，人相食。济阳：春夏大旱，人相食，瘟疫大作，死者枕藉。茌平：大饥，蝗蝻遍野，瘟疫横出，死者十分之九，赤地千里，人相食。清河：秋七月运河涸。博平：春大饥人相食。莘县：春旱，春夏间瘟疫盛行。临清：秋七月运河涸。寿张：夏旱，饥，人多瘟疫。朝城：大饥，春旱，人食树皮、叶。乐陵：旱饥。惠民：旱饥，人相食。沾化：大旱。阳信：春夏大旱，人相食。济宁：旱蝗，大饥。郓城、单县、金乡、曲阜、邹县：春夏旱。泗水：斗粟三两，瘟疫大作，尸骨枕藉，村落成虚，丁户百不存一。诸城县：夏六月旱蝗。胶县：夏六月大旱蝗饥。莒州、蒙阴：夏旱。

明　崇祯十五年（公元 1642 年）　八月，蠲济南、东昌、兖及濮州等逋租。沾化大旱。曹州，三月乏食。邹县，九月大旱，野有狼。临邑、平原：旱。丘县、沾化：大旱。濮州、曹州：春旱。

明　崇祯十六年（公元 1643 年）　泗水：自春徂夏大旱。

清　顺治元年（公元 1644 年）　莘县：春夏无雨至八月始雨。临清：大旱无麦。丘县：正月初一雷，是年大旱，赤地无禾。济宁：大旱。

清　顺治二年（公元 1645 年）　莘县：春夏无雨至六月始雨，连岁大饥。

清　顺治三年（公元 1646 年）　济阳、阳信：春旱。

清　顺治四年（公元 1647 年）　莱芜：春大旱。定陶：旱。莒州，大旱。费县：旱灾。

清　顺治六年（公元 1649 年）　平原：五月旱蝗。

清　顺治七年（公元 1650 年）　荣城：春夏旱。文登：春夏旱。

清　顺治九年（公元 1652 年）　夏，济南府大旱。

清　顺治十一年（公元 1654 年）　邹平：夏大旱。东阿：秋冬旱。

清　顺治十二年（公元 1655 年）　夏，济南府、邹县、齐东大旱，长清、恩县、武定旱。五月，邹平旱。八月，昌乐大旱，禾尽枯。

清　顺治十三年（公元 1656 年）　章丘：春旱。齐东：岁歉。寿光：大饥。德州：大旱。丘县：春三月不雨。

清　顺治十四年（公元 1657 年）　齐东：岁歉。诸城：春夏大旱无麦禾。

清　顺治十五年（公元 1658 年）　昌乐：夏大旱。八月大旱。安丘县：夏大旱。

清　顺治十七年（公元 1660 年）　昌乐：夏旱。丘县：春亢旱，五月中始雨，麦不稔。安丘：旱。

清　顺治十八年（公元 1661 年）　东阿：夏旱，秋大饥。定陶、金乡：夏旱。

清　康熙二年（公元 1663 年）　寿张：春大旱，至六月乃雨，半完租。莱阳：夏旱。郓城：春大旱至六月乃雨。邹县：大旱，八月不雨到四年五月始雨，赤地千里，民不聊生。

清　康熙三年（公元 1664 年）　商河：夏秋旱。济阳：秋旱无禾。莘县：八月至四年夏不雨，大旱无麦，民饥。惠民：夏秋不雨。沾化：夏秋不雨，旱饥。阳信：秋旱，无禾，大饥。东昌：旱无麦。济南：郡县旱饥。益都：大旱。牟平：五月旱。海阳：夏五月至七月不雨。宁海州：旱。莱阳：夏旱，五月旱至七月乃雨。福山：旱。兖州府：春夏俱大旱。鱼台、金乡、兖州：春夏大旱。定陶：大旱。邹县：秋大旱，八月不雨至次年五月始雨，赤地千里，民不聊生。费县：大旱，民不堪命。蒙阴县：秋至第二年春大旱。

清　康熙四年（公元 1665 年）　全省特大旱灾，全郡一百零七州县成灾，仅胶东半岛地区麦收十之二三，其它各州县麦田颗粒无收，秋禾多未播种。寿光，井泉竭；长清，百姓饥荒殆毙；成武，人多饿死；兖州，人相食。春夏，益都、临淄、博兴、乐安（广饶）、寿光、昌乐、临朐、安丘大旱。

济南府：旱饥……青州府：益都大旱无麦，大饥。山东：旱饥，蠲税银。历城：旱饥。广饶：大旱无麦。邹平：春夏旱，冬无雪。昌乐、齐东、平度、章丘：大旱。宁阳：大旱，饥。临淄：夏旱无麦。博兴：春夏大饥。莱芜：春旱麦尽槁。长清：旱饥荒殆死。新泰、东平、东阿：旱麦尽枯。寿光：春夏大旱，井泉涸，民饥。临朐：春夏大旱井泉竭。益都、乐安（广饶）：春夏大旱。东平：春大旱。德县、德平、德州：夏旱。商河：春旱。济阳：春夏大旱。齐河：旱。济、东、青三府：夏四月大旱饥。山东：大旱，赤地千里。馆陶：夏四月大旱。夏津：旱。茌平、清平：大旱成灾。平原：旱。聊城、东昌：大旱。莘县：春大旱。丘县：春三月大风，旱不雨，麦尽枯。四月始雨。朝城：春大旱。堂邑：大旱。乐陵：旱饥。惠民：三月旱，麦尽枯。武定等诸州邑旱。沾化：夏旱麦尽枯。阳信：春夏大旱。东昌：仍旱无麦。招远：大旱。蓬莱：大旱。栖霞：大旱，无麦。全省饥。牟平：大旱。荣城：大旱。海阳：夏大旱。福山：春大旱。宁海州：大旱。文登：大旱。登州府：各属大旱，无麦。莱阳：夏五月旱，至七月始雨。黄县：大旱。福山：春大旱。掖县：大旱。济宁：大旱无麦。滕县：大旱饥。鱼台：大旱。滋阳（兖州）：大旱饥，人相食。兖州府：八月旱。曹县：春大旱，风沙弥月不息。邹县：春大旱伤麦，大饥。成武：春大旱，风沙弥月不息，人多饿死。高密县：夏大旱。安丘县：大旱自上年八月至是年四月。临沂县：春大旱、秋大水。沂水：大旱禾尽死，捐本年田租。莒县：大旱民饥。郯城：大旱春麦俱枯。峄县（枣庄）：春大旱夏大雨，秋七月大风三昼夜不息，发屋拔木，河中复舟无算。胶县：大旱饥。蒙阴、日照：春大旱。高密：自三月至次年四月不雨，大旱。

清　康熙五年（公元 1666 年）　益都：井涸，洋水竭，大旱无麦。广饶：春秋旱。昌乐：春旱无麦。博山：大旱无麦。平阴：麦枯。寿光：旱无麦苗。青州府：夏旱，井泉皆涸，大旱无麦。日照：春大旱。

清　康熙六年（公元 1667 年）　齐东：大旱。德县、德州：五月旱。海丰（无棣）：旱蝗。商河：旱蝗。济阳：春旱。阳信：春旱。海阳：旱无麦。莱阳：春旱，无麦，夏旱，无麦。鱼台：春夏旱至六月始雨。

清　康熙七年（公元 1668 年）　淄川：旱饥。德州：旱发。临清：仓米赈。曲阜：大旱。

清　康熙九年（公元1670年）　武定府乐陵、海丰（无棣）大旱，诏蠲田租十之二；春季大旱，鲁北地区灾情最重，春季绝产，范县，麦禾尽枯；济阳、阳信，夏旱无麦；莘县，二麦悉槁，不见片垅、翻黄，五谷未播，难睹一穗结实。草根以供餐，木叶而为食，流离载道。山东：旱。齐东：大旱。历城：旱。临淄、博兴、长清：大旱。寿光：春三月民饥。临朐：秋大旱。博兴：亦旱。齐河、德平：旱。阳谷：大旱。馆陶：秋旱。范县：大旱自春至秋，七月方雨，麦禾尽枯。高唐：旱。平原：夏旱。朝城：大旱，自春至秋七月始雨。福山：旱，地无苗，至六月初始雨。曲阜：大旱。兖州府：大旱。安丘县：夏大旱。费县：旱。临沂县：秋大旱。

清　康熙十年（公元1671年）　长清：大旱。济南府：旱。历城：旱蝗。海丰（无棣）、齐河：旱。馆陶：春不雨。范县：春大饥、夏大旱。博平：秋禾被灾。清平：秋禾均灾。莘县：大旱。莱阳：旱。福山：秋冬无雨。沂水县：大旱。

清　康熙十一年（公元1672年）　历城、章丘、长清：旱蝗，春夏旱。淄川、临朐：春夏旱。临朐：自十一年九月不雨至十二年秋七月始雨。阳信：旱蝗。博平：秋禾又被灾。清平：秋禾均灾。福山：春旱无麦。高密：五月大旱。安丘：夏旱。

清　康熙十二年（公元1673年）　淄川：春夏旱，麦不登。临朐：夏旱秋七月始雨。惠民：春旱。阳信：夏旱无麦。招远：春夏大旱，无麦。登州府：春夏大旱，二麦枯槁。福山：春旱无麦。掖县：春大旱。

清　康熙十三年（公元1674年）　济南府属大旱。淄川：夏旱，六月二十日始雨。新泰：夏不雨。山东泰安等五十二州旱。德平、乐陵、商河、临邑、济阳、齐河、禹城、平原、恩县、聊城、馆陶：夏旱。安丘：夏大旱。费县：旱。临沂县：旱。郯城：旱。宁阳：夏旱。

清　康熙十四年（公元1675年）　淄川：春不雨，麦枯殆尽，四月不雨至于六月雨。惠民：秋旱。

清　康熙十七年（公元1678年）　新泰：大旱。淄川：四月不雨五月二十六始雨，复旱，至六月二十二日乃雨，秋大饥。历城：旱。昌乐、泰安、寿光：大旱。益都：夏大旱。平原：旱。济宁：旱，冬无雪。邹县：夏大旱。金乡、滕县：夏旱。诸城县：大旱。高密县：大旱，令捐纳生员。安丘县：夏六月大旱。临沂县：旱。峄县（枣庄）：夏大旱。

清　康熙十八年（公元1679年）　河南、山东二省旱蝗为灾。淄川：夏旱秋蚜蝣，大饥，流移载道，凶荒异常。邹平：旱灾，人食草根树皮。青城：经年不雨。广饶：大饥。昌乐、益都：春大饥。齐东：大旱。平度：夏饥。寿光：秋大饥。沾化：夏旱：临清：秋大饥。莱阳：旱饥。掖县：旱，民饥。单县、金乡、济宁：夏旱。邹县：春大饥。

安丘：五月大旱。胶县：旱饥。

清　康熙十九年（公元 1680 年）　齐东：夏旱。乐陵、惠民、沾化、阳信：旱。

清　康熙二十年（公元 1681 年）　淄川：春夏旱，菽不登。安丘：春旱。

清　康熙二十一年（公元 1682 年）　章丘、新城：大旱，至六月始雨。齐东：春旱。淄川：夏无雨，无麦，六月十三日始雨。博山：春旱，夏无麦。阳信：春夏大旱，至六月始雨。丘县：春夏不雨，无麦，秋旱。沾化：旱。

清　康熙二十二年（公元 1683 年）　兖州府：夏不雨，六月大雨。鱼台：初夏不雨，二麦丹，六月大雨。金乡：春夏旱，六月大雨，冬饥。曲阜：夏旱，六月大雨。

清　康熙二十三年（公元 1684 年）　夏津、平原：旱。清平：秋禾旱损。金乡：大旱。费县：大饥、春饥。

清　康熙二十五年（公元 1686 年）　德平、德州：旱蝗。莘县：夏旱。

清　康熙二十七年（公元 1688 年）　郯城：旱饥。

清　康熙二十八年（公元 1689 年）　平原、夏津、聊城、丘县、临清、东阿、鱼台旱。四月，上复谕：自上年秋以来，雨雪不能沾足，闻直隶、山西、山东甚旱。丘县：秋酷旱，九月始雨，民饥。文登：春饥。

清　康熙二十九年（公元 1690 年）　益都：饥，免田租。阳谷：春大旱。聊城、丘县：旱蝗。

清　康熙三十年（公元 1691 年）　昌邑：饥。德平、德州：旱蝗。滨州：春夏不雨。沾化：自春不雨至于夏。

清　康熙三十六年（公元 1697 年）　昌乐：春饥。寿光：春饥。安丘县：春大旱。蒙阴：旱灾。

清　康熙三十七年（公元 1698 年）　济南府：旱饥发仓谷赈之。

清　康熙四十年（公元 1701 年）　聊城、堂邑：旱。

清　康熙四十二年（公元 1703 年）　兰山（临沂）、蒙阴、招远、蓬莱、莱阳、海阳、文登、荣成旱。文登，五月大旱，至八月不雨，大饥，人相食；海阳，春涝夏旱，大饥；黄县自五月至八月不雨，大饥。莱阳、牟平：自五月至八月不雨，大饥。蓬莱：五月大旱，至八月不雨，无禾，人相食。荣城：夏旱大饥。登州府：五月大旱，至八月不雨，无禾，人相食。招远：自五月至八月不雨。

清　康熙四十三年（公元 1704 年）　沾化、青城、新泰、兰山（临沂）、潍县、临朐、博山旱。临朐，春夏大旱，人相食；临沂，自春正月至夏五月不雨，大饥……。淄川：谷贵民饥，六月初八日雨，岁歉。昌乐：春大饥。博兴：大饥，人相食，秋大疫，飞萤蔽天。博山：大饥，人相食。平度：大饥。章丘：夏大饥，秋大疫。益都：春大饥，秋大疫。泰安、博山：大饥，人相食。临朐：春夏大旱，人相食。山东历城等三十一县大旱。肥城、昌邑：人相食。滨州：大饥。沾化：旱蝗，大饥，民食草木及土。掖县：大饥，人相食。莒县：一月至五月旱。胶县：春大饥，人相食。即墨、高密：大饥，人相食。

清　康熙四十四年（公元 1705 年）　历城：旱，发仓谷赈之。临朐：大饥。沾化：春大旱，免租。

清　康熙四十五年（公元 1706 年）　临朐：春旱，四月始雨。沾化：夏大旱。莒县：豆青枯，无一饱粒，通莒皆然。

清　康熙四十六年（公元 1707 年）　历城：大旱有赈。寿光：大旱。历城：饥。

清　康熙四十七年（公元 1708 年）　山东济宁、邹平等二十九州县本年份旱灾。德平等六州县本年份旱灾。定陶，是岁旱，免地丁十分之一，赈千余石。广饶：夏六月大旱。东阿：旱。东平：夏大旱，禾尽枯。临朐：夏六月大旱。乐安（广饶）：夏六月大旱。馆陶：六月大旱，秋禾不收。夏津：夏秋大旱。茌平：大旱兼蝗。平原：夏秋大旱。莘县：大旱。临清：自春至秋不雨。丘县：亢旱秋春皆损。寿张：旱歉收。沾化：春正月至六月不雨。单县：秋七月旱。金乡：秋七月旱。郓城、定陶、单县、济宁、金乡：夏旱。

清　康熙四十八年（公元 1709 年）　山东东平等四州县本年份旱灾。鱼台：夏旱。

清　康熙四十九年（公元 1710 年）　临朐：夏六月旱，秋七月始雨。济宁、金乡：夏旱秋水。鱼台：灾。

清　康熙五十年（公元 1711 年）　临朐：夏旱。

清　康熙五十二年（公元 1713 年）　莘县：春旱麦减收。

清　康熙五十三年（公元 1714 年）　邹平：春夏大旱。东阿：旱。临朐：春大旱，夏四月雨始耕。莘县：春正月二十八日连日风不雨，大旱无麦，禾极旱。滕县：春夏旱。

清　康熙五十五年（公元 1716 年）　益都：夏五月旱蝗。

清　康熙五十六年（公元 1717 年）　福山：旱。

清　康熙五十七年（公元 1718 年）　宁阳：大旱。临朐：四月不雨至于六月。福山：大旱。莒县：旱饥。日照：旱饥。

清　康熙五十八年（公元 1719 年）　滋阳（兖州）、曲阜、邹县、宁阳、新泰、莱芜、费县、莒州、福山旱。曲阜：二月旱。邹县：大旱。滋阳（兖州）：夏秋旱。莒县：夏秋旱。日照县：春旱饥。

清　康熙五十九年（公元 1720 年）　德平、恩县、聊城、滋阳（兖州）、曲阜、宁阳、东平、新泰、费县、莒州、淄川等州县旱。邹县，旱，冬无雪；临朐，夏六月至秋大旱；青城，夏大旱，无禾；恩县、宁津大旱无麦。莱芜：旱。宁阳：大旱。东平：旱。临朐：秋大旱。德州：秋大旱。惠民：二麦被旱。莒县：旱饥。

清　康熙六十年（公元 1721 年）　山东通省大旱。

五月，济、兖、东、青四府雨泽延期，又自今直隶、山东、河南、陕西麦已无收，民多饥馁。四月七日，庆云，忽大热，枣树自焚者数百株。历城、长清、博兴：旱。广饶、齐东：大旱。淄川：旱麦不登。青城：夏大旱。昌乐：春旱。益都：春旱无麦。博兴：夏旱。莱芜、新泰：旱蝗。寿光：春大旱。临朐：六月旱。青州府：春旱无麦。齐河、平原：旱。范县：春旱无麦。齐河：夏秋旱。冠县：春旱无麦。临清：大旱。黄县：大旱无麦。招远、蓬莱、牟平、福山、莱阳、掖县：大旱。邹县：春旱三月大寒结冰。兖州府：大旱。金乡：大旱。鱼台、曲阜：旱。濮州、滋阳（兖州）、泗水、滕县：春夏旱。安丘：夏潍水竭，饥。临沂县：大旱。莒县：旱饥。胶县：大旱。费县：秋大旱，饥。

清　康熙六十一年（公元 1722 年）　连续两年（六十年至六十一年）春夏大旱，每年有五十余州县成灾，麦季无收，秋禾多枯，大饥。青城，掘草根为食。往往千百成群，入后园及苜蓿地掘而食之，须臾力尽；兖州，人多饿死。济南府：大旱无麦，饥。淄川：旱饥。邹平：大旱无麦。广饶、青城、齐东，大旱。博山：旱饥。莱芜：旱无麦。山东：旱无麦。旱，立夏清河涸。寿光：春饥。临朐；春大旱。乐安（广饶）、昌乐、临朐：旱。济南府、青州府：属旱。德平、德州：秋大旱螟。商河、平原、禹城：大旱。馆陶、夏津：旱。东昌：旱。招远、蓬莱、栖霞、牟平、黄县、福山、莱阳、掖县：大旱无麦。邹县：夏旱蝗，无麦。兖州府：大旱。鱼台：大旱，湖尽涸。金乡：大旱无麦。曲阜：旱。郓城、巨野、济宁、嘉祥、汶上、滋阳（兖州）、泗水、滕县：春夏旱。诸城县：春旱发仓赈民。沂水、蒙阴：旱饥。莒县：一至二月旱。

清　雍正元年（公元 1723 年）　山东泗水等十一县连年旱灾，又直隶、山东、河南连年歉收。淄川：旱。广饶、乐安：大旱。新泰、东阿：旱蝗无麦。临朐：春大饥，八月旱蝗，九月始种麦。高唐、茌平：夏四月旱。邹县：春旱。曲阜、滋阳（兖州）：夏旱。临沂县、蒙阴县：大旱。莒县：春夏大旱。

清　雍正三年（公元1725年）　临朐：夏四月大旱。德平：春旱无麦。夏津：春夏旱。平原：春旱。丘县：大旱，春秋皆歉收。沾化：春旱大饥。山东平原等十七县卫旱。临沂县：二月沭河干。莒县：正月大雨，雨后大旱三月沭河干。胶州：七月旱。

清　雍正四年（公元1726年）　寿光：春旱。

清　雍正七年（公元1729年）　肥城：夏饥。

清　雍正九年（公元1731年）　五、六月以来，直隶、山东、河南等省甚是亢旱。招远：春饥。牟平：大旱。滋阳（兖州）：旱。

清　雍正十年（公元1732年）　山东兖、东二府雨泽延期，贫民乏食。又数月以来，自近京以及直隶、山东雨泽延期，而兖州、东昌尤甚。春夏大旱，鲁南、鲁西五十余州县成灾，麦收不足五成。新泰：六月旱，秋乃稔。山东：泰安、兖州等五十一州县旱。夏津、平原：春夏旱。临清：春旱无麦，六月旱。福山：六月旱。邹县：夏旱。鱼台：夏秋旱。曲阜：夏大旱。濮州、菏泽、郓城、巨野、定陶、曹县、成武、单县、济宁、嘉祥、金乡、鱼台、汶上、泗水、邹县、滕县：春夏旱。临沂：正月至六月不雨。莒县：正月至六月大旱。沂州：自正月至六月不雨。

清　雍正十一年（公元1733年）　山东高唐、邹平等二十七州县本年份旱灾。惠民、阳信、沾化……等二十七州县旱（中旱年）。长清：旱。济南：八月旱。德州：水，旱二麦不登。齐河：旱。平原：三月旱。

清　雍正十二年（公元1734年）　胶州：春旱。

清　乾隆元年（公元1736年）　泗水：旱。

清　乾隆二年（公元1737年）　山东济南、泰安、兖州、东昌、青州等五府属二十八州县卫旱灾。十六州县改征折色。新泰：旱无麦。博山：大旱。高苑：无麦。德州：春旱至六月大雨。德平：春旱至六月大雨。济宁、鱼台、金乡：旱，免山东地丁银一百万两。兖州：春旱。菏泽、郓城、巨野、定陶、曹县、成武、单县、济宁、嘉祥、金乡、鱼台、泗水、曲阜、滋阳（兖州）、邹县、滕县：春夏旱。兰山（临沂）、费县、郯城、宁阳：旱。

清　乾隆二年（公元1738年）　济南府：旱。淄川：春旱。潍县：正月至五月不雨。

临沂县：旱。日照县：夏旱。

清　乾隆四年（公元 1739 年）　四月下旬济南等十府州县卫被旱地亩，麦收歉薄；六月，历城、海丰（无棣）、乐陵、滨州、利津、沾化、蒲台（北镇）、泗水八州县被旱成灾。荣成：先旱后涝。文登：先旱后涝。

清　乾隆五年（公元 1740 年）　入夏以来，近东一带，雨泽难降，尚未沾足，山东郯城至蒙阴几及千里，俱成赤地，人民逃亡邻省者多，以致抛荒苗木未曾耕种。山东沂州府一带数百里，上年先旱后水，冬间二麦并未播种，流民散至湖广、江西者将及万人。邹县：因旱蝗无草，牛羊多饿死。滕县：旱。

清　乾隆六年（公元 1741 年）　山东禹城、齐河、长清、历城四县自四月十五日得雨以后，至今三月有余，雨泽愆期，境内禾苗干枯，间有并未栽种秋粮之田亩，高粱多长本而无实，粟谷多有穗而无粒，黑豆荞麦有出土仅寸许至数寸者。新城：旱，发仓谷，蠲田赋。淄川：冬旱。陵县、齐河、聊城：旱。德州、平原：夏旱。

清　乾隆七年（公元 1742 年）　六月上旬山东省济、泰、东三府之历城等十九州县、卫麦禾被旱。齐东、邹平、长山、历城、长清、平阴、肥城、章丘等县：旱。平原：三月旱。

清　乾隆八年（公元 1743 年）　山东春、夏（自二月以后）雨泽愆期，二麦有歉收之处，历城十八州县卫旱灾。六月中旬，山东省雨泽延期之州县，秋成渐致失望，民多出外谋生。博兴：春大旱无麦，六月始雨。高苑：大旱无麦，六月始雨。德县、德州、沾化、滨州、惠民、商河、平原、临邑、聊城：大旱。高唐、茌平、阳信：旱。蒲台（北镇）：大旱行人多热死。武定诸州邑：大旱。日照县：六月旱。

清　乾隆九年（公元 1744 年）　是年春少雨，麦收失望，穷民艰于谋食。四月，德平、滨州、惠民等八州县雨泽未沛，二麦变萎，小民艰于谋食；五月，德州、陵县、滨州等十三州县卫既被秋灾，又复夏旱；七月添蒙阴、沂水、临清三县，共三十五州县被旱。重灾县为陵县、德州、德平、惠民、乐陵、商河、滨州八州县；九月，博兴、乐安（广饶）二县，秋禾被旱。沾化、蒲台（北镇）：大旱。商河、武定诸州邑：旱。平原：三月旱。阳信：夏旱无麦。

清　乾隆十年（公元 1745 年）　阳谷：旱饥。

清　乾隆十一年（公元 1746 年）　五月，济南、武定等府所属之德州等十州县，被旱歉收；九月，又乐陵县是年夏二麦被旱成灾，海丰（无棣）、沾化、阳信三县麦收歉薄。临邑、沾化、惠民、海丰（无棣）、阳信、德州、乐陵、德平、陵县、商河、平原等县旱灾。

清　乾隆十二年（公元 1747 年）　安丘、诸城二县，是年春雨水短少，米价昂贵。五月益都等处，接续被灾，安丘、诸城二县，麦禾失收；七月，沂州府属之兰山（临沂）县上年收成只有五分，虽不成灾，而已久薄可念。是年春，又复被旱，近又被水，该县连年灾歉。

自上年八月至本年四月无雨。除冠县、淄川、博山、临淄、莱阳、黄县、蓬莱、招远、海阳等十三州县，按清代规定减产五成“勘不成灾”外，其余九十四州县均成灾，麦禾全无，民大饥；郯城、泗水等县，人相食。

昌乐：大饥，自上年八月不雨至是年五月丁未始雨，连阴两月，无禾。平度：春旱。潍县：春大饥。自十一年八月至是年夏五月十八日始雨，连阴二月无禾。临朐：大饥。昌乐：旱灾。福山、栖霞、文登：五月旱。诸城县：大饥，自上年八月不雨至是年五月始雨。高密县：自上年八月不雨至是年五月二十八日乃雨，连月不止，麦禾全无，民大饥。即墨：春至五月不雨。安丘：春旱大饥。春旱自上年八月至是年夏四月不雨。莒县：春旱。郯城县：旱，人相食。胶县：春旱。即墨：春旱。高密：秋旱。山东诸城、安丘、临朐：旱灾。

清　乾隆十三年（公元 1748 年）　惠民、高苑、青城、德县、乐陵、泰安、历城等县旱。淄川，夏秋旱。沂水、费县旱。东明，斗米钱二百余文，盖因大旱歉收，致粮价腾跃乃尔。历城：五月旱。新城：旱。淄川：夏秋旱螟。昌乐：大饥。宁阳：春大饥。新泰：春大饥。临朐：大饥。即墨县：五月旱。沂水：旱饥。费县：旱。蒙阴县：旱。郯城：旱。日照、沂水：春旱。

清　乾隆十四年（公元 1749 年）　安丘、诸城：春大饥、饿殍载道。

清　乾隆十五年（公元 1750 年）　潍县：大饥。日照县：春旱。

清　乾隆十七年（公元 1752 年）　诸城县：夏旱。莒县：旱。

清　乾隆二十年（公元 1755 年）　黄县：夏大旱。七月旱。

清　乾隆二十三年（公元 1758 年）　商河，夏旱。日照：大旱饥。

清　乾隆二十四年（公元 1759 年）　济南府：旱蝗。平原：旱蝗。

清　乾隆二十八年（公元 1763 年）　平度：春旱。

清　乾隆二十九年（公元 1764 年）　平度：春旱。

清　乾隆三十年（公元 1765 年）　滋阳（兖州）：旱蝗。曲阜：大旱。

清　乾隆三十一年（公元 1766 年）　文登、荣成：春夏大旱。

清　乾隆三十三年（公元 1768 年）　乐陵、商河、德平三县，得雨较迟，夏麦秋禾，收成仍不无少减……。平度：秋旱。兖州府：夏大旱。兖属大旱。曲阜、滋阳（兖州）夏旱。沂水县：夏大旱。莒县：五至七月旱。日照县：大旱饥。峄县（枣庄）：旱。沂水：六月旱大饥。

清　乾隆三十六年（公元 1771 年）　即墨县：夏旱。

清　乾隆三十七年（公元 1772 年）　阳谷、寿张：春旱。文登：春大旱。

清　乾隆三十八年（公元 1773 年）　寿光：大旱、七月旱。

清　乾隆三十九年（公元 1774 年）　济南府、淄川：夏秋旱蝗。益都：大饥，人相食。博山：大饥。齐河：大旱。

清　乾隆四十年（公元 1775 年）　平原：秋旱蝗。临清：春旱。阳信：大旱。济南府、淄川：夏秋旱蝗。荣成、黄县、文登：夏大旱。

清　乾隆四十二年（公元 1777 年）　大旱，自二月至八月无雨，一粒不收，人将相食。

山东七八月间，有因雨泽稀少，秋禾减收之处。新泰：秋旱无麦。潍县：秋旱。济阳：大旱二月至八月无雨，人相食。

清　乾隆四十三年（公元 1778 年）　四月，……夏津、范县尚未得着透雨。五月，济、东、武、曹、临清、济宁等六州府及泰、兖二府属北境，春间种麦较少；七月，济南、东昌各属及直隶、大名均有缺雨之处，二麦大半歉收，市粮未能充裕；十二月，山东麦收歉薄。春夏大旱，鲁西、鲁北、鲁中七十一州县成灾。麦收无几。新城：旱无麦。邹平：旱无麦。昌乐：夏无麦。泰安：夏旱。东平：夏旱，运河水涸。潍县：春旱。山东雨泽稀少。德县、德州、朝城、临邑：旱。阳谷：大旱。莘县：秋大旱。寿张：春大旱。济宁：夏旱。滋阳（兖州）：饥。濮州、菏泽、郓城、巨野、定陶、曹县、成武、单县、济宁、嘉祥、金乡、鱼台、汶上、泗水、曲阜、滋阳（兖州）：夏秋旱。诸城县：春旱。

清　乾隆四十四年（公元 1779 年）　泰安：六月旱。安丘：春旱，六月旱。

清　乾隆四十七年（公元 1782 年）　文登：春旱。黄县：夏旱。黄县：五月旱。

清　乾隆四十八年（公元 1783 年）　历城：旱。东平：秋旱。潍县：春饥。德县、德州：六月始雨，播种晚禾，秋旱麦无播种。齐河：夏大旱。荣成：正月至六月无雨。文登、荣成：自正月至五月不雨。邹县：大旱。济宁：秋旱。鱼台：灾。曹县：春饥。菏泽：秋饥。峄县（枣庄）：大风旱。胶县：夏四月旱。费县：秋大旱。

清　乾隆四十九年（公元 1784 年）　秋，德县旱，麦未播种；济南府旱，无麦，大饥，出贷仓谷。济南府：四月旱蝗，麦禾俱无，大饥，出贷仓谷。济南：旱岁大歉。宁阳：大旱。德县、德州：秋旱麦无播种。单县：岁旱民饥。邹县：旱蝗歉收。滋阳（兖州）、曲阜：大旱。濮州、菏泽、郓城、巨野、定陶、曹县、成武、单县、济宁、嘉祥、金乡、鱼台、汶上、泗水、曲阜、滋阳（兖州）：秋旱。峄县（枣庄）：旱有蝗。费县：春旱无麦。

清　乾隆五十年（公元 1785 年）　全省特大干旱，除渤海沿海及胶东外，七十八州县成灾。秋，德州旱，麦未播种；单县，岁大旱；峄县（枣庄）、昌乐大旱，无麦，秋无禾；即墨旱蝗，饿殍遍野；春夏，潍县大旱；黄县，人多渴死；齐河、历城人相食。济南府：春旱，有赈，秋不登，缓征。淄川：大旱，大饥，人相食。邹平：大旱，岁歉。昌乐：春夏大旱，无麦，秋无禾。益都：旱饥。博兴：秋旱。博山：大旱。肥城：大旱。平阴：大旱。长清：秋旱。宁阳：大旱。东平：旱。潍县：春夏大旱，自上年秋九月不雨至是年秋七月，秋复旱，冬饥。寿光：春大旱，六月朔五谷始播种。临朐：大饥。山东济南各府属二十一州县：旱。章丘、邹平、肥城：饥。寿光、昌乐：大饥。德县、德州：春饥秋旱。商河、齐河、阳谷：大旱，人相食。平原：春旱，夏大热，秋禾不登。临清：春旱。寿张：大旱。阳信：七月大旱。临清：春旱。临邑、东阿：饥。黄县：秋大旱。掖县：春徂夏不雨。黄县：饥。单县：岁大旱。泗水：自春以至六月始雨，所种田禾俱晚，经霜尚未结实，故未获一粒。邹县：是年上半年无雨，六月始雨，秋禾晚种，霜不实，岁大歉。金乡、济宁：旱。滕县：乙巳旱，大热，济运放黄河水入微湖。濮州、菏泽、郓城、巨野、定陶、曹县、成武、单县、济宁、嘉祥、金乡、鱼台、泗水、滋阳（兖州）、滕县：春夏旱。诸城县：春夏大旱饥。高密：春大旱，秋大水，民大饥。即墨：旱。安丘：大旱、冬大雪春夏大旱，四十九年九月至五十年秋七月不雨。沂水：大旱。蒙阴：秋大旱。日照：大旱。峄县（枣庄）：春大旱，无麦，大风扬尘晦，冬大旱。安丘、日照县：大旱。

清　乾隆五十一年（公元 1786 年）　大旱，鲁西、鲁北、鲁中六十八州县成灾，麦季无收。这是继上年特大干旱后连续第二年大旱，滕县、泗水、莒州、寿光、东阿、阳谷、肥城、宁阳、单县、濮州等十五州县出现“人相食”。齐河、历城等县“饿殍接踵”。淄川：大饥。广饶：夏大旱。蒲台（北镇）：旱。昌邑：大饥。临淄：大饥。昌乐：春正月民饥。益都：春大饥。博兴：大饥。博山：大旱，河水涸，树木枯，后得雨，秋大熟。昌邑：大饥。莱芜：大饥。肥城：春大饥，人相食。宁阳：春大旱，人相食。东平：春旱。山东各府州县：大饥，人相食。德县、德州：秋旱，麦无播种。商河、冠县、沾化、阳信：大旱。阳谷：春旱大饥，人相食。高唐、茌平、清河：旱。临清：六月大旱饥。济宁、金乡：春旱、人饥。成武：春大饥，人相食，死者无算。菏泽：大饥，饿死者无数。

泗水：大饥，人相食。滋阳（兖州）：春大饥，人相食。濮州、菏泽、郓城、巨野、定陶、曹县、成武、单县、济宁、金乡、汶上、泗水、邹县、滕县：春旱。

清　乾隆五十二年（公元1787年）　春夏，鲁西、鲁北、鲁中六十余州县大旱，成灾。这是继前两年后连续第三年大旱。“运河水涸”，“微山湖涸”，郓城、成武等县出现人相食。新城：旱，贷仓谷。博兴：旱。历城、长清、平阴、东平、章丘：旱。商河：夏五月旱。惠民、海丰（无棣）、阳信、沾化、滨州、利津、蒲台（北镇）、德县、乐陵、德平、陵县、商河、临邑、平原、恩县、禹城、济阳、齐河、聊城、临清、高唐、茌平、馆陶、冠县、堂邑、莘县、阳谷、寿张、朝城、观城、范县、东阿：春夏旱灾。黄县：旱。滕县：夏大旱，微山湖涸。濮州、菏泽、郓城、巨野、定陶、成武、单县、泗水、邹县、滕县：春夏旱。

清　乾隆五十三年（公元1788年）　平度：大旱蝗，田禾俱尽。历城、长清、平阴、肥城、东平、章丘、临朐、淄川、平度：旱灾。惠民、海丰（无棣）、阳信、沾化、滨州、利津、蒲台（北镇）、德县、乐陵、德平、陵县、商河、临邑、平原、恩县、禹城、济阳、齐河、聊城、临清、高唐、茌平、馆陶、冠县、堂邑、莘县、寿张、朝城、观城、范县、东阿、武城、夏津、丘县：旱灾。黄县：三月复旱。荣成：大饥。

清　乾隆五十六年（公元1791年）　宁津：大旱，田禾俱尽。阳信、德县、乐陵、平原、恩县、丘县、临清、高唐、馆陶：旱灾。

清　乾隆五十七年（公元1792年）　惠民、海丰（无棣）、阳信、沾化、滨州、蒲台（北镇）、齐东、德县等四十五县旱。历城：旱，大饥，免漕粮。东平：旱。陵县、德州、乐陵、沾化、阳信、武城：大旱。高唐、茌平、禹城：旱大饥。齐河：旱大饥。商河：春夏大旱。黄县：春夏旱。曲阜、滋阳（兖州）：大旱。济宁、金乡：旱。濮州：夏旱。

清　乾隆五十九年（公元1794年）　以历城等州县旱赏给钱、一月口粮。邹平：旱二麦无收。山东旱。历城、平阴、长清、章丘、寿光、临淄、淄川：旱。德平：夏旱饥。惠民：二麦被旱。荣成：夏入伏后，两月无雨，歉收。黄县：秋不雨至冬。文登：旱。

清　乾隆六十年（公元1795年）　夏，荣成旱，歉收，秋无雨，麦无苗。栖霞县大旱，夏无麦，秋无禾。邹平、昌邑：大旱，大饥。昌乐：春大旱，五月十四始雨。潍县：春大旱，五月十四日降雨。寿光：春大旱。蓬莱：大旱。荣成：夏秋旱。黄县：大旱，民饥。文登：夏旱，秋无雨。

清　嘉庆元年（公元1796年）　广饶：大旱灾。德县：旱。

清　嘉庆二年（公元1797年）　文登：夏旱。

清　嘉庆三年（公元 1798 年）　文登：夏旱。荣成：夏旱入伏后始雨，岁歉收。

清　嘉庆五年（公元 1800 年）　海阳：饥。

清　嘉庆六年（公元 1801 年）　章丘：春旱。荣成：夏秋大旱，草木尽枯，冬饥。文登：春至秋不雨，草木尽枯。

清　嘉庆七年（公元 1802 年）　邹平：旱蝗。潍县：夏大旱，五月至六月不雨，苗禾枯。嘉祥、汶上、邹县：夏旱。峄县（枣庄）：夏大旱蝗。

清　嘉庆八年（公元 1803 年）　邹平：旱。

清　嘉庆九年（公元 1804 年）　临朐：旱蝗。临朐：二月旱。

清　嘉庆十年（公元 1805 年）　章丘：夏旱。昌邑：秋旱。益都：夏旱。潍县：秋旱。寿光：旱蝗饥。章丘：六月大旱。惠民、海丰（无棣）、阳信、沾化、滨州、利津、蒲台（北镇）：旱灾。安丘县：秋旱蝗。

清　嘉庆十二年（公元 1807 年）　博兴、齐东、临淄、淄川：旱灾。沾化、滨州、蒲台（北镇）：旱灾。黄县：二月旱。胶县：春旱。

清　嘉庆十三年（公元 1808 年）　黄县：夏饥。峄县（枣庄）：旱大饥。

清　嘉庆十四年（公元 1809 年）　德县、德州：秋旱减产。

清　嘉庆十五年（公元 1810 年）　德县、德州：旱。寿张：秋七月朔得雨，至次年五月始雨。春大风旱，秋收维麦稷，十二月麦苗枯。掖县：春旱。邹县、滕县、郓城：旱灾。滕县：微湖涸。诸城：春旱。安丘：春夏大旱。

清　嘉庆十六年（公元 1811 年）　春夏大旱，……全省八十余州县受灾，大饥。荣成，人多饥死；栖霞，饿殍枕藉；莱阳，道殣相望。历城：春不雨至五月。昌邑：春大旱秋涝。泰安、东平：旱。潍县：春旱。临朐：大旱。商河：春旱秋禾大熟。齐河：春夏旱。阳谷、莘县：春大旱。观城：旱。招远、黄县、蓬莱、牟平、荣成、文登：夏旱。黄县：春旱。福山：春大旱。单县：岁旱。郓城：春多风，大旱，自上年七月初一日雨至是年五月十四日乃雨，只收黍稷，麦苗枯。邹县：春不雨，五月始雨。济宁：旱。金乡：旱，借籽种，缓征。曹县、濮州、郓城、单县、济宁、嘉祥、金乡、鱼台、汶上、泗水、曲阜、滋阳（兖州）、邹县、滕县：春夏旱。诸城：春旱，秋旱。即墨：夏大旱。安丘：春旱饥。胶县：夏大旱。

清　嘉庆十七年（公元1812年）　鲁北、鲁西、鲁中一带五十八州县大旱，成灾，大饥，民多逃亡。郓城，自二月二十三日雨雷，至八月初一日始雨，是年岁大荒，乡民逃散者十之八九。蒲台（北镇）、长清：秋旱。宁阳：旱。平度：赈饥。潍县：大饥。商河：秋旱。齐河：春夏旱。阳谷：旱饥。寿张：二月二十三日雨雪至八月乃雨，是年大饥，民多逃散。福山：春大旱。定陶：旱大饥。郓城：壬申自二月二十三日雨雪至八月初一日始雨，年大荒，民多逃散。邹县：夏旱蝗岁歉。济宁：旱。滋阳（兖州）、曲阜：大旱，无麦。滕县：春大旱。濮州、菏泽、郓城、巨野、定陶、济宁、嘉祥、金乡、鱼台、汶上、滋阳（兖州）、邹县、滕县：春夏旱。

清　嘉庆十八年（公元1813年）　直隶、河南、山东旱，截留江西漕米饬赈之。惠民、临清、菏泽、泰安、历城、寿光、费县、益都、蓬莱等七十二县大旱。夏，费县大旱，田苗尽槁，六月改种荞麦；冠县，大旱，岁饥；济宁州，旱，大饥。肥城：旱大饥。宁阳：旱饥。东平：旱。寿光、潍县：春大饥。冠县：大旱饥。博平：二麦被旱。宁津、东阿：九月旱。惠民、阳信、滨州、利津、德县、乐陵、德平、陵县、商河、临邑、平原、武城、夏津、恩县、禹城、济阳、齐河、聊城、临清、高唐、茌平、馆陶、冠县、堂邑、莘县、阳谷、寿张、朝城、观城、范县、东阿等县：旱灾。蓬莱：旱灾。邹县：春饥、夏旱。滋阳（兖州）、济宁：春旱，大饥。金乡：旱。曹县：旱饥。濮州、菏泽、郓城、巨野、定陶、曹县、成武、单县、济宁、嘉祥、金乡、鱼台、汶上、滋阳（兖州）、邹县：春夏旱。菏泽：岁饥。峄县（枣庄）：春大饥，夏大旱，岁大饥。费县：夏大旱，……大饥。诸城：春饥。

清　嘉庆十九年（公元1814年）　临朐：旱。金乡：春大饥，秋水，缓征借种。成武：春大饥，流亡不可胜数。单县：春大饥。滕县：微湖涸。费县：春大饥，死者枕藉。

清　嘉庆二十年（公元1815年）　淄川：旱。博山：旱，谷不熟。

清　嘉庆二十二年（公元1817年）　长清：秋旱。邹县：夏旱。

清　道光元年（公元1821年）　荣成：夏旱。

清　道光三年（公元1823年）　益都：秋旱。寿光：秋旱。临朐：秋大旱，豆槁死，冬无麦苗。福山：六至七月不雨。

清　道光四年（公元1824年）　荣成：秋旱，歉收。曹县：六月多雾，白露后始得透雨。巨野、曹县：旱。峄县（枣庄）：夏大旱。

清　道光五年（公元1825年）　五月大旱，酷热，河鱼尽死；夏秋大旱，鲁西、鲁北及鲁中、鲁南西部六十州县成灾，大饥。历城、淄川、博兴、博山：夏大旱。东平：旱蝗。潍县：饥。商河：秋旱。齐河：大旱。海丰（无棣）、利津、德县、商河、临邑、平原、武城、夏津、恩县、禹城、济阳、齐河、聊城、临清、高唐、茌平、馆陶、冠县、堂邑、莘县、阳谷、寿张、朝城、观城、范县、东阿：旱灾。招远：秋旱，无菽。黄县，秋旱。泗水：麦后大旱至七月始雨，田禾不获粒。邹县：麦后大旱，七月始雨。济宁：蝗旱。滋阳（兖州）：夏大旱。曲阜：夏大旱。峄县（枣庄）：夏大旱，自四月至七月。费县：五月大旱。

清　道光六年（公元 1826 年）　长清：夏旱。潍县：夏大旱，冬无雪。德县、平原、武城、夏津、恩县、禹城、济阳、齐河、丘县、聊城、临清、高唐、茌平、馆陶、冠县、堂邑、莘县、阳谷、寿张、朝城、观城、范县、东阿：旱灾。邹县：春旱多异风。诸城：春旱。

清　道光七年（公元 1827 年）　潍县：夏大旱。陵县、武城、恩县、朝城、观城：旱灾。

清　道光九年（公元 1829 年）　平原：秋大旱。诸城：夏旱蝗，饥民采草木实云。

清　道光十年（公元 1830 年）　惠民、海丰（无棣）、阳信、沾化、滨州、利津、乐陵、商河、齐河：夏旱。掖县：秋一月无雨，豆菽旱伤。

清　道光十一年（公元 1831 年）　临清：大旱。巨野、成武、单县：夏旱。

清　道光十二年（公元 1832 年）　惠民、海丰（无棣）、滨州、高苑、齐东、德平、禹城等州县旱。临邑旱，二月不雨至于七月。博兴、宁津、陵县、齐河大旱。邹平、新城：旱。历城：夏大旱，大饥。平阴：亢旱。德平：旱。齐河：夏大旱。平原：二月至七月不雨。

清　道光十三年（公元 1833 年）　济南府：夏旱。平阴：少雨井涸。平原：夏旱。荣成；夏初旱，禾豆歉收。单县：春大饥。

清　道光十四年（公元 1834 年）　博兴：旱。莱芜：大饥。平阴：少雨井涸。惠民、阳信：旱。

清　道光十五年（公元 1835 年）　春夏大旱，胶东、鲁西、鲁北五十八州县成灾，大饥。潍县，登、青、莱三府饥民赴奉天（沈阳）就食；临朐，饥民聚党劫夺。淄川：大旱禾尽伤。历城：春旱至五月不雨，无麦。益都：春旱。博兴：夏五月旱。博山：大旱，禾尽伤。平度：大旱。肥城：春旱。泰安：大旱。东平：春旱。潍县：春大旱歉收。临朐：春大旱。陵县、德县、齐河：春旱。惠民：旱。文登：夏旱。黄县：六月旱。掖县：春大旱。济宁：春旱。金乡：旱。郓城：春夏旱。

清　道光十六年（公元 1836 年）　继续干旱，鲁北、鲁中及胶东等地五十二州县成灾，麦减产，秋无收。招远、临朐、胶县等县道殣相望；春，诸城、安丘等县大饥，人相食；新泰城关殍积。淄川：夏大旱，岁饥。广饶：岁大饥，人相食。昌邑：大饥。博山：春饥，夏大旱，岁饥。肥城：旱。潍县：春大饥，夏疫。寿光：春饥。临朐：春大饥，冬旱无麦苗。禹城：夏旱。临邑：夏旱。登州府：春各属旱大饥。莱阳大旱无禾。福山：旱大饥。峄县（枣庄）：秋大旱。胶县：春大饥，道殣相望。即墨：春旱。

清　道光十七年（公元 1837 年）　昌邑：春旱。平度：春旱，秋旱，冬无雨雪。寿光：春饥。临朐：春正月不雨至五月。齐河：水旱为灾。惠民：旱。阳信：旱。新城：大旱。观城：秋七月旱。福山：大旱。濮州、菏泽、泗水、邹县：春旱。蒙阴县：大饥。胶县：大旱自五月至七月不雨。即墨：春旱大饥。诸城：秋八月旱蝗。

清　道光十八年（公元 1838 年）　惠民、沾化、高苑、齐东、邹平、长山、德州、莱阳等县旱。德县、掖县大旱；峄县（枣庄），夏大旱蝗；安丘，春夏大旱，饥；昌乐，春夏无雨，大饥，冬十月始种麦。博兴：夏旱。潍县：大饥。德州：大旱。陵县：春旱。平原：旱。招远：春旱无麦秋无菽。福山：大旱。掖县：大旱。安丘：春夏大旱，自上年八月不雨至是年五月，麦禾皆死……大饥。

清　道光十九年（公元 1839 年）　潍县：春大饥。昌乐：春旱大饥，夏无麦。陵县：春旱。德州：春旱。胶县：春旱。

第三节　公元 1840 年—1948 年干旱灾害

清　道光二十年（公元 1840 年）　胶县：夏旱蝗。陵县：春旱。禹城：春旱。临邑：春旱。齐河：水旱为灾。胶县：夏旱。

清　道光二十一年（公元 1841 年）　惠民、阳信、沾化、乐陵、商河、武城、夏津、禹城、济阳、齐河、聊城、茌平、冠县、朝城、定陶、单县、嘉祥、金乡、滋阳（兖州）、滕县：秋旱。宁阳：大旱。安丘：三月大风，十余日大热如焚，墙壁皆不可近，至六月初七雨后乃差。

清　道光二十二年（公元 1842 年）　陵县：春旱。德州、平原：旱。临清：旱。沾化：夏旱。阳信：旱。郓城、巨野、定陶、曹县、济宁、汶上、滋阳（兖州）：夏秋旱。

清　道光二十三年（公元 1843 年）　陵县、德州：春旱。郓城：夏旱。

清　道光二十四年（公元 1844 年）　德平：旱。费县、诸城：秋旱。

清　道光二十五年（公元 1845 年）　历城、章丘、临朐、临淄、益都、昌乐、平度：旱。惠民、海丰（无棣）、阳信、滨州、蒲台（北镇）、德县、乐陵、德平、陵县、商河、临邑、平原、恩县、禹城、济阳、齐河、聊城、临清、高唐、茌平、冠县、莘县：旱灾。

清　道光二十六年（公元 1846 年）　德县：旱。临清：夏六月旱。寿光：冬无雪。安丘：春不雨，冬无雪。

清　道光二十七年（公元 1847 年）　鲁北、鲁西及鲁中、鲁南西部六十六州县大旱，成灾，麦秋两季均绝产，大饥。朝城县大旱无禾，人民流离，饿死者十之三。阳谷、冠县大饥，道殣相望。惠民、平原、高唐、郓城、曹县、汶上、滕县等六十八县大旱。濮州三月至七月不雨，岁大饥。巨野：旱，饥。定陶：三月至七月不雨，岁大饥。曹县：三伏不雨，岁大旱，歉。菏泽：三伏不雨，岁饥。成武、濮州、菏泽、郓城、巨野、定陶、曹县、单县、济宁、嘉祥、金乡、鱼台、汶上、滋阳（兖州）、滕县：夏旱。惠民等八县、德州十三县、聊城十八县：旱。莘县：大旱无禾，饿死者十之三。泰安、历城、长清、肥城、东平、章丘、莱芜：旱灾。

清　道光二十八年（公元 1848 年）　蓬莱：六月大旱。牟平、文登：夏旱。福山：夏秋大旱。鱼台：秋旱，至二十九年五月始雨。

清　道光三十年（公元 1850 年）　泰安、历城、东平、宁阳、临朐、益都、德县、德平、陵县、平原、恩县、禹城、济阳、聊城、高唐、茌平、冠县、莘县、朝城、范县、东阿：旱灾。菏泽、巨野、定陶、曹县、济宁、嘉祥、金乡、鱼台、汶上、邹县：春夏旱。

清　咸丰二年（公元 1852 年）　齐河：夏旱。平原：夏旱。

清　咸丰三年（公元 1853 年）　单县：春大饥，人死无算，夏大旱。

清　咸丰四年（公元 1854 年）　沾化：夏旱。日照：旱。

清　咸丰五年（公元 1855 年）　高密：旱。邹县：旱。

清　咸丰六年（公元 1856 年）　夏秋，全省大旱，五十八州县成灾。肥城、陵县，河水竭。利津：旱。益都：春大旱。宁阳：旱，大饥。东平：旱蝗为灾，秋无收。潍县：春旱。寿光：秋旱，菽不实。陵县：春秋旱。德州：春秋旱。寿张：夏旱。海阳、牟平、蓬莱、黄县：旱灾。郓城：夏旱。滋阳（兖州）、金乡：旱。曲阜、巨野、定陶、济宁、金乡、鱼台、汶上、泗水、邹县、滕县：夏旱。安丘：大旱。莒县：五至七月旱。日照：秋大旱。峄县（枣庄）：春大旱，六月丙午始种秋禾，秋旱。

清　咸丰七年（公元1857年）　夏，郓城旱；曲阜雹、旱、蝗三灾均有，五谷不登，人将相食；本年，继上年大旱后，又有41州县遭受旱灾，肥城、东平大饥，死者枕藉；鱼台、日照、临朐亦饥，人相食。日照：大旱。峄县（枣庄）：春大饥，濒河民采蒿为食，露夜多冻死，夏旱，败禾稼。郓城：夏旱。滕县、单县：春大饥，人相食。滋阳（兖州）：春大饥，秋旱。濮州、泗水：夏旱。东平：旱。武城：旱。乐陵：旱。益都：春饥。东平：春大饥，人相食。寿光：夏旱。临朐：春饥。馆陶：旱、蝗为灾，岁大饥，至有以人肉充饥者。

清　咸丰八年（公元1858年）　淄川、长山：大旱，岁饥。安丘：秋大旱。曹县：旱。

清　咸丰九年（公元1859年）　春夏，鲁北、鲁中一带大旱，五十五州县成灾。安丘：大旱。滋阳（兖州）、曲阜：春大旱。黄县：春旱，至五月始雨，无麦。掖县：春大旱，五月十八日雨，始种禾黍。惠民、海丰（无棣）、阳信、商河、武城、恩县、禹城、聊城、丘县、高唐、茌平、馆陶、冠县：旱灾。昌邑：春大旱，是年饥。益都：夏旱。广饶、博兴：旱，无麦禾。莱芜：春旱，秋大熟。潍县：春大旱，秋大饥。寿光：春旱，麦苗枯。临朐：春夏旱。

清　咸丰十年（公元1860年）　高密：秋旱。利津、沾化：旱。滨州：旱。

清　咸丰十一年（公元1861年）　陵县、德州：春旱。

清　同治元年（公元1862年）　莘县、阳谷：秋大旱……，晚禾无收。朝城：大旱，秋无禾。馆陶：夏旱，苗尽槁，饥。冠县：秋大旱，无禾。安丘：夏旱。单县：旱。栖霞：秋七月旱。

清　同治四年（公元1865年）　陵县、德州：秋旱。黄县：夏旱。

清　同治五年（公元1866年）　博兴：水、旱、雹成灾。潍县：冬无雪。齐河：水、旱、风、雹成灾。安丘：秋旱。

清　同治六年（公元1867年）　平阴：旱。

清　同治七年（公元1868年）　益都：秋旱。临淄、昌乐：旱。黄县：二月旱，九月又旱。

清　同治八年（公元1869年）　山东临邑、聊城、安丘、长山、济阳、乐陵、商河、阳谷、朝城、清平十县被旱。历城、齐河、博兴、安丘：春旱。潍县：春大旱，冬无雪。

陵县、德州：秋旱。阳谷、寿张：春旱。武城、平原：旱。临清：夏五月大旱。黄县：春夏旱，秋又旱。巨野：春旱。郓城：春旱。濮州、郓城：旱。

清 同治九年（公元1870年） 寿光：弥河涸。蒲台（北镇）、德县、乐陵、陵县、临邑、平原、武城、夏津、禹城、齐河、聊城、临清、茌平、冠县、堂邑、莘县、阳谷、寿张、朝城、观城、范县、东阿：旱灾。德州：春旱，大疫。黄县：夏秋旱。濮州、济宁、嘉祥、金乡、汶上、邹县、滕县：春夏旱。蒙阴：春旱。诸城：自五月至七月不雨。

清 同治十年（公元1871年） 巨野：春旱，至四月始雨。福山：六月亢旱。蒙阴：旱。邹平、新城、长山、历城、长清、平阴、东平、章丘、寿光：旱灾。

清 同治十二年（公元1873年） 高密：秋大旱。

清 同治十三年（公元1874年） 海丰（无棣）、阳信、沾化、滨州、齐河、济阳、寿张、濮州、郓城、巨野、济宁、曲阜、滋阳（兖州）、邹县、宁阳、费县等均遇到春夏连旱。

清 光绪元年（公元1875年） 海丰（无棣）、阳信、滨州、邹平、新城、商河、临清、高唐、济宁、汶上、东平、章丘等三十七个州县旱。春夏，齐河旱无麦，秋歉收，冬无雪；春夏，博兴旱；齐东光绪元、二年均大旱，民饥，树皮草根采食殆尽。齐东：大旱。利津：大旱。安丘、东平：旱。栖霞：秋旱。博兴、汶上、曲阜、邹县、滕县：春夏旱。峄县（枣庄）：大旱。济宁：春夏旱。

清 光绪二年（公元1876年） 全省特大旱灾。除胶东的招远、黄县、蓬莱、栖霞、即墨、荣成及鲁南的泗水、蒙阴、沂水、郯城十县未成灾外，其它九十七县均成灾。潍县、长清、峄县（枣庄）、临邑、青城、齐东等县人多饿死，道殣相望，树皮草根食殆尽。

单县自春至七月不雨，赤地无禾，大饥；平原自春至后五月天旱不雨，野无青草。

历城：春旱，自正月至闰五月无雨。广饶：春大旱，无麦禾。邹平：大旱，岁歉。堂邑：春，大旱，五月始雨。博兴：春大饥，正月旱至五月二十七日始雨，秋歉收。博山：春大旱，五月始雨，闰五月又旱。肥城：亢旱，赤地无禾，闰五月十日始雨。临淄：大饥。益都：春旱，大饥。莱芜：春大旱，没水喝。宁阳：旱，大饥，无麦。东平：旱。潍县：大旱，民饥，饿死者不下数万人。寿光：春大旱，弥水涸，至七月始雨，民饥。临朐：大旱，自正月至七月无雨，社有流亡。德州、德县：旱，岁歉。德平：旱。济阳：春旱无麦，至闰五月十八日大雨，始播种，五谷岁歉，民饥，有死者。齐河：春大饥，草根树皮食之殆尽，自正月旱至五月。阳谷：春旱，秋饥。范县：大旱，自正月至闰五月二十七日始大雨。高唐：旱，闰五月二十七日始雨。茌平：旱，至闰五月十七日始雨。平原：大旱，饥。聊城：旱，大饥。清平、临清：大旱。寿张：春旱。临邑：大旱，五月雨，始种五谷，岁歉，民有饿死者。阳信：春旱，无麦。海阳：旱，饥。泰安、莱阳：旱，大饥。文登：夏大旱，秋大雨，禾尽伤。掖县：自正月不雨，闰五月初三始雨。邹县：春大饥，夏大旱。巨野：春夏旱，民饥。郓城：春夏旱。滋阳（兖州）、曲阜：旱，大饥，无麦。濮州、菏泽、定陶、曹县、成武、济宁、金乡、嘉祥、鱼台、汶上、滕县、牟平、福山：春夏旱。高密：旱，岁饥，流民载道。安丘：春旱，饥。费县：旱，大饥，民多逃亡。

清　光绪三年（公元 1877 年）　本年全省大旱。鲁北、鲁中、鲁南一带麦秋两季均近绝产，六十八州县成灾，饿死甚多。冠县饿殍载道。临清连年荒旱，民食树皮殆尽，死者无算。阳谷、莘县斗米值钱九百，草根树皮人争相食。济阳、阳信等旱，民饥，死者甚多。齐东元、二、三年均大旱，民饥，树皮草根采食殆尽。博山大旱，禾稼尽枯死，兼瘟疫。

淄川：大旱，禾稼尽枯死。广饶：大旱，无麦禾。临淄：春大旱，饥。益都：春大饥。博兴：旱，无麦。博山：旱，大饥，人有饿死者。莱芜：旱。宁阳：旱，无麦。潍县：春饥。寿光：春大饥。临朐：春旱。德平、德州：春旱，至闰五月始雨。济阳：旱，民饥死甚众。阳谷：春大旱，草根树皮人争食之，秋大旱。馆陶：亢旱，无秋，至四年春人多饥死。范县：大旱，岁饥。武城：旱，岁大饥。冠县：秋大旱。茌平：旱，岁饥。莘县：夏五月大饥，闰五月十七日雨泽降，秋大旱，草根树皮人争食。寿张：夏秋大旱。临邑：大旱，民饥者众。沾化：旱，大饥。阳信：旱，民饥，死者甚多。临清：五月大饥，连年荒旱，民食树皮，死者无算。巨野、郓城：春夏秋大旱，民有饥色，五谷歉收。滋阳（兖州）：旱，无麦禾。邹县：春夏旱，秋失收。济宁：春夏旱，大秋无收。鱼台：春夏旱，大饥。汶上、曲阜：春夏旱。费县：六月大旱。

清　光绪四年（公元 1878 年）　博兴、新城、陵县、博平、堂邑、济宁、莒州、潍县等一十三州县旱。临清、清平，五月旱，大饥；昌乐大旱，饥，严禁烧锅，以裕民食。潍县、寿光、临淄、博山、临朐、益都、昌乐：旱灾。陵县、德州：秋旱。阳谷：春旱，野有饿殍。平原：五月旱，大饥，饿死多人。济宁：春大旱。东平：春旱，民饥。费县：春饥。

清　光绪五年（公元 1879 年）　陵县、德州：秋旱。阳谷、冠县：春大旱。莘县：春大旱。

清　光绪六年（公元 1880 年）　陵县、德州：秋旱。馆陶：六月旱。武城：旱。利津：秋旱。巨野：秋七月旱，自七月至年底无雨雪。曹县：秋后无雨，麦未种足。济宁：秋大旱，麦种十分之一。鱼台：秋大旱，无麦苗，越明年四月始雨。郓城、定陶、汶上、曲阜、临沂、邹县：秋大旱。蒙阴：夏六月旱。

清　光绪七年（公元 1881 年）　鱼台：春旱。

清　光绪八年（公元 1882 年）　陵县、德州：秋大旱。

清　光绪九年（公元1883年）　陵县、德州：春秋旱。

清　光绪十年（公元1884年）　济南、博山：大旱，岁饥。寿光、昌乐：旱。邹县：秋旱。

清　光绪十一年（公元1885年）　滋阳（兖州）：秋七月旱。安丘：旱。蒙阴：夏大旱。

清　光绪十二年（公元1886年）　泗水、滋阳（兖州）、邹县：夏秋旱。高密：秋旱。蒙阴：旱。

清　光绪十三年（公元1887年）　阳谷：夏旱。莘县：春大旱。临沂：夏旱，无豆。

清　光绪十四年（公元1888年）　嘉祥、汶上：春夏旱。阳谷：春大旱，麦多不实。冠县：大旱。莘县：大旱无禾，至七月中旬淫雨为灾。寿张：春大旱。济宁：春夏大旱，禾尽枯槁。曲阜：春夏秋旱，谷禾皆枯槁。金乡、鱼台、滋阳（兖州）、滕县、邹县：春夏旱。临沂：旱，饥。费县：春旱。

清　光绪十五年（公元1889年）　淄川：大旱，饥。博山：大旱，饥，疫。茌平：大旱，米价贵。曲阜、滋阳（兖州）：春夏旱。蒙阴：春旱，大饥。费县：春大饥，人多死亡，粮贵。临沂、诸城：旱。

清　光绪十六年（公元1890年）　高密：秋旱。

清　光绪十七年（公元1891年）　临朐：二至五月不雨，五月二十五日始雨。

清　光绪十八年（公元1892年）　莱阳：夏旱。文登：夏旱。蒙阴：夏五月旱。

清　光绪十九年（公元1893年）　文登：春大饥，夏复旱，秋歉收。

清　光绪二十年（公元1894年）　范县：旱。

清　光绪二十一年（公元1895年）　寿光：夏五月旱。蒙阴：秋七月旱。

清　光绪二十二年（公元1896年）　临朐：春旱。高唐：秋旱。蒙阴：春旱。

清　光绪二十五年（公元1899年）　登、莱、青、沂四府属秋禾被旱。博兴：秋旱，岁歉。齐东：夏秋旱。郓城、济宁、金乡、嘉祥、鱼台、曲阜、滋阳（兖州）、邹县、滕县：春夏秋旱。安丘：春旱。莒县：春大旱，自二十四年九月至二十五年五月不雨。蒙阴：三月至五月无雨，赤地千里。峄县（枣庄）：自二月至五月不雨……，岁饥。黄县、文登、牟平、荣成：旱灾。莱阳：秋大旱。德州：秋旱不能种麦。齐河：秋连雨，继以旱。冠县：秋大旱，麦未播种。平原：七月旱，每夕日光赤如血。寿张：夏大旱，麦苗多枯，人患黄瘟疫。

清　光绪二十六年（公元 1900 年）　邹平：大旱。冠县：春大旱，野无青草，七月晚禾始种。茌平：夏大旱。清平：夏大旱，饥。临清：夏大旱，饥。临邑：春大旱。馆陶：春夏无雨，至七月初十日降雨三寸，始得播种。

清　光绪二十八年（公元 1902 年）　平原：大旱。临清：六月大旱，大疫。

清　光绪二十九年（公元 1903 年）　蒙阴：夏闰五月大旱。

清　光绪三十一年（公元 1905 年）　蒙阴：秋七月旱。

清　光绪三十二年（公元 1906 年）　淄川、博山：八月旱，次年五月二十二日始雨。阳信：大旱。蒙阴：夏闰四月旱。冠县：大旱，谷禾多枯死。

清　光绪三十三年（公元 1907 年）　冠县、莘县、朝城：大旱，禾谷多枯死。临沂：夏秋旱，无豆。蒙阴：六月旱。

清　光绪三十四年（公元 1908 年）　淄川：夏旱禾苗枯槁，到七月二十三日大水。历城：六月旱。邹平：大旱。广饶：夏大旱，七月大雨如注。博兴：夏大旱。博山：夏旱，禾苗枯，七月大雨。寿光：春旱，饥，秋七月大雨。济阳：春旱无麦，五月下旬始雨，播种后复大旱。齐河：六月旱。临邑：旱，五月始雨。阳信：春无麦，三月下旬雨，始播种。平原、德州：六月旱。

清　宣统元年（公元 1909 年）　淄川：旱，四月始雨。博山：春旱，四月始雨。寿光：春旱，饥。临邑、济阳、阳信：春大旱。范县：夏旱。

民国　元年（公元 1912 年）　桓台：夏秋旱。齐河：秋大旱。

民国　二年（公元 1913 年）　桓台：春旱。博兴：旱。巨野，春饥。菏泽，夏旱。

民国　三年（公元 1914 年）　栖霞连续干旱五个月，粮食无收，饿殍遍地。博山：夏旱。寿光：夏旱。淄川：夏大旱。齐河：秋旱。诸城：春无雨，到五月连降雨四十多天。

民国　四年（公元 1915 年）　临清：春旱，多暴风，夏旱。乐陵：旱，庄稼基本绝产。

民国　五年（公元1916年）　莱芜：六月大旱。齐河：秋旱。莱阳：夏旱。

民国　六年（公元1917年）　寿光，夏四月酷暑，人有渴死者。临邑，旱，五谷减收。东平，春大旱，麦苗槁枯，崂山，酷旱……收获大歉，赖东三省运高粱百万担以济民食。博山，自春及夏无雨，龙泉水不溢流。栖霞，春至夏，持续干旱四个月之久，粮食无收，饿殍遍地。烟台、牟平、莱阳，夏大旱……岁饥。山东阳历七月大旱，八月仍少雨。临邑自春至秋旱魃为灾，赤地千里，粒米不获，民皆菜色，树叶菜根，采掘殆尽。淄川：自春至夏无雨，龙泉水不流。桓台：春旱。临淄：春大旱。博兴：春旱。临朐：自上年八月至当年五月不雨，春大旱。莱芜：自上年九月无雨至当年五月中旬得雨始耕。泰安：自七月夏旱五十多天，谷子旱倒。阳信：大旱。乐陵：先旱后涝，全县庄稼基本绝产。

民国　七年（公元1918年）　齐河、淄川：夏旱。桓台：春旱至麦熟。博山：旱。莱阳：夏旱。

民国　八年（公元1919年）　桓台：春夏旱，河流涸竭。临淄：春夏旱，豆苗枯。莱芜：七月二十三日蝗蝻大至，弥月无雨。淄川：大旱，六月二十五日连阴二十天。齐河：夏旱，岁饥。济阳：夏大旱。莘县、朝城：旱成灾。临邑、沾化、阳信：大旱。牟平：夏至秋无雨。莱阳：春饥，夏大旱。

民国　九年（公元1920年）　夏，山东、山西、河北、河南、陕西五省大旱，鲁西北三十五县受灾，灾民三百八十三万人。阳信，自往年大饥，至是岁小暑，滴雨不降，麦禾全无，斗粟十余斤，价昂三千余文，斗麦十余斤，价昂五千余文。民饿死者惨不忍闻。至五月二十七日始雨，仅得播种，六七月大旱，终不得获。数百年来未有如此饥之甚者。秋，菏泽大旱。诸城，从种麦到五月份没下雨，麦子没种成。桓台：春夏旱。临朐：春夏之交亢旱，夏四月二十日大雨。临淄：春夏旱。博兴：春无雨，秋未播种。东平：旱，秋失收，岁饥。泰安：春旱直到五月二十七日，八月阴雨。德县、德州：春大旱。沾化：大旱。临邑、阳信、齐河：大旱，数百年未有。馆陶：大旱，遍地赤土，人食草根树皮为生，逃亡男女达十之四。清平：七月旱，大饥。莘县：春夏大旱，无麦，赤地无禾，五月雨，种晚禾又多旱死。临清：七月大旱，饥。朝城：春夏大旱，无麦。夏津：旱，六月始雨。

民国　十年（公元1921年）　桓台：春夏大旱。阳信：春无雨，大饥。沾化：春大旱。茌平：大旱。

民国　十一年（公元1922年）　寿光：春旱。泰安：春旱，麦绝产。

民国　十二年（公元1923年）　无棣：夏旱。

民国　十三年（公元 1924 年）　菏泽：赤地千里，旱象严重。无棣：秋大旱。

民国　十四年（公元 1925 年）　寿光：春旱，夏麦歉收。临朐：春旱，小麦减产四成。淄川：秋旱。泰安：春旱，春播推迟三个节气。德州：旱灾。

民国　十五年（公元 1926 年）　泰安：夏大旱，自三月雨至六月朔得雨。寿光：春旱，弥河水涸数日。济阳：大旱，五谷歉收。德州：旱灾。滕县：夏大旱。邹县：自三月不雨，至六月初旬始雨，方种高粱，九月收获，粒实多秕。莒县：夏旱，田禾歉收。

民国　十六年（公元 1927 年）　全省大旱。鲁西、鲁北、鲁南五十六县受灾，秋收不及四成，灾民二千万，占全省人口的百分之五十以上。邹县：春夏旱，六月下旬种高粱，十月初收获，粒多秕。曲阜：凶旱皆大饥。滕县：岁大饥。莒县：旱饥。诸城：小麦在霜降以后，才种了一部分。齐东：春旱，六月二十八日大雨。东平：麦受旱灾，夏旱，二麦秋皆失收，大饥。寿光：春旱，夏酷暑。淄川：全年大旱。德县：秋旱，岁歉。德州：旱，岁歉。冠县：大旱，禾尽槁，大饥。临邑，雨水愆期，籽粒不收。齐河：秋大旱。

民国　十七年（公元 1928 年）　全省大旱，七十九县受灾，灾民五百万人。菏泽：五月飞蝗成灾，赤地千里，旱象严重。滕县：大旱饥。诸城：春旱，小麦收成很坏，秋谷大部旱死，地里补苗苗死，补菜菜不活，六月底下了一场小雨，高粱吐了小穗。青岛盛夏期水源不济，自朝至暮，无水可得，全埠极其不便。临朐：春夏连旱，七月二十四日始降大雨。冠县：无雨，夏六月初七雨……，大饥。

民国　十八年（公元 1929 年）　全省大旱，九十四县受水旱灾害，灾民七百二十八点五万人。茌平夏雨极晚，春亦鲜雨，所种谷粱甚少，又皆旱死，及伏前始雨，重播高粱后，雨复间断，迨至成熟而秀，则抵八月秋矣。青岛大旱，少雨，年降雨量仅为四百三十四点八毫米。

东平：旱，自春徂夏，亢阳不雨。菏泽：春夏大旱，六月中旬大雨。东明：春夏大旱，田禾枯死，晚禾未种，连年荒旱，岁歉，民不聊生。

民国　十九年（公元 1930 年）　博山：旱。淄川：旱，六月连阴四十日。

民国　二十年（公元 1931 年）　临朐：夏旱，五月二十六日至六月十七日二十一天滴雨未下，秋旱严重，从九月中旬到十一月中旬两个月只降雨十八点八毫米。

民国　二十一年（公元 1932 年）　金乡：大旱年。九月，崂山大旱，乡区禾稼枯槁。

临朐：春前期旱，三月至四月只降雨十九点五毫米，春播晚，整个秋季干旱少雨。淄川：春旱夏涝，庄稼无收。乐陵：旱，全境庄稼基本绝产。

民国　二十三年（公元 1934 年）　全省大旱，六十三县受灾，受灾田亩三千八百五十七万亩。邹县：七月七日至十六日天旱奇热，气温升至一百一十三华氏度（四十五点零摄氏度），十日内县境热死五六百人之多，处暑后多雨，仍热达一百零五华氏度（四十点六摄氏度）。临邑：先旱后涝……秋歉收。

民国　二十四年（公元 1935 年）　临朐：春旱，小麦减产二成。茌平：从春到夏极旱。

博山、淄川：春旱，五月雨，农人始播种。齐东：春旱，七月始雨。东平：春旱，夏四月天气陡热，气温达九十华氏度（三十二点二摄氏度）。清平：是年大旱。恩县：一春恒风无雨，麦多旱干，四月九日堤上一带大风雨雹，麦虽损伤播谷未晚，最苦者堤下一带，无雹亦无雨，一片赤地，麦亦焦枯，至六月九日天降普雨，他稼不宜，唯豆与蜀黍。

民国　二十五年（公元 1936 年）　乐陵：旱，全县庄稼减产很多。

民国　二十七年（公元 1938 年）　临朐：七月中旬至八月中旬干旱少雨，减产严重。乐陵：一月到七月干旱，庄稼种不上。

民国　二十八年（公元 1939 年）　乐陵：连年旱。泰安：秋季基本无收，冬小麦到第二年才出苗。临朐：春前期旱，四月只降雨七点五毫米，播种困难。崂山，春荒旱。

民国　二十九年（公元 1940 年）　德州：旱灾。乐陵：连年旱，六月连阴雨。

民国　三十年（公元 1941 年）　德州：旱灾。乐陵：旱灾。临邑：旱。淄川：旱。

崂山，春旱数月未雨，秋又旱，禾稼枯槁，豆类地瓜种粒不获，乞丐络绎于途，哀鸿遍地。诸城：春旱，从四月上旬至六月下旬连续两个多月全县普遍受旱，庄稼减产。

民国　三十一年（公元 1942 年）　鲁北发生特大旱灾，连续一百五十天无雨，土地龟裂，河道干涸，树叶树皮被灾民吃光，高利贷年息达百分之三百。抗日根据地民主政府发布“减租减息”法令，并发放部分救济粮。

临朐：自上年秋至当年七月十八日基本无雨，春作物旱死，小麦大部绝产。泰安：春夏旱，旱到五月二十七日，全区成灾，吃树皮，饿死人无算。德州：旱灾。乐陵：旱灾。临邑：旱。菏泽：大旱，庄稼严重歉收。

民国　三十二年（公元 1943 年）　淄川：旱（连旱三年），大旱，庄稼无收。茌平：大旱。乐陵：干旱。临邑：大旱成灾。冠县、馆陶、莘县：是年始终滴雨不下，赤地数万里，寸草不见，颗粒不收。民有饥色，野有饿殍。

民国　三十三年（公元 1944 年）　乐陵：干旱。

民国　三十四年（公元1945年）　淄川：秋旱。乐陵：春干旱。

民国　三十七年（公元1948年）　淄川：春旱秋涝……，粮食歉收。

第四节　公元1949年—2000年干旱灾害

1949年　4月27日～8月18日，平邑县无雨，成灾面积78.8万亩（1亩＝1/15公顷），占总耕地面积的68％，其中绝产面积12.4万亩，减产粮食1.6亿斤（1斤＝0.5千克）。

曲阜大旱，4～7月不雨，尼山、王庄旱情尤重，王庄一带秋粮减产80％。

招远春耕结束后，只有阜山区、纪山区下过几次小雨，其它区一直到7月26日才下大雨，干旱使庄稼种植受到影响，小麦秀穗时天旱，枯死。金山区杨家以北的玉米、高粱大部分枯死。招远一年来遭受天灾的摧残，自春耕后到夏锄期间，天旱不雨。

文登县夏收后隔40多天下雨，夏播大豆立秋后才种上，因播种太晚，生长期太短，减产50％左右。

宁阳遭旱灾。夏秋两季粮食收成都受到影响，根据9月份的统计，受灾村早秋一般的每亩收23～32斤。晚秋豆子一般盖不死地，荞麦出地就开花。由于全年的旱灾，多数户发生断炊。仅五区随山小区893户，就有505户没吃的，要饭的39户。根据这种情况县委发出救灾的紧急措施。一是向地富借粮；二是发动群众募集；三是提倡村中的自由借贷。

章丘市刁镇、白云等地秋旱，因旱荒地达2304亩。济阳县受旱面积11万亩。汶上县次邱秋旱持续70天，秋作物减产5成。

1950年　禹城1～5月无有效降水，旱情持续发展，干旱严重，全县受灾面积74.6万亩，成灾25万亩。荣成春夏旱，庄稼歉收，政府拨救济粮46万千克。汶上县秋旱持续30天，秋作物基本绝产。曲阜夏季大旱，继1949年大旱酿成特大旱灾，山区村民树叶吃光又吃树皮、野菜等。党和政府组织生产自救，没饿死人。崂山县年仅降水428.4毫米，小麦玉米几乎绝产。

1951年　德州本年降水量379.0毫米，较常年少32％，全年旱。出现河道断流，井水干涸，禾苗枯槁现象。广饶县大旱，受灾64万亩。

1952年　胶县春旱，4个月降雨仅54毫米，受旱面积16万亩，其中绝产4万余亩。

8月20日以后，禹城旱象发展，直接影响到晚秋作物的生长。县委召开紧急动员会，发动群众抗旱自救，至9月5日，禹城推销水车700部，打砖井278眼，土井1001眼，水浇庄稼112182亩，抗旱人数达43318人，有力地控制了旱情的发展，减少了旱灾损失。

垦利县夏季降雨稀少，受旱面积 57.6 万亩，成灾 24.4 万亩。

武城春旱连夏旱，3～8 月份累计降水量 245.8 毫米，比常年偏少 172.8 毫米，影响春播，对小麦春季正常生长发育非常不利，夏旱影响各种夏播作物及棉花的正常生育，由于当时的水源条件差，整个春季和夏季土壤墒情一直很差，导致春播作物和夏播作物均造成严重减产。

蒙阴县夏季干旱，全县减产 30%～40%。

夏末秋初，全省普遍遭受旱灾。德州专区的庆云、宁津，惠民专区的高青、博兴，昌潍专区的寿光、寿南及潍坊市，泰安专区的莱芜、肥城，淄博专区的淄川、临淄、张周市，胶州专区的即东、即墨，文登专区的文登、海阳、福山，莱阳专区的莱阳，滕县专区的 14 个县，济南市郊区等 72 个县、3 市受灾。受灾面积 1300 多万亩，成灾面积 808 万亩。

博兴县秋旱严重，早秋作物大减产，晚秋作物基本无收。

1953 年　沾化县春旱，成灾面积 31.5 万亩。

8 月 12 日至 10 月 18 日，临沂县持续干旱 68 天，全县受旱 39 万亩，秋作物减产 5～7 成。

8 月下旬至 10 月中旬，全省基本无雨。鲁南、胶东、鲁西等地区干旱严重，因旱成灾面积（指农作物）4000 多万亩。

垦利县夏季干旱少雨，因旱成灾面积 52.1 万亩。广饶县遭受旱灾 18 万亩。汶上县秋旱持续 37 天，路桥秋作物减产 7～8 成。曲阜尼山一带大旱，曲阜受旱面积 9254 亩。

1954 年　1～7 月，垦利县降水量仅为 150.9 毫米，干旱严重，高粱抽穗未齐，渐次枯死。

6、7 月份，鲁中、鲁南发生大面积干旱。

7 月，广饶县旱情严重，40 万亩受灾减产。

淄博市夏旱，张店、周村、淄川、博山、临淄、桓台累计受灾 100 万余亩，减产粮食 3.13 万吨。

胶南县秋旱，农作物减产 8 成。胶县秋旱 60 余天，秋作物减产 3～5 成。

郓城大旱。

1955 年　胶县冬春连旱，自上年 12 月初至当年 4 月底，雨雪量仅 12.7 毫米，延至 6 月 16 日止，190 余天共降水 48.1 毫米，不足常年同期的三分之一，春播困难，小麦歉收。

寿光县上年冬少雨，接着春旱，持续 100 天左右，全县旱情严重，直至 6 月下旬解除。

1 月至 5 月 27 日，临沂县持续干旱 146 天，春播困难。

1～6 月，济阳县降水量不足 50 毫米，旱情较重，夏种困难，受旱面积 18 万亩。

武城春旱连初夏旱，3～6 月份累计降水 38.5 毫米，比常年偏少 98.7 毫米，不仅严重影响春播和春季小麦正常生育，同时也严重影响夏播，造成春播和夏播作物严重减产。

全省（除菏泽外）春、夏各县干旱，受灾面积 2000 万余亩。

荣成连续两次出现干旱，第一次 5 月份，由于 1～3 月无雨，4 月降雨 27 毫米，无济于事，影响春播和小麦生长。第二次在 8 月份，正值高温季节，共降雨 50 毫米，且雨量不匀，荣成有 5 个区的 15 个乡旱情较重，秋作物出现了枯萎现象。

莱西、即墨干旱，受灾面积 11 万公顷，成灾 4.4 万公顷。牟平县出现旱灾，全县受灾作物 1.3 万公顷，减产约 180 万千克。

庆云县因旱成灾面积 81000 亩。33880 人受灾。广饶县大旱，受灾 56.8 万亩。沾化县春至初夏，旱灾，作物成灾 3 万亩。济阳县 6 月中旬以前降水偏少，近 40 万亩作物受旱。

1957 年　济阳县春季降水少，春作物播种困难，济阳县受旱面积 47 万亩。牟平县春旱，40 余天基本无雨，严重影响了春播和小麦生长。

胶县 6 月份 30 天不下雨，多种作物垂茎卷叶。8 月下旬至 11 月上旬，总降雨量仅为 5.4 毫米，晚秋作物绝产 4.6 万亩。

武城出现严重春旱和秋旱，春季仅降水 42.9 毫米，比常年偏少 30.7 毫米，尤其是 5 月份仅降水 3.3 毫米，严重影响春播和小麦正常开花灌浆。秋季仅降水 4.7 毫米，比常年偏少 80.2 毫米，严重影响各种秋作物正常灌浆成熟和正常秋播。

8 月 29 日至 10 月 19 日，莒县连续 52 天无降雨，秋季作物减产 30%，30 万亩小麦靠造墒播种。

8 月至 10 月中旬，全省平均降雨仅 40.2 毫米，较常年同期少 229 毫米，部分地区 70 天无雨，晚秋作物普遍减产，有 61 个县的 3800 多万亩农作物因旱成灾。菏泽、聊城、临沂三专区形成了大片旱灾区。

8 月 29 日至 10 月 23 日，临沂县持续干旱 56 天，受旱面积 55 万亩，秋作物减产 5～7 成。

宁津秋旱，降水量 12.6 毫米，直接影响到棉花的后期生长，也直接关系到小麦的播种及苗情的好坏。

曲阜秋季出现持续近 100 天的大旱，秋季作物大量减产，同时旱情使当年小麦播期推迟。

长岛秋季近 3 个月未下雨。蓬莱全年干旱，农作物减产 2～3 成。汶上县次邱秋旱持续 92 天，秋作物减产 8 成。庆云县因旱成灾面积 13000 亩，6000 人受灾。

胶南、胶县、莱西干旱，受灾面积 15.8 万公顷，成灾 9.2 万公顷。

1958 年　1 月至 7 月下旬，掖县（莱州）降雨 111.2 毫米，比上年同期少 183.2 毫米，东南山区 20 多个乡的作物旱死。

3～5 月，招远四次降雨只有 31.5 毫米。全县因干旱不能种植的地瓜面积占 60%，花生占 10%。已种的地瓜、花生缺苗断垄平均在 20%～30%左右，丘陵地小麦大部分枯黄，约有 4000 亩已枯死。不少地方河道断流、井无水。严重影响晚春作物播种，早春作物保苗和小麦的增产。

荣成春夏干旱。南部的靖海、人和两乡，从 1957 年 8 月 15 日到 1958 年 8 月，11 个多月中仅降雨 25 毫米，干旱尤为严重。5 月份荣成有 14 万亩晚春作物尚未播种，已播种的受旱，有的已变枯萎。县委自 5 月 24 日起先后召开了两次抗旱、保收保种广播大会，一次抗旱誓师大会，县直机关半日工作、半日抗旱，还组织 200 余干部深入乡村发动群众抗旱保苗。荣成从 5 月 24 日至 6 月 6 日，抗旱点种 97000 亩，抗旱保苗 8500 亩。7 月份，旱灾继续发展，而且水源不足，县委再次进行全面发动，要拿百分之八十的劳力投入抗旱斗争，在水源不足的情况下，通过抗旱，大搞农田基本建设，自 7 月 19 日至 22 日 4 天中，有 18 万人上阵，浇各种作物 16 万亩。

海阳汛期雨水稀少，比常年偏少 300 多毫米，徐家店、长沙、郭城、发城、高家、朱吴、埠后等乡，丘陵地带谷子、玉米、地瓜、花生全部枯焦，河流干涸，井中断水。

广饶县遭受旱灾，受灾面积 18 万亩。汶上县秋旱持续 30 天，秋作物减产 4 成。龙口大旱，全年降水量 442.5 毫米，有 5 万眼水井干涸，占水井总数的 50%。粮食作物比 1956 年减产 39%，比 1957 年减产 17.9%。

1959 年　6～8 月，全省出现几十年罕见的大旱，菏泽、济宁、聊城等专区的部分地区干旱持续 120 天。全省受旱面积 5400 多万亩，成灾 1700 余万亩，绝产 100 多万亩。

7～8 月，全省平均降雨量 278 毫米，比常年同期（360 毫米）偏少 23%，尤其鲁南、鲁西南地区降雨量 200 毫米左右，比常年同期偏少 4～6 成，以致发生了历史上少有的伏旱。8 月上旬全省最大受旱面积达 5408 万亩，成灾面积 1769 万亩，绝收面积 133 万亩，受灾人口 599.7 万人，减产粮食 73.54 万吨，救灾投入经费 1460 万元，其它投入折合 1890 万元。

曲阜夏季大旱，自 7 月上旬至 8 月底，降雨甚少，曲阜共有耕地 157 万余亩，有旱情的达 118 万余亩，占 75%，其中绝产 1.4 万余亩，曲阜共减产粮食 3583 万斤。

文登县夏季出现 1949 年新中国建立后夏旱最重的一年。从 7 月 2 日至 9 月 3 日，两月共降水 92 毫米，比常年同期减少 78%，受灾面积 130 万亩，减产粮食 4800 万斤。

蒙阴县夏季干旱，持续 40 天，全县减产 30%～40%。济阳县春季、秋季，降水偏少，受旱面积 23 万亩。郓城陈潘渡等 5 个公社 129 万亩庄稼严重受旱。

禹城全年大旱，年总降水量仅 231 毫米，成灾面积达 63.1 万亩。陵县干旱，受灾面积 13.2 万亩，绝产为 5.53 万亩。沾化县发生旱灾，受灾面积为 65.8 万亩。

1960 年　自上年秋季到当年春季，全省干旱持续 200 余天，严重影响了春季播种和夏收作物的生长，小麦减产较大。9 月份以后，全省又普遍干旱，使晚秋作物的生长和小麦播种受到严重影响。

1～5 月份，嘉祥县降水 55 毫米，小麦受旱严重，受旱面积 58 万亩。

1 月～6 月上旬，沂水在长达 160 多天里，只有两次大于 10 毫米的降水。（3 月 25 日降水 11.2 毫米，5 月 9 日降水 17.2 毫米）春旱严重，给春播造成很大困难，严重影响了小麦正常生长，全县小麦大面积减产。河流干涸使山区人畜用水都发生了困难。

莒县春旱，连续 46 天无雨，小麦减产 30%。

淄博市春旱，张店、周村、淄川、博山、临淄、桓台、高青累计受灾 97 万亩；张店、周村、淄川、博山、临淄、桓台小麦累计减产 5.29 万吨。

蓬莱春旱。1～4月全县仅零星降雨26.3毫米，大部分水库塘坝干涸，小麦歉收。

广饶县春大旱（1～5月降水36.2毫米），秋又旱（9～10月降水45.1毫米），受灾严重的12.43万亩。

沾化县春至秋大旱，成灾面积35万亩。庆云县因旱成灾23500亩，受灾人口49720人。垦利县全年少雨，因旱成灾面积7.22万亩。陵县干旱，22.64万亩农田受灾，绝产7.75万亩。威海大旱，粮食作物总产比1959年减产2118万斤，比1949年还少640万斤。

1961年　夏津县自1960年10月16日到1961年6月14日历时242天内没有下过一次大于5毫米的雨，该时期的总降水量为28.6毫米，严重影响春播和冬小麦生长，由于水利条件较差，抗旱能力弱，棉花和粮食作物严重减产。

胶县春旱，从上年11月至当年5月上旬，全县降水量仅53毫米，小麦歉收。

3月3日至4月25日，临沂县持续干旱54天。秋季：9月26日～11月1日，临沂县持续干旱37天。春秋受旱4.3万亩，2.5万亩成灾。

宁津春旱，春季降水量仅14.8毫米，对小麦生长、春播有很大影响。沾化县春旱，成灾面积49万亩。

垦利县1月至7月上旬未降雨雪，严重干旱，成灾面积114431亩，减产粮食48万斤，全县有轻灾队211个，重灾队92个，特重灾队48个。

淄博市春季全市大旱，小麦大幅度减产，全市平均小麦产量23.8千克/亩。桓台受灾8.35万亩，绝产7.42万亩，全县平均产量仅15千克/亩。

春、夏大旱，全省大部分地区自上年9月到本年7月间，延续9个多月的干旱，受灾面积3700多万亩，成灾面积多3100万亩，旱灾波及70多个县，造成小麦普遍减产，播种推迟。

菏泽大旱、大风，受灾面积15.1万亩，成灾面积14.3万亩。

禹城上半年无雨，持续干旱，小麦产量大减。

曲阜县旱灾面积80万亩，因灾造成困难人数22万余人。

1962年　宁津县春旱，春季降水量仅25.1毫米，对小麦生长、春播有很大影响。

巨野县整个春季降水量为27.5毫米，致使小麦歉收30%，春播困难，幼苗生长发育不良。

1961年12月至1962年7月17日，巨野近230天没下过透雨，降水量只有98.0毫米，造成大面积的农作物绝产，是巨野县历史上少有的大旱灾。

1961年12月18日至1962年5月30日，莒南县干旱持续164天，全县100万亩受旱，小麦干死，减产80%，春作物不能播种。

广饶县冬春连旱（12～5月降水36.4毫米），小麦严重减产达14.9万亩。

1961年冬至1962年春，曹县出现干旱。自1961年10月至1962年6月中旬，8个多月中仅降雨50.6毫米，又分为12次，平均每次降雨只有4.2毫米。干旱造成小麦产量急剧下降，也影响了大秋作物的播种，有4万亩因干旱未能播种，已勉强种上的63万亩缺苗断垄很严重。

武城春旱连初夏旱，3～6月份累计降水27.1毫米，比常年偏少110.1毫米，仅有常年降水的19.8%，旱情非常严重，不仅严重影响春播和春季小麦正常生育，同时还严重影响夏播和棉花现蕾开花造成春播和夏播作物严重减产。沾化县春旱，成灾面积52万亩。

淄博市春季全市大旱。农作物受灾，全市小麦平均产量仅48.3千克/亩，其中高青县最低仅22千克/亩。

济阳县春季（3～5月）降水量46.5毫米，较常年偏少40%，属重旱，农作物绝产面积30万亩。

1963年　1～3月，莒县连续55天无雨，小麦减产35%。

5月31日至6月30日，胶州共降水3.6毫米，夏播困难。8月31日至11月5日，共降水25.2毫米，全年农作物减产3～5成。

武城出现初夏旱和秋旱，6月份仅降水29.3毫米，比常年偏少34.3毫米，严重影响夏播和棉花蕾期正常生育。秋季仅降水21.3毫米，比常年偏少63.6毫米，影响各种秋作物正常灌浆成熟和正常秋播。

9～12月，胶东、鲁中、鲁南等地连续90天无雨，发生大面积干旱，尤其临沂地区先涝后旱，晚秋作物受害很大。

9月21日至12月7日，临沂县持续干旱78天。受旱面积24.8万亩，成灾面积16.4万亩。抗旱种麦，秋作物减产5成。

广饶县秋季干旱（9～11月降雨仅24毫米），秋播严重困难。

乳山旱灾面积11.2万亩，成灾4.9万亩。

1965年　广饶县冬春初夏连旱，上年12月至本年6月降水仅68.8毫米，小麦受灾减产。汶上县米铺秋旱持续80天，秋作物减产5成。

1月至4月中旬末，沂水降水很少，5月到6月中旬中期，沂水基本无雨，造成春旱。6月16日到7月7日、8月19日到31日，在此期间没有出现大于5毫米的降水，造成了严重的夏旱。

春至夏，聊城、德州、惠民三个专区和昌潍、泰安、烟台、淄博等专区的部分县市共计70多个县市发生旱灾。其中，惠民、德州、聊城三专区中有20多个县连续干旱5个多月。旱灾总面积3800多万亩。受灾较重的有冠县、莘县、东阿、临清、聊城、乐陵、武城、宁津、庆云、齐河、商河、济阳、禹城、无棣、阳信、临朐、昌乐、五莲、胶南、新泰、潍县、掖县、黄县、栖霞、海阳、乳山、荣成、威海、沂水、沂南、莒县、费县、莱芜33个县市。

东平县夏、秋雨水稀少，干旱持续时间长，受旱面积达30余万亩。乐陵县春夏连旱。1～7月份的降雨为134.3毫米，比常年同期偏少4至5成，天气干热，造成全县受旱面积达100万亩，除朱集、西段、黄夹等公社旱情较轻外，其它公社旱情严重，夏播不能进行，有的春播作物（如：玉米）被旱死，8月份旱情继续发展，截止9月底，旱地达113万亩。

文登县春末夏初雨水稀少。从5月5日下了10.5毫米的雨后到6月15日共41天基本无降水，导致小麦不能正常开花、成熟，春玉米凋萎严重。据分析受灾面积114万亩，平均减产 2～3 成，达 3500 万斤。沾化县春旱成灾面积 24 万亩。

3 月中旬至 7 月中旬，诸城县春夏旱，全县普遍干旱。

9 月，商河县由于雨水少，造成旱灾严重，商河县有 35 万亩土地不能播种。嘉祥县秋旱，持续 105 天，秋作物减产。

博兴县旱情不断，6 月份由于降水量偏少，大部分地区出现旱象，博兴县受旱面积 60 万亩，致使麦茬田不能如期播种，由于夏季降水偏少，9 月份降水仍偏少，造成全县的 96 万亩土地中有 55～60 万亩遭受严重干旱，受旱土地墒情好的含水量为 20%左右，一般在 10%～15%，重旱地仅有 4%～5%，小麦秋播计划不能如期完成。10 月份降雨量仍偏少，干旱不能解除，受旱面积 72 万亩，到月底，小麦播种仅完成 88%。

宁津春、夏、秋连续出现干旱，全年降水量仅 255.7 毫米，受灾面积 48.0 万亩。泰安夏、秋雨水偏少，干旱持续时间长，受旱面积达 30 余万亩。

垦利县全年降雨量仅 302 毫米，是 1959 年以来降雨量最少的一年。因旱绝产面积 15 万亩，粮食减产 608.3 万斤，棉花减产 12.5 万斤。庆云县旱灾成灾面积 37 万亩，受灾人口 14 万。蓬莱全年干旱。年降水量仅 350 毫米，沿海尤为严重，农作物减产过半。德州全年降水量仅 256.7 毫米，为 1949 年新中国建立后有记录以来最小值，全年旱。由于干旱，出现河道断流，井水干涸，禾苗枯槁现象。

1966 年　山东在各种自然灾害中以旱灾为最重，是继 1965 年后的大旱年。夏至秋，雨量偏少。8 月份以后，鲁中、鲁西南地区基本无雨，部分山丘地区人畜吃水发生困难。受旱严重的地区河道、坑塘干涸，地下水位比 1965 年下降 1～2 米；夏播玉米、大豆、花生等农作物大部绝产失收。

牟平县夏旱，全县受灾作物 30 多万亩。广饶县秋旱，9～10 月降水仅 24.7 毫米，秋播困难。宁津秋旱，秋季降水量仅有 11.1 毫米，受灾面积 23.0 万亩，直接影响到棉花后期生长和小麦播种及苗情的好坏。

巨野县 8 月中旬至 11 月中旬 102 天没下透雨，大小秋作物大幅度减产，小麦推迟了播种。

济宁市出现了百年未遇的大旱，夏旱连秋旱，全市受旱面积达 465 万亩，占总耕地面积的 46%，其中绝产 32 万亩。

莒县秋旱，9 月莒县受灾面积达 95 万亩，其中部分花生落叶秧死，大豆绝产。

曹县大旱。自 1965 年 8 月上旬降雨 30.4 毫米以来，到 1966 年 7 月一直未降透雨。该期降水量比常年偏少 70%。干旱造成水资源越来越少，河道断流，地下水位急剧下降，大部分井水干涸。

汶上县秋旱持续 60 天，路桥秋作物减产 7～8 成；刘楼秋旱持续 45 天，秋作物减产 2 成；次邱秋旱持续 30 天，秋作物减产 5 成；米铺秋旱持续 90 天，秋作物减产 5 成；黄庄秋旱持续 45 天，秋作物减产 7～8 成；唐营秋旱持续 90 天，玉米减产 5 成；军屯春夏旱持续 100 天，秋作物减产 7 成；苑庄秋旱持续 70 天，秋作物减产 4～5 成；柴庄公社秋旱持续 90 天，秋作物减产 7～8 成；王楼秋旱，持续 90 天，秋作物减产 5 成。

汶上县全年降水量仅 285.6 毫米，比常年偏少 360.7 毫米，地下水位下降 3～4 米，河水断流，坑塘、水井大部分干涸。白石、军屯乡山区 9 个村缺水吃，全县 80 万亩作物受灾，绝产 3 万余亩。庆云县因旱成灾面积 15 万亩，受灾人口 9800 人。郓城全年降雨量仅 363.9 毫米，农作物枯死。产量减半。

1967 年　利津春重旱。沾化县春旱，受灾面积 42.5 万亩。

春季，临沂、泰安、菏泽、聊城、德州、惠民等地区的部分县、社降雨偏少，出现旱灾，成灾面积 845 万亩。

汶上县春夏旱持续 120 天，小麦减产 3～4 成，秋作物减产 5 成。柴庄公社秋旱持续 60 天，小秋减产 7～8 成。

垦利县自 1966 年 10 月至 1967 年 6 月降雨仅 56 毫米，上半年严重干旱，有 11.2 万亩作物成灾。

夏津县春夏连旱，3～6 月降水量仅 66.5 毫米，由于春夏连旱，土壤墒情极差，影响春、夏播及幼苗生长，直到 6 月 30 日才解除旱情，造成农业减产。

1968 年　曲阜大旱，自上年秋到本年 8 月中旬仅降水 169 毫米，比常年同期降水量少 310 多毫米，地下水位比常年下降 5 米。水库普遍干涸，河道断流，曲阜有 24 个村庄人、畜吃水困难。

自入春至 7 月底，乐陵县旱情严重，1～7 月的降雨量仅为 130 毫米左右，较常年同期偏少 60%多，全县 120 万亩耕地全部干旱。7 月上旬至 8 月上旬，全县平均降雨 82.6 毫米，只有常年同期降雨量的 1/3，且雨量分布极为不均，有 14 个公社降雨量在 60 毫米以下，最小的茨头堡、郭家等仅降雨 30 毫米，进入 8 月上旬滴雨未下。8 月 12 日只有西段、孔镇、张屯、大孙等公社降了 20～30 毫米雨，其余 23 个公社仍滴雨未下，与此同时，河水断流，沟渠干涸，地下水位下降，干旱日趋发展，到 8 月上旬，乐陵县普遍呈现干旱，受灾面积达 70 万亩，成灾面积 46 万亩，其中绝产 30 万亩。

武城连续出现春旱、初夏旱和盛夏旱，春季仅降水 44.4 毫米，比常年偏少 30 毫米，严重影响春播和春季小麦正常生育。6 月份仅降水 21.1 毫米，比常年偏少 42.5 毫米，仅有常年降水的 33%，影响夏播和棉花蕾期正常生育。7～8 月份累计降水 90.6 毫米，比常年偏少 190.8 毫米，只有常年降水的 32%，严重影响春播作物和夏播作物的正常生育。

7 月，龙口总降水量不足 50 毫米，比常年少 120 毫米，因此造成干旱，特别在山丘及无水浇条件地区，旱灾更重，花生、玉米、豆类有的已枯死，平原大多数玉米由于日晒，白天叶子卷缩，夜间勉强恢复，据了解全县重旱面积为 50 万亩，轻旱 14 万亩，均造成不同程度减产。

胶县春夏秋连旱，自 4 月 11 日至 5 月 16 日共降雨 7.2 毫米，春播困难。自 4 月 11 日至 10 月 4 日，共降雨 241.5 毫米，仅为常年同期降雨量的三分之一，全县受旱面积 31.4 万亩，其中绝产面积 7.56 万亩。

6 月，莱阳总降水量只有 17.8 毫米，比常年少 53.9 毫米，7 月份总降水量 152.1 毫米，比常年少 50.5 毫米，8 月份总降水量 58.3 毫米，比常年少 110.6 毫米，夏季降水明显偏少，气温高，蒸发又大，出现严重的夏旱，影响了各种作物的生长。9 月份降水量只有 10.8 毫米，比常年少 49.3 毫米，夏旱加秋旱，致使塘库干涸，河水断流，许多村庄人畜饮水困难，夏粮减产 729 万千克，秋粮减产 3647 万千克，花生减产 2311 万千克。

7月，陵县气温偏高，降水不足常年的20%，到9月份出现严重干旱，129万亩农作物受灾，对产量影响极大，绝产35万亩。

汶上县春秋旱110天，全年农作物减产3～4成；其中苑庄公社春秋旱120天，全年农作物减产4～5成。

济阳县春夏秋连旱。全年降水量只有常年降水量的41%，4～9月没有降过一次大雨。总降水量146毫米，为常年同期降水量的27%。从4月底始至8月上旬，百余天内没有一次大于10毫米的降水，虽抗灾能力较前大有提高，但作物产量仍遭受严重影响，约减产39%左右，受灾80万亩，成灾70万亩。

宁津春、夏、秋持续干旱，全年降水量仅146.4毫米，较常年偏少7～8成。

平阴县上半年旱情严重，到7月份，平阴县受灾面积达47万亩，占平阴县耕地面积的86%，是1941年以来旱情最严重的一年。

1968年为禹城解放后的第一个百年不遇的大旱年，年降水量仅239毫米，重灾面积达80万亩。

长清县1968年全年仅降雨302.8毫米，为常年雨量的40%，受旱面积47万亩，85个村庄出现人畜吃水困难。庆云县旱灾成灾面积22万亩，受灾人口1.48万。利津全年重旱，作物旱死无数，减产绝产不等。

济南市特大干旱，年降水量历城389毫米、市区363毫米，均为历史最小值。春夏秋连旱，为少见的旱灾，造成粮食严重减产。

夏津县全年大旱，年降水量357.6毫米，继1965年连续四年出现干旱少雨，地下水位下降3～4米，部分村庄砖井干涸，人畜吃水困难，风沙危害严重，农业减产。

莱州全年降雨367.1毫米，1～9月降雨256.5毫米，比上年同期少226.2毫米，9月降雨9.6毫米，为特大旱年。粮食总产减产6000万千克。

淄博市普遍干旱，粮食减产。其中高青县受灾面积50万亩。德州全年降水325.5毫米，为50年平均年降水的58%，为1949年新中国建立后有记录以来第2个最小值。由于少雨，干旱严重，出现河道断流，井水干涸，禾苗枯槁现象。

全省特大干旱。本年，全省平均降雨量466毫米，比常年（700毫米）偏少33%，自1967年12月至1968年9月全省累计降雨量362毫米，比常年（641毫米）偏少44%，为自1940年以来同期降雨量最少的一年，其中1967年冬季（1967年12月至1968年2月）雨雪稀少，仅7毫米，春季（3～5月）全省平均降雨量82毫米，比常年（95毫米）偏少14%；夏季（6～8月）全省平均降雨量242毫米，比常年（449毫米）偏少46%；秋季（9～11月）全省平均降雨量114毫米，比常年（127毫米）偏少10%。由于降雨量连续偏少，以致造成全年特大干旱，特别是春旱和伏旱尤为严重，全省受灾及成灾面积均为5700万亩，减产粮食3～5成和超过5成的成灾面积分别为3178万亩、2522万亩，绝收面积223万亩，受灾人口2462万，减产粮食311.6万吨，救灾投入经费1005.8万元，其它投入折合309.2万元。

1969年 广饶县初夏旱，6月至7月中旬降水仅49.7毫米，夏种严重困难。宁津县初夏干旱，6月降水量只有24.0毫米。

胶县夏旱连秋旱，6月11日至7月19日，共降水35.7毫米，为历史同期平均雨量的18%。10月至11月，两个月雨量仅0.4毫米，不足历年同期平均雨量的1%，大豆、玉米等作物歉收，秋播困难。利津秋旱。

巨野1969年9月30日至1970年4月22日，长达205天无有效降水，大部农作物绝产。

1970年 济宁市最长连续无有效降水日数达200天以上，对春播和小麦生育影响很大。

春、夏两季，全省普遍遭受干旱，其中重旱1100多万亩。

5月下旬以来，全省持续高温无雨，5月底至7月中旬，全省平均降雨量不足30毫米，比常年偏少71%。黄河断流一个多月，旱情急剧发展。至8月中旬，全省农田受旱面积近360万公顷，2521个村庄220万人及40多万头大牲畜饮水困难，多数城市供水紧张。严重的干旱和持续的干热风，极大地影响了夏播的进行，有60万公顷农田因干旱未能播种，7万多公顷已播农作物不能正常出苗，3万多公顷农作物枯死。

1971年 全省春季出现大面积的干旱。

济阳县3～5月，共降水58.1毫米，较常年偏少，小麦、高粱受旱。

乳山旱灾面积15900亩，成灾4500亩。

2～8月，陵县总计降水仅有173.1毫米，持续严重干旱，使76.05万亩农田受灾，其中绝产面积15.44万亩。

1972年 宁津县春旱，春季（3～5月）降水量17.6毫米，受灾面积16.0万亩。利津春季重旱，农田失墒，春播困难。沾化县春旱严重，成灾35.9万亩。

龙口市自2月1日至4月17日小于5.0毫米降水的连旱日数达77天，而4～5月达40天之久。2～6月总降水量60.9毫米，较历年同期平均降水量偏少62%。5～6月为35.7毫米，较历年同期平均降水量偏少63%，因而造成严重干旱，一直延续至7月上旬。

武城春旱连初夏旱，3～6月份累计降水28.5毫米，比常年偏少108.7毫米，仅为常年降水的20.8%，旱情严重，不仅影响正常春播和春季小麦正常生育，同时还严重影响夏播和棉花正常现蕾开花。

文登县春夏的旱灾是近几年少有的，3月至7月7日，4个多月基本无降水，使玉米、小麦的生长受到很大的影响，同时影响夏播工作的正常进行，后延10天左右。

胶县春夏秋连旱，全县受旱面积69.2万亩。

淄博市境内春、夏干旱，河流、池塘、水库出现干涸，其中博山、淄川区小麦成灾面积17.22万亩，临淄成灾2.53万亩。汶上县夏旱持续53天，全年减产3～4成。

春至秋连续出现干旱，旱灾面积3100多万亩。受旱灾较重的有聊城地区的临清、冠县、莘县、阳谷，惠民地区的高青、沾化、无棣、博兴，德州地区的庆云、夏津、陵县，菏泽地区的东明、梁山、郓城、鄄城，济宁地区的泗水、微山、邹县，昌潍地区的临朐、昌乐、益都、安丘、潍县，泰安地区的新泰、长清、新汶，临沂地区的沂源、蒙阴、平邑。

6月中旬至8月中旬，诸城县夏旱，地瓜、高粱、玉米、棉花、花生等作物减产2～5

成，有的春玉米、大豆绝产。部分地区吃水困难。

巨野6～8月连旱，从6月11日至9月1日没下透雨，持续83天，而农作物正是大量需水时期，造成严重减产。

济阳县初夏旱。6月降水量20.8毫米，较常年偏少68%，受灾20.67万亩，成灾12.93万亩。

德州本年降水量335毫米，较常年少40%，全年旱。出现了河道断流，井水干涸，禾苗枯槁现象。

1973年 龙口市自1972年12月至1973年4月中旬，总降水量19.2毫米，比历年同期平均降水量少55.6毫米，加之1973年春季南风大，蒸发快，底墒差，造成严重春旱，据4月18日实测墒情看，春田5～20厘米土壤湿度降到6%～9%，麦田也在10%以下(均是未灌溉地)。全市重旱面积6万亩，轻旱17万亩。

胶县春旱又秋旱，全县22万亩农田受旱减产，其中绝产面积1万亩。

7月20日至8月20日，荣成出现干旱。一个月的降雨不足20毫米，4座中型水库只有蓄水2000万立方米，138座小型水库，干涸31座，1490座塘坝，干涸702座。受旱作物90万亩，成灾70万亩，绝产6万亩。

7月28日至8月28日，泰安滴雨未降，加之土质比较瘠薄，气温高，水分蒸发快，土壤含水量急剧减少，井水下降，河水断流，有的水库、塘坝干涸。因此，花生、大豆、地瓜、棉花、玉米、晚谷等作物普遍发生旱象，受旱面积97万亩，占总面积113万亩的86%，其中重旱60万亩，占总面积的53%。

春至夏，全省大部分地区受旱，受旱面积2300多万亩，其中1800万亩小麦成灾减产较大。烟台、昌潍灾情最重，惠民、德州、聊城和泰安次之，这些地区直到7月上旬未降透地雨。

8月，莒县28天无降雨，发生干旱，受旱面积达120万亩。

曲阜旱灾，受灾面积30万亩，其中绝产面积4万亩，灾情以董庄、陈庄、吴村、防山、尼山、南辛6公社尤重。受灾作物主要是地瓜、花生、棉花。

1974年 禹城1月至6月中旬降水稀少，旱情发展严重，15万亩夏播作物无法播种，禹城35万亩棉花枯萎，灾情严重的辛寨、来丰、张庄等乡镇。

平阴县自上年冬至当年7月16日，一冬无雪，春季基本无雨，立夏后仍然降雨稀少，干旱持续7个半月，平均降雨量只有47.1毫米，为大旱的1960年同期降雨量的50.1%，是1943年来少见的。平阴县630眼机井中有140眼掉空，130多个山区大队中有34个大队的1.8万多人需出村拉水。农作物种一茬死一茬，10万亩农作物是入伏后播种的。

招远全县从5月30日至8月10日，多数社队没降透雨，干旱严重，受旱面积达60万亩，其中干旱严重的有30万亩。特别是界河、灵山两个公社和金山、纪山公社北部，70多天的时间只下了几场零星小雨，有些村吃水困难，全县有5万亩农作物基本绝产。

6月11日至7月24日，荣城44天里平均降雨量仅为17毫米，受旱面积达80多万亩，其中严重干旱面积30万亩。特别是15万亩春玉米普遍遭受“卡脖旱”。荣成17万名劳力，抗旱播种达25万亩，抗旱保苗10万亩，开工水利项目600多项。

济阳县春、初夏旱。6 月份降水量 27.6 毫米，较常年偏少 57%，受灾 24.15 万亩，成灾 16.5 万亩。

春、夏两季，除昌潍、青岛、枣庄 3 地市外，其余 10 个地市均有部分县、社遭受程度不同的旱灾，干旱面积 1300 多万亩。

1975 年　4 月 25 日至 7 月 8 日，莱州总降雨量 36.5 毫米，全县因干旱翻种作物 2.4 万亩，干死树、桑 56 万棵（株）。

广饶县晚春、初夏旱，5～7 月降水 151.6 毫米，受旱 65.8 万亩，重旱 37.56 万亩。利津春季重旱，初夏旱，受灾农田 20 万亩，绝产 6.5 万亩。

淄博市春季干旱，受旱面积较大。其中桓台县绝产 2000 亩。

济阳县春、盛夏旱。7～8 月份降水量 223.9 毫米，较常年偏少 27%，受灾 54 万亩，成灾 25 万亩，绝产 5 万亩。

8 月 7～29 日，庆云县干旱面积达 41 万亩，对粮食产量影响较大，减产 30%～50%。

夏季，惠民、德州、菏泽三地区出现干旱，受旱面积 1000 多万亩。

沾化县夏秋旱灾，成灾面积 39 万亩，绝产 3 万亩。

1976 年　1 月至 3 月 25 日，东明由于缺雨少雪，气候干燥，呼吸道传染病多发，脑炎流行，全县脑病患者 785 人，死亡 60 人，患流行性感冒者达 10 万人之多。

广饶县初夏旱（6 月仅降雨 15.4 毫米），受旱 11.5 万亩。

夏末秋初，山东部分地区干旱严重，受旱面积 1500 多万亩。

1977 年　青岛市春、夏、秋三季连旱，年降雨总量 440.2 毫米，为常年降雨量的 61%。河流干涸，诸多库塘无水。胶州上年 12 月少雨雪，1～3 月基本无雨雪；即墨县共 30 个公社就有 25 个公社受旱灾；崂山区秋玉米、地瓜因旱大量减产，平度、莱西全面受旱。全市受旱面积 36 万公顷，成灾面积 20.97 万公顷。

胶县 1977 年总降雨量仅 431 毫米，为常年降雨量的 60%。其中从上年 12 月至当年 3 月底的 4 个月内，仅降水 4.8 毫米，有 35 万亩农田发生重旱，34 万亩农田发生轻旱。6 月份仅降水 16.7 毫米，7 月 22 日至 9 月底基本无雨，河流干涸，地下水位下降，全县普遍受旱，成灾面积 52.5 万亩，其中绝产面积 11 万亩。

1～3 月，陵县降水量为 2.7 毫米，连续 80 天无有效降水，作物受灾严重，其中绝产 8.6 万亩。

1～6 月，汶上县总降水量仅有 105.4 毫米，其中 2 月无降水，部分山村人畜吃水困难，20 万亩小麦减产 5 成以上。

6 月上、中旬，蓬莱全县 78 万亩耕地，其中重旱 68 万亩，轻旱 10 万亩，全县所有水库、塘坝基本无水，地下水位下降 2～3 米，造成春作物白天凋萎，有的夜间不能恢复；麦地套种玉米、花生各 4 万亩幼苗干枯死亡，夏直播玉米无法播种，只能浇水点播。

自上年秋季至本年春，雨雪极少，全省普遍发生干旱，受旱面积 3400 多万亩。

莒县春旱，60 天无有效降雨，50 万亩小麦受灾。

春到夏，招远全县 16 个公社据统计 3～4 月份只有 4 个公社的部分大队合计降水量在

20～40 毫米，其余在 20 毫米以下，出现严重春旱，后期降雨仍然偏少且分布不均，特别是自 5 月 29 日至 6 月 28 日招远县气象站只下雨 2 次合计降水 2.9 毫米，是历史上罕见的干旱。造成水库塘坝干涸，河道断流，小麦缺水枯死，各种作物干死 8 万亩，27 万亩夏播作物不能适时下种，有 50 多个大队人畜用水发生困难。据 3 个公社墒情汇总看，10 厘米土层土壤含水量平均 2.1%，20 厘米土层为 4.6%。

济阳县初夏旱。6 月份降水量 26.3 毫米，较常年偏少 59%，受灾 52 万亩。

8 月，沂水由于前期降水偏少（7 月份降水量 134.9 毫米），加之沂水县多丘陵山地，造成 8 月中旬后期至 8 月底的干旱。时间虽短，但因在夏季，使沂水县夏季作物受到干旱的危害，全县受灾面积 100 万亩，主要有玉米、花生、大豆、棉花等作物，由于干旱造成严重减产。

广饶县夏旱，受旱 30 万亩，马头、南塔、石村、大营、油郭公社受灾较重。

9～10 月，牟平县 40 多天基本无雨，有些水塘干涸，严重影响秋播，象岛公社 16 个水塘干涸 11 个，52 眼水井干涸 41 眼。

东平县旱情严重。东平县受旱面积 29 万亩。有 31 个大队，21600 人饮水困难。垦利县全年少雨，4 季均旱，春季尤重，垦利县 8 个公社受灾，面积 2.72 万亩，成灾 2.3 万亩，绝产 1100 亩。9 至 10 月降雨仅 52.3 毫米，造成晚秋重旱，小麦播种受到严重影响。

莱州特大干旱，全年降水量 313.8 毫米，其中 1～7 月上旬，降雨 86 毫米，比 1976 年同期少 160 毫米，13 个公社的 220 个大队人畜吃水困难，全县受旱面积 120 万亩，重旱 94 万亩。

1978 年　1～5 月，牟平县共降水 57.5 毫米，6～8 月仍雨水稀少，没有一次透雨，全县旱情严重。水道公社库、塘干涸，河道断流，有些大队群众吃水困难。

1～6 月，陵县出现严重干旱，1 月 1 日至 6 月 8 日连续无降水，其中受旱灾面积 65 万亩，绝产面积达 16 万亩。

1 月 1 日至 6 月 24 日，龙口降水量仅为 60.5 毫米，为常年同期降水量的 42.7%，其中 2 月 11 日至 4 月 30 日的雨量 7.6 毫米，不足常年同期的 20%，由于长期缺雨，使龙口县山区、丘陵地区形成严重干旱。县内绝大部分水库干涸，地下水位明显下降，山区约 10 万亩小麦因浇不上水减产 2～4 成，另外春播作物也不同程度的受到干旱影响。

1～5 月，胶南县平均降雨量 34.2 毫米，比常年同期偏少 100 多毫米。其中藏南、小场、海崖（大珠山）、隐珠、大场、塔山、灵山卫、灵山岛 8 个公社，平均降雨量仅有 20 多毫米。全县 24 个公社未浇水的麦田 10 厘米土层土壤含水量为 5%。其中灵山卫、灵山岛、薛家庄（黄山）、宝山、六汪、柏乡（胶河）、市美、大村、海崖（大珠山）、张家楼等公社仅有 3%～4%，大部分麦田旱得枯黄，有的已经成片干死。春播时，40 厘米深土壤含水量 7%～8%，全部需要造墒播种。全县 4 座中型水库和 131 座小型水库全部干涸，110 条大小河流全部断流，最大的白马河、吉利河、王戈庄河（风河）过去常年流水，该年从 3 月份开始断流。地下水位平均下降 6～7 米。全县 2000 多眼大口井，已有 1050 眼无水，1229 眼机井，有 640 眼抽不出水。全县有 380 个大队、51000 户、23 万人吃水困难。宝山公社的陈家屯、金草沟、荒庄等七八个大队从 3 月就外出 10 多里（1 里＝0.5 千米）到胶县境内拉水吃。灵山岛、斋堂岛、沐官岛三个海岛全部用船到陆地运水吃。有

200多个大队分水吃，每户每天一担水，有100多个大队有县、社派汽车或拖拉机送水吃。工业用水每天定时供3小时，生产时断时续。

2月11日至5月7日，招远全县历时86天总降水量只有15.7毫米，对春播和小麦生长均有影响。

3月10日至6月8日，莒县由于降水持续偏少，出现干旱，该期间共降水18.8毫米，其中日最大降水量8.4毫米，无水浇条件的麦田大部分减产50%以上，重者绝产，严重影响春播，花生、地瓜、棉花、玉米等作物播种期被推迟1个月多。部分山区乡镇人畜吃水困难。

3月8日以后，日照县80天无雨，造成河流断流，库塘干涸，地下水位下降，日照县30条主要河道从4月份全部断流。仅日照水库存水1000万立方米，其它小型水库全部干涸，地下水位普遍下降3米。

入春至6月25日，蓬莱降水奇缺，干旱发展严重，3～5月总降水量只有25.6毫米，较历年同期平均降水量偏少75.8毫米，比上年同期降水量偏少63.7毫米。全县10万亩小麦绝产，总计较上年减产2成。河水断流，400个塘坝干涸，2000眼水井水位普遍下降3～4米，多者下降5～6米，168个10万立方米以上小二型水库及570个10万立方米以下小一型水库全部干涸，3个中型水库（100万立方米）放不出水。

胶县春夏连旱。河床干涸，全县15条河流全部断流，38座中小型水库，245座塘坝干涸。全县3545眼机井、大口井水位下降5～8米，其中922眼大口井无水。全县58万亩小麦有25万亩绝产。103万亩耕地普遍受旱，其中成灾面积73万亩。

临沂春旱，沂、沭两河断流，1000多座水库干涸，农田干旱面积1387.6万亩，其中重旱面积600余万亩，711万亩小麦，有百万亩以上绝产、300万亩减产。棉花、花生、地瓜等作物缺苗断垄，部分山区人畜吃水困难。

博兴县春旱。上年冬至当年春以来，雨量极少，没下透地雨，到4月底为止，小麦变黄，春播困难，河流沟渠干涸无水，形成断流，为多年所罕见。

莱州春旱严重。从小麦播种到收获，降雨85毫米，是常年的三分之一。“三伏”期间滴雨未下。

济阳县春季大旱。3～5月份降水量32.4毫米，较常年偏少58%，受灾40万亩，成灾8万亩。

苍山春季高温干旱，3～5月降雨量53毫米，仅是历年同期平均的40%，高温，蒸发量大，使得全县有3个公社、113个村庄、近7万人吃水困难。小麦绝产13.8万亩，已播种的14.2万亩棉花因旱不出苗的1万多亩，出苗不全的5.4万亩；已种的地瓜严重缺苗的占20%～30%，初夏轻旱，秋又重旱，9～12月4个月降水51.8毫米，也仅是历年同期平均的33%。

7月下旬～8月上旬，山东东部伏旱，3100多万亩农作物受旱；8月中旬以后，鲁西和泰沂山区北部秋旱严重。农田受旱面积2300万亩。干旱最重时，全省175座大、中型水库蓄水不足1亿立方米，35000座小水库和塘坝全部干涸，15条主要内河和500条中、小河道断流，地下水位下降4至7米，多者下降10米以上，6万多眼机井、大口井抽不出水。

进入七月份后，荣成遇到了旱灾，自7月14日平均降雨16毫米后，直到8月9日滴雨未降，这段时间日平均气温高达 25.6℃，比常年同期偏高 1.2℃，受持续高温的影响，土壤水分蒸发量很大，特别是进入 8 月份日蒸发量达到八九毫米以上；土壤含水量急剧下降，山丘地只有百分之四、五，泊洼地只有百分之六、七，荣成 102 万亩秋作物普遍受旱，其中 84 万亩山丘地干旱尤为严重，部分山区薄地和“旱垄道”，作物已接近枯死。水库、塘坝干涸 178 座。荣成 60 万名劳力，6000 多台机械，1600 百多台喷灌机，2000 辆马车集中在抗旱第一线，到 8 月 4 日，荣成拦河截流 516 处，开挖临时大口井、平塘 50 个，抗旱浇各种作物 40 万亩。

武城春旱连初夏旱，3～6 月份累计降水 20.6 毫米，比常年偏少 116.6 毫米，仅有常年降水的 15%，旱情十分严重，影响正常春播和春季小麦正常生育，同时还严重影响夏播和棉花正常现蕾开花。

沾化县春、秋旱，受灾面积 94.34 万亩，经抗旱后成灾仅 13.44 万亩，绝产 4.82 万亩，县境东部 12 万人饮水困难，地、县两级调集 30 辆车远距离送水。

春至 6 月少雨，全省普遍大面积的受旱。重旱面积 3000 万亩；150 万亩小麦被旱死失收，夏播遇到严重困难，时间大大推迟；近 900 万人吃水困难，有的跑几十里路找水吃或在井底用瓢一点一点的舀水。

莒县 7 月开始，连续“三伏”无雨，沭河断流，农田干土层达 15 厘米，莒县有 10% 的农作物绝产，其它减产 30% 左右。峤山、桑园、龙山等镇 250 个大队人畜饮水极度困难，有的靠平原区送水吃。

1979 年　7～8 月，全省严重干旱。8 月，仅降雨 74 毫米，比常年同期偏少 54%，是 40 年来所未有，又为“卡脖子旱”。全省有 59000 多个大队受灾，占全省大队数的 73%。受旱面积 3800 多万亩，成灾面积 1800 多万亩，其中绝产 100 万亩。有近 1000 万人因灾缺粮。受旱较重的有惠民、德州、菏泽、聊城和临沂 5 个地区。

8 月 1 日至 9 月 12 日，苍山县干旱严重，连续 40 天无有效降水，据县农办统计，受旱 65 万亩，重旱 40 万亩，其中 3 万亩绝产，塘坝干涸 35 处，50 余个大队缺水吃。陶沟河、运女河、汶河、沙沟河、燕子河、小涑河 6 条河断流。

8 月 5 日至 9 月 3 日，胶县共降水 1 毫米，全县普遍受旱，成灾面积 60 万亩。其中绝产面积 5 万亩。9 月 25 日至 10 月 31 日共降水 3.5 毫米，又出现重旱，影响小麦的播种和出苗，部分已出苗的小麦叶片出现枯萎。

8 月，招远旱情十分严重，自 8 月 2 日降雨以来，除部分公社下了几场零星小雨外，已有一个月没下雨了。全县 16 个公社普遍受旱，尤以界河、灵山、青龙、华山、齐山、毕郭 6 个公社的 486 个大队最为严重，面积达到 59.2 万亩，不少水库塘坝已经底朝天。全县共有水库塘坝 1794 座，已干涸 664 座，因干旱绝产的玉米 2.3 万亩，干死花生 6.56 万亩，不少地瓜也因干旱缺水停止了生长。

牟平县大旱，从 8 月 7 日至 9 月 20 日降雨很少，全县 5 个公社没降雨。全县受灾作物 60 多万亩，其中严重干旱 40 多万亩。

8～9 月，蒙阴县由于受副热带高压长期控制，出现严重伏旱。有 157 座水库塘坝干涸，240 条沟河断流，213 处扬水站无水可抽，89 个村人畜用水困难。全县 52 万亩农田普遍受灾，其中 12.7 万亩夏玉米卷叶，14 万亩地瓜叶黄脱落，11 万亩花生 60% 的秧叶干枯，另有5.7万亩的大豆、棉花、黄烟等作物掉花枯萎。

蓬莱初秋大旱，城关、刘家沟、马格庄公社8月份仅降水十几毫米。全县约20万亩秋作物减产，约3万亩绝产。

济阳县盛夏旱。7～8月份降水量211.4毫米，较常年偏少31%，受灾80万亩，成灾60万亩，绝产7万亩。

禹城发生春秋旱，有46万亩农作物受灾，并减产1成多。沾化县旱灾严重，受灾面积62万亩，其中30万亩重灾。

淄博市夏旱，全市受灾面积138.9万亩，部分农田绝产。

1980年　冬春降水偏少，博兴县春田、麦田墒情普遍较差，截止3月底，博兴县有60万亩农田受旱，其中有40万亩为麦田。

1月3日至3月7日，陵县没有降水，土壤墒情极差，受灾面积103.96万亩，成灾61.45万亩，绝产达9.7万亩。

1～3月份，乐陵县平均降雨只有8.4毫米，4～5月份降雨40多毫米，旱情之重，历年少见。55万亩小麦受旱，其中成灾面积28万亩，继春旱以后，6～7月又继续干旱，总计受旱面积80万亩，成灾的有45万亩，绝产10.4万亩。

春至6月，淄博市境内干旱，张店、周村、淄川、博山、临淄、桓台小麦累计受灾面积21.86万亩，减产10.79万吨。

招远春旱，全县1543座水库塘坝，干涸了1300座，地上蓄水只有4500万立方米，不到常年的一半。没浇冬水的麦田，0～10厘米土壤含水量只有8.5%，10～20厘米含水量只有10%，旱情的发展给小麦的生长发育和适时春播造成极为不利的影响。

沾化县春夏连旱，至8月中旬，60万亩农作物受灾，其中25万亩基本绝产，6个公社人畜饮水困难。

济阳县盛夏干旱，受灾60万亩，成灾18万亩。

1980年11月至1981年6月8日，费县重旱面积约为59.68万亩，小麦减产3～5成的有12.45万亩，减产6～8成的有3.87万亩，绝产的有2万亩。费县14.1人吃水困难。

牟平县大旱，该年为从有气象观测资料至1980年，降水量最少的一年，年降水量只有440毫米，绝大部分水库干涸，地下水位下降3～4米，造成群众吃水困难。作物大大减产，小麦干旱严重，比1979年小麦减产3000多万斤。

1981年　全省特大干旱。全省年平均降水量436毫米，比常年偏少37%，从上年11月至1981年5月，降雨雪量仅68毫米，比常年（146毫米）偏少53%，汛前全省175座大中型水库有12座干涸，65座降至死水位以下，小型水库、塘坝大部分干涸，28条中型河道，有26条断流。全省最大受旱面积6184万亩，成灾面积3442万亩，减产粮食3～5成和超过5成的分别为1930万亩、1512万亩，绝收268万亩，受灾人口2100.8万，其中，780万人吃水困难，共减产粮食386.9万吨，救灾投入经费3852.5万元，其它投入折合人民币3336.5万元。旱情最重的地区是潍坊市和胶东半岛，特别是青岛市曾一度面临断水危机，经采取应急措施，在大沽河两岸超采地下水，才勉强维持全市日供水量13万吨，以致工业用水压缩50%。全省人民在党和政府的领导下，投入抗旱斗争，新打机井 3.7 万眼，新增排灌机械 53 万千瓦，新增排灌站 960 处，挖掘水源新增灌溉面积 136 万亩，改善灌溉面积 256 万亩，全省实浇地 5384 万亩，使大旱之年仍夺得粮食总产 231.25 亿千克、棉花总产 6.75 亿千克的好收成。

崂山县年降水量仅 273.2 毫米，是多年平均降水量的 34%。5 月份土壤含水量 6%，10 万亩小麦成灾，水源涸竭，流亭沿海海水倒灌。秋玉米大都绝产。马哥庄公社 5 个村到胶县买水 7500 吨供秋种及饮用。

1981 年胶县平均降水量为 261.7 毫米，仅有常年降水量的 36%，是百年一遇的大旱年。从上年 10 月下旬至当年 6 月上旬，230 余天仅降水 58.4 毫米。全年未下一次透地雨。水库干涸，河道断流，地上水基本涸竭，地下水位与丰水年相比下降达 10 米，机井有三分之二抽不上水，全县土地全部受旱，绝产面积达 25.75 万亩，有 300 个村庄 25 万人缺水吃。

1981 年莱西县全年降水 377.0 毫米，只有历年平均降水量的 53%，其中 5 月 28 日到 7 月 1 日 35 天无雨。水库干涸，地下水位下降，本县南部多数夏播作物绝产。

3～8 月，胶南县红石崖、王台、灵山卫、隐珠、薛家庄、宝山等不同程度地遭旱灾。30 多座小水库，近 300 座塘坝，20 多条河流，全部干涸。380 多眼机井、大口井干涸，地下水位平均下降 3 米。30.5 万亩作物受旱，重旱 24 万亩，减产 50%以上的 13 万亩，绝产 10 万亩，有 107 个大队人畜吃水困难。

平邑县春、夏、秋连续干旱，成灾面积 88 万亩，占总耕地面积的 91%，减产粮食 0.85 亿千克。

1981 年牟平县年降水量 475.1 毫米，比历史平均值少 292.1 毫米，是建站 28 年来第三个少雨年。尤其是继上年特少雨年后的第二年，全年 50 毫米以上的雨量仅有 2 次，20 毫米以上的雨量仅有 6 次，全县是春旱、夏旱接秋旱，旱情极为严重，干旱持续时间之长，危害程度之大是几十年来所没有的，大小水库、塘坝干涸，大小河流断流，有的公社和大队人、畜吃水困难，作物枯死，正常的播种无法进行。

武城出现春旱和秋旱，春季仅降水 28.6 毫米，比常年偏少 45.0 毫米，影响春播和春季小麦正常生育。秋季仅降水 36.2 毫米，比常年偏少 48.7 毫米，影响各种秋作物正常灌浆成熟和正常秋播。

3 月 1 日～6 月 8 日，沂水由于降水特少，全县除 4 座大、中型水库能放水灌溉外，145 座小型水库有 70%不能放水浇灌，1125 座塘坝基本放不出水来，有的已干涸无水。全县有 200 多个村人畜吃水困难，140 万亩农田除 25 万亩水浇田外，其余均受干旱危害。全县小麦 53.4 万亩，有 10 万亩左右严重减产或绝产，棉花 3 万亩，有 1/3 缺苗断垄。春地瓜 43 万亩，仅播种 30 万亩，死苗率一般在 20%～30%，有 13 万亩因无水不能插秧。花生 21.2 万亩，仅播种 13 万亩，死苗率一般在 10%左右，有 8 万亩不能播种。黄烟 6 万亩，仅移栽 5 万亩，死苗率一般在 20%左右。

济阳县春夏秋连旱。春季（3～5 月）降水量 27.3 毫米，较常年偏少 65%；夏季(6～8 月)降水量 215.8 毫米，较常年偏少 42%；秋季（9～11 月）降水量 19.0 毫米，较常年偏少 79%；年降水量 276.4 毫米，较常年偏少 52%，属重旱年份，济阳县农作物受灾 40 万亩，成灾 18 万亩。

3 月底到 6 月 21 日，蓬莱发生 20 年未曾有过的严重干旱，除了 3 月份降水偏多外，自4月到6月中旬70多天降水稀少，仅在5月27日，东风、崮寺店、大季家、村里集4个公社降雨17～45毫米，其余公社未降过一次大于10毫米的雨。全县共35万亩小麦，有7万亩绝产，其余28万亩不同程度地减产，每亩较上年减30千克。8月下旬至11月中旬，全县除个别公社外，没有降过一次超过10毫米的雨，造成蓬莱市秋玉米7万亩严重减产，5万亩花生每墩只有3～5个果。全县计划种植小麦40万亩，到10月10日仅种30万亩，其中15万亩晚茬，15万亩超晚茬。

泰安春、夏旱情严重，地下水大量减少。大部分水库、塘坝、坑湾干涸，地下水位普降2～3米。为60年未遇的干旱。

广饶县夏秋连旱（6～11月降水315.9毫米），秋粮歉收。小麦播种困难。

9～11月，济宁市降水量仅42毫米，比常年偏少70%。但影响农业生产最严重的是夏旱连秋旱，造成农业生产大减产或绝产面积154666公顷。

9～10月，莒县降水偏少，莒县出现干旱，受旱面积45万亩，其中成灾16.8万亩，绝产2.8万亩，秋粮减产896万千克，较上年减产3.92%，水稻减产56万千克，玉米减产61.5万千克，地瓜减产593.5万千克，棉花减产15万千克，水果减产210万千克。

淄博市全市大旱。其中淄川、博山区受旱面积51.9万亩，成灾面积26.13万亩，绝产3.99万吨；桓台县旱灾面积16.7万亩，绝产2000亩；沂源县小麦绝产2万亩，黄烟、地瓜重栽2～3茬，大秋作物减产2～4成，7万亩小麦不能按期播种；高青县旱灾面积69.9万亩。

沾化县全年降水量365.4毫米，发生旱灾，成灾面积30万亩，绝产15万亩。曲阜大旱，全年降水量为459.2毫米，比常年偏少200多毫米，全县成灾面积25万亩，有45个村庄吃水困难。威海旱，年降水量532.2毫米，粮减产3700万斤。乳山旱灾面积60万亩，成灾50万亩。

莱州全年降雨量334.5毫米，发生历史上少有的大旱，地下水位普降5米以上，粮食减产0.78亿千克，花生减产550万千克。

1981年是青岛市自1977年以来连续发生的第5个干旱年，一年四季皆旱。全市年平均降雨量354.7毫米，是多年平均降雨量的41.4%。降雨量之少，旱情之重，持续时间之长，是青岛市自1899年有气象记载以来所罕见。大沽河及其支流全部断流，大、中、小型水库大部分干涸。全市农田受灾面积62.65万公顷，成灾面积36.13万公顷。城乡供水紧张，市区日供水由常年的23万立方米压缩到11万立方米，部分工厂因缺水停产或半停产，居民生活用水限制在每人每日30千克以下。农村由常年134个村10.5万人缺水，发展到1213个村94万人缺水。9月10日，青岛市供水应急工程指挥部成立，市长任总指挥。

1982年　胶县从上年11月至当年5月上旬150余天仅降雨46毫米，旱情在上年严重干旱的基础上继续发展。8月份后，雨量较少，晚秋作物受旱，秋播困难，有33.7万亩秋田抗旱播种。

1～6月上旬，莱阳县出现了百年少见的干旱，1～6月总降水量只有69.7毫米，全县有240个村人畜饮水困难，最远的要出去十几千米外拉水吃，县境内大小河流断流，通常水量充沛的富水河也水涸见底，地下水位下降3～4米，全县58万亩小麦绝产22万亩，减产4000万千克，人均口粮只有42千克，有337408人的夏粮分配不到30千克。

1月至5月10日，蓬莱全县雨雪稀少，4个多月总降水量只有17.9毫米，是1959年有资料以来最少的一年。干旱造成小麦自3月份开始出现凋萎，4月中旬全县36万亩小麦，已有10万亩干枯死亡，5月初15万亩小麦干枯死亡，较干旱的上年还减产3成左右。影响地瓜不能及时栽培，使春地瓜栽培推迟20多天；花生不能及时播种，春花生播期推迟10天左右。

崂山县连续第6年严重干旱。1～5月份，降水量仅82.7毫米，是历年同期平均值的59.6%。421村受灾，旱灾面积19万亩，绝产4万亩，54个村75220人严重缺水。

山东出现了继1978年以来的第5个大旱年，1～5月，多无效零星小雨，在上年干旱的基础上，旱情越来越重，重旱面积高达4500多万亩。春播无水，小麦多停止生长。6～8月，虽在汛期，大部分地区仍然持续干旱。胶东半岛、莱州湾地带、泰沂山区北部是春旱接伏旱再连秋旱，汛期无汛、雨季乏雨。全省仍有重旱3600多万亩。

1982年莱州全年降雨419.0毫米，1～6月上旬降雨55.5毫米，比历年同期平均偏少72.48毫米。小麦绝产14.1万亩，减产0.6亿千克。地下水位下降10米以上，人畜吃水困难。

5月至10月5日，即墨县发生特大旱灾，1至5月仅降雨27.2毫米，全市人畜吃水困难的村庄360个，小麦绝产34万亩。自8月中旬至10月5日，全市平均降雨十几毫米，土壤含水量仅6%～7%，受灾农作物155万亩。

临沂春大旱，受灾面积1000多万亩，农田绝产145万亩。费县灾重，46万亩小麦绝产。临沂河水断流，小型水库干涸，地下水位大幅度下降，部分地区人畜吃水困难。当年秋，临沂又旱，受灾农田1279万亩，其中重旱329万亩。

广饶县冬、春、夏连旱（三季总降水量仅267.8毫米），夏秋歉收。以赵嘴、大码头、南塔、大营公社为甚。

1982年牟平县年降水量544.5毫米，比常年偏少30%，属少雨年份，旱情一直延续到11月份，持续出现春旱、夏旱、秋旱。由于春旱，无浇水条件的山区花生、小麦有的干死，造成小麦减产1965万斤，秋作物也有减产，由于长期干旱，有的河流、水井干涸。

济阳县春大旱，受灾34万亩，成灾16万亩。莒县春旱，塘坝干涸，河水断流，地下水位下降2～3米。20万亩小麦减产3成。

淄博市全市大旱，南部山区最重。张店、周村、淄川、博山、临淄、桓台小麦累计成灾45万亩，减产9.9万吨。沂源县河流除沂河外全部干涸，406座水库、塘坝除5座较大者外，余皆干涸，地下水位下降7～10米，11.5万亩小麦绝产或半绝产，300个村23万人用水困难。曲阜持续大旱，水位下降，水库、池塘干涸，河流断流，田禾枯死甚多，吃水困难，吴村、董庄两公社尤重，吴村公社大、小塘坎63座全部干涸，干涸机井510眼，小麦亩产仅有154斤，比上年减产50%。

垦利县遭受历史罕见的大旱灾，44万亩粮田中，37万亩受灾，粮食减产1250万千克，因旱成灾的经济作物6万多亩。威海大旱，年总降水量414.1毫米，为历年平均降水量的54%，粮食作物总产比1981年减产1162万千克，亩产比1981年减少90千克。

1983年　胶县年降雨量全县平均471毫米。其中1～8月份降水249毫米，为常年同期的48%；4～6月平均降水40.6毫米，仅有常年同期的23%。全县严重干旱，春播、夏播困难，受旱面积15.51万亩，大沽河连续三年全年断流。

1983年上半年即墨县总降雨量仅77.1毫米，春作物70%濒于干死，夏播不能按期进行。地下水位下降3～5米。4座中型水库均无蓄水，不能排灌。水井大部分干涸，人畜吃水严重困难。

沂水县出现了少有的春夏连旱。从1月份至8月份总共降水312.5毫米，只有历年同期平均降水量的48.8%，全县严重缺水。县内4座大、中型水库，仅有跋山、沙沟两座水库还能放出点水来，小（一）、（二）型水库150座，仅有10%左右还有少量蓄水，其余全部干涸。大小塘坝1139座大部干涸。1189眼水井70%抽不上水来。全县较大的河流23条，除沂河还有少量径流外，其余全部断流。全县有300多个村、15多万人及牲畜吃水严重困难。泉庄公社近1/3的村需到2～3.5千米以外挑水吃。严重的春旱连夏旱，给沂水县农业生产造成了严重损失。全县重旱面积达100多万亩。这一年种春、夏玉米33.7万亩，除抗旱保住10.7万亩外，其余23万亩绝产或基本绝产。全年粮食总产比1982年减产46%。全县农业损失达12000万元，按农业人口计算，人均减少130元。

临沂春、夏干旱，重灾面积526万亩，山区和无浇水条件的平原地，小麦减产2～5成，自5月17日，临沂尚有20多万亩春花生没有播种。6～8月临沂又遇旱灾，受旱农田1000余万亩，重旱700万亩，山区、丘陵地区农作物大面积成干枯或半干枯状态，仅沂水、沂源、蒙阴、平邑四县就减产粮食3亿千克，黄烟比上年减收1.5亿元。临沂有94.8万人吃水困难。

济宁市6～8月平均降水量只有153毫米，比常年偏少65%，农作物受灾面积达452万亩，占总耕地面积的73%。

6～8月，莒县40天无雨，沭河干涸，受旱农作物106万亩，减产粮食0.74亿千克、油料1517万千克、棉花170万千克，受干旱最严重的是库山、东莞、棋山、安庄、洛河、果庄6乡镇。

6～8月，嘉祥县三个观测点地下水位分别比1982年同期降低0.2米，0.87米和1.87米，受旱60万亩，其中绝产或基本绝产17.2万亩。

夏至秋，全省大部分地区少雨。6月份比常年偏少83%，7月份较常年偏少45%。大片大片的春播作物被干死，300万亩耕地未能播种，340万亩翻、改种多次仍收成不多；8月上、中旬干旱急剧发展，受旱面积达5200多万亩。泰沂山区周围的30多个县受旱尤重。

1983年崂山县全年降水量仅451毫米，是多年平均降水量的56%。受旱面积8万亩，绝产0.5万亩，33村、5.5万人吃水困难。

曲阜特大干旱，旱情之重为80多岁老人所未见，曲阜地下水位比常年平均下降10米以上，自流井全部断流，1200眼机井不能上水，4300多眼机井上水量减少一半以上。有118个大队，35896人吃水困难。田禾干枯村村皆有，秋作物（如玉米）大部减产。

1983年11月至1984年5月，龙口降水量40.4毫米，为常年的1/3，突破历史最少记录，干旱严重。全县2万亩小麦死亡绝产，3～4万亩减产5～6成，总计减产100万斤，损失20多万元，全县地下水位均下降1～2米，西部沿海，海水倒灌区面积扩大，全县100多个村人畜吃水困难。

1983 年冬和 1984 年春、夏，平邑县持续干旱，126 条河全部断流，136 座大、中型水库有 114 座干涸，地下水位比常年下降 8～15 米，有 364 个大队、23.16 万人、4.9 万头牲畜缺水吃。东阳公社驻地有 400 多间房屋，因地下水位下降导致墙裂 2～3 厘米。东阳公社医院等单位有 78 间房屋错裂，阔距 3 厘米，错距 2 厘米。平邑县成灾面积 88 万亩，占总耕地面积的 91%，减产粮食 0.88 亿千克。

1984 年　本年是青岛市连续 7 年严重干旱后的特大春旱年。自 1983 年 11 月至 1984 年 5 月底，全市平均降雨 63 毫米，相当于历年同期平均值的 37%。全市 52.53 万公顷耕地全部呈现旱象，其中重旱面积 45.3 万公顷。全市 27.07 万公顷小麦，有 4 万公顷严重减产。3.33 万公顷因绝产而翻种。由于连续干旱少雨，全市所有大小河流全部断流，20 座大中型水库和 427 座小型水库仅蓄水 4000 多万立方米，相当于正常年景蓄水量的 20%。到 4 月中旬，除少数水库为保鱼留有少量死库容外，其余的水全部放完。地下水源由于连续提水得不到补充，水位比正常情况低 4～6 米。全市 4.7 万眼机井、大口井，有 1.4 万眼基本无水可提，城市用水告急。农村缺水村达 1109 个、近 95 万人。即墨市乔家屯乡，20 个村已连续四、五年缺水吃，每个村都备有 1～2 台拖拉机天天运水吃，全乡运水吃的自行车、手推车每天多达千余辆。

胶县冬春连旱，自上年 9 月 8 日至当年 4 月上旬没有下过一次透地雨，其中自上年 11 月 1 日至当年 3 月底，150 余天仅降水 3.5 毫米，只有常年同期降水量的 4.9%，小麦受旱面积 48 万余亩，其中绝产面积达 7 万亩。8 月 14 日至 28 日半月无雨，又造成夏旱，作物受灾面积达 17 万余亩，其中 2.95 万亩农田绝产。

1～3 月，胶南县因干旱 24 个乡镇受灾。自 1983 年 11 月至 1984 年 3 月降水量仅 4.3 毫米，干土层 5～10 厘米，土壤含水量 10%以下，全县 60 万亩冬小麦的 80%叶片枯萎，死苗率占 20%左右，有 12.5 万亩干死。

1～5 月，垦利县 7 次降雨共 59 毫米，旱情严重，17 万亩小麦减产，绝产 5 万亩，垦利县 818 个生产队严重缺粮。

3～4 月份，菏泽市的降水量比常年偏少 30%～40%，全市出现干旱，到 4 月底，全市干旱面积达到 800 万亩，占总耕地面积的 69%，个别重旱地块小麦白天出现凋萎，抽穗困难。4 月份是小麦拔节、抽穗的阶段，是需水关键期，在没有水浇条件的地方，干旱严重影响了小麦产量，同时也影响了春作物的播种。

沾化县干旱，年降水量只有 452.9 毫米，成灾面积 16 万亩，其中 5 万亩绝产。

海阳县发生了 1949 年新中国建立以来少有的的冬春连旱，从 1983 年 11 月到 1984 年 5 月 11 日，长达 6 个多月的时间，共降水 28.9 毫米，其中大于 5.0 毫米的有效降水过程只有一次（4 月 28 日降水 10.8 毫米），其余均为零星降水过程，致使干旱特别严重，影响了小麦越冬和返青到拔节期的生长。全县 23 个乡镇小麦均有不同程度的减产，减产幅度在 10.3%～54.1%，总产减少 7111 万斤。

临沂春旱，自上年 11 月至当年 5 月中旬，临沂旱情持续半年之久，灾情之重为 1949 年新中国建立以来罕见。山岭地区和水浇条件差的平原地区小麦均因旱减产。其中沂水县基本上是地干、库干、井干，农田受旱面积达百万亩，小麦平均亩产只有 128 千克，比上年减产 49.5 千克。

1984年莱州年降雨量376.5毫米，比常年偏少235.6毫米，全县75万亩小麦和秋粮各绝产30万亩，粮食比1979年减产2.54亿千克，13万农民缺粮吃；干死林木1350万棵、果树16.2万棵；给乡镇以上厂矿企业造成经济损失7000万元。

全省大部分地区春、夏干旱。春季，2300多万亩小麦严重干旱，致使部分地区夏粮大幅度减产；入夏后，胶东半岛西部和莱州湾地区持续干旱。即墨、莱西、安丘、昌邑、招远、掖县、沂水、沂源等县，大片大片的小麦被旱死无收，“野草不发芽，树木吐芽后不开叶，山坡树林成片的旱死；刺猬、野兔、山鸡等野生动物渴死在野坡甚多，有的跑到村内群众家找水喝；空中看不见燕子飞，地上见不到昆虫爬”。沿海有的地区海水倒灌，耕地失种。

蓬莱冬季干旱延续到6月初，其中3月至5月上旬，雨量只有31毫米，不足历年平均值的一半，土壤湿度长时间不足50%，大部分时间维持在30%左右。10月至12月上旬，仅有一次10毫米的降水，土壤严重干旱。春旱造成冬小麦成穗率下降，穗粒数不足，籽粒不饱满，影响全县产量，亩产较上年减产70.5千克。秋旱使小麦播种受阻，苗期长势不旺，根系少而短，分蘖少而弱。两季干旱影响植树造林，成活率只有60%，部分仅有20%～30%。

1985年　1～4月，宁津降水不足常年的1/2，6月下旬到7月中旬降水不足40.0毫米。宁津因干旱粮食减产1500万千克，棉花减产2万担（1担=50千克），严重受灾面积为8万亩。

春至夏，雨水稀少，较历年同期平均降雨偏少60%。烟台、青岛西部、临沂北部和淄博东部尤重。掖县，地上水枯竭，地下水位大幅度下降，县境内15条主要河道断流已达4年，122座中、小水库、1360个塘坝全部干涸，海水浸染内地80千米，12个乡镇、85个村的7万多亩良田盐碱化；1078眼机井水质变咸，影响34个村庄、4万多人的生活用水。

济阳县初夏旱，6月份，降水量8.8毫米，较常年偏少86%，为历年同期最少，影响了夏播，秋粮减产面积13.5万亩，棉花减产总面积20.2万亩。

6月18日至7月4日，蒙阴县严重干旱，26座小（一）型水库干涸8座，60座小（二）型水库干涸37座，489座塘坝全部干涸，34条大河有31条断流，农作物受灾面积27万亩，有338个自然村73800人吃水困难。

6月至7月上旬，菏泽全市降水量普遍偏少，只有常年的30%～40%，发生了严重的初夏旱，尤其西半部的李村、高庄、李庄、白虎、黄集、王浩屯、吕陵等乡镇旱情较重。全市受旱面积达597万亩，其中重旱322万亩，单县、东明两县干旱一直持续到8月中旬，严重影响了夏棉和秋作物生长。干旱还严重影响了夏播，至7月11日全市还有150万亩白地未种上。

6月，嘉祥县降雨仅有7.7毫米，最大受旱面积99万亩。广饶县夏季干旱，夏季降雨量只有195.3毫米，不足常年的一半，秋季歉收，以西刘桥、大码头、丁庄、大营等乡为甚。利津夏季重旱，棉花现蕾—开花推迟7～10天，夏秋作物减产。

莱州雨雪仍然稀少，境内15条主要河流断流，7座中型水库、15座小型水库、1360座塘坝干涸。城北平原地下水位下降6～9米，最多16米；中部丘陵地区下降10～18米，最多22米；境内14000眼大口井、机井中有10500眼枯竭，12万眼手压井无水失效。全县699个村庄54万人因村内缺水，要到几里甚至十几里外推水吃。

1985年12月31日起到1986年4月26日止，莒南县出现冬春连旱，共计117天干旱无雨，造成小麦大面积减产。

汶上县冬季无雪，1～6月份降水量105.4毫米，7～9月份降水量266.5毫米，均较常年明显偏少，造成河道、坑干涸，地下水位较常年下降2.01米，4万余亩农作物绝产。全县119个村庄、8.5万人吃水困难。

1986年　1月1日至5月17日，曲阜降水量仅有24.2毫米，共有24.6万亩农田受灾。8月20日至10月19日，2个月仅降水28.6毫米，20万余亩秋作物受害。

3月30日至5月31日，胶县62天全县平均降水量16.5毫米，仅有常年同期降水量的11%。全县小麦受旱面积37万亩，占小麦播种总面积的62%，其中绝产1.38万亩，减产5成以上的8.7万亩；全县38万亩春播作物因干旱较常年推迟播期7～10天。

4～5月，蒙阴县春旱严重，有34条河断流，38座小型水库和500座塘坝干涸，190处扬水站、560眼机井无水可抽，有260个自然村7.8万人吃水困难，造成蒙阴县51.5万亩农田普遍受灾，其中冬小麦24.5万亩，绝产5万亩，有27万亩春播作物不能适时播种。造成经济损失1700万元。

1～5月，莒县春旱，累计降水量只有50.3毫米，39万亩小麦减产。

6～7月份，菏泽市降水极少，只有常年降水量的16%～62%，其中东明、定陶、曹县降水量是有气象资料以来的最小值。7月份是干旱最严重的时期，据农业局7月下旬的统计，全市总干旱面积908.7万亩，占总耕地的80%，其中重旱534.7万亩，占总耕地面积的47%，秋作物因旱死苗面积175万亩，占秋作物面积的15%。全市干旱较重的有曹县、定陶、牡丹区。曹县境内有18条河流，全部干涸，十几个乡镇的井水也干涸，约20万群众吃水困难。由于持续高温、干旱，普遍发生了红蜘蛛危害，干旱加虫害，使全市农作物减产1～3成的占25%，减产4～5成的约占29%，减产6～7成的约占25%，减产8成至绝产的占21%。

龙口春夏连旱，自4月上旬至7月上旬，降水连续偏少，总雨量仅33.1毫米，只有常年的17%，创历史同期最少记录，干旱奇重，土壤含水量只占田间持水量的20%左右(10厘米)，平均干土层厚达14厘米，小麦受害，新植林木旱死，蚜虫成灾，花生无法播种，农业损失数百万元。

苍山县发生冬春连旱现象，1～5月上旬，降水只有34.9毫米，比常年同期减少7成，干旱现象严重，山岭地区吃水困难，小麦和春苗生长发育受到极大影响；秋天，从9月中旬到11月，降水仅为22.6毫米，比常年同期减少8成，严重影响了秋播秋种，小麦苗情不好，断垄缺苗，三类苗增多，一类苗减少。

武城出现春旱和秋旱，春季仅降水42.6毫米，比常年偏少31.0毫米，影响正常春播和春季小麦正常生育。秋季仅降水42.2毫米，比常年偏少42.7毫米，影响秋作物正常灌浆成熟和足墒秋播。

临沂春旱，1～5月上旬，临沂平均降雨28.6毫米，比常年同期偏少87毫米，是1951年以来同期降雨量最少的一年。临沂1300万亩农田受旱，重旱面积达1000万亩，有120万人吃水困难，273万人缺粮。

济阳县干旱，3月至6月11日，降水量30.4毫米，较常年偏少68%。干旱影响棉花出苗，延长了出苗时间，并且缺苗严重，生长缓慢，植株较小，部分棉苗白天凋萎夜间恢复，5月20日至6月20日，受干旱影响发生棉蚜，植株心叶卷曲。8月31日至9月13日，玉米等作物受旱。8月下旬无降水，9月中旬4次降水总量只有7.5毫米，较常年偏少近7成，9月13日观测10厘米土壤相对湿度只有43%。

利津秋旱严重，小麦播种困难。入秋后，雨量骤减，初秋的9月份降雨仅为常年降雨量的1/13，为多年之罕见。此后直到入冬一直无降水，造成了几十年不遇的特大旱灾，导致冬小麦无法播种。仅造墒费用就达66万元，较上年增加44万元。并导致小麦播种期推迟。

牟平县降水极少，是牟平建站以来降水量最少的一年，全年共降水74次，年降水量为257.1毫米，其中有效降水只有13次，占总降水次数的17.6%。全县84万亩粮田，遭受不同程度的干旱，粮食作物大幅度减产。

长清县受旱面积1.52万公顷，成灾面积1.47万公顷。夏收粮食较1985年减产9615吨，有40多个村庄4000多人吃水困难。

荣成全年都受到干旱的威胁，干旱时间之长，旱情之重，是历史上少有的。2～9月降水持续偏少，春旱、伏旱、秋旱相继发生，春季3～5月降水为常年同期最少。荣成大批水库干涸，时至6月上旬，春花生还有近20%未能种上，已种的相当部分未出苗，玉米也仅种上一半，套种花生和玉米都无法进行。春季干旱使小麦的生长发育受到影响，产量降低，并造成2.5万亩小麦绝产。9月至10月上旬的严重秋旱给三秋带来很大的困难，9月下旬10厘米土壤持水量已小于50%，不利于秋播，严重影响秋播的进度和质量。

博兴县冬小麦播种后，雨雪甚少，出现持续干旱现象，同时加之黄河缺水，致使博兴县过去靠自流灌溉的蔡寨乡，闫坊乡遭受到严重的旱灾，据调查，闫坊旱灾面积达1.2万亩，占全乡小麦播种面积的23%，小清河以南的5个乡镇，靠地下提水，因长期干旱，地下水位都在22米以下，远远不能满足小麦生长的需要，使小麦遭受到严重的旱灾，据统计博兴县播种小麦431600亩，其中遭受旱灾的就有94710亩，占小麦播种面积的22%，成灾面积高达61250亩。

蓬莱春、初夏、秋季干旱，全年总降水量不足常年的三分之一，7月中旬至8月中旬，又集中了全年降水量的三分之二。全年降水量仅有210.0毫米，20毫米以上的降水过程，除7、8月份外，仅有4次，为常年平均值的23%，引起春夏连旱，秋季再旱。春至初夏，全县小麦受旱，其中重旱10多万亩，植株生长不旺，矮小，部分干枯死亡，造成成穗率、穗粒数和千粒重下降，全县平均亩产不足225千克。花生播种偏晚，5月10日仅播14万亩，占计划面积的47%，常年已经播种完毕。5月20日播种22万亩，至30日播种才达80%左右，直至6月下旬才播完。因此，出苗不齐，山麓地只出苗50%～80%，植株矮小，下针受阻，蚜虫大发生。秋季再旱，使花生大减产，单产仅有57千克，并导致玉米及其它秋作物严重减产，全县玉米亩产只有259千克。造成小麦播期延长，比常年推迟10～15天。至10月10日仅播种71%的面积，常年播种基本结束。至10月底仍有部分小麦未播种，麦苗发灰，缺苗断垄，根短、分蘖少。至停止生长，干旱面积一直保持在20万亩。由于长期干旱，地下水位大幅度下降，林果生产受到严重威胁。海上水产资源也受其间接影响，工业、生活等用水发生困难。

夏津县全年干旱，降水量明显偏少，与1968年、1972年相似，全年降水量328.8毫米，相当于正常年降水量的60%，雨日55天，较常年偏少13天，春播期4月份降水量仅11.4毫米，抗旱播种。夏季伏旱严重，7～8月份没下一次透雨，秋季连旱，降水量33.4毫米，不及常年降水量的三分之一，土壤含水量急剧下降，直接影响秋播生产，播种面积明显减少，实播25万亩，干旱造成棉花早衰，影响质量和产量，果树成果率降低，产量明显下降，栽种的树苗成活率较低，约52%喜水性的树苗，如泡桐、杨树等生长缓慢。由于抗旱增加了用电量、柴油及各种灌溉机具，因此农产品的成本大大提高了。由于大量开采地下水，造成地下水位又下降了约2米，夏津县有70个村庄吃水困难。但由于水利事业蓬勃发展，夏津县机井已有3500眼，旱涝保收农田达45万亩，因此，本年的农业产量大大高于1972年和1968年。

禹城全年大旱，年降水量274.6毫米，使10万亩农田受灾，其中绝产达5万亩，部分乡镇村庄人畜用水困难。临邑全年干旱严重，成灾面积占临邑总耕地面积的92.6%，使50000亩夏播田不能按期播种，直接影响了小麦适时播种。

1986年德州降水量376.8毫米，较常年少33%，全年旱。出现河道断流，井水干涸，禾苗枯槁现象。

1987年　1987年12月至1988年4月，全省平均降雨20.5毫米，比常年同期偏少76.1%，不仅危害着小麦返青、发育，还影响了春季作物的播种。特别在4月小麦的拔节、出穗、扬花的关键时期，全省仅降雨4.4毫米，干旱达到高峰，受旱面积178.7万公顷；5月份有42个县市降雨不足30毫米，且多系无效降雨。降雨量奇少，使全省地上、地下蓄水量减少，全省有1.04万个村1150万户1700万人吃水严重困难。小麦因旱成灾98.2万公顷，绝产15.4万公顷。66.7万公顷春田播种困难，播期推迟。受旱较重的有临沂、泰安、潍坊、烟台、青岛、威海、济宁、枣庄8市地。

青岛地区因降水较少，旱象较为普遍，而且持续时间又长，春、夏、秋三季皆有干旱。春季的4月中旬至5月上旬30天里，全市平均仅降雨29.2毫米，只有常年的一半。全市6个县市的66万亩农田轻旱，40万亩重旱；夏季的6至8月，因雨量不足，全市又有240万亩农作物受旱，其中，重旱占1/6；秋季的9月中旬至10月中旬，全市几乎无降水，严重影响了青岛的秋收和秋种。

临沂自4月20日普降小雨以后，至麦收无雨，728万亩小麦受旱，其中重旱250万亩，绝产20万亩。100余万亩粮田不能春播，占应播面积的20%。山区饮水困难村2100多个。入夏，降雨较常年偏少。7月旱情加剧。沂源、沂水、蒙阴、平邑、沂南、莒县、费县春夏连旱。夏粮减产严重，有140万人缺粮，172万人吃水困难。7月底夏季作物受旱500多万亩，其中重旱300多万亩。玉米、烤烟、谷子等卷叶，花生、大豆、棉花等干枯、落叶、落花、落铃，成片死亡。部分山岭地农作物濒临绝产。

5～6月初，菏泽全市出现干旱，干旱面积900万亩，占总耕地面积的80%，其中重旱450万亩。重旱麦田10厘米土壤含水率占田间持水量百分比最少可达20%，干土层深度可达20厘米，小麦干枯死亡，株矮、穗小、粒瘦，千粒重比正常麦田降低4～6克，减产可达50%左右。

6月7日～7月8日，胶县32天全市平均降水量只有3.0毫米，仅占常年同期降水量的2.5%。全市农作物受旱面积75.7万亩，12万亩夏播作物推迟了播期。9月7日至10月12日，36天全市平均降雨量4.0毫米，仅有常年同期降水量的5.5%。小麦播种困难，10.7万亩小麦推迟了播期。

7月，宁阳县降水量只有33.1毫米，为有记录以来该月降水最少的一年，有1万亩农作物绝产。

济南春旱、伏旱、秋旱严重。山区地下水位下降10米以上。3015眼机井干涸，977座水库、塘坝、提水站不能利用，南北大沙河、玉符河、巨野河、绣红河、漯河、浪溪河、汇河等河流断流。6月洛口处黄河断流。济南市受灾面积7.5万公顷，其中绝产1.5万公顷。166个村庄、12万人吃水困难。

荣成干旱严重，春、夏、秋都曾发生，尤其是夏旱对秋作物造成了很大的影响。春旱发生在5月的上、中旬，此期间共降雨10毫米，较常年偏少69%。麦田20厘米深土壤湿度占田间持水量降到21%。夏旱发生在6月中旬到7月中旬，40天共降雨31.0毫米，较常年偏少81%，为常年同期最少的一年。值此高温季节，干旱对秋作物的生长发育影响就更明显，秋旱发生在9月中旬到10月上旬，30天降水量为8.7毫米，较常年少84%，9月中旬和10月上旬滴雨未下。此期正值荣成适宜秋播期，因此对秋播造成了极大的困难。

4月21日至5月31日，莒南基本无降水。5月份正是冬小麦抽穗灌浆期，需水最多。但累计降水量只有6.8毫米，比常年偏少45毫米。5月底查墒结果，10～20厘米深土壤田间持水量在40%以下，干旱程度为常年之首。夏旱：6月8日至7月9日，大部分乡镇无雨。出现干旱。由于旱情严重，全县175个村庄、143061人无水吃。结庄村水井干涸无水。干旱出现期间正是夏收夏种黄金节气。对收打小麦很有利，但给夏种带来了困难。

禹城伏旱，农田受灾面积43万亩，其中较重的辛店、张集，张集乡有2万亩玉米未能及时播种。夏津县伏旱，整个7月份降水量仅47.6毫米，不及常年降水量的三分之一，为历年同期降水量最少的年份。严重影响作物生长，影响雨季植树造林，降低“三条”扦插成活率，夏津县秋季又旱，需抗旱种麦。

潍坊全年干旱。春旱影响了春作物的播种，尤其是棉花播种后的一个月内，基本无雨，造成棉苗不齐，有的出苗后又旱死，还影响冬小麦的正常生长发育。伏旱是由于夏季雨量偏少，尤其是7月中下旬也就是初伏到中伏的大暑期间，各种作物正值生长旺期，大量需水，却没有下雨，伏旱严重，影响秋作物的生长。秋旱是从9月中旬到10月上旬，降水较常年明显偏少，部分地区无降水，而且秋风较大，气温偏高，造成严重的秋旱，拖延了小麦播种期，人力、物力消耗较大，增加了生产成本。

海阳自11月28日到1988年7月8日，长达224天之久，共降水84.2毫米，仅占常年同期的28%。三月中旬，旱情开始露头，5月下旬至6月上旬是旱情最为严重的时段，测墒表明，丘陵地麦田10厘米深土壤相对湿度为17%，平原地麦田10厘米深土壤相对湿度为18%。在干旱影响下，小麦亩产比上年减产22千克，总产比上年减少1004万千克。春作物产生凋萎现象，尤其是套种玉米，没水浇条件的大部分被干死。有些地方人畜吃水发生了困难。

1988 年　夏秋两季，全省出现过 3 次干旱高峰。第一次高峰是 6 月至 7 月上旬。正当麦田套种作物出苗、生长和夏季播种季节急需雨水时，全省平均降雨仅有 87 毫米，比常年同期偏少 43%，加之持续高温，农田失墒快，全省受旱面积发展到 317 万公顷。北部沿海、胶州半岛、潍坊市南部山区和枣庄、济宁、菏泽 3 市地南部贫水区等雨夏播；同时前期麦田套种和抗旱直播作物缺苗断垄严重。第二个高峰期是 7 月下旬至 8 月底的 40 天里，全省平均降雨比常年同期偏少 47%。地下水位急骤下降，地上水大减。全省受旱面积 213.3 万公顷。重旱地区的地瓜不爬蔓，花生不扎根，棉花不结蕾，玉米不结棒。进入 9 月份，全省仍然无雨，形成第 3 次干旱高峰期，对晚期作物后期生长和早秋作物结实、成熟都造成严重损害。9 月底，全省秋季农作物受灾面积 248.8 万公顷，成灾 159.5 万公顷，绝产面积 17.8 万公顷。因旱减产秋粮 19 亿千克，减产棉花 1.44 亿千克。秋季旱灾严重的地区主要是枣庄、济宁、菏泽三市地及鲁中山区和胶东半岛的西北部。

海阳县出现冬连春、春连夏的严重干旱，受灾范围遍及全县 23 个乡镇，严重地影响了小麦的产量和春播作物的生长发育，以及有关行业的生产活动。

1～3 月份，据烟台、临沂、德州、惠民、聊城、东营、淄博 7 市地报告，旱情持续发展。总受旱面积 165 万公顷，重旱 39.1 万公顷。旱情严重的地块大面积麦苗枯死，并且直接影响春耕播种的正常进行。烟台市自上年 12 月至当年 3 月底，全市平均降雨仅有 8 毫米，受旱面积达 41.3 万公顷，其中麦田受旱 15.5 万公顷。旱情严重的莱州市，当年 1 月至 4 月初降雨量仅为 4.4 毫米，经测定 10 厘米土壤含水量：麦田 7%～8%、春田仅 5%～6%。由于干旱不能使用的水利设施全县有 3370 眼大口井，2404 座水库、塘坝，622 处扬水站无水，有 502 个自然村 40.62 万人吃水困难。临沂地区的 46.7 万公顷小麦，受旱严重的达 23.3 万公顷。尤其是沂源、沂水、沂南、蒙阴、平邑等山区县，旱情更为严重。惠民地区从上年年底至当年 4 月份，4 次降雨不足 10 毫米，全区受旱面积 27.2 万公顷，其中麦田受旱面积 12.6 万公顷，占全区播种面积的 40%。邹平因干旱有 155 眼大口井、346 座扬水站不能提水浇地，68 座塘坝干涸。

1～5 月，济南市平均降水量仅 12 毫米，受旱面积 4.1 万公顷。8～10 月平均降水量 45 毫米，干旱成灾面积 8.3 万公顷。

4 月份，由于降水少、气温偏高、蒸发量大，菏泽干旱，全市干旱面积约 900 万亩，占耕地面积的 80%，其中重旱 400 万亩。麦田 20 厘米土壤相对湿度一般在 35%～60%，干旱严重的地块在 30%以下，干土层达 10 厘米，干旱严重影响了小麦的生长，同时，干旱也使麦田蚜虫严重发生，影响了小麦产量。另外，干旱也对棉花的播种造成严重困难，对棉花产生了不利影响。

1 月 15 日至 3 月 12 日，长清县滴雨未下，从 3 月 13 日至 5 月 5 日降雨仅 12.7 毫米。秋季 9～11 月份降水量为 30.4 毫米，比常年偏少 90 毫米，仅为常年的 25%。从 10 月 6 日至 12 月底没有大于 5 毫米以上的降水。由于旱情严重，对农业生产影响很大，长清县受旱农田 53 万亩，其中麦田 35 万亩，秋田 18 万亩，农作物绝产 27800 亩，有 661 眼井干涸，58 座扬水站失去作用，120 个水库、塘坝失去灌溉能力，有 87 个村、4.6 万人吃水困难。

淄博市春旱严重，出现河流干涸，人畜用水困难现象。其中沂源县小麦受旱面积 26 万亩，春作物 28 万亩不能按期播种，23 万亩经济林旱象严重，113 个村人畜吃水严重困难。

利津春旱严重，入春以来降水稀少，3～4月共降雨6.6毫米，此时黄河断流，水源奇缺，春播受阻。部分麦田因干旱而枯萎。利津北部几个乡镇人畜用水十分困难。

6月，菏泽市降水量仅12.2毫米，只有常年同期的14%，特别是6月中、下旬滴雨未落，且气温偏高，干旱十分严重。全市干旱面积约950万亩，其中重旱820万亩。这一阶段春播作物和麦田套种玉米正值苗期，无条件浇水的地块作物严重凋萎，部分地块的玉米几乎全部死亡。由于干旱，夏播难以进行，夏大豆一直到7月上旬才得以播种，造成生育期缩短而影响产量。

8～12月，5个月菏泽市降水量仅65.4毫米，为常年同期降水量的25%，出现干旱。这次干旱持续时间之长历史少见。8月下旬全市干旱面积550万亩，其中重旱250万亩，受旱严重的地块白天出现凋萎，对玉米的灌浆产生不利影响。9月份以后干旱日趋严重，10月上旬是菏泽市小麦的适宜播种期，10厘米土层土壤湿度仅30%～50%，无水浇条件不能播种，11月底部分地块的小麦出现凋萎，并有死苗发生。这一阶段的干旱使小麦播种期普遍推迟15天左右，造成冬前苗情差，对来年产量产生不利影响，同时抗旱也耗费了大量的人力、物力。

8月31日，济宁市进入6月份以来，旱情急剧发展，已严重影响了秋季农业生产和群众生活。1～8月份，全市平均降雨量312毫米，比常年同期偏少46%；6～8月，仅降雨222.2毫米，比常年同期偏少51%，比上年同期少30%，是1955年以来降雨最少的年份，群众吃水发生严重困难。上游湖水位只有31.7米，比死水位低1.3米，蓄水800多万立方米，比上年同期少93%，全市830余处沿湖排灌站不能提水，5座大中型水库总蓄水只有2000万立方米，比上年同期少1500万立方米，其中4座水库无水可放，主要河道多数干涸。平原地下水位比上年同期下降1米，山区下降4～6米，造成全市30多万人吃水困难。一些村吃水已开始限量供应。全市50万公顷耕地普遍受旱，其中绝产面积3.3万公顷。旱灾严重的有鱼台、邹县、泗水、金乡、嘉祥、曲阜6县。邹县6.9万公顷秋作物，有3万公顷因旱减产，其中3333公顷玉米和小杂粮绝产。泗水县8666公顷玉米，基本绝产的达4666公顷。

曲阜秋旱，9～11月共计降水17.8毫米，曲阜20万余亩小麦播种困难。

苍山出现长期严重干旱，年降水量567.4毫米，较常年少293.9毫米，由于降水时空分布不均造成冬春连旱：1～4月降水量34.7毫米，比常年偏少7成，对小麦生长和春播有影响；夏旱：6月至7月上旬降水量33.4毫米，比常年偏少8成，干旱严重，造成夏播困难，玉米枯黄；秋旱：9～11月降水58.2毫米，比常年偏少6成多，干旱给秋播带来困难，11月份滴雨未下，麦田底墒差，小麦苗情不好。

禹城大旱，年降水量400.5毫米，冬、春、初夏无明显降水，连续干旱，农田不经灌溉不能下种。荣成农田普遍受旱，重旱面积达80万亩，小麦减产幅度很大。干旱使荣成1715座水库、塘坝干涸，有120个村、近7万人畜的饮水发生问题，春播极其困难。抗旱从3月下旬到小麦成熟的2个多月荣成每天投入抗旱劳力达30万人，喷灌机械1.5万台，拉水拖拉机2000多台，使用固定扬水站动力4万多马力，浇地用水9700万立方米；投入抗旱资金500多万元，小麦抗旱浇水63万亩，占播种面积的87%，春花生抗旱播种12万亩，占春播花生面积的50%，春旱未解，伏旱紧接，秋旱再发展。在夏秋抗旱中，抗旱播种麦套花生10万亩，抗旱浇玉米15万亩，抗旱浇花生27万亩。当年秋播种小麦，几乎全是抗旱播种的。

莒南县全年降水偏少，干旱严重。致使许多水库、河流干涸，有的乡镇人畜吃水和工业用水困难，水源濒临涸竭的严重局面。3～5月共降水95.6毫米，比常年同期偏少24.0毫米。从3月23日至4月30日共39天，仅降雨7.0毫米。由于降雨少，底墒差，干旱严重，影响了春种和小麦的拔节孕穗。5月8日至30日共23天降雨3.0毫米，干旱再次出现。严重影响了冬小麦的灌浆。夏季6～8月份降雨量351.0毫米，比常年同期偏少211.0毫米；特别是6月份夏收夏种季节，降水特少，仅29.0毫米。秋季9～10月份降雨40.0毫米，比常年同期偏少117.0毫米。从10月17日至12月17日共62天无降水。冬小麦播种时由于底墒差，出苗后长期无雨水，山岭地大多干枯而死苗。

蓬莱春、夏、秋三季连旱，全县平均年降水量较常年偏少2成半，只有468毫米，且降水较为集中，导致长期干旱，干旱时间之长为多年来所罕见。地下水位大幅度下降，水库、河流干涸，工业、生活用水不足，对农业、林业等生产危害较为严重，春旱使小麦干旱面积由5万亩发展到30万亩，部分小麦枯死，影响成穗率，影响花生播种推迟5～7天，且使前期播种花生出苗不齐。初夏旱影响小麦成穗和籽粒增重，对产量影响较大，并严重影响花生开花下针，使花生蚜虫、病毒病发生蔓延，使15万亩夏玉米播种困难。盛夏旱严重影响花生荚果形成和夏玉米抽穗，对地瓜生长影响也较大。秋旱严重影响大秋作物籽粒饱满，千粒重下降，小麦播种推迟，麦苗不旺，分蘖少，根短，冬前一类苗只占50%。由于连年干旱，全县地上水不足500万立方米，较常年偏少4500万立方米，比上年少2000万立方米。

1988年嘉祥县全年降雨只有302.5毫米，所有河道断流或干涸，受旱农田85万亩，旱情之重，历史上罕见。德州降水量381.5毫米，较常年偏少32%，全年旱。出现河道断流，井水干涸，禾苗枯槁的现象。

1989年　山东遇到了历史上罕见的特大干旱，受旱面积大、时间长、灾情重，是近70年来所少有的。全省平均年降雨量449毫米，较常年偏少36%，汛期（6～9月）全省平均降雨量305毫米，较常年偏少41%，尤其从7月下旬至8月中旬的30多天里，全省平均降雨量仅49毫米，比常年同期偏少74%，是山东有资料记载70多年来所罕见。1988年秋旱异常严重，冬季雨雪较少，底墒较差，1989年3月初全省普降大雨雪，旱情缓和。1989年4月份降雨量较常年偏少72%，受旱面积由月初的1000万亩，逐渐发展到5月下旬的5000万亩，6月份降雨量接近常年，干旱一度缓和，7～8月“三伏”期间高温少雨，出现了罕见的“卡脖子”旱，最大受旱面积6338万亩，其中重旱3400多万亩；秋季降雨仍偏少，旱情一度在6000万亩以上，导致大秋作物减产和加重秋播小麦的困难。由于受干旱影响，大中小河流干涸，较大的大沽河、潍河、泗河，自1988年秋就一直断流干涸，167座大中型水库汛末（10月1日）蓄水量仅7.336亿立方米，汛期蓄水有减无增，比汛前减少0.428亿立方米，出现了建库以来历史同期蓄水量最小值；南四湖从1988年春天干涸，湖底下挖3.7米才能见水；东平湖从1989年5月干涸，一直到汛末也未蓄上水，水生植物全部死亡。全省地下水位普遍下降，漏斗区明显扩大，汛末达1.66万平方千米，比1988年同期增加674平方千米，泉城济南市地下水位汛期下降到历史最低值22.51米，距趵突泉喷涌高度相差近5米，以致泉群涸竭。沿海地下水位负值区扩大到近千平方千米，造成海水内侵严重。另外，一些水利工程失效，占全省水库塘坝总数的69%，提不上水来的扬水站有1.35万处，占全省总数的53%，提不上水来的机电井18.2万眼，占配套机井总数的32%。据统计，本年全省最大受旱面积6338万亩，成灾面积3461万亩，其中减产3～5成和大于5成的分别为2053万亩、1408万亩；绝收面积393万亩，受灾人口2233.9万，减产粮食546.51万吨，救灾投入经费14478万元，其它救灾投入折合3009.5万元。面对如此严重的干旱，全省广大干部群众在各级党委政府领导下，紧急动员，发扬顽强拼搏的精神，大打抗旱治水总体战，把旱灾的损失减小到最低程度，仍然取得了农业较好收成，全年粮食总产3250万吨，与上年产量基本持平，棉花总产102.5万吨，花生总产148.3万吨，都是历史上较好水平。

1～7月，全省平均降雨量326毫米，比常年同期偏少81毫米（20%），其中6、7月降雨量209毫米，比常年同期偏少82毫米，比大旱的上年同期还少39毫米，尤其是7月下旬，烟台、淄博、潍坊3市平均降雨量仅1毫米，泰安市为5毫米，均比常年同期减少94%以上。由于长时间少雨、无雨，加上这期间多高温和干热风天气，土壤失墒快，地上蓄水量急剧减少，地下水位不断下降，抗旱能力大大减弱，截至8月1日，全省农作物受旱面积达307万公顷，其中重旱的107万公顷。重旱的潍坊、烟台、淄博、临沂、济宁、泰安6市（地）受旱面积都在12万公顷以上，重旱面积在5.3万公顷以上。全省地上蓄水总量减少到12.545亿立方米，比常年同期减少29.95亿立方米，比大旱的1988年同期减少8.216亿立方米，绝大多数水库已接近死库容。因旱不能利用的机井、大口井5.75万眼，水库、塘坝1.15万座，扬水站5249处。长时间干旱对农作物播种和生长造成严重影响，特别是胶东半岛西北部、泰沂山区已连续11年大旱，旱灾尤为突出。由于无力抗旱浇灌，大面积的玉米、大豆、花生等农作物，出苗差、缺苗断垄严重，已出的苗干枯变黄，严重的成片死亡造成绝产。据省抗旱指挥部8月初统计，全省农作物旱灾成灾面积达24.1万公顷，重旱的烟台市旱灾面积16万公顷，其中减产5～8成的8万公顷，减产8成以上的4.3万公顷。烟台的龙口市1989年夏季，计划播种玉米2.1万公顷，库灌区、山区丘陵区的10个乡镇因干旱到7月中旬还有2000公顷无法播种，挑水点种的1万公顷，其中2933公顷旱死；秋粮减产已成定局，6666公顷花生有70%无收获，其余的都程度不同地减产。潍坊市农作物重旱面积34.7万公顷，其中已有5333公顷夏玉米和大豆死苗50%以上，死苗绝产面积达4000公顷。该市青州市农作物旱灾面积3.2万公顷，占总播种面积的49%，其中减产8成以上的有2万公顷，占播种面积的30.6%。淄博市农作物旱灾成灾面积3.4万公顷，该市淄川区农作物旱灾受灾面积2万公顷，减产5成以上的1万公顷，其中绝产的8000公顷。人畜吃水因干旱发生严重困难，据统计，到7月底全省有4219个自然村、328万人及40万头牲畜吃（饮）水困难，其中大部分村的群众要到外地拉水才能有生活用水。烟台市有992个村74.4万人吃水不能自给。进入8月仍然少雨，旱情仍在继续发展。

垦利县自春至秋持续干旱，所有作物均受到影响，成灾面积21.7万亩，特别北部乡镇大部分耕地没有水浇条件，缺乏抗旱能力，据不完全统计，下镇、永安两乡有2万亩耕地因旱无法播种，已播的6万亩，也因干旱无收。

青岛市的干旱仍然突出，尤其以夏、秋季节为重。青岛地区多年连续干旱，地下水位严重下降，多数河流断流，水库干涸，城市工业和生活用水紧张，农村有679个村庄缺水，受旱农田达500余万亩。

4～5月和8～10月，胶县发生严重干旱，据统计，4～5月受灾74万亩。8月份，本市所辖的21处乡、镇、办事处总受灾面积68.84万亩。9、10月份旱情继续发展，冬小麦播种困难，全市307座水库、塘坝干涸，地下水位下降3.5米，本市6个乡镇、203个村庄、72000人吃水困难，干旱给工业用水和城乡人民生活用水带来了较为严重的困难。

3月至5月上旬，临沂遇到历史上少有的干旱。此期，临沂平均降雨量仅22.7毫米，比常年同期减少44毫米，受旱农田达1100万亩，重旱750万亩，其中麦田重旱面积达到350万亩以上，绝产或基本绝产的有12万亩。临沂500万亩春田因干旱仅播种185万亩。由于连续干旱，临沂千余条河流干涸，有800多座水库和4600多座小塘坝无水可抽。地下水位平均下降3.8米，其中平邑下降了9米多。临沂有2100多个行政村、150多万人吃水严重困难。是年，自9月下旬以后的70多天里，临沂又遇干旱天气，此期，临沂降雨量仅12.4毫米，比常年减少44.3毫米，气温比常年偏高4.5℃。临沂695万亩小麦受旱，其中重旱300余万亩，有百万余亩小麦不能正常越冬，170万亩果园有150万亩受害，其中重旱91万亩。临沂河流全部断流，地下水位平均下降8～12米。有110万人吃水严重困难。

4～5月，福山区遭到近百年来未有的大旱，受旱时间之长，降水之少历史上少见，夏季降水不到常年同期的三分之一，农作物有半数以上绝产，其余减产幅度也很大，苹果等水果因干旱，果小而少，因干旱影响病虫害相当严重，果树死亡率较大（主要为干旱病、腐烂病），继严重的夏旱又连上秋旱。

7月，文登市普遍发生严重干旱。7月份降水仅66.6毫米，不足常年的三分之一，特别是7月20日～8月17日近一个月的时间降雨只有7.5毫米，为常年同期的3.3%。文登市1234条大小河流，除母猪河外其余全部断流；1610眼机井、大口井已经干涸682眼；1150座水库、塘坝已经枯竭1080座；784处扬水站有380处因断水不能投入使用。文登市98万亩秋作物重灾面积达75万亩。

平原8月份仅降水2.9毫米，到9月20日，长达51天，降水量只有4.0毫米。全县82万亩耕地遭受旱灾，粮食作物减产50%以上。棉花减产40%。

龙口严重干旱达到历史罕见程度。1986年以来连续4年遇到特大干旱，当年旱情是自1930年有水文资料以来所未有过的，由于连续4年汛期无大的降水过程，因而全市地表一直无径流，致使65座水库、286座塘坝连年无蓄水，地上水濒于枯竭，地下水净储总量已由原来的4.7亿立方米减少到1.96亿立方米，地下水资源也很难恢复到原有状态。自1986年以来报废机井1300多眼，新打机井1472眼，累计水利重复投资多达1750多万元。更为严重的是人畜吃水发生严重困难，在最困难时，全市有201个村16万多人靠到几千米外拉水吃。市自来水公司19眼井已报废9眼，日供水量由2万立方米减少4000立方米。因供水不足，全市51个企业关停，30%的企业不能满负荷生产，初步框算全市工农业将减少收入3亿多元。全市粮食连年减产，小麦比历史最高水平减产5000多万千克，玉米、花生因干旱损失更为惨重，林果因连年干旱，已旱死树木130多万棵，已结果的9万亩树减产20%～30%，据测算，全市粮油果因严重干旱将损失5000多万元。

7～12月，日照市降水稀少，总降水量为190.0毫米，比常年同期偏少299.7毫米。

全市1209座大小蓄水工程，已有525座干涸，总蓄水量只有8500万立方米，比上年同期减少3500万立方米。据调查，全市干旱成灾面积达33.5万亩，果树成灾10万亩，3万亩秋菜难以下种，120个村庄，15万人吃水和牲畜饮水发生困难，直接经济损失达2500万元。

6～8月，威海伏旱严重，全区水库、塘坝、机井、河流枯竭，秋作物大减产，玉米亩产只有68千克，比1987年减产81%，地瓜比上年减产51%，花生比上年减产70%，有70多个村近5万人缺水吃，工业用水也相当困难。

荣成伏旱时间长，程度重，危害大，水源涸竭，对农业的危害更为严重。荣成94万亩大秋作物，17万亩果树普遍受旱，重旱面积达60%以上，前期长势很好的玉米、地瓜、花生等作物，大片枯死，粮油绝产面积达24万亩，果树也叶落枝枯，此次伏旱，受灾面积之大，作物枯死之多，损失之重，都是历史上罕见的。

海阳出现的春夏连旱，受灾范围遍及全县23个乡镇，主要影响小麦的拔节、抽穗、灌浆等期的生长发育及夏播作物的播种和春作物的生长。自4月上旬末，海阳县的农田开始出现旱情，至7月20日旱情解除，持续时间100余天，此期降水量130.8毫米，为常年同期降水量的40%。在干旱时段内，比较严重的是4月下旬到5月上旬，此期麦田土壤含水量：平原地10厘米深土壤含水量40%，20厘米深土壤含水量46%；丘陵地10厘米深土壤含水量45%，20厘米深土壤含水量51%；山地10厘米深土壤含水量36%，20厘米深土壤含水量56%，直接影响到了小麦拔节和抽穗期的生长。自出现春夏连旱之后，海阳县又出现了伏旱。旱情从7月下旬开始，结束于8月25日，持续时间一个多月，影响范围遍及全县23个乡镇，使大田作物的生长受到严重影响。干旱期间总降水量41.2毫米，仅有常年同期的17%，特别是从7月21日到8月18日长达29天的时间里，降水量仅有21.9毫米，农田旱情十分严重。8月16～18日进行的墒情普查表明，平原地的行村镇10厘米深土壤含水量和20厘米深土壤含水量分别为36%和33%，丘陵地的东村镇分别为38%和37%，山地的朱吴乡分别为36%和38%，全县非灌溉地，重旱面积达80%，同时对有关行业也产生不利影响。在干旱期间，作物出现凋萎现象，破坏了其正常的生长发育，8月8日出现的干热风天气，对作物的生长影响很大。

潍坊夏季干旱少雨，全市有800多万亩秋作物受旱，重旱面积210万亩，其中有32万亩秋作物已死苗绝产，重旱地块主要分布在青州市、临朐县、昌乐北部和寿光南部。伏旱对于秋作物的正常生长发育危害极大。

莱州市继夏播期间干旱后，又出现了夏旱连秋旱的严重干旱，7～10月仅降水221.6毫米，是常年同期降水的54%。7月21日至8月10日20多天的时间只降水3.8毫米，是常年同期降水的3%；9月2日至11月2日长达62天的时间只降水16.9毫米，是常年同期降水的17%，使夏玉米、花生等秋作物不能正常生长，大面积减产，全市工农业生产用水紧张，群众吃水困难，全市人畜吃水困难的村庄达700多个54万人，其中严重缺水村庄400多个30多万人。特别是在秋作物生长的关键时期，干旱使玉米凋萎，不能正常的开花，授粉和灌浆，花生植株矮小、凋萎、底叶变黄、脱落，荚果膨大受到影响，造成了粮油严重减产。全市粮食总产54682万斤，比上年减产15048万斤，减产22%；花生总产2863万斤，减产3393万斤，减产56%。秋季干旱使秋播速度减慢，因缺水，大部分冬小麦不能按时播种，三类苗面积增大，断垄缺苗现象严重。降水连年不足，使全市河道断流，水库干涸，地下水位大幅度下降，海水内渗严重，全市地下水位负值面积已达262.03平方千米，占全市面积的14.4%，负值最大的地方已降到黄海基面以下16.74米，海水侵染的面积达212.44平方千米，占全市面积的11.7%，年入侵速度达404米。全市已有12.2万亩水浇地受海水侵染变成旱田，其中1.9万亩因严重受害而不能耕种。

莒南县遇到历史上少有的严重干旱，出现了汛期无汛，有河无流，有库无水，井泉干涸的城乡水资源全面紧张局面。春旱：从3月25日至4月20日共27天干旱无雨。重旱10万亩，轻旱40万亩，严重影响了小麦的生长。伏旱：从7月20日至8月23日35天伏旱，重旱面积达70万亩。秋旱：从9月28日至11月1日共35天无雨，使莒南冬小麦播种受到了一定的影响。据10月26～28日普查墒情来看，平原地麦田10～20厘米深，土壤持水量28%～38%；湖地麦田10～20厘米深，土壤持水量38%～58%；山地、丘陵地10～20厘米深，土壤持水量19%～30%，干旱非常严重。重旱面积100万亩，其中麦田为60万亩。

章丘夏、秋连旱，全年降水量280.1毫米，为有降水记录以来最少年份。6～10月总雨量140毫米，受旱面积85万亩，其中重旱面积35万亩，减产在5成以上的21.3万亩，绝产面积13.7万亩，秋粮减产5000余万斤以上，由于干旱小麦出苗率极低，出苗率在90%以上的面积只有49.3万亩，占总面积（71.8万亩）的69%，无苗面积3万亩，占4%。全县15座大、中型水库，干涸12座，历史上未曾干过的明水百脉泉亦涸。

1989年是牟平站从1953年有记录以来的第二个少雨年，降水较常年偏少43.2%。特别是6、7、8三个月降水稀少，较常年同期偏少71.4%，是有记录以来罕见的伏旱，造成全县无水源和无水浇条件的地区秋季作物基本上绝产。据政府有关部门统计，全县粮食较上年减产3～5成。

淄博市出现全年性干旱，地下水位大幅度下降，4500多眼机井抽不上水，水库蓄水量严重下降，有的水库蓄水量仅有常年的3%。塘坝干涸、河水断流，其中博山泉河头上、下龙湾出现了200多年来少有的干涸。干旱造成山旱田粮食严重减产，因旱绝产面积达30万亩。山区人畜用水十分困难，缺水人口近30万。

蓬莱基本全年干旱，全市1989年降水量不足常年的40%，只有361毫米，且全县降水量又十分不均，造成全县除短时间旱情缓和或解除外，基本全年干旱，干旱程度为蓬莱县自1951年有水文资料以来最严重的一年。特别是汛期降水量不足常年的4成。全县3千米以上的92条河道全部断流，地上蓄水工程（包括死库容）仅蓄水914.3万立方米，比常年少3900多万立方米，4370项水利工程，因水源不足，而不能利用的达2800多项。全县地下水位下降3～7米，使全县70多万亩大秋作物普遍受灾，引起秋作物大减产，绝产面积达到29万亩，小麦产量也受其影响。据测算，粮、油、果直接经济损失达1.3亿元。并有80多个村庄、5万人吃水严重困难。林木生长不旺，有的枯死。其它行业，特别工业生产也因水源不足受到严重影响。

滕州市全年降水持续偏少，春、夏、秋连续干旱。旱情重，面积大，时间长，是1949年新中国建立以来所罕见。从3月2～3日降雨27.3毫米后，长达两个月之久未降一次透地雨，加之气温比常年偏高1～2℃，农作物生育旺盛，蒸腾强，失墒快，从4月中旬初滕州市出现轻旱，此后旱情持续发展，4月下旬滕州市重旱面积30万亩，其中麦田20万亩；轻旱面积40万亩，麦田25万亩。由于持续干旱，严重影响了小麦孕穗和春播进度及农作物正常生长。入夏后，降雨仍然偏少，汛期无汛，持续干旱。6～8月总降水量仅为常年同期的49.6%。其中7月比常年偏少59%，干旱持续发展。8月比常年偏少81%。滕州市旱情进一步加重，对农作物生育造成了严重危害，影响了产量。进入秋季（9～11月）降水继续偏少，旱情持续发展，出现了夏旱连秋旱。滕州市受灾面积达59.7万亩，其中粮食作物50万亩，花生7.5万亩，棉花2万亩，黄芋2000亩。成灾面积（减产3成以上）29万亩，其中粮食作物23万亩，花生5万亩，棉花1万亩。绝产9万亩，其中粮食作物6万亩，花生3万亩。旱情的持续发展，导致了部分村庄人畜吃水问题日趋严重，缺水村庄不断增多。1989年底，滕州市人畜吃水困难村57个，共计34400多人。

1990年 4月至5月上旬，由于受冷空气控制时间较长，暖湿气流活动较弱，致使莱阳市降水偏少，造成全市4月8日至5月13日2万公顷麦田受旱，其中有0.67万公顷麦田受重旱，重旱农田土壤干裂，干土层厚度约8～10厘米，冬小麦的发育期比常年提前7天，受旱严重的抽穗困难，影响小麦产量，减产约50%。

济南春旱，济南市受灾面积2.8万公顷。

4月至5月3日和5月下旬，蓬莱先后发生了干旱，全县自2月下旬到4月上旬，50多天时间降水总量只有24.9毫米，降水时空分散，一次降水最大量只有7.8毫米，自4月上旬末全县麦田开始出现干旱，4月23日发展到10万亩农田干旱，并有部分麦田植株凋萎，直至5月1～3日全县降雨干旱暂时解除。5月下旬，全县再度出现10万亩麦田干旱，5月30～31日全县降大雨，干旱解除。两次干旱正是小麦需水的关键期，对小麦的拔节抽穗影响较大，小麦生长缓慢，对产量有较大影响。

1991年 6月份以来，文登市普遍发生干旱。6月1日至7月17日文登市平均降雨量70毫米，不足常年的三分之一，特别是6月25日至7月17日，文登市平均降水20毫米，仅有常年的10%。文登市98万亩秋作物受旱面积达90多万亩，严重的68万亩，濒临绝产的38万亩，造成玉米减产0.8亿千克左右，花生减产3000万千克左右，直接经济损失近亿元。

6月～11月6日，蓬莱干旱，全县自6月至10月总降水量只有291.0毫米，分别比上年和常年同期偏少274.5毫米和189.4毫米，且降水时空分布集中，各乡镇降水量又十分不均，故自6月到11月6日出现5个多月的连续干旱期，全县干旱面积一直保持在20～50万亩，50厘米深以上土层土壤湿度较长时间保持在30%～50%，影响花生开花下针和荚果形成、籽粒饱满，使夏玉米播种受阻，抽穗困难，籽粒不成。秋种小麦全部为浇水播种，送不上水的地块缺苗断垄严重。影响秋作物较上年分析减产4～5成；秋种麦苗不壮，影响分蘖和根系生长。

青岛市出现了夏秋连旱。自进入夏季以后，雨量日益减少，干旱逐渐严重。7～8月雨量较常年偏少200毫米左右。干旱一直延续到10月份，持续时间达150多天。秋播秋种困难，秋作物和蔬菜、林果因干旱而造成减产。仅据胶南市统计：受旱面积达108万亩，减产玉米1925万千克、花生1550万千克、大豆323万千克、果品530万千克。

1992 年　1～7 月上旬，全省平均降雨 128 毫米，较常年同期偏少 52%，其中 5 月上旬至 7 月上旬，全省平均降雨仅有 34 毫米，比常年同期偏少 84%，是 1926 年以来没有过的。该期间，降雨量之少，受旱时间之长，危害之重是历史上罕见的。6 月份，全省降雨只有 14 毫米，有三分之一的县市区降雨不足 10 毫米。长期严重干旱，致使全省 86 座大中型水库成死库容，36613 座小型水库、塘坝干涸，242724 眼大口井、机井抽不上水或无水可提；全省所有河道断流，地表水仅存 11.58 亿立方米，比常年同期偏少 16.9 亿立方米，流经山东 8 市地 20 个县市区的黄河 6 月初就已完全断流，黄河下游河口地区断流、干涸时间长达 117 天。干旱高峰时，全省有 29900 个村庄、2075 万人（占全省总人口的 30.1%）严重缺水，济南、青岛、烟台、威海、淄博、滨州、东营、泰安、潍坊、济宁、德州等地城市居民吃水发生困难，出现了发牌供水和街头个体户卖水的现象。其中，省城济南市原每天供水 20 万吨的黄河水厂因黄河断流被迫停产，全市日供水量减少 15 万吨；泰安市城区地下水位下降 20 多米，为城市供水的 66 眼机井有 59 眼一度抽不上水来；以黄河为主要水源的滨州、东营市，由于黄河长时间无水，市民及机关、企事业用水到了绝望地步。上述各市有大批工矿企业因缺水而被迫停产、半停产。干旱造成农业生产严重困难。到 7 月上旬，全省农田受旱面积 504 万公顷，占全省耕地面积的 72%，其中重旱 380 万公顷。临沂、潍坊、烟台、青岛、济宁、聊城、德州、菏泽 8 个市地受旱面积都超过了 33 万公顷，其中临沂、潍坊两市受旱面积均达 70 万公顷。全省 70 多万公顷夏播地未能播种，53 万公顷春播作物因旱枯死，其它农作物普遍发生萎蔫，停止了生长。因旱秋粮减产 85 亿千克，棉花减产 5 亿千克，油料减产 12 亿千克；黄烟减产 700 万千克。

1 月上旬至 7 月中旬，宁津总计降水 82.4 毫米，还不足常年的三分之一，河道、沟渠全部干涸。宁津 79.6 万亩耕地全部受旱，其中重旱面积 40 万亩，农作物已停止生长，并有 10 万亩因旱干枯死亡。

3～8 月，青岛市降水量仅为 197.0 毫米，较常年同期偏少 236.1 毫米。其中 6 月份降水量仅 3.0 毫米，是青岛市近百年来同期降水量最少的年份。全市 700 万亩耕地 90% 以上受灾，重旱面积达 600 多万亩。100 多万亩春播作物干枯死亡，200 多万亩小麦减产，且麦收后无法夏种。全市 340 座中小型水库、500 座扬水站基本干涸，1000 多个村庄、100 多万人、10 万大牲畜饮水困难。

3～5 月，龙口总降水量 28.7 毫米，突破历史最少记录，形成严重春旱。使黄山馆、大陈家、芦头、下丁家、石良等乡镇 2.4 万亩小麦绝产，3.2 万亩小麦严重减产，2 万亩花生因旱晚播。

3 月 1 日至 4 月 30 日，南支系统活动不明显，多干冷锋活动。招远全市两个月共降雨 6.0 毫米，全市 48 万亩小麦有 28.1 万亩受灾。其中减产 3～5 成的有 13.2 万亩，减产 6～8 成的有 6.7 万亩，减产 8 成以上的有 2.6 万亩。比 1991 年总减产 7140 万斤，全市 16 个乡镇 729 个自然村中有 9 个乡镇 69 个村吃水困难。如宋家镇 3000 眼水井无水抽。

3 月至 7 月中旬，蓬莱降水稀少，总降水量为 97.7 毫米，分别比常年和上年偏少 163.9 毫米和 184.8 毫米，140 多天时间仅 5、6 月的上旬分别降雨 17.1 毫米和 39.0 毫米外，其它时间降雨均为无效降水，因此 4 月 5 日至 6 月 5 日和 6 月 26 日至 7 月 21 日出现两段长时间连续干旱，耕作层土壤湿度较长时间维持在 40%左右，最小时只有 20%～30%，使全市较长时间维持 20～40 万亩农田严重干旱，冬小麦自拔节初期到灌浆中期，大部分时间受干旱威胁，使14.5万亩旱薄地小麦干旱严重，亩穗数减少，千粒重下降，较上年减产三分之二，同时全市约有4～5万亩绝产。全市小麦亩产约275千克，较上年减产50千克。8万亩旱薄地花生生长发育受阻，较长时间植株凋萎，不少地块叶片干枯脱落，少部分地块已绝产。部分春玉米和半数夏玉米，因送不上水，遇“卡脖旱”基本绝产，需要改种，部分夏玉米减产，部分杂粮，如谷子等不能抽穗，需要改种。由于长期干旱，加之农田灌水用量大，引起地下水位下降，全市可利用地下水只有1800万立方米，较上年减少2200万立方米，地上水1100万立方米，较上年减少2200万立方米。水库、塘坝480座，已干涸359座。93条河道，干涸80条，断流13条。4325眼机井、大口井，已干涸1325眼，不少村庄吃水困难。干旱发生期间，蓬莱气象局通过旬（月）简报、墒情简报、专业服务广播和全市有线广播，以及向市领导及时汇报、建议等方式进行服务。

5月7日至6月25日，莒南县降水量偏少造成严重干旱，全县小麦63万亩，其中受灾60万亩，成灾25万亩，减产3～5成的20万亩，减产6～8成的5万亩，减产小麦4500万斤，造成81个村缺粮，106个村庄吃水严重困难。

5月初至6月底，菏泽市除东明、定陶局部出现20毫米的降水以外，其余均未降过透地雨，5月中旬至6月下旬全市平均降水量仅28毫米，比常年偏少75%，农田干旱严重。据6月28日墒情普查结果分析，夏播田10厘米土壤相对湿度平均仅为35%，最小为18%，20厘米土壤相对湿度平均为48%，最小为24%，全市大部分农田的土壤湿度小于重旱指标。全市有800万亩干旱，其中重旱600万亩。据统计，因干旱未能播种的夏播田230万亩，春播和套种作物有200万亩出现10%以上的死苗，其中死苗50%以上的有50万亩，并造成棉花晚发，严重影响产量。

5月17日至7月10日，东平县近两个月降水仅18.6毫米，3万亩土地春播困难，8万亩农作物旱死、绝产。

5月28日至7月17日，莱阳全市先有1.33万公顷农田受旱，后发展到5.33万公顷农田受旱，重旱面积达4万公顷，重旱地段植株矮小，生长缓慢，长时间处于凋萎状态或被旱死，夏粮减产约40%，秋粮减产约50%，干旱还造成部分村庄人畜饮水困难，部分工业停工停产。

5月中旬至7月上旬，费县遭受旱灾，6月8日至7月10日，费县平均降水量42.2毫米，不足常年的四分之一，部分乡镇不足30毫米，水库干涸，河断流，地下水位下降5至10米，干土层深15至25厘米。费县614个村43.1万人吃水困难，82万亩农作物受旱，重旱61万亩，其中枯死3.2万亩，白茬地4.2万亩，蔬菜减产3200万千克，16万亩果园落花、落果并枯死3.2万亩。这次旱灾造成直接经济损失1.7亿元，抗旱投入资金770万元，劳动力40.3万人。

5月中旬至7月中旬，胶南市持续干旱时间长达71天，该期间全市平均降水量仅13.2毫米，较常年同期偏少191.1毫米。全市的35座小（一）型水库，有30座无水可放，117座小（二）型水库不能利用，847座塘坝已底部龟裂，2879眼机井、2200眼大口井无水可抽，地下水位较常年下降4米多，有200个村庄13.5万人1.1万头牲畜吃水困难。全市111.95万亩春夏作物有42.1万亩完全干枯死亡。因干旱造成的各项经济损失达1.56亿元。

6月，即墨市旱情严重，近200个村庄吃水困难。全市小麦受旱面积85万亩，总产量减产29%；春播作物受旱面积49.6万亩，重旱30万亩。夏粮受旱面积85万亩，50万亩夏播作物造墒播种。

6～7月，德州降水仅64.4毫米，较常年（262.2毫米）偏少7～8成，同时出现多年不遇的黄河断流现象。6月中旬干旱出现，下旬旱情发展迅速，6月28日调查结果表明，全市受旱面积7万亩，其中，夏播田重旱面积2万亩，造成玉米等夏播作物不能播种，不能出苗或出现严重缺苗、断垄现象，作物正常生长受阻，棉花受旱面积5万亩。7月上旬降水仍较稀少，旱情继续发展，7月8日调查，夏播田重旱面积已迅速增至6.5万亩，干土层厚度7～8厘米。棉田旱情也有所发展，至7月下旬降水渐多，黄河放水，旱情得以解除。

入春以来，东营市遇到了历史上罕见的特大旱灾，春旱连夏旱，持续时间之长、造成的损失之大，为历史少有。据统计，1992年1月至7月4日，东营市累计降水97.2毫米，比常年同期偏少181毫米。特别是作为东营市主要淡水资源的黄河，出现持续断流。自3月16日以来，黄河利津站已断流干河60多天，河口地区断流干河达117天之多。截止7月中旬，东营市受旱面积达185万亩，其中重旱150万亩。东营市有120万亩耕地不能播种，有45万亩已播种作物因干旱枯死。东营市缺水乡镇达45个100万人，其中严重缺水人数已达80万人。各级党委、政府高度重视。市政府于7月3日拨出15万元抗旱资金和1060吨柴油，重点解决了人畜吃水和旱情特别严重的地方急需。广泛发动群众，多方采取措施，因地制宜抗旱。东营市投入抗旱的机关干部1200多人，群众20万人，利用各种机械6000多台，调剂早熟玉米种45万斤，划锄150万亩，防治病虫害100多万亩。对抗旱所需的电力、化肥、柴油、农药等科学调度，搞好供应，保证了抗旱工作的顺利进行。

入夏以来，西太平洋副热带高压迟迟不能加强北上，其西缘的暖湿气流只能到达长江流域，使沾化县出现连续高温少雨天气。从6月8日至7月19日仅有降水10.5毫米，为常年同期的6.8%，造成了初夏重旱。该期间，黄河断流，水源奇缺，造成了人畜吃水困难，城镇吃水出现定量供应的局面。沾化县有40万亩棉苗因干旱不能正常生长，40万亩夏播田有40%不能播种，抢种的出苗率也仅有60%左右，并有部分小苗因干旱死亡。

乐陵县春夏连旱，全县102万亩耕地受灾，重旱80万亩，占农作物总面积的78%，干土层厚度为5～6厘米。

平邑县自6月份以来，由于降水偏少，旱情持续发展，农田受旱面积达85万亩，果园受旱面积30万亩，河流断流、水库干涸，大批果树旱死，人、畜饮水困难。

垦利县遭受了60年一遇的特大干旱和黄河断流120天的双重危害，垦利县54万亩应播春、夏作物，仅完成66.8%的播种任务，春播棉花12.6万亩，有苗的9.58万亩，死苗率25%，减产粮食11467万千克，直接经济损失1.02亿元。

平原县持续降水量偏少，全年总降水量310.8毫米。干旱持续时间长，旱情严重，春播作物缺水，生长发育受到严重影响，造成减产，夏播作物有85万亩不能播种，因旱灾造成经济损失4000万元。

庆云县自春季就出现干旱现象，夏季旱情继续发展，因干旱，庆云县有6个乡镇中的72个自然村人畜吃水困难，庆云县吃水困难户达13400户54700人。庆云县播种棉花18.5万亩，玉米15万亩，蔬菜3万亩，有4万亩因干旱而不能播种任何作物，棉花有13

万亩枯叶落蕾，总产较上年减少4930吨，亩产减少19千克；玉米中有4.5万亩枯死，总产较上年减少17988吨，亩产减少121千克；其它作物减产已全部成为定局。全县重旱面积26万亩，占粮田总面积的60%。

4月下旬至10月中旬，临邑降水314.8毫米，比常年同期偏少223.8毫米，出现了严重的旱灾，临邑棉播面积38.45万亩，其中绝产面积达15万亩，总产皮棉13万担，比1991年减少10万担。31万亩玉米减产2成，有的达3～4成。

春夏期间，淄博市干旱持续近5个月，3～6月全市平均降水量仅32.8毫米，全市主要引水河道包括黄河全部断流。山旱田夏播作物无法播种，山区人畜用水困难。因旱造成全市粮食减产20万吨以上，棉花减产21万担，由此而减少收入3亿元。

济南降水比常年偏少124.6毫米。商河县4月降水仅0.3毫米，70%耕地受旱。济南市受旱农田31.3万公顷。

莒县出现了历史上少有的干旱，1月至7月13日县城降水量101.3毫米，比上年同期减少446.3毫米，比常年同期减少227.6毫米，不少乡镇降水量远远少于县城。地表水枯竭，地下水严重下降，人畜吃水困难，农作物受灾面积125.6万亩，工农业生产损失3.1亿元。

夏津县全年持续干旱，河道断流，地下水位猛降，全年降水量307.0毫米，比常年偏少249.4毫米，只有常年降水量的55%，自上年6月10日至当年8月10日，一年零二个月时间内没有下过一场透地雨。旱期之长，旱情之重，是历史上罕见的。马颊河断流，运河缺水，地下水位下降8～10米，田间土壤墒情恶化，土壤含水率长期小于13%，甚至达7%～8%以下，对多种作物危害极大，夏津县人民奋起抗旱，使旱灾损失减少到最低程度。

潍坊市出现了严重的春夏连旱，4～6月份全市平均降水量57毫米，比上年同期少153.2毫米，比常年偏少104.9毫米。降水之少，干旱之重是40多年来少有的年份。全市32座大中型水库现有蓄水1.5亿立方米，比上年同期少6.5亿立方米。随着地下水位的下降，全市有近一半的机井干涸，未浇水的农田10～20厘米土壤含水量降至40%以下，全市各种农作物旱情十分严重，全市630万亩夏播计划还有30万亩因干旱没有种上，从大田作物的苗情看，全市有近200万亩夏玉米处于萎蔫状态，其中50万亩已开始连片死苗；大部棉田每株仅有1个果枝，未浇水的棉田基本上没有果枝，与正常年份相比平均每株少了3个果枝，估计每亩减产皮棉18千克左右；20万亩未浇水的黄烟停止生长；大部分地块花生因干旱果针无法下扎，有的顶芽已开始萎缩，丘陵山地的花生出现连片死苗，另外，果树受旱也十分严重，未浇水的苹果，表现为果实生长缓慢，山楂、板栗受旱更为严重，未浇水的山楂已落果一半以上，有的已全部落果。五莲县洪旗镇，100多亩板栗园，因旱已全部死亡，更为严重的是全市还有150万人300万头牲畜吃水发生困难。

博兴县遭受的旱灾是近十几年来最严重的一年。从初春发生的严重干旱一直持续到9月份，全县4.6万公顷农作物全部受灾，成灾面积达3.642万公顷，使8686公顷的农作物绝产，减产粮食达3.086万吨，减产棉花1.1586万吨，2万个鱼塘、藕塘因旱干涸，加上其它损失，博兴县直接经济损失达8134.8万元。严重的干旱使博兴县58个村3.11万人和5730多牲畜饮水困难。

临沂地区初夏遭受了百年未遇的特大干旱。从5月7日至7月11日，临沂降水仅45

毫米，比常年同期偏少160毫米，由于长期干旱，临沂7417座塘坝和小型水库全部干涸，沂、沭河自6月初就全部断流，39座大中型水库总蓄水量仅有1.8亿立方米，其中可利用水不足600万立方米。临沂地下水位平均下降4～6米，90%以上的大口井和50%以上的机井无水可抽，临沂11个县市全部受旱，1100万亩农田已有1035万亩受旱，其中重旱740多万亩，20厘米土层土壤含水量平原地区不足4%，山丘地区不足3%，致使绝大多数春、夏播作物呈凋萎状态，其中枯死170多万亩。临沂近200万亩棉花基本没有结果，40余万亩黄烟大部枯萎，计划种植的100万亩水稻尚有25万亩无水插秧。临沂有200万亩果园落叶落果，其中幼龄果园已有30万亩枯死。临沂47万亩淡水水面已有42万亩干涸。因干旱，临沂有300余万人吃水困难，其中有175万人、16万头大牲畜吃水严重困难，完全靠机动车辆从远距离送水。部分企业因缺水而停产。此次干旱造成的直接经济损失达30亿元左右，其中仅粮食一项即减产12亿千克，减收7.2亿元。由于抗旱投入加大，生产成本提高，全年农民人均收入减少200多元，同时1000个已解决温饱的村计60多万人出现返贫现象，返贫率为30%。

夏季，大气环流异常，西太平洋副热带高压位置偏南，势力偏弱。进入海阳区的暖湿气流弱而少，本地长时间受高空西风气流控制，天气干旱。6～8月总降水量仅有134.2毫米，比常年同期偏少75%，这是自1959年建站以来最为严重的夏旱。大河断流，北部山区部分村庄人畜饮水困难。全县秋作物均因干旱而减产。麦收后大部分夏播田不能正常下种，推迟播期20余天。大片麦套玉米地无水浇灌，苗期因旱而枯。全县大部分花生出现两次盛花期，影响了产量。

禹城大旱，年降水量296.8毫米，为1949年新中国建立后的第三个少雨年，秋旱严重，秋播难以进行。为减轻干旱的危害，全县新打机井100余眼，修复旧井1300眼，打压水井2340眼，挖沟1500千米。

1993年 山东受1992年秋季特大干旱的影响，冬小麦播种普遍推迟了一个节气，同时由于干旱严重，土壤缺水，底墒差，很多是由抗旱造墒播种的，有的“土里埋”待雨生。因此，不少地区小麦出苗稀、苗弱，缺苗断垄严重。入冬后，全省降水一直偏少，1～4月份，全省平均降雨只有26毫米，比常年偏少38%，尤其3月份后小麦正值起身拔节需要大量水分的关键时期，全省近两个月的时间，平均降雨只有5毫米，比常年偏少88%。至3月底，全省大中型水库蓄水量只有10亿立方米，比常年同期减少60%，多数为死库容。地下水位普遍下降，平原地区一般下降2～4米，山区一般下降4～10米，泰沂山区重旱地区下降20～40米。因黄河流域干旱，黄河来水量极少，下游东营段于2月13至15日、3月4日至20日两次断流。天不降雨，地表、地下无水可取，使很多无水利条件的地区春播和抗旱发生严重困难。4月底，全省受旱面积140多万公顷，其中重旱80多万公顷，农村缺水人口达100多万，城市日缺水120万立方米以上。

自上年入冬以来至5月11日，长达162天，长清县雨雪一直稀少，总降水量仅为40.3毫米，较常年偏少近5成，10厘米深麦田土壤相对湿度平均只有29%，4月底最低达17%，总受旱面积达50多万亩，重旱面积为20多万亩。

济南市麦收前旱灾严重，受灾面积6.8万公顷。武城出现严重春旱，3～5月份仅降水27.9毫米。比常年偏少45.7毫米，影响正常春播和春季小麦的正常生育。

7月31日至11月5日，胶州市降水仅89.9毫米，只有常年降水量的38%，50万亩农田受旱。秋播期间滴雨未下，致使40万亩麦田造墒播种，有40%的麦田断垄缺苗。

8月至11月上旬，蓬莱3个多月时间总降水量只有81.9毫米，较上年和常年同期分别偏少192.6毫米和169.7毫米。8月份降水虽少，但7月份降水多，土壤底墒好，8月下旬又降雨40多毫米，所以9月初以前基本不旱。进入9月上旬末，旱象开始逐步发展，直到11月上旬，干旱时间之长，降水量之少均为多年来所少见，使土壤水分长时间维持在30%～40%，旱情严重，造成全市40多万亩农田干旱，秋作物籽粒增重受阻，影响产量。小麦全为抗旱播种，并有部分麦田因送不上水无法播种。这段干旱使全市地上蓄水比上年同期下降2300万立方米，地下蓄水减少2800万立方米。270多座塘坝干涸，30多个村庄人畜用水发生困难，为少有的秋旱之年。干旱发生期间，蓬莱气象局通过旬（月）简报，墒情简报、专业服务广播和及时向市领导汇报等方式进行了服务。

8月25日至11月6日，龙口长达74天的时间无有效降水，其中9月22日至10月10日滴雨未下，形成严重秋旱，给秋种造成极大困难，造成全市约2.3万亩小麦晚播，部分改种春作物。

1993年12至1994年6月下旬，平原降水量86.9毫米，干土层达11厘米，严重影响了夏播作物的播种，据统计，平原受灾总面积50万亩，其中夏播田40万亩，棉田10万亩。

1994年　1994年12月至1995年2月，全省平均降雨量仅19毫米，比常年偏少30%，鲁北的滨州、德州、聊城不足10毫米，许多县基本无雨雪。在3月中旬至5月中旬的两个多月里，基本无有效降雨，致使地上、地下水源锐减。到6月中旬地上蓄水已不足30亿立方米，比常年同期减少10多亿立方米。全省骨干河流全部断流，3242条中、小河道干涸，96%的小型水库蓄水都成了死库容，无水可提。黄河自2月20日起开始断流，持续断流达3个多月，给沿黄9个市地、50多个县市的工农业生产和人畜吃水造成严重困难。4月中旬至5月中旬一个多月的时间，正值小麦拔节灌浆大量需水的关键时期，全省近100个县市区滴雨未落，加之持续高温、大风天气，农田失墒严重。5月中旬至6月中旬，是夏播的重要时期，全省持续干旱，平均降雨量不足30毫米，致使全省夏播普遍延期，重旱地区推迟播种一个月。至6月下旬，全省有近340万公顷耕地夏播困难，其中相当一部分属白茬地。

山东出现了两次全省性的严重干旱，给农业生产造成严重影响。入春以来，全省持续干旱，1～3月全省平均降雨量仅为19毫米，较常年同期偏少49%。进入小麦生长后期，干旱急剧发展。5月初至6月中旬，全省平均降雨量24毫米，比常年同期偏少79%，其中，茌平、昌乐等27个县市区同期累计降雨量不足10毫米。在此期间，全省地上蓄水一直以每天0.3亿立方米的速度递减，到6月中旬地上蓄水已不足30亿立方米，比常年同期减少10多亿立方米。全省骨干河流全部断流，3589条中小河流、7445座水库干涸见底，70588眼机井无水可提。黄河自5月14日起开始断流，持续达40多天。严重的干旱，不仅影响了小麦灌浆和成熟，也极大地影响了夏播。全省小麦受旱面积达91.87万公顷，成灾面积50.6万公顷。

1月至6月21日，牟平县共降水126.9毫米，比上年同期减少114.9毫米，较常年同期偏少36.5毫米，特别是5月中旬后期，基本无雨，5月16日至6月21日降水仅有3.2毫米，比上年同期减少122.9毫米，比常年同期偏少61.2毫米，造成全县地下水位平均下降4米以上，最严重的莱山镇地下水位下降8米多。全县4座中型水库有3座水位降到死库容，最大的高陵水库储水量也接近死库容。由于连续的高温无雨，全县395座小型水库和塘坝已有277座干涸；全县共有700多项水利工程干涸，有52个自然村、3.1万人严重缺水。造成全县20万亩玉米受灾，重灾达15万亩，其中枯萎7万亩，死苗8万亩。25万亩花生受灾，重灾达20万亩，枯萎10万亩，死苗10万亩。另外还有5万亩夏播作物因缺水不能及时播种。果树25万亩因严重干旱，落果率较高，预计减产40%以上。全县粮食减产7000万千克，花生减产5000万千克，水果减产1500万千克以上，全县因干旱造成的经济损失达1.8亿元。

5月20日，单县遭受较为严重的旱灾，2～4月，全县平均降雨量55毫米，部分乡镇仅20毫米。进入5月份以来，干旱持续发展，全县大面积麦田叶片秸秆枯萎，部分地块小麦大片死亡，造成绝产。受灾较重的有21个乡镇，这些乡镇地势高，多系火沙地，水浇条件差，旱情发展快，受害较为严重。全县6万公顷小麦，受灾面积达5.3万公顷，成灾面积2.1万公顷。

5月4日至6月23日，青岛市持续干旱51天，全市平均降水量仅4.7毫米，比常年同期偏少74.2毫米。全市受灾面积达600万亩，重旱300万亩。旱区小麦减产1成，有30～50万亩山丘春苗、15万亩套种玉米、5万亩花生旱死。全市有595个自然村、34万多人和2.8万头牲畜饮水困难。

5～6月，蒙阴县严重干旱，47万亩作物受灾，其中28.5万亩面临枯死，44条河断流，5万人吃水困难。5月至6月下旬前期，淄博市出现春末夏初旱。全市36万亩夏玉米不能播种，近100个村庄人畜吃水困难。

入夏后，栖霞县久旱无雨，旱灾范围大，影响程度深，给栖霞县夏播及秋季农作物生长造成了极大损害。据统计，全县受灾面积达110万亩，成灾面积86.6万亩，其中，粮食作物49.6万亩，经济作物37万亩。5、6月份是夏播的关键时期，栖霞县该两月的常年降水量分别为42毫米和81.4毫米，但当年5月降水量为28.8毫米，比常年偏少13.2毫米，6月份降水量仅为0.2毫米，比常年偏少81.2毫米，造成全县大面积干旱，23个乡镇普遍受灾，受灾较重的有：栖霞镇、小庄、寺口、大柳家、唐家泊等16个乡镇，其中有11万亩玉米、4.2万亩地瓜、7.3万亩大豆，因旱无法播种。已播种的有12万亩玉米幼苗干枯，11万亩花生已绝产，19.7万亩果园受灾严重，有的乡镇村的苹果落叶落果。预计，全县水果比常年减产3成以上。由于地下水位下降，全县大中机井3500眼，有3100多眼干涸，水利设施1050座，有900座无法使用，严重缺水导致山区人畜吃水困难，有83个村的6.6万人出村挑水，甚至到外地拉水。据调查，全县成灾人口44.3万，其中特重灾民9.5万，重灾民26.1万，轻灾民8.7万，因灾缺粮户15400户，共47200人，需安排口粮140.4万千克。

乐陵县春夏连旱，1～6月份乐陵县平均降雨只有42毫米，比常年同期减少54.3毫米，尤其是自5月3日以来，40多天，乐陵县滴雨未下，乐陵县境内所有河流、沟渠干涸，乐陵县受旱面积达90万亩，其中重旱面积60万亩以上，干土层厚度一般在7～10厘米，至今还有48万亩麦茬田没播种。

平邑县进入6月份以后，降水明显偏少，到6月24日仅有8.0毫米降水，旱情非常严重，约有45万亩花生枯死，20万亩麦茬地无法播种，30个村庄饮水困难。

庆云县一直降水偏少，从1月份到6月23日降水量仅59.4毫米，受旱面积达37.8077万亩，重旱面积在25万亩以上。其中无法浇水的地块有11.1614万亩。

4月至6月中旬，莱阳市的总降水量只有26.6毫米，且降水主要集中在5月3日、14日，其它均无效降水。自4月28日开始有1.33万公顷麦田出现轻旱，由于5月3日、14日的降水补充，旱麦面积1.33公顷左右，自5月下旬至6月中旬一个月的时间总降水量只有0.7毫米，气温高、降水少，旱情迅速发展，到6月18日受旱面积发展到4.7万公顷，其中重旱2.67万公顷，重旱地段干土层厚度达8～10厘米，农田干裂，5月中旬套种的晚熟夏玉米，因无法浇水而全部旱死，在6月22日降水后重新补种，受旱花生叶子白天凋萎、夜间恢复，全市约有2.0～2.67万公顷农田麦收后无法播种，6月22日全市普降小到中雨，莱阳气象站降水量11.8毫米，旱情有所缓解，6月25日全市普降大到暴雨，旱情解除。

6月1～26日，济阳、垛石、孙耿、仁风、稍门、江店、新市、青宁、崔寨等20个乡镇均不同程度地出现干旱，这一年黄河断流，济阳县总成灾面积75万亩，其中棉花占成灾面积的26％。

济南市遭受旱灾，受灾面积7.53万公顷。

5月下旬以后，夏津县没有有效降水，旱情逐渐加重，6月中旬白茬地土壤相对湿度为10％左右，棉田土壤相对湿度为54％～61％，干土层已达7～8厘米，有20多万亩夏茬地因干旱不能及时播种，部分棉田出现了白天凋萎，夜间恢复的征状。夏津县重旱面积35万亩，轻旱面积40万亩。

5月至6月24日，滕州市干旱，时间长达55天，该期间降水稀少，总降水量不足20毫米，由轻旱发展为重旱，严重的干旱使市内河水断流，地下水位下降2～3米，部分机井抽水困难甚至干涸。滕州市40多个村庄、30多万人吃水困难，50万亩作物受害，其中重旱面积26万亩，部分植株干枯死亡。严重的旱情使小麦早熟、减产，并影响夏玉米及时套种和苗期生长。同时给工业生产也造成一定的影响。

1月至6月中旬，德州降水明显偏少，仅55毫米，不足常年的一半。特别是6月份夏播关键时期，几乎无降水，造成河道断流，水库干涸，作物正常生长受阻，城市居民饮水困难，多数地块土壤相对湿度在60％左右，近6万亩夏播田土壤相对湿度低于40％。截至6月中旬末，全市各乡镇均出现旱象，尤其以抬头寺、土桥等地比较严重。全市约2万亩夏播田因干旱不能播种，近5万亩已种植的玉米等夏播作物因干旱出现死苗，近10万亩棉花等春播作物开始萎蔫，正常生长受阻。

利津春旱连初夏旱。自上年11月下旬至当年4月上旬，长达141天只有1.7毫米的降水量；4月下旬到6月中旬的60多天只降雨35.4毫米，降水量之少均为历史上所罕见。同时，黄河自5月中旬初开始断流。长时期的干旱和黄河断流，导致利津各种农作物受到不同程度的旱灾，并造成工业用水和人畜饮水困难。据统计，利津小麦和春播作物受灾面积50.8万亩。其中：小麦受灾面积27.59万亩，成灾面积23.39万亩，减产小麦5518万斤。1.1万亩水稻减产8成以上；20万亩棉花、2万亩花生受到不同程度的危害。同时造成夏播困难和9.04万亩早播夏苗死亡。利津201个村庄、10.3万人和4.2万牲畜饮水困难；工业用水告急。严重影响了利津工农业生产和人们的正常生活，其经济损失无法估量。

1995 年　3 月 18 日～5 月 12 日，持续 56 天，青岛市平均降水量仅 17.6 毫米，均为无效降水，比常年同期偏少 48.1 毫米。5 月 21 日至 6 月 20 日再次发生干旱，使地下水位不断下降，干土层加厚，小型水库和水塘干涸。全市受旱面积达 63 万亩，部分山岭地区人畜饮水困难。

4～5 月，淄博市境内出现不同程度干旱，大部地区相对较轻，沂源较重。全县 45 个村、1.8 万人饮水困难，小麦受旱面积 18 万亩，重旱 8 万亩；9 万亩春作物不能播种；受旱面积花生 2.5 万亩，地瓜 9 万亩，瓜菜 2.5 万亩；果树受旱面积 23 万亩，其中重旱 10 万亩，减产 20%。

5 月初到 6 月下旬，平原旱情严重，夏播作物推迟播种，平原 75 万亩农田受旱，其中 50 万亩夏播田推迟播种，给农业生产造成了很大的经济损失。

年初至 6 月上旬，菏泽市一直未降透雨，再加上冬季气温偏高，回暖较早等原因，造成春季旱情严重。麦田从 3 月份出现干旱，旱情持续发展。尽管全市全力以赴抗旱，到 5 月下旬全市干旱面积仍有 600 万亩，重旱 350 万亩。干旱持续到 6 月 7 日，6 月 8 日全市降透地雨，旱情才解除。这一阶段的干旱持续时间较长，全市为抗旱投入了大量的人力物力。不浇水或浇水不足的地块严重影响了小麦产量，同时也影响了春作物的播种以及苗期生长。

1995 年 11 月至 1996 年 5 月，沾化县总降水量仅为 22.6 毫米，较常年偏少 88.4 毫米，黄河持续断流，地下水位下降，水浇条件恶化，造成沾化县大面积干旱。有 82 万亩耕地处于干旱状态，重旱面积达 50 万亩；人及牲畜用水极度困难。下河乡、李家乡、冯家镇、古城镇、大高乡和下洼镇的 241 个村、16 万人及 8 万大牲畜吃水困难。当年农作物普遍减产，部分绝产。旱情持续时间之长、灾情之重、对工农业生产影响之大，均属历史罕见。

1995 年 10 月 15 日至 1996 年 6 月 26 日，日照市五莲县旱情持续了 256 天，此期内，全县共有降水量 129.8 毫米，比常年同期偏少 122.1 毫米。其中旱情发展最严重的时期在 1995 年 10 月下旬到 1996 年 3 月下旬中期，这期间仅有降水 17.1 毫米，较常年同期偏少 68.0 毫米，是常年同期降水的 20%。3 月下旬后期到 4 月下旬旱情有所缓解，这期间降水 73.7 毫米，虽然旱情未能解除，这段时间也正值农事的关键期，冬小麦起身拔节春播作物播种移栽得以顺利进行。5 月上旬旱情又继续发展直至 6 月 27 日旱情才结束。1995 年冬至 1996 年春的这次旱情给五莲县的农业生产造成了严重的危害。根据五莲县民政部门的调查结果表明，五莲县 22 个乡镇总受灾面积达 75 万亩，其中麦田受灾尤为严重。五莲县 27 万亩小麦由于干旱麦苗分蘖较少、麦苗低矮，有的地块甚至不分孽、灌浆。全县 13 万亩小麦成灾，预计减产在 5 成以上；15 万亩花生因干旱缺苗、断垄严重；插秧较晚的 10 万亩地瓜因干旱插秧困难，成活率降低，成活的植株也因干旱生长基本停止；干旱造成 15 万亩果树落果，落果率达 30%左右，另外 8 万亩瓜菜也因严重干旱缺水受到了不同程度的损失。五莲县受灾户 2860 户，9800 名群众缺粮。

1996 年　山东自 1995 年 11 月 1 日至 1996 年的 4 月 26 日，全省平均降雨只有 30.4 毫米，较常年同期偏少 71.6%，受旱时间之长、范围之广、程度之深，是 1916 年以来 80 年间所没有的，途经山东的黄河自 2 月 14 日起断流。1995 年 11 月至 1996 年 2 月，全省平均降水量只有 9.9 毫米，比常年同期偏少 80%，德州、聊城、泰安、济南等市地降水量不足 3 毫米，其中聊城、泰安两地市滴水未降。3 月份全省仍无雨，且气温持续偏高，农田失墒严重，旱情急剧发展。全省所有河道全部断流。14000 多座水库、塘坝无水可提，10 万多眼机井、大口井和 8400 多处扬水站干涸失去作用，重旱地区地下水位下降 10 多米至几十米。4 月 1～26 日，全省持续无雨，黄河沿岸地区麦田大面积泛碱，死苗率急剧上升。因干旱胜利油田一度陷入困境，大批厂矿企业被迫停产；烟台、威海等城市居民供水减少了三分之一。省委、省政府动员全省投入抗旱斗争。全省投入抗旱资金 5.4 亿元，筹集化肥 221 万吨、柴油 40 万吨、地膜 1 万吨、电力 120 万千瓦时，有 2 万多名干部、11 万多名各类技术人员、1105 万名劳力投入抗旱一线。

从 1995 年秋到 1996 年 3 月底，博兴县仅有几毫米的降水，又遇暖冬天气，蒸发大，失墒严重，黄河客水又早在春节前断流，水源失去补充，因此旱情特别严重，受干旱影响，冬小麦返青生长困难，林果、蔬菜缺水，严重影响其生长，部分农村人畜饮水困难。

利津春旱，自上年冬 11 月下旬至当年 6 月上旬共降水 27.1 毫米，不到常年同期降水量的 1/5，大风天气多，蒸发快，黄河断流早（2 月 14 日断流，较往年早 80 多天），大部分乡镇引黄蓄水少，旱情自 4 月份开始急剧发展，严重影响了春播及小麦发育，部分乡村群众吃水困难。据统计，利津小麦播种面积 30 万亩，受灾面积 14.7 万亩，成灾 9.4 万亩，绝产 1 万亩，预计减产 1031.7 万千克。全县有 154 个行政村、1.86 万户、6.3 万人受灾，其中重灾 1 万人。各级党委、政府领导人民抗旱救灾，并进行了 3 次人工增雨作业，收到了较好的效果，经济损失降到了最低限度。

2 月 1 日至 3 月 27 日，长达 56 天，青岛市无有效降水，其次是 4 月 1 日至 27 日和 5 月 1 日至 6 月 12 日又出现了两段时间的干旱。全市 600 万亩农田受旱。

5 月，庆云县干旱，其中崔口、严务、中丁 3 个乡镇最为严重，自 95 年 10 月至本年度 5 月 22 日，庆云县一直处于降水严重偏少的状况。在这 235 天里，合计降水量 14.6 毫米较常年同期偏少 98.4 毫米（87.1%）为历史的最低值。庆云县 44.6 万亩耕地均受影响，小麦面积 27.7 万亩，产量普遍下降。4 万亩蔬菜产量下降，3 万亩果树坐果率下降；庆云县棉花 1.29 万亩，只出苗 0.61 万亩。

垦利县上半年严重干旱，黄河提前断流，垦利县农作物受灾 32.6 万亩，成灾 11.35 万亩，绝产 5.4 万亩。淄博市春季干旱，小麦受灾面积 84 万亩，其中重旱 33 万亩，果树受灾面积 20 万亩，重旱 5 万亩。淄川、博山区近 20 个村人畜用水困难。

7 月，曹县干旱继续发展。全县降雨不足 20 毫米，尤其是在 7 月 17～31 日这段时间里，全县降雨量仅 0.7 毫米。严重的干旱极大地影响了农作物的生长和发育，部分作物枯萎甚至死亡。全县受旱面积 6 万公顷，其中重旱面积 2 万公顷。干旱使该县作物造成严重减产。

3 月 15 日至 5 月 6 日，蓬莱全市降水 9.3 毫米，其中 3 月下旬和 4 月份分别较常年偏少 5.7 毫米和 26.0 毫米，全市出现不同程度的旱情。据统计，截止 4 月底，蓬莱市麦田约有 13 万亩发生重旱，约有 8 万余亩轻旱，使得小麦生长缓慢，拔节和开花受阻，造成

11.5万亩减产3成，1.5万亩减产2成，合计损失300万元左右；春田约有15万亩受到重旱威胁，约有14万亩轻旱，使得花生等春作物播种受阻，约有10万亩春播作物因墒情差而推迟播种7天左右。

3月26日至8月19日，胶州市持续干旱达147天。6、7月份降水量均为历史最少值。作物受灾面积最多达82万亩，95%的水库、塘、坝干涸，经济损失达7.6亿元。

5月13日至8月18日，即墨市共降水125.6毫米，旱情严重。400个村庄吃水困难，全市110万亩耕地全部重旱。春玉米绝产4.08万亩，造成减产2147.6万千克；春地瓜绝产0.26万亩，造成减产折合成地瓜干1745.6万千克；春花生减产3472.3万千克。夏播作物绝产数字分别是玉米7.13万亩、地瓜0.26万亩、花生0.75万亩、大豆1.08万亩。

5月20日至8月19日，五莲县出现干旱，这是五莲县历史上少有的一次旱灾，干旱共持续了近3个月的时间，这期间五莲县共有降水37次，降水量192.0毫米，其中有效降水量176.4毫米，干旱期间高温持续时间较长，蒸发量达762.1毫米，土壤湿度已降到占田间最大持水量的20%以下。这次旱情的主要特征是气温高、蒸发量大、降水偏少，又加上1996年水库蓄水少，旱情发展快，旱情严重，经济损失大。据农委调查，五莲县总受灾面积77.5万亩，其中粮田面积50万亩；经济作物25万亩。受灾人口51万，67个行政村人畜无水吃，靠外地拉水吃。由于1996年降水偏少，水库蓄水较少，整个县城城区供水发生困难，却坡、冯家坪、石亩子3座水井先后抽干，整个县城无水可供，靠拉水吃。因缺水工厂趋于停产，经济损失严重。五莲县日上阵抗旱的劳力16万人、抗旱机械1.8万台。农业生产损失尤为严重，农作物受灾面积分别为玉米18万亩，减产5.5成，干死1.7万亩；花生15万亩，减产6成；棉花0.78万亩，干死300亩，剩余的7500亩也减产在3成以上；地瓜19.6万亩减产均5成以上；苹果减产4成以上；板栗减产在6成以上，经济林木损失折合1亿元。五莲县总经济损失2.7亿元。

5月下旬以来，全省持续高温无雨，5月底至7月中旬，全省平均降雨量不足30毫米，比常年偏少71%。黄河断流一个多月，旱情急剧发展，至8月中旬，全省农田受旱面积已超过110万公顷，2521个村庄、220万人及40多万头大牲畜饮水困难，多数城市供水紧张。严重的干旱和持续的干热风，极大地影响了夏播的进行，有60万公顷农田因干旱未能播种，7万多公顷已播农作物不能正常出苗，3万多公顷农作物枯死。

6月1日至7月13日，日照市降水量17.6毫米，较常年同期偏少178.1毫米。降水量的持续偏少，使全市遭受了严重的干旱，0～20厘米土壤相对湿度全部在40%以下，严重地块在30%以下。据统计，全市受旱面积250万亩，其中，重旱180万亩，成灾26万亩，绝产15万亩。园林100万亩受旱，有21万亩麦茬地无法播种，有36个村、23.6万人饮水困难，1658座小型水库、塘坝干涸，有2521眼机井出水不足，市境内河道全部断流。

6月1日至8月18日，莱芜市30个乡镇遭受不同程度的干旱。造成910公顷夏播作物不能按时播种，全市30条河道全部断流，14座小型水库、塘坝干涸。受灾人口61万，成灾人口22.4万，农作物受灾面积3.288万公顷，农作物成灾面积1.48万公顷，农作物绝收面积210公顷，直接经济损失4620万元，农业直接经济损失4160万元。

6月11日至7月14日，莒县降水偏少，出现了历史上少有的旱灾。境内全部河道断流，21座小（一）型水库50%干涸，174座小（二）型水库100%为死库，1100座塘坝、

2000眼大口井全部干涸，176个村庄24766户人畜吃水困难；农作物受灾108万亩，成灾面积65万亩，因严重干旱出现死苗、断垄的30万亩，绝收面积3.3万亩，因干旱未能播种的0.8万亩。估计莒县各种作物秋季减产在30%左右。

6～7月，淄博市出现严重的干旱，总受旱面积309.45万亩，成灾面积152.33万亩，因旱不能播种面积3.38万亩，因旱减产31.13万吨，其中玉米17.09万吨，地瓜2.85万吨，花生4400吨，果品7.46万吨，棉花1100吨，大豆1.25万吨，水产品3600吨，其它1.57万吨。造成直接经济损失39667.5万元，其中种植业27718.9万元，果品7614.9万元，蔬菜2030万元，水产1346万元，其它957.7万元；间接损失12311万元。

6～7月，临邑出现40年少有的干旱、高温天气。6月、7月降水分别为常年同期的8.1%和17.1%，6～7月最高气温大于35℃的日数为26天。临邑绝产或基本绝产农田达6万亩。

6～9月中旬，菏泽市出现了严重的干旱。夏季（6～8月）全市平均降水量仅148.4毫米，不足常年的一半。鄄城、东明两县的降水量分别为68.3和51.2毫米，创40年以来的最少记录。6月份全市平均降水量仅13.0毫米，夏播极为困难。7、8月份持续少雨，再加上黄河断流，以往靠引黄灌溉的农田无水源，造成严重干旱，部分地块绝产。这一阶段的干旱使夏播粮食作物平均单产减少22.7%，全市共损失粮食28万吨。

6月，博兴县降水量5.8毫米，7月份降水量90.2毫米，较常年分别偏少55.3毫米和90.6毫米，农田失墒严重，干旱迅速蔓延加重，麦收后晒茬时间长达20天，到6月底，博兴县69万亩耕地中，有38.4万亩受灾，其中16万亩春苗处于萎蔫状态，另有22.4万亩农田白日萎蔫，夜间还能恢复正常生长，还有10万亩麦田收获后一直待播，无法下种。截止到8月底，博兴县干旱总面积68万亩，占博兴县耕地面积的98.5%以上，重旱面积52万亩，轻旱16万亩，其中玉米受旱30万亩，大豆17万亩，棉花11万亩，蔬菜4万亩，其它作物6万亩；农作物因旱绝产8万亩。受干旱的影响，博兴县大多数镇乡都有少量的因旱抛荒白茬田，大量夏播田到8月中旬后玉米高不过腰，大豆不足30厘米，部分农田减产8成以上，多数农田减产在5成以上。

6月至8月上旬，东营市各地降水持续偏少，6、7两个月，东营市平均降水只有70.1毫米，比常年偏少72.5%，加之汛期黄河断流，东营市出现了自1916年以来最严重的夏旱，无水浇条件的乡镇夏播受阻。据统计，东营市181.5万亩作物全部受灾，成灾面积达147万亩，绝产31.35万亩，减产粮食3852吨，受灾人口13.25万，成灾人口6.34万，直接经济损失达6.1亿元。

6月份以来，庆云县出现持续少雨天气，气温异常偏高，造成庆云县35万亩农田严重干旱，夏种工作受阻。

6月，莱阳总降水量8.9毫米，只有常年的九分之一，且降水主要集中在6月上旬，自6月14日开始全市先有2.0万公顷农田受轻旱，到6月28日发展到3.33万公顷农田受旱，其中重旱2.0万公顷，旱地10～20厘米土壤相对湿度降到40%以下，套播夏玉米被旱死，夏播作物不能播种，春作物叶子白天凋萎，正常生长受到影响。进入7月份后，降水仍持续偏少，7月降水量只有26.6毫米，不足常年的八分之一，又出现连续的高温天气，旱情继续发展，总受旱面积达4.0万公顷，其中重旱3.0万公顷，部分旱地春作物被旱死，河道断流，水库干涸，还有部分村庄人畜饮水困难，预计全市秋粮平均减产约

50%，总经济损失约合人民币5亿元。

自6月份以来，乐陵县一直没有有效降水，时间已有50多天，致使乐陵县旱情严重，重旱农田，干土层厚度达17～18厘米，重旱面积30万亩、轻旱60万亩。

自6月份以来，平阴县降雨极少，气温高，风速大，蒸发快，土壤失墒严重，导致平阴县大面积的干旱，春田受旱5万亩，其中轻旱4万亩，重旱1万亩；绝产1000亩；夏田受旱面积15万亩，其中轻旱10万亩，重旱5万亩；绝产1万亩。由旱情造成的减产和绝产经济损失近500万元。

8月21日至11月20日，莱西市降水量为18.7毫米，比常年同期偏少140.3毫米，为常年同期降水的11.8%，特别是从9月27日至10月28日，32天的时间内滴雨未下，土壤湿度仅占田间持水量的25%，出现了较为严重的秋旱。95万亩农作物受旱，其中成灾62.5万亩，绝产31万亩。全市75万亩小麦普遍推迟播期5～7天，个别推迟10天以上，并全部造墒播种。小麦全部受旱，其中重旱面积35万亩，轻旱面积40万亩。冬前小麦分蘖少，部分地段出苗不齐，给小麦正常生长带来严重影响。

9月，莱阳市的总降水量只有2.3毫米，约是常年的3%。由于降水偏少，部分保墒能力差的地段出现干旱，土壤相对湿度降到50%左右，全市受旱面积达2.0万公顷。进入10月份滴雨未降，旱情继续发展，全市受旱面积发展到2.67万公顷，致使旱地小麦无法正常播种，绝大多数小麦需造墒播种。

1997年　全省的严重干旱，给农业生产造成巨大困难。自5月下旬以来，全省持续高温无雨，5月底至7月中旬，全省平均降雨量不足30毫米，比常年偏少71%。黄河断流一个多月，旱情急剧发展，至8月中旬，全省农田受旱面积已超过350万公顷，2521个村庄220万人及40多万头大牲畜饮水困难，多数城市供水紧张。严重的干旱和持续的干热风，极大地影响了夏播的进行，有60万公顷农田因干旱未能播种。7万多公顷已播种的作物不能正常出苗，3万多公顷农作物枯死。

青岛市发生两时段严重干旱。青岛市区4月13日、即墨市5月13日、莱西市5月31日、平度市3月15日、胶州市3月26日、胶南市6月18日开始，结束日期均为8月18日。这次大范围干旱是青岛地区有气象记录以来最严重的一次。干旱期间（3月中旬至8月上旬），全市平均降水量186.8毫米，仅有常年同期的43%。在旱情最严重的6月底，平原地块10～20厘米深度的土壤相对湿度平均仅为30%。青岛地区32条河流全部断流，2座中型水库和255座小型水库干涸，2万多眼机井无水可抽，地下水位下降1.52米，受灾农田694.3万亩，1160个村庄82万人吃水困难。第二阶段干旱：胶州市始于9月3日终于11月26日，胶南市始于9月18日终于11月25日，平度市始于9月10日终于11月29日，莱西市始于8月21日终于11月20日。这次秋旱使上述地区的372.5万亩农田受灾，绝产31万亩。冬小麦播种也受到严重影响。

入夏以来，栖霞市遭受百年来罕见的干旱灾害。6月份以来，全市降水稀少，6月份降雨量12.9毫米，7月份103毫米，较常年6月份降雨量78毫米、7月份降水量210毫米严重偏少。由于严重的旱情，全市813处塘坝全部干涸，小型水库干涸110座，1100眼大机井出水不足、1300眼干涸。全市21个乡镇、953个行政村全部受灾，受灾人口61万，成灾人口49万，75个村5.2万人出现饮水困难。全市农作物受灾面积90万亩，据统计全市因干旱造成直接经济损失 5.7 亿元。

入夏以来，潍坊市降雨偏少，旱情严重，6 月份降雨 6.4 毫米，7 月份降雨 29.8 毫米，分别较常年偏少 92%和 85%，是潍坊市有记录以来最少年。由于降雨少，长达 2 个多月的干旱对农业生产危害十分严重。据有关部门统计，近百万亩夏播作物未种上，山丘无水浇条件的农作物面临绝产的威胁，浇不上水的果树大量落叶落果，534 村 30.7 万人吃水困难，地下水急剧下降，河流断流，近 5 万眼机井出水不足或无水可抽，24 座大中型水库除峡山水库外大都接近死库容，地上水可利用水量仅剩 8000 万立方米。据 7 月 28 日全市墒情普查分析，大部分春田、夏播田 10～40 厘米土壤湿度在 20%～50%，干旱面积 502 万亩，其中重旱 272 万亩，土壤干土层厚度 8～16 厘米，干旱重，时间长，对农作物危害十分严重。

滕州市出现了历史上少见的高温、干旱少雨天气。特别是主汛期（7 月份）和秋播期降水更是明显偏少。降水量 7 月份为 108.3 毫米，仅为常年同期（226.9 毫米）的 48%，10 月份为 4.9 毫米，为常年同期（45.9 毫米）的 11%。夏季平均温度 27.1℃，较常年偏高 1.2℃。大于等于 35℃的高温天气出现了 12 天。比常年同期高温天数明显增多，大于等于 30℃的天数达 90 天之久。由于降水量显著偏少，大部分农田一直处在干旱之中。即：春旱、夏旱加秋旱。上年 12 月至当年 1 月，两个月降水量平均仅 2.1 毫米，较常年同期偏少 82%，使小麦返青出现旱情。6、7 月份遭受有记录以来特大干旱，直接影响了夏季作物的播种和幼苗的生长。滕州市最大受旱面积达 250 万亩，占总耕地面积的 88.7%。9 月 21 日至 11 月 10 日共 50 多天平均降水量仅有 4.9 毫米，较常年同期偏少 90%，严重影响了小麦的适时播种。由于干旱少雨、耕地严重失墒，致使各地出现不同程度的灾情。据统计夏播期间有 20 万亩作物因晚播出苗不齐，50 万亩需浇救命水；有 5 万亩花生减产 5 成以上；30 万亩作物减产 3～5 成或更多；1.4 万人、4100 头大牲畜吃水发生困难。7 月初严重的干旱使东亚飞蝗在滕州市部分地区迅速繁衍成灾，受灾面积达 14.5 万亩。

利津入夏以来，雨水稀少。自 5 月 30 日至 8 月 7 日，利津境内未下一场透地雨，长达 70 天内仅降水 76.8 毫米，不足常年同期降水量的四分之一。加上连续高温，蒸发强烈，导致地面干裂，河塘干涸。又遇黄河长时间断流，断绝了水源，不能灌溉，形成自 1916 年以来最严重的大旱灾。利津绝大部分麦茬地不能播种，大部分春播作物干枯死亡；人畜饮水困难，工业生产用水紧张。利津工农业生产损失严重。据统计：有 2.5 万公顷农田严重受灾，受灾人口达 21.98 万，直接经济损失达 1850 万元。

武城出现严重初夏旱和盛夏旱，6 月份仅降水 27.2 毫米，比常年偏少 36.4 毫米，影响夏播和棉花蕾期正常生育。7～8 月累积降水 111.4 毫米，比常年偏少 170 毫米，仅有常年降水的 39.6%，影响各种夏播作物正常生育和棉花花铃期正常生育。

海阳市 6 月上旬至 8 月上旬共降水 72 毫米，仅为常年同期降水量的 21%，气温比常年同期偏高 2℃。在高温、少雨的影响下，海阳市地下水位下降 2.6 米，40 余座小型水库、245 处塘坝、1680 眼大口井干涸，河道断流，造成玉米、花生、地瓜、芋头等作物连片干枯致死。干果、水果因干旱而枯萎和落果，人畜吃水出现困难。据民政部门统计：全市农作物受灾面积 93.7 万亩，成灾面积 70 万亩，在成灾面积中，粮食减产 3～5 成的有 25 万亩，6～8 成的 15 万亩，绝收的有 10 万亩。减产粮食 91500 吨，折款 1.46 亿元。花生减产3～5成的有6万亩，6～8成的有8万亩，绝收的有6万亩，减产花生2450万千克，折款9800万元。全市果园15万亩中有10万亩减产3～5成以上，减产4000万千克，折款4800万元。全市受灾人口63万，其中成灾人口41万，有165个村15.4万人2.5万头牲畜吃水困难。因旱灾造成的直接经济损失3.23亿元，其中农业直接经济损失2.92亿元。

济阳县夏旱，6月份降水量1.1毫米，较常年偏少98%。6月15日至7月3日，济阳县出现干旱，轻灾棉花叶子上部卷起，重灾白天凋萎，夜间不能恢复。农作物轻灾面积19.5万亩，其中棉花占10%；重灾45万亩，其中棉花占9%。

蓬莱夏季遭受百年不遇的特大旱灾。从6月到8月上旬，蓬莱站仅降水64.6毫米，较上年和常年分别偏少445.8毫米和218.4毫米，是建站以来最少的年份。据市统计局统计：干旱造成蓬莱市大小河流全部断流，479座大小水库、水塘等地上蓄水设施干涸90%，4581眼机井、大口井85%以上供水不足或干涸，地下水位普遍下降3～4米，而且造成海水倒灌22.4平方千米，入侵1.5千米，5个乡18个村9000余户遭受危害，损失4.1万元，全市农作物受灾73万亩，成灾51万亩，绝产14万亩，其中粮食作物受灾38万亩，绝产8万亩，减产8480万千克，损失1.2亿元；花生等油料作物受灾22万亩，成灾18万亩，绝产6万亩，减产2904万千克，直接损失1.0亿元；果园受灾13万亩，成灾3万余亩，损失1.0亿元。干旱造成49万人受灾，成灾人口34.2万，150多个村、1300余户、3.9万人和1300多头牲畜用水困难，有50多家厂矿企业因缺水处于停产状态。8月19日到21日，受11号热带风暴影响，降水173毫米，旱情解除。

长清县1997年降雨量480.1毫米，累计受旱面积达19506.7公顷，其中成灾9340公顷，绝产5520公顷，直接经济失达1.6亿元。德州降水量335.3毫米，较常年少40%，全年旱。出现河道断流，井水干涸，禾苗枯槁现象。垦利县几乎全年少雨，深受旱魔危害之苦，垦利县农田受灾面积25533公顷，受灾人口达16.75万，农业损失17733.5万元。

1998年 五莲县秋播后旱情随即出现，整个冬季降水7.9毫米，旱情严重。冬小麦播种后直至越冬期间无有效降水，严重影响冬小麦越冬。无水浇条件的地块，苗情较差，基本为三类苗。4月9日降水15.8毫米，旱情略有缓解，但此次降水后又有一个多月无有效降水，旱情发展严重，直至5月17日（5月17日至18日降水量34.7毫米）旱情解除。据五莲县农委调查，22个乡镇总受灾面积55万亩，其中重旱26万亩，轻旱29万亩。果园受灾面积15万亩，经济损失1500万元；桑园受灾面积2万亩；麦田受灾面积38万亩，减产3成左右，经济损失12万元，全县总经济损失2000万元。

5月25日至6月28日，宁阳县总降水量仅有5.8毫米，不足常年的十分之一，致使宁阳县大部分作物不同程度的受到干旱影响，宁阳县100万亩秋季作物中受旱面积达70万亩，个别地块发生出苗不全，甚至小苗白天凋萎的情况，直至6月29日的一场大雨才基本解除旱情。预计秋作物减产将达到10%左右。

莱阳市秋旱，秋季降水量49.5毫米，比常年偏少85.0毫米，只有常年降水量的37%，且降水主要集中在秋季的前期。11月份的总降水量只有4.5毫米，秋末降水严重偏少，自11月8日开始全市有1.67万公顷农田出现干旱，到11月18日受旱面积发展到2.33万公顷。进入冬季后，降水仍持续偏少，冬季的总降水量只有1.7毫米，比常年少

26.5毫米，只有常年降水总量的6%，使旱情迅速发展到3.33万公顷，1999年3月降水量只有0.7毫米，比常年少14.9毫米，只有常年降水量的4%，到3月下旬总受旱面积发展到4.0万公顷，其中重旱面积2.0万公顷，重旱地段10～20厘米土壤相对湿度降到40%～50%。4月降水量16.0毫米，比常年偏少22.7毫米，只有常年降水总量的41%，且气温高、风速大，导致农田蒸发量大，农田土壤水分供需严重失调，到4月下旬，干旱面积发展到4.67万公顷，重旱地段10～20厘米土壤相对湿度降到40%以下，严重地影响了冬小麦的生长。预计小麦产量将减产30%以上，干旱还使大量春田无法播种。进入5月份后，5月9～10日、18日分别降水21.2毫米、16.9毫米，这两次降水使全市旱情基本解除。

1998年10月15日至1999年4月12日，即墨市共降水24.4毫米，旱情严重。冬小麦受旱面积50多万亩。

1998年11月18日至1999年5月26日，胶州市干旱历时190天，其中176天无有效降水，重旱面积20万亩，轻旱面积40万亩，消耗抗旱资金2500万元。

1998年11月28日至1999年5月25日，烟台市牟平区累计降水62毫米，比常年偏少102毫米，使全区的40万亩小麦普遍受灾，成灾面积达10万亩，成灾人口10万。全区小麦受干旱影响，小麦三叶一心大蘖率，较常年少20%以上，干旱使小蘖死亡率达到25%左右。由于干旱和光照不足造成小麦瘟枯病发展严重，瘟枯病地块已达50%左右，枯叶率达到60%以上，其中10万亩山地小麦受灾最重，全区减产小麦1000万千克，经济损失1400万元。区气象局积极配合抗旱双保工作，抓住有利天气形势进行人工增雨作业3次，把损失降到了最低程度。

1998年11月至1999年5月上旬，淄博市降水严重偏少，全市平均降水量仅30.4毫米，为1952年以来的最低值，出现大范围干旱。这次干旱持续时间长、范围广、强度大，给农业生产带来了严重影响。据水利部门测定，临淄区大武水源地地下水位下降2～3米，张店区四宝山水源地地下水位下降4.2米。淄川、博山、沂源等山区地下水位下降幅度更大。全市有12座小型水库、170座小塘坝干涸。全市190万亩小麦，受旱面积80万亩，其中重旱面积30万亩，12万亩基本绝产，其中6万亩枯死。经抗旱，130万亩可稳产或增产，30万亩平产或略减，另外30万亩减产幅度较大。预计全市小麦因旱减产8万吨，比上年减产1成左右。全市60万亩春播作物，有20多万亩能适期足墒播种，20多万亩通过抗旱造墒基本正常播种，另有约20万亩靠天等雨，以至播期延迟。此外，南部山区有5万亩果树因旱不能正常开花或结果。全市因旱饮水困难的村庄达165个，影响人口9.8万人，严重缺水人口达3.1万。

1998年12月至1999年4月上旬，蓬莱市降水持续偏少，旱情十分严重。从上年12月到当年4月上旬，蓬莱站仅降水8.8毫米，比上年和常年同期分别偏少97.8毫米和43.6毫米，降水距平百分率为-83.2%。1999年3月底全市墒情普查，麦田土壤田间持水量降到44%左右，有的山麓地降至30%左右；待播春田在50%左右，旱情十分严重。据市民政局统计：干旱造成蓬莱市小型水库67座、塘坝63座干涸，机井出水不足1000多眼，干涸机井60多眼，因水源不足影响灌溉面积1.5万亩。全市农作物受旱面积37.95万亩，其中轻旱10.05万亩，重旱27.9万亩。小麦减产4成以上，减产小麦3.92万吨。农业直接经济损失6270万元。全市受灾人口43万，成灾人口31万。

1999 年　自上年 9 月至当年 3 月上旬，全省平均降雨量仅为 36 毫米，比常年偏少 7 成半；冬季降水只有 5 毫米，为有气象记载以来历史同期最少值。到 3 月上旬，全省小麦受旱面积近 4000 万亩，重旱面积 972 万亩。进入 3 月中旬以来，全省平均降雨量仅 4.5 毫米，只有部分地区旱情得到一定缓解。全省仍有 2730 万亩农田受旱，其中，重旱 520 万亩，主要分布在鲁西北、鲁西南、半岛和鲁中等地区。

海阳春旱，从 1998 年 10 月至 1999 年 5 月 17 日，海阳市一直受干旱危害，该期间总降水量仅为 48.9 毫米，较常年同期偏少 71%。特别是在 4 月至 5 月中旬降水持续编少，直接影响了小麦拔节、孕穗等关键期的生长。据调查统计，全市麦田受旱面积达 41.7 万亩，其中重旱面积 15.3 万亩，死苗面积 0.65 万亩。受干旱影响，小麦产量大幅减产。

6 月 24 日至 8 月 7 日，青岛市崂山、李沧、城阳 3 区；5 月 27 日至 8 月 10 日，即墨市 30 个乡镇；7 月 11 日至 8 月 8 日，莱西市 8 个乡镇；7 月 10 日至 8 月 8 日，平度市 20 个乡镇；7 月 2～8 日，胶州市 9 个乡镇均发生旱灾。干旱期间，崂山降水量比上年同期少 71%、即墨少 26.4%、莱西少 65%、平度少 66.9%、胶州少 86%。全市玉米、花生、大豆、辣椒等农作物受灾面积 11 万公顷；47 座水库、500 座水塘、2280 眼机井干涸；2.84 万人、6000 头大牲畜饮水困难。共计损失 3380 万元。

6 月 25 日至 8 月 9 日，五莲县出现严重旱情。在此期间降雨量 126.7 毫米，比常年同期偏少 257.4 毫米（较常年同期偏少 67%），有些乡镇如院西乡，仅为常年同期的 25%。持续高温炎热天气，进一步加重了旱情。全县河流干涸，水库、塘坝以及地下水等蓄水量明显下降，北部乡镇的部分村庄人畜吃水困难。冯家坪、却坡两水库已基本无水可抽，造成县城吃水困难。农业经济总损失 7800 万元。五莲县共播农作物 69 万亩，持续干旱、高温天气，严重影响了秋季农作物的生长。农作物从播种、发芽到生长都受到了干旱危害。从面上看，无论山区或平川、旱地或水浇地，都出现了不同程度的减产。据调查统计，总受灾面积达 40 万亩，成灾面积达 26 万亩，其中，减产 3～5 成的有 12 万亩，减产 6～8 成的有 8 万亩，绝产 6 万亩。

6 月下旬至 8 月 8 日，东营市各地降水普遍偏少，降水量只有 50.9 毫米，较常年偏少 8 成。无水浇条件的农田墒情较差，伏旱严重。据统计，东营市农作物受灾面积为 65500.3 公顷，成灾 24700.3 公顷，直接经济损失 5101 万元。

6 月下旬至 8 月上旬，商河县累计降雨量仅 105.5 毫米，较常年同期偏少 63%，致使河道断流，池塘干涸，地下水位下降。严重的干旱使部分作物白天枯萎，落花落叶，生长受到严重抑制。商河县农田共 6.7 万公顷全部受灾。成灾面积 3.3 万公顷，重灾 1.5 万公顷。造成经济损失达近 1 亿元。

6 月 26 日至 8 月 11 日，沾化县降水量仅为 62.2 毫米，该期间只有 7 月 18 日降水量最大，为 29.5 毫米。沾化县受旱面积为 50 万亩，其中玉米 23.9 万亩，大豆 17 万亩，棉花 4 万亩，蔬菜 0.9 万亩，其它作物 4.2 万亩；棉花、粮食减产约 20%；玉米、大豆减产可达 2.9 万吨。

乐陵县进入 6 月份以来，有 40 多天，没有有效降水，致使乐陵县 5 万亩农田因旱不能播种，60 万亩农田受旱。

6 月中旬至 8 月上旬，蓬莱持续降水偏少、气温偏高，使蓬莱市遭受严重旱灾。从 6

月中旬到8月上旬，蓬莱总降水量仅为38.7毫米，比上年和常年同期分别偏少262.3毫米和202.4毫米，降水距平百分率为-83.9%。据市民政局统计，干旱造成蓬莱市小型水库66座、塘坝62座干涸，1000多眼机井出水不足，小型水库蓄水量只有常年的50%，因水源不足影响灌溉1.7万亩。全市农作物受灾面积54万亩，成灾面积39万亩，有37.5万亩农作物及油料作物遭受重灾，减产达5成以上，减产粮食47500吨。农业经济损失7600万元，直接经济损失7650万元。南部山区的大柳行、遇驾夼、崮寺店、村里集、龙山店、小门家、大辛店、徐家集等乡镇受灾尤为严重。全市受灾人口43万，成灾人口31万。

7月19日后，济南市区降水持续偏少，7月下旬至8月上旬，市区降水量仅28.8毫米，较常年同期偏少101.5毫米，较常年偏少78%。由于天气炎热，作物生长处于旺盛时期，造成大面积伏旱。受灾地区是历城区，无水浇条件的地块、山地和丘陵旱情尤为严重。农作物出现白天凋萎夜间恢复的现象，甚至干枯死亡。据统计，粮食作物受灾面积13333.3公顷，其中重旱5333.3公顷，预计减产2800万千克；蔬菜受灾面积1566.7公顷，其中重旱533.3公顷，预计减产350万千克；果品受灾面积1万公顷，其中重旱3333.3公顷，预计减产1000万千克。由于旱情重，有75个村庄、10159户40424人和3355头大牲畜饮用水出现困难。

淄博市7月份降水偏少，该月全市平均降水量75.1毫米，较常年偏少105.7毫米，其中7月下旬全市平均降水量只有15.7毫米，较常年偏少45.8毫米。8月1～8日全市大部地区几乎无雨，自7月下旬至8月初，全市先后开始出现旱象。至8月9～12日，大部地区出现较大降水过程，旱情解除或缓解。这次干旱，虽持续时间不长，但因盛夏气温高，蒸发量大，且作物正处于需水量较大的时期，因此造成较大损失。据农业部门统计，全市农作物受旱面积56667.16公顷，其中玉米38000公顷，大豆3333公顷，高粱3333公顷，花生、地瓜10000公顷，黄烟1333公顷。预计减产5%～20%的32667公顷，其中玉米18000公顷，高粱、大豆、谷子等3333公顷，花生、地瓜10000公顷，黄烟1333公顷。基本绝产的8000公顷，其中玉米6000公顷，大豆667公顷，花生、地瓜1333公顷。

7月初，潍坊市持续的高温少雨天气给农作物及人民生活带来很大影响。截止到8月8日，全市近40天的平均降雨量60.2毫米。较常年（238.0毫米）偏少177.8毫米。除高密、安丘、寿光三市县基本无旱外，其它各县市旱情均较为严重，全市干旱面积413万亩，其中重旱148万亩。由于持续少雨干旱，农田土壤墒情很差，一般10～40厘米深土壤湿度在20%～50%范围，造成玉米枯萎或枯黄，不能吐穗、扬花，大豆萎蔫，林果落叶、落果，并致使一部分群众饮水困难。

文登市发生特大干旱。1～8月份总降水量223.2毫米，比上年同期减少392.1毫米，比常年同期偏少315.5毫米。其中6～8月降水量150.4毫米，比上年同期减少245.7毫米，比常年同期偏少242.4毫米。由于降水明显偏少，致使文登市410条河流、30处小型水库、180处塘坝干涸，70多万亩作物受灾严重，造成秋季作物严重减产或绝产。具体情况如下：花生，播种面积共计35万亩，其中春花生8万亩，麦套花生27万亩，由于高温少雨，花生受旱严重，春花生有果无籽，麦套花生有针形不成果，春夏花生有10万亩绝产，减产2.56万吨，有12万亩减产7成，减产2.15万吨；有10万亩减产5成，减产

1.28 万吨。花生总减产 6 万吨，经济损失 1.68 亿元。夏播玉米 33.4 万亩，其中绝产面积 25 万亩，减产 13.9 万吨，减产 5 到 7 成有 5 万亩，减产 2 万吨。玉米共减产 15.9 万吨，经济损失 1.6 亿元。大豆、杂粮，文登市共 4 万亩，全部受灾，基本绝产，减收 0.6 万吨，经济损失 182 万元。文登市共有果园 20 万亩，全部受灾，其中成灾 14 万亩，由于高温干旱，造成大面积烂果、落果，尤其是套袋苹果日烧严重，导致果体溃烂，减产 30%，达 10 万吨，每千克按 1.6 元计算，经济损失达 1.6 亿元。粮油果经济损失达 5.06 亿元。全年安排救灾救济款 98 万元。

自 1998 年秋以来，龙口市降水持续偏少，特别是自 6 月 16 日到 8 月 9 日近两个月的时间基本无有效降水，形成龙口市自 1959 年以来最严重的干旱。据市民政局统计，全市农作物受灾面积 1.4 万公顷，成灾面积 8000 公顷，绝产 2400 公顷，其中粮食作物绝产 740 公顷，花生绝产 1660 公顷，有 22 个村 1.56 万人饮水发生困难，全市因旱减产粮食 4.5 万吨、花生 4.6 万吨、果品 5.6 万吨，直接经济损失 1.46 亿元。

1 月至 9 月 20 日，牟平全区平均降水 302 毫米，较常年同期偏少 302.2 毫米，较上年同期减少 465.3 毫米。据统计：全区 22 万亩玉米普遍受灾，减产 3 成以上的 9 万亩、5 成以上的 7 万亩，绝产 6 万亩，减产 4905 万千克，经济损失 5359 万元。大豆、地瓜和其它杂粮全部受灾，面积达 12 万亩，减产 2105 万千克，经济损失 2657 万元。全区 19 万亩花生全部受灾，减产面积 3 成以上的 9 万亩，5 成以上的 6 万亩，绝产面积 4 万亩，减产 2000 万千克，经济损失 4500 万元。苹果受灾面积 15 万亩，减产 5000 万千克，经济损失 7000 万元。全区累计直接经济损失约 195533 万元。全区 4 座中型水库，有 1 座干涸，2 座已到死库容，高陵水库供城区居民生活用水仅为 100 多万立方米；蓄水量 1 万立方米以上的 243 座塘坝和 72 座小（二）型水库全部干涸，29 座小（一）型水库已到死库容，地下水位平均下降 2 米多，超过历史最低点，18 个自然村 1 万多人饮水出现困难。

利津发生干旱，主要出现在两个阶段，一是从冬前（1998 年 10 月下旬初开始）到当年 3 月 15 日，长达 146 天之多共降水 1.7 毫米，造成较严重的冬旱，对小麦的安全过冬及返青生长极为不利，有较大的影响。二是严重的夏旱，利津境内自 6 月 24 日开始到 8 月 8 日 46 天内仅降水 32.0 毫米，较常年同期偏少 8～9 成。导致农田严重干旱，农作物枯萎，严重影响了生长发育，同时造成部分村庄人畜饮水困难。据统计利津农作物受灾面积 2.1 万公顷，成灾 0.8 万公顷。2 万户 9 万人受灾。有 20 个村庄人畜饮水困难。直接经济损失达 1900 万元。

自入夏以来，招远市遭受严重旱灾。自 6 月 16 日到 8 月 7 日，全市降水较少，再加上上年 10 月份至当年 5 月份 8 个月的时间，全市仅降水 52.1 毫米，造成旱情非常严重。据统计，全市 160 条河断流 156 条；1416 座水库、塘坝已干涸 1196 座；460 座扬水站无水不能使用；2680 多眼机井、大口井干涸无水或不能使用；地下水位下降 3.5 米。严重的干旱使农作物干枯、果树落叶、落果严重，人畜吃水困难，全市城区居民从 7 月 18 日开始限量用水，定时供水；严重的干旱使山上的野草干枯、小树旱死。据调查统计，全市农作物受旱面积达 4.4 万公顷，其中，成灾面积 2.1 万公顷，绝收面积 3520 公顷。全市受灾人口 50.6 万，其中，成灾人口 20.24 万，饮水困难的村 48 个，11.75 万人 2.5 万头大牲畜饮水困难，因灾减产粮食 7.6 万吨，造成直接经济损失 14.6 亿元，其中农业直接经济损失 1.375 亿元。

海阳夏季降水偏少，旱情严重。1999年6月至9月18日，全县降水量仅为299.7毫米，较常年同期偏少43%，且部分乡镇降水量不足100毫米。特别是7月8日至9月18日的两个多月时间里，全市平均降水量仅为53.4毫米，较常年偏少197毫米，且降水分布不均，大山、赵疃、泉水、朱吴、高家、里店、辛安、发城、郭城、山西头、凤城、大闫家、大辛家、盘石14个乡镇连续一个多月降水不足10毫米，旱情尤为严重。受干旱影响，全市地下水位下降2.4米，35座中小型水库、240处塘坝、1600余眼大口井干涸，河道全部断流。玉米、花生、地瓜、干果、水果等连片干枯致死，山耕地秋玉米基本绝收。全市受灾人口63万，成灾人口46万，432个村32.6万人和1.8万头牲畜吃水困难。据调查：全市农作物受灾面积95万亩，成灾78万亩。在成灾面积中，粮食减产3～5成的有18万亩，6～8成的有15万亩，绝收12万亩，减产粮食120832吨，折款14500万元。花生减产3～5成的有8万亩，6～8成的有10万亩，减产花生26487吨，折款5827万元。有15万亩干、水果减产3～5成以上，减产41042吨，折款6566.7万元，其它经济损失达1350万元。这次旱灾共造成直接经济损失28243.7万元，其中农业直接经济损失26893.7万元。

威海大旱，1999年总降水量316.5毫米，为常年降水量的44%，是有气象记录以来的最少年份。全区农田全部受旱，受灾人口16.2万，成灾人口13.5万，直接经济损失3.8亿元。

1999年10月至2000年6月28日，沾化县无有效降水，境内徒骇河、秦口河等河道断流，80多处蓄水工程干涸，地下水位下降2.2米。由于水源奇缺，引黄困难，造成沾化县农田全部受灾，其中重灾绝产面积达20多万亩，36.5万亩春田无法造墒播种，冬枣、蔬菜产业发展也受到了极大的影响。据统计，小麦因干旱比1999年减产5成以上，大部分冬枣和棉苗奄奄一息，水库基本涸竭，造成35.2万人和2.5万头牲畜饮水困难。

1999年11月27日至2000年5月10日，烟台市牟平区遭受严重干旱，全区40万亩小麦有31万亩不能灌溉，萎蔫面积达20多万亩。20万亩春田因旱不能播种。水库干涸，河流无水，地下水位较常年平均下降7米，个别地区下降达15米，超过历史最低点。151个自然村、9万人饮水困难。

2000年 长清县冬春连旱，冬小麦需水关键期（拔节抽穗期），长清县土壤平均相对湿度仅有30%左右，远远不能满足冬小麦对水分的需求，严重的干旱，使小麦结实率降低。小麦灌浆后期及成熟期，土壤平均相对湿度也只有40%左右，对其生育也有很大影响，最终导致小麦大量减产。严重的干旱，还使得夏玉米无法播种，只得靠人工造墒抢时播种。至6月中旬，长清县的五峰、孝里、双泉、武庄、崮山、马山等乡镇的部分村庄人畜吃水已经很困难。

1月至6月23日，禹城降水持续偏少，旱情发展，有51万亩农田受旱，其中重旱25万亩，有10万亩夏播作物因干旱不能播种；已出苗的也危在旦夕。

1～7月，潍坊市平均降雨量171.9毫米，较常年同期偏少56%，是有历史资料以来同期降水最少值。全市自3月开始，先后有近500万亩农田受旱，造成小麦减产近4.2万吨，秋作物绝产近60万亩。全市有十几座水库因少雨干旱而成为死库容，多数河流干涸，地下水位严重下降，几十万人饮水困难，造成直接经济损失数亿元。

2月26日至4月17日，平原累计降水量仅0.9毫米，是建站42年来同期最少的一年。有50万亩农田受旱，其中10万亩重旱，旱情一直持续到6月底，经济损失6000万元。

五莲县自2月下旬以来出现旱情，至6月25日旱情解除（6月26日至27日降水96.1毫米）。旱情持续了4个月，这期间五莲县仅降水89.7毫米，较常年同期偏少129.1毫米，旱情最严重的3、4两个月份共降水8毫米，且均为无效降水，致使春播不能进行。冬小麦生长发育及产量受到了严重影响。成材林及经济林落叶严重。五莲县受灾人口32万，成灾人口21.5万。五莲县受灾面积12000公顷，成灾面积8667公顷，绝产面积333公顷，减产粮食17025吨，直接经济损失1702万元。

2月份以来，蓬莱市持续高温少雨，旱情异常严重。2月上旬到9月中旬，蓬莱站总降水量为197.2毫米，比上年同期减少126.6毫米，较常年偏少333.5毫米，降水距平百分率为－62.8%，为蓬莱气象站有资料以来最少年份。据市民政局和水利局统计，干旱使蓬莱市除3座中型水库外，其余水库、塘坝全部干涸；机电井100%出水不足；受灾人口28.7万，成灾人口15.2万，76个村饮水困难，饮水困难人数8.4万人；2.3万头大牲畜饮水困难。夏作物受灾面积68万亩，成灾面积48万亩，绝收面积8万亩，粮食减产2.7万吨，农业直接经济损失7699万元。秋作物中粮食作物减产13.2吨；花生播种面积比常年约减少4万亩，减产1.1万吨；果品减产6.8万吨。

2月底至7月中旬，利津长达近5个月，降水量仅87.6毫米，较常年同期偏少近7成，加之当年春季大风多、气温偏高、蒸发量大，导致利津出现严重的春夏连旱。据统计，利津春播作物大部受干旱影响，形成弱苗，甚至部分枯萎，小麦逼熟，减产3成以上，同时造成麦收以后无法播种，严重影响了秋季作物产量。入秋后，雨水又明显偏少，自8月底到10月7日，长达近40天，仅降雨8.0毫米，秋旱十分严重，直接影响了晚秋作物产量和小麦播种。干旱造成经济损失达5000万元以上。

2月1日至7月中旬，东营市降水量仅53.5毫米，较常年偏少75%，尤其是入夏以来，降水量较常年明显偏少，加之黄河水量较小，引水困难，导致出现较严重的春夏连旱，春播作物大部分受旱。据统计，全市减产粮食73342吨，受灾人口56.03万人，成灾人口37.06万，饮水困难1.4万，大牲畜饮水困难420头，直接经济损失8460万元。

2月底至5月初，莱阳市遭受干旱，全市50座中、小水库、600多座塘坝、210条河道干涸；20万亩小麦受旱，其中8.5万亩受重旱，1.8万亩绝产；11万亩果树因旱出现落花；4万亩花生、8万亩地瓜因缺水延迟播种。预计农业直接经济损失3800万元。

3～4月，淄博市降水明显偏少，3、4月份全市平均降水量10.2毫米，较常年偏少39.4毫米，接近历史最低值。自3月中旬开始，全市先后出现干旱。全市170万亩小麦，受旱面积达到81.3万亩，其中重旱12万亩，3万亩基本绝产。40万亩春播作物无法正常播种。全市71个村5.15万人吃水困难。167座塘坝、15条河流干涸。全市大中型水库截止到4月底共蓄水1.2亿立方米，比上年少蓄5457立方米。地下水位下降，临淄区大武水源地下水位每月下降1米多。1.8万眼机井上水不足，160眼机井抽不出水。全市投入抗旱机井2.7万眼、抽水泵站400处、水库塘坝149座、提水灌溉设备3.9万台套、小型灌溉机具1930套，累计投入抗旱资金1300多万元，抗旱用油885吨，浇地170.6万亩，浇果树14万棵。5月9日，全市出现较大降水过程，旱情解除。5月下旬至6月中旬全市平均降水量仅2.3毫米，接近历史最低值，自6月上旬开始全市先后出现初夏旱，特别是6月中旬以来，土壤失墒加剧，旱情持续发展，给夏播和农作物生长发育及人民生活用水带来较大的不利影响。

3月27日至7月5日，菏泽市发生干旱。2月至6月中旬，全市平均降水量仅54.3毫米，仅有常年同期的30%，牡丹区创40年以来的最少记录。全市干旱面积610万亩，重旱213万亩，小麦减产5%左右。

3月至7月14日，郓城全县出现干旱，小麦受旱面积90万亩，每亩减产60千克左右，瓜果、蔬菜受旱面积40万亩，减产50%。夏播作物不能及时播种，减产2～3成。

3月上旬至6月份，鄄城县总降水量28.1毫米，比常年偏少137.0毫米。干旱使小麦减产，夏播期推迟半月左右，全县受灾面积98万亩，干土层6厘米。

3月下旬至6月中旬，巨野全县出现干旱，期间的降水量47.2毫米，仅有该时段常年降水量的36.5%。全县受旱面积35万亩，重旱10万亩，小麦减产3成，夏播作物播种困难，对产量有一定影响。

3月份以来，平阴县基本无大的降雨，春天风较大，土壤失墒很快。3月下旬平阴县部分地块出现不同程度的旱情，根据4月10日县农业局的调查，有1333公顷麦田受重旱，少数麦田绝产，主要分布在南部山区，有2667公顷麦田受轻旱，主要分布于丘陵和无水浇条件的平原地带；部分春田受旱，基本无法播种。6月份后，平阴县也基本无降雨，气温偏高，旱情持续发展，到6月21日，有42万亩农作物受旱，其中重旱面积25万亩，包括10万亩果树，53个自然村3万人、5万头牲畜缺水，有34个自然村2万人到村外挑水吃，持续的旱情使平阴县工农业生产严重受损，许多农户因缺水无法播种，土地闲置，播种的玉米出苗后，苗情较弱，生长缓慢，部分地块有死苗现象。

3月至6月28日，海阳全市总降水量78.1毫米，较常年同期偏少60%，旱情十分严重。受干旱影响，全市地下水位下降2.4米，45座中小型水库、245处塘坝、1680余眼大口井干涸，河道断流。小麦连片干枯致死。70%的小麦无水浇，春地80%无法播种，70%的村人畜吃水困难。有10万亩水果受旱严重，全市512个村48.8万人吃水困难。

5月下旬至6月上旬，莱阳市的总降水量1.0毫米，比常年偏少36.6毫米，由于连续20多天无有效降水，气温偏高，农田蒸发量又大，自6月12日开始全市先有1.33万公顷农田受旱，后发展到3.33万公顷，到6月28日总受旱面积发展到5.33万公顷，其中重旱面积2.67万公顷，重旱地段农田干土层厚度达10～12厘米，作物基本停止生长，严重的白天凋萎，夜间不能恢复。6月28日夜间到29日莱阳市普降暴雨，全市旱情基本解除。

6～7月下旬初，广饶县自进入6月份以来，降水偏少，6月份降水量为34.2毫米，较常年偏少43.4毫米，7月上旬无降水，中旬降水量25.1毫米，较常年偏少37.7毫米。全县15个乡镇不同程度受旱，其中陈官乡、花官乡、丁庄镇、大码头乡、西刘桥乡较为严重。全县重旱面积13333公顷。平均干土层达8厘米，无灌溉条件的乡镇农田无法夏播，夏粮经济损失达6000万元。

4月13日至5月11日、6月21至28日、7月31日至10月10日胶州市，2月1日至8月28日、8月30日至9月27日胶南市，3月20日至9月27日平度市，3月28日至8月28日即墨市，2月27日至10月9日莱西市，5月19日至8月28日崂山、李沧、城阳三区发生旱灾。青岛全市农作物受灾面积达28.3万公顷，其中重旱4万公顷，绝产0.6万公顷；果树受灾1.6万公顷；淡水养殖业受灾666.7公顷；1.1万眼机井干涸，2000座水塘和132座中小型水库干涸；70余个村庄人畜吃水困难，全市直接经济损失2.9亿元。

入春以后到4月8日，莱阳连续39天无降水，但由于冬季降水较多，底墒较好，土壤水分可基本满足冬小麦早春的生长。自4月8日开始莱阳市先有1.33万公顷麦田出现轻旱，由于整个4月份降水只有12.1毫米，4月份风速大、气温高、蒸发量大，农田失墒快，旱情迅速发展，到4月28日总受旱面积发展到4万公顷，其中春田1.33万公顷，麦田2.67万公顷，麦田中重旱面积1.33万公顷。重旱麦田植株矮小，抽穗困难，上部叶片卷缩成管状，预计减产在50%以上。5月9～10日，全市平均降水量约33毫米，旱情基本解除。

入春以来，济南市区降水持续偏少，3月至4月降水量仅26.6毫米，较常年同期偏少23.4毫米，距平百分率为－47%。特别是3月份降水仅0.3毫米，较常年少14.5毫米，距平百分率为－98%。由于降水少市区出现干旱，同时由于3、4月气温偏高、光照充足、多大风天气，使旱情加重。主要受灾区是历城区，到4月底总受旱面积为40万亩，麦田受旱面积25万亩，其中重旱面积10万亩。由于旱情重小麦春季分蘖少，亩有效茎数少，有的提前抽穗。待播田受旱面积15万亩，基本无法播种。另有7～8万亩林果受旱。

入春以来，博兴县长时间少雨干旱，给博兴县的工农业生产造成严重损失。特别是3、4月份，正值小麦返青生长时期，这两个月的降雨量仅为9.4毫米，约是常年的20%，使博兴县的21万亩小麦受灾，18万亩成灾，1.2万亩绝收。不少地块已将小麦田改种其它作物。受灾最重的是庞家、蔡寨、乔庄、闫坊等几个乡镇。干旱给博兴县造成直接经济损失1260万元，农业直接经济损失1050万元。

济阳县初夏旱。5月下旬至6月中旬，降水量0.8毫米，较常年偏少98%，受旱面积60万亩，其中玉米15万亩，蔬菜10万亩，大豆10万亩，棉花8万亩，林果10万亩，其它7万亩。

烟台市牟平区出现历史上罕见的春夏连旱，造成全区水库蓄水严重不足，地下水位平均下降4米，大小塘坝干涸，河流断流，全区有2万人饮水出现困难，长时间的干旱，给全区农业生产造成严重的损失。35万亩小麦减产4成以上，严重的减产7成以上。20万亩玉米普遍受灾，减产3成以上的15万亩，5成以上的4万亩，绝产面积1万亩，减产玉米4000万千克。地瓜6万亩受灾，减产地瓜1600万千克。全区有18.2万亩花生受灾严重，其中，减产3成以上的有14万亩，减产5成以上的有2.5万亩，绝产面积1.7万亩，减产花生1700万千克。苹果受灾22万亩，减产苹果8000万千克。全区累计直接经济损失达2.12亿万元。

威海2000年总降水量460.2毫米，为常年降水量的63%，由于降水持续不足，半数以上农田达到重旱标准，各大水库的库容量达到历史最低值，给威海市工业及人民生活用水带来极大困难，全市实行定量用水。

第二章　暴雨与洪涝灾害

第一节　概　　述

暴雨是水资源的来源之一，山东省暴雨量占降水总量的20%～30%。在干旱时期出现的暴雨可以缓解或解除旱情，增加水资源，但是大范围的连续暴雨或雨量过分集中的特大暴雨，则往往形成洪涝灾害。洪涝灾害系指某一时段内由于降水过多，排水不畅而产生的洪、涝、渍害的总称。其中，洪害指洪水到来造成的灾害，如山洪暴发、水库垮坝和河湖泛滥，它能冲刷土壤，冲毁地面建筑，淹没和毁坏农田、作物，造成涝害和渍害；涝害是农业气象灾害之一，指农田积水不能迅速排泄，影响作物生长的现象；渍害即湿害，也是农业气象灾害之一，指土壤水分过剩，农作物正常发育受抑。洪涝灾害最终均导致农作物产量明显下降以至绝收，甚至危及人民生命财产安全。洪涝灾害是山东造成经济损失最大而受灾面积仅次于干旱的又一主要自然灾害，往往造成公路、铁路、水渠、桥梁被冲毁，农田受淹，在平原地区，甚至一片汪洋。洪涝灾害不仅导致农作物大面积减产，而且造成人员伤亡，房屋倒塌，淹没工矿企业，破坏生产和交通运输、电力、通讯、水利等设施，恶化生态环境和生产条件，使国家、集体和个人财产蒙受巨大损失，不仅在身体上而且在精神上给人们造成巨大痛苦，因此危害极大。

一、暴雨

暴雨是指24小时降水量大于或等于50毫米的降雨，按照降水量的大小又可将其分为3个级别：24小时降水量50.0～99.9毫米为暴雨，100.0～199.9毫米为大暴雨，大于或等于200毫米的为特大暴雨。连续两天或以上出现的暴雨称为连续暴雨。

山东省范围内有一个或以上的站日降水量分别大于或等于50毫米、100毫米和200毫米时分别算一个暴雨日、大暴雨日和特大暴雨日进行统计，则山东年平均暴雨日数40天，按暴雨出现站数多少分为小范围（1～5站）暴雨、区域（6～20站）暴雨、大范围（大于或等于21站）暴雨，其出现次数之比约为7∶3∶1；山东年平均大暴雨日数为12天，小范围（1～3站）、区域（4～7站）、大范围（大于或等于8站）大暴雨之比大致为7∶2∶1；山东年平均特大暴雨日数0.5天，即平均2年一遇，出现范围均在3站或以下。

（一）暴雨的时空分布

山东的暴雨多出现在6月下旬至9月上旬，以7月上、下旬和8月中旬为最多。各地暴雨平均初日在6月下旬至7月中旬之间，鲁南及山东半岛东部较早，半岛西部和鲁北较晚。各地暴雨最早初日一般在4、5月份，以石岛最早，为1968年3月29日。山东各地暴雨的平均终日在8月上旬至下旬，鲁北和鲁中山区北部暴雨结束较早，鲁南及山东半岛东部结束较晚。暴雨最晚终日全省大多在10月份，1962年11月19～20日受南方气旋影响，鲁南、鲁中山区和山东半岛共有33个站出现暴雨，这是1949年新中国建立以来出现最晚的一次暴雨。

山东的年平均暴雨日数自东南向西北减少，鲁东南和半岛东南部在2.5天以上，鲁西北地区的北部在1.5天以下，其它地区多在1.5～2.5天。

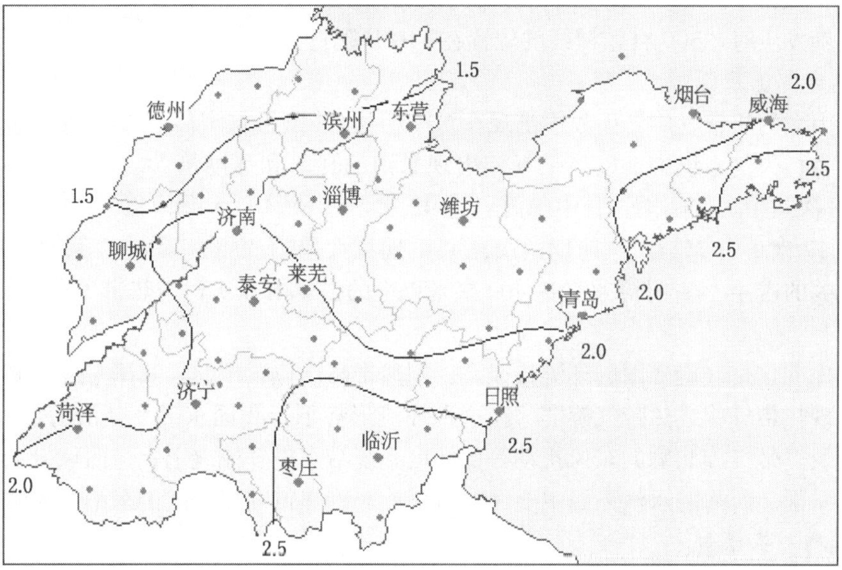

图2.1　山东暴雨年平均日数分布图（1971—2000年）

山东各地年平均大暴雨日数在0.1～0.8天，自东南向西北减少，鲁东南和半岛南部在0.5天以上，其它地区一般在0.5天以下，大多出现在6～9月。鲁东南和山东半岛开始较早，结束较晚。

特大暴雨鲁东南、半岛南部沿海和泰沂山区南部较多，约2年一遇，其它地区平均3年一遇或尚未出现。

各地平均暴雨强度多在70毫米/日至90毫米/日，鲁南及山东半岛东部较大，泰沂山区北部的博山、临淄、青州等地较小（不足70毫米/日）。

一日最大降水量鲁西、鲁北和半岛北部多为150～200毫米，其它地区一般在200～300毫米。其中，150～250毫米之间的站点占总数的70%，超过300毫米的只有8个站，仅占总数的6.7%。诸城在1999年8月12日降水619.7毫米，是山东1971—2000年日降水量的最高记录。一日最大降水量最小的是周村，只有110.9毫米，出现在1997年8月20日。山东各站日最大降水量均出现在6～9月，62%的站点出现在8月，28%的站点出现在7月。

（二）暴雨成因

产生暴雨的宏观物理条件是充足的水汽供应、强而持久的上升运动、不稳定的大气层结和有利的地形条件。造成山东暴雨的天气系统主要有低槽冷锋（包括高空冷涡和横槽）、气旋、热带气旋（包括东风扰动）和切变线（包括静止锋）。其各种系统影响山东产生暴雨的环流特征分别为：

1. 气旋暴雨

黄淮气旋是造成山东暴雨的主要天气系统之一。气旋暴雨次数多、强度大、范围广、历时长，并易连续发生而造成洪涝。气旋暴雨次数以鲁南地区最多，由南向北递减。

当500百帕等压面图上120°E副热带高压脊线在25°N～27°N之间或588线北缘在30°N～33°N之间时，山东出现气旋暴雨的次数最多。黄淮气旋的发生，都是由高空槽引起的，气旋发生时，500百帕槽线的位置在110°E附近。

2. 热带气旋暴雨

影响山东的热带气旋暴雨集中出现在7～9月，并以山东半岛和鲁东南沿海出现次数最多。在各类天气系统中，以热带气旋出现暴雨的几率和强度最大。1956—1975年山东共发生48次热带气旋降雨，其中暴雨以上42次，占88%；大暴雨以上31次，占65%；特大暴雨17次，占35%。同时期内山东共出现特大暴雨39次，其中，直接或间接与热带气旋有关的占44%；日降水量达400毫米以上的强暴雨6次，由热带气旋造成的4次，占67%。

山东出现热带气旋暴雨的环流特征是：副热带高压位置偏北，我国东部有高空槽，东南沿海出现热带气旋或热带气旋群。在这种环流形势下，我国东部及其沿海盛行东南风，热带气旋及热带气旋北侧的东风扰动等低纬度系统沿东南气流北上，与西风带系统相互作用，产生暴雨。所需的水汽来源主要靠热带气旋与副热带高压之间的东南急流输送。

3. 低槽冷锋暴雨

低槽冷锋暴雨次数虽多，但大多是局部零星地出现，日降水量很少超过100毫米。低槽冷锋暴雨在鲁中山区、山东半岛丘陵及黄河口附近较多。在夏季，河西冷锋东移过程中多趋锋消，主要影响鲁西降水。北方冷锋，由于其路径偏北、偏东，则主要影响鲁北及山东半岛降水。西北冷锋常可造成山东全省降水。

低槽冷锋暴雨主要有两种环流形势：

副热带高压势力较强，脊线稳定在23°N至28°N之间，高空西南暖湿气流可达山东境内，此时若有低槽冷锋东移与西南气流相遇，则形成明显的冷锋式切变，冷暖气流辐合，加上冷锋的抬升作用造成暴雨。

地面冷锋落后于高空槽，在高空槽附近形成位势不稳定区，暴雨就出现在高空槽线附近，地面冷锋过后，暴雨结束。

4. 切变线暴雨

切变线暴雨可分为经向切变线暴雨和纬向切变线暴雨，其环流形势分别为：

经向切变线暴雨，西太平洋副热带高压位置偏北、偏西且较稳定，较深的西风槽受副热带高压所阻而停滞于华北，形成经向切变线，有时在地面形成相应的南北向静止锋。切变线上有小低涡向北移动时产生暴雨，主要影响鲁西和鲁西北地区。

纬向切变线暴雨，西太平洋副热带高压脊线位于26°N至30°N之间，呈东西带状伸入我国大陆，西风带低槽北段东移出海，南段受副热带高压所阻，槽线顺转成近东西走向，在700百帕和850百帕等压面上形成槽后小高压与副热带高压之间的纬向切变线，地面上，在切变线南侧有一条东西向静止锋。当有低涡沿切变线东移时，可在山东形成暴雨。

山东的地形对暴雨的形成也有明显的影响。夏季盛行东南季风，暖湿气流到达山东半岛丘陵和鲁中山区的迎风坡时，受地形抬升作用，往往雨势加大，因此，上述地区为全省暴雨日数最多的地区。喇叭口地形或马蹄形地形，对于低空气流有明显的辐合抬升作用，降水天气系统进入这种地区，常造成系统停滞、雨势增强。例如，1979 年 7 月 31 日山东半岛的大暴雨和特大暴雨就出现在由牙山、龙山、罗山和大泽山围成的向南开口的马蹄形地形内，100 毫米等雨量线与马蹄形地形脊线非常吻合，马蹄形内雨量大多在 200 毫米以上，局部达 300 毫米以上。

二、洪涝

（一）历史上的洪涝灾害

1. 洪涝灾害概况

山东最早的洪涝灾害记载为公元前八世纪。宋朝以前，有关洪涝灾害的记载较少，从公元前 711 年（周　桓王九年）至公元 960 年（五代　后周　显德七年）共 1671 年，记有洪涝灾害 61 次，其中较大范围（15 个县或以上）洪涝灾害 16 次。

宋辽金元时期（公元 960—1368 年）共 409 年，记有洪涝灾害 50 次，平均 8 年一遇，较大范围（15 个州县以上）洪涝灾害 8 次。

明朝开始，有关洪涝灾害的记载明显增多，对灾情的记述也越来越详细。明朝的 277 年间，共记有洪涝灾害 163 次，平均 1.7 年一遇；较大范围的洪涝灾害 46 次，平均 6 年一遇；连续 2 年或以上出现较大范围洪涝灾害 11 次，共 28 年，占较大范围洪涝灾害出现总年数的 61%。

清朝民国时期，关于洪涝灾害的记载内容更加丰富，此期内，山东共发生不同范围的洪涝灾害 273 次，平均 1.1 年一遇；较大范围洪涝灾害 110 次，平均 4 年 1 遇；连续 2 年或以上出现较大范围洪涝灾害 27 次，共 84 年，占较大范围洪涝灾害总年数的 76%。

2. 清　嘉庆二十年至道光三年（1815—1823 年）的连年洪涝灾害

1815—1823 年，山东连续 9 年出现较大范围的洪涝灾害，每年受灾范围都在 20 个州县以上，特别是 1821 年和 1822 年，受灾州县均超过了 50 个。其持续时间之长、灾情之重是十分罕见的。例如，1819 年，德州：黄河决，大清河溢。德平：十二月大雨深数尺。齐河：大清河溢，平地数尺。济宁：秋水，牛头河槽坝并决。蒙阴、诸城、日照、沂水：十二月大雨，河溢。黄县：二月大水，冲塌民房，人多溺死。平原：大水，有冲坏屋宇者，弥水泛溢，如六、七月间，行人阻绝。十二月二十八日，黄县大水冲塌桥梁，人多淹毙。章丘、邹平、长山、临邑、汶上、定陶、巨野、濮州、范县、利津、蒲台、东阿、惠民等 37 州县及德州、济宁、东昌、临清四卫水灾。1821 年，济南府：夏秋大水，民间大疫，死无算。邹平、郯城、兰山、新城、济阳、齐东、德平、长山、等五十一州县及德州、东昌、临清、济宁四卫被水。1822 年，博平：夏五月阴雨不止，秋运河决口，平地水深四、五、七尺不等，陆地行舟。莘县：秋阴雨不止，乘船入市。惠民、沾化、阳信：徒骇河水溢，伤禾。曹县：六月不暑，秋大雨，害粱禾，平地舟行。成武：秋霖雨伤稼，平地水深尺许，上至流通口，下至南阳湖，舟楫往来不绝。山东濮州、博平、夏津、武城、范县、章丘、邹平、东阿、阳信、商河等四十六州县被水。

3. 洪涝灾害的变化

据《华北、东北近五百年旱涝史料》中山东济南、德州、莱阳、菏泽、临沂共5个地区的旱涝指数，分别统计各地区洪涝出现的几率及全省的洪涝级别，并分析全省性洪涝的阶段变化。

确定全省洪涝级别的标准为：

（1）全省有3个或以上地区为1级时，全省旱涝指数定为1级。

（2）全省有一个地区为1级，两个地区为2级或全省有三个或以上地区为2级时，全省旱涝指数定为2级（1级：大涝；2级：涝）。

（3）全省有两个地区为1级，两个地区为5级，另外一个地区为2级，全省旱涝指数定为1级。

（4）全省有两个地区为1级，三个地区为2级，全省旱涝指数定为1级。

（5）全省有两个地区为1级，三个地区为3级，全省旱涝指数定为2级。

（6）全省有两个地区为2级，两个地区为3级，另外一个地区为1级或者4级，全省旱涝指数定为2级。

（7）全省有两个地区为3级，一个地区为1级，一个地区为2级，另外一个地区为4级或者5级，全省旱涝指数定为2级。

（8）全省有两个地区为2级，两个地区为4级，另外一个地区为1级，全省旱涝指数定为2级。

1470—1948年大涝年出现频数鲁中、鲁东南地区较少，在60次以下，以鲁东南南部为最少，不足50次；鲁西南地区西部和山东半岛地区较多，均在70次以上。

山东的洪涝具有较明显的阶段变化，据1470—1948年的全省旱涝指数可将山东的洪涝变化划分为5个不同的时期。

表2.1　山东洪涝的超长期变化

少涝时期			多涝时期		
年　代	大涝几率	洪涝几率	年　代	大涝几率	洪涝几率
1470—1590	11	19	1591—1782	20	39
1783—1814	6	18	1815—1915	25	49
1916—1948	6	30			

（二）1949年新中国建立以来的洪涝灾害

1. 灾情

1949—2000年，除1968年外，其余各年均有不同范围、不同程度的洪涝灾害发生。全省平均每年洪涝受灾面积82万公顷，其中成灾面积60.28万公顷，受灾人口622.14万人，因灾死亡282人，倒塌房屋22.72万间，损失和减产粮食87305万千克，直接经济损失107986万元。受灾面积在100万公顷以上的18年，平均约3年一遇；受灾面积在200万公顷以上的5年，平均10年一遇。

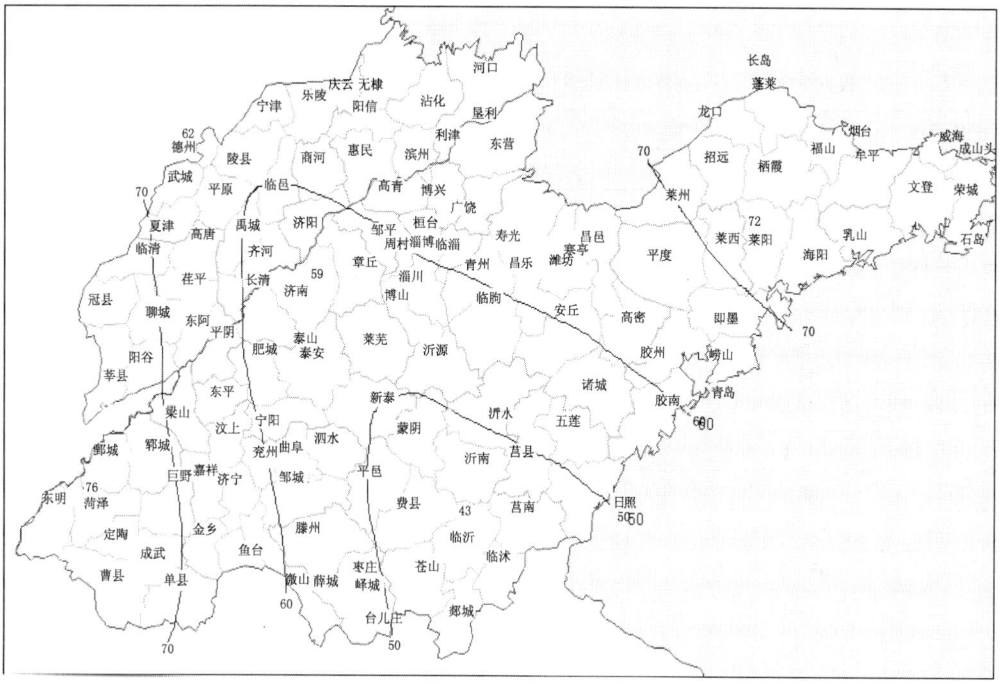

图 2.2　山东大涝年出现频数分布图（1470—1948 年）

表 2.2　山东 1949—2000 年洪涝灾害灾情统计表

年份	受灾面积（万公顷）	成灾面积（万公顷）	受灾人口（万人）	死亡人口（人）	倒塌房屋（万间）	粮食减产（万千克）	直接经济损失（万元）
1949	83.80	83.80	629.0	8	0.07	74217	32085
1950	24.07	24.07	156.4	6	1.50	21720	8916
1951	115.60	115.60	709.2	476	30.13	82851	43034
1952	3.20	3.20	19.5	10	0.20	2936	915
1953	223.40	182.27	1344.8	1295	18.61	126590	69752
1954	42.93	34.74	261.2	189	13.68	29538	9447
1955	60.40	40.54	369.1	285	30.14	41507	18642
1956	102.73	73.34	619.3	1390	37.09	83161	28498
1957	210.87	187.33	1269.8	1669	29.70	191308	126329
1958	46.87	37.00	270.6	508	16.74	38046	14001
1959	7.93	5.73	50.8	64	2.21	7468	2802
1960	120.93	85.40	729.0	768	49.00	107730	35790
1961	171.80	151.33	1013.5	1783	35.68	73462	82292
1962	257.07	216.80	1639.6	1012	152.21	145387	130502
1963	239.87	214.80	1393.3	1074	164.32	157024	121171
1964	333.60	283.20	2123.4	1183	235.90	198784	183466

续表

年份	受灾面积（万公顷）	成灾面积（万公顷）	受灾人口（万人）	死亡人口（人）	倒塌房屋（万间）	粮食减产（万千克）	直接经济损失（万元）
1965	47.73	22.80	358.5	39	2.52	49108	19631
1966	16.20	9.94	126.5	175	0.19	8192	5535
1967	15.87	11.40	120.0	0	0.01	17635	7044
1968	0.00	0.00	0.0	0	0.00	0	0
1969	90.13	7.86	69.0	11	0.00	9825	3996
1970	79.33	56.26	582.1	261	11.32	60136	47799
1971	108.53	82.00	814.5	431	14.79	85721	64731
1972	23.60	11.26	177.5	153	2.85	12464	9422
1973	70.07	35.40	504.5	117	7.44	48508	24815
1974	192.80	150.40	1440.4	346	97.99	228118	138443
1975	55.93	27.66	415.0	139	6.81	47287	28520
1976	65.13	38.00	503.5	49	4.43	49954	23876
1977	72.67	32.13	545.0	79	10.06	25882	24516
1978	59.80	30.07	442.0	218	8.76	39579	33540
1979	31.00	14.20	232.5	100	2.00	26829	68776
1980	18.40	6.40	141.0	10	0.83	10804	9536
1981	14.27	6.33	107.5	16	3.98	8353	9621
1982	35.93	23.45	288.7	29	5.24	52814	32077
1983	9.93	4.33	98.1	8	3.74	9302	3707
1984	56.80	33.40	392.1	36	4.96	72885	61853
1985	145.00	108.40	1444.3	71	7.09	257650	270628
1986	15.86	11.20	158.3	4	0.73	31794	36585
1987	14.07	7.74	140.4	30	1.28	20636	23687
1988	25.67	17.20	256.8	11	4.77	35664	55496
1989	18.27	9.87	183.0	12	0.27	26879	45891
1990	185.60	127.94	1917.8	92	39.78	277225	543539
1991	80.35	48.39	680.2	53	8.62	89157	153843
1992	60.43	44.67	727.0	70	6.11	446414	175716
1993	141.09	88.67	1652.6	178	28.23	237552	750239
1994	123.15	71.52	855.1	65	12.89	111540	449100
1995	116.81	71.34	1100.0	19	4.23	194506	160000
1996	138.67	91.69	1427.8	40	31.84	248253	655307
1997	21.35	11.71	235.7	10	2.85	52275	8124
1998	114.00	62.40	1295.9	38	27.88	215100	509200
1999	23.06	12.11	199.02	11	3.22	43600	165200
2000	12.57	7.39	120.48	31	1.01	8490	87660

1953、1957、1961、1962、1963、1964、1974年和1990年各年出现了大范围的洪涝灾害，全省受灾面积都在170万公顷以上，成灾面积均在150万公顷以上，受灾人口均在1000万以上。其中，1957年7月6～26日，山东的黄河和淮河流域及胶东半岛中部，先后出现7次大范围暴雨过程，在近10万平方千米范围内平均降水量达400毫米，其中沂、沭、泗水系超过600毫米。有5次暴雨中心雨量都在200毫米以上，每次暴雨100毫米以上的笼罩面积均达2万平方千米，其中7月17日至19日暴雨量100毫米以上的笼罩面积达7.15万平方千米，接近全省总面积的一半。泰沂山区及南四湖流域18天累计降水量均达到600毫米，接近正常年份一年的降水量，因此造成山洪暴发，形成10个地区的40个县（市）的特大洪害，其中潍河流域受灾面积106.1万公顷，成灾面积93.3万公顷，受灾人口637万人，死亡1006人，倒塌房屋95152间，损失粮食95520万千克，冲毁堤防213.3千米，冲毁涵闸351座，津浦铁路路基被淹，中断行车5小时，共造成直接经济损失7.71亿元（当年价）。同时还造成特大涝害，平原地区地面积水形成一片汪洋，南四湖湖滨最大淹没面积20万公顷，流域受灾面积81.3万公顷，因涝害减产粮食10500万千克，经济损失2.25亿元。1964年山东全省平均降水量1154毫米，是1949年新中国建立以来年降水量最大的一年。鲁北、湖西地区也不例外，最大站点年降水量达1409毫米，当年春季4月，即出现暴雨至大暴雨，鱼台水文站最大日雨量240毫米，汛期7～8月雨量又十分集中，秋季10月又阴雨连绵，因此，形成“春涝、夏洪涝、秋涝”的严重洪涝灾害。例如鲁北诸河最大洪峰流量200立方米/秒至400立方米/秒，超出设计防洪能力1倍多，加上洪水持续时间很长，造成干支流两岸及流域内洼地积水10000平方千米，村庄被围，交通受阻等，直接经济损失4.9亿元，减产粮食3.3亿千克。小清河7～9月92天中降雨日数47天，全流域汛期平均降水量912毫米，为常年同期的1.9倍。由于暴雨频繁，河道出现连续洪峰，中下游河道洪水超出保证水位以上的天数长达65天，7月28日21时，小清河干流高青县防段决口，口门宽103米，决口最大流量290立方米/秒，决溢总水量1.8亿立方米。溃堤洪水冲垮了张北公路，淹没了高青、博兴、广饶3县1.5万公顷土地，有146个村庄计10万余人受灾。9月12日小清河再次出现特大暴雨洪水，上中游支流局部决口，白云湖、芽庄湖、麻大湖相继滞洪，此次洪水该流域受灾面积达17.1万公顷，成灾面积12.4万公顷，南岸的邹平、桓台、博兴、广饶4县灾情最重，大片农田被淹，被水围村庄1500多个，当年该流域因积水难排有2万公顷小麦没有种上。胶莱河流域汛期降暴雨30多次，有3次超过防洪标准，堤防普遍漫决，胶县、高密、平度、昌邑4个县市农田成灾面积2.7万公顷。同时，沂、沭、泗流域受涝面积61.1万公顷，粮食损失3.72亿千克，直接经济损失2.15亿元；济宁地区遭受洪害，倒房29.34万间，直接经济损失3.33亿元。据统计，全省因洪涝灾害农作物受灾面积333.6万公顷，成灾面积283.2万公顷，受灾人口2123.4万人，倒塌房屋235.9万间，均居1949—2000年的首位。

2. 洪涝灾害特点

多发性　1949—2000年的52年间，除异常干旱的1968年外，其它年份均有洪涝灾害发生，受灾面积在50万公顷以上的有30年，占总年数的58%。

季节性　山东的洪涝灾害大多出现在6月下旬至9月上旬，以7月中旬和8月中旬为最多，其它季节很少出现。局部地区的涝害最早可于4月中旬出现，最晚在10月中旬。

少数年份因10月下旬至11月中旬秋雨连绵可出现渍涝，如1993年11月5～13日，沂水、临沭、五莲、莒县、东阿、郓城、巨野、鄄城、菏泽、东明、梁山等12县市由于连日阴雨，致使平原积水，土壤板结，渍涝严重。而黄河凌汛造成的洪害集中出现在黄河山东段的凌汛期（上年12月至下年2月），如1951年1月2日，黄河冰凌堆积，造成利津县王庄决口，口门宽216米；2月3日，黄河自利津王庄决口后，主流由富国以南入徒骇河，泛区长40千米，宽140千米。

（3）地区性

鲁中山区、山东半岛丘陵地区以及山丘与平原过渡地带以洪害为主，尤其是半岛丘陵地区，河流源短流急、暴涨暴落，容易出现洪害；鲁西南和鲁西北平原地区地势平坦，河流的河道长，支流少，比降小，淤积严重，排水不畅，遇到大暴雨或连续暴雨，地面往往积水成灾，因此，以涝害为主。对一个流域来说，上、中游与下游的洪涝是相互影响的。如果上、中游暴发洪水，会造成下游地区洪水泛滥，若与下游的涝害结合，则形成复合性的更大洪涝灾害，这是鲁西南、鲁西北平原多严重洪涝灾害的主要原因。

（4）突发性

洪涝灾害的发生往往很突然，且来势迅猛，破坏力很大，不仅造成经济损失，还能造成人员伤亡，所以人们把洪水视同猛兽。如1987年8月26日，济南降特大暴雨，一夜之间市区积水成灾，一片汪洋，全市有4.2万户、16.4万人被淹，伤亡600多人；交通、供电、供水一度中断，直接经济损失4.63亿元。

（5）阶段性和群发性

据1949—2000年全省农作物洪涝受灾面积资料，可将洪涝灾害的变化划分5个多涝阶段和5个少涝阶段。

表2.3 山东农作物受涝面积的阶段变化

多涝阶段		少涝阶段	
年代	距平频率	年代	距平频率
1949—1953	+3/5	1954—1955	-2/2
1956—1957	+2/2	1958—1959	-2/2
1960—1964	+5/5	1965—1968	-4/4
1969—1971	+2/3	1972—1992	-8/11
1993—1998	+5/6	1999—2000	-2/2

洪涝灾害多连年出现，1960—1964年和1993—1996年是两个洪涝灾害的多发期，分别出现了5年连涝和4年连涝。

（三）防灾减灾对策措施

1. 要增强水患意识，做好“抗大洪、防大涝”的思想准备，贯彻“以防为主，防、抗、救结合”的方针，落实各项防涝减灾措施。

2. 完善防洪除涝工程体系，增强防御洪涝的能力　搞好水库的除险加固，提高拦洪蓄水能力；治理河道，加固险工险段，清淤、开卡、清障，增强行洪排涝能力；搞好田间排涝配套工程建设。

3. 搞好流域综合治理，防治水土流失，减少地表径流及河流、湖泊、水库的泥沙淤积，削减河道洪峰。

4. 做好各项防洪、抗洪准备工作　每年汛期之前，要对水利工程进行检查和整修加固，清除河道行洪障碍，制订防洪应急预案，组建防洪队伍，筹备防洪物资等。

5. 加强暴雨、洪水的监测、预报和信息传递　气象和水文部门要及时向防汛指挥机关报告雨情、水情、灾情和暴雨、洪水预报，为进行防洪减灾科学决策指挥提供依据。

6. 推广防涝的农业技术措施　在易涝地区搞好农田排水系统，修建台田、条围，扩种水稻、高粱等耐涝作物；利用沟垄（背）遇涝易排、遇旱易灌的特点，改常规平作为沟垄种植；土壤过湿时，应及时中耕、除草，可使表层土壤散墒、增温、通气，减轻渍害；多施有机肥，有防涝、增产作用。

7. 及时采取灾后补救措施　对受淹农作物减产不大的地块，抓紧排水、施肥、划锄；对受灾严重不能恢复生长的作物，抢时补种或改种其它作物。

第二节　公元前711年—公元1839年暴雨与洪涝灾害

周　桓王九年（公元前711年）　秋，鲁大水。

周　惠王三年（公元前674年）　夏，齐大水灾。

周　定王八年（公元前599年）　秋，鲁大水。

周　定王二十一年（公元前586年）　秋，鲁大水。

秦　二世元年（公元前209年）　秋七月，琅琊大霖雨。

西汉　文帝十二年（公元前168年）　河决酸枣东溃东郡金县（聊城县志）。冬塞金堤荥阳至乘海，尸千余里（海丰县志）。

西汉　建元三年（公元前138年）　春，河水溢于平原，大饥，人相食。

西汉　元光三年（公元前132年）　五月，河水决濮阳，泛郡十六。

西汉　元狩三年（公元前120年）　山东大水。

西汉　太始四年（公元前93年）　秋九月，青州大水。

西汉　初元元年（公元前48年）　天下大水，关东郡十一尤甚；二年，齐地饥，谷石三百余，民多饿死，琅琊郡人相食。

西汉　建始四年（公元前 29 年）　秋河决馆陶，灌平原等四郡三十二县（平原县志）。秋大雨十余日，河大决东郡金堤，灌四郡三十二县，浛地十五万顷，深三丈，坏官民室庐四万所（东明县志）。

西汉　河平三年（公元前 26 年）　秋八月，黄河决平原流入济南千乘。

东汉　建武三年（公元 27 年）　春，河水溢，平原大饥，人相食（武定府志）。

东汉　永元十五年（公元 103 年）　兖、豫、徐、冀四州大水。

东汉　延平元年（公元 106 年）　九月，六州大水（袁山松曰六州河、济、渭、洛、洧水盛长泛溢伤稼）（宁津县志）。

东汉　永兴元年（公元 153 年）　七月，河水溢漂，害人庶数十万户，百姓荒殣流移道路。

东汉　永兴二年（公元 154 年）　泗水泛涨逆流东海。

东汉　熹平元年（公元 172 年）　夏，霖雨七十余日（宁津县志）。

三国　魏　太和六年（公元 232 年）　八月，平原临济等四镇大水。

三国　魏　景初元年（公元 237 年）　九月淫雨，兖、徐、豫三州水出溺杀居民漂失财产。

晋　泰始四年（公元 268 年）　九月，青、徐、兖、豫四州大水，七月，泰山崩隧三星；九月，兖州大水，沂州府、诸城大水。

晋　泰始五年（公元 269 年）　春二月，青、徐、兖三州大水，遣使赈恤。
莱芜、沂州、日照等地大水。

晋　咸宁三年（公元 277 年）　九月，青、徐、兖、豫等州大水。

晋　咸宁四年（公元 278 年）　秋七月，冀、兖、豫等州大水。

晋　太康二年（公元 281 年）　六月，泰山大水流三百家，杀六千余人。

晋　太康四年（公元 283 年）　七月，兖州大水。

晋　元康五年（公元 295 年）　夏六月，城阳东莞及青徐豫等州皆大水，东海雨雹。莱芜、安丘雨雹大水；胶州城县大水杀人。

晋　太安元年（公元 302 年）　七月，兖豫徐大水。

南北朝　宋　元嘉十五年（公元 438 年）　兖、豫二州大霖雨。

南北朝　宋　元嘉十七年（公元 440 年）　七月，兖豫等州大水。秋八月，青州大水。

北魏　太和六年（公元 482 年）　七月，安丘、昌乐大水；八月，徐、兖、济等州大水，平原大水。

北魏　太和二十三年（公元 499 年）　六月，青、齐、光、南、徐、兖等州大水。

北魏　景明元年（公元 500 年）　六月，青州大雨雹；秋七月，青、齐、南、光、徐、兖等州大水。七月，泰安府大水，民居全者十四五……；九月，沂州大水。

西魏　大统四年（公元 538 年）　夏四月，山东大水。淄川、日照、昌乐、寿光大水，虾蟆鸣于树上；定、冀、瀛、沧四州大水。

南北朝　陈　天嘉五年（公元 564 年）　山东大水，饿死者不可胜计。

北齐　河清四年（公元 565 年）　秋，山东大水，饥，遣使巡行免其租。

北齐　天统三年（公元 567 年）　秋，山东大水，人饥，僵尸满道。

北齐　武平六年（公元 575 年）　八月，山东诸州、平原、昌乐、长山大水。

隋　大业七年（公元 611 年）　山东河决，大水，山东、灌南漂没三十余郡，民相卖为奴婢。

隋　大业十三年（公元 617 年）　河南、山东大水，饿殍满野，炀帝诏开黎阳仓赈之，吏不时给，死者数万人。

唐　贞观七年（公元 633 年）　秋，山东四十余州大水，遣使赈之。兖州大水，赈济灾民。

唐　贞观八年（公元 634 年）　秋七月，山东大水（无棣县志）。河南北数州大水（东昌府志）。

唐　贞观十六年（公元 642 年）　戴州大水（曹州府志）。

唐　永徽元年（公元 650 年）　秋，齐州水；沂州水害稼。

唐　永淳元年（公元 682 年）　秋，山东大水，饥。秋，长山、平原，大雨水，民饥。

唐　开元十年（公元 722 年）　六月，河决博、棣等州，命按察使肃嵩等治之；秋七月，给复遭水州。

唐　开元二十年（公元 732 年）　九月，宋、滑、兖、郓四州大水，免当年租税。

唐　长庆二年（公元 822 年）　七月，郓、曹、濮三州大雨水，坏州城。民居、田稼略尽。

唐　长庆四年（公元 824 年）　郓、曹、濮三州暴雨，水溢坏民居。

唐　太和二年（公元 828 年）　夏，河溢，坏棣州城，河南、郓、曹、濮、淄、青、德、兖、海等州大水。

唐　太和四年（公元 830 年）　郓、曹、濮等州雨坏城郭，田庐殆尽。

唐　开成三年（公元 838 年）　秋，淄、曹、濮、魏、博等州大雨水，害稼及民庐舍，德州尤甚。

唐　开成四年（公元 839 年）　七月，沧、景、淄、青大水，害稼及民庐；平原平地水深八尺。

唐　大中四年（公元 850 年）　秋，淄州、德州大水。

唐　大中五年（公元 851 年）　齐、淄、博三州大水。

唐　大中十二年（公元 858 年）　秋，八月，魏、博、兖、郓、宋等州水害稼。

五代　后唐　长兴二年（公元 931 年）　夏四月，棣州水坏城，郓州河水溢。四月，郓州黄河水溢岸，涌三十里东流。

五代　后晋　天福三年（公元 938 年）　八月，阳谷河决；十月，河决郓州。

五代　后晋　天福四年（公元 939 年）　四月，滑州河决，浸曹、单、濮、郓、诸州境，环梁山，会于汶。六月河决，环梁山入于汶济，是年郓城饥。八月，河决博平，甘陵大水。

五代　后周　显德元年（公元 954 年）　（黄河）自扬刘（今阳谷县境）至于博州百二十里，连年东溃，汇为大泽，弥漫数百里，灌齐、棣等州，直至渤海，漂没民田庐不可胜计，屡遣使不能塞。本年十一月，命宰相李谷亲自至澶、郓、齐等州，督帅“役徒六万”，堵塞黄河决口多处。

北宋　乾德四年（公元 966 年）　秋八月，清河水溢，坏邹平县田舍；七月观城河决，坏民庐舍，注大名，又灵河堤坏，东注卫南境，及南华县城；七月泰山水，东阿河溢并坏民田。

北宋　开宝二年（公元 969 年）　济南府、濮州、郓城、长山、东阿、范县、淄川皆大水。是岁，青、澶、博、洛、齐等州水。秋七月，大名河涨，漂民千余家，范亦被灾；河决澶州东汇于郓濮，坏民田庐。

北宋　开宝三年（公元 970 年）　郓、济等州水灾害民田。

北宋　开宝四年（公元 971 年）　郓州河及汶清河溢注东阿县及陈空镇，坏仓库民舍；秋七月，青齐州水，寿光大水；冬十一月，河决澶州东汇于濮郓，坏民田，命颍州团练使曹翰塞决河。

北宋　开宝八年（公元 975 年）　观城、沂州府、临沂、沂水大雨水；“六月沂州大雨水入城坏民舍田苗”。

北宋　太平兴国八年（公元 983 年）　五月，河大决滑州，注濮、曹、济诸州，东南流入淮。

北宋　太平兴国九年（公元 984 年）　八月，淄州大水，孝妇河溢坏民田。

北宋　淳化四年（公元 993 年）　曹州、濮州、郓城、观城霖雨，秋稼多死，民饥。

北宋　咸平三年（公元 1000 年）　夏五月，河决郓州王陵埽，诏徙州城。冬十一月，郓州决河塞。

北宋　景德三年（公元1006年）　八月，青州大雨，坏鼓角楼门，压死者四人。

北宋　大中祥符二年（公元1009年）　七月，济南府、泰安、莱芜、青州、昌乐、安丘、淄川、长山大水。冬十月，兖州、曲阜、莱芜霖雨害稼，赈恤其民。

北宋　天禧三年（公元1019年）　夏六月，河决澶濮郓齐境，遣使救被溺者恤其家，秋八月遣使抚恤京东河北水灾。六月，河决郓州至徐与清河合浸城壁不没者四板，次年即塞，六月复决于西北隅。

北宋　天禧四年（公元1020年）　夏六月，河决滑州，历澶、濮、郓、范城不没者四板。

北宋　至和二年（公元1055年）　六塔河决，棣、滨诸州民多溺死。十二月，（黄）河决大名、馆陶，泛齐、棣、淄、滨等州。

北宋　熙宁十年（公元1077年）　秋七月，河决澶州，曹村北流断绝，河南徙东汇于梁山张泽泺，分为二脉，一合南清河入于淮；一合北清河入于海，濮、郓、徐被害尤甚。七月河决澶州曹林由济河故道经长清齐河入海。秋七月，河决曹村，灌郡县四十有五，合青州青河入于海。

北宋　元丰元年（公元1078年）　八月，棣州大水，诏被水民以常丰粮贷之蠲其租赋。章丘河水溢，坏城壁漂溺民居。

北宋　元丰八年（公元1085年）　淄川，四月大旱，六月淫雨，大饥，斗米至千余钱。

北宋　绍圣元年（公元1094年）　秋七月，曹、濮诸州水害稼，九月遣御史刘拯按水灾赈饥民。河决将陵埽坏民田（德州志）。

金　皇统元年（公元1141年）　河决，移济州治于金乡，时河决唯金乡独存。

金　大定六年（公元1166年）　五月，河决阳武，由郓城东流汇入梁山泊，郓城沦陷，徙治盘沟材。

金　大安二年（公元1210年）　六月，平原、德县、禹城、昌乐、日照淫雨大饥，斗米千余钱。

元　至元元年（公元1264年）　大名、东平、曹、濮、泰安、高唐、济州、博州、德州、济南、滨、棣、淄、莱、河间大水。

元　至元五年（公元 1268 年）　淄川大水，免本年田租；秋七月沂沭横溢；十二月以恩州、高唐等处大水免田租。济南郡县大水，诏以米十二万八千九百石赈之。

元　至元九年（公元 1272 年）　九月，泰安、莱芜淫雨，河水溢圮田庐害稼。

元　至元十四年（公元 1277 年）　夏六月，济宁路曹州定陶县，濮州、郓城堂邑县大雨水没禾稼。六月，菏泽大雨平地水深丈余。十二月冠州水，免其田租，赈东平、济南等郡饥。

元　至元十七年（公元 1280 年）　六月，济宁路大水，平地丈余；八月，东平大水。

元　至元二十六年（公元 1289 年）　六月，济宁、东平、济南、棣州、泰安、曲阜、德州、商河霖雨害稼，免其田租。

元　至元二十八年（公元 1291 年）　九月，德州、庆云、德县淫雨大水，免被灾田租。

元　元贞元年（公元 1295 年）　六月，大清河溢，泰安、奉符、曹州、济阳、济宁、兖州、滋阳水；秋七月，东平大水。冬十月，文登大水。

元　大德五年（公元 1301 年）　夏六月，商河、棣州、无棣、蒲台（北镇）淫雨害稼。

秋七月，宁海、济宁、般阳、登州、莱州、益都、潍州、博兴、济南等地水。

元　至大元年（公元 1308 年）　夏秋之间，泰安、济宁等大水，庐舍荡析，人畜俱被其灾；七月，济宁路雨水，平地丈余，暴决入城，漂庐舍，死者十有八人。山东大饥，赈之。

元　至大二年（公元 1309 年）　秋七月，惠民、德州、陵县、长山淫雨害稼。

元　至大四年（公元 1311 年）　德、濮、恩等州霖雨伤稼，敕有司赈恤。

元　皇庆二年（公元 1313 年）　武定、无棣、惠民淫雨害稼。

元　延佑六年（公元 1319 年）　夏六月，益都、般阳、济南、东昌、东平、济宁、高唐、濮州、鄄城大水，秋九月赈山东诸路饥，禁酿酒，冬十月济滨棣章丘等处水，免其田租。六月东昌高唐大水赈之。曲阜、临沂、沂州、日照大水。六月，淄川大雨水，秋饥。

元　延佑七年（公元 1320 年）　夏六月，益都路蝗，棣州、德州大雨水，坏田四千六百余顷。宁津，五六月大雨，坏田伤稼；平原，六月大雨水。

元　至治元年（公元 1321 年）　七月，济宁、东平、东昌等路高唐、曹、濮等州水。临清州，淫雨水深丈余。水害稼。

元　至治三年（公元 1323 年）　五月，厌次、无棣、商河、齐东等县霖雨害稼，诏赈粮蠲民半租。

元　泰定元年（公元 1324 年）　六月，济宁路淫雨，水深丈余，漂没田庐。六月，济南淫雨，水深丈余，漂没田庐；沂州府大水。六月，益都、济南、般阳、东昌、东平、济宁等郡，二十有二县，曹、濮、高唐、德等州诸属县，大霖雨，水深丈余，漂没田庐。秋七月，楚丘濮阳河溢，八月，滨州、利津霖雨害稼，九月濮州、鄄城、馆陶县及诸卫屯田水。

元　致和元年（公元 1328 年）　五月东平饥，六月泰安、东平、淄川、濮州、鄄城雨水害稼。六月，益都、济南、般阳、济宁、东平等郡三十县，濮、德、泰安等州诸属县雨水害稼。

元　至顺元年（公元 1330 年）　泗水，夏大水伤稼，秋大饥；六月二十一日，曹县河水忽泛，溢新旧三堤，一时咸决，明日外堤复坏；沂州府，秋大水。

元　元统二年（公元 1334 年）　东平、长山、济南、泰安、兖州、济宁、金乡、曹州、定陶等地大水灾害。

元　至正二年（公元 1342 年）　六月，济南山水暴涨，漂没居民。六月壬子，山崩水涌，癸丑夜山水暴涨，冲东西二关，流入小清河，黑山、天麻、石固等寨及卧龙山水流入大清河，漂没民居无算（济南府志）。

元　至正四年（公元 1344 年）　五月，大雨二十余日，黄河暴溢，平地水深二丈许，北决白茅堤，六月又北决金堤，曹、濮、济、兖交皆被灾，北漫安山，沿入会通运河，延袤济南；秋七月东平路东阿、阳谷、汶上、平阴四县大水，八月益都饥。平原大霖雨，河溢，平地水二丈，八月复霖雨民饥相食；秋八月益都霖雨，饥民有相食者。

元　至正五年（公元 1345 年）　秋七月，河决济阳。济宁路大水；庚辰曹县河决，命尚书贾鲁治之，至己酉大霖雨，黄河水溢，平地深二丈余。

元　至正九年（公元 1349 年）　七月，高唐州大霖雨，坏官署民居。

元　至正十六年（公元 1356 年）　秋八月，黄河决，山东大水。长山、平原大水。

元　至正二十年（公元 1360 年）　七月，益都高苑县大雨害稼。

元　至正二十五年（公元 1365 年）　夏五月，聊城雨雹，秋，安丘县淫雨害稼。东平路须城、东阿、平阴三县河决小流口，达于（大）清河。二月，河北徙，泛济宁路漂没田庐百余万；二月，河决东明、曹、濮、济宁皆水，明兵过郓时，郓在水中。

元　至正二十六年（公元 1366 年）　春二月，黄河北徙，上自东明、曹、濮，下及济宁皆被其害；秋八月，济宁路、肥城县西黄水溢，漂没田禾民舍百余里，德州齐河县境亦如之。棣州等地大清河决，齐河、滨、棣等沿河居民漂溺几尽。

明　洪武元年（公元 1368 年）　河决曹州双河口入鱼台。河决徙曹州治于安陵镇。东明曹州等处以河决溺死人畜坏官民庐舍不可胜计。

明　洪武二年（公元 1369 年）　河决安陵复徙曹州治于盘石镇。东平张秋河决。

明　洪武六年（公元 1373 年）　八月，河水暴涨，自齐河溃至商河棣州境南洪波七十余里（武定府志）。秋八月，水暴涨（济南府志）。

明　洪武八年（公元 1375 年）　秋七月，山东大水。

明　洪武九年（公元 1376 年）　秋七月，山东大水。

明　洪武二十三年（公元 1390 年）　四至六月，青、兖、登、莱、济五府，二十九州县，久雨伤稼，免租。

明　洪武二十四年（公元 1391 年）　庆云，陷河水溢害稼。四月，决原武黑洋山，东至寿州正阳镇，……又由旧曹州、郓城两河口漫东平之安山湖，会通河亦淤。

明　洪武二十八年（公元 1395 年）　武定、阳信、沾化、乐陵、商河、济阳、莱阳免秋粮，宁海（牟平）、文登秋水。德州八月大水坏城垣，九月免秋粮。

明　永乐八年（公元 1410 年）　五月，平度州、潍县及浮糠河决百一十三处，坏堤埝八千一百四十三丈。胶州六月水，八月淫雨。沭河水口冲决五百三十丈，请修从之。

明　永乐十三年（公元 1415 年）　齐河、朝城、胶州、历城、曲阜、沂州、临朐、诸城水，淫雨害稼。德州、平原大水（卫河决）。成武黄河决口，城倾圮。夏六月，山东水溢，坏庐舍没田禾，临清尤甚。秋八月，赈山东州县饥，冬十二月蠲水旱田租。

明　永乐二十二年（公元1424年）　登、莱诸郡，今岁雨水伤麦。泰安、莱芜、新泰、寿光、齐河、潍县等三十一县夏涝。是岁，山东淫雨伤麦禾。

明　正统元年（公元1436年）　七月，山东、河南，淫雨伤稼，济南、德州、平原、禹城、胶州、文登，水伤稼。

明　正统三年（公元1438年）　兖州、莱州二府所属州县，阴雨连绵，河水汪溢，淹没禾稼。胶州新、沽二河，大雨堤决，淹没……。七月中旬，徐州属县骤雨河溢；八月邳州河决，鱼台、金乡、嘉祥大水。济宁、东平俱溢。堤溃水没济宁州北门。

明　正统九年（公元1444年）　历城、昌乐、齐河、平原、诸城、曲阜、寿光、安丘等县闰七月，大水。河泛滥，堤坊冲决。按：指大小清河决。

明　正统十年（公元1445年）　九月，河决金龙口、阳谷堤、张家黑龙庙口。武定（惠民）、历城、滨州、曹州（菏泽）、濮州、郓城、巨野、东阿、寿张、齐河、济阳等州县洪涝灾。

明　正统十一年（公元1446年）　八月，济、东、莱、青四府各奏六、七月阴雨连绵，河水泛涨，淹没田舍；九月，兖州、登州各奏五、六月大雨，江河泛涨，淹没禾舍。十月，免山东济宁等州县粮草……经历河上，见水势未落，庐舍禾稼，尽皆淹没。

明　正统十三年（公元1448年）　六月，济、青、兖、东，俱河决。曹州、濮州、东平、范县、齐河、金乡、济宁等十六州县洪灾。河决，一北行至寿张沙湾坏运道东入海，一南行至怀远界入淮南北淹二十余里。河决沙湾由大清河入海。（齐河县志）

明　景泰三年（公元1452年）　夏五月，河决寿张；六月，河复决沙湾；秋八月，山东大水，德州、平原、曲阜、济宁、金乡、单县等二十四州县涝。兖州久雨伤禾，大嵩等二十所、卫久雨坏城；九月，赈山东被灾州县；冬十一月，遣使安辑逃民复，赋役五年免水灾税粮。

明　景泰四年（公元1453年）　是年，河复决沙湾新塞之口南，至四月堵合。五月大雨，又决沙湾北岸。掣运河水入盐河，漕舟尽阻。张秋河决。七月，兖、青、莱州府各奏自五月以来，淫雨连绵，河水泛溢，夏、秋，五十一个县雨涝。自五月至八月，淫雨伤稼，十月免被灾税粮（济南府志）。八月大雨，山东大水。全省五十余州县受灾。

明　景泰五年（公元1454年）　八月，东昌、兖州、济宁三府大雨，河溢，淹没田禾。济南府，八月大水，十二月免秋粮。

明 景泰七年（公元1456年） 山东水饥。寿光、昌乐、诸城、沂州大水。胶州，秋七月大水，是岁又饥；秋，山东大雨，诸水并溢，堤岸多冲决。

明 天顺元年（公元1457年） 连续两年（景泰七年至天顺元年），山东大水，诸河水溢，漂没禾稼房屋，大饥，“发茔墓，斫道树殆尽，父子或相食”。七月大雨，河与堤平，禾尽伤，大饥，人相食。德州、禹城、齐河、济南、青州等三十三州县涝。鲁北平原灾情最重，德州、禹城、齐河、历城、邹平、惠民等州县“人相食”。

明 成化六年（公元1470年） 滨州：六月大清河溢，坏田庐。诸城县：春三月免被灾税租，夏五月赈饥，秋八月水。

明 成化七年（公元1471年） 曲阜：八月大雨。诸城：秋七月赈水灾。

明 成化九年（公元1473年） 八月，山东大水，民大饥，骼无余肉。德州、恩县、武城、临清、历城、长山、禹城、曲阜等二十八州县涝。德州直抵淮安一路大水，房屋田禾，多为漂没。济南府：八月旱蝗又大水，民大饥，人相食，民茹草木尽，免税粮发粟赈之。昌乐：大水，饥。德平：大雨逾月，平地水深数尺。德州：大雨逾月，水深数尺。曲阜：八月大水。胶县（胶州）：大饥秋八月旱蝗旋大水。

明 成化十三年（公元1477年） 登州府、蓬莱、海阳、莱阳：先旱后涝，伤禾。福山：先旱后涝。莱阳：旱涝为灾。济宁：六月水。鱼台：大水，坏民居。峄县（枣庄）、沂州、费县、郯城：夏秋涝。山东兖州府雨水为灾。兖州府所属二十七州县（包括济宁、鱼台）及莱阳、福山、蓬莱先旱后涝，旱涝为灾，计三十县涝灾；十二月，免兖州府所属州县夏税十二万石，秋粮二十九万石。次年三月，以水灾免济南等府州县卫所小麦四十二万石。

明 成化十四年（公元1478年） 五月以后，山东、河南等处大雨连绵，六月十三日，大雨，河水骤溢，秋平地水深尺余，禾稼淹没殆尽。聊城、莘县、德州、齐河、登州等三十六个州县涝。山东：水饥。莘县：六月连日大雨，田禾淹没，舟楫出入城中，往张秋临清者竞舟而去，岁大饥。德州：七月大水，饥。平原：七月大水赈饥。莘县：人多流殍。济南府：又饥发粟赈之，七月水，免被灾秋粮。蓬莱、海阳：六月十三日大雨，河水骤溢。莱阳：六月大雨，河水骤溢。曲阜：夏大水。

明 成化十五年（公元1479年） 冠县：秋大水，平地深尺余，禾稼淹没殆尽，次年民饥。聊城：秋大水，平地深尺余，禾稼淹没殆尽。

明 成化十六年（公元1480年） 博平：清河大决。峄县（枣庄）、沂州、费县、郯城：秋涝。春，武定大水。漕河大决（博平县志）。秋，济南、东昌、兖州、青州、莱州等府所属九十一州县水灾，“流殍相望”。郯城、平度、莱阳等县，大饥，人相食。

明　成化十七年（公元 1481 年）　济阳、阳信：七月淫雨害稼。沾化：秋七月淫雨。

明　成化十八年（公元 1482 年）　德州：大水。莘县：大水，人伤殆尽。朝城：大水，民伤殆尽。临沂县：大水。日照县：大水。

明　成化十九年（公元 1483 年）　滨州：十月复大水。济宁、金乡：大水。

明　成化二十年（公元 1484 年）　济南府：七月大水。

明　成化二十三年（公元 1487 年）　滋阳（兖州）：泗溢入城。曲阜：泗溢入城。

明　弘治二年（公元 1489 年）　菏泽：河徙汴城东北，决黄陵岗曹濮。曹县：河决金龙口入张秋运河。河决荆隆口，黄陵岗东经曹濮决张秋运河。曹州、东阿、郓城、定陶、单县等十九县秋涝。九月……黄河泛滥，自金龙口分为二股，流往北直隶，山东地方，入于张秋运河。

明　弘治五年（公元 1492 年）　五月，黄河大决于开封及封丘金龙口，河水向南、北、东三面分流。其中一支自封丘金龙口，泛长垣、东明、菏泽、鄄城冲入张秋运河，由大清河入海。夏，秋，山东水，饥。寿光、乐安（广饶）、利津、沾化、海丰（无棣）、莱芜、平原、曲阜、德平九县大水，饥。济南府：河决黄尤岗，大饥。莱芜：大水。淄川：饥民相食。章丘：河决大水没民田。三月河复决黄陵岗，淹东平、平阴民田，是年东平大饥。德州：大水岁饥。曲阜：泗溢入城。鱼台、兖州：春三月河决。兖州府：春二月河决黄陵岗，淹没民田数千顷。菏泽：春三月河复决，黄陵岗弃经曹濮溃运道入海。

明　弘治六年（公元 1493 年）　河南、山东、直隶、大名等府，俱各淫雨过时，河流溃溢，田禾淹没。历城、朝城，夏秋水灾。博平秋，河决，陆地行舟 。济宁饥，会通河溢，官民庐舍及运船没者无算。莘县：淫雨多溢。鱼台：会运河溢，官民庐舍及运船没者无算。济宁：会运河溢，坏官民庐舍无算。

明　弘治七年（公元 1494 年）　益都：秋九月水，漂没人、物甚众。

明　弘治八年（公元 1495 年）　德平：城豪暴溢于野。济宁：河决赈秋。

明　弘治十年（公元 1497 年）　济南府：水灾，赈饥。济宁：漕河决。胶县：秋九月大水。

明　弘治十三年（公元 1500 年）　济南府：大水坏民庐舍。肥城：涝。曲阜：泗溢入城。曹县、菏泽：河南水决李家杨家等口淤塞，马木河水横流，曹单二州被害。

明　弘治十四年（公元1501年）　济南府：大水，饥，遣使赈免被灾税粮。博平、聊城：秋河水决。

明　弘治十五年（公元1502年）　曹县：河决，杨潭被害。

明　弘治十六年（公元1503年）　六月，莒州、日照、沂水、费县、郯城等县淫雨，坏庐舍，死人畜，淹田稼。沂州、费县、郯城、沂水、莒州、日照：夏涝。

明　弘治十七年（公元1504年）　牟平：大水，沁堤决七十余丈。

明　正德元年（公元1506年）　荣城：七月初六日大雨，海溢港水逆流三十里，禾稼渰没，地变为咸卤。文登：七月大雨，海溢逆流三十余里，稼禾淹没，地为咸卤。

明　正德二年（公元1507年）　河决梁靖口，淹没庐舍民居殆尽。曹县、单县、鱼台、金乡、成武，均受洪灾。武定，境内雨水为灾；堂邑，秋涝。德平：秋雨。惠民：境内雨水，树枝皆裂。鱼台：三月河决单县，溢流入境，害民田庐。

明　正德三年（公元1508年）　单县：河溢害稼，漂溺居民庐舍殆尽。

明　正德四年（公元1509年）　曹州、单县、成武、金乡、鱼台等夏、秋涝灾。六月，河决黄陵岗，曹、单田庐多淹没。八月十九日，河决曹县城西堤。九月河决杨家口，曹被害。九月，河又决曹县梁靖等口，直抵单县，困丰县城郊，两岸相对，阔百余里。

曹县：六月河决黄陵岗，秋八月河决城西堤。菏泽：河决杨家口，曹被害。

明　正德五年（公元1510年）　曹县：夏五月大雨，河复决。济宁：涝灾。

明　正德六年（公元1511年）　长清：大水。泰安：河决章丘东堤。范县：大水，陆地行舟，害民禾稼殆尽。莘县，朝城：大水。

明　正德七年（公元1512年）　曹县：河决。

明　正德八年（公元1513年）　诸城，秋大雨，潍水溢流，壅扶淇水入城门，坏庐舍无算。六月，河决黄陵岗……；七月，河决曹县娘娘庙、孙家口等口，至东北曹、单、成武间。曹县、定陶、成武、单县均受洪灾。历城：秋大水，饥。

明　正德九年（公元1514年）　曹县：九月河复决。曹单二州六月河决。

明　正德十年（公元1515年）　武定（惠民）河决。四月大雨，河决曹县焦家泽。成武，黄河决口，城倾圮。定陶被水淹；六月，以黄河水灾，免山东曹、单、成武三县岁欠备用马匹。曹县：夏四月大雨，河决焦家潭。

明　正德十一年（公元1516年）　武定、海丰（无棣）、沾化，大水，蛤蟆鸣树上，莱阳（包括海阳）、蓬莱秋大水，文登（包括荣成）旱涝为灾，德平春夏大雨。九月，黄河决，冲没成武县城郭。成武、曹县、单县受灾。惠民：大水，蛤蟆鸣树。蓬莱：秋大水。文登：旱涝为灾。莱阳：秋大水。福山：秋大水。

明　正德十二年（公元1517年）　直隶、山东地方淫涝弥漫，五谷绝望。九月，黄河决，冲没成武县，曹州、成武大水，涝灾；堂邑，秋涝。德平：六月淫雨害稼，秋霖雨害稼。惠民：大水。成武：九月辛卯河决。曹县：河决吕家潭。

明　正德十三年（公元1518年）　六月，章丘大风雨，水溢，坏民居四千家，人畜死者无算。秋，淫雨没野，禾稼损毁，鱼遍地生，山水暴发，章丘城不没者三板，浮尸无数。十二月，以灾伤免山东济南等府所属六十一州县并济南等十八卫、东平等六所秋粮。淄川：大水坏民庐。德州、平原：水灾。阳谷：秋淫雨为灾，禾稼损坏，鱼遍地生。曹州、郓城、巨野、汶上、嘉祥：秋涝灾。诸城县：夏六月秋七月大雨，无禾大饥。

明　正德十四年（公元1519年）　五月，河水涨，淹成武、单县；八月，郯城大水。朝城：涝。

明　正德十五年（公元1520年）　莘县：连日大雨，伤稼境中特甚。朝城：连年大雨，伤稼。郯城：涝灾。

明　正德十六年（公元1521年）　武定：大水。莘县：大雨伤禾，境内特甚。朝城：连年大雨，伤禾。堂邑：涝。惠民：春大水。

明　嘉靖元年（公元1522年）　莒州：涝灾。

明　嘉靖二年（公元1523年）　六月二十四日，沂州、郯城大水，溺死百余名，漂牛畜六百余头；六月二十五日，莒州、安丘、日照大水；七月四日，胶州、昌邑、高密、潍县、蓬莱、莱阳、福山等大水。春，平阴黑水、暴雨，大木斯拔。秋，濮州淫雨四十日，禾稼尽烂。山东：夏秋大水。禹城：夏水，大饥。平原：秋大水。曲阜：秋大水。金乡：河决大水。定陶：秋淫雨四十日，禾稼尽烂。莒县：大水。胶县：夏秋间大水。安丘、日照、高密：夏秋涝灾。

明　嘉靖三年（公元1524年）　金乡：雨水伤稼。郯城、莒州、诸城：春夏雨。

明　嘉靖四年（公元 1525 年）　蓬莱：六月大雨坏城。

明　嘉靖五年（公元 1526 年）　武定、惠民：大水害稼。沂州、费县：秋涝。

明　嘉靖六年（公元 1527 年）　长清大水。河决徐州及曹、单、成武、沛等县杨家口、梁靖口、吴士举等处，冲入沛县河北岸鸡鸣台，东溢逾曹，入昭阳湖。曹单二州十月河决。

明　嘉靖七年（公元 1528 年）　河决曹单城。

明　嘉靖八年（公元 1529 年）　历城：大水。馆陶：衡河决，漂没居民庐舍。鱼台：河决飞云桥，水徙鱼台，舟行闸西。十月河决曹县。

明　嘉靖九年（公元 1530 年）　德州，大水平地丈余，人多溺死。长清淫雨伤稼。齐河大饥。六月，曹县河决胡村寺东，冲开一道，宽三里余，东南至丰县贾家坝入古迹黄河。八月，运河决于恩县、武城、夏津等地。金乡、鱼台、济宁、武城、临清、夏津、德州、恩县大水。夏津：秋八月水，运河决。临清：大水伤民庐舍。武城：秋七月河决。济宁：河决塌场口，冲谷亭。

明　嘉靖十年（公元 1531 年）　堂邑：夏大水暴。

明　嘉靖十一年（公元 1532 年）　长清七月大水，漂没禾稼，大水害稼。淄川、新城六月大水。聊城、堂邑八月涝。计济南府三十州县（包括泰安、历城、德州、长清、淄川五县在内）、兖州府二十七州县（包括曹县、单县、成武、金乡、鱼台在内）、青州府四州县（包括高苑、博兴、乐安、寿光）等县涝。曹州、郓城、巨野、定陶、济宁、嘉祥、汶上、泗水、曲阜、滋阳（兖州）、邹县、滕县、沂州、费县、郯城、峄县（枣庄）：秋涝灾。鱼台：六月河决。

明　嘉靖十二年（公元 1533 年）　长清：六月大水。

明　嘉靖十三年（公元 1534 年）　武定：大水。惠民：正月雨药麦，夏大水，秋蝗民饥。

明　嘉靖十五年（公元 1536 年）　沂水县、郯城县：大水。临沂县：秋大水。费县：秋涝灾。

明　嘉靖十六年（公元 1537 年）　七月，昌邑淫雨，潍水溃溢突入城中，坏民庐舍，沂州、滕县、费县、郯城、济南、兖州，夏秋，多雨，水灾；以灾免济南、兖州、莱州等府属州县田粮。夏五月，费县大水，漂没民居房舍，禾稼尽淹；六月，泰山水漂没数百人。新城：大水。德州、平原、曲阜：秋大水。滕县：秋涝灾。山东：秋水。

明　嘉靖十七年（公元1538年）　昌乐：秋大水。阳谷：夏淫雨百日，民食草食。曹县、菏泽：秋七月淫雨岁祲。高密县：淫雨伤稼，大饥。安丘：秋大水。诸城：大水。即墨：大水。临沂县：春不雨，夏淫雨无数。费县：淫水百日，无禾，民皆食蒿。

明　嘉靖十八年（公元1539年）　昌乐：春大饥，大水。武定：大水，入城北门。惠民：大水，入城北门。荣城、文登：秋大水。诸城县：春大水。日照：七月大雨。

明　嘉靖二十年（公元1541年）　冠县：秋涝。

明　嘉靖二十一年（公元1542年）　淄川：五月三日淫雨至于七月。长清、新泰：秋八月大水。在平：漕河决，陆地行舟。

明　嘉靖二十二年（公元1543年）　新城：七月大水。济南、新泰、莱芜：大水。德平：土河决，水深数尺，平地行舟。德州：笃尔河决，平地水深数尺行舟。曲阜：夏大水。莒县：大水。

明　嘉靖二十三年（公元1544年）　德州、平原、冠县：大水，伤稼。滕县：涝灾。临沂县：春大水。沂州、费县：大水。郯城：春涝。

明　嘉靖二十四年（公元1545年）　长山：六月二日河溢城郭。淄川：六月大水坏民庐舍。益都：夏六月大雨，城内大水伤人。德州、陵县：大水伤禾。

明　嘉靖二十五年（公元1546年）　牟平、荣城、文登：大水。临沂县、郯城：夏大水。费县：大水。峄县（枣庄）、沂水、莒州、日照、安丘、高密、诸城、胶州：夏洪灾。郯城、文登（包括荣成）、沂州、费县、宁海（牟平）大水。莒州、诸城、高唐、安丘、掖县、平度、滕县、曹州、濮州等州县涝。河决曹县，溢入成武、单县、金乡、鱼台诸县，人多溺死。

明　嘉靖二十六年（公元1547年）　七月，河决曹县，漫金乡、鱼台、定陶、成武、冲谷亭，是后南流故道始尽塞。滨州、沾化、蓬莱、宁海（牟平），秋大水，其雨如注，平地横流。沾化：七月淫雨伤禾。牟平、文登：秋大水。曹县：六月二十四日河决入城，官廨民舍，荡然一空。

明　嘉靖二十八年（公元1549年）　长山：六月四日淫雨如注，害稼，漂溺东北两关居民，庐舍殆尽。

明　嘉靖二十九年（公元1550年）　德州、平原：三月大水。

明　嘉靖三十年（公元1551年）　六月，肥城雨雹，大雨水坏城郭，伤禾。武定、济阳、平原、德州、寿张、东平等二十七个县大雨。德州大水伤稼；寿张平地水深三尺，往来必舟行；东平坏民房禾稼；临清运河决，平地水深数尺；馆陶河复决，水大鸣如牛声，数日逐东涉。博平秋河决，平地水深数尺，禾稼荡然，居民漂溺，舟楫遍野者弥月，大树多淹死，坏民房禾稼。泰山：水。淄博、高苑：夏水。临清、馆陶：衡河决，坏民舍。单县、金乡、鱼台、滕县、峄县（枣庄）：夏涝。峄县（枣庄）、沂州、费州、郯城：夏涝灾。

明　嘉靖三十一年（公元1552年）　德州，大水伤禾。莱芜、肥城、东平水坏民居禾稼。五月，大清河溢，坏城郭民居（利津县志）。秋七月，益都、青州府大水，安丘尤甚。七月，章丘、费县、郯城、蒙阴、沂水大水。昌乐：夏五月大雨雹，秋七月大水。德州、陵县、肥城、武定、莱芜、济阳：秋大水伤禾。馆陶：河复诀，水大鸣如牛声，数日遂东移。博平：秋河决平地水深数尺，禾稼荡然，民居漂溺，舟楫遍野者弥月。平原：七月大水。寿张：大水，平地有深三尺。利津：大清河溢坏居民。惠民：五月大雨雹，七月大水，大饥无麦无禾。汶上：大水。单县、金乡、鱼台、汶上、滕县、峄县（枣庄）：秋涝。诸城县：秋七月大雨坏城。安丘七月大水。费县：秋七月大水，伤房屋人畜。蒙阴县：秋七月大水。郯城县：秋七月大水城陷，平地深一二丈，漂没民舍不可胜计。

明　嘉靖三十二年（公元1553年）　商河：五月大清河溢，坏田舍。馆陶、范县：大饥、大水。博平：秋河俱决，大清河溢大伤禾稼。曲阜：夏大水。汶上：大饥又大水。济宁：河溢运道淤，大饥，人相食。郓城、泗水：大饥，人相食。单县：大饥。曹县：饥。郓城、济宁、汶上、泗水、曲阜、滋阳（兖州）、邹县、峄县（枣庄）：夏涝。沂水县：大水大饥。费县，五月大水。蒙阴县：大水，大饥。莒县：大水。郯城县：大水，大饥，饿殍载道。峄县（枣庄）：夏大水害稼，岁大饥，取草根树皮充饥。莒州、沂州：夏涝灾。五月，大清河溢，坏利津城郭居民，武定大饥。馆陶秋河决，大饥。河道运道淤，大饥，人相食（直隶州志）。

明　嘉靖三十三年（公元1554年）　德平：八月土河决，有麦有秋。莘县：淫雨陷民庐舍，人皆巢居。朝城：淫雨陷民庐舍，人皆巢居。利津：七月大清河溢，伤禾。

明　嘉靖三十四年（公元1555年）　海丰（无棣）：淫雨害稼。莘县：淫雨。朝城：淫雨。

明　嘉靖三十五年（公元1556年）　德州：夏大雨不止，无麦。

明　嘉靖三十六年（公元1557年）　七月，沾化烈风、淫雨，坏庐伤稼；八月，利津大风雨，禾不登；七月，淄川、肥城暴风淫雨三日，坏民庐舍，害稼殆尽。长山、青城：大水。蒲台（北镇）：秋七月大水。秋，黄河决于原武（今河南省原阳县西南），溃水冲陷曹县城北堤，漫定陶、成武、单县、金乡、鱼台入运河。

明　嘉靖三十七年（公元1558年） 淄川：六月暴风、雨雹、大水、耒耜于河堤柳树上。长山亦大水。沾化：大水。曹县：河决。

明　嘉靖三十八年（公元1559年） 曹县：河决曹县，数百里禾稼一空。嘉靖三十六年秋，黄河决于原武（今河南省原阳县西南），该决口三年未堵，三十七年及三十八年又沿曹、单、定陶、成武、金乡、鱼台等县，数百里禾稼一空，人溺死者甚多。

明　嘉靖三十九年（公元1560年） 登州府：秋淫雨水溢。

明　嘉靖四十一年（公元1562年） 济南府：夏大雨不止。德州：大雨不止，无麦。齐河、禹城：大雨水害稼。

明　嘉靖四十二年（公元1563年） 齐河：大雨水，淹没禾稼。

明　嘉靖四十三年（公元1564年） 滕县：河决，飞龙桥漂没，运河北徙。曲阜：河决漂没。

明　嘉靖四十四年（公元1565年） 曹州、鱼台、成武、单县、金乡、济宁、邹县、滕县、峄县（枣庄）等州县以河决被水。七月，河决沛县，上下二百余里，运道俱淤，全河逆流自沙河至徐州以北，至曹县棠林集而下，北分二支，南流者绕沛县戚山杨家集入秦沟至徐，北流者绕丰县华山东北，由三教堂出飞云桥，又分为十三支，或横溢，或逆流入漕河，至湖陵城口，散漫湖陂，达于徐州，浩渺无极，河变极矣。临朐：夏大水。

明　嘉靖四十五年（公元1566年） 七月河决沛县，漫曹平，坏田庐甚多。河决至郓，灌城壕而北。

明　隆庆元年（公元1567年） 德州：夏淫雨。蓬莱：六月淫雨月余。金乡：大水。滕县：大水坏庐舍。济宁：大水。河决丰、沛、曹、单，漂没田庐无算。郯城县：四月涝，大雨雹，深尺许，麦禾尽空。

明　隆庆二年（公元1568年） 范县、冠县、濮州、沂水大水。秋，高苑、汶上大水。秋七月，益都大雨水，顷刻深丈余，漂没庐舍人畜无算。临朐大水，殿宇漂渺无遗。莱芜大水河溢，漂没东乡民舍数百间。曹县、单县、成武、金乡、鱼台、滕县以黄河决受水。金乡：三月大雷雨，坏庐舍无算。诸城县：春正月大雨雹，夏五六月雨不绝，秋七月大水没禾，漂庐舍。临沂县大水。沂水、诸城、临沂：秋涝。

明　隆庆三年（公元1569年） 历城：八月大水。广饶：七月大水。青州：七月大雨，漂没田庐。长山：大水。昌乐：秋七月大水。益都：秋七月大雨。东平：泛水涨，禾稼俱漂，民乃饥。平度：大水。潍县：七月十二日大雨水，坏城郭、民舍，没人畜庄稼。新泰：夏雨雹，秋暴雨伤禾。馆陶：闰六月，衡河决，溺死人畜无算。聊城、东昌：七月大水。掖县：大水饥。莱州府（掖县）：掖、平、胶、昌潍，大水。昌邑尤甚，民大饥。金乡：大雨水，饥。曹州、郓城、巨野、定陶、曹县、成武、单县、济宁、嘉祥、金乡、鱼台、汶上、泗水、曲阜、滋阳（兖州）、邹县、滕县、峄县（枣庄）：秋涝灾。诸城县：秋七月大雨三日，没禾八日，赈水灾多免税租。高密县：大水民饥。安丘县：秋七月大水。莒县：秋七月大水漂没民庐伤禾稼，沿河尽淹没。郯城：七月大水。日照县：秋七月大水。沂县、费县、郯城、莒州、胶州：秋涝。七月，蒲台（北镇）大风雨颓垣。利津淫雨，河水溢城。肥城淫雨伤稼，新泰暴雨伤禾。夏闰六月，济南大水，秋七月，诏天下有司实修积谷备荒之政。闰六月，卫河决馆陶；德州河决，平地水丈余；秋，新泰、肥城，淫雨害稼，东平山水泛涨，决护城堤，禾稼尽浮民乃饥；掖、平、胶、昌、潍，大水，昌邑尤甚，民大饥。七月，河决沛县自考城、虞城、曹、单、丰、沛至徐州，坏田无算；九月，莒、沂、郯城之水又溢出邳州，溺人民甚众。十月，以水灾减免沂州、莒州、胶州、滨州、武定、掖县、莱阳、文登、黄县等八十六州县税粮。

明　隆庆四年（公元 1570 年）　新城：大水。德州：漕河溢，徙决大水淹田。平原：漕河溢徙决，大水淹田。利津：淫雨，河水溢城。蒲台（北镇）、滨州：六月大清河溢，坏田庐。荣城：秋大雨，禾稼尽淹。文登：秋大水，禾稼尽淹，漂民庐舍。汶上、济宁、邹县、滕县：夏秋涝灾。沂州、费县、郯城：秋涝。莒州：秋涝。

明　隆庆五年（公元 1571 年）　山东：大水。齐东、章丘：五月大风雨，坏民屋，拔木飘麦。新城：大水。历城：十月大水。昌乐：冬十月水。济阳：五月大风雨，坏屋拔木。曲阜：十一月大水。胶县：冬十月大水。

明　隆庆六年（公元 1572 年）　德州：河决四处。冠县：夏大水。泗水：夏淫雨四十余日，三豆淹没，室厅尽圮。济宁：漕河水溢。定陶：大雨地陷。邹县、滕县、峄县（枣庄）：夏秋涝。蒙阴县：秋大水。郯城：秋七月大水。沂州、费县：秋涝。

明　万历二年（公元 1574 年）　昌乐：夏四月大雨雹，秋七月大水。安丘县：秋七月大水。费县：大风雨，饥。临沂县：大风雨，饥。郯城：大风雨，饥。沂州、费县：秋涝。胶州：秋涝。

明　万历三年（公元 1575 年）　德州：六月河决。范县：大水。莘县、朝城：水。

明　万历四年（公元 1576 年）　乐安（广饶）：秋水饥。博兴、昌乐：秋大水，淫雨连日，平地水深三尺。东阿：水。益都：秋大水，淫雨连日，平地水三尺。莱阳：六月大雨。金乡：河决大水坏民屋大半，禾尽没。鱼台：河决丰、沛，田庐漂没。单县：河决丰、沛、曹、单漂没田庐无算。济宁：秋涝。沂州、费县、郯城、莒州：秋涝灾。三月，文登（包括荣成），风雨狂暴，禾苗伤。秋九月，河决曹、单，冬十月赈金乡、鱼台、曹、单等县水灾。河决，大水，坏民居大半，禾尽没（金乡县志）。秋，青州府大水淫雨连日，平地水三尺。

明　万历五年（公元 1577 年）　鱼台：大水，平地深丈余。

明　万历七年（公元 1579 年）　招远：六月大雨，东关大河骤溢。海阳：六月晦夜大雨，平地水溢，庐舍尽圮。峄县（枣庄）：夏秋涝。诸城县：秋七月大水百日，田庐没尽。峄县（枣庄）：夏复大水，山麓激水丈余、平地一望巨浸，居民田庐荡然，谓百年所未有。莒州、沂水：夏秋涝灾。登州府，六月大雨，山摧石崩，淤田亩，漂民舍没人畜无数。六月，莱阳晦夜大雨，平地水溢，深丈余，庐舍尽圮。

明　万历九年（公元 1581 年）　金乡、鱼台：秋涝。

明　万历十年（公元 1582 年）　黄县：秋大雨，井泉泛溢。文登：秋雨雹，汤泉溢，豆尽伤。

明　万历十一年（公元 1583 年）　蓬莱、黄县：秋雨，咸水杀稼禾，饥。七月临沂县沭水溢。郯城：夏六月大雨，南门岗压死守城夫二人。七月中雨，沭河溢，城堞尽圮，城仅存十之二三，南门桥砖石漂没，城外乘舟往来。滨州：大水。是年米价腾跃，柴亦如之。德州大水。

明　万历十二年（公元 1584 年）　昌邑、安丘：潍河决。临沂县：九月沭河溢。郯城县：七月十九日忽沭河大溢，渰没颇多。

明　万历十四年（公元 1586 年）　平度：六月大水，平地三尺伤田庐。

明　万历十六年（公元 1588 年）　济南：秋大水。济南、淄川：阴雨连日不止，坏城毁民房。乐陵：大水。济阳：秋大雨两月，田禾生鱼。

明　万历十七年（公元 1589 年）　荣城：秋大雨。蓬莱、文登等县大雨。

明　万历十九年（公元 1591 年）　莘县：大水。

明　万历二十年（公元 1592 年）　德平：大水。冠县：秋七月大水，人多巢处，稼尽伤。寿张：夏秋淫雨伤禾，平地溢，水生鱼。登州府：夏大水，漂黄县西关庐舍。郓城：秋淫雨害稼。沂州、蒙阴、郯城、沂水、莒州：夏秋涝灾。

明　万历二十一年（公元 1593 年）　五月，河决单县黄堌口。……鱼台、巨野、济宁、汶上皆被水。曹县、定陶、成武，五月至八月大雨，麦尽烂，禾坏，房舍倾圮。次年始开城放水，岁大饥。汶上，夏大雨三日，秋大水；新泰、滕县、长清、沂州、莒州等淫雨，饥。费县、平度，夏淫雨四十日，田禾尽没，淹及无收，次年春，人相食。安丘、即墨、昌邑大水伤禾。泗水秋大雨，淫雨连月，民饥，食树皮草子。长清：大水。昌乐：秋大水、大饥，人食草木。新泰：大水，饥。临朐：人食树皮。莱州府：掖、平、胶、昌潍：大水，昌邑尤甚，民大饥。寿张：五月黑羊滩大水泛涨，土河一带，田禾尽淹。莱州府（掖县）：淫雨四十余日，禾尽没。泗水：淫雨连月，民食树皮草子。滕县：大水。成武：大雨自四月至八月不止，麦尽烂，秋禾坏，民大饥，如十六年。汶上：夏大水。曹县：大雨自四月至八月不止，公署民舍皆倾圮，麦尽烂，秋禾坏，城中洼处行舟，次年始开城放水，岁大饥。单县：五月大雨，河决。诸城县：淫雨四十余日，田禾尽没。安丘县：秋大水，沂水：大水。费县：夏淫雨四十余日，所存淹没，虽高地开涝而无收，至次年春食榆皮，人相食。临沂县：夏淫而饥。蒙阴县：夏阴雨，大饥民多饿死。莒县：春大水秋潦。日照县：夏淫雨饥。胶县：秋大雨淹没田殆尽。

明　万历二十二年（公元 1594 年）　济南、新泰、莱芜、历城：大水。德平：水。寿张：大水，筑堤障之，百姓日夜拮据。济宁：大水。滕县：秋大水。胶县：水。

明　万历二十三年（公元 1595 年）　新泰：大水。鱼台：三月阴雨不止，水溢渰麦，岁水为灾。滕县：大饥，殣者枕藉于道，人相食。

明　万历二十四年（公元 1596 年）　滕县：秋大水。

明　万历二十五年（公元 1597 年）　历城大清河决，平地大水。五月，海丰（无棣）、济阳、阳信、沾化、济宁等大雨，麦禾尽淹，岁饥。八月，章丘、聊城、东昌水溢。济南：五月大雨，麦禾尽淹，大饥。章丘：八月境内水溢。潍县：大水。德州：河决平地大水，卫河城河水皆澄清，是年河决，旱地大水。聊城：八月甲申水溢。惠民：春，河井沟渎三水无风而沸，淫雨害稼，夏至五月大雨雹。掖县：大水。济宁：夏淫雨大水。单县：四月河决黄堌口。诸城：水溢。

明　万历二十六年（公元 1598 年）　利津，七月涝。

明　万历二十七年（公元 1599 年）　利津：秋七月淫雨害稼，务本乡尤甚。

明　万历二十八年（公元 1600 年）　寿光：秋八月大雨。

明　万历二十九年（公元 1601 年）　昌乐：秋大水。青城：夏大水，漂没庐舍。安丘县：秋大水。

明　万历三十年（公元 1602 年）　泰安：六月三十大水，漂没千人。沾化：大水。

寿张淫雨，坏民舍，道路街市，可通舟楫；六月，诸城暴雨，百川皆溢。

明　万历三十一年（公元 1603 年）　总河曾如春开挑王家口新河，四月，新河水涨，冲鱼台、单、丰、沛。七月，河大决单县苏家庄及曹县缕堤，又决沛县太行堤，灌昭阳湖，入夏镇，横冲运道，至河北注者三年。五月，历城县大雨，山石皆飞，水高十丈，淹没人畜及崩陷土地无算。齐东，河水大涨浸城。六月，泰安州大水灾，淹杀男妇八百余口，倾圮房屋数千余间。曹州连年大水，禾稼尽伤。秋，汶上、沂州、临清大水，巨野水涝。郓城淫雨，坏民舍，道路街市可通舟楫。曹县：大霖雨，河决，岁祲，民饥。菏泽：是年后连年大水，禾稼尽伤。郓城：淫雨坏民舍，道路街市不通车楫。汶上：大水。单县：四月河水暴涨，鱼台又决。曹县：四月河水暴涨，单县、鱼台又决。鱼台：黄河暴冲，大饥，人相食。临沂县：秋大水。

明　万历三十二年（公元 1604 年）　德平：大水。惠民：大雨伤稼。阳信：大雨伤稼。蓬莱、黄县：秋大水。鱼台：河决。单县：苏家庄复决，黄水逆流。鱼台、济宁间平地成湖。金乡：八月河决丰县，由昭阳湖穿李港口出镇上灌南阳。胶县：夏大水，淹禾。

明　万历三十四年（公元 1606 年）　沾化、博平：大水。

明　万历三十五年（公元 1607 年）　济南：大水。齐东：六月大水，大清河决。历城：五月大雨。东平：水，饥。德州：河决大水。济阳、沾化：大水。济阳：六月大水，大清河决，浸济阳城垣。馆陶：卫河决。冠县：秋七月大雨。莘县：羊山水发。临清大雨西城圮，街市行舟。寿张：六月黑羊滩澶渊等被大水，民舍多倾倒。朝城：黑羊山水发，野多水。堂邑：春夏秋大雨，没庐舍。沾化：大水。濮州、曹县、汶上：秋涝。汶上：六月大风折木发屋，秋七月大水。曹县：大水，民饥。单县：河决。临沂县：夏大水。山东省六郡连年有水旱之灾，而东昌、兖州二府属尤甚。济阳六月雨，历七月方止，水淹禾几尽，清河泛涨，浸至城堤。齐东六月淫雨，水围城四十日。临清大雨，西城圮，街市行舟。堂邑秋，大雨没庐舍。六月，河决单县东南，灌及城北四十里，漂没庐舍。卫河决于德州、馆陶、聊城等处，大水。大清河决，浸济阳城隍。夏，沂州大水。秋七月，黑羊山水涨发，由澶州、濮来范，平地深数尺，遍野行舟，禾尽没。七月，冠县、东平、汶上、曹县等大水。

明　万历三十六年（公元 1608 年）　临沂县：秋大水。沂州、莒州、胶州：秋涝。

明　万历三十八年（公元 1610 年）　德平：大水入城。

明　万历三十九年（公元 1611 年）　德州、平原：大水。

明　万历四十年（公元 1612 年）　安丘：秋大水。莒县：秋大风雨。

明　万历四十一年（公元 1613 年）　山东：大水。广饶：秋七月大雨。昌乐：秋大水。德州：大水。范县：秋大水，遍地行舟。蓬莱、福山、文登等县：七月七日大风雨，黑风大作，大雨如注，连绵三昼夜，庐舍倾坏，文庙古柏及民间树棵皆拔，稼禾一空，又二日霖雨再作，海啸入域，沿海居民溺死无算。荣城：七月大雨。文登：七月大雨如注经三天庐舍倾圮，老树皆拔，禾稼一空。曲阜：秋大雨。诸城县：秋七月大水。安丘县：秋七月大水，坏民庐无算，海潮一百二十里，害民田产无算。胶县：七月烈风，淫雨数日，拔木淹禾，八月大水。益都，七月淫雨数十日，毁房舍无算。胶州淫雨数日，七月七日，大风雨，越二日海溢，黑气自东北来，暴雨大作，雨如注，连绵三昼夜，庐舍倾圮，民间树木皆拔，禾稼一空，又二日，霖雨再作，海啸入城，沿海居民溺死无算。福山：七月七日异风暴作，大雨如注，经三昼夜，庐舍倾圮，老树皆拔，禾稼一空。秋八月，山东大水。济、兖、东、莱、登五府大水，青州府大风雨，拔木倾城屋。商河、平原大水。水由莘县、堂邑流至馆陶东北杨儿庄大堤西，旧卫河传为黑羊山水。

明　万历四十二年（公元 1614 年）　广饶：秋大水。平度：大水伤稼。乐安（广饶）：秋大水。蓬莱、栖霞、登州府：秋淫雨。黄县：六月飓风，海水溢，淹禾稼屋舍。秋八月淫雨，山水冲淹田禾。掖县：大水伤禾。诸城：夏秋大水。安丘：秋大水。费县：秋水，莒县：秋大水饥。胶县：大水伤稼。

明　万历四十五年（公元 1617 年）　朝城：七月始雨，以后淫雨不止。

明　泰昌元年（公元 1620 年）　文登：春淫雨。

明　天启元年（公元 1621 年）　历城：秋大水。

明　天启二年（公元 1622 年）　新泰：七月大水。

明　天启三年（公元 1623 年）　新泰：七月大水。福山：秋大水。

明　天启四年（公元 1624 年）　新泰：夏大水。博兴：秋淫雨、坏民舍。福山：秋大水。济宁：大水。

明　天启五年（公元 1625 年）　胶县：夏蝗，秋七月大水。

明　天启六年（公元 1626 年）　广饶：秋大水，蝻生食禾。平阴：淫雨害稼。临淄、乐安（广饶）：秋大水，蝻生。荣城：闰六月大雨。文登：闰六月大雨，淹禾。

明　天启七年（公元 1627 年）　济南：大水〈七月二日寅时〉，南山村庄，庐舍漂没殆尽，大清河溢。章丘、齐东、平阴、临淄：大水。广饶：秋大水。济阳七月大清河溢。滨州：清河溢，大水。福山：秋大水。曲阜：夏积雨伤禾。临沂县：旱淫雨，沭水溢平地。郯城县：夏霖雨，沭水大泛，冲塌迎恩梁，闻声数十里，河中水深数丈，城壕两岸各塌十余步，水深六、七尺，杀害禾稼，荡民田庐无算。莒州：秋涝灾。山东县二十有八积雨伤禾。长清淫雨淹禾稼；曲阜夏，积雨伤禾；益都大水，淹没民舍。沂州夏淫雨，沭水溢，平地水深六、七尺，杀害禾稼，伤民田庐无算。齐东，七月，淫雨害禾。历城、章丘、新城、长山、福山、蒲台（北镇）、滨州、乐安（广饶）等，七月大水。

明　崇祯元年（公元1628年）　福山：秋大水。

明　崇祯二年（公元1629年）　广饶：秋大雨水。春，河决曹县十四铺口。秋，昌乐、寿光、潍县、乐安（广饶）、平阴等县大水。

明　崇祯三年（公元1630年）　益都：春恒霾，夏雨害稼。德州、齐河、平原：大水。莘县：秋七月霖雨害稼。朝城：秋七月淫雨害稼。惠民、沾化：三月大雨雹。招远：六月大雨。滕县：春夏大水，九月大雷电。曲阜：大水。胶县：大水。

明　崇祯四年（公元1631年）　广饶：秋大水。牟平、福山：秋大水。文登：大水，居民远徙甚众。曲阜：六月大水。郓城、滋阳（兖州）：秋涝。滕县：辛未河决荆隆口，漂没万家。曹县：五月河决荆隆口，水涨城南，八月平地丈余，尸流遍野。临沂：大水。蒙阴县：大水。夏六月，山东大水。夏，河决原武湖村铺，又决封丘荆隆口，败曹县塔儿齐东湾太行堤，趋张秋。六月四日，济宁大水，坏民居田稼。六月，齐河、平原、曲阜、沂州大水。沂水沂河决，大水灾，河水泛溢，漂没数千人家。临朐大水，没地无禾。秋，乐安（广饶）、宁海（牟平）、福山大水。

明　崇祯五年（公元1632年）　莘县：五月雨雹，八月又雨雹，大水滔流，伤禾甚多。兖州府：夏旱至六月朔雨，至八月中始霁，平地水流百日。滋阳（兖州）：六月雨至八月大水。曲阜：秋淫雨，六至八月大水。曹县：六月决曹家口，黑夜水至，淹死人畜无算。郓城：大水。临沂县：六至八月雨坏庐舍，平地成河，水流百日。博兴，七月暴雨三昼夜，田禾尽没。莘县大水滔天，伤禾甚多。章丘、新泰、滋阳（兖州）、峄县（枣庄），秋大水。曲阜秋，淫雨。益都恒雨害稼。临朐六至九月，禾稼大伤。寿张、郓城大水。沂州夏六月始雨，至秋八月中晴。六月，河决曹县曹家口，黑夜水至，淹没人畜无算，决太行堤凡三处，柳河镇全陷，居民无及水者。

明　崇祯六年（公元1633年）　滕县：水涝。

明　崇祯七年（公元1634年）　七月，黄河张家口决，秋禾淹没。秋，滕县大水，平地丈余，没庐舍，淹死人民。日照大水，淹田禾，漂民舍。莒州、沂州、安丘等大水。

明　崇祯九年（公元1636年）　栖霞：大水。登州府：大水。临沂县，秋沂水溢。郯城县：秋沂水泛溢，冲决洪福寿河堰、邑西北至西南一面宽三十余里。尸口漂没，庐舍一空。

明　崇祯十年（公元 1637 年）　郯城县：复决堤口社龙潭河口上下六七十里，民大饥。

明　崇祯十一年（公元 1638 年）　金乡六月始雨，连雨三月，至地成河。鱼台，六月，淫雨水溢。滋阳（兖州），六月始雨，连沛三月，平地成河，水流百日。

明　崇祯十二年（公元 1639 年）　莘县：淫雨不止，并以阳谷地高，水势奔流，莘县为沼。

明　崇祯十六年（公元 1643 年）　济宁：二月大水。

清　顺治元年（公元 1644 年）　济阳、阳信：七月淫雨害稼。伏秋水汛，自黄河北岸小宋、曹家口等处皆冲决，济宁以南，庐舍田禾大半淹没。河水漫曹、单、金乡、鱼台四县，田庐尽没。

清　顺治二年（公元 1645 年）　河决兖西新筑月堤。夏，（黄河）决考城之流通集，一趋曹、单及南阳入运，一趋塔儿湾，侵淤运道。泛至济宁南境，曹、单、成武、金乡、鱼台等县秋禾漂没。曲阜：水漂麦。滋阳（兖州）：水漂麦禾。成武、曹县、鱼台：河决流通口，秋禾淹没，田舍漂没。

清　顺治三年（公元 1646 年）　广饶、临淄：秋大水。邹平、齐东：夏大雨水。兖州府：夏水。曲阜：夏水麦禾漂没，庐舍一空。沂水县、蒙阴县：夏五月大水，临沂县：五月大水漂禾。五月，兖州大水，漂没庐舍。沂州、蒙阴大水，麦禾漂没；七月，……乐安（广饶）、临淄大水。黄河决考城刘通口，由汶上决入独山湖。刘通口决水北徙，午沟自丰至徐河流涸竭。

清　顺治四年（公元 1647 年）　济南：夏秋淫雨，水。广饶：秋大水，害禾稼，岁饥。莱芜：秋七、八月淫雨。昌乐：秋大水。新泰：淫雨坏屋坏苗。博山孝妇河涨水，高出永济桥上石栏荡尽，多淫雨。寿光：秋淫雨四十余日，平地出泉。乐安（广饶）：秋大水。商河：夏秋连雨四十余日。平原：大水。临清：六月淫雨，墙倾，平地水深三尺。丘县：六月淫雨四十余日，平地水深三尺，害稼倾庐舍。滨州：淫雨四十余日，害稼倾庐舍。乐陵、惠民、阳信：七月淫雨。曲阜：四月大水，汶水溢，六月暴雨连绵，水与城齐，民舍倾颓无算。邹县：五月下旬西乡泗河、白马河水暴涨，不分高低涨至四五尺。金乡：正月朔日雷震，秋河决金龙，大水。蒙阴：夏大水。四月，章丘淫雨四十余日。六月，丘县淫雨，平地水深二尺。秋，即墨暴雨连绵，水与城齐，民舍倾颓无算。德州、邹平、新城、青城、齐东、长山、济阳等十五县本年份水灾。七月，曲阜、沂水、乐安（广饶）、汶上、昌乐、安丘等地大水。八月，宁阳汶水溢。九月，沛县河溢。

清　顺治五年（公元 1648 年）　济南府：五、六月淫雨损禾麦，济南、新城、新泰：淫雨，六月二十七日中星现，二十九日淄川大水，范河溢。淄川：大水坏六龙桥，孝水西岸树皆拔出，六月二十九日范阳河溢，坏城北尚家庄民房，一时俱尽。益都：夏淫雨大水。临朐：夏六月至秋七月恒雨，是年荒年。海丰（无棣）、乐陵：淫雨为灾。济阳：夏大雨，阡陌生鱼，往来舟楫，禾麦俱淹。馆陶：夏五月大雨雹，麦尽伤。平原：夏大水。成武、曹县：夏淫雨百日。汶上：夏涝。高密县：春淫雨害稼。春，平原、汶上大水。新城淫雨六十余日，水没城及半。莒州大雨两月。东平大雨淹禾。

清　顺治六年（公元 1649 年）　沾化：黄河决口，大水。阳信：黄水大至。定陶：黄河泛溢，水去城三里。汶上：涝灾。沂水、临沂：秋七月沂水溢。郯城：七月沂水大溢冲决堰，马头镇东上下五十余里间禾稼尽空。

清　顺治七年（公元 1650 年）　黄河荆隆口决，正冲章丘，大清河溢，自长清东北流入齐河，平地汪洋，由禹城、临邑、商河、沾化等县东北入海，所经州邑庐舍田禾漂没略尽，运河舟楫抵洛口载盐，由齐河城北扬帆西去竟达江准，遇风则洪浪不减湖海，如是者五年。博平：十月黄河水决。聊城：秋九月河决荆隆口，漕河水入东昌城，冲西南角，房屋陷没，至十二月冬始消。寿张：九月荆隆口水决，直冲张秋，淹没寿张，百姓溺死逃亡者半。朝城：黄河决，濮范被水。堂邑：八月水潦，大至县东西二堤之外，浸田没四分之一。利津：黄河水决，溢至大清河，淹没田禾，危害六年。滨州：黄河荆隆口决，大清河水溢，漂没庐舍，舟行陆地。阳信：黄河决，漂没阳、海、商、滨、沾诸县壤。东昌：黄河决，州县被淹，遍野行舟。荣城：秋大水。海阳、莱阳：秋七月大雨，水深丈余。文登：秋大水，稼禾尽淹东门外。登州府：秋莱阳大雨，水涨禾稼尽淹。泗水：大水。安丘县：七月大水。郯城，大水。日照县：大水淹没田禾。胶县：秋大水，平地深数尺，坏南门外大石桥。五月，河决荆隆口，清河以西，平地水深丈余，村落漂没无遗，至十一年始息（长清县志）。郯城、日照大水。秋，东阿大水，淹没六十七村。昌邑潍水决，漂没田禾。胶州、恩县、堂邑、武定府属等地大水。菏泽，秋七月河决……由西东注，四野横流，村落淹没人民死徙。文登，秋大水，禾稼尽淹，东门外桥半冲，是年饥。八月决封丘荆隆口北岸朱家寨，溃张秋堤，挟汶由大清河入海，淹及山东四十余州县。

清　顺治八年（公元 1651 年）　邹平：秋河复决。平阴：河水为灾。东阿：夏淫雨坏城郭。东平、东阿：河水为灾。德州：金龙口侠河水泛滥。陵县：水灾。东阿：夏淫雨决城郭。博平：淫雨不止，陆地行舟。沾化：七月大风雨，河水大至。阳信：七月河水溢。泗水：秋涝。费县：七月初一日夜间大水浸城，淹没田禾庐舍，不可胜数。临沂县：夏六月大水。郯城：沂、沭两水并溢，四境湃，新任知县由马头镇平地乘舟来郯。齐东：八年九月至九年夏，连岁黄河决，水溢自西南长清境一带，东北流平地汪洋，一望无际，禹城、临邑、商河等县东北入海，一时庐舍田禾漂没殆尽。

清　顺治九年（公元 1652 年）　广饶：大水。邹平：夏大雨，河复决，漂没仁义、梁邹二乡。博兴：黄河泛滥，大雨如倾，昼夜四十七日。临淄：秋大水。昌乐：夏五月大水。章丘：淫雨害稼。东阿：河水为灾。寿光：夏五月大水。德平：大水。商河：五月连雨四十余日，大水，村落多淹没。东阿：河水为灾。范县：黄河又决水复溢，至十三年丙申水殆固。临清：秋均大雨。寿张：二月水，七月水复发。临邑：大水。乐陵、武定：大雨，村落多淹没。惠民：大水，村多淹没，五月淫雨四十余日，平地水深二尺。沾化：大水，大雨五十日，河水涨，村落淹没。邹县：秋淫雨害稼。安丘：五月大水。临沂、莒县：沂沭大溢。蒙阴县：秋大水。峄县（枣庄）：河决。郯城县：六月两河复涨溢，秋冬大饥。昌乐、安丘：淫雨两月，民舍淹没甚多。三月，齐东黄河决；五月，临清、商河、乐陵等地大水，村落多淹没；六月，寿光、昌乐、安丘、高苑大水；七月，蒙阴等地大水害禾稼。河决封丘北岸大王庙，由长垣趋东昌，坏安平堤，断运河。朝城、濮、范被水。秋，恩县大水，冲决河防，连淹三载。八月，户部奏言：直隶、河南、山东、山西皆报大水。五月，阳信淫雨四十余日，平地水深二尺；六月，……博兴大雨倾盆四十七昼夜；七月，济宁、东平淫雨害稼。齐东：八年九月至九年夏连岁黄河决。

清　顺治十年（公元 1653 年）　邹平：夏大雨河复决，漂没仁义、梁邹二乡。平阴：河水为灾。东平、东阿：河水为灾。沾化：白龙湾决。商河：河水至武定州城，没县东北乡田。东阿：河水为灾。馆陶：夏五月大风雨雷电。闰六月衡河决全邑受灾。冠县：闰六月淫雨不止，房屋淹倒，陆地行舟。聊城：河决金龙口。莘县：黄河金龙口决。村舍田禾尽被水淹。往来范、寿、阳谷等可行舟。临清：五月漳水至，八月淫雨四十日，秋均大雨。丘县：五月漳水至八月淫雨四十日。惠民：黄河水至，绕城水深丈余。沾化：秋白龙湾决，大雨夜至，垒土守城。阳信：荆家口决，水深数尺，舟至地下。莘县、临清：大水。蓬莱：六月雨四十余日大水，水浮花桥。六月，阳谷大水，田禾尽没，民舍多圮，陆地行舟。文登大雨三日，海啸，河水逆行，漂没庐舍，冲压田地二百五十余顷。馆陶，六月卫河决，全邑受灾。八月，莘县、临清大水。宁海州、文登大水。

清　顺治十一年（公元 1654 年）　广饶：大雨暴。齐东：黄河决。平阴：河水为灾。东平、东阿：河水为灾。乐陵：春大水。商河：河水大至。东阿：河水为灾。冠县：五月大雨。麦田多坏。茌平：六月黄河决，遍野行舟。临清：漳水大溢。麦田漂没，岁大饥。乐陵：大水。沾化：秋黄河又决，漫溢弥至，行舟。阳信：黄河再决，禾苗淹没。惠民：河再决，浸汜县巷。郓城：河决金龙口，支流至郓城壕而北。直隶、河北、山东饥民逃亡甚众。济南、东昌府属四十九州县本年份水灾。五月，观城、馆陶、范县、武城、长清等三十州县水；漳水溢，平地水深丈许，陆地行舟。丘县漳水大溢，啮城门尽颓，麦田漂没。六月，茌平黄河决，村墟漂没。

清　顺治十二年（公元 1655 年）　山东：八月淫雨不止，田中水深三、四尺。临清：秋漳复溢，平地水深丈许，陆地行舟。寿张：腊月水退，田土淹没冲塌，仅存十之二三。

东平、东阿、平阴等县河水为灾。

清　顺治十三年（公元 1656 年）　邹县：西乡大水，民庐漂没甚多。

清　顺治十四年（公元1657年）　寿张：大雨，平地水涌出。郓城：丁酉大雨，平地出泉。安丘：秋大水。

清　顺治十五年（公元1658年）　河决成武县城南綦家楼。菏泽、曹县：夏淫雨百日。邹县：春淫雨伤麦。济宁：淫雨伤麦。曹县：夏淫雨百日，城内没水皆赤。曹县、济宁、金乡、嘉祥、鱼台、邹县、菏泽：春夏涝灾。

清　顺治十六年（公元1659年）　秋，昌乐、安丘、蒙阴、莒州大水。沂州大水，禾谷漂没，豆田泥烂，斗粟千文，民不聊生。费县，五月大雨至于八月，墙屋倾圮，田禾没，米贵如珠。秋，胶州淫雨四十余日，坏州城，没民庐舍，禾尽伤，大饥。成武：五月初淫雨至八月，大伤麦禾。曹县：自五月初淫雨至八月，大伤禾稼。邹县：六月大水。曲阜：六月大水。曹县、成武、单县、金乡、曲阜、邹县、滕县：夏涝。安丘县：秋大水。费县：自五月大雨至八月庐舍倒尽，田禾减绝。蒙阴县：七、八月大水。莒县：大水饥。郯城县五月淫雨，沂、沭两河并溢，时麦甫收，未登场者，漂没一空，已登场绝烂全坏，五谷尽失收，民大饥。日照县：淫雨五十日大水。胶县：夏雨雹，秋淫雨四十余日没民庐舍。

清　康熙元年（公元1662年）　莘县：八月淫雨七昼夜。朝城：八月淫雨七昼夜。成武、曹县：五月初一河决石香炉，邑南田禾尽没，十一日雨大数日。鱼台：八月十七日河决牛市屯口。

清　康熙三年（公元1664年）　九月免山东章丘等三县水灾额赋。

清　康熙四年（公元1665年）　临沂县：秋大水。

清　康熙六年（公元1667年）　广饶：秋大雨，淄水至城东门。济南：七月淫雨四十日害稼。海丰（无棣）：淫雨河溢。五月，海丰（无棣）土河水溢，诏免田租十之二。八月，莱阳大水，高数丈。秋，临淄大水，乐安（广饶）大雨，淄水溢至城东门。福山大雨，自六月起至八月止，稼伤过半。

清　康熙七年（公元1668年）　章丘：大水。安丘：大水。

清　康熙八年（公元1669年）　鱼台：秋河水泛溢至城，伤堤。

清　康熙九年（公元1670年）　济南府，趵突泉溢，漂没庐舍人畜无算。又河决单县之谯楼寺，漂没民舍；又是年八月，河决曹县之牛氏屯，冲没金乡、鱼台、单县、成武、临清卫村庄、房屋、田土。次年修筑完固，河归故道。莱芜：十二月大水。

清　康熙十年（公元 1671 年）　牟平：大水。荣城：六月大雨三日，海啸，河水逆行，漂损庐舍，稼禾尽伤。海阳：水。文登：六月十三日大雨三日，海啸，河水逆行庐舍。莱阳：六月大水。曹县：赈水灾。金乡、鱼台：水。济宁：大水。定陶：秋涝。

清　康熙十一年（公元 1672 年）　山东兖州府属金乡等六处被黄河冲决淹没。邹县：夏涝。

清　康熙十三年（公元 1674 年）　四月，海丰（无棣）淫雨十六日，平地水深数尺。

清　康熙十四年（公元 1675 年）　高密县：六月暴雨三日禾多没。

清　康熙十六年（公元 1677 年）　高密县：秋七月淫雨二十余日，河水溢淹死人畜田禾漂没。安丘县：七月大水。

清　康熙十七年（公元 1678 年）　平度、掖县：七月大雨。胶潍：河溢。鱼台：水。临沂县：秋大水沂水溢。莒县：秋潦。郯城：沂水冲陷北城六十丈，田禾淹没，饥。日照县：大水。胶县：秋大雨，伤禾，饥。七月，莱州、胶州大水伤稼。七月大雨，胶潍二河交有龙斗。

清　康熙十九年（公元 1680 年）　六月，福山、沂水、蒙阴、滕县等地大水。滕县：夏六月大水，毁黄山桥。单县、济宁、金乡、鱼台、嘉祥：夏涝。临沂县：大水。

清　康熙二十年（公元 1681 年）　邹平：夏大水。淄川：秋多雨，菽不登。阳信：秋淫雨害稼。免山东宁阳本年分水灾额赋。

清　康熙二十一年（公元 1682 年）　淄川：河水泛滥，漂没田庐，溺死人畜。齐东：秋淫雨，小清河溢，害稼。淄川：六月十三日始雨，望日大雨，河水泛滥，二十一日、二十二日连昼夜大雨，漂没田庐，淹死人畜，秋无禾。广饶：大水。邹平：大雨，水溢伤稼。博山：六月大霖雨，孝妇河溢，坏民居无算。乐安（广饶）：大水。邹平：水。单县：大水。六月，章丘大雨，水溢。七月，新城大水。

清　康熙二十二年（公元 1683 年）　六月，兖州大雨，平地水深三尺，田庐苗稼尽淹；十月，新城、沾化、莒州、金乡、单县、宁海（牟平）大水。章丘：六月大水溢。东平：水没田庐。邹县：六月大雨，平地水深三尺。鱼台：六月大雨，平地水深三尺，禾尽毁。济宁：六月大雨，水没田庐。金乡：六月大雨。曲阜：六月大雨，平地水。

清　康熙二十三年（公元 1684 年）　淄川：秋月淫雨为患，谷穗生芽，收入歉薄。广饶：大水。昌乐：大水，秋淫雨害稼。寿光：淫雨害稼。莘县：夏大水冲决鲁家堤口。沾化、阳信：秋大水。莘县：夏淫雨害稼。成武：秋雨连绵，两月不止，麦不能种。定陶、单县、邹县、滕县：秋涝。正月，……东昌大水；四月，莘县、乐安（广饶）等地大水。

清　康熙二十四年（公元 1685 年）　临清：七月终旬淫雨连绵，至八月大雨倾盆，遍野汪洋，秋禾淹没。福山：十月大雨数日。成武：秋大水，民间十室九空。单县：水灾。定陶：夏秋之交，大雨绝旬不休，伤禾泛稼，是年大无。郓城：大水。鱼台：春淫雨至五月二十六日，平地水三尺。济宁州先被夏灾，彼时尚未被淹，是年七月二十七日风雨交集连倾数日，秋禾复被全淹，城市庐舍倒塌，民无棲止。山东郯城县鱼台县地方今年重罹水灾……钱粮俱予豁免。沂州：夏淫雨沭沂水决。莒县：春正月初七夜雷雨大作，三月二十二日大水，河有海鱼，秋潦。郯城、沂水：大水夏霖雨不止，两河水决，平地行舟，是年冬次年春民饥。峄县（枣庄）：八月大水。正月，东平大水。三月十二日，福山大水，夏，淫雨，沂沭决河，河有海鱼、怪鸟，夜啼城头数十日。夏，高苑、单县、定陶等县大水。

清　康熙二十五年（公元 1686 年）　淄川：六月雨，七月二十八日雨雹。广饶：大水。博兴：夏六月大淫雨，河水皆溢。齐东：水涨，漂没田庐。益都：夏六月淫雨，万年桥坏。寿光：夏六月大雨浃旬，百川皆溢。青州府：六月淫雨，府境众川皆溢。济阳：秋大水。临请：漳水至修堤防御。滨州：六月大风雨害稼，漂没庐舍。沾化：有麦，秋大水。阳信，有麦，秋大水。六月，乐安（广饶）、寿光、昌乐、蓬莱大水。六月，聊城漳水决溢。滨州、蒲台（北镇）大风雨拔木害稼，水暴至，漂民庐舍。

清　康熙二十六年（公元 1687 年）　博兴：大水雹，岁饥。章丘：淫雨四十余日，民舍倾倒千余间。临清：漳水大至决。金乡：秋涝。安丘县：秋大水。

清　康熙二十七年（公元 1688 年）　蒲台（北镇）：八月大雨水。滕县：秋大水。鱼台：水。

清　康熙二十九年（公元 1690 年）　阳信：七月雨涝。

清　康熙三十一年（公元 1692 年）　邹平：夏大水没稼。商河：夏大水。临清：六月漳水自成安县决口，田禾庐舍，漂没无算。惠民：五月雨涝，平地水深尺余。沾化：五月淫雨涝，平均尺深。阳信：疫，五月涝，平地水深尺余。二月，新城、沾化、惠民、阳信、邹平大水；三月，武定大雨，平地水深丈余。

清　康熙三十二年（公元 1693 年）　邹平：夏大水。新泰、东阿：大水。寿光：春二月海溢六十里，坏田庐，死人畜无算。东阿：大水。临清：四月淫雨四十余日不止，麦朽。恩县大雨，河决，淹苗。丘县，六月初三日，漳水大至，故道湮淤，全河注丘西北，田庐漂没殆尽，只禾无存，人民逃散。新泰、鱼台，四月雪，夏大水。

清　康熙三十三年（公元1694年）　邹平：十月淫雨害禾。沾化、阳信：夏淫雨伤禾。

清　康熙三十五年（公元1696年）　商河：大水。临清：春，民饥，秋七月淫霖合。滨州：淫雨害稼。六月，昌邑淫雨害稼；七月，铜山淫雨，坏民居；九月，武定大雨七昼夜。六月，即墨、乐安（广饶）、新泰大水；八月，沛县大水。九月，文登、荣成水，大饥。

清　康熙三十六年（公元1697年）　新泰：夏大水饥。邹县、滕县：春夏水涝。

清　康熙三十七年（公元1698年）　聊城：夏大水。堂邑：大水。东昌：大水。宁阳，莒州：涝。三月，滕县大水；五月，聊城、堂邑、东昌等地大水。

清　康熙三十八年（公元1699年）　堂邑：大水。沾化：秋大雨雹。阳信：秋大雨。

清　康熙三十九年（公元1700年）　七月，郯城、沂州、莒县大水。东昌、聊城大水，无麦，秋又大水。东阿：水。馆陶：五月大雨，田禾尽没。堂邑：大水无麦，秋又大水。临沂县：七月大水。莒县：秋大水淫雨停征。峄县（枣庄）：水。高密：九月淫雨伤稼。

清　康熙四十年（公元1701年）　海阳：涝。济宁：大水，人避城上。诸城县：夏六月大水，高密县：夏六月二十九大雨，平地水深数尺、小康河漂没庐舍，安丘县：淫雨。夏六月，昌乐、诸城大雨水。秋，寿光大水。

清　康熙四十一年（公元1702年）　广饶：雨雹伤麦，夏淫雨。博兴：大淫雨。益都：夏淫雨。宁阳：夏六月淫雨，汶水大涨，田禾淹没。泰安：大水，夏淫雨。新泰：夏淫雨伤禾，大饥。泰安、东平、新泰：灾免钱粮。莱芜、新泰等县：水。禹城、东阿、堂邑：大水。馆陶：四月大雨雹，伤麦禾尽萎。茌平：秋漕河决。聊城：夏四月大雨雹，麦禾尽坏，秋漕河决。寿张：三月大雨不止弥月。陆地行舟。沾化：秋大雨水。阳信：秋大雨。金乡：雨水伤禾。曲阜：大水。郓城、巨野、曹县、济宁、金乡、鱼台、嘉祥、汶上、泗水、曲阜、滋阳（兖州）、滕县：夏秋涝。诸城县：发粟赈水灾，夏淫雨。沂水县：六月沂河溢，临沂县：六月沂水溢大饥。蒙阴县：夏六月大雨水。郯城县：夏六月沂河大水，从沂水县来，人畜房屋树木随流西下，所至冲决连年大饥。费县：大饥，沂州、沂水：水灾免钱粮。济南、兖州二府大水。泰安、新泰、东阿、昌乐、诸城大水。沾化、阳信、禹城大雨水。六月，沂水沂河溢，沂州、郯城、费县大饥。秋，东昌府漕河决；十一月，免山东莱芜、新泰、东平、沂州、蒙阴、沂水钱、粮。

清　康熙四十二年（公元1703年）　山东：黄水泛滥，平地行舟。济南府：春大水，饥，免田赋。历城：大水。邹平：大雨害稼。淄川：五月二十四日至六月二十九日淫雨。

益都：春二月淫雨。莱芜：大水。东平：水，民大饥。山东九十四县水。德州：夏大水。德平：大水赈饥。商河：河决，武定远近州邑淹没，平地舟楫。济阳：五月黄水深二三尺许，平地舟行。阳谷：大水。馆陶：五月淫雨连绵，田禾淹，河水泛溢，平地水深数尺。夏津：水灾。高唐：夏大水。茌平：夏河复大决，舟行陆地，民饥，人相食。博平：秋大水禾被淹。平原：大水城垣庐舍禾稼漂败者十之七。聊城：夏五月大雨饥，人相食。莘县：五月大雨，浃旬不止，禾尽淹，人相食。临清：六月淫霖杀稼，平地水深数尺。寿张：春大水，饥民多。堂邑：自五至六月田禾尽没，民大饥。滨州：黄水泛滥，舟行平地。沾化：六月淫雨连日，秋黄水决，大至，田禾尽没。阳信：五月黄水深二三尺。东昌：大水频年。蓬莱、文登、招远、莱阳：春大水。栖霞：通省大水。秋无禾，春饥，人相食。登州府：春各属大水。黄县雨连绵，秋无禾，多苦涝。掖县：秋淫雨伤禾。兖州府：大水。定陶：大水，五谷不登，民卖儿鬻女，流亡满路。邹县：夏秋阴雨七十余日，二麦秋禾大半淹没，饥疫流离。滋阳（兖州）：大水，饥。鱼台：大水。金乡：二月大雨，四月连日雨雹，六月大水。安丘县：秋大饥，淫雨饥，民不靖。临沂县：大水无麦。莒县：秋连大雨。胶县：淫雨害稼。费县：夏大水。二月，青州淫雨，乐安（广饶）、安丘饥。五月，庆云淫雨三旬不止。六月，东明……淫雨三旬不止；沾化淫雨连日，漂没民舍无算；高苑淫雨六十日；高密淫雨弥月，禾稼尽没。八月，邹平大雨害稼；齐河淫雨四十余昼夜，民舍倾圮无算；昌邑、掖县、潍县、平度淫雨害稼。五月，高唐、宁津、东阿，东昌、阳谷、沂州、莱芜、新泰、恩县等地大水；七月，卫河决，登州府属大水；十一月，济南府属大水。武定府，黄河决。武定、滨海诸州邑横水泛滥，舟行平地，岁大饥，惟青城有年。诏发粟赈之。

清　康熙四十三年（公元 1704 年）　利津：大水，岁饥，人相食。平原：大水。东平大水，民大饥。

清　康熙四十五年（公元 1706 年）　金乡：大水。

清　康熙四十六年（公元 1707 年）　新城：淫雨，大水害稼。章丘等七县：水。历城：饥。临邑：秋大水。临清：漳水盛发，秋禾无存。五月，长山、高苑、邹平大水。六月，丘县漳水盛发，绕城淹没，房舍殆尽，秋禾无存，四门土湮。恩县：河溢。

清　康熙四十八年（公元 1709 年）　茌平：淫雨两月，墙屋倒无算。沾化：八月淫雨害稼。海阳：秋雨伤禾，饥。单县：夏五月大水。邹县：正月迅雷，秋淫雨连绵，邹县西南一带尽成泽国。济宁：六月淫雨。金乡：大水饥。鱼台：水伤害稼。汶上：大雨，淹没田禾。兖州：灾。六月淫雨，城中泛舟。临沂县：春大雨三月大饥。郯城：春大雨三月不止，麦苗尽淹，次年春饥。三月，沛县大雨六十日，铜山淫雨凡五月；汶上大雨三昼夜，田禾淹没；茌平淫雨两月，民舍倾倒无算；秋，莱阳、荣成、文登淫雨害稼。六月，……黄河溢；新泰、金乡、单县、济南府、高苑等地大水。夏，东平大雨，水没田禾。

清　康熙四十九年（公元 1710 年）　十一月，庆云大水。济宁、金乡：秋水。

清　康熙五十年（公元 1711 年）　莘县：夏旱蝗，大雨，余蝗投水死。沂水县：大水，蒙阴、费县：大水。

清　康熙五十一年（公元 1712 年）　郯城县：春大水。

清　康熙五十四年（公元 1715 年）　博兴：夏小清河决。寿光：夏大水。临朐：秋七月恒雨。德州、德平、商河、滨州、惠民：大水。阳谷：夏秋大雨连绵，禾被伤。莘县：夏秋之交，淫雨连绵，水决鲁家堤口。临清：漳水泛滥。莱阳、黄县、蓬莱：夏秋涝。安丘：大水五月，寿光、武定、滨州、海丰（无棣）、阳信大水。秋，东昌河决（指运河）。十一月，德平大水。

清　康熙五十五年　（公元 1716 年）　宁阳：六月汶水大涨。新泰：夏大水。东平：夏大雨水，平地水深三四尺，湖地五六尺。新泰：夏大水。阳谷：五月大雨如注，平地水深数尺，禾尽淹。莘县：夏五月大雨霖，漳水决。六日、十四日、十五日大雨如注，至二十一、二两日，平地水深数尺，禾苗尽淹。临清：漳河决，平地水深数尺，田庐漂没禾稼无存。寿张：秋大雨歉收。福山、莱阳、牟平：七月五日雷雨大作，溪河横溢，大木俱拔。宁海州：七月五日各属雷雨大作，溪流横溢，大木俱拔。栖霞：七月五日雷雨大作，溪流横溢，大木俱废。福山：秋涝。黄县：七月五日雷雨大作，溪水流大木俱拔。鱼台：夏淫水暴至。汶上：大水。济宁、滋阳（兖州）、蒙阴县：夏六月大水。五月，乐安（广饶）大水，漳水决，宁阳、济宁、汶上均受其灾；九月，济南府属大水。长山，是年麦大稔。漳水决堤，胜永等五营平地水深数尺，田庐漂没，禾稼无存（丘县志）。

清　康熙五十六年（公元 1717 年）　掖县：七月十九日大雨，平地三尺深。六月六日，泰山大水，登岱者漂溺无算，冬饥。

清　康熙五十七年（公元 1718 年）　临朐：四月不雨至于六月，继大雨河涨，淹没庐舍。日照：秋大水。五月，海丰（无棣）大水。六月，山东丘县因漳河迁徙，冲决南北罗村等处，被淹地亩二百三十九顷二十四亩有奇。七月五日，招远雷雨大作，溪流横溢，大木俱拔。七月二十一日，黄县大雨。

清　康熙五十八年（公元 1719 年）　昌乐：秋七月淫雨害稼．益都：秋七月大雨水。平度：夏淫雨害稼坏民房舍。潍县：秋大水。寿光：秋淫雨害稼。德州：大水。荣成：七月大雨，漂溺房垣，禾尽伤。海阳：七月大雨，漂溺房舍，稼禾尽伤。福山：秋大水，泛至城下，男女骇奔，死者甚众。莱阳、文登：七月大雨，水溢，漂溺房屋，禾稼尽伤。掖县：夏淫雨，坏禾，坏民庐，岁饥。海阳：八月十九日大雨，损房舍无数。诸城县：秋七月淫雨害稼。高密：淫水害稼，坏民庐舍无算。日照县：秋大水。胶县：秋七月大水，平地深丈余。城崩圮，漂没民舍无算，饥。日照、胶县：大水。即墨：淫雨害稼。坏民舍。七月，福山、文登、日照、益都、德平、潍县等地大水；胶州大水，平地深丈余，漂没庐舍无算，城垣崩圮。

清　康熙五十九年（公元1720年）　五月，海阳、栖霞大水。山左东三府水发被淹，黎民饥馑。六月，丰县泛河决，入微山湖。

清　康熙六十年（公元1721年）　范县：夏淫雨，秋河溢。河南武陟县黄沁之水冲决堤岸，由长垣流入山东张秋镇；又据山东巡抚李树德奏：河水泛滥，直隶、开封流入山东张秋镇等处，由盐河入海，以致运河堤决，漕船阻滞。七月，高苑大雨，田禾尽淹。八月，黄沁并涨，河决詹家店、马营口、魏家口等处，大溜北泄，直注滑县、长垣、东明，经开州刁城村入山东境，分灌濮州、范县、寿张，堤岸多溃。至范之宋明口并入清河。又合寿张之沙河，漫过大堤与赵王河合出运河，溃曹家单薄，下大清入海。东明，春始大旱，继以河决，城垣四面皆颓圮，西北隅一带庐舍漂没殆尽。

清　康熙六十一年（公元1722年）　正月，河复决马营口，下灌张秋，奔注大清河。六月，东阿河决，沂水河决，山东曹、单、濮等州县均受其灾。齐河金龙口河决。河溢曹、单、濮、范、寿张等州县。济南府：十月河决荆龙口，经大清河入海。肥城：六月已未，雨如血水，秋大雨。齐河：十月河决金龙口，水由大清河入海。阳谷：七月河决。寿张：水。

清　雍正元年（公元1723年）　东阿、馆陶：雨。东阿：七月寿张等县大水。

清　雍正二年（公元1724年）　山东：雨水过多成灾。

清　雍正三年（公元1725年）　历城：水。长清：秋大水。山东：历城等四十三州县、德州等五卫所，今岁被水，收歉薄。济南府属被水。兖州府之东平州：水灾。历城等五十三州县卫，水灾。德州：大水。德平六月大水无秋。齐河、济阳：二月大水。七月齐河等县大水。夏津：秋大水，运河溢决。馆陶：秋七月大雨连绵，衡河泛滥，田禾俱伤，庐舍倾塌。平原：夏秋大水。丘县：八月大雨伤田禾。汶上、滋阳（兖州）：夏秋涝。二月，济南、齐河、济阳、德州大水；六月，沂州河决，德平大水无秋；十二月癸酉，黄河清，众河皆清。五月，海丰（无棣）大雨，至七月方止；七月，青城淫雨两月。八月，平原淫雨几百日。

清　雍正四年（公元1726年）　德平、德州：秋大水。齐河：水，禹城：大水。阳谷：大水成灾。馆陶、东昌、冠县、聊城、寿张：大水。曲阜、兖州、济宁：大水。金乡：水。菏泽、曹县、单县、嘉祥、滋阳（兖州）：秋涝。济南府属大水。七月，济宁州、兖州府、东昌府大水。

清　雍正五年（公元1727年）　昌邑：大水。阳信：七月淫雨七昼夜，房屋倒坏甚多。

清　雍正六年（公元 1728 年）　德平、德州：秋水伤稼。沾化：六月雨，七月淫雨害稼。阳信：六月始雨，播晚禾，七月淫雨害稼。金乡；秋水。

清　雍正七年（公元 1729 年）　邹县：秋邹西大水。滋阳（兖州）：秋大水。金乡：水。曲阜：秋水。鱼台：大水，禾尽没。济宁：大水。金乡、鱼台：禾尽淹。费县：六月大雨沿河禾稼尽没。

清　雍正八年（公元 1730 年）　淄川：大水。广饶：夏秋大水。博兴：夏秋大水。齐东：小清河决，浸稼。莱芜：六月淫水害禾。章丘：六月大水浸城民居坏。肥城：六月大风雨连七日，墙屋尽倾，民饥。长清：水。石梁口决，田庐淹没，六月淫雨，河决沙湾。泰安、新泰、东平、东阿：田庐被淹，大饥。平度：六月至七月淫雨不止，河水暴涨害稼，漂没人物。潍县：六月淫雨大水。寿光：夏大雨，众川合流。临朐：夏六月大霖雨，巨洋水溢，漂没田舍。陵县、德州：水灾，德州：秋大水。商河：秋大清河溢，东乡田被水淹。济阳：水。齐河：风雨连绵，秋禾伤。东阿：九月卫家楼河溢。阳谷：六月淫雨河决。馆陶：卫河冲决。夏津：运河决，李家口大水。冠县：秋大水。博平：秋被水淹。清河：秋禾被淹。平原：大水。聊城、东昌：大水。莘县：秋禾被淹。临清：七月雨伤禾，卫河决。利津：大水，大清河溢伤禾。滨州：大清河溢，大水淹没田禾庐舍。乐陵：夏大水。惠民：秋大清河溢，淹没田禾庐舍。沾化：秋大清河溢，水大至平地尺余，淹没田禾庐舍。阳信：秋大清河溢，水至民不能支。东阿：六月大雨七昼夜，坏民田庐殆尽。丘县：七月大雨伤稼。范县：饥。黄县：大水。掖县：六月淫雨，至七月不止，河水暴涨，漂没田禾，滨河民多溺死。莱州：淫雨二月，河水暴发，田禾漂没，民多溺死。招远、文登：饥。定陶：夏雨连绵至七月如倾盆，遍地皆水，墙垣多坏，九年春，民多逃走。邹县：春大饥，六月淫雨大水。成武：大饥。滕县：大水。鱼台：六月大水。金乡：大雨。曲阜：六月大雨。兖州：春大饥夏六月府境州俱大水，汶河石梁口决。濮州、菏泽、巨野、曹县、济宁、嘉祥、金乡、汶上、泗水、滋阳（兖州）：夏涝。诸城县：夏秋大雨水。高密县：淫雨害稼五龙河西从。安丘：秋大水。沂水县：大水，六月十九日大风雨沂水溢浸，没淹田禾庐舍无算。莒县：二月二十八日大雪伤麦，五月初，阴雨连绵四十余日。六月十九日大雨如注，七昼夜无一二时止息。二十四日洪水横流，东至尾楼，西至泞来，接连四十余里，平地深渊，二十五日冲毁城垣门，北关只存房屋七间，淹死五六千人。男妇漂没死者三十八口。东关三皇庙前，西关关帝庙俱溃成深渊。乡区、庄林坟墓骸骨随波而起。沙庄、良田：沧桑尽变，人畜漂没，不可胜言。秋济南、兖州、东昌、青州、四府大水，邑东沭河西沂河皆大涨，漂庐舍，淹田禾不可胜计。日照县：自五月淫雨至六月二十九日，大水溢涨。峄县（枣庄）：水。胶县：秋淫雨自六月至七月河水暴涨伤禾。费县：大水。诸城、胶县、日照：七月大雨伤禾。六月，东阿、泰安、肥城大雨七昼夜，坏子民田庐殆尽；昌乐、诸城、掖县、日照、莱州淫雨两月，坏庐舍无算；武定、滨州、海丰（无棣）、利津、沾化、滕县、宁阳、兖州大水；济南小清河决，伤禾稼；高苑、博兴、乐安（广饶）大水，庆云北河溢，清涧、黄河、无定河溢，漂没人畜。七月，丘县大雨伤禾。八月，邹平，淫雨害稼。莱州，淫雨两月，河水暴发，田禾漂没，民多溺死。

六月二十六、七等日风雨连绵，蒙阴、沂州、郯、费、滕、峄各地方，山水暴发，直注邳州。兖州、曹州等各州府属于六月二十一等日风雨连绵，山水暴发，临河洼下之地田禾室庐多被淹没。昌邑、寿光、潍县、益都、沂水、博兴、高苑、临朐、邹平等县俱被水患，民居田禾，无不损伤。

清　雍正九年（公元1731年）　济南府：大水。邹平：大饥，复大水。新泰：秋大水伤禾。寿光：秋大水。聊城：秋大水。滨州、蒲台（北镇）、馆陶：涝灾。春，乐安（广饶）、寿光、东昌、广饶、长山、庆云等地大水。十月，济南、邹平大水。

清　雍正十年（公元1732年）　沂州：春三月水。

清　雍正十一年（公元1733年）　德州：水。平原：夏大水。乐陵：大水。牟平、海阳、文登：涝。莱阳、宁海（牟平）：涝饥，秋大雨。临沂县：秋大水。郯城县：秋大水。费县：大水河溢。山东武城县地方，夏间被水，……。

清　雍正十二年（公元1734年）　即墨：八月大水，民舍秋没殆尽。

清　乾隆二年（公元1737年）　济南府：大水。德州：春旱至六月大雨：夏大水。德平：春旱至六月大雨，秋大水发。济阳、禹城：水。阳谷：秋大水。夏津：秋西北大水。博平：秋禾被水伤。平原：春旱，夏大水。莘县：大水。临清：卫河决。东昌：卫河决。山东德州、恩县等十州县水灾饥民。七月，莘县、阳谷大水，东昌卫河决。德平，六月十三日大雨，十七日又大雨，秋大水。

清　乾隆三年（公元1738年）　秋，阳谷、寿张大水，禾尽淹。二月中旬，免山东齐河、济阳、禹城、临邑、陵县、德州、德平等二十八州县，并济南、德州、东昌、临清四卫水灾额赋有差。

清　乾隆四年（公元1739年）　东平、东阿：河决周家口，淹东平、东阿民田。德州：六月大水，河决，淹东阿田庐，阳谷：河决周口。夏津：七月西北多水。博平：秋禾被水淹损。平原：六月大水。临清：秋大雨水，卫河决。利津：七月河水溢。荣成：先旱后涝。文登：先旱后涝，歉收。定陶：淫雨多灾，黄河泛溢，冲决曹县赵家集。金乡：五月河决，水抵县堤，后半秋大水。濮州、菏泽、郓城、巨野、定陶、曹县、成武、单县、济宁、嘉祥、金乡、鱼台、汶上、滋阳（兖州）、滕县：夏秋涝。郯城：大水。峄县（枣庄）：水。费县：夏大水。五月十四日，河决曹县赵家集，西临董大堤九十丈。

八月上旬，济南府属之历城、济南卫、章丘、邹平、长山、新城、齐东等十三州县卫，泰安、肥城、东平、东阿、平阴五州县，武定府属之惠民、青城、阳信、海丰（无棣）、商河、滨州、利津等九州县，兖州府属之滋阳（兖州）、鱼台、济宁、嘉祥、济宁卫、东平所等九州县、卫、所，曹州府属之菏泽、曹县、定陶、巨野、单县、郓城、濮州等十一州县，东昌府属之聊城、堂邑、德平、馆陶、冠县、临清、东昌卫等十六县卫，博兴、高苑、乐安（广饶）三县，统计六十六州、县、卫所，秋禾被水。九月，……续报临邑、陵县、滕县、兰山（临沂）、郯城、日照、金乡等县，秋禾被水。

清　乾隆五年（公元 1740 年）　阳谷：秋大水禾尽没。寿张：秋大水禾尽没。费县：夏大水。

清　乾隆六年（公元 1741 年）　邹县：淫雨伤稼。

清　乾隆七年（公元 1742 年）　自五、六月以来，峄县（枣庄）、郯城、兰山（临沂）、沾化、武城、诸城、潍县、昌邑、高密及德州卫地，均有被水之乡；莱州被水，民舍恐有不敷。七月，安丘水溢六七里，人有溺毙者，胶河溢。秋，河决徐州石林口，湖水漫溢，沛县城池被淹，漫水北流，山东之鱼台、金乡、滕、峄等处，亦被水淹。邹县：秋大水。安丘县：潍水溢，七月水。人畜有死伤者。郯城：秋大水。峄县（枣庄）：水。诸城、胶州：涝。

清　乾隆八年（公元 1743 年）　禹城：七月大水。定陶：秋禾被淹。邹县：夏涝。

清　乾隆九年（公元 1744 年）　蒙阴县：大雨雹。日照县：海水溢至城东部处。

清　乾隆十年（公元 1745 年）　寿光：秋大雨弥水决口，屯田沙压赋地一百三十七顷八十余亩，民饥。禹城：大水。济宁、金乡：水。鱼台、滕县：秋涝。费县：河水灾。临沂县：大水，冬雪。郯城：水灾。日照县：水灾。济宁一带，运河因雨大水涨，堤堰多被冲漫，现饬河员分头防护并查勘灾民，量加抚恤。九月，济宁、鱼台、滕县、峄县（枣庄）、郯城、临清卫、海丰（无棣）七州、县、卫偶被偏灾。

清　乾隆十一年（公元 1746 年）　益都：夏六月大雨水。福山、文登：夏大雨伤禾，秋又大雨。文登：六月大雨伤禾。邹县：秋淫雨害稼，岁歉。滋阳（兖州）：淫雨害稼，大饥。金乡：四月雨雹，厚半尺，东北五方成灾，秋大水。曲阜：淫雨害稼，大饥。菏泽、巨野、定陶、曹县、成武、单县、济宁、嘉祥、金乡、鱼台、汶上、泗水、滕县：夏秋涝。沂水县：河水大溢。临沂县：五至七月大雨。蒙阴县：大水。郯城县：水灾民饥。日照县：海溢，东关与城齐。胶县：淫雨害稼。五月，平度大雨，漂没田禾；六月，文登大雨伤禾，寿光、诸城淫雨阅月，田禾尽没。夏，寿光县弥河水决，附近村庄遭水，房屋多塌。泰安、兖州等属九州县因六月中旬，大雨连绵，汶、泗、沂、淄各河水发，冲漫堤堰，濒河地亩不无淹损，民房亦多浸塌。九月，巨野、峄县（枣庄）、曹县、沂水四县洼地被淹；十一月，沂州府属郯城县本年被水成灾亦至八九分。十一月，高密淫雨两月；高苑大水；即墨大水。

清　乾隆十二年（公元 1747 年）　平度：夏淫雨害稼。平阴：六月大雨，晚禾淹。泰安：秋大水，雨雹坏民屋田禾，淫雨伤稼。山东九十八州县水。德州、德平、惠民、沾化、寿张、济阳：大水。齐河、阳信：水。利津：河水溢。范县：大水。平原：七月大水。栖霞：六月淫雨，大雨水。荣成：七月大雨。福山、栖霞、文登：六月雷雨余日。福山、栖霞、牟平、文登、荣成：七月十五日烈风拔木，雨复大作，禾稼尽伤。荣成：大风雨，晚禾尽没。邹县：秋淫雨害稼。嘉祥：秋大水。兖州府：秋大水。济宁：秋大水。嘉祥、曲阜：大水。鱼台：六月水。曲阜：大水。濮州、菏泽、郓城、巨野、定陶、曹县、成武、单县、济宁、嘉祥、金乡、鱼台、汶上、泗水、曲阜、滋阳（兖州）、邹县、滕县：夏秋涝。沂水县：大淫雨。临沂县：夏五月大水，秋大饥。蒙阴县：夏五月大水、大疫、大饥。莒县：大水。郯城县：秋大水。日照县：夏四月雨雹，五月大水。峄县（枣庄）：水。胶县：七月水。六月，福山、栖霞、文登淫雨匝月。七月，海丰（无棣）大风雨，坏城垣数十丈；平阴、荣成大风雨，晚禾尽没。德县、昌乐、诸城、高密夏淫雨不止。六月，济阳、德平、平原、沾化、兖州、济宁州、郯城、莒州、蒙阴、日照、兰山（临沂）大水。济南府属之历城、章丘，泰安府属之莱芜，沂州府属之兰山（临沂）、郯城，东昌府属之临清州、卫并济宁州，低洼沿河村舍有被水之处。济南府属之德州、陵县、德州卫，泰安府属之泰安、肥城、东平州、东阿、平阴，武定府属之青城、利津、沾化，兖州府属之滋阳（兖州）、曲阜、宁阳、邹县、泗水、济宁卫、汶上、寿张、东平守卫所，曹州府属之菏泽、巨野、郓城、单县、成武，沂州府属之费县，东昌府属之博平、清平、高唐、恩县，青州府属之博兴、高苑、乐安（广饶）等三十四州、县、卫、所，六月下旬，大雨时行，山水涨发，沿山傍水洼下村庄，一时宣泄不及，晚禾未免损伤……

清　乾隆十三年（公元1748年）　宁阳：夏大水。肥城：秋大水。寿光：夏大水荒。山东邹平等二十州县水。商河：发饥。济阳：秋水。齐河：水。栖霞：六月涝。荣成：六月涝。福山、栖霞、文登、荣成：苦涝。福山、栖霞、文登、荣城：夏饥，栖霞尤甚。济宁：四月大雨雹。金乡：加赈被水州县，秋夏大水。曹县、成武、单县、济宁、金乡、鱼台、汶上、泗水、滋阳（兖州）、邹县：夏秋涝灾。安丘县：大水、大饥。莒县：大水饥。胶县：夏六月大水，没田禾，饥。五月，金乡、鱼台、济宁州、宁阳、范县、寿光、胶州、肥城大水。高密、平度、胶州、昌邑、即墨五州县，当积歉之后，本年复被水灾。

清　乾隆十四年（公元1749年）　齐东、邹平、新城、长山、东平、宁阳、惠民、海丰（无棣）、商河、临邑、济阳、齐河、临清、寿张、牟平：涝灾。荣成：十月水。黄县：春大饥，饿殍载道。郓城、巨野、济宁、鱼台、汶上、滋阳（兖州）：涝灾。

清　乾隆十五年（公元1750年）　滨州：六月大雨雹伤稼。黄县：七月二十四大雨，河水泛滥，冲坍民房，沙压田亩。高密县：淫雨害稼，临沂县：春恒雨，夏六月蒙阴大雨。郯城：春恒雨。日照县：三月雨雹，六月大雨水溢。胶州：六月大雨雹。峄县（枣庄）、兰山（临沂）、蒙阴、郯城、日照、高密、胶州：涝灾。

清　乾隆十六年（公元1751年）　莱芜：淫雨，汶水涨；六月霖雨，泛孝妇河，坏田禾。肥城：河决涨，秋水至县境，田庐尽坏。平阴：八月黄河水溢。泰安：水，八月河决，冲没拄剑台。肥城、东平、东阿、平阴：田庐尽坏。寿光：秋大水。东阿：河决被淹。阳谷：八月河决。范县：六月河决阳武，被灾。聊城、临清：秋大水，寿张：河决。阳武、利津：河水溢。惠民、沾化、阳信：大水。黄县：夏秋仍雨不止。福山：夏秋淫雨不止，蚜蝣食禾稼。黄县：夏秋淫雨。鱼台：秋大水伤稼。兖州：夏河决于濮范，冲张秋境，禾稼淹。秋府境州县俱大水。汶上、曲阜、邹县、滋阳（兖州）：秋涝。日照县：秋七月大水。四月，兖州府属大水；六月，济南、东昌、武定及兖、曹、青、莱等府所属州县，骤雨频仍，沿海及低洼地亩，续有被淹；七月东昌、日照、利津、沾化、惠民、蒲台（北镇）、寿光大水。七月上旬，济南、东昌、武定，及兖、曹、青、莱等府所属州县，因本年六月内骤雨频仍；嗣七月以来，……共五十三州、县、卫、所一场大雨频仍。濮州、范县、菏泽、寿张、东平、东阿、济宁七州县被灾尤甚，积水未涸之地，秋麦不能播种。秋大水，河南阳武五堡漫口，水经延津，漫曹、濮入张秋归海；别由金乡、鱼台、济宁至南阳东流，注大清河入海。秋，平度州大雨两月；福山、栖霞、荣成淫雨害稼；三月，掖县大风雨。

清　乾隆十七年（公元 1752 年）　德州：夏大水。牟平：七月大水。荣成：七月大水。牟平、文登、荣城：大水饥。六月，文登、荣成、牟平、威海卫、陵县、临邑大水。

清　乾隆十八年（公元 1753 年）　济宁、鱼台、滕县、峄县（枣庄）：涝灾。临沂县：水灾，秋八、九月雨。诸城：初秋大风雨损禾。八月，滨州、沾化、阳信、兰山（临沂）、郯城、日照大水；十月黄河溢，漂没民舍甚多，庆云大水。

清　乾隆十九年（公元 1754 年）　淄川：麦大熟，秋大水，漂没田庐无算。博兴：大水。莱芜：六月大水。高苑：大水。商河：秋水大风。惠民：八年风雨，田禾尽淹。沾化．大水。阳信，秋禾被水。海丰（无棣）、滨州、利津、蒲台（北镇）、商河：涝灾。黄县：六月四日大雨，水溢如倾盆，势滔天。福山：先旱后水，歉收。日照县：八月淫雨。

清　乾隆二十年（公元 1755 年）　潍县、寿光、临朐、利津、临清：涝灾。金乡、鱼台：大水。金乡：正月雷电大雪，秋大水赈饥。兖州：正月雷电，秋金乡、鱼台大水。巨野、成武、济宁、嘉祥、金乡、鱼台、滕县：秋涝灾。日照县：恒雨，饥。费县：大水饥。峄县（枣庄）、兰山（临沂）、宁阳、费县、郯城、沂水、莒州、安丘：涝灾。金乡、鱼台、费县大水。淮、徐、海四月初七等日连日大雨。四月雨水稍多，山东上游诸湖下注。……七月十五、六日，风雨连绵，兖、沂、曹等府属，晚禾豆谷收成不无减少，济宁、郯城、兰山（临沂）三州县被水较重。

清　乾隆二十一年（公元 1756 年）　济南府：水饥，冬饥。潍县：五月二十四日霖雨，秋大水。宁阳、潍县、寿光、昌邑、平度：涝灾。德州：大水。平原：水饥。福山：秋涝。金乡：七月大水，八月河决徐州孙家集，湖水溢，逆流水溢甚。鱼台：七月河决徐州之孙家集，溃鱼台堤，坏城郭。滕县：丙子，黄河决。峄县（枣庄）：水。自夏入秋，德州、东平、宁阳、滋阳（兖州）、鱼台、定陶、巨野、乐安（广饶）、昌邑、高密十州县洼地秋禾被淹。秋七月，河决徐州，湖水溢，鱼台堤溃，水入城，官署民舍俱圮。

清　乾隆二十二年（公元1757年）　平度：秋七月大雨水，无禾。德州、德平，大水。馆陶、冠县：被水灾。武城：河决。冠县：卫河决，临清：漳河溢。六月卫河决，禾尽没。寿张：大水。山东诸州县漳河暴涨，注卫河。临清：七月卫河决。兖州、金乡、鱼台、寿张：秋，俱大水。鱼台：水。金乡：大水乘舟缘村赈济。菏泽、曹县、成武、单县、滋阳（兖州）、邹县、滕县：涝灾。郯城：被水灾。七月，漳河暴涨，骤注卫河所有馆陶、冠县等县、卫，猝被水灾，诸水汇集，无从渲泄，以致济宁、鱼台、金乡等处已涸复淹。多次被水灾者有馆陶、武城、临清、冠县、夏津、堂邑、濮州等十七州县，嘉禾偏陇，转瞬秋成，猝被水灾，农民失望，室庐荡折，栖息无所。

清　乾隆二十三年（公元1758年）　邹平：六月大雨雹伤稼。新泰：三月水雹伤麦。济州：秋，州及金乡、鱼台大水。金乡：秋大水。鱼台：大水。

清　乾隆二十四年（公元1759年）　平度：大风，河水溢涨。坏庐舍，淹稼。临清：七月卫河决：秋大水。阳信：大水。高密、胶州：涝灾。六月二十九日大风雨一昼夜，大木尽拔，田禾淹没。

清　乾隆二十五年（公元1760年）　鱼台：秋水。济宁：秋涝。郯城县：夏被水灾。

清　乾隆二十六年（公元1761年）　平阴：秋河溢，田禾被淹。宁阳：秋七月大水。德州：河决。济阳、临邑、齐河：水。临清：秋七月卫河决，寿张、乐陵：大水。金乡：六月大水，七月河决曹县刘洞口抵县城散赈。曹州：七月河溢。河决曹县，汶上大水。兖州：秋七月河决曹县，冲金乡鱼台境，禾尽没。汶上、宁阳、寿张俱大水。成武：河决流通口，水势甚盛，一夜即溃堤入城，深丈余，数日始退。六月，乐陵、金乡、鱼台、宁阳、汶上、寿张大水；八月，东昌卫河决。八月初，南河上游黄水陡高，大决。山东曹县北岸堤口漫溢，成武适当下游，相距只有百里，二十日戌刻因冲及该县城北门，八月，曹县十四堡，二十堡先后浸溢，猝入曹县；成武县猝被黄水，以致济宁、菏泽、定陶、巨野、金乡等州县皆被淹浸。范、濮二州县被黄水淹浸，临清州因漳、卫合汶，河流异涨，将老崖冲刷，坍卸民埝，均竭力堵筑。德州运河漫溢，饬属加紧堵筑。秋，水自临漳横入丘境，村舍倾颓，田禾尽没（丘县志）。

清　乾隆二十七年（公元1762年）　山东二十州县淫雨，水。陵县、德平、德州、聊城：大水。商河：夏雨。济阳、齐河：水。临清：六月漳水又横至，田禾尽没。黄县：五月二日大水，漂没禾麦。福山：五月至七月数大雨，秋涝。鱼台：水。济宁：秋涝。费县：七月大水。齐河、济宁、禹城、临邑、临清、黄县等三十五州、县、卫被水。

清　乾隆二十八年（公元1763年）　临清：秋七月卫河决。秋金乡、鱼台大水。山东济宁等八州县卫水。巨野、成武、济宁、嘉祥、金乡、鱼台：夏秋涝灾。

清　乾隆三十年（公元 1765 年）　齐河：水。利津：淫雨成灾。惠民：大水。海丰（无棣）、阳信、沾化、滨州、蒲台（北镇）、乐陵、德平、商河、临邑、济阳、聊城、莘县：涝灾。荣成：六月大水，地亩冲压伤人。秋七月诸城大水。章丘、齐河、济阳、长清、德平、临邑、惠民、滨州等二十一州县水灾。六月八日，栖霞雨甚，遂大水，漂田禾稼无算，濒河居民庐舍一空，陈家村有关帝庙，水将及门。六月，荣成大水，地亩冲压，坏屋伤人。

清　乾隆三十一年（公元 1766 年）　济南府：水，大饥，发仓谷，免田赋。东平：六月水淹禾稼。山东章丘等十八州县：水。陵县、德州、阳谷、寿张、惠民、商河：大水。德平：大雨河决。齐河、禹城：水，大饥。博平：运河决，平地水深数尺。平原：水、大饥。利津：河水成灾。金乡、汶上：秋大水。鱼台：大水。兖州府：秋金乡、鱼台、汶上、阳谷、寿张俱大水。濮州、菏泽、郓城、巨野、定陶、成武、单县、济宁、嘉祥、汶上：秋涝灾。六月，即墨大雨三日，西南城垣颓。七月，临邑淫雨三昼夜，平地水深数尺，坏民舍无算。七月初旬，雨水稍多，运河渲泄不及，汶河亦一时涨发，致有漫溢。济南、东昌、泰安、武定、兖州、曹州等府属州县内低洼村庄，俱有被水之处，豆谷间至损伤。又有茌平、高唐一带大路水深三四尺，一二尺不等。

清　乾隆三十二年（公元 1767 年）　七月十一日后，时雨连绵，洼地积水，早谷甫经收割，未获甚多，其登场者未得晒晾。聊城、高苑、博兴、乐安（广饶）等县被水。

清　乾隆三十三年（公元 1768 年）　章丘：秋淫雨害稼。聊城：秋大水。七月，乐安（广饶）大水。丘县，漳水入境，田禾大伤。卫河倒注入汶，临清板闸上下游四十里。

清　乾隆三十四年（公元 1769 年）　泰安：七月初四日夜，漪河暴涨，漂没旁庐舍无算。东平：六月水泛涨，决城垣，民屋俱尽。

清　乾隆三十五年（公元 1770 年）　聊城：秋大水。利津、高唐、德县、陵县、商河、临邑、平原、禹城、济阳、齐河、茌平、堂邑、莘县、阳谷、寿张、朝城、观城、范县：涝灾。秋，济南、东昌府大水。章丘、邹平、新城、齐河、济阳、禹城、长清、高唐等三十州、县、卫水灾。

清　乾隆三十六年（公元 1771 年）　新城：秋大水，饥。邹平：秋大水，小清河决。宁阳：夏大水，石梁口决。寿光：秋大水伤稼。山东济南等州属：水。博兴：大水。德州、德平、商河、惠民：大水。齐河：大清河决，全境大水。临清：七月漳水伤禾无秋。阳信：秋禾被水。山东武定等州属：水。东昌：大水。莱阳：大雨水。邹县：夏大水。济宁：秋水。滋阳（兖州）：秋大雨，泗水溢。金乡：秋水。曲阜：五月大雨。济宁、嘉祥、金乡、鱼台、汶上、曲阜、滋阳（兖州）、邹县：秋涝灾。安丘县：五月大水。沂水县：五月大霖雨。沂沭水溢，东北方赵北湖集陷于沭。莒县：五月大雨，二十一日沭水暴涨，村落田禾漂没无算。验城上水痕，比雍正八年少三砖。日照县：五月大雨，水溢。安丘：

大水。五月，宁阳、安丘、寿光、博兴大水。秋，邹平、商河、惠民、东昌、德平大水。汶河暴涨，东平、汶上二州县近河村庄有漫溢之处。历城、章丘、邹平、长山、新城、齐河、滨州、临清等五十七州县卫所场水灾。

清　乾隆三十七年（公元1772年）　泰山：五月十五夜大水，盘道圮。潍县：夏大水，汶水泛滥。商河：大水。秋七月六日，淄川孝妇河溢，溺死居民甚众。乐陵大水。

清　乾隆三十八年（公元1773年）　牟平：六至九月雨伤禾稼。文登、荣成自六月雨至九月伤禾稼，屋舍倾圮，饥。文登、荣成：秋饥。

清　乾隆四十二年（公元1777年）　曹县、单县、金乡：夏涝灾。

清　乾隆四十四年（公元1779年）　济南府：六月雨水害稼，赈免漕粮。德平、德州：六月水。齐河：大雨水。武城：大水。平原：六月雨水害稼。临清：六月卫河决。济宁：夏涝。六月，临清卫河决。六月间，因直隶、河南、漳、卫河水涨，倒漾入运，并汶泗各河骤涨，以致临清、济宁、德州、馆陶、丘县、夏津、武城七州县被淹。

清　乾隆四十五年（公元1780年）　昌邑：潍河决。邹县：秋大水。滕县：大水。滋阳（兖州）：五月泗溢禾尽淹。山东曹县、定陶、成武灾。峄县（枣庄）：大水。六月，滕县大水；八月，曹县、定陶、成武三县被灾地亩，该处因黄河北岸漫溢，民舍田庐间有被淹。

清　乾隆四十六年（公元1781年）　济南、邹平：六月雨水害稼，秋小清河决。博兴：水。东平：夏大雨水。潍县：夏秋大水。商河、滨州、惠民、阳信：大水。齐河：黄河决，全境被水。平原：雨水害稼。黄县：六月又大水。田禾尽偃，屋倾墙圮，井水泛滥。文登：正月大风雨伤稼。金乡：夏大雨，秋河决。汶城大水。鱼台：灾。山东邹县等七州县黄水淹浸。济宁：夏大雨，秋河决开封之考城，水淹州南乡。滕县：黄河决考城微湖，溢民田舍。巨野、定陶、曹县、成武、济宁、嘉祥、金乡、鱼台、滋阳（兖州）、邹县、滕县：夏涝。安丘：五月淫雨，汶水溢。峄县（枣庄）：黄河水由湖入，……田庐漂没。六月二十三、四等日连降大雨，兼东北暴风，各河归海之水，为湖水顶阻，以致汛溢。菏泽、汶上、峄县（枣庄）、济宁卫、章丘、长山、邹平、滨州等州卫县俱报被淹。七月，黄河溢祥符，又大决仪封青龙岗，漫水入南阳、昭阳、微山等湖，余波入大清河。微山湖因黄水灌涨漫溢，金乡、鱼台两县淹没过半，金乡城不没者数尺。十二月，寿光、博兴大水。

清　乾隆四十七年（公元1782年）　潍县：秋八月大水。山东兖州济齐属黄河溢。山东二十州县：秋禾灾。沾化、滨州、利津、聊城、临清：夏秋涝。招远：八月大雨经旬，禾生芽。蓬莱：大水。黄县：秋大涝。招远、文登：八月大雨浃旬，禾稼半死，谷穗生芽。兖属大水。菏泽、巨野、定陶、曹县、成武、单县、济宁、嘉祥、金乡、鱼台、滋阳（兖州）、邹县、滕县：夏秋涝灾。七月，兖州、曹州二府及济宁州所属各州县卫，连值大雨，黄流未断，湖河涨猛，已涸地亩复被淹浸，秋禾多有损伤。八月，东昌、文登大雨水，坏民庐舍。滕县、峄县（枣庄）二县因八月初三、初六等日风雨大作，沿河滨湖地亩，猝被漫淹，又鱼台县亦于八月初三日夜，溢水入城，贫民避水不及者，致有漂流淹毙。秋八月，临朐、昌乐等地大雨水，坏民庐舍。

清　乾隆四十九年（公元 1784 年）　黄县：夏螟秋涝。

清　乾隆五十年（公元 1785 年）　招远：秋大水，伤害禾。高密：秋大水，民大饥。

清　乾隆五十一年（公元 1786 年）　广饶：秋大水。高密：大雨水，饥。

清　乾隆五十三年（公元 1788 年）　荣成：多雨，岁歉收。文登、荣成：秋多雨歉收。荣成：大饥。胶县：夏六月初九日大雷雨，河水涨，没庐舍，溺死多人。

清　乾隆五十四年（公元 1789 年）　栖霞：六月大雨河溢，濒河居庐舍一空。六月雨甚，大水漂田禾无算。牟平：五月大水沁堤决。胶县：夏秋淫雨害稼，连绵近六十日。

清　乾隆五十五年（公元 1790 年）　七月雨水，禾尽淹，运河决口水溢。长清：秋大水。东平：水。济南：七月大雨，水深数尺，禾尽淹。德州：春秋大水。陵县、滨州、惠民、阳信、武城、茌平：大水。德平：秋雨河决。禹城：运河决大饥，平地水深数尺。阳谷：淫雨至七月十五日止。平原：七月大水。聊城：秋暴雨水及君城。莘县：淫雨自五月至七月十五日方止。临邑、东昌：七月大雨，水深数尺，禾尽淹。济宁：水。鱼台：灾。金乡：水，免欠粮。濮州、巨野、济宁、金乡：夏秋涝。即墨：大水。五月，莘县淫雨，两月始止。七月，济南、临邑、东昌大雨，平地水深数尺，禾尽淹；长清、滨州大水。八月，高唐大水。平原、禹城等县六月二十四日起至七月初七、八日，雨水连绵，马颊等河水势盛涨，漫溢田禾，房舍间被浸淹，临邑、陵县等处，低洼地面，田禾亦有浸伤。济南、东昌、曹州、武定等所属二十七州县被淹较重。

清　乾隆五十六年（公元 1791 年）　德平：秋雨上流河决。齐河：夏秋淫涝，田禾被淹。黄县：秋涝。莱阳：大雨。

清　乾隆五十八年（公元 1793 年）　文登：涝。诸城：冬十二月潍水溢。高密：潍水溢。

清　乾隆五十九年（公元 1794 年）　齐河：水灾。馆陶：卫河决。武城，大水。冠县：秋大雨，卫河决。武城：卫河溢。因雨水稍多，汶、卫两河，伏汛较旺，以致临清、夏津、冠县地方堤身间有漫溢，低洼地亩，亦被淹浸。馆陶、冠县、丘县地方，漳、卫二河水涨，以致村庄多有被淹。

清　乾隆六十年（公元1795年）　福山：夏雨淋漓，大水，八月初旬大姑、清河两河水涨，居民奔避数日。

清　嘉庆元年（公元1796年）　昌邑：潍河决小营口。临淄：大水。东平：河决。昌邑：秋潍水溢。临朐：夏大水，坏民居。文登：春涝。滕县：丙辰六月大雨如注七昼夜，八月黄河决，微湖溢没民田舍无算。金乡：水，恤贫蠲缓有差。济宁：河决。单县：黄河自半汛六堡漫开倒漾邑境淹没村庄无算。诸城：秋八月大雨水，冬十月雨雪。安丘：秋八月淫雨，潍水溢。日照县：秋八月大水。六月，滕县大雨水如注七昼夜。六月十五日，丰县汛决六堡，漫水淹及鱼台、济宁村庄一摺……山东省因漫水漾入昭阳、微山等湖，复因大雨连日，至穿入运河，两岸间有漫溢。十月、十一月三次合拢未成，次年正月堵合。

清　嘉庆二年（公元1797年）　东平：河决，州境大水。东平大水。武城：水。滕县：黄河决，微湖溢，四月大风雨雹，麦损。济宁：河决南乡漂没。金乡：河决大水，赈恤蠲缓。滋阳（兖州）：秋涝。安丘：春三月潍水溢。峄县（枣庄）：黄水复生。七月，黄河决曹县北岸二十五堡，分道由单、鱼、沛下注邳、宿。

清　嘉庆三年（公元1798年）　潍县：大饥，春三月潍水溢。掖县：八月一日连日大雨，坏民舍。单县：黄河水溢。山东曹县等十三州县水。

清　嘉庆四年（公元1799年）　长清：秋大水。利津、蒲台（北镇）、德县、武城、夏津、恩县、聊城、临清、茌平、莘县、阳谷、朝城、范县、东阿：涝灾。文登：七月大风雨，禾稼尽伤，大饥。滕县：夏大雨夜附郭水深数尺。高密：夏大雨水淹没市廛殆尽。

清　嘉庆五年（公元1800年）　曲阜：五月泗溢。滋阳（兖州）：五月泗溢，禾尽淹。

清　嘉庆六年（公元1801年）　长清：秋大水。博兴：五月大雨雹，坏民舍。肥城：秋大水。德州、冠县、临清：大雨水。禹城：运河决，大饥。博平：运河决，淹禾。宁津：六月大雨数昼夜，坏庐舍。滋阳（兖州）：五月二十日大雨雹。汶上：夏涝。安丘县：秋多雨。

清　嘉庆七年（公元1802年）　聊城：秋河决，卫家楼漕河涨溢。

清　嘉庆八年（公元1803年）　齐东：黄河决，平地水数尺。平阴：卫水漫溢，被水灾。齐河：河决东阿，自卫家楼入大清河，水溢，平地深数尺。禹城：黄河决。阳谷：河决。范县：九月河决。利津：黄河溢成灾。惠民：探马哨黄水溢。沾化：探马哨决口，黄水浸溢。阳信：黄水浸溢。东阿：卫家楼河溢。东昌：冬黄河溢。利津：大水。郓城：

九月十八日黄水至郓滬住河漫溢。单县：秋黄河泛溺，境内大水。金乡：水，缓征旧赋。日照县：夏五月大雨，河水溢，房屋倒塌，人多压死。九月，黄河在封丘衡家楼决堤三十余丈，由张秋趋大清河，至利津入海。冬，黄河溢，大水，东阿河决，坏民田庐舍。东昌河决，蒲台（北镇）、利津、滨县、沾化、范县、观城大水。

清　嘉庆九年（公元 1804 年）　济宁：水。九月，黄河水溢，十月初三至平阴城北，近河乡村麦禾尽没于水；博兴：大水；东平州：水。

清　嘉庆十一年（公元 1806 年）　荣成：自正月至五月涝灾。

清　嘉庆十二年（公元 1807 年）　德县、恩县水灾。

清　嘉庆十四年（公元 1809 年）　章丘：秋水。宁津：秋水。

清　嘉庆十五年（公元 1810 年）　昌邑、平度、潍县：秋大水。临朐：夏淫雨四十日。临邑、平原、聊城、莘县、阳谷：涝灾。荣成，五月淫雨，秋无豆，十二月二十五日及余日又大雨。黄县：涝，麦实霉烂，秋稼歉收。掖县：夏大雨水害稼，坏民舍无算。济宁、金乡：水。济宁、金乡、汶上、滋阳（兖州）、滕县：秋涝灾。诸城：秋大雨。安丘县：秋多雨。胶县：秋八月初四日大水害稼。六月，济南大水。章丘、邹平、新城、东平、聊城、莘县、阳谷、汶上等十五州县并东昌卫被水。

清　嘉庆十六年（公元 1811 年）　齐河：六月大清河溢，秋菽生虫。招远：秋大雨伤禾。黄县、文登：秋大水。福山：秋大水，夏大雨。掖县：夏大水，年大饥。七月，栖霞淫雨四十余日；九月，荣成淫雨害稼。秋，肥城、即墨、平度、宁海、莱阳、牟平、文登等地大水。章丘、东平、汶上、济宁、邹平、临清等三十七州县，并东昌、临清二卫，东平所水灾、虫灾。夏六月，潍县大水；夏，掖县大雨水，大饥。

清　嘉庆十七年（公元 1812 年）　昌邑：秋潍决小营口。黄县：正月朔雨雹大水，各属大饥。福山、黄县：涝灾。胶县：夏淫雨害稼，大饥。

清　嘉庆十八年（公元 1813 年）　昌邑：秋小营决。邹县：春饥、秋兖属大水。曹县：岁饥，八月淫雨四十余日，田禾尽伤。曹县、滕县、邹县：秋涝灾。

清　嘉庆十九年（公元 1814 年）　东平：水。济宁：水。金乡：春大饥，秋水，缓征借种。泗水、滋阳（兖州）：夏涝。

清　嘉庆二十年（公元 1815 年）　商河：夏大水。平原、恩县、禹城、临清、茌平、馆陶、莘县、阳谷、寿张、朝城、范县：涝灾。巨野、济宁、鱼台、汶上、邹县：秋涝。单县：黄水为害。四月，历城、长清大水。长清、邹平、禹城、平原、汶上、阳谷、寿张等二十州县及临清、济宁二卫被水、被雹。

清　嘉庆二十一年（公元1816年）　东平：水。章丘：涝灾。武城：河决。平原、禹城、齐河、临清、茌平、馆陶、莘县、阳谷、朝城、范县：涝灾。峄县（枣庄）：春淫雨自正月至于六月。金乡：大水，春夏多阴雨。济宁：水，牛头河决。郓城、巨野、定陶、成武、济宁、嘉祥、金乡、鱼台、汶上、滋阳（兖州）、邹县、滕县、峄县（枣庄）：涝灾。峄县（枣庄）：春霖雨自正月至六月。夏，滕县大雨，平地水深数尺。章丘、邹平、齐河、禹城、汶上、金乡、成武、临清等三十一州县及德州、济宁、临清三卫水灾。

清　嘉庆二十二年（公元1817年）　邹平、平阴、章丘、德平、德县、商河、平原、武城、夏津、恩县、齐河、聊城、丘县、临清、高唐、茌平、馆陶、冠县、堂邑、莘县、朝城、范县等：涝灾。莱阳：涝。濮州、郓城、济宁、嘉祥、金乡：秋涝。兰山（临沂）、宁阳、郯城：涝灾。

清　嘉庆二十三年（公元1818年）　五月二十日夜，济南大雨水，坏城垣庐舍，民多溺死。六月，文登大雨，平地水深数尺，民多溺死。聊城、莘县、馆陶、潍县、莱阳、临清、武城七州县及德州、东昌二卫水灾。博兴：水。德州：运河决口。阳信、朝城、范县：涝灾。栖霞：十二月二十八大雨水深数尺。济宁、邹县：涝灾。胶县：秋淫雨害稼，大饥。

清　嘉庆二十四年（公元1819年）　博兴：河水泛。昌邑：十二月大雨雪，潍水溢。益都：大雨雪。东平：水，冬大雪。潍县：冬十二月二十九日大雨雹，南门圮，潍河溢。寿光：冬大雨，河水溢。德州：黄河决，大清河溢。德平：十二月大雨深数尺。齐河：大清河溢，平地数尺。阳谷：秋九月河决武涉。范县：泌河决，清水范被灾。武城：河决。冠县：秋大水。惠民、沾化、阳信：黄水浸溢。利津：黄水漫害稼。济宁：秋水，牛头河槽坝并决，冬大雪。金乡：水，蠲免田赋。蒙阴、诸城、日照、沂水：十二月大雨，河溢。安丘：大雨河溢，桥毁。胶县：夏大水损民庐。二月，黄县大水，冲塌民房，人多溺死。八月，河决武陟北岸马营坝，注张秋入海；北岸堤工漫溢，冲入曹县，次年春塞。章丘、邹平、长山、临邑、德、汶上、定陶、巨野等二十六州县及德州、济宁、东昌、临清四卫水灾、雹灾；濮、范、利津、蒲台（北镇）、东阿、惠民十一州县被水。平原大水，有冲坏屋宇者，弥水泛溢，如六、七月间，行人阻绝。十二月二十八日，黄县大水冲坍桥梁，人多淹毙。

清　嘉庆二十五年（公元1820年）　博兴：有水。惠民、滨州、利津、蒲台（北镇）、恩县、聊城、临清、茌平、馆陶、莘县、寿张、范县：涝灾。海阳：涝。濮州、济宁、金乡、鱼台、邹县、滕县：秋涝。兰山（临沂）、郯城：涝灾。夏津，卫河由半壁店决，冲为三，知县任士谦塞决口。邹平、惠民、滨州、利津、东阿、范县、滕、峄等二十六州县场卫所被水、被雹。

清 道光元年（公元 1821 年） 济南府：夏秋大水，民间大疫，死无算。博兴：夏大水，秋有蝻。齐东：水。昌邑：六月潍决小营口。潍县：夏六月大水，秋疫。德州：运河水涨。德平：大疫，秋大水。商河：秋水。滨州：大水。惠民：夏、秋大疫，兼被水患，大水。沾化、阳信：自夏至秋，阴雨害稼。荣成：春涝。文登：秋涝。牟平、文登、荣成：涝。鱼台：被水。巨野、单县、济宁、嘉祥、金乡、鱼台、滋阳（兖州）、邹县、滕县：秋涝灾。高密县：大雨水，潍水溢。费县：七月大雨，河溢，沿河居民被灾。三月，宁津大水。五月，博兴、即墨大水。秋，济南、惠民、商河、沾化、滨州等地大水。荣成县：春涝，夏旱，秋螟，大饥。邹平、郯城、兰山（临沂）、新城、济阳、齐东、德平、长山等五十一州县及德州、东昌、临清、济宁四卫被水、被虫。

清 道光二年（公元 1822 年） 益都：夏大水。长清：秋大水。东平：大雨水。临朐：秋霖雨，害民居。德州、陵县、寿张：秋大水。商河：秋土河水溢没稼。济阳：徒骇河水溢。武城：六月河决大堤口，七月又决牛蹄窝。冠县：大雨水，卫河决，浸民田。高唐：二月大雨水。博平：夏五月阴雨不止，秋运河决口，平地水深数尺，陆地行舟。莘县：秋阴雨不止，乘船入市。临清：夏六月卫河溢。惠民、沾化、阳信：徒骇河水溢，伤禾。曹县：六月不暑，秋大雨，害粱禾，平地舟行。十月上旬始种麦。菏泽：大水害禾。郓城：秋大水。济宁：大雨水。成武：秋霖雨伤稼，平地水深尺许，上至流通口，下至南阳湖，舟楫往来不绝。峄县（枣庄）：春大饥，夏秋霖雨百日。费县大水饥。五月，莘县淫雨伤稼。八月，章丘、东阿淫雨四十余日，坏田庐禾稼；沾化徒骇河溢；东昌卫河决，坏民田；长清、日照、菏泽、观城、巨野大水。山东濮、博平、夏津、武城、范、章丘、邹平、东阿、阳信、商河等四十六州县及德州、东昌、临清、济宁四卫被水、被虫。

清 道光三年（公元 1823 年） 益都：夏大水。东平：水。德州：运河第八屯决口。馆陶、冠县：卫河决。武城：河决梁家窑。高唐：水。临清：夏六月卫河决十余处，民寨行舟。寿张：夏大水。郓城：夏大水。邹县：夏大水。虫食禾稼。滕县：七月水漂没田庐。兰山（临沂）、费县、郯城：涝。六月，武城河决，濮州、郓城、巨野等地大水，东昌卫河决，东明水患，年甚一年，总因大小河道无不淤塞之故。临清、馆陶、武城等州县民埝漫决共十七处。

清 道光六年（公元 1826 年） 济阳、沾化、阳信：秋大雨。寿张：七月大雨，田禾多淹。峄县（枣庄）：春二月雨雹大风，秋七月大水，濒河居民灾。夏，诸城淫雨；秋七月，寿张大雨，田禾多淹，四乡墙屋多倾圮。

清 道光七年（公元 1827 年） 峄县（枣庄）：五月癸未大水。

清 道光八年（公元 1828 年） 博兴、东平：水。德州：秋大水。陵县、德平、商河：夏、秋大水。沾化、阳信：秋阴雨伤禾。海丰（无棣）、阳信、沾化、德县、乐陵、德平、陵县、商河、临邑、武城、夏津、恩县、齐河、临清、朝城、观城、范县：涝。泗水：七月淫雨数日，泗河溢，近河村庄多被水灾。邹县：七月阴雨三日夜，河水大涨。济宁、金乡：水。濮州、菏泽、济宁、金乡、鱼台、泗水、邹县：秋涝。诸城：秋七月大水。日照：春大饥，秋大水，河溢平地数尺。胶县：秋七月初九日大雨，河溢损民居。

清　道光九年（公元1829年）　东平：水。沾化、阳信：秋淫雨害稼。福山：大水。济宁：水。金乡：水。鱼台：秋涝。诸城：春水。

清　道光十年（公元1830年）　东平：八月水。沾化：大水。邹县：夏四月，白马泛溢，西南各村庄多被水灾。济宁、金乡：八月水。鱼台：秋涝。费县：大水。

清　道光十一年（公元1831年）　东平：大雨雹，水。商河：夏水。惠民、沾化：秋大水。掖县：十二月十二日大雨。曹县：秋大雨，水深二尺，晚禾尽伤。邹县：七月起阴雨百日，秋禾歉收。菏泽：八月淫雨不止，平地水深二尺余，晚禾尽伤。济宁、金乡：大雨雹。菏泽、定陶、曹县、济宁、嘉祥、金乡、鱼台、汶上、邹县、滕县：秋涝。日照县：七月大水。峄县（枣庄）：春二月丙申大水，平地泉溢，冬十二月大雪弥月，河大溢。七月，菏泽、滕县淫雨百余日，平地水深数尺；曹县、东明大雨，水深二尺。秋，惠民、商河、沾化大水。

清　道光十二年（公元1832年）　历城：秋淫雨，伤禾，大饥。东平：水。寿张：秋大水。沾化：大水。成武：秋大水。曹县：八月大雨数日淹歉。郓城：庚辰大水。济宁、金乡：水。濮州、菏泽、郓城、巨野、定陶、成武、单县、济宁、嘉祥、金乡、鱼台、邹县、滕县：秋涝。诸城：秋八月淫雨。安丘：秋淫雨。峄县（枣庄）：夏霖雨，河溢，冬大雪。胶县：夏四月初一陨霜损麦，八月淫雨害稼，二十三日河水溢。九月，观城、巨野大水，武城河决。博兴、高苑、寿张、商河、利津、沾化、滨三十州县并临清、德州二卫被水，被旱。山东省运河水势浩大，及微山湖异涨，……又运河所属之鱼台泛两岸穿道，多在水中，漫淹日久，残塌亦多。

清　道光十三年（公元1833年）　东平：水。邹平、潍县、寿光、临朐、昌邑：涝灾。武城：河决五股河。茌平、冠县、堂邑、阳谷、寿张、范县、东阿：水涝灾。荣成：夏初旱后涝，禾豆歉收。栖霞：秋大水。单县：春大饥，麦芒种后十八日始熟，秋大水。济宁：水，冬大雪。金乡：水。濮州、菏泽、曹县、单县、济宁、金乡、汶上、邹县、滕县、夏秋涝。临沂县：大水，人相食。峄县（枣庄）：春大饥，夏大水，冬大雪弥月，河溢。

清　道光十四年（公元1834年）　平度：大水。栖霞：夏雨连月。定陶：秋大雨如注，彻夜不休。菏泽：秋荡。峄县（枣庄）：秋七月癸未大水。

清　道光十五年（公元1835年）　昌邑：夏淫雨。益都：夏五月淫雨。临淄：大雨水。莱芜：淫雨伤稼。潍县：夏五月淫雨，歉收。临朐：夏五月淫雨害稼。沾化：秋大水。蓬莱：六月大雨。栖霞：秋雨连绵。文登、荣成：自六月雨四十余日，禾菽淹没。掖县：七月初四日夜大雨浸晨，大风雨竟日，禾稼尽折。濮州、菏泽、济宁、嘉祥、金乡、鱼台、汶上：秋涝。高密县：春饥，夏淫雨，岁大饥。安丘：秋七月大雨水。胶县：五月淫雨，秋大水。费县：六月大水。七月，沾化、蒲台（北镇）大水。邹平、长清、安丘、嘉祥、寿光三十七州县及济宁、东昌、临清、德州四卫被水。登州、莱、青三府民人，因本处年岁歉收，携眷赴奉天依亲就食，前后约有八九千人。山东秋汛，卫河漫溢，德州第二屯漫决民埝十五丈。

清　道光十六年（公元 1836 年）　莱芜：淫雨伤稼。济宁、金乡：水。濮州、巨野、金乡、济宁：秋涝。

东平州，水；齐河、德、东平、乐陵、章丘、惠民等五十七州县并德州、东昌、临清、济宁四卫被水、被旱。

清　道光十七年（公元 1837 年）　郓城、巨野、济宁、鱼台、汶上、滕县：秋涝。

清　道光十八年（公元 1838 年）　淄川：大水。益都：夏六月大雨水，漂没庐舍甚众。单县：夏大雨。济宁：水。金乡：水潦。鱼台：夏涝。安丘：六月淫雨。

清　道光十九年（公元 1839 年）　博兴：大雨水。东平：水。单县：秋大水。济宁、鱼台：水。金乡：水，缓征。巨野、单县、济宁、嘉祥、金乡、鱼台、汶上、邹县、滕县：秋涝。胶县：秋七月淫雨，损民庐舍。正月，惠民、阳信、沾化、济宁州大水。四月，招远大雨十余日，荣成大雨，至七月不止。六月，汶水溢；临邑、陵县大水。春，栖霞淫雨；秋，沾化大水。

第三节　公元 1840—1948 年暴雨与洪涝灾害

清　道光二十年（公元 1840 年）　东平州，六月，大雨水，汶泗河溢。东平汶河溢。兖州、济宁泗河漫溢。大雨三十余日，平地水深丈余，房屋多淹没（峄县志）。鲁北、鲁西、鲁中六十二州县成灾。济阳：正月二十一日雪雨大作，霹雳交加。陵县：秋水。禹城：秋禾被水。临邑：秋大水。德州：夏大水。平原：水。齐河：水灾。惠民：秋大水，大清河溢。郓城：六月大雨。济宁：六月大雨水。滋阳（兖州）、曲阜：七月大雨，泗决。濮州、菏泽、郓城、巨野、单县、济宁、嘉祥、金乡、鱼台、汶上、滋阳（兖州）、邹县、滕县：夏秋涝。胶县：秋淫雨损禾。

清　道光二十一年（公元 1841 年）　鱼台：水。邹县：西南乡各村庄大水。

清　道光二十二年（公元 1842 年）　沾化：秋大雨水。阳信：秋大雨。历城、长清、章丘、临朐、益都、昌乐、菏泽、单县、曲阜、邹县、滕县：秋涝。胶县：夏四月淫雨损麦；十三日小珠山大雨雹。

清　道光二十三年（公元 1843 年）　东平：水。寿光秋淫雨。福山：大水，房屋倾倒甚多。济宁：秋禾被水一百多庄。菏泽、定陶、曹县、单县、济宁、金乡、鱼台：夏秋涝灾。日照：秋大水。宁海州：七月十六日暴风雨，海溢，禾稼减。

清　道光二十四年（公元 1844 年）　六月，临清、安丘、高密等地大水。秋，惠民、沾化、蒲台（北镇）、阳信等地大水。十月，缓征临清、济宁、章丘、邹平、济阳、禹城等四十五州县并德州、东昌二卫被灾新旧额赋。平度：夏五月淫雨，田禾尽伤。潍县：秋无禾。寿光：秋淫水。德州：夏大水。平原：水。沾化：秋大雨水。招远：夏淫雨。高密：夏大雨，潍河溢水泛滥，歉收。东平：秋水。峄县（枣庄）：六月已未大水。胶县：春夏淫雨。济宁：秋禾被水三十余庄。滕县：五月十四日夕蟠龙山前昏黄，有云自天降，绕山旋转，所过禾稼如躏，夜大雨，山水四涨，漂室庐牛马，玉花泉河高出岸上二丈余，薛河亦浮出。曹县、单县、济宁、金乡、汶上、滕县：夏秋涝。

清　道光二十五年（公元 1845 年）　六月，滕县大雨，平地水深数尺，人多溺死。七月，泰安大雨连旬。东平大水。海丰（无棣）、利津、沾化、乐安（广饶）、潍、昌邑等县被水。寿光：二月海水溢，秋淫雨。潍县：六月大雨。沾化、阳信：夏淫雨害稼。济宁：一百余庄秋禾被水。曹县、单县、济宁、金乡、鱼台、汶上、滕县：夏秋涝。高密：秋淫雨伤禾。

清　道光二十六年（公元 1846 年）　东平：大雨害稼。宁阳：五月二十六日至六月二日大霖雨，汶水涨决。泰安：大雨，汶水溢，淹没田禾，为害甚重。德州：秋水。乐陵：被水。惠民、沾化、阳信：秋大雨水。济宁：夏大雨害稼。滕县：五月二十七日大水，漂没数千家，邑西北尤甚。濮州、菏泽、巨野、曹县、成武、单县、济宁、嘉祥、金乡、鱼台、汶上、滋阳（兖州）、邹县、滕县：夏秋涝。峄县（枣庄）：五月大水。

清　道光二十七年（公元 1847 年）　日照：七月大雨，二十三日夜大风拔木。济宁、东平：夏六月大雨水。金乡：水。利津：被水成灾。沾化：秋大雨水。阳信：秋大雨。莱芜：汶水溢，漂没田庐。

清　道光二十八年（公元 1848 年）　夏六月，临清、黄县等州县大水。秋，惠民、蒲台（北镇）、沾化、阳信等县大水。陵县、聊城大水。利津：秋禾成灾。德州：秋水。濮州、菏泽、郓城、巨野、定陶、曹县、单县、济宁、嘉祥、金乡、鱼台、汶上、滕县：夏秋涝。安丘：六月大雨。费县：夏大水。昌乐、寿光大雨。

清　道光二十九年（公元 1849 年）　日照：七月大水。费县：夏大雨，凌河涨溢。利津：秋禾被水成灾。乐陵：被水。惠民：秋大水。沾化：秋大雨水。阳信：大水。东平：春大雨雹。滋阳（兖州）：三月大雨雹。峄县（枣庄）：夏四月大雨雹，大如斗，朱家村一带二麦皆空。

清　道光三十年（公元 1850 年）　六月，黄河涨，漂没田庐无算，东平大水。秋，黄河决丰县，鱼台、金乡秋禾尽淹。德州、德平：大水。丰县：黄河决。惠民、沾化：秋大雨水。乐陵：被水。蓬莱：六月大风雨，稼禾多偃。济宁：泗水河溢灌堤，秋禾尽淹，又值丰县黄河决，淹至城东南一带村庄。

清　咸丰元年（公元 1851 年）　夏五月，济宁县大水。秋，雷雨交加害稼，黄河在丰县丰北及砀山县盘龙集决口，冲入昭阳、微山等湖，鱼台、金乡、济宁、巨野、茌平、临清等州县受灾。秋，东平州大雨水。八月河决盘龙集，阖境漂没，至五年始息。费县：二月雷雹雨雪，花大如盘，平地深四尺，树枝压折。莒县：五月二十三日大风雹，田禾尽没，六月二十八日沟头牌、虎头崖等处夜间大雨，河水泛滥、冲决房舍，死人畜无算。日照：秋大水。峄县（枣庄）：春二月已亥雷电大雪，秋八月癸酉黄河决，盘龙集之加河两岸灾。济宁：夏五月大水，秋雷雨交加，害稼，丰北黄河决口，黄河水至州南关南门外。蓬莱：六月大雨，河溢，秋歉收。莱阳：六月大雨。陵县、德平、德州：秋水，庄河决口，邑南大水，秋稼漂没。清平：七月半黄河决，水漫县境。临清：秋七月半黄河决口，水漫州境。利津：秋禾被水，歉收。滨州：大水。乐陵：被水。惠民：大雪雹。沾化：秋大雨水。阳信：秋大雨雹。广饶、博兴：大水。东平：秋雷雨害稼，河决丰北口，大水。茌平：黄河决，邑南大水，秋稼漂没。金乡：秋八月河决丰北口，平地水漫三尺。单县：七月二十四日黄河决口北去，淹没村庄无算。昌邑：五月二十二日大雨雹。

清　咸丰二年（公元 1852 年）　二月，黄河在上年丰北决口处复决，洪水入微山、昭阳等湖，“湖水大溢，平地水深四五尺”，鲁西南受灾。夏秋，鲁北、鲁中亦大水，全省五十余州县遭水灾。淄川：大水。东平：秋大雨水。陵县、德州：秋水。齐河：七月大雨害稼。临清：水灾。利津：秋禾被水，歉收。滨州：大水淹稼。惠民：夏河水溢，伤稼。滕县：夏秋涝。濮州、汶上、曲阜、滋阳（兖州）：夏秋涝灾。济宁、嘉祥、金乡、鱼台：夏秋涝灾。峄县（枣庄）：春三月雨雹，大歉。费县：三月雨雹，大如茶碗，树木皮枝纷落，打伤人畜无数，雹深尺许，望如严冬，无麦，秋大水害稼。沾化、阳信：六月大风拔木偃禾，海水溢，秋废。

清　咸丰三年（公元 1853 年）　二月，丰工合拢；至六月，大堤复决，屡堵屡溃；至咸丰五年，铜瓦厢失事始堵旱口。九月，济宁等州县因春季丰工漫口，该处被淹数万饥民。滕县、鱼台、嘉祥等处，民多饿殍，尸骸遍野。单县：秋大淫雨，平地水深数尺。济宁、金乡：涝灾。陵县、德州：秋水。聊城：黄河漫口，穿入运河，漕船停滞。利津：秋禾被水，歉收。滨州：大水。惠民：秋被水。淄川：七月大雨，三日夜不止。广饶、博兴：大水。蓬莱：七月大风雨，伤禾稼。

清　咸丰四年（公元 1854 年）　秋，惠民、滨州、蒲台（北镇）、沾化、东平州等州县被水。潍县、安丘：六月大水。陵县、德州、德平：秋水，舟行平地。利津：被水歉收。阳信：秋大雨水。济宁：秋禾被水，共六十余庄。金乡：三月雨雪，秋复大水。费县：秋大雨，河溢。平度：秋大雨，胶莱河溢成灾。

清　咸丰五年（公元 1855 年）　八月，黄水漫溢，菏泽以下，东阿以上，尽被淹没，东平十数州县均被波及。黄河决入大清河漫溢，秋禾尽没，房屋倒塌无算（阳信县志）。是年六月，黄河大决兰阳县铜瓦庙三堡，流分三股，一由曹州赵王河东注，两股由东明县南北分注，至张秋穿运河复合，夺大清河由利津铁门关北萧神庙下自牡蛎咀入海。东明、菏泽、鄄城、郓城、巨野、金乡、范县、寿张等县均被淹，大清河沿河的东平、平阴、东阿、长清、齐河、历城、济阳、齐东、惠民、蒲台（北镇）、滨州、利津等县亦被淹及，灾情严重。莒县：春正月二十九日夜迅雷，大风雪，七月淫雨害稼，民居被水，房舍多毁，九月十五日雨雹。费县：七月大雨七昼夜，舫河溢。菏泽：六月河决铜瓦庙，七月初十风雨，三昼夜不止，十一日戌刻黄水冲破西堤，堤内房屋塌毁殆尽。金乡：夏河决铜瓦庙北行，邑西北乡被水，八月十二日夜大雨水，庐舍多圮，城内行舟，十一月井水冻凌厚寸许。陵县、德州：秋水。济阳：正月十九日雷电，夏蝗，大雨，秋黄河决，入大清河，房屋倒无数。齐河：河决。范县：河决。武城：秋大水。清平：大水。临清：六月大水。寿张：河决口，大水。利津：黄河漫溢，舟行陆地。滨州：秋大水，清河黄水漫溢，漂没庐舍田地。惠民：秋七月黄水入大清河，决口，徒骇河、沙河涨溢，漂没庐舍田禾。沾化：夏蝗，大雨水，黄河自铜瓦庙决口，大清河漫溢。阳信：夏蝗，大雨水。广饶、博兴：大水。益都：夏五月大雨雪，秋七月大雨水，淹没田禾民居无算。寿光：秋七月大雨，弥河溢。临朐：大雨水。平阴：七月黄河决。东平：秋大水害稼。东明：河决铜瓦庙，全县皆灾。曹县：六月河决铜瓦庙，邑北境受水。单县：六月河决铜瓦庙，黄流北往，境内大水。鱼台：大水。商河：秋七月大清河黄水漫溢，白龙湾决口，漂没庐舍田禾。长清：乙卯七月黄水自大清河涌出，河西平地水深丈余，村庄漂没甚众。

清　咸丰六年（公元 1856 年）　广饶：黄河水灾。博兴：黄水灾。齐东：秋水。德州：秋大水。商河：秋被水。滨州：秋大水。惠民：上游河决，徒骇漫溢，被水。沾化：徒水溢。阳信：水溢。蓬莱：三月初十日大风扬尘，日无光，雨雹。青城：水。

清　咸丰七年（公元 1857 年）　秋，徒骇河水漫溢，惠民、青城、商河、滨州、沾化、蒲台（北镇）等州县淹稼。黄河洪水泛滥，铜瓦庙决口未塞，水复入郓境濉河（赵王河），浸至巨野。陵县、德州：秋水。济阳：徒骇河水溢。阳信：徒骇河水溢。青城：河漫溢淹稼。博兴：黄水为灾，岁大饥，人以碎麦穰屋檐为食。齐东：秋骇河溢，淹稼。东平：春大饥，人相食。寿光：秋大雨，弥河决。

清　咸丰八年（公元 1858 年）　齐东：连岁灞河水溢。陵县、德州：秋水。高唐：大水。海阳：四月大雨，禾苗冲没，二麦不登，并大雨雹，堆聚成堆。蒙阴：六月大水。

清　咸丰九年（公元 1859 年）　陵县、德州：秋水。齐河、东阿：水灾。

清　咸丰十年（公元 1860 年）　夏六月，卫河决于塔湾。夏，滨州水灾。东平州、乐安（广饶）县被水。

陵县、德州：秋水。掖县：夏秋大雨，庐舍多坏。济宁：大水。滋阳（兖州）：涝灾。滨州：夏水灾。

清　咸丰十一年（公元 1861 年）　济宁：大水。东平：秋水。嘉祥、滕县：涝灾。巨野：二月初八日大雨雹。

清　同治元年（公元 1862 年）　五月，日照大水；七月，蓬莱、黄县、福山、招远、莱阳、宁海（牟平），大雨连绵，禾稼尽淹。东平：水。武城：大水。济宁、嘉祥、金乡、汶上、滋阳（兖州）、滕县：涝灾。牟平：大雨连绵，河涨，淹禾稼。

清　同治二年（公元 1863 年）　六月，河决兰阳，一股直下开州，一股旁趋定陶，曹、单、考城、菏泽、东明、长垣、巨野等州县被淹。齐河、阳信、惠民、利津等地黄河（大清河）亦漫溢为灾。东平：州境西南乡均被水灾。济阳：八月河水溢。定陶：五月河自龙门口决，城南北河水皆溢，七月初三日大雨，平地水深二尺。济宁：大水。长清：夏六月黄水涌出赵丰河，东自季家寨，西至潘家店，平地水深数尺。

清　同治三年（公元 1864 年）　夏秋，黄河漫溢，泛菏泽、定陶、曹县、濮州、巨野、单县、东明、成武诸州县。临朐：春正月乙卯雷，大雪，三月大雨，秋七月霖雨，冬雪深尺。茌平、金乡：大水。阳信：秋大水。昌邑：五月大雨雹。

清　同治四年（公元 1865 年）　夏秋，黄河、徒骇、胶莱、大沽等河溢决泛滥。六月至七月，莱阳大雨，平地水深七、八尺，禾稼淹没，房舍倾圮无算。秋，黄县涝。黄水入城，官民皆荡析，无定居。临朐：春三月大雨水，七月霖雨害稼，九月雷，雨雹。阳信：秋洪水。巨野：正月十三日雷电交作，杂以雪雹，三月十一日大雨淹麦。金乡、汶上：夏涝。诸城、胶州：涝。临沂：春正月十三日夜大雷，风雪竟夜。无棣：春二月海水溢。长清：夏秋黄水均为灾。费县：正月雨雪，雷甚厉，人畜有震死者。

清　同治五年（公元 1866 年）　齐河：水灾。海丰（无棣）、茌平、莘县、阳谷、寿张、朝城、观城、范县、东阿：涝灾。曹县：大雨，淹，歉。邹县：秋大水。济宁：夏大水，庐舍倾圮，阶前游鱼出没。鱼台：秋淫雨，水深数尺，伤禾稼。濮州、巨野、定陶、嘉祥、金乡、汶上、济宁、滕县：秋大涝。日照：六月初一夜大雨震雷，平地水涌丈余，秋大饥。费县：夏大水。泰安：五月大雨雹，伤牛马。临清：丙寅夏四月大雨雹。

清　同治六年（公元 1867 年）　平阴，八月二十四日黄河暴溢，没民居。秋，禹城、沾化、阳信黄水漫溢……。九月，临邑大水，黄河溢。齐东：灞河堤决，水溢没稼。济宁、金乡、汶上、泗水、曲阜、滋阳（兖州）、邹县、滕县、嘉祥：夏涝。

清　同治七年（公元1868年）　是年黄流盛涨，菏泽河决赵王河红船口、霍家桥，大溜渐移安山北入大清河，运道受淤，红船口屡堵未就，因此铜工决口之最南股水道断绝泗河亦溃，泗水、曲阜等地被灾。秋，黄水复来，惠民被水。济宁：春正月雷震，大雪淹麦，夏六月大雨淹禾。巨野：二月二日大雪三日夜。鱼台：二月大雨雪，积水伤麦。曲阜：泗河决口，淹没禾稼、房舍，西关尤甚。济宁、嘉祥、金乡、鱼台、汶上、泗水、曲阜、滋阳（兖州）、邹县、滕县：夏涝。日照、郯城：涝灾。齐东：七月雨水没稼。馆陶：卫河决口。武城：大水。阳信：秋黄水势盛。

清　同治八年（公元1869年）　潍县：夏五月、七月大雨雹，冬无雪。东平：州境西北两乡水。惠民：六月黄水来，徒骇河漫溢。邹县：春夏秋水涝，冬雪水淹麦。济宁、嘉祥、泗水：春夏涝。海阳：四月二十五日林寺乡涝沟村一带大雨雹，拔大树数十棵，冲去牛数十头，村外积雹成堆，高七尺余，水深四五尺，苗全没，二麦不登。

清　同治九年（公元1870年）　费县：七月大水。淄川：大水。东平：州境西北两乡水。德平：七月雨七日。馆陶：秋淫雨，卫河决。临清：夏四月无麦，秋九月淫雨无禾。利津：秋禾被水。惠民：春正月河决，清河、徒骇河溃溢。阳信：秋黄水。

清　同治十年（公元1871年）　夏六月，河决于塔湾（临清县志）。秋九月，郓城侯家林河溢，波及金乡。菏泽、曹、单、巨野、鱼台、东平等十三州被水。平阴：多水，河决为灾。武城：大水。高唐：秋淫雨八日。茌平：秋淫雨八日。利津：秋禾被水。惠民：黄河水复来，徒骇河漫溢。沾化：秋淫雨害稼。阳信：秋淫雨害稼坏屋。泗水、曲阜、滋阳（兖州）：涝。蒙阴：夏四月雨雹，大水。

清　同治十一年（公元1872年）　济宁、临朐：大水。东平：州境西南两乡水。利津：秋禾被水。惠民：夏五月黄河水来，徒骇河水溢。沾化：秋淫雨害稼。濮州、金乡、滋阳（兖州）：夏秋涝。日照：六月大雨。黄县：四月雨雹。定陶：三月城东北大雨冰雹，南北七十余里，东西二十余里。巨野：朔日雨雹交作，人有被砸死者。邹县：夏雨雹。

清　同治十二年（公元1873年）　秋七月，临沂大水。秋，临朐、青城等地大水。自六月至七月中旬，河决东明之岳新庄、石庄户，溜分三股，南溜最大，由石庄张家支门冲漫牛头河、南阳湖入运，经金乡、嘉祥，趋宿迁、沭阳等处入六塘河。卫河由塔湾决，淹及夏津、博山，溜水暴涨，淤良田甚多。水由沙河溢入白沟，县治西鄙水灾；全省总计六十八州县被水。淄川：秋大雨，平地水深数尺。东平：水。临朐：夏秋大水。馆陶：五月初六大雨六日，庐舍倾塌，田禾尽没。武城：大水。博山：癸酉秋大雨，平地水深数尺，永济桥石栏漂没，山头、柳行各庄受灾者甚。

清　同治十三年（公元1874年）　夏秋，郓城多雨，平地有水；夏，济宁黄水为灾，淹没禾稼，其流直抵泗堤，清水直至南周家花园、朱家洼等处；金乡、嘉祥、鱼台、峄、滕五县及济宁、临清二卫续被黄水淹没。东平：州境两乡水。寿张：夏秋多大雨。巨野：

四月十八日雨雹，夏秋多雨，牛瘟疫。郓城：四月十八日雨雹，夏秋多雨，平地有水，牛多病。邹县：秋大水。济宁：夏黄水为灾，淹没禾稼。鱼台七月河决侯家林，流入境。费县：七月大雨雹。高密：夏大雨雹，伤禾稼，岁歉收。

清　光绪元年（公元1875年）　二月，鱼台河决，境内淹没过半；六月，日照大风雨，平地水深数尺。淄川：大水。范县：河决。掖县：四月二十三日大雨，河水暴涨，六月二十六日午后暴雨，墙塌。鱼台：河决，境内淹没大半。济宁：秋大水，平地深数尺。金乡：大水直抵护城堤。八月，章丘等县降雨过大，山水涨发居民被水。

清　光绪四年（公元1878年）　秋八月，濮州、范县、寿张、阳谷等县水。九月，东平州大雨，伤禾稼；十月，河决东明之高村口，水入菏泽、郓城、巨野、嘉祥、济宁诸县境。阳信：八月河决。淄川：大水。博兴：夏四月大雨雹。东平：九月大雨伤禾家。武城：大水，十月三十日河决白茅坟。

清　光绪五年（公元1879年）　黄河决于历城骚沟等处，次年堵塞复决。平度州等处被水，济南石行被冲。六月，安丘大水。博山、费县河水溢。淄川：五月大雨，诸河俱涨。德平：水哮溢，秋大水。阳谷、冠县：秋大水。莘县：秋大水，八月二十日淫雨起，十日方止。临邑：五月大雨，渚水泛溢。沾化：大雨水。阳信：大雨水，五月渚水泛溢。登州府：五月各属县大雨四十余日，大水成灾。巨野：六月十五日大雨如注，淹伤庄稼，夏秋涝。郓城、成武、济宁、金乡、滕县：夏秋涝。高密：大水。日照：六月大雨，水自山出。掖县：二月初七日大风，海潮异常，濒海被患尤剧，秋大雨。菏泽：夏秋涝。安丘：六月大水。

清　光绪六年（公元1880年）　淄川：大水。泰安：九月淫雨，烂场豆。馆陶：六月旱后大雨，触鼻大臭气，棉禾俱伤。福山：三月十四日大雨，河涨。长清：正月黄河水聚如山，近河庄村树木房屋冲毁者不计其数。

清　光绪七年（公元1881年）　河决齐河北岸席家道口，又河决章丘二图店等处。闰七月大水，大雨如注，日夜不止，潍县、安丘、昌邑等县潍河溃决，濒河村落漂没无算，溺死约数百人。兖州泗河决。秋七月，寿光大雨，昌乐大水，十四日大雨如注，日夜不止。邹平：六月大雨雹，孙家镇一带田禾尽折，九月黄河决。德平：秋大水。聊城：大水。巨野：八月淫雨连旬，坏民庐无算。滋阳（兖州）、曲阜：秋大雨，泗决，涝。高密：秋淫雨。安丘：七月大水。莒县：夏雨雹如卵，柴家官庄雹填井满，月余始释，秋七月大雨连日，城东北五十里之茶血沟，居民两家八口结茅山腰，夜半石崩泉涌，漂没无存。日照：闰七月十六大水漂房舍，濒海诸多溺死者。费县：秋淫雨六旬，木生耳。齐东：四月二十日大雨雹，伤禾麦，七月黄河决东码头，上下村庄多漂没。郓城、济宁、嘉祥、金乡、巨野、泗水：秋涝。

清　光绪八年（公元1882年）　六月，黄水盛涨，历城、章丘、齐东等处民堤漫决。

九月，利津城漫决堤口，同年十一月堵塞。又九月决历城北岸之桃园，由济阳入徒骇河经商河、惠民、沾化入海。同年徒骇河多处漫溢波及阳信、海丰（无棣）、临邑、乐陵、滨州、蒲台（北镇）等处。齐东：连岁黄河决，泛滥成灾。临朐、济南：河决。德平、夏津：河溢，六月二十日田家堰，被灾者百有余村。济阳：六月河决桃园，西南两乡被水淹没，庐舍为墟。齐河：八月河决桃园，十一月合拢。利津：秋禾被水。沾化：黄水漫溢，大饥。阳信：六月黄河溢。单县：三月二十五日雨雹，大如馒头，平地深尺余，麦禾尽偃，树木墙屋折毁无算，自城西北孙家寺至城南滕湾或宽或窄约六七十里。巨野：三月二十五日大雨雹，县西南境麦禾净尽，次日午前复雨雹。安丘：夏四月大雨雹，西乡泥沟等处特甚，大如杯盂，禾木伤损几尽。

清　光绪九年（公元1883年）　一、二月，黄河凌汛，先后决于历城之骚沟，齐东之赵丰站，章丘之九龙口，惠民之清河镇，利津之左家庄、南北岭子、韩家垣、辛庄等处，以上五县皆因凌汛大涨漫堤决口。五月，河决齐河之顾家沟、五里堡，历城之鲁家庄、刘七沟、徐家庄，利津三十四户，齐东之船家道口等处。以上四县民埝先后于伏秋大汛漫溢决口。十月霜降后，河决济阳之曹家庄，齐东之马家庄，蒲台（北镇）之四图、赵庄、许家沟等处，以上三县民埝皆于霜降后河涨漫决。七月，卫河亦在临清胡家湾、江庄及馆陶码头等处溃决。全省黄河决口总计五十余处，四十三州县被淹，淹死人口甚多，灾民百十成群流落北京等地。历城：六月河决小鲁家庄，水至城西北三空桥。博兴：五月黄水淹没麦禾。平阴：七月淫雨不止，城中水深数尺。济南、临朐：河决。齐河：河决，城西各村房舍倒尽，地被沙压。馆陶：夏六月涝，秋八月卫河由码头决口，城北城西被水灾者六十余村。武城：大水，八月刘古河、庄河决，初六日姜家圈河决。冠县：秋大水，山、傅二乡成泽国。莘县：秋漳河决口，洪水自西南入县境，绕城而行三里许，东北入运河。临清：秋七月卫河决胡家湾。临邑：黄河决口溢浸本邑。沾化：黄水漫溢，大饥。阳信：河决清河镇。巨野、郓城、安丘：秋大水。滋阳（兖州）、曲阜：秋大雨，泗决，涝。濮州、济宁、嘉祥、金乡、鱼台、汶上、泗水、邹县、滕县秋涝。峄县（枣庄）：大水。费县：九月雨雹。乐安（广饶）：五月雨雹伤麦。

清　光绪十年（公元1884年）　一、二月，黄河凌汛，长清北岸孔家庄、利津王家庄先后决口。闰五月，河决齐东南岸肖家庄、闫家庄，历城南岸霍家溜、河套圈。七月，东明中汛及郎家营等处决口。惠民徒骇河亦漫溢。鲁北、鲁西受灾。高苑、博兴、乐安（广饶）：大水。济阳：河决豆腐窝西南，西乡大水。齐河：河决，房舍冲倒无算。寿张：秋大水。沾化：黄水漫溢，大饥。阳信：黄水。福山、掖县：涝灾。费县：十二月大雨雪。

清　光绪十一年（公元1885年）　五月，黄河溢，惠民徒骇河溢，沾化大水。三月桃汛，河决齐东之肖家庄、利津北岸三不赶，齐河北岸李家岸、陈家林漫决，又决南岸之赵庄，又河决历城南岸之骚沟。五月决齐河赵家庄，入徒骇河；又决章丘南岸郭家寨入小清河。六月，决寿张孙家码头，分两股，小股漫阳谷；大股穿陶城埠，趋东阿、平阴、肥城抵长清赵王河，半由齐河入徒骇，半由五龙潭出大清河。七月，决长清大码头，入徒骇。九月十一日，武城大水，曹口河（指卫运河）决。临清大雨，平地水深尺余。胶州：大水。全省共有三十五州县成灾。德州：秋河决于城北闸子口。济阳：五月河决李家岸，全县被水。齐河：李家岸合拢复决，六月河决官庄，上自长清，下至济阳、齐东被水淹。馆陶：麦后缺雨，至六月中旬淫雨一连四十余日，淹死禾稼无算，减收。范县：河溢，秋禾尽没。武城：大水，七月黄河决。临清：秋七月大雨，平地水深尺余。临邑：黄河北浸过境。沾化：黄河漫溢，大饥。阳信：五月黄水。安丘：六月大雨。胶县：大水。

清　光绪十二年（公元 1886 年）　桃汛盛涨，章丘、济阳、惠民等县民埝大堤先后漫溢，决口多处，虽将吴家寨、安家庙两处抢堵，而王家圈、姚家口两处口门甚宽，被淹甚广。六月，伏汛盛涨，齐河赵庄、历城南岸河套圈两处同时漫决，冲刷口门甚宽。九月，寿张北岸徐家沙窝圈堤漫溢。濮、范、齐东、青城、滨州、蒲台（北镇）、利津等州县水灾，全省共计三十四州县受灾。范县：河没老岸，弥漫益广。寿张：秋大水。沾化：黄河水溢，大饥。掖县：六月三十日午后风突起，海岸数人刮至空中，久之得下，焦家村坏屋无算，树多折，暴雨霹雳不绝。

清　光绪十三年（公元 1887 年）　正月，长清大谯庄冰开水溢，淹没境内村庄甚多。秋七月，平度大雨，胶河水溢。秋，河决郑州南徙复夺淮入海，至十四年冬郑工告成，河复故道。六月，河决开州大辛庄，灌濮州、范县、寿张、阳谷、东阿、平阴、茌平及禹城等县。济阳：河决，桑家渡东北两乡被水，正月清河决，水溢没境，六月朱河圈决口，七月河决，八月黄河南决郑州，山东河道断流。阳谷：秋河决。东阿：六月二十二日河溢，被水淹。范县：五月河溢，范境被害。莘县：五月大雨，八月大雨霖。寿张：秋黄河决口。沾化：黄水漫溢，大饥。曲阜：四月二十四日大风暴雨，田麦伤，大木拔，秋大水，禾尽伤，大饥。

清　光绪十四年（公元 1888 年）　夏秋，黄河在东明、东阿、济阳、齐河、惠民等县决口八处，河水泛溢。秋，濮州大水，岁饥；平度大雨，河水皆溢；寿光诸河泛滥，淹毙人畜甚多。潍县：秋大雨，自六月三十日起，连绵十三昼夜，七月初三诸河皆溢，淹毙人畜甚多，大疫。淄川：秋淫雨害稼。广饶：七月淫雨十日，平地水深数尺。博兴：七月十一日淫雨彻夜，平地水深数尺，岁饥。齐东：六七月淫雨为灾四十日，八月疫流行，死人无算。昌邑：秋大水，歉收。临淄：四月大雨雹，伤禾，秋大雨水。益都：秋七月大雨水，伤稼。莱芜、博山：秋淫雨伤稼。东平：秋大雨水。潍县：六月十三日起连续十三昼夜大雨，七月初三日诸河皆溢，淹死人畜甚多，大疫。寿光：秋七月大雨连旬，诸河泛滥，淹没田庐禾稼无算。阳谷：秋黄河堤决，禾被淹。沾化：秋大雨水，岁祲。郓城：秋大水，涝。菏泽、巨野、定陶、曹县、成武、单县：秋涝。嘉祥、汶上：秋涝。莘县：七月中旬淫雨为灾，房屋倒塌十之二三。

清　光绪十五年（公元 1889 年）　六月，河决章丘之大寨、金王等庄，又决历城北岸低坊，分溜由小清河经乐安（广饶）入海（十月塞）。七月，决齐河之张村等地，分溜入徒骇河，又决长清北岸阴河、官庄、纸营。章丘县境大寨、金王等庄堤埝漫溢；临黄堤内外受水，漫溢坍塌。七月，黄水大至，惠民、阳信、海丰（无棣）、沾化四县如平川，所有村庄民舍全行漂没，自被水以来，未有甚于此者。昌邑、益都：春饥，秋淫雨。齐东：黄河决。潍城：河水涨，下流村舍多漂没，大饥。寿光：春饥，秋大雨害稼，弥水决韩桥。临朐：淫雨伤稼，秋歉。齐河：秋七月黄河决口，透堤内水深丈余，田庐牲畜尽被淹没，老幼相扶流徙，死尸横野。范县：河决白岗。临清：七月黄河泛滥，平地盈尺，岁饥。沾化：秋黄河漫溢，村舍多倾圮，大饥，七月黄河决，至惠民、阳信、海丰（无棣）、沾化四县如平川，所有民房全行漂没，自被水以来，未有甚于此者，大饥。鱼台：春大饥，秋淫雨，大水伤稼。

清　光绪十六年（公元 1890 年）　山东黄河南北两岸及滨临运河各州县，黄流漫溢，湖水泛滥，滋阳（兖州）等处三十七州县低洼村庄被淹甚广，灾民困苦。夏，沾化黄水漫溢，奉诏赈蠲有差；立秋节前，临邑黄水成灾，田禾子粒不收，国税赦。夏五月，卫河决临清胡家湾，六月卫河决塔湾、大营村、张家窑，六月十七日夜间卫河又在馆陶马头决口，水势较前更甚。秋，巨野大水淹没禾稼无算。五月二十三日，泗水淫雨，济、泗两河俱溢，村庄皆被灾，东关尤甚，冲塌房屋湮没人口无算。五月，昌邑潍河泛溢，秋歉收。夏，费县大雨，河溢东门外，石坝冲毁，沿河村庄多被漂移。昌邑：五月潍河泛滥，秋歉收。临淄、益都：夏五月大雨弥月，伤禾稼。潍县：夏五月大雨。寿光：秋大雨十余日，弥水决杨家庄垒村。德州、夏津：河溢，六月田稼堰溃决数丈，被灾乡百有余村。阳谷：夏淫雨为灾。馆陶：夏六月卫河决，水涝较前更甚。武城：大水，五月二十三日南关河决。茌平：久雨，圮庐伤稼。平原：大水，马颊河溢，淹民田。莘县：夏五月大水，田禾淹没，岁大饥。临清：夏五月卫河决胡家湾，六月卫河复决。临邑、阳信：六月黄河溢漫，较上年略小，民饥。寿张、巨野、郓城：自五月十八日至六月十八日大雨连绵，夏涝。泗水：五月二十三日淫雨，泗、济两河俱溢，村庄皆被灾，夏涝。邹县：五月二十四日大雨，山洪暴发，河水冲压良田，夏涝。曲阜：五月二十四日泗河决口，已登场麦冲去极多，房屋倒塌无算，夏涝。滕县：夏五月二十四日大雨，坏屋舍无算，龙泉塔底层被水，夏涝。菏泽、曹县、济宁、嘉祥、金乡、鱼台、汶上、滋阳（兖州）：夏涝。无棣：夏六月大水围城，坏室庐。

清　光绪十七年（公元 1891 年）　夏六月，商河大水，岁大饥。七月十一日，文登县大雨，海溢，河水暴涨，东南乡之高村集，东北乡之桥头集，西南乡之周格庄、望仙庄、东村、泽头集、桥上村、邢家、姚山头诸处，冲毁庐舍数千间，田地万余亩，自嘉庆二十三年大水至是年六十余年续遭水灾。临朐：二至五月不雨，五月二十五日始雨，连绵四十余日。冠县：秋大水伤禾。巨野：八月中秋彻夜大雨如注，井口半没。齐河：秋涝，禾歉收。

清　光绪十八年（公元 1892 年）　本届伏汛，卫河漫溢，黄水秋泛盛涨，加以雨水山泉同时汇至，河身不能容纳，卫运两河同时并溢，所有惠民等州县沿河村庄被淹甚广。闰六月，决惠民北岸白茅坟，归徒骇入海，又决利津北岸张家屋；七月，又决济阳北岸桑家渡及南关灰坝，水汇自茅坟归入徒骇，又决章丘南岸之胡家岸，由小清河之羊角沟入海。夹河之内，一片汪洋。迁出历城、章丘、济阳、齐东、青城、滨州、蒲台（北镇）、利津八县灾民三万三千二百九十七户，计三百五十村。淄川：大雨，淄水溢。博兴，秋淫雨，岁歉。齐东：黄河决，县城漂没。寿光：秋大雨，冬十月海水溢，羊角沟商船漂没十余艘。馆陶：闰六月河水溢，卫河东西两岸各县几成泽国。武城：大水。临清：卫河决大营村。临邑：黄河决，北溢。沾化：黄河决口。阳信：河决南北王庄。齐河：秋淫雨，大歉。莱阳：秋大水伤禾，秋涝。文登：秋大雨，涝灾。海阳、牟平、荣成：涝灾。济宁：秋泗河堤溃数处，秋涝。嘉祥、金乡、泗水、曲阜、滋阳（兖州）、邹县、滕县：秋涝。胶县：夏五月大雨，害豆苗。费县：冬大寒，井皆结冰，厚数寸。昌邑：十月海水漫溢，沿海坏庐舍。

清　光绪十九年（公元1893年）　是年，河复决惠民唐家；黄河凌汛，济阳桑家渡及惠民崔家二处同时漫决，又河决长清北岸大码头。秋，卫河大决口，冠境村庄半成泽国，秋禾多被淹没。齐东：五月二十三日大雨雹，禾麦尽伤，七月七日黄河决，毁田庐无算。济阳：夏六月河决，秋涝，岁歉。冠县：秋卫河大决口，冠境村庄半成泽国，秋禾多淹没。沾化：黄河决口。阳信：河决。栖霞、招远：涝灾。惠民：正月初三日河决河套崔家，附近村庄庐舍荡尽。阳谷：大水。

清　光绪二十年（公元1894年）　秋七月，馆陶卫河决，两岸决口十余处，首当其冲者土屋皆倾，人畜致被淹毙，各乡义士救死赈生，正赋分别蠲缓。黄河由沾化白龙湾决口，河决齐东南岸大赵家，又决寿张南岸赵庄。博兴：秋涝，歉收。齐河：秋淫雨，岁饥。武城：七月河决。沾化：黄河决口。惠民、海丰（无棣）、乐陵、商河、济阳、齐河、蒲台（北镇）：涝灾。

清　光绪二十一年（公元1895年）　黄流伏汛盛涨，利津吕家洼地漫口。六月二十二日，黄河先后在齐东北赵庄和寿张高家大庙堤身坍塌数十丈；吕家洼漫口，大溜旁夺，已成海口形势，碍难堵合。河决张家楼，东平州境人民猝不及防，水骤至，田庐漂没人民溺死无数。六月，博山大水，永济桥石栏半被漂没，山头庄受害尤甚；安丘大水，连日大风雨坏室庐无算，运河居民被害尤甚。淄川：六月大水。博兴：黄河决口，田禾尽淹，岁饥。寿光：六月大雨害禾稼。临朐：六月霖雨四十日。齐河、临邑：秋涝成灾，岁歉。武城：大水。昌乐：六月大水，连日大风雨，毁屋舍无算。

清　光绪二十二年（公元1896年）　六月，河决利津南岸的韩家，又决陈家。又复决寿张南岸赵庄、利津赵家菜园，水由东北土塘下流，与吕家洼漫水合而北注。又左庄决口，该庄塌入河内，又河决郓城南岸侯家寺，旋即堵合。郓城南岸罗楼民埝决口。博兴：大雨倾盆为涝，岁饥。昌邑：十二月雨雪交加，天温，潍涨。寿张：六月黄河决口。临邑：五月烈风疾雨，七月大雨数日，民屋多倾圮。沾化：黄河决口。阳信：七月大雨，村庄中房屋倒圮者甚多。宁津：七月大雨数日，墙垣浸塌，贫民多无居处。滕县：涝。峄县（枣庄）：冬霖雨五十余日，山泉皆开，淹伤二麦，大寒，树多冻死。

清　光绪二十三年（公元1897年）　正月，河决历城、章丘交界之小沙滩、胡家岸，由郭家寨经齐东、高苑、博兴、乐安（广饶）等县入海。五月，决利津西口（北岭子、西滩）汇由迤南丝纲入海，东抚李秉衡请留为入海之路。十一月，决利津北岸姜庄、马庄，由沾化之洚河入海（次年正月塞）。齐东：黄河正月决。齐河：秋淫雨，岁歉。寿张：五月十九日起，一月内逐日大雨，麦大熟已登场，浸湿漂没。临邑：暴雨。济宁：秋七月大雨，禾尽淹没，夏秋涝。金乡、嘉祥、鱼台：夏秋涝。

清　光绪二十四年（公元1898年）　六月，河决历城南岸杨史道口，夺溜十之五六，经高苑、博兴、乐安（广饶）一带，由小清河入海。决寿张杨庄，由郓城穿运仍入正河。决东阿王家庙，分溜十分之一，由茌平、禹城等直入徒骇。决济阳桑家渡，分溜十分之四，由商河、惠民、滨州、沾化等徒骇直趋洚河入海。临邑，时值处暑，黄水三次为殃，平地深及二尺，秋禾子虚，口税赦；惠民桑家渡黄河决口，被害者八百余庄。六、七月，黄河在东明、历城、利津等县决溢10余处，沿河州县受灾。淄川：孝妇水深丈余。广饶：河决韩家庄，泛滥新清河南北六十里，县城一带民舍全行淹没。博兴：七月河决韩家口，新清河南北六十里田禾均淹，水势大。齐东：黄河六月泛滥全境，小清河两岸尤甚。东平：黄、清两河皆决，造成七年未有之巨灾。寿光：夏四月雷震，秋淫雨。东阿：六月大堤决。茌平：黄河漫溢，漂没田庐，流亡人畜，不可胜计。平原：夏大水。寿张：黄河决口，灾民甚多。临邑：连绵雨害禾稼，黄河成灾。阳信：秋雨害稼，黄水继至，大饥。莱阳：五月大水。巨野：秋大水，淹没庄稼无算。泗水：秋涝。峄县（枣庄）：夏四月大水，岁大饥，人多饿死。泰安：六月八日大雨雹。

清　光绪二十五年（公元1899年）　五月二十四日，淄川骤雨，大水，西关六龙桥冲塌数丈，居民受害甚多。东平州、高苑县城垣被水坍塌。六月，又河决惠民北岸白龙湾。十一月，黄河凌汛，决历城王家梨行、东阿北岸陶家咀、鄄城南岸双李庄民埝，又河决寿张南岸大堤。

清　光绪二十六年（公元1900年）　正月十六日，蒲台（北镇）南岸夏家楼凌汛决口五道。正月十七日晨，凌汛暴涨，滨州境内张肖堂家堤埝冲漫成口，因上年冰冻结阻，本年河水陡涨，以致溜势湍急，堤口五十余丈，夺溜直趋东北，历滨州、惠民、阳信、沾化、利津等境内由洚河入海。六月二十八日，菏泽双河岭原障东堤冲决，口门宽一千一百米。寿光：春海水溢，秋大水。齐河：秋大雨雹。清平：八月淫雨害稼。乐陵：暴雨成灾，全部庄稼涝死。济宁：秋大水。嘉祥、鱼台、汶上、曲阜：秋涝。

清　光绪二十七年（公元1901年）　六月，惠民北岸五甲杨决口，又章丘南岸陈家窑决口。五甲杨决口六十八丈，淹二百余村。邹平：黄河决，仁义、梁邹二乡漂没殆尽。齐东：六月二十二日黄河决。东平：夏六月清河在古台寺决口，附近十余村庄均被灾。寿光：秋淫雨伤禾稼，墙屋倾颓，弥水溢。齐河：大淫雨，岁饥。高唐：六月下旬淫雨，大风。平原：六月淫雨，浃旬不止，民房倒塌，淹没田禾四千顷。临邑：六月大雨害稼。阳信：六月城西南雨雹害稼，各村房屋倒塌甚多。蒙阴：六月大雨损稼。恩县：六月二十日大雨数日不止，民房多倒塌。

清　光绪二十八年（公元 1902 年）　八月，河决惠民北岸唐家，又河决阳谷北岸五泽；利津南岸冯家漫决，刷宽三十余丈。八月，河决寿张北岸大寺郭、陈桥、玉皇岭、高岭庄、米家等处口门五道，漫溢成灾；又决东阿于窝北民埝。胶州，大水，秋七月疫。邹平：大雨雹伤稼。博兴：六月十一日雨雹伤稼。泰安：西部山洪暴发，冲毁房屋，冲走人畜。济宁：秋大水。掖县：大水。齐河：秋涝成灾，岁歉。乐陵：三月平地积水盈尺，庄稼涝，减产十之七。

清　光绪二十九年（公元 1903 年）　一月，黄河凌汛，惠民刘旺庄决口。六月，黄河决利津宁海庄及东明焦庙。闰五月中旬后，连日大雨，各河同时盛涨，东平州、费县、平阴、东阿、阳谷等县猝被水灾，冲塌房屋并有淹毙人口。六月上旬，福山、烟台一带大水，河水陡涨，冲塌民房三千余间，淹毙一百五十余人。齐河：夏淫雨，黄河盛涨。临清：夏秋河水盛涨。乐陵：大秋庄稼全部涝死。济宁、汶上：夏涝。安丘：夏五月大风雨雹，十三日傍午异风突起，冰雹大作，骤雨如注，南乡、官公、刘家营、卞家龙诸村大木皆拔，庐舍摧毁几尽。

清　光绪三十年（公元 1904 年）　正月，利津境北岸王庄等处，凌汛暴涨，大堤冲漫成口，被淹五十余村。六月，伏汛盛涨，利津县境薄庄堤埝溃溢，口门宽一百丈余，被淹二十余村庄，盐滩二十一副，南岸十六户废埝冲毁，溜势自盐窝下移……，薄庄决口，水由徒骇入海。本年，黄河在利津、范县、郓城等县决口七处。范县：六月河决杜家庄，冲本境及寿张。济宁、嘉祥、金乡、鱼台：涝灾。

清　光绪三十一年（公元 1905 年）　齐河：秋淫雨，岁歉。济宁：大水。安丘：秋九月雨雹。

清　光绪三十二年（公元 1906 年）　临朐：夏霖雨五日。齐河：秋涝，岁歉。临邑：五月各湾水溢，俗名水啸。

清　光绪三十三年（公元 1907 年）　齐河：大雨，岁歉。沾化：黄河决口，东北部受灾。北镇：大雨雹，禾稼减收一半。诸城：水灾，场里庄稼被冲。胶县：水灾。

清　光绪三十四年（公元 1908 年）　七月，广饶大雨如注，淄、阳、女三水并溢，禾尽死，岁饥。七月二十三日，莱芜夜大雨，汶水溢，漂没二百余村，人民溺死无算。七月，博山大雨越二十三日始霁，诸河涨发，池埠庄漂没大半，又兼虫灾禾稼尽伤。秋八月，临沂大水，冬牛瘟。七月二十三日，博兴大雨倾盆变旱为潦。淄川：七月二十三日大水，七月大雨越二十二日，诸河涨发池埠淹没大半。寿光：秋七月大雨，弥水溢。掖县：涝灾。

清　宣统元年（公元 1909 年）　潍县、济宁：大水。嘉祥、金乡、鱼台、汶上、泗水、曲阜、滋阳（兖州）、邹县、滕县：夏秋涝。临沂：夏六月大水，秋无豆。兰山（临沂）、费县、郯城、沂水、安丘：涝灾。

清　宣统二年（公元 1910 年）　是年，濮阳李忠陵民埝漫决；又菏泽南岸王升屯民埝坍塌河内，当即抢修大刘屯新堤。博山：淄水溢。夏六月，巨野大雨，苗禾淹没殆尽。安丘：冬十二月除夕大雨，是日午前微雪，至晚大雨彻夜不息，沟渠皆涨。胶州：正月空中有声如雷鸣自东南而西北，十二月晦大雨终夜，河水暴涨。平度：河水皆溢。淄川：水溢，五月五日大雨雹，汶河涨溢，南博山一带麦尽伤。齐河：淫涝，岁歉。掖县、胶州：涝灾。

清　宣统三年（公元 1911 年）　是年，河决东明县南堤（刘庄西）；又寿张北岸梁集民埝漫决。阳信：元旦大雨雪……三月十一日子时疾风暴雨，辰雪二寸，……二十日大雨倾盆水深数尺，七月初六日夜大风拔树，雨甚，房舍倾圮者尤多。春正月，胶州、莱阳大雨，河水漫溢。本年，黄河等河水涨溢，五十余州县受洪涝灾害。昌乐元旦大雨，自去岁除夕雨终夜不止；莱芜：元旦大雨滂沱雷鸣；临清、清平：冬十月雷电以雨。临淄：元旦大雨，秋大水。博山：三月雨雹损麦，五月五日大雨雹，秋蝻子生，岁歉。潍县：春正月初一大雨，自去岁除夕一夜未止，秋八月初八日大雨，西城、北城圮，冬十月初七南城圮。寿光：除夕大雨，至元旦不止，水盈尺。淄川：三月二十四日大雨，二小时平地水深三尺。齐河：秋淫雨，岁歉，元旦大雪数尺。平原：夏秋大水。莘县：秋大雨，禾尽拔。沾化：十二月大雨，房屋倾塌。莱阳：正月大雨，河水漫溢。福山：正月大雨如注，河水暴涨。菏泽、巨野、定陶、曹县、单县、成武、济宁、嘉祥、金乡、鱼台、汶上、曲阜、邹县、滕县：秋大涝。安丘：大水，涝灾。诸城：年五更发大水，是年涝灾。莒县：元旦大雨，河水涨溢，石桥冲决。掖县：秋连月大雨，河水涨溢。峄县（枣庄）、兰山（临沂）、费县、郯城、沂水、莒州、日照、高密、胶州：涝灾。

民国　元年（公元 1912 年）　淄川：正月二十一日大雨，涝。乐陵：五月大雨，平地积水，庄稼涝死，减产十之六。平度：秋大雨，河水皆溢，岁饥。

民国　二年（公元 1913 年）　七月，黄河决于濮阳习城集以西之双合岭。山东民堤决濮阳杨屯、黄桥、落台寺、范县宋大庙、王大庄等处。双合岭决口未堵，次年口门刷宽二点六千米多，水由东北趋陶城埠，漫淹山东濮、范数县；次年冬“冰积水涨，黑夜漫淹，呼号震骇，……人民荡析离居”。范县平地水深七八尺，房屋倒塌，财产牲畜漂没殆尽。广饶西南乡大水。诸城大水，倒房甚多，平地上升泉水。乐陵：五月十三日大雨，庄稼淹死十之四。诸城：大水，倒房甚多，平地上升泉水。牟平：秋淫雨害稼。

民国　三年（公元 1914 年）　沂、沭、潍、弥、白浪、胶莱、大沽等河决溢，全省一百一十一个县中有六十七个县成灾。郯城沂河杜村决口，淹五十多个村；沭河红花埠南炮台决口，冲地五百余亩，莒县大雨，沭河支流浔河水溢，淹数十个村；潍县水深数尺，白浪河铁路桥被洪水冲毁；昌邑潍河决，城东门水深九尺；寿光弥河决寒桥百丈余；莱阳大雨连绵，谷生芽，河水泛滥；平度大雨，胶莱河、大沽河俱溢；胶县大沽河右岸决口两处，冲毁胶济铁路长三十丈；即墨大沽河涨溢决口；北京政府拨款三万余元赈济。广饶：秋西南乡大涝。博兴：夏秋间新清河决，漫溢成灾。寿光：秋大水，谷在野糜烂，弥水决寒桥百余丈，海水溢，羊角沟镇损商船百余艘。淄川：七月大雨，涝。泰安：七月二十一日西部山洪暴发，冲毁房屋人畜。阳谷：决河，平地水深七八尺，房屋倒塌，财产牲畜漂没殆尽。莱阳：秋大雨连旬，谷生芽，河水泛滥。邹县：秋淫雨为灾。胶县：大水。诸城：春无雨，到五月连降雨四十多天，七月十九日发大水，庄稼全部涝死，房屋倒塌，冲走许多东西，潍河两岸一片汪洋，两天才消去。

民国　四年（公元 1915 年）　寿光：夏六月风雨暴作，禾偃木拔，弥水溢。齐河：秋涝。阳信：六月大雨，禾稼被淹。曲阜：涝灾，小麦受灾基本绝产。胶县：夏六月大雨，河水涨溢。平度：秋大雨，河水溢。胶县、即墨大雨成灾，平地水深三尺至四尺，田禾庐舍尽在水中，坍房二千余户，溺死数千人。

民国　五年（公元 1916 年）　曲阜：大雨雹，毁伤麦禾殆尽。恩县：夏六月下旬暴风疾雨自西北来，大木为拔，禾稼尽偃，约历两小时始息，道路为树木横塞，车马不通者数日。

民国　六年（公元 1917 年）　秋，黄河在东明、范县、寿张等县决口为灾。七月一日，东明县二分庄漫决，口门宽约二百米，二十日范庄漫决，口门宽一百六十米。东明县志："被灾者百余村，平地水深数尺，田禾大半淹没"，以上两口十月堵合。八月七日，东明小庞庄、谢寨决口，同月范县徐屯、寿张县夏楼民堤决口，先后堵合。博兴：秋大雨，晚禾被淹。东平：秋淫雨。乐陵：先旱后涝，全县庄稼基本绝产。德州：秋运河决口。齐河：秋淫雨，两河漫溢，岁歉。莘县、朝城：雨水为灾，被灾十之七。临清：卫河决。巨野：秋大水。菏泽：秋阴雨连绵，河水猛涨，水灾严重。馆陶：夏秋之间卫水三涨，河东油房村决口，被灾者三十余村，平地水深二尺，小麦不能播种。

民国　七年（公元 1918 年）　夏秋，汶、运等河溃决为灾。六月下旬以来，鲁西大雨，山洪暴发，汶河决口七十余处，成灾面积二百五十万亩。据治淮委员会一九五七年调查报告，估算该年汶河大汶口洪峰流量达每秒一万零三百立方米，东平县大清河决口数处。济宁湖、河漫溢，"灾民数万，荡析流离"。运河决于恩县，淹村二百三十四个，淹地七十二万亩。桓台：春旱至麦熟，大雨雹，秋又大水，田禾灾。泰安：五月大雨，汶水溢，冲倒民房无算，八月汶河决口，沿河房屋大部被淹。乐陵：大涝，庄稼绝产。巨野：六月大水，禾苗淹尽，济宁至巨野舟楫通行。临朐：四月十六日大雨雹，自八岐山至冶源一带麦一粒不得。恩县：秋七月运河决口，堤下西北一带淹没二百三十四村，计地七千二百余顷，较重村庄庐舍倒塌，颗粒未获，为空前未有之浩劫。

民国　八年（公元 1919 年）　齐河：秋涝，岁饥。乐陵：涝，庄稼绝产。

民国　九年（公元1920年）　淄川：七月初四日大雨水，涝。博山：七月初四日大雨水。泰安：八月阴雨，汶河发大水，两岸树被冲走。

民国　十年（公元1921年）　伏秋，黄河在利津县宫家坝等处决口。六月十一日，东明县黄涸决口，口门零点五千米，全县被灾三百二十个村，九月堵合；同月，又决东明县高村、菏泽县刘庄，菏泽等县受灾。七月十九日，利津县宫家坝决口，口门初宽二十三米至二十七米，未及两月刷至一点五千米，夺溜十分之八，至一九二三年（民国十二年）才堵合。被灾区域，利津二百余村，沾化八十余村，滨州五十余村，约计面积一千三百五十平方千米。所有灾民，除有力者迁徙不计外，其无家可归露宿大堤者，约六万余人，饥饿号呼，餐风饮雨。淄川：夏淫雨四十余日，涝。广饶：秋大水，北乡尤甚，灾民十万之多。博兴：秋淫雨为灾，河水泛滥，田禾尽淹。齐河：淫雨连绵，黄河盛涨。齐东：七八月阴雨连绵。泰安：六月雨四十日，汶水溢。东平：秋苦雨兼旬，清、汶两河决口淹没庄稼。临朐：夏秋之交大霖雨，夏阴雨四十余日，七月初十后大雨，山洪暴涨，溺死者众。临邑：雨水过多，洼地均遭淹，民饥。北镇：大雨。菏泽：伏天大雨，一连三日余，黄河暴发，六月十一日河决，八月中旬又降大雨，昼夜不停，一片汪洋，颗粒不收。单县：五月大淫雨，五月晦至八月十五日连绵八十余日，护城堤西北角被水冲开，堤内水深数尺。滕县：大雨五十余日，岁大饥。曲阜：四月涝灾，小麦受灾甚重，基本绝产。金乡：五月到十二月多雨，庄稼全部淹没。长清、沾化、茌平、博山大雨水。秋七月，荣成大雨，河水上岸，石岛南头屋内水深六尺。

民国　十一年（公元1922年）　七月，濮县寥桥（今属范县）黄河民埝决口，九月堵合，次年八月又决，濮县、范县、寿张、阳谷各县约计四百余村，平地水深二、三尺不等，房屋半归倒塌，田禾尽行淹没。本年，黄河凌汛决口，淹没滨县、蒲台（北镇）、利津三县数十村。淄川：七月大雨。博山：七月大水。阳谷：六月河决廖桥。德州：五月雨雹，灾重。胶县：秋七月大雨，二河涨溢。

民国　十二年（公元1923年）　淄川、博山：大水。东平：夏雨雹伤麦。无棣：秋淫雨伤稼。

民国　十三年（公元1924年）　夏，馆陶卫河水溢，由河东邑城西北乔庄决口，庐舍倾塌，秋禾淹没，被灾者三十余村，秋征分别蠲缓。东平：秋八月河决黄花寺，县境西南各村秋禾尽被淹没。济阳：正月初二大雨。恩县：秋八月运河决，淹一百一十三村，计地三千八百五十余顷。

民国　十四年（公元1925年）　八月十三日，濮阳李升屯（今属东明），黄河民埝漫决约一点七千米。九月二十日晚，黄花寺（现属梁山县）南岸大堤被冲决，二十七日又决黄花寺下游一点五千米处。“黄水汹涌，建瓴而下。经濮、范、郓城，直冲寿张，顿时四县尽成泽国，秋禾收获，颗粒俱无”。灾区一千五百平方千米，灾民二百万人。广饶：春黄河决口于利津五家院。恩县：夏四月雨雹，大如鸡卵，重处无麦，轻处秋收每亩仅十余斤。八月，青岛李村大水，十日，夜雨倾盆，山洪暴发，李村区计被灾三十一村，淹死六十九人，冲毁房屋七百六十余间，淹地三千六百余亩。

民国　十五年（公元1926年）　伏秋，黄、运、泗、大沽等河决口为灾，口门宽一百三十多米，水势东泻，流入巨野赵王河，宽十五里，东明、菏泽、郓城、巨野、嘉祥等县被灾。同时运河漫溢，淹没金乡三百一十村，淹嘉祥八百余村。伏秋大汛，利津县八里庄、芦家园黄河民埝决口，十二月十日，黄河凌汛，复由芦家园决口漫溢，淹八十余村。泗河决口，淹兖州、曲阜等地村庄。胶县大沽河左岸张院村决口，胶济铁路路轨冲毁多处。寿光：夏六月暴雨，弥河决杨村，丹水决西稻田，冬大雪。齐河：秋淫雨，涝。临清：六月初五日大风从西北来，骤雨交加，数日不止，禾偃木拔，室庐多毁。临邑：雨水成灾。菏泽：六、七两月阴雨连绵。曲阜：泗河决口，大水冲毁墙屋禾稼甚重。单县：四月朔雨雹，入曹马集出浮垌集，宽六七里不等，深二三尺，坏麦无算。恩县：五月初六日大风雨，大木皆拔，倒房屋墙壁无算，秋大雨，淹堤下洼一百零六村，计地三千八百八十顷有余。东明：黄河决，城东水深三尺，房屋倒塌，六月八日夜大风忽作，猛烈异常，黄河渡口中汛高村至下汛黄庄一带所泊商船沉落一百余只，约共损失“大洋”三十万元上下。东明，夏六月疾雨澈昼夜；单县，六月二十五日夜骤雨；冠县，六月大风雨拔木伤稼；清平，夏烈风暴雨；夏津，六月初五日大雨倾盆；临邑，雨水成灾；长清，夏淫雨滂沱三昼夜不止。

民国　十六年（公元1927年）　齐东：六月二十八日大雨。乐陵：六月平地水半尺余，成灾十之二。长清：夏风雨骤作三昼夜，木拔禾偃，歉收。

民国　十七年（公元1928年）　二月二日，黄河凌汛，利津棘子刘、王家院等处大堤漫溢决口，河东一带之村庄尽成泽国。平地水深两丈余，冲没百余村，淹死千余口。王家院决口于三月下旬堵合，棘子刘决口于八月十六日堵合。淄川：七月大雨。广饶：黄河由利津记家庄、棘子刘先后决口。临朐：七月二十四日始降大雨。博山：七月大雨五昼夜，淄水涨，冲没农田七千余亩。齐河：大淫雨，禾歉收。诸城：秋连绵大雨，晚秋作物大都淹死。

民国　十八年（公元1929年）　黄河凌汛，利津扈家滩决口，淹利津三十余村，次年六月十日堵合。八月，黄河在利津纪庄决口，改道由陡崖头入海。同月，东明县黄庄漫口，三百余村受灾，九月堵合。广饶：黄河由利津记家庄决口。冠县：秋淫雨为灾。菏泽：六月中旬大雨，平地水深二尺多，河决。恩县：秋淫雨连绵经旬，堤下低洼村庄被淹七十一村，计地二千二百二十九顷有奇。东明，六月中旬大雨倾盆平地水深三尺；茌平，秋大雨茌城房舍损坏极多。

民国　十九年（公元1930年）　全省四十五县受水旱灾，灾民四百一十点六万人．济南大雨为灾，马路水流成河，房屋坍塌两千间，居民登城避水。广饶：黄河复由利津决口。泰安：八月泰山山洪暴发。齐河：大淫雨，秋禾不登。阳谷：河复决，平地水深七八尺。德州：夏大雨，低田淹没。莱阳：大暴雨，麦禾尽伤。临沂：大雨。长清：夏秋之交大雨如注，平地水深数尺，秋禾淹没。恩县：雨水伤稼，被害九十八村，计地三千二百三十六顷有奇。

齐河：大淫雨，秋禾不登。阳谷：夏河复决，平地水深七尺。德州：夏大水，低田淹没；恩县，雨水伤稼（东平县志）。八月一日，崂山李村一带雨灾，各种损失合七十三万元。

民国　二十年（公元 1931 年）　黄河、大清河决口为灾。黄河在利津县决口两处：二月五日崔庄民埝因凌积水涨漫决；八月尚家屋子民埝冲决。东平大清河决口，水围城下，田禾淹没。淄川：大雨水。博山：大雨水。齐河：秋雨成灾，大歉。临邑：淫雨为灾，岁大歉。北镇：暴雨，庄稼绝产。乐陵：六月大雨，房倒一千余间，减产十之五。东阿：六七两月大雨兼旬，坏民庐舍，禾稼淹没大半。九月五日，威海大雨，毁桥，冲堤，庄稼被淹没，市内东门外一带屋内水深数尺。

民国　二十一年（公元 1932 年）　博山：六月二十二日大雨，被水灾。淄川：夏涝，庄稼无收。临邑：淫雨为灾，禾稼小减。齐河：夏洪淹没庄稼。长清：秋雨为灾。

民国　二十二年（公元 1933 年）　八月十日，黄河陕县水文站出现洪峰流量每秒二万二千立方米，花园口站推算洪峰流量每秒二万零四百立方米，最大十二天洪量达九十一点九亿立方米，最大十二天输沙量达二十一点一亿吨。洪水自孟津一出峡谷，从河南温县、武陟到长垣、兰封、考城两岸共决口六十一处，京广铁路桥被冲垮数孔，交通中断，“河水飞涨八尺，水面与平汉路铁路桥平，铁桥之七十七、七十八两洞为急水所冲东移数寸”。洪水淹没了整个北金堤滞洪区，溃水于陶城铺退入黄河。右岸在兰封、考城决口，曹县、巨野、定陶、单县惨遭淹没，水分两路，一股向东流入南四湖；一股经东明、菏泽入南四湖，这次洪水决口共淹冀、鲁、豫、苏四省三十个县，受灾面积达六千五百九十二平方千米，人口二百七十三万（其中伤亡一万二千七百人），财产损失二点零七亿元（银元），据有关县志记载：“两岸水势皆深及丈余，洪流所经，……庐舍倒塌，牲畜漂没，人民多半淹毙，财产悉付东流，挟带泥沙淤淀一二尺至七八尺不等。当水之初，人民竟趋高埠，或蹲屋顶，或攀树枝，馁饿露宿。器皿食粮，或被漂没，或为湮没，人民于饥寒之后，率皆挖掘糗粮以充饥腹，情况之惨，不可言状……”。此次洪水山东二十二个县受灾，被淹村庄六千五百八十一个，冲毁村庄六百八十六个，受灾人口二百一十万，淹耕地四百二十四万亩，倒塌房屋二十九万间，伤亡一百八十人，饥而无食，遂致恶疫流行，惨不忍睹。东平：秋河决，灌入县境。阳谷：河水溢，平地水深四五尺。齐河：夏涝淹死庄稼。

民国　二十三年（公元 1934 年）　九月，黄河在河口一号坝上决口后一漫无际，以后形成三股，走老神仙沟、甜水沟及宋春荣沟入海；黄河决口，长垣、濮阳一带尽成泽国，直至翌年三月，仍大水围城，灾情奇重。七月，莱阳白河、潴河泛滥，附近禾稼淹没，庐舍倒。广饶：秋黄河决口于利津寿光围子，南流入境。阳谷：八月二十四日河复决口，水入范境，仅与堤岸平之，至十月下旬陡涨，平地水深数尺，禾苗多淹没。临邑：先旱后涝，秋歉收。德州：大雨，田禾冲毁，减收。莱阳：七月大水，白河、潴河泛滥，附近禾稼淹没，庐舍倒。

民国 二十四年（公元 1935 年） 花园口洪峰流量每秒一千四百九十立方米，七月十日，山东省鄄城董庄堤防决口，分正河水十之七八，溜分两股，小股由赵王河穿东平县入运河，合汶水复归正河；大股则平漫于菏泽、郓城、嘉祥、巨野、济宁、金乡、鱼台等县注入南四湖，由运河入江苏。泛滥区域达一万二千二百一十五平方千米，淹及山东、江苏二十一个州县，受灾人口三百四十一万，伤亡三千四百五十人，经济损失达一点九五亿元（银元），其中山东省有十五县受灾，淹没耕地五十四万平方千米，淹没村庄八千七百余个，灾民二百五十余万人，淹死三千零六十五人，倒塌房屋近百万间。受灾地区“田庐冲没，村舍为墟”，“哀鸿遍野，触目惊心”。据调查报告所记：东平水深达五米，三分之二土地被淹，淹没面积达一千六百五十平方千米，被淹村庄五百三十个，伤亡三百六十八人，县南王老虎一带村落尽毁，人迹极稀，周围数十里内渺无人迹。东阿全县七百二十个村中被淹者达六百五十村之多。济宁到长沟一段，运河两岸黄水一片汪洋，禾稼多被淹没，菏泽、巨野均为溃水大溜行进区，灾情之重不亚于郓城。馆陶，八月五至八日，四天大雨如注，每次约两刻钟之久，房屋倾塌，禾尽淹没。泰安：大雨成灾，墙倒屋塌。清平：七月淫雨为灾。阳谷：七月一日黄河上游水涨，冲塌漫溢。邹县：秋鲁西大水，分配灾民在邹县就食者三千余口。金乡：特大水灾，死人不计其数。

民国 二十六年（公元 1937 年） 夏秋，黄河在长清、齐河、博兴、利津、垦利等县决口为灾。八月十四日，长清宋家桥民埝漫决，口门宽五百米，水沿小清河下行，淹及济南商埠一带及张庄飞机场，历城、章丘、齐东等县数百村受灾，当年堵合。八月二十六日，博兴正觉寺（麻湾）大堤冲决，分流至寿光从小清河入海。此外，伏汛期间，利津甘草窝子扒口一处，口门宽一百一十米，水落后堵旱口；垦利三合村决口，口门宽一百四十米，水落后干堵。乐陵：七月淫雨四十天，成灾十之四。曲阜：六月二十五日地震，接着大雨倾下，遭受水灾。

民国 二十七年（公元 1938 年） 诸城：七月上旬涝灾，大部村庄萧条冷落，满目凄凉，群众离乡背井逃荒要饭饿死者不计其数。

民国 二十八年（公元 1939 年） 七月十九日至二十一日，卫运河在临清县花园庄、江庄、武城县甲马营及夏津、馆陶等县决口二十九处，受灾面积一百七十一万亩，灾民约四十万人。

民国 二十九年（公元 1940 年） 七月五日，滋阳（兖州）县泗河溃决，滋阳（兖州）、邹县、济宁间东西约五十五千米，南北约四十千米悉被水淹，水围滋阳（兖州）县城，灾民数十万。乐陵：六月连阴雨七天七夜，倒屋千余间，淹死庄稼十之五。

民国　三十年（公元 1941 年）　诸城：七月中旬又遇涝灾，一片汪洋，庄稼多涝死。北镇：暴雨，平地积水二尺余，庄稼减产八成以上。

民国　三十一年（公元 1942 年）　北镇：涝灾，农作物绝产。

民国　三十三年（公元 1944 年）　莱阳：大水，白潴河泛滥，附近禾稼淹没，房屋倒坍。

民国　三十四年（公元 1945 年）　淄川：六月大水，桥冲毁，冲煤千万吨。乐陵：六月平地积水三十厘米，庄稼淹死十之三。七月二十七日，招远大雨，冲毁农田二十四万亩，倒塌房屋二千五百间，淹死六人。

民国　三十五年（公元 1946 年）　八月十五日，潍河、白浪河溃决为灾。八月淫雨，山洪暴发，潍河、潍汶河在潍县境夹河套、徐家庄、港涘、于渠等处溃决，淹地三点七万亩，倒塌房屋一千八百四十三间；白浪河在潍县境纸房桥、安固庄、马头、官庄等地溃决，淹地近三万亩。八月十七日，章丘绣江河因支流瓜漏河山洪暴发，沿河堤岸自回村至水寨共漫溢决口四十处。河水泛滥，被灾五十余村，淹没田禾一百万亩，灾区内农作物全部被毁，灾情严重，为五十年来所未有。十月中旬堵口工程竣工。

民国　三十六年（公元 1947 年）　沂沭泗地区和胶东半岛发生了大洪水，全省有六十个县成灾。七至八月阴雨连绵，运、泗、洸府及南四湖湖西诸河泛滥，南阳湖数次决溢，济宁、鱼台、金乡、嘉祥、滋阳（兖州）、邹县、滕县、峄县（枣庄）八县淹没耕地三百万亩。受灾重的济宁县灾区占三分之二，秋禾损失八十万亩，鱼台被淹面积二十四万余亩，灾民十五万人。沂水、费县、蒙阴、临沂、苍山、郯城、莒县等被淹面积一百八十多万亩，倒房九点八万间，逃荒十七点六万人。烟台市淹没土地三百万亩，牟平绝产十一万亩。夏，北镇大雨成灾，平地积水一尺；金乡因大雨，受严重水灾；临朐，七八月阴雨，连绵四十余日。

八月二十日，牟平全县暴雨成灾，淹死三百四十一人，绝产十一点零七万亩，塌房四百一十八间；八月二十七日，崂山大雨，毁房一百二十四间，死亡十五人，道路桥涵冲毁甚多。

民国　三十七年（公元 1948 年）　北镇、阳信：涝灾，秋作物减产。乐陵：七月平地积水四十厘米，庄稼淹死十之三。淄川：秋涝。

第四节　公元 1949—2000 年暴雨与洪涝灾害

1949 年　6 月 16—18 日，邹县暴雨，西部河流决口，积水成灾，东部山区水冲沙压损失良田。白马河、大洪河水猛涨数尺，河道决口153处，受灾面积16173亩，冲毁梯田3576亩，减产粮食540万斤，倒塌房屋1239间，伤11人，砸死2人。6月29日，安丘暴雨，全县受灾，逢王、赵戈、王封3个区最重。全县冲毁土地2万余亩，粮食减产50%，部分村庄水深4尺（1尺＝1/3米），浅者淹没豆子。7月中旬，惠民地区暴雨，阳信县部分地区积水80厘米，邹平县受灾作物14.8万亩，广饶县、阳信县受灾37.9万亩，暴雨造成涝灾作物一般减产5～7成，重灾区绝产。7月26日，栖霞县暴雨夹大风，河水溢岸横流，藏家社的泗水、中桥一带5000余亩庄稼水淹2～3尺，全县有47万亩高秆作物折断倒伏，倒房屋5200间，山墙倒塌25万块，冲地3000余亩。7月26～30日，招远因台风造成暴雨灾害，全县受灾，老界河平川处水深5尺，房屋倒塌6861间，倒树73290棵，冲毁土地4919亩。7月30日夜～31日上午，受台风暴雨的影响，海水倒灌，莱阳的羊群和穴坊区受灾。8月15日，乳山暴雨，全县11个乡镇受灾，庄稼绝产653.2万亩，倒塌房屋132间，淹死儿童3人，倒大树1763棵。7～8月，莱州阴雨连绵，山地涌泉，庄稼亦大都涝死，秋歉收一半，平原被水淹，冲毁农田5670亩，房屋多有倒塌。9月2日，临黄堤决口，汶上县4个区被淹村庄75个，土地59030亩，且各地大雨，插花性的水灾村226个，地215988亩。全县有131个社发生水肿病1619人，汶上县4个区最重。9月21日，即墨暴雨，全县受灾面积30万亩，倒塌房屋1万间，死亡1人，冲走谷子11677斤，高粱3635斤，土豆1420斤。

7月26～30日，乳山连降暴雨，沿海6个村庄的盐滩被冲毁，损失食盐3万担（1担＝50千克），淹地10780亩；莱阳，台风暴雨，海水倒灌，连续大雨。

7月26～29日，海阳大雨、海啸成灾。大山、龙山、凤城、留格、行村、东村6个区，遭受严重水灾，267个村庄被淹，1.6万户受灾，淹没土地5.4万亩，倒塌房屋450余间，冲走食盐4万余担，损失渔船11只，大山区大部村庄被淹，藏家庄灾情最重，村里一片汪洋，有4人被淹死；牟平县连续三天受暴雨灾害，据全县13个区统计，冲毁土地14776亩，淹没作物16207亩，河坝决口462处，长41907米。

7月26～30日和8月9日，文登市发生两次水灾，据沿海5个区统计，淹没土地11408亩，严重的已成海滩。据4个区统计，共损船只292条，冲坏盐田14354亩，水解溶化盐40636担，水库损坏90个。据12区统计，房屋倒塌、损坏11436间，树木刮倒共计30506棵。

7月30日，垦利宋家圈黄河决口，4万余亩新垦地被淹。8月8日夜，垦利风雨交加，水大浪急，洪水冲开新修堤岸，造成二次决口。

8月，胶县连降大雨，墨水河、胶河、利民河、碧沟河等多条河流决口，170个村庄受灾，倒房1056间，洼地积水3.3万公顷；沾化连降大雨，大涝，淹没农作物21.6万亩。

9月14日，黄河暴涨，河南郑州花园口水文站洪峰流量达12000立方米/秒。15日中午，梁山县马山头黄河堤决口，洪水入东平湖。运河东西堤相继在梁山县戴庙西、魏庄、八里湾、三里庄、红沙湾、刘庄等地漫溢决口。梁山、南旺、东平、汶上等县16个区的900个村庄被淹，淹耕地100余万亩。9月22日，济南洛口水文站洪峰流量7410立方米/秒，最高洪水位达32.33米，超过1937年最高水位0.21米。但在共产党和人民政府领导下，抢护及时，黄河左岸自齐河县李家岸以下，右岸济南市北店子以下至海口，仅淹没滩地村庄169个，耕地63920亩，受灾人口37108人。

9月15日，即墨大雨，河流横溢，县境西部数十里一片汪洋，水深3尺，淹没土地万余亩，倒房5000间，冲去食盐5590担；7月26日招远，台风暴雨，倒房18700间，死亡18人。胶南县167个村庄遭水灾，受灾面积4.5万余亩，沿海8个区128个村被海水淹地0.35万余亩，13个区186个村遭水灾。

9月22日，黄水泛滥成灾，长清县沿黄滩区村庄199个20499户85088人受灾，倒塌房屋44886间。

9月，即墨县骤降大雨，由普东到刘家庄及城阳皂户一带洼地一片汪洋。流浩河沿岸村庄只露树梢，丰台（今太祉庄）、移风、刘家庄、七级、长直、灵山等区部分洼地水深1～1.3米；即墨城西关至烟青公路上水深逾1米，路旁茅屋被水冲走。莲阴河下游决口70余米，沿河土地大部被冲塌。

10月1日，淄博涝灾，孝妇河决口。桓台、临淄受灾面积20余万亩，倒房近万间。

黄河秋汛漫溢成灾，博兴县境南北中断交通43天，半数农田被淹。平阴大水过后，151个村庄被淹，最严重的村庄房屋倒塌60%，土地全部被淹，逃荒断粮户达50%。

1950年 4月14日，受暴雨、大风袭击，日照县有春耕地7246亩、麦田13902亩被淹，倒塌院墙6605道，倒塌房屋5836间，砸死6人，伤4人，砸死牛5头、驴4头，淹死小猪64头，冲走地瓜种2635斤，冲走食盐114000斤。

7月11～16日，牟平县连阴雨5天，15日暴雨，沁水河决口215处。全县15个区有448个村受灾，冲没严重的作物有13900亩，绝产4500亩，倒塌房屋646间，淹死4人。

7月15日，海阳县倾盆大雨经久不止，造成全县水灾。凤城、留格、东村、大山、龙山、行村等区堤坝决口，河水泛滥。全县被淹农作物2.77万亩，倒塌房屋300余间、院墙350处，淹死4人。

8月16日下午，沂水风雨交加，山洪暴发，河堤大部冲光，冲淹作物达19.4万亩。8月17日夜大雨，有一、六、七、十一、十二、十四、十六、十七8个区受水灾，因雨量过大，冲毁堤坝5处，淹没土地13274亩，河水出槽，平均地面水深2尺之许，淹死1人、牲畜26头。

8月16～17日，莒县连降暴雨，平地水深半尺，河水猛涨。沭河决口12处，支流决口15处，死10人，倒塌房屋2149间，9.58万亩作物受淹，减产粮食425万千克。10月连阴雨，瓜干霉烂严重。

夏、秋，临沂专区的邳县、兰陵、新海，徐州市郊区及所属铜山，昌潍专区的昌邑，德州专区的盐山，滕县专区的铜北等92个县、2市受水灾，受灾面积113万亩。临沂专区所辖9县被淹耕地159万余亩，其中71万余亩秋禾收益不足2成，灾民达37万余人。9月份，邳县全境有五分之一的耕地积水，灾民达18万多。

1951年 1月2日，黄河冰凌堆积，造成利津县王庄决口，口门宽216米，淹及沾化、利津两县的122个村庄，倒塌房屋达8641间，死亡6人，抢险牺牲3人，灾民85415人。

2月3日，黄河自利津王庄决口，主流由富国以南入徒骇河，泛区长40千米，宽140千米。沾、利两县122个村庄8.54万人受灾，死亡18人，倒房34560间，淹地45万亩。

7月25日夜间，平阴县普降雨，全县40个乡的141个村被淹，占村庄数的39%，淹没土地162510亩，占总土地面积的29.4%，受灾1万余户，受灾人口3.5万人，其它村也有不同程度的灾害。县政府根据上级指示，在21日各区区长会议上即提前作了安排部署，建立了抢救组织，暴雨当晚，县区乡干部深入到村，指导和帮助群众堵口和搬家。宁阳县降暴雨，河水溢涨，水势近十年来所未遇，与1928年洪水水位相等，黄家道沟洪水漫溢，淹地近500亩，东皋淹地200亩，死亡2人。各区洼地积水成灾，全县被淹良田39612.62亩。

7月29日，安丘暴雨，全县12个区受灾。河道决口，淤地积水，庄稼沤淹而死，有52847亩农田受灾，26239亩绝产，17039亩减产80%；招远市连续普降大雨，河堤决口，房屋倒塌，庄稼被水冲走，人被淹死，受灾严重的有金华、界河、金山、纪山4个区，初步统计，金山区作物受水灾面积1200亩，其中冲成河滩的500多亩。高家村有150亩粮田被冲毁。界河区辛庄西北村共有160户，倒房子的有60户。被水淹死群众4人，倒塌房屋打死3人，重伤1人。牟平、福山、海阳、乳山、昆嵛、威海6个县普降急雨，至8月4日始止，牟平县连降5个小时，每小时185毫米，高陵河、鱼鸟河等到河流河堤决口，两岸一片汪洋，淹没万亩良田，由于雨大，海口又逢上潮，引起海水倒灌，沿河两岸家家进水，冲毁房屋若干间。以上受灾各县，共有26个区受灾，冲毁与淹没土地178514亩，冲走及霉烂粮食141000斤，淹死21人。7月29日下午2时到30日上午，莱州普降暴雨，河水暴涨，河堤决口57处，冲毁农田5400亩（绝产），淹坏作物万亩以上，减产过半，倒塌房屋3600间，淹死儿童2名。

7月中旬至8月初，全省连降大雨和暴雨，部分地区积水成灾。德州、惠民两专区较重，泰安、临沂、滕县等专区次之，受灾面积共1372万亩，成灾面积807万亩，成灾占受灾面积的58.8%；重灾民254万人，占受灾人口的66%；倒塌房屋28万余间，减产粮食约6.6亿千克。

8月，禹城县连降暴雨，造成重大洪涝，有674000亩庄稼被淹，占总耕地面积的58%，约有5000户、225000人受灾，淹砸死伤150人，牲畜死伤54头，房屋倒塌58134间。县委开展生产救灾，稳定了民心。沾化连降大雨，造成全县涝灾，受灾面积65万亩；昌邑暴雨涝灾，城关、围子等乡镇受灾，大豆、地瓜、高粱玉米减产6成。

秋季，平原各地连降暴雨，致山洪暴发，内河泛滥，低地积水，鱼台、嘉祥、梁山、南旺、汤阴、东阿、茌平、聊城、长垣、封丘等48个县的12000个村受灾，受灾面积858万亩，其中重灾面积424万亩，倒塌房屋84000间。

本年，广饶涝灾15万亩；汶上暴雨成灾，王河、泉河决口成灾，淹毁土地190000亩；巨野涝灾，全县有76.3万亩农田受灾，减产粮食6764.2万斤。

1952年　7月中旬，日照高兴乡向阳村、平邑丰阳位庄乡等遭受暴雨灾害，死亡1人，冲毁、倒塌房屋多间，农作物成灾48万公顷，绝产10.1万亩，粮食减产40%左右。

8月，阳信县暴雨，部分乡镇水流遍地，房屋倒塌37间，砸死1人，伤3人。

本年莱阳全县受水灾面积149000亩，减产很大；汶上水灾12500亩。

1953年　5月27日、8月4日，莱阳县19个区，因暴雨，约55个乡、144个村受灾，受灾面积195000余亩，30000亩减产5～7成，部分良田成为河流，冲倒房屋600多间，冲走小麦5760斤，淹死1人。

6月26日，荣成暴雨，滕家乡花园大队倒塌房屋600～700间，淹死29人，冲坏耕地400亩。上庄乡大李家大队淹死小孩2人。

7月11～14日，平阴县连降大雨，降雨量263.8毫米，玉带河两岸一片汪洋，汇河、浪溪河、龙柳河河水漫堤。全县淹没粮田23568亩，倒塌房屋17800间，冲毁堰坝70576条，冲淤土地10586亩。

7月9～25日，沾化连降暴雨，成大涝灾，作物重灾面积60.1万亩，倒塌房屋28372间，砸死8人，伤44人，砸死砸伤牲畜40头。8月21日降水量达200多毫米，兼有大风冰雹。

7月29日，平度县暴雨，河流决口300余处，60余万亩农田受灾，人畜有伤亡，为40年所仅有。掖县（莱州）暴雨，全县受灾土地38万亩，其中重灾15.6万亩，倒塌房屋47897间，被水淹死152人。7月29～30日，栖霞暴雨，河水横流，沿河村庄淹没，死亡2人、牲畜7头，倒塌房屋2159间，水淹冲地53261亩，绝产15662亩，冲走小麦万余斤。

7月14日至8月12日，莱州4次降水799毫米，其中7月14日降水101毫米，29日327毫米，8月4日270毫米，12日101毫米，1小时最大降水量180毫米，致使山洪暴发，河水漫堤决口，遍野洪水，一片汪洋。全县死亡152人，伤328人，食宿无着落者4.3万余人，死伤耕畜196头，毁坏农田17万亩。

7月，蓬莱遇暴雨，公路基桥墩遭受严重水毁，全县所有路线，几乎全部断绝交通，金乡因暴雨，全县仅两个乡没有被淹，农作物普遍绝产。曹县阴雨连绵，雨量达300多毫米，造成涝灾，积水面积816093亩，占耕地面积的46.2%，受灾人口17万，受灾区作物减产50%以下的196977亩，减产50%以上的148856亩，成灾面积246682亩。另外，倒塌房屋9211间（包括草房7110间，瓦房2101间），砸死3人，被水淹死18人。

8月4日，商河县东南部郑路、长王、泮桥、玉皇庙区，由于连降大雨，加之徒骇河决口受灾。招远暴雨，全县各区均遭受不同程度的水灾，十三区、十四区极为惨重，十五区、十二区次之，其它各区较轻。主要灾情：倒塌房屋11032间，共3564户，受灾土地共90142亩，占总耕地面积6.8%，其中水冲已成河流者13430亩，减产7成者18789亩，减产3成者10573亩，淹死和倒塌房子压死的有27人，牲口31头，猪36头。由于房屋倒塌，田地被水冲毁，全县约有6000余名灾民衣食无着，流离失所，情况极为惨重。

8月3～8日，乳山雨急而大，乳山各区、乡都遭受不同程度的水灾，这次水灾严重的有乳山河两岸九、十、十一、十二、十三、十四区的17个乡中139个村，淹死3人，重伤1人，倒塌房屋410间，淹没、过水土地46150亩，其中成为非耕地1450亩，冲走粮食15000斤和家具、家禽、柴草等一部分。

8月3～5日，荣成连续普遍降大雨，雨量113毫米，全县15个区均遭受不同程度的水灾。计淹没农田47800亩，其中颗粒不收的4700亩，减产5成以上的43100亩，塌房千余间，冲拔树木300余棵，死伤12人（以上数字不包括由文登划来的四个区的数字）。今腾家乡茂柞、小落、花园一带，5000余亩近一片汪洋，水深一丈五（1丈=10/3米），其中花园、观前泊、单家三村灾情几甚。8月5日晨3时许，河坝决口，海水倒灌，洪水受阻，花园村内水深两丈多，高树仅露树梢。该三村共640户，受灾的有412户，倒房255户，共倒房960间，死伤35人。

8月1～15日，聊城雨涝，全县有736个村受灾，53577户约65%的土地被淹，水深2尺左右，最深达5尺，一三五区受灾最重，受灾面积占全县的80%，共减收粮食8061万斤，倒塌房屋34000余间，死亡25人，伤27人，死伤牲畜29头。

7～8月，济阳降水量600毫米，超出正常年同期降水量近一倍，接近正常年降水总量。7月中旬除曲堤、仁风、三教、王圈等地区，其它大部地区降大暴雨，使平地积水约30～80厘米，近46万亩作物受灾减产一半左右，其中三分之一水淹作物几近绝产，房屋倒塌较多，部分树木受淹致死。菏泽县雨涝，全县受灾41.3万亩，豆子减产，大多减产5～9成。长清县连降暴雨，黄水漫溢，7个区大部秋禾被淹，全县共淹土地561396亩，倒房屋41538间，死21人，伤43人。灾后国家拨救济款111116万元（旧币）。阳信暴雨，有428个村受灾，部分村庄一片汪洋，早秋作物减产3成，重者减产8成，全县受灾面积约32万亩，成灾21万亩。

8月，莱阳专区暴雨成灾。由于山洪暴发，引起内河泛滥，许多房屋地基砖石全被冲走，有的土地冲成长1里许、宽10余丈、两人深的大坑；钢筋水泥大桥被冲毁，两搂粗、四五丈高的大树70余棵，随流而下。招远灾情较严重，大沽河流域尤甚。城东关大街水深1米，十三区毕郭小河北全村一片汪洋。全县倒塌房屋11032间，淹死压死群众27人、牲口31头、猪36头，受灾土地90142亩，约有6000名灾民衣食住宿，急待解决。莱阳全专区此次受灾，淹没粮田达1304474亩，倒塌房屋110193间，受灾人口达807489人，死亡242人，伤494人，死亡牲口376头，粮食、衣物、家具、杂物荡然一空的农户不计其数。其损失之大，灾情之惨，实为该区前所少见。

6、7、8月，青岛大沽河流域，暴雨成灾，大小河流普遍漫溢决口，沿河各县冲淹农田9.86万公顷，其中成灾面积4.22万公顷，倒房41907间，死亡66人，伤79人。

夏秋，胶县降雨量多且急。利民河、墨水河、胶河、洋河等河流决口10余处，全县受涝面积19.47万亩，其中绝产面积6.53万亩，倒塌房屋2434间，111340人受灾，死亡2人。

6～8月，全省连续普降大雨和暴雨，少数地方雨量特别集中，如掖县一小时零四十分钟降雨就达180毫米；菏泽两小时降雨167毫米。全省有63条河流漫溢决口320处，鲁西南和鲁北地区形成大片洪涝灾区，加上山洪及海水倒灌，全省受水涝灾面积3232万亩，有1400万亩基本绝产，倒塌房屋18.6万间；死亡1295人，伤2690人；减产粮食24.7亿斤。受灾较重的有聊城、德州、菏泽、惠民、莱阳5个专区。陵县全县受灾面积达9.63万亩，其中绝产6.36万亩。

1954年　8月份以后，全省连降大雨和暴雨，黄河来水量大，连续出现了10次洪峰，沿黄河床区全部漫滩。8月8日，卫运河甲马营放水蓄洪至恩县洼滞洪。8月9日，梁山县马山头民埝决口。8月13日，东平县黑虎庙放水蓄洪，放水口门附近12个村庄全部冲光。洪峰期间，沿黄22个县的1008个村庄被淹，419900人受灾或被水包围，淹地1033694亩，倒塌房屋73627间，淹死、砸死26人，伤17人。仅梁山、东平、恩县3县因蓄洪被淹354个村庄、162592人，倒塌房屋53342间。

8月12日，邹县暴雨，最大雨量617毫米，全县受灾面积175210亩，粮食减产876万斤，河道决口67处，积水淹地27873亩，绝产2924亩，4114亩减产7～9成，倒塌房屋597间，冲堰10542处。垦利连降大雨暴雨，全县大部分地区平地积水1尺，因涝成灾面积30万亩，倒塌房屋6781间。

1955年　6月30日至7月16日，胶县连续降雨170毫米，暴雨中心在胶北平原地区。河水决口10处，冲毁塘坝8座，胶县北部六、七、八3个区，平地水深1～3米。胶城进水，全县进水村庄86个，被水包围村庄72个，倒塌房屋7050间，受涝面积32万亩，其中绝产面积7.43万亩。8月13日全县降暴雨，冲塌房屋757间，陷水溺死者3人，伤4人。

7月1日，莱州暴雨，冲毁土地600余亩，过水1万余亩，倒房245间，淹死儿童2名。招远县普降大雨，不少地区河水漫溢，堤坝决口，沿河两岸遭受不同程度水灾。据12个区统计，受水灾的土地17000余亩，其中根本无收益，甚至冲成河流的1990余亩，需全部改种的2720亩，倒塌房屋6处（20间），淹死1人。淄博市张店区出现暴雨，淄河漫溢，大水进入城区，淹地万余亩，农作物减产严重，倒房32间。7月1日6时至16时30分，海阳骤雨狂风交作，第十五区大窑、槐山、古堆、徐家店四4个乡，冲毁土地4000亩，冲塌铁路路基3000平方米，冲走枕木6000根。7月1日7时至17时30分，文登降雨量92.3毫米，风力6级左右，全县部分小渠决口，冲毁土地306亩，3660亩土地被淹，水稻、小麦、树木等损坏较重。7月1日晚，日照县遭受暴雨袭击，7小时降水量达216毫米，八区韩营河新修工程有15处决口，约1245米，农田禾苗被水冲泥淤5000余亩，土方工程严重冲毁，韩营子一个村即冲毁房屋44户的房屋120间，其中粮食、财物冲光的有22户，造成严重的灾害，九区湾沟湖积水地达万亩。七区林子河、高旺河等决口7处，冲毁农田近千亩。

7月1日、10日，安丘暴雨，山洪暴发，河水漫溢，冲地堰6万条，冲坏梯田4800亩，2万余亩淤地成灾，房屋倒塌380间，淹死17人，粮食减产282600斤。

7～8月，苍山降雨量415毫米，境内河道决口268处，总长6146米。其中东枷河63处，西枷河77处，小涑河4处，燕子河34处，阳明河14处，白家沟10处，陶沟河3处，运女河10处，干沟河1处。受淹作物84.7万亩，成灾面积51.67万亩，减产粮食1362万千克，淹死4人，倒塌房屋2210间。

青岛市汛期连降暴雨，各县降雨总量300～680毫米，大沽河南村水位在17.92米，流量3360立方米/秒。莱西、平度、胶州、即墨大小河流漫溢决口112处，平度市南村东南毛家庄处决口200米。全市淹地10.253万公顷，成灾5.847万公顷，房屋倒塌20030间，死亡258人。

1956年　7月1日，海阳高家乡的乔家、冷家、石现、黑崮下了约2小时之久的大暴雨，降雨量约300毫米以上，当时这些村大多数家都进去了水，有的后窗进水，街上水深齐胸。

7月上旬，阳信暴雨，全县受涝面积约8.5万亩，部分秋作物减产5～6成，房屋倒塌30间，砸死1人，伤1人。

7月26日，沾化暴雨成灾，给全县人民生命财产和农业生产造成严重损失，34.21万亩农田积水0.30～0.50米，倒塌屋棚864间，砸死10人，触电死亡4人，砸死牲畜24头。

6～7月，汶上连降大雨，各河道水势浩大，北泉河上游因宁阳客水下泻，漫溢5000余米，并于木朗桥决口，淹没土地21万亩，重灾6万亩，倒塌房屋2000余间，砸死4人，淹死1人。

8月4～6日，龙口降水量257.5毫米，黄水河侧岭高家站最大洪峰流量达1940立方米/秒，河坝决口59处，冲毁耕地3445亩，倒房4048间，死亡5人，伤2人。

9月4日，莱州暴雨，倒塌房子6678间，冲坏水库塘坝39座，过水土地2.5万多亩；莒县降雨158.9毫米，沭河及支流决口33处，作物有10万多亩受淹，减产74万千克，冲毁水库3座，倒塌房屋3034间，死伤16人。4日晚至5日上午，莱阳县出现强降水天气，莱阳气象站12小时雨量249.8毫米，由于降水强度大、降水量又多，县境内所有河流涨溢，33处堤防决口（最大是徐格庄），冲毁塘坝、水库39座，受灾农田112400亩，作物减产2～6成的有61949亩，绝产12748亩，倒房6321间、院墙1531处，冲走柴草2万余千克、粮食275千克、大梨5250千克，淹死35人。火车站平地水深1米多，以穴坊、姜疃、城厢为重。4日至5日下午，19个小时，福山降雨174毫米，堤坝决口73处，进水1079户，倒塌房屋428间，过水土地53710亩，其中绝产2939亩。5日，荣城暴雨，据不完全统计，全县淹地150亩，倒塌房屋220多间，淹死5人，大牲畜1头，冲毁塘坝2座，卫德山南北塌方10多处，最大塌方达3亩，淹地淹房无数。乳山暴雨，河堤决口51处，淹地42.1万亩，有17.3万亩减产6成，倒塌房屋484间，倒墙233条，淹死2人，伤1人，冲坏水库2处，水堤532处。即墨暴雨，全县受灾65716亩，约减产粮食340万斤，倒塌房屋7423间，死1人，伤30人，冲毁桥梁13座，冲走粮食11万斤，柴草20万斤，损失物资37300元，砸船34只，沉船5只。

1957年　6月5日至9月17日，105天中招远降雨26天，总降雨量476.4毫米，全县受淹面积2828亩，估计减产粮食25万斤，汛期淹死人16名（其中有14名是因到水库洗澡淹死的），倒房51间，冲毁塘坝6座，冲毁公路路面11段。

7月上旬，曲阜降暴雨，全县13个乡镇受灾，有1800间房屋淋倒冲塌，冲倒树木5500余棵，秋作物减产3～4成，个别地区绝产，全县受灾面积约40万亩。单县全县80%以上的村庄被水包围，早秋作物减产5成，秋作物几乎绝产，房屋倒塌60%以上，给人民生命财产造成了极大的损失。

7月14日开始，平阴县连降大雨，降雨量250毫米，造成山洪暴发，汇河多次决口，孝直、店子、孔村3个乡淹没粮田36100亩，黄河洪峰不断，沿黄9乡、138个村被淹耕地162152亩，倒塌房屋26330间，人员伤亡13人。18日县委发出关于加强防汛抢救工作的指示，号召全县人民大力开展增产节约捐献运动，支援灾区人民，县直机关干部200余人，奔赴灾区，帮助抗灾救灾，省地机关也派出60余名干部和医务人员参加救灾工作。

7月18～19日，临朐降大暴雨，城关降雨155.6毫米，山洪暴发，河水泛滥，两岸土地被冲淤，弥河石桥被冲毁90多米。安丘暴雨，全县受水灾，7条河漫溢决口89处，冲毁堤岸9389米，进水村庄49个，过水31075亩土地，积水147770亩，冲淤53003亩，倒塌房屋 13238 间，冲走树木 220329 棵，伤亡 34 人，全县有 233913 亩受灾农田不同程度减产。19 日，菏泽地区定陶县暴雨，有 30 万亩农田受灾，秋作物受灾减产。东平连降大雨，大清河水猛涨，水情发生了反常的变化，上游临文水文站，11 点实测流量 3750 立方米/秒，到 11 点 36 分涨到 6220 立方米/秒。东平县接到水情预报时已 14 点，即抽调 500 名干部，分赴各蓄洪区领导群众迁移，殊料汶水漫坎入清后，流量加大，大大超过防洪标准。当日晚 19 时在北岸汉山头下和古台寺以东漫溢出水，20 时在中游辛庄附近决口，同时冲毁了太皇堤，致使稻屯洼被迫蓄洪，水深达 5 米，272 个村庄受灾。县立即组织抢救船 620 只，星夜迎流而上，并发动管区 6000 多名劳力到灾区抢救，经三昼夜救出灾民 48833 人。为保证灾民安全，省政府于 20 号、21 号派飞机四架投送救生器材 1500 具，熟食 3500 千克，并派汽船一艘协助抢救。

7 月 1～24 日，济宁地区连降暴雨，累计降水量达 500～800 毫米，加之客水汇集，微山、鱼台、嘉祥、金乡已成泽国，河堤决口 571 处，500 万亩农田被淹，低洼乡村水深 3 米，房屋倒塌，人畜伤亡，经济损失巨大。

7 月 10～23 日，邹县降水 774 毫米，先后出现 6 次洪峰，河道决口 3228 处，堤堰漫溢 600 余里，冲毁水库 9 座、山坝 7153 处，洼地积水 12 万亩，水深 1～3 尺，倒塌房屋 10745 间，损树 8 万余棵，死 48 人，伤 227 人，全县受灾面积 701169 亩，绝产 17169 亩，158748 亩减产 7～9 成，粮食减产 1.1 亿斤。

7 月 19～24 日，兖州连续暴雨，泗河上游多处决口。为保铁路和城市安全，被迫在马家桥、郭家营分洪。境内中部和南部一片汪洋，冲毁房屋 1.3 万多间，受灾面积 44.42 万亩，占耕地总面积的 55%；粮食减产 0.3 亿多千克。

7 月 6～26 日，在山东黄河和淮河流域及胶东半岛中部，先后出现 7 次大范围暴雨过程，在近 10 万平方千米范围内平均降雨量达 400 毫米，其中沂、沭、泗水系超过 600 毫米。因降雨总量过大、持续时间长、笼罩范围广，暴雨区各主要河流多次出现大洪峰，部分河流出现了 1949 年新中国成立后 40 多年中首位洪峰。例如沂河临沂水文站先后出现了 3 次超标准洪峰（当时河道保证流量 8500 立方米/秒），7 月 19 日最大洪峰流量 15400 立方米/秒（1730 年、1914 年调查最大洪峰流量分别为 30000 立方米/秒、17900 立方米/秒）；潍河辉村水文站 7 月 19 日出现最大洪峰流量 7850 立方米/秒；南四湖流域 30 天产生径流总量 108 亿立方米，南四湖最大入湖洪峰流量 10000 立方米/秒，其中书院水文站 7 月 24 日洪峰流量 4020 立方米/秒；黄河支流大汶河临汶水文站 7 月 19 日最大洪峰流量 6810 立方米/秒；戴村坝水文站最大洪峰流量 6020 立方米/秒，均超过当时河道防洪标准。这次特大洪水，造成 10 个地区的 40 个县市的特大洪灾，其中潍河流域受灾面积 1592 万亩，成灾面积 1399 万亩，受灾人口 637 万，死亡 1006 人，倒塌房屋 95152 间，损失粮食 95520 万千克，冲毁堤防 213.3 千米，冲毁涵闸 351 座，津浦铁路路基被淹，中断行车 5 小时，共造成直接经济损失 77085 万元（当年价）。同时还造成特大涝灾，南四湖湖滨最大淹没面积 300 万亩，流域受灾面积 1220 万亩，因涝灾减产粮食 10500 万千克，经济损失 22500 万元。

7 月 6～19 日，淄博市连降暴雨，博山区青龙桥水深 1.5 米，淄川公路桥水深 1.7 米，冲毁河坝 6 个、孝妇河护堤 18 米、农田 385 亩，淹地 2908 亩。周村区淦水河溢，倒房 3474 间，死 12 人，伤 29 人。临淄区 23650 亩土地积水，倒房 602 间。

7月6～24日的19天内，枣庄连降大雨，雨量达553.45毫米，致使山洪暴发，大小河流洪水猛涨决口漫溢泛滥成灾，计大小河流决口93处，长达1205米，漫溢69处长达6300米，被水围村庄185个，触电死亡7人，牲畜死亡57头、伤残31头，倒塌房屋1046间，水淹农田80万亩，造成了严重的水灾。全县有336处农业社、32749户、134873人受灾。在水灾特重地区因洪水特大持续甚久，大小秋作物被淹，晚秋作物严重减产，大秋作物基本无收益，预计6万亩地因积水种不上麦。

7月6～25日，蒙阴全县平均降水592.8毫米，达常年雨量的84.5%。全县共有1327处河堤决口，6023间房屋倒塌，428户无家可归，死亡10人。

7月，沂蒙山区普降大暴雨，郯城县内18～19日平均降水量135毫米，最大点降水量262毫米。200毫米以上暴雨点7个，降水历时30小时。造成大小河决口22处，内涝成灾47万亩，秋粮减产41%。沂河连续出现5次洪峰。最大洪峰流量15400立方米/秒。平均亦达7830立方米/秒，为1956年的5倍。7月20～21日，又有大到暴雨天气。20日2时30分重坊倪楼村沂河左岸及马头镇高大寺村沂河左岸相继决口，倪楼决口底宽188米，上宽220米，水深5～6米，至7月23日落水堵闭，县境淹村26个，受灾4个村，2159户。毁房5755间，淹地8万亩，绝产2万亩，水浸平地2～3米，冲走粮食30.5万千克，柴草24万千克，小车66辆，砸死大牲畜54头，猪30头。重伤260人，死亡3人，直接经济损失870万元。高大寺决口底宽70米，上宽80米，淹村8个，毁房250间，淹地2.5万亩，绝产1.5万亩，直接经济损失200万元。

7月，历时16天，苍山降雨量491.8毫米，其中7月10日102.6毫米。沂河在苍山段冲垮迎水坝4道，造成3处险工，一段漫溢，因抢修及时未决口。武河决口若悬河三处，燕子河普遍漫溢，两河之间一片汪洋，水深达1.5～3米。东枷河、阳明河普遍漫溢。全县大小河流决口381处，受洪水包围的村庄有418个，计21.24万人，死亡12人，伤54人，牲畜死亡24头，损坏房屋2万间。粮食被冲走或霉烂的达55.1万千克。损坏树木22.7万棵，冲垮小水库1座，塘坝20座，地埝34340道，冲垮公路1400米，桥涵38座，冲毁土地2.6万亩，受灾面积79.54万亩，其中绝产38.85万亩，共减产粮食4299.4万千克。

7月10日及其以后的20余天，汶上连降暴雨，小汶河、泉河洪流迅猛下泻，加之老运河及湖水顶托，致使小汶河中上游步村、苑庄、高庄、草桥多处决口，泉河多处浸溢，决口20余处。全县共计淹没土地80余万亩，水漫村庄300余个，倒塌房屋2万余间，损失粮食1850000斤，群众冲走、霉烂粮食270万斤，另外人畜均有伤亡。7月19日，济宁专署指令在郭庄、周庄、十里闸、后岗等处进行分洪滞洪，上级全力救灾，飞机空投熟食5万斤，救生器材1300件和大批抢险防汛物质。

7月6～20日，莒南降雨达567.0毫米，河堤决口1905处，冲垮小型水库、塘坝116座。倒塌房屋7397间。砸死淹死22人，伤92人，砸死大牲畜16头，冲走猪牛羊211头，损坏树木25万余棵，作物受灾24万亩。

7月7日至8月18日，胶县连续降大暴雨5次，降雨总量达577毫米。仅7月13～19日7天时间内，降雨量即达397.2毫米，占全年降雨量的60%以上。全县大小河流共决口71处，损坏塘坝9处，倒塌塘坝9处，受灾面积26.9万亩，倒塌房屋6140间，死亡21人，死伤耕畜7头。

7月上、中旬，全省连降大雨和暴雨，沂、沭、汶、泗、万福等河流域出现百年未遇的特大洪水，济宁、菏泽、临沂、泰安、昌潍、聊城等专区的74个县受灾，部分单位形成大片洪涝灾区，稻屯洼、马踏湖等5处滞洪区滞洪，同期，黄河连续出现洪峰。受水涝灾害农田面积3160余万亩，灾民共计1200万人，其中特重灾民705万人；倒塌房屋29万间，淹死、砸死1311人，伤6043人，死亡牲畜7660头，伤2685头。其它如粮食、家俱、财物等损失严重。

7月，菏泽因暴雨，全县有88.7万亩受灾，小秋作物基本绝产，大秋作物减产5～8成，塌房700余家；滕县因暴雨，全县受灾，有82.3万亩农田受灾，倒塌房屋2900间，死47人，伤2871人，庄稼减产60%，湖洼地绝产。郓城发生百年未遇大涝灾。长清境内黄水为灾，209个村、104处农业社受灾，淹地20.8万亩，倒房37940间。灾后，国家拨救济款87600元。泰安地区因暴雨，新泰县冲坏房屋1310多间，淹地3430余亩，其中1000亩地减产60%，淹死1人，牲畜30多头，平地积水1.5米，部分铁路大桥被冲毁。泰安县淹死7人，毁房46间，40亩玉米、谷子绝产。

7月，临沂地区遭遇百年未有的特大洪水，半月时间平均降雨量783.6毫米。沂河出现8次洪峰，最高流量达到16200立方米/秒，超过设计水位一倍多，决口4处。其余大小河流决口6151处，计167304米；堤防漫溢1197道，计16800米；冲垮水库220座，冲毁197座；冲垮堤坝650座，冲毁77座；部分村庄进水深达1米；倒房194200间，砸死、淹死215人，砸伤518人，死亡大牲畜1533头；损失粮食180万斤；受灾面积达1064.4万亩，减产粮食10.1亿斤，花生33.11万斤，棉花878.3万斤。郯城县内涝成灾47万亩，大小河流决口22处，损失粮食百万余斤。平邑县连续降雨17天，雨量达697.6毫米，15日，浚河张庄至铜石段出现2700立方米/秒洪峰，全县河道决口131处，61.52亩农田、231个村庄受灾，倒塌房屋24477间，粮食减产5～7成，毁坏树木3169棵，家禽家畜冲走不计其数。莒南县花生、地瓜减产70%。费县的薛庄、上冶、垛庄，28日暴雨成灾，河水上岸，塌房冲粮，淹地3000余亩。

7月，曹县降雨量达681.3毫米，雨日22天，其中7月10～19日10天降雨518.1毫米，造成全县洪水泛滥成灾。全县积水面积1895220亩，占总耕地面积的78.8%，水深在1尺以上，深者2米，秋作物绝收面积1572000亩，占总耕地面积的66.2%。水围村庄1924个，倒房131647间，死伤人口1347人，死伤牲畜1800头。

8月26日夜，莱芜境内普降大雨，雪野、香山、常庄、茶业区降水量287毫米，冲毁房屋4115间，伤74人，亡19人。

进入汛期以后，新泰县普遍遭受了多年未有的水涝灾害的袭击，在七月份内连续降大雨和暴雨共8次，达23天之久。特别是7月6日一次降雨即达303毫米，由于降雨集中，雨量特大，造成了山洪暴发，河水漫溢，水利工程冲毁，梯田地堰房屋倒塌，洼地积水，岭地内涝的严重灾害，全县先后决口2079道，梯田地堰冲毁130586道，水冲沙压积涝成灾的土地251342亩，其中绝产的90368亩，山地丘岭因降雨时间长而形成内涝的462779亩，倒塌房屋87644间，淹死砸死45人，牲畜46头，冲走砸坏粮食58045斤，全县有3144户的房子全部倒光，有18个村的房屋被水冲倒和浸塌，损失的鸡、鸭、小家畜和树木为数也很大，总计全县受涝成灾的土地有714122亩，占总耕地面积的43.9%，受灾的户数有24855户，受灾人口107750人，其中重灾者9858户、40250人，受灾户占总户数的 17.1%，受灾人口占总人口的 15.8%。

1958 年　6 月 29～30 日，苍山、平邑、郯城及临沂南部、东部，因暴雨平原洼地积水成灾，夏作物减产 20%左右，冲毁水库塘坝，房屋倒塌。农作物成灾 58.1 万亩。

6 月 30 日，即墨县特大暴雨，降水量 249 毫米。河道决口 22 处，冲毁塘坝、水库 69 座，伤亡 4 人。

7 月 19 日，黄河特大洪峰进入平阴县内，水位猛涨，21 日 24 时，艾山水位高达 43.11 米，流量 13200 立方米/秒。除城关，东阿镇两护城堤外，其余全部决口漫滩，汪洋一片，为平阴县 1949 年新中国建立以来从未有过的水灾。据统计，受灾 93 个农业社 107 个村 27900 户 95700 人，淹没庄稼 18 万亩，倒塌房屋 5900 间。灾情发生后县委书记、县长等主要领导亲临灾区，动员全县人民集中进行抢救，县直机关先后抽调干部 317 人，调集非灾区民工 16000 余人，医务人员 132 人，省地委派来干部 100 余人，医务人员 60 余人，帮助防汛抢险，并调集了位山、管庄等航运站的船只，肥城、东平两县也派出车辆、船只支援。

9 月 2 日，栖霞暴雨，全县有 31 个乡禾苗过水面积约 28.8 万亩。9 月 26 日，长清境内黄水漫溢，石麟、归德、许寺 3 处公社的 222 个村受灾，淹地 21.1 万亩。倒房 58521 间，死亡 13 人，伤 86 人，损失粮食 27.3 万千克。灾后，县政府及时安排救灾。许寺公社的前河圈、大庞 3 村阻于黄河西岸，随划归齐河县。

东明洪涝：7 月黄河出现 14 次洪峰，7 月 19 日 5 时，高村流量达 18300 立方米/秒，水位达 62.96 米，超过保证水位 0.25 米，超过保证流量 3200 立方米/秒，全线漫滩溃堤，水深 1.3～3.5 米。

1959 年　6 月 21 日，招远县普降暴雨，降雨最急的时间 1 个小时左右，有 7 处公社在 40～90 毫米。由于时短、风大、雨急，北部 5 处公社春玉米绝大多数被刮倒，受损坏的塘坝和水库 13 座，大坝决口的 7 座，有 8 个村全部农户进水，倒房子 33 间，有 12 个生产队仓库进水，其中一处被全部冲走，漫水作物 2680 亩，公路冲毁路基影响通车 12 段，冲走粮食 12800 斤，家具、衣服价值 2500 元，柴草 24000 斤，生猪 9 头，淹死 3 人。

7 月 5 日，蓬莱县 10 多个公社突降暴雨，有的公社 2～5 小时降雨 150 毫米以上。冲毁水库、塘坝 40 余座，淹没耕地 1.8 万亩，大河决口 8 处。死亡 2 人。

1960 年　6 月 27 日，胶县大暴雨，全县平均降雨 113.7 毫米，其中半小时降雨量即达 52 毫米，3 小时内降雨量达 78.2 毫米。冲毁水库 17 座、塘坝 75 座，倒塌房屋 2148 间，伤亡失踪 9 人，水淹面积 2.6 万亩，胶城被水淹。

7 月 20 日，文登县遭台风、暴雨袭击，有 25 万亩高秆作物倒伏，涝洼地积水 5 万亩，部分房屋受到损失；7 月 28、29 日，曹县降大雨，雨量达 200 多毫米，洼地积水面积达 36 万亩；7 月 28 日，莱阳普降暴雨，并伴有 7～8 级阵风，全县有 11 处公社受灾，姜山、夏格庄、店埠三处公社受灾较重，马连庄、日庄、孙受等 8 处公社受灾较轻，受灾地区 1.5 万亩果树落果 30%，过水土地 28.4 万亩，其中积水土地 20 万亩，绝产 2.9 万亩，房屋倒塌 3652 间。7 月 28～29 日，荣成暴雨，淹作物约 24.9 万亩，绝产 6250 亩，损坏各种粮食1920斤，盐滩5435副，盐化约408.9万斤，房屋倒塌882间，损坏2580间，过水村庄14个，共441户，死3人，伤2人，大牲畜淹死5头，淹死猪216头，损失其它物资达17118元。

7月，东明阴雨连绵，月内降雨430毫米，最大降雨量一次达210毫米，由于下游的菏泽、曹县边界堵水和内地蓄水工程堵塞，排水不畅，全县164个村庄被淹，倒塌房屋674300余间，积水面积96.26万亩，成灾66万亩，部分地方水深1米以上，人畜严重瘦弱，疾病剧增，全县发病人数达15万，死亡13246人，牲畜死亡5643头。

8月16日，安丘暴雨，山洪暴发，冲垮水库42座、塘坝48个，冲伤水库64座、塘坝30个，坝防决口25处，漫溢66处，有434个村庄受灾，淹没35个村庄，倒塌房屋18825间，淹死103人，农作物受灾37.7万亩，成灾24万亩。

汛期降水偏多，陵县农田受灾面积89.70万亩，其中成灾面积67.58万亩。沾化夏涝，成灾面积18万亩。广饶夏季局部内涝，受灾10万亩。

夏秋，临沂地区大雨致涝灾。有564万亩土地受淹，倒塌房屋16万间，死亡282人，伤522人，死亡牲畜3034头。临沂县自6月25日至9月26日的94天里，全县降雨达1230毫米，境内14条河流，除沂、沭、祊河外，余皆漫溢，冲毁3座小型水库和840个塘坝，倒塌房屋、栏圈各15000余间，砸死、淹死13人，伤46人，有156万亩农田受灾，成灾102.7万亩，夏秋作物减产5～7成，地瓜、大豆基本绝产。汤河一亩高粱仅产8斤多，岔河50%的房屋倒塌。沂水县25万亩农田受灾，土地荒芜，绝产3.7万亩。8月17日7时沂河临沂站洪峰流量达12100立方米/秒，临沂至新沂413次客车行至沂河漫水桥中心时遇洪峰，汽车被洪水冲走，车内47人有38人遇难。日照县24万亩农田受灾，小麦减产40%，夏作物地瓜、大豆种不上，花生烂种，草荒严重。

1961年　6月28日至8月18日，聊城雨涝，有425个村庄受灾。以聊城为中心，南至京杭运河，北与茌平接连，东至四新河，西至西新河，纵横25余千米，共98个村庄，有65个被水包围，其中9个村庄进水，房屋倒塌31989间，死51人，伤153人，聊莘、聊阳等几条公路均被水冲毁，交通运输受到障碍，85万亩农田受灾，78万亩绝产。

7月11日至8月20日，德州、聊城、惠民3个地区连续遭暴雨袭击，40天中降雨539毫米，比常年同期多336毫米，造成毁灭性的特大涝灾，受灾面积2000余万亩，占三地区总耕地面积的61%，成灾面积1800余万亩，绝产达1500万亩。有34个县、市受灾，其中灾情严重的有20个县，即禹城，平原、齐河、商河、乐陵、陵县、临邑、济阳、高唐、茌平、东阿、莘县、阳谷、聊城、临清、无棣、惠民、博兴、广饶、沾化。

7月11～13日和16～23日，临邑降暴雨到特大暴雨，致河堤决口，泛滥成灾，田间大面积积水，全县淹没土地83万亩，倒塌房屋110余万间，有600多个村庄被水围困，造成164人死亡，847头牲畜死亡。

7月12日至8月18日，禹城县连降大到暴雨23次，降水量达851毫米，淹地100多万亩，绝产88万亩，有760个村庄被大水包围，房屋倒塌达14万余间，人畜伤亡惨重。据7月中旬统计，砸死22人，伤98人。灌溉区徒骇河决口成灾。经请示省水利厅批准，炸开拦河坝，水位下降，险情缓解。县委、县人委连夜冒雨组织干部到受灾大队安排群众生活，全县很快形成抗灾自救热潮。发放救济款104.5万元，棉布197761米，棉絮

24860 斤，副食品 192.45 万斤，煤炭 4.898 吨。

7 月，莒县阴雨连绵，时有大雨降下，田禾涝渍，草荒成灾，河水冲堤而溢，仅沭河、柳青河决口漫溢 30 余处，冲倒房屋 9179 间，淹死 13 人。

8 月 28 日，宁阳县一天降雨量达 150.2 毫米，东述公社降雨量 400 毫米，平均水深近 1 米。宁兖、宁汶两条公路淹没，房屋倒塌严重。8 月 28～30 日，由于雨急量大，雨区集中，山洪暴发，坡水漫流。东述、城南、城关、鹤山、伏山 5 个公社的大部分地区和其它 7 个公社的部分地区，各水成灾，受灾大队 340 个（占总数的 58.2%），受灾户数 65830 户（占总数的 59%），全县农作物成灾 31.03 万亩。其中绝产 5.61 万亩，粮食减产 4470 万斤，棉花减产 908 担。受灾群众有 25.29 万人，死亡 47 人，死亡牲畜 32 头，倒塌房屋 84219 间，毁坏 7.85 万间，毁树 4600 棵。县抽调大批干部组成抢险工作组，冒雨赴重灾区东述公社组织抢救安置灾民。29 日轻灾区社、队组织社员挑送熟食送到东述、城南、城关的灾民手中。省政府派人乘飞机来视察灾情。泰安专署派人将熟食转送给受灾公社、队。县委不惜人力物力昼夜抢修宁磁、宁兖公路及去东述的公路。运往灾区的食品、物资折合人民币 15.66 万元。县委当即拨救灾款 25 万元及其它物品，社队集体筹集棉布、棉花等物品，救济灾民。

7～8 月份，连续出现大范围暴雨 10 余次，徒骇、马颊二河出现连续大洪水，峰高量大，持续时间很长，8 月 22 日徒骇河夏口水文站最大洪峰流量 408 立方米/秒（当时河道保证流量仅 58 立方米/秒）；马颊河德平水文站最大洪峰流量 212 立方米/秒（当时河道保证流量仅 62 立方米/秒），由于洪水超过防洪标准，徒骇、马颊两河干流漫溢决口分别为 34 处、28 处，各支流亦多处决口，致使洪水与当地涝水连成一片，村庄被围，田禾被淹，交通断绝，鲁北地区受涝面积 1440 万亩，粮食减产 12000 万千克，直接经济损失 4.0 亿元；同时洪灾面积 252 万亩，倒塌房屋 26 万间，死亡 1116 人，直接经济损失 1.5 亿元。济南历城区北部沿黄 12 个公社，遭受特大涝灾。两个月共降雨达 900 多毫米，沿黄 12 个公社东西 140 多里，一片汪洋，淹没土地达 33.5 万亩，共减产粮食 1240 万斤，蔬菜 5200 多万斤，倒塌房屋近 3 万多间，伤亡 26 人，灾情极为严重，在重点社队，不仅秋作物绝产失收，连瓜蔬自留地也全部被水淹没；7～8 月济阳降水量 590.0 毫米，接近年降水量。7 月中旬至 8 月下旬降水集中，7 月 12～13 日，降大暴雨，降水量 150.0 毫米左右，下旬又降暴雨，致使全县 72 万亩作物积涝成灾，其中水淹面积达 50%左右；齐河先后降了 9 次暴雨，两个月雨量达 758.8 毫米，全县积水面积 115 万亩，占总耕地的 86%，平均水深 1 米左右，秋季粮亩产仅 25 斤，全县倒塌房屋 17.3 万间，死伤人员 326 人，牲畜 738 头。茌平雨涝，大部分公社受灾，近百万亩农作物成灾，有 72%绝产，全县 1036 个自然村被水包围 757 个，倒塌房屋 191509 间；阳信雨涝成灾，全县受灾面积约 52 万亩，夏作物减产 5～6 成，房屋倒塌数间，砸死 3 人，伤 2 人，部分村庄暴雨过后成一片湖泊；临清县多暴雨，仅 7 月份就降了 9 次大暴雨，造成全县大面积涝灾，金郝庄、康庄、康圣庄等受灾严重，沟满河平，房屋倒塌多间，平地积水 1 尺多深，淹毁庄稼，长时间积水影响小麦播种。

宁津夏涝，降水量 872.0 毫米，受灾面积达 71.2 万亩。沾化夏涝，成灾面积 20.4 万亩。临邑大涝，受灾面积为 813008 亩，绝产面积 684649 亩。陵县降水偏多，有 137.52 万亩农田受灾，其中绝产有 86.35 万亩。

9月7日，青岛地区突降暴雨，市内213.2毫米，一小时最大降雨量达105.0毫米，创青岛市一小时降雨量的最高记录。李村243.1毫米，北宅集中降雨区330毫米。这次暴雨来势猛，雨量大，时间集中（下午2～5时），造成严重灾害：死亡37人，受伤32人，下落不明1人；物资被淹，设备受损，工厂进水被迫停产118个，部分停产73个；房屋倒塌1331间，邮电长途设备被冲，长话、电报中断；郊区农田冲毁14616亩，其中绝产2995亩。同日，胶南县大暴雨，降雨量105.7毫米，红石崖、辛安（现属黄岛）不到4个小时降雨150～200毫米。全县受灾作物16637亩，绝产的2969亩，倒塌房屋1689间，压死4人。青岛崂山县暴雨，西流庄等公社积水1米多，桥淹没，冲坏水库1个，青岛发电厂进水，平地达80厘米，倒塌房屋41间，部分作物被冲走，死亡2人。

1962年 7月12日至8月20日，全省连降大雨和暴雨，40天内平均降雨量430毫米，比历年同期增加99%。济南市，7月12日一天降雨298.4毫米，为1919年以来日降雨量最高记录，历下区、天桥区和近郊被淹，街道大量积水，房屋倒塌严重，水电、交通一度中断。临沂、昌潍部分山区山洪暴发。鲁北、鲁南、鲁西南平原地区大片大片的积水，积水面积达3252万亩，倒塌房屋1522000间，死亡1012人。德州、惠民两专区灾情尤重，仅徒骇、马颊两河决口即淹地36万亩。金堤河决口达12处，寿张、范县有81万亩耕地被淹没，274个村庄被水包围。

7月11日至8月18日，乐陵降雨20多次，其中暴雨9次，全县平均降雨量715毫米，其中最大的有4次，日雨量在200毫米左右。7月11日，降水量达221.5毫米暴雨的集中地区是西段、城关、朱集、黄夹4个公社，使15.8万亩耕地受灾。7月24～25日，暴雨遍及全县，平均降雨量106毫米，涝地扩大到62万亩。8月17日到18日的一个昼夜，平均雨量147毫米，涝地扩大到72万亩，占全县耕地面积的62%，全县92%的单位受灾，受灾人口达80%以上，倒塌房屋5万多间，死亡17人，砸伤55人，无房居住的达3000多户。

7月13日，平邑、莒南、日照、沂源、莒县、沂南和沂水7个县遭受特大暴雨并大风袭击。平邑全县平均降雨量210毫米，受灾面积86300亩，绝产8600亩，倒房3305间，砸死4人，伤52人，冲垮地埝7万处，刮倒、冲倒树木7366棵。莒南县在夜间12时开始降大雷雨，雨量达231.5毫米，沭河满溢，从砖町至河里村有9处决口，北部的大店、许口、延边并有冰雹，14个公社受灾，壮岗、许口最重，全县塌房21万余间，淹没农田22.18万亩，死亡20人，伤56人，死大牲畜37头，家禽4658只。日照县风力达9级，全县平均降水量120.0毫米，最大达170.0毫米，据县水利部门考察为百年一遇，全县灾情较严重的有7个公社。冲坏3万立方水库一座，塘坝214座，公路桥涵6座，倒塌房屋1944间，冲垮公路1220米，公路桥梁6座。受淹农田9.96万亩，占全县农田面积的8.37%，绝产2.77万亩，淹死6人，冲走牲畜363头，粮食1.09万斤，柴草20万斤，煤100吨，溶化盐20万斤。沂源县洼地积水，房屋倒塌，冲走羊200只。最大风速28米/秒，悦庄房子揭盖，刮倒树39棵，2米粗的柳树被连根拔起。莒县24小时降水量达到365.1毫米，1小时最大降水量达111.5毫米，平原、湖地积水成灾，淹没庄稼4万亩，冲毁水库、塘坝万余个，死亡41人，死亡牲畜1916头，倒塌房屋26388间，淹毁各种农作物近10万亩，农作物严重减产，夏作物几乎全部绝产。阎庄等9个公社遭雷雨大风袭击，摧毁房屋数百间，树木数百棵，是1949年新中国建立以来以来最大的一次暴雨灾害。沂南县平地汪洋，大风在12级以上，墙倒屋塌，死亡71人，伤486人。最大雨量450～480毫米。青驼等地遭龙卷风袭击，全县刮倒房子3717间，树木1700棵。沂水县西部，西北部，北部4小时降水量达250毫米，并伴有冰雹、大风，全县20多个公社均受灾，冲垮小水库6座、塘坝27座，河堤决口89处，农田受害11万亩，减产5～8成。全区受灾面积466.7万亩，成灾329.84万亩，减产粮食1.9亿斤，砸、淹死180人。

7月13日，济南市骤降特大暴雨，降水量为自1919年有降水记录以来最大的一次。据雨量站记录，无影山298.4毫米，黄台板桥231毫米，青岛路（水利厅）219毫米，全市平均降水量为250毫米。洪水成灾的地区有：槐荫区的营市街、市中区的至德街、天桥区的北坦、工人新村及北园。历下区的山水沟及东关仁智街一带受灾最重。以上区域在极短的时间内被洪水淹没1～2.5米，一般街道的过水达0.3米，径流水汇集的街道，如经一路东端水深达1米。因水情变化急剧，许多防洪建筑物失去控制，灾情逐渐扩大。76家工厂被迫停产，26座桥梁、36座涵洞被冲毁，干线铁路火车停驶，城市一度停水停电。历城县共淹没土地1.47万公顷，北园受灾最重，淹没土地1100余公顷，占全部耕地的66%。昌潍地区益都县南部公社，因暴雨山洪暴发，仅溜河水位上涨水淹朱崖村22户。沂源悦庄雨量200.9毫米，张家坡倒房300多间，冲走2人。冲倒树木23万棵，孟坡村老泉子山东侧滑坡，冲走5人（其中1人死亡）。淄博暴雨，全市有24个公社受灾，暴雨集中在鲁山背面，最大雨量出现在池上公社，达230毫米，淄河短时洪峰达1788立方米/秒，受灾严重的有池上、南博山、口头等9个公社，倒塌房屋1268间，冲压农作物27312亩，绝产7354亩，倒塌地堰60305条，冲塌山林6260亩，损失成材树木70700棵，淹粮食15983斤，冲垮水库4处，倒塌厂房7间，窑炉4座，死15人，伤16人；安丘暴雨，有28个村庄被淹，近百处小型水库溢洪，11处水库决口，河流决口10处，倒塌房屋2105间，死15人，伤9人，死亡牲畜173头，冲烂粮食89万斤，冲淹地49506亩，绝产2万亩，冲树58000棵，1100人无家可归。

7月中旬，高青县大雨成灾，毁房1.6万余间，死亡24人，伤38人，冲毁桥涵18座，路基20处。

7～8月间，阳信雨涝，全县受灾面积约75万亩，成灾约63.6万亩，绝产约41.8万亩，有494个村庄被水围困，倒塌房屋33431间，淹死21人，砸死19人，砸伤21人，部分作物绝产或减产7～9成。

博兴夏涝，7月中旬始，连绵40天阴雨不住，降水量达400毫米以上，博兴境内全部河流泛滥溢水，全县共87万亩耕地，水涝65万亩，占74.7%；涝光38万亩，占44%；夏季7、8两月，德州降水518.7毫米，较常年多200余毫米，造成局部内涝。受灾面积8.62万亩，成灾面积7.46万亩，绝产6.3万亩，减产3～5成的0.64万亩，6～9成的0.52万亩。禹城县夏季降水量达704.4毫米，洪涝严重，绝产41万亩，倒塌房屋23568间，砸死6人，牲畜4头，伤10头。

胶南因暴雨，全县农作物普遍减产51%，部分地区绝产，冲垮水库坝塘14个，淹死8人，倒塌房屋、冲走树木、地坪无数。邹平全县受涝面积44.4万亩，淹死庄稼。利津雨涝，北岺、陈庄、大赵等公社受灾，全县共有约38.5万亩农田受灾，减产粮食约32.8万担；庆云因暴雨，全县倒塌房屋5755间，作物受灾475647亩；陵县降水偏多，49万亩农田受灾，绝产农田 30.30 万亩。临邑夏季大涝，受灾面积 690920 亩，成灾面积 575046 亩，绝产面积 435603 亩。垦利全县发生涝灾，尤以永安、民丰、罗镇、新安为甚，受灾面积 10 万亩，减产粮食 650 万斤，倒塌房屋 1786 间，房倒砸死和被水淹死 2 人，伤 3 人。平原夏涝，董集、张士府、三唐等 10 多个公社受灾，房屋倒塌无数。东阿全县全年水涝面积 74.8 万亩，成灾 67.5 万亩，减产 5 成以上的 10 万亩。

1963 年 5 月 18～26 日，东明连阴雨，平均降雨量达 187 毫米，局部地区连续降水 341 毫米，积水面积 27 万亩，倒塌房屋 2335 间，死伤 30 人。武城出现春季连阴雨，阴雨连续长达 6 天，降水总量 117 毫米，影响小麦、棉花等春播作物正常生长发育，小麦、棉花等春播作物病害严重，造成减产。

6 月 28 日以后，枣庄连遭暴雨，阴雨连绵 48 天，降雨总量达到 1210 毫米，其中仅 7 月份即降雨 902 毫米，为该区近百年来罕见雨情，雨量大时间长，水势猛，不仅使中、晚秋作物大面积受灾减产或绝产，同时房屋倒塌，人畜伤亡现象亦很严重。全区受灾农作物共达 479705 亩，占秋收作物 479705 亩的 100%，成灾中减产 3～5 成的有 87493 亩。其中受灾特重的有坊上、古邵、曹庄、金寺、吴林、甘沟、底阁 7 个公社、345 个生产队、12765 户、49680 人，受重灾的有 5 个公社 705 个生产队 103121 人。因墙倒屋塌砸死、砸伤、雷击和水淹共死亡 8 人、伤 16 人，死亡牲畜 8 头，受伤 7 头，倒塌房屋 11446 间，淹死或冲走猪羊 11786 只，损失大小农具 1 万件，冲毁山坝 14238 道，长达 104518 米，冲毁土地 5 万余亩。由于阴雨连绵适应野草生长，再加农田积水不能锄草，因而全区共发生草荒 112548 亩，持续一个多月，对农作物危害很大。

7 月 19 日，蒙阴南部降水 300 毫米以上，北部 150～250 毫米。24 日夜又降雨 150 毫米，这两次暴雨全县有 138 个村、4480 余户被冲淹，水冲沙压及严重内涝造成农作物 4.4 万亩绝产，6.51 万亩减产过半，倒塌房屋 6969 间，淹死 37 人，牲畜 749 头，家禽 13760 只，冲毁粮食 15 万千克，树木 249 万棵，冲垮塘坝 95 座，损失农具 27605 件，家具 24200 件。

7 月 19 日，淄博市降大到暴雨，峨庄降雨 122 毫米，山洪暴发，河水陡涨，16 个水库决口。张店、周村、临淄、淄川、博山、桓台该时段累计受灾农田 7.32 万亩，冲毁地堰 1.68 万条，倒房 555 间，损坏 2426 间，淹、砸、触电死亡 18 人，伤 9 人。7 月 22 日，淄博市博山区暴雨成灾，涝地 5256 亩，并造成其它损失。

7 月 22 日 4～11 时，济南市区普降大暴雨，雨量分别为：柳埠 190 毫米，卧虎山 170 毫米，狼猫山 110.5 毫米，黄台板桥 132.1 毫米，西郊 120 毫米，市区 130 毫米。因雨量集中，山洪暴发，市区排洪沟水位陡涨漫溢，迎仙桥北坦一带水深达 1 米以上。纬十二路南北大槐树、东关双龙街、报施街至北关一带积水 1 米以上。全市有 6 处河道决口，冲毁水库 1 座、桥梁 8 座，5600 余户进水，倒塌房屋 1350 间，死亡 9 人，砸伤 10 人。市区 4 家工厂停产、13 家半停产。津埔、胶济铁路路基冲毁两处，白马山站五股道毁四股，造成停车 6 小时，市区公共汽车全部停驶近 3 小时。历城区淹没土地 1.2 万公顷。

7 月 3 日至 8 月 30 日，嘉祥降雨 35 次，累计 744.5 毫米。全县积涝面积 83 万亩，成灾 78.6 万亩，倒塌房屋 13517 间，砸死 6 人，淹死 17 人，砸伤 20 人，伤亡牲畜 4 头。苍山连续降水 45 天，降水总量 1000 余毫米，其中 7 月 16 日、19 日、25 日、28 日均出现暴雨，全县受灾严重，淹坏地瓜、豆子、高粱等作物218539亩，倒塌房屋8000多间，死伤48人。冲坏塘坝8座，冲坏梯田地堰53800道，冲坏灌区建筑物32座。

7月19～20日，临朐全县普降特大暴雨，九山降雨达400.6毫米。全县有477个大队2710个生产队受灾，其中严重受灾148个大队845个生产队，受灾面积12.5万亩，绝产5.5万亩，冲垮水库8座，塘坝16座，河堤决口689处（72263米），伤44人，死12人，牲畜死亡449头，倒塌房屋6929间，塌坝堰83524处（227138米），冲走树木260828棵，冲淹粮食95620斤，冲垮公路21处，桥涵18处，冲走冲倒电线杆107根，重要线路断线10处，造成全县9个公社电话不通。广饶暴雨，全县有18个公社106520亩农田受灾，绝产38336亩。

7月22日，齐河全县降大暴雨114.2毫米，受涝面积66万亩，洼地积水2尺深以上，其中减产7成的有24万亩；商河县普降暴雨，雨量达150毫米以上，有63万亩土地积水，绝产33万亩。

7月，荣成连续降雨14天，其中以13、14日特大暴雨为甚。这两次降雨量最大的是成山公社东端成山角沿海，雨量达476.5毫米，内陆为348毫米。两次暴雨，造成了严重的灾情：大小河流漫溢决口160段，长10千米；冲毁塘坝7座；淹没土地97100亩，绝产13700亩，倒塌民房716间，仓库16间，刮倒冲走树木5200棵。暴雨后，由县长带领19人分赴成山、埠柳、俚岛、寻山等八处公社救灾，发动群众，抢排洼地积水，修补河堤决口，整修田边地角，疏通排水沟渠，修缮倒塌房屋，改种无收益土地，使生产迅速恢复正常。

7～8月份，鲁北与南四湖湖西地区暴雨特别集中，约占全年降雨量的60%，冀鲁边界的漳卫河上游出现了“63.8”特大暴雨，8月10日22时，称钩湾水文站出现了最大洪峰流量3240立方米/秒，为历史上罕见，11日9时卫运河冯圈决口，溢出洪水1.8亿立方米，受灾农田19.4万亩，有107个村约10万人受灾，为确保津浦铁路和下游天津市安全，遵照国务院指示，于13日12时在卫运河右岸四女寺银丁口扒口破堤向恩县洼地分洪，至26日河洼水位持平，最高滞洪水位25.93米，最大水深4.13米，滞洪总量7亿立方米。这次滞洪淹没土地320平方千米，耕地40.3万亩，倒房15万间，受灾村庄158个，受灾人口8.7万，牺牲了山东局部利益，保护了津浦铁路和天津市的安全。由于该年出现春大涝后又夏大洪涝，涝灾损失特别严重。仅鲁北与湖西地区损失粮食分别为1.8亿千克、5.8亿千克，直接经济损失分别为1.58亿元、2.96亿元。该年因洪水成灾面积鲁北地区187万亩，倒塌房屋16.95万间，直接经济损失1.25亿元；湖西地区因洪水倒塌房屋14.79万间，直接经济损失3.03亿元。

7～8月，全省先后降大到暴雨14次，雨量比上年同期增加47%。暴雨中心的鲁南、鲁西南地区，最大点雨量达1000毫米以上。8月上旬开始，又有大量客水流入鲁西北地区，造成卫运河、徒骇河和金堤河等河流水位暴涨，部分堤段漫溢决口。全省形成4片洪涝灾区：一是鲁西北的馆陶、冠县、临清、武城、平原、莘县、寿张、范县等县的部分公社，主要是客水流入，河流漫决造成的洪水灾害，其中，行洪、滞洪区的灾害是毁灭性的；二是鲁西南地区的菏泽、东明、郓城、单县、巨野、梁山等县，是由连降暴雨，洼地积涝成灾；三是枣庄市和沿南四湖周围的几个县，连降暴雨，湖水暴涨、河水倒灌，积水成灾；四是鲁南地区的临、郯、苍平原，暴雨集中，山洪暴发造成涝灾。曹县降大雨，平均降雨量433毫米，全县积水面积48.29万亩，水围村庄711个，倒房21322间，伤90人，死8人，冲毁桥涵14座。鄄城水灾，全县受灾面积49.8万亩，有445个村庄被水围困，倒塌房屋22149间，死331人，砸死大牲畜6头，猪羊等142头，倒塌牲棚1350个；郓城平均降水量为762毫米。积水面积达165万亩，房屋倒塌7万余间，死亡48人，18万亩田地颗粒无收。阳信雨涝，全县受灾面积约38.4万亩，成灾约30.8万亩，绝产15万亩，倒塌房屋11068间，伤28人，死21人。

泰安地区暴雨，长清、莱芜等地受灾约21.2万亩，减产8成以上的约2.3万亩，房屋倒塌约5600间，淹死20人，伤6人，河堤决口44处18210米。莱芜全县因暴雨倒塌房屋3362间，淹死5人，损坏水库1处，河堤决口44处，长18210米，全县受灾面积131565亩。广饶多雨（雨量256.7毫米），局部内涝，受灾11.1万亩，绝产5.5万亩；牟平县平均降雨428毫米，最大的公社490毫米，受灾作物达75278亩，其中绝产23624亩。其余减产2～5成，总计估算减产粮食1033万斤，河道决口1703处，住户进水906户，倒塌房屋654间；垦利阴雨连绵，大水成灾，全县受灾生产队646个，特重灾队178个，受涝面积11.85万亩，其中绝产6.53万亩，减产粮食748万斤，倒塌房屋2108间，死亡8人，伤21人，死亡大牲畜20头。为了减轻受灾造成的损失，县社两级干部百余名，群众近万人，参加了救灾，新挖排水沟34条，疏通原沟5条。临沂地区临沭县涝灾，全县冲坏水库9座，受灾面积约10.8万亩，有2.9万亩减产5成，有30001亩绝产，倒塌房屋10281间，伤34人，秋作物减产约117万斤。

枣庄市大部地区遭到洪水袭击。南部的峄城、台儿庄和薛城的一部分低洼地区，由于水势凶猛，积水持续的时间较长，已经泛滥成灾，给生产队和社员生产带来了很大的损失，北部山区也由于连续降雨，一方面冲毁了一部分山地、农作物和房屋，同时也严重影响了各种田间管理。雨情：一个多月来，全市阴雨连绵，少见晴天。据统计，从7月初到8月16日止，全市平均降雨量785.9毫米，雨量最大的峄城地区948.3毫米，日降水量最大的薛城区沙沟公社最大雨量205毫米，1小时降雨量峄城达到70毫米（为90年一遇）。由于雨量大，引起山洪暴发，峄城大沙河的水位曾达10.27米，流量900立方米/秒，大大超过了水位9.2米，流量550立方米/秒的保证数。运河水位曾高达28.40米，流量达1600立方米/秒，也大大超过了保证水位，据统计全市已有43处主要河道决口，77处漫溢。到8月16日为止，各地仍在下雨。灾情：由于雨量过大，全市被水包围的村庄有219个，其中进水者有117个，水深者达1米以上。台儿庄运河南岸黄林、小孙庄、峄城的刘汪等9个村庄，由于积水深、持续时间长，已不能继续居住，群众被迫搬出，暴雨期间，共倒塌房屋23854间，被水淹、屋砸和雷击致死的41人，伤70多人、大牲畜死伤100多头。另据不完全统计：死亡大家禽400余只。8月4日的暴雨，周营、阴平沙河有4处决口漫溢，仅古邵、坊上和曹庄3个公社就有26个村庄被水围困，比较严重的曹庄公社刘汪共57户人家，仅有4间牛棚没倒，其余全部倒塌，除了人和大牲畜抢救脱险外，其它物资和猪、羊、家禽、粮食等全部被洪水冲走。此次暴雨对农作物的危害也相当严重，据初步统计最大过水面积达72万多亩，虽经组织抢救，一部分积水已经排除，但仍有积水面积50多万亩，因水冲沙压，受到严重创伤，收成已没指望的作物约有25万亩。此外，全市已发生草荒面积30万亩。

8月1日至9月18日，东明连降暴雨，降雨量260毫米，全县淹地127万亩，成灾

103.9 万亩，淹村庄 99 个，倒塌房屋 32129 间，砸死砸伤 170 人，伤亡大牲畜 53 头。

蓬莱县汛期 19 个公社、19 条河边流域，受淹面积 2.34 万亩，绝产 0.46 万亩，减产 6～9 成 0.44 万亩，减产 3～5 成的 0.48 万亩，倒房子 661 间，死亡 6 人，死亡牲畜 2 头。

汶上降水 641.6 毫米（日降水量 100 毫米以上者 3 次），致河水陡涨，加之麦收后阴雨连绵，坡洼之水不能及时入河，全县积水 55 万亩，成灾 46 万亩，绝产 24 万亩，181 个村庄被困，77 个村庄进水，倒塌房屋 17568 间，砸死砸伤 10 人，死亡牲畜 30 头。

夏季，临沂、沂水、日照、郯城、费县、平邑、蒙阴、莒南、临沭、莒县涝灾，作物受灾减产。临沂县在 66 天内降雨 881.9 毫米，93 万亩农田受涝，成灾面积 70.8 万亩。7 月 17 日暴雨达 280 毫米，受灾农田 41 万亩，绝产 16 万亩，倒房 34370 间，伤 55 人，死亡 14 人，沂河决口，秋粮比上年减产 41%。平邑县成灾面积 28900 亩，冲走粮食 17500 斤，倒塌房屋 19300 间，伤 43 人，淹死 16 人，死亡牲畜 295 头，刮倒树木 17.8 万棵。日照县有 17 万亩农田受灾，地瓜减产 50%。沂水县绝产 3000 亩。7 月 19～20 日因受 6 号台风影响，沂蒙山区大范围降暴雨，沂河临沂站洪峰流量 9090 立方米/秒。全区倒塌房屋 15.61 万间，砸死、淹死 254 人，395 人受伤。河道漫溢决口 3698 处，冲毁水利工程 864 处，冲毁地埝 201.3 万处，437.21 万亩成灾，估计减产粮食 2.63 亿千克。

7～8 月，郯城涝灾，农田过水面积 64 万亩，绝产 17 万亩，有 22.6 万亩减产 3～8 成，倒塌房屋 34370 间，伤 55 人，死 14 人，伤牲畜 28 头，死 11 头。

巨野涝灾，全县有 84.2 万亩农田受灾，减产粮食 9415.6 万斤。梁山雨涝，受灾面积 75.7 万亩，减产粮食 49 万余担，死 21 人，牲口 36 头，倒塌房屋 13518 间。邹平全县受涝面积 40.5 万亩，庄稼被淹死。

1964 年　7 月 9 日，垦利进入汛期，全县普降大到暴雨，15 个公社全部受灾，县直机关（驻友林）大部分暂迁移，少数部门暂迁民丰村。受灾群众因仓促迁移，安置不及，多数居堤避水，又值昼夜风雨，衣物湿透，食物短缺，困难重重。全县受涝面积 29.47 万亩，其中绝产面积 10.56 万亩，减产粮食 2375 万斤，棉花减产 65%，倒塌房屋 9000 余间，砸死淹死 63 人，死亡大牲畜 53 头。在抗洪斗争中，领导和群众通力合作，挖沟千余条，许多单位冒雨施工，三涝三排，有关单位及时调进菜种，支援社队种好秋菜，县社组织大批人员，分赴有关省市采购代食品度荒。

7 月 18 日，青岛市受暴雨袭击，市区平均降水 123 毫米，崂山县平均降水 181 毫米，李村地区 250 毫米。降雨时正是海水涨潮、排水困难，有的地区积水 2 米左右，农田受灾 3.24 万亩，冲毁水库 3 座（容量 10 万立方米以上）。工厂企业被水冲走、水损物资价值 33 万余元，有 53 个工厂因进水而停电，造成损失 122 万余元，死 4 人、伤 14 人。

7 月 27～29 日，淄博市暴雨，局地达 260 毫米以上。孝妇河黄土崖决口，全市（不包括沂源、高青）过水面积 17.6 万亩，倒房 3622 间，伤 57 人，死亡 17 人。7 月 28 日，高青全县暴雨，连续一昼夜，成灾 64.6 万亩，绝产 41 万亩，倒塌房屋 2.55 万间，死亡 10 人，伤 52 人；小清河决口于姚家套西南处堤段，洪水漫及高青、广饶、博兴 3 县。周村县平地积水 1 米，倒塌房屋 5595 间，砸死 4 人、伤 42 人，低洼地积水 3 米。

7 月 31 日至 8 月 1 日、17 日、18 日、28 日、30 日连降暴雨，巨野发生水灾，积水面积为 7.5 万余亩，淹没农作物 6 万余亩，围村庄 372 个，房屋倒塌 44779 间，砸死 13

人，砸伤16人，死牲口6头。

7月下旬，滨州暴雨，城关、杨集、尚店、北镇、杜店等10多个公社受灾，成灾面积约52.7万亩，绝产约30.8万亩，倒塌房屋约12.3万间，死17人，死伤牲口27头。

7月，平度县多次出现大到暴雨天气，月降雨量367.7毫米，局部达470毫米。胶莱河出现洪峰，平度西部、西南部河水漫溢，多处塌陷，全县倒塌房屋2.3万间，伤亡38人，县委积极组织力量抢险救灾，发放救灾款9万元。救灾物资计价37万元，统销粮45万千克。

7月，临邑因降雨集中且量大，全县淹地面积113万亩，倒塌房屋24997间，砸死17人，砸伤77人，死伤牲畜21头。

8月1日，淄博市暴雨，淄河中下游局地大暴雨，临淄区敬仲等5个乡镇积水1米左右，受灾面积17万亩，粮食减产6135吨，倒房8204间，死亡12人。此外，孝妇河黄土崖决口。同日，沂源暴雨，平洼地积水成涝，冲走煤炭40万千克，倒塌房屋栏圈997间，死亡8人，死亡牲畜412头；菏泽地区定陶县暴雨，全县受灾56万亩，秋作物受淹减产。

8月8～10日，沾化降水量362.1毫米，造成111个村庄被水围困，倒塌房屋7681间，砸死1人，伤12人，冲毁涵洞5处，成灾78.6万亩，其中47万亩绝产。

8月16～18日，邹县普降暴雨，大都为150毫米左右，局部为200毫米以上。汛期共冲垮水库3座，塘坝2处，河道决口23处，倒塌房屋9500间，死亡9人，伤20余人，共减产粮食1015万千克。

8月17～18日，受北方冷空气和副高边缘西南暖湿气流的共同影响，微山突降暴雨，平均雨量200毫米左右，雨势猛，面积广，水无出路，全县积水地29.6万亩，有9个公社1925个生产队的183303亩农作物受灾，有120717亩绝产。被水包围村庄310个，倒塌房屋的有1079户，共2387间，砸伤8人。

8月22日，兖州、宁阳、汶上洪水漫境，造成境内河道决口20多处，平均积水0.3～0.5米，最深处达2米以上。受灾面积60.23万亩，占全县耕地面积的78.5%。粮食减产0.5亿多千克；倒塌房屋3万多间，死伤100多人，为1949年新中国建立后最大水灾。

8月29日到9月10日，东明连降暴雨，县内平均降雨量260毫米，陆圈公社达308毫米，水淹庄稼90.1万亩，倒塌房屋13986间，砸死27人，伤23人，死、伤大牲畜44头。

7、8月间，由于长时间连续降雨，海阳县成灾面积达8.5万亩，约减产粮食1000余万斤。冲垮水库3座、损坏1座，冲垮塘坝3座、损坏2座，河堤决口68处、长2300余米，冲走粮食22.8万斤，霉烂粮食200余万斤，倒塌房屋1433间，淹死29人。

7月3日至8月6日，乐陵先后降雨16次，总计平均降雨690毫米，雨量的分布是：城关557毫米，朱集718.4毫米，西段597毫米，黄夹840毫米，杨盘755.7毫米，孔镇压909毫米，杨安镇650毫米，郑店548.7毫米，花园939.2毫米，铁营600毫米，超过了常年同期降雨量的1.5倍，而且暴雨比较集中，全县7月3～5日降雨146毫米。这场雨没有涝灾只是影响了红土地和洼地的夏播，7月22日大雨后，全县涝地18万亩，重点是花园和孔镇两公社。从7月25～28日连续4天降雨270多毫米，这次涝地面积达到56万亩。8月1日又下了85毫米，这场雨除铁营，郑店两公社较小（50毫米左右），其它公社都在100毫米左右，积水面积增加到65万亩。8月2日杨盘、孔镇两社又降雨100多毫米，积水面积达到74万亩。8月5日晚到6日上午降雨147毫米，至此全县涝地面积扩大到94万亩，后几场雨使乐陵县灾情扩大，造成大水围村、房屋倒塌、人畜伤亡。据不完全统计，全县共倒房11.2万多间，有8900户无房可住，全县仅8月份就砸死20人，淹死3人，砸伤124人，砸死大牲畜16头，砸伤46头，砸死猪羊4174只。

7月3日至9月11日的71天中，禹城县有65个阴雨天，降雨日38天，该期间总降水量793毫米，527个村被淹，其中绝产34万亩，倒塌房屋30480间，淹死10人，砸死11人，伤52人。全县人民奋起自强，经3个月的艰苦奋斗，全县粮棉比上年略有增产。

7～9月，潍坊寒亭两个多月全县平均降水900多毫米，有102个村庄被水包围，倒塌房屋38000间，造成26人死亡，农作物成灾面积55.2万亩，减产1.2亿斤。青岛市普降大到暴雨数十次，各市（区）降雨总量均在1000毫米左右。大沽河、胶莱河持续洪峰，大小河流普遍漫溢决口。平度年降雨量1403毫米，是自1929年有水文记载以来的最高记录。胶州汛期连续阴雨87天，降雨43次，是1949年新中国建立后降雨最多的一年。即墨8月14日特大暴雨，相当于千年一遇，最大时雨量达75毫米，为历史所罕见。全市大小河流决口459处，冲毁小水库、塘坝164座，桥涵闸10座，公路6段，受灾农田6.73万公顷，成灾6.18万公顷，倒房近5万间，死亡49人，伤49人。市区有52个工厂停产，产值减少123万元，直接损失物资27.7万元。

8月，金乡因暴雨，化雨、城关、肖云、羊山、胡集等公社庄稼减产4～6成，倒塌房屋100多间。阳信县暴雨成灾，春夏作物受涝严重，全县受涝面积70万亩，成灾60万亩，倒塌房屋若干间，伤45人，死亡5人。

8～9月，东平暴雨集中，湖水、洪水猛涨，平地积水达1米左右，东平县城浸在水中。秋季受淹41.49万亩，（占总耕地面积的62.3%）为数十年来之巨灾。鄄城水灾，受灾面积62.2万亩，有222个村庄被水围困，倒塌房屋21828间，死亡27人，死亡大牲畜24头。

汛期，胶县总降雨量1041毫米，6～9月连续阴雨87天，降雨43次，其中大到暴雨14次。全县受淹面积49.5万亩，其中成灾面积30.3万亩，绝产面积9.6万亩，淹死12人，伤2人，胶城有5400户进水，大鱼市街水深2米。

9月12日，淄博市普降暴雨，南部山洪暴发，河水上涨，博山福门桥水深近70厘米，全市（不包括沂源、高青县）淹地近87万亩，绝产17.3万亩，倒房2.5万间，冲毁树木235万棵，冲毁水库1座，拦河坝20余处，桥5座，冲走粮食100吨。死亡22人，伤52人，死亡牲畜123头。9月13日，702次列车行至胶济铁路淄博段309千米25米处，因路基塌陷造成列车颠覆，司机、副司机、司炉当场死亡，中断行车12小时15分钟。威海暴雨，河堤决口百余处，冲农田8000亩，倒房39间，毁树500余棵，冲走柴草28.5万千克，死亡2人。

汶上年降水1394.8毫米，进入8月后暴雨数日，继而阴雨连绵40余日，汛期降水高达956.3毫米，致泉河决口20余处，平地积水深1米多，淹没土地75.4万亩，水围村庄478个，倒塌房屋11.5万间，伤亡47人，牲畜47头。博兴夏季降雨量729.1毫米，日最大降水达168.4毫米，又加之上游水流入，小清河，支脉河、预备河全部漫溢，致使县城中部地区水深1～3米，遍地行舟，持续2个月之久，7618户倒塌房屋27800间，25人被淹死，35人受重伤。

济阳夏季大涝，7～9月总降水量760.0毫米，为常年同期降水量的1.9倍，比常年年降水量还多150.0毫米。7月份有3次暴雨，全县83万亩作物受淹，其中水淹面积57%左右。济南大涝，长清、历城、章丘县降水量均为历史最高值。当年7月至9月中旬共82天，历城区和济南市郊区降水量为1090毫米，约为常年年降水量的1.7倍。9月12日一次暴雨，大部分河道漫溢，郊区水深达1米以上。昌邑因暴雨全县有70万亩农田受灾，秋作物减产7～8成。胶州因暴雨，总受灾面积约49.5万亩，有约11.1万亩减产5～8成，绝产9568亩，倒塌房屋23013间。因暴雨，长清县的城关、归德、张夏等公社受灾，成灾面积81851亩，倒塌房屋3643间，死亡18人。桓台县夏秋涝灾面积33.3万亩，绝产16.9万亩。嘉祥夏涝，部分公社夏作物全部被淹，秋作物减产80%。菏泽地区的成武水灾，受灾面积85.7万亩，成灾51.9万亩，有11万亩减产5～8成，粮食减产42.8万担。栖霞县入夏以后，暴雨甚多，全县受水灾面积约26.2万亩。10月8日后，又连续阴雨，霉烂地瓜干1000万斤以上。1964年，邹平全县受涝面积约98.4万亩，庄稼被淹死。东阿全县全年水涝面积78.2万亩。临邑春、夏、秋大涝，受灾面积777500亩，绝产面积514000亩；梁山雨涝，受灾面积11.3万亩，减产粮食7.7万余担，死6人，牲口48头，倒塌房屋4478间。莱西县全年降水1420.4毫米，7、8两月连降暴雨，7月6日24小时降雨达152.4毫米，全县成灾面积12.2万亩。德州全年降水1058.9毫米，为50年有记录以来最大值，较常年偏多89%，尤其是7、8、9三个月降水772.2毫米，较常年同期多112%，出现严重内涝，受涝灾面积82034亩，成灾面积58986亩。广饶夏、秋大涝。7～9月降雨873.7毫米，境内河流泛滥，全县受灾85万亩，绝产45万亩。莱芜降雨日数110天，雨量为1404.9毫米，为有气象记录以来最高值，秋季大涝，成灾面积141600亩。郓城大涝，13个乡镇20余万亩庄稼受重灾，房屋倒塌13万间，死36人。莱州全县平均降水1204.8毫米，历史上罕见。从6月30日到9月18日降水量825.1毫米，全县先后冲毁小型水库23座，冲毁、冲坏塘坝129座，河堤决口141处，倒塌房屋2.1万间，倒墙5万多堵，死亡4人，伤16人，砸死牲畜5头，伤26头。33万亩土地过水积涝。

山东省全省平均降雨量1154毫米，是1949年新中国建立以来年雨量最大的一年。鲁北、湖西地区也不例外，最大站点年雨量达1409毫米，是年春季4月份，即出现暴雨至大暴雨，鱼台水文站最大日雨量240毫米，汛期7～8月份雨量又十分集中，秋季10月又阴雨连绵，因此，形成“春涝、夏洪涝、秋涝”的严重水灾。例如鲁北诸河最大洪峰流量200～400立方米/秒，超出设计防洪能力1倍多，加上洪水持续时间很长，造成干支流两岸及流域内洼地积水10000平方千米，村庄被围，交通受阻等，直接经济损失4.9亿元，粮食减产3.3亿千克。小清河7～9月92天中降雨日数47天，全流域汛期平均降雨量912毫米，为常年同期的1.9倍。由于暴雨频繁，河道出现连续洪峰，中下游最大洪峰流量299立方米/秒，超过防洪保证流量62立方米/秒，最高水位15.43米，超过防洪保证水位0.43米；河道洪水超出保证水位以上的天数长达65天，7月28日21时，小清河干流高青县防段决口，口门宽103米，决口最大流量290立方米/秒，决溢总水量1.8亿立方米。溃堤洪水冲垮了张北公路，淹没了高青、博兴、广饶3县22.5万亩土地，有146个村庄计10万余人受灾。9月12日小清河再次出现特大暴雨洪水，上中游支流局部决口，白云湖、芽庄湖、麻大湖相继滞洪，此次洪水该流域受灾面积达 256 万亩，成灾面积 186 万亩，南岸的邹平、桓台、博兴、广饶 4 县灾情最重，大片农田被淹，被水围村庄 1500 多个，当年该流域因积水难排有 30 万亩小麦没有种上。胶莱河流域汛期降暴雨 30 多次，有 3 次超过防洪标准，堤防普遍漫决，胶县、高密、平度、昌邑 4 个县市农田成灾面积 40 万亩。同时，沂、沭、泗流域受涝灾面积 917 万亩，粮食损失 3.72 亿千克，直接经济损失 2.15 亿元；另外济宁地区遭受洪灾，倒房 29.34 万间，直接经济损失 3.33 亿元。

1965 年　7 月 26～28 日，烟台全区普降大雨和暴雨，平均降雨量 206 毫米。暴雨中心的烟台、牟平、福山、威海全境和栖霞、文登北部均在 300 毫米以上。其中威海市平均 450 毫米。该市风林公社高达 571 毫米。雨期各水库、河道水位突涨，全区 37 座大中型水库有 15 座溢洪，门楼水库溢洪量达 880 亿立方米，主要河道的洪峰都超过历年最高水位。这次降雨特点是暴雨集中，持续时间长，东部几个县市有不少社队遭受了洪涝灾害，计冲毁小水库 4 座、塘坝 154 个、冲伤 37 个，大小河道决口 291 处，冲毁桥涵 82 座，兰烟铁路路基冲毁 3 处，致使铁路和通往东部各县的公路曾一度停车。过水土地 43 万亩，有 16.7 万亩成灾。其中须改种的 4.3 万亩，倒塌房屋 3000 多间，淹死 18 人，淹死大小牲畜 11 头。雨量大损失较重的威海市，成灾土地 4.8 万亩，须改种 1.5 万亩，倒塌房屋 981 间，砸伤群众 11 人，冲毁塘坝 42 个，河道决口 85 处，冲毁桥涵 62 座，其中公路桥涵 29 座。

7 月 27～28 日，36 小时牟平县 18 个公社平均降雨 400 毫米，受灾作物 72987 亩，其中绝产 13695 亩，共减产粮食 461 万斤。河道决口 93 处，长 1200 米，冲毁塘坝 23 座，倒房 1997 间。威海暴雨，降雨量 508.7 毫米；8 月 4 日暴雨，降雨量 172.3 毫米。两次暴雨，全市塌房 900 余间，过水 1800 间，迁移居民 421 户，冲毁塘坝 49 座，河堤决口 98 处，淹田 44676 亩（其中绝产 16827 亩），倒树 4789 棵，损化肥 6000 斤，冲毁桥涵 25 座，毁盐田 200 副，化盐 1000 吨，毁海带 12000 斤，毁市内公共建筑价值 33.7 万元，死 2 人，伤 11 人。

7～8 月，郯城涝灾，上水面积 20 万亩，河水严重漫溢，倒塌房屋 6100 余间，栏圈 36700 间，伤 8 人，死 1 人；福山连降暴雨，降雨量达 613.9 毫米，倒塌房屋 1441 间，毁桥涵 23 座，公路 30 千米，过水土地 4 万亩，其中绝产 8231 亩。

1966 年　7 月 14～15 日，淄博市境内淄河上游暴雨。杨家庄雨量 300 毫米，山洪暴发，淄河等河流泛滥，临淄白兔丘淄河流量达 2030 立方米/秒，水位 33.02 米，为历史最高记录。淄川区峨庄乡紫峪、土泉水库决口，响泉村冲没，造成严重损失。全市死亡 189 人（其中峨庄死亡 153 人），伤 15 人。冲毁良田 1.9 万亩，冲毁塘坝与护堤 45 处、地堰 1.8 万条，冲毁桥梁 4 座，并冲毁部分公路。淄河大桥被冲毁 80 米，冲走树木 24 万余棵、牲畜 300 多头，冲没与倒塌房屋 810 间、栏圈 123 个，物资损失 56 万余元，并造成其它损失。

7 月，广饶大雨，仅中旬降雨 254.2 毫米，局部内涝。济阳夏涝，7 月有 4 次暴雨，总降水量 235.0 毫米左右，致使全县大面积作物积涝成灾，作物减产较多。

泰安地区暴雨，莱芜全县受灾 11.9 余万亩，冲垮水库 4 座，塘坝 64 处，河道决口

720处，倒塌房屋3300间，死1人，伤3人，伤牲口27头，绝产2.9万亩。

1967年 6月8日，沂源东里、黄庄、张庄、张家坡、唐山等公社因暴雨冲坏34个小水库，20个塘坝，5间房屋，淹死4头猪。

1969年 5月10日，临朐降暴雨，九山、寺头、尧山、鹿皋、大关、营子6处公社的部分地区受灾严重。如尧山公社有80%以上的谷子需重播，部分苗床被冲淤；九山公社水库被冲，吴家庄水库水满没坝。

1970年 7月2日，临沂地区的苍山、费县、郯城因暴雨，有14万亩农田积水成灾，平原、湖洼地积水1尺多深，夏作物高粱、玉米严重倒伏，费县石桥冲坏塘坝2个，砸死3人，伤28人，砸死牛2头。

7月19日，栖霞普降暴雨山洪暴发，冲毁塘坝12座。苏家店公社西吴家水库（蓄水量16万立方米）大坝决口，冲毁西吴家、小曹家、后泊子3个村房屋44间，冲走6人，其中死亡4人。

7月22～24日，蒙阴三天降雨总量448.5毫米，其中22日7个小时降雨345毫米，山洪暴发，河水漫溢。全县冲垮小型水库和塘坝溃决40多座，冲毁东汶河大堤200余米，淹地40000余亩，受涝面积17万亩。蒙阴镇姜家沟村的一座蓄水不足20万立方米的塘坝，水漫坝顶，冲毁农作物130余亩，冲去树苗1500余棵，猪、羊80多头，冲倒房屋16间，砸死耕牛2头，淹粮食4000余千克，另有40多户的房屋因被水淹半月不能住。

7月22～26日，临沂地区，由于连降大暴雨，农田受涝，农作物减产20%～40%，河水漫溢，死伤20多人，冲走粮食20万斤，水库决口21处，冲坏公路桥20多米；7月21～26日，临沂地区的临沭暴雨，水库决口20座，塘坝决口71座，受淹农田17万亩，水冲、水浸粮食20余万斤，冲垮桥梁20座，倒塌房屋3000余间，砸死2人，伤11人、大牲口66头。

7月24～26日，莱芜暴雨，河堤决口650处，冲垮塘坝15座，冲毁扬水站12座，冲毁其它水利设施52处，倒塌房屋2829间，4人死亡，11人受伤。

7月下旬，潍县大部分公社，因暴雨成灾，过水面积约39万亩，积水约27万亩，秋作物减产严重，倒塌房屋12862间，伤26人，死亡15人。

7月中、下旬，龙口连降大雨至27日降水量高达309.7毫米，且降水均集中在中旬末至下旬，全县水库、河流水位猛涨，在29～30日一次大暴雨中（龙口气象站60毫米，测站以东均达100毫米以上），造成极大水灾，倒塌房屋3056间，院墙1368座（总长56884米），农田受灾面积7038亩（不包括受淹面积）其中绝产面积4842亩，损失粮食：集体4.282万斤，个人3.524万斤。损失化肥2.185万斤，冲毁桥梁11座、大小塘坝49座，河堤决口33处，在抢险救灾中伤18人，死亡9人。牲畜伤39头、亡14头。

7月份，莒县连降暴雨19次，造成大片土地内涝，作物被冲毁淹没，受灾面积16.5万亩。冲毁万立方米以上水库18座，塘坝63座，各种水利建筑物1781座，地堰2.79万道，河堤决口41处。

嘉祥水灾58万亩，成灾51.6万亩，其中绝产24万亩，倒塌房屋7520间，砸伤7

人，死亡 5 人。梁山水灾，有约 45 万亩农田受灾，减产粮食 38.5 万担。巨野因水灾，粮食减产约 4000 万斤，棉花减产约 40 万斤，倒塌房屋 5320 间，死亡 4 人。

1971 年　6 月 28～29 日，苍山全县普降暴雨 200 毫米以上，汶河、运女河、陶沟河、小涑河、白家沟等河流普遍漫溢，南部平原地区一片汪洋，积水成灾，据不完全统计，有 532 个生产大队较重，倒塌房屋 2000 余间，冲走粮食 50 万千克，死伤牲畜 8 头，农田过水面积 28 万余亩，其中绝产的有 8 万亩。

7 月下旬，阳信县因暴雨，有 13 个公社 527 个大队受灾，全县受涝面积 70 万亩，成灾 57 万亩，重灾人口 27 万，死亡 23 人，倒塌房屋 15000 间，积水面积约 39.4 万亩，114 个村庄被水围困。垦利因暴雨，下镇、永安、董集等公社秋作物不同程度减产，部分公社减产 70%～80%。滨州暴雨，城关、杨集、尚店、杜店等 10 个公社受灾，受涝面积共约 49.8 万亩，绝产约 24.9 万亩。

7 月，金乡暴雨加连阴雨 5 天，王丕、化雨、吉术等公社庄稼减产 3～5 成。沾化县降水总量达 539.8 毫米，农田积水 82 万亩，排水后成灾 65.13 万亩，其中 36.74 万亩绝产，48 个村庄被水包围，倒塌房屋 4355 间，淹死 7 人，砸死砸伤大牲畜 14 头，冲毁水利工程建筑物 22 座。

8 月 8～9 日，临沂地区因暴雨受灾，积水成涝，作物减产 20%～80%，水库冲坏并淹死 4 人。

8 月 9 日，高密暴雨，大小河流决口 50 处，水淹面积 73.3 万亩，有 16.9 万亩减产 6 成，15.6 万亩绝产，倒塌房屋 12521 间，死亡 6 人，伤 10 人，冲走粮食 12 万斤。

8 月，陵县因降水偏多，形成涝灾，受灾面积 46 万亩，其中绝产作物 22.3 万亩。邹县连降 12 场暴雨，西部洼地积水成灾，全县受灾面积 151994 亩。

泰安地区暴雨，平阴县受灾 17400 亩，成灾 6900 亩，绝产 1964 亩，塌房 827 间，死亡 3 人，伤 4 人。

8～9 月，垦利连降大雨，降雨量多达 621 毫米，全县 15 个公社普遭涝灾，积水面积 30 多万亩，占全县农作物总面积的 50%，绝产面积 11.7 万亩，倒塌房屋 1695 间，砸死、淹死 4 人，伤 5 人，死亡牲畜 6 头。

6～9 月，连续降大雨和暴雨，全省平均降雨 712 毫米，仅次于雨量最大的 1964 年（838 毫米），是 1949 年新中国建立以来第二个大水年。临沂、枣庄两地市雨量最大，其次是济宁、昌潍、德州、惠民、烟台、菏泽、聊城等地区。山洪暴发冲毁了山区的无数梯田，平原积水形成大片大片的涝灾。全省受水灾面积 1628 万余亩，成灾 1230 万余亩，绝产 542 万亩，死亡 431 人，倒塌房屋近 15 万间。惠民、德州、临沂 3 地区受灾较重。

巨野麦收期出现连阴雨，造成全县小麦发芽霉烂 4%左右。禹城县总降水量 766 毫米，秋涝严重，成灾面积 46.5 万亩，绝产面积 15 万亩。郓城水灾，有 206 个村庄被水围困，倒塌房屋 2602 间，有 17 万余亩农田绝产，烂小麦 406 万斤，冲毁大型建筑物 102 座。利津雨涝，全县共有约 48 万亩土地积水，有 20 万亩作物绝产，20 万亩作物不同程度减产。

1972 年　7 月 5 日，枣庄暴雨，峄城区河堤决口，水库被冲坏，淹地 15 万亩，有

4.49万亩减产6～9成，倒塌房屋5087间，伤9人，死11人，损失粮食269.7万斤。薛城区，冲坏水库11座，倒塌房屋多间，死3人，伤3人，冲树13837棵，土地淹水面积26868亩，绝产6080亩。台儿庄区部分公社庄稼受淹，房屋冲倒多间；邹城遭受特大暴雨袭击，西苇水库一带降水量280毫米，太平、峄山、石墙、高庄等公社均在300毫米左右，城关最大，为319.8毫米。次日，全县境内降雨量达321.9毫米，为1949年新中国建立后的最大暴雨。白马河超过警戒水位0.46米，最大流量650立方米/秒。由于暴雨集中，河道标准低，白马河决口，14个村庄被水包围，倒塌房屋3900余间，砸死1人，伤3人，因洪涝成灾农田20万亩。

7月6日，莱州的西由、过西、腾家、朱桥等7个公社降特大暴雨，日降水量300多毫米，洪水成灾，受灾土地9800亩，倒塌房屋1575间，冲走小麦11.2万千克，冲走树木1.2万棵。曲阜暴雨，关公、尼山、防山等公社受灾面积15万余亩，有的农田被冲坏，有的公路桥梁被冲坏，秋作物减产5成。邹县降特大暴雨，最大降水量为321.9毫米，全县河道决口498处，库塘倒坝87个，冲毁桥涵271个，地堰13360处，有27.9万亩春播作物冲淹过水，7万余亩作物积水，房屋倒塌5411间，37.6万斤小麦过水损失严重。

8月4～5日，因暴雨，蓬莱龙山店8人死亡，冲倒房屋203间、院墙40处，冲走粮食1.56万千克、食油596.5千克，死猪20头、羊50头、鸡130只，冲毁地100亩。小门家公社冲毁公路桥1座、50米护路坡。

1973年　8月14日，临邑暴雨伴大风，农田积水56万亩，倒房33000间，伤亡40人，120头牲口死亡。

8月20日上午10时，海阳的朱吴乡降水77.2毫米（海阳气象站11.7毫米），由于降水较急，使九岭夼水库（库容4万立方米）被水冲毁，处在下游的丁家夼村364间房屋被冲毁，死亡30人，受伤数人，农田机械、牲畜、粮食等受到很大损失。

8月31日，莱阳出现大面积持续性暴雨，莱阳气象站降水124.7毫米，最大降雨是赤山270毫米，全县共冲毁塘、库21座，河坝500余米，受淹农田5750亩，有1133户房屋进水，倒塌房屋4311间，损失粮食5.7万千克，水果82.5万千克，淹死27人，有5处供销社门市部仓库进水，直接经济损失约500万元。牟平县降暴雨111.8毫米，因暴雨成灾，全县过水面积35821亩，绝产7395亩，河道决口51处，长2890米，冲毁小型水库1座，塘坝2个，山沟28处，倒房187间，倒马棚6间，倒院墙82座，地瓜窖3个，倒内墙654个，死亡牲口10头、猪22头、羊2只，损失粮食150200斤，化肥11060斤，草10万斤，蔬菜42万斤，死亡6人。海阳县普降大暴雨，全县平均降水量122.5毫米，多者达224毫米，最大风速20米/秒。受灾范围：全市各地均有不同程度地损失，尤以大辛家最为严重。全县受灾作物123636亩，冲毁土地11160亩，塘坝6座，主要建筑物15个，房屋423间，损失粮食3.36万斤，淹死生猪48头，刮倒、冲走树木10万棵。大辛家6条船被刮翻，10人死亡，秋玉米被刮倒或刮断，对产量影响很大。蓬莱平均降雨量108.4毫米，最大143.0毫米，最小68.7毫米，陆地平均风力6～7级，最大21米/秒。全县受灾，主要灾情：出险塘坝2个，河道决口8处，被大风刮毁庄稼336亩，损坏树木2.60万棵，落果较多，房屋倒塌411间，其中集体23间，倒院墙4980米；水产方面：3人落水死亡，碰坏机帆船14只，其中严重的4只，木帆船5只，其中严重的4只，碰坏小舢板 10 只，损失流网 350 条、缸子网 15 条。

1974 年　7 月 25 日，高空 500 百帕有小槽东移，配合地面西南倒槽和气旋波（中心位置在蔚县，强度 1001 百帕，向偏东方向移动）的共同影响，牟平县普降大暴雨 147.5 毫米，因暴雨成灾，全县共冲垮塘坝 2 座、小型塘坝 8 座，河道决口 106 处，总长 1095 米，倒房 48 间，倒院墙 96 处，死亡 1 人，伤 1 人，冲毁地 2034 亩，成灾淹没面积 27000 亩，其中绝产 5600 亩。平邑郑城、东阳、铜石、卞桥、柏林、保太、地方 7 个公社降暴雨，平均降雨量 250 毫米，农作物受灾面积 21 万亩，其中有 9000 亩绝产。

8 月 1～4 日，郯城降水量 142.1 毫米，10～13 日降水 282.5 毫米，合计 424.6 毫米，为一次重涝过程。全县积水面积 60 万亩，成灾 48 万亩，绝产 15 万亩。有 238 个村庄被水包围，积水深度 1 米以上，倒塌房屋 3 万余间，牲畜栏圈泡毁 5 万多个，重伤 28 人，死亡 2 人。淹死、砸死牲畜 15 万头，浸泡霉烂粮食 60 万千克。其中麦种 28 万千克。

8 月 1～14 日，沾化连续降水，成涝灾，倒塌房屋 3590 间，死亡大牲畜 108 头，农田成灾面积 67.6 万亩，其中 12.9 万亩绝产。莒南连续降雨达 14 天，受灾面积 30.9 万亩，其中绝产 53625 亩，减产 5 成以上的 13 万亩，塌房 11591 间，损失粮食 18.5 万多斤，水果 55 万余斤，损坏树木 92.6 万棵，死猪 360 头。死亡 2 人，伤 11 人。

8 月 9 日和 8 月 14 日，受空中低涡和地面低压冷锋影响，庆云出现暴雨天气，共有 332976 亩发生涝灾，有 103260 亩作物无收益，减产 60%～70%的有 134965 亩；减产 30%～50%的有 94751 亩。乐陵两次降大暴雨，合计雨量为 340 毫米，再加上进入 8 月份以来，阴雨连绵，使乐陵县受灾面积达 40 万亩，重灾面积 20 万亩。

8 月 11～13 日，日照县三天降水量达 452.0 毫米，尤其 13 日，大风暴雨持续 20 个小时，风力 7～8 级。全县有城关、马庄、南湖等 168 个大队受灾较重，被水淹死或塌屋砸死 7 人，伤 8 人，砸死猪 320 头、牛 2 头；倒塌房屋 9240 间，水浸粮食 24 万斤；农田受灾面积 143000 亩，毁坏小型水库 1 座、塘坝 37 个，断绝交通 6 天，行人靠船摆渡；各种疾病开始流行，大批成材树木被刮倒，冲淤盐滩 8000 多亩。

8 月 11～14 日，胶县连降大到暴雨，4 天降雨 299.3 毫米。全县库满河平，内涝洪水齐暴发。所有水库全部溢洪，大小河道水位暴涨，被冲毁小型水库 2 座，万立方以上的小水库垮坝 26 个，河道决口 38 处，决口长度 640 米。受灾大队 273 个，倒塌房屋 3737 间，过水面积 2.54 万亩，淹死 4 人，死亡大牲畜 45 头，冲毁水利建筑物 34 座。城里街道居民及县直二十余个企业单位进水，不同程度的受到损失。海阳共降水 224.9 毫米，其中 3 天达到暴雨，受涝面积达 10 余万亩，绝产达 2 万亩。其中海潮淹地 300 余亩，冲毁塘坝、坝头 200 余座，海坝决口 1 处，泉水乡冲走瓜干 7000 斤。房屋、牲畜等也受到一些损失。胶南县连降暴雨，4 天降雨 288.3 毫米，22 处公社平均雨量 285 毫米，其中 13 日一天平均降雨量为 171.6 毫米，雨量较大的有小场、张戈庄（理务关）、大场、海青、大村等 11 处公社出现特大暴雨，雨量都在 300 毫米以上。连续暴风雨，造成山洪暴发，河水上涨。全县小型水库冲垮 4 座，塘坝冲垮 77 处，河流决口 800 处，渠道决口 317 处，冲坏地阡 80000 余道。全县交通受阻，联络中断。县内 5 条公路干线 3 条中断，24 条县社公路中断 22 条，大桥涵冲坏 12 个，路基冲坏 26 处。全县有 300 多个村庄过水，房屋倒塌 10000 余间，刮坏房顶 20000 间，冲走粮食 75 万千克，倒树 150 万棵左右，被水淹农作物 60 万亩，倒伏作物35万亩，其中绝产7万多亩，减产50%以上的20万亩。

8月12～14日，12号台风由江苏登陆，自南向北偏东方向移动，临沂地区大范围降暴雨。临沂县自12日夜至13日下午降雨350毫米。河堤决口，河水泛滥。全县有152万亩农作物不同程度受灾，受灾较重的约占一半。8处煤矿进水，严重影响了煤矿生产。莒南县13日一天就降雨达300.1毫米。全县受灾面积近31万亩，绝产5.36万亩，塌房11591间，死亡2人，伤11人，损失猪363头。沂南县10小时平均降雨达211毫米，蒲汪降雨达328毫米。郯城县成灾48万亩，绝产15万亩，倒塌房屋3万余间、栏圈5万余个，较上年减产粮食36%。莒县日降雨量288毫米，冲毁部分水库、塘坝。

8月12～13日，苍山全县普降暴雨，县城降水210.4毫米，卞庄、长城、二庙、层山、南桥等村庄平均降雨量237.6毫米，有4条河流漫溢，7处决口，县城街道洪水泛滥，多数机关单位进水，深者达半米以上，倒塌房屋2万多间，死伤22人，牲畜死伤45头，水泡粮食525万斤，冲走11万斤，农田上水80万亩，占总耕地面积57%，其中绝产23万亩，冲坏地1万亩，冲走树木32万棵、柴草73万斤。

8月13日，沂水全县普降大暴雨，城关日降水量达247.9毫米，全县所有大、中、小型水库全部溢洪，河流洪峰持续时间长，9座小型水库，48座塘坝决口，河堤决口584处，倒塌房屋13700间，伤12人，死亡3人，伤亡牲畜110头，其中死亡96头，倒塌地坎433000处，冲淤土地154000亩，积涝成灾116000亩，冲倒大树95000棵。蒙阴24小时降水104.2毫米，受灾面积43588亩，其中绝产11612亩，内涝241065亩，冲垮地堰65644道，河堤决口608处，冲垮水库1座，决口9座，冲垮塘坝63座，倒塌房屋1826间，冲毁渠道59处，冲倒树木245831棵，淹死6人，砸死2人，淹伤4人，砸伤1人，死牛1头伤5头，死猪1头伤20头，死羊1头伤20头。五莲县普降暴雨，最大的公社雨量达400多毫米，一般都在300毫米以上，伴有7～8级大风，时间集中、降水量之大、受灾面积之广是五莲县历史上罕见的。水库普遍蓄满，部分小塘坝被冲垮，沿河村庄积水成灾，房屋倒塌，人畜伤亡，粮食霉烂，东西冲走。全县成灾面积136000多亩，绝产48000余亩。临沭县境内普降暴雨，日降雨量高达240.9毫米，一夜间，沭河水流由2500立方米/秒，猛升至4800立方米/秒，14日更是高达5400立方米/秒，创历史最高记录。沭河大堤在13日夜决口，洪水迅速四溢，数小时后淹没沿河沙河公社，白旄、韩村、南古等52个大队被洪水包围，长达2天2夜，受灾33439户，受灾人口155100人，无家可归7375户、35234人，倾倒房屋46864间，淹地231155亩，死12人，伤81人。

8月13～14日，即墨县普降暴雨，二天降雨量128.0毫米。1.59万亩农作物绝产，6.8万亩农作物减产20%～30%，1.8万亩农作物减产50%，9.9万亩农田积水，倒房659间，死亡牲畜15头。崂山县连降暴雨，二日降雨量117.9毫米，一小时最大雨量44.7毫米，并伴有9级大风。冲毁塘坝2座，大沽河、桃源河两岸农田被淹0.9万亩，倒塌房屋31间，刮倒树木3250余棵，水果损失约32.5万千克。红岛公社60余条船，遭到不同程度的损失，高低压电路断线倒杆。午山大队一女孩触电死亡。

夏季，淄博市境内多雨，出现涝灾。其中淄川、临淄区受灾21万亩；高青县受灾面积33.5万亩，绝产15.6万亩，倒塌房屋1.5万余间，伤亡28人。

济阳盛夏涝、秋涝。7月份降水量249.7毫米，较常年偏多33%，受灾3.68万亩，成灾3.11万亩，绝产2.46万亩；广饶盛夏大涝（7、8月降水601.7毫米），受灾62.6

万亩，绝产25.3万亩。7、8月德州降水分别为225.3、257.3毫米，较常年同期多50%，形成盛夏涝。垦利连绵大雨，因排泄不及，28.2万亩农作物积水成灾。陵县降水总量达550.6毫米，全县52.89万亩农田受灾，其中绝产21万亩。

1975年　8月13～16日，即墨县连降暴雨，全市平均降雨222毫米。受洪涝影响，31万亩农田被淹，6.4万亩农作物减产，3.0万亩农作物绝产，河道决口37处，倒房1992间，死亡牲畜16头。威海大暴雨，降雨量330毫米，淹田13000亩（其中绝产1600亩），河堤决口146处，塌房422间，毁桥14座；福山大雨，堤坝决口44处，长1190米，进水436户，倒塌房屋600间，过水土地39000亩，其中绝产2700亩。

8月14日，胶县特大暴雨。4小时内全县平均降雨量227毫米，暴雨中心墨河公社雨量达378毫米，联屯达322毫米。全县河流先后决口18处，冲垮塘坝5座，87个村庄进水，倒塌房屋2892间，死亡1人，受灾面积50万亩，其中绝产面积9.1万亩。

8月13～15日，莱阳普降暴雨到大暴雨，莱阳气象站降水158.4毫米，全县平均降水量219.1毫米，暴雨中心达316.0毫米，河流涨溢，12处公社15.2万亩农田受灾，其中绝产3.5万亩，减产粮食1500万千克，123个村庄进水，毁坏房屋1100间，冲毁塘坝一座，淹死生猪130多头。县境内4条公路有6处被洪水淹没，交通中断两天半。

8月14～16日，牟平县连续3天降大暴雨，降雨总量379.9毫米，局部接近600毫米，暴雨造成山洪暴发。解甲庄公社有些地堰被洪水冲切到底，有些山间楸树和柿子树连同土层被洪水冲击平移15米。全县作物过水面积20万亩，积水15万亩，水冲沙压45822亩，作物倒伏93785亩，绝产18338亩，冲倒地堰22972条，过水户数3760户，倒房3376间，倒院墙5154座，死亡10人，死亡牲畜93头，损失粮食210200斤，损失化肥155400斤，冲毁桥梁22座，河道决口540处，冲毁塘坝39处。

6月下旬至8月中旬，胶南县阴雨50多天，降水量达540.3毫米，月雨量最大的三处公社，辛安公社（现属黄岛区）578毫米，六汪529毫米，王台518毫米。红石崖、宝山、薛家岛（现属黄岛区）、市美4处公社雨量在400毫米以上，其余16处公社也都超过了300毫米。有十几处公社连续几次降雨，每次都在100毫米以上。由于降水次数多，雨量大，时间集中，多数水库、塘坝已溢洪，许多耕地内涝成灾，全县受灾面积达15万亩，其中有3万亩春夏播作物基本绝产。

1976年　7月28日，平邑仲村、保太、武台、城关公社降特大暴雨，雨量达250毫米，88个大队的8.1万亩农田受淹，倒塌房屋1331间，冲倒树木9.8万棵，淹死4人，伤1人。

7月29日，长岛出现44.4毫米的降水，辖区钦岛出现暴雨。钦岛倒墙154米，损失1万余元；砣矶冲毁农田80余亩，房屋倒塌17间，死亡1人。海带库进水，损失9万元，受灾面积300亩。

7月30日，蓬莱降雨量100～200毫米，最大约340毫米。受灾范围：东风、崮寺店、大辛店南部、村里集北部、小门家南部、大柳行南部、于家庄南部、王格庄北部、草泊南部等公社共计82个大队。主要灾情：6人死亡，4人受伤，倒塌房屋50户共250间，倒塌院墙150处，土地过水面积2.54万亩，其中绝产1.40万亩，其余减产5成以上。河道决口236处，全长25.5千米。冲毁桥梁25座，公路5千米。冲垮塘坝数量多，无法统计。雷电击死3头牛，冲走351头猪，冲走粮食7500千克，柴草10万千克。龙口特大暴雨，石良降雨336毫米，几个小时的雨量几乎达全年总雨量的一半，雨量之多，强度之大，均为历史罕见。文基185毫米，造成灾害：死亡6人，其中水淹死4人，雷电击死2人，伤7人，下落不明1人；微型水库、塘坝倒坝19处；沙堤决口或漫堤11处；水淹、水冲受灾面积20694亩，绝产14235亩；倒房数百间，水冲入村庄十数个；冲毁道路、桥梁等建筑物数座或数百米。

1977年　6月23日，淄博市境内淄河上、中游暴雨成灾。黑旺1小时雨量100多毫米，山洪暴发，淄河洪峰达3米，注入太河水库一干渠万米山洞，施工的40名民兵困在洞内，抢救脱险24人，死亡16人。别处因灾死亡9人，伤5人。倒房36间，毁地1万余亩、道路30千米、林木3000多棵，并造成其它损失。

8月5～6日，庆云12小时降水在200～300毫米，一般积水50毫米，最大积水在0.8～1米。庆云全县积水面积33.5万亩。造成绝产的3万亩，分布在城南的大靳、中丁、东郎坞和城西的东辛店公社，倒民房3077间，牲口棚849间，伤5人、牲畜218头。

8月5～10日，沾化降暴雨，成涝灾，冲毁桥、涵128座，损失24.3万元，农田积水16.5万亩，其中成灾12.3万亩，绝产5万亩。

8月6日，乐陵暴雨成灾，全县平均雨量300毫米以上，使农作物遭受了严重涝灾。积水面积86万亩，受灾的单位26个公社，成灾的大队750个。成灾的粮田22万亩、棉田5万亩。其中绝产15万亩。倒塌房屋2.2万多间，倒塌仓库1218间，倒塌饲养房2010间，倒塌猪圈49942处，人员伤175人，死亡2人，牲畜伤280头，死223头。

8月6日22时至7日5时，海阳降雨295.0毫米，一小时最大降雨66.1毫米，5个公社降雨量在200毫米以上。受灾范围：东村、留格、小纪、大闫家、风城、辛安、辛家、行村等南部沿海乡镇。此次暴雨强度之大、雨量之多是历史上少见的，灾情较重。主要灾情：河道决口113处，长3430米，冲走土地6813亩，淹没土地43600亩，农作物绝产的达1053亩，损失粮食1.3万斤，倒塌房屋176间，冲走猪17头，冲毁地堰11205条、桥梁30座、围墙371处，冲毁塘坝1座，小型水库2座，大口井10个。

1978年　6月28日至7月2日，莱芜县955个大队中，有933个受暴雨袭击。全县良田受灾面积达50.2万亩，水冲沙压87600亩，重灾面积32万亩，玉米、谷子、高粱受灾后倒伏断株一般20%～30%，严重的达40%～50%，干鲜果品损失1800多万千克，倒塌房屋2271间，河堤决口127处，冲坏公路693里，冲塌地堰293000米，砸死2人，砸伤40人，重伤6人，牲畜伤亡74头，其中雷电击死牛2头。

7月1日，受气旋波影响，安丘、临朐两县市出现暴雨，其中安丘市南吾，吾山、柘山、孙孟、白芬子5处公社的93个村受灾，成灾面积5190亩，其中玉米2420亩，地瓜1350亩，黄烟620亩，其它800亩，刮坏房屋2561间，其中倒塌165间。折损树木43220棵，刮掉水果23万斤，冲毁地堰500条，冲毁土地3650亩。临朐县18个乡镇受灾，洪水冲垮水库一座，塘坝4座，渠道5处，河道16座，倒房887间，死耕牛2头，农作物减产面积68050亩，其中绝产3894亩，冲毁农田2017亩，冲毁地堰9223条、公路7处，冲毁桥8座，水淹粮食56万斤，其中冲走3.9万斤，倒树7290棵，杨善公社电线遭受雷击，击毁电话34部。淄博市境内出现暴雨灾害。其中临淄区平均降水量303毫米，边河、王寨、大武、南仇等地350毫米以上，小麦霉变3510吨，冲走34.2吨，粮食减产1.5万吨，倒房1385间，死亡10人；淄川损房2100间，死亡27人，涝地8.8万亩，冲毁树木8.5万棵。小麦霉变10余吨。此外，博山、张店、周村区也出现灾情。

7月13日21时至14日5时，受西南倒槽和冷锋影响，费县12个公社普降大暴雨，全县平均降水量109毫米，许崖最大降水量207毫米，费县气象站187.5毫米，这次大暴雨过程冲毁房屋396间、沙压粮田1万亩，积水内涝8万亩，刮倒树木3万余棵，13000亩玉米、高粱倒伏，雷电击死、伤各1人，渠道决口12处、倒塌塘坝7座、桥梁2座、冲毁公路8条、共15000米，经济损失350万元。

8月8～12日，日照县共降水239.0毫米，其中11日晚平均降水量为122.0毫米，降水区主要集中在涛雒公社以北，陈疃公社以东的9处公社，其中城关、奎山两处公社4小时内降水量达250.0毫米以上，由于雨大且急，洪水暴发，致使一些塘坝决堤，河道漫溢、决口，村庄被洪水包围，房屋倒塌，出现人畜伤亡。据统计，河堤决口453处，农作物受灾面积10.4万亩，房屋倒塌904间，冲走粮食7800斤，死亡2人，死亡牲畜112头，县城高压线断线，造成停水、停电。牟平县平均降雨151.3毫米，最大姜格庄320毫米。全县水冲沙压作物26400亩，其中绝产3210亩，河坝决口228处，倒塌房屋239间，粮食浸水8000多斤。

8月11日、15日，胶县两次暴雨，全县平均降雨223毫米，暴雨中心洋河、张应公社达340毫米。全县9处河流决口，15个村庄进水，倒塌房屋60间，死亡2人，水淹面积12万亩。

8月12日，威海田村公社、羊亭公社暴雨，毁方塘5座、山沟水库16座，淹田9500亩，受灾1000余户，倒房84间，塌炕640铺，淹死猪200余头，损盐30吨。

沾化涝灾，倒塌房屋368间，农田积水面积40万亩，其中成灾2.06万亩，绝产0.76万亩，霉烂高粮、谷子150万斤。嘉祥水灾18.3万亩，成灾10.4万亩。倒塌房屋725间，冲垮建筑物45座。

1979年　7月30、31日，栖霞、招远、莱阳、掖县共有50个公社遭受暴雨灾害，降雨量300毫米以上，降雨来势猛、时间短，暴雨引起山洪暴发，河水骤涨漫溢，冲毁、淹没、淤压农作物335000亩，其中绝产的99700亩；冲毁水库5座、塘坝68座、大小桥涵66座（包括公路桥涵11座），7条干线公路不能通车；河道决口673处，长达180多里；有9313户社员住房进水，倒塌房屋3273间；被水冲走、淹死35人、大牲畜39头、猪566头、羊20只；水浸粮食267万斤，冲走粮食168万斤，冲走成材树34000多棵、化肥67吨、煤127吨、油毡纸50吨、农用机械35台（其中拖拉机13台）、汽车4部。栖霞后张家庄大队，因山洪暴发，有6户社员51间房子全部冲毁，淹死23人。

7月30日至8月2日，莱阳境内有14个公社降大暴雨，莱阳降水量158.1毫米，谭格庄公社降雨420毫米，榆科顶公社降雨366毫米，最急时每小时降雨量100毫米，胡家堡良种场预测站最大过程降雨量607毫米，再加之栖霞、海阳大量客水入境，沐浴水库和清水河洪峰流量均达2000立方米/秒，清水河中下游右堤全线基本溃决，冲毁部队汽车2

部，公路多处冲毁，许多民房进水，龙旺庄公社东、西祝家庙、田格庄等大队被洪水围困20多个小时，境内受灾面积20多万亩，绝产4万多亩，冲毁塘坝8座、坝头地400多块，倒塌房屋756间，淹死牲畜160余头。灾后，县委、县政府领导组织有关部门的领导干部赴灾区，组织群众抗洪排水，抢修溃决的堤坝，帮助群众重建家园。

7月31日4～8时，招远全县平均降水108毫米，毕郭、勾山皆250毫米以上（水利局资料）。全县冲垮万立方米以上塘坝12座，河道决口111处，倒塌房屋488间，塌墙2950处，过水土地达72000亩，冲毁致基本绝产秋作物19700亩，冲毁养鱼池6处，多处道路冲垮，交通中断。毕郭公社黑都坡大队一名参加防汛社员遭雷击死亡。

7月31日上午，栖霞县境内普降特大暴雨，总降雨量达500余毫米。暴雨中心在亭口公社南部、城镇公社东部、大柳家公社北部等地域，时降雨量达200多毫米。致灾程度为历史上所罕见，共倒塌房屋2961间，302户村民的住房被冲刷一空；冲毁桥涵195座、公路32945米；冲毁水库塘坝共429座；冲淤田地2.97万亩，果园7615亩；河堤决口2564处，长22.4万米；冲走牲畜405头、粮食67.5万千克；被洪水淹死29人，其中后张家庄大队就有20人被洪水夺去生命。

1980年 6月15～16日，东平普降暴雨，达227毫米，阵风7～8级。全县积涝面积17万亩。沂水全县降水量达131.3毫米。全县均受水灾，较重的有黄山、崔家峪、崖庄3个公社。冲垮塘坝3座，冲地4000余亩，冲垮河堤3处、地坎1万多条。

6月16日，沂水、莒县、平邑、费县暴雨成灾。这次暴雨强度大，来势猛，灾情严重。其中：沂水县降雨达125.8毫米，冲毁塘坝3座、河堤3处、地坝1万条，冲地4000亩；费县全县平均降雨129.8毫米，薛庄最大为178毫米，其次是垛庄为166毫米，淹地成灾7400亩，绝产1300亩，冲毁石坝6650米，水冲沙压4040亩，冲毁塘坝8座、大口井2眼，倒塌房屋210间；平邑县平均降雨157毫米，其中车阳、流峪、临涧、白彦4个公社在200毫米以上，冲毁塘坝31座，中小河道决口10处，水冲沙压2万亩，倒地堰10万余米，过水倒塌房屋720间，冲走折断成材树木7万棵，冲走损失小麦30.6万斤；莒南县降雨为106.6毫米，20万亩未收的小麦有10万亩发芽，其它作物有44.6万亩受灾，冲毁地堰6.45万米，冲毁小塘坝2处。

1981年 9月14日、30日，黄河两次洪峰进县境，长清境内沿黄4社被淹。75个大队、11683户、54635人受灾，淹地121283亩，倒塌房屋808间。及时组织140名干部职工，参加抗洪抢险。

1982年 7月5日，淄博市张店、淄川、临淄区出现暴雨，南仇日雨量238毫米，倒房1218间，冲淤土地6802亩，冲毁地堰3214条、道路63处、树木1084棵，死亡2人，并造成其它严重损失。日照县普降大雨，部分地区暴雨，并伴有大风。全县平均降水118.2毫米，暴雨中心的涛雒、高兴等公社达200毫米以上。全县因大水中断交通6小时以上，河堤决口5处；倒塌房屋1300多间，伤40多人；损失苹果750多万千克、鱼池4500亩、虾池1700亩、盐场3600多亩；农作物总受灾面积84000亩。

汛期，省内部分县、社暴雨成灾，低洼地内涝，220万亩农作物受涝。浸倒、冲坏房屋 26000 间；冲走、浸泡粮食 128000 斤；冲断公路 113 条，淹死 8 人。日照、益都、临淄、福山等县灾情较重。

8 月 25 日，栖霞县境内普降大暴雨，庙后、亭口、苏家店、松山、藏家庄公社降水量均在 200 毫米以上，最大为 266.7 毫米，由于狂风暴雨的危害造成严重损失：冲淤农田 205100 亩，平均减产 3 成，总计减产粮食 1500 万千克、花生 60 万千克，刮落水果 1578.5 万千克，冲毁、刮坏房屋 4461 间，刮倒、折断树木 90400 棵、电线杆 420 根，冲毁土地 13146 亩、地包 61271 块、小塘坝 5 个、大口井 10 个、桥涵 4 个，洪水冲走 3 人、牲畜 150 头，总计经济损失 1000 万元。蓬莱县出现特大暴雨，并伴有大风。暴雨量为 248.5 毫米，其中自 25 日 4 时降雨开始到 20 时，日降雨量为 208.1 毫米，全县平均雨量为 252.7 毫米，降雨最多的公社雨量达 341.5 毫米，最少为 185.0 毫米。雨势之急，雨量之大，历时之长，是栖霞气象局自 1959 年有资料以来罕见的一次。造成全县受灾严重，灾情如下：因暴雨抢险死亡两人，牲畜死亡 21 头；倒塌房屋 3713 间，倒墙 11700 处；冲毁土地 14603 亩，玉米倒伏 70974 亩，35 万亩土地受涝；冲毁大小桥梁 57 座、塘坝 39 个，淤平塘坝 37 个，河道决口 105 处；碰坏和上滩渔船 42 只、丢失 1 只，丢锚 14 口，丢网 470 块；倒电话线杆 44 根，造成部分断线，部分公社电话线路中断近 24 小时，倒电线杆 100 根。

1983 年　7 月 2 日，蓬莱降水量 102.4 毫米，并伴有东到东北大风，风力 6～7 级，阵风 8 级以上。全县死亡 3 人，损坏渔船 43 只、养殖舢板 62 只，损失海带 300 亩、贻贝 200 亩，损坏房屋 516 间，倒墙 9402 米，冲坏土地 810 亩，刮倒电线杆 60 根、树木 8460 棵。

8 月 4 日，黄河洪水漫滩，垦利县沿河两岸 7 个公社，58 个生产队，8800 多群众遭受洪水侵袭，成灾面积 5 万亩，绝产 4 万亩，损失达 185 万元。

1984 年　7 月 11 日，莱芜全县遭受暴雨袭击。主要受灾区是高庄、颜庄、辛庄、上游 4 个办事处，莱芜气象站降水量 131 毫米，高庄、颜庄、辛庄在 220 毫米，其它办事处在 130～179 毫米，汶河流量 2000 立方米/秒，河堤决口 155 处，冲毁农田 52600 亩，造成洪涝 98000 亩，全县死亡 6 人，伤 17 人。倒房 4631 间。冲倒树 57 万棵。

7 月 12 日，沂源县出现暴雨、大风灾害，6525 户被淹，倒房 2228 间，12 人死亡，22 人受伤；冲毁农田 11.11 万亩，损毁树木 117 万棵，冲毁小水库 2 座、塘坝 45 处、大小桥梁 47 座，冲断公路干线 46 处，电线杆和广播线杆倒折 1424 根，冲垮河堤 150 千米，并造成其它损失。

8 月 9～14 日，武城出现夏季连阴雨，日数达 5 天，降水总量 315.7 毫米，造成全县大多数农田积水严重，田间泥泞，杂草丛生，预计减产 20%～30%，个别低洼地造成绝产，据统计全县大约有 10 万亩左右农作物造成绝产，给武城县农业造成巨大损失。

8 月中旬，泰莱山区连降暴雨，大量客水注入东平湖，又黄河水位较高，湖水排泄不畅，致湖水暴涨。湖区内梁山、东平、平阴 3 个县的 226 个村庄、41300 户、计 173280 人被水包围或淹没，淹没和渍涝农作物 210292 亩，损坏和倒塌房屋 2683 间。

8 月 30 日，海阳县内的盘石、南城阳、里店、东村 4 个乡镇及县城驻地，先后遭受了暴雨的袭击。日降水量虽不足200毫米，但在13时20分至16时短暂的2小时40分钟内降水达173.1毫米，一小时最大雨量达114毫米。雨急量大，电闪雷鸣，为历史罕见，河水暴涨，洪水横溢，给人们的生命产财造成了一定的损失。据不完全统计，受灾乡镇中的13个村，淹没粮田1.3万余亩，农家进水170余户，损失粮食20余万千克，倒塌房屋90余间。淹死1人，淹死耕牛4头。县直机关受灾较重的单位有8个，其中教师进修学校冲垮院墙60米，有的房屋倒塌，有的教学器材等日用设备被砸毁和冲走，损失6万余元。校办印刷厂被洪水淹没报废纸张2167令，并冲走部分铅字和机油等物品，损失7.5万余元。县草制艺品厂院内积水1米多深，仓库进水，成套的座垫、地毯等出口的手工艺品水淹变型，院内堆放的40吨化肥几乎全部融化在水中，共计损失10万余元。县燃料公司和东村镇物资供应站等单位3个供煤货场，煤炭被洪水冲走600吨，损失4万元。

9月29日、30日两天，黄河第11次洪峰以6500立方米/秒的流量进入垦利，西河口下游14.8万亩大豆被淹，减产粮食535.5万千克、棉花11.92万千克，花生损失4.3万亩，总计损失453.8.万元；2000名群众被水包围。

1985年 8月13～14日，受8号台风影响，威海出现阵风8级大风和过程雨量228.2毫米的暴雨天气。淹没土地3.1万亩，绝产1.1万亩，房过水2373户，倒塌房屋300间，冲毁桥87座、公路59里，造成运输中断，冲菜地833亩，共损失折款872万元。

8月18日14时，“8509”号台风在上海附近登陆，沿东经120°线北上，19日9时30分在胶南县登陆后穿过胶东半岛由龙口市出海向辽东半岛移去。受其影响，18～21日潍坊、青岛、烟台、威海、临沂、日照6个市地降大暴雨至特大暴雨，暴雨中心在招远县栾家河乡，降雨量648毫米，超过500年一遇标准，次暴雨量在100毫米以上的笼罩面积达38530平方千米。胶东半岛大部分河流都出现了较大洪水，部分河流出现特大洪水，例如大沽河支流小沽河葛家埠水文站21日出现了3200立方米/秒的洪峰流量（调查值），为该站近70年来之首位。这次大洪水灾情严重，农田受灾面积471万亩，绝产160万亩，减产粮食10亿千克，受灾人口398万，死亡71人，倒塌房屋70860间，损失粮食70650万千克，冲毁堤防388.5千米，冲毁涵闸1970座，冲垮小（二）型水库5座，冲垮塘坝182座，冲垮桥涵1600座，另外，受风暴潮影响，共毁坏船只2000多艘，冲毁养虾、养贝池3万亩，摧毁输电、通讯和广播电线杆59000根，并有500多家工厂企业因停电停水而停产，由洪灾造成直接经济损失129054万元。

8月18～19日，招远各乡镇普降暴雨，并有大风。招远气象站观测记录最大风力为8级（18米/秒）。自18日到21日全县平均降雨量为357.6毫米，最多的栾家河乡为648毫米，最小的辛庄镇为208毫米，招远气象站为314.4毫米。全县共倒塌房屋1601间，倒塌院墙207处，冲毁塘坝56处，翻沉135马力的渔船1艘，全县作物受灾面积达31.42万亩，落地水果1500万千克，冲毁桥梁103座，刮倒折毁树木6198万棵，冲毁道路497处，截断各种线路110条，畜禽死亡5000余头（只），死6人，伤15人。

8月19～20日，受9号台风影响，威海降雨85.2毫米，平均风力8～9级，阵风12级，刮掉苹果1234.99万千克，倒电线杆141根、树79866棵、烟囱43个，断电话线122处，造成通讯中断10多小时，冲桥10座，过水作物4.5万亩，减产10%、粮食259.4万斤，共损失1594万元左右。

8月19日，栖霞县遭受9号台风和大暴雨袭击，上午11时风力达8级。台风伴随大暴雨，全县平均降雨145.4毫米，雨量最大的苏家店乡达232毫米，台风和暴雨持续九个多小时，全县940个村庄全部受灾，经有关部门调查：刮倒树木98.6万棵，经济损失3065万元，刮倒玉米28.8万亩，经济损失1659万元，刮倒高粱、谷子等杂粮57000亩，损失270万元，水冲沙压土地22454亩，造成刮落水果7677万千克，经济损失4606万元，内涝57000亩，减产粮油折合经济损失1191.8万元。棚架、蔬菜刮倒5500亩，各种果树林业育苗刮倒1.6万亩，损失965万元。刮倒电线杆2625根，损失10.5万元。冲垮大桥涵洞6座，冲淤塘坝、鱼塘26个，路段塌方134处，计6145米，倒塌地堰51558处，损失258.4万元。倒塌房屋5726间，刮碎大瓦182.2万页，刮倒院墙5035处，损失704.3万元。柞蚕损失80万元。以上几项总计经济损失12810万元，间接经济损失3690万元，总计损失16500万元，全县人均253.8元。

8月19～21日，蓬莱降雨量大于100毫米，全县死亡7人，房屋倒塌4613间，冲毁地堰75万米、公路5.8万米、桥梁22座，河堤决口3千米，倒断电话线、电线3000余处，停电30多个小时。全县受涝面积21万亩，26万亩玉米严重倒伏，损失蔬菜1.6万亩，果树落果40%，损失养殖扇贝、贻贝600亩，损坏渔船89只。

9月14～17日，菏泽市普降秋雨，其中15、16日大部分县降暴雨，全市平均降水量106.9毫米，最大223毫米，牡丹区最小为87.5毫米。这次降水历时较长，面积大，径流小，造成农田渍涝严重。雨后农田积水35万亩，渍涝面积300万亩。使340万亩棉花不能摘收、晾晒，有的烂桃、落铃，120万亩花生烂果、发芽，89万亩地瓜受渍，损失难以补救。

1986年　6月12日7时，日照市遭大风、暴雨袭击，偏东风7～8级，阵风10级，全市平均降水量87.0毫米，降水最大的大坡乡为108.0毫米，且持续到13日凌晨3时，海上风大浪高，之后又连续4天阴雾不晴，造成了一定的灾害。26万亩尚未收割的小麦大部分倒伏，有的开始发芽，约减产300万斤；黄烟受灾面积7000亩，倒塌烟炉500座；沿海有5个乡镇渔具受损，有122只渔船受损，冲走渔网200余条，冲毁海带1000亩，50亩扇贝也受到不同程度的损失。全市经济损失约1759万元。

6月12日，五莲降暴雨，并伴有大风，瞬时最大风速达22米/秒，降水最大的乡杜家沟乡降雨量106.5毫米，70毫米以上的有3个乡（罗圈73.9、王世疃70.5、石场88.7毫米），50毫米以上的乡镇有5处，由于降雨时风速较大，致使8个乡镇受到了不同程度的损失，全县受灾面积6980亩，其中倒伏小麦4700亩，春苗3030亩，刮倒、刮断各种树木36150棵，刮落苹果134.3万斤，冲坏地堰5500条，共计35000米，倒塌房屋82间、院墙1336米，砸伤人员3名，直接损失达70.5万元。受灾较重的有王世疃、杜家沟、罗圈、山庄、松柏、魏家6个乡。王世疃乡6月12日降水量70.5毫米，刮倒折断各种树木2000余棵，倒伏小麦800余亩，冲毁土地30余亩，刮断苹果树头12100棵，落地果损伤达50万千克，倒塌房屋27间，院墙有25户倒塌，共计216米，室内山墙倒塌有8户，新、老房屋裂口严重的有23户、92间（裂口3至4厘米，窄的也在1厘米），砸伤3人，经济损失达25万元；其中该乡受灾较严重的村，户岭村苹果损失0.5万千克，一棵树最多落果100多个，小麦倒伏100余亩，刮断各种树木近20棵，折断电线杆2根，7户房屋倒塌7间（新房），2人被砸伤，同时该乡的高家沟村村办酱油厂遭到严重破坏，倒塌房屋3间，砸坏大缸16个，损失酱油0.5万千克，直接经济损失5500元。杜家沟乡降水106.5毫米，刮倒树木2000余棵，冲坏地堰3000条，共计3万米，苹果落果2万斤，倒塌院墙1000米，春苗受灾面积1000亩，损失1万元。山庄乡：倒塌房屋35间，刮断树木1万棵，苹果落果损失达20万千克，电话、广播全部不通，损失17万元。

6月12日至13日3时，莒南遭受暴风雨袭击，全县平均降水量77.0毫米，最大降水量达110.0毫米，风力7～8级。最大风力达9级以上。全县25个乡镇普遍受灾。这次暴风雨的特点是：风大、雨急，持续时间长。受灾面积大。危害严重。据不完全统计，这次暴风雨共损失3700万元。全县有13.2万亩小麦倒伏，减产75万千克。刮倒刮断成材树木70万棵、未成材树木112万棵。约计损失1190万元；果园受灾5.6万亩，减产750万千克，损失300万元；黄烟3万亩，减收190万元；蔬菜瓜类4.5万亩，损失900万元；房屋1.1万间，损失550万元；刮倒电杆1100多根，损失11万元；砖坯2500万块，损失75万元；道路、水利和其它损失334万元。因房屋倒塌砸死2人。

7月25～26日，苍山全县普降大暴雨，南部乡镇最大140毫米左右，县城降水123.4毫米，平原洼地出现洪涝灾害。长城、二庙、南桥等乡镇，由于分洪困难，使18个行政村，8600多户被洪水包围，多数房屋进水，共倒塌房屋110间、牲畜栏圈1000多个，死亡大牲畜30多头，伤亡群众5人，农作物受灾面积13.5万亩，共造成经济损失近2000万元。

7月26日夜，临沭县范围内普降暴雨并伴随大风天气，降水量达126.7毫米，瞬间风力达8级以上。其中石门、官化、前庄、前化、蛟龙5个公社受灾最为严重，全县因暴雨大风而损毁房屋1500间，砸死牲畜210头，刮倒树木5200棵，冲毁桥梁24座，塘坝6处，鱼塘24个，1000亩果树折枝落果，损失33万千克，价值20万余元；冲毁农作物2000亩，倒伏1600亩，导致农作物平均减产4成以上，粮食36万千克，这次灾害，导致经济损失200余万元。

1987年　8月15日、22日，黄河第六、第七次洪峰相继到达垦利，河水流量分别达到5050立方米/秒和5660立方米/秒，水位剧增到14.03米，致使建林、新安等沿黄7乡镇滩地大面积受淹，共有92个村、10349户、42682人受灾，11.82万亩农作物被洪水吞没，损失粮食9858吨。另有百余名在滩地生产的群众，百余头大牲畜，百余只羊，5000余只家禽，400多间房屋，遭洪水围困。直接经济损失达1148万元。

8月26日12时至27日3时，济南市自西向东普降暴雨至大暴雨，市区及周围历城区降特大暴雨，平阴、长清二县局部发生龙卷风。全市总面积5522平方千米，平均降雨量124毫米，其中济南市市区平均降雨量315毫米，解放桥最大点雨量340毫米，是1916年有水文资料以来最大的一次暴雨。担负市区排涝的北部小清河黄台桥水文站以上351平方千米流域内，平均降雨量230毫米，产生的洪水总量5000万立方米，由于小清河最大排洪流量仅123立方米/秒，洪水宣泄不及，致使市区内的大小河沟和大明湖洪水外溢，马路、街道行洪，低洼地区普遍积水，市区最大积水面积33平方千米，水深一般1米左右，最大2米，有4万多户居民16.4万人受淹，倒塌房屋1774间，死亡9人，市内12座立交桥全部积水，交通中断，胶济铁路客、货运输中断6～7小时，有些地方的供电、供水设施也遭破坏，有805个工厂企业进水，其中618个停产，被淹仓库55处，冲毁马路1.6万平方米，桥梁3座，共造成直接损失2.36亿元。暴雨及龙卷风对济南市郊区3县农业生产造成重大灾害，共有54个乡镇和1588个村受灾，受灾人口71万，倒塌房屋1.2万间，冲垮桥涵闸55座，河道决口14处，农田受灾面积67万亩，减产粮食0.8亿千克，毁坏树木57万棵，损失水果283万千克，死亡22人，伤627人，直接经济损失达1.33亿元。此次暴雨洪水和龙卷风灾害，给济南市城乡造成直接损失达3.7亿元。

8月26日，下午5时30分至6时30分，长清县突降特大暴雨，平均降雨110毫米，最大降雨量200多毫米。同时，马山乡、双泉乡25个村庄遭到历史上罕见的龙卷风的袭击。全县受灾534个村82576户33.12万人，其中重灾户5452户25705人，受伤500余人，死亡22人，农作物受灾面积19.2万亩，绝产2.1万亩，毁坏树木3.9万棵，倒塌房屋10853间。马山乡西褚科村最为严重，全村127户，村庄房屋夷为平地，死亡18人。

1988年　7月15～16日，泰安的新泰市、郊区，临沂地区的蒙阴、沂水、莒南、沂源、日照，惠民地区的高青6县市，先后降暴雨或特大暴雨，有的地方伴有冰雹、大风。受灾农作物4.3万公顷，倒塌损坏民房4760多间，死亡2人。临沂局部地区降大到特大暴雨，并伴有大风，部分县、市受灾，蒙阴县15日下午6～9时，降雨113毫米，坡里镇倒伏玉米466.7公顷，133.3公顷地瓜被水冲、沙压，冲毁地堰300多条，倒折树木3000棵，雷击毁配电室1间。有的山体滑坡堵塞了道路。沂水县降大暴雨，最大雨量达到210毫米并伴有大风。院东头、三十里堡、四十里堡3个乡镇受灾农作物3333.3公顷，其中倒伏玉米2333万公顷、黄烟666.7公顷，倒塌损坏房屋100间，有3处砖窑被冲毁。莒南县的文疃镇降雨36毫米，受灾农作物20公顷，损坏民房300间；另有板泉镇的前五村遭雷击死亡1人、伤4人。日照市15日晚11时至16日8时平均降雨120毫米，最大点雨量150毫米。2.1万公顷农作物受灾，成灾7666公顷，其中玉米4000公顷、地瓜2000公顷、花生1333公顷，其它333公顷。

7月16日，平邑天宝乡遭受暴风雨袭击，2小时降雨120毫米，冲垮拦水坝4座、桥梁2座、顺河坝1100米，冲毁公路34千米，折断树木1400棵，经济损失达35万元，次日郑家峪乡遭暴风雨袭击，中心降雨量160毫米，经济损失45万元。

7月18～20日，德州、惠民、济南、潍坊、烟台、威海6市地的平原、阳信、惠民、章丘、临朐、安丘、莱州、牟平、乳山等县市的20多个乡镇分别遭受暴风雨灾害。受灾面积达3万公顷，成灾2万公顷，倒塌民房3200间，冲没死亡家畜禽7500多头（只），伤大牲畜435头。

7月18日，商河、乐陵、临邑、齐河降特大暴雨。18日1时至19日6时30分，商河县的韩庙、沙河、赵魁元等4个乡镇88个村庄1.3万户5.61万人遭受特大暴雨袭击。降雨中心韩庙乡雨量高达361毫米，并伴有7级大风，1.1万公顷农作物受灾，倒塌民房近千间，倒塌院墙1.8万米，倒折树木800棵，冲毁桥、涵、闸23座，伤2人，伤大牲畜3头。受灾最重的韩庙乡45个村庄有25个大量积水，一般水深50～60厘米，最深80厘米；乡直属7个单位的仓库进水，电话全部中断，长途汽车停开，直接经济损失15万元。乐陵县受灾12个乡镇，王集乡最大降雨量达510毫米，雨量在300毫米以上的有4

个乡镇，其它乡镇雨量都在250～300毫米之间。受灾农作物2万公顷，成灾1.3万公顷，倒塌房屋5589间，倒墙3.4万米，冲毁桥墩85座、涵洞94个、水闸3处，受伤4人，死亡1人，伤大牲畜29头，8.5万千克小麦被冲走。临邑县7个乡镇平均降雨240毫米，最大降雨量287毫米。受灾达8000公顷、52050人，成灾近5000公顷、23764人；倒塌房屋2593间，倒折树木56500棵、电线杆50根；冲毁桥、涵、闸111座，伤大牲畜435头。同时，济阳降大到暴雨，7个乡镇受灾，成灾面积7266公顷，重灾1733公顷，倒塌房屋245间、院墙4200米，伤牲畜27头。18日18～20时，齐河的8个乡镇降特大暴雨，并伴有冰雹，受灾最重的表白寺乡降雨243毫米，造成大范围积水，水深达1米。受灾农作物1.5万公顷，其中重灾8666公顷，倒塌房屋1477间，损坏民房1069间，死亡3人，死大牲畜120头，死猪、羊1000头（只），倒折树木5万棵。

7月20～22日，临清、诸城、梁山、邹平4市县先后遭受暴雨袭击，14个乡镇受灾。受灾农作物2.6万公顷，倒塌民房817间，死亡3人，伤1人。21日早6点30分，临清市路庄、朱庄两个乡镇33个村庄遭狂风、暴雨袭击，5分钟降雨74毫米，3333公顷玉米、棉花全部倒伏，其中520公顷棉花、366公顷玉米基本绝产；刮倒树木4.22万棵，166公顷果树减产125万千克。21日下午5点30分，潍坊诸城市的曹家坡、相州、石乔子、解留4乡镇遭暴风雨袭击，阵风9级，25分钟降雨56毫米，刮倒玉米2666公顷，黄烟1333公顷；刮倒民房116间，倒院墙900余米，损坏窑场砖坯1500万块，损失家禽3000只。20日早晨，菏泽地区的梁山县普降暴雨，平均降雨量80.8毫米，最大降雨点城关镇降雨91.3毫米。局部农田积水，全县有7个乡镇105个村庄受灾，面积1.6万公顷，倒塌民房701间。淹死3人，伤1人，冲毁桥涵闸13座，冲垮渠道11千米，冲倒电线杆14根，有17个企业停产。21～22日，惠民地区邹平县的孙镇乡17处村庄降大暴雨，雨量180毫米，受灾农作物2400公顷，局部洼地积水40～80厘米。

7月中、下旬，山东省北部、中南部和东南部部分地区暴雨集中，强度大，德州地区乐陵县24小时雨量高达519毫米，平原涝洼区积涝成灾。全省共有13个市地44个县市区189个乡镇3200个村受灾。120个村被水包围，1.2万农户家中进水。被淹农作物22.7万公顷，绝产4.7万公顷；倒塌民房3.65万间，形成危房1.2万间，死亡11人。

8月14～16日3天，邹平、临邑等县的9个乡镇受灾，累计降雨210毫米，受灾面积达1.3万公顷，成灾6933公顷，刮倒树木3万棵，倒塌民房700间。聊城地区，7月份以来，全区阴雨连绵，仅7月份就有19天降雨、9天阴，月降雨量300毫米以上，光照明显不足，仅为常年的45.8%。全区受灾农作物37万公顷，其中棉花29万公顷；成灾26万公顷，其中棉花20万公顷，平均每公顷减产皮棉355千克，并有1万公顷绝产，有6.7万公顷粮食作物减产3成以上。

8月26日上午6时至27日上午10时，荣成、乳山、环翠和文登4个县市区遭受暴风雨强烈袭击，风力7～8级，阵风10级，全市平均降雨量89.1毫米，最大降雨量达187毫米，全市受灾面积6万公顷，其中倒伏玉米4.4万公顷，有3333公顷绝产。预计全年粮食减产3成以上；倒塌房屋585间，损坏房屋3575间，过水房屋1.18万间；大风造成落果3112万千克，刮倒树木11.4万棵；海上风浪击毁船只39只，损坏渔船76只，沉船4只；22名渔民下落不明；毁坏和刮走渔具1150盘（套）；损坏贝类养殖面积510公顷，损失在养贝类水产品1350万千克，冲毁鱼虾池273公顷。冲毁公路1万余处、桥涵81

座，刮倒电线杆 205 根。全市经济损失 5130 万元，其中荣成县灾情最重。威海出现暴雨并伴有 8 级左右偏东大风，致使作物成灾面积达 2 万多亩，并刮掉苹果 815 万千克，海产品 305 万千克，经济损失约 431.3 万元。

7～8 月，禹城县全部乡镇遭受涝灾，农作物受灾面积 41.3 万亩，成灾 29.6 万亩，受灾人口 7.2 万，重灾 5800 人。

1989 年　6 月 3～14 日，菏泽、聊城、济宁、临沂等市地的部分地方遇到阴雨连绵天气，致使 14 亿千克小麦发霉、发芽，其中严重的 4.2 亿千克。该期间，菏泽地区有 3 次较大的降雨过程，累计平均降雨 112 毫米，其中巨野、梁山、郓城、鄄城 4 县平均降雨超过 200 毫米，个别地方 300 毫米以上，田间出现大面积积水。临沂地区的郯城县平均降雨量 163 毫米，最大点雨量 283.3 毫米。聊城地区平均降雨量 52 毫米，最大点雨量 84 毫米。由于阴雨天气持续时间长、雨量大，给已经成熟急待收打的小麦带来严重损失。这场阴雨灾害使菏泽地区小麦减产 2.5 亿千克，发生不同程度的霉变 12.5 亿千克。聊城地区损失小麦 1.6 亿千克。

6 月 3～15 日，枣庄市大范围地出现 3 次降雨过程，共 10 个降雨日，累计平均降雨 192 毫米，其中台儿庄区累计降雨 251.4 毫米，最大点雨量 318 毫米，有几个乡镇积水达半米多深，给小麦带来惨重的损失。全市共损失小麦 3887 万千克，占小麦预计产量的 11%。台儿庄区损失小麦 287 万千克，占小麦预计产量的 25%；峄城区 1 万公顷损失小麦 1000 万千克，占预计产量的 12.5%；滕州市损失小麦 2000 万千克，占预计产量的 8%；薛城区、山亭区、市中区 3 区共损失小麦 600 万千克，占 3 区小麦预计产量的 5%。

7 月 17～20 日，山东省大范围地区陆续发生严重暴风雨和冰雹灾害，农作物受灾面积 16.7 万公顷，成灾面积 8.8 万公顷；倒塌民房 346 间，损坏民房 3015 间；死亡 2 人，伤 1 人；倒折树木 23.72 万棵，倒电线杆 1482 根。7 月 17 日晨 6 时 30 分至 19 日晚 12 时，聊城、临清、茌平、东阿、莘县、冠县等 7 个县市的 34 个乡镇连续遭受大风暴雨、冰雹袭击，一般风力 8 级，冰雹大的如鸡蛋，小的如枣，最大点雨量 160 毫米，暴雨持续时间一般 2 小时，冰雹持续时间 10～20 分钟。由于时间短，雨量大，不少农田积水严重，全区农作物受灾面积 2.3 万公顷，成灾 1.6 万公顷，其中粮食作物 1 万公顷，棉花 6000 公顷；倒折树木 5 万棵，倒塌损坏民房 250 间。7 月 17 日晚 8 时半至 11 时，兖州、汶上、嘉祥、金乡、曲阜、济宁市郊区 6 个县市区的 25 个乡镇遭受暴风雨灾害，风力 7～8 级，最大点雨量 160 毫米，倒伏玉米、棉花、杂粮共 3.6 万公顷，刮倒、折树木 5 万棵，刮倒电线杆 300 根，通讯广播线路中断 15 千米。7 月 20 日晨 3 时至中午 12 时，博兴县 5 个乡镇降特大暴雨，暴雨中心博兴镇最大点雨量达 303 毫米，其它 4 个乡镇降雨量在 150 毫米以上。由于雨量大，排水不及时，全县农田积水面积达 1.3 万公顷，水深一般 30 厘米左右。7 月 17～19 日，临邑县的 20 个乡镇普降暴雨和特大暴雨，平均降雨量 150 毫米，其中 11 个乡镇在 200 毫米以上，兴龙乡最大点雨量达 327 毫米，全县农田过水和积水面积 2.9 万公顷，严重的 1.6 万公顷，其中棉花 7333 公顷，粮食作物 8666 公顷。7 月 20 日晨 3 时，广饶县大部分乡镇降大暴雨和特大暴雨，平均降雨量 198 毫米，其中 9 个乡镇在 220 毫米以上，大营乡最大降雨量达 332 毫米；同时，花园乡和广饶镇部分村遭受龙卷风袭击，全县农田积水面积达 1.7 万公顷，其中严重的 6666 公顷。县直属 40 多个机关单位及企业的办公室、宿舍和厂房进水，龙卷风刮倒、刮坏房屋 2000 间，倒折成材树木 5000 棵，倒折电线杆 1000 根。7 月 17 日下午 6～8 时，肥城县王瓜店、湖屯、石横等 6 个乡镇遭龙卷风和暴雨袭击，全县平均降雨 92 毫米，最大 180 毫米，风力 11 级以上。6 个乡镇有 1.6 万公顷玉米严重倒伏；损坏房屋 5500 间，其中倒塌 300 间，倒折电线杆 1100 根、树木 25 万棵，果园受灾 1333 公顷，减产 200 万千克，瓜菜受灾 1200 公顷，死伤 307 人，其中重伤 54 人，死亡 3 人。7 月 17 日晚 12 时至 18 日 3 时 20 分，菏泽市西南部的王浩屯、金堤、黄集、马岭岗等 6 个乡镇遭龙卷风和大暴雨袭击，最大风力 9 级，平均降雨量 150 毫米，最大点雨量 230 毫米。农作物受灾面积 1.9 万公顷，其中玉米 7333 公顷，棉花 8666 公顷，其它 2666 公顷。倒塌房屋 592 间，围墙 57000 米，砸死山羊 16 只，倒折树木 26.67 万棵、电线杆 52 根，淤毁机井 83 眼，冲毁桥、涵、闸 112 座，损坏砖坯 120 万块。7 月 17 日下午 4 时至 19 日下午 2 时，齐河县遭受严重的暴风雨灾害，最大雨量 251 毫米，一般 90～200 毫米，受灾人口 17 万人，农作物受灾面积 2.7 万公顷，重灾 2 万公顷，其中粮食作物 1.2 万公顷，经济作物 8000 公顷。7 月 17～19 日，禹城县 10 个乡镇降大暴雨，降雨量 150～197 毫米，农作物积水面积 6666 公顷，成灾 3466 公顷，其中棉花 1733 公顷、玉米 1533 公顷、杂粮 200 公顷。7 月 19～20 日，诸城市 16 个乡镇的 412 个村遭受暴雨和大风袭击，平均降雨量 60 毫米，林家村镇最大点雨量 129 毫米，风力一般 7～8 级，阵风 10 级以上。由于降雨集中，风力强，破坏力很大，农作物受灾面积 1 万公顷，其中玉米 5666 公顷、黄烟 2326 公顷、其它 2008 公顷；果树受灾 6 公顷，倒塌房屋 660 间，冲毁桥涵 65 座、道路 13 千米，刮倒、刮断树木 3.5 万棵，中断通讯、电力线路 1.2 万米；死亡 2 人，重伤 1 人。7 月 19 日晚 7 时至 20 日上午 11 时，寿光县中、北部 15 个乡镇的 212 个村，刮起 8 级大风，降大暴雨，局部特大暴雨，平均降雨量 100 毫米，其中 11 个乡镇为 150 毫米。广陵乡最大点雨量 295 毫米，低洼地区农作物积水面积 7333 公顷；大风刮倒农作物 6267 公顷，其中玉米 5133 公顷；果树受灾 580 公顷，平均落果 10%；刮坏房屋 3511 间，倒墙 3.55 万米，井坍塌 146 眼，倒电线杆 654 根。

7 月 20 日，博兴降特大暴雨，中心在博兴镇，8.5 小时降雨 303.2 毫米，湖滨、店子、寨郝、闫坊、陈户、庞家 6 乡镇降雨量 150 毫米左右，全县受灾 7 个乡镇，124 个村，13.6 万人，农田积水 22 万亩，成灾 9.5 万亩，绝产 2.6 万亩，县城积水 2.5 平方千米，水深 0.4～0.5 米，工农业损失 2168 万元。

1990 年　6 月 17～18 日，泰安莱芜市普降暴雨，局部特大暴雨，最大点雨量 250 毫米，灾情主要集中在高庄、南冶、圣井 3 乡。受灾面积达 433 公顷，绝产 63 公顷；倒塌房屋 876 间，损坏民房 5300 间，倒院墙 15.5 万米，倒折树木 3500 棵，河堤决口 141 处，死亡家禽 1.35 万只，冲毁大小桥梁 120 座，总经济损失 2400 万元。新泰普降大暴雨，降雨量达 160 毫米以上，羊流河短时间内暴涨，造成 6 处决口漫溢，部分村庄受淹，倒房 42 间，淹地 313 公顷，冲走小麦 25 万千克。

6 月 27 日 22 时和 29 日 17 时，菏泽地区由西北向东南方向遭受特大暴风雨和冰雹袭击，风力在 7 级以上，阵风达 11 级，风带宽 8 千米，降雨量 150 毫米，最大点雨量 220 毫米，9 县市受到不同程度的暴风雨袭击，农作物出现大面积倒伏。鄄城、菏泽、东明、定陶、成武5个县市的39个乡镇灾情较重，全区农作物受灾面积达15万公顷，其中重灾5万公顷；果园成灾面积1900公顷，落果率30%～50%；倒塌房屋1245间，损坏房屋6405间，倒塌围墙5.3万米，刮断树木225万棵，死伤大小牲畜124头；刮坏输电线路13.5万米、电话线225千米、广播线156千米，倒折电线杆5130根，冲毁桥梁等设施123座，造成直接经济损失4600万元。

7月6～23日，乐陵市普降暴雨，连续降雨13次。全市27个乡镇平均，累计降雨量达413毫米，为历年同期降雨量的3.2倍，其中降雨量500毫米以上的有8个乡镇，600毫米以上的有4个乡镇。累计受灾面积达85万亩，成灾面积41万亩，其中棉花15.4万亩，粮田22.5万亩，其它作物3.1万亩，绝产面积24.8万亩。全市倒塌房屋1.12万间，院墙倒塌不计其数，伤亡牲畜1240头、家禽37万只，冲毁桥涵639座，造成经济损失达1150万元。

7月6日下午5时至7日上午8时，商河县先后3次普降暴雨，雨量为130毫米，局部地区伴有10级大风，最大降雨点玉皇庙镇雨量达208毫米，21个乡镇形成涝灾，积水农田达2万公顷，其中成灾6666公顷。胡集乡一名14岁的女学生被风刮进河中溺水身亡。毁坏、倒塌房屋500间，倒墙1500米，刮倒刮断3.5万伏高压电线杆220根、1万伏电线杆1300根，倒折通讯电线杆980根，造成5处变电所停电，县城有33处工业企业和18个乡镇企业一度停电，直接经济损失220万元。

7月9～10日，全省较大范围发生暴风雨和冰雹灾害，有12个市地的30个县市区，不同程度地遭受暴风雨和冰雹袭击。这次灾害的突出特点，一是受灾范围广、面积大：青岛、烟台、潍坊、临沂、泰安、济宁、聊城、济南、德州、菏泽、淄博、东营12个市地的胶南、平度、诸城、沂水、平邑、新泰、汶上、梁山、高唐、东阿、茌平、聊城、莘县、章丘、历城、龙口、栖霞、蓬莱、福山、招远、临邑、齐河、禹城、鄄城、周村、桓台、高青、东营区、利津、河口30个县市区122个乡镇受灾，这是入夏以来范围最大的一次灾害；二是来势猛、强度大：一般风力都在7～8级以上，最大10级。日降雨量80毫米以上，鲁北地区降雨100毫米以上，最大降雨点临邑县198毫米，局部地区有冰雹，重灾县农田冲毁，积水面积大，房屋损坏严重，通讯中断；三是灾害损失严重：农作物积水面积达20万公顷，成灾13万公顷，粮食作物5.5万公顷，棉花等经济作物7.3万公顷，倒塌和损坏房屋23778间，其中倒塌6200间，倒院墙75550米，死亡2人，伤73人，26人重伤住院（莘县古城镇受伤63人，重伤23人），死伤大牲畜405头，受灾果园1.3万公顷，损失各种水果7000万千克，倒折成材树木55万棵，刮倒刮断各种电线杆2779根。灾害造成经济损失8亿元。

7月15日晚10时40分至12时，德州地区11个县市普遍遭受暴风雨袭击，阵风11级，最大降雨量140毫米，其中德州、乐陵、庆云、临邑4市县受灾较重，造成部分交通、通讯、电力中断，人畜伤亡，树木倒折，民房损坏，死亡1人，重伤3人，德州火车站列车无法按时进出站。7月15日晚7时30～50分，淄博市的周村、淄川两个区的萌水、商家两个乡镇13个村遭受暴风雨袭击，风力11级以上，降雨55毫米，损坏房屋4200间，刮倒围墙2217米，倒折树木4000棵，农作物受灾面积的533公顷，成灾66公顷，倒折线杆150根，损坏线路1500米，有2人受伤，其中1人重伤。博山区白塔镇万山村发生泥石流，倒房屋2间，死亡3人，伤4人。7月15日23时30分至16日凌晨1

时，济南市的济阳县降暴雨并伴有8级以上大风，平均降雨60毫米，其中曲堤镇降雨97毫米。由于7月6～15日降雨集中，16个乡镇降雨量在200毫米以上，其中4个乡镇降雨量在300毫米以上。全县渍涝2万公顷，粮田、棉田各占一半。同时章丘县黄河、高官寨两乡镇遭受暴风雨灾害，降雨50毫米，风力8级，有2333公顷农作物积水，666公顷农作物绝产，其中玉米400公顷，棉花66公顷，大豆、地瓜、花生共200公顷。倒塌房屋200间，刮倒树木1500棵。7月15日晚9～10时，东营、河口、垦利、利津、广饶5个县区的48个乡遭受暴风过境灾害，风力11级，同时降大到暴雨，雨量一般在30～40毫米，利津县盐窝镇和河口区太平乡最大点雨量70毫米。农作物成灾面积6万公顷，绝产3.2万公顷，其中棉花、瓜菜2万公顷，粮食作物1.2万公顷；刮坏房屋29884间，其中倒塌1903间；倒折树木39万棵，其中连根拔出9.15万棵；倒折各种电线杆1022根，线路中断197180米；伤18人，死亡4人；死伤羊11111只。全市经济损失2亿元。7月17日上午9时至下午4时，郯城县普遍遭受大暴雨袭击。全县平均降雨量180毫米，雨量大的达200毫米以上，造成农田积水。1万公顷农作物被淹，减产3成以上的2800公顷，倒塌房屋170间，砸伤3人，有40个村庄被淹。7月17日晨0时5分至1时30分，惠民县麻店乡暴风雨、冰雹成灾。农作物受灾200公顷，其中绝产66公顷，果园受灾50公顷，落果约30万千克，倒折树木2500棵，损坏房屋984间，倒院墙3000米，倒电线杆225根。

7月21～23日，山东又发生一次较大范围的暴风雨冰雹灾害，有的地方遭受龙卷风袭击，灾害涉及到惠民、东营、德州、济南、济宁、泰安、菏泽、临沂、青岛9市地的阳信、无棣、沾化、惠民、滨州、河口、东营、垦利、利津、商河、禹城、齐河、单县、成武、巨野、嘉祥、金乡、沂水、沂南、莒南、新泰、宁阳、泰安郊区、即墨24个县市区250多个乡镇，约计受灾人口近500万，这是进入7月份以来又一次较大范围的灾害。受灾地方一般风力都在8～9级，最大到11级，降雨急促，风雨交加，多数地方降雨量在100毫米以上。自7月6日以来，鲁北地区累计降雨超过350毫米，最大的是阳信县，平均降雨量达559毫米，水落坡乡达678毫米。农作物受灾面积50万公顷，成灾38万公顷，其中粮食作物21万公顷，棉花等经济作物17万公顷；绝产11万公顷。倒塌和损坏房屋97811间，其中倒塌57619间，倒塌院墙54万米，倒折各种电线杆12305根，刮断电线123万米，冲毁桥涵闸坝124处，冲泡成粮350万千克，被水围困村庄1059个，伤163人，死亡3人。经济损失5亿多元。21日早5～6时，菏泽地区的单县西部8个乡镇和成武县东中部7个乡镇分别遭特大暴风雨和龙卷风袭击，中心风力11级以上，农作物受灾面积近5万公顷，成灾2万公顷，倒折树木176万棵，损坏房屋7550间，砸伤58人，摧毁输电、电话、广播线路124万米，倒折各类线杆5798根，交通中断。两个县经济损失7000万元，其中单县4700万元。21日早8时至22日晨4时，巨野县平均降雨198毫米，并伴有6～8级大风，受灾较重的2个乡镇降雨200毫米，受灾面积7万公顷，积水深80～100厘米，造成2万公顷绝产，倒塌房屋3181间，死亡大牲畜980头，倒树41000棵，冲毁桥涵闸52座，冲毁机井800多眼。20～22日，沂水县降大暴雨，伴有8级大风，降雨量195毫米，冲淹农作物1700公顷，绝产333公顷，毁坏树木3.2万棵，冲毁大小塘坝26座。22日～23日8时，东营市连降大雨，东营区降雨140毫米，垦利130毫米，河口120毫米，利津南部的宋乡降雨244毫米，造成各河流漫溢，形成一片汪洋。河口区大学堂村56户全部进水。东营市共有122个村庄进水。

7月21日夜至22日凌晨，受西北低涡和江淮切变线共同影响，新泰的楼德、禹村、天宝、果都、羊流、旧关、翟镇、宫里、小协、东都、新汶、石莱等13个乡镇受灾。185个村5550户进水，损坏房屋2.02万间，其中倒塌6756间，全塌926户，31558人无住无吃。作物被淹18.2万亩，成灾12.2万亩，减产3成以上直至绝产，减产粮食3872万斤，受灾花生1.2万亩，减产210万斤，损坏瓜果4.5万亩，损失瓜果1725万斤。11条河暴满，水库溢洪70%，冲垮桥25座，冲坏塘坝20处，冲坏公路17千米，毁坏树39.5万棵，淹死畜禽1.2万头（只），冲走粮食家具衣物不计其数，淹死4人。总经济损失4680万元。

7月24～25日，牟平、莱阳、招远、乳山、平原、梁山、寒亭、安丘8县市区13个乡镇183个村遭受暴风雨、冰雹和龙卷风袭击。受灾面积1.28万公顷，其中玉米成灾5450公顷、棉花1800公顷、水果700公顷、黄烟90公顷。损坏房屋4835间，其中倒塌房屋935间，刮断线杆757根，冲垮水闸桥梁4座，小塘坝12座，伤2人。直接经济损失1475万元。

7月27日下午，寒亭区寒亭镇遭风雨灾害，风力8～9级，仅西杨一村就刮倒民房500间，倒伏玉米23公顷，倒折树木500棵。7月27日，安丘县金家子、宋官疃、南流3个乡镇遭大风雨袭击，1小时降雨80～90毫米，伴有8～9级大风。仅金家子乡就有40个村庄受灾，倒折树木4000棵、电线杆100根。7月27日16时30分，平邑县的张里、铜石等6个乡镇遭暴风雨袭击，风力8～9级，降雨110～135毫米，持续1小时，农作物受灾17800公顷，其中绝产900公顷；冲垮堤坝地堰10万米、库房36座、桥涵4座、鱼池2公顷；倒塌房屋712间，倒折树木7万多棵；果树受灾6000棵，损失果品83万千克；刮断电线杆36根，损坏高压线2.25千米、电力线路30千米、电话线路12千米；死伤牲畜165头、家禽1400只；雷电击死4人，伤6人。

7月27～29日，高密、寒亭、安丘、平邑、无棣、邹县6县区遭暴风雨和冰雹袭击，26个乡镇近7万公顷农作物受灾，倒塌房屋712间，损坏房屋1212间，交通、通讯、电力设施受到一定损失；伤8人，死亡5人。7月28日22时，邹县遭暴雨，2小时降雨153毫米，农作物190公顷被淹。

8月2日18时至4日12时，临沂地区普降大雨，局部大暴雨，全区平均降雨110毫米，到4日凌晨，全区39座大中型水库已有大型6座、中型14座超汛限水位；全区90%的小水库都蓄满了水，已有6000多座开始溢洪，并有100多座出现了险情。临沭、郯城、苍山、临沂、蒙阴、沂南、沂水等8个县市农作物过水面积达10万公顷，淹没5.2万公顷，倒塌房屋2163间，死亡4人。临沭县受灾最重。

8月2日至8月3日上午11时，沂水受灾地区有袁家庄、高庄、下位、院东头等13个乡镇。冲走树木15万棵，冲走家禽3.2万只，冲坏作物8.5万亩，倒塌房屋260间，倒塌院墙110米，中断电话线11处，砸死2人。

8月3日，潍坊市普降大到暴雨，全市除高密、寿光降雨在50毫米以下外，其它各地都在55～100毫米之间，由于降雨量较大，寒亭、昌邑、寿光3县区北部有20万亩农作物受涝灾，重灾10万亩，主要受灾作物是棉花，减产在5成以上，部分绝产。据临朐县气象局报告该县有11个乡镇8月3日降雨量在100毫米以上，该县受灾地区有：寺头镇的杨庄、李庄、陆家庄、孙家庄、南照带村，另有箕子山乡和白塔乡。寺头镇5村庄倒房79间，淹地2000亩，陆家庄砸死一小孩，伤2人，倒折树木近2万棵。临朐冶源水库溢洪，由于弥河河道行洪，寿光县纪台17孔大桥6孔塌断，造成交通中断。

8月3～4日，莱西县普降暴雨，至4日中午已平均降雨110毫米，南部有7个乡镇降大暴雨，雨量在130毫米以上，最大点198毫米，农田积水面积达1.3万公顷，一些村庄和厂矿进水，倒塌房屋80多间，倒折树木1万多棵，冲毁路面8070米。8月3日14时，平度市三堤乡遭受龙卷风袭击，持续约20分钟，同时伴有暴雨，1小时降雨93毫米，损坏民房30间，倒塌民房4间、院墙200米，受灾棉花10公顷、夏玉米27公顷。8月3日晚，青岛市崂山区西部的棘洪滩、上马两镇普降特大暴雨，雨量分别为260毫米、220毫米，棘洪滩镇的6个村庄765村民家中进水达30厘米，倒塌房屋2处，倒墙17处，还有35处、150间危房。上马镇倒房2处，50条渔船被冲走。8月3日晚至5日晨，日照市普降大暴雨，降雨120毫米，特别是4日晚至5日晨，黄屯等5个乡镇降雨144毫米，造成河坝、水库溢洪，冲毁部分桥、涵、闸，死亡1人。部分农户进水，家庭财产受到损失。8月3～4日，即墨市降大到暴雨，平均降100毫米，普东乡、段泊岚乡、太扯庄乡、七级镇、刘家庄等乡镇降雨都在200毫米以上。全市33.43万亩农田被淹，18.26万亩农作物减产40%以上，其中6.7万亩农作物绝产。倒房130余间，74个村庄进水，冲毁路面400米。其中太社乡2666公顷农田被淹，20个村积水深50厘米以上。

8月3～6日，苍山全县平均降水量220毫米，受灾面积42万亩，成灾15万亩，其中绝产地4万亩，有64个村庄进水，水深50～100厘米。倒塌房屋391间，冲毁桥涵28座、道路63千米，淹死羊350只，全县有17个乡镇受灾较为严重，特别严重的有二庙、磨山、长城、层山、芦柞5个乡镇，全县造成经济损失达1000万元。

8月8日11时至9日7时，惠民地区降大到暴雨，局部大暴雨，阳信县平均降雨110毫米，降雨最大点达191毫米，全区超过100毫米的有14个乡镇；黄河北的5县农田积水，房屋倒塌13139间。

8月13日凌晨至9时，台儿庄区的胡集、薛庄、涧头集3个乡镇降大暴雨，雨量120毫米，最大点达150毫米，3700公顷农作物被淹，水深1米左右，雷电伤1人，倒塌房屋30间，被淹村庄18个，其中胡集乡15个，水深一般在50厘米。

8月14日下午至16日下午，临沂地区连降暴雨、大暴雨，全区平均降雨118毫米，其中费县171毫米、莒县156毫米、临沭153毫米、平邑147毫米、莒南130毫米。由于雨量大，各水库暴满，个别出现险情。受灾农作物18万公顷，损坏倒塌民房4656间；苏鲁边界县排水受阻，约2万公顷农田泡在水中绝产。部分平原村庄进水，内涝面积不断扩大。莒县受灾面积4.2万公顷，主要是地瓜、花生、玉米，倒塌房屋3000间、院墙37000米。8月15日22时至16日7时，巨野县降大暴雨，平均降雨105毫米，最大点雨量丁官屯乡达190毫米。15个乡镇4万公顷农作物受灾，绝产或半绝产达1.1万公顷，倒塌房屋564间，砸伤23人，死亡牲畜382头，冲毁桥、涵、闸118座、机井592眼、扬水站9处，17个工业企业进水停产。8月15日上午10时至16日早7时，曲阜市13个乡镇遭暴雨灾害，全市平均降雨146毫米，最大点210毫米。城区许多单位院内积水深1米以上，10多家工厂因进水停产。农作物积水面积1.3万公顷，水深30～60厘米，倒塌房屋200间，浸泡小麦20万千克。全市直接经济损失400多万元。8月15日18时至16

日5时，莘县、茌平、聊城3县市27个乡镇遭暴雨袭击，降雨100毫米以上，其中聊城150毫米，最大点雨量茌平丁块乡178毫米。农作物受灾面积2.7万公顷，成灾面积1.6万公顷；倒塌房屋560间、牛棚255间、院墙3.89万米；倒折树木4241棵；死亡大牲畜10头，猪羊322头（只）。8月16日晨5时至12时30分，沂南县降大暴雨，局部特大暴雨，并伴有大风，全县平均降雨量达150毫米，其中戴庄、葛沟、砖埠、杨家坡、孙祖等乡镇降雨达210毫米。全县农作物受灾面积3.2万公顷，成灾面积1.6万公顷。8月16日3时30分至7时，泗水县降大暴雨，雨量最大175毫米，平均145毫米，11个乡镇受灾，受灾农作物1万公顷，其中粮食作物7000公顷，经济作物3000公顷；伤109人，死亡1人；倒塌房屋1126间，其中住房550间；冲走冲倒树木15万棵，冲走粮食2万千克，冲走部分猪、羊等，冲毁养鱼池11.2公顷，冲毁塘坝、桥梁29座、公路100千米、机井13眼、电线杆48根、线路33千米、田沿12千米；损失水果100万千克。

8月26日12时30分至19时40分，德州地区11个县市普降暴雨到大暴雨，其中武城县降雨量190毫米，平原县降雨量162毫米，陵县降雨量120毫米，致使已有的灾情进一步扩大和加重。全区农作物受灾面积累计已达41万公顷，成灾26万公顷，绝产的14万公顷，伤125人，死亡10人。8月26日晚6时至27日晨6时，惠民县降大到暴雨，7个乡镇降雨量在50～100毫米，暴雨中心三堡乡最大点雨量126毫米，全县新增积水面积6700公顷，新倒房屋1200间，水围村庄28个，三堡乡的乔牛庄、苏家2村水深达1米以上。8月26日晚8时至27日晨3时，临朐县米山乡降特大暴雨，降雨量达203毫米，造成山洪暴发，冲毁农作物120公顷，冲毁民房135间、烤烟房5间，进水民房2400间、烤烟房214间，损坏涵洞153座，淹死牲畜263头，倒电线杆42根、断线2880米，冲垮河堤320米，冲毁桥涵12座、公路24千米、地堰7100米。

9月8日8～11时，菏泽市牡丹区和巨野县部分乡镇降特大暴雨，平均降雨量170毫米，最大雨量250毫米，造成农作物积水面积8.7万公顷。

入汛以后，东营市连降暴雨，截止9月21日，东营市已累计降水829.0毫米，比1989年全年多332.8毫米，其中汛期降水654.0毫米，较89年汛期偏多332.8毫米。据统计，全市20多个乡镇降水超过980毫米，其中超过1000毫米的有8个乡镇，特别是7月6日至8月1日，全市出现15次降水过程，累计平均降水量392.3毫米。全市农作物受灾面积255万亩，减产粮食3.15亿斤，减产皮棉50.56万担，损坏房屋22.6万间，倒塌房屋2.01万间，倒塌院墙13.5万米，刮倒成材树木39.26万棵，折断线杆1633根。伤亡216人，其中死亡16人。死亡家禽4.02万只、牲畜1910头，造成直接经济损失43581.04万元。被围困村庄482个、52098户、210175人。全市受灾乡57个，受灾村庄1538个，还有5个市属国营农场。全市共有灾民78.93万人，其中重灾民34.7万人、特重灾民11.9万人。灾情发生后，各级党委、政府立即研究制订了抗灾救灾措施：一是加强了对抗灾救灾工作的领导，二是及时解救被水围困的村庄，三是加强田间作物管理，大力开展了秋季增产运动以丰补歉，四是及时抢修了被损房屋，修复了高压输电及通讯线路，五是及时发放了救济款，全市共向灾区发放救灾款115万元。

降雨频繁、集中，积水面较大，灾害程度深，是1964年以来所没有的。尤其是6～8月份，全省连降暴雨，平均降水量达592毫米，较常年偏多5成，7月6～23日，全省连续5次降大暴雨，鲁北大部分地区、鲁西南部分地区都在500毫米以上，同时局部地区出现了历时短、强度大的特大暴雨，致使鲁北的滨州、德州、东营大部，鲁西的聊城、菏泽和鲁南临沂等局部出现严重的洪涝灾害；有22万公顷的作物被淹，有2691个村庄140多万群众被洪水围困，20多万人无家可归，77万人吃饭、住宿、饮水发生严重困难，有60多万间民房倒塌、损坏。灾情较重的地市有滨州、德州、东营、聊城、菏泽、泰安和临沂。受灾较重的县市区有阳信、惠民、无棣、沾化、北镇、垦利、河口、东营区、利津、庆云、乐陵、临邑、齐河、高唐、东阿、茌平、莘县、巨野、成武、单县、鄄城、苍山、郯城、新泰、莱芜、商河和济阳。

1991年 6月8～11日，山亭、莱芜、日照、平原、高唐、临沂、沂南、费县、莒南、莒县、平邑、曹县、成武、文登、汶上15县市区的72个乡镇遭受风雨雹袭击，降雨、雹时多伴有6～8级大风，降雨量50～100毫米，小麦受灾面积12万公顷，倒塌房屋2575间，冲毁桥涵、塘坝122座，死亡2人。直接经济损失3432万元。

7月14～15日，费县普降大到暴雨，平均降雨量150多毫米，雷电击死3人。苍山县平均降雨量达190毫米，该县贾庄乡降雨230毫米，县城积水深达膝盖，房屋损坏40余间，有2人遭雷击死亡。郯城县平均降雨150多毫米，农田积水3.3万公顷，倒塌民房1365间，倒塌院墙576米；临沭县降雨153毫米，降雨时伴有龙卷风，损坏房屋530间、倒塌125间，水淹粮田3866公顷，冲毁桥梁18座、道路4.7万米，干渠决口14处。蒙阴县多个乡镇降雨量达180毫米，倒塌房屋近百间，刮倒树木1540棵。

7月18日，莘县、阳谷、聊城、东阿4县市普降暴雨到大暴雨，平均降雨量100毫米左右，42个乡镇的38000公顷农作物受灾。聊城、东阿两县市7个乡镇积水面积达9037公顷；莘县7个乡镇降雨量超过150毫米，其中大王寨等3个乡镇降雨量达250毫米。全县农田受灾面积17300公顷，其中12400公顷受灾严重，倒塌民房681间，冲毁道路5100米，伤2人，死亡1人，4000余户居民家中进水。直接经济损失2156万元。

7月23日，蒙阴县普降大暴雨，平均降雨量近200毫米，水淹、冲毁良田6667公顷，冲毁河堤133处、道路153千米、桥涵61座、塘坝17座，48个村庄进水，倒塌房屋386间，倒折树木13.9万棵。城区40多个单位、400多户居民家中进水，积水最深处达2米以上。直接经济损失达7600余万元。沂南县平均降雨132毫米，该县马牧池乡、鲁家庄乡降雨量在250毫米以上。全县积水面积13330公顷，56个村庄进水，倒塌房屋350余间；冲毁中型桥梁10座、涵洞120座、塘坝、谷坊120座、道路200千米，冲坏电线杆300余根、线路2万多米，冲倒冲走树木15万棵。直接经济损失1000万元。沂水县平均降雨量164毫米，1300公顷农作物被淹，冲毁地堰1.4万米、桥11座、道路3.5千米，2人被洪水淹死，直接经济损失500余万元。泰安市新泰、肥城、东平3县市普降大暴雨，局部特大暴雨。新泰市平均降雨量123.5毫米，其中8个乡镇降雨量超过200毫米，农作物积水面积9000公顷，河堤决口8处，冲毁道路147.5千米、桥涵8座、地堰10万米，56个村庄进水，损坏房屋3800间，倒塌1800间，直接经济损失4500万元。肥城县南部6个乡镇降雨量超过200毫米，农作物积水面积10000公顷，30多个村庄进水，倒塌房屋700多间，直接经济损失100余万元。东平县银山镇降雨105毫米，173公顷粮田受淹成灾。

7月23日晚至7月25日上午，临沂地区遭受自1974年以来最大一次暴风雨袭击，其中平邑、蒙阴、沂南、沂水、费县和苍山北部降特大暴雨，平均雨量达200多毫米，最大降雨点平邑大夫宁水库高达410毫米。25日13时53分，沂河临沂站洪峰流量达7590立方米/秒，是1974年以来区内出现的最大洪峰。全区有225个村庄、22个县属企业被洪水围困，倒塌房屋2.04万间，进水村庄水深一般在1米左右，最深的蒙阴城西关近3米。全区有12万人被洪水围困，19人因灾死亡，有116万亩农田上水，其中有30多万亩绝产。刮倒、折断树木35万多棵，毁坏果园5万多亩。毁坏塘坝270多座，桥涵390多座，3条国道有190千米路面漫水，各类电力、邮电设施损坏严重。21个县属企业停产。平邑是这次受灾最严重的县份。7月24～25日，平邑县遭受暴雨袭击，降水量302.8毫米，全县14个乡镇遭受洪水围困，给人民生命财产造成了很大损失。沂河支流一横贯全境的浚河，最大洪峰达到了2100立方米/秒，超过1957年最大流量300多个，冲坏机井456眼、扬水站93个、通讯、电力线路75千米，刮断树木54万棵、果树23万棵，损失各类果品1350万千克，冲毁乡村公路346千米，因洪水泛滥，部分水库下游、浚河沿岸的129个村庄，不同程度的进水受灾，造成10.3万人被洪水包围，倒塌、冲走房屋1.44万间，死亡12人，伤350人，冲走、淹死牲畜9619头，家禽15.7万只，冲走、霉变粮食1730万千克，受灾经济作物面积45万亩，其中绝产11.5万亩，减产粮食0.575亿千克，造成直接经济损失1.25亿元，预计本次过程间接经济损失2.5亿元。7月24～25日，受地面倒槽和静止锋影响，费县遭受特大洪水、暴雨袭击，全县平均降水量121.9毫米，最大165毫米，造成山洪暴发，河水猛涨，全县8座大中型水库溢洪，再加上上游洪水下泻，浚河洪水流量达3920立方米/秒，出现了40年少有的洪水灾害。据统计全县农作物受灾面积31万亩，重灾10.5万亩，冲走各种树木49万棵、果树13万棵，冲毁塘坝125座、桥涵67座，石沟拦河闸11个被冲毁、桥身下陷，上冶、龙王口水库出现渗透，冲毁道路730千米、地堰13万米，冲倒高、低压输电线杆和通讯线杆41根，浚河两岸8个乡镇32个村和1个林场进水，36人被洪水围困，失踪1人，共毁坏房屋4030间，冲走畜禽3.7万头（只），直接经济损失2100万元。7月25日，苍山县平均降水量127.0毫米，全县农田受灾面积43万亩，绝产地15万亩，已补种的5万亩农作物又全被水淹，倒塌房屋143间，砸死1人，30个村庄被水淹，道路被冲毁163.5千米。

7月27～29日，济南的长清、平阴、济阳、商河、天桥5县区先后遭暴风雨袭击，平均降雨量100毫米以上。长清崮山镇降雨量达154毫米，局部地区降雨时伴有8级阵风，共有32个乡镇1397个行政村15.92万户67.92万人受灾。农作物受灾面积18730公顷，其中积水面积7146公顷，2820公顷因灾绝产；冲毁道路52千米、桥涵89座、塘坝27座、地堰17.06万米；倒折树木6.86万棵；伤17人，死亡3人。直接经济损失2000万元。菏泽市李村等3个乡镇遭暴雨袭击，最大降雨量达255毫米。农作物受灾面积3667公顷，其中积水面积1867公顷，533公顷农作物绝产；损坏房屋30间，冲毁桥涵20座。7月28日，德州地区普降暴雨，全区平均降雨量116.9毫米。庆云、齐河、乐陵、宁津4县市受灾较重，受灾乡镇68个村庄2596个，农作物受灾面积64000公顷，其中农田积水面积42000公顷，10300公顷农作物基本绝产；进水村庄170个，其中庆云县进水村庄150个，部分村庄水深达0.5米以上；损坏倒塌房屋3.35万间，倒塌院墙1.5万米；聊城地区普降暴雨，阳谷、聊城、东阿、茌平4县市平均降雨量超过100毫米。农作物积水面积76000公顷，其中13600公顷积水半米以上；冲毁桥、涵、闸69座，倒塌民房

1460间；伤120人，死亡3人。肥城县4个乡镇的20个行政村遭龙卷风和暴雨袭击。阵风10级以上。农作物受灾面积3600公顷，其中成灾2330公顷，绝产930公顷；损坏、倒塌房屋8650间，倒折树木8万棵、高低压线杆2600根；刮坏粮站1处；浸泡粮食15万千克，冲走晾晒粮食10万千克；伤26人，其中重伤6人。

1992年　5月4日，定陶县遭受百年不遇的特大暴雨袭击。全县3小时内平均降雨量达173毫米，局部地区降雨量超过210毫米。全县3.66万公顷小麦有2万公顷受淹，损坏、倒塌房屋3820余间，砸死、砸伤138人，其中死亡2人，1万余人处于雨水浸泡之中，致使工厂停产、学校停课、交通通讯一度中断。因灾害造成的直接经济损失达5000万元；曹县遭大暴雨袭击，全县大部分地区降雨量达200毫米左右，最大雨量225毫米。农作物受灾面积5.4万公顷，损坏、倒塌房屋2541间，冲毁桥、涵、闸45座，伤2人，伤大牲畜479头，直接经济损失6000万元。

7月23日，德州地区庆云、乐陵、宁津3县市遭受特大暴雨和冰雹灾害，3县市平均降雨分别达203毫米、173毫米和160毫米，最大点雨量338毫米，并伴随10级以上阵风。3县超过200毫米的达33个乡镇。其中300毫米以上的18个，形成特大涝灾。据统计，全区农作物受灾面积1.33万公顷，过水面积3.3万公顷；损坏房屋9.5万间，倒塌9108间，倒塌围墙5.5万米；冲毁农田水利建筑物297座，冲毁公路33处；刮断通讯、供电线路35条，倒折线杆400余根，三分之一的乡镇通讯、照明中断；倒折成材树木0.3万余棵，伤1人，砸死砸伤牲畜1510头。直接经济损失达8000万元。

8月10日，东平、菏泽两县市降暴雨和大暴雨，平均降雨量90毫米，最大点雨量173.5毫米。两县市农田积水面积达3.22万公顷，26个村庄被水围困，倒塌房屋280间、院墙1.2万米。平原、陵县、德州3县市降大暴雨，平均降雨量达100毫米以上，最大点雨量超过200毫米。造成22个村庄被水围困达12个小时以上；农田积水面积9333公顷，其中成灾2667公顷，有700公顷基本绝产；倒塌民房1400余间、院墙2万余米，冲毁桥梁24座、砖坯900多万块、鱼塘4个；房屋倒塌、树木倒折砸伤群众10人。

8月31日，威海市环翠区、荣成市、文登市、乳山县遭暴风雨和海潮袭击。陆地阵风8～10级，海上阵风11～12级，全市平均降雨120毫米，局部达180毫米，部分沿海出现海啸和风暴潮，海水大量倒灌，个别地区海潮冲进陆地达2千米。海潮毁坏防潮堤4500米、养殖场水坝2座，冲毁码头7座、岸壁500米，撞毁渔船791只，其中大部分报废。淹没农田20万公顷，虾池4000公顷及扇贝、筏养魁蚶、牡蛎、裙带菜等海水养殖场2847公顷，冲化原盐0.85万吨、卤水3.5万吨。灾害还使5.39万公顷农作物、3.02万公顷果树受灾；损失水果18012万千克；损坏、倒塌房屋7431间，其中倒塌1250间；倒折树木23.3万棵；冲毁公路8处，毁坏路面10.45万平方米，冲毁桥涵35座，中断通讯专线6条、高压线路5条，折断线杆387根；死亡4人，重伤1人，10人失踪。灾害造成的直接经济损失将近10亿元。青岛市普降大到暴雨，平均降雨量80～100毫米，最大点雨量达390毫米，并伴有8～10级大风。沿海护堤、海岸局部遭受严重破坏，损坏和塌落堤防190余米，刮倒树木1万余棵。崂山、即墨、胶南沿海一带被海水吞淹，4467公顷筏养扇贝和虾池决口；渔船被撞毁280只，失踪2只；死亡6人，重伤7人，4人下落不明。3.47万公顷作物被淹或倒伏；倒塌房屋1520间，冲毁公路1.6万余米、塘坝6

座、码头5处。直接经济损失达3亿元。

8月31日10时至9月1日21时，由于受北方冷空气和热带风暴影响，东营市遭受了自1938年以来最大的海潮和暴风雨袭击。海上风力7～8级、阵风10级以上。海潮9月1日15时起，持续6个小时之久，最高潮位3.59米（黄海高程），全市平均降水70毫米，最大降水量200毫米。这次特大风暴给该市工农业生产和人民群众生命财产造成了惨重损失。据不完全统计全市共损坏渔船1000多艘，严重损坏105艘，沉没7艘，有8艘下落不明；被溶化原盐8.4吨，冲走卤水171.6万立方米，损坏盐池0.23万公顷，冲毁卤水井349眼；有74万亩棉花严重落蕾落铃，减产在5成以上，有40万亩玉米倒伏或折断，损坏蔬菜大棚500多个，有8.5万亩耕地被海水淹没；有11万亩果树严重落果，20余万棵树木和近万亩苗木损失严重；黄河三角洲省级自然保护区和一千二林场被潮水淹没面积达24万亩；因灾死亡大牲畜430头、羊3300余只，有40万亩草场被海水淹没，其中人工草场8.6万亩；共刮断高压电线杆300根，损坏线路1.5万米，损坏通讯线杆63根；冲毁防潮坝50千米、柏油路46.3千米；全市共有24个村庄被海水围困，共倒塌房屋5388间，被海水围困群众5000多人，有2人被雷击致死，有21人被海水淹死。全市（不包括胜利油田）累计直接经济损失35880万元。

8月31日至9月1日，烟台市遭大风袭击，风力7～10级，降雨量75～150毫米，灾情较重的有招远、海阳、长岛、牟平、莱阳等县市37个乡镇。有11.07万公顷玉米受灾，成灾8.2万公顷，其中0.33万公顷基本绝产；损失苹果1350万千克；毁坏渔船536只，其中沉没、报废250只；毁坏码头8处；冲毁虾池1533公顷，1.29万公顷海水养殖场遭破坏；刮断高压线路5条，倒折线杆300根；围海大坝冲毁10处，冲毁立闸1处；死亡2人，13人下落不明。灾害共造成经济损失约4.1亿元。日照市普降暴雨、大暴雨，全市平均降雨量123.6毫米，最大点雨量190.5毫米，风力8级以上，沿海风力最大达10级，海潮最高潮位达5.4米，超过警戒潮位87厘米。沿海防护坝、拦海潮坝、滩涂虾池大坝有120多处被冲垮，333公顷虾池被冲。2万公顷玉米受灾，倒折树木15万棵。死亡4人，伤19人，2人被洪水冲走下落不明。灾害造成直接经济损失约1亿元。潍坊市昌邑、寿光、寒亭及青州、临朐、五莲等县市分别遭受风暴潮和暴风雨袭击。风力7～8级，阵风10级，最大点雨量251.6毫米。沿海潮位高达3.3～6.45米，有2000多米防潮大坝被冲垮。毁坏盐田0.77万公顷，冲化原盐21万吨，毁坏渔船20艘。沉没7艘；农作物受灾面积2.18万公顷，果树受灾面积1333公顷；损坏房屋1405间，其中倒塌595间；毁坏较大型建筑物11座，冲毁公路2千米，毁坏塑料大棚190多个，倒折线杆18根，1人死亡，2人重伤。直接经济损失超过2.08亿元。枣庄市大部分地区遭暴风雨袭击，风力达8～9级，阵风10级，全市平均降雨量120毫米，最大点雨量153毫米，受灾较重的主要是台儿庄、峄城、薛城等区。农作物受灾面积4.73万公顷，其中玉米3.64万公顷；倒折树木21万棵，损坏房屋755间。直接经济损失在9500万元左右。临沂地区大部分县遭暴风雨袭击，全区平均降水量100毫米，最大点雨量150毫米，风力7～8级，阵风10级以上。全区农作物受灾面积达11.024万公顷，其中玉米7.45万公顷；果树受灾2.13万公顷；倒折树木37.2万棵，倒塌民房4250间；死亡1人，伤5人。灾害造成直接经济损失达1.29亿元。

9月1日，莱芜全市19个乡镇605个村1.6万人遭受暴雨袭击。冲毁道路50多条

150千米，冲毁地堰11万米，倒塌民房510间，损坏房屋4100间，受灾48万亩，其中水冲砂压良田25万亩，全市47万亩夏玉米全部倒伏，断株30%以上为45万亩，其中减产3成以上为25万亩，5成以上15万亩，绝产5万亩，预计粮食减产1.34亿斤，红麻减产50万斤，果树减产4500万斤，经济作物减产250万斤，预计总经济损失9400万元。

1993年 6月23日，嘉祥、东明、菏泽、鄄城、沂南、蒙阴、沂水、东港、临沂、莒县、五莲、新泰、临朐、诸城、福山、蓬莱、环翠17个县市区91个乡镇遭受大风、冰雹和暴雨袭击。农作物受灾面积5.35万公顷，成灾面积2.87万公顷，绝产近1万公顷；倒折树木6.65万棵，倒折线杆43根，毁坏线路1万余米，损坏房屋1787间，倒塌41间；冲毁桥涵5座；伤12人。直接经济损失1.37亿元。

7月8～13日，菏泽、济宁两市地降大到特大暴雨，最大点雨量623毫米，受灾最重的是巨野、菏泽和嘉祥等县市，农田积水面积35.47万公顷，有627个村庄25万人一度被水围困，造成29人死亡、358人受伤，损坏民房6万多间，其中倒塌4万余间。直接经济损失15亿多元。

7月12日，商河、章丘、广饶、寒亭、寿光、安丘、临朐、昌乐、高密、莱阳、栖霞、巨野、菏泽、郓城、东明、鄄城、沂南、苍山、蒙阴、济宁市郊区、金乡、嘉祥、鱼台、新泰、沂源、莱城、钢城、茌平28个县市区的191个乡镇先后遭受狂风、暴雨和冰雹袭击。农作物受灾面积35.8万公顷，重灾面积21.9万公顷，绝产3.76万公顷；13人因灾死亡，167人受伤；600多个村庄被大水围困，23800户农户家中进水，积水深达0.5～1.5米，15000人被迫撤离；损坏房屋40691间，倒塌24740间；冲毁塘坝11座、拦河坝6.9万米、地堰12.69万米、桥梁516处、道路788.15千米，233处水利设施遭到严重破坏；毁坏变压器201台，倒折树木103.54万棵、果树11.2万棵、线杆2708根，毁坏电力和通讯线路59.9万米；死伤大牲畜11910头。直接经济损失7.78亿元。

7月11～13日，青岛市普降暴雨到大暴雨，并伴有雷雨大风出现。青岛市区过程降雨229.5毫米，7月12日3时至4时1小时最大降水量达46.6毫米。崂山区达238.8毫米，其中，日降水量136.2毫米。7月12日20时09分极大风速38.1米/秒，为青岛地区全年极大风速。全市6个市区34个乡镇，死亡5人，伤20多人，倒房1000多间，毁房1000多间，有34户进水，刮倒树木5万棵，刮倒电线杆100多根，30多万亩作物、蔬菜受灾，渔业、水产养殖业、盐业等也严重受损。

7月26～28日，长清、沂源、临淄、定陶、单县、济宁市郊区、汶上、宁阳、安丘、昌乐、蒙阴、临沂12县市区遭受暴雨和冰雹袭击。28～29日，利津、垦利和鄄城3县14个乡镇发生黄河漫滩。农作物受灾面积2.83万公顷，黄河滩区有9个村820户3500人被洪水围困；倒折树木11.26万棵，损坏房屋180余间，倒塌房屋60间，倒塌院墙1.6万米，毁坏地堰1000米、低压线路200米。直接经济损失1亿元。

8月4～5日，苍山县连降大暴雨，全县平均降雨量320毫米，部分乡镇最大降水达400毫米，由于降水强度大而集中，主要河流全部暴满，河道决口11处，重灾乡镇20个，农作物受灾面积72万亩，倒塌房屋2200间，死亡5人，淹死冲走牲畜1580头，家禽2.5万只，大风刮断倒伏供电、通讯线杆1500根、树木34万棵，这是百年未遇的特大洪涝灾害，造成经济损失1.8亿多元。受黄淮气旋和高空槽影响，费县出现特大暴雨，全县平均降雨量 272.0 毫米，有 11 个乡镇 110 个村 8.4 万人被洪水围困，县城进水 1 米以上，倒塌房屋 3 万余间，12 人死亡，316 人受伤，2 万头牲畜、12 万只家禽、130 台部农机械被冲走，损坏粮食 172 万千克，90 万亩农田被淹，重灾 40 万亩，绝产 10 万亩，受灾果园 8.2 万亩、鱼塘 2500 亩，毁坏树木 187 万棵，15 座（一）、（二）型水库决口，175 条主要支干渠冲毁，160 家县、乡企业停产，县内 327 国道、沂蒙公路、董泗公路等路面遭严重破坏，7 条干线公路、210 座桥梁被冲毁，750 台变压器、450 根高压线杆被毁，13 条通讯线路中断，停电 8 小时，供水管道冲毁，停水 60 多小时，据统计全县经济损失 4.1 亿元。郓城、定陶、菏泽、鄄城、曹县、微山、梁山、济宁市郊区、嘉祥、夏津、武城、山亭、薛城、滕州、临清、莘县、苍山、临沂、费县、临沭、莒南、郯城、沂南 23 个县市区遭受大到特大暴雨袭击，降雨量在 100 毫米以上，有 7 个县降雨量超过 300 毫米，最大点雨量 540 毫米，降雨时伴有 10 级大风。由于降雨时间短、雨量集中，致使多处道路被水浸淹冲毁，交通中断；部分水库出险，塘坝坍塌，河道决口，6.5 万多个县乡机关、家属院及厂矿企业进水，造成工厂停工停产，1000 余处学校因被水围困而停课，56 处医院进水。农作物受灾面积 106.1 万公顷，1699 个村庄 124 万人一度被水围困；损坏房屋 42 万多间，倒塌 12 万间；94 人死亡，5 人失踪，2000 多人受伤；倒折树木 366 万棵、线杆 1.2 万根；冲走、淹死家畜家禽 70 万头（只）；浸泡粮食 1 亿多千克。直接经济损失 32.5 亿元。鲁西南、鲁西北地区降大到特大暴雨，26 个县市区降雨量超过 100 毫米，7 个县降雨量达 520 毫米。由于时间短、降雨集中、排水不畅，致使菏泽、临沂、济宁、枣庄、聊城等市地的 30 个县市区再次遭受洪涝灾害。有 2805 个村庄 200 余万人一度被洪水围困，60 多万人无家可归；损坏民房 79.41 万间，倒塌 19.8 万间；造成 112 人死亡，2300 多人受伤。灾害造成直接经济损失 67 亿元。据统计，全省农作物受灾面积 141 万多公顷，成灾面积 88 万多公顷，绝产 63.4 万公顷；因灾减产粮食 237 万吨、棉花 70 万吨、油料 34.7 万吨；有 3477 个村庄 225 万人一度被洪水围困，60 万人无家可归；倒塌、损坏民房 140.5 万间，其中倒塌 28.2 万间；因灾死亡 178 人，伤 11512 人；死亡大牲畜 4.8 万头，倒折树木近 200 万棵、通讯和输电线杆 3 万根；冲毁桥涵 9025 座、塘坝 552 座，河道决口 387 处。全省因灾直接经济损失 75.02 亿元。受灾人口 1652.6 万，其中特重灾民 429.7 万人，重灾民 42.97 万人。

8 月 4～5 日，临沂地区普降暴雨到大暴雨，局部降特大暴雨。20 小时平均雨量 185.8 毫米，其中苍山为 320 毫米，临沂市为 300 毫米，费县 330 毫米。最大降雨点临沂市盛庄镇达 540 毫米，费县探沂镇 520 毫米。8 月 5 日 12 时，沂河临沂站流量 6900 立方米/秒。全区有 105 个乡镇 2282 个行政村受灾严重，其中有 420 个村计 30 多万人被洪水围困，有 46 人死亡（不包括罗庄龙山煤矿 58 名井下矿工），621 人受伤，有 13 万多间房屋倒塌，淹死、冲走家禽 300 余万只，牲畜 3.68 万头。全区有 1500 万亩农田受灾，重灾面积达 400 万亩，绝产 130 万亩。洪水冲毁鱼塘 5.6 万亩，损失鱼类 1350 万千克，倒折树木 527 万棵。水利设施损失严重，主要有水闸 4400 余座、塘坝 1700 座、机电灌站 510 座、机井 2712 眼、干支渠 62.6 万米，全区因灾毁坏路面 1320 千米，毁坏路基 1000 千米，毁大、小桥涵 1.048 万座，刮倒电线杆 3459 根，刮断电线 38.7 万米，毁坏变压器 517 个、通讯线杆 2793 根、通讯线 35.4 万米。全区有 4 万户村办企业受灾，造成经济损失达 14.58 亿元。受灾最重的是地直流通企业和临沂、苍山、费县 3 县市，累计损失达

6875万元（地直企业为2110万元）。据统计，此次洪灾给全区造成的直接和间接经济损失总计达28.7亿元（其中直接经济损失21亿多元），为全区年财政收入的3倍还多。

8月4日晚8时至5日早7时，滕州市普降大暴雨，局部特大暴雨，并伴有7~8级的大风。日降水量220.2毫米，雨量最大的官桥镇降水量高达410毫米，全市平均雨量为208毫米。此次降雨过程，雨量大、时间短，是1974年以来降雨最大的一次，形成了危害严重的洪涝灾害性天气，使城乡均受到不同程度的水灾，城区部分单位和居民区积水受淹，十几处居民区民房进水，受灾较重的有11个乡镇。据统计，全市25万亩农田被淹，其中5万亩绝产。200多个村庄进水，1950间房屋倒塌，刮倒树木4万棵，冲毁桥涵80余座，冲毁路段50余千米。刮坏通信线路20千米、供电线路9千米，砸死、淹死牲畜5万头，死亡9人，伤7人，造成直接经济损失8500多万元。

8月5日，由于受低涡影响，郯城全县普降大暴雨，并伴有短时大风，灾情较重。全县平均降水量174.3毫米，其中有5个乡镇降水大于200毫米，最大降水点296毫米，出现在褚墩镇。最小119毫米，出现在大尚庄乡。全县均有不同程度的受灾，灾情较重的在本县北部。全县受灾面积50万亩，成灾40万亩，其中玉米倒伏12万亩；地瓜上水6万亩、花生3万亩、大豆8万亩，黄烟等经济作物10万余亩。倒塌房屋2560间，损坏7860间，院墙倒塌8000米，被水围村68个，5万余人，粮食浸泡2万余斤，冲毁水利设施56处，桥闸34处，鱼塘6000亩，刮倒电线杆83根，刮断14根，中断线路17处，刮坏通信载播机3套，板栗被刮掉2500千克、银杏1200千克，直接经济损失4500万元。

9月7日，莱城、钢城、巨野、滨州、宁津、禹城、青州、高密、寿光、昌邑、临朐、坊子、东阿、莱阳、郯城、东营、广饶、胶州、平度、即墨、莱西、博兴等23个县市区先后遭受暴雨和冰雹袭击。农作物受灾面积5.33万公顷，成灾面积3.1万公顷，绝产2100公顷；损坏房屋143间、倒塌13间；死亡2人、伤3人。直接经济损失9000万元。

11月5～13日，沂水、临沭、五莲、莒县、东阿、郓城、巨野、鄄城、菏泽、东明、梁山等12县市由于连日阴雨，致使平原积水，土壤板结，渍涝严重。14.3万公顷麦田积水严重，其中6.3万公顷麦苗等被淹死或不能出苗，有7333公顷计划播种小麦的农田不能播种，3.235亿千克地瓜种被泡淹；损坏房屋17338间、倒塌7406间；25万多个地瓜窖进水，霉烂地瓜干110万千克。直接经济损失1亿多元。

1994年　6月24日至7月10日，山东省连续遭受3次暴雨和特大暴雨的袭击，先后有73个县市区310处乡镇受灾，一次降雨过程中，最大点雨量为335毫米，由于3次降雨过程相对集中，致使河流外溢，山洪肆虐，人民群众的生命财产遭受到严重损失。农作物受灾面积69.5万公顷，其中水涝面积46.75万公顷，成灾面积21.64万公顷，绝产面积10.67万公顷，823个村庄40多万人一度被大水围困，损坏民房13.6万间，倒塌民房8.7万间，冲毁桥涵2343座，倒折线杆6624根，死亡大牲畜1万多头，伤553人，死亡38人，15人下落不明，累计直接经济损失25亿元。8月3～7日鲁西北、鲁西南再次降暴雨和特大暴雨，作物受灾面积79.3万公顷，其中积水面积65.4万公顷，绝产面积11.4万公顷，3.8万人被迫转移安置，损坏房屋7.2万间，倒塌4.5万间，直接经济损失16亿元

6月25日至7月13日不足20天的时间，禹城县连降3场暴雨，总降水量370毫米，论镇、石屯、袁营、李屯、安仁、二十里铺等乡镇156个村被水淹没，75个村被水围困，受灾面积达65万亩，其中积水28万亩，渍涝37万亩，绝产18万亩，冲毁鱼池800多亩、公路23千米、低压线路10千米、电信线路10千米，直接经济损失4.55亿元。

6月29日，沂源县出现特大暴雨，沂源县气象局所在地雨量125毫米，暴雨中心的三岔乡3个多小时雨量达325毫米左右。山洪暴发，水势凶猛。此次暴雨全县共造成7人死亡，50人受伤，其中重伤20人，1.54万户房屋进水，100户房屋财产无存，倒塌房屋栏圈5000间，不能居住危房3000多间，冲走家禽20万只，农田受灾25000亩，其中经济作物6300亩，绝产或半绝产。洪水掘根或冲走树木150万棵，其中经济树120万棵。三岔乡一座小（二）型水库两处大决口，冲毁塘坝1座，冲毁河坝5万米、道路96千米、桥梁涵洞150座，毁坏高压线路4万米，冲走电线杆323根。全县60家乡镇企业被淹，并造成其它严重损失。全县经济损失5000余万元。同日，博山区出现暴雨灾害，日降水量139.5毫米，农田受灾面积3000亩，重灾1500亩，林果受灾160亩，冲走树木5000棵，10余处水库出现险情，冲毁桥涵26座、河坝24处1850米，倒塌地堰8000余处1.7万米，冲毁公路90余处，倒塌房屋260间，并造成其它损失。泰安市郊区，莱芜市莱城区、钢城区，沂源，临朐，济南市历城区、章丘7县市暴雨成灾，平均降雨量在100毫米以上，最大点雨量达300毫米。由于降雨时间短、雨量集中，造成山洪暴发，河水外溢，水库决口，给灾区人民生命财产造成重大损失：冲毁大小桥梁101座、扬水站20座、水渠1万米、河堤8000米、塘坝10座、地堰4.5万米、粮田3520公顷、公路30.3万米、高压线路1万米；倒折树木170万棵，倒塌房屋2547间；因灾死亡9人，15人下落不明。沂源县三岔乡受灾最重，南流水一座小型水库和一个塘坝被冲毁，坡丘水库也面临决口，冲毁沿线机井22眼、河堤8000米、公路12千米、桥涵40多座，通讯线路全部中断；全乡所有企业全部被淹，冲毁粮田200公顷，冲毁房屋200间，倒折经济树木100万棵；冲走粮食15万斤；5人死亡，15人失踪。

6月29日10～19时，烟台市普降暴雨到大暴雨，平均降雨73.3毫米，有42个乡镇降雨100毫米以上，其中，最大的达335毫米，降雨时伴有大风，阵风达9级以上。全市水淹粮田83万亩，其中绝产21万亩；水淹经济田32万亩，其中绝产7万亩；损坏倒塌房屋1600余间，其中倒塌814间；倒塌围墙2万余米；冲倒折断树木13万棵，其中果树12000棵；冲毁道路110千米，其中公路150米；冲倒通讯、电力线杆1320根，损坏线路2万余米；冲坏桥涵35座、塘坝120座（处）；死亡8人。这次水灾，使全市造成直接经济损失达2亿元；其中，海阳1.2亿元，莱阳0.6亿元。

7月3～6日，莒县、五莲、诸城、高密、鱼台、商河、济阳、高唐、东阿、曲阜10个县市的39个乡镇分别遭受暴雨和风雹袭击，农作物受灾面积12.25万公顷，成灾面积6.65万公顷，绝产面积1.6万公顷；损坏房屋11460间，倒塌房屋12649间，倒塌院墙13.74万米，倒折树木19.81万棵，死亡大牲畜5234头，伤4人，死亡3人。高唐县受灾较重，平均降雨量达138毫米，其中张大屯、姜店、高唐、赵寨子、南镇、杨屯、涸河7处镇日降雨量达200毫米以上。由于该县7月1～5日已累计平均降雨182毫米，土壤含水已处于饱和状态，因此造成170个村庄被水围困，损坏房屋4400间，倒塌房屋9030间，死亡2人，伤2人，农作物受灾面积3.5万公顷，其中有1.3万公顷基本绝产，有

220户900多人无家可归。直接经济损失7500万元。

7月11日，齐河、禹城、临邑、平原、宁津、惠民、邹平、滨州、沾化、高唐、东阿、阳谷、聊城、莘县、鄄城、郓城、曹县、菏泽、平邑、汶上、高青、沂源、莱阳、牟平、青州、高密、宁阳27个县市的208个乡镇降暴雨和大暴雨，部分地方还遭龙卷风和冰雹灾害。由于多数地方自6月下旬或7月上旬以来一直暴雨不断，不少县市累计降雨量已达550毫米，主要行洪河道均已暴满，加之排水不畅，造成河流顶托、漫溢、决口，出现严重涝灾。农作物受灾面积43.66万公顷，成灾面积22.1万公顷，绝产面积7.35万公顷。有842个村庄被大水围困，倒塌房屋46608间，损坏房屋39584间，倒塌围墙36.2万米；冲毁桥涵1613座、鱼池60公顷、地堰10.55万米、公路152千米；倒折树木53.69万棵；损坏蔬菜大棚2.1万个；倒折线杆811根、线路10.1万米；死亡大牲畜9735头、家禽13650只；伤65人，死亡5人；有325所中小学进水被迫停课。直接经济损失14.73亿元。受灾严重的齐河县有37个乡镇遭灾，境内的巴公河、巴公新河、中心河因上游水下泄，河水顶托、漫溢，造成大面积农田积水达30厘米左右，有390个村庄被水围困。全县倒塌房屋2.2万间，倒塌围墙8.8万米；伤30人，2人死亡；冲毁桥涵576座，倒折树木7.4万棵，损失、霉变粮食500万千克；全县受灾面积6.3万公顷，直接经济损失3.93亿元。7月11～12日，苍山、陵县、德州、武城、宁津、齐河、禹城、平原、东阿、聊城、文登11个县市先后遭受雷电、暴雨和大风袭击，平均降雨量达140毫米。陵县有5个乡镇平均降雨量达420毫米。苍山县有17人遭雷击，其中12人死亡。农作物受灾面积18万公顷，成灾面积11.7万公顷。直接经济损失1.9亿元。

7月13～14日和8月7～8日济阳两次形成涝灾，全县20个乡镇均受灾。受灾面积75万亩，成灾面积42万亩，其中棉花占成灾面积的48%。7月13～14日田内积水达40厘米；8月7～8日，第二次洪涝田内积水25厘米，植株叶子变黄。全县倒塌大棚9000个、房屋860间，倒树木25万棵、院墙4万米，伤亡畜禽900头（只）。

7月29日至8月1日，郯城、苍山、临沭、费县、临沂、平邑、台儿庄、峄城、薛城、章丘、莱芜市钢城11个县市区的61个乡镇先后遭暴风雨袭击，平均降雨量108.5毫米，最大降雨量164毫米，并伴有7～8级大风。农作物受灾面积4.2万公顷，成灾面积2.47万公顷，刮倒树木5.08万棵，损坏房屋2082间，损坏桥涵2座、河堤12处、高低压线路7千米，死亡1人，直接经济损失3300余万元。

8月3～4日，邹平、章丘、河口3县区遭受狂风暴雨袭击，农作物受灾面积2.99万公顷，成灾面积1.53万公顷，绝产面积8400公顷；损坏房屋1027间，倒塌院墙2070米，倒折树木13.45万棵，刮倒线杆23根，毁坏线路1800米，击毁变压器1台；死亡1人。直接经济损失近1亿元。

8月6～7日，郓城、菏泽、定陶、东明、成武、梁山、东阿、阳谷、聊城、茌平、惠民、邹平、齐河、庆云、临邑、禹城16个县市遭暴雨袭击，平均降雨量在80毫米以上，最大点雨量350毫米。农田积水面积32.13万公顷，部分县城积水严重，许多工厂企业进水停产，大量民宅进水被淹；冲毁桥涵366座；有685个村庄被水围困，倒塌房屋1696间。定陶县陈集、杜堂等11个乡镇受灾严重，平均降雨量236毫米，农作物积水面积2.07万公顷，城区积水面积3平方千米，积水最深处达1米左右，冲毁桥涵180余座、道路40千米，倒塌民房120多间，城区沿街70%的民宅进水，部分仓库、车间被水浸泡被迫停产。直接经济损失1000多万元。

8月8～9日，鄄城、巨野、沾化、惠民、章丘、长清、平阴、济阳、商河、历城，济南市中、槐荫、天桥，东阿、阳谷、聊城、茌平、齐河、临邑、庆云、宁津、东平、莱芜钢城区、即墨、胶州、平度、河口、利津、威海市环翠、台儿庄、峄城、滕州32个县市区遭受暴风雨袭击，平均降雨量达100毫米，最大点雨量280毫米。由于降雨时间短、强度大，造成87个乡镇严重受灾。农作物受灾面积34.36万公顷，其中农田积水面积22.5万公顷；340个村庄被水围困，冲毁桥涵闸225座，损坏民房6.3万间，倒塌民房2.4万间，倒塌院墙25万米，倒折树木47.7万棵；死亡6人，伤37人。直接经济损失达8.5亿元。滨州地区受灾严重，由于地势低洼，河流排水不畅，小清河、徒骇河水位暴涨出现顶托，造成农田大面积积水，形成内涝。全区农作物受灾面积7.33万公顷，成灾面积4.73万公顷；有240多个村庄被水围困，倒塌房屋3000间，损坏房屋3.3万间，冲毁桥涵117座，倒折树木27万棵，1200公顷果园严重减产。直接经济损失1.5亿元。

8月15～16日，第15号强热带风暴在胶东半岛登陆，中心最大风力达12级。伴随着暴风，半岛地区普降大暴雨，最大点雨量143毫米。这次强热带风暴给威海市和烟台市的牟平、招远、海阳、蓬莱、莱阳、龙口、莱州、福山等县市区的人民群众生命财产和工农业生产，特别是渔业和海上养殖业造成巨大损失。威海市全市直接经济损失10.4亿元，其中渔业和海上养殖损失5亿元，农业损失1亿多元，果业损失4亿多元；因灾死亡1人，失踪7人，伤20余人；倒塌房屋4490间。烟台全市农作物受灾面积6.87万公顷，成灾面积4.46万公顷，损坏渔船146只，其中报废50只，部分网具被冲走，冲毁文蛤、虾池、扇贝等700公顷，毁坏房屋1407间，其中倒塌1207间，倒折树木5万多棵、线杆764根。冲毁桥梁42座，3处渔港严重受损，2处码头被冲毁。直接经济损失7.4亿多元。

10月15日上午10时许，崂山风景区龙潭瀑过水桥处，因暴雨致山洪暴发，造成17名游人遇难的重大意外事故，至17日下午5时，已打捞到14具尸体（其中青岛大学学生9名，大连游客5名），有3位（青岛大学学生2名、大连游客1名）下落不明。

长清县内涝严重。1994年降雨量861.8毫米。全县农作物受灾面积1.78万公顷，其中减产面积8800公顷，绝产面积9000公顷，有194个行政村34100户121000人受灾，死亡7人，各项经济损失达2亿元。

1995年　7月10～12日，苍山、沾化、利津、广饶、五莲、东港、莒县、章丘8县市区的15个乡镇先后遭受龙卷风、暴雨袭击，风力8～9级，最大10级，平均降雨量100毫米。农作物受灾面积3020公顷，果园受灾面积1700公顷，损坏房屋7928间，倒塌房屋471间，倒折树木4.16万棵、线杆120余根，冲毁桥涵15座、道路25千米、堤坝1000米，部分供电、通讯线路中断。直接经济损失5000万元。

7月10日至8月22日，连续8次降暴雨和特大暴雨，先后有16个地市的71个县市区543个乡镇受灾，其中32个县市区受灾两次以上，局部发生山洪，农作物受灾面积116万公顷，成灾面积71万公顷，冲毁中小桥梁270座、小型水库和塘坝197座、道路500余千米，140多个村庄进水，损坏房屋42260间、倒塌27942间，倒折树木48.15万棵，因灾死亡19人、伤314人。灾害造成的直接经济损失16亿多元。

7月17～18日，曹县、定陶两县遭受特大暴雨灾害，其中，曹县楼庄、韩集等9个乡镇平均降雨量达240毫米，最大点雨量357毫米。两县农田积水面积达3.3万公顷，其中严重积水的有1.1万公顷，有46个村庄严重积水，倒塌房屋360间，有2人因围墙倒塌被砸死，5人受伤，冲毁水利设施28座，中断通讯及高压线路5200米，倒折线杆16根，伤亡大牲畜1600头。直接经济损失3800多万元。

7月中旬至8月上旬，受副热带高压、高空槽共同影响，利津、河口、广饶县境内，连续出现暴雨及大暴雨天气，各时段降水均较常年偏多，最大日降水达122毫米，致使农田出现大面积涝灾，损失严重。灾区内农作物大面积出现黄叶、枯萎、烂根现象，田间积水无法排出，部分地块农作物被淹没，灾区群众的生产和生活出现严重困难。据统计，东营全市农作物受灾面积为61.9万亩，成灾面积为56.1万亩，大棚倒塌288个，冲毁桥梁50多个，倒塌房屋974间，1人遭雷击，直接经济损失20392.3万元。

7月23～25日，淄川、博山、沂源、临淄、鄄城、曹县、东营、河口、广饶、垦利、利津、五莲、莒县、兰山（临沂）、莒南、平邑、郯城、沂南、沂水、寒亭20个县区的85个乡镇先后遭受暴雨、大风袭击，风力7～8级，阵风9级以上，最大点雨量100毫米。农作物受灾面积6.38万公顷，成灾面积4.06万公顷，苹果受灾面积2433公顷，损坏房屋3440间，倒塌421间，倒塌院墙2400米，倒折树木8600棵，毁坏大棚96个，死亡1人，伤21人。直接经济损失超过7900万元。

7月30～31日，莱城、泰安市郊区、龙口、蓬莱、招远、长岛、河口、无棣8县市区的36个乡镇遭受暴雨袭击，平均降雨量在100毫米以上，最大点雨量达210毫米。农作物受灾面积5.05万公顷，成灾面积3.12万公顷，毁坏大棚34个，冲毁桥梁31座、道路30余千米、塘坝29座、地堰4500米，损坏房屋1230间，倒塌1402间，损坏电力、通讯线路52千米。灾害造成直接经济损失6500万元。

8月2～7日，兖州、平度、莱西、胶州、苍山、招远、张店、博山、淄川、周村、高青、沂源、临沂13个县市区的40个乡镇先后遭受暴雨、狂风或龙卷风袭击。平均降雨量在100毫米以上，最大点雨量220毫米；风力6～7级，最大达10级以上。农作物受灾面积2.88万公顷，其中，1533公顷基本绝产，冲毁桥梁2座、道路30条，损坏房屋500间、倒塌104间，倒折高压线杆3根，伤10人，其中重伤3人，死亡大牲畜40余头、鸡1.3万只。直接经济损失近1亿元。

8月5～7日，滨州、博兴、惠民、邹平、栖霞、莱阳、招远、桓台、环翠9县市区的30多个乡镇遭暴雨袭击，部分地方发生冰雹灾害。农作物受灾面积3.8万公顷，果园受灾面积1633公顷，损失果品1120万千克，损坏房屋1427间，倒塌房屋703间，死亡1人。直接经济损失5000万元以上。桓台县由于连降暴雨，总降水量156.9毫米，致使小清河、孝妇河河水上涨，出现顶托，造成马桥、前家、起凤、陈庄4个乡镇的1267公顷农田被淹，水深35～40厘米。

8月13～14日，寿光、诸城、寒亭、临淄、淄川、沂源、泰安市郊区、肥城、宁阳、新泰、邹平、即墨、胶州、沂水、蒙阴、沂南、薛城、微山、兖州、邹城、巨野21个县市区的81个乡镇先后遭受暴风雨袭击，局部地区还遭受龙卷风和冰雹袭击，风力一般在7～8级，最大风力10级。农作物受灾面积6.6万公顷，成灾面积4.39万公顷，其中，有9333公顷基本绝产，在受灾农作物中，有1.67万公顷严重积水。果园受灾面积2153

公顷；损坏民房 13737 间，倒塌 4229 间，倒折树木 15.01 万棵、线杆 232 根，损坏高压线路 55 千米、通讯线路 3000 米，刮沉大、小船 32 只，毁坏渔具 1800 多件；冲毁涵洞 12 座；有 2 人遭雷击死亡，伤 146 人，死亡家畜 4.27 万头。直接经济损失 3 亿元。

8 月 14～17 日，滕州、山亭、薛城、台儿庄、郓城、临淄、沂源、平邑、苍山、沂水、泰安市郊区和泰山区、新泰、肥城、宁阳、莒县、临朐、昌乐、寒亭、微山、曲阜、任城、泗水、邹城、兖州 25 个县市区的 147 个乡镇先后遭暴雨、大风袭击，局部地区还遭受龙卷风和冰雹袭击。秋作物受灾面积 13.4 万公顷，成灾面积 7.72 万公顷，其中 1.92 万公顷绝产，果树受灾面积 7333 公顷，冲毁良田 533 公顷，冲垮塘坝 167 座、桥涵 235 座、地堰 2.9 万米，冲毁公路 300 多千米；120 多个村庄进水，积水最深的达 0.8 米，倒折电力、通讯线杆 715 根，损坏线路 110 余千米，造成部分灾区供电和通讯中断，倒折树木 27.97 万棵，损坏房屋 13998 间、倒塌 5252 间，刮沉渔船 241 只，毁坏渔具 1900 余件，死亡牲畜及家禽 5 万多头（只）；有 9 人遭雷击或被水淹死，132 人受伤。直接经济损失 7.5 亿元。

8 月 16～17 日，莱阳、招远、莱州、栖霞、莒县 5 个县市的 15 个乡镇 162 个村庄遭受暴雨和龙卷风袭击，平均降雨量为 115 毫米，最大点雨量（招远市毕郭镇）为 192 毫米，局部地区同时遭受龙卷风，中心风力达 11 级。农作物绝产面积 2533 公顷，减产5～8 成约有 1667 公顷，减产粮食 22 万千克，减产水果 71.5 万千克，冲毁鱼塘 15 公顷，损失淡水鱼 1.8 万千克、鱼苗 30 万尾，倒塌房屋 232 间、院墙 1580 米，冲毁公路 40 多千米、桥涵 14 处、大中型塘坝 6 座，死亡 1 人。直接经济损失 1.4 亿元。

8 月 21～23 日，单县、鱼台、金乡、沂南、临沭、苍山、郯城、莒南、费县、日照市东港、文登、即墨、崂山、城阳 14 个县市区的 60 个乡镇遭受暴雨袭击，局部地区伴有大风，最大风力达 10 级。农作物受灾面积 8.62 万公顷，成灾面积 4.59 万公顷，其中，绝产面积 5333 公顷，在受灾农作物中，有 3 万公顷严重积水，形成内涝；损坏民房 1224 间、倒塌 976 间，倒折树木 2.5 万棵，冲毁公路 62.5 千米、桥涵 116 座、塘坝 6 处；沉没渔船 6 条，有 18 人因灾受伤，4 人死亡，大牲畜死亡 360 头。直接经济损失 7824 万元。

8 月 22～23 日，青岛地区普降暴雨，局部特大暴雨，崂山鸟衣巷降雨达 231 毫米。22 日晚 8 时左右的 2～3 小时内降水量达 100～150 毫米。13 个乡镇受灾，造成 639 间房屋倒塌，4027 户进水，80 处河堤、4 座塘坝、75 千米路基被冲毁，171 艘渔船被破坏。造成 1 人失踪，2 人死亡，直接经济损失 1.29 亿元。即墨市连续出现大到暴雨天气，两天降雨量 98.5 毫米。受洪涝影响，即墨市区、岙山镇、龙泉镇、温泉镇、华山镇、蓝村镇、北安街道办事处、龙山街道办事处等倒塌房屋 263 间，冲毁院墙 4910 米、桥涵 54 座、拦河坝 64 处、道路 30000 米，淹没耕地 2.3 万亩，冲毁耕地 580 亩，冲走牲畜 360 头，5200 人受灾，1 人死亡，1 人失踪，2 人受伤。直接经济损失 4889.81 万元。

8 月 23 日，烟台市的海阳、牟平、莱阳、栖霞、福山、芝罘 6 县市区的 36 个乡镇遭受大风暴雨袭击，风力 8 级，阵风 9 级，平均降雨量 83.4 毫米，最大点雨量 159 毫米。农作物受灾面积 1.36 万公顷，成灾 1.1 万公顷，大水淹没花生近 2000 公顷，1543 户农家进水，倒塌房屋 160 间，因灾死亡 1 人，冲毁桥涵 59 座、水库大坝 1 处、大口井 19 眼、拦河闸 17 处、地堰 4490 米、渡槽 50 米、养鱼池 16 个，损坏渔船 27 只，刮倒线杆

108 根。直接经济损失 1.03 亿元。

8 月 29 日，巨野、单县、曹县、淄川、郯城、台儿庄等县区的 51 个乡镇遭受龙卷风和暴雨袭击，风力最大 10 级，最大降雨量 185 毫米。农作物受灾面积 8.63 万公顷，成灾面积 3.47 万公顷，倒塌损坏民房 1202 间，伤 29 人，其中重伤 2 人，倒折树木 5.6 万余棵。直接经济损失 1.2 亿元。单县受灾最重，农作物受灾面积达 2 万公顷，成灾 1.2 万公顷，倒塌损坏民房 931 间，伤 25 人，倒折树木 3 万多棵。直接经济损失 7000 多万元。

9 月 2～3 日，淄博市出现暴雨，南部大暴雨，全市平均降水量 50.8 毫米，其中有 9 个乡镇雨量超过 100 毫米。水库、河流水位上涨，太河水库水位达 220.5 米，超汛限水位 5.35 米，石马水库出现了历史最高水位 348.45 米。博山、沂源、桓台出现灾情。全市共冲毁小（二）型水库 1 座，造成险库 10 余座，冲毁塘坝 34 处、桥涵 40 座、道路 250 千米、河堤 5500 米、地堰 800 余处。受灾农田 11.75 万亩，绝产 1.35 万亩。冲倒树木 5 万棵，损坏通讯线路 50 千米。进水农户 1186 户，倒塌房屋 681 间，淹泡粮食 872 吨，死亡 2 人。经济损失近亿元。

9 月 4 日，沂源、桓台、博山、淄川、临朐、定陶 6 县区的 28 个乡镇遭受暴雨、大暴雨袭击，降雨量平均在 100 毫米以上。农作物受灾面积 1.27 万公顷，洪水冲毁小水库 1 座、桥涵 61 座，毁坏道路 350 多千米、拦河坝 1 万余米，冲走家畜、家禽 45000 多头（只），水泡粮食 43.5 万千克，倒塌房屋 733 间，进水农户 856 户，1 人死亡，3 人失踪，2 人受伤。直接经济损失 8905 万元。

1996 年　5 月 26 日，冠县、菏泽、曹县 3 县市遭受大风、暴雨袭击。冠县贾镇、兰沃、桑阿、定寨、店子等 12 个乡镇遭大风袭击，风力 8 级以上。全县 1.5 万公顷小麦倒伏严重，成灾 1 万公顷，另有部分瓜菜受损。直接经济损失 3300 万元。菏泽市 36 个乡镇遭暴风雨袭击，最大风力 7 级以上，最大点雨量 140 毫米。全市小麦倒伏 3.4 万公顷，成灾面积 1.3 万公顷，减产 4 成以上，另有 0.48 万公顷花生、0.78 万公顷大行套种棉花和 0.2 万公顷麦套西瓜全部被倒伏小麦遮压；倒折树木 3 万棵，损坏桥涵闸 28 座。曹县遭暴雨大风袭击，全县平均降雨量 33.8 毫米，最大点雨量 85 毫米，造成大面积小麦倒伏，套种棉苗被倒伏小麦捂死，玉米、瓜菜等损失严重。全县 21 个乡镇受灾，其中韩集、桃源、砖庙、魏湾 4 个乡镇受灾严重。全县共倒伏小麦 2.8 万公顷，0.74 万公顷套种棉苗被捂死；0.47 万公顷玉米、瓜菜等受灾严重；倒塌民房 532 间，倒折树木近万棵。直接经济损失 1 亿多元。

7 月 1～2 日，栖霞、牟平、招远、海阳、莱阳、芝罘、福山、莱山、乳山、即墨、莱西、胶州、平度、高密、博山、淄川、齐河、德城、高唐、莱城等 22 个县市区遭暴风雨和冰雹袭击。烟台市的栖霞、牟平、招远、海阳、莱阳、莱州、芝罘、福山、莱山 9 个县市区的 47 个乡镇 918 个村庄遭受暴风雨和冰雹袭击。阵风 11 级，最大风速达 24.8 米/秒，最大冰雹直径 5～6 厘米，3 小时降雨量 136.6 毫米。农作物受灾面积 3.33 万公顷，其中成灾 2.37 万公顷，0.21 万公顷绝产需重播；苹果受灾面积 4.85 万公顷，其中成灾 2.38 万公顷，残果率达 96%以上；蔬菜成灾面积 0.28 万公顷。冲毁桥梁 5 座，河堤决口 480 米，刮倒电线杆 510 根、折断 160 根，公路冲断 5 处，县乡公路中断交通 18 小时，刮倒树木 5.32 万棵；损坏渔船 31 只，其中沉船 2 只，6 只下落不明；被海浪卷走养殖扇贝 20 公顷；损坏民房 26627 间、倒塌 177 间，倒塌院墙 1.4 万米，846 户群众住宅进水，打坏太阳能玻璃 3229 块，400 户群众住宅门窗玻璃被冰雹击碎。全市直接经济损失 83964.5 万元。威海市的乳山、文登两市的 11 个乡镇遭暴风雨和冰雹袭击，最大降雨量 90 毫米，阵风 10 级，最大雹径 7 厘米。农作物受灾面积 1.43 万公顷，其中 1.04 万公顷需返种，620 公顷耕地被冲毁；果园受灾面积 4960 公顷，其中 2890 公顷基本绝产，其余减产幅度均在 3 成以上。损坏塑料大棚 150 多个，其中报废 30 个；倒折通讯、供电线杆 326 根，倒折树木 4 万余棵；损坏房屋 4000 多间，其中倒塌 300 间，倒塌院墙 2300 米；近万家农户庭院进水。直接经济损失 4.5 亿元。

7 月 16～17 日，郯城、临沭、苍山 3 县降暴雨和大暴雨。郯城县平均降雨量 97 毫米，最大点雨量 129.4 毫米，7 个乡镇农作物受灾面积 1.77 万公顷。其中水淹 0.59 万公顷；倒塌房屋 238 间。直接经济损失 1800 多万元。临沭县平均降雨量 161 毫米，最大点雨量 166 毫米，8 个乡镇受灾。农作物受灾面积 2.13 万公顷，其中重灾 0.29 万公顷，200 多户民房进水，损坏房屋 75 间、倒塌 24 间。直接经济损失 1340 万元。苍山县平均降雨量 102 毫米，最大点雨量 178 毫米，6 个乡镇的农田大面积积水，农作物受灾面积 1.09 万公顷，0.63 万公顷农作物受淹，水深一般在 10～20 厘米，最深超过 30 厘米。直接经济损失 800 多万元。

7 月 20 日，寿光、武城、夏津、沾化、阳谷、茌平、聊城、莘县、台儿庄等县市区遭风雹、暴雨袭击，局部成灾。其中，武城县的相庄、老城、李家户 3 个乡镇遭暴风雨袭击，其中相庄乡降雨量 117 毫米，老城、李家户 2 个乡镇降雨量也在 80 毫米左右，农作物受灾面积 1 万余公顷。直接经济损失 890 万元。夏津县遭暴风雨袭击，最大降雨量 151 毫米，有 8 个乡镇受灾。农作物受灾面积 4530 公顷，其中重灾 1600 公顷，果树受灾 140 公顷，其中 35 公顷落果率超过 30%，倒折树木 850 棵、高压线杆 3 根；损坏房屋 570 间，倒塌 355 间。直接经济损失 500 余万元。聊城地区普降暴雨，最大降雨量 160 毫米，阳谷、茌平、聊城 3 县市的 8 个乡镇受灾严重。全区农作物受灾面积 6660 余公顷，其中重灾 4000 公顷，毁坏塑料大棚 50 多个，阳谷县城的大部分工厂和家属区大面积积水。台儿庄区普降大到暴雨，最大点雨量 79 毫米。农作物受灾面积 4060 公顷，其中重灾面积 1330 公顷，633 公顷绝收。直接经济 100 余万元。

7 月 24～25 日，招远、莱州、福山、泰安郊区、肥城、新泰、宁阳、泰山区、历城、章丘、临朐、利津、沂水、莒县、沂源、博山、陵县、平原、高唐等 20 个县市区因降暴雨、冰雹，致使部分地区受灾。招远市全市平均降雨量 146 毫米，8 个乡镇降雨量超过 160 毫米。同时有 6 个乡镇先后降雹 2 次，最大雹径达 13 厘米，最大风力超过 10 级。农作物受灾面积 1.33 万公顷，5660 公顷良田被冲淤，1330 多公顷庄稼被大水淹没；苹果受灾 1.07 万公顷，90%以上的苹果受雹伤，仅水果一项损失即达 2 亿余元，倒折电力和通讯线杆 560 余根、树木 12 万棵，造成停电 10 多个小时，冲毁道路 120 千米、桥涵 25 座、河堤 3800 米、塘坝 25 座，淹没扬水站 7 座、矿井 12 眼，损坏房屋 2000 余间，倒塌房屋 947 间，倒塌院墙 5800 米；死亡 4 人，直接经济损失 3.93 亿元。莱州市的 15 个乡镇、304 个村先后遭暴风雨袭击，最大降雨量 160 多毫米。农作物受灾面积 4470 公顷，倒折线杆 143 根、树木 7208 棵，冲毁桥梁 10 座、河堤 27 处，冲淤机井 49 眼，倒塌房屋 1039 间、院墙 1.2 万米，死亡大牲畜 3 头，29 个蔬菜大棚被冰雹砸坏。直接经济损失 6380 万元。泰安市郊区、肥城、新泰、宁阳和泰山区5个县市区31个乡镇遭暴风雨袭击，最大降雨量200多毫米。农作物受灾面积3.38万公顷，其中重灾2.19万公顷，绝产0.24万公顷，损坏房屋974间，倒塌54间。直接经济损失6948万元。莱芜市平均降雨量225毫米，最大点雨量395毫米，全市农作物受灾面积1.04万公顷，玉米70%倒伏。毁坏耕地75.33公顷，倒塌房屋870间，损坏房屋1250间，死亡大牲畜12头，冲垮大中型桥梁30座，倒折树木3.95万棵、线杆311根，冲毁河堤47处、1.5万米。死亡1人，伤10人。直接经济损失7305万元。沂水县的5个乡镇遭大风和暴雨袭击，降雨时伴有冰雹，平均降雨量193毫米。农作物受灾面积3920公顷，其中重灾1667公顷，353公顷绝产；冲毁小水库5座、地堰2.3万米、河坝2500米、塘坝2座、桥涵3座；倒折高压线杆5根、树木1.31万棵，倒塌民房195间，死亡2人。直接经济损失676万元。莒县的天宝乡遭暴雨袭击，平均降雨量65毫米，最大点雨量150毫米。暴雨使沭河河水暴涨，流量达2500立方米/秒，且在天宝乡境内河堤决口15处。全乡13个村受灾，农作物受灾面积200公顷，其中重灾面积167公顷，冲毁渠道100米、桥涵1座。直接经济损失120万元。沂源县6个乡镇遭暴风雨袭击，最大点雨量210毫米。农作物受灾面积1580公顷，其中重灾927公顷，苹果受灾300公顷，损坏房屋700余间、倒塌15间，冲毁地堰1.4万米、桥涵5座、河坝700米；伤2人。直接经济损失1700万元。博山区遭大暴雨袭击，最大点雨量170毫米，最大风力8级，4个乡镇受灾严重。农作物受灾面积500公顷，果园受灾933公顷，损坏房屋280间，冲毁地堰5000米、大坝5300米、河坝500米、道路3000米、桥梁1座，损坏砖坯12万块。直接经济损失870万元。陵县普降暴雨，农作物受灾面积2600公顷，损坏房屋600余间，倒塌房屋442间，倒塌院墙2.1万米，伤3人，其中重伤2人。直接经济损失1550万元。平原县3个乡镇的45个村遭暴雨和风雹袭击，农作物受灾面积4000公顷，其中重灾面积1667公顷，部分民房后檐被掀。直接经济损失1000万元。高唐县遭暴雨袭击，阵风8级以上，平均降雨量58毫米。农作物受灾面积8000公顷，其中重灾6667公顷，绝收667公顷，倒折树木15万余棵；损坏房屋3400多间，倒塌房屋1250多间、院墙2370多米，冲毁桥涵67座。直接经济损失2870余万元。

7月29～30日，高青县出现大范围暴雨灾害，县气象局所在地观测雨量158.3毫米，各乡镇雨量如下：木李359毫米，常家344毫米，青城271.3毫米，赵店270毫米，黑里寨249毫米，唐坊209.7毫米，花沟197毫米，樊林174毫米，高城166毫米。全县农田积水50万亩，水深10～30厘米，个别地区达50厘米。农作物绝产14万亩，减产3～5成的27.1万亩。鱼塘绝产1.13万亩。大棚绝产1158个，损失3～5成的1490个。倒塌房屋1.029万间、院墙4.59万米，伤4人。莱州、招远、蓬莱3市的11个乡镇遭暴风雨袭击，平均降雨量100毫米以上。莱州市58个村受灾，农作物受灾面积0.74万公顷，成灾面积0.23万公顷，绝收面积136公顷，2820户民房进水，倒塌民房115间、院墙1000余米，冲毁河堤11处、1万余米，冲倒线杆21根，冲毁桥梁8座，冲毁镇村公路6条、3500米。直接经济损失3200万元。招远市冲淤良田122公顷，冲毁桥涵5座、塘坝3处，冲毁公路路面2.6万米，交通、电力线路中断。直接经济损失1400万元。蓬莱市淹没良田600公顷，倒塌民房100余间。

7月29～31日，广饶县普降大到暴雨，平均降雨量98毫米，其中陈官庄、丁庄2个乡镇降雨量达165毫米。受上游客水影响，广饶境内水位高出地平面1米，致使河水大量倒灌。农作物受灾面积 1.73 万公顷，其中成灾 1.26 万公顷；30 个村庄的 1.34 万人被大水围困，积水最深处达 2 米，损坏房屋 1820 间，倒塌院墙 4785 米，冲坏鱼池 187 公顷。直接经济损失 7000 万元。济南市连降大暴雨，市区累计降雨量超过 300 毫米。由于降雨集中，排水不畅，市区西部及北部低洼地区部分居民区被淹，槐荫区的王官庄新村北村、市铁合金厂宿舍、机车工厂宿舍、槐荫街，天桥区的工人新村、何家庄、水屯路，历下区部分街道居民区一片汪洋，有的室内积水半米多深。城市立交桥下普遍积水，槐荫区八里桥下积水两米多，历下区花园庄立交桥主桥洞积水一人多深，副桥洞积水齐腰深，生产路立交桥、三孔桥、北坦桥等均被淹，机动车无法通行，造成交通严重阻塞，部分路段陷入瘫痪状态。历城区平均降雨量 78.2 毫米，最大点雨量 131 毫米。全区 20 个乡镇 403 个村 11.3 万人不同程度地受灾，0.53 万公顷农田被淹，农作物成灾面积 0.39 万公顷，其中绝产面积 0.1 万公顷；倒塌民房 789 间，倒折树木 1050 棵，冲毁地堰 7.65 万米。直接经济损失 2240 万元。章丘市连续降大到暴雨，部分水库河道出现险情，垛庄水库超出警戒水位 1 米以上，小清河、绣江河暴满，河水倒灌，致使两岸农田严重积水。垛庄、黄河、高官寨、水寨、白云湖等 6 个乡镇 46 个村受灾严重，其中 5 个村庄 2200 户 7000 余人被水围困，农田积水面积 0.58 万公顷，绝产面积 0.19 万公顷。长清县平均降雨量 151 毫米，造成全县 11 个乡镇 116 个行政村受灾，尤其是沿黄的平安店、长清、归德、孝里 4 个乡镇，由于地势低洼，造成大面积积水，平均积水达半米以上。冲毁塘坝 4 座、桥涵 12 座；农作物受灾面积 0.5 万公顷，成灾面积 0.26 万公顷，绝产面积 0.1 万公顷；倒塌房屋 125 间，损坏房屋 302 间，倒塌院墙 1.5 万米，冲毁道路、地堰各 2 万米。直接经济损失 1500 多万元。济阳、商河降大暴雨，平均降雨量 150 毫米左右。农作物受灾面积 1.1 万公顷，成灾面积 0.74 万公顷；冲毁道路 4.8 万米、桥梁 4 座、涵洞 46 个；倒塌民房 300 间。直接经济损失 400 万元。聊城地区普降大到暴雨，东阿县累计降雨量达到 153.5 毫米。茌平县平均降雨量 101.6 毫米，最大点雨量 175 毫米，加上上游客水大量涌入，致使两县 8 个乡镇遭受严重洪涝灾害。东阿县成灾人口 5.3 万，14 个村庄被水围困，农田积水面积 8300 公顷，农作物成灾面积 4800 公顷，绝产面积 2500 公顷。茌平县成灾人口 4 万，农作物受灾面积 8000 公顷，成灾面积 5200 公顷，绝产面积 1200 公顷。两县共倒塌房屋 200 余间、院墙 6000 米。东营市支脉河受上游洪水影响，河水暴涨，加之沿支脉河的陈官、丁庄两乡镇降暴雨（分别为 164.5、165.7 毫米），致使东营市境内的支脉河水位高出地平面 1 米，河水倒灌造成涝灾。据统计，广饶县的花官、陈官、丁庄、大营四乡镇，东营区的西范乡，共 27.5 万亩农田受灾，成灾面积 20.35 万亩，其中经济作物 4.1 万亩，粮食作物 16.25 万亩。陈官、丁庄两乡镇有 30 个村 13400 多人被水围困，水最深处达 2 米，损坏房屋 1820 间，倒塌围墙 4785 米，冲坏鱼池 2800 亩，损坏柏油路面 15 千米。经济损失达 7000 万元。灾情发生后，市委、市政府高度重视，主要领导亲自到现场指挥抗灾救灾工作，市民政局迅速向受灾村庄投放救灾款 15 万元，及时解决了受灾群众的基本生活问题。

7 月 29 日，滨州、德州两市地及东营、淄博市部分地区普降暴雨、大暴雨，造成局部地区农田、村庄积水成灾。滨州地区普降暴雨到特大暴雨，全区在 13 个小时内平均降雨量超过 138 毫米，其中惠民县 246 毫米，滨州市 216.3 毫米，博兴县 132.3 毫米，阳信县 124.2 毫米，沾化县 120 毫米，邹平和无棣二县也在 50～80 毫米左右。全区平均降雨量超过300毫米的有8个乡镇，超过200毫米的有30个乡镇，超过150毫米约有44个乡镇。最大点惠民县清河镇雨量高达414毫米。由于暴雨来势猛，强度大，时间集中，造成全区农作物受灾面积达30万公顷，成灾22万公顷，积水深度一度超过30厘米的有17万公顷；绝产面积达3万公顷，其中棉花1.7万公顷，玉米1万公顷，瓜菜及其它作物0.3万公顷。全区有15万人、290个村庄被水围困，倒塌民房6000余间，损坏民房2.5万间，冲毁桥涵闸520座。滨州市区及博兴、惠民、沾化、阳信等县城平地普遍积水达0.5米以上，不少居民房舍被淹，部分厂矿企业被迫停产。直接经济损失8亿多元。

7月30日，德州、枣庄2市地部分县区暴雨成灾。德州市的德城区普降大暴雨，持续近3个小时，最大点雨量161毫米，造成低洼地大量积水，仅于官屯、宋官屯2乡就有346.7公顷农田严重积水，倒塌民房5间。宁津县尤集乡两次降雨量超过200毫米，全乡农作物受灾面积0.22万公顷，积水面积0.15万公顷，倒塌民房50间，部分道路、桥涵等受损严重。武城县郝王庄、董王庄、蔡村、大屯4乡2小时内降雨量达84毫米，农作物受灾面积1.22万公顷，其中积水面积0.8万公顷，绝产面积0.3万公顷，直接经济损失1630万元。枣庄市台儿庄、山亭、薛城3个区遭暴风雨袭击，风力10级，最大点雨量158毫米，有6个乡镇24个村约2万余人受灾，损坏民房120间，倒折树木6800多棵，农作物受灾面积2333公顷，其中绝产333公顷，果园受灾面积733公顷，损失水果800万千克，伤1人。直接经济损失1100万元。泰安市泰山区、郊区、肥城3县区的16个乡镇遭暴风雨袭击，仅16时40分至17时40分的一小时内，泰安城区平均降雨量即达120毫米，泰山前麓达140毫米，阵风9级以上。全市农作物受灾面积2.74万公顷，成灾面积0.84万公顷，绝产面积0.1万公顷，冲毁耕地2333公顷、桥涵170座、地堰5万米，倒折线杆75根、成材树木4万棵，损坏房屋1875间，倒塌民房215间。直接经济损失9000余万元。其中，泰山区平均降雨量100毫米以上，冲毁大小桥梁14座，5座水库溢洪，大津口水库主坝基严重受损，副坝全部冲毁，冲毁地堰近万米、鱼塘17处。直接经济损失430万元。郊区自7月24日至31日累计降雨量已达400毫米以上，致使大小塘坝、水库溢洪，河道漫溢，大汶河流量已达3200立方米/秒。全区11个乡镇受灾，其中化马湾、马庄、北集坡、良庄、祖侠5个乡镇受灾最为严重。农作物受灾面积2.7万公顷，成灾面积0.8万公顷，其中0.1万公顷玉米、350公顷花生、160公顷地瓜绝产。大汶河沿岸的7个乡镇中有24个行政村进水，冲毁大、小桥涵156座、地堰5万余米、道路2.5万米，冲毁鱼塘145个，淹没鱼塘160个，损失水产品400余吨，倒塌民房215间，损坏民房1842间，倒折树木4万余棵，冲走树木1.5万棵，毁坏耕地233公顷；毁坏吃水工程2个，造成1.2万人饮水困难。直接经济损失8500万元。

7月29日晚至7月31日，博兴县继7月25日降雨量110多毫米后，又普降暴雨，至7月31日8时，全县平均降雨量164毫米，其中闫坊、庞家、博兴、陈户4乡镇降雨量分别为305、269、233、232毫米，个别地带降雨量高达350毫米，加至境内大量客水流入，支脉河、北支新河、3号支沟等几条主要泄洪河道出现洪水顶托外溢，造成大面积农田淹没，灾情十分严重。全县47万亩粮田，有24万亩积水成灾，重灾12万亩，经济损失0.75亿元；12万亩棉花有8万亩成灾，重灾害6万亩，经济损失0.64亿元；4万亩瓜菜有3万亩积水成灾，1000多个蔬菜大棚被冲毁、损坏，经济损失0.79亿元；4万亩林果有2.5万亩被洪水冲淹，损失0.5亿元；135个村庄和部分居民区进水，1355间民房倒塌，部分电力通讯线路和公路桥梁被冲毁，经济损失 600 万元；县化肥厂、玻璃厂、博昌集团公司等 10 多家企业进水，4 家企业被迫停产，10 余个仓库进水，一批物资被淹，经济损失 300 万元；县城区 7 平方千米全部积水，各街道水流成河，水深达 70 厘米；闫坊镇因雷击死亡 1 人，伤 1 人，以上经济损失共 2.77 亿元。

7 月下旬至 8 月上旬，全省连遭 4 次暴雨和特大暴雨袭击，一次是 7 月 24～25 日，泰莱山区、鲁北地区和胶东半岛普降暴雨和特大暴雨，平均降水量在 100～150 毫米之间。第二次是 7 月 29～31 日，鲁北沿黄地区大范围降大暴雨到特大暴雨，多数地方降雨量在 200 毫米左右。第三次是 8 月 5～6 日，鲁西北、鲁中地区降暴雨、大暴雨，降雨量在 100～150 毫米之间。第四次是 8 月 10～11 日，鲁北和鲁中地区再次降暴雨、大暴雨，降雨量在 50～150 毫米之间。半个月的时间内，滨州、淄博、东营、济南、聊城、泰安及德州等地市的 23 个县市区平均降雨量超过 500 毫米，最大雨量点惠民县清河镇高达 600 毫米，接近正常年景全年的降水总量。降雨量大且过于集中，致使山区山洪暴发，河湖出险，平原地区大面积积水，大批村庄被水围困，小清河、漳卫河、大汶河、徒骇河、支脉河等省内主要河道相继发生了自 1964 年以来的最大洪水，沿河各地的农作物被淹，各种基础设施遭到严重破坏。同时，由于黄河流域普降暴雨，黄河形成两次洪峰：一号洪峰于 8 月 10 日 0 时到达高村站，流量 6200 立方米/秒；二号洪峰进入与一号洪峰汇合后于 8 月 18 日 5 时 48 分到达洛口站，流量为 4700 立方米/秒，水位高达 32.24 米，为 1855 年以后 141 年中的最高水位，致使滩区自上而下全程漫滩，9 万公顷农作物和 40 万名群众全部被淹。受外洪内涝的双重影响，形成“四大片、两条线”的重灾区：一片是泰安、莱芜、济南等市的丘陵山区，水库普遍暴满，山洪暴发，土地、村庄、道路冲毁严重；第二片是滨州市和淄博市的高青县，形成了 30 多万公顷的积水区，大批村庄被水围困或进水；第三片是东营市的广饶县、东营区，由于客水量大、支脉河下泄不畅，积水面积达 2 万多公顷，广饶县的北部形成了 12 平方千米的水面，水深 1.5～2 米，27 个村庄被水围困；第四片是鲁北地区的聊城与德州接壤的地区，由于降水量大，泄洪慢，形成了大面积的渍涝区。一条线是小清河出现了百年不遇的特大洪水，沿小清河两岸从济南到淄博的桓台线，大片农田和大批村庄积水，致使大面积的农作物受淹绝产，房屋损坏严重；第二条线是黄河山东段全部漫滩，损失极为惨重，9 万公顷耕地有 7 万公顷漫滩，852 个村庄 11.22 万户 19.22 万人被淹，房屋倒塌 10 万余间，造成危房 15.33 万间，各种设施均遭到严重毁坏。全省洪涝灾害共涉及 14 个市地的 71 个县市区 566 个乡镇，农作物受灾面积 110.73 万公顷，成灾面积 67.8 万公顷，冲毁桥涵闸 5196 座、水库塘坝 217 座、扬水站和机井等水利设施 9125 处、河堤、水渠 1.2 万千米、道路 2158 千米，倒折树木 128 万棵、电线杆 4448 根，受灾人口 1200 万，重灾 500 万人，其中一度被水围困的村庄 3480 个、群众 203.15 万人，紧急转移安置群众 30 万人；损坏房屋 43.2 万间、倒塌 24.9 万间，死亡 24 人，7 人下落不明，死亡大牲畜 1.43 万头，部分厂矿停产。

8 月 4 日 19 时至 5 日凌晨，聊城地区普遍遭受暴风雨袭击，其中聊城、临清、茌平、莘县 4 县市的 17 个乡镇 367 个村庄的 23 万人受灾较重。全区平均降雨 48 毫米，部分乡镇达 150 毫米，降雨时伴有 7～8 级大风。全区农作物受灾面积 2.29 万公顷，成灾 1.77 万公顷，其中绝产 0.33 万公顷。倒塌房屋 950 间，损坏房屋 2100 间，毁坏大棚 500 个，倒折树木 5 万棵，冲毁桥涵 20 座。直接经济损失 8500 万元。

8月5～6日，平阴出现大暴雨过程，降雨量127.7毫米，全县11个乡镇有6村370户受淹，受灾1430人，受灾面积3.12万亩，其中绝产、半绝产面积1.82万亩。高青县再次出现暴雨，全县平均降水量130毫米，其中8个乡镇超过100毫米，赵店最大达181.9毫米。在7月29～30日暴雨灾害的基础上灾情进一步加重。两次灾情叠加，农作物受灾面积48万亩，倒塌房屋达1.645万间，水围村庄136个，91个村饮水水源被污染，230人因灾致病，总经济损失增至2.52亿元。

8月5日，宁津县普降暴雨，18个乡镇受灾，冲毁桥涵75座，倒塌院墙4.5万米，输电、通讯线路中断20千米，部分民房被毁。直接经济损失2000万元。8月5日晚至6日晨，东平县全县平均降雨69毫米，最大点雨量114.8毫米，致使商老庄、新湖2个乡镇农田严重积水，积水20厘米以上的达3200公顷，其中积水60厘米以上的666.67公顷。7公顷鱼塘过水；损坏房屋180间。8月5日18时～6日，滨州地区再次遭受暴雨袭击，多数地块大面积积水，形成大涝。全区共有32万公顷农田被淹，7.33万公顷农作物绝产。

8月20日17时，受黄河一号洪峰影响，利津、河口、广饶等县区黄河滩区普遍发生漫滩，平均水深2.5～3米，局部深达5米。至22日18时，滩区被淹面积1.4万公顷，受灾村庄69个，倒塌房屋10500间，公路、桥涵、电力及通讯设施等破坏严重。直接经济损失3.8亿元。其中利津县受灾最重，滩区被淹面积1万公顷，14个村9896人被洪水围困，倒塌房屋9765间。直接经济损失2.3亿元。

8月，由于连降暴雨和黄河洪峰入侵，济南市黄河滩区淹没耕地1.4万公顷，受灾村庄335个，受灾人口19.78万，78个村庄进水或被水围困，损坏或倒塌房屋2.82万间，冲毁道路421千米、桥梁88座，损坏电力、通讯线杆2473根，冲毁（淤塞）机井3892眼、扬水站67座，损失粮食8.03万吨，直接经济损失6.33亿元。

1997年　5月5～6日，莒南、蒙阴、沂南、泗水、金乡、汶上、曲阜、邹城、任城、泰山区、泰安市郊区、新泰、东平、宁阳、菏泽、巨野、成武、东明、单县、郓城20个县市区分别遭受暴雨、大风冰雹或龙卷风袭击。农作物受灾面积8.28万公顷，成灾面积6.93万公顷，绝收面积6240公顷；在受灾农作物中，主要是小麦大面积倒伏；损坏房屋3855间、倒塌30间。因灾死亡2人，伤3人。直接经济损失超过2亿元。济宁市泗水、金乡、汶上、曲阜、邹城、任城等县市区受灾严重，有23个乡镇380多个村先后遭灾，风力一般7级，最大9级，最大点雨量100毫米。全市受灾人口近20万，成灾人口10万；农作物受灾面积1.62万公顷，成灾面积1.19万公顷，绝产2567公顷；损坏房屋3751间，因灾造成2人死亡，3人受伤。直接经济损失近亿元。

8月18～20日，日照全市平均降雨量166.5毫米，最大点雨量（莒县库山乡）达335毫米。全市农作物受灾面积8.08万公顷，成灾面积1.57万公顷，莒县库山乡6700人被洪水围困，6名渔民出海作业下落不明，因灾死亡15人，伤1560人，损坏房屋18180间、倒塌11500间，倒折树木138万棵，冲毁虾池480个近506公顷，冲毁桥涵89座，冲毁、沉没渔船3417只。直接经济损失11亿元。青岛市普降大到特大暴雨，沿海地区遭受风暴潮袭击。台风经过时，阵风9～10级。即墨市平均降雨量达382.1毫米。全市有8.3万公顷玉米严重倒伏，1.23万公顷林果严重受损，1441个蔬菜大棚被毁，冲毁耕地

8859公顷，倒折树木33.29万棵、电力、通讯线杆2803根，沉没渔船344只、损坏2678只，损坏房屋266612间、倒塌5973间，冲毁拦海大坝12450米，因灾死亡9人，失踪2人。直接经济损失12.27亿元。烟台全市平均降雨量158毫米。全市受灾人口405万，10个村庄被水围困，因灾死亡5人，1人下落不明。农作物受灾面积25.62万公顷，成灾15.45万公顷，绝产6721公顷，损坏房屋4622间，倒塌房屋2006间，直接经济损失15.14亿元。威海市平均降雨量300毫米，死亡2人，伤38人，毁坏船只217只，农作物受灾面积4.5万公顷，果树受灾1万公顷，冲毁公路30千米、桥涵157座，刮倒线杆130根，倒塌房屋685间，损坏房屋2924间。直接经济损失7.56亿元。

8月19日4时至20日13时，受11号台风正面袭击，费县自南向北先后经历了一次台风暴雨的袭击。全县平均降水量220毫米，最大降水量315毫米、风力达7～8级。全县刮倒玉米等高秆作物15.8万亩，黄烟倒伏3.5万亩，果园受灾面积17万亩，刮倒、刮断树木21万棵，刮倒高压线杆526根、电话线杆743根，部分乡镇供电、通讯线路中断；倒塌房屋2560间、倒塌院墙15万米，冲毁地堰25万米，死亡2人，这次台风暴雨灾害造成全县直接经济损失1.2亿元。

8月19～20日，受11号台风影响，章丘普降暴雨到大暴雨，平均降雨量154.5毫米，22个乡镇、720个村、75万人受灾，灾害面积90万亩，其中绝产24万亩，刮倒树木109万棵，线杆1300根，房屋倒塌850间，冲毁地堰1500亩、桥35座，冲走6人，直接经济损失1.8亿元，其中作物经济损失1.2亿元。莱芜城区、钢城区15个乡镇遭暴雨袭击。全市受灾人口57万，成灾人口48万，农作物受灾面积54万亩，成灾面积48万亩，绝产面积4.2万亩，减产粮食2800万斤。倒塌房屋175间，损坏房屋210间。落杂果8000多万斤，倒各种树木1.5万棵，倒线杆280根，冲毁地堰、河堤3万多米，总经济损失达1.6亿元。受11号台风影响，苍山县普降暴雨到大暴雨，并伴有5～6级大风，全县受灾严重，农作物受灾70万亩，重灾34.6万亩，刮倒树木6.3万棵，损坏道路、塘坝、桥涵闸257处，681间房屋不同程度损坏，经济损失1.64亿元，对这次台风暴雨，苍山县气象局提前48小时作出了准确的预报，并向县委、县政府及有关单位进行了汇报和服务。

8月19日至20日下午1时，受11号台风影响，沂水遭受特大暴雨袭击，风力8～10级，全县平均降水量232.4毫米，最大降水量325毫米，最小140毫米，全县31个乡镇普遍受灾。作物受害：高粱、谷子29.7万亩，黄烟11万亩，花生、地瓜7.83万亩，蔬菜1.45万亩，大部受害作物绝产、半绝产，经济损失1.6亿元。全县有11.3万亩果园受害，减产5成以上，直接经济损失6000万元。倒塌房屋1.5万间，倒塌烤烟房2400间，仅此一项经济损失5000万元。因倒塌房屋砸死村民5人，伤10人，部分猪圈、鸡舍、兔舍倒塌，砸死砸伤肉鸡3.5万只，大小牲畜1500头，经济损失450万元。道路、电力、通讯线路受损，造成经济损失1350万元。水利工程毁坏，冲毁桥涵2座、塘坝8座，毁坏河堤55处、共计9640米，造成经济损失1200余万元。全县直接经济损失3亿多元，受灾面积之大，范围之广，程度之重，是近百年来所罕见。

8月19～21日，受11号台风影响，东营市普遭大风暴雨袭击，过程降水量全市平均为158.0毫米，河口区最多，为169.9毫米。全市平均风力7～8级，沿海风力8～9级，阵风11级。给全市工农业生产和人民生活造成了重大损失。据统计，全市农作物受灾面积 177.0 万亩，成灾面积 166.7 万亩，被海水淹没耕地 34.4 万亩。被大水围困村庄 71 个，其中，被海水围困的村庄有 31 个，被水围困 5763 人，倒塌房屋 9082 间，损坏房屋 31338 间。刮毁塑料大棚 14763 个，毁坏树木 154.12 万棵，刮倒通讯线杆 2138 根，断杆 1650 根，毁坏通电、通讯线路 179 千米，冲毁公路 46.2 千米。冲毁虾池 0.53 公顷，盐池 1.1 万公顷，损失原盐 61900 吨，损失卤水 671 立方米，冲毁桥、涵、闸 1256 座、扬水站 4 座。沉船 91 艘，损坏 104 艘，毁坏林场、苗圃 5.13 万公顷，死亡牲畜 17657 头，受灾人口 71.74 万。全市农业直接经济损失 6.28 亿元。灾情发生后，市民政部门及时向灾区发放了救灾款以及救灾帐篷和食品，以保证灾区群众的基本生活不出现问题，同时，集中力量抓好群众的建房工作。全市共筹集建房款 548 万元，为建房工作提供了保障。到十月底，全市共恢复灾民住房 6038 间，其它方式安置 755 间，受灾群众的住房问题全部得到解决。

8 月 19 至 20 日 14 时，受 11 号台风影响，沂南过程降水量 316 毫米。全县损坏房屋 10786 间、倒塌 5000 多间。作物 52 万亩受灾，其中黄烟 6 万亩，蔬菜 9.8 万亩，黄瓜 6 万亩。冲坏道路 30 千米，1 处小厂停产，25 处企业仓库进水，3 个乡镇通讯中断，死亡 2 人，伤 10 人，经济损失 1.6 亿元以上。

8 月 19 日夜开始至 20 日 18 时 20 分，受 11 号台风影响，五莲县出现暴雨，全县平均降水量 300.9 毫米，最大 388.5 毫米，阵风 10 级以上。五莲气象站降水量 334.5 毫米，最大风速 22 米/秒。全县 22 个乡镇、634 个行政村普遍受灾，其中院西、洪凝、街头、叩官、中至、松柏 6 个乡镇为重灾区。全县受灾总人口 19.8 万，成灾 8.5 万人，其中水淹 1670 户，5080 人无家可归，农作物受灾面积 37 万亩，成灾 15.9 万亩，减产 3～5 成，经济损失达 4200 万元；苹果 15.38 万亩，果园风势凶猛，落果严重，减产 8590 万斤，损失 45 万元；刮倒树木 97 万棵，经济损失达 100 万元；损坏倒塌塑料大棚 782 个，经济损失达 75 万元；冲毁塘坝 7 座、鱼塘 40 个、养鱼箱 56 个、死伤畜禽 2.1 万头（只）；死亡 2 人，伤 2 人。全县总的经济损失 2.2 亿元。城区方面，园林所、县建筑公司等单位，遭水淹水围；城区道路冲坏 7 处，路面冲坏 5000 平方米，总经济损失达 500 万元。电力线路有 2 条 110 千伏和 28 条高压线路断路，1000 余根高压线杆歪斜、断裂，全县断电 20 小时，电量损失 50 万千瓦时，经济损失 226 万元。

1998 年 7 月 1～2 日，费县、临沭、莒南、东港（包括岚山办事处）、微山 5 县市区的 12 个乡镇遭受暴雨袭击，最大点雨量达 132.4 毫米。初步统计，农作物受灾面积 5610.7 公顷，成灾面积 810 公顷，损坏房屋 47 间，倒塌房屋 30 间，冲毁桥涵 188 处、道路 110 千米，冲垮塘坝 2 座，倒塌院墙 1700 米，倒折树木 1500 余棵，因灾死亡 2 人。直接经济损失近 1000 万元。

7 月 6～10 日，山东省部分市地普降大到暴雨，由于降雨量较大，且时空分布相对集中，造成部分县市区较为严重的洪涝灾害，沾化、惠民、滨州、阳信、河口、利津、垦利、高青、商河 9 县市区受灾较重，初步统计，农作物积水面积 22.85 万公顷，积水严重地块在 0.5 米以上，成灾面积 16.82 万公顷，绝收面积 3.69 万公顷，2 个村庄由于山洪暴发被淹，部分民房进水漏雨，倒塌房屋 14474 间，损坏房屋 1866 间，因灾致伤 2 人，倒塌院墙 6 千米，大量盐田、鱼池等被毁，直接经济损失近 2 亿元。

7月13～15日，据滨州、德州等市地民政局报告，部分县区降暴雨和大暴雨，个别县降特大暴雨。其中部分县区13日6时至14日6时24小时平均降雨量为：乐陵113.8毫米，宁津121.3毫米，庆云121.4毫米，惠民132毫米；德城、陵县、滨州、阳信、无棣等县区降雨量均在50毫米以上。7月14日6～12时，平原县遭受特大暴雨袭击，6小时内平均降雨量高达204.7毫米。由于上述大部分县区自7月6日以来持续降雨，部分县区累计降雨量已超过500毫米，在土壤水分饱和、河道蓄满的情况下，造成排水不畅，河流漫溢，不少村庄被水围困，大片农田积水成涝，大量房屋倒塌或成危房，形成严重的洪涝灾害。灾情主要集中在徒骇河和马颊河流域一带，即滨州地区的惠民、沾化、滨州，德州市的庆云、宁津、陵县、平原、禹城等县区。初步统计，农田积水面积近35万公顷，成灾面积15万公顷，其中绝收面积超过10万公顷。有325个村庄、近18万人被水围困，紧急转移安置1万余人。因灾损坏房屋5万间左右，倒塌房屋1.5万间。直接经济损失预计超过12亿元。滨州地区灾情主要集中在黄河以北徒骇河流域一带，即惠民、沾化、滨州、阳信、无棣5县市。初步统计，全区农作物受灾面积24.7万公顷，过水面积19万公顷，12万公顷作物大幅度减产以至绝收，其中惠民县4万公顷积水作物已全部绝收。全区因灾损坏房屋4.2万间，累计倒折树木10万棵，灾害造成直接经济损失超过5亿元。惠民：7月14日凌晨至上午8时遭大暴雨袭击，淄角、三堡、麻店、联伍、陈集、皂户李、辛店等10个乡镇严重受灾。全县平均降雨量135毫米，最大点雨量达205毫米。自7月6日以来，该县已连续4天普降大雨，累计降雨量已达345.8毫米。由于雨量集中，部分客水涌入，致使沙河出现顶托，沟渠外溢。全县7.4万公顷农作物受灾严重，其中4万公顷农田严重积水，积水深度一般20～30厘米，最深达80厘米，已濒临绝产。倒塌、损坏房屋3.5万间，部分企业停产，直接经济损失达1.85亿元，其中农业直接经济损失达1.5亿元。德州市灾情主要集中在马颊河流域一带，即庆云、宁津、平原、陵县、德城、禹城、武城、临邑8县区。初步统计，农作物积水面积近10万公顷，成灾面积3.1万公顷，绝收面积0.74万公顷；倒塌房屋14200间，倒塌围墙4.8万米。325个村庄近18万人被水围困，紧急转移安置1万余人。庆云：灾情严重的崔口、严务等乡镇有56个村被水围困。全县倒塌房屋6455间，倒塌围墙1.24万米。农田积水面积达13330公顷，积水深度20～30厘米，其中6000公顷已基本绝产。平原：7月14日凌晨4时至12时，境内遭受特大暴雨袭击，全县平均降雨量达204.7毫米，前槽乡降雨量高达285毫米，加上7月9～10日的降雨，全县累计平均降雨量达350毫米，最高超过500毫米。截止7月15日上午10时，全县受灾人口35万，215个村庄的15万人被水围困，紧急转移安置1万人。农作物积水面积4.67万公顷，其中成灾面积3.3万公顷，积水深度在30厘米至60厘米，绝产面积2.6万公顷。因灾倒塌房屋3160间，城区1500间房屋进水，积水深处达1.2米，损坏房屋20000间，死伤大牲畜200头，损坏大棚4000多个，冲毁基础水利设施2450座，冲坏乡间公路18条，冲毁鱼塘水面1万亩，致使交通、通讯、电力一度中断，中小学校停课。城区部分企事业单位因停电积水造成惨重损失。县粮油直属库150万千克粮食因积水霉烂，损失惨重；部分单位和居民被大水围困，多户居民家中进水，围困时间长达30小时。灾害造成直接经济损失达4.8亿元。由于部分乡镇地势低洼，接受上游客水较多，河流顶托，农田积水根本无法排除。禹城：自7月6日以来连续降雨，形成严重内涝。灾情较重的张集、辛店、梁家、来风、张庄5乡镇累计降雨380毫米。初步统计，农作物受灾面积 1.31 万公顷，成灾面积 1.06 万公顷，绝产面积 0.73 万公顷；冲毁鱼塘 1.67 万亩，损坏桥涵 76 座、公路近百米；54 个村庄、1.7 万人被水围困；倒塌房屋 450 间、院墙 1620 米。直接经济损失 8734 万元。

7 月 18 日，黄河第一号洪峰进入山东，致使菏泽地区部分县市漫滩严重。漫滩面积达 2 万公顷。因灾造成 3 人死亡、5 人失踪。直接经济损失达 2.6 亿元。东明县：黄河穿境而过，长 124 里，沿黄纯滩区 3 个乡，半滩区 8 个乡镇，滩区人口 31.2 万，其中滩内居住人口 12 万，滩区耕地面积 2.17 万公顷。洪峰经过时最大流量 3020 立方米/秒，最高水位 63.40 米。由于黄河连年断流，河道淤积严重，河床逐年悬高，7 月 12 日高村水文站流量仅 1990 立方米/秒，洪水从高村乡生产堤涌入，形成漫滩。18 日，长兴乡生产堤多处破堤，漫滩加重。由于洪水含沙量大，运行速度慢，水位逐渐升高，至 19 日晨，东明县境内从王店乡至菜元集乡百余里积水，平均水深 1.5 米，最深达 3.5 米。初步统计，淹没农作物 1.47 万公顷，损坏建筑物 2000 多座、机井 2800 多眼、公路 70 多千米。32 个行政村、106 个自然村、7 万多群众被水围困。直接经济损失达 1.5 亿元。随着洪水的浸泡，部分房屋将继续出险，农作物的腐烂会导致水质受到污染，灾区疫情也将加重。菏泽市：境内黄河段长 30 里，滩区乡镇为李村、李庄 2 个乡镇，滩区总面积 3400 公顷，16 个村，2.5 万人。此次漫滩面积达 2200 公顷。直接经济损失 4500 万元。鄄城县：沿黄 105 里，辖 7 个乡镇 278 个行政村 327 个自然村。垮堤的有 49 个行政村 69 个自然村 5.85 万人；纯滩区 43 个行政村，93 个自然村，6.37 万人，耕地 0.9 万公顷，嫩滩 330 公顷。黄河第一号洪峰于 18 日晚进入该县，沿黄 7 乡镇生产堤以外的嫩滩全部被淹，受淹面积 330 公顷。因小船倾覆，3 人死亡，5 人失踪下落不明。灾害造成直接经济损失 2000 万元。郓城县：沿黄 58.5 里，辖 4 个乡 47 个滩区行政村 87 个自然村 25420 户，共有滩地 7670 公顷，其中嫩滩 3460 公顷。黄河第一号洪峰于 19 日晚进入该县，沿黄 4 乡生产堤以外的嫩滩全部被淹，面积 2670 公顷，其中西瓜 1000 公顷、大豆 1330 公顷、花生 330 公顷。直接经济损失 4500 万元。

7 月 18～20 日，据威海、日照、莱芜、泰安、临沂等市民政局报告，东港、莱城、泰安郊区、沂南、沂水、罗庄及威海市部分区市分别遭受不同程度的暴风雨和冰雹灾害。农作物受灾面积 8.16 万公顷，成灾面积 4.39 万公顷，绝收面积 1.58 万公顷；倒塌桥涵 6 座，倒塌房屋 463 间，损坏房屋 4961 间，过水居民和农户 620 户，部分基础设施受到不同程度毁坏。直接经济损失 33470 万元。7 月 18 日零时至 18 时，威海市普降暴雨，全市平均降雨量 132.3 毫米，有 21 个镇降雨量在 100 毫米以上，其中俚岛、马道两镇降雨量分别达 217 毫米和 209 毫米。降雨主要集中在凌晨 2 时至中午 12 时，时值海上高潮位，入海河水受海潮顶托，溢出河堤，给沿海的寻山、俚岛、马道、成山卫、龙须岛等镇造成较为严重的灾害，受灾较重的镇有 11 个。初步统计，全市受淹农田 1400 公顷，倒塌桥涵 6 座，倒塌房屋 12 间、围墙 310 米，冲走海带 280 吨，淹死水貂 2300 只，过水农户和居民 620 户，冲坏虾池 1000 亩。造成直接经济损失 870 多万元。

7 月 23～24 日，临朐、安丘、沂源、东港、莒县、五莲、莒南、沂水 8 县区遭受大暴雨袭击，部分地区降特大暴雨，最大点雨量达 391.5 毫米。由于降雨量大，降雨相对集中，且灾区多为丘陵地带，致使山洪暴发，损失惨重。灾害造成 8 人死亡、7 人下落不明，倒塌房屋 6721 间，损坏房屋近万间；冲毁农田 2.86 万公顷，成灾面积 1.59 万公顷，绝产面积近1万公顷，冲毁耕地4034公顷，冲垮河堤11万米、地堰32万米、道路498千米、塘坝437处、小型水库75座、大小桥涵276座，倒折树木18万棵，冲断电线、电缆等70千米，倒折线杆500多根。不少村民家中进水，390多人被紧急转移，部分村民房屋及家庭财产被山洪全部冲光，交通、通讯、电力供应等一度中断，灾害造成直接经济损失4.5亿元。7月23日19时至24日11时，潍坊市临朐县东南部和安丘市西部发生特大暴风雨灾害，重灾地区两小时内降雨量达250毫米，累计降雨量达300毫米。安丘市南禄乡和临朐县大关、沂山、九山等乡镇受灾最为严重，共计倒塌房屋462间、冲塌桥梁25座。临朐至临沂的国道3座公路大桥被冲垮，交通中断，冲毁河堤30千米、冲毁地堰16.5万米，冲毁耕地467公顷，冲毁庄稼526公顷，基本绝产，毁坏成材树木2.18万棵，死亡牲畜千余头，部分农户房屋及生产、生活资料被冲光，陷于严重困难境地。灾害共计造成直接经济损失4500万元。临朐：23日19时至24日凌晨4时，大关、沂山、九山3乡镇严重受灾，最大降雨量达250毫米，降水量之大，降水之集中，是该县近40年来所罕见的。暴雨造成山洪暴发，冲毁公路183千米，羊临路3座桥梁被冲垮，交通中断。冲毁桥梁13座、河坝29千米、地堰1.5万米，冲毁耕地430公顷；倒塌房屋462间，其中12户村民共计46人其住房、粮食、衣物全部被山洪冲走，无家可归；损坏民房560间，冲走、淹死大小牲畜560余头。直接经济损失3700万元。

7月23日，沂源县张家坡、韩旺、徐家庄、岳庄等乡镇出现暴雨灾害，其中张家坡雨量150毫米，韩旺100毫米，徐家庄120毫米，岳庄70毫米。农田受灾面积8690亩，成灾6500亩，其中绝产3300亩。冲淤土地2000余亩，房屋倒塌160间、损坏217间，水淹和冲走粮食100余吨，冲毁公路10千米、连村路30千米、河坝1万米、塘坝12处、桥涵36座、大口井12眼、扬水站4处、供水管道1500米、地堰3万米，冲毁树木2600棵。因灾死亡2人，重伤3人，并造成其它严重损失。直接经济损失2000多万元。

7月24日8～15时，日照市东港、莒县、五莲3区县相邻的13个乡镇遭受特大暴雨袭击，灾情十分严重，受灾地区降雨集中在12时至14时之间，在2个小时内受灾乡镇平均降雨量230毫米，最大点雨量高达361.5毫米。由于暴雨来势凶猛，且降雨主要集中在3区县毗邻地区，范围小，且地处山岭地带，行洪条件极差，致使山洪暴发，造成重大损失。灾区道路被整段冲毁，电力、通信中断，水库、塘坝普遍出现险情，许多村庄被大水围困，不少村民房屋被冲走，家庭财产被洗劫一空，初步统计，受灾村庄200多个，受灾人口14万，因灾死亡7人，3人下落不明，农作物受灾面积0.8万公顷，成灾面积0.53万公顷，其中绝产面积0.13万公顷，冲毁良田0.14万公顷，损坏房屋6570间、倒塌房屋5680间，冲毁小型水库75座、小塘坝305处、石拱坝80处，冲垮河堤55千米、渠道25千米，损坏扬水站10处，毁坏大口井100眼、损坏县乡交通道路310千米，冲毁大小桥涵254座，倒折树木及果树13.8万棵，冲断电线、通讯线缆40多千米，倒折线杆350多根，直接经济损失达2.4亿元。

7月24日13时20分至14时30分，莒南县涝坡、柳沟、文疃、陡山、相邸、坊前、大店、北园等乡镇遭特大暴雨袭击，在1小时内，涝坡降雨量达247毫米，文疃170毫米，其它乡镇降雨量也在100毫米以上。由于暴雨来势凶猛，造成山洪暴发，洪水泛滥成灾。受灾群众21万人，成灾人口13万，农作物受灾面积2万公顷，成灾面积1万公顷。洪水冲垮桥涵洞60座、塘坝等108座，河堤决口90处，冲垮河堤3800米，冲毁粮田

1530公顷、果园400公顷，冲毁道路45千米，倒塌民房380间，1700多户民房进水，冲倒冲走树木4.3万棵、电线杆45根，淹死冲走畜禽3万头（只）。一辆客车在漫水桥上被困，车上多数人落水，其中2人获救，3人失踪。灾害造成直接经济损失达1.2亿元。

7月24日5时至25日3时，五莲县普降大暴雨，平均降雨量109.8毫米，石场、山庄、杜家沟三乡镇降雨量340毫米以上，其中石场乡最大为376.7毫米。五莲县气象站降水量91.3毫米。该县的7个乡镇共死亡4人，冲塌房屋1338间、损坏845间，冲毁粮田19950亩、果园2050亩、道路596里、堤防、塘坝、拦河坝117座、大口井85眼、桥涵50座，冲走车辆16台，冲走树木5.85万棵，冲走或死亡牲畜580头、家禽2万只。共计经济损失1.1亿元。

8月3～5日，全省范围内普降大到暴雨，部分县区遭大暴雨甚至特大暴雨袭击，个别县区还伴有冰雹和龙卷风。3日凌晨6时至5日凌晨6时，全省48小时内平均降雨量70.5毫米，半数以上县市区降暴雨，其中28个县市区平均降雨量超过100毫米，平原、泗水、济宁市中等3县区平均降雨量超过200毫米。由于短时间内降雨集中，致使平原、泗水、济宁市中、汶上、金乡、任城、章丘、长清、平阴、历城、桓台、诸城、单县、郓城、东明、巨野、定陶、沂水、沂南、平邑、蒙阴、莒县、五莲、阳谷、东阿、莘县、临清27个县市区遭受严重洪涝灾害。初步统计，倒塌房屋9515间，损坏房屋52985间，因灾死亡9人，失踪3人，伤235人，其中重伤49人，143个村庄、近10万人被水围困，8900人被紧急转移安置，农作物受灾面积14.57万公顷，成灾面积8.78万公顷，绝产面积2.23万公顷，倒折树木45.8万棵，倒折电力和通讯线杆1700余根，中断高低压和通讯线路25万米以上，冲毁乡村公路400多千米，其它基础设施也遭受不同程度破坏。灾害造成直接经济损失8.5亿元以上。

8月4日凌晨2时，平原县又降大暴雨，全县平均降雨量158毫米，寇坊、前槽、王风楼等9个乡镇超过300毫米。由于7月中旬该县曾遭受特大暴雨袭击，造成严重洪涝灾害，此次降雨过程造成更加严重的损失。据统计，4万公顷农作物积水严重，积水深度达1米；成灾面积2万余公顷，其中近1万公顷已绝产。受灾人口25万，成灾人口15万，其中143个村庄近10万人被水围困，8900余人被紧急转移安置。损坏房屋18500间，倒塌房屋4865间，其中民房2500余间；死亡大牲畜150头，直接经济损失1.5亿元。

8月3日23时30分至4日7时30分，8月4日13时30分至15时30分，济宁市大部分县区普降暴雨，9县区降雨量在100毫米以上，其中市中区和泗水县降雨量分别达到221.1毫米和240毫米。初步统计，全市受灾人口23.8万，成灾人口16万，因灾4人触电死亡，1人被山洪卷走。农作物受灾面积1.57万公顷，成灾面积1.49万公顷，绝收面积1670公顷，损坏民房800余间，倒塌民房200余间，倒折高低压线杆30根；直接经济损失9000余万元。

8月4日2～17时，章丘、长清、平阴、历城4县市遭受暴风雨袭击，最大风力8级，最大点雨量193毫米。全市农作物受灾面积1.33万公顷，成灾面积1.15万公顷，绝产面积0.25万公顷，倒塌民房305间，损坏民房1234间；冲毁地堰3万米、公路7000米、因灾死亡1人。直接经济损失1536万元。

8月4日，诸城市普降暴雨，并伴有10级以上阵风，全市平均降雨量73.7毫米。孟疃、马庄、昊家楼等10个乡镇受灾较重。农作物受灾面积1万余公顷，倒折树木11万棵，倒塌房屋960间，刮断电力线路2054米；因灾伤15人，其中重伤1人。直接经济损失4100万元。

8月4日14时30分，单县孔集、蔡堂、朱集、芦目、杨楼、毛庄等7乡镇遭龙卷风、暴雨袭击，最大风力10级以上，平均降雨量100毫米以上。全县受灾人口12万人，成灾人口7.5万人，因灾伤10人。中断高压线路70多千米，倒折树木10万棵。农作物受灾面积7367公顷，成灾面积5333公顷，绝产面积1050公顷。倒塌民房75间，损坏房屋1070间。直接经济损失5700万元。同日，菏泽地区郓城、东明、巨野、定陶等县普降暴雨和大暴雨，近30个乡镇出现大面积内涝。

8月3日18时～4日18时，沂水、沂南、平邑、蒙阴4县遭受大风和暴雨袭击，风力8～9级，阵风10级以上。各县平均降雨量分别为：沂水152.8毫米，蒙阴144.5毫米，平邑92.4毫米，沂南：85.3毫米。最大点（沂水县崔家峪镇）雨量213毫米。初步统计，上述4县受灾较重的有37个乡镇，受灾人口27.6万人，成灾人口18万人，因灾2人死亡，2人失踪，44人受伤，其中3人重伤。农作物受灾面积2.19万公顷，成灾面积1.31万公顷，其中绝产面积1300公顷。损坏房屋1.2万间，其中6730间严重损坏，倒塌房屋842间。冲毁桥涵36座、河堤2.52万米、果园50公顷，倒折树木18.3万棵、高压通讯线杆1146根，洪水冲毁耕地203公顷。灾害造成经济损失1.92亿元。

8月4日17～19时，莒县、五莲县部分乡镇遭受暴雨和龙卷风袭击，风力7～8级，阵风10级以上，3日至5日48小时累计平均降雨量184.3毫米。共有9个乡镇受灾较重，其中莒县7个乡镇87个村，五莲县2个乡镇25个村。初步统计，倒伏高秆作物4400公顷，倒塌房屋668间，损坏房屋1943间，倒塌院墙1350米，伤132人，其中重伤25人，冲断桥涵17座，刮断线杆30余根。直接经济损失3200万元。

8月4日凌晨1～17时，聊城市普降大暴雨，全市平均降雨量120毫米，阳谷、东阿、莘县、临清4县市21个乡镇110个村庄受灾。初步统计，全市农作物受灾面积1.53万公顷，成灾面积1万余公顷，绝产面积0.23万公顷。倒塌房屋50间，死伤大牲畜85头。直接经济损失1.2亿元。

8月7日，据泰安、东营、菏泽、济宁、潍坊等市地民政局报告，东平、垦利、利津、河口、郓城、梁山、临朐7县区遭受暴雨袭击，农作物受灾面积13.06万公顷，成灾面积8.77万公顷，绝收面积1.5万公顷；倒塌房屋1264间，损坏房屋7221间。灾害造成直接经济损失2.7亿元。东平县继8月4日后再降大到暴雨，全县平均降雨量84.9毫米，商老庄、戴庙、大安山等乡镇平均降雨量均在100毫米以上，最大点雨量达236毫米。由于降雨集中，排水不畅，造成农田大面积积水，积水深达60厘米。全县农作物受灾面积1万公顷，成灾面积0.8万公顷；损坏房屋480间。直接经济损失4248万元。

8月7日5时～14时，东营市垦利县、利津县、河口区普降大到暴雨，最大点雨量达200毫米，全市28个乡镇、442个村受灾较重，受灾人口22.65万。农作物受灾面积4.06万公顷，成灾面积2.7万公顷；倒塌房屋364间，损坏房屋2561间。直接经济损失达1.5亿元。

8月7日3～8时，郓城县普降大暴雨，全县平均降雨量120毫米。全县38个乡镇，王井、程屯、肖皮口、常庄等20个乡镇受灾严重。受灾人口62万，成灾人口48万，45个村庄4.2万人被水围困，县城积水，因灾死亡1人，伤60人，农作物受灾面积6万公顷、成灾面积4.6万公顷，绝收面积1万公顷，冲毁耕地36公顷，损坏房屋3600间，倒塌房屋900间，冲毁桥涵300余座、公路12千米，死亡大牲畜300头。直接经济损失4910万元。

8月7日4～11时，梁山县遭受特大暴雨袭击，全县平均降雨量176.5毫米，最大点雨量256毫米。24个乡镇受灾，其中10个乡镇受灾严重。全县受灾人口22万，成灾人口7万。农作物受灾面积2万公顷，成灾面积0.67万公顷，绝收面积0.33万公顷，损坏民房580间。直接经济损失2600万元。

8月11日，据潍坊、青岛、淄博、日照等市民政局报告，诸城、高密、胶州、胶南、高青、五莲6县市遭受大到特大暴雨的袭击，最大点雨量（诸城）648毫米。有8.12万公顷农作物被淹；78个村庄被水围困，212个严重积水，紧急转移安置灾民3.22万人；损坏房屋23093间，其中倒塌房屋10993间；因灾死亡9人、伤69人、失踪1人，直接经济损失约7亿元。8月10日～12日上午8时，胶州市部分乡镇降特大暴雨，平均降雨量为372毫米，最大点雨量达439毫米。有6.7万人受灾，68个村庄被水围困，紧急转移安置23个村、4602户、15659人；农作物受灾面积8079公顷，倒塌房屋5500余间、损坏8100多间；冲走浸泡粮食38160吨，因灾死亡4人，伤69人；伤亡大牲畜4000余头。全市因灾直接经济损失2.36亿元。8月11日晚9时至12日上午10时，五莲县搓河、户部、叩官、潮河、魏家、许孟6个乡镇遭受特大暴雨袭击，平均降雨量为245毫米，最大点雨量（搓河乡）309.3毫米。由于暴雨来势凶猛，造成河水陡涨，洪水肆虐。受灾人口6万，成灾人口4万；农作物受灾面积4000公顷，成灾2667公顷，绝产400公顷；3000多农户家中进水，浸泡粮食150万斤；损坏房屋4000余间，倒塌1200间；冲毁院墙25000米、蔬菜大棚327个、养鸡大棚15个；冲倒冲走树木6万多棵，冲毁道路30余千米，县城至搓河乡交通中断。8月11日20时到12日8时，诸城市遭特大暴雨袭击，全市平均降雨量273.6毫米，最大点雨量648毫米，有3个乡镇降雨超过500毫米，10个乡镇降雨量超过300毫米。全市18个乡镇、近300个村庄受灾，2.23万公顷农作物被淹；15家大中型以上企业进水，水位40厘米以上，全部停产。1.2万户民房进水，水位最深处超过3米。全市共倒塌房屋2500多间、鸡舍4600间，损失肉鸡50多万只；冲毁道路111千米、环山路50千米、桥涵85座。三里庄水库、青墩水库和郝戈庄石龙口水库、莎沟水库发生险情。到12日上午8时，已查明死亡3人。全市直接经济损失2亿元左右。8月11日至12日上午6时，高密市遭受特大暴雨袭击，全市平均降雨量达295.8毫米，最大点雨量王吴乡达520.5毫米。胶河沿岸的李家营、柏城、姚哥庄、张鲁等乡镇灾情较重，部分胶河大堤被冲垮，有10个村庄被迫整体转移，全市共转移安置群众达1.65万人；全市有60%的村庄发生积水，其中积水严重的村有212个，倒塌房屋1793间，冲毁塘坝35个、桥涵82座；农作物被淹3.01万公顷。因灾死亡2人、失踪1人。

8月12～14日，台儿庄、峄城、平度、微山、金乡、苍山、郯城7县区先后遭受洪涝和风雹灾害。农作物受灾面积7.06万公顷，成灾面积3.62万公顷，绝收面积8420公顷；损坏房屋4275间，倒塌房屋285间；因灾死亡4人；倒折树木14万棵、线杆302根。直接经济损失1.2亿元。

8月12日～13日，苍山县境内受暴雨大风影响，使本县19个乡镇受灾，23.75万亩农田被淹，10.21万亩秋作物倒伏，进水房屋3万余间，倒塌7721间，6人受伤，死亡、冲走牲畜 420 头，刮倒通讯线杆 2889 根、高低压线杆 365 根，造成经济损失 1.3 亿元。

8 月 22 日，全省范围内普降中到大雨，部分地区降暴雨和大暴雨、同时还伴有大风和龙卷风。全省平均降雨量 58.3 毫米，66 个县市区平均降雨量超过 50 毫米，其中 15 个县市区平均降雨量超过 100 毫米。致使部分市地、县区遭受较严重灾害。初步统计，受灾单位有潍坊市安丘、临朐、昌邑、坊子、寒亭，菏泽地区单县、巨野、鄄城、东明、菏泽、成武，泰安市泰山、宁阳、新泰，日照市东港、莒县，威海市荣成、乳山、环翠，烟台市招远、莱阳、海阳、栖霞、蓬莱、牟平，济宁市微山 7 个市地的 26 个县市区，农作物受灾面积 24.16 万公顷，成灾面积 17.13 万公顷，绝收面积 3498 公顷；果园受灾面积 5.4 万公顷；损坏房屋 16816 间，倒塌房屋 3868 间；因灾死亡 3 人，伤 199 人；倒折树木 9.61 万棵；部分桥梁、涵洞、堤坝、船只、电力、通讯等基础设施以及沿海养殖业等受到较大损失。灾害造成直接经济损失逾 13 亿元。安丘、临朐、昌邑、坊子、寒亭 5 县市区遭暴风雨袭击，坊子、昌邑、寒亭遭龙卷风袭击，安丘、临朐 2 县市山洪暴发。初步统计，损坏房屋 2000 余间，倒塌房屋近 1000 间；100 多人受伤，1000 多头牲畜被砸死、淹死或冲走。菏泽地区单县、巨野、鄄城、东明、成武、菏泽等县市先后遭暴风雨袭击，受灾人口 96.92 万人，成灾人口 73.84 万人；农作物受灾面积 8.4 万公顷、成灾面积 7.4 万公顷。直接经济损失超过 1.5 亿元。

8 月 22 日 21 时至 23 日 6 时，威海市普降暴雨，并遭龙卷风袭击，全市平均降雨量 63 毫米，最大点雨量 106 毫米。荣成市 22 日 23 时前后局部发生飑线风，最大风力 12 级，最大风速 31.3 米/秒。荣成市崖头等 10 镇，乳山市夏村等 2 镇，环翠区泊于镇共 13 个镇 25 个村受灾严重。初步统计，全市损坏房屋 6433 间，倒塌房屋 1189 间；倒伏玉米 9330 公顷，损坏船只 52 条，倒折树木 1.6 万棵、线杆 6446 根；伤 67 人，其中 35 人重伤住院。直接经济损失 2.2 亿元。

8 月 22 日 18 时至 23 日凌晨，烟台市普遍遭受暴风雨袭击，其中海阳市部分乡镇遭受龙卷风袭击，受灾较重的有招远、莱阳、海阳、栖霞、蓬莱、莱州、牟平 7 县市区。全市平均降雨量 106.5 毫米，最大点雨量 198 毫米，阵风 11 级。全市受灾人口 165.1 万，成灾人口 114.3 万；因灾死亡 3 人，伤 12 人。全市受灾面积 14.69 万公顷，成灾面积 9.68 万公顷，绝收面积 9.68 万公顷，冲毁耕地 800 公顷；倒塌房屋 846 间，其中民房 776 间，损坏房屋 4380 间；滩涂养殖中的对虾、扇贝、文蛤等被大水冲走，部分道路、桥涵被冲毁，部分乡镇企业库房中放置的产品被淹。海阳市 18 家企业 238 间厂房、库房倒塌，6 家企业被迫停产。灾害共计造成直接经济损失 72498 万元，其中农业直接经济损失 61052 万元。招远市：22 日 13 时至 22 时，17 个乡镇遭暴风雨袭击，平均降雨量 150 毫米，最大点雨量 201 毫米。农作物受灾面积 2.67 万公顷，苹果受灾面积 1.67 万公顷；倒折线杆 175 根，造成 60 条通讯线路中断、40 多条电力线路被毁；冲毁道路 60 多处，倒折树木 1.97 万棵；倒塌民房 284 间，损坏房屋 321 间；2 人被淹死亡。直接经济损失 2.6 亿元。栖霞市：22 日 17 时至 23 日凌晨，21 个乡镇遭大风暴雨袭击，平均风力 5～6 级，平均降雨量 91.8 毫米，最大点雨量 154 毫米。农作物受灾面积 1.67 万公顷，成灾面积 1.1 万公顷，其中玉米倒伏 6670 公顷；果园受灾面积 1 万公顷；损坏房屋 120 间。直接经济损失 6500 万元。海阳县：22 日 18 时遭暴风雨袭击，全市平均降雨量 52.3 毫米。损坏房屋 2530 间，倒塌房屋 210 间，其中 21 间校舍被毁；倒塌院墙 4000 余米；沉船 5

条，报废 32 条，冲毁虾池 120 亩，冲走扇贝 200 亩、文蛤 60 亩，冲毁防潮坝 100 米；砸毁汽车 1 部、拖拉机 3 台、脱谷机 3 台、摩托车 2 辆；毁坏变压器 1 台；18 家企业的 238 间库房、车间进水，企业被迫停产。直接经济损失 1.2 亿元。莱阳市：22 日 23 时遭暴雨袭击，平均降雨量 73.69 毫米，最大点雨量 102 毫米。受灾人口 25.1 万，成灾人口 12.8 万；农作物受灾面积 1.67 万公顷，成灾面积 1.06 万公顷；果园受灾面积 1 万公顷，成灾面积 8986 公顷，预计减产水果 3100 万千克；损坏房屋 600 余间，倒塌房屋 58 间；冲毁桥涵 9 座、乡村路 75 千米、鱼塘 120 亩，倒塌院墙 400 米，倒折树木 2.65 万棵、线杆 46 根。直接经济损失 1.8 亿元。蓬莱市：22 日 17 时至 23 日凌晨全市普降暴雨，风力 7～8 级。受灾人口 15 万，成灾人口 9 万；农作物受灾面积 12533 公顷，成灾面积 8000 公顷，绝收面积 133 公顷；损坏房屋 605 间，倒塌房屋 92 间，冲毁桥涵 16 座、乡村公路 8 千米、河道墙 3 千米。直接经济损失 5540 万元。莱州市：22 日 18 时遭暴雨及龙卷风袭击，受灾人口 19 万，成灾人口 4.5 万；农作物受灾面积 21333 公顷，成灾面积 3900 公顷；损坏房屋 187 间，倒塌房屋 87 间；冲毁桥梁 22 座、塘坝 406 座、拦水翻板闸 1 座、道路 50 千米、河堤 17 处、大棚 183 个；冲走扇贝 700 亩；倒折线杆 114 根、树木 2870 棵；840 户村民家中进水。直接经济损失 4458 万元。

1999 年　6 月 14 日 23 时至 15 日 14 时，枣庄市普遍遭受大风大暴雨袭击，全市平均降水量 128.1 毫米，最大点雨量山亭区徐庄乡为 343 毫米，最小点雨量薛城区驻地 47 毫米。其中 15 日零时至 6 时，全市平均降雨量为 94.2 毫米，雨量特别集中，局部出现大风，造成大面积农田积水，道路、桥涵、电力、通讯设施等严重受损。山亭、市中、峄城、滕州 4 个区市受灾严重，其中山亭区受灾最为严重。据统计全市农作物受灾面积 24633 公顷，成灾面积 19900 公顷，绝产面积 1423 公顷，损坏房屋 2340 间，倒塌房屋 200 间，蔬菜受灾 280 公顷，损坏大棚 67 个，冲垮大小桥涵 239 座，损坏道路 141 千米、坝堰 4 万米、拦水坝 5 个，刮倒树木 9 万棵，损失家禽 13000 只，损坏通讯线路 45 千米，冲毁网箱 45 个。山亭区有线电视电缆被损坏。

6 月 18～21 日，沾化、沂水、高密、安丘、临朐、平度、泰安市郊区、泰山区、肥城、东平、博山、沂源 12 县市区的 47 个乡镇先后遭受风雹、暴雨袭击，农作物受灾面积 2.56 万公顷，成灾面积 1.87 万公顷；损坏房屋 2045 间、倒塌 30 间；因灾死亡 4 人、伤 109 人。直接经济损失 1.44 亿元。

8 月 9 日上午至 12 日 6 时，胶南市境内普降大到暴雨，局部地区大暴雨，全市平均降雨量 177.2 毫米。全市 27 个乡镇和街道办事处中有 20 个受灾，受灾人口 55 万，占总人口的 67%，成灾人口 43 万人，占全市人口的 52%。92 个村庄 12000 户群众被水围困，一 70 岁老人失踪下落不明。农田受灾面积 17333 公顷，成灾面积 12000 公顷，绝产面积 333 公顷，毁坏耕地面积 240 公顷；倒折树木 5 万棵，冲毁蔬菜大棚 1.8 万亩、禽畜养殖大棚 159 间，溺死畜禽 15 万头（只）；1.5 万间房屋被水浸泡，其中倒塌 3500 间；冲毁桥涵闸 65 座、道路 150 千米、塘坝 22 座，河道决口 15 处，长达 200 米；冲断光缆 1 条、供电通讯线路 405 条，中断时间长达 7 小时，1 万余部电话发生故障；2660 公顷虾池被水淹没，全部绝产；冲毁供水管道 500 米，城区 15 条交通干线积水最深达 0.8 米以上，交通受阻长达 9 小时。直接经济损失 21600 万元，其中农业直接经济损失 6300 万元。在受灾乡镇中，王台镇受灾最为严重，洋河4处决口长达200米，致使该镇所属西柳、南柳、北柳等共16个村庄全部被淹，进水深度达2米多，受灾群众2847户计13591人，倒塌房屋2300间，330公顷虾池全部被淹。直接经济损失达9800万元。灾情发生后，胶南市委、市政府立即成立救灾指挥部，迅速组织力量抢险救灾，调动了6支部队共计3500多名官兵投入救灾，其中青岛海军基地1000多人、胶州炮旅500人、青岛警备区500人，动用冲锋舟20多艘，紧急转移11个村的113600多人到学校、镇党委会议室等安全地带，并保障其生活。

8月9～12日，胶州市降大暴雨，局部特大暴雨。全市平均降水量249毫米，最多的乡镇达439毫米。全市有16个乡镇、街道办事处212个村受灾，受灾人口17.3万人，其中7000人无家可归，3人死亡，269人受伤，损坏房屋10268间，倒塌房屋6373间，农作物受灾面积30851公顷，因灾死亡大牲畜1100头、猪羊4.8万头、鸡鸭兔等6.7万只，冲走浸泡粮食20160吨，损坏家电1812台，冲断、冲倒、冲歪线杆500根、光缆600米，冲毁虾池350公顷、道路路面12.5万米。据统计全市经济损失总数达2.85亿元。

8月10日3时至12日3时，青岛市普降中到大雨，部分地区降大到暴雨，48小时累计降雨量最大达439毫米，局部地区4小时降雨量286毫米。由于短时间内降雨相对集中，河水暴涨，流经胶州、胶南的洋河、墨水河、胶河等河流多处决口，致使周边乡镇的农田、农户遭受严重洪涝灾害，洋河两岸一片汪洋。农田及农户家中积水一般在1米至1.5米。最深达2.5米。截止目前，胶州、胶南、平度3市的46个乡镇受灾严重，其中胶州市洋河、九龙、张应、铺集、南村等9个乡镇、胶南市王台等6个乡镇、平度市蟠桃等3个乡镇受灾最重，重灾村304个。因灾死亡4人，伤369人。胶州、胶南两市重灾乡镇及市区交通、通讯一度中断；因上游水库泄洪和河堤块口，冲毁耕地3611公顷，倒折树木5.9万棵，冲毁桥涵、塘坝220座，冲毁公路1711千米，毁坏邮电通讯线路405条，冲毁养虾池2670公顷；胶州、胶南两市决口达25处。全市成灾人口15.9万；农作物受灾面积50284公顷，成灾面积31471公顷，绝产2752公顷；蔬菜、果园等成灾面积4140公顷，因灾减产菜果16560吨，倒塌民房9947间，损坏民房19600间，淹死家禽21.7万只，死亡大牲畜7100头，冲走、浸泡粮食38245吨。另有2115间公房和校舍不同程度受损，183家企业、商店进水，17家企业停产，损坏汽车90辆。累计直接经济损失67113万元。

8月10～13日，高密、诸城遭受特大暴雨袭击，最大点雨量达670毫米。由于短时间内降雨极其集中，造成山洪暴发，冲毁河堤24300多米，590个村庄大量进水，30多个村庄被水围困，25000多人被紧急转移安置，已查明9人因灾死亡。两市受灾人口88.4万，成灾人口40万；农作物受灾面积12万公顷，成灾面积5.53万公顷，其中2万多公顷绝产；倒塌房屋16500间，损坏房屋96000多间，1.75万吨粮食被浸泡，4300多户、15000多人倾家荡产，无家可归；死亡家禽65万余只，死亡大牲畜近万头；交通、电力、通讯、水利等设施遭受重大破坏，部分厂矿企业停产。初步统计灾害造成直接经济损失9.3亿元。8月10日晚23时～12日6时，高密全市平均降雨量达303毫米，最大点雨量520.5毫米。流经境内的胶河、绣水河河水暴涨，沿河大堤被冲垮，造成村庄进水被淹，粮田被毁，交通通讯联系一度中断，部分企业停产，损失严重。据统计，河道堤防漫溢30多处，57处决口，冲毁道路20多条、37.5千米，冲毁河堤1.45万米、大小塘坝101

座，241个村庄过水，有的村积水达1.5米以上，23个村被洪水彻底围困被迫紧急整体转移。全市受灾人口28.92万，紧急转移安置人口2万多，因灾死亡2人。农作物受灾面积8.28万公顷，成灾面积3.33万公顷，绝产面积1.33万公顷。倒塌房屋5500间，损坏房屋达8万多间，1.4万吨存粮被水浸泡，价值1000多万元的日用品被大水冲走，120多户农民倾家荡产，无家可归。毁坏大棚4100多个，死伤家禽15万只、大牲畜3000多头。灾害造成直接经济损失5.2亿元。8月11日20时至13日6时，诸城全市平均降雨量达344.9毫米，3个乡镇降雨量达500毫米以上，12个乡镇降雨量在300毫米以上。城关镇9小时内降雨量高达656毫米，城区积水平均水深0.6米，有的地方积水深达2米以上。据统计，全市23个乡镇350多个村受灾，其中城关、万家庄、桃林等乡镇灾情严重。受灾人口59.4万，成灾人口27万，紧急转移安置灾民5000多人；已查明因灾死亡7人，伤49人；倒塌房屋11000多间，损坏房屋16258间，冲毁道路450多处、环山公路611千米、桥涵281座、大小塘坝209座，冲塌河堤9800米；倒塌鸡舍5000多间，死亡畜禽100多万头（只），倒塌各类大棚2839个；农作物受灾面积3.73万公顷，成灾面积2.2万公顷；3390吨粮食、585吨烤烟被水浸泡；12000户民房进水，水位最深达2米以上；城乡供水管道破损严重，自来水变成污水；15家中型企业进水停产。直接经济损失4.1亿元。

9月9日，胶南、五莲、莒县、东港、沂水、蒙阴、泗水7县市区遭受暴雨袭击，农作物受灾面积1.82万公顷，成灾面积7782.7公顷，绝产425公顷；损坏房屋1770间、倒塌35间。直接经济损失8706万元。

2000年 7月4～7日，莘县南部古云等乡镇累计降雨150毫米，同时，金堤河上游河南省濮阳等地连降大雨，累计降雨量达500多毫米，局部达650毫米。大量客水迅猛涌入莘县境内金堤河流域，最高流量达300立方米/秒，超过警戒水位。截止7日19时，该县金堤河沿岸的古云、大张家、樱桃园、古城4个乡镇120个村庄、4000公顷农作物受灾，成灾面积2660公顷，其中绝产面积2000公顷；5个村庄、546户、1696人被水围困；损坏房屋520间，倒塌房屋24间，砸死大牲畜20头，冲倒树木1.5万棵，冲毁鱼塘20公顷，淹没建桥用水泥30吨。7日晨5时40分，由于水流湍急，位于古云镇境内金堤河上的陈堤口桥突然整桥坍塌，正路过该桥的农民、教师、学生有19人落水，其中16人被及时救起，3名小学生失踪。聊城、濮阳军分区立即调派5艘冲锋舟昼夜搜寻，截止7月8日14时，已有2人的尸体被打捞上岸，仍有1人失踪。另外，在抢救落水人员时，一妇女被冲倒电线击中身亡。

8月8～10日，泰山区、岱岳区（原泰安郊区）、莱城区、历城区、天桥区及薛城区6区遭受不同程度洪涝灾害，部分地区发生严重的山体滑坡和泥石流，初步统计，受灾人口18.25万，成灾人口14.05万，15人因灾死亡，失踪6人，伤3人；冲毁农田1.22万公顷，成灾面积0.7万公顷，倒塌房屋1672间，损坏房屋737间；因灾死亡大牲畜1525头，部分公路、桥梁等被冲毁，供电和通讯线路被中断，直接经济损失达1.92亿元。8月8日晚至8月9日，岱岳区下港乡、黄前镇持续降大暴雨，其中下港乡降雨量245毫米，黄前镇降雨量329毫米，突如其来的暴雨造成山洪暴发，下港乡发生了严重的山体滑坡和泥石流。据统计，两乡镇共造成农作物受灾面积600公顷，毁坏道路50千米、桥涵

101座、电力线路30千米、通信线路40千米，损坏房屋800间；其中倒塌535间；因泥石流造成12人死亡、失踪6人、重伤2人、轻伤1人，直接经济损失4000余万元。

8月10日6～11时，莱芜市遭暴风雨袭击，风力5级，平均降雨量184毫米，莱城区圣井乡5小时内降雨量达317毫米，莱城区牛泉、圣井、方下、羊里、杨庄等7个乡镇受灾严重，受灾人口10万人，成灾人口6.5万人，鹿野乡1人遭雷击死亡，农作物受灾面积0.8万公顷，成灾面积0.5万公顷，绝产面积0.02万公顷；损坏房屋439间，倒塌房屋193间。全市直接经济损失3100多万元。8月8日20时至10日06时，济南市区降暴雨，历城区南部、天桥区北部降雨量较大，局部地区降雨量达273毫米。降雨主要集中在9日15时至16时，降雨时间短，来势猛，南部山区出现泥石流。西营、柳埠、高尔3个乡镇受灾严重，死亡3人，倒塌房屋1596间，倒塌院墙3677米，损坏树木4.5万棵，冲毁、淹没农田3.2万亩，绝产1万亩，冲毁堤堰4.4万米，冲走淹死牲口1513头，冲毁道路7.2万米、桥涵33座、河道护坝1410米、水渠2140米，冲坏自来水管道14000米、旱井227眼、塘坝7座、水池18个、通讯线路6.8千米，电线杆倒、断350根，塑料大棚倒塌487个。

8月9日凌晨至8月10日，泰安市郊区受北方南下冷空气和副热带高压边缘西南暖湿气流的共同影响，下港、黄前、角峪3乡镇持续降大到暴雨，造成山洪暴发，下港乡发生了严重的山体滑坡。全区冲毁道路69千米，冲垮桥涵254座，冲毁河岸69千米，损坏耕地7945亩，冲毁树木28550棵，损坏果园3000亩，冲毁地堰10.66万米，冲走牲畜5340头，损坏通讯线路50千米、线杆430根，损坏变压器10台，倒塌房屋943间、损坏1800间，玉米绝产2211亩，果木绝产905亩，死亡15人，失踪6人，重伤2人，轻伤94人，损坏车辆5部、大口井113眼、自来水工程7处，冲毁企业8处，直接经济损失12000万元。

8月28～29日，青岛胶南、崂山、即墨三市、区降暴雨，局部特大暴雨。24小时最大降雨量分别为：胶南241.0毫米，崂山117.1毫米，即墨72.1毫米。受灾人口40万；作物受灾面积37810.4公顷；62家企业进水并停产1天；冲毁道路37.93千米、桥涵83座，中断交通12小时；倒伏树木4000棵；697.7公顷果树受灾，其中绝产200公顷；民房倒塌146间，损坏1285间；损坏变压器7台，中断通信线路1000米；溺死鸡10.4万余只；冲毁虾池180公顷；雷击损坏电话620多部，直接经济损失达1.2亿元。

8月29日0时～8时，青岛市突降大暴雨。全市平均降雨量84毫米，最大点雨量229.4毫米，平均降雨量100毫米以上的有26个乡镇。因短时间内降雨集中，胶南市18个乡镇，即墨市王村、羊城、田横和崂山区北宅、中韩等共23个乡镇（街道办事处）受灾。胶南市城区中心积水深达1.5米。初步统计，全市受灾人口32.9万，成灾人口16.7万；粮食作物受灾面积26273公顷，成灾面积16667公顷，绝产面积1600公顷；各类经济作物成灾面积5066公顷，绝产面积2066公顷；冲毁冬暖式大棚37个；667个果园受灾，其中绝产面积80公顷；8098户农户家中进水，倒塌房屋157间，损坏房屋337间，部分通讯线路中断，击毁电话机120部；冲毁道路66处、18千米，冲毁桥涵73座、塘坝3座。造成直接经济损失约1.5亿元。8月28日晚12时至8月29日9时寿光突降大暴雨，局部特大暴雨，全市平均降雨117.7毫米，27个乡镇、街道办事处有16个降雨量超过100毫米，受灾严重。最大点雨量为城区（包括珠山办事处、珠海办事处、灵海办事处）229 毫米。全市受灾乡镇 20 个，受灾村庄 600 个，受灾人口 40 万，成灾人口 25 万，62 家企业进水，受灾严重。其中市区受灾最重，铁山路水深达 1.5 米，其它区域平均水深在 1 米左右，给城市生产、群众财产及生活造成很大损失。据初步统计，直接经济损失 1.2 亿元，其中农业直接经济损失 4500 多万元。

第三章　大风与沙尘暴灾害

第一节　概　　述

大风是山东一年四季中最常见的一种灾害性天气，不仅能造成农作物倒折减产甚至连根拔起绝产，而且往往给海上运输和捕捞、内河航运、水产养殖、石油开发及城市高耸建筑物、广告牌和人民的生命财产造成巨大的损失或威胁。大风常常引起沙尘天气，尤其是在干旱的春季，地面大量的尘沙被强风吹起，还能形成沙尘暴。沙尘暴的强风可以损毁建筑物、树木，造成人员伤亡，刮断、刮倒通信电力设施，引起火灾，刮走农田表层沃土，使农作物的根系外露，甚至连苗刮走；它以风沙流的形式将农田、渠道、房屋、道路、草场等湮埋，危害很大；当强沙尘暴发生时，最大风力可达 12 级，风速大于 32.6 米/秒，与在我国登陆的台风中心附近的最大风力相当，由此造成的灾害十分严重。

一、历史上的大风沙尘灾害概况

山东最早的大风记载为公元前 64 年（西汉　元康二年）。元朝以前，记载的次数较少，且内容简略，在公元前 64 年（西汉　元康二年）至公元 1368 年（元　至正二十八年）的 1432 年间，仅记有大风沙尘 26 次。

明朝开始，大风沙尘天气的记载明显增多。在明朝的 277 年中，共记有大风沙尘 68 次，平均 4 年一遇。其中记述内容较多的有：明　嘉靖二年（公元 1523 年）春二月，诸城大风昼晦，树木相搏击出火，农人迷路，野宿达旦。及霁，已辰后矣。是日至夕，日色淡黄无火。三月十二日，定陶黑风自北起，咫尺无见。明　万历四年（公元 1576 年）五月十四日未时，淄川黑风自西北起，折禾拔木，天地晦暝。五月，青城、蒲台大风折木，屋瓦皆飞，黑风自西北起，黑风昼暝，发屋扬麦，拔树毁巢，禽鸟死伤甚众，行人有吹至数十里外者。明　万历十八年（公元 1590 年）三月三日，武定、定陶、曹县、菏泽、济南、章丘、胶州大风霾，雨红沙日暗，黑霾蔽天，终日无所见，人物坠井者甚众，麦禾枯死过半。明　万历四十一年（公元 1613 年）七月七日，海阳、莱阳、文登、青州大风拔木，有黑气自东北来，飙风暴作，庐舍倾圮，老树皆拔，禾稼一空。八月，青州大风，拔树倾城屋，大风坏民舍，大木尽折，伤禾稼。

清朝、民国时期的 305 年中，共记有大风沙尘灾害 70 次，平均 4 年一遇。其中灾情较重者为：清　道光十五年（公元 1835 年）三月十七日午时，郓城、濮州、寿张大风雨雹，伤麦。七月，蓬莱、黄县、栖霞、招远大风三日，大木尽拔，禾根尽拔，岁大饥。清同治元年（公元1862年）二月二十六日，阳信、惠民、乐安、博兴、济阳等县黑风自西北来，昼晦如墨，飞沙扬尘，拔树掀屋，鸟、鹊、鸡、犬触木坠井死者无数，人亦有之。有牛车载妇人被风吹至庆云界，询之系京固安人，顷刻数百里，人竟无恙，两时许变墨为赤。三月二十一日，黑风自西北来，昼晦如墨。清 光绪二十七年（公元1901年）二月中，茌平、范县、冠县、单县、峄县东北狂风大作，飞沙走石，始黄色，天地昏黄不辨东西，已刻忽变为红如霞，赤雾弥满继以黑色，白昼如昏夜，罔识径途，室中非烛不见，至更余方息。吹折栋宇屋瓦房檐不可数计，是日行人有吹没于百余里之外者。至三月初又复如是，田间麦苗有带根吹没者，有被尘土掩埋至数尺者，亦大灾也。五月十七日，冠县大风拔木。六月初八日，长清风雪大作，伤禾稼，县城西北隅女墙刮去十余座。民国五年（公元1916年）四月初五日申时，阳信黄风自西北来，昼晦。四月十八日，阳信大风雨雹，树叶脱落，棉花死。六月下旬，恩县、临沂暴风疾雨自西北来，大木为拔，禾稼尽偃，约历两小时始息，道路为树木横塞，车马不通者数日。十二月，往返青岛大连的日东轮"阪鹤丸"，在烟台海面遭风沉没，死一百五十人。民国三十五年（公元1946年）四月十六日至十八日大风，烟台港沉船一百七十四只，死亡一百七十一人；十七日，长岛损坏渔船六十七只，丢失二十一只，损坏渔网八百七十三吊，丢失一百九十二吊，死亡一百二十八人；威海毁船十八只，死亡四十五人；八月，大连至栾家口商船遇大风翻船，死亡十人；夏，齐河、历城、滋阳三县受风灾。

二、1949年新中国建立以来的大风沙尘灾害

从1949年新中国建立到2000年，大风沙尘资料翔实，既有气象台站的风速、沙尘记录，又有民政部门统计的大风沙尘灾害资料，共发生不同范围的大风或沙尘灾害357次，平均每年6.9次。1972年和1991年同为最多，均达17次；1999年和2000年同为最少，仅有1次。其出现具有群发性，年际变化的阶段性明显。以距平改变符号持续时间达2年或以上时距平改变符号的第一年进入了一个新的阶段为标准，可将山东1949—2000年的大风沙尘灾害的变化划分为5个偏少阶段和4个偏多阶段。

表3.1 山东大风沙尘灾害的阶段变化

偏少阶段		偏多阶段	
年代	距平频率	年代	距平频率
1949—1951	-3/3	1952—1953	+2/2
1954—1955	-2/2	1956—1965	+8/10
1966—1968	-3/3	1969—1972	+4/4
1973—1988	-14/16	1989—1997	+9/9
1998—2000	-3/3		

除1973—1988年长达16年的偏少阶段外，其它的偏少阶段均为2～3年，而偏多阶段的长度一般在4～10年。

（一）大风

根据中国气象局的规定，风力达6～7级的称为大风，风力达8级或以上者，称为强

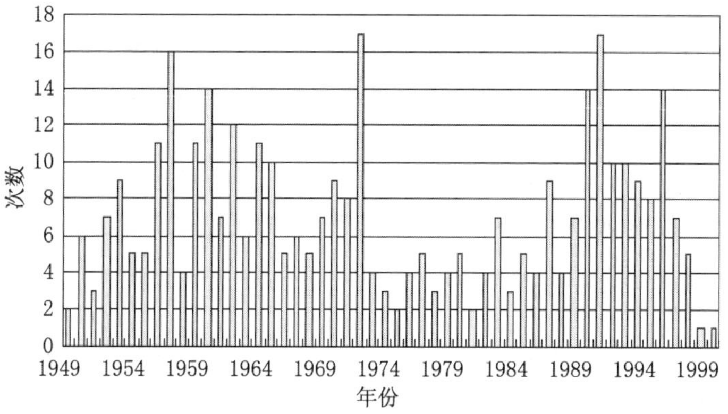

图 3.1　山东历年大风沙尘灾害出现次数图（1949—2000 年）

风。因山东冬季冷空气活动频繁，常刮偏北大风，春秋过渡季节，又因冷暖空气交换频繁，偏北与偏南大风交替出现，夏季除受热带气旋影响出现大风外，强对流天气造成的短时大风也时有发生。因此，山东是一个多大风的省份。

1. 大风的地理分布

山东年平均大风日数的地理分布特点是沿海地区明显多于内陆，总的分布特征是自西向东递增，半岛东部多在 40～80 天，其中成山头最多，为 101.5 天；半岛内陆和鲁北地区多数在 20～40 天；鲁南、鲁西南和鲁中山区最少，一般在 10 天以下；其它地区多为 10～20 天。全省以泰山的年平均大风日数为最多，达 133.1 天。

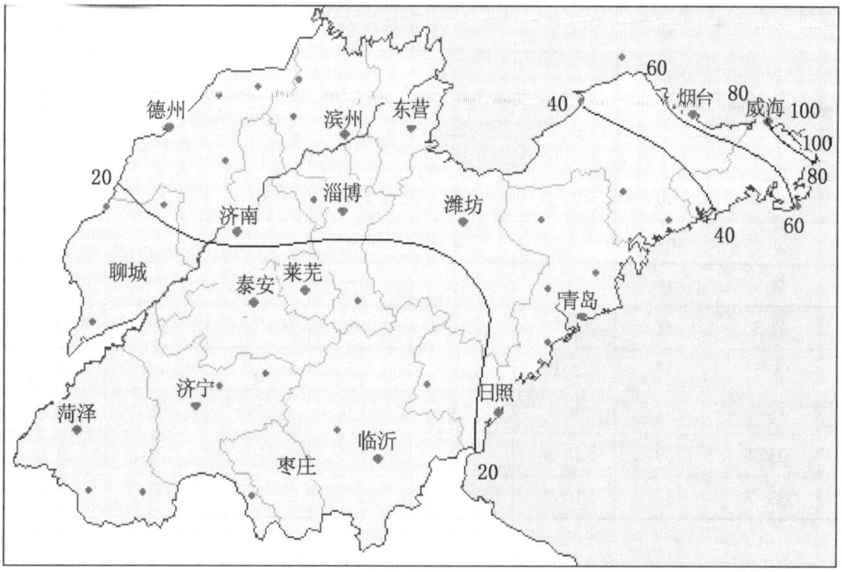

图 3.2　山东年平均大风日数分布图（1971—2000 年）

年平均强风日数沿海地区在 16～21 天，且南部沿海明显多于北部沿海，秋、冬两季，南部沿海的强风日数几乎比北部沿海多一倍，而在春、夏两季，两者相近；半岛内陆地区的年平均强风日数为2～3天；其它地区的年平均强风日数多在0.5天以下。

大风持续时间，沿海地区比内陆地区长，且偏北大风比偏南大风持续的时间长。大风持续时间在24小时以上的，沿海地区约占大风总数的50%，山东半岛内陆约占30%，其它地区一般在20%以下。

山东的极大风速沿海大于内陆，平原大于山区。沿海地区极大风速在40米/秒以上；鲁南和鲁中山区多在36米/秒以下，其中鲁南和鲁中山区南部不足32米/秒；其它地区一般在36米/秒至40米/秒。

2. 大风的年变化

年平均大风日数全省除青岛冬季稍多于春季外，其它地区均以春季为最多，最多季的大风日数沿海地区占全年的30%～40%；其它地区占全年的40%～60%。大风日数的次多季节青岛为春季，其它半岛南部沿海地区为冬季，全省其它地区均为夏季。最多季和次多季两季大风日数占全年的百分比全省均在60%～85%。山东半岛南部沿海以夏季的大风日数为最少，多在3～10天；鲁中山区在冬季大风日数最少，均不足1天；其它地区均是秋季最少，其中半岛北部沿海在5～12天，其余地区多在1～3天。

表3.2　山东15市各季年平均大风日数（d）及其占年总日数的百分比（%）

项目	春季		夏季		秋季		冬季		全年
地区	日数	百分比	日数	百分比	日数	百分比	日数	百分比	
济南	11.7	54	4.0	19	2.6	12	3.3	15	21.6
滨州	5.6	52	2.1	20	1.3	12	1.7	15	10.7
东营	13.7	46	5.6	19	4.9	17	5.3	18	29.5
德州	5.0	50	3.2	32	0.7	7	1.1	11	10.0
济宁	1.8	45	1.5	38	0.2	5	0.5	13	4.0
菏泽	3.6	43	1.9	23	1.3	17	1.5	18	8.3
临沂	1.9	37	1.6	31	1.0	19	0.7	13	5.2
泰安	5.4	40	3.2	24	2.4	18	2.5	19	13.5
莱芜	2.5	61	1.0	24	0.4	10	0.2	5	4.1
淄博	2.8	43	2.5	38	0.6	9	0.6	9	6.5
潍坊	6.3	41	3.2	21	2.5	16	3.2	21	15.2
日照	5.7	37	3.0	19	3.5	22	3.4	22	15.6
青岛	16.3	31	6.9	13	13.1	25	17.1	32	53.4
烟台	25.4	39	14.5	22	12.2	19	12.6	19	64.7
威海	25.7	37	10.3	15	15.3	22	18.6	27	69.9

大风风向具有明显的年变化，秋、冬季以偏北大风为主；春季偏南大风逐渐增多，4～5月南、北大风日数几乎相等；夏季则以偏南大风为主，时有偏北大风出现。

3. 大风的日变化

风有明显的日变化，当气压形势变化不大时，陆地上近地面层最大风速出现在午后，黄昏后逐渐减小，午夜达最小值；在一天当中，大风开始和终止的时间亦有明显的日变化，一般开始增大到6级以上的时间多在早晨；大风开始于早晨的次数比开始于黄昏的次数多两倍；而大风终止于黄昏的次数要比终止于早晨的次数多3.5倍；就平均情况而言，一天当中大风出现的次数以中午为最多，午夜为最少，中午的大风次数约比午夜多三分之一。

4. 大风的成因

山东地处中纬度欧亚大陆的东端，影响其出现大风的天气系统较多，主要有：

（1）冷锋后部的偏北大风：出现在冷锋后高压前部气压梯度大的地方。

（2）北高南低或西高东低形势下的偏北大风：当冷锋前有气旋产生时，它与冷锋后的高压形成北高南低或西高东低的地面气压形势，这种形势下偏北大风出现的几率比单一的冷锋或气旋影响时大得多。

（3）气旋大风：指气旋周围出现的大风，造成山东大风的气旋按其源地和路径可分为蒙古气旋、东北气旋、黄河气旋和江淮气旋，前两类是造成山东偏南大风的主要天气系统。

（4）南高北低或东高西低形势下的偏南大风：春季入海高压与蒙古或东北气旋配合，形成南高北低或东高西低形势下的偏南大风。这种形势下的偏南大风春季出现最多，秋季次之。

（5）华北地形槽形势下的偏南大风：华北地形槽是指在黄土高原东侧的华北平原上因地形作用而形成的地面低压槽，往往发展较深，造成山东的西南大风。

（6）热带气旋大风：造成山东大风的热带气旋主要有登陆北上类、登陆转向类、近海转向类和黄海西折类。其中登陆北上类热带气旋影响时，各种风向的大风都能出现，但东南或偏南大风出现较多，当热带气旋穿越山东时，也出现偏北大风，风力在8～9级的出现几率达86%。而登陆转向类和近海转向类热带气旋影响时，只出现偏北大风，风力一般为6～8级。黄海西折类热带气旋影响时，各种风向的大风都能出现，且风力较大。

（7）中小尺度系统产生的短时大风，即雷雨阵风、飑线和龙卷风，其主要特点是：范围小、发展快、生命史短、危害大；多出现在夏半年，尤以春末夏初和夏秋之交最为常见。

山东特殊的地理环境，半岛突入黄、渤海之间，海岸线长达3000多千米，造成山东半岛多大风天气，特别是半岛东部沿海地区，大风明显多于其它地区。

（二）沙尘暴

沙尘暴是指强风将地面的大量尘沙吹起，使空气相当混浊，水平能见度小于1千米。当能见度小于1千米大于等于0.5千米时为轻沙尘暴，小于0.5千米大于50米时为强沙尘暴，能见度在50米以下时俗称黑风。

有利于产生大风或强风的天气形势，有利的沙、尘源分布和有利的空气不稳定条件是沙尘暴形成的必要条件。除此之外，前期干旱少雨，天气变暖，气温回升，是沙尘暴形成的特殊天气气候背景。因此，我国北方地区少雨干燥、植被少、尘土多的春季成为沙尘暴的多发季节；地面冷锋前对流单体发展成云团或飑线是有利于沙尘暴发展并加强的中小尺度系统。

根据对1971—2000年山东有沙尘天气记录的94个气象站的沙尘暴资料统计，山东沙尘暴的发生有以下特点：

（1）沙尘暴的空间分布特征是：西部多，东部少，甚至没有，出现最多的为冠县。在这30年中出现10次以上的有聊城、德州、菏泽、济南和滨州的大部、东营的北部，其中冠县出现了83次；其它地区都在10次以下，半岛地区基本没有。

（2）沙尘暴的时间分布特征是：沙尘暴的年总日数基本是从20世纪70年代中期以后逐年递减，到90年代又略有增加。其中1972年为最多，达13天；1980、1987、1990、1991、1995、1996、1998和1999年为零。从季节上看多出现在春季，盛夏期间基本不出现。3～6月出现的沙尘暴占全年沙尘暴总天数的83.7%，4月份最多，有24天，为总出现天数的26.1%。

（3）沙尘暴天气过程出现的范围：山东出现的沙尘暴天气，大多是站数少、范围小。30年中山东共出现沙尘暴92天，其中出现范围为0～9站的有72天，占总出现天数的78.3%，而出现范围为30～39站的只有2天，仅占总出现天数的2.2%。

（4）沙尘暴天气过程的持续时间：出现时间为1天的多，连续多天的少。在1971—2000年中，共出现83次沙尘暴天气过程，而出现1天的有75次，为总数的90.4%，连续最多的沙尘暴天气过程为3天，出现于1971年3月底。

（5）山东沙尘暴多数是上游来沙造成的，少数是本地起沙形成的；从沙尘暴天气过程的分类结果看，山东出现沙尘暴过程的天气形势，由西北路冷空气影响产生的沙尘暴占了一半以上。

三、防御对策措施

（一）因地制宜，搞好综合治理

防治大风沙尘灾害要从大范围的生态环境治理着手，作为一个系统工程，进行统一规划、统一部署，逐步实施。要通过科学论证，根据各地的气候、植被、地理等条件，因地制宜地采取相应措施，进行综合治理。加大农业结构调整的力度，发展高效农业，科学退耕还林、还草，围栏轮牧，以草定畜，遏制荒漠化的扩展。

（二）合理调整安排作物布局，加强防护林建设，搞好城市绿化工作

在大风发生几率较高的地区或季节内，应选择矮秆、抗倒伏、不易掉粒的作物品种和抗风能力强的林木。对于果树类，要通过修剪、整型、矮化、密植等方法防止或减少大风造成的落花、落果。多道防护林带、林粮间作的林网区能起到降低风速、减少风灾的作用，应按照把大风灾害造成的损失减少到最低限度的要求，统一部署，大力加强农田防护林建设。随着城市化的进展，城市风沙污染日趋严重，要加强对城市建筑工地的防沙尘管理，并植树种草，减少大风沙尘对城市的影响。

（三）加强水资源管理，保护生态环境

山东是水资源十分匮乏的省份，而水资源又是维系良好生态环境的源泉。要按照开源节流的总体规划，搞好水资源的开发利用，选择合适的品种和密度植树种草，改善和保护生态环境。

（四）做好季节性大风的防御工作

山东冬春季节多寒潮大风，可在塑料大棚、温室、作物阳畦等的北侧架设高度1～2米的风障，减少大风的危害。

（五）加强防治风沙的宣传教育工作

要在广大干部和群众中广泛开展防风防沙和爱我家园，保护生态环境的科普宣传工作，增强广大干部、群众的环境意识和法律意识，严禁乱砍滥伐、乱挖滥采及滥垦等各种违法行为，以法律手段保护好生态环境。

第二节　公元前64年—公元1839年大风与沙尘暴灾害

西汉　元康二年（公元前64年）　四月，渤海大风拔木（惠民县志）。

东汉　元初六年（公元119年）　四月，渤海大风拔树二万余棵（宁津县志）。

晋　太康二年（公元281年）　五月，济南暴风，折木、伤麦。六月，高平大风，折木发屋，坏邸阁四十四区。

东晋　义熙六年（公元410年）　夏，五月壬申大风。吹琅琊，射堂倒坏。

北魏　承明元年（公元476年）　四月，曹州、单县、泰安、徐州、兖州、东阿、青州、临朐大风雹。

北魏　太和九年（公元485年）　六月庚戌，济南府、泰安暴风折木。

唐　龙朔三年（公元663年）　胶州大风雨，海水溢。

唐　上元三年（公元676年）　八月，青州大风海水溢，漂溺居民五千余户。

唐　景龙二年（公元708年）　三月，曹县大风拔木。

唐　景龙三年（公元709年）　春三月，曹州大风拔木。

唐　开元十一年（公元723年）　胶州大风雨，海水溢。

唐　天宝十一年（公元752年）　六月，密州（今高密县）大风雨，海水溢，毁城郭。

唐　元和八年（公元813年）　六月，富平大风拔木（东陵县志）。大风海啸，潮溢，浸盐山、无棣等四县。棣城百里，顿成泽国，田园禾稼皆毁，村屯树木尽杀。

唐　元和十一年（公元816年）　六月，密州大风，海潮泛滥，毁城郭。

唐　元和十二年（公元817年）　春，青州一夕，暴风起西北，天地晦暝，空中若有旌旗之壮，屋瓦如蹂跞声。

唐　乾宁元年（公元894年）　二月，帝亲钦大军由郓州河北攻于鱼山……俄而西北风骤发，时两军皆古草莽中，帝因令纵火。既而烟焰亘天，乘势以攻贼。十一月……巨野南……是日申时，狂风暴起，沙尘沸涌……

北宋　太平兴国二年（公元977年）　六月，曹州、定陶大风，坏济阴县廨舍及军营。

北宋　端拱元年（公元988年）　闰五月，郓州风雪伤麦。

北宋　皇祐五年（公元1053年）　三月二十五日，寿光大风，海水溢，溺死人畜无算；宋皇庶诗云：皇祐五年三月乙巳，齐大风海水暴上，寿光、千乘两县，民数百家被其灾，而死者几半，丞相平阳公以同年李君子仪往赈之……。三月，昌乐大风。

北宋　熙宁四年（公元1071年）　二月，京东自济州至河北大风，百姓惊恐。

北宋　熙宁十年（公元1076年）　四月，高唐大风；武城大风，坏城郭及官民庐舍。旧县迁今治，盖本于此。

北宋　熙宁十一年（公元1077年）　六月，武城县大风，坏城廨，知县李愈妻、主簿寇宗爽妻之母压死。

元　至元二十七年（公元1290年）　夏五月、六月，棣州、厌次、商河、济阳大风雨雹，伤禾稼、桑、枣。

元　至元三十一年（公元1294年）　五月，济阳大风、雨雹，害稼；七月，惠民雨雹，大风拔木，坏屋；八月，德州、乐安（广饶）、德县大风雹；秋，棣州、阳信县大风雹。七月，棣州、阳信县雨雹、大风，拔木发屋。

元　至正十七年（公元1357年）　四月，济南大风、雨雹。

元　至正二十七年（公元1367年）　春三月，莱州大风……。

明　洪武四年（公元1371年）　春，三月已亥大风（吹潍水沙，刻成岭，因名白玉山）（诸城县志）。

明　正统三年（公元 1438 年）　四月，历城烈风连日，麦苗尽败。

明　正统四年（公元 1439 年）　夏，连日烈风，禾苗尽败（德州志、德县志）。

明　正统十年（公元 1445 年）　三月，德平大风拔木。

明　天顺三年（公元 1459 年）　四月，连日烈风，麦苗尽败。顺天、河间以及济南皆烈风弥旬，麦苗尽萎（平原、宁津县志）。

明　成化元年（公元 1465 年）　三月，风霾昼晦如夜（禹城县志）。

明　成化七年（公元 1471 年）　黑眚为厉，民间闭户。风霾，昼晦如夜（庆云、泗水县志）。闰九月，海丰（无棣）、寿光、黄县、胶州、日照等地大风雨，海水溢，淹田宅人畜无算。

明　成化八年（公元 1472 年）　三月庚子，黑气起西北，德州昼晦。

明　成化九年（公元 1473 年）　三月甲午，邹平、昌乐、安丘、寿光、惠民、无棣、阳信、夏津、莘县等县昼晦如夜，四月丁卯，亦如之。春三月四日，大风昼晦，自申至酉方霁，是岁大饥，赈免租。

明　成化十年（公元 1474 年）　二月十一日酉时，莘县暴风扬沙，折木，自井堂寺侧火起，须臾官民庐延烧几尽，至五更方熄。

明　弘治十二年（公元 1499 年）　夏，六月夜，曲阜大风，霜雹，自宣圣庙东北起，焚毁殿庑一百二十三间。

明　正德元年（公元 1506 年）　七月六日，荣成、威海、文登、蓬莱，大雨海溢，禾稼淹没，地变为咸卤。

明　正德九年（公元 1514 年）　夏五月，曲阜暴风。夏，曹县五月乙丑，大风拔木，雨雹如鸡卵，伤禾毁瓦，杀鸟鹊，时二麦将熟，荡然无遗。

明　嘉靖二年（公元 1523 年）　春二月，大风昼晦，树木相搏击出火。农人迷路，野宿达旦。及霁，己辰后矣。是日至夕，日色淡黄无火（诸城县志）。定陶：三月十二日，黑风自北起，咫尺无见。平阴：黑风。

三月，大风霾，雨红沙，日暗；黑风昼晦，至酉方消（博平、东昌、寿张府县志）。

明　嘉靖三年（公元 1524 年）　二月，黄霾障天，昼晦如夜（濮州志）。三月，大风拔沙，害麦，自未至酉，人畜不辨（武定府、惠民、阳信、济阳、博平、曹县府县志）。

明　嘉靖九年（公元 1530 年）　六月十日，博平大风拔木撤屋。

明　嘉靖十年（公元 1531 年）　六月十日，博平、堂邑大风拔木撤屋，大雨雹。

明　嘉靖十一年（公元 1532 年）　五月，临清、夏津雨雹，大风拔木，毁屋。

明　嘉靖十三年（公元 1534 年）　十二月，阳谷飓风，飞沙如雨。

冬十二月壬寅，大风昼晦，红沙涨天如黑夜，移时乃少如常（东明县志）。新泰雨雹，大风拔木。

明　嘉靖十四年（公元 1535 年）　夏五月，武定、无棣、沾化、商河诸州、县烈风、雨雹。新泰雨雹，大风拔木。

明　嘉靖十八年（公元 1539 年）　七月二十六日，日照县大风雨，海水溢岸五里，漂没禾稼。辛卯夜，沂州府大风雨，海水溢岸五里。

明　嘉靖二十年（公元 1541 年）　春，德州黄风，尽晦，饮食以灯。

明　嘉靖二十一年（公元 1542 年）　春，黄县大风霾，沙压田禾，旱蝗相仍。

明　嘉靖二十四公元年（1545 年）　招远县大风卷海水南溢，淹禾豆。

明　嘉靖二十六年（公元 1547 年）　七月，淄川、德平，风雨飘瓦拔木。

明　嘉靖二十八年（公元 1549 年）　三月，濮州风霾如晦，夜见火。

明　嘉靖二十九年（公元 1550 年）　三月，德平黑风骤起，屋瓦皆飞。

明　嘉靖三十六年（公元 1557 年）　七月，沾化烈风、淫雨，坏庐伤稼。七月，淄川暴风淫雨三日，坏民庐舍，害稼殆尽；八月，利津大风雨，禾不登。

明　嘉靖三十七年（公元 1558 年）　淄川：六月暴风。夏，章丘雨雹，大风拔木。秋，平原黑风凡三至昼晦。

明　嘉靖三十九年（公元 1560 年）　二月二十三日，淄川风霾竟日，道路咫尺不能辨。

明　嘉靖四十一年（公元 1562 年）　寿张雨雹，伤麦，风沙拔树，损苗。

明　嘉靖四十四年（公元 1565 年）　四月六日未时，有风自西北来，昼晦如夜，即而红如火（恩县志）。

明　隆庆元年（公元 1567 年）　秋，登州大风发屋，坏禾。

明　隆庆二年（公元 1568 年）　元旦大风，扬砂走石，白昼晦暝。四月，肥城风霾昼晦。

明　隆庆三年（公元 1569 年）　七月，蒲台（北镇）大风雨颓垣。

明　隆庆五年（公元 1571 年）　齐东、章丘：五月大风雨，坏民屋，拔木飘麦。济阳：五月大风雨，坏屋拔木。夏，章丘大风雨，坏屋拔木，麦伤过半。

明　万历元年（公元 1573 年）　试行海运，至山东即墨福岛，异常风雨，坏船 10 只，漂没粮米五石，淹死船丁五名，遂罢海运。

明　万历二年（公元 1574 年）　七月二十六日，大风雨，飘瓦拔木。费县、临沂、郯城：大风雨，饥。

明　万历三年（公元 1575 年）　博平，夏雨雹，暴风拔木。

明　万历四年（公元 1576 年）　三月，文登（包括荣成）风雨狂暴，禾苗伤。

五月十四日未时，黑风自西北起，折禾拔木，天地晦暝（淄川县志）。五月，青城、蒲台（北镇）大风雨，飘瓦拔木，天地晦暝。五月，大风折木，屋瓦皆飞，黑风自西北起，黑风昼暝，发屋扬麦，拔树毁巢，禽鸟死伤甚众，行人有吹至数十里外者。

明　万历五年（公元 1577 年）　夏，五月十三日，寿光大风昼晦，发屋拔木。

明　万历七年（公元 1579 年）　五月大旱，大风拔树飘屋，压死数人，伤者甚众，毁禾稼东西数里，南北十余里俱尽（平原县志）。

明　万历十年（公元 1582 年）　六月，大风拔木，东邵民屋垣釜灶尽失，后得其釜于薛河，中并炊黍在焉……（滕县县志）。

明　万历十一年（公元 1583 年）　三月三日，大风陨鱼形状颇异（东昌、恩县府县志）。

明　万历十二年（公元 1584 年）　大风拔木，禾尽偃（泰安、新泰府县志）。

明　万历十八年（公元 1590 年）　三月三日，大风霾，雨红沙日暗，黑霾蔽天，终日无所见，人物坠井者甚众，麦禾枯死过半（明史、纲目三编、武定、定陶、曹县、菏泽、济南、章丘、胶州府县志）。

明　万历二十三年（公元 1595 年）　二月初五日，赤风自西北来，坏屋拔木（济阳、商河县志）。

明　万历二十四年（公元 1596 年）　招远、登州（蓬莱）大风卷海水南溢，淹禾豆。

明　万历二十五年（公元 1597 年）　四、五月，泗水冰雹，大风拔木。

明　万历二十八年（公元 1600 年）　夏六月，山东大风雹。济南府，大风雹，击死人畜，伤禾稼，济阳大疫。四月二十四日申时，长山大风雹；淄川，怪风骤起，白昼如夜。夏六月，曲阜大风雨雹，伤人畜禾苗，饥。六月，胶州大风雹。

明　万历二十九年（公元 1601 年）　四月，连日风霾，甚至昼晦，伤麦（宁津、诸城、寿张县志）。

明　万历三十年（公元 1602 年）　异风，坏乐陵王宫殿（滋阳县志）。

明　万历三十五年（公元 1607 年）　汶上：六月大风折木发屋。

明　万历三十九年（公元 1611 年）　七月七日，蓬莱大风雨，越二日海溢，海啸入城，沿海居民溺死无算。

明　万历四十年（公元 1612 年）　莒县：秋大风雨。

明　万历四十一年（公元 1613 年）　七月七日，青州，广饶，寿光，海潮（入侵）一百二十里，害民田产无算。与此同时，潍县，昌邑均潮逾百里，害民舍无算。登州府海溢，蓬莱、福山、文登等县异风暴作，大雨如注，经三昼夜，舍庐倾圮，老树皆拔，禾稼一空。蓬莱海啸入城，沿海居民溺死无算。

胶州淫雨数日，七月七日，大风雨，越二日海溢，黑气自东北来，暴雨大作，雨如注，连绵三昼夜，庐舍倾圮，民间树木皆拔，禾稼一空，又二日，霖雨再作，海啸入城，沿海居民溺死无算。

七月七日，大风拔木，有黑气自东北来，飙风暴作，庐舍倾圮，老树皆拔，禾稼一空。八月，青州大风，拔树倾城屋，大风坏民舍，大木尽折，伤禾稼（海阳、莱阳、文登、青州府县志)。

明　万历四十二年（公元 1614 年）　六月，黄县飓风，海水溢，淹禾稼屋舍。

明　万历四十三年（公元 1615 年）　六月，黄县飓风，海水溢，淹禾稼及房屋，沙压近海土田。

明　万历四十五年（公元 1617 年）　大风三阵，沙河镇坏民居千余间（商河县志)。

明　万历四十八年（公元 1620 年）　七月八日，登州府大风，海水溢，文登、靖海卫伤运船九十六只，溺死水工二百余人，漂没粮三万五千余石。蓬莱海溢，大风拔木折屋，压死人畜甚众。

明　天启五年（公元 1625 年）　四月五日，西北黑气如靛，震雷、狂风，发屋、拔木、昼晦（济南府志、长山县志)。

明　天启六年（公元 1626 年）　闰六月，大风拔木发屋，五谷推折无遗（威海卫志)。

明　崇祯六年（公元 1633 年）　四月，黑风昼晦，飘刈麦无存（德州、德县、菏泽县志)。

明　崇祯十一年（公元 1638 年）　寿张、朝城，春大旱，井泉竭，黄风时作，飞沙蔽天。

春，大旱，黄风时作，风沙蔽天（寿光县志)。郓城：春大旱，井泉大竭，且蒸风时作，飞沙遍天。

明　崇祯十三年（公元 1640 年）　二月，日出如血，大风霾，黄风大作，多大风，有腥臭气（沾化、平阴、寿张县志)。

曹县：二月，黄风蔽天日，屋瓦墙垣皆作重金色。邹县：三月初旬陡起黑风，房舍飞掀，人迷路迹。莘县：大旱，风霾大，无禾，人民食尽草子树皮。

明　崇祯十四年（公元 1641 年）　二月初五日，天雨土，及暮，大风，人衣裾上及城头旌旗兵仗俱有火光熠熠，四境皆然（峄县志)。

十一月初一日戌时，黑风大作，城中刀枪俱有火光如星，夜半乃止（肥城县志)。

明　崇祯十五年（公元 1642 年）　二月，大风拔木，坏庐。四月，临朐怪风霾（青州府志、莱阳县志)。

明　崇祯十七年（公元1644年）　正月朔，掖县大风霾，昼晦。三月，博兴、淄川、博山黑风自西北来，昼如晦，屋宇动摇；高苑、济南红风起，昼晦，映墙壁皆赤，气甚腥；益都、陵县、齐东、寿光、昌乐、临朐、安丘大风昼晦，人不能见。六月十一日，掖县、胶州连夜空中响如万马奔腾。

六月二十七日，黄风（益都县志）。

清　顺治二年（公元1645年）　二月，长山、东阿、泰安有黑气自西北来，声如鼎沸，正午忽暗，咫尺莫辨，大风忽起，发屋拔木，移时向东南去。

清　顺治八年（公元1651年）　夏五月，武定州风雷暴作，木尽拔，飞瓦走石。沾化：七月大风雨，河水大至。

清　顺治九年（公元1652）　峄县、嘉祥县雨雹，大如斗，大风拔木，坏屋。

清　顺治十年（公元1653年）　夏五月八日夜，馆陶大风雨雷电，拔树，孔庙柏树拔二株。

清　顺治十二年（公元1655年）　诸城：冬大风雪。

清　顺治十八年（公元1661年）　夏六月十一日，胶州空中响如万马奔腾，经夜不绝，次夜复然。

清　康熙四年（公元1665年）　丘县：春三月大风，旱不雨，麦尽枯。曹县、成武：春大旱，风沙弥月不息，朝廷颁内帑迁宫赈济，蠲山东全省钱粮。峄县、邹县：秋七月大风三昼夜不息，发屋拔木，河中复舟无算。

清　康熙六年（公元1667年）　五月，东平大风，雨雹伤麦禾。

清　康熙七年（公元1668年）　有异风自西南来，自聂孛至齐东四十里内，走石飞瓦，拔木无算。六月十二日，临清异风自北来，拔木倾屋。六月二十六日，文登县烈风三日，禾稼尽伤。三月二十九日，利津、沾化、惠民大风海潮南溢八十里，人畜死者千百计。

清　康熙十年（公元1671年）　六月十九日，利津大风雨，木尽拔。

清　康熙十二年（公元1673年）　正月，海阳飓风，拔木坏屋。

清　康熙十六年（公元1677年）　二月，无棣大风，海水南溢百余里，麦田淹没。

清　康熙十八年（公元 1679 年）　春，安丘大风害麦，平地吹露麦根，滨河悉被沙压，往来大道积沙成岭，车不可行。

清　康熙二十五年（公元 1686 年）　二月十八日，初昏，黑风起自西北，触铁器有光，咫尺尽迷，坏房屋无数。滨州：六月大风雨害稼，漂没庐舍。

清　康熙二十七年（公元 1688 年）　五月大风，寿光发屋拔木，云如靛自西北来，树合抱者皆倒拔，墙垣尽倾，民居屋梁柱，吹掷里许。

清　康熙二十八年（公元 1689 年）　五月十五日，恩县烈风、暴雨自西北来，损坏楼脊，吹倒雷氏坊。

清　康熙三十一年（公元 1692 年）　正月，蓬莱大风，拔木毁屋；五月，大风拔木，毁屋。

清　康熙三十二年（公元 1693 年）　正月十五日，汶上狂风昼晦不辨，二十八日卯时，天色红如血，稍间，变为黑气，漫天大风昼晦，人对面不相见。二月，寿光大风，海水溢，暴涨六十里，坏田庐，溺死人畜甚众。

清　康熙三十三年（公元 1694 年）　二月十六日，邹平风吹倒城垛六座，关帝庙上宝瓶飘去无迹。新城怪风，邹平尤甚，坏城上脾肌。

清　康熙三十四年（公元 1695 年）　二月，黑风暴起，鸟兽羽毛生火，行人迷失道多冻死（濮州志）。

清　康熙三十五年（公元 1696 年）　二月二十八日初更时，城武、定陶黑风大作，自西往东，叫号怒发，草房尽圮，露积俱飘，野火乱滚，或大或小，忽聚忽散，夜半乃止。触铁器有光，行人咫尺尽迷，坏房屋无数。

清　康熙三十八年（公元 1699 年）　春，青州、寿光大风拔木，坏民舍。

清　康熙四十一年（公元 1702 年）　夏，东明大风拔木，屋瓦皆飞。

清　康熙四十四年（公元 1705 年）　五月十八日，沾化、阳信、利津、蒲台（北镇）、济阳、恩县、馆陶等县，有黑风自西北来，昼晦如夜，屋内灯火皆不明。拔树掀瓦。

清　康熙四十六年（公元 1707 年）　三月，邹平、长山大风拔木，伤稼。

清　康熙四十八年（公元 1709 年）　春夏，长清、平原、聊城、夏津风霾大作，黄沙蔽天，麦禾枯。

清　康熙五十年（公元1711年）　二月丙寅，东平有烈风有火光，伤麦禾。夏五月，莒州解家庄有怪风，木石俱飞；五月二十日井邱集东北大风，房屋俱毁，木石飞空。五月壬子，诸城大风飞石拔木，自东南而西北，时当正午，昼晦如夜。五月，安丘异风，二十三日楼房摧倒，大木皆拔，压死多人，地上间留异迹。

清　康熙五十一年（公元1712年）　二月癸亥，东平、东阿大风，色红黑，自申至亥方止；阳谷黑风昼晦。二月十日，莘县大风霾，黄沙蔽天，午后复下红沙；馆陶黑风昼晦，飞砂盈尺，夜半方息。六月十日，恩县赤霾蔽天，咫尺不辨人物。

清　康熙五十七年（公元1718年）　日照、费县：七月大风雨一昼夜大木拔尽。

清　康熙六十一年（公元1722年）　六月二十九日午后，黑风，浓雾如烟（潍县志）。

清　雍正元年（公元1723年）　二月十八日寅时，有黑风自东北来，天地昏暗，至晨渐息。四月初七日申时，大风忽自西北来，飞石拔木，有顷黑霾如漆，良久复变赤霾，乍明乍晦，逮晓方息，二麦枯萎，秋苗亦伤，民苦饥馑，流离载道（恩县志）。

四月初七日午，黑风自西北来，始黄继红终黑，白昼如夜，至酉时止（济阳县志）。

四月七日，阳信、商河、海丰（无棣）等县，大风昼晦。七月申时，长山西北方黑云突起，徐变红色，俄而大风揭地，猛烈异常。黑风蔽日，麦禾俱伤。

清　雍正二年（公元1724年）　四月初七日，过午大风自西北来，中有光若火触人，腥恶，须臾昏晦人不相见（博山县志）。

夏六月，莒州大风，雨雹，大饥。

清　雍正四年（公元1726年）　潍县：六月大风雨，坏民庐舍。

清　雍正八年（公元1730年）　沂水县：六月十九日，大风雨沂水溢浸，没淹田禾庐舍无算。肥城：六月大风雨连七日，墙屋尽倾，民饥。

清　乾隆二年（公元1737年）　二月，有黑风自西南来，昼晦（巨野县志）。

清　乾隆十二年（公元1747年）　福山、栖霞、牟平、文登、荣成：七月十五日烈风拔木，雨复大作，禾稼尽伤。荣成：大风雨，晚禾尽没。胶县：秋七月大风害稼。

清　乾隆十四年（公元1749年）　十月二十二日，荣成大风泛海，死者甚众。

清　乾隆十六年（公元 1751 年）　三月十五日，掖县大风雨，薄暮海溢，声达城市，漂没人畜无算。四月，平度海溢，淹西界田禾，诏免田租，发粟赈济。

清　乾隆十八年（公元 1753 年）　八月二十三日夜，海丰（无棣）、利津、寿光海水溢出数十里，漂没民屋，卤坏民田。十一月八日，掖县、潍县、昌邑受风潮灾害。诸城：初秋大风雨损禾。

清　乾隆十九年（公元 1754 年）　商河：秋大风。

清　乾隆二十二年（公元 1757 年）　三月初五戌刻，掖县风大作，坏北城楼，发民庐舍无算。

清　乾隆二十四（公元 1759 年）　六月二十九日，即墨大风雨，一日夜木尽拔，禾更损；雄崖所飘来高丽渔船一只，船上六七人。平度：大风，河水溢涨。

清　乾隆三十年（公元 1765 年）　三月二十二日，临邑大风，发屋拔木，夜大雨雹，鸟兽死者相枕藉。

清　乾隆三十三年（公元 1768 年）　二月二日，安丘风大起，尘落如雨，蔽日昏黄，人罢晨炊，高岸、深谷几为变形，麦苗一空，此后数年多风灾。

清　乾隆三十五年（公元 1770 年）　五月二十三日，扬沙，发屋，大雨雹，至未刻止（东平县志）。

八月二十一日，寿光大风雨，海溢，伤民畜无算。

清　乾隆三十六年（公元 1771 年）　安丘县：四月异风。

清　乾隆三十九年（公元 1774 年）　二月，黄县、文登、荣成大风连日，麦苗尽损。大风尽晦，风五色，昼晦如夜，折屋拔木，飞沙走石，天地昏黑。

清　乾隆四十一年（公元 1776 年）　安丘大风蔽日，风内有火光，树有火光。

清　乾隆四十六年（公元 1781 年）　文登：正月大风雨伤稼。六月，文登大风雨，伤禾折屋。

清　乾隆四十八年（公元 1783 年）　峄县（枣庄）：大风，旱。

清　乾隆五十年（公元 1785 年）　临清：二月十五日大风、雨土、昼晦。峄县（枣庄）：春大旱，无麦，大风扬尘晦。邹县：夏秋多红、黄、黑各色怪风。二月十五日，城武、滋阳（兖州）、峄县（枣庄）赤风翳日，无麦，饥。春夏间多怪风，红、黄、黑各异色。

清　乾隆五十一年（公元 1786 年）　正月初七日，大风拔木，雨土（荣成县志）。

清　乾隆五十九年（公元 1794 年）　三月初四日，疾风荡尘蒙蔽天日，半日乃止（德县志）。三月，陵县、德平暴风，疾风荡尘，蒙蔽天日，半日乃止。

清　嘉庆二年（公元 1797 年）　滕县：四月，大风雨雹，麦损。

清　嘉庆四年（公元 1799 年）　文登：七月大风雨，禾稼尽伤，大饥。

清　嘉庆五年（公元 1800 年）　四月，黄县大风，拔木坏屋。

清　嘉庆七年（公元 1802 年）　正月望日，未申间有红光亘西北如霞，须臾至，乃风也。天地皆赤，倏变黑瞑不见物，戊亥间稍定，庐树多摧折，后闻有人吹去数日方归者（金乡县志）。

清　嘉庆十年（公元 1805 年）　黄县：闰六月风雨损禾。

清　嘉庆十一年（公元 1806 年）　春二月乙丑，大风，是日酉刻风自西北来，及红风过处山川皆变色（峄县志）。

清　嘉庆十二年（公元 1807 年）　二月十七日，肥城暴风，天色忽红忽黑，一夜方止。三月十二日酉时，暴风色红如火，忽暗如夜，至半夜止。大风自西北而南，黑黄递变，折损草木，楼头，树梢，皆作火色，屋瓦皆飞，伤人甚众。秋七月，胶州大风害稼，海水溢，巨鱼见灵山岛。

高密县：春风霾，昼晦如夜，移明复明，至夜风雨大作，坏民庐无算。胶县：二月十七大风至十九日止，损民居，秋七月大风，海水溢。

清　嘉庆十五年（公元 1810 年）　正月十六日，赤风昼晦，日出时有北风至，旋昏黑，人对面不见，朝食秉灯。风初至极烈至昏黑极时，却不甚烈（清史稿及东阿、宁阳、滋阳、泗水、昌邑等县志）。

清　嘉庆二十二年（公元 1817 年）　春二月二十七日，胶州大风，其色黑，飞沙石，人畜有吹入海者。

清　道光二年（公元 1822 年）　三月十日午刻，掖县暴风，海船多覆。

清　道光四年（公元 1824 年）　滋阳（兖州）：五月二十日大风雨雹，偃禾拔木。夏五月二十五日戌时，东阿、寿光、安丘大风，楼房、石坊倾圮者甚多。

清　道光五年（公元 1825 年）　峄县：春三月丁酉大风。

清　道光六年（公元 1826 年）　二月二十六日，黄县大风拔木，大风坏麦苗；春三月，博平、莘县黑风、黄风一夕，杀麦禾，损庐舍；恩县、齐河无麦，大风霾，三昼夜不息；六月二十八日，历城大风霾，昼晦三日乃止。

清　道光八年（公元 1828 年）　五月二十六日，黄县大风拔木，屋瓦皆飞。

清　道光十四年（公元 1834 年）　四月，大风折木，整顿泉河，蓄水齐运；五月十二日，有风自西南来，色赤，热如火，人畜有渴死者（山东通志及德县、临清、胶州、即墨、济南等府县志）。

清　道光十五年（公元 1835 年）　七月，蓬莱、黄县、栖霞、招远大风三日，大木尽拔，禾根尽拔，岁大饥。三月十七日午时，郓城、濮州、寿张大风雨雹，伤麦。

清　道光十六年（公元 1836 年）　峄县：夏四月戊寅大风雨雹伤麦。胶县：秋七月初五日，大风拔木。

第三节　公元 1840—1948 年大风与沙尘暴灾害

清　道光二十年（公元 1840 年）　滕县：六月二十九日大风自西北来，拔大木数百株。

清　道光二十一年（公元 1841 年）　春正月二十六日，大风雪飞沙成堆，屋瓦交飞，行人多冻死（青州府志、增修胶志）。安丘：三月大风，屋草皆无，拔大木甚多。

三月，北风大作，屋顶多被揭去，河内北岸船只吹落南岸，真狂飚也（济阳县志）。春，即墨大风雪，飞沙，人多冻死。

清　道光二十三年（公元 1843 年）　七月十六日，威海、牟平暴风雨，海溢，伤禾稼。

清　道光二十六年（公元 1846 年）　五月，新城风灾，五月二十日申刻，大雷电，暴风，拔虫埠石坊，掀吴家辛庄楼房（昌邑县志）。夏，闰月风异，东明县属居民以屋瓦震飞，大木斯拔，恐怖殊甚，而文寨村坊中石碡，村前后互移，尤为不解。德州：秋水、风灾。

清　道光二十七年（公元 1847 年）　三月朔，蓬莱大风拔木、发屋。六月，日照大风拔木；即墨大风雨拔木。日照：七月二十三日夜，大风拔木。

清　道光二十八年（公元 1848 年）　夏六月二十四日夜，临沂大风拔木。

清　道光三十年（公元 1850 年）　蓬莱：六月，大风雨，稼禾多偃。

清　咸丰元年（公元 1851 年）　二月大风阴霾如晦（蓬莱县志）。莒县：五月二十三日，大风雹，田禾尽没。

大风拔木，日月失明（冠县、朝城县志）。夏六月，莱阳大雷、雨、风，树禾尽偃。秋，大风，博山禾稼摇落殆尽。

清　咸丰二年（公元 1852 年）　夏六月，无棣、惠民、蓬莱大风拔木，禾尽偃，大风昼晦。沾化、阳信：六月大风拔木偃禾，海水溢。

清　咸丰三年（公元 1853 年）　二月二十二日，起红土烈风，二十三日白雾迷天，至二十九日始消（定陶县志）。七月，蓬莱、黄县大风拔木，伤禾稼。

清　咸丰五年（公元 1855 年）　菏泽：七月初十风雨，三昼夜不止，十一日戌刻黄水冲破西堤，堤内房屋塌毁殆尽。

清　咸丰六年（公元 1856 年）　二月十日，大风扬尘，日无光，雨雹（蓬莱县志）。

清　咸丰八年（公元 1858 年）　四月二十日，风霾昼晦。夏四月，莘县、冠县、馆陶黄风起，拔木掀屋。

清　咸丰十一年（公元 1861 年）　春，利津、曹县、费县怪风挟云自西北起，晦如夜。红风大作，枪刀皆有火光，大风拔木。

清　同治元年（公元 1862 年）　二月二十六日申时，黑风自西北来，昼晦如墨，飞沙扬尘，拔树掀屋，鸟、鹊、鸡、犬，触木坠井死者无数，人亦有之。有牛车载妇人被风吹至庆云界，询之系京固安人，顷刻数百里，人竟无恙，两时许变墨为赤。三月二十一日，黑风自西北来，昼晦如墨（阳信、惠民、乐安、广饶、博兴、济阳等县志）。

清　同治二年（公元 1863 年）　宁津：五月初九日狂风拔木。

清　同治三年（公元 1864 年）　八月，菏泽、东明大风昼晦，大木多拔。

清　同治四年（公元 1865 年）　夏六月十二日，临沂大风拔木。

清　同治六年（公元 1867 年）　七月，菏泽、曹县大风拔木。

清　同治八年（公元 1869 年）　己巳春三月，黑风自西来，昼晦（寿光县志）。四月午刻，掖县暴风，昼晦，拔木坏屋。

清　同治九年（公元 1870 年）　六月二十四日夜，阳谷大风雨，大木斯拔。

清　同治十一年（公元 1872 年）　六月二十七日夜，日照大风雨，偃禾拔木。

清　同治十二年（公元 1873 年）　巨野、郓城：四月初四日酉时，大风雹。

清　光绪元年（公元 1875 年）　春，空中下黄土，数日乃止（东明、曹县志）。

七月十六日，大风五日，谷无遗粒，粒委地，贫者扫食之（清史稿及乐安、广饶、博兴、濮州、博山、新泰、莱芜、费县、寿光、昌乐、益都、临朐、潍县、安丘、昌邑、高密、平度、莱阳等县志）。七月十八至二十日，东北大风，三只船被打上岸，街道行驶小船。英“哀朗炮台号”打碎散落在东沙滩。

清　光绪二年（公元 1876 年）　六月十四日，牟平大风雨，拔木偃禾。

清　光绪三年（公元 1877 年）　二月，有黄风累日，多火灾（平阴县志）。八月十五日，菏泽、曹县、单县黑风蔽日，咫尺无所见，大木斯拔。

清　光绪四年（公元 1878 年）　三月，大风雨土（蓬莱县志）。春，利津、高唐、东平、安丘大风晦，土尽起，禾稼不登，春旱，民大饥。

清　光绪五年（公元 1879 年）　掖县：二月初七日大风，海潮异常，濒海被患尤剧。六月十四日，宁海（牟平）、文登、海阳、荣成大风，拔木坏屋。二十四日，莱阳怪风突起，屋瓦皆飞，房屋被揭去梁栋椽柱，不知所之，拔大树无算。

清　光绪六年（公元 1880 年）　秋九月二十一日，昌乐、曹县大风昼晦。二十三日，昏迷半更时，陡起黑风，草木之上皆有火光，飘飘如蝴蝶然……。

清　光绪七年（公元 1881 年）　曹县：正月二十五日巳刻，狂风大作，树上皆有火光。费县：七月，大风拔木。

九月二十一日酉时，黑风起，草木有火光（濮州志）。

清　光绪九年（公元1883年）　掖县：春暴风，海船多覆。

清　光绪十年（公元1884年）　夏五月，寿光大风拔木。

清　光绪十一年（公元1885年）　春，掖县暴风折木。

清　光绪十三年（公元1887年）　曲阜：四月二十四日，大风暴雨，田麦伤，大木拔。

清　光绪十五年（公元1889年）　秋，博山大风害稼，人民饥苦，多有携家赴陕者。十月十六日未时，恩县黑风自东北来，拔木撤屋，大北关崇云寺大殿坍塌。

清　光绪十六年（公元1890年）　二月二十八日，午后突起怪风，从西北来，飞沙走石，天地为瞑，嗅之若有腥羼气，行人狂奔，相互触扑地，时中丞张勤果公巡河至朱河圈，坐船倾覆（齐河县志）。

清　光绪十七年（公元1891年）　正月二十六日午后，长清大风昼晦。三月十五日，临朐大风冻桑麦。

清　光绪十八年（公元1892年）　四月初七戌时，大风，定陶城东降冰雹，麦禾尽伤。

清　光绪十九年（公元1893年）　正月二十六日下午，黑风自西北突起，始黑如墨，继红如火，白昼如夜（济阳县志）。

清　光绪二十年（公元1894年）　六月初七日未时，临邑、阳信大风雨雹。

清　光绪二十一年（公元1895年）　昌乐：六月，连日大风雨，毁屋舍无算。六月，范县大风拔木，巨舟再移于岸；六月，安丘大水，连日大风雨坏室庐无算，运河居民被害尤甚；十二月十一日，泰安大风，岱庙凤凰柏折，并倒一碑。

清　光绪二十三年（公元1897年）　五月六日，临朐大风雹，雹大如碗盏，合抱木为风拔置他所。

清　光绪二十五年（公元1899年）　二月二十日午后，夏津大风从西北至，始而昏黄，继而黑不见人，约一时许止。相传田亩农人有误坠井中死者。二月二十六日申时，临邑黑风起自西北方，暗不辨人，居民昼燃灯火，移时复明。春，定陶大风霾，午饭时天黑如夜，室中秉烛，始能见物。

清　光绪二十七年（公元1901年）　二月中，茌平、范县、冠县、单县、峄县东北狂风大作，飞沙走石，始黄色，天地昏黄不辨东西，巳刻忽变为红如霞，赤雾弥满继以黑色，白昼如昏夜，罔识径途，室中非烛不见，至更余方息。吹折栋宇屋瓦房檐不可数计，是日行人有吹没于百余里之外者。至三月初又复如是，田间麦苗有带根吹没者，有被尘土掩埋至数尺者，亦大灾也。

五月十七日，大风拔木（冠县县志）。长清：六月初八风雪大作，伤禾稼，县城西北隅女墙刮去十余座。八月四日至五日，青岛大风巨浪，使码头、堤岸和停泊在胶州湾的船只，造成很大损失。十月八日，掖县和浙江商船三只在长山岛海面触礁，救客商、水手一百一十五名。十月九日，两商船在长山岛海面触礁，救起客商、水手、华人五十七名。十月二十一日，一商船在蓬莱小黑山岛海面触礁，救起客商、水手、华人四十四名。

清　光绪二十九年（公元1903年）　夏四月十九日旱，潍县大风，树木尽折，雀巢皆坠，县丞移驻南流；五月，安丘大风，十三日傍午，异风突起，冰雹大作，骤雨如注。南乡、管公、刘家营、卞家河诸村，大木皆拔，庐舍摧毁几尽。

清　光绪三十一年（公元1905年）　夏五月，商河大风拔木。

清　光绪三十二年（公元1906年）　五月十二日，临邑大风拔树，十三日各湾水溢，俗名水啸。十二月十一日夜间，齐东大风雨，滴水成冰，树株折伤无算。十二月十八日，烟台遭大风袭击，船只损失惨重，码头被毁。

清　光绪三十四年（公元1908年）　四月，大风拔树木，毁庐舍，淄川城南龙口庄大火烧毁房屋五千余间。五月，临清大雨雹，大风拔木。烟台台风，沉船多艘，七百余名中外船员遇难。夏五月，临清、德州、齐河、历城，济北大雨雹，大风拔木。

清　宣统元年（公元1909年）　春正月，安丘、昌乐大风损麦。

清　宣统二年（公元1910年）　夏津：四月西北狂风大作，空中若瓦砾声，倏雨雹。十二月，烟台大风、大浪，港口船只，货物损失惨重，死人很多。

清　宣统三年（公元1911年）　三月二十一日，长岛大风，砣矶岛、崆峒岛等处毁船五十四只，三百多渔民遇难。是年处暑日，夏津大风雨，拔木，田禾尽倒；阳信，元旦大雨雪……三月十一日子时疾风暴雨，辰雪二寸，……七月初六日夜大风拔树，雨甚，房舍倾圮者尤多。

民国二年（公元1913年）　十二月，烟台大风，美孚石油公司两只驳船被风浪打沉。

民国四年（公元1915年）　寿光：夏六月风雨暴作，禾偃木拔，弥水溢。临清：春旱，多暴风。

民国五年（公元1916年） 四月初五日申时，黄风自西北来，昼晦（阳信县志）。阳信：四月十八日大风雨雹，树叶脱落，棉花死。

六月下旬，暴风疾雨自西北来，大木为拔，禾稼尽偃，约历两小时始息，道路为树木横塞，车马不通者数日（恩县、临沂县志）。十二月，往返青岛大连的日东轮“阪鹤丸”，在烟台海面遭风沉没，死一百五十人。

民国六年（公元1917年） 二月大风，烟台损坏渔船甚多，沿海渔户都有青壮年死亡。七月，无棣妖风坏屋拔木。

民国七年（公元1918年） 秋七月，城东乡有黑风自西北来，风过后，人民多病瘟，死者甚多（商河县志）。

民国八年（公元1919年） 三月下旬，突起红风，昏不见日，逾时始息，树木有焦枯者；四月二日申刻，红风北起，如火光满天，倏忽昏暗，白昼不能见物，三小时始息，二麦减收大半（东明、范县、朝城县志）。

民国九年（公元1920年） 六月三十日，掖县大风雨，海潮暴涨，沿岸禾稼俱淹，潮落地变斥卤。

民国十一年（公元1922年） 五月，雷电、大风发屋拔木，暴风伤麦（寿光、东平县志）。

民国十四年（公元1925年） 四月二日晚七点，突有黑云片片游行天空，俄而由丰齐镇东沙河内飓风暴发声如巨雷，细雨淅沥，飞沙走石向东南奔腾。宽约五里，所过村庄，拔木摧屋，东莱庄、黄崖蔡家庄、邱家庄、朱家庄一带尤甚。东莱园张屋倾压毙二人，数分钟顿成巨灾（长清县志）。

民国十五年（公元1926年） 五月初六日，大风雨，大木皆拔，倒塌房屋墙壁无算。六月初五日，大风拔树，屋瓦多被摧残。六月八日夜，大风忽作，猛烈异常，黄河渡口中汛高村至下汛黄庄一带所泊商船沉落一百余只，约共损失大洋三十万元上下。七月，大风拔木发屋（泰安、恩县、馆陶、东明、临清县志）。

民国十六年（公元1927年） 长清：夏风雨骤作三昼夜，木拔禾偃，歉收。九月十五日，沾化东北风大作，海潮深至三尺余，三日始退，居民淹死者甚多，地亩尽成斥卤。蓬莱沿海大风，引起海啸，淹死四十余人。

民国十七年（公元1928年） 六月某朔日突起，时黑时红，变化数次，登场小麦损失大半，农民颇现忧色（东明、莱芜县志）。

民国十九年（公元 1930 年）　海阳县海上狂风骤起，黄家村淹死渔民四人，高家庄淹死渔民五人。

民国二十年（公元 1931 年）　六月十六日，招远阵风八级，三十名出海渔民罹难。

民国二十一年（公元 1932 年）　二月五日由青岛开往胶州的慎记轮因风浪沉没，全船百余人仅一二人生还。

民国二十二年（公元 1933 年）　六月一日下午三时，瞥见黑云勃勃自东南来，刹那间风雨大作，势极猛，直到五时始止，风过处花木被风吹折及连根拔出者不可胜数，同时，天降冰雹（东明县志）。

民国二十三年（公元 1934 年）　六月，莱阳大风拔木。

民国二十四年（公元 1935 年）　邹县：四月九日黑风自西北来，拔木卷屋。四月初九申刻，黄风自西北至，昼晦如夜，发屋拔木，继以骤雨、冰雹至酉刻始息（东平县志）。

民国二十五年（公元 1936 年）　春，牟平大风、大浪毁船四十三只，丢失渔网二百四十三块，死亡二十五人。

民国二十八年（公元 1939 年）　八月十一日，渤海南岸北风大作，海溢六十里。无棣、沾化、利津等县淹没耕地六百一十九万亩，倒塌房屋四万五千间，死伤约五百人。寿光沿海同时发生大海潮……海侵三十余里，盐田全被淹，倒塌房屋数百间，沉没船只数百只。昌邑海水溢，入侵六十里；八月三十一日九时，台风在胶州湾西岸登陆，而后穿越山东半岛，晚间抵达黄河口。在青岛登陆前，于三十日二十三时四十分瞬时最大风速为每秒四十点三米；平均风速大于每秒二十米的时间长达二十五小时。惊涛骇浪，潮水猛涨，青岛海岸低洼住宅区，尽成泽国。狂风、暴潮、大浪、暴雨共同肆虐，房屋倒塌一千零九十二间，浸水住宅三千八百三十三间，冲毁道路九十四条、桥梁二十六座，淹没田禾九千一百一十九亩、果树一万七千二百三十五棵，损失船舶一百四十三只，死亡十七人，伤四人，灾情极为严重。

民国二十九年（公元 1940 年）　八月初，昌邑、文登、高密、福山、海阳五县因海啸受灾，飓风、暴雨猛袭，庐舍、牲畜、树木、禾稼以及公路、桥梁损害甚重，秋收绝望，民埝堪虞。

民国三十二年（公元 1943 年）　冬，海阳海上大风，羊角泮西一船沉没，死十七人。

民国三十五年（公元 1946 年）　四月十六至十八日大风，烟台港沉船一百七十四只，死亡一百七十一人。十七日，长岛损坏渔船六十七只，丢失二十一只，损坏渔网八百七十三吊，丢失一百九十二吊，死一百二十八人，威海毁船十八只，死亡四十五人。八月，大连至栾家口商船遇大风翻船，死十人。夏，齐河、历城、滋阳（兖州）三县受风灾。

民国三十六年（公元1947年） 十一月二十四日，国民党军用“华泰轮”装载炮弹枪支，在青岛崂山头，因风浪沉没，二十二人死亡，五人失踪。秋，莱阳遭十二级以上大风袭击，农作物损失严重。

第四节　公元1949—2000年大风与沙尘暴灾害

1949年 1月16日，1艘自海西驶往青岛的帆船，遇寒潮大风，沉没于黄岛附近，50余人遇难。6月，泰安地区大风，树木连根拔起，小麦减产50%。

7月26日，栖霞县大风12级，全县47万亩高秆作物60%折断，减产粮食400万斤，倒塌房屋5200间，冲地3000余亩。

7月26～30日，招远县大风12级，全县玉米折断，减产约5成，水果损失30%，刮倒树木73290棵，损失渔船6只。

7月，牟平县大风7～8级，象岛乡死亡11人，刮走7条船。

1950年 日照县春季出现11～12级大风，70%～80%的房屋刮坏，直径20～30厘米的树木刮断。

3月，微山县大风8级，昭阳湖、微山湖，湖上翻船，死亡2人。

4月11日，梁山县10级大风，斑鸠店乡，刮翻黄河内几十只船，淹死50人，并造成房屋倒塌。

5月上旬，莱州县遭大风袭击，最大风力10级，小麦、玉米倒伏，减产2～3成，树木、房屋损失严重。

6月上旬，临沂县大风10级，90%的房屋受损，部分小麦受危害。

7月，乳山县大风12级，刮倒房屋88间，损坏2232间，刮倒大树162棵，使12081亩谷子、6355亩地瓜、6.2亩花生受到危害，并损失玉米91690千克。

7月上旬，高青县大风10级，高粱、谷子倒折，减产50%，并造成苗家死亡1人。

9月19日夜1时，安东航政公司之“安海十号”汽船遇风，在烟台市崆峒岛西边之莱岛上触礁失事。死伤30人，船上尚有旅客97人，由招商局东方1号救援，运至烟台，由海关、水上分局、民政、教育、劳动、卫生等局及政府秘书处、招商局组织人员救济与安置难民，其中有17具尸体无法辨认，14具埋在金沟寨，3具埋在烟台。

1951年 4月下旬，沂源县10～11级大风，房屋揭盖，折断树木1000棵。

5月，宁津县东北风9级，主要灾情：拔树、断树、倒房。

12月25日，因遭寒潮大风袭击，蓬莱、长岛、掖县损失船只20多艘，渔民49人死亡。

12月，蓬莱、长岛、掖县因遭暴风，渔民受灾严重，共损失大小船只20余只，死亡渔民49人，另有几只帆船下落不明。

1952年　2月14日，青岛市大风9级，沙子口乡，大风刮坏1只渔船，2人死亡。

春，日照县出现8～10级大风，70%～80%的房屋被刮坏，同时将直径20～30厘米的树木刮断。

4月18日，青岛市大风10级，马戈庄大风刮翻1只渔船，多人死亡。

5月28日兖州县出现12级以上大风，全县揭房11218间，刮断树木5513棵。

5月下旬，广饶县三区前大、皮里村一带，一区西花、杜宋村一带8级大风，小麦减产1～3成。8月上旬，二区六股路、后屯村及一区莲花、东堡一带，9级大风，掀掉房瓦，刮倒树木、庄稼。

5月，青岛市大风9级，沙子乡大风刮翻1只渔船，5人死亡。

6月中旬，青岛市大风10级，河套乡刮坏1只渔船，4人死亡。

6月，兖州市自大安西南至颜店村一带，出现12级以上西北大风，石碑被刮倒，房屋大部分受损。农作物全部倒伏，损失严重。

8月上旬，诸城县大风10级，刮坏房屋413间、大树40棵，高粱、玉米减产3～4成。

9月下旬，惠民、昌潍、文登、莱阳4个专区的部分沿海地区遭大风海潮袭击。

11月上旬，青岛市大风9～10级，城阳、河套乡沿海，大风刮坏草房50余间，刮翻多只渔船，40多人死亡。

1953年　宁阳县大风，农作物受灾75199亩，减产1～2成；成灾54733亩，减产3成以上。荣城县大风12级，直径7寸（1寸＝1/30米）的大树被连根拔起，农作物减产50%以上。

1月中旬，青岛市红岛乡出现9级大风，刮翻渔船，2人死亡。

2月，泰安地区出现大风，树木连根拔起，小麦减产50%。

3月5～6日，淄博市淄川、博山区出现风灾，损坏房屋2400多间，部分农作物绝产。

3月6日，安丘县大风，29033亩小麦因风沙造成不同程度的减产，减产5～7成的2900亩、3～4成的6900亩、1～2成的19233亩。

3月25日凌晨3时，烟台市长岛县出现西北大风，在金山港和老爷山一带海域作业的长岛渔船被打碎2只，损坏49只，有3名渔民遇难。

5月下旬，广饶县一区、五区部分村庄因受大风危害，小麦减产1～2成；6月16日，二、四、六、七、九、十一区，遭受风、雹、涝灾，有78万亩秋作物受灾，损坏房屋5万余间；7月，稻庄、陈家、西杜一带出现8级大风，庄稼被刮倒。

5月，微山县出现8级大风，独山湖湖上翻船伤人，船网损失不计其数。

6月13日，巨野县大风11级，章里乡，刮倒树木很多。

6月上旬，郓城县9～10级大风，侯集乡，树木被刮倒。

7月3日，定陶县11级大风，张湾乡，树木折断。

7月下旬，邹平全县和惠民申桥乡大风8级，秋作物减产4成，并有房屋倒塌砸死人的事件发生。

7月，乳山县大风9级，玉米减产3～5成，刮倒大树1棵。

11月27日，荣城县8级大风，靖海乡船返回海港，被打翻，死亡2人。

1954年 3月中旬，胶南县大风10级，刮坏房屋，土埋小麦，减产30%，树木被刮断，翻船2只，淹死6人。

4月19～27日，淄博市境内出现风灾、霜灾，小麦成灾4.65万亩，淄川最重。

6月5日，荣城县大风10级，石岛至龙须沟海面，40多只渔船遇难。

8月24日，烟台地区长岛县大风10级，损失船5只，死亡15人。

9月6日，安丘县大风10级，团子乡刮毁房屋30间，倒树23棵，麦坡乡刮坏房屋116间，树木108棵。

1955年 利津县大风，受灾面积13.2万亩。

4月，临沂县大风9级，20851亩农作物受灾，15364亩成灾。

5月24日，日照县9级大风，80%的房屋刮坏。

6月，益都县全县141个自然村（8个区）出现大风，11、13区折树2873余棵，刮坏房屋3999间，其余6个区折树922棵，刮坏房屋1142间。12区损失小麦9645.5千克。费县大风9级，梁邱乡刮坏房屋50多间，刮走小麦3750余千克。

7月11日，定陶县11级大风，城关树木吹倒。

10月17日，烟台地区蓬莱县大风7～8级，翻船6只，死亡3人，损失渔具40万元以上。

11月下旬，青岛市大风10级，河套乡刮翻渔船2只，3人死亡。

1956年 3月上旬，胶南县出现9级北风。泊里、小场、藏南、大村、张家楼、隐珠刮坏房屋、树木，翻船1只，淹死5人。

4月7日，曲阜县大风9级，刮坏房屋约400余间，刮倒树木3000余棵，小麦减产2成。

4月16日，日照县8级大风，52只小船出海作业，1只船被风吹翻，船上4人落水，1人死亡。

4月，武城县出现12级大风，刮倒很多树木，1只小木船被风卷起，砸死1人。

5月，滕县出现12级大风，西岗乡，房屋、树木损坏，丁庄城楼倒塌，伤10余人。

6月上旬，阳谷县大风8～9级，没割的小麦损失40%。莱州县遭台风袭击，风力9级，受灾农田4.4万亩，刮坏房屋4000余间。

6月13日下午5时15分，东明县大部分地区遭受从西北方向来的狂风暴雨袭击，风力约8～10级，雨量17毫米并夹带冰雹，重灾区长约40千米，宽约20千米，场内麦垛被刮飞，大树被刮倒，部分房屋倒塌或被揭顶，秋苗受到严重摧残，人畜也有伤亡。

6月13日18时，曹县突起暴风，自西北向东南，席卷曹县全境。声势甚凶，飞沙卷起，弥漫天空。树枝扑地，屋瓦乱飞。汽车、马车跌入沟中，行人不能立足。群众称为“苦黄风”，持续半小时。全县死亡3人，伤2359人，倒房20629间。已收割的小麦被卷走，场里损失小麦395万千克，田间损失小麦50万千克，共损失小麦445万千克。刮倒树木17万多棵。

6月中旬，曹县10级大风，刮倒树木6260棵，刮倒房屋1710间、小麦48730亩，小麦损失26%，高粱受灾1390亩，安才楼乡杜李集大队吹倒房屋，砸死1人。古营乡南唐大队刮跑女孩子1人。侯集乡侯集大队刮跑2头牛。

6月25日，青岛崂山郊区石老人乡海峰渔业社“46”号船和金山乡金山渔业社“21”号船在海上捕鱼，突遭大风，7名渔民全部丧生。

6月中、下旬，日照陈童、下湖、莒县城阳和沂南袁家庄先后遭受12级大风袭击，其中仅袁家庄一带即被大风刮倒房屋2400余间，折断树木百余棵。8月3日又遭暴风。风力一般7～8级，个别地区9～10级，这次风力之大，范围之广为近年所罕见，早秋作物普遍受害。全区受害作物面积421万亩，平均每亩减产粮食11.25千克，全区共损失粮食4736万千克，刮倒、刮断各种树木22.8万棵，果品减产1500余万千克，刮坏、刮倒房屋12.5万余间，砸死、淹死、电死19人，砸伤45人。

6月下旬，诸城县出现10级大风，刮坏房屋536间、大树568棵，高粱、玉米减产4～5成，部分地区绝产。

7月11日，安丘县大风8～9级，3个区、5个乡、38个村共16125亩农作物受灾，刮坏房屋10085间，折树1487棵。

7月26日，安丘县大风，2个区、6个乡、15个村共15952亩农作物受灾，刮坏房屋150间，折树350棵。

7月，青岛市大风9～10级，马戈庄乡刮翻船，死亡2人，玉米全部被刮倒。

8月2日，安丘县大风，全县大量减产，其中3个乡25个村18647亩农作物受灾，并刮坏房屋109间。

8月23日，台风侵入郯城县境，倾刻间损坏谷子8.2万亩，减产25%，约205万千克；黍稷0.4万亩，减产30%，约18万千克；高粱20万亩，减产5%，约60万千克；玉米20万亩，减产10%，约35万千克。并毁坏房屋1200余间、刮倒树木2万余棵。

1957年　2月，微山县大风8级，昭阳湖、微山湖翻船死伤4人。

4月9日，寿光县出现10级大风，渔、盐业损失共计8000元，造成道口乡死亡12人。郯城县出现9级大风，马头乡90%的房屋被刮坏。

4月下旬，垦利县大风8～9级，下镇乡因风暴潮淹死一部分人。

5月下旬，青岛市出现10级大风，河套乡刮翻船1只，死亡3人。

6月6日，日照县安岚乡海洋渔业站33只渔船遇8级大风，7人死亡。

6月15日，日照县12级大风，历家庄的房屋全部被刮坏。

6月19日，武城县大风10级，风雨交加，死亡1人。

6月24日，无棣县大风12级，风刮倒影壁墙，县机械厂锻工车间伤3人、死亡2人。

6月下旬，微山县大风9级，侯楼、南阳、独山湖等，刮倒树木，毁坏房屋，湖上翻船死人。

7月10日，莒南县大风12级，据朱边、刘家山等5个大队统计：460多户刮倒房屋，拔掉大树100多棵，刮断树木550多棵，刘家山村死亡1人。

7月上旬，曲阜县出现10级以上大风，刮坏房屋约3000余间，刮倒树木5000余棵，并造成秋作物减产3成。

7月11日，郯城县出现8级大风，40%的房屋被刮坏。

7月13日，单县遭受大风袭击，全县倒塌房屋3000余间，砸死66人，给全县造成了巨大损失。

9月10日，即墨海上大风，翻船1只，死亡1人

9月11日，大风，烟台市长岛县有8名渔民罹难。

9月16日，烟台地区出现10级大风，翻船1只，死亡4人。

9月24日，郯城县出现9级大风，红花乡80%的房屋被刮坏。

9月，青岛市大风达9～10级，河套乡，刮翻船，死亡2人。

10月6日，日照县西北风6级，孙山乡海洋三号渔船3只其中1只返航时被风刮翻，4人落水全部死亡。

11中旬，梁山县出现10级大风，银山乡刮倒60厘米粗的大树，黄河沉船数只。

1958年　4月，烟台地区长岛县大风9～10级，损失船1只，死亡11人。

4～5月，东明县出现8级大风，全县25万亩农田受灾，6万亩绝收，减产粮食1602万斤。

5月19日，长岛县砣矶乡后口村渔业社帆船在莱州湾渔场作业，遭遇7～8级东北大风翻船，船员共15人，其中4人得救，11人遇难。

7月上旬，广饶六户沿海一带出现9级东北大风，刮坏房屋，引起海潮，淹没良田。

7月中旬，莒南县出现8级大风，刮倒房屋和树木。其中，峰中损失房屋100多间。

1959年　1月16日，青岛海洋渔业公司“73”号渔轮返航至青岛外海小公岛附近，因狂风、巨浪和结冰，船沉人亡，12名渔工全部遇难。是年，因风灾还死亡渔民48人。

3月，郯城县出现8级大风，城关乡湖里大队70%的房屋被刮坏；归曦乡80%的房屋被刮坏。

4～5月，东明县出现8级大风，全县35万亩农作物受灾，6万亩绝收，粮食减产297万千克。

4月3日，冠县出现12级大风，柳村机械厂倒房6间，18人被砸，其中伤8人。

4月18～22日，长岛县连续大风，1名干部和2名渔民在海上罹难。全县损失大小船只30只，坛子网305吊。威海市出现12级大风，刮坏房屋10601间，其中，严重损坏的1919间，损坏船3只、海带3010亩。

4月下旬，青岛市出现10级大风，红岛乡，刮翻船1只，死亡2人，40间草房被毁。

5月21日，日照县沿海地区受到大风袭击，风力最大时达12级，刮翻渔船2只，淹死渔民6人，损坏大网445条，损失锚、缆、蓬、桅、橹等工具300余件。

6月7日，寿光县出现11级大风，羊口、道口乡刮坏房屋1154间。

6月21日，昌邑县出现12级大风，刮坏房屋2713间。

7月，蓬莱县南王乡南王村出现10级东北大风，庄稼减产2成；泰安地区出现大风，直径40～50厘米的树被刮倒，作物受损，轻的减产20%，重的减产80%以上。

7月3日21～22时，莱阳市自东至西先后突降雷雨同时伴有8～9级大风，使部分乡造成严重损失，照旺庄、城厢、冯格庄、西留等乡春玉米被风吹倒20%～50%，高粱被吹倒10%～20%，严重的照旺庄乡春玉米被吹断20%～50%。

夏、秋季，济宁等专区的部分地区遭受严重的风雹灾害，受灾面积301万亩，成灾167万多亩。

8月27日，荣城县出现10级大风，刮倒房屋18间，刮坏房屋1087间，刮倒树1200多棵。

10月31日，日照县出现7级东北风，7只渔船被风刮翻，33名渔民全部落水，29人得救，4人死亡。全县损失船123只，撕裂网1972挂，总损失网具占下海网具的50%，价值22万元。

11月7日，蓬莱县大季家公社山后李家渔业队出现7～8级西北风，造成死亡6人，船、网具等损失约2000元。

冬天，青岛市出现10级大风，73号船在小公岛沉没，14人死亡。

1960年 2月25日，莒县沿沭河出现8～9级大风，形成沙尘暴，压没农田1300亩。莒南县出现9～10级偏北大风，刮毁草房2.5万多间，板泉公社损害最重。蓬莱县大季家公社山后初家渔业队、李家渔业队，出现7～8级东北风，死亡6人，其中李家渔业队1名，船、网具损失3000元。

2月25日1时，莱州县刮起8级以上北风，最大风力10级，持续9小时，18个公社受灾，刮坏房屋3万间，损失饲料草18万千克、海带架144个、海带苗4万棵，损失渔船6只，死亡9人。

3月25日，掖县大风毁船6只，死亡9人。

4～5月，东明县8级大风，全县30万亩农作物受灾，7万亩绝收，减产粮食682万千克。

4月10日，日照县出现11级东北风，全县损坏网1153条，丢失62条，损失网泸144个、网坛101个、撑子456根，价值12.5万元。昌邑县出现10级大风，3个渔民被淹死，并引起海水倒灌。

4月下旬，垦利县出现10级大风，永安公社因风大潮水内侵，造成人员死亡。

6月2日下午4时，博兴县遭受7～9级狂风暴雨袭击，并伴有冰雹，以陈户、闫坊2乡最为严重，农作物基本被砸光，房屋受损6255间，致伤92人，死亡3人。

6月上旬，惠民的高青，垦利等县出现9～10级大风，刮倒房屋砸死1人，小麦减产2成。

6月11日，高青县出现10级大风，刮倒场园屋，砸死1人，小麦减产20%，刮断高粱、玉米、树木。

6月19日，安丘县刮了一次11级大风，致使5个公社受到很大损失，许多房屋顶草被刮光，2尺粗的大树被刮倒，石堆刮倒一礼堂，砸死11人，伤20人。

6月下旬，五莲县出现8级大风，刮坏房屋50间，并使高粱、谷子减产50%。

7月，郯城县出现8级大风，70%的房屋被刮坏。

7月28～29日，荣城县出现9级大风，船损坏44只，渔网损失1209挂，损坏树木11196棵，刮倒树木32739棵，损失柴草1万千克。

7月28日，栖霞县出现8～9级大风，全县1.5万亩高秆作物受灾，倒塌房屋500多间。蓬莱县出现12级北风，全县高秆作物几乎全部刮倒，春玉米10%被折断，秋玉米折断50%，水果减产50%。同日，威海市大风10级，损坏小船4只，损失苹果14.4万千克、梨1.5万千克，刮坏果树1278棵，农作物绝产5758亩，刮倒房屋534间，损坏房屋563间。

夏季、秋季，淄博市张店、周村、淄川、博山、临淄、桓台累计受风灾19.85万亩，成灾11.74万亩，减产6000余吨。

9月，微山县大风8级，南阳湖上翻船，死亡10余人。

10月，蓬莱县马格庄公社泊儿沟渔业队，风向东北，风力8级。损失船5只。

11月，微山县出现8级大风，微山湖上翻船，死亡5人。

12月18日，青岛市遭寒潮大风危害，风力达10级以上，青岛四方发电厂输煤皮带机被刮翻，致使全市停电21分钟，直接经济损失10万元。崂山郊区遭10级以上西北风袭击，停电21分钟。

1961年　3月25日，蓬莱县潮水公社衙前渔业队，受北大风影响。死亡3人。

3月下旬，青岛市出现10级大风，红岸岛公社刮翻船，死亡3人，40%的房屋被毁坏，大队的渔具损失一半。

3～4月，东明县出现8级大风，全县21万亩作物受灾，其中9万亩绝收，减产粮食235.5万千克。

4月4日，莒南县出现偏北大风，刮毁草房甚多，7日夜间再次出现偏北大风，全县刮坏房屋3万多间，石泉湖新村瓦房揭顶百余间。

4月中旬，青岛市出现10级大风，核桃公社，刮翻船1只，死亡3人。

4月29日，安丘县出现9级大风，全县20906户刮坏房屋35067间，刮倒6间，砸伤2人，刮断地瓜5892亩、瓜苗346亩，沙压小麦3438亩、早秋作物1781亩，折断树木8860棵，刮坏小屋5236间。梁山县出现9～10级大风，受灾面积近1.9万亩，其中，银山3000亩，山路口600亩，黑虎庙2140亩，芦里12350亩，城关500亩。刮倒树木1170棵，倒塌房屋145间，湖里沉船4只，淹死4人。莒县出现8～10级以上偏北风，刮坏房屋9万余间，刮倒树木3600余棵，小麦受灾633995亩，绝产31976亩，刮坏春苗蔬菜4401亩。灾后，各级领导迅速行动，组织专人抢修房屋，组织老农对受灾作物会诊，对受灾程度不同的作物采取了套种、补苗、返种等方法进行补救。

4月，烟台地区长岛县出现10级大风，损失船1只，死亡3人。

5月3日，日照县出现9级东北风，全县有2只渔船被风刮翻，9名渔民得救，4人死亡，破裂坛子网1447条，损失网泸320个，及其它用具价值9万元。即墨县岙山镇出现7～9级大风，延续36小时，5名渔民在海上遇难身亡。蓬莱县大季家公社山后初家、顾家、芦洋3个渔业队，遭受7～8级西北大风袭击，死亡渔民17人，损坏船5只，船、网具损坏共造成经济损失 45 万多元。

5 月，大风之频繁为历史罕见，造成青岛市水产局沉船 5 只，死亡渔民 21 人。其中，在 5 月 3 日的黄河气旋大风中，一次就沉船 4 只，渔民 16 人死亡。

6 月 11 日，麦收时节，章丘县出现 8 级以上偏南大风，风吹了 5～6 小时，使全县高产区 25 万余亩腊熟期的小麦受害，减产 187.5 万余千克。

8 月 10 日下午，长岛县庙岛生产大队的摆渡船（载重 1 吨）由南长山岛回庙岛，中途突遇 8 级大风船翻，4 人得救，3 人罹难。

8 月，微山县出现 8 级大风，韩庄唐湖、微山湖，湖上翻船，死亡 2 人。

宁阳县受大风危害，农作物受灾 171254 亩，成灾 94190 亩。

1962 年　崂山县马哥庄、棘洪滩遭 10 级大风及冰雹袭击，毁房 3333 间，农作物 1.1 万亩，减产 1～4 成，伤 3 人。

3～4 月，东明县出现大风 8 级，全县 37 万亩农作物受灾，19 万亩绝收，粮食减产 532.5 万千克。

3 月 24～25 日，长岛县砣矶中村对船在返港避风途中，因风力增强至 8～9 级，两船先后翻倒，死亡渔民 10 人。

4 月 24 日，无棣县出现 12 级大风，岔尖公社翻船 6 只，伤亡 6 人。

4 月，蓬莱县大季家公社初旺渔业队遭到 8 级东北大风袭击。死亡渔民 17 人。

6 月 7 日，章丘县夜间出现大风，风力 8 级，使小麦脱粒约 10%～20%，受害面积约 25 万亩。

6 月 21 日，诸城县出现 10 级大风，刮坏房屋 4700 间、大树 375 棵，高粱、玉米减产 3～4 成，部分地区绝产。

7 月 13 日，沂源县出现 11 级大风，刮倒树木 39 棵，作物减产 50%。

7 月 20 日，商河县城遭受风雹袭击，倒树 100 余棵，伤人 70 余名。

7 月 21 日，莒县出现 8～10 级大风，刮坏房屋 4000 多间，刮倒树木 1.5 万棵，30 万亩作物严重受害。

7 月 26 日，龙口县受台风影响，海水倒灌，损失折价 176000 元，淹没农田 1060 亩、树林 2330 亩，冲倒墙 300 米，12 万亩玉米被刮断 20%～30%，翻船 2 只，死亡 1 人，碰坏船 10 只，损坏渔网 4000 多挂。

8 月 5 日，长清县出现 9 级大风，全县 8 个公社农作物减产 3 成以上的有 30277 亩，减产 5 成以上的有 13065 亩，减产 1～2 成的有 66919 亩；刮倒树木 3090 棵。

8 月下旬，淄博市淄川、博山区出现风灾，受灾面积 5.8 万亩，成灾 2.4 万亩。

8 月，泰安地区受大风危害，农作物受灾面积 1246061 亩，其中减产 3 成以上的 30577 亩，减产 3～5 成的 26565 亩，刮倒树木 3090 棵。

9 月 22～23 日，持续 7 级东北大风，长岛县黑山岛南庄的 1 只大榷子（木船）在大竹山东北海域作业，被风浪打翻，有 3 人得救，3 人罹难。

10 月 12 日，定陶县出现 10 级大风，万福公社，树木吹倒，砸死 1 人。

1963 年　1 月 20 日，栖霞县大风 7～8 级，全县大风夹雪暴，冻死 4～5 人。

2月下旬，胶南县出现寒潮大风，泊里、五台、藏南等地，表层土被刮去30厘米，而另一些地方被土掩埋，小麦减产30%。

4月5日，梁山县出现7～8级大风，淹死9人。

5月上旬，高青县出现9～10级大风，刮倒瓜园屋子，2人砸破头，近1尺粗的树被刮断，小麦减产。

5月，沂南县出现8级大风，苏村、小杜家等大队刮坏房屋400多间。

8月上旬，菏泽县出现8级大风，高粱减产5成，谷子减产2成。

8月中旬，莱芜县出现8级大风，造成谷子减产40%，高粱减产30%，辛庄公社毁坏房屋60余间。

1964年 春，海阳县出现6～7级大风，船上1人被风抛进湖中，淹死。

3月20日至4月7日，长岛县先后出现3次大风天气，全县有37名渔民罹难，船、网具及海带损失折价40余万元。

3月26日和4月5日，烟台地区连续两次遭受大风袭击，第一次刮坏房屋达145000间，其中严重的36000间。第二次风力达到10级以上，持续2天，由于风前海上大雾，渔船不能归港，以致渔业生产遭受了重大损失。第一次风灾，全区有9个县34个公社339个生产队受灾，死亡渔民28人，损坏渔船108只，损坏渔网4524挂，损坏海带1020亩。由于海水倒灌，掖县溶盐4000余吨，水淹粮田3530亩。第二次风灾，由于风力集中，中心区域摧毁性很大，灾情主要集中在长岛、蓬莱、掖县的7个公社29个大队。长岛县6个公社，就有3个公社受重灾，死亡渔民25人。灾后，专署立即派出了工作组去长岛，一面对灾民进行慰问，一面协助县里做好救灾工作，安定灾民情绪，抓紧修补船、网，恢复生产。同日，莱西县损坏房屋28000间，伤7人，150亩小麦绝产。

4月1日，梁山县出现9级大风，湖里淹死9人。

4月3日晚，日照县突遭大风雨袭击，并伴有雷阵雨，平均风力7～8级，平均降水量50.0毫米。三庄、西湖、高兴等6个区受灾较严重，全县有10个区，倒塌房屋18328间，沿海4个区损失渔网121条，损失食盐3300担，农作物受灾面积3640余亩。

4月5日，利津县出现大风12级，海上损失渔船6只，渔民死亡20人，海堡和肖庙公社被海水淹没，房屋倒塌。沾化县出现10级大风，海防公社死亡27人，湾湾沟刮翻船1只。蓬莱县沿海一带出现12级以上东北大风，25只船被海潮推上滩，落水8人，其中死亡2人，海带、网具损失折合人民币2.90万元。同日，定陶县出现11级大风，城关公社，房屋刮倒很多，砸死2人，砸伤5人。

4月初，昌潍、惠民、烟台北部沿海9个县，遭受大风海潮袭击，有35个公社、14个农林牧场、12个盐场、228个村庄受灾。倒塌房屋2940间，伤亡475人，死亡牲畜121头，损失各种船只268只。

4月6日，寿光县出现10级大风，北部地区海水倒灌，死亡17人，淹死耕畜4头、羊155只，倒塌房屋104间，冲坏公路、通讯线杆；北部5个公社、38个村，近49万亩耕地被淹。全县直接经济损失共1000多万元。

4月上旬，临沭县出现9级大风，刮坏房屋7978间，死亡大牲畜5头、猪148头。惠民的利津、沾化出现12级大风，大风引起海潮，淹没耕地45600亩，房屋倒塌，刮翻船8只，淹死渔民47人。

4月29日，沾化县大风12级，新户公社受大海潮影响，冻死1人，淹没耕地11700亩，117户的107间房屋损坏。

4月，烟台地区长岛县出现10级大风，损失船2只，死亡8人。

5月上旬，长岛县砣矶公社东山大队，因风灾死亡渔民15人。6月12日，东南大风8～9级，全县被风卷上岸的海带共150亩，抢收加工约100亩。全县仅保留海带160亩。

5月16～18日，日照县沿海遭受7～8级大风袭击，全县损失渔网273条，损坏4550条，占海内总网数的71.3%，损坏放养大网1266个，占放养面积的82%。全县420亩海带被摧毁。

6月上旬，广饶斗柯、后勤等村、张枣区张淡、卧石一带，出现8级大风，小麦减产2成左右。6月下旬，李鹊区段家、前大、后大等村，出现10级大风，刮了麦场，刮坏70%的草房。

6月12日下午7～9时，枣庄区遭到10级左右的暴风袭击，各社、队均有不同程度的损失。全区有879个队6989户刮坏房屋13053间，其中严重的刮去一半或大半屋顶草的3790间，刮走麦穰、麦糠的有654个生产队，损失麦草46.8万千克，333个生产队损失粮食3.4万千克，玉米刮倒4318亩，一般倒苗占30%，严重的倒苗60%以上，并有10%的苗株被刮断，刮倒高粱39105亩，倒苗20%～30%，刮断、刮倒大小树木2355棵，刮倒摔伤2人。受灾较重的是陶庄、南石、张范3个公社，仅这3个公社的231个生产队就刮倒房屋8074间，刮坏房屋占总数的68.5%，其中严重的1978间，损失麦草576960千克，损失粮食2.2万千克，刮倒树木1258棵。风灾过后，区政府组织人力到受灾大队进行慰问和帮助设法抢救，扶育玉米、高粱，抢修房屋和抢种大豆，共修房屋3790间，抢种大豆19342亩。

6月12日，临朐县出现8级以上大风，全县小麦受灾106247亩，共减产9.3万千克，春苗受灾约8694亩，刮坏房屋3103间，刮倒树木6167棵，并造成1人受伤。莱芜市境内出现8～10级大风，至13日止，148个大队的167820亩作物受灾，成灾面积约30596亩；刮坏房屋约4279间，刮断树木4835亩，作物减产10%～40%。

6月12日、14日两天内，峄城区连续二次遭受暴风雨的袭击，风力都在8～9级，最大10级，房屋、麦草和农作物损失巨大，特别是房屋的损坏比较普遍。15个公社共刮坏房屋17197间，其中最严重的（屋草全部刮走）有6686间，6人受伤，风雨呛死牛1头，高粱、玉米大部分刮倒，玉米刮倒约70%～90%，严重的折断5%～10%。受灾最重的有棠阴、古邵、坊上、底阁、甘沟5个公社，棠阴两次风灾共刮毁房屋2791间，最严重的有1157间、刮倒37间，刮走麦草6.7万千克，损失小麦0.94万千克，折断树木3606棵，该社壮龙唐大队27户共96间房屋，而被风刮坏的就有92间。30亩小麦刮走近一半，果树折断24棵。底阁公社刮毁房屋518间，损失小麦杂粮5750千克，该队14亩豌豆全部刮走，坊上公社飞桥大队61户，毁房101间，三官庄大队50户毁房106间，该两个队损失麦草1万余千克。古邵大队万年闸新盖190间屋草全部揭光。甘沟公社毁房148间，该村3队180亩已打一遍小麦，刮走一半。类似以上受灾严重的大队，全区共计45个，其它社队也有受灾严重的户，但不普遍。

6月12日下午5～7时，由北至南出现大风雨，风力9～10级，微山县有224个大队

1249个生产队受灾。毁房16012间，刮走麦粒796万千克，麦秸2194万千克。刮倒成材树木2923棵，因刮翻船淹死4人，砸伤8人。

6月13日，苍山县出现偏北大风，据统计全县刮坏房屋21400间，折断树木8800棵，刮走小麦2050千克，死伤羊40只。同日，费县大风10级，梁邱、石井、马庄公社刮去小麦57000余斤，麦粒12500千克，刮倒树木100多棵。

6月14日，苍山县出现10级大风，刮坏房屋36196间，其中，刮倒147间，伤2人，刮倒作物12000亩。

6月上、中旬，全省有75个县、市的300余万亩农作物遭受不同程度的风雹灾害。

7月，淄博市临淄区齐陵、路山、皇城、敬仲、淮阳等地出现9～10级大风，农作物受灾12.9万亩，减产粮食6130吨，倒塌房屋8200间、损坏6000余间，死亡12人。

8月27日，诸城县出现10级大风，刮坏房屋700多间、大树102棵，高粱、玉米减产3成。

8月，微山县出现8级大风，微山湖上翻船死亡2人。

1965年 烟台地区长岛县出现7～8级大风，损失船1只，死亡5人。

3月15日，栖霞县出现9～10级大风，全县刮坏房屋12300间，严重的3500间，折断树木1000棵左右。

4月29日，临清县出现10级以上大风，小麦倒伏，30%～40%绝产，其它春作物也都绝产或减产，折断树木260多棵。

5月4日，莱西县马连庄、日庄、牛溪埠、院上、店埠、孙受6个公社遭受8～9级大风袭击，持续时间达8小时。倒塌房屋32117间，16403亩小麦受灾，429亩谷子全部改种，1879亩蔬菜大部分也改种。

5月31日，沂南县出现8级大风，刮倒房屋140间，屋顶全部被刮掉的7264间，受损较轻的24882间，折断树木21612棵，伤27人，死亡1人，刮倒电线杆12根。

5月，泰安地区，泰安县、肥城县遭受大风危害，农作物受灾面积13242亩，其中绝产2125亩。

6月14日18时32分至19时34分，夏津县出现9级以上大风，并伴有冰雹，伤65人，损房屋110间、麦田734亩、棉田5.9万亩。同日，德州、武城出现9级以上大风，并伴有冰雹，损房屋110间、麦田7万亩、棉田5.9万亩。

6月15日，鄄城县出现10级大风，旧城、城关、左营、吉山等6公社，倒塌房屋263间，茅屋被揭掉顶的8155间，砸死1人，砸伤8人。

7月3日，临清县出现10级以上大风，刮毁房屋30余间，受损严重的3176间，折断树木10250多棵。

7月19日晚9时前后，莱州县遭到11级大风袭击，持续半小时，全县9723户受灾，刮坏房屋1.8万间，黑港口国家粮仓被刮走房顶，死亡2人，伤9人。刮断大树7140棵。

8月11日，陵县出现11级大风，49万亩农作物受灾减产，倒塌房屋389间，伤人7名，死亡牲畜5头，倒树330500棵。

8月11日3时，商河县遭受大风袭击，最大风力达11级以上，全县普遍受风灾危害，有258937亩作物受灾减产，其中，玉米、谷子、高粱受灾较重，有部分树木被刮断。

9下旬，蓬莱县出现7～8级东北大风，大季家公社初旺渔业队死亡渔民3人。

11月27日，烟台地区荣城县出现7～8级大风，死亡4人。

11月，青岛市水产捕捞公司所属的“青岛8号”、“青岛66号”渔轮在渤海湾作业时，遭遇9级大风袭击而翻沉，共有25名船员遇难。

1966年　6月6日，淄博市临淄区金岭、路山、淮阳、皇城等地出现10级大风，伴有冰雹，倒塌房屋4100间，伤300多人；同日，桓台县农作物因大风受灾5.2万亩。

6月上中旬，惠民的桓台、利津、无棣县出现9～10级大风，刮倒房屋150多间，小麦减产2成。

6月23日，寿光县出现8级大风，全县除城关公社以外的20个公社均受到危害，刮坏房屋43918间，其中，严重损坏的12473间，刮倒树木2052棵，伤30人，共损失小麦2.72万千克。

7月19日，莱州县出现11级大风，全县刮坏房屋17937间，25万亩高秆作物折断约5%；秋玉米13万亩，折断约8%。

7月19日夜间至20日，招远县受到一次严重的风暴影响，风力达12级，降水总量为38.4毫米，全县有5个公社的建筑物、农作物及树木受害较为严重，高秆农作物倒伏8%～9%，春玉米受灾10746亩，占春玉米总面积的80%，其中，截断率15%～20%；高粱受灾23800亩，占高粱总面积69%，截断率5%～10%。刮倒房屋6584间，其中1305间刮掉房顶，刮倒机器房、粮库525间、树木14316棵。

7月，乳山县出现10级大风，刮倒房屋20间，谷子、玉米减产3成。

10月27日，青岛附近出现9级以上大风，持续15小时。海上有23艘渔船110余人处于危险之中，经海军派舰船抢救大部分脱险，有两名渔民遇难，1只渔船沉没。

11月12～13日，蓬莱县出现9级东北大风，大季家公社初旺渔业队死亡渔民2人，损失海带60亩。

1967年　3月11日，烟台地区出现10级大风，即墨近海翻船1只，死亡5人。

5月24日，寿光县出现8级大风，刮坏房屋234间，倒塌3间，砸伤5人，重伤2人。

6月2日，商河县出现11级大风，折树2409棵，损失房屋10间，伤25人。

7月中旬，巨野县田庄镇沙土集出现10级左右的西北大风，高粱被吹倒，减产5成多，田桥乡于官屯高粱全部被吹倒，减产8成以上。

7月，沂源县出现9级大风，刮坏房屋20间，庄稼减产20%。

9月2日，长岛县隍城公社山前大队2031号渔船，遭遇8级大风袭击，有5名渔民罹难。

9月，海阳县出现6级大风，翻船1只，淹死5人。

1968年　青岛市出现10级大风，王戈庄公社，有的地方刮翻船死人，6%的海带架子被毁。

春季，日照县出现9～10级大风，70%～80%的房屋被刮坏。

3月4、7日，冠县出现8级大风，小麦减产6成。

3月下旬，微山县出现8级大风，独山湖留庄，湖上翻船死亡6人。

6月14日下午，莒南县大风自西北起，天色灰黄，最大风力10级，持续半个多小时，岭泉、路镇等4个公社132个村刮毁房屋9400间，其中全部刮掉屋顶的4900间，伤25人。

6月27日，诸城县出现10级大风，刮坏房屋700多间、大树300多棵，高粱、玉米减产3成。

10月1日，微山县出现8级大风，独山湖上翻船死人，刮坏房屋和树木。

1969年 沂水县出现8级大风，跋山水库刮翻大船，淹死1人。

3月31日至4月7日，冠县大风9级，沙河东小麦、棉花大部分减产5成，小麦绝产300亩。全县小麦67840亩受灾，减产5成以上的26980亩，有18360亩绝产。

4月7、10、13日，夏津县出现7～8级大风，风沙压小麦43162亩，不少地块绝产。

4月下旬，利津县出现12级大风，受灾面积25000亩。

4月23日，寿光县出现12级大风，房屋、树木被刮倒。羊口公社损失51万多元；盐场被淹，全县共损失250万余元，死亡1人。

4月23日，莒南县出现10级大风，全县90%的房屋严重损坏。

5月11日，垦利县出现10级大风，下镇公社因风大上潮，淹死1人。

5月下旬，惠民的垦利县出现10级大风，引发海潮，淹死1人，刮坏房屋30多间。

6月，微山县出现10级大风，南阳湖上翻船死亡2人，刮毁房屋、树木。滕县出现12级大风，损坏树木1000多棵，高粱减产40%，房屋损坏100余间。

7月，郯城县出现10级大风，房屋90%被刮坏，并刮倒树木多棵。

1970年 3月3日，微山县出现8级大风，昭阳湖、微山湖，湖上翻船死亡2人。

3月下旬，日照县出现大风，刮坏房屋60%。

3月，乐陵县出现10级大风，全县6个公社220个大队受灾，人行走困难，造成桥垮1人死亡。

4月中旬，高青、沾化出现9级大风，刮倒房屋10多间，小麦减产2成。

6月上旬，沾化县出现9～10级大风，新户公社因大风引起海潮，淹没土地4000亩，丁王淹农田100亩。

6月23日，诸城县出现9级大风，刮坏房屋315间、大树503棵，高粱、玉米减产3～4成。

7月上旬，邹平出现10级大风，刮倒房屋50多间，玉米减产2～3成。

7月中旬，阳信出现12级大风，刮倒树木50余棵，秋作物减产2成。

7月19日，阳信县出现8级大风，刮倒树木50多棵，70余间房屋被刮掉屋顶，农作物严重减产。

7月22日，沂源县出现10～11级大风，黄庄公社刮坏房屋200间，刮倒树木150棵，中庄公社玉米减产50%，高粱减产70%，东里公社刮坏房屋80余间。

7月下旬，郯城县出现10级大风，房屋全部刮坏。

9月，微山县出现7级大风，昭阳湖上翻船死亡3～4人。

夏至秋，齐河、平原、禹城、冠县、莘县、茌平、临清、滕县、泰安、新泰、长清、莒县、招远、安丘、诸城、昌乐、胶县17个县先后遭受风雹灾害，受灾面积达300万亩。

1971年　1月3日，荣成县玄镇公社朱口渔业队在去青渔滩打橛返港途中，遭受大风袭击，9名渔民遇难死亡，4人受重伤，损失舢舨5只和其它物资1宗。

1月，微山县出现7级大风，微山湖上翻船死亡2人。

5月13日，济南东郊出现10级以上大风，小麦倒伏80%～90%，小树被连根拔起、电线杆被刮断。

6月20日，汶上县高村大风10级，刮断树木100多棵，前苑刮倒树木50多棵，白塔东大风11～12级，刮倒树木200多棵，毁坏房屋70多间，伤1头牛，伤1人；李尹大风11级，刮倒树木百余棵，损失小麦1万斤；黄庄大风10级，刮倒树木几十棵，刮走麦粒4000斤；卅里铺大风8～9级，刮倒树木30多棵；西塘大风10级，刮倒4棵树，倒塌房屋数十间，损失小麦5000千克；张村大风10级，刮倒400～500棵树；程寺大风9～10级，刮倒40棵树，泗汶大风11级，刮倒上百棵树。

6月21日，微山县的马坡、两城、欢城、付村等公社，遭受风雹袭击，降雹半小时左右，阵风8至9级。全县6个公社176个生产队10万人受灾。刮坏房屋6482间，刮坏房顶的2160间。刮倒、刮断树木2.9万棵。湖产植物及渔具受到不同程度的损失。

6月27日，沂源县出现11级大风，唐山、中庄、东里、黄庄、徐家庄、鲁村、张庄等公社，刮坏房屋7635间，农作物受灾19114亩，绝产107亩，刮倒树木45543棵。

7月3日，诸城县出现9级大风，刮坏房屋281间、大树1052棵，高粱、玉米减产3～4成。

7月中旬，阳信县出现7级大风，42间房屋被刮掉房顶，高粱减产3成，玉米减产2成。

10月上旬，烟台地区蓬莱县出现10级大风，丹东市60马力（1马力=735.5瓦特）船碰礁，死亡11人。

10月，微山县出现7级大风，南阳湖上翻船，死亡1人。

1972年　1月22日晚，日照县遭受8～9级大风袭击，持续时间约30小时，风浪冲垮石臼码头挡浪坝，冲垮岚山码头约40余米，3500多亩海带架子被风浪卷走，损坏渔船11只，损失价值150万元。

2月，微山县出现7级大风，南阳湖、独山湖上翻船死人，刮坏房屋。

3月30日，荣成县玄镇公社院有渔业队15只舢板、66名渔民出海作业，遭9级偏北大风袭击。经大力组织抢救，62人脱险，4人落水死亡，1人重伤。

3月31日，沂水县出现7级大风，崔家峪公社刮坏房屋30余间，刮倒树木不计其数。苍山县出现8级大风，刮坏房屋1万多间，刮坏地瓜炕塑料薄膜1000多张。

4月16日，莱西出现11～12级大风，损坏房屋7500间，死亡27人。

4月下旬，邹平县出现9级大风，台子、位桥、郑马、明集等地棉花、地瓜、玉米、高粱受灾，房屋、树木被刮坏，台子公社刮倒墙，伤4人。

5～8月，垦利县史口、辛庄、宁海等地先后发生8至10级大风，棉苗被刮死，小麦脱粒60%，高粱叶子被刮碎，谷子倒伏，减产60%。

5月上旬，胶南县出现8级西北大风，铁山、灵山卫、寨里、泊里、琅琊、张家楼、海崖等地，房屋被刮坏、树木被刮断、小麦减产25%，刮翻船5只。

5月15日夜，东北大风引发大海潮，沾化、利津籍在洼拉沟至挑河一带捉蟹的千余名群众未及撤离，当夜冻死14人，重伤50余人，其余被抢救脱险。同日，费县大风8级，刮倒房屋100多间。

5月29日，沾化县出现10级以上大风，新户公社，大风引起的海潮淹没粮田11770亩，淹死1人。

6月11日，广饶斗柯、花官、大营、马头、稻庄、小张等公社，出现8级大风，小麦减产1～2成。7月26日，出现8级大风，并伴有大雨，庄稼被刮倒脱粒。同日，宁津县出现8级东北风，上场小麦被刮走，损失2.5万千克。淄博市博山区出现大风灾害，损坏房屋2016间，刮走小麦15.95吨，折树1300棵、电线杆40根，伤2人，并造成蔬菜、果品损失。沂南县大风8级，小麦受灾22万亩，减产50%，损失小麦600多千克。五莲县出现9级大风，刮坏房屋352间，高粱、谷子减产15%，刮坏窝地瓜20亩。安丘县出现8级大风，小麦减产150万千克，刮坏房屋4428间、树木19240棵。武城县出现10级大风，全县小麦每亩损失10～15千克，约10万亩受灾。

6月中旬，潍县出现8级大风，刮坏房屋500余间，10万亩农作物受灾。

7月中旬，高青、广饶、垦利三县，大风引起沿海涨潮，淹地13500亩，并刮走船1只、木杆50根，死亡1人。

7月24日，即墨沿海有240条渔船因突遇强风侵袭，去向不明。北海舰队空军大队派出5架飞机，搜巡15小时，只有138条船获救。

7月26日，长岛县遭遇12级大风袭击，隍城公社渔船在渤海作业，因大风损失渔船2只、流网100挂，死亡2人，钦岛公社因大风袭击，渔船在大连港损坏1只，死亡3人，砣矶岛公社，因大风袭击，渔船在大连港损坏1只，死亡3人。威海市出现9级大风，损失苹果1835万千克，造成春玉米2万多亩倒伏，刮倒房屋60～70间。莱州县出现10级大风，全县损失船107只，大风诱发的海潮冲损食盐1000多吨。蓬莱县出现8～9级大风，全县碰坏小帆船29只、木帆船7只、舢板2只，被卷走2只；23口大缸虾油，共3450千克被卷走。并造成大部分春秋作物倒伏，全县共7700棵树木被刮倒，115间房屋倒塌，死亡50～60人；农作物减产7成。

7月30日，费县出现9级大风，刮倒房屋13200多间。

7月下旬，胶南县出现8级大风，全县受灾较重的有6500亩，秋作物倒伏减产30%，刮断大树400棵。

8月上旬，垦利，无棣出现11级大风，高粱、玉米、谷子减产2～4成，个别公社的秋作物绝产，海潮淹地1200亩。

8月19～20日，东明县出现8级大风，由于风大且时间长，作物减产1～2成。

8月，莱芜县出现大风，受灾轻的作物减产20%～30%，严重的减产50%～60%，刮坏房屋1510间。

9月16日，诸城县出现9级大风，刮坏房屋267间、大树9000多棵，高粱、玉米减产 3～4 成。

10 月 20 日，诸城县出现 9 级大风，刮坏房屋 123 间、大树 293 棵，高粱、玉米减产 2～3 成。

1973 年　5 月 1 日，海阳市大风从 5 时 48 分至 18 时 15 分，平均风速 20 米/秒，阵风 29 米/秒。受大风暴雨的影响，海阳市均出现不同程度的灾害，内陆主要是受暴雨影响较大，沿海主要受大风危害较重，海上生产损失更大。因风雨交架，灾情严重，淹死 3 岁小孩 1 名，伤 2 人，死牲畜 5 头，倒塌房屋 1088 间，倒墙 5060 米，冲毁农田 4363 亩，刮倒树木 16668 棵，冲坏塘坝 16 个、大口井 25 个、建筑物 6 处，海坝决口 11 处，丢失船 27 只，碰坏船 45 只，丢失船具 15000 余件，海带受灾面积 1700 亩，电线杆被刮倒若干，并使交通中断。

8 月 3 日，海阳大风浪，沉船 8 只，死亡 10 人，损失物资 8.5 万元。

8 月 31 日，受江淮气旋影响，即墨县遭暴风雨袭击，风力 8～9 级、阵风 10 级，降雨 115.0 毫米，冲走养殖鱼虾 13500 千克，毁坏渔船 23 只。

夏、秋，有 35 个县的 134 个公社、932 个大队遭受风雹灾害。受灾农作物 170 万亩，毁坏树木 25 万棵、水果 208 万千克、蚕 977 千克，倒塌和损坏房屋 8200 间，沿海地区被风浪打坏、漂走海带 30000 亩，损失各种船 374 只，死亡 4 人。

1974 年　4 月 28 日，平邑县仲村、铜石、地方、卞桥、郑城 5 个公社遭受风暴袭击，刮倒树木 17.95 棵，砸伤 5 人，小麦受灾面积 10 万亩。

4 月 29 日，即墨大风浪，沉船 2 只，死亡 8 人。

7 月 28 日，淄博市临淄区路山、淮阳、梧台、孙娄、大武、皇城等地出现风雹灾害，绝产 12.4 万亩，倒房 2.3 万间，死亡 1 人，伤 10 人。

8 月 14 日夜，莱州县出现 7～8 级大风，风灾面积 1.4 万亩。

8 月 29 日，因 7416 号台风影响，长岛毁船 285 只，死亡 15 人，威海毁船 50 只，倒树 3.6 万棵。

1975 年　5 月 4 日，莱州县发生 10 级以上西北大风，瞬间风速达 35 米/秒（12 级）。刮倒树木 8.9 万棵，毁坏房屋 5.6 万余间，翻船 6 只，伤 19 人，死亡 5 人，损坏船 54 只，报废 4 只。长岛县出现 8～9 级西北大风，钦岛死亡 2 人，机轮 1 只损坏。

5 月 4 日 7 时 30 分开始，海阳市大风持续 10 多个小时，平均风力 7～8 级，阵风 11 级，（瞬时最大风速 30 米/秒）。据不完全统计，海阳市共刮坏房屋 17728 间，小麦 180760 亩减产 10%，8065 亩减产 20%。刮倒（断）树木 33595 棵，春栽地瓜被刮坏 37800 亩。果树花被刮落造成水果减产 10%，沿海刮走大小船只 24 条，4 人死亡。

5 月 4 日 11～15 时，蓬莱县出现 6～7 级西北偏西大风，瞬间最大风速 21 米/秒。泊儿沟渔业队 60 马力机船由蓬莱港驶向烟台，途中在福山县海面被风浪打翻，船上 7 人落水死亡。山后陈家渔业队在港内 2 只水泥船被巨浪打碎，五十堡公社墟里大队 1 只小木船被风浪打坏。

夏、秋，昌潍、烟台、德州、临沂、聊城等地区的部分县、社遭受风雹灾害，130 万亩农作物受灾。

1976 年 3 月 18～19 日，荣成县出现 8～9 级东北风，阵风 10 级。给渔业生产造成很大的损失，全县丢失挂、坛网 539 挂，撕毁挂、坛网 1824 挂，丢失竹杆 4260 支，碰碎挂网舢舨 6 只，损失海带 350 亩。

5 月 15 日，荣成大风浪，毁船 3 只、渔网 1341 挂，死亡 8 人。

夏、秋季，菏泽、昌潍、临沂、烟台、惠民、聊城、淄博等地、市的部分县、社多次遭受风雹危害，受灾农作物 660 万余亩。

10 月 9 日，长岛县砣矶公社井口大队鲁长渔 3070 号渔船，在由砣矶西海域归航途中，被风浪打翻，9 人全部罹难。

10 月 24 日、27 日，荣成县两次遭受 7～8 东北风的袭击，共丢失挂、坛网 2500 挂，撕破 6103 挂，损失竹杆 17286 支、坛网坛 1280 个，挂网舢舨破碎 8 只，20 马力流网船破碎 3 只。

1977 年 5 月 13 至 14 日，德州、临沂、聊城、泰安、惠民、济宁 6 个地区的 23 个县市，突遭暴风雨袭击和低温冻害，风力达 9 级，最低气温降到 4℃，刮坏和刮倒房屋 13.3 万间，小麦倒伏 70 多万亩，有 93 万亩棉花、花生、地瓜等小苗被冻毁，倒折树木 90 余万棵，冻死、砸死 102 人，伤 21 人，死亡牲畜 685 头，冻死猪、羊 1000 多头。此次灾害，临清、聊城、冠县、莘县、夏津、济阳、莒县、日照、泰安、泗水 10 个县市受灾较重。

5 月 13 日 8 时 13 分至 11 时 16 分，夏津县瞬时风速达 9 级以上，并伴有降水，气温骤降，夏津县共冻死 9 人、羊 120 只、猪 13 头，房屋倒塌 1 万间，25 万亩棉苗约 50%受伤，长期停滞不生长，20%的小麦倒伏。

5 月 13 日，受强冷空气影响，寿光羊角沟近海 13～14 时出现 8～9 级大风，瞬间风速达 27.2 米/秒，羊口公社机船 406 号在海上翻船，船上 12 名渔民罹难，渔网、渔具等损失约 40 万元。武城出现大风，瞬时风速达 9 级以上，并伴有降水，气温骤降，全县共冻死 8 人、羊 100 只、猪 35 头，房屋倒塌不详，25 万亩棉苗受灾，小麦倒伏 20%。

5 月 13 日 7 时 30 分至 13 时 05 分，德州市受强冷锋过境影响，出现一次大风天气，平均风力 7～8 级，瞬时最大风速达 29.7 米/秒（11 级），造成市区多处停电，工厂停工，郊区 2.5 万亩棉花幼苗生长点被刮断。

6 月下旬至 7 月初，泰安地区的莱芜、章丘、宁阳、长清，德州地区的济阳、宁津、陵县、夏津、齐河、乐陵、庆云，聊城地区的聊城、茌平、临清 14 个县、46 个公社、396 个大队遭受大风、冰雹灾害。受灾农作物 104 万亩，有 5300 多间房屋被刮倒损坏。其中莱芜、济阳、宁津、陵县、聊城 5 县较重。

7 月 13 日，潍坊冷锋过境出现 18～20 米/秒的大风天气，寒亭、二十里堡、张氏、东庄、治浑街、沟西、车留庄、段家、木村、邓村、朱里 11 个公社的 11 万亩玉米、高粱等农作物遭受风灾，其中严重的刮断 30%，一般刮倒 10%～20%，刮倒房屋 2053 间，刮倒成材树木 22149 棵，刮倒电线杆 106 根。

9 月 10～11 日，因受 8 号台风影响自 10 日 15 时至 11 日 19 时，栖霞县遭受大风袭击，平均风速7～8级，阵风24米/秒，据调查全县农作物受灾面积玉米2万亩、谷子2000亩、高粱1700百亩、黄烟1000亩并损失大梨750万千克、苹果450万千克，损坏房屋80间。

10月29日，烟台地区东部、南部沿海一带，遭受10级大风袭击，翻船12只，69名渔民落水，46名被救，23人死亡，其中，大鱼岛翻船6只，落水24人，被救15人，死亡9人；人和公社院夼渔队翻船1只，落水4人，被救3人，死亡1人；据荣成、文登、乳山、海阳统计，大小船只83只被毁，损失贻贝4900亩、海带苗3万余亩、裙带苗750亩，直接经济损失总值550万元。事故发生后，黄海渔业指挥部、省水产局、省海上安全指挥部等有关部门领导人迅速赶到现场，指挥组织抢救。海军北海舰队先后从青岛、石岛派出6艘舰艇，荣成县组织大马力船舶22只火速到达出事海域抢救。全国安全指挥部和烟台救涝局，还急电通知正在航行的大庆20号、大庆30号和烟救101轮赶到石岛参加抢救。

1978年　4月15～16日，巨野县最大平均风速达19.7米/秒，农作物大面积倒伏，树木被吹倒。

4月中旬至9月下旬，泰安、昌乐、寿光、潍坊、栖霞、莱芜、莱阳、招远、平度、高密、胶县、牟平、海阳、文登、威海、临朐、诸城、邹平、无棣、沾化、桓台、东阿、阳谷、日照、郓城、泗水、沂南、莒县等县市先后遭受大风、冰雹灾害。429万多亩农作物受灾，水果、房屋等多有损失。

6月29日，济阳县出现8～9级的偏北大风，最大风力达到10～11级，致使近15万亩作物受灾，其中11万亩玉米、高粱等高秆作物倒伏，8456间房屋受损，52间倒塌，倒树64000棵、电线杆1200根，4个乡镇广播中断。大风袭击博兴县县境中南部，阵风达11～12级，19.3万亩农作物被毁，2900余间房屋被刮坏，合抱粗的大树连根拔起，电线杆刮倒1194根，邮电、交通、供电中断数日。淄博市淄川、博山、沂源出现10级大风。淄川区早秋作物减产，拔树4万多棵，毁房2万多间，部分电线杆被折断，触电死亡2人。博山区农作物成灾1.15万亩，倒树8256棵。沂源最大风速40米/秒，农作物受灾20万亩，房屋受损4万间。

6月29日夜，广饶出现10级左右大风，伴有雷雨，全县普遍受灾。树木、通讯线路、房屋、春作物受损；油郭、辛集、牛庄等公社受灾较重。牛庄油棉厂刮倒厂房4幢，生产设施和物资受到严重损失。6月30日夜，县境南部雷雨大风，风力9～10级，阵风12级以上，房屋、院墙、树木、作物严重受损。以城关公社受灾最重。因树倒拦路，潍博路交通中断，辛孤路受阻，广播、通讯、输电线路中断，县城停电3天。两次风灾，全县毁坏房屋11.6万多间，断、倒成材树木15.3万余棵，砸伤60人。

6月30日01时00～30分招远县遭受11级左右的大风袭击。其中青龙、勾山、毕郭3公社较严重，约有上万亩春玉米和二、四茬套种玉米遭受损失，全部倾倒或折断率30%，刮落果品约40～45万千克，刮倒树木2万多棵，部分房屋瓦被风掀掉。

6月30日，蒙阴县岱崮、野店、高都、常路、联城5个乡镇遭受风灾，刮坏房屋6462间，刮倒、折断树木22万多棵，刮倒扬水站3座，作物受灾面积32750亩，绝产5000亩，刮落果品150多万千克、花椒10多万千克。

6月下旬至7月初，全省9个地市的64个县市450个公社先后遭暴风骤雨袭击。有890万亩农作物严重减产或绝收。其中，菏泽地区400多个村庄被水包围。刮坏、刮倒房屋7.35万多间，倒折成材树木1180万棵，倒折各种电线杆2.3万多根，冲毁塘坝144座，刮倒渡槽570米，冲破桥涵336座，冲、淤毁坏水塘、大口井198个、机井200眼，河堤决口692处，场间小麦损失4425万千克，损失水果0.5亿千克，死亡45人，伤131人。

7月1日，平邑县保太、郑城、武台、城关、东阳5个公社遭受暴风袭击，倒塌房屋5518间，刮倒树木1.6万棵，刮掉水果22.5万千克，死亡1人，伤1人。沂水县出现瞬时最大风速达30米/秒以上，10分钟平均最大风速19米/秒。全县18个公社1200个大队程度不同受灾，其中13个公社762个大队受灾较重。全县通讯线路中断，高压线停止供电。农作物受灾面积达14多万亩，其中玉米56100亩、棉花1万亩、黄烟15457亩、花生3600亩、地瓜20900亩、高粱6100亩、谷子9125亩、其它作物24368亩；夏季作物87452亩，减产30%～50%的64014亩，减产50%以上的23438亩，绝产的11000亩。刮倒、刮断成材树木39万棵，损失苹果259万千克、其它干鲜果38万千克，刮毁房屋34052间、倒塌516间。

7月29日，长岛县隍城公社鲁长捕1029号钢壳渔轮（147千瓦），在嵊泗渔场遇6号台风，在返港途中被风浪打翻，有8名渔民罹难。

1979年　1月29日和4月7日，荣成县均出现8级以上大风，给海水养殖造成严重损害。全县约有1万亩海带绝产，严重损伤的各种渔船有400多只，（其中有130只失去维修价值），撕毁、丢失各种渔网4000余挂（块），直接损失折款总额约达1800万元。

2月21日，沾化县东北大风引发大海潮，淹没海拔2.4米以下沿海地区，面积达50.4万亩。

4月7日，文登、荣成、乳山、海阳4县沿海遭受10级大风，沿海社队渔业生产受到严重危害，共损失各种船只241条、海带17455亩，直接经济损失达1550万余元。其中荣成损失最重，损失海带13300亩、渔船142条，折款1145.5万余元。

5～6月，全省除惠民地区外，其它地市的53个县市区393个公社3900个大队遭受暴风雨和冰雹灾害。受灾农作物660多万亩，其中接近黄熟的小麦310多万亩，约损失小麦1.5亿多斤，350万亩春播作物被刮倒、折断或被冰雹砸毁，倒折树木42万多棵，损失水果约260万斤，冲走、霉变麦粒1000万千克，被水浸泡麦粒700万千克，损坏房屋11万间，砸死儿童3名，受伤218人。

1980年　6～10月，暴风、骤雨、冰雹连续发生达14次之多。使全省100个县市区1107个公社135000个生产队受灾。1980年7月6日，除聊城、枣庄外，其余11个地市的41个县的244个公社4677个大队遭暴风雨、冰雹袭击。510万亩农作物受损害，成灾342万亩，砸坏、刮坏房屋41000余间、倒塌880间，刮倒、刮断树木125万余棵，冲走粮食23万千克，损失各种果品2970万千克，冰雹砸伤2100多人，伤大牲畜480头。

7月6日，济阳县降雹时伴有8～9级东北大风，倒树千余棵，倒房40余间，曲堤死亡1人。

7月24～28日，临朐、潍县、诸城、五莲、临清、冠县、东阿、夏津、广饶、高青、沂源、沂水、蒙阴、新泰、莱芜、泰安、章丘、邹县18个县市126个公社出现大风、暴风、冰雹灾害，248万亩农作物被损坏，5万余间房屋被刮坏、倒塌，40万棵树木被刮倒折，40人被砸伤。同期，东部沿海地区受14号台风影响出现大海潮。漫灌虾池1.3万亩，损失网具6000挂，损失贻贝1600亩，撞坏养殖船977只，其直接经济损失1500万元。

7月25日21时前后，五莲县因大风农作物受灾17500亩，绝产2600亩，房屋被掀顶700间，苹果落地8万千克，倒树2300棵。

9月1日18时28分至19时05分，莱阳县出现大风，榆科顶、柏林庄等19个公社遭受大风冰雹袭击，风力达10级，全县均受大风的影响，受风灾的有470个大队，其中严重的有84个大队，玉米受灾面积为16万亩，损失大梨1000万千克、苹果22万千克，倒折树木1.2万棵，损坏房屋1440间，严重的520间。

9月1～3日，烟台、惠民、昌潍、德州、济南、济宁6个地市的27个县市遭大风、冰雹袭击，受灾农作物478.3万亩，损坏、倒塌房屋8万余间，淹死、砸死18人，砸伤92人。

9月1日下午，莱州县遭受大风袭击。8级以上大风持续50分钟，最大风力12级以上，极大风速大于40米/秒。损坏房屋7.5万间，其中倒塌1421间，倒塌烟囱257个，损坏船只221只，其中严重损坏34只，报废5只，全县共死亡20人，重伤35人，轻伤315人。损坏树木156.1万棵，刮断电线杆3000余根，防潮坝决口350米，冲毁盐田2.4万亩，损失原盐2.4万吨。

11月7日，即墨县王哥庄1788号小渔船，搭载15人去海阳卖虾酱，遭遇大风翻船，9人丧生。

1981年　5月26日，陵县出现大风，棉田受灾7万余亩、重灾3万亩，刮坏房屋3500多间，吹断树木1万多棵。

9月1日，受14号台风影响，青岛市沿海出现大海潮。3万亩农田被淹没，毁坏渔船400余只、渔网1092挂、养虾池1341亩，直接经济损失782万元。

1982年　6月16日下午，济阳县降雹时，遭受大风危害，毁树40890棵、电线杆155根、房屋1829间、院墙1600米，伤亡104人（其中现场死小女孩1名，伤103人），死牛1头。

6月中旬至9月底，先后出现风雹灾13次，波及13个地市中的75个县市716个公社近万个大队。农作物受灾面积950多万亩，倒塌、损坏房屋15.8万间，死亡10人，伤291人，损失各种水果3094万千克，刮倒、折断成材树215万棵，损失粮食2013.5万千克，工业、交通、邮电等均受到严重损失。

10月18～19日，青岛市即墨县、胶县、崂山县、黄岛区共31个公社遭受大风危害，农作物受灾30万亩，折断树木5000棵，刮落苹果125万千克。

11月9日，沾化县东北大风引发大海潮，淹没海拔2.2米以下沿海地区，计有30.8万亩土地被淹。淄博市出现风雪灾害和冻害，阵风10级以上。电力、通讯、厂矿企业受灾严重。其中临淄区刮倒树 64.48 万棵，刮断电线杆 12466 根，刮毁电线 15.6 万米，刮毁变压器 76 台，倒塌房屋 1100 多间。市供电局刮倒电线杆 947 根，断线 1372 处，断地线 4 处，刮倒通讯线杆 8 根，砸毁变压器 37 台，损毁大量设备，少供电 1418.82 万千瓦小时。市邮电局南北向线路大部倒杆，长途通讯中断 7～10 天。临淄、张店、淄川、桓台 4 县区有线广播线受损，中断广播 1 个月。山东铝厂、胜利炼油厂、金岭铁矿严重受灾。大白菜受冻。是淄博市 1950 年以来损失最大的一次大风灾害。据不完全统计，全市灾后修理费 2000 万元。

1983 年 3 月 16 日，长岛县出现大风，钦岛公社北村大队鲁长渔 2012 渔船从北村西口向外转港时被风浪打翻，5 人全部罹难。4 月 26～29 日，全县两次遭受 10～11 级大风袭击，经济损失约 1200 万元。

4 月 25 日夜至 26 日，牟平县遭到了先南后北向的 8 级以上大风袭击。据统计全县 1430 亩海带，因断绳、拔橛、缠绕等损失 1030 多亩，折款 68 万多元，全县 720 亩贻贝，严重脱落达 630 多亩，折款 34 万多元，损坏拖船 3 只、舢舨 29 只，再加刮倒、刮坏房屋、烟囱、树木及影响果树正常授粉等，全县直接经济损失近 200 万元。

4 月 26 日，由于受低气压的影响，海阳县普遍遭受大风袭击，大风从早晨 6 时 30 分开始，一直持续到 19 时，风向由南南西顺转为西北西，10 分钟最大风速达 25.3 米/秒，极大风速 31 米/秒。这次风灾，对全县人民的生活和各业生产都造成了较为严重的经济损失，据调查，全县共有受灾大队 620 个，受灾企事业单位 50 个，刮倒房屋 104 间，掀掉屋顶、刮去屋顶瓦草的共 9800 多间，刮倒、刮断树木 2.1 万多棵，刮倒各种电线杆 700 多根，刮倒大烟囱 3 座，果树花损失 50%以上的 3.5 万亩，大小船只报废 14 只、撞坏需要大修的 147 只，网具损失 2300 多件，此外有的地膜被撕碎，有的院墙被刮倒，有的海坝被冲垮等等，全县各种经济损失总计约 105 万元，并造成重伤 2 人、轻伤 3 人。本次大风灾害造成的损失，是海阳县多年来少见的。沾化县海防渔业公社两艘 25 马力捕捞船在深海作业时，遭受 10 级以上东北大风袭击而翻沉，10 名船员全部罹难。受冷锋影响，招远全县范围出现大风伴有雷暴和降水，10 分钟最大平均风速 17 米/秒，阵风 25 米/秒，过程降雨量 6.5 毫米，全县 49 万亩小麦、2 万亩果树、400 亩地瓜、590 亩蔬菜受害。刮倒树木 2.4 万多棵，刮坏房屋 3400 余间、塑料大棚 76 个、小棚 50 个、花生地膜 50 余亩，刮坏渔船 1 只，刮倒烟囱 3 个，伤 7 人，重伤 3 人。经济损失 200 余万元。莒南县出现大风，将许口、文疃等 7 个公社房屋刮毁 4400 间，刮倒树木 1.1 万多棵，2 万多亩黄烟大部分被刮坏重栽。即墨县因海上大风浪，毁船 13 只，死亡 2 人，冲走渔网 170 挂。

4 月 26 日上午 7 时半，莱州县开始遭大风袭击，持续时间长达 9 小时，共 23 个公社受灾。刮坏房屋 3.2 万间，刮断、刮倒高压线杆 1200 根、树木 1.4 万棵，刮掉花果约二分之一，损坏渔船 36 只，报废 18 只（计 400 马力），三山岛渔港码头被海潮冲击下沉裂缝长 50 米，挡浪坝被打开 15 米长缺口。沙淤盐田 2.1 万亩，损失原盐 5 万吨、草苫 15 万个。

4 月 28 日，莱州县受大风袭击，莱州县海庙后港撞坏船 8 只，其中沉没 1 只，5 人遇险，4 人被救，1 人死亡。

7 月 2 日，受低槽及槽后强冷空气影响，招远县界河、张星、纪山、罗山、大秦家等公社出现大风。招远气象站记录从 7 月 2 日 01 时至 11 时，10 分钟平均风速 7.3 米/秒，最大 11.0 米/秒，阵风 17 米/秒。据界河气象哨气象员估计，最大风力约 10 级。上述乡镇苹果减产约 350 万千克、梨 750 万千克、其它水果 25 万千克。900 亩玉米制种田受灾减产约 17 万千克，1000 亩春玉米受灾减产约 7 万千克。刮倒、折毁树木约 20670 棵，刮倒电线杆 30 余根，部分电线被刮断，有 1600 余间房屋的瓦及门窗被刮毁，全县经济损失 210 万元，其中以纪山公社最重，损失约 65 万元。

7 月 2～3 日，烟台地区因受气旋影响，全区普降中到大雨，局部暴雨，同时海上出现 7～8 级大风。由于大风持续时间较长，使沿海地区遭受一定损失。全区共有 7 个县市（蓬莱、海阳、威海、荣成、招远、乳山、福山）受灾。共损坏机动船 44 只，破碎严重的 24 只，损坏舢舨 62 只，破碎严重的 22 只，损失网具 400 多条，共死亡 8 人，其中被雷电击死 1 人，农业生产也不同程度地受灾。

7 月 29 日，莱芜市矿山、羊里、寨里、杨庄、牛泉、方下、高庄、颜庄等 14 个公社遭受风灾。13.5 万亩玉米倒伏 4.6 万亩，有 30%～49%被折断；5.1 万亩 50%～79%被折断；3.8 万亩折断 80%以上。

8 月 6 日，从蒙古东部到内蒙古有冷平流入侵。6 日下午，招远县自西向东先后普降雷雨，全县平均雨量为 44.6 毫米，最大的 77.6 毫米（毕郭公社朱家庄），最小的 10.0 毫米（界河公社）。招远气象站为 44.7 毫米，部分公社出现 6 级以上大风。招远气象站 16 时 50 分至 17 时 05 分平均风速为 12.7 米/秒，阵风 20 米/秒，风向西北。齐山、道头、金岭、罗山、大秦家、阜山、磨山、毕郭、勾山、大户 10 个公社农作物受灾面积 11 万亩左右，其中玉米绝产 1000 亩（风刮断），刮落水果 100 多万千克，刮倒树木 23300 棵。经济损失约 130 万元。

9 月 8～9 日，海阳县受黄淮气旋的影响，出现大风天气，同时伴有降水，雨量达中到大雨（县气象站降水 26.4 毫米，全县平均 29.5 毫米）。大风自 9 日凌晨 0 时 39 分开始，持续到 7 时 58 分，10 分钟最大风速 15.7 米/秒，极大风速 20 米/秒，风向为东北东到东北。这次大风给农业生产及人民生活造成一定程度的损失，受灾范围波及全县 13 个乡镇，受灾面积总计 65 万亩，刮倒刮断玉米、谷子 7.11 万亩，平均减产 4 成，折合经济损失 256 万元，刮落、碰坏苹果 139 万千克，折合经济损失 34 万元，刮倒、刮坏房屋 880 间，折合经济损失 5 万元，刮倒、刮断树木 5700 棵，折合经济损失 11.5 万元，撞坏“195”船、小船各 4 只，折合经济损失 1.5 万元，以上经济损失共计 308 万元。

夏季，山东全省先后遭到 10 多次风雹袭击，尤以 4 月下旬一次为重。4 月 25 日至 29 日，全省 11 个地市中有 53 个县区的 287 个公社 7000 多个生产队遭受到风雹灾害。莱芜、新泰、费县、沂南、寿光、益都、平度、长岛、掖县、荣成、海阳、鄄城、齐河、滨县、历城、博山 16 个县区受灾较重。受灾农作物 289 万亩，倒折树木 116 万棵，损坏房屋 28 万间，刮倒院墙 5 万米，死亡 54 人，受伤 680 人，死大牲畜 128 头、猪羊 738 只，损失粮食 125 万千克，群众家具、衣物损失无数，海产养殖、盐场、交通、邮电等损失严重。

1984 年　3 月 20 日，青岛及山东沿海均出现 9～10 级大风天气。青岛市区最大风速 36 米/秒，造成 220 千伏青坊供电线路跳闸断电，抢修 8 个小时恢复送电。

6 月 3 日，济阳县阵雨 23.0 毫米，伴有 8 级以上西北大风，大风持续 25 分钟之久，受其影响，小麦倒伏 14 万亩，刮倒树 4.81 万棵，倒房 15 间。同月 12 日降雨并伴有 8 级以上西南风，作物倒伏 2.45 万亩，其中棉花占 49%，玉米 39%，其它 12%。淄博市境内 52 个乡镇出现风灾，风力 8～9 级，小麦受灾 50 万亩，减产 1.5 万吨，毁坏房屋 6000 多间，倒树 1 万余棵。兖州出现飑线大风，瞬时最大风速达 33 米/秒，这次大风使全县小麦倒伏 42.5 万亩，减产 50%以上的达 10 万亩，连根拔起大树 6.9 万棵，电线杆刮倒、刮歪 2000 根，刮倒房屋 210 间，给全县工农业生产及人民财产造成严重损失。

6 月 3 日下午至 4 日晚，泰安、菏泽、临沂所属 26 个县市区遭大风袭击，阵风 10 级以上。使农作物、树木、房屋、输电线路等遭到不同程度的破坏。初步统计，损坏房屋 3420 间，刮倒院墙 39.6 千米，刮倒、刮断树木 61.5 万多棵，损坏电话线、广播线 50 千米，倒折电线杆 1760 根，砸伤 3 人，砸死 1 人。

10 月 19 日，长岛县出现 7～8 级西北大风，长砣运 7 号被摧毁，死亡 4 人。

1985 年　6 月 1 日，全省 11 个地市的 35 个县市 282 个乡镇遭受严重风雹灾害，受灾农作物 390 多万亩，其中小麦 290 万亩，有 90 万亩被砸光绝收，减产小麦 3 亿多千克。刮倒、折断树木 110 多万棵，刮倒电线杆 6900 根，损坏房屋 8.9 万多间，砸伤 4100 多人，砸死 8 人，死亡牲畜 3900 头、家禽 117 万只，重灾人口达 260 万人。受灾较重的有济宁市郊区、汶上、滕县、阳谷、东平、梁山、平阴、泗水、平邑、蒙阴等县市区。

6 月 1 日，邹县遭受风雹袭击。小麦受灾面积达 30 万亩，减产 2500 万千克，损坏房屋 1000 多间。

6 月 2 日，蓬莱县出现一次飑线天气，阵风达 27 米/秒，有 7 个乡镇受灾。大风刮坏房屋 2500 多间，毁坏渔船 56 只，损失海带 780 亩、扇贝 100 亩、贻贝 580 亩，刮倒大小树木 3 万多棵，水果被刮落 20%左右，刮倒、刮断输电线杆 37 根，直接经济损失 600 多万元。

7 月 4 日下午，长岛县南长山镇遭受强风暴袭击，风力达 11 级，持续时间 20 分钟。养殖海区受灾面积达 1 万多亩，翻沉养殖舢板 8 只，死亡 2 人，经济损失约 120 万元。

7 月 4 日～8 月 3 日，全省各市地的 109 个县市先后遭风雹或水涝灾害。1400 多万亩农作物受灾，重灾 900 多万亩，倒塌房屋 4 万间，损坏房屋 40.8 万间，死亡 23 人，重伤 700 多人，树木、水果、电线杆等亦有损失。郓城、梁山、鄄城、菏泽、汶上、兖州、泰安市郊区、东平、聊城、商河、海阳等县、市、区受灾尤重，重灾人口达 153.85 万户、600 多万人。

7 月 18 日，胶县出现 10 级阵风，刮倒树木 3000 余棵。掀掉屋瓦、刮倒围墙、折断高压电线杆，1 只小船被刮翻，有 3 人罹难。同日 5 点左右，青岛东营盐场突遭暴风、冰雹袭击，阵风 10 级以上，撕裂塑苫 35 块、大蓬布 13 块，刮断、刮歪电线杆 71 根，受损房屋 150 间，直接经济损失 23 万元。

8 月 3 日，嘉祥县出现西北大风，刮倒各类作物 47.9 万亩，损坏房屋 5096 间、树木 25.76 万棵，广播、电话、高压电线杆刮倒 3800 根，刮倒秸垛 4200 个，1.2 万亩果园均造成落果。

8 月 3 日 5 时 30 分～7 时 30 分，东明、郓城、鄄城、单县、巨野、成武、牡丹区相继遭到大风袭击，最大风力 11 级，并伴有雷雨和少量冰雹，全市受灾乡镇 142 个，受灾面积 583 万亩，成灾面积 378 万亩，倒塌房屋 3337 间，损坏房屋 10 万余间，刮倒、折断树木 614 万棵、电线杆 4115 根，刮坏高压、电话线路 205 千米，伤亡 299 人，死伤牲畜 24500 头，雨淋粮食 240 万千克、皮棉近 0.5 亿千克，不少学校的教室、宿舍倒塌，学生无法上课，输电线路不通，大部分工厂停产，全市经济损失约 3.5 亿元。

8 月 3 日下午 4～8 时，菏泽、济宁、潍坊 3 地市 21 个县市区先后遭大风袭击，风力一般 6～7 级，最大阵风达 10 级以上。菏泽地区损坏桐树苗 1 万多亩，刮倒成材树 40.4 万棵，倒塌房屋 3200 多间、损坏 50 多万间，刮倒电线杆 2779 根，电线损失 42.5 吨，死亡 4 人，重伤 22 人。曲阜县全县 12 个区、40 个乡镇遭暴风袭击，刮倒成材树木 48800 多棵，未成材树木 52500 棵，倒塌房屋 225 间，损坏房屋 1400 多间，倒折电线杆 964 根，死亡 1 人，伤 1 人，总经济损失 1500 多万元。潍坊市有 4 个县区 14 个乡镇受灾，倒树 1.1 万多棵，损坏房屋 1600 多间。

8 月 19 日 12 时 30 分至 19 时 05 分，蓬莱县出现东到东北风转西北大风，瞬时风速达 24 米/秒。全县死亡 7 人，房屋倒塌 4613 间，26 万亩玉米严重倒伏，损失蔬菜 1.6 万亩，果树落果 40%，养殖扇贝、贻贝损失 600 亩，毁坏渔船 89 只。

1986 年　6 月 3 日，蒙古低涡中的强干冷平流南下，造成大风、冰雹天气，莒县北部的安庄、碁山、果庄、店子、城阳、峤山、洛河、东莞、陵阳，南部的刘官庄、夏庄 11 个乡镇 260 个村庄遭受大风、冰雹袭击。小麦 5 万亩减产 3～5 成，2 万亩减产 6～8 成，1.8 万亩减产 8 成以上；黄烟受灾 2.15 万亩，其中绝产 1.5 万亩；花生受灾 3 万亩，其中重播 1 万亩；地瓜受灾 2.5 万亩，其中重栽 1.2 万亩；蔬菜瓜类 0.8 万亩，全部绝产，苹果受灾 7500 亩，毁坏房屋 2000 余间，刮倒树木 3 万余棵、电线杆 100 余根，摧毁围墙 7 千米，砸伤 7 人，总计经济损失 1240 万元。

6 月 12～13 日，临沂、莒南、莒县、日照、沂水、费县、平邑、沂源、蒙阴、临沭 10 县 140 个乡 4581 个村遭暴风雨袭击。有 112.9 万亩小麦倒伏，55 万亩套播作物和 18.65 万亩果园受灾。刮倒房屋 5949 间，刮坏房屋 32960 间，刮断树木 256 万棵，倒折线杆 3510 根，损坏渔船 83 只。因房屋倒塌砸死 2 人，重伤 13 人，全区经济损失约 5000 万元。

6 月 12 日、13 日，平邑、五莲、邹县遭受暴风雨灾害，风力一般 7～8 级，阵风最大达 11 级。据初步统计，共刮倒民房 1340 间，刮坏民房 13860 间，刮倒院墙 2000 米；造成 9 人受伤；刮倒、刮断各种电线杆 227 根，致使灾区通讯中断，冲毁地堰 4000 米；刮倒、刮折树木 160 万余棵，苹果损失较重；刮走麦秆、麦糠 6 万千克，损失小麦 6 万余千克。

7 月 25 日，临邑张寨、城关、孟寺 3 乡镇遭几十年不遇的 10 级以上狂风袭击，且伴有暴雨、冰雹，3 万亩农田受灾，刮倒树木 1 万棵，倒塌房屋 100 间、院墙 5000 米，砸死 1 人，伤 20 人。

7 月 31 日，受高空槽后冷平流及地面冷锋共同影响，莒县夏庄、碁山遭受大风袭击，受灾作物 8000 亩，成灾 3800 亩。其中刮倒玉米 3000 亩，减产 3 成以上，损失 15 万元；黄烟 800 亩，减产 3 成以上，损失 13 万元。刮掉苹果 15 万千克，损失 9 万元。刮坏房屋 250 间。2 人死亡，1 人轻伤。

8月10～11日，平邑、费县、苍山、临沂、沂南、莒县、日照、荣成、山亭、东平、肥城11个县市区的122个乡镇先后遭受暴风雨袭击。刮倒树木54.659万棵，刮坏房屋74029间，死亡2人，伤35人。

1987年 4月21日，荣成县由于受在半岛加强发展的低压影响，刮起了7～8级的西北大风，阵风11级（29.0米/秒），海上平均风力可达9～10级。这次少见的大风造成了巨大的损失。农业损失：全市1054个自然村普遍受灾，共淹没农作物6.1万多亩，绝产1.2万多亩，倒伏玉米16万亩，损失水果500多万千克，刮倒树木4.1万多棵，刮倒房屋496间等，直接经济损失1400万元。

4月21日早晨开始，由于受江淮气旋及北方冷空气的共同影响，烟台市出现了一次大风和降雨天气。平均风力7～8级，阵风达9～10级，局部（成山头）短时阵风达12级，导致烟台市东部沿海地区遭到严重风灾。全市受灾重的地区有文登县、荣成县、威海市，共损坏房屋约12.9176万间，刮坏其它建筑物、烟囱等1.9475万座、树木约10.1267万棵、塑料大棚和地膜1.4631万亩，损坏大小船只169只，网具3806块，损坏海带、虾池等约2466亩，损失水貂141只，刮断高低压线路、电话线路1078处，共有63人受伤、12人死亡，直接经济损失约3942万多元。

7月6日下午5～6时，莒南县朱边乡遭受大风与冰雹袭击，偏西风9至10级，同时降雹。有16个村受灾较重，刮倒、刮断树木1.5万棵，刮走柴草3万千克，毁坏房屋1650间，其中倒塌4间，伤2人。1500亩作物受灾，5万千克未成熟的苹果被刮落，直接经济损失40万元。

7月12日，乐陵县城关、郭家、朱集、三间堂、西段、胡家、黄夹、杨家、双庙赵、大孙、铁营、刘武官12个乡镇354个村遭受大风袭击，风力在9～10级，刮倒、断树木10多万棵，刮倒高压线杆、广播线杆5000余根，刮断各类输电及通信线路16000余米。伤人54名、牲畜900多头。造价50万元的县中心市场4000平方米的钢架乐陵部倒塌，砸伤3人，这次大风造成经济损失约2676万元。

7月21日夜间10时前后，乐陵县失集，大徐、三间堂3个乡100多个村遭受9级大风袭击，刮倒、刮断各种树木3.1万棵，刮坏房屋1100多间，刮倒院墙2500米，刮倒线杆50多根，造成直接经济损失700多万元。

8月15日早5时许，莱阳市境内有14个乡镇遭受飑线大风的袭击，城厢镇、沐浴店镇、古柳镇、照旺庄乡、冯格庄乡等6个乡镇的42个自然村2140户受灾较重，9124亩果园平均减产30%，折款358万元；玉米受灾1.35万亩，平均减产60%，折款135万元；树木损坏213棵，折款2.16万元；房屋倒塌506间，折款7.5万元；其它损失8万元，总共损失510.66万元。

8月17日23时，夏津县暴雨伴随8～9级大风，阵风达10级，造成80万亩农作物倒伏，其中重灾棉田42万亩，重灾粮田21万亩，3万余亩果园掉果率在50%以上，刮倒刮断各种树木3.5万棵、各种线杆173根，刮坏高压线8处、电话线6处，约250间房顶的瓦被掀掉，倒塌墙头1200米，估计夏津县棉花、玉米减产2～3成，谷子减产5成以上。损失各种水果60万千克。

8月19日，沂源县出现雷雨大风冰雹灾害。粮食作物受灾面积3.49万亩，经济作物

1.09 万亩，经济林 1.12 万亩，落果 2000 吨，1890 棵成材树木倒折，7 条高压线中断，450 间房屋被毁，直接经济损失 700 多万元。

8 月 26 日，莱芜市城区、张家洼镇、口镇、方下镇、寨里镇、羊里镇、大王庄镇，茶叶口镇、腰关乡、和庄乡、常庄乡、见马乡、牛泉镇、圣井乡遭受大风袭击。玉米倒伏 15.49 万亩，重灾 10.36 万亩，刮倒树木 21810 棵，损坏蔬菜 3800 亩，刮坏房屋 2512 间，刮倒电线杆 100 根，红麻倒伏 4000 亩，刮掉柿子 50 万千克，伤 13 人（学生 5 人），经济损失 950 万元。

8 月 26 日 19 时至 27 日 13 时，荣成市先后出现大暴雨和大风。全市平均降雨量 128.8 毫米，荣成气象站 27 日的日降雨量 158.5 毫米，超历史最大记录。27 日东到东北风，陆地平均风力上午增强到 6～7 级，阵风 10 级，海上更大。由于降水急，雨量大，大风紧接暴雨后发作，使灾情更加严重，为多年少见。5 条渔船发生事故，死亡渔民 10 人，并给全市农业造成重大损失。

9 月 3～5 日，烟台市普降中到大雨，局部暴雨、大暴雨。全市平均降雨量 75.3 毫米，最大的 191.2 毫米。降雨期间伴有狂风，风力 7 至 8 级，最大 11 级。狂风暴雨给秋作物、果品和渔业生产造成很大损失，部分建筑物、林业、水利设施等也遭到不同程度的破坏。全市普遍受灾。其中受灾特别重的有牟平、蓬莱、龙口、乳山、海阳、福山、威海等县市区。据不完全统计：玉米倒伏 80 万亩，预计减产 8400 万千克，冲毁菜田 26500 亩，刮落水果 7700 万千克，刮倒成材树木 14.23 万棵，倒塌房屋 2164 间，倒塌院墙 11981 米，损坏船只 290 条，损失流网 1500 块，损失贻贝 6500 亩，死亡 2 人。直接经济损失约 1.1 亿元。

9 月 4～5 日，荣成县出现一次大到暴雨，局部大暴雨的天气过程，雨后刮起了 6～7 级的北到东北大风，阵风 9 级，海上更大，风雨成灾。全县倒塌房屋 532 间，刮倒树木 4.5 万多棵、电线杆 367 根、玉米 18.2 万亩，其中绝产 1380 亩，估计减产粮食 1310 万千克，损失水果 602 万千克、扇贝 783 亩、虾池 400 亩、船只 105 只，造成经济损失 1676 万元。

9 月 4 日上午 7 时 48 分至 12 时 04 分，龙口市出现雷雨大风天气，十分钟风速 12 米/秒，瞬间风速 18 米/秒，芦头镇等处风力达 10 级。市内北马、芦头、中村、下丁、城关、兰高等乡镇遭受重大灾害。据市政府统计，全市共刮掉大梨 1589.7 万斤、苹果 792.5 万斤、葡萄 314.7 万千克，刮倒树木 5280 棵，玉米倒伏 81220 亩，估计总损失约 1000 万元以上。

1988 年　3 月 14 日和 4 月 11 日，强劲的狂风先后袭击了沂南、平沂、文登、环翠 4 个县区的部分乡镇，给群众的财产和农业生产造成严重损失。其中，刮坏民房 3647 间，刮毁海带、扇贝和塑料大棚 1929 亩。

8 月 26 日，威海因大风浪的袭击，损失船只 198 只，丢失网具 1600 件，冲毁渔港码头 7 处；荣成毁坏船只 213 只，死亡 11 人，直接经济损失万元。

9 月 7 日，莱芜市城子坡、辛庄、寨里、杨庄、孝义、见马、雪野、张家洼、口镇、羊里、方下、牛泉、高庄、南冶、颜庄 15 个乡镇遭受大风袭击。受灾面积 21.6 万亩，严重受灾 6.3 万亩，减产 722.5 万千克，其中红麻 3800 亩，蔬菜 15000 亩，刮倒树木 13.9

万棵，刮坏房屋 2.39 万间，刮倒电线杆 504 根，果品损失 574 万千克，高洼村死亡 1 人，直接经济损失 2800 万元。

1989 年　5 月 8 日，德州、东营、滨州、济南、潍坊、青岛、烟台、济宁、临沂 9 个市地的 29 个县市区 154 个乡镇遭受了严重的风雹灾害。降雹时风力 8 级，局部地面积雹厚度达 3 厘米。有 32.5 万公顷农作物受灾，成灾面积达 18.2 万公顷，绝产或基本绝产的小麦达 8 万公顷，11.6 万公顷棉花、花生、地瓜等春播作物进行了返种，灾害毁坏房屋 98 万间，伤 1000 余人，造成直接经济损失 4.4 亿元。

5 月 10 日，聊城地区的高唐县，德州地区的乐陵市、平原县、宁津县，菏泽地区的梁山县先后遭受大风袭击，风力一般 5～7 级，阵风 8 级以上，同时伴有中到大雨，最大降雨量 70 毫米，造成大面积小麦倒伏。倒伏小麦多系水浇条件较好和抗旱不抗倒伏的昌乐 5 号、鲁麦 3 号和济南 13 号等品种。

6 月 29 日，莱芜市里辛、辛庄、铁车、苗山、城子坡、茶叶、腰关、上游、鹿野、雪野、颜庄、常庄 12 个乡镇遭受大风袭击。全市受灾面积 18.46 万亩。其中，玉米 8.46 万亩、地瓜 2 万亩、花生 3.3 万亩、果园 2.4 万亩、花椒 2.3 万亩，刮坏房屋 2.92 万间、倒塌 250 间，总经济损失 1500 万元。

6 月 29 日下午 1 时 40 分至晚 8 时 5 分，临沂、惠民、东营、枣庄、济南、烟台、潍坊、德州、青岛、泰安、济宁 11 市地的费县、蒙阴、平邑、莒南、沂源、沂水、临沂、临沭、东营、垦利、莱芜、新泰、泰安郊区、博兴、高青、邹平、泗水、诸城、莱州、滕州、章丘、胶南 22 个县市区 108 个乡镇遭受严重的风雹灾害。风雹持续时间一般 15～30 分钟，冰雹大的直径 5 厘米，重灾地块地面积雹 8.4 厘米，一般 1～2 厘米，风力一般6～8 级，阵风 11 级，局部地区风雹来时还伴有大雨。这场风雹造成农作物受灾面积 12.1 万公顷，其中砸、刮毁坏 30%以上的 6 万公顷，全部毁坏需返种的 3333 公顷，果树受灾 24 公顷，损失水果 1850 万千克，刮坏房屋 6095 间，其中大揭顶的 230 余间，倒折树木 4.84 万棵，死亡 1 人，伤 6 人，刮倒电线杆 390 根，死伤家禽 500 多只。

7 月 1 日 13 时至 2 日 20 时，德州地区的陵县、平原、武城、夏津 4 县的 18 个乡镇、195 个村庄，先后两次遭受风雹袭击，冰雹大的如鸡蛋，一般如小枣。降雹时，伴有 7～8 级大风，4 县农作物成灾面积 1.8 多万公顷，其中棉田 1.07 万公顷，在受灾棉田中，有 7333 公顷被砸成光秆；4000 公顷玉米、3760 公顷瓜果蔬菜基本绝产；刮倒树木 7000 余棵、电线杆 1100 根，损坏房屋 300 余间。总经济损失约 7000 万元。

7 月 14 日下午 4 时 20 分，无棣县 4 个乡镇遭受暴风和冰雹袭击，风力 10 级以上，降雹时间长达 30 分钟，冰雹大的直径 7～8 厘米，小的直径 1.5 厘米，不少地块积雹厚度达 5 厘米。有 40 个村受灾严重，其中 21 个村的农作物和枣树被砸（刮）坏，40 个村的农作物受灾面积 7780 公顷，其中棉花 2914 公顷、玉米 2600 公顷、大豆 1266 公顷、其它作物 1000 公顷，被毁 3 成以上的 4553 公顷，其中棉花 2200 公顷、玉米 1400 公顷、大豆 666 公顷，被毁 8 成以上的 2346 公顷，其中棉花 1213 公顷、玉米 600 公顷、大豆 300 公顷、其它 233 公顷，枣树损失小枣 3 成以上的 26.65 万棵，损失小枣 5 成以上的 12.25 万棵，损失小枣 8 成以上的 10.25 万棵，4 公顷梨树绝收，2350 间房屋房檐被掀，门窗被损，其中 8 间房顶被刮掉，1507 名群众被冰雹砸伤，其中重伤 57 人，1 匹马、154 只羊、1000

余只鸡鸭被砸死，总经济损失1820余万元。

7月17～20日，山东大范围地区陆续发生严重暴风雨和冰雹灾害，农作物受灾面积16.7万公顷，成灾面积8.8万公顷，倒塌房屋346间，损坏房屋3015间，死亡2人，伤1人，倒折树木23.72万棵，倒电线杆1482根。7月17日晨6时30分至19日晚12时，聊城、临清、茌平、东阿、莘县、冠县等7个县市的34个乡镇连续遭受大风暴雨、冰雹袭击，一般风力8级，冰雹大的如鸡蛋，小的如枣，最大点雨量160毫米，暴雨持续时间一般2小时，冰雹持续时间10～20分钟。由于时间短，雨量大，不少农田积水严重，全区农作物受灾面积2.3万公顷，成灾1.6万公顷，其中粮食作物1万公顷，棉花6000公顷，倒折树木5万棵，倒塌损坏房屋250间。7月17日晚8时半至11时，兖州、汶上、嘉祥、金乡、曲阜、济宁市郊区6个县市区的25个乡镇遭受暴风雨灾害，风力7～8级，最大点雨量160毫米，倒伏玉米、棉花、杂粮共3.6万公顷，刮倒、折树木5万棵，刮倒电线杆300根，通讯广播线路中断15千米。

7月19～20日，诸城市16个乡镇的412个村遭受暴雨和大风袭击，平均降雨量60毫米，林家村镇最大点雨量129毫米，风力一般7～8级，阵风10级以上。由于降雨集中，风力强，破坏力很大，农作物受灾面积1万公顷，其中玉米5666公顷、黄烟2326公顷，倒塌房屋660间，冲毁桥涵65座，多数树木被刮倒、刮断，中断通讯、电力线路1.2万米，死亡2人，重伤1人。

10月31日，在龙口北约48海里处，“金山”号货轮因狂风巨浪冲击沉没，船上34人全部遇难。

10月31日至11月1日，烟台市受气旋影响，陆地和海面出现了平均风力7～8级，阵风10级的大风天气，造成较大的经济损失，据长岛县调查，在这次大风中有5处码头和10处大坝受风浪冲击造成不同程度的损坏，损失大、小渔船60余只。10月31日晚市海洋渔业公司611号、612号两条600马力渔船被风刮到芝罘区东部养殖区内，使大片的海上养殖受到损失。

1990年　4月30日至5月1日，长岛县部分乡镇遭暴风袭击，风力9级以上，持续时间12小时，给海上渔业和养殖业造成严重损失。受灾较重的南长山镇被风浪打碎挂机、舢板30只，北隍城乡损坏40马力渔船6只，大钦岛乡、小钦岛乡有33公顷海带被风浪卷走，砣矶岛渔港大坝塌方20多米，大竹山安全港被风浪卷起沙石堵住口门。全县损失海带200公顷、扇贝70公顷，损坏大小船只70余只，3座码头严重损坏，造成直接经济损失1000万元。

5月1日中午，长岛、蓬莱海域东南风达10级以上，持续时间12小时，并伴随大雨和狂潮，造成直接经济损失1.05亿元。其中长岛6200多万元，蓬莱4300多万元。长岛县出现偏东大风，5000亩海带遭受不同程度损失，其中2500亩绝产，加上鲍鱼、扇贝等损失达5000万元。70余只大小船严重受损，丢失网具1000件、锚流网2万杆。5座码头被严重损坏，3处港口被沙石堵塞。总计损失达6000万元以上。

5月1日，荣成市受北上江淮气旋的影响，沿海出现了平均风力7～8级、阵风11级的东南大风，同时伴有大到暴雨。狂风巨浪，封锁了沿海港口，部分地区海水倒灌，由于大风影响的持续时间长，给海上捕捞养殖造成了历史上空前巨大的损失，是1950年以来较严重的一次海难事故。全市死亡渔民22人，各种机动渔船135只，其中报废72只，严重损坏63只，损失网具5.8万件，养殖损失特别大，受损海带6万亩，绝产3万亩，受损扇贝2万亩，绝产8000多亩，损失貂1800多头，此外，还刮倒房屋135间，冲毁码头4处，直接经济损失达3.2亿元。

5月2日，荣成市沿海遭受温带气旋严重袭击，风力7～8级，阵风10级，最大11级，500多千米的海岸线巨浪腾空，并伴有中到大雨，给渔民的生命财产造成重大损失。全市有21人死亡，其中靖海渔业公司死亡8人，斥山渔业公司死亡7人，俚岛镇大庄村养殖场死亡4人，崂山镇大疃村死亡2人，不少渔船破损，海带、扇贝等损失严重。

5月6日晚8至9时，平邑县遭大风袭击。风力8～9级，较重的有武台、歧山、柏林、卞桥等乡镇，其中武台乡最重。全县毁坏房屋4000间，刮坏各种树木5万棵，小麦倒伏167公顷，受灾地膜蔬菜133公顷。

5月6日晚8时40分至9时15分，费县的上冶、薛庄、员外、城北、南张庄、方城、胡阳、大田庄、许家崖、朱田、梁邱等乡镇同时遭受了大风的袭击。风力7～8级，阵风10级。全县有8676间房屋受到程度不同的损坏，较重的1445间，刮坏地膜93公顷，果树受损14590棵，折断树木1420棵，小麦倒伏273公顷，有2根高压线杆被刮倒，因灾少供电103万度（1度=1千瓦·时），造成经济损失24万元。胡阳乡水泥厂烟囱被刮倒，砸塌房屋1间，有7人受伤，其中重伤1人。

5月10～11日，枣庄市的峄城区、市中区、山亭区共14个乡镇遭风雹袭击，风力7～8级，降雹2分钟，并伴有大雨。造成1.3万公顷小麦倒伏，3000间房屋和300个大棚被刮坏，2.3万棵树木倒折。

5月12～13日，德州、临沂、潍坊3市地的乐陵、陵县、庆云、宁津、蒙阴、费县、坊子区共46个乡镇遭风雹袭击。5月12日19时至13日9时，乐陵、陵县、庆云3县市的35个乡镇遭风雹袭击。降雹15～20分钟，雹粒大的如鸡蛋，降雹时伴有7～8级大风，最大阵风10级。农作物受灾面积3.6万公顷，其中小麦3.5万公顷，棉花666公顷。倒折树木5.3万棵，刮坏房屋1万多间。庆云县中丁乡仁刘村一村民被大风卷起摔死。

5月12日20时，商河县的怀仁镇、张坊乡、胡集乡、贾庄乡等13个乡镇遭风雹袭击，风力8级以上。有450个村庄、14万人受灾，小麦受灾6666公顷，其中减产3～5成的4666公顷，刮倒电线杆100根，损坏房屋1200多间，倒折树木3200棵。直接经济损失1000万元。

5月12日20时30分至13日2时前后，阳信、惠民、无棣、沾化、滨州5县市50个乡镇遭受风雹危害，阳信、无棣最重，无棣的大山、泊买两乡尤重。降雹时间一般在15分钟，冰雹大的直径4厘米，降雹时伴有8～9级大风，阳信最大阵风达11级。全区受灾麦、棉田共计10万公顷，成灾面积6.7万公顷，受灾地区小麦倒伏面积达6万公顷，毁坏棉花营养育苗床10万余个，砸坏地膜6666公顷，近千根线杆被折断，150千米通讯线路中断，部分高压线路中断，无棣县停电14小时，10余万棵果树程度不同地受灾，阳信3333公顷梨园减产30%以上，2000多棵树木拔出或折断，1.3万间房屋不同程度地受损，部分窑场、盐场受到严重损失，全区经济损失上亿元。

5月12日晚20时20分至23时，高密县10个乡镇遭风雹灾害，风力8级，降雨30毫米，受灾较重的425个村、12万人。有6666公顷小麦受灾，成灾3800公顷，减产5～

6成的1333公顷，刮倒树木1500棵。

5月13日1～3时，临沂地区费县北部以薛庄乡为中心的8个乡镇和蒙阴县的高都乡、常路镇遭风雹灾害，降雹6～20分钟，积雹最厚点达6厘米，风力7～8级。农作物受灾面积2.3万公顷，成灾1.7万多公顷，其中小麦1.2万公顷，地瓜、瓜菜5333公顷，倒折树木4.1万棵，刮断高压线200米，刮坏房屋1万多间。

5月13日1时，济宁市的9个县区遭大风暴雨和冰雹袭击，风力达9级以上，受灾较重的为兖州、济宁市郊区、曲阜、泗水。全市小麦倒伏23万公顷，其中全部倒伏在地的5333公顷，预计减产3500万千克，1333公顷瓜菜基本绝产，损坏房屋844间，刮断电线杆53根，倒伏和刮折树木4.5万棵。

5月16日至17日上午，日照市连续降雨30个小时，平均降雨74.8毫米，有3个乡镇超过100毫米，大坡乡达126毫米。16日夜至17日上午，刮起6～8级大风。有1.3万公顷小麦出现程度不同的倒伏，造成减产的4000公顷，减产幅度在1～4成，预计减产435万千克。2500棵树木、13根电线杆被刮倒，13间房屋、170米院墙倒塌。岗山头办事处有4只渔船遭破坏。全市死亡2人，失踪2人。

6月13日，淄博市临淄区出现暴雨、冰雹、大风灾害，最大风力10级，最大雨量50毫米，冰雹最大直径3～5厘米米。12个乡镇受灾，作物受灾面积20.59万亩。电线杆倾斜645根，折断11根，并造成果树落果，树木倒折及房屋倒塌等严重损失，总经济损失928万元。同日，桓台县出现大风、冰雹灾害，小麦受灾6150亩，18吨小麦被卷走，房屋倒塌或损坏460间，刮倒电线杆165根，并造成棉花、蔬菜等其它损失。

6月23日凌晨，武城县、德州市、平原县、陵县、夏津县5县市的26个乡镇遭受风雹危害。下午4～5时又有禹城县、平原县、夏津县、德州市的8个乡镇遭风雹袭击，一般风力7～8级，最大10级，降雹14分钟。雹粒最大的如鸡蛋，降雹地区普降大到暴雨，最大降雨点雨量达90毫米，受灾的农作物计5.5万公顷，重灾4.4万公顷，其中棉花3万公顷，其它1.4万公顷，倒折树木300余棵，砸伤1人，损坏房屋300间，冲走在场的小麦25万千克。

6月27日22时和29日17时，菏泽地区由西北向东南方向遭受特大暴风雨和冰雹袭击。风力在7级以上，阵风达11级，风带宽8千米，降雨量150毫米，最大点雨量220毫米，9县市受到不同程度的暴风雨袭击，农作物出现大面积倒伏。鄄城、菏泽、东明、定陶、成武5个县市的39个乡镇灾情较重，全区农作物受灾面积达15万公顷，其中重灾5万公顷，果园成灾面积1900公顷，落果率30%～50%。倒塌房屋1245间，损坏房屋6405间，倒塌院墙5.3万米，刮断树木225万棵，死伤大小牲畜124头。刮坏输电线路13.5万米、电话线225千米、广播线156千米，倒折电线杆5130根，冲毁桥梁等设施123座，造成直接经济损失4600万元。

7月6日下午5时至7日上午8时，商河县先后三次普降暴雨，雨量为130毫米，局部地区伴有10级大风，最大降雨点玉皇庙镇雨量达208毫米，21个乡镇形成涝灾，积水农田达2万公顷，其中成灾6666公顷。胡集乡一名14岁的女学生被风刮进河中溺水身亡。毁坏、倒塌房屋500间、倒墙1500米，刮倒、刮断3.5万伏高压电线杆220根、1万伏电线杆1300根，倒折通讯电线杆980根，造成5处变电所停电，县城有多处工业企业和18个乡镇企业一度停电，直接经济损失220万元。

7月9日，成武的党集、苟村、孙寺集等乡镇出现了大风，强度大、范围小，所经地段树木折断或被拔起，农作物铺地倒伏。据不完全统计因此灾害致使房屋倒塌2000余间，折断树木1000多棵，损坏电线杆500多根，农作物倒伏100多万亩，经济损失在5000万元以上。高青县花沟、樊林、常家等地出现风雹灾害，风力达8级以上，冰雹最大直径4厘米，受灾面积7.73万亩，树木倒折5万棵，电线杆折断150根，损坏房屋361间。同日，桓台县陈庄等地也出现大风冰雹，农作物受灾5.3万余亩，其中绝产面积1.57万亩，树木倒折1.1万棵，电线杆折断242根，损坏房屋1601间，经济损失1161万元。此外，该日淄川区商家、冶头、磁村等乡镇也出现风雹灾害，受灾面积1.8万亩，倒房125间，刮倒树木6000棵，并造成其它损失。

7月9日19时40分至24时，泰安市郊区、宁阳、肥城、东平4县区的8个乡镇遭到暴风雨袭击，风力10级以上，持续半小时，降雨量79毫米，冲毁粮田3公顷、地堰2200条，倒折春玉米50公顷，减产果品55万千克，部分房屋遭到破坏。

7月9日晚9～10时，单县、成武、菏泽3县市遭受暴风袭击，风力8级以上，阵风达11级，部分地区降了暴雨。受灾较重的是单县、成武的51个乡镇、1563个村庄，农作物受灾面积4.5万公顷，重灾1万公顷，果园受灾69公顷，落果30%～90%，刮倒、折断成材树木252棵，毁坏、倒塌房屋1453间，重伤24人，砸死家畜1068头，摧毁输电线路34.5万米、电话线516千米、广播线4786千米，倒折各种线杆18561根，直接经济损失5680万元。其中单县、成武两县经济损失2000万元以上。

7月9～10日，全省较大范围地发生暴风雨和冰雹灾害。有12个市地的30个县市区122个乡镇不同程度地遭受暴风雨和冰雹袭击。这次灾害的突出特点：一是受灾范围广、面积大，这是入夏以来范围最大的一次灾害；二是来势猛、强度大，一般风力都在7～8级以上，最大10级，日降雨量80毫米以上，鲁北地区降雨100多毫米以上，最大降雨点临邑县198毫米，局部地区有冰雹，重灾县农田冲毁，积水面积大，房屋损坏严重，通讯中断；三是灾害损失严重，农作物积水面积达20万公顷，成灾13万公顷，其中，粮食作物5.5万公顷、棉花等经济作物7.3万公顷，倒塌和损坏房屋23778间，其中倒塌6200间，倒院墙75550米，死亡2人，伤73人，26人重伤住院（莘县古城镇受伤63人，重伤23人），死伤大牲畜405头，受灾果园1.3万公顷，损失各种水果7000万千克，倒折成材树木55万棵，刮倒、刮断各种电线杆2779根。灾害造成经济损失8亿元。

7月15日晚10时，寿光县大家洼、岔河、侯镇3个乡镇遭受暴风雨袭击，玉米倒伏1.3万公顷，棉花倒伏2700公顷，果园受灾200公顷（受损50%左右），房屋损坏1.2万间。树木倒折3500棵，部分通讯线路中断，蔬菜、葡萄损失巨大。寒亭区的央子、泊子等7个乡镇遭受暴风雨袭击，风力10级以上，损毁房屋6.97万间，倒塌46间，倒院墙1279米，倒折树木8620棵，倒伏玉米4040公顷、棉花66公顷、其它农作物4100公顷，刮断农用电线2.3万米、广播线路2万米，果园受灾200多公顷，直接经济损失310多万元。潍城区大风9级，玉米倒伏1700公顷，折断1000公顷，果树受灾87公顷，树木倒折1.92万棵，电线杆倒折40根，损坏房屋2000间，黄烟刮倒270公顷，经济损失30万元。当日晚10时到次日凌晨1时，寿光、寒亭、昌邑、昌乐、潍城5县区遭飑线大风危害并伴有降水，最大风力9～13级（羊口38米/秒、潍城29米/秒，昌邑31米/秒，昌乐22米/秒），昌邑县下营、东家、卜庄3乡镇同时遭受雹灾，持续20分钟。据统计，5县区农作物受灾面积78.431万亩，其中夏玉米倒伏48.25万亩，棉花、黄烟倒伏22万亩。刮断树木26.11万棵，果树受损面积8.45万亩，落果143.5万千克，刮倒电线杆790根，死亡4人，伤1人，损坏房屋105575间，刮倒房屋134间。盐业损失也很大，寒亭区损坏原盐5000吨，昌邑县损坏盐田35公顷，经济损失11万元，昌邑北部沿海拦海大坝冲垮。据寿光、寒亭、昌邑3县区统计，直接经济损失4500万元。

7月15日晚10时40分至12时，德州地区11个县市普遍遭受暴风雨袭击，阵风11级，最大降雨量140毫米，其中德州、乐陵、庆云、临邑4市县受灾较重，造成部分交通、通讯、电力中断，人畜伤亡，树木倒折，房屋损坏，死亡1人，重伤3人，德州火车站列车无法按时进出站。

7月15日晚9～10时，东营、河口、垦利、利津、广饶5个县区的48个乡遭受大风危害，风力11级，同时伴有大到暴雨，雨量一般在30～40毫米，利津县盐窝镇和河口区太平乡最大点雨量70毫米。农作物成灾面积6万公顷，绝产3.2万公顷，其中棉花、瓜菜2万公顷、粮食作物1.2万公顷，刮坏房屋29884间，其中倒塌1903间，倒折树木39万棵，其中连根拔出9.15万棵，倒折各种电线杆1022根，线路中断19.7千米，伤18人，死亡4人，死、伤羊11111只。全市经济损失2亿元。

7月16日0时至3时，高密县29个乡镇普遍遭受暴风袭击，风力7～10级，同时平均降雨189毫米，最大点雨量320毫米，倒伏农作物2万多公顷，其中玉米1.21万公顷，棉花8700公顷，损坏房屋10955间，倒折树木48850棵，死亡2人。经济损失438万元。

7月16日2时至3时20分和17日0时40分至3时20分，莱西县15个乡镇遭受暴风雨袭击，平均降雨量43毫米，风力10～11级。农作物受灾1.2万公顷，其中重复受灾的1.13万公顷，有9000公顷减产3～5成，266公顷减产8成以上。果园受灾2200公顷，损失果品330万千克。倒塌房屋229间，倒墙210米，倒树8.87万棵，刮断电线400米。全县总经济损失960万元。

9月4日下午4时15～40分，诸城市城关、吕标、万家庄、辛兴4个乡镇遭风雹袭击，最大风力8～9级，8日下午5时40分至6时20分，程戈庄镇遭暴风雨袭击，最大风力9级，降雨量达103毫米。两次灾害全市农作物受灾面积4830公顷，其中1880公顷黄烟被砸得每棵只剩2～3片叶，刮坏房屋4460间，倒塌房屋30间，倒折树木4700棵，刮坏砖坯70万块，死亡1人，轻伤2人，刮倒高压电线杆17根。直接经济损失200万元。

9月16日晚9时，长岛县沿海遭大风雨袭击，风力9级以上，损坏机动船27只、舢舨49只，1人死亡。

12月21～22日，长岛县出现偏西大风，持续长达37小时。2万亩养殖田普遍受灾，5000亩严重受灾。2700亩待收获的扇贝绝产，104只大小渔船遭受不同程度损坏，7处港口、码头、4个船厂和部分基础设施受损，另有2人失踪。总计损失达5700万元以上。

12月21日，荣成市泊于家镇第三养殖厂9只小船24人在离岸3.5千米的养殖区作业，12时30分，突然遭到9级强北风袭击，造成7只舢舨翻沉，20人死亡，同时，荣成市靖海渔业公司9019号50马力木质船，在石岛渔场东南部88渔区作业，14时海上风力7～8级，该船与配对船7939号一起返港避风，近20时，该船前舱被大浪冲裂，舱内进水而沉，船上6人落水，4人死亡。

1991年 3月20日，沂南、沂源、莱芜、章丘4县市部分乡镇遭受大风袭击，风力8～10级。沂源县三岔乡17公顷黄烟因灾毁坏严重，毁坏房屋1000余间。莱芜市见马乡4个村遭大风袭击，4000多间房屋不同程度地毁坏。章丘市文祖镇20个村庄遭大风袭击，风力8级以上，持续3小时，部分房屋被毁坏。沂南县苏村、辛集等6个乡镇遭大风袭击，刮毁房屋6000余间，其中85间全部揭顶，毁坏蔬菜大棚6000多个。直接经济损失800多万元。

3月6～7日，东明县发生冻雨、大风、降雪天气。全县平均降水24.2毫米，最低气温-4℃，最大风力7级，电线上积冰5毫米，最大厚度8毫米。全县供电、邮电、广播线路大面积毁坏，其中倒杆、断杆1329根，断线508千米，损坏变压器15台。全县40万亩小麦受冻害严重，倒折树木33.7万棵，损坏房屋414间，其中倒塌42间。

3月7～8日，费县遭受暴风雪、冻雨灾害。降水一般25毫米（积雪厚度20～30毫米），气温-5℃～4℃，风力7～8级，电线结冰厚度5毫米。全县有16个乡镇不同程度受灾，有20万亩小麦被冰凌覆盖，1万亩果树挂满了冰凌，倒折树木30万棵。3000亩塑料大棚被损坏，供电、通讯线路毁坏严重。直接经济损失330万元。

4月25日，惠民、阳信、无棣、沾化、宁津、乐陵、河口、利津、日照9县66个乡镇分别遭受大风和冰雹灾害。阳信县普遍遭受大风袭击，并伴有冰雹，小桑等4个乡镇灾情较重，全县0.7万公顷地膜棉花成灾，各类果树破坏严重，直接经济损失780多万元。无棣县佘家巷、邓王两乡风雹灾害严重，受灾面积0.8万公顷，其中，棉花小麦损失较重。宁津、乐陵两县有40个乡镇遭风雹危害，其中，有21个乡镇灾情较重，农作物受灾面积3万多公顷，成灾1.7万公顷。日照市竖旗、黄墩、三庄等乡镇受灾较重，全市0.1万公顷花生地膜被刮坏，直接经济损失26万元。

5月22～25日，枣庄市的峄城、薛城、台儿庄、滕州县（区），菏泽地区的菏泽、定陶、城武县，临沂地区的苍山、莒南、临沭县，滨州地区的惠民、阳信县，德州地区的齐河县，济南市的章丘县6地市的14个县市区遭暴风雨袭击，这次暴风雨风力大，降雨急，造成10万多公顷小麦严重倒伏，因灾倒塌房屋300多间。

6月5～8日，青岛、烟台、淄博、潍坊、德州、滨州、威海7市地的平度、即墨、栖霞、莱阳、海阳、牟平、招远、临淄、沂源、临朐、安丘、高密、乳山、夏津、邹平、惠民16个县市区部分乡镇遭受风雹袭击，一般降雹时间为10～15分钟，风力7级以上，并伴有降雨过程。农作物受灾近6万公顷，其中小麦受灾面积达4万公顷，灾害造成经济损失8800万元。

6月8～11日，山亭、莱芜、日照、平原、高唐、临沂、沂南、费县、莒南、莒县、平邑、曹县、成武、文登、汶上15县市区的72个乡镇遭受风雨雹袭击，降雨、雹时多伴有6～8级大风，降雨量50～100毫米，小麦受灾面积12万公顷，倒塌房屋2575间，死亡2人。直接经济损失3432万元。

6月19～21日，平度、乐陵、武城、利津、诸城、寿光、临朐、高密、嘉祥、金乡、兖州、定陶、宁阳、沂水14个县市、72个乡镇的1010多个村庄遭受风雹袭击，冰雹直径一般2～3厘米，最大直径5厘米，降雹时间持续15～20分钟，多伴有7～8级阵风和降雨过程。春播作物近8万公顷受灾，损坏房屋7100余间，冲走场上晾晒小麦130万千克，死亡1人，直接经济损失8300余万元。

6月21～23日，河口、垦利、广饶、宁津、庆云、夏津、齐河、禹城、长清、历城、平阴、海阳、日照、聊城、临清、阳谷、东阿、高唐、成武、巨野、单县、菏泽、郓城、东明、无棣、沾化、滨州、五莲、肥城、宁阳、莒县、蒙阴、费县33个县市区的105个乡镇遭受风雹袭击，冰雹直径一般为2～3厘米，最大者为4～5厘米，降雹时间一般在15～20分钟，多伴有7～8级大风和降雨。春播作物受灾面积10万公顷，冲淹损失小麦3万千克，17人受伤，风雹灾造成直接经济损失7760万元。

6月21日18时23分，菏泽牡丹区的胡集、沙土、新兴、皇镇、安兴遭受大风、冰雹、暴雨的袭击。风力8级，冰雹持续25分钟。冰雹的最大直径3厘米，雨量40毫米。受灾面积达14.9万亩，直接经济损失1000万元。

6月23日，强对流天气系统沿费县西南部山区自西向东快速移动，郝家村、梁邱、许家崖、刘庄、马庄等7个乡镇遭受大风、冰雹的袭击。冰雹直径最大8毫米，一般2～5毫米，持续时间2～10分钟，阵风7～8级，降水量20～60毫米。这次风雹灾害，毁坏房屋3000间，死伤13人，丢失畜禽1800头（只），农田受灾面积8万亩，重灾2万亩，其中黄烟3500亩，损失果品50万千克，刮毁树木11万棵，刮倒供电、通讯线杆20根，造成1个乡停电，3个乡镇通讯中断，直接经济损失620万元。

6月23～25日，邹县、兖州、汶上、泗水、鱼台、阳谷、菏泽、郓城、昌邑、坊子、惠民、阳信12个县市的39个乡镇遭受风雹袭击，冰雹直径一般在1.5～4厘米，持续时间10～30分钟，多伴有大风和降雨。5万公顷春播作物受灾，倒折树木9.46万棵、电线杆106根，中断通讯线路35千米，损坏房屋7100间，冲走原盐5000吨、淡化卤水300万吨，冲走晾晒小麦100多万千克，伤129人，砸死家禽2000余只，直接经济损失5400多万元。

6月25日，聊城、滨州、宁津、临邑、商河5县市的18个乡镇遭受风雹袭击，冰雹直径1～3厘米，持续15～20分钟，并伴有7～8级大风和降雨，春播作物（主要为玉米、棉花）受灾3万公顷，其中聊城市受灾最重，经济损失2500万元。

6月28～30日，台儿庄、山亭、峄城、日照、高密、诸城、东平、莱西、沂水、临沂、蒙阴等14个县市区遭大风、雷雨和冰雹袭击，风力一般为7～8级，局部地区风力10级以上。遭雹地区降雹时间10～20分钟，雹径一般2～3厘米，最大冰雹重400克。春播作物受灾面积5.5万公顷，损坏房屋3.16万间，冲毁道路670处，冲走晾晒小麦1.8万千克，伤700多人，死亡6人，直接经济损失1.55亿元。

7月3日，庆云县徐园子、大胡、严务、常家、杨和寺5个乡镇，沾化县下洼、泊头、永丰3个乡镇，利津县明集、前刘、王庄3个乡镇，无棣县信阳、无棣、河沟3个乡镇，青州市郑母、赵坡2个乡镇，遭受风雹袭击，降雹持续时间15分钟，并伴有7级以上的大风，农作物受灾面积达1700多公顷，13万棵果树落果严重，直接经济损失4300多万元。

7月4日，阳信县阳信镇，东营市河口区太平乡，齐河县富足乡，阳谷县城关、大布、杨庄3个乡镇，莘县古城、古云、樱桃园、柿子园、观城、朝城、张寨7个乡镇，宁阳县乡饮乡，曹县桃源集、大寨乡，鄄城县旧城、东进士堂、葛庄3个乡镇，分别遭受大风、冰雹袭击，近3000公顷农作物受灾严重，其中部分棉花遭破坏尤其严重。

7月8日，平度市明村镇8个村庄遭受暴风雨、风雹灾害，风力8～10级，降雹20

分钟，500公顷农作物受灾严重。陵县、宁津、乐陵3县14个乡镇先后遭风雹袭击，风力7～8级，农作物受灾面积1.8万公顷，电力、通讯一度中断，直接经济损失2000余万元。沾化县遭特大暴风雨袭击，风力10级，阵风达12级，3.5万千伏高压线杆被刮断一组，造成全线中断，同时损失船只8只。

7月10日，受东北冷涡影响，5时至5时30分，章丘县发生了一次强对流天气，给工农业生产造成了重大损失。据民政局统计，此次风雹灾害使本县北部黄河、刁镇、水寨、高官寨等5个乡镇146个村遭受危害，平均风力8级，阵风11～12级，并伴有冰雹，最大直径5厘米，历时30分钟，毁坏树木7.09万棵，损坏房屋2627间，其中倒塌135间，伤5人，农田受灾总面积18.75万亩，其中，减产8成以上至绝产的8.48万亩，减产6～8成的5.3万亩、3～5成的1.25万亩，直接经济损失5000万元以上，间接损失在亿元以上。

7月12日，冠县、临清遭受特大风暴袭击，风力10级以上，降水量30厘米。其中重灾乡镇14个，农作物受灾面积3.6万公顷，倒折树木达万棵，倒塌房屋120间。直接经济损失1亿元。

7月19日凌晨3时30分前后，青岛市市区因受飑线袭击，风雨大作，极大风速达30.7米/秒，雨量18.0毫米，因风力太大，致使青岛港务局集装箱公司的两台塔吊相撞，造成严重毁坏，直接经济损失1500余万元，并造成1人死亡、1人重伤、停产4个多月，成为青岛港最严重的一次灾祸。

7月27～29日，长清、平阴、济阳、商河、天桥5县区先后遭暴风雨袭击，平均降雨量100毫米以上，长清崮山镇降雨量达154毫米，局部地区降雨时伴有8级阵风，共有32个乡镇1397个行政村15.92万户67.92万人受灾。农作物受灾面积18730公顷，其中积水面积7146公顷，2820公顷因灾绝产，冲毁道路52千米、桥涵89座、塘坝27座、地堰17.06万米，倒折树木6.86万棵，伤17人，死亡3人，直接经济损失2000万元；惠民县遭暴风袭击，风力10级，倒伏农作物8667公顷，倒折树木1.2万棵，损坏房屋130间。

8月11日，泰安市郊区4个乡镇遭风雹灾害，降雹持续15分钟，风力8级，农作物受灾面积1000公顷，成灾660公顷。肥城县2个乡镇的20个村庄遭受风灾，风力9级，农作物受灾面积860公顷，中断线路5000余米，伤1人，部分房屋受到不同程度地损坏。东明县大屯乡遭风雹袭击，风雹持续时间10分钟，农作物受灾面积2000公顷，200公顷农作物因灾绝产。汶上县郭楼乡遭风雹袭击，降雹持续10分钟，冰雹最大直径达4厘米，降雹时风力8级以上。13个村庄近1300公顷农作物受灾，其中成灾面积330公顷，100公顷粮食作物被砸光，通讯线路、树木、房屋等均有不同程度的损坏。

8月16日，寿光县6个乡镇遭暴风雨袭击，最大降雨量130毫米，最大风力达10级以上。全县农作物受灾面积达5200公顷，其中成灾面积4800公顷，果园受灾面积340公顷，落果率30%～60%，因灾减收水果50万千克，倒折树木2000棵，刮坏房屋200多间。全县直接经济损失达900万元。章丘县黄河乡平均降雨90毫米，降雨时风力7级以上。全乡农作物积水面积3000公顷，其中成灾2400公顷，因灾倒塌房屋150间。灾害造成的直接经济损失100万元以上。德州、宁津、陵县等市县4个乡镇的98个村遭风雹袭击，雹径一般为10～15毫米，降雹持续时间20分钟，降雹时风力达8级以上，降雨量为

60 毫米。农作物受灾面积 3000 公顷，成灾面积 2000 公顷，倒折树木 5500 棵。直接经济损失 100 余万元。

8 月 23～24 日，受 12 号台风的影响，荣成、薛城、苍山 3 市区县遭大风袭击。初步统计，农作物受灾 24.49 万亩，成灾 23.69 万亩；损失海上养殖的扇贝 6030 亩，魁蚶 1900 亩，裙带菜 2500 亩；损坏渔船 46 只，码头 2 处；刮落水果 600 万千克，损坏民房 530 多间，其中倒房 70 间；刮倒树木 7.4 万棵，伤 1 人，失踪 2 人，灾害造成直接经济损失 13135.5 万元。

8 月 24 日，荣成市沿海遭 8～10 级大风袭击，使 402 公顷扇贝、120 公顷坩子苗、160 公顷海带受到严重损失，损坏渔船 46 只、码头 2 处，倒伏玉米 1.12 万公顷，刮落水果 600 万千克，2 名渔民失踪，经济损失 606.7 万元。威海市环翠区 5 个乡镇遭冰雹、大风袭击，大白菜受灾 40 公顷，损伤苹果 80.85 万千克，直接经济损失 1653 万元。

12 月 21～22 日，一场强风猛烈袭击烟台市和渤海海峡，大风持续时间长达 36 小时，最大风力超过 10 级，长岛县的海上养殖业和一些重要基础设施遭到严重破坏。据不完全统计，有 2 万多亩海上养殖受损，7 处港口码头被风浪掏空塌陷，104 只大小渔船被风浪卷走或击碎，造成经济损失约 5700 多万元。同日，潍驳 204 号、鲁潍拖 201 号载煤 600 吨，由烟台至长岛方向行至大竹山以南海域遇风翻船，船上 7 人下落不明。

1992 年　4 月 21 日，单县王小庄等 6 个乡镇遭狂风、冰雹袭击，中心风力 8 级，阵风 10 级，持续时间 45 分钟，冰雹大如乒乓球，小如玉米粒，降雹时间一般 5 分钟，长的达 10 分钟。受灾较重的共有 58 个行政村 1.57 万户 7.1 万人。农作物受灾面积 10.35 万亩，成灾 7.3 万亩，其中绝产或基本绝产的 3.1 万亩。直接经济损失达 1500 万元。滕州市官桥、柴胡店等 8 处乡遭冰雹及大风雨袭击，降雹 20～30 分钟，最大雹粒如鸡蛋，冰雹密度每平方米 1300 余枚，并伴随 10 级以上狂风。全市因灾直接经济损失约 1300 万元。新泰市市中区办事处、北师店等 7 个乡镇、办事处遭受 7～8 级大风，刮坏塑料大棚 4000 个，损坏房屋 120 间。

5 月 16 日武城县、平原县、夏津县、禹城县 4 个县的 15 个乡镇遭受风雹袭击。雹粒大的如枣，小的如玉米粒，降雹时伴有 7～8 级阵风。农作物受灾面积 3.33 万公顷，其中 0.8 万公顷小麦减产 5 成以上，1.53 万公顷棉花需返种。直接经济损失 2000 万元。

5 月 22 日，费县的薛庄、胡阳 2 个乡镇遭受风雹袭击，最大风力 7 级，降雹持续 10 分钟。小麦倒伏 18670 公顷，损坏果树 133 公顷，部分塑料大棚、房屋、树木、电线杆受损。直接经济损失达 85 万元。日照市东港区涛雒、巨峰等乡镇遭受暴风雨袭击，风力9～10 级，最大风力 12 级，降雨量 19.2 毫米。刮坏房屋 5500 余间，其中倒塌 300 余间，刮坏塑料大棚 200 余个，损失苹果 37 万千克。直接经济损失 400 万元。邹平县码头、魏桥 2 个乡镇遭受风雹袭击，风力 7 级，降雹持续 15 分钟，农作物受灾 0.66 万公顷，其中小麦 0.33 万公顷，棉花 0.33 公顷。直接经济损失约 1200 万元。鄄城县麻寨、葛庄 5 个乡镇遭受风雹灾害，最大风力 8 级，降雹持续 6 分钟，农作物受灾面积 1687 公顷，损坏房屋 105 间。

6 月 30 日晚至 7 月 1 日凌晨，龙口、海阳、莱阳 3 个县市的芦头、高家等 8 个乡镇共 50 个村遭风雹袭击，降雹持续 10 分钟，并伴有 7～8 级阵风。共有 800 公顷果园和 750

公顷农作物受灾。总计经济损失超过2500万元。

7月2日，五莲县遭大风袭击，并夹带冰雹。因灾倒伏棉花266.7公顷，刮坏房屋400间、烟囱120座。直接经济损失100万元。胶南县大杨、海青、理务关、塔山、大村5个乡镇200多个村庄遭雷雨、风雹袭击，最大风力10级，持续1～3小时。有216.7公顷春玉米严重倒伏，541公顷果园受灾，损失水果约163万千克。因灾损坏房屋3260间，其中倒塌22间，倒折树木21278棵，刮倒高压线杆25根，1名7岁女孩溺水死亡。沂源县悦庄、三岔两个乡镇17个村遭暴风雨和冰雹袭击，风力8级，平均降雨65毫米，降雹持续20分钟，农作物受灾面积146公顷，损失严重。平邑、莒南、临沭等县市10个乡镇122个村遭受暴风和冰雹袭击，风力10级，雹粒直径2～3厘米，降雹持续时间10分钟，地面积雹厚度4～5厘米。农作物受灾面积1.35万公顷，其中粮食作物9000公顷，经济作物0.45万公顷。因灾倒折树木8.6万棵，损坏房屋7068间、倒塌368间，砸死1人。总计直接经济损失达2000万元。

7月19日，莒县、沂南、蒙阴、临沭、莒南5县的27个乡镇、500多个村遭受大风和冰雹袭击，风力9级以上。农作物受灾面积3.76万公顷，成灾1.1万公顷，损坏房屋4450间，倒塌91间，损伤电力、通讯线路16条、线杆142根，因灾死亡2人、伤12人。直接经济损失达5180万元。

7月21日，寿光县南柴、辛城、马店、台头、王高5个乡镇突遭狂风袭击，并伴有降雨和冰雹，风力10级以上。全县农作物受灾面积1.2万公顷，成灾面积0.7万公顷，损坏房屋7000间，倒塌30间，倒折树木2.5万棵，刮倒电力、通讯线杆1100根，14处窑场的1500万块砖坯受损，150公顷果树受灾，损失水果10万千克。直接经济损失1360万元。淄博市周村区高塘、彭阳、萌水、南郊4个乡镇遭风雨雹袭击，风力8～10级，最大点雨量113毫米，最大雹粒直径6厘米。农作物受灾7300公顷，成灾3600公顷，其中130公顷绝产，损坏房屋172间、倒塌60间，倒塌院墙400米，6处窑场800万块砖坯受损，倒折树木3万余棵，刮断高压线共300多米、线杆400多根，伤3人。直接经济损失390万元。招远市大陈家等4个乡镇、37个村遭风雹袭击，风力10级以上，雹粒最大直径6厘米。180公顷玉米严重倒伏，约63万亩苹果受损，倒折树木2954棵，损坏房屋129间，其中倒塌24间，倒塌院墙476米，电力、通讯、水塔、烟囱倒塌严重，25间仓库进水。金岭镇3村民遭雷击，1人死亡，2人受伤。同日，莱州市、牟平县部分乡镇也遭受暴风雨袭击，造成一定损失。文登市葛家、晒字、汪疃等7个乡镇遭暴风雨袭击，风力7～8级，阵风10级。春玉米受灾300公顷，果园受灾1000公顷，损失水果95万千克，刮坏房屋120间，刮倒树木11000棵，经济损失140万元。

8月15日，平度市白埠、中庄、前楼、张舍4个乡镇14个村遭风雹袭击，降雨量26.5毫米，雹径大的有6厘米，风力7级，降雹持续20分钟。农作物受灾面积410公顷，成灾297公顷，1人遭雷击死亡。安丘县南流、赵戈两个乡镇30个村遭风雹袭击，雹粒大的如核桃、小的如花生米，大风8级以上，平均降雨量74毫米，降雹持续20分钟，地面积雹厚度2厘米。农作物受灾面积2930公顷，成灾2200公顷。大风还倒折树木2.17万棵，损坏房屋1200多间。灾害造成的直接经济损失达500万元以上。

8月22日，平原县3个乡镇遭受冰雹灾害，雹粒大如枣，小似花生米，降雹持续15分钟，阵风7级，降雨15～20毫米。农作物受灾面积1700公顷，其中棉花1000公顷，玉米700公顷，有133公顷基本绝产。淄博市临淄区边河乡6个村遭风雹袭击，并伴有降雨64毫米，阵风7～8级。农作物受灾面积700公顷，成灾500公顷，减产粮食215万千克，林果受灾面积333公顷，减产果品445万千克，损坏房屋2000余间，倒折线杆18根。直接经济损失990万元。

8月31日，威海市环翠区、荣成市、文登市、乳山县遭暴风雨和海潮袭击。陆地阵风8～10级，海上阵风11～12级，全市平均降雨120毫米，局部达180毫米，部分沿海出现海啸和风暴潮，海水大量倒灌，个别地区海潮冲进陆地达2千米。海潮毁坏防潮堤4500米、养殖场水坝2座，冲毁码头7座、岸壁500米，撞毁渔船791只，其中大部分报废。淹没农田20万公顷、虾池4000公顷及扇贝、筏养魁蚶、牡蛎、裙带菜等海水养殖场2847公顷，冲化原盐0.85万吨、卤水3.5万吨。灾害还使5.39万公顷农作物、3.02万公顷果树受灾，损失水果18012万千克，损坏、倒塌房屋7431间，其中倒塌1250间，倒折树木23.3万棵，冲毁公路8处，毁坏路面10.45万平方米，冲毁桥涵35座，中断通讯专线6条、高压线路5条，折断线杆387根，死亡4人，重伤1人，10人失踪。灾害造成的直接经济损失将近10亿元。青岛市普降大到暴雨，平均降雨量80～100毫米，最大点雨量达390毫米，并伴有8～10级大风。沿海护堤、海岸局部遭受严重破坏，损坏和塌落堤防190余米，刮倒树木1万余棵。崂山、即墨、胶南沿海一带被海水吞淹，4467公顷筏养扇贝和虾池决口，渔船被撞毁280只、失踪2只，死亡6人，重伤7人，4人下落不明。3.47万公顷作物被淹或倒伏，倒塌房屋1520间，冲毁公路1.6万余米、塘坝6座、码头5处。直接经济损失达3亿元。

8月31日23时至9月1日18时，受16号热带气旋影响，博兴县遭受风灾，一般风力7级，阵风最大达10级。博兴县受灾面积39.79万亩。其中粮食减产3～5成的10.5万亩，减产6～8成者5万亩，棉花减产3～5成的7万亩，减产6～8成的2万亩。倒塌房屋13间，损坏147间，倒折树木1.5万棵。造成博兴县直接经济损失3261.1万元。

8月31日至9月1日，烟台市遭大风袭击，风力7～10级，降雨量75～150毫米，灾情较重的有招远、海阳、长岛、牟平、莱阳等县市37个乡镇。有11.07万公顷玉米受灾，成灾8.2万公顷，其中0.33万公顷基本绝产，损失苹果1350万千克，毁坏渔船536只，其中沉没、报废250只，毁坏码头8处，冲毁虾池1533公顷，1.29万公顷海水养殖场遭破坏，刮断高压线路5条，倒折线杆300根，围海大坝冲毁10处，冲毁立闸1处，死亡2人，13人下落不明。灾害共造成经济损失约4.1亿元。日照市普降暴雨、大暴雨，全市平均降雨量123.6毫米，最大点雨量190.5毫米，风力8级以上，沿海风力最大达10级，海潮最高潮位达5.4米，超过警戒潮位87厘米。沿海防护坝、拦海潮坝、滩涂虾池大坝有120多处被冲垮，333公顷虾池被冲。2万公顷玉米受灾，倒折树木15万棵。死亡4人，伤19人，2人被洪水冲走下落不明。灾害造成直接经济损失约1亿元。潍坊市昌邑、寿光、寒亭及青州、临朐、五莲等县市分别遭受风暴潮和暴风雨袭击。风力7～8级，阵风10级，最大点雨量251.6毫米。沿海潮位高达3.3～6.45米，有2000多米防潮大坝被冲垮。毁坏盐田0.77万公顷，冲化原盐21万吨，毁坏渔船20艘，沉没7艘，农作物受灾面积2.18万公顷，果树受灾面积1333公顷，损坏房屋1405间，其中倒塌595间，毁坏较大型建筑物11座，冲毁公路2千米，毁坏塑料大棚190多个，倒折线杆18根，1人死亡，2人重伤。直接经济损失超过2.08亿元。枣庄市大部分地区遭暴风雨袭击，风力达8～9级，阵风10级，全市平均降雨量120毫米，最大点雨量153毫米，受灾较重的主要是台儿庄、峄城、薛城等区。农作物受灾面积4.73万公顷，其中玉米3.64万公顷，倒折树木21万棵，损坏房屋755间。直接经济损失在9500万元左右。临沂地区大部分县遭暴风雨袭击，全区平均降水量100毫米，最大点雨量150毫米，风力7～8级，阵风10级以上。全区农作物受灾面积达11.024万公顷，其中玉米7.45万公顷，果树受灾2.13万公顷，倒折树木37.2万棵，倒塌房屋4250间，死亡1人，伤5人。灾害造成直接经济损失达1.29亿元。章丘县遭暴风雨袭击，风力7级以上。农作物受灾3533公顷，其中玉米2600公顷。

9月1日，莱芜市19个乡镇605个村1.6万人遭受大风袭击。莱芜市刮折树木120万棵，其中成材树30万棵，刮倒电线杆250根，玉米断株30%以上的45万亩，其中减产3～4成者25万亩、5～9成的15万亩，绝产5万亩，预计粮食减产6700万千克，红麻减产25万千克，果树减产2250万千克，经济作物减产125万千克，预计总经济损失9400万元。

1993年 6月1日，由于受江淮气旋的影响，牟平、海阳、招远3县市出现8～9级、阵风10级的大风天气，在陆上造成大面积小麦倒伏，蔬菜塑料大棚被毁，数百间房屋被揭瓦，部分树木和电线杆被刮倒，早熟果类落果；在海上有3条渔船沉没，数十条渔船和网具受损，还有3名渔民下落不明，以上3县经济损失约8000万元。

6月1～2日，招远、海阳、牟平、龙口、福山、芝罘、环翠、荣成、文登、乳山10县市区遭受狂风暴雨袭击，平均降雨30.7毫米，最大90毫米，并伴有7～10级大风，阵风11级。有20.8万公顷接近成熟期的小麦不同程度地倒伏，大风造成果树幼果脱落，蔬菜受灾960公顷，毁坏大棚近7万个，损坏房屋4649间，倒塌44间，刮倒院墙350米、高压线杆及通讯线杆152根，倒折树木8.8万棵，损坏各类渔船310多只，水产养殖受灾面积1.1万公顷，因房屋倒塌砸死3人，伤13人，直接经济损失28.45亿元。

6月2日早晨到夜间，荣成市受经山东半岛出海的江淮气旋影响。2日8时许，气旋中心移到成山头以东200千米的海上，形如台风，造成大风和强降水天气，大风从早上增强，北到西北风，海上8级，阵风10级，陆上6～7级，阵风8级。全市普降暴雨，平均雨量为77毫米。受狂风暴雨的袭击，全市渔业和农业生产遭到严重损失。这次灾害全市直接经济损失达1.59亿元。渔业损失：死亡渔民和民工4人，致伤10人，损失海带9000亩、淡干海带1300吨、养成扇贝3300亩、鲍鱼2616亩，损失各种扇贝苗25亿粒、各类养殖物资168万元，损失各类船只392只。农业：倒伏小麦7万亩，损失树木1.8万棵，3万亩挂果果树和3000亩塑料大棚、地膜及蔬菜受到损失。

6月7～15日，临清、莘县、聊城、阳谷、招远、新泰、沂水、博兴、寒亭、寿光、高密、昌邑、坊子、安丘、平阴、章丘、历城、济阳、宁津、陵县、临邑、广饶、垦利、河口、东营25个县市区普遍遭受风雹袭击，农作物受灾面积14.57万公顷，其中，小麦受灾5.07万公顷，棉花受灾3.66万公顷；有2.57万公顷农作物绝产。损坏房屋2815间，倒塌157间，倒折树木6.86万棵，因灾伤590人。直接经济损失2.35亿元。

6月12日，高唐、武城、夏津、平原、禹城、齐河、沾化、滨州、博兴、邹平、广饶、天桥、章丘、博山、临淄、青州16个县市区遭受狂风和冰雹袭击。雹径1～3厘米，降雹持续20分钟，风力7～9级，阵风11级，出现了气象学上称之为飑线的罕见异常天气，并在短时间内自西向东袭击了聊城、德州、济南、淄博等地市。飑线所到之处，狂风大作，飞沙走石，昏天黑地，树木倒折，交通中断，破坏极大。农作物受灾面积近10万公顷，重灾面积5.4万公顷，场间晒晾的小麦被刮走505.5万千克，损坏房屋61845间，倒塌8112间，倒折树木33.7万棵、通讯、电力线杆1639根，毁坏线路3万多米，造成部分城乡电力、通讯、交通及供水一度中断，部分企业被迫停产，因灾死亡大牲畜394头，2人死亡，212人受伤。直接经济损失1.29亿元。

6月22日17时42分至18时12分时，夏津县出现大风灾害，平均风力在10级以上。据不完全统计，全县受伤63人，死亡1人，伤牲畜12头；掀屋顶33间，倒房20多间，揭瓦23345间，倒墙45960米，损坏窗户玻璃不计其数；折倒树木55866棵，刮倒高压电线杆410根、通讯电线杆117根；水果受灾39827亩，瓜菜受灾5030亩，打麦场刮走小麦85.7万斤。估计总经济损失5037.9万元。

6月23日，嘉祥、东明、菏泽、郓城、沂南、蒙阴、沂水、东港、临沂、莒县、五莲、新泰、临朐、诸城、福山、蓬莱、环翠17个县市区91个乡镇遭受大风、冰雹和暴雨袭击。农作物受灾面积5.35万公顷，成灾面积2.87万公顷，绝产近1万公顷，倒折树木6.65万棵，倒折线杆43根，毁坏线路1万余米，损坏房屋1787间，倒塌41间，冲毁桥涵5座，伤12人，直接经济损失1.37亿元。

6月27～29日，宁津、陵县、乐陵、惠民、滨州、博兴、阳信、乳山、菏泽、宁阳、高青、周村、沂源、沂水、商河15个县市区的81个乡镇遭受狂风、暴雨和冰雹袭击。重灾区的棉花被砸成光秆，玉米被砸进泥里，即将成熟的西瓜、水果被砸烂。农作物受灾面积20.2万公顷，重灾面积14.54万公顷，绝产6.68万公顷，倒折树木53万棵，倒塌院墙2.74万米，倒折线杆2187根，毁坏线路9.3万米，损坏房屋7.15万间，倒塌2.8万间，胜利油田毁坏井架4处；1人死亡，1061人受伤。直接经济损失6078万元。

7月8～10日，庆云、临邑、陵县、平原、武城、齐河、商河、沾化、无棣、阳信、河口、莘县、冠县、临清、高唐、聊城、茌平、平邑、泰安市郊区、泰山区、嘉祥、泗水、东明、菏泽、郓城、巨野26个县市区的195个乡镇先后遭受狂风、暴雨、冰雹袭击。农作物受灾面积26.26万公顷，重灾面积11万公顷，绝产2.4万公顷，灾害造成9人死亡，1人失踪，191人受伤，毁坏房屋24439间、倒塌2798间，倒折各类树木110.16万棵、线杆1737根，毁坏变压器4台，有72个村庄被水围困，145条道路被冲断，21处学校因进水被迫停课，部分县乡交通、电力、通讯中断。直接经济损失6.22亿元。

7月11日凌晨3时30分至4时20分，广饶县遭受特大暴风雨袭击。降雨时，风力达10级以上，阵风最大达11级。受灾最严重的有县城区和广饶镇、花园、石村、颜徐、大营、西刘桥、大码头等乡镇。这次暴风雨毁坏树木15万余棵，2.3万亩果园落果率10%以上，12.5万亩玉米倒伏，3.3万余间房屋受损，1.7万余米院墙被吹倒，189千米高压线杆、146千米电话线路的电线杆被风吹倒、刮断，城镇的公共设施、工厂的厂房、商店的商品、居民的家庭财产也都遭到了不同程度的破坏。直接经济损失达2285万元。

7月12日，商河、章丘、广饶、寒亭、寿光、安丘、临朐、昌乐、高密、莱阳、栖霞、巨野、菏泽、郓城、东明、鄄城、沂南、苍山、蒙阴、济宁市郊区、金乡、嘉祥、鱼台、新泰、沂源、莱城、钢城、茌平28个县市区的191个乡镇先后遭受狂风、暴雨和冰雹袭击。农作物受灾面积35.8万公顷，重灾面积21.9万公顷，绝产3.76万公顷，13人因灾死亡，167人受伤，600多个村庄被大水围困，23800户农户家中进水，积水深达0.5～1.5米，15000人被迫撤离，损坏房屋40691间、倒塌24740间，冲毁塘坝11座、拦河坝6.9万米、地堰12.69万米、桥梁516处、道路788.15千米，233处水利设施遭到严重破坏，毁坏变压器201台，倒折树木103.54万棵、果树11.2万棵、线杆2708根，毁坏电力和通讯线路59.9万米，死伤大牲畜11910头，直接经济损失7.78亿元。

7月15～18日，峄城、滕州、薛城、台儿庄、惠民、阳信、沾化、无棣、济阳、利津、莒县11个县市区先后遭受大风、冰雹和暴雨袭击。农作物受灾面积6.79万公顷，重灾面积2.14万公顷，2.78万公顷农田积水。损坏房屋11346间、倒塌453间，倒折树木15.15万棵、电力和通讯线杆703根，重灾区水利、通讯设施遭到不同程度损坏，伤4人。直接经济损失9920万元。

8月7日，高唐、武城、齐河3县15个乡镇遭受暴风雨和冰雹袭击。农作物受灾面积7.5万公顷，成灾面积6.4万公顷，绝产3000公顷，损坏房屋1万余间，其中倒塌7500间，死亡大牲畜97头，部分电力、通讯中断。

8月18日，安丘、诸城、长清、无棣、沾化、鄄城、高唐、临清、茌平、庆云、齐河、肥城、文登13个县市遭受风雹袭击。农作物受灾面积1.1万公顷，重灾面积5000公顷，损坏房屋1500间，倒折树木1.77万棵，刮倒线杆50根。直接经济损失3220万元。

8月29日至9月2日，栖霞、牟平、福山、沂水、五莲、聊城、阳谷、沂源、东平、泰安郊区、泰山区、陵县的16个乡镇先后遭受风雹灾害，农作物受灾面积1.4万公顷，成灾1万公顷，绝产2300公顷，倒折树木6.52万棵，倒塌房屋12间。直接经济损失5000万元。

9月8～13日，沾化、滨州、惠民、广饶、招远、栖霞、芝罘、牟平、文登、荣成、冠县11县市区遭受暴风雨袭击。农作物受灾面积1.72万公顷，成灾面积1.54万公顷，损坏房屋233间、倒塌15间，548个塑料大棚被毁。直接经济损失6500万元。

1994年 4月7日，寿光、寒亭、利津、垦利、广饶、河口、东营及庆云8个县区部分乡镇遭大风袭击，风力8～9级，最大10级，海浪高达3米。损坏房屋8.9万间，刮倒院墙5890米，损坏塑料大棚6200多个，毁坏地膜0.67万公顷，倒折输电、通讯线杆1051根，倒折树木4.4万余棵，损坏渔船51只、渔具500多套。河口区刁口乡毕家嘴村30余只作业船及50多名渔民出海捕鱼，遇大风后下落不明。直接经济损失6000多万元。

4月7日凌晨2～3时，招远市辛庄镇部分沿海村庄遭受8～9级大风袭击，正在海上作业的50艘渔船受到不同程度破坏，到8日上午9时，已初步查明尚有5艘渔船、16名作业村民下落不明，另有9人已经死亡。同日凌晨，龙口市黄山、海岱，厢城3个乡镇也遭受大风袭击，海上养殖遭到破坏，部分渔船被毁，死亡2人，3人下落不明，直接经济损失约5000万元。

4月21日，潍坊市的昌乐、安丘、高密、寒亭、坊子、潍城、寿光、诸城8个县市区的58个乡镇1560个村遭受大风和冰雹袭击，风力8级以上，阵风达12级。大风持续约半个小时，并伴有冰雹和降雨。农作物受灾面积1.07万公顷，其中小麦6667公顷，地瓜1667公顷，蔬菜2366公顷，损坏房屋18620间、倒塌20间，倒折树木13.08万棵，毁坏大棚1400个，刮断高压线718米，重伤3人。直接经济损失2047万元。

4月27日至5月2日，无棣、东港、五莲、昌乐、汶上、曲阜、邹城、金乡、泰安市郊区、泰山区、新泰、胶州、莱西、沂南、临沂、蒙阴、平邑、莒南、沂水、芝罘、福山、海阳、东阿、山亭、薛城、滕州等27个县市区的107个乡镇遭受大风和冰雹袭击，农作物受灾面积14.7万公顷，成灾面积8.1万公顷，绝产面积2600公顷。受灾作物主要是小麦、蔬菜和处于幼苗期的棉花、花生等。刮坏房屋4990间，倒折树木6.5万棵，倒塌工厂烟囱2座、45米电视天线塔1座。伤9人。直接经济损失3.5亿元。

5月9～10日，招远、莱州、牟平、安丘、临朐、莒县、沂源、临沭、沂水、莒南、沂南、费县、郯城、苍山14个县市的57个乡镇不同程度地遭受大风和冰雹袭击，风力7～9级，阵风达10级，雹径大约5厘米，降雹持续时间达30分钟，部分地面积雹厚度5厘米以上。农作物受灾面积3.65万公顷，成灾面积1.78万公顷，绝收面积1333公顷，倒折树木3.74万棵，损坏房屋2576间，毁坏船只81只，其中沉6只，1人遭雷击死亡。直接经济损失8800万元。

5月28日，单县、定陶、成武3县先后遭受7级以上大风袭击，中心地带风力超过10级，34个乡镇受灾，受灾面积5800公顷，倒折树木32万棵，倒折各类通讯电线杆1万多根，损坏房屋7600余间，死伤家畜、家禽1.5万头（只），伤14人，直接经济损失1800万元。受灾最重的单县共有14个乡镇320个自然村受到危害，全县因灾害倒折树木32万棵，倒折线杆6000多根，损坏变压器25台，近1000公顷小麦被风刮倒、脱粒，损失小麦350万千克，损坏房屋7600间。全县因灾直接经济损失1000万元。

7月5日，五莲县处在副高西部，高空槽前部的辐合区，对流旺盛，属高空槽影响。五莲县潮河镇、叩官镇受大风危害，刮倒树木7万多棵，刮坏房屋4000多间，砸死1人，砸伤1人，3万亩苹果树严重落果，刮倒蔬菜大棚300多个，青苗倒伏3万多亩，造成直接经济损失1600万元以上。

7月10日下午两点前后，郯城县由于受副高控制，局地形成热雷雨大风天气。郯城镇北关约5千米处受灾较重，这次大风强度大，直径40～50厘米粗的大树连根拔起，刮倒树3万余棵，毁坏房屋2000余间、通信线路50多处、蔬菜大棚100余亩，城北蔬菜批发市场棚被刮倒，一家两层楼被吹毁，6人受伤，3人受重伤。

7月29日至8月1日，郯城、苍山、临沭、费县、临沂、平邑、台儿庄、峄城、薛城、章丘、莱芜市钢城区11个县市区的61个乡镇先后遭暴风雨袭击，平均降雨量108.5毫米，最大降雨量164毫米，并伴有7～8级大风。农作物受灾面积4.2万公顷，成灾面积2.47万公顷，刮倒树木5.08万棵，损坏房屋2082间，损坏桥涵2座、河堤12处、高低压线路7千米，死亡1人，直接经济损失3300余万元。

8月3～4日，邹平、章丘、河口3县区遭受狂风暴雨袭击，农作物受灾面积2.99万公顷，成灾面积1.53万公顷，绝产面积8400公顷，损坏房屋1027间，倒塌院墙2070米，倒折树木13.45万棵，刮倒线杆23根，毁坏线路1800米，击毁变压器1台，死亡1人。直接经济损失近1亿元。

1995年 2月27日，微山、台儿庄、峄城、安丘、东港、五莲、胶南、平度、黄岛、胶州10个县市区的近90个乡镇遭受大风和降温袭击，风力7～9级，阵风10级，气温由

4℃骤降至-4℃～-3℃，猛烈的寒风夹带着雨雪，使上述地区遭受严重灾害。刮毁塑料大棚1.3万个，7821间房屋受到不同程度损坏，沉船8艘，冲走小船27只。直接经济损失718万元。

5月30～31日，临淄、高青、张店、周村、淄川、桓台、博山、章丘、济阳、历城、惠民、商河、邹平、德城、宁津15个县市区先后遭受暴风、大雨袭击，局部地区降雨时伴有冰雹。最大风力9级，最大降雨量87毫米。小麦受灾面积8.9万公顷，成灾面积4.6万公顷，损坏蔬菜大棚1万多个，山区林果受灾近3334公顷，倒折树木1.97万棵、线杆23根，损坏桥涵80座，倒塌房屋106间、损坏5900间，直接经济损失8000余万元。

5月31日，受飑线天气影响，章丘市大部地区遭风雹灾害袭击。平均降水量21.5毫米，章丘气象站10分钟风速14.0米/秒，局部伴有冰雹，大的直径1厘米，全市小麦倒伏面积22.18万亩，估计减产4000万斤，房屋倒塌3810间，折断树木18470棵，直接经济损失4943.5万元。

6月1日，利津县汀河、虎滩、陈庄、集贤、北岭、罗镇，垦利县的垦利镇、永安、西宋、下镇、胜坨11个乡镇遭受严重风雹灾害袭击。灾害发生时，最大风力达10级，雹径最大达5厘米，同时伴有暴雨，最大降雨量为88毫米。两县受灾面积1.75万公顷，其中，小麦受灾面积9333公顷，棉花3327公顷，大豆2413公顷，其它经济作物受灾2427公顷，因灾损坏房屋3780间、倒塌160间，毁坏塑料大棚1456个，倒折树木2.77万棵。直接经济损失7000多万元。

6月2日，冠县、聊城、峄城、台儿庄4县市区11个乡镇遭受暴风雨袭击，最大风力8级以上，平均降雨量均在50毫米以上，4县区市有6733公顷小麦倒伏，其中成灾面积5133公顷，减产粮食近1500万千克，果树受灾面积100公顷，倒折高压线杆2根。峄城区沿河向阳门楼被刮倒，当场砸死1人，砸伤2人，部分群众财产受到损失。

6月23日，高青、临淄、张店、淄川出现大风、冰雹灾害。其中高青县受灾面积7万亩，棉花绝产8500亩，瓜菜绝产1800亩，总经济损失4800万元。临淄区夏玉米受灾2万亩，蔬菜受灾3万亩，林果受灾2万亩，大棚受损5000个，并造成其它损失，总计经济损失300余万元。张店出现风灾，林果受灾6000亩，减产400吨，大棚受损200个，蔬菜受灾700亩，经济损失270万元。淄川出现风灾，林果减产30吨，经济损失60万元。

7月23～25日，淄川、博山、沂源、临淄、鄄城、曹县、东营、河口、广饶、垦利、利津、五莲、莒县、兰山、莒南、平邑、郯城、沂南、沂水、寒亭20个县区的85个乡镇先后遭受暴雨、大风袭击，风力7～8级，阵风9级以上，最大点雨量100毫米。农作物受灾面积6.38万公顷，成灾面积4.06万公顷，苹果受灾面积2433公顷，损坏房屋3440间、倒塌421间，倒塌院墙2400米，倒折树木8600棵，毁坏大棚96个，死亡1人，伤21人。直接经济损失超过7900万元。

8月13日15时30分前后，沂水县姚店子、沂水、马站、院东头、袁家庄、善疃、许家湖等乡镇遭受大风、冰雹袭击。刮毁房屋1863间，刮倒、刮断树木14694棵，刮毁电线杆144根，农作物受灾面积4.94万亩。其中玉米4.1万亩，黄烟4566亩，高粱2000亩，伤8人，其中重伤2人，直接经济损失2700万元。

8月21～23日，单县、鱼台、金乡、沂南、临沭、苍山、郯城、莒南、费县、日照市东港、文登、即墨、崂山、城阳14个县市区的60个乡镇遭受暴雨袭击，局部地区伴有大风，最大风力达10级。农作物受灾面积8.62万公顷，成灾面积4.59万公顷，其中，绝产面积5333公顷，损坏房屋1224间、倒塌976间，倒折树木2.5万棵，冲毁公路62.5千米、桥涵116座、塘坝6处，沉没渔船6只，有18人因灾受伤，4人死亡，大牲畜死亡360头。直接经济损失7824万元。

8月23日，海阳、牟平、莱阳、栖霞、福山、芝罘6县市区的36个乡镇遭受大风暴雨袭击，风力8级，阵风9级，平均降雨量83.4毫米，最大点雨量159毫米。农作物受灾面积1.36万公顷，成灾1.1万公顷，大水淹没花生近2000公顷，1543户农家进水，倒塌房屋160间，因灾死亡1人，冲毁桥涵59座、水库大坝1处、大口井19眼、拦河闸17处、地堰4490米、渡槽50米、养鱼池14个，损坏渔船27只，刮倒线杆108根。直接经济损失1.03亿元。

10月30～31日，烟台市的招远、莱阳两市9个乡镇遭受大风灾害，风力达8～9级，最大风力达10级以上。刮断高压线750米，刮倒高压电线杆5根、通讯线杆7根，刮倒、刮坏房屋200余间（其中倒14间），刮倒院墙、围墙近600米，刮坏蔬菜大棚48个，养鸡大棚12个，刮落苹果2535万千克，刮坏养鱼网箱60个，损失成鱼9万千克，直接经济损失5260万元。

10月30日～11月1日，烟台市遭受大风袭击，风力7～8级，长岛、海阳、蓬莱、福山4县市区最大风力达11级。损失苹果2亿千克，价值达2.4亿元，全市133万公顷大棚蔬菜不同程度受灾，其中200公顷秋黄瓜和芸豆绝产，冲坏两条拦河大坝，刮断高压线450米，倒塌房屋17间，毁坏渔船30只，损失扇贝30公顷。直接经济损失超过4亿元。

11月7日，受北方较强冷空气影响，泰安、济宁、青岛、枣庄、临沂、潍坊、日照、德州、聊城9市地的40多个县市遭受程度不同的大风危害，其中，东平、宁阳、微山、金乡、任城、沂南、苍山、河东、费县、莒南、平邑、青岛市区、黄岛、胶南、胶州、安丘、诸城、东港、岚山等24个县市区受灾较为严重，造成重大人员伤亡，供电、交通、通讯等基础设施和人民群众的生命财产均受到不同程度的损失。东平、微山和岚山3县区因有渔民在湖上和海上作业，造成31人在暴风中丧生，121人失踪，320人受伤。近8万个塑料蔬菜大棚和600多个冬暖式养鸡大棚被大风刮坏，38万只肉食鸡和雏鸡、蛋鸡等被冻死，18.96万间房屋受损，其中5.35万间被风揭顶不能居住，3700余间倒塌，倒折树木4.43万棵，中断供电和通讯线路4万多米，229只渔船被毁或刮沉，大风引起火灾数十起，烧毁房屋133间。灾害造成直接经济损失超过10亿元。

11月7日清晨，受强冷空气影响，青岛市的黄岛、胶南、胶州3区市的34个乡镇及崂山区部分地区受灾。造成全市12条高压线发生故障停电，80间房屋倒塌，3678间被毁坏，623亩扇贝受灾，2人死亡，4人下落不明，3人重伤，损失严重。

1996年　4月28～29日，受江淮气旋和高空冷涡的共同影响，蓬莱市出现了一次大风降雨天气，其中在29日蓬莱气象站出现了最大风速14.3米/秒的东北大风，降雨量44.8毫米。全市普降大雨，局部大到暴雨，全市平均雨量42.1毫米。这次大风降水天气给全市海上及农业生产、人民群众生活造成了严重的损失。20马力以上渔船沉没、抢滩需大修的共计14条，6～12马力报废渔船8条，舢板29条；海上养殖业受灾1.70万亩，其中包括海带1.20万亩、扇贝0.50万亩，绝产0.34万亩，其中包括扇贝0.07万亩、海带0.27万亩；农业及通讯设施总计损失4020万元，其中农业（主要是果业）损失4000多万元，广播线路损失20多万元。本次大风天气过程，蓬莱气象站及时地进行了预报服务，其中在28日早晨的专业服务和公益服务中，预报有小到中雨，南到东南风海面5～6级，晚上的专业服务预报有小到中雨，东南转东北风海面6～7级，公益服务预报有中雨，偏东风海面6到7级。29日早晨的专业服务和公益服务中预报有小到中雨，偏东风海面6～7级。此次大风灾害造成3人死亡，经济损失6020万元。

4月29日晚，长岛县遭8～9级大风和海潮袭击，全县损失渔船20只、扇贝80公顷，死亡2人，失踪2人，造成直接经济损失3600万元。

5月1日，烟台市长岛县、蓬莱市、莱山区遭受风雹袭击，风力达9级，并持续10多个小时，降雹10分钟。损坏渔船101只，死亡4人，海上养殖成灾面积达1547公顷，农作物成灾面积270公顷，造成直接经济损失4780万元。

5月19日，莱州、青州、诸城、寒亭、平度、莱西、蓬莱、胶南8个县市区遭受大风、冰雹灾害。诸城市吕标、马庄、城关、程戈庄、皇华、山东头、桃林、箭口、万家庄9个乡镇167个村遭风雹袭击，风力7～9级，局部10级以上，降雹持续5～10分钟，冰雹大如核桃，小如玉米粒，大面积小麦严重倒伏，黄烟叶片被砸光。全市农作物受灾面积6400公顷，其中小麦3240公顷，棉花870公顷，果园40公顷，蔬菜330公顷。刮倒树木2万余棵。直接经济损失1503万元。寒亭区河滩镇30个村遭龙卷风和冰雹袭击，最大风力10级。毁坏大小拱棚20公顷，损坏房屋30间，击毁变压器1台。直接经济损失120万元。平度市明村镇和莱西市南岗、唐家庄、南墅等乡镇相继遭龙卷风和冰雹袭击，最大风力10级，雹粒直径1～2厘米，降雹持续15分钟，地面积雹厚度10厘米以上，平度市明村镇1600个蔬菜大棚不同程度地受损，其中全部被毁的大棚1000个，666公顷黄烟和棉花受灾严重。直接经济损失3000万元。莱西市2000公顷小麦和蔬菜受灾严重，直接经济损失300余万元。

5月26日，冠县、菏泽、曹县3县市遭受大风、暴雨袭击。冠县贾镇、兰沃、桑阿、定寨、店子等12个乡镇遭大风袭击，风力8级以上。全县1.5万公顷小麦倒伏严重，成灾1万公顷，另有部分瓜菜受损。直接经济损失3300万元。菏泽市36个乡镇遭暴风雨袭击，最大风力7级以上，最大点雨量140毫米。全市小麦倒伏2.4万公顷，成灾面积1.3万公顷，减产4成以上，另有0.48万公顷花生、0.58万公顷大行套种棉花和0.2万公顷麦套西瓜全部被倒伏小麦遮压，倒折树木3万棵，损坏桥涵闸28座。曹县遭暴雨大风袭击，全县平均降雨量33.8毫米，最大点雨量85毫米，造成大面积小麦倒伏，套种棉苗被倒伏的小麦捂死，玉米、瓜菜等损失严重。全县21个乡镇受灾，其中韩集、桃源、砖庙、魏湾4个乡镇受灾严重。全县共倒伏小麦2.8万公顷，0.74万公顷套种棉苗被捂死，0.47万公顷玉米、瓜菜等受灾严重，倒塌房屋532间，倒折树木近万棵。直接经济损失1亿多元。

6月13日，正值麦收期间，淄博市周村、桓台、张店、临淄以及淄川的部分乡镇出现雷雨大风、冰雹灾害，最大风力7～8级，冰雹最大直径3厘米，最长降雹时间17分钟左右。小麦受灾 30.2 万亩，蔬菜受灾 6100 亩，林果受灾 1.2 万亩。莱城区寨里镇、大槐树乡、大王庄镇、高庄镇、方下镇、牛泉镇、鹿野乡、杨庄镇、张家洼镇、羊里镇 10 个乡镇遭大风袭击。灾害造成：小麦受灾面积 79880 亩，减产 639 万斤，折款 575 万元；林果受灾面积 4340 亩，经济损失 1140 万元；蔬菜受灾面积 7110 亩，经济损失 1560 万元。总经济损失 3275 万元。蓬莱、莱阳、龙口、莱州 4 市的 11 个乡镇遭受风雹袭击，阵风达 9 级，降雹 10 分钟，冰雹直径最大的达 4.5 厘米。农作物成灾面积达 1.6 万公顷，造成直接经济损失达 7600 万元。

6 月 13 日、15 日，平度市遭受暴风雨的袭击，出现瞬时极大风速 25.8 米/秒，过程降雨量 30.3 毫米，倒塌房屋 6 万余间、塑料大棚 958 个，小麦 80%倒伏，死亡 8 人，伤 59 人，果树损失 23%。刮断线杆 700 余根，直接经济损失 1.68 亿元。

6 月 13 日 18 时，暴风雨袭击平度市 32 个乡镇，持续时间 32 分钟，最大风速 25.8 米/秒，最大降水量 35 毫米，使大面积小麦倒伏、房屋倒塌，并造成人畜伤亡。同日，莱西、胶州、胶南部分乡镇也不同程度地受到暴风雨和冰雹袭击，26952 间房屋被损坏，倒伏小麦 72 万亩、棉花 3.06 万亩、玉米 1.49 万亩，摧毁果园 8 万亩，折倒树木 11.04 万棵，造成 551 头牲畜伤亡、26 人受伤、8 人死亡，直接经济损失 2.8 亿元。

6 月 15 日下午 2 时至 2 时 45 分，招远市蚕庄、金岭、招城、玲珑、大秦家、南院等 13 个乡镇遭受暴风雨袭击，最大风力 12 级以上。小麦、果园、树木、房屋、通讯设施等损失惨重。据统计，小麦受灾面积 12.4 万亩，减产 1736 万斤，折款 1736 万元，果园受灾面积 10.8 万亩，减产 1700 多万千克，折款 4080 万元。损坏房屋 1728 间，折款 17.28 万元，倒塌院墙 1450 米，折款 7.25 万元。损坏树木 11.58 万棵，百年老柳树连根拔起，一搂多粗的毛白杨拦腰折断，折款 926.4 万元。刮倒通讯电线杆 336 根，折款 3.36 万元。因灾全市经济损失 6770.29 万元。

6 月 20 日，淄博市周村区王村镇，淄川区商家、岭子、磁村等乡镇出现雷雨大风、冰雹灾害，风力 9 级左右，冰雹最大直径 3 厘米，雨量 40 毫米左右。粮田受灾面积 3.7 万亩，其中绝产 1 万亩，果园受灾面积 9000 亩，其中绝产 1200 亩，蔬菜受灾 2360 亩，其中绝产 540 亩。受损房屋 977 间，其中倒塌 18 间。刮倒树木 2830 棵。并造成其它损失。总经济损失 1230 万元。

6 月 22 日，寿光县出现 8 级东北大风，除县城外，全县 20 个乡镇受灾。刮坏房屋 43910 间，其中损坏严重的 1247 间；刮倒树木 2052 棵，刮走麦垛 165 个，损失粮食 54400 斤，伤 30 人。

7 月 1～2 日，栖霞、牟平、招远、海阳、莱阳、芝罘、福山、莱山、乳山、即墨、莱西、胶州、平度、高密、博山、淄川、齐河、德城、高唐、莱城等 22 个县市区遭暴风雨和冰雹袭击。烟台市的栖霞、牟平、招远、海阳、莱阳、莱州、芝罘、福山、莱山 9 个县市区的 47 个乡镇、918 个村庄遭受暴风雨和冰雹袭击。阵风 11 级，最大风速达 24.8 米/秒，最大冰雹直径 5～6 厘米，3 小时降雨量 136.6 毫米。农作物受灾面积 3.33 万公顷，其中成灾 2.37 万公顷，0.21 万公顷绝产需重播，苹果受灾面积 4.85 万公顷，其中成灾 2.38 万公顷，残果率达 96%以上，蔬菜成灾面积 0.28 万公顷。冲毁桥梁 5 座，河堤决口 480 米，刮倒电线杆 510 根，折断 160 根，公路冲断 5 处，县乡公路中断交通 18 小时，刮倒树木 5.32 万棵，损坏渔船 31 只，其中沉船 2 只，6 只下落不明，被海浪冲刷养殖扇贝20公顷，损坏房屋26627间、倒塌177间，倒塌院墙1.4万米，全市直接经济损失83964.5万元。威海市的乳山、文登两市的11个乡镇遭暴风雨和冰雹袭击，最大降雨量90毫米，阵风10级，最大雹径7厘米。农作物受灾面积1.43万公顷，其中1.04万公顷需返种，620公顷耕地被冲毁，果园受灾面积4960公顷，其中2890公顷基本绝产，其余减产幅度均在3成以上。损坏塑料大棚150多个，其中报废30个，倒折通讯、供电线杆326根，倒折树木4万余棵，损坏房屋4000多间，其中倒塌300间，倒塌院墙2300米。直接经济损失4.5亿元。青岛市的即墨、莱西、胶州、平度4市12个乡镇先后遭到龙卷风和冰雹袭击，最大雹径6厘米，降雹持续时间15～30分钟，最大点雨量140毫米。农作物受灾面积1.04万公顷，其中成灾面积0.51万公顷，有0.22万公顷需返种，果园受灾面积0.29万公顷，倒折电线杆74根，其中高压线杆17根，倒折树木9万余棵，烧毁电视机15台，毁坏配电室1座，损坏网具30余条，损坏房屋5333间，其中倒塌93间，倒塌院墙1810米，伤7人，其中重伤1人。直接经济损失2亿元。高密市8个乡镇遭到罕见的暴风雨和冰雹袭击，最大风力10级，局部龙卷风，最大雹径达7厘米，降雹持续时间20多分钟。农作物受灾面积1.37万公顷，其中成灾面积0.9万公顷，0.48万公顷需返种，果园受灾0.17万公顷，其中0.06万公顷绝产，损坏房屋2500多间，刮倒院墙2500米。全市直接经济损失20118万元。淄博市的博山、淄川二区5个乡镇的27个村遭风雹袭击，农作物受灾1067公顷，其中成灾327公顷，果园受灾127公顷，倒折树木560棵，损坏房屋1020间，其中倒塌360间，冲毁桥梁1座、地堰4000米。直接经济损失1000余万元。齐河县大营乡遭暴风雨袭击，农作物受灾面积1400公顷，其中成灾100公顷，倒折树木1.2万棵，刮倒各类电线杆200根，损坏房屋500余间，重伤1人。直接经济损失240万元。2日18时至18时30分，德城区4个乡镇遭暴风雨和冰雹袭击，农作物受灾面积1167公顷，其中成灾800公顷，果园受灾1233公顷，倒折树木4200棵，损坏房屋200余间，其中倒塌30间，倒塌院墙1000余米。直接经济损失1800万元。高唐县两个乡镇遭风雹袭击，农作物受灾面积500公顷，成灾360公顷，30公顷需返种，倒折树木2万多棵，损坏房屋200多间，其中倒塌71间，风雨冲走场上晾晒的小麦8万多千克。直接经济损失69万元。莱城区的茶业口乡遭暴风雨袭击，8级以上大风持续30多分钟，农作物受灾面积300公顷，其中成灾200公顷，倒折树木3万余棵，损坏房屋200多间。直接经济损失26万元。陵县、庆云、齐河、济阳、临邑、夏津、禹城、汶上、莱州9个县市区遭受暴风雨和冰雹袭击。陵县普降大雨，伴有10级大风和冰雹，农作物受灾面积0.6万公顷，其中重灾0.23万公顷，倒折树木4500棵、电线杆50根，损坏房屋280间，倒塌院墙8000米。直接经济损失3000余万元。庆云县的15个村庄遭受风雹袭击，阵风8级，降雹5分钟。农作物受灾面积233公顷，果园受灾14公顷，直接经济损失80万元。齐河县的表白寺、安头2个乡镇遭受狂风、暴雨和冰雹袭击，降雨量达163毫米，最大风力11级，降雹15分钟，农作物受灾面积0.47万公顷，其中0.2万公顷需返种，倒折树木12万余棵，输电、通讯线路全部中断，倒塌院墙2万余米，20公顷鱼池漫溢绝产，450个大棚倒塌，近万间房屋受到程度不同的损坏，其中倒塌530间。县第五中学的150间教室全部揭顶，倒塌教室9间、院墙400米。两乡镇直接经济损失3000多万元，其中有500多户重灾户每户损失达万元以上。无棣、沾化两县遭受风雹袭击，阵风8～10级，农作物受灾面积0.64万公顷，其中重灾面积0.48万公顷。直接经济损失 490 万元。临邑县两次遭受大雨和风雹袭击，降雨量 80 毫米，最大点雨量超过 100 毫米，阵风 9 级以上，农作物受灾面积 3120 公顷，倒折通讯线杆 50 根，损坏、倒塌房屋 3149 间，倒塌院墙 7270 多米，临南镇的价值 30 余万元的菜市场大棚全部倒塌，毁坏塑料大棚 5000 多个，砸坏汽车 2 部。全县直接经济损失 500 余万元。夏津县遭受风雹灾害，农作物受灾面积 270 公顷，其中重灾 200 公顷。直接经济损失 30 万元。禹城市普降大雨，辛店、张集两个乡镇遭风雹袭击，阵风 8～10 级，降雹持续时间 4 分钟，农作物受灾面积 0.33 万公顷，其中重灾 0.27 万公顷，倒折广播、电话线杆 150 根、成材树木 1500 棵，倒塌院墙 1500 米，群众住房受到一定程度损坏。全县直接经济损失 725.91 万元。

7 月 6 日，德城、平原、邹平、安丘、高唐、茌平、冠县、聊城、临清、博山、沂源、平邑 12 个县市区遭受大风、暴雨、冰雹灾害。德城区的抬头寺乡遭受风雹灾害，45 个村不同程度地受灾，农作物受灾面积 0.17 万公顷，其中重灾面积 0.13 万公顷，果园受灾面积 467 公顷，残果率 30%左右，全乡直接经济损失 335 万元。平原县遭受暴雨和风雹灾害袭击，其中 7 个乡镇的 67 个村庄受灾严重，农作物受灾面积 0.59 万公顷，其中重灾面积 0.23 万公顷，倒折树木 3 万余棵，倒折供电、通讯线杆 70 余根，倒塌房屋 150 多间、院墙 300 余米。直接经济损失 3000 余万元。邹平县遭受雷雨和大风袭击，农作物受灾面积 0.93 万公顷，其中重灾面积 0.6 万公顷，倒折树木 1470 余棵，损坏房屋 4500 间，倒塌院墙 1200 米，刮断高压线路 4 千米。直接经济损失 2000 万元。商河县遭大风和冰雹袭击，受灾最重的是贾庄和玉皇庙两个乡镇。全县农作物受灾面积 0.27 万公顷，其中重灾 0.15 万公顷，倒塌房屋 110 间，倒塌院墙 5000 米，倒折树木 2500 余棵，倒折线杆 5 根，大风刮倒油田井架 1 个，损坏砖坯 600 万块。直接经济损失 1400 万元。安丘市的 60 个村庄受灾，农作物受灾 0.39 万公顷，倒折树木 1.9 万棵，损坏房屋 2500 多间，倒塌房屋 75 间、院墙 600 多米，倒折通讯线杆 114 根、电力线杆 170 根，直接经济损失 1200 万元。高唐、茌平、冠县、聊城、临清 5 县市先后两次遭到龙卷风和暴雨冰雹袭击。阵风 10 级以上，大的冰雹直径 4 厘米左右，降雹持续时间 10 分钟。农作物受灾面积 3 万公顷，其中重灾面积 1.78 万公顷，倒折输电和通讯线杆 1200 多根，倒折树木 36.6 万棵，刮倒和损坏房屋 2000 多间，倒塌院墙 1500 多米，伤 22 人，死伤大牲畜 30 多头。全区直接经济损失 5 亿多元。博山、沂源 2 县区农作物受灾面积 380 公顷，果园受灾 320 公顷，倒折供电、通讯线杆 59 根，倒折树木 1.28 万棵，损坏房屋 560 间，损坏变压器 1 台，有 9 个工厂因断电被迫停产。直接经济损失 1935 万元。平邑县张里、铜石 2 个乡镇农作物受灾面积 0.28 万公顷，其中重灾 0.18 万公顷，损坏房屋 1200 余间，其中倒塌 240 间，损失果品 800 万千克，刮倒、刮断成材树木 4000 余棵、果树 1500 余棵，冲毁道路 15 千米，刮断高压线路 4 千米。直接经济损失 2600 万元。

7 月 24 日夜至 25 日，莱芜市颜庄、里辛、黄庄、张家洼、口镇、见马、苗山、和庄、茶叶口、上游、腰关、雪野、鹿野、大王庄、大槐树、寨里、杨庄、方下、羊里、莱城 20 个乡镇遭大风袭击。莱芜市农作物受灾 15 万亩，成灾 8.9 万亩，玉米倒伏 70%，绝产 2.9 万亩，莱芜市受灾人口 53 万，成灾人口 21 万。因灾死亡 1 人，伤 10 人，倒塌房屋 1900 间，损坏房屋 2300 多间，总损失 1.2 亿元。

7 月 30 日，泰安市泰山区、郊区、肥城 3 县区的 16 个乡镇遭暴风雨袭击，仅 16 时 40 分至 17 时 40 分的 1 小时内，泰安城区平均降雨量即达 120 毫米，泰山前麓达 140 毫米，阵风9级以上。全市农作物受灾面积2.74万公顷，成灾面积0.84万公顷，绝产面积0.1万公顷，冲毁耕地2333公顷、桥涵170座、地堰5万米，倒折线杆75根、成材树木4万棵，损坏房屋1875间、倒塌房屋215间。直接经济损失9000余万元。

8月4日16时30分至18时，金乡县鸡黍、兴隆、正杰、肖云4个乡镇遭受暴风雨袭击，风力9～10级，降雨110毫米。倒折高压电线杆200多根，损坏通讯线路1万多米，倒折树木3万多棵。因灾伤10人，其中重伤2人。直接经济损失2000万元。

8月4日19时～5日凌晨，聊城地区普遍遭受暴风雨袭击，其中聊城、临清、茌平、莘县4县市的17个乡镇、367个村庄的23万人受灾较重。全区平均降雨48毫米，部分乡镇达150毫米，降雨时伴有7～8级大风。全区农作物受灾面积2.29万公顷，成灾1.77万公顷，其中绝产0.33万公顷。倒塌房屋950间，损坏房屋2100间，毁坏大棚500个，倒折树木5万棵，冲毁桥涵20座。直接经济损失8500万元。

8月16日，莱城区的方下、牛泉、高庄3镇的13个村庄遭受大风袭击。最大风力达8～9级，莱芜市农作物受灾面积4500亩，绝产2900亩，死亡1人，总经济损失2420万元。

9月15日20时至20时30分，临淄、张店两区4个乡镇遭风雹袭击，最大风力8级，持续时间15分钟。农作物受灾面积1026公顷，其中成灾133公顷，蔬菜受灾690公顷，其中绝产267公顷，果园受灾面积567公顷，死亡1人。直接经济损失1010万元。

1997年　4月28日，淄博市张店、淄川、周村区出现雷雨大风、冰雹灾害。其中张店区马尚、房镇8200亩蔬菜受灾，减产5%。淄川区淄城、商家、杨寨、黄家铺、双沟5个乡镇受灾，小麦倒伏1.32万亩，减产20%以上，蔬菜受灾面积1000亩，其中绝产200亩，大棚受损78个，倒树1100余棵，全区经济损失约300万元。周村区160个村庄受灾，蔬菜受灾面积1.26万亩，损坏大棚409个、小拱棚5170亩，其中绝产4950亩，小麦受灾5万亩，其中倒伏1.5万亩，损坏房屋850间，全区经济损失1452万元。

5月23日，栖霞、莱西两市7个乡镇的120个村庄遭受大风和冰雹袭击，雹径最大2厘米，降雹持续10分钟，并伴有7～8级的大风。受灾人口6.49万人，成灾3.76万人，农作物受灾面积5522公顷，成灾3334公顷，直接经济损失5250万元。

5月29日，莱芜市9个乡镇遭受大风袭击。莱芜市小麦倒伏32万亩，成灾面积约10万亩，刮坏大棚300个，刮倒树木1万棵，损坏房屋1000多间，损坏经济林5000亩，总经济损失2500万元。

6月1日，乳山、莱西、招远、栖霞、莱阳5市、15个乡镇遭冰雹袭击，降雹持续10分钟，雹径1.5厘米左右，并伴有8级以上大风。受灾人口17.4万人，成灾7.22万人，农作物受灾面积1.77万公顷，成灾面积6530公顷，绝产面积1583公顷。直接经济损失3220万元。

6月13日，钢城、薛城两区遭受冰雹和大风袭击，降雹达35分钟，雹径3～5厘米，地面积雹厚度5厘米左右，最大风力达10级。林果蔬菜受灾面积1156公顷，砸落各种果品150万千克，另有40公顷玉米和棉花成灾。刮倒各种树木1.1万棵，倒塌房屋11间。死亡1人，伤7人。直接经济损失275万元。

8月19～20日受第11号台风影响，广饶县自19日10时30分至20日11时遭受特大暴风雨袭击。全县降雨量达 130.1 毫米，降雨量最大的乡镇达 160 毫米，降雨时间长达 24.5 小时，最大风力达 9 级。这次暴风雨给全县工农业生产和人民生活造成了重大损失。据不完全统计，全县有 30.5 万亩玉米、5.06 万亩棉花发生不同程度的倒伏，2 万亩大豆、5.4 万亩果园、4000 亩桑园受灾，30 万亩林网被不同程度的毁坏，1 万个蔬菜大棚、2568 间房屋不同程度的倒塌，40 条低压输电线路停电，直接经济损失 1.84 亿元。莱城区、钢城区 15 个乡镇遭大风袭击。莱芜市受灾人口 57 万，成灾人口 48 万，农作物受灾面积 54 万亩，成灾面积 48 万亩，绝产面积 4.2 万亩，减产粮食 2800 万斤。倒塌房屋 175 间，损坏房屋 210 间。刮落杂果 8000 多万斤，刮倒、刮断各种树木 1.5 万棵，刮倒线杆 280 根，总经济损失达 1.6 亿元。

8 月 20～21 日，受 9711 台风影响，垦利县遭受暴风雨袭击，全县受灾严重，据统计，在这次暴风雨过程中，全县损坏各类房屋 3078 间，近 1000 间地屋子、板房、虾池屋子倒塌，倒塌院墙 2.04 万米，受灾作物面积约 13.59 万亩，其中大豆 7.38 万亩，玉米 2.2 万亩，棉花 2.5 万亩，高粱 4380 亩，高秆作物倒伏严重，受灾大田蔬菜 6000 亩，损坏大棚 20 个，损坏、刮倒树木 1690 棵，受灾果园 2510 亩，严重的落果 50%，一般的落果 30%，冲毁虾池 2316 亩，价值 168 万元，冲毁盐池 60 个、2400 公亩（1 公亩 = 1/100 公顷），损坏蟹池 1020 亩，其中挂蟹 470 亩，价值 70.5 万元，成蟹 550 亩，价值 99 万元，损坏船 18 只、网具 1230 件，价值 43.5 万元，损失虾皮 55 吨，价值 77 万元，造成 15 条配电线路、3 条送电线路拉闸停电，下镇乡有 1 人下落不明。全县在这次暴风雨袭击中，总共经济损失约 1200 万元。

1998 年　3 月 18～19 日，胶南市部分乡镇出现大风灾害，极大风速达 18.1 米/秒，毁坏船只 2 条，失踪 7 人，部队战士为救捞落水渔民牺牲 4 人。

6 月 3 日，淄博市周村、张店、淄川区出现雷雨、大风、冰雹灾害。其中周村小麦受灾面积 7.5 万亩、蔬菜 3200 亩、果园 7060 亩，折树 200 余棵，20 个大棚受损，总经济损失 1176 万元。淄川小麦倒伏 5 万亩，受灾果园 1 万亩、蔬菜 3000 亩、黄烟 2000 亩。总经济损失 200 余万元。张店小麦倒伏面积 2.7 万亩，经济损失 65 万元。

6 月 3 日下午，博兴县遭受了大风雨袭击，致使 18 万亩正在灌浆成熟的冬小麦倒伏，减产幅度在 3 成以上。

6 月 4 日 16 时 30 分至 18 时 30 分，菏泽市的东明、鄄城、牡丹区、定陶、成武、单县的部分乡镇都出现了大风、暴雨和冰雹。全市共倒伏小麦 5.1 万公顷，成灾 4.3 万公顷，损坏大棚 620 个、果园 1733 公顷，损坏西瓜 413 公顷，折断树木 18.9 万棵，倒墙 8700 米，损坏房屋 900 间，其中倒塌 300 间。伤 30 人。经济损失 3800 万元。

7 月 21 日 13 时至 15 时 21 分，菏泽市的鄄城、牡丹区、东明、曹县 4 县区的 61 个乡镇出现大风暴雨和冰雹。大风一般 6～8 级，最大的地方大于 9 级。降水量 40 毫米，最大的乡镇达 84 毫米，最大冰雹直径 7 厘米。全市受灾面积 10.4 万公顷，严重倒折农作物 10 万公顷，果树落果 1 万公顷，倒折树木 482 万棵、线杆 456 根，损坏高压线路 237 千米、通讯线路 294 千米，损坏房屋 6050 间，其中严重破坏 280 余间，倒塌 156 间，伤 77 人，重伤 3 人。倒围墙 9600 米，损坏大棚 678 个，死伤家畜 670 余头，损坏变压器 4 台，直接经济损失 4.76 亿元。

8月2日，受高空低涡影响，宁津县绝大部分乡镇遭受大风灾害影响，农作物受灾面积20万亩，其中玉米10万亩，果树8000亩，蔬菜1.1万亩，造成经济损失3000万元。

8月3日夜间、4日傍晚，沂南县北、东部14个乡镇连续出现冰雹大风，风力8～9级以上，造成11万亩高秆作物受灾，倒塌房屋1760间。黄烟1.5万亩、蔬菜1.2万亩被刮坏，刮倒树木12万棵、电线杆508根，总经济损失1.2亿元。

8月22日7时40分，单县东部的终兴、时楼、李田楼、曹马、张集、黄堆6个乡镇，自西南向东北先后出现大风。造成3.5万亩农作物受损，成灾2万亩。损坏房屋780间、倒塌320间，伤55人，重伤18人，800人无家可归。经济损失3500万元。

8月22日12时至23日6时，受气旋影响，蓬莱市遭受暴雨大风的袭击。蓬莱气象站出现瞬时最大风速23米/秒的北到东北大风，平均最大风速16米/秒，累计降雨量174.2毫米，尤其在22日20时至23时的3个小时中，降雨超过100毫米，强度之大历史罕见。大风和暴雨造成巨大损失。据蓬莱市民政局和水利局提供资料统计：共造成经济损失6800余万元。其中：全市受灾人口15万，成灾9万，死亡1人，毁坏房屋506间、倒塌92间；农作物受灾面积18.8万亩，成灾12万亩，绝产4000亩，减产粮食17200吨，损失粮食500吨，毁坏蔬菜大棚154个，倒折树木720棵，死亡牲畜30头，淡水养殖损失面积200公顷、损失2吨，87条渔船撞击受损，14条沉没、上滩，农业直接经济损失4200万元。毁坏路基面232千米，通讯线路10千米，直接经济损失2000万元。冲毁桥梁6座、涵洞10座，毁坏堤防3千米，堤防决口13处，长度0.2千米，毁坏机电井110眼，直接经济损失600万元。灾情发生后，市乡镇领导立即组织人力、物力投入到抢险救灾中，将损失减少到最低程度。

8月22日15时至23日5时，乳山市普降大到暴雨，在23日21时前后又遭受大风袭击，部分村庄受龙卷风危害，持续时间3～4分钟，从康家到滕家庄一带均受龙卷风袭击，两地之距5千米左右，影响时乌云密布，伸手不见五指，紧接着狂风暴雨席卷而来，将屋顶卷走，房屋倒塌，损失严重。本次降水量乳山气象站59.6毫米，全市平均降水量60.5毫米，最大106毫米，平均风力5～6级，最大8级，风向南到东南，据统计全市农作物、海上生产、树木、邮电、电力设施及部分房屋不同程度受损，并造成25人受伤，6人住院治疗。全市总经济损失8200万元。

1999年　11月24～26日，长岛县出现8级偏北大风，阵风10级。损失船只5条，失踪13人。

11月24日，蓬莱市出现因大风造成船毁人亡的事故。本次事故共损失船3只，失踪9人，死亡1人，其中大季家镇渔船在威海以北40海里处损船1只，失踪5人，死亡1人，马格庄镇渔船在蓬莱以东即大竹山北和朱庄北共损船2只，失踪4人。经济损失9万余元。事故发生前，蓬莱市气象局于23日下午向公众发布了寒潮警报和大风警报，同时向市委、市政府做了专题汇报。

11月24日下午，受强冷空气影响，烟台辖区所属海域出现了7～8级、阵风9级的大风，导致烟台烟大轮渡公司“大舜”轮出现重大翻船事故。船上船员40人，乘客262人。其中22人获救，263人遇难，17人失踪。

2000 年　4 月 9 日，五莲县 22 个乡镇普遍遭受大风袭击，其中，高泽、汪湖、王世疃 3 个乡镇受灾尤为严重。4 月 9 日 17 时至 19 时 19 分出现大风，瞬时最大风速达 30 米/秒，17 时至 18 时 24 分出现沙尘暴，能见度 0.6 千米，给人民群众的生产、生活造成了较大的损失。据统计，大风共损坏房屋 3581 间，刮坏养鸡大棚 80 个、小拱棚 2375 个、蔬菜大棚 1200 个，刮断树木 1 万余棵、电线 1 万余米。王世疃乡电力、通讯中断 20 多个小时，直接经济损失达 500 万元。受北方强冷空气和地面冷锋的共同影响，东营市遭受强风暴袭击，风力 7～8 级，阵风 9 级，最大风速达 27.7 米/秒，全市各地普遍受灾，个别地区出现重灾。据统计，全市损坏房屋 2439 间，减产粮食 150 吨，受灾人口 1.7 万，成灾人口 0.95 万，直接经济损失达 812 万元。烟台市北部沿海的龙口、莱州、蓬莱三市受强冷空气影响，遭受 7～8 级、阵风 9 级的大风袭击，三市毁坏塑料大棚 5024 个、果树 9500 公顷，海上毁坏船只 22 条，死亡 2 人，失踪 3 人，损失养殖海带 120 公顷，刮丢渔网 70 挂，毁坏房屋 204 间，倒塌院墙 360 米，刮断、刮倒线杆 120 余根、成材树木 225 棵，全市造成直接经济损失 6041 万元。

4 月 9 日 15 时 15 分至 16 时 10 分，济南市区出现大风天气，并伴有沙尘暴和雷雨，持续时间 55 分钟，平均风力 7～8 级，局部地区阵风达 10 级，瞬时最大风速大 28.1 米/秒，出现沙尘暴时，水平能见度极差，仅十几米，致使灾情严重，主要受灾区为历城区。主要灾情如下：南部山区正值杏、桃、梨开花坐果季节，由于风大、气温低造成柳埠、高尔、秀川等乡镇 9 万余棵果树受灾，另有 60 个面积为 50 多亩塑料大棚受损；董家、遥墙、王舍人等平原乡镇 6300 多个大棚受损；市区共计损坏树木 11 万棵，其中严重的 3 万棵、果树 2 万棵，全市共倒塌房屋 130 余间（主要是山区危草房），损坏大棚 1 万余个，损坏严重的 6300 余个，综合经济损失 1360 万元。

4 月 9 日 17～18 时，沂南县 14 个乡镇遭受大风袭击，风力 8～9 级，阵风 11 级。损失蔬菜大棚 8000 个、拱形棚 15200 个、黄烟棚 168 个、西瓜 100 亩、树木 2.2 万棵，损坏电线杆 23 根、房屋 620 间，伤 3 人。

4 月 9 日 17 时 15 分至 19 时 45 分，受较强冷高压系统影响，莒县全境出现大风天气，平均风速 5 级，阵风 9 级，并伴有强沙尘暴，能见度 0.3 千米，自东北方向入境，西南方出境。受灾人口 13 万，成灾人口 8.1 万；受灾面积 12.9 万亩，成灾面积 8.12 万亩；刮毁瓜菜大棚 5.8 万个、育苗小棚 4.82 万个；损坏房屋 8163 间、倒塌 7 间，倒塌院墙 620 米，刮倒树木 6205 棵。造成直接经济损失 1.34 亿元。

4 月 9 日 17～22 时，日照市遭大风袭击，最大风力 10 级，全市共 47 个乡镇受灾，受灾人口 19 万，成灾人口 12 万，伤 1 人，失踪 9 人，刮毁房屋 1.5 万间、倒塌 7 间，刮毁蔬菜大棚 6.2 万个、育苗小棚 5 万个，大棚作物约 50%绝产，刮毁蚕、鸡大棚 185 个，直接经济损失达 1.8 亿元。

4 月 9 日 17 时 30 分，费县南张庄乡、朱田镇等 5 个乡镇，遭受大风袭击，最大风速 25.2 米/秒，全县共刮毁蔬菜大棚 6248 个、房屋 3265 间，其中，刮塌 212 间，刮断树木 2050 棵，刮倒院墙 500 米，果园受灾 23760 亩，共造成直接经济损失 1500 余万元。

4 月 9 日下午 4 时至晚 11 时，招远市受大风袭击，最大风力达到 9 级以上，摧毁蔬菜大棚 1580 个、养鸡大棚 56 个，刮坏房屋 62 间，刮倒院墙 2850 米，刮倒电线杆 69 根，造成直接经济损失 230 多万元。杏树受灾面积 2200 多亩，杏花被刮掉 50%以上，剩余部分被风暴夹杂的雪粒冻伤、枯萎，估算减产70%以上，造成经济损失360多万元。受灾最严重的张星镇小疃村22个蔬菜大棚被风摧毁17个。辛庄镇沿海各村渔民同时遭受风暴袭击，海上风力达10级以上，被海浪打碎船只22条，经济损失50多万元。东良村被大风刮断电线杆3根，造成1名62岁的老人触电身亡。此次风暴灾害共给全市造成直接经济损失640多万元，其中农业直接经济损失620多万元。

4月9日下午，淄博市境内出现大风阵雨天气，其中沂源瞬时最大风速26.3米/秒、张店20米/秒。沂源县16个乡镇受损房屋2860间，大棚（包括冬暖棚和春用棚）受损10526个，363.3公顷蔬菜及林果受损或减产。全县15600人受灾，总经济损失834万元。另外，市开发区一建筑工地墙体被大风刮倒，导致6人死亡，伤25人。

4月9日受北方冷空气影响，章丘市部分乡镇遭大风袭击，刮坏蔬菜大棚17500个，农作物受灾8800亩，刮坏房屋620间、树木780棵，伤15人，死亡1人，直接经济损失1335万元。受强冷空气影响，蓬莱市出现大风降水天气，给全市造成严重损失。本次过程造成200多个大棚倒塌、360余个受到不同程度的损坏，总计折合损失200余万元。倒塌院墙60米，折合损失1.1万元，海带养殖损失1800亩，折合100万元，毁船11艘，折合损失40万元，死亡1人，失踪渔民3人。本次影响造成直接经济损失341余万元。从蓬莱气象站当日的资料可看出，9日15时至20时瞬时风速达22米/秒。灾害发生之前，8日下午蓬莱气象局发布了大风警报，通过警报器、电话向市委、市政府及用户进行了服务，并及时将实况和最新预报结果汇报给市委、市政府，通过电视、121答询、广播等形式对全市进行了服务。

第四章　冰雹灾害

第一节　概　　述

冰雹是一种直径大于5毫米的固体降水物，简称“雹”，俗称雹子，也称冷子或冷蛋子，是从发展强盛的积雨云中降落到地面的冰球或冰块。其直径一般为5～50毫米，大的可达30厘米以上。

冰雹天气出现时，往往伴有强雷雨、突发性大风和龙卷风等，具有突发性强，破坏力大，生命史短的特点。冰雹是山东频繁发生且危害较严重的一种气象灾害。冰雹天气可毁坏庄稼，刮倒房屋，吹折树木、电线杆，中断通讯和供电，导致停工停产，造成人畜伤亡，有时地面积雹和剧烈降温，还可给农作物造成冻害。

一、历史上的雹灾概况

山东历史上最早的雹灾记载为公元前841年（周　共和元年），从该年直到公元1368年（元　至正二十八年）的共2209年中，仅46年有雹灾记载。

明　弘治元年（公元1488年）开始，雹灾的记载明显增多，在明朝的277年中，共79年有发生雹灾的记载，平均3.5年有1年记载雹灾。其中，灾情较重的有：明　嘉靖十三年（公元1534年）夏，商河、陵县、平原雨雹，大如升斗，小者亦过鸡卵，坏民屋，伤禾稼。明　万历四年（公元1576年）博兴大雨雹，如拳如卵，次日又如之，击死男妇五十余人，牛马无算，禾黍毁尽。明　万历二十八年（公元1600年）四月十五日，潍县雨雹，大如鹅卵，平地尺余，人畜遇之多死伤。四月二十四日申时，淄川怪风骤起，白昼如夜，雹降，小者如卵，大者如杵，坏坊伤人，落地无声。夏六月，曲阜大风雨雹，伤人畜禾苗，饥。济南府，大风雹，击死人畜，伤禾稼，济阳大疫。

清朝、民国时期的305年中，共有184年记载雹灾，平均1.7年就有1年记载雹灾。其中，灾情较重的有：清康熙十九年（公元1680年）四月，海丰大雨雹，毙者数人，击死牛羊无算；新泰雨雹，伤麦禾，赤地四十里。六月，益都、临淄大雨雹。秋八月，曲阜雨雹。清　光绪三年（公元1877年）四月六日，寿光大雨雹厚三寸，麦穗糜烂，树叶如霜扫，击死鸟雀蔽地，越二日，积阴尚有未消者，人民食草根树皮殆尽。四月，费县雨雹大如拳伤麦，打毙禽兽无数；定陶城东烈风，雷雨旋降雹，大如卵，积深二寸许，麦禾、春禾俱伤。清　宣统二年（公元1910年）四月二十六日，莱芜雨雹，长六十余里，宽十余里，麦禾糜烂，禽鸟多毙，屋瓦尽毁；鲁西一带雹灾尤重。四月，夏津西北狂风大作，空中若瓦砾声，倏雨雹，大者如碗、如拳、如卵，时值麦秋，凡未割者，摧倒一空，林树枝叶多折残，城乡房舍间有倾倒者，城南沙河内，有三雹大如碾，人望之，疑是羊，争取之，近视乃雹，并传男女老幼有被雹击伤死者。五月五日，淄川大雨雹，汶河涨溢，南博山一带麦尽伤。民国十六年（公元1927年）九月，昌乐雨雹为灾，西北至临朐，东南至安丘，长八十余里，禾稼菜果净尽如扫，雹积尺余，三日始消。博山雨雹至六七次。

二、1949年新中国建立以来的雹灾

1949年新中国建立以来，冰雹及其所形成灾害的资料比较完整、翔实。冰雹灾害是山东频繁发生的一种自然灾害，其总的经济损失亦十分严重。由于冰雹灾害发生的范围小，局地性强，降雹地点分散，虽然就某一固定地点而言，其年平均降雹次数很少，但若扩大到某一地区，乃至全省范围统计，则冰雹灾害出现的几率就大得多。

按照降雹范围的大小，可将冰雹分为4类：

（一）局地降雹：全省范围内，同一天内有1～2个站降雹。

（二）小范围降雹：全省范围内，同一天内有3～10个站降雹。

（三）大范围降雹：全省范围内，同一天内有11～27个站降雹。

（四）全省性降雹：全省范围内，同一天内有28个或以上站降雹。

据1950—1980年的冰雹资料统计，在31年间，山东共出现降雹851天，约占总日数的7.5%。平均每年降雹27.4天，其中局地和小范围降雹占91%；全省性降雹，平均每年0.5天，仅占2%。

表4.1　各类降雹日数（1950—1980年）

降雹范围	局地降雹	小范围降雹	大范围降雹	全省性降雹
总日数	494	279	60	18
平均日数	15.9	9.0	1.9	0.5
百分率（%）	58	33	7	2

根据对达到称量标准的实测冰雹记录统计，169次降雹中，冰雹直径在4厘米以下的占85.2%，达到或超过10厘米的仅占2.4%；在146次降雹中，冰雹最大重量为5克以下的占69.8%，超过30克的只占2.7%。山东历史上实测最大冰雹直径10厘米、重250克（1971年6月27日，益都）。此外，据调查资料尚有冰雹重5千克（1974年4月22日，诸城）、罕见重3千克（1962年6月21日，诸城）等记载。

雹灾对工业、农业、交通运输、通讯等国民经济各行业都有不利影响，其中受影响最大的是农业。冰雹对农业的危害：一是降雹对农作物的枝叶、茎秆、花和果实等造成机械性损伤；二是因地面积雹而剧烈降温给农作物造成严重的冻害；三是重雹灾可造成土壤严重板结，使作物的地下部分也受到一定程度的伤害；四是冰雹能砸死人、畜、家禽，损坏房屋等；五是降雹时往往伴有飑线、龙卷风等强对流天气造成暴雨、大风，使农作物大面积倒伏、水果严重掉落减产，破坏房屋等建筑物，刮倒或折断树木、电线杆，造成停电和通讯中断等。

据1950—1990年资料统计，雹灾平均每年造成的农作物受灾面积34.6万公顷，以

1980年为最多，达111.9万公顷，1963年最少，只有1万公顷；平均每年伤419人，1989年最多，为2500人，1953年最少，仅伤12人；平均每年死亡15人，1983年最多，达54人，1952、1957、1965年等10年，雹灾造成的死亡人数均为零。降雹范围最大的是1964年6月12～14日的连续降雹过程，全省先后有73个县市区遭受冰雹袭击，有的县连续2天降雹，并伴有大风和暴雨，受灾面积达20余万公顷，倒塌房屋万余间。

冰雹能够造成大量人员伤亡和重大经济损失。例如，1995年6月22～24日，东营、河口、广饶、垦利、利津、滨州、无棣、沾化、庆云、德城、禹城、平原、陵县、临邑、齐河、武城、寿光、青州、临朐、高青、桓台、临淄、张店、周村、淄川、聊城、冠县、莘县、招远、商河等30个县市区的100多个乡镇先后遭受暴风雨和冰雹袭击，造成惨重损失。部分重灾区连续数次受灾，暴雨狂风肆虐，雹粒最大的超过6厘米，农作物被砸成光秆，瓜果被砸烂，成材树木被连根拔起，房屋被揭瓦揭顶，电力、通讯线路中断，许多群众被砸伤，有的致死、致残，灾区一片狼藉。棉花、玉米、大豆、瓜果蔬菜等农作物受灾面积达23.57万公顷，重灾面积17.7万公顷，其中需返种、改种的有3.52万公顷；倒折各类成材树木183.58万棵，毁坏塑料大棚近万个，倒折电线杆3000余根，中断供电、通讯线路600多千米；因灾伤6610人，重伤100余人，死亡2人。直接经济损失达15亿元。

三、山东冰雹的时空变化特征

（一）地理分布特征

山东的冰雹具有山区多于平原，鲁中、鲁北地区多于鲁西南地区的特征，尤以鲁中山区出现的几率最大。年平均冰雹日数，鲁东南和泰沂山区、滨州和聊城两市北部、烟台和东营两市西北部、威海市东部沿海地区在1天以上，其中，泰山顶平均每年降雹3天，为全省之冠，其次为安丘县，年平均降雹日数为2天；鲁西南和聊城市西南部、枣庄市西部、临沂市南部、青岛市东南部在0.6天以下，其中，成武、单县、金乡、峄城和台儿庄5县区为最少，年平均降雹日数仅有0.1天；其它地区在0.6～1.0天。

（二）时间变化

1. 日变化

据1950—1990年有准确时间记载的1479次气象站降雹记录统计，山东的冰雹天气主要出现在13～19时，约占67.7%，其中，尤以15～17时出现几率最高，占总数的26.9%，而夜间至次日上午（20时至次日12时）降雹的几率较低，约占总数的23%。各地降雹的多发时段略有差异，潍坊、滨州两市以13～16时最集中；鲁中以15～17时为最多；鲁西南以17～18时最集中；而受海洋气候影响较大的山东半岛地区，因气温日较差小，降雹时段不太集中，早晨到上午出现冰雹的几率比其它地区明显增多。鲁西北地区除午后降雹高峰期外，傍晚的18～19时还有一个明显的高峰期。

表4.2　山东逐时降雹次数及百分率（1950—1980年）

时间	7—8	8—9	9—10	10—11	11—12	12—13	13—14	14—15	15—16	16—17	17—18	18—19	19—20	20—7	合计
次数	21	17	32	38	38	79	136	154	204	194	157	156	61	192	1479
百分率（%）	1.4	1.2	2.2	2.6	2.6	5.3	9.2	10.4	13.8	13.1	10.6	10.6	4.1	13.0	100

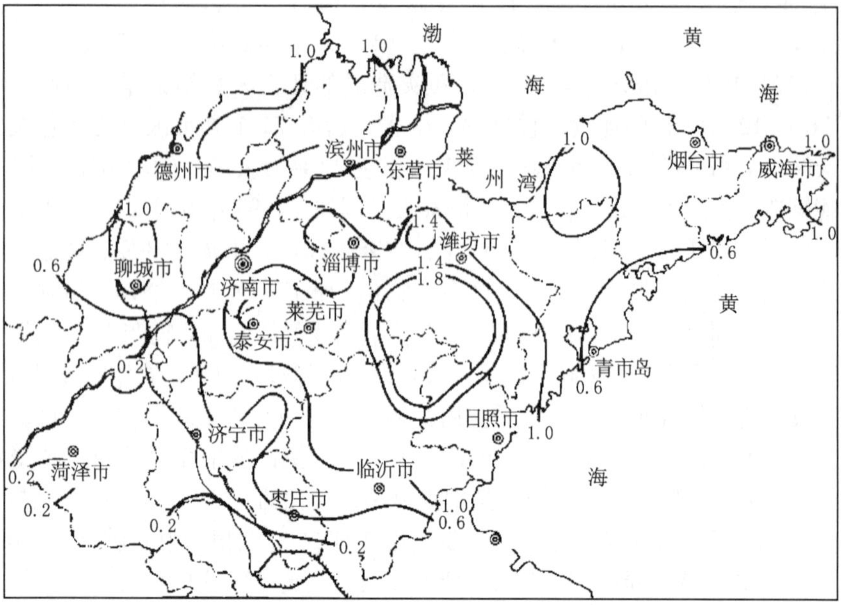

图 4.1　山东年平均冰雹日数分布图（1961—1990 年）

2. 年变化

山东的局地降雹最早出现于 2 月中旬（1976 年 2 月 15 日，石岛）；最晚出现在 12 月上旬（1955 年 12 月 7 日，成山头）。小范围以上（3 个县市区以上）的降雹最早出现于 4 月中旬，最晚在 11 月上旬，其出现次数（连日出现的冰雹按一次统计）有明显的年变化，4～6 月大致是逐月倍增，6～8 月逐月迅速减少，9 月与 8 月出现次数相同，9 月以后缓慢减少。5～7 月为多雹期，其降雹次数占全年的 69%，以 6 月为最多，占全年的三分之一。

表 4.3　山东各月年平均小范围以上降雹次数及百分率（1971—1994 年）

月　份	4	5	6	7	8	9	10	11	合计
年平均降雹次数	1.0	1.8	4.0	2.5	1.0	1.0	0.6	0.0	11.9
占全年百分率（%）	9	15	33	21	9	9	5	0	100

多雹区的地理分布也有较明显的年变化。4 月多雹区出现于易受热增温的山区西南部，如泰沂山区、枣庄市、莱西附近及鲁西北地区；6 月多雹区主要分布在易受冷空气影响的地区，如鲁北、鲁中山区东部及山东半岛西北部；7 月进入雨季，冷空气势力减弱北退，多雹区也北移至鲁中山区的西北部，秋季多雹区则主要分布在胶东半岛和鲁北一带。

3. 年际变化

1950—2000 年平均每年出现小范围以上降雹次数 11 次，1987 年出现了 32 次，居各年之冠，1983 年最少，仅有 1 次。

据小范围以上降雹次数距平（均值采用 1961—1990 年的平均值）的变化，可将 1950—2000 年小范围以上降雹次数的变化划分为 4 个偏少阶段和 3 个偏多阶段。偏多阶段的长度为 5～7 年，偏少阶段的长度多为 6～7 年。

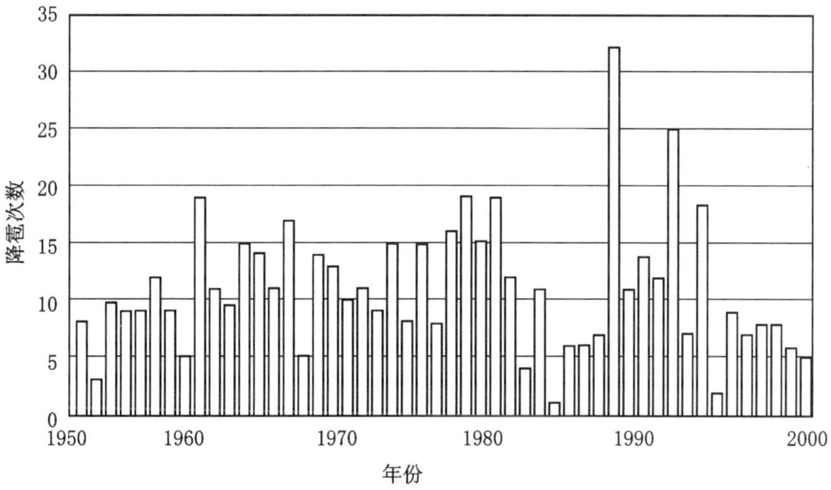

图 4.2　山东历年小范围以上降雹次数图（1950—2000 年）

表 4.4　山东小范围以上降雹次数的阶段变化

偏少阶段		偏多阶段	
年　代	距平频率	年　代	距平频率
1950—1961	- 11/12	1962—1968	+ 5/7
1969—1975	- 5/7	1976—1980	+ 5/5
1981—1986	- 6/6	1987—1993	+ 5/7
1994—2000	- 7/7		

（三）冰雹天气发生源地及移动路径

山东冰雹天气的发生源地和移动路径大致可分为以下两类：

1. 由快速移动冷锋或飑线造成的冰雹天气

这类冰雹天气一般生命史较长。它的发生源地有两个，一是河北境内或鲁西北，多为西北路冷锋侵入热低压而产生，而后向东南移动。势力强时可影响全省，造成大范围降雹和雷雨大风；势力弱时只影响鲁西北。另一源地是冀、鲁、豫交界处，春夏季这一带经常为一高温中心，并常有低亚环流形成，当大气层结处于不稳定状态并有冷空气从山西高原东移时，就容易在低压环流中心附近触发产生冰雹天气，而后经鲁西向东移动，影响鲁中一带，移过泰沂山区以后逐渐减弱。

2. 发生在山东境内的冰雹天气

这类冰雹天气尺度小、生命史短、局地性强，形成后少动或无固定移动路径，其发生源地与地理位置和地形条件有密切关系。多发地区为潍坊、安丘一带，其次是处于泰沂山区西南部的莱芜、新泰等地。

四、冰雹的成因

（一）山东出现冰雹天气的环流背景和天气系统

山东的冰雹天气多发生在东亚为经向型环流的条件下。尽管形成各次冰雹过程的高空和地面系统不尽相同，但发生冰雹的500百帕环流形势却有下述共同特征：

1. 东亚东部高度为负距平，西部为正距平，负距平中心在35～50°N、110～125°E范围内。

2. 西太平洋副热带高压位置偏南或处于由强变弱逐渐南退过程。

3. 西风带从新疆北部到蒙古西部有一支强西北气流（300百帕常达到急流强度）直达黄淮上空，同时从蒙古东部及华北西北部上空的低亚区有正涡度平流向华北南部输送。

在这种环流形势下，贝加尔湖及蒙古一带的冷空气向华北输送，使高空温度下降；同时冷空气的下沉作用又促使云层消散，有利于低层辐射增温。这种高层降温与低层增温同时出现的机制，引起大气层结稳定度的急速下降，导致华北及山东一带出现大范围的对流不稳定区，从而为冰雹天气的发生、发展创造了条件。

造成山东冰雹天气的影响系统，在500百帕等压面上主要是冷涡、横槽、涡前低槽、阶梯槽、西北气流等。

冷涡 造成山东降雹的冷涡，大多数从贝加尔湖经蒙古东部向东南方向移动，少数从河套向偏东方向移动。

横槽 横槽造成的冰雹天气，多数发生在蒙古高压脊前偏北气流中快速南下的小横槽影响下。当高空横槽内正涡度明显加大出现低涡，或有低涡并入横槽，构成横槽与冷涡相结合的形势时，往往引起山东大范围降雹。

涡前低槽 此型主要特征是东亚大陆上空有一经向度大的低槽缓慢东移，槽内有低涡中心在蒙古一带。槽后从西伯利亚有一支强的西北气流超越主槽线直抵黄河下游，结果在低涡的东南方形成一个前倾槽，冰雹天气就发生在这个前倾槽影响下。

阶梯槽 此型指在亚洲东部中纬度地区上空的长波槽里接连出现两个或多个短波槽，且后一个槽在前一个槽的西北部，其波长不超过1000千米，移速很快，通常第一个槽过后相隔24小时左右，第二个槽过境，冰雹天气主要发生在第二个槽的前部。

西北气流 东亚沿海有一深而稳定的长波槽，山东处于槽后西北气流中。当西北气流中的小股冷空气南下时，若对流层中层有明显的垂直风切变，近地面层有明显增温区，则午后至傍晚，在地面辐合区或有地形抬升作用的地区，能够出现局部冰雹天气。此型出现大范围冰雹天气的几率较小，多为局地降雹，主要出现于山东半岛及鲁中山区。

（二）地形的影响

地形和下垫面对冰雹天气形成的作用，表现在热力和动力两个方面。热力作用是指由于地形高低和下垫面性质不同，造成冷热源水平和垂直分布的差异；动力作用是指地形作为一个高低起伏的刚体边界对大气运动的影响。

1. 地形和下垫面对冰雹天气的热力作用

（1）山脉南坡，由于日射强，增温快，易造成午后空气层结的热力不稳定，有冷空气移来时，抬升热空气使对流发展。如泰山南侧就是明显的多雹区之一。

（2）在海岸附近，由于海陆热力性质不同造成增温不同，夏季午后海风盛行。来自渤海和黄海的海风在山东半岛内陆相遇，常形成准定常的东西向切变辐合线。当鲁西、鲁中受热低压或热倒槽控制时，切变线西端的气旋性环流和气流辐合明显加强，位于辐合区内的潍坊、安丘一带往往有冰雹天气发生。安丘县境内历年降雹最多的村庄名为“雹泉”，说明这一带是山东冰雹天气经常发生的主要源地。

（3）在不同下垫面的相邻地区，因热力性质不同，日射增温程度的差异也往往造成局地对流加强。如鲁西北的黄河故道，洼地连绵，未积水时温度可高于相邻平地 6°C；另外该地土壤分布复杂，反射日光强的盐碱土与黑土沙壤土之间温差达 4°C～6°C。在上述局部热力对比大的地区，若遇南方有暖湿气流流入，高空有冷空气南下，就会导致局地强对流发展，产生冰雹天气。

2. 地形对形成冰雹天气的动力作用

（1）约束作用

激发雹云形成和再生的冷空气，在重力作用下逢山口而入，择谷地而行，受其冲击而抬升的谷地暖空气，在谷道上空形成对流云。因此，雹云多沿谷道运动，造成河谷地带多雹。如泰山西侧京沪铁路沿线的南北向河谷地带就是常见的冰雹路径之一。

（2）抬升作用

气流爬山时产生的上升运动，触发不稳定能量释放引起雹云发展。如自鲁西北平原移向鲁中山区的冰雹云遇到泰山阻挡时，被迫沿山的北坡抬升加强，云中冰雹在急剧的上升运动中不断增长，气流过山后下沉，云中雹块失去强烈上升运动的支持，便在泰山南坡倾泻而下，因而形成了泰安、莱芜一带的严重多雹区。

另外，泰莱平原东部，北、东、南三面环山，形如朝西南方开口的簸箕。在地面吹西南风的晴热天气条件下，地形的热力和动力作用同时存在，这里午后到傍晚易出现局地对流天气。因而莱芜境内出现冰雹的几率要比相距不远的肥城、宁阳等平原地区大得多。

五、防灾减灾对策措施

（一）改善自然生态环境

大力植树种草，绿化荒山秃岭，实现平原林网化，减少冰雹发生的几率。

（二）建立人工防雹体系，开展人工防雹增雨工作

1. 加强对冰雹天气的监测、预报研究和人工防雹理论、方法、效果的试验研究，提高人工防雹的水平和作业效果。

2. 合理布设人工防雹网

3. 建立人工防雹通讯系统

（三）调整农林牧的结构比例，合理布局

合理地调整农林牧布局，可有效地减少冰雹造成的损失。在经常受到冰雹危害的地带可退耕还林。

（四）调整农作物的种类、品种和播种期，减轻冰雹危害

根据冰雹的时空分布规律调整农业布局，抗御或躲避雹灾是减轻冰雹造成损失的重措施。例如，在多冰雹地区种植抗雹能力较强的地瓜、马铃薯等作物；通过改良品种和调整播种期，使作物的主要生育阶段与多雹期错开；选用生育期短、早熟高产的小麦品种，争取在降雹前成熟等。

（五）灾后及时采取正确有效的措施，减少雹灾损失

遭受雹灾后，要根据受灾轻重和作物的生长阶段，决定是否保留、返种或改种。对于要保留的农作物不要割除残枝、残叶、残穗，要抓紧中耕松土、移栽补缺，并及时追肥浇水。严重缺苗的地块，可以补种早熟品种作物，若丧失恢复生长能力，应及时返种或改种。

第二节　公元前841年—公元1839年冰雹灾害

周　共和元年（公元前841年）　雹灾危及牟平、文登、黄县、海阳、荣成等10县，破瓦毁稼。

周　景王六年（公元前539年）　冬，鲁南地区大雨雹。

周　景王七年（公元前538年）　正月，鲁南地区大雨雹。

西汉　后元四年（公元前160年）　夏六月，乐安（广饶）雹如杆，杀人。

西汉　本始二年（公元前72年）　济阳大雨雹。

西汉　本始四年（公元前70年）　五月山阳雨雹，大如鸡子，深二尺五寸，杀二十余人，飞鸟皆死（兖州府志、菏泽县志）。

西汉　地节四年（公元前66年）　五月山阳、济阳，雹大如鸡子，深二尺许，伤二十余人，蜚鸟皆死。

东汉　元初四年（公元117年）　夏六月，东安雹。

东汉　元初六年（公元119年）　夏四月，渤海大风雹。

东汉　中平四年（公元187年）　十一、二月晦，东莱雨水、大雪、电、雹。

晋　太康元年（公元280年）　三月东平雨雹，五月东平、朝城又雨雹，伤禾麦三豆。

晋　太康二年（公元281年）　五月，济阳、濮阳、菏泽、定陶、单县、观城、东平、沂州、胶州：雨雹，伤禾稼。

晋　太康五年（公元284年）　秋七月，任城、东平雨雹伤稼。

晋　元康七年（公元297年）　夏五月，鲁国雨雹。

北魏　承明元年（公元476年）　四月，曹州、单县、泰安、徐州、兖州、东阿、青州、临朐大风雹。

北魏　景明元年（公元 500 年）　六月，青州、昌东大雨雹。

北齐　河清二年（公元 563 年）　七月，兖、徐大雨雹。

唐　圣历元年（公元 698 年）　六月，曹州大雨雹。

唐　久视元年（公元 700 年）　六月，曹州大雨雹。

唐　景龙元年（公元 707 年）　四月，曹州大雨雹；五月，菏泽大雨雹。

唐　会昌元年（公元 841 年）　秋，牟平、文登、黄县、莱阳、海阳、栖霞、荣成、宁海州、登州府雨雹，文登尤甚，破瓦害稼。

北宋　建隆元年（公元 960 年）　十月，临清县雨雹伤稼。

北宋　乾德三年（公元 965 年）　六月，菏泽雨雹坏田稼。

北宋　淳化元年（公元 990 年）　夏六月，鱼台县风、雹害稼。

金　皇统四年（公元 1144 年）　四月，单州雹，伤稼。

金　贞祐元年（公元 1213 年）　单州雹，伤稼。

金　兴定元年（公元 1217 年）　单州雹，伤稼。

元　至元二年（公元 1265 年）　济南、淄、莱雹。

元　至元二十七年（公元 1290 年）　夏五月、六月，棣州、厌次、商河、济阳大风雨雹，伤禾稼、桑、枣。

元　至元三十一年（公元 1294 年）　夏四月，即墨县雹；五月，济阳大风、雨雹，害稼；七月，惠民雨雹，大风拔木，坏屋；八月，德州、乐安（广饶）、德县大风雹；秋，棣州、阳信县大风雹。

元　至大元年（公元 1308 年）　夏四月，武定、惠民、济南、陵县雨雹。

元　至大二年（公元 1309 年）　三月，济阳、定陶等县雨雹。菏泽、观城大雨雹。

元　泰定四年（公元1327年）　夏五月，牟平大雨雹。

元　后至元二年（公元1336年）　春三月，东昌府大雨雹；八月，长山雹；冬十一月，济南雨雹。

元　后至元三年（公元1337年）　长山、莱州雹。

元　后至元四年（公元1338年）　春三月，夏津大雨雹。

元　至正二年（公元1342年）　五月，东平路、东阿县雨雹，大者如马首。

元　至正三年（公元1343年）　夏六月，东平、阳谷县雨雹。

元　至正八年（公元1348年）　八月，山东雨雹。八月己卯，临淄县雨雹，大如杯盂，野无青草，赤地如赭。

元　至正九年（公元1349年）　莒州雨雹。

元　至正十三年（公元1353年）　益都、高苑县雨雹，伤麦禾及桑。

元　至正十五年（公元1355年）　五月，聊城大雨雹。

元　至正十七年（公元1357年）　四月，济南大风、雨雹。

元　至正十九年（公元1359年）　夏，莒州、蒙阴县雨雹；益都、临朐县雨雹、害稼。

元　至正二十一年（公元1361年）　夏五月，东平雨雹害稼。

元　至正二十七年（公元1367年）　夏五月，益都大雷雨雹。

明　永乐十二年（公元1414年）　五月，德州雨雹，伤麦。

明　弘治元年（公元1488年）　五月，黄县雨雹，损麦。

明　弘治五年（公元1492年）　四月，乙丑，莒、沂二州、安丘雹，大如酒杯，郯城雨雹，伤人畜、害稼。

明　弘治八年（公元 1495 年）　夏四月，沂州雨、雹下。

明　弘治十二年（公元 1499 年）　夏五月，昌乐大雨雹。

明　弘治十四年（公元 1501 年）　夏五月，登、莱二府及胶州雨雹杀禾。

明　弘治十七年（公元 1504 年）　八月，海丰（无棣）雨雹，人畜死伤甚众。

明　弘治十八年（公元 1505 年）　夏六月，诸城大雨雹，县南古城雹积如陵，数日不消。

明　正德四年（公元 1509 年）　夏五月，费县大雨雹，坏麦谷。

明　正德五年（公元 1510 年）　冬，德平雨雹大如拳。

明　正德八年（公元 1513 年）　四月十一日，夏津大雨雹。

明　正德九年（公元 1514 年）　夏，五月乙丑，曹县大风拔木，雨雹如鸡卵，伤禾毁瓦，杀鸟鹊，时二麦将熟，荡然无遗。

明　正德十一年（公元 1516 年）　茌平雨雹，大如碗。四月，峄县（枣庄）雨雹，小如牛目，大如杵，禾稼尽伤，人畜亦间有毙者。

明　正德十二年（公元 1517 年）　夏五月八日，昌乐大雨雹。

明　嘉靖二年（公元 1523 年）　九月，惠民大雨雹。

明　嘉靖七年（公元 1528 年）　五月七日，青州、昌乐大雨雹。

明　嘉靖八年（公元 1529 年）　八月，栖霞雨雹。

明　嘉靖九年（公元 1530 年）　夏，堂邑大雨雹。

明　嘉靖十年（公元 1531 年）　六月十日，博平、堂邑大风拔木撤屋，大雨雹。

明　嘉靖十一年（公元 1532 年）　五月，茌平雹，大如碗。五月，临清、夏津雨雹，大风拔木，毁屋。

明　嘉靖十三年（公元 1534 年）　新泰雨雹，大风拔木。夏，商河、陵县、平原雨雹，大者如升斗，小者亦过鸡卵，坏民屋，伤禾稼。

明　嘉靖十四年（公元 1535 年）　四月，冠县雨雹，自西北来，大如鸡卵，麦尽伤。夏五月，武定、无棣、沾化、商河诸州、县烈风、雨雹。六月，临清大雨雹，所伤甚众，积地尺余。新泰雨雹，大风拔木。

明　嘉靖十八年（公元 1539 年）　费县：春旱四月雨雹害麦。

明　嘉靖二十一年（公元 1542 年）　青城冰雹害稼（武定府志）。

明　嘉靖二十二年（公元 1543 年）　蒲台（北镇）大雨雹。

明　嘉靖二十三年（公元 1544 年）　夏五月，诸城大雨雹，积厚尺余。

明　嘉靖二十五年（公元 1546 年）　秋八月二十一日，昌乐雨雹如鸡卵，伤禾，博兴雨雹，坏民庐舍，二十四日，复雨雹伤禾。文登：九月雨雹。

明　嘉靖二十六年（公元 1547 年）　蒲台（北镇）大雨雹。

明　嘉靖二十七年（公元 1548 年）　秋七月，滨州大雨雹，大如鸡卵，禽鸟死伤甚多，屋仆瓦裂，积日不化。

明　嘉靖二十八年（公元 1549 年）　春三月，临清三月大冰雹，平地尺许，损房舍禾苗。新泰雨雹，伤禾。三月十八日，堂邑雨雹，大者如碗。春三月，临清大冰雹，大者如碗，损房舍、禾苗。

明　嘉靖二十九年（公元 1550 年）　三月，德平黑风骤起，屋瓦皆飞。四月十四日，登州府大雨雹。五月，章丘、淄川雨雹伤禾。次年免被灾税粮。

明　嘉靖三十年（公元 1551 年）　四月二十八日，寿张大雨雹，有如卵、如拳、如碗者，二麦荡然，破屋损器。夏，东阿大雨雹。肥城：六月雨雹

明　嘉靖三十一年（公元 1552 年）　夏五月，昌乐大雨雹。惠民：五月大雨雹。安丘大雨雹；长清雨雹大作。

明　嘉靖三十三年（公元 1554 年）　夏四月，诸城大雨雹。夏四月初三日，诸城大雨雹，城阳社击伤牧儿，五月复雨雹，大者如拳，齐吉、朱尹等社屯积厚尺余。

明　嘉靖三十五年（公元 1556 年）　夏，青城冰雹伤麦。滕县，夏大雨雹，大者如

鸡卵，小者如弹，小宫村积雹如卵，伤禾稼。

明　嘉靖三十六年（公元 1557 年）　春三月，沂州大雨雹。

明　嘉靖三十七年（公元 1558 年）　四月，费县雨雹；六月，淄川，暴风、雨雹，大水浮耒耜于河堤柳树上。夏，章丘雨雹，大风拔木。

明　嘉靖三十八年（公元 1559 年）　四月十八日，淄川雨雹，深盈尺。

明　嘉靖四十年（公元 1561 年）　菏泽雨雹。

明　嘉靖四十一年（公元 1562 年）　夏旱，寿张雨雹，伤麦，风沙拔树，损苗。

明　嘉靖四十三年（公元 1564 年）　夏津大雨雹，杀禾菽。

明　嘉靖四十四年（公元 1565 年）　汶上：四月雨雹。

明　嘉靖四十五年（公元 1566 年）　夏六月，恩县城西北冰雹，大如鹅子，禾麦无存，伤人至死。

明　隆庆元年（公元 1567 年）　夏四月，郯城雨雹。郯城县：四月涝，大雨雹，深尺许，麦禾尽空。六月朔，登州大雨雹，积冰三日不化，淫雨月余。

明　隆庆二年（公元 1568 年）　春正月十五日，诸城大雨雹。雷电起自西北，冰雹大作。

明　隆庆五年（公元 1571 年）　五月十二日，德平雨雹尺余，麦禾伤、林木损、鸟鹊死者无算。

明　万历二年（公元 1574 年）　三月，新城大雨，拔树，雨雹，大如鹅卵，坏屋，伤人甚众。夏四月，昌乐、安丘大雨雹，平地积五六寸，形多异状，大者如鹅卵，树木田禾为之一空。昌乐：夏四月大雨雹。

明　万历三年（公元 1575 年）　汶上雨雹。东平雨雹，如鸡子，伤麦。博平，夏雨雹，暴风拔木。三月二十八日，恩县城西南风雨骤至，冰雹猬集，顷刻遍地，禾麦一空。

明　万历四年（公元 1576 年）　夏四月，曲阜雨雹；博兴大雨雹，如拳如卵，次日又如之，击死男妇五十余人，牛马无算，禾黍毁尽。

明　万历七年（公元1579年）　八月二十三日，东昌府大雨雹，津期店东北诸村，屋瓦皆碎；九月二十一日又雨雹。秋，平原大雨雹，鸟雀遭之皆死。沂水大冰雹。

明　万历九年（公元1581年）　夏，昌乐、安丘大雨雹；冬疫。

明　万历十年（公元1582年）　秋，荣成雨，再雹，豆尽伤。文登：秋雨雹，汤泉溢，豆尽伤。

明　万历十一年（公元1583年）　八月，沂州、博平雨雹大如碗。费县：四月雨雹伤禾。郯城：八月初雨雹如鸭卵，前水洊未及之处，禾稼尽空。德州：大水，复雨雹。滨州：复大水及雹，是年柴米昂贵。恩县、夏津雨雹，大如碗，皆龟甲旋螺之形。

明　万历十三年（公元1585年）　六月朔，掖县雨雹，大如拳。

明　万历十六年（公元1588年）　夏，平原雨雹，城南东西三十里，南北五里，麦俱伤。

明　万历十八年（公元1590年）　秋，八月十五日，诸城雨雹，县东北境周围百里。

明　万历十九年（公元1591年）　夏四月，寿光大雨雹，大如盂，或堆积如陵阜。

明　万历二十一年（公元1593年）　春，登州大雨雹，伤禾，民大饥。

明　万历二十二年（公元1594年）　春三月，恩县、冠县城西北有雹，形如鸟卵，麦苗多伤。夏四月，又雹，伤麦。夏，冠县雨雹如碗。

明　万历二十三年（公元1595年）　五月，临邑雨雹，尽作男女鸟兽形。夏，雨雹，下三乡灾（章丘县志）。

明　万历二十四年（公元1596年）　夏，雨雹如碗，禾尽伤，瓦屋皆碎（冠县县志）。

明　万历二十五年（公元1597年）　夏五月，武定、惠民大雨雹。夏，章丘雨雹，东绵乡灾。四、五月，泗水冰雹，大风拔木。

明　万历二十六年（公元1598年）　夏五月，利津大雨雹。

明　万历二十八年（公元1600年）　夏六月，山东大风雹。四月十五日，潍县雨雹，大如鹅卵，平地尺余，人畜遇之多死伤。四月二十四日申时，长山大风雹；淄川，怪风骤起，白昼如夜，雹降，小者如卵，大者如杵，坏坊伤人，落地无声。夏六月，曲阜大风雨雹，伤人畜禾苗，饥。六月，胶州大风雹。秋八月，寿光大雨雹。济南府，大风雹，击死人畜，伤禾稼，济阳大疫。

明　万历三十一年（公元 1603 年）　夏五月，诸城县东五里外大雨雹，广袤数十里，伤麦禾殆尽。

明　万历三十九年（公元 1611 年）　三月二十四日，宁海、牟平大雨雹。

明　万历四十三年（公元 1615 年）　阳信：大旱，雨雹，蝗蝻满地，禾麦全无。

明　万历四十五年（公元 1617 年）　八月，昌乐、安丘大雨雹，大雨如注，且有冰雹异常，自已至午方止。

明　万历四十八年（公元 1620 年）　秋八月，乐安（广饶）、寿光、昌乐、临淄、牟平、宁海、安丘大雨雹。

明　天启三年（公元 1623 年）　春二月，益都、临朐雹；秋七月，益都雨雹。

明　天启四年（公元 1624 年）　六月朔，济南大雨雹，饥，发粟赈之。

明　天启六年（公元 1626 年）　五月，文登雨雹，大如鸡卵，东西八十里，二麦俱伤。

明　崇祯三年（公元 1630 年）　春三月，武定府大雨雹。五月，东昌府大雨雹。五月壬午，莱芜雨雹，大者如盘，自午至未田禾立尽。惠民、沾化：三月大雨雹。

明　崇祯五年（公元 1632 年）　五月，茌平大雨雹，八月又大雨雹。莘县：五月雨雹，八月又雨雹，大水滔流，伤禾甚多。

明　崇祯六年（公元 1633 年）　除夜，郓城雷雨电雹。七里铺地方有龙自树中出，众共见之，良久乃升。郯城：四月夏庄大镇大雨雹，近夏庄三十里二麦几乎一空。

明　崇祯九年（公元 1636 年）　夏，雹如鸡子，城南更甚（曹县县志）。六月，历城大雨雹，杀西北乡禾蔬至尽。八月，益都雨雹，如李，害稼。

明　崇祯十四年（公元 1641 年）　五月，海丰（无棣）雨雹，疫疠大作，死者枕藉，诏免海丰（无棣）丁租。

明　崇祯十五年（公元 1642 年）　四月，阳信、商河大雨雹。新泰：四月大雨雹，麦尽伤。德州、德县大雨雹；

明　崇祯十六年（公元 1643 年）　夏，淄川雨雹，一大者入地尺许，以席覆之不尽。

清　顺治五年（公元 1648 年）　三月海丰（无棣）雨雹，小者如鸡卵，损麦。闰四月，冠县大雨雹。夏五月，馆陶大雨雹，麦尽伤。

清　顺治六年（公元 1649 年）　六月，临淄大雨雹；寿光大雨雹，平地深数尺，木叶尽脱。

清　顺治九年（公元 1652 年）　五月，胶州雨雹，大如鸡卵。恩县五月五日雨雹，大如鸡卵，未刈之麦一空。峄县（枣庄）、嘉祥县雨雹，大如斗，大风拔木，坏屋。淄川雨雹，大者如盂，伤割麦者。

清　顺治十年（公元 1653 年）　五月八日，馆陶大风，雨雹，拔树，文庙柏拔二株。

清　顺治十一年（公元 1654 年）　四月，单县、广饶大雨雹，禾麦大损；春，临淄、乐安（广饶）大雨雹。

清　顺治十五年（公元 1658 年）　八月，胶州雨雹，伤稼。九月，新河雨雹，伤数十人至三日始消。

清　顺治十六年（公元 1659 年）　胶县：夏雨雹。

清　康熙三年（公元 1664 年）　春三月，沂州雨雹，大如拳，禾稼尽伤。七月十二日，夏津大雨雹，平地厚一尺许。日照大雨雹，径围皆尺余；田禾皆打入泥中，野鸟击毙无算。

清　康熙四年（公元 1665 年）　五六月冠县雨雹伤禾。八月二十四日，海丰（无棣）大雨雹积地三尺，飞鸟皆毙。秋，广饶大雨雹伤禾，西南乡尤甚。

清　康熙六年（公元 1667 年）　五月，东平大风，雨雹伤麦禾。八月，寿光大雨雹，平地深尺余，林木枝叶尽脱。

清　康熙八年（公元 1669 年）　五月冠县雨雹，伤麦；八月、九月又雨雹，伤菽荞，城东尤甚。五月二十九日，宁阳，自泗高村至香泗村大雨雹，烈风迅雷，拔木偃禾。

清　康熙九年（公元 1670 年）　五月十一日，历城大雨雹趵突泉溢，漂没庐舍人畜无算，齐河、平原饥，发仓谷赈之。五月，周村太古等庄雹。

清　康熙十年（公元 1671 年）　四月初三日，宁阳雹。四月，冠县雨雹，未伤麦，至五月，又雨雹，伤麦。

清　康熙十一年（公元 1672 年）　四月，冠县大雨雹，城东一带麦苗尽伤；沂州、费县雨雹。四月十二日，淄川雹。五月，安丘大雨雹。八月，文登县雨雹，稻尽伤。蒙阴雨雹，小者如卵，大者如升。馆陶：夏四月河西雨雹十里。费县：六月蝗雨雹。

清　康熙十三年（公元 1674）　淄川：四月二十日至二十一日连雨雹。

清　康熙十四年（公元 1675）　四月，冠县雨雹，五月又雨雹。五月初六日，巳、午、未三时，邹平大雨雹，积尺许。

清　康熙十九年（公元 1680 年）　四月，海丰（无棣）大雨雹，毙者数人，击死牛羊无算；新泰雨雹，伤麦禾，赤地四十里。六月，益都、临淄大雨雹。秋八月，曲阜雨雹。

清　康熙二十年（公元 1681 年）　夏五月，安丘大雨雹；大如鸡卵，厚至盈尺，树无枝叶，麦禾成泥。八月四日，宁阳大雨雹害稼。

清　康熙二十一年（公元 1682 年）　淄川：六月二十一日、二十二日连昼夜大雨，漂没田庐，淹死人畜，继而冰雹大作，遍地虾蚄，秋无禾。八月八日，雨雹，自郡城北漫宁阳、曲阜、邹县大如鸭卵，深尺余，田禾尽伤。

清　康熙二十五年（公元 1686 年）　夏四月，滕县雨雹；七月，博山大雨雹。淄川：七月二十八日雨雹。

清　康熙二十六年（公元 1687 年）　七月，博山大雨雹，岁饥。

清　康熙二十七年（公元 1688 年）　夏五月，曲阜雨雹伤稼；八月，滨州、蒲台（北镇）大雨雹，杀稼。

清　康熙二十九年（公元 1690 年）　正月朔，齐河雨雹。

清　康熙三十年（公元 1691 年）　五月十五日，黄云蔽空，雨雹损麦禾（恩县志）。

清　康熙三十二年（公元 1693 年）　五月，汶上河西雨雹，大者径尺，击死数十人。

清　康熙三十三年（公元1694年）　四月，德平大雨雹，烈风拔木。莱阳县春三月饥，四月十四日芝山、贤古、桃花三乡冰雹害稼，二麦皆无。

清　康熙三十五年（公元1696年）　夏五月，青州、安丘大雨雹，杀人。

清　康熙三十六年（公元1697年）　商河：四月，大雨雹。

清　康熙三十八年（公元1699年）　沾化：秋，大雨雹。

清　康熙四十一年（公元1702年）　馆陶：四月大雨雹，伤麦禾尽萎。聊城：夏四月大雨雹，麦禾尽坏，秋漕河决。夏四月二十八日，东昌府大雨雹，城东树木折伤，麦禾尽坏。乐安（广饶）雨雹伤麦。

清　康熙四十二年（公元1703年）　金乡：四月连日雨雹。

清　康熙四十四年（公元1705年）　夏四月，雨雹，伤麦（潍县志）。

清　康熙四十六年（公元1707年）　六月，东明大雨雹，县南二十里外，麦尽伤，树叶尽落如冬。

清　康熙四十七年（公元1708年）　夏四月，大雨雹（曲阜县志）。

清　康熙五十二年（公元1713年）　十一月八日，烈风迅雷，雨雹（掖县志）。

清　康熙五十六年（公元1717年）　八月，莱阳、海阳、文登雨雹。

清　康熙六十年（公元1721年）　四月，沾化、安丘大雨雹。临朐：大雨雹。

清　康熙六十一年（公元1722年）　五月，安丘大雨雹。五月五日昼，庆云大雨雹，拔木发屋，城隍庙倾圮。

清　雍正元年（公元1723年）　四月，新泰、寿光雨雹，饥。莒州四月初五日，宝楼山左侧雨雹，大如鸡卵，损禾稼，十七日，朱陈店左侧雨雹如前。

清　雍正二年（公元1724年）　五月，福山雨雹，大如鸡卵。夏六月，莒州大风，雨雹，大饥。

清　雍正四年（公元1726年）　夏四月，临清雨雹，二麦灾。

清　雍正七年（公元 1729 年）　夏四月，莒州雨雹，五月又雨雹。

清　雍正十一年（公元 1733 年）　八月，阳信雨雹，深三尺许，大者如鸡卵，田禾园蔬，伤损殆尽。

清　乾隆元年（公元 1736 年）　青城雨雹，大如胡桃。

清　乾隆二年（公元 1737 年）　五月，青城大雨雹，大如核桃，麦未获者被灾。

清　乾隆三年（公元 1738 年）　三月下旬，连得透雨，惟长山、邹平、新城、章丘、齐东、邹县、济宁、泰安等三十县卫被雹成灾。

清　乾隆四年（公元 1739 年）　临清雨雹，伤禾。

清　乾隆五年（公元 1740 年）　五月，乳山、掖县、海阳、荣成、文登雨雹。五月二十四日，牟平青山、城阴两乡雨雹大如盎斗。六月十五日，北海风雹并发。

清　乾隆八年（公元 1743 年）　七月，高苑大雨雹，麦禾成灾。历城、博兴、高苑等十六县卫被雹。

清　乾隆九年（公元 1744 年）　夏四月，新泰雹伤麦。东昌府之博平、临清、馆陶三州县，沂州府属兰山（临沂）、蒙阴、沂水三县雨雹。

清　乾隆十年（公元 1745 年）　五月八日，青城雨雹，大如酒杯，树叶五谷俱尽。阳信秋禾被雹。

清　乾隆十一年（公元 1746 年）　四月，金乡、鱼台、莒州雨雹，厚数尺，大如鸡卵，伤麦。

清　乾隆十二年（公元 1747 年）　七月，山东兖州府属之阳谷、滕县，东昌府属之聊城、堂邑、莘县、夏津、临清、馆陶、东昌卫等处雨雹。泰安：秋大水，雨雹坏民屋田禾。日照县：夏四月雨雹。

清　乾隆十三年（公元 1748 年）　正月二日，恩县雨雹，大如斗，伤麦；五月十三日，滕县大雨雹，大如臼，民舍损坏无算。济宁：春饥，四月大雨雹。

清　乾隆十四年（公元 1749 年）　六月，历城县被雹。九月，长山、新城、齐河、禹城、金乡、菏泽、胶州、临清等十六州县被雹，即墨邑西，偏大雨雹。

清　乾隆十五年（公元 1750 年）　日照县：三月雨雹。胶州：六月大雨雹。三月六日，掖县大雨雹，损花木；六月十五日，胶州、滨州大雨雹，伤人畜禾稼。

清　乾隆十六年（公元 1751 年）　三月，荣成大雨雹。

清　乾隆十八年（公元 1753 年）　夏五月，滕县雨雹，冰水成渠，树木皆槁。

清　乾隆二十年（公元 1755 年）　新泰雨雹伤麦。

清　乾隆二十一年（公元 1756 年）　五月八日，大雷电雨雹，雷火焚城头文昌阁。

清　乾隆二十二年（公元 1757 年）　十一月，即墨大雨雹，深尺许。郯城：春冰雹。

清　乾隆二十三年（公元 1758 年）　三月，新泰雨雹伤麦。六月六日，邹平、青城、长山大雨雹，伤稼。

清　乾隆二十九年（公元 1764 年）　四月十七日，邹平大雨雹。

清　乾隆三十年（公元 1765 年）　三月，临邑大雨雹，鸟兽死者相枕藉。新泰雨雹，伤麦。

清　乾隆三十二年（公元 1767 年）　滕县雹。

清　乾隆三十三年（公元 1768 年）　四月，莒州大雨雹。

清　乾隆三十四年（公元 1769 年）　四月，临清雨雹。五月，莒州雨雹。

清　乾隆三十五年（公元 1770 年）　五月二十三日，扬沙，发屋，大雨雹，至未刻止。

清　乾隆三十九年（公元 1774 年）　五月，黄县大雨雹，厚积数寸。

清　乾隆四十年（公元 1775 年）　八月，文登雨雹。

清　乾隆四十二年（公元 1777 年）　夏五月，诸城、文登雨雹。夏，宁阳大雨雹。

清　乾隆四十四年（公元 1779 年）　四月，平度大雨雹；五月，黄县大雨雹，伤麦。

清　乾隆五十年（公元 1785 年）　八月，文登雨雹。峄县（枣庄）至秋乃雨，民始种滑谷、荞麦，旋为雹伤，民多饿死。

清 乾隆五十四年（公元 1789 年） 夏六月，诸城雨雹，大如鸡子。

清 乾隆五十七年（公元 1792 年） 广饶：元旦大雨雹，夏无麦。五月三日，莒州雨雹大如鹅卵，厚三尺，伤禾稼。禹城、陵县、寿光大雨雹。七月，黄县大雨雹，伤禾。

清 嘉庆二年（公元 1797 年） 滕县：四月大风雨雹，麦损。

清 嘉庆四年（公元 1799 年） 夏，滕县大雨雹，麦禾尽没。

清 嘉庆五年（公元 1800 年） 五月二十日，滕县雨雹，有大如碌碡者，禾皆损。

清 嘉庆六年（公元 1801 年） 夏五月，博兴、齐河、历城、宁阳、滋阳（兖州）、峄县（枣庄）大雨雹。夏五月乙未日，峄县（枣庄）南常社大雨雹，毁稼，平地尺许，有大如碾碓者禾豆尽伤。

清 嘉庆八年（公元 1803 年） 夏五月，青州大雨雹。五月十二日，滕县钜山村雹大如斗。

清 嘉庆十年（公元 1805 年） 七月，诸城、文登雨雹。

清 嘉庆十二年（公元 1807 年） 四月二十三日，沂水大雨雹，如杯盂者，盈尺，有大如碌碡者。五月，文登雨雹。七月，齐河、历城雨雹伤麦。

清 嘉庆十三年（公元 1808 年） 夏四月二十八日，沂水大雨雹；夏五月，峄县（枣庄）大雨雹，夏雹有大如碾盘者，数日不化消，禾尽伤。八月七日，济南大雨雹。十月五日，午刻，掖县，雷鸣雨雹。

清 嘉庆十五年（公元 1810 年） 八月，齐河、章丘雨雹。

清 嘉庆十七年（公元 1812 年） 夏，博兴雨雹。乐安（广饶）雨雹，伤麦。黄县：正月朔雨雹大水，各属大饥。

清 嘉庆二十一年（公元 1816 年） 四月，栖霞雨雹伤麦。

清 嘉庆二十二年（公元 1817 年） 五月，滕县雨雹，平地深半尺，禾黍尽伤，宿鸟多死；齐河、历城雨雹伤禾，禾尽毁。

清　嘉庆二十四年（公元1819年）　潍县：冬十二月二十九日大雨雹，南门圮，潍河溢。

清　嘉庆二十五年（公元1820年）　春，掖县、诸城雨雹伤稼。

清　道光元年（公元1821年）　临朐：春正月雹。夏五月十九日，胶州雨雹。

清　道光三年（公元1823年）　秋，新泰雹伤禾。

清　道光四年（公元1824年）　五月，日照、滋阳（兖州）大雨雹伤稼。

清　道光五年（公元1825年）　夏五月，济宁等州县雹。邹县：五月大雨雹。

清　道光六年（公元1826年）　峄县（枣庄）：春二月雨雹大风。八月六日未时，掖县烈风大雨雹，大者盈尺，伤稼。

清　道光七年（公元1827年）　夏五月，济宁、鱼台等州县雹。

清　道光八年（公元1828年）　夏六月，齐河、夏津县雹。

清　道光十一年（公元1831年）　夏六月，利津雹伤禾。东平、金乡大雨雹。

清　道光十三年（公元1833年）　夏四月，历城、齐河风雷，雨雹，大者重数斤。夏五月，临朐、益都雨雹，大如鸡卵。临朐夏五月癸未，雨雹，大如马首，田中麦禾皆尽。

清　道光十五年（公元1835年）　三月十七日午时，郓城、濮州、寿张大风雨雹，伤麦。六月六日，天大雷电，雨雹禾尽伤。

清　道光十六年（公元1836年）　夏四月戊寅，峄县（枣庄）大风雨雹伤麦。

清　道光十八年（公元1838年）　益都：春三月雨雹伤麦。

清　道光十九年（公元1839年）　三月二十四日，潍县雨雹。夏，峄县（枣庄）雨雹败稼。临朐大雨雹。

第三节　公元 1840—1948 年冰雹灾害

清　道光二十一年（公元 1841 年）　八月，陵县大雨雹；九月又雨雹。

清　道光二十二年（公元 1842 年）　胶县：夏四月淫雨损麦，十三日小珠山大雨雹。临清：雹。夏，新泰雹伤禾。六月朔，费县雨雹。

清　道光二十五年（公元 1845 年）　四月，安丘大雨雹，损麦，三日不消。

清　道光二十六年（公元 1846 年）　蓬莱：三月雨雹。平度：夏五月有雹。安丘：春不雨，八月雨雹。

清　道光二十七年（公元 1847 年）　二月二十五日辰时，定陶红风起仿山后，杂黑旋风三，扑往西南，掀房、拔木无胜数，至午大雷雨，冰雹如鸡卵。十月十三日，昌邑雷雹、雨雹。

清　道光二十八年（公元 1848 年）　安丘，夏五月雨雹，初五日解户、土山一带，风雨骤作，雨雹移时，有大如鸡卵者，麦收大减。德平八月十五日，大雨雹。

清　道光二十九年（公元 1849 年）　春，东平大雨雹。三月，滋阳（兖州）大雨雹。夏四月己卯，峄县（枣庄）大雨雹，大如斗，沟浍皆盈，朱家村棠荫一带，二麦皆空。

清　道光三十年（公元 1850 年）　三月十七日申时，巨野雷电雨雹。十二月十七日，寿张雷电雨雹。

清　咸丰元年（公元 1851 年）　费县：二月雷雹雨雪，花大如盘，平地深四尺，树枝压折。莒县：五月二十三日大风雹，田禾尽没。惠民：大雪雹。阳信：秋大雨雹。曹县、嘉祥二县雹。五月二十三日，昌邑大雨雹。

清　咸丰二年（公元 1852 年）　三月，费县雨雹，大如茶碗，树木皮枝纷落，砸伤人畜无数，地深尺许，望如严冬，无麦。夏，邹县雨雹。峄县（枣庄）：春三月雨雹，大歉。

清　咸丰三年（公元 1853 年）　七月，长清、泰安、茌平、博平、临清、清平、邹县、高唐等十三州县被雹。

清　咸丰五年（公元 1855 年）　莒县：九月十五日雨雹。

清　咸丰六年（公元 1856 年）　蓬莱：三月初十日大风扬尘，日无光，雨雹。

清　咸丰七年（公元 1857 年）　四月，费县雨雹。曲阜雹、旱、蝗三灾均有，五谷不登，人将相食。昌乐，夏蝗蝻生，大雨雹，禾稼几尽。

清　咸丰八年（公元 1858 年）　四月，定陶大雨雹。五月，费县雨雹，大如拳，小如核桃，地深尺许，打毙人畜。

海阳：四月大雨，禾苗冲没，二麦不登，并大雨雹，堆聚成堆。蒙阴：夏五月雨雹，寒如严冬。

清　咸丰十一年（公元 1861 年）　二月八日，巨野大雨雹。夏四月九日，陵县黑风迅雷雨雹，十二、十三两日又雨雹。

清　同治三年（公元 1864 年）　昌邑：五月大雨雹。陵县：秋雹。

清　同治四年（公元 1865 年）　正月十三日，日照大雨雹，伤禽兽。巨野：正月十三日雷电交作，杂以雪雹。临朐：九月雷，雨雹。新城，雷电，雨雹。

清　同治五年（公元 1866 年）　五月，泰安大雨雹，伤牛马。临清：丙寅夏四月大雨雹。博兴：水、旱、雹成灾。临朐：夏闰月雨雹。齐河：水、旱、风、雹成灾。

清　同治八年（公元 1869 年）　夏四月，安丘大雨雹。四月二十五日，海阳县林寺乡、涝泊村一带，大雨雹，拔木数十株，冲去牛数十头，村外积雹成堆，高七尺余，水深四五尺，苗全没，二麦不登。五月十一日，肥城雨雹平地深尺许，大如鹅卵，从肥境西北而南，宽七八里，长数十里。九月，泰安大雨雹。

清　同治九年（公元 1870 年）　栖霞：四月十七日雨雹，大如胡桃。

清　同治十年（公元 1871 年）　蒙阴：夏四月雨雹。

清　同治十一年（公元 1872 年）　三月，城东北孟海大雨冰雹，南北七十余里，东西三十余里（定陶县志）。四月，费县雨雹。夏，邹县雨雹。五月初三日，潍县西乡远里庄一带雨雹。巨野：朔日雨雹交作，人有被砸死者。黄县：四月雨雹。

清　同治十二年（公元 1873 年）　巨野、郓城：四月初四日酉时大风雹。

清　同治十三年（公元 1874 年）　巨野：四月十八日雨雹。郓城：四月十八日雨雹。

费县：大旱，七月大雨雹。夏，东明、高密大雨雹，伤禾稼，米歉收。

清　光绪元年（公元 1875 年）　八月二十日，广饶、博兴、潍县雨雹。广饶、乐安：七月大风伤禾，八月雨雹伤菽。

清　光绪二年（公元 1876 年）　四月，惠民大雨雹，鸟雀多击死。

清　光绪三年（公元 1877 年）　四月，城东烈风，雷雨旋降雹，大如卵，积深二寸许，麦禾、春禾俱伤（定陶县志）。

夏四月六日，寿光大雨雹厚三寸，麦穗糜烂，树叶如霜扫，击死鸟雀蔽地，越二日，积阴尚有未消者，人民食草根树皮殆尽。四月，费县雨雹大如拳伤麦，打毙禽兽无数。潍县：春饥，夏四月十七日大雨雹。

清　光绪四年（公元 1878 年）　费县：春饥，三月雨雹，秋大熟。四月六日夜，恩县、临邑、阳信、济阳、平度雨雹，大如鸡卵，厚数寸，禽兽死者无数。博兴：夏四月大雨雹。

清　光绪五年（公元 1879 年）　五月，安丘大雨雹，大如鸡卵，半日始止，鸦雀砸死无数，西乡石庙田家等处为害尤甚；六月十日，齐东大雨雹，深半尺许，大如鸡卵。夏，寿光、安丘、昌乐雨雹。

费县：五月雨雹，河水溢。菏泽：四月二十九日雨雹，人有受伤致死者。

清　光绪六年（公元 1880 年）　武城：雹，旱。

清　光绪七年（公元 1881 年）　齐东：四月二十日大雨雹，伤禾麦。邹平：六月大雨雹，孙家镇一带田禾尽折。费县：六月雨雹，飞蝗云集害稼，七月大风拔木。莒县：夏雨雹如卵，柴家官庄雹填井满，月余始释。

清　光绪八年（公元 1882 年）　三月二十五日，单县雨雹，大者如馒头，平地深尺许，麦禾尽偃，树木、墙屋折毁无算，自城西北孙孝寺至城南滕湾，或宽或窄约六七十里；四五月，乐安（广饶）、新城、博兴雨雹。

巨野：三月二十五日大雨雹，县西南境麦禾净尽，次日午前复雨雹。安丘：夏四月大雨雹，西乡泥沟等处特甚，大如杯盂，禾木伤损几尽。

清　光绪九年（公元 1883 年）　乐安（广饶）：五月雨雹伤麦。费县：九月雨雹。

清　光绪十年（公元 1884 年）　阳谷：雹灾殊甚。

清　光绪十一年（公元 1885 年）　八月，巨野、滋阳（兖州）雨雹，雹如羊枣。

清　光绪十二年（公元 1886 年）　临朐：秋北乡大雹灾，李双庄尤重，雀无完巢，树无青叶。

清　光绪十四年（公元 1888 年）　夏四月，胶州、平度、莱阳大雨雹伤麦。临淄：四月大雨雹，伤禾。费县：雨雹大如鸡卵。

清　光绪十六年（公元 1890 年）　费县：夏大雨，河溢东门，五月雨雹。

清　光绪十八年（公元 1892 年）　济宁：夏四月雹。四月初七戌时，大风，定陶城东降冰雹，麦禾尽伤。四月二十五日，阳谷、寿光、泗水雹伤麦，两岩铺附近尤甚。六月，长清雹。

清　光绪十九年（公元 1893 年）　四月，阳谷雨雹，平地尺深，大如鸡卵。寿光雹。五月七日，长清雹伤麦。五月，莱阳雹。

齐东：五月二十三日大雨雹，禾麦尽伤。莱阳：春饥，夏五月雹伤麦。

清　光绪二十年（公元 1894 年）　六月初七日未时，临邑、阳信大风雨雹。

清　光绪二十一年（公元 1895 年）　濮州：五月十三日雨雹，大如鸡卵，伤禾稼。

清　光绪二十二年（公元 1896 年）　五月二十二，榆林至三判镇一带，风、雨、雹，骇怪异常（惠民县志）。

清　光绪二十三年（公元 1897 年）　五月六日，临朐大风雹，雹大如碗盏，合抱木为风拔置他所。夏五月十一日未刻，馆陶雨雹，数分钟始止，平地积有寸余，禾叶尽脱，根株亦萎，月余始发芽，是灾西北乡为甚。

清　光绪二十四年（公元 1898 年）　六月八日，泰安大雨雹，自石汶以东，广袤四十余县，秋稼及草木枝叶殆尽。

清　光绪二十五年（公元 1899 年）　莱阳：春三月雹积三尺许，夏四月雹尺余，伤麦，塌屋，秋大旱。德州：连雨雹，秋旱不能种麦。

清　光绪二十六年（公元 1900 年）　茌平：正月大雹，遍地成块，形如人头。齐河：秋大雨雹。

清　光绪二十七年（公元 1901 年）　六月八日，长清风雹大作，伤禾稼。六月十一日，博兴雨雹伤稼。阳信：六月城西南雨雹害稼，各村房屋倒塌甚多。

清 光绪二十八年（公元 1902 年） 邹平：大雨雹伤稼。博兴：六月十一日雨雹伤稼。

清 光绪二十九年（公元 1903 年） 夏五月，寿光、安丘、潍县大风雨雹。

安丘：夏五月大风雨雹，十三日傍午异风突起，冰雹大作，骤雨如注，南乡、官公、刘家营、卞家犹诸村大木皆拔，庐舍摧毁几尽。

清 光绪三十年（公元 1904 年） 阳谷：四月雨雹，大如鸡卵，二麦仅能补种。

清 光绪三十一年（公元 1905 年） 安丘：秋九月雨雹。

清 光绪三十二年（公元 1906 年） 四月，夏津雨雹，大如核桃，平地厚半尺许，麦熟未获者，铺地成毡。七月十九日，高唐州雹伤晚禾十数村。

蒙阴：夏闰四月旱，雨雹。

清 光绪三十三年（公元 1907 年） 四月，昌邑雨雹损麦。七月二日，阳信、临邑雨雹伤稼，减收一半。十月朔，历城大雨雹。北镇：大雨雹，稼禾减收一半。

清 光绪三十四年（公元 1908 年） 夏五月，临清、德州、齐河、历城，济北大雨雹，大风拔木。夏，清平冰雹为灾。

清 宣统元年（公元 1909 年） 五月，邹平城南上娄、下娄二庄，大雨雹，杀麦。

清 宣统二年（公元 1910 年） 夏津：四月西北狂风大作，空中若瓦砾声，倏雨雹，大者如碗、如拳、如卵，时值麦秋，凡未割者，摧倒一空，林树枝叶多折残，城乡房舍间有倾倒者，城南沙河内，有三雹大如碾，人望之，疑是羊，争取之，近视乃雹，并传男女老幼有被雹击伤死者。莱芜：四月二十六日雨雹，长六十余里，宽十余里，麦禾糜烂，禽鸟多毙，屋瓦尽毁。淄川：五月五日大雨雹，汶河涨溢，南博山一带麦尽伤。四月二十六日，鲁西一带雹灾尤重。

清 宣统三年（公元 1911 年） 春正月朔，新城大雨雹。四月二十六日，夏津大雨雹。

博山：三月雨雹损麦，五月五日大雨雹，秋蝻子生，岁歉。

民国 四年（公元 1915 年） 冠县：八月初七日城南雹，大如鸭卵，亦有大如人首者，逾时乃止，晚禾多被砸伤。

民国 五年（公元 1916 年） 四月十八日，阳信大风雨雹，树叶脱落，棉花死。

曲阜，大雨雹，毁伤麦禾殆尽。夏，临朐冰雹为灾。

民国　七年（公元1918年） 临朐：四月十六日大雨雹，自八岐山至冶源一带麦一粒不得。桓台：春旱至麦熟，大雨雹。

民国　九年（公元1920年） 五月六日，莱芜大雨雹。八月二十四日，齐东雨雹大如拳，秋禾一空。

民国　十一年（公元1922年） 五月，德平雨雹，灾重，岁大歉。

寿光：夏五月雷雹，大风拔木。德州：五月雨雹，灾重。

民国　十二年（公元1923年） 东平：夏雨雹伤麦。

民国　十三年（公元1924年） 四月，蓬莱全县降冰雹，大者直径四厘米，春作物受灾严重。

无棣：夏四月雨雹，七月雨雹。

民国　十四年（公元1925年） 恩县：夏四月雨雹，大如鸡卵，重处无麦，轻处秋每亩仅十余斤。

民国　十五年（公元1926年） 单县：四月朔雨雹，入曹马集出浮垌集，宽六七里不等，深二三尺，坏麦无算。

民国　十六年（公元1927年） 九月，昌乐雨雹为灾，西北至临朐，东南至安丘，长八十余里，禾稼菜果净尽如扫，雹积尺余，三日始消。博山雨雹至六七次。

民国　十八年（公元1929年） 八月，蓬莱冰雹，最大直径四厘米，庄稼房屋严重损坏。

民国　二十年（公元1931年） 临清：五月雨雹，时值芒种节前麦已大熟，忽降雹灾，歉收大半。

民国　二十二年（公元1933年） 东明：六月一日下午三时，黑云勃勃自东南来，刹时间风雨大作，势极猛，直至五时始止，风过处花木被风吹折及连根拔出者不计其数，同时天降冰雹，大者如枣，小者如豆，惟城东郊斌寨一带降落者大如巨枣，历时一刻余，此时田间二麦将趋成熟，经此一场雹劫，多被打毁，收成减色。

民国　二十四年（公元1935年） 恩县：四月九日堤上一带大风雨雹，麦虽损伤播谷未晚。

初九申刻，黄风自西北至，昼晦如夜，发屋拔木，继以骤雨，冰雹至酉刻始息（东平县志）。

民国　　二十七年（公元 1938 年）　九月，崂山大雹，地积二寸厚，大如鸡卵，城内死亡三人。

民国　　二十八年（公元 1939 年）　泗水、诸城、高密、博山、海阳、平度、潍县、昌邑、寿光、益都、临朐、安丘、莒县、沂水、蓬莱、滕县十六县受风雹灾。

民国　　二十九年（公元 1940 年）　五、六月，寿张、滋阳（兖州）、桓台、平度、博兴、曹县、文登七县受风雹灾。

民国　　三十年（公元 1941 年）　费县、莒县、济宁、昌乐、日照、福山、临淄、馆陶、曲阜、诸城、临清、郓城、惠民、新泰、肥城、海阳等三十二县受风雹灾。

民国　　三十一年（公元 1942 年）　烟台、诸城、福山、牟平、招远、潍县、高密、平度、昌邑、丘县、德县、平原十二个市县受风雹灾。五月十二日崂山大埠东、山东头冰雹，小麦绝产。

民国　　三十二年（公元 1943 年）　夏秋，定陶、馆陶两个县受风雹灾。

民国　　三十三年（公元 1944 年）　东平、郓城、齐东、安丘、济阳、恩县、历城七县受风雹灾。

民国　　三十六年（公元 1947 年）　夏秋，昌乐、安丘、胶县、泗水、邹县五县受风雹灾。

民国　　三十七年（公元 1948 年）　夏秋，南皮、安丘、胶县、泗水、邹县、潍县、昌乐七县受风雹灾。

第四节　公元 1949—2000 年冰雹灾害

1949 年　夏至秋，全省 16 个专区中的 68 个县 1655 个村遭冰雹灾，其中有 12 个县先后遭两次雹灾，渤海区砸毁青苗 20 余万亩。沂源、沂水有 12 个村青苗打光，皂山县砸死 42 人，伤 270 人，倒塌房屋 1616 间。受灾地区农作物减产，轻者 30%～50%，重者 60%～80%，甚至全部被打光。

5 月上旬，平度县中庄、云山、万家、兰底、张舍、旧店、城关、张戈庄、三合山遭受冰雹灾害，8763 亩小麦、地瓜、玉米被打坏，小麦减产 6 成。

6 月 8 日，邹县遭受雹灾，冰雹直径 20 毫米，最大的直径 70 毫米，持续时间 60 分，受灾范围大平、郭里、落陵 3 个乡镇，小麦损失 50%～70%，早春作物受到严重危害，其中大平夹道冻伤 100 多人，死亡 6 人。

6 月上旬广饶遭受雹灾，受害范围牛庄、斗科等 5 公社 10 万亩，这次雹灾相当严重，正在小麦刚收割的时候，受害范围内的小麦基本绝产。冰雹直径 25 毫米左右，最大 170 毫米，最大积雹深度 30 厘米，是本县 60 年来面积、强度最大的一次。

1950 年　5 月中旬，昌潍地区遭受雹灾，冰雹直径 10～20 毫米左右，最大 40 毫米，持续时间 20 分，受害范围潍县、寒亭、昌邑、高密、诸城、安丘 7 县区 81 村，小麦减产 2～3 成，个别地区严重者减产 5～8 成，春播作物也受到损害。

5 月下旬，单县遭受雹灾，受害面积谢集公社 3500 亩，冰雹直径 15 毫米左右，最大 20 毫米，持续时间 15 分，小麦减产 2 成，砸死 1 人。

7 月 6 日，淄博市遭受雹灾，冰雹直径 20 毫米左右，最大 100 毫米，持续时间 20 分，受害范围张店、周村两个区 130 个村，东西长 50 里，南北宽 5～6 里，高粱、谷子损失 5～10 成，棉花、地瓜全部砸光的有 66 个村，计 101662 亩，砸伤 60 人，死亡 4 人。

8 月 10 日下午，菏泽雨雹交加，油楼、高李村、刘李村（菏泽县西北）平地积雹半尺，毁坏庄稼 16152 亩，伤 76 人。

1951 年　4 月下旬至 5 月初，鲁北及鲁中山区 33 县降雹。

6 月 1 日，威海市遭受雹灾，冰雹直径 15 毫米，最大的直径 45 毫米，持续时间 20 分，受害中心草庙、文登地面覆盖均 1 尺深，小麦减产 6～7 成。

6 月 8 日，郯城遭受雹灾，冰雹直径 80 毫米，最大的直径 130 毫米，持续时间 40 分，李庄受灾严重，没割完的小麦绝产，玉米、高粱苗被砸毁，并伤 2 人。

6 月 20 日，淄博市遭受雹灾，冰雹直径 30 毫米左右，最大 130 毫米，持续时间 30 分，受害范围全市 3 县 70 个村，长 40 里、宽 20 里，受害面积 5.5 万多亩，砸坏房屋 2367 间，砸伤 121 人，高粱、谷子全砸光，棉花砸成光秆，其它损失也很大。

9 月 17 日，淄博市遭受雹灾，冰雹直径 10 毫米左右，最大 150 毫米，持续时间 10 分，受害范围为全部的淄川、临淄、张店 3 个区，其中，淄川受害面积 5614 亩，约减产 70%。南仇等 6 个村 1363 亩黄烟减产 30%，玉米 2140 亩，约减产 30%。

9 月，昌潍地区遭受雹灾，冰雹直径 4～5 毫米左右，最大 15 毫米，持续时间 30～100 分，受害范围潍坊市、安丘、临朐，黄烟、大豆、棉花受损。临朐晚秋作物损失 10%～40%。

1952 年　6 月上旬，惠民地区遭受雹灾，冰雹直径 5～10 毫米，最大 30 毫米，持续时间 5～30 分，受害范围博兴、高青、桓台、邹平、无棣、惠民等县部分乡镇。雹砸小麦头，造成普遍减产 5～8 成，个别重灾造成绝产，轻者减产 3 成，棉花、地瓜苗也受危害。

6 月，鲁中山区及胶东半岛 39 县降雹。

8 月 31 日，宁津县张宅、小店等乡镇遭受雹灾，冰雹直径 20 毫米左右，最大 50 毫米，持续时间30分，受灾面积268770亩，玉米、高粱、棉花砸倒在地，部分地段颗粒不收，张宅境内砸死一拉车骡子。

9月13～14日，昌潍地区遭受雹灾，冰雹直径10毫米左右，持续时间20分，受灾范围高密、诸城、安丘、临朐4县151个村，这次冰雹面积广，以安丘、临朐为重，受害作物主要是黄烟、大豆、地瓜，较重者减产5～7成。

9月14日，莱西县遭受雹灾，受害范围9个区39个乡，12个乡受灾严重，地瓜、花生10万亩被打坏叶子30%～80%，豆子45000亩减产1～2成，稻子2500亩减产50%，菜豆4000亩减产3～5成，大白菜、荞麦减产3～5成。

9月，即墨县连遭两次冰雹灾害：9月15日晚，即墨县段泊岚镇遭受冰雹灾害，冰雹直径1～5厘米，降雹时间近半小时，受灾面积约12平方千米，晚秋作物减产30%以上。9月18日12时，即墨县田横镇9个村遭受雹灾，1.85万亩农作物遭受严重损害。

10月上旬，枣庄市台儿庄区遭受雹灾，冰雹直径15毫米，最大的直径50毫米，受灾范围彭楼、马兰、台庄等公社5里宽，张庄砸死1人，彭楼豆子被砸坏，雹子堆积无法耙地。

1953年 寿光遭受雹灾，冰雹直径10～30毫米，最大的直径80毫米，持续时间10～30分，全县受灾面积9个公社、36500亩，受灾小麦减产10%～70%，春播作物减产10%～20%，羊口砸坏瓮很多，房屋、树木也有不同程度损失，砸死1人，伤数人。

5月9日，鲁北及胶东半岛13县降雹，大如鸡蛋。

6月3日，淄博市遭受雹灾，受害范围全市42个村，受害面积11.2万亩，小麦平均减产50%。

9月9日，寿光遭受雹灾，冰雹直径10～30毫米左右，最大80毫米，持续时间10～30分，受害范围羊口、卜口、侯镇、五台等地，全县受灾面积36500亩，小麦减产10%～70%，羊口死亡1人，伤数人。

1954年 5月28～31日，全省共68县遭风雹灾害袭击。

5月29日，莱芜县五、六、七、八区的38个乡镇遭受冰雹袭击，雹块大者重500多克，受灾农田、林果园共32126亩。宁阳遭受雹雨灾害，5月29日晚，全县4个区18个乡83个村遭受了雹雨灾害，受灾面积达38151亩。二、七、八、九区受灾严重，小麦减产20%～50%。灾后，县、区组织大批干部深入灾区进行慰问，组织广大群众，采用各种方法进行抢救，帮助群众解决抢收抢救中的具体困难。从而使群众安定了情绪，扭转了悲观情绪，迅速投入了生产。安丘县遭受雹灾，8个区48个乡受灾，砸坏庄稼20万亩，伤70人，死亡1人。临朐全县17个乡镇大部分地区都程度不同地遭受雹灾，以东部的营子等4个乡镇最为严重。冰雹直径20～40毫米左右，最大50～100毫米，个别的1斤重，持续时间20～60分，小麦减产70%～100%，春苗被砸光，其它地区雹粒较小，小麦一般减产20%～50%。沂源遭受雹灾，冰雹直径15毫米左右，最大120毫米，持续时间20分，受害范围张家、徐家庄等，小麦绝产，高粱、谷子枝叶被打光。莒县遭受雹灾，冰雹直径30毫米左右，最大90毫米，持续时间20分，平均积雹深度15厘米。受害范围全县18个乡镇，以中楼最严重，庄稼全部砸光。

5月31日，淄博市遭受雹灾，冰雹直径20毫米左右，最大50毫米，持续时间15分，受害范围临淄边河乡西刘为中心，受灾面积2万亩，减产5成，砸伤5人。

9月6日，益都遭受雹灾，受害范围为黄楼、口埠、桃园、郑母4个乡镇的32个自然村，冰雹直径10毫米左右，最大20毫米，持续时间15分，高粱、玉米、大豆减产30%，黄烟减产50%。安丘遭受雹灾，冰雹直径30毫米左右，持续时间30分，受害范围4个区，第19区6个乡谷子、大豆、玉米、棉花受灾严重。伤140人，伤牛75头，伤驴3头、羊23只，毁房119间，倒树131棵。淄博市遭受雹灾，受害范围淄川区的太河峩庄6个大队长40里、宽3里，受害面积24万多亩，减产粮食70多万千克。

1955年 5月31日，潍坊、烟台等地10县降雹。

6月17日，昌潍地区遭受雹灾，冰雹直径15～25毫米左右，最大35毫米，持续时间5～10分，受害范围为益都、昌乐、寿光、安丘、昌邑、潍县、潍坊7县24区80乡，受灾面积271603亩，以益都为最重，昌乐次之。益都13区和11区的水渠乡伤89人，朱鹿死亡1人，13区张坡村130户房顶被大风刮光。益都遭受雹灾，受灾范围高柳、口埠、桃园、阳河、郑母乡镇的141个自然村，受灾面积96484亩，冰雹直径15毫米左右，最大30毫米，积雹6厘米。高粱、玉米、小麦绝产25295亩，一般减产70%～80%，最轻减产30%～40%，伤666人，死亡2人，伤牲畜78头。大豆减产30%，黄烟减产50%。

6月18日，威海市遭受雹灾，冰雹直径10毫米，最大的直径45毫米，持续时间25分，小麦减产5～6成。

6月中旬，惠民地区遭受雹灾，受害范围垦利、高青、广饶、桓台县部分乡镇，地瓜、棉花、高粱均被砸成光秆。冰雹直径5毫米左右，最大15毫米，持续时间30分。

1956年 5月中旬，惠民地区遭受雹灾，受害范围博兴、垦利、阳信县部分乡镇，棉花、玉米、高粱均被砸成光秆，减产5成左右。银高村小麦绝产，冰雹直径5毫米左右，最大15毫米，持续时间20分。

5月31日，莱芜遭受雹灾，受害面积辛庄约600平方千米，冰雹直径20毫米左右，最大50毫米，持续时间10分，3万亩小麦减产80%，玉米、高粱、谷子的幼苗全被砸坏，死亡1人。

6月上旬，单县遭受雹灾，受灾面积黄寺公社9000亩，冰雹直径6毫米左右，最大10毫米，持续时间10分，高粱、棉花受灾减产。平度遭受雹灾，冰雹直径10毫米，最大的直径30毫米，持续时间40分，受害范围马戈庄、三合山、白卜等，砸伤60余人，棉花及秋作物减产约3成，大泽山、崮山等公社，大豆、稻子减产8～9成。庆云遭受雹灾，冰雹直径5毫米，最大的直径20毫米，持续时间10分，受害范围大胡、中王两公社面积5万余亩，小麦减产70%，树叶砸掉大半。昌潍地区遭受雹灾，冰雹直径10～20毫米左右，最大35毫米，持续时间20～40分，受害范围潍县、平度、昌乐、高密、胶县，小麦减产3～5成，春播作物减产2～3成。平度伤60余人。

7月10～11日，昌潍地区遭受雹灾，受害范围潍县、平度、昌邑、昌乐、五莲、高密、诸城、安丘、胶南9县，受灾面积272万多亩，减产2～5成，倒房58285间，伤178人，死亡54人、牲畜206头，损坏树木39598棵。

7月11日，鲁中山区及胶东半岛14县降雹，最重雹6.4克。

10月2日，庆云遭受雹灾，冰雹直径5毫米，最大的直径45毫米，持续时间15分，受灾范围大胡等5个乡面积113550亩，重者34个村，面积43400亩，瓜菜、黄烟砸掉头、叶，伤5人。

1957年 6月1日，招远县遭受雹灾，受灾范围毕郭公社宽15里、长12里，农作物受灾面积68592亩，小麦减产80%，春玉米改种7381亩、地瓜7541亩，砸坏房屋5127间。莱阳遭受雹灾，冰雹一般如核桃大小，大的似鹅蛋，持续时间40分，积雹深度5寸，受害面积长15里、宽5里，小麦损失惨重，一般砸断秆子和脱粒满地，严重的地区全部打平。据13个村统计，小麦受灾5270多亩，减产80%的有3370亩，余者减产30%～50%，上庄乡东西上庄小麦3000多亩全部重灾，李家沟等6村的1000亩小麦受灾30%～50%，西留乡朱省村重灾300多亩。

6月14日，乐陵遭受雹灾，冰雹直径20毫米左右，最大40毫米，受害范围城关、郭家等11个公社共210个大队，砸坏大部分小麦、春苗，一般减产50%以上，重者减产95%以上，其中，98个农业社的217096亩农田，降雹密度100多个/平方尺（1平方尺=1/9平方米），死亡1人，伤13人，小麦被砸光，春苗返种，果树绝产。

7月4日，鲁西南13个县降雹，大如碗口。

1958年 6月上旬，昌潍地区遭受雹灾，冰雹直径6～10毫米左右，最大30毫米，持续时间20～60分，受害范围昌乐、临朐两县7区，小麦减产1～3成，个别地区严重者减产7成。

6月15日，乳山县遭受冰雹袭击，全县受害面积2个公社达30平方里（1平方里=0.25平方千米）、农作物5550亩，伤32人。

1959年 6月7日，鲁西北、鲁西南及鲁中山区共29县降雹，大如鸭蛋，积雹厚度30多厘米，实测最大雹径7厘米。

6月7日下午，新泰县岔河、汶南、华丰3个公社、10个管理区、24个基本核算单位，局部遭受雹灾，作物受灾面积达27371亩，其中小麦9874亩，按亩产47.1千克计算，平均减产17%左右，共减产79061千克，春苗受灾17797亩，受灾严重的岔河公社冯家村生产队共428户、2154人，小麦73021亩，除已割705亩外，未收的72316亩全部遭受雹灾，减产73%左右。宁阳县遭受雹灾，全县7个乡镇53个生产大队508个生产小队都程度不同地遭受危害，损失小麦165.5万千克，春苗受灾66369亩。灾后各级党组织加强了对干部群众的教育，并发动群众抢收抢种，力争少受损失。

7月28日，龙口北马、七甲、石良、城关、大吕家5处镇区遭暴风冰雹袭击，雹径5～6厘米，有3500亩作物受灾，减产20%以上，倒房14间，死亡3人。

9月下旬，惠民地区遭受雹灾，受灾范围博兴、广饶、沾化3县部分公社，大豆、棉花受害，一般减产7成，重灾者绝产，树被砸成光杆。冰雹直径10毫米左右，最大30毫米，持续时间40分。

1960 年 5 月，即墨县连遭 3 次冰雹灾害：11 日，即墨县营上、下泊、城关遭受冰雹灾害，0.4 万亩小麦减产 30%；22 日，即墨县金家、南泉、下泊、段泊岚遭受冰雹灾害，4 万亩小麦减产 30%；27 日，即墨县金家、南泉、普东、华山、灵山遭受冰雹灾害，受雹灾面积 3.12 万亩。

6 月 1 日，郯城遭受雹灾，冰雹直径 8 毫米，最大的直径 40 毫米，持续时间 30 分，受灾范围共 10 个公社及郯南农场一个分场，遍及 26 个管理区、3.5 万亩小麦、2 万亩春苗，小麦重的减产 50%，轻的减产 20%～30%，春苗被打落叶子，豆类、麻类较重，需重种。沂源遭受雹灾，受害范围张家、徐家庄等公社，小麦受损失，徐家庄砸死 3 人。

6 月 1 日 11 时至 2 日下午，强风暴袭击德州禹城县，风力 7 至 9 级，2 日下午 2 时至 7 时又降冰雹，大如小枣，小如豆粒，造成小麦倒伏，叶片破碎。共有 10 个公社受灾，受灾面积达 225511 亩。县委连夜召开紧急会议，组织慰问团奔赴灾区，发动群众抢收救灾，迅速掀起生产救灾热潮。

6 月 2 日，鲁西北及鲁中山区 30 个县降雹，大如鸽蛋。

6 月 3 日，博兴县 7 个公社降雹，造成了严重损失，全县砸死 92 人，小麦绝产 21 万亩，房屋、树木损伤无数，最大冰雹直径 5 厘米，一般如豆，小者如高粱粒。

6 月 12 日，鲁北及鲁中山区 24 个县降雹，大如茶杯，伴有 10 级大风，房倒树折。昌潍地区遭受雹灾，冰雹直径 20 毫米左右，最大 40 毫米，持续时间 15～30 分，受害范围胶县 3 公社、益都 14 公社 2 万亩、临朐 8 区小麦减产 1～5 成，胶县 140 亩棉花绝产，益都山果树砸坏 10480 棵、减产 1.75 万千克，重伤 4 人，死亡 1 人。宁津遭受雹灾，受灾面积 5 万亩，冰雹直径 5 毫米左右，最大 50 毫米，持续时间 30 分，棉花、春玉米被打破叶，砸伤 172 人。博兴县兴福、利城遭风雹袭击，地面积雹半尺多，农作物全部砸坏，伤 1248 人，死亡 5 人。

6 月 24 日，夏津县有 9 个公社出现冰雹，受灾面积 27110 亩，死亡 7 人，伤 10 余人，死猪 42 头、羊 2 只、驴 1 头。

6 月，章丘遭受雹灾，冰雹直径 20 毫米，最大的直径 50 毫米，积雹厚度 0.5 尺，受灾范围垛庄、埠村公社，垛庄公社轻灾，埠村公社砸死拾小麦的小孩一人。

7 月 16 日，聊城遭受雹灾，冰雹直径 7 毫米，最大的直径 20 毫米，受害面积 28113 亩，伤 17 人、猪 11 头，倒房 560 间，毁坏树木 25954 棵。

1961 年 5 月 3 日，全省有 38 个县降雹，并伴有大风大雪，风雹及冻害严重。

5 月 9 日，郯城遭受雹灾，共 6 个公社 149 个大队 86486 人受灾，受灾中心归昌、红花等公社部分大队，合计小麦减产 250 余万千克，春苗需补种、返种的达 2 万亩，砸毁房屋 9024 间，伤 167 人。冰雹直径 80 毫米，最大的直径 130 毫米，持续时间 40 分，李庄公社受灾严重，没割完的小麦绝产，玉米、高粱苗被砸毁，并伤 2 人。

6 月 9 日，莒县遭受雹灾，冰雹直径 20 毫米左右，最大 60 毫米，持续时间 20 分，平均积雹深度 10 厘米。全县 18 个公社小麦减产 70%，其它作物全被砸光。

6 月中旬，惠民地区遭受雹灾，惠民、阳信县部分公社地瓜、棉花苗受害，估计减产 5～6 成，小麦减产 4 成。

1962 年　5 月 14～15 日，鲁西北、鲁中山区及半岛地区 31 个县降雹，实测雹最重 10. 2 克，宁阳最大有 1 千克多。宁阳县遭受风雹袭击。14 日晚和 15 日凌晨 2 时，两次降雹时间约 5～6 分钟，有的地方持续 20 多分钟。雹子一般似杏核，大的如鸡蛋、茶盅。在降雹的同时伴有 6～7 级大风、降雨 10 毫米左右。全县有 10 个公社 256 个大队的 165816 亩小麦受灾，共减产 169. 5 万千克；春田受灾 4 万亩。

6 月 21 日，鲁中山区 15 个县降雹，平均重 28 克，罕见最重 3 千克。章丘冰雹直径 1. 9 厘米，使春玉米、春高粱、荞麦受害较重，对产量稍有影响，受害面积约 3 万亩。淄博市遭受雹灾，冰雹直径 10 毫米左右，最大 30 毫米，持续时间 10 分，受害范围王村、田庄等 10 个公社，砸伤 24 人、猪 5 头、羊 7 只，砸死鸡 10 只，受害作物 7782 亩。昌潍地区遭受雹灾，冰雹直径 10～25 毫米左右，最大 40 毫米，持续时间 20 分，受害范围临朐部分公社、诸城全县 15 个公社，春播作物减产 3～6 成，棉花、大豆绝产翻种。

7 月 20 日，商河县沙河、城关、常庄、尹巷、郑路降雹，受灾面积 14 多万亩，绝产 4 万亩，冰雹大的直径 5 厘米，一般 2 厘米左右，历时 20 分钟，积雹达半尺深。崂山县棘洪滩、马戈庄一带遭受冰雹灾害，使 1100 多亩秋粮，减产 1～6 成，毁坏房屋 2666 间，伤 1 人。

7 月 20～21 日，莱阳市遭受雹灾，范围广，局部时间长，受灾重，全县 21 个公社有 13 个公社遭雹灾，受灾面积约 15 万亩，受灾严重的有 7 个公社 45 个大队。纪格庄公社万柳大队降雹半个多小时，积雹深度半尺，大豆 95%以上打掉头，秋玉米打成麻秧一般，地瓜头和叶子全部打掉，麻头全被打掉。

7 月 21 日 6 时 40～45 分，夏津县降雹，平均雹重 0. 6 克，覆盖地面 70%，棉花 80%植株受害。折枝平均 3～4 个，玉米叶被砸碎。

7 月 21 日 13～16 时，海阳县朱吴、发城、郭城 3 个公社、35 个大队遭受雹灾袭击，受灾面积 28990 亩。

7 月 22 日 17 时前后，夏津北部苏留庄、雷集一带出现冰雹，受灾面积 9 万亩，绝产 6846 亩，减产 50%以上的 4443 亩，减产 20%～30%的 4114 亩，在雷集、长安集一带，冰雹大者如鸡蛋，一般如枣。伤 4 人。

9 月 9 日，沂水遭受雹灾，冰雹直径 10 毫米左右，最大 30～50 毫米，持续时间 20～50 分，受害范围四十里公社老官庄大队，地瓜叶被砸净，家禽被砸死，农作物减产 90%，因伴大雨淹死 1 人。莒县遭受雹灾，冰雹直径 20 毫米左右，最大 40 毫米，持续时间 15 分，平均积雹深度 30 厘米。受害范围全县 18 个公社，地瓜、高粱、豆子打坏 50%。

1963 年　8 月下旬，惠民地区遭受雹灾，受灾范围沾化、无棣两县部分公社，豆子被砸，轻者减产 5 成，重者绝产；玉米、高粱减产 6～7 成，重灾区绝产。冰雹直径 10 毫米左右，最大 20 毫米，持续时间 60 分。

1964 年　5 月 1 日，莒县遭受雹灾，冰雹直径 20 毫米左右，最大 60 毫米，持续时间 15 分，平均积雹深度 10 厘米。受害范围全县 18 个公社，小麦减产 20%。

6 月 10 日夜至 13 日，齐河县连降 4 次冰雹，冰雹直径 10 毫米左右，最大 60 毫米，持续时间 30 分，受害范围大黄、孙耿等 12 个公社 786 个生产队，秋苗受灾面积 343758

亩，重新返种的122394亩，小麦受灾面积99670亩，其中减产3～4成的22530亩、5～6成的8024亩、7～8成的5580亩、9～10成的11980亩，乌鸦、蛇、兔子砸死很多。

6月11～13日，德州禹城县连降冰雹，其中12日最重，分布于房寺、辛店、十里望，重灾区冰雹大如小枣，小如豆粒，棉花、蔬菜被砸，未收获的小麦全部倒伏，受灾面积达33万亩，重灾16万亩。

6月12日，济南历城遭受雹灾，冰雹直径15～20毫米左右，最大30～35毫米，持续时间20～60分，受害范围北园、西郊、南郊、仲宫、柳埠5个区、15个公社、89个大队、601个生产队。全县自6月12～13日下午普遍降雨，伴有大风冰雹，雹粒小的如杏核，大的如核桃、鸡蛋，持续时间达20～60分，积雹深度十几厘米左右，严重的厚达40厘米，大田作物、蔬菜、果树受害严重，受灾面积65400亩。损失小麦7000多千克、蔬菜572.5万千克，冲淤土地300多亩，毁坏房屋1500多间，刮倒电线杆14根，死伤27人，死羊17只，这次雹灾危害程度之深、损失之大，是十几年来所未有的。如西郊区，西沙公社春播和春田串种的8938亩作物全部砸坏，355亩蔬菜被砸毁216亩，未收获的1050亩小麦有1030亩被砸掉50%穗粒，刮倒树木1000余棵，该社的殷庄、姜庄、李家寺等队，不仅将全部青苗砸毁，而且所有树木梢部树皮全被砸脱落，呈现一片白色，情景十分凄惨。长清遭受雹灾，冰雹直径5毫米，最大的直径20毫米，持续时间10几分，受害范围双泉、张夏、归德、孝里4公社，受灾面积35000亩，其中减产3成以上的成灾面积20046亩。益都遭受雹灾，阳河、朱崖、文登、何官、王坟、口埠、五里、高柳、桃园、郑母等11个公社113个大队73644亩受灾，冰雹直径20毫米左右，最大35毫米，持续时间20分，春苗45297亩平均打坏40%，小麦损失30.5万千克。莱芜境内降冰雹，至13日止，148个大队的167820亩作物受灾。德州陵县降冰雹，特大冰雹达600克，造成全县6万亩农田重灾，6万亩轻灾。

6月12～14日，全省73个县市区遭风雹袭击，有的县连续两天降雹。平原实测雹重23.4克，并伴有大风暴雨，全县总受灾面积300万亩，倒塌房屋近万间。新泰县遭受雹灾，全县11个公社除刘杜、羊流、果都3个公社外，其它8个公社均遭雹灾和风灾，各种作物受灾总面积为155543亩，占8个公社总面积的19.2%。受灾面积大，程度严重的有汶南和城关两个公社，局部地区严重的有石莱公社的张庄、天宝公社的杨庄，如杨庄管区。6月12日下午降冰雹19分钟，大的像鸡蛋、核桃，一般的也像杏核，全管区受灾面积5677亩，占总耕地面积的84.3%。

6月13日，费县遭受雹灾，冰雹直径20毫米左右，最大40毫米，持续时间15分，受害范围8个公社、37个管理区、142457亩，3484亩返种，11万多亩补种，伤12人，砸坏家具，砸死家禽、家畜一部分，树叶全部被砸掉。寿光遭受雹灾，冰雹直径30毫米，最大的直径60毫米，持续时间10～50分，全县17个公社成灾。春田、麦田受灾总面积41.6万亩，有2万亩绝产，砸伤8人，砸死羊153只，砸坏房屋很多。淄博市遭受雹灾，冰雹直径5毫米左右，最大10毫米，持续时间20分，受害范围商家、焦庄等19个公社，受灾面积7421亩，损失很大。

6月中旬，惠民地区遭受雹灾，受害范围垦利、广饶、博兴、滨县部分公社，作物受害一般减产5～6成，重灾区绝产。冰雹直径5～35毫米，最大60毫米，持续时间10～20分。

7月中旬，枣庄市台儿庄区遭受雹灾，冰雹直径一般50毫米左右，持续时间60～120分，受灾范围泥沟以东、兰城周围7～8里，人死房毁，砸地2～3厘米深，庄稼被砸光。

1965年　4月29日，鲁西南17县降雹，大如鸡蛋，积雹厚度16厘米。邹县遭受雹灾，冰雹直径20毫米，最大的直径55毫米，持续时间40分，全县17个公社均见大小不同的冰雹，成灾公社13个，重者8个、轻者5个；成灾生产大队397个，重者112个、轻者181个、一般104个。此次雹灾危害范围大、灾情重，主要是麦田受灾，绝产19118亩、减产50%以上者30400亩、减产30%～50%者30621亩、减产30%以下的84118亩，共计164257亩，春播作物受灾面积61151亩，降雹时伴随大风，毁房2520间。聊城遭受雹灾，冰雹直径20毫米，最大的直径40毫米，持续时间5～30分，受灾面积501个大队的52万亩，绝产142396亩，小麦、棉花、大豆、高粱受灾，伤289人，重伤37人，伤亡猪羊34头，毁房225间、家具18230件。临清遭受风雹灾，冰雹大的像鸡蛋，小的似枣，伴有10级以上大风，平均积雹深度12厘米，深的达18厘米，遭雹地区小麦全部受到损害，绝大部分小麦只剩麦茬，绝产的占30%～40%，轻者减产5成左右，其它春播作物已出苗的都遭灾，绝产或减产。折树260棵，伤50多人，部分牲畜被砸伤。遭风雹危害的共113个大队647个生产队，共受灾133129亩，其中小麦67645亩，棉花16330亩，其它粮食作物和瓜菜49154亩。冠县遭受雹灾，冰雹直径20毫米，最大的直径60毫米，持续时间20分，全县45个公社受灾面积达738541亩，全县小麦受灾面积达317427亩，成灾面积23598亩，其中减产8成以上的有107317亩，棉花已播种395000亩，造成重播的138230亩，粮田重播的22816亩，砸伤人111人，砸死羊2只。阳谷遭受雹灾，冰雹最大直径60毫米，受害范围14个公社，小麦减产多在3成，近10万亩绝产。东平县风雨交加并伴有冰雹，降雹小的如豆、大的如枣，持续11分钟，全县70%的小麦及其它作物受灾。平阴县洪范池、旧县公社遭受冰雹袭击，地面积雹厚度5厘米、严重地块30厘米以上，不少小麦像被刀割一样，54个大队397个生产队受灾，受灾面积64473亩，减产粮食183.5260千克。灾后县委立即召开紧急会议，发动干部群众抗灾抢种、串种，进行生产自救，县、社组织80余名干部分赴灾区，核实灾情，千方百计解决种子、化肥和资金，各行各业从人力、物力、财力上大力支援。

6月15日，平度县胶、沽两河沿岸明村、南村等7个乡镇受雹灾，受灾农田3.3万亩。巨野遭受雹灾，受灾面积龙堌公社44078亩，其中重灾19530亩；大义公社受灾32380亩，冰雹直径15毫米左右，持续时间70分，棉花、高粱、玉米减产严重。寿光遭受雹灾，降雹时伴有暴雨和8～9级大风，冰雹直径10毫米，最大的直径80毫米，持续时间15～40分，全县受灾面积2000亩，减产2～5成，并有人被砸昏、3人被砸破头。鄄城遭受雹灾，冰雹直径13毫米，最大的直径44毫米，持续时间30分，夜间伴10级大风，受灾面积旧城、左营、吉山、城关、郑营等6公社的270096亩，其中绝产103370亩，60318亩减产60%～80%，106408亩减产30%～50%，倒塌房屋263间，砸死1人，伤8人，刮倒及折断树木54810棵。

7月23日，昌潍地区遭受雹灾，受害范围寿光县3个公社1万亩、临朐5公社4万亩、益都两公社1.8万亩。主要受灾作物黄烟减产2～5成、地瓜、大豆打成光秆，损失60%。14时12～43分夏津降冰雹，最大直径1厘米，平均重量0.6克，出现在夏津县西南部，为害轻微，最重的栾庄、朱庙公社最大者如核桃，玉米叶击穿成丝条。

9月9日，章丘县部分地区发生雹灾，受灾面积52.9万余亩，其中严重的有2万亩，减产20%～30%，玉米叶被打光，部分棉花桃脱落，降雹约半小时，地面积雹厚度达2～3指，冰雹大的如红枣、小的如玉米粒不等，其冰雹之大，是近十年少见的。下午，济南发生雹灾，冰雹直径20～25毫米，最大30～40毫米，持续时间20～30分，地面积雹深度十几厘米，受害范围唐王公社西北部柴家大队一带，南北约1.5～2千米，东西约5多里，房子背阴面积雹达半米多深，大的如鸡蛋、罕见的有茶碗口大。此次冰雹将秋田作物叶子全部砸光，被砸的83900多亩秋作物中53933亩受重灾，地瓜、玉米、大豆、晚谷的叶子全部或大部被砸光，造成减产约50%以上，孙村庄上砸死1人，是历史上罕见的一次。济阳县从索庙的白杨店始向南经洼里王、杜家至城里，西至西王，东至河沿南到前后1.5千米降雹，冰雹最大似鸡蛋，一般像玉米粒，持续27分钟，盖地一层，致使玉米、棉花砸成光秆或马尾状、地瓜秧被砸掉，红枣被砸落地，作物减产30%～70%。莒县遭受雹灾，冰雹直径20毫米左右，最大60毫米，持续时间15分，平均积雹深度10厘米。受害范围全县18个公社，花生、地瓜、豆子减产20%。临邑雨雹，10乡镇受灾，成灾面积36944亩，伤3人，飞禽走兽死伤无数。

9月15日，鲁中山区及胶东半岛18县降雹，积雹厚3厘米。昌潍地区遭受雹灾，冰雹直径10～15毫米，最大的直径50毫米，持续时间20～40分，此次降雹面广灾重。寿光28个公社、潍县6个公社、昌邑141个大队、益都9个公社、临朐11个公社受冰雹危害，临朐以七贤、九山等4公社最重，临朐全县减产黄烟150万千克、大豆10万千克，地瓜受灾面积100万亩。诸城4个公社、胶县96个大队遭受冰雹灾害，粮食减产95.76万千克，受灾4.02万亩，7800亩几乎绝产。安丘15个公社、高密16590亩受灾。胶南县有六个公社、85个大队遭受冰雹袭击，受灾作物3.88万亩，其中杂粮0.45万亩、地瓜0.22万亩、蔬菜0.49万亩，减产5成以上的0.24万亩、3成以上的0.92万亩，约减产粮食101万千克、蔬菜126.5万千克。

1966年 6月3日，鲁西北、鲁中山区及半岛地区39个县降雹，大风暴雨，实测大雹重10克。宁津县张大庄、田庄、双碓、大柳、刘营伍等公社遭受雹灾，冰雹直径10毫米，最大50毫米，降雹持续时间30分钟，受灾面积4万余亩，成熟的小麦全被砸落，棉花砸成光秆。胶县遭受雹灾，龙山、洋河等10个公社、200个大队受灾，严重的35个大队，轻的165个大队，作物受灾面积85540亩，其中小麦46265亩减产5成的1826亩，歉收小麦55万千克，春作物39275亩，打光的2408亩，还有1619户社员毁房，共刮坏房屋4231间，砸伤54人，其中重伤7人。

6月18日，郯城遭受雹灾，冰雹直径8毫米，最大的直径100毫米，持续时间15分，受灾范围李庄、马站、泉源公社交界处南北10里宽、东西30里长，灾害中心是泉源公社，春作物受害2万余亩，绝产1.4万余亩，伤畜1.18万头，伤134人。

10月2日，威海市遭受雹灾，冰雹直径15毫米，最大的直径120毫米，持续时间15分，受害中心市区公社北竹岛—戚家庄、北葛拉—范家埠共27个村，雹粒大者1.6千克，系本市历史上最大的一次。砸伤43人，砸坏房屋950间、苹果99万千克，受灾作物减产9成。

1967 年　5 月 23 日 18 时至 18 时 02 分博兴县降雹，陈户区冰雹使 500 亩棉花受灾 8 成，小麦受灾 1 成；通滨区 2000 亩小麦受灾 2 成。海阳县高家、发城、徐家店 3 个公社的 70 个大队雨雹交加，灾情严重，积雹尺余，大者如鸡蛋。受灾面积达 3.34 万亩，打坏果树 900 亩，砸死猪 22 头。16 时前后，龙口降冰雹约 10～20 分钟，轻的地区盖地皮，重区半尺厚，最大雹粒有鸡蛋大小，降雹区果树有 10%～20%落果，小麦受灾面积 3 万亩，其中绝产 3000 亩，减产 70%～80%的为 4000 亩，余者减产 20%～30%。阳信遭受雹灾，冰雹直径 4 毫米，最大的直径 35 毫米，河流、水落坡等 4 个公社，受灾 40306 亩，成灾为 9340 亩，小麦倒伏、断穗，棉花、地瓜头被砸断，叶子掉光，玉米、高粱、谷子茎秆折断，折树 50 棵，砸伤 1 人。

5 月 23～24 日，鲁北、鲁中山区及半岛地区 44 县先后降雹，大如鸡蛋，积雹半尺，实测最大直径 7 厘米，重 7.8 克。

5 月 24 日，博兴县降冰雹使湖滨区 2 万亩小麦受灾、兴福区 8 个公社的小麦受灾面积 3.5 万亩，减产 10%，另外有 3000 亩春田返种。下午 6 时，新泰县城关、汶南、东风 3 个公社遭受雹灾，受灾面积共 73880 亩。其中小麦 39062 亩，重者减产 4～5 成，春播作物受灾面积 34818 亩。昌潍地区遭受雹灾，冰雹直径 10～20 毫米，最大的直径 70 毫米，持续时间 20～30 分，寿光 7 个公社、昌邑 6 个公社、临朐 6 个公社、潍县 4 个公社、昌乐 2 个公社小麦减产 1～3 成，重者减产 8 成。胶南县西南部海青、大场、张戈庄、泊里、藏南、琅琊等公社遭受冰雹灾害。小麦受灾 2.25 万亩，其中基本绝产的有 0.53 万亩，减产 30%～50%的有 1.54 万亩。

5 月 27 日，安丘遭受雹灾，冰雹直径 10 毫米左右，最大 45 毫米，持续时间 30 分，受害范围城关、担山等 6 个公社，重灾 4 个公社 124 个大队，受灾面积 13.5 万亩，其中，小麦受灾减产 10 万余亩，绝产 7169 亩；春田受灾面积 35128 亩，春苗被打光的 6770 亩。死亡 1 人，伤 1 人，果树、树木严重受损。

5 月下旬，惠民地区遭受雹灾，邹平、广饶、垦利、阳信部分公社受灾，冰雹平均直径 15 毫米，最大直径 25 毫米，降雹持续时间 10 分。玉米、高粱、地瓜、谷子被砸成光秆，小麦倒伏并砸断了头，轻灾区减产 5 成左右，重灾区绝产。尤以阳信县为重，雹大如核桃、鸡蛋，作物几乎绝产，造成死亡 1 人。

6 月 2 日，商河遭受雹灾，平均直径 25 毫米，最大直径 36 毫米，降雹持续时间 10 分钟。风、雨、雹、雷电交加。受害范围常庄等 3 个公社 31 个大队 97 个生产队的 15944 亩土地，受灾作物小麦、棉花减产 4～6 成，折树 2409 棵，损坏房屋 810 间，伤 25 人。

6 月上旬，惠民地区遭受雹灾，滨县、沾化、无棣、邹平、桓台 5 县部分公社受灾，冰雹平均直径 10 毫米，最大直径 65 毫米，持续时间 10～20 分。棉花、玉米 、地瓜、小麦受害，一般减产 5～6 成，重灾区减产 9 成。

6 月中旬，昌潍地区遭受雹灾，冰雹直径 10～20 毫米，最大的直径 30 毫米，持续时间 10～20 分，寿光 3 个公社、安丘 4 个公社 、昌乐 3 个公社、潍县 12 个公社，小麦减产 5 成，黄烟、棉花减产。

1968 年　5 月 25 日，昌潍地区遭受雹灾，冰雹直径 5～20 毫米，最大的直径 50 毫米，持续时间20～30分，昌邑15个大队、五莲52个大队、临朐11个大队，小麦减产2～5成，个别重者绝产。

5月25～26日，鲁西北、鲁中山区和半岛地区先后有27个县降雹，大如鸡蛋，积雹半尺，实测最大雹径7厘米。

5月26日，宁津县遭受雹灾，冰雹直径5毫米，最大40毫米，持续时间15分钟，受灾面积2.8万亩，小麦被砸断，棉花枝断、叶落，春玉米、谷子被毁。即墨遭受雹灾，冰雹直径12毫米左右，最大30毫米，持续时间15分，受害范围金家、南泉、双塔等5个公社、12006亩，其中绝产5760亩，其余减产50%。

6月18日，邹县遭受雹灾，冰雹直径15毫米，最大直径55毫米，持续时间60分，受灾范围田庄、张庄两公社及城前、王村、中心等公社部分地区，以张庄公社立石山受灾最重，全县总共受灾1143个大队、380个生产队，春播作物受灾面积为118838亩，其中受灾较重需重种、补种的74876亩，占总面积的63%，降雹时伴有大风，毁房1248间，折断树木8500棵，伤208人。

1969年 5月16日，费县遭受雹灾，冰雹直径15毫米左右，最大40毫米，持续时间40分，受害范围新庄公社15个大队、石井公社20个大队、梁丘公社5个管理区，重灾地区小麦绝产，一般地小麦减产80%～90%，地瓜、棉花需返种，砸坏房屋1000余间，砸坏苗圃100余亩，死亡1人，重伤1人，轻伤20人。

5月16～17日，鲁北及胶东半岛21县降雹，大如拳头，实测雹径4.2厘米，重13.8克。

5月17日，昌潍地区遭受雹灾，冰雹直径15～30毫米，最大的直径80毫米，持续时间20～30分，寿光5个公社48个大队受灾面积2.6万亩，受灾小麦严重者绝产，轻的减产40%；昌乐3个公社、临朐6个公社、益都4个公社，小麦减产2～5成，重者绝产。临朐1233亩花生需返种。

6月26日，夏津县冰雹危害出现在夜间，最严重的是田庄、郭寨、城关、朱庙4个公社，共5万余亩作物受灾，其中，棉田重灾21784亩、轻灾7930亩，粮田重灾11472亩、轻灾9965亩，瓜菜2404亩，倒房197间，毁房613间，伤7人。

1970年 6月3日，莒县遭受雹灾，冰雹直径30毫米左右，最大60毫米，持续时间30分，平均积雹深度15厘米。受害范围全县18个公社，小麦减产40%，棉花、高粱被打光。招远县遭受雹灾，受害范围城关、罗山、金山等9个公社，受灾面积53418亩，其中小麦7231亩、春作物16187亩。小麦绝产8398亩，其它减产30%～80%，春作物改种7952亩，房屋玻璃被打碎，是解放后最严重的一次雹灾。胶南县泊里、大村、大场、红石崖、隐珠、宝山遭受冰雹灾害，小麦、地瓜、玉米平均减产90%以上。即墨县鳌山、山东头、七沟、盘龙庄遭受冰雹灾害，1968亩小麦减产50%以上。

6月23日，昌潍地区遭受雹灾，冰雹直径15～30毫米，最大的直径80毫米，持续时间15～20分，此次降雹灾重面广，7个县市受灾，诸城9个公社，潍坊市、益都10个公社，安丘21个公社，小麦减产30%～40%，秋作物受灾严重。昌乐9个公社、胶县52个大队，4.4万亩农田受灾，小麦减产3～5成，棉花绝产，苹果减产5万千克。寿光87

个大队，秋作物玉米、谷子、高粱，减产约3～5成，部分棉花绝产，果树受损。

6月23～24日，鲁西北及潍坊地区15个县降雹，大如枣，实测最大雹径4厘米，重13克，积雹厚度13～20厘米。

6月24日，茌平县遭受雹灾，冰雹直径20毫米，最大的直径80毫米，持续时间60分，全县10个区、19个公社、149个大队、505个生产队、12万亩作物受灾。冠县遭受雹灾，冰雹直径30毫米，最大的直径60毫米，持续时间40～50分，全县8个公社受灾面积达127410亩，造成化肥厂停产，死亡3人。

6月下旬，苍山遭受雹灾，冰雹直径15毫米左右，最大60毫米，持续时间30分，抱庄、介坊棉花、地瓜、豆子、高粱1万多亩绝产。惠民地区遭受雹灾，滨县、沾化两县部分公社受灾，棉花、玉米、高粱、地瓜砸成光秆，严重的地区需返种，估计一般减产5～6成，严重者绝产。

7月20日，新泰县先后遭到了雹灾和水灾的严重危害，共受灾面积261179亩（其中受雹灾139241亩，水灾121938亩），大部分都减产5～6成，其中绝产的63040亩，由于雨量大、降雨集中，水流很急，倒塌房屋、仓库、栏圈共21671间。因房屋倒塌和雹灾危害砸伤21人，砸伤大牲畜7头、砸死7头、砸死和冲走大小猪共76头，损坏大小树木773700多棵，冲毁小水库10座、塘坝25处、渠道90处、桥梁涵洞74座，河坝决口214处，冲毁堰坝39850多条、土地8562亩，损失粮食1万多千克、化肥0.75万多千克、机器农具等多件。齐河遭受雹灾，冰雹直径15毫米左右，最大60毫米，持续时间25分，大黄、孙耿等9公社受灾，面积30多万亩。其中大黄、宣章、安头3公社最重，共108个大队、329个生产队，受灾面积152306亩，受害作物主要有玉米、谷子、高粱、棉花等作物，绝产的7.4万亩、减产6～8成的5327亩、3～5成的17511亩，1～2成的10954亩。

1971年 4月29日，临邑降雹，9公社受灾，受灾面积达1.4万亩，重则需返种。商河遭受雹灾，冰雹直径13毫米，最大的直径35毫米，持续时间30分，全县22个公社普遍受灾，成灾的10个公社，共有300个大队，重灾200个大队，1.3万亩农田受灾，主要作物有小麦、棉花、玉米、地瓜，谷类返种了6万亩，减产4～6成。18～19时，乐陵县20多个公社都降了冰雹，受灾的有15个公社273个大队14.9万亩冬小麦，不同程度受灾。受灾严重的有74个大队，其中棉花受灾10.7万亩，雹粒大者像玉米。另外，谷物、高粱等作物也有部分受灾，果树也受到风雹危害。

6月20日，兖州遭受雹灾，冰雹直径15毫米，最大的直径20毫米，持续时间40分，受灾范围全县大部分公社，其中黄屯等341个大队最为严重，黄屯公社有3300亩绝产、4个大队受到毁灭性灾害，全县受灾63919亩、改种17285亩。15时53分至16时04分，东平县遭冰雹袭击，伴有雷暴、降雨，成灾7万亩，受灾程度达50%，大羊公社丁坞管区，杨庄管区和接山公社灾情严重。

6月21日，邹县遭受雹灾，冰雹直径15毫米，最大的直径40毫米，持续时间30分，受灾范围峄山、看庄2公社，秋作物以高粱、谷子、玉米、棉花受灾较重，重者绝产，房屋被砸坏很多，并有人受伤。章丘遭受雹灾，受灾范围黄河、向公等5公社51个大队，总面积50043亩，严重的2万亩，棉花被砸成光秆，地瓜、豆子被砸光，高粱叶被砸光。

6月23日下午，鄄城遭受雹灾，冰雹直径13毫米，最大的直径44毫米，持续时间20分，受害范围旧城、城关等6公社，造成23450亩绝产、6700亩严重减产。淄川遭受雹灾，冰雹直径5毫米，最大的直径30毫米，受害面积方圆3.5～4千米，中心在淄城、洪山附近，洪山9个大队受灾1266亩、淤地350亩、绝产90亩、倒房22间，大树连根拔出，电线杆、广播线杆、树木倒折不计其数。

6月27日，鲁西北及胶东半岛19县降雹，益都测得最大雹径10厘米，重25克。昌潍地区遭受雹灾，冰雹直径8～15毫米，最大的直径10厘米，持续时间20～30分，受灾范围寿光27个大队、潍县杏埠、圩河、成章、朱里、红星5个公社、临朐8个公社、诸城5个公社、潍坊市、昌乐朱刘、城关、高崖、朱汉等公社。秋粮作物减产2～7成。临朐有1100亩绝产，黄烟、棉花也受到损失。15～16时，济阳县降冰雹，最大直径2.5厘米，并伴有8～10级大风，极大风速31米/秒，玉米、棉花砸成光秆，部分树木倒折，受灾乡镇城关、稍门、垛石和索庙，受灾面积3万亩。16时27分至17时01分，德州禹城县有6个公社遭受冰雹袭击，较重者为城关、石屯、二十里铺，其中石屯冰雹如鸡蛋大，春播作物受灾面积达18500亩。

6月下旬，惠民地区遭受雹灾，沾化、广饶、垦利部分公社受灾。沾化棉花砸没了头。广饶地瓜砸成光秆，估计减产7成，重灾区绝产。垦利县高粱、地瓜受害。

7月3日，昌潍地区遭受雹灾，冰雹直径10～20毫米，最大的直径40毫米，持续时间10～20分，受灾范围昌邑7个大队、昌乐尧沟、临朐五井、寺头、白塔、寿光上口、田柳等61个大队，秋粮作物减产1～3成。章丘遭受雹灾，受灾范围黄河、向公、刁镇、明水等6公社41个大队，总面积59500亩，玉米、大豆、棉花、高粱损失严重。博山遭受雹灾，受灾范围源泉、石马、岳庄、郭庄公社，冰雹直径7毫米，最大的直径25毫米，持续时间20分，受灾面积12914亩，其中6000亩减产50%，其它减产20%。

1972年　4月16日，莱西县遭受雹灾，全县受灾面积14个公社、146413亩，其中小麦、蔬菜、果品受灾严重，被冰雹砸坏房屋3000间。海阳县遭受雹灾，冰雹直径5毫米左右，最大40毫米，持续时间30分，受害范围黄崖、小纪等12公社、285个大队、1516个生产队，受灾面积145375亩，56000亩绝产，冲毁地瓜苗床1998铺、大炕199铺、坝头3292亩，倒房30间，掀房顶630间，损坏果树10000亩，死亡2人，伤5人。16日晨7～8时，莱阳市遭受雹灾，全县20个公社不同程度地受到危害，冰雹最大如鸡蛋，一般像蛋黄，造成灾害的有12个公社、311个大队，严重的有冯格庄、泉水等6个公社、120多个大队，全县小麦、豌豆有60多万亩受灾，成灾的有21万亩，其中减产在5成以上的有56600余亩；果树受灾6000余亩，其中绝产的有3200亩；房屋受损15100余间，其中严重的7300多间，倒塌9间，全县19人受伤。

4月26日上午8时，海阳县大部分地区遭受雹灾袭击，冰雹厚处约6厘米，大者如桃。黄崖、小纪、二十里店、东村、朱吴、发城、大闫家、凤城、留格庄、大辛家、盘石店、取水12个公社受灾面积达153859亩，砸伤牲畜8头，小纪公社一个11岁女孩被砸死。

6月1日，安丘县遭受雹灾，全县16个公社降雹，冰雹直径10毫米左右，最大20

毫米，持续时间 6～10 分，受灾较重的 6 个公社、199 个大队，总受灾面积 127935 亩，小麦减产 75.5 万千克，砸坏黄烟 7055 亩、棉花 9005 亩、地瓜 21005 亩、高粱、谷子、玉米等 25830 亩，严重的棉花、地瓜被砸成光杆，黄烟茎断、叶烂。

6 月 11 日，鲁西北、鲁中山区及半岛地区共 35 县降雹，大如鸡蛋、墨水瓶，实测雹径 6 厘米，伴 10～12 级大风及龙卷风，损失严重。昌潍地区遭受雹灾，冰雹直径 10～20 毫米，最大的直径 50 毫米，持续时间 20～30 分，此次降雹灾重面广，全地区共有 11 个县市受灾。胶县遭受雹灾，铺集、张家屯、墨河、艾山 4 个公社几十个大队受灾，受灾面积 1000 亩，小麦减产 5 成，重者减产 9 成，春作物一般减产 1～4 成，重者绝产。平度县宅科、昌里、灰卜、崮山、城关、大泽山、云山、万家降雹，受灾面积 14.33 万亩，1000 亩小麦绝产，70%作物减产 5 成以上，毁坏房屋 1730 间、树木 250 棵、电线杆 3 根。胶南县大场、大村、海青、藏南、张戈庄等遭受雹灾，全县受灾达 4.26 万亩，打掉果品 3000 斤。诸城遭受雹灾，受害范围 12 个公社，桃林、石门等 9 个公社受灾严重，小麦减产 2～5 成，地瓜、玉米、高粱、谷子、大豆、棉花等打掉头的占 50%，部分作物绝产。日照县遭受冰雹袭击，造成全县 14 个公社受风雹灾害（风力达 10～11 级）、500 个大队成灾，受灾总面积 14～15 万亩，北边的两城、线山、河山 3 个公社主要受雹灾，中部的南湖、下湖、城关、奎山主要受风灾。其中最严重的线山公社小麦平均减产 60%，玉米 1175 亩减产 80%，全县刮坏房屋 6257 户，计 18129 间，砸伤 14 人，刮走渔船 3 只，刮走场间粮食 93000 斤，刮坏土园仓 13 个，毁坏苹果树 325000 棵，刮倒大砖烟囱 33 个，刮断水泥杆 15 根，刮倒建筑物砸毁房子 359 间，不少成材树木被连根拔起或刮断，电话线、广播线被刮断，造成全县停电、工厂停产、广播停播，20 个公社电话中断，城内电话 39 部失去联络。

6 月下旬，惠民地区遭受雹灾，阳信、沾化、无棣、惠民、邹平部分公社受灾，一般直径 10～40 毫米，最大直径 100 毫米，持续时间 20～100 分。无棣县冰雹一般如鸡蛋大，农作物严重减产，绝产面积 14580 亩，砸伤 1 人，砸死牛 1 头；惠民、沾化县棉花减产 60%，玉米减产 40%。邹平县砸坏地瓜，棉花和其它青苗造成绝产。阳信县作物砸成光杆或掉头，损失 50%～90%。

9 月 15～17 日，昌潍地区遭受雹灾，冰雹直径 25 毫米，最大的直径 45 毫米，持续时间 30～60 分，五莲 20 个大队、临朐 3 个公社、诸城 10 个公社，高粱、谷子、棉花、地瓜减产 2～3 成，苹果减产 3～5 成。

9 月 17 日，莒县遭受雹灾，冰雹直径 30 毫米左右，最大 100 毫米，持续时间 20 分，平均积雹深度 30 厘米。受害范围全县 17 个公社，以桑元最重，庄稼几乎全部被打光。日照县遭受冰雹袭击，造成全县 10 个公社受灾，受灾面积 45000 亩，较重的三庄公社匡间、台楼等 9 个大队成灾面积 4402 亩，其中地瓜 2500 亩，叶子大部分砸掉，高粱、玉米 185 亩，少部分籽粒被砸掉，花生 1500 亩部分叶子打掉，棉花 42 亩棉桃小枝被砸掉，175 亩白菜只剩底根老帮。陈町公社在下午 6 时又下了一场最严重的冰雹，阵风达 8 级以上，石墩、鲍町、陈町的 33 个大队受灾较重，地瓜打得只剩老秧，叶子打光，白菜打得泥烂不堪，水稻粒打落 70%～80%；石臼公社石臼片的 14 个大队受灾面积约 6000 亩，最严重的有代家村、马家庄，夏地瓜减产 40%，春地瓜减产 25%，杂交高粱减产 30%，旱稻减产 60%，一般受灾的有 7 个大队，地瓜减产 15%，棉花减产 60%，高粱减产 15%，稻子减产10%。砸烂房瓦20万页，砸伤7人，鸡鸭鹅砸死30多只，野外砸死麻雀、野兔；马庄公社17个大队受灾面积4600亩，水稻打落粒5%～6%；城关公社45个大队受灾面积23695亩，其中高粱2450亩损失10%，水稻4720亩受灾，其中重的350亩损失30%～40%。

1973年 7月22日15～18时，菏泽、郓城、东明3县降雹，且有8级大风和暴雨。冰雹最大直径3～4厘米，房屋倒塌数间，作物受灾面积约304500亩。下午2时半，夏津县东李官屯公社降雹10分钟，大者如鸡蛋，一般如枣。18个大队受灾，受灾较重的有卞官桥小屯、张法寺东西队等5个队，受灾面积共20850亩，其中棉田10800亩、粮田10050亩，重灾棉田5160亩（叶蕾50%以上被砸掉）、粮田4300亩，（玉米20%砸断）。

9月20～21日，鲁西南、鲁中山区37县降雹，大如拳头，最大雹径10厘米，重1千克。积雹厚度16厘米。

1974年 4月15日18时，滕县18个公社先后遭到冰雹和大风的袭击，降雹20多分钟，冰雹重量最大达1.5千克以上，积雹深达半尺，大风风力达8～10级，受冰雹袭击的麦田达35万亩。个别地方阵风达12级，并伴有大到暴雨，受灾果树2万亩，毁坏房屋2万余间，电线杆倒折500余根，伤30人、牲畜19头。

4月23～25日，全省连续出现风雹灾害， 57个县降雹，并伴有10级大风，冰雹大小如核桃或花生米。

5月31日下午，昌潍地区的安丘、寿光、诸城3个县共15个公社492个大队遭严重雹灾，受灾面积42.02万亩，其中小麦28万亩，地瓜11万余亩，豌豆2000余亩，黄烟12000余亩，棉花6600多亩，蔬菜5000多亩，其它作物4600余亩。沾化沾城公社20个大队遭受冰雹灾害，受灾面积1.78万亩。

8月26、27、28、30日和9月1日，平度县先后5次降雹，城关、张戈庄、兰底、芎兰、中庄、崔家集、三合山、白块、门村、马戈庄、旧店、两目、云山、崮山14个乡镇、236个村遭冰雹灾害。受灾面积15.52万亩，重灾4.79万亩，绝大多数农作物减产3～4成以上。

9月23日下午，海阳县两次降雹。第一次自辛安经二十里店、大闫家、东村到盘石公社大庄、嘴子前一带，大庄等9个大队受灾较重。第二次在发城、徐家店、郚城、取水4个公社，冰雹大者如鸡蛋，积雹厚度1～3寸，最厚达2尺。雹灾较重的郚城、发城、徐家店、取水、盘石5个公社，有101个大队的7.7万余亩农作物被打坏，减产2～3成，1300亩晚秋作物绝产，打坏水果114.2万千克，伤3人。

1975年 6月1日下午到夜间，临朐、昌乐、安丘、诸城、高密、五莲6个县、32个公社在雷阵雨中带有冰雹，其中较重的有临朐县辛寨、七贤，昌乐县高崖、平原，诸城县孟疃、马庄6个公社、89个大队受灾面积142500亩。这些地方一般降雹5～8分钟，最长的降雹时间达20分钟。冰雹大的像核桃，小的像玉米粒，积雹厚度个别的地方达9厘米。降雹时并伴有七、八级大风，小麦和春播作物都遭受不同程度的损失。

6月5～6日，鲁西、鲁中山区及半岛地区29县降雹，大者如拳头，实测冰雹最大直径7厘米，重36克。

6月27日，宁津县刘营伍、道口、虎皮张、时集小店等公社遭受雹灾，冰雹直径20毫米，最大60毫米，持续时间20分钟，降雹第二天龙潭沟内还积雹一尺多深，受灾地段长20千米、宽5千米，面积为146800亩，有8个公社203个大队受害，除少数花生受害较轻以外，棉花、芝麻、大豆等作物，重者只剩一个独秆，轻者大部果枝、叶子被砸掉。高粱、谷子、玉米重者只剩一个茬子，轻者叶片成麻线，重灾区内，直径25厘米的树被拦腰折断。此次冰雹灾害造成死亡3人、重伤74人，砸坏房子504间。

1976年　5月15日，平度县崔家集、万家、马戈庄、中庄等15个乡镇遭受冰雹灾害。受灾面积16.28万亩，作物减产4～8成，死亡1人。

5月，胶南县泊里、藏南、大场、小场、张戈庄、海青、张家楼等遭冰雹灾害。小麦受灾1000亩，减产30%。黄烟受灾1.08万亩，50%的叶子被打坏。地瓜受灾1.1万亩，50%的叶子被打碎。

6月6～7日，鲁西南、鲁中山区及半岛地区43县降雹，大如鸡蛋，实测雹径3厘米。

6月11日，受高空槽影响，临朐10个公社降雹。成灾的有鹿皋、九山、蒋峪、大关、杨家河、杨善6个公社、77个大队。受灾面积53700亩，其中，小麦31200亩，减产3成的780亩、2成的2700亩、1成的6600亩，其余21120亩，每亩减产10～20千克；春田受灾22500亩，其中地瓜13000亩、黄烟5700亩、其它作物3800亩，黄烟有的打碎叶，地瓜有的打掉头，雹粒一般如栗子大，大的如核桃。昌邑县流河公社的郝家、代家等14个大队、北孟公社的大南孟、曹戈庄等8个大队、阼山公社的大堡庄等18个大队、丈岭公社的万家屯等64个大队遭冰雹危害，受灾面积，小麦10.5万亩，其中减产4成以上的4.5万亩，玉米8500亩，棉花5万亩，地瓜1.2万亩，黄烟500亩。高密县大牟家、康庄、周戈庄、姜庄、袁宗、仁和、呼家庄7个公社共196个村遭受雹灾，各种作物受灾面积达277000亩，其中小麦12万亩，棉花111000亩，其它作物46000亩。12时至13时，平度县白埠、城关、门村一带降雹，大的如拳头，小的如杏仁，持续时间近一小时，农作物受灾55万亩。15时，即墨县灵山、段泊岚、刘家庄、北安、华山、龙泉6个乡镇办事处、61个村庄遭雹灾，受灾面积7.65万亩。其中，小麦4.79万亩，减产10%～20%的为3.47万亩，减产30%～40%的为0.65万亩，减产50%以上的为0.67万亩、玉米1.1万亩、地瓜1.06万亩、大蒜0.7万亩。

10月1日，鲁北地区18县降雹，伴有龙卷风、暴雨，广饶实测最大雹径5.5厘米。

1977年　5月26日3时前后，庆云降雹10多分钟，大的像枣，小的如玉米粒，冬小麦、大麦共计17100亩受灾，减产37.5万千克，每亩减产15%～20%，受灾地区为板营、后张、大丁、大胡、小郑5个公社、33个大队。4时40分前后，商河县常庄、沙河、韩庙、赵奎元、陈宋、龙桑寺、孙集7个公社、305个大队、954个生产队降雹。冰雹最大直径3厘米，一般直径1厘米以上，持续时间10～15分钟，受灾作物345600亩。

6月2～3日，由于受低槽冷锋影响，沾化冯家、下洼、大高、泊头、富国5个公社的56个大队先后遭受冰雹袭击，受灾面积7.62万亩，其中小麦4.3万亩。6月2日，临邑县11个公社降雹，受灾面积达50000亩，其中张寨、太平两社较重。6月3日，莱芜牛泉、高庄公社的南部、颜庄公社的西部、上游公社的北部遭受雹灾。受灾面积30000亩，其中小麦9000亩，春田21000亩，水果和花椒也有相当的损失。总损失约67万元。

6月30日，莱芜县大王庄、羊里、口镇、苗山、常庄共5个公社受冰雹袭击，受灾面积宽10千米、长50千米，灾情之重属历史罕见，玉米普遍损失较重，有30000亩以上的玉米返种，砸伤4人。

6月下旬至7月份，泰安地区的莱芜、章丘、宁阳、长清，德州地区的济阳、宁津、陵县、夏津、齐河、乐陵、庆云，聊城地区的聊城、茌平、临清14个县、46个公社、396个大队受大风、冰雹灾害。受灾农作物104万亩，损坏房屋5300多间，其中莱芜、济阳、宁津、陵县、聊城5县为重。

7月7日，即墨县移风、三湾庄西、古城、南埠遭冰雹和龙卷风袭击，2人死亡，3人受伤，经济损失3.3万元。

10月1日，受低槽冷锋影响，寿光、寒亭和商河出现冰雹天气。其中寿光的丰城、马店部分大队降雹成灾，丰城公社成灾面积8226亩，其中地瓜6726亩，瓜叶打掉一半，秋菜1500亩，菜秆被打断、菜叶被打烂；马店公社有3000亩大葱、秋菜受轻灾。寒亭的固堤、寒亭镇受雹灾，其中固堤水稻受灾8260亩，减产22万千克，秋地瓜6000亩，受灾减产2成，棉花3000亩，受灾减产2成，玉米7000亩，受灾减产2成，豆子320亩，受灾绝产，秋菜360亩，受灾绝产，油菜1000亩，受灾绝产；寒亭镇1800亩棉花受灾，40%落桃。2时2分，商河县城关、尹巷、贾庄、怀仁、牛铺、张坊、玉皇庙、陈宋8个公社、288个大队、837个生产队开始降雹，全县受灾面积27.8万亩，最大冰雹如核桃，一般如小枣，历时27分钟，地面积雹一层。

1978年 6月3日3时30分前后，胶州县和平、马店、洁河、联屯、胶莱5个乡镇154个村遭雹灾，冰雹持续时间10～18分钟，最大冰雹直径40毫米，严重的积雹7厘米深，降雹时阵风10级以上，农作物受灾面积27.7万亩。海阳县泉水、小纪、里店、行村、大闫家5个乡镇67个村受冰雹袭击。冰雹大的像核桃，小的像黄豆，积雹厚度2厘米。全市受灾面积35100亩，其中小麦17420亩，减产约78.25万千克，绝产1680亩。受灾严重的小麦被打成光秆，地瓜、花生叶子全部被打掉。下午，平度县马戈庄、兰底、三合山、宅科、万家、亭口、大泽山、石桥、白块、崔家集、前楼、中庄、亭兰、田庄14个乡镇遭冰雹灾害，受灾面积35.6万亩，减产5成以上的占50%。

6月28日至7月2日，莱芜县955个大队中，有933个遭受冰雹袭击。全县粮田受灾面积达56300亩，砸死2人，砸伤40人，重伤6人，牲畜伤亡74头。

6月30日，章丘辛寨公社受雹灾危害，冰雹最大直径3.5厘米，全县刮断树10余万棵，最大的直径40厘米连根拔出，部分房子被刮坏。傍晚，临邑县双丰、夏口、孙庵3公社降雹，重灾面积达25000亩。

8月18日，鲁西9县降雹，伴12级大风。下午5时多，夏津县城关、李楼、田庄、西李、双庙、渡口驿、郑保屯、白马湖8个公社、78个大队遭受雹灾，冰雹一般如枣，大如鸡蛋，风力6～7级，持续时间15～16分钟，降雨量约20毫米左右，受灾面积124993亩，其中棉田重灾（减产5成以上）达13251亩，粮田绝产8984亩。

1979 年　5 月 15 日 11 时 20 分至 12 时 20 分，商河县陈宋、常庄、沙河、龙桑寺、赵奎元、奎台、怀仁、展家、尹巷、韩庙 10 个公社、267 个大队、833 个生产队降雹，受灾面积 22 万亩，最大冰雹直径 3 厘米，一般 1 厘米。

5 月 15～16 日，鲁西北、鲁中山区及半岛地区 38 县降雹，大如枣，实测雹径 3 厘米。海阳县出现大风、冰雹天气，最长降雹时间 20 分钟，积雹厚度 6 厘米，极大风速 23 米/秒。受灾范围：大闫家、黄崖、小纪、行村、辛安、里店、东村等乡镇，共 155 个村。农作物成灾面积 52892 亩、果树 1600 亩。冰雹砸毁小麦 21000 亩，风刮倒小麦 12000 亩，其中减产 5 成以上的有 15000 亩。冰雹砸毁豌豆 2200 亩，绝产 1200 亩。冰雹砸毁地瓜 12600 亩、玉米 14500 亩。

6 月 3 日，济阳县唐庙、垛石、城关、店子、回河、青宁等地降雹，并伴有大风，受灾面积 20 万亩。其中小麦 13 万亩，6.5 万亩减产 50%～80%，春作物砸成光秆或马尾状，唐庙、垛石、索庙、城关刮倒部分大树和线杆。莱芜县方下、牛泉、常庄、寨里、杨庄 5 个公社遭受冰雹袭击，总受灾面积为 148085 亩。3 日 2 时 30 分前后，出现雷阵雨伴有大风冰雹，降雹时间约 10 余分钟，冰雹小如枣、大如鸡蛋。以牛泉、寨里、杨庄最重，小麦被砸倒、腰秆折断，大麻掉头，小麦受灾面积为 35000 亩，减产 5 成的有 8300 亩、3 成的有 13700 亩、1 成为 13000 亩，共减产 1470 多万千克。

6 月 10 日，崂山县城阳、惜福镇、夏庄、北宅、沙子口 5 个公社、71 个村遭冰雹袭击，3.53 万亩农作物受害，减产 10%，严重地带减产 80%。下午，即墨县灵山、段泊岚、刘家庄、北安、华山、移风、岙山、温泉 8 个乡镇办事处 30 个村庄遭雹灾，小麦受灾面积 3.97 万亩，其中减产 30%以上的 0.18 万亩、减产 20%的 0.85 万亩、减产 10%的 1.54 万亩、减产不足 10%的 1.4 万亩，青苗受灾 1.87 万亩，地瓜受灾 0.87 万亩。

6 月 25 日，受高空槽影响，诸城、安丘、昌邑遭受冰雹袭击，受灾面积 10 万亩，受灾作物有棉花、黄烟、玉米、高粱、谷子等，毁坏房屋 6600 余间、果园几千亩。莱芜县 15 个公社 187 个大队遭受冰雹袭击，受灾 95500 亩，羊里公社 18 个大队遭受雹灾 18548 亩。下午 4 时半至 6 时半，郓城出现严重雹灾，15 个公社受袭击，面积 31 万亩，重灾 16 万亩，地面积雹厚度 5～7 厘米，棉花、红麻、大豆、瓜菜基本绝产。

6 月 25～26 日，平度县白埠、大泽山、大田、唐田、三合山、古岘、前楼、中庄等 21 个乡镇遭冰雹灾害，受灾面积 11.96 万亩，刮坏房屋 4355 间、树木 15.5 万多棵，损失小麦 21.9 万千克。

7 月 15 日，庆云县中王、大胡、徐元子、板营、解集、小郑、东辛店、尚堂，大靳、中丁 10 个公社受雹灾，农作物成灾面积近 61000 亩，减产 3～5 成的 3.4 万亩，减产 5 成以上的 2.1 万亩，绝产的 5900 亩，倒塌房子 8256 间，揭顶、揭檐的 5577 间，树连根拔起的 17.8 万棵，果树落果 47.4 万千克，伤 2 人，砸死牲畜 2 头，伤 76 头，电线杆倒折 116 根，断线 30 处，广播线杆倒折 573 根，断线 37040 米。

10 月 1 日 9 时 12～20 分、9 时 38～47 分，济阳全县除孙耿、辛集、仁风三乡镇外，其余均降冰雹，冰雹最大直径 3.2 厘米，水稻受灾面积 21000 亩，减产 10%以下。15 时 43 分至 16 时 07 分，龙口降冰雹，平均重量 2.2 克，最大直径 3 厘米，龙口、海岱较重，整个地面被冰雹覆盖，较深处 4 厘米，龙口、海岱、北马、东江、石良、诸由共 6 个乡镇

92个村受灾。龙口镇被冰雹砸坏葡萄690亩、苹果208亩，损失约6万元，海岱损失葡萄15万千克、苹果35万千克，蔬菜损失千余亩，约值29万元。其余乡镇都有不同程度的损失。

1980年 7月6日，鲁西北、鲁中山区和半岛地区37县降雹，并伴有暴雨和12级大风，最大雹块如茶壶，重2.1千克。诸城、安丘、高密、寿光受高空槽影响遭受冰雹袭击。冰雹最大直径10厘米，风力8～9级，受灾面积2211812亩，受灾作物有玉米、地瓜、高粱、黄烟、花生、棉花、蔬菜、大豆等，死亡1人，近千人受伤，死伤牲口300余头、家禽16303只，损坏房屋34346间、树木941798棵。傍晚，新泰县羊流、翟镇、汶南、城关、龙廷、石莱、刘杜7个公社遭风雹袭击，以羊流、汶南为最重。降雹10～20分钟，最大直径5厘米，两小时降水量110多毫米，最大风速25米/秒，受灾面积21万亩，11.5万亩玉米砸成麻状，棉花、瓜类、蔬菜受灾最重，刮倒树木2000多棵，冲垮水库2座、塘坝11座、渠道2.8万条、桥洞5处，损坏房屋1000多间、高压线3处。胶南县和胶县遭受严重冰雹灾害，雹径2～7厘米，计有254个大队的79.09万亩农田受灾，其中有3.7万亩绝产，房屋倒塌155间，折断树木万余棵。莱芜县牛泉、高庄、颜庄、羊里、方下、寨里、大王庄、口镇、杨庄9个公社250个大队遭受冰雹袭击，受灾总面积208000亩，重灾面积112000亩。一般降雹15分钟，最长30分钟，冰雹小如枣，大如鸡蛋，玉米叶子被砸成了一束麻，轻者劈、重者断，地瓜仅剩几根残茎，大麻倒伏、破皮，红麻头断或掉光，苹果、柿子、山楂、花椒等山果多半砸落，总共损失750万千克。济阳县唐庙公社北部、姜集公社、稍门公社东部、曲堤公社中南部降雹，受灾面积4万亩，受灾较重的1.5万亩，棉花掉头、断枝的30%左右，个别地块达80%，玉米叶呈马尾状，落叶满地，降雹时伴有8～9级东北大风，倒树千余棵，倒房40余间，曲堤死亡1人。

7月24日，沾化县境大部地区降雹受灾，面积46.8万亩，其中8万亩绝产。

9月1日，鲁西北、鲁中山区和半岛地区32县降雹，冰雹大如鸡蛋，伴有12级大风，掖县砸死19人，伤350人，实测最大雹径5.7厘米，重36克。宁阳县全县遭受暴风雨灾害。晚上7～9时，先刮北风，后刮南风，阵风8级以上，降雨时伴有冰雹。受灾面积27.5万亩，大部分减产4成以上，有的达到7成以上，毁坏房屋295间。灾后，县委组成6个工作组分赴各受灾区，县委主要领导人到灾情重的东述公社了解情况，研究措施，开展群众性的抗灾救灾活动。19时前后，胶县、即墨、崂山3县遭大范围冰雹灾害。胶县杜村、联屯、城西、城南、城关、城北、马店、和平、沽河9个乡镇、94个村受雹灾，冰雹直径最大约30毫米，持续时间10～15分钟，受灾面积9.6亩。即墨县段泊岚、田横、刘家庄等乡镇遭雹灾，冰雹路径为西北向东南，持续时间10分钟。受灾面积达1.0万亩，其中重灾0.6万亩。崂山县上马、河套、红岛、李村、中韩、沙子口6个乡镇102个村遭冰雹袭击，7万亩农作物遭灾，减产40%。受高空冷涡影响，庆云遭受风雹袭击，冰雹平均重量13.5克，最大直径37毫米，最大风速25米/秒，全县13个公社受灾，重灾公社4个（中王、板营、杨和寺、大靳），受灾大队204个生产队853个，绝产大队19个生产队109个。农作物受灾面积为16.23万亩，绝产为2.79万亩，减产8成的18860亩，减产5成的47500亩，损坏房屋2921间、树木157800多棵。伤63人、牲畜93头、家禽3894只，电线杆折断53根，断线106对。长清县10个公社323个大队遭受暴风冰雹袭击，受灾面积 16.53 万亩，塌坏房屋 1160 间，刮断树木 7330 棵，共减少收入 390.13 万元。

1981 年　5 月 15 日 13 时前后，鄄城县的葛庄、大埝、旧城、左营、陈良 5 个公社降冰雹。冰雹持续 10～15 分钟，最大如鸡蛋，小的如玉米粒。这次冰雹受灾面积 4.6 万亩。13 时 30 分至 14 时，郓城县的 15 个公社 489 个大队遭冰雹袭击。灾情较重的有侯集、黄集、梳洗楼等公社，降雹时间 20～30 分钟，冰雹大的如核桃，小的如玉米粒，侯集公社街上积雹 20 厘米，3 个生产队的小麦籽粒全被打光，棉花等其它作物也损失严重。这次冰雹全县共受灾 26 万亩。14 时 10～20 分，巨野县的丁官屯、田庄、城关、夏关屯、薛扶集、独山、葛店 7 个公社降冰雹。成灾面积 4.1 万亩，重灾 1.4 万亩，棉花顶尖被打断，小麦减产 15%左右。

1982 年　5 月 18 日，受冷涡横槽影响，临朐、安丘遭冰雹袭击，其中临朐 11 个乡镇 59 个村降雹，受灾面积 56000 亩，其中，小麦 25600 亩、地瓜 15200 亩、黄烟 6000 亩、花生 5800 亩、其它 3400 亩，苹果损失 5 万棵，小麦减产 5～8 成的有 15300 亩，减产 2～4 成的有 10230 亩，地瓜、黄烟、花生缺头 50%以上的有 16620 亩，缺头 20%～50%的有 5900 亩。安丘 3 个乡镇 92 个村受灾，受灾面积 106900 亩，其中小麦 40800 亩，瓜菜及其它作物 11900 亩、地瓜 37400 亩、黄烟 16800 亩，小麦减产 138 万千克；砸坏树木 163000 棵，减产水果 39 万千克。

6 月 16～17 日，全省 11 个地市、51 个县降雹。

6 月 17 日，受冷涡天气影响，临朐、昌邑等县市先后受冰雹袭击，其中临朐县的城关、冶源、杨善、辛寨、七贤、五井、寺头、石家河、九山、蒋峪、大关、营子、龙岗、无山、杨家河、嵩山于 16 个乡镇 392 个大队 1993 个村受灾，受灾总面积 305782 亩，重灾面积 169658 亩，其中黄烟基本砸光的 13886 亩，落叶一半以上的 15471 亩，叶成网状的 19690 亩；地瓜基本砸光的 8760 亩，落叶大部分 6800 亩，落叶一半的 11605 亩；玉米麻齿状的 22086 亩，砸碎大部分 14680 亩，砸碎一半的 30260 亩；菜类基本绝产的 3427 亩，损失 8 成的 1597 亩，损失 5 成的 1986 亩。昌邑市的东坤、曹店、大阮、小阮、冯家、前柳、后柳、五庙、大道等村受灾，受灾面积 6000 亩，主要有棉花 3000 亩，玉米 3000 亩，还有一部分果树和蔬菜。17 日 24 时，曹县的闫店楼、龚楼、安蔡楼、孙老家 4 个公社降冰雹。冰雹持续 20 分钟，风力 8 级，棉花、玉米、瓜果损害严重。受灾面积 3 万亩。17 日 21 时，即墨县北安街道办事处 7 个村庄遭雹灾并伴有大风，冰雹路径为西北向东南，持续时间 30 分钟。受灾面积为玉米 0.4 万亩、地瓜 0.1 万亩、蔬菜 0.2 万亩。刮倒树木 300 棵，毁房 20 多间。

10 月 18 日 17 时至 21 时 13 分，海阳县有 9 个乡镇计 113 个村，先后遭受 1 或 2 次冰雹的袭击，全县受灾面积达 72500 亩，成灾面积 22500 亩。其中没摘下的苹果受灾面积达 9300 亩，计 282 万千克，损失 56.4 万元；秋菜受灾面积 13200 亩，计 3965 万千克，损失 233 万元。18 日，胶县联屯、马店、胶莱、和平、沽河遭冰雹灾害，15.73 万亩农田受灾。

10 月 18～19 日夜间，即墨县温泉等 21 个乡镇、519 个村庄遭雹灾，较重的有温泉、金口、店集、华山4个乡镇、208个村庄。降雹持续时间最长20分钟，最大冰雹直径9厘米，最大积雹深度15厘米。受灾面积为菜地31.80万亩、地瓜63.04万亩、棉花0.13万亩、其它0.54万亩。毁房15454间，毁瓦36.48万页，倒电线杆50根，刮倒树木5500棵，伤2人。

1983年 4月25～29日，全省11个地市53个县降雹，受灾总面积289万亩，死亡54人，伤680人。

5月20日，莱芜县牛泉、辛庄、高庄3个公社遭受冰雹袭击。受灾面积共64000亩，其中小麦37600亩，倒伏15400亩，砸掉头11000亩，共减产352.5万千克。地瓜受灾面积20700亩，砸断者16500亩，全县损失80万元。博兴县遭受风雹灾害，全县13个公社都不同程度地受灾。店子、兴福、曹王、寨郝、城关镇、庞家6乡镇受灾较重，棉花受灾12万亩，其中毁坏棉苗2～3成的约8万亩、4～5成的约3.5万亩、6成以上的有0.5万亩。小麦受灾19.0万亩，其中减产2成的有15万亩，减产750万千克；减产3～4成的有3万亩，减产225万千克；减产5成以上的1万亩，减产125万千克。这场风雹灾害，全县总计减产小麦1100万斤，需返种棉花3450亩，需点种或小苗移栽补苗的春播作物共11.5万亩，给农业生产带来很大损失。

8月28日下午3时，胶州里岔公社30余村庄遭雹灾，降雹持续时间达30分钟，雹粒直径一般为20毫米，最大40毫米。重灾面积2.41万亩，粮食减产119万千克，油料经济损失60余万元。下午4时，崂山县夏庄、源头、安乐一带遭雹灾，苹果、蔬菜、地瓜等减产40%。28日，莱芜县大王庄、寨里、羊里、高庄、颜庄5公社遭冰雹袭击，地瓜、菜类、红麻受害，受害面积9.22万亩，其中重灾2.84万亩。28日下午到夜间，受高空低槽冷涡影响，潍坊市境内临朐、诸城等县市受风雹袭击，其中临朐：总受灾面积58600亩，重灾20000亩，其中玉米6500亩、地瓜7500亩、黄烟6000亩，玉米叶子基本砸成麻子状，黄烟叶子大部砸掉，地瓜基本只有茎秆，另外还砸坏了部分瓜果和秋菜。诸城：受灾农田24900亩，刮倒树3000棵，刮坏房屋120余间，刮倒院墙25处。

1984年 5月18日下午3～6时，安丘、昌邑、坊子、诸城、寒亭、高密6个县区的41个乡镇751个大队，遭受不同程度的风雹袭击，各种作物受灾面积达750500亩，其中小麦514300亩、春玉米18500亩、棉花19000亩、黄烟56100亩、地瓜56400亩、花生48500亩、瓜菜等其它作物37700亩。其中有73200亩小麦绝产或基本绝产，189700亩减产5成以上。果树等树木也都不同程度地受害，并被风刮坏和被冰雹砸坏房屋2600间，被雹砸伤9人。

5月28日，烟台、潍坊、临沂3地市18个县降雹，一般持续时间10～20分钟，日照最长达50分钟，最大雹径10厘米。

5月28日下午3时30分至5时，潍坊市诸城、安丘、昌乐、五莲4县的29个乡镇514个大队遭受雹灾，受灾面积371380亩，其中小麦201800亩，有166800亩减产3成以上、棉花67700亩、黄烟32000亩、地瓜25880亩、春玉米6300亩、瓜菜23700亩、果园14000亩，累计减产小麦1175多万千克，造成经济损失3000多万元。青岛市莱西、胶南两县13个乡镇遭受冰雹袭击，并有7～8级大风和暴雨，降雹达半小时，莱西县受灾

9.38 万亩，经济损失 246.1 万元；胶南县受灾 0.36 万亩，雷电击死 1 人。

6 月 3 日，肥城市石横、湖屯、桃园、老城、新城、安庄、汶阳、边院出现冰雹大风，平均最大风速 22 米/秒，冰雹直径最大为 15 毫米。倒伏冬小麦 40 万亩、林树 2 万棵、果树 3 万棵、电线杆 56 根。16 时 18～35 分，宁津县出现冰雹，并伴有大风天气，最大风力约 10 级，冰雹最大直径 30 毫米左右，受灾地区有时集乡北部，刘营伍乡东部，大柳镇、杜集乡、张学武、后王乡东北部以及柴胡店乡北部，受灾村庄 134 个，小麦倒伏面积 7.7 万亩，棉花受灾面积 3.6 万亩，刮倒墙 1560 米，刮倒电线杆 69 根，刮倒树 6000 棵，受伤、失踪 5 人。下午 3 时 30 分至 5 日凌晨，德州禹城县 8 个乡镇遭受风雹袭击，成灾面积 12 万亩，受灾严重的马官屯的 9 个自然村，冰雹大如茶碗，一般如鸡蛋，小的如小枣。3 日，滕州县西部、南部 13 个乡镇出现了飑线大风，风力达 9 级以上，同时伴有冰雹。小麦倒伏 40.2 万亩，成灾面积 3.8 万亩，其中受灾严重的 2.5 万亩，总计减产小麦 1000 万千克；棉花受灾面积 2.5 万亩，部分棉株的叶子全部打光；地瓜、蔬菜受灾面积 7500 亩，严重的地瓜叶子全打光，部分需补栽。刮倒树木 6.5 万棵，倒塌房屋 6200 间，2 人受伤，砸死猪 6 头。

9 月 17 日 02 分，宁津县张大庄、田庄、双碓、大柳、刘营伍、后魏、柴胡店、尤集 8 个乡镇、99 村庄遭受冰雹、大风灾害，最大风力 10 级，最大降水量 75 毫米，降雹时间 10--20 分钟，大的如鸡蛋，小的似玉米粒，受灾面积 9.1 万亩，绝产面积 1.6 万亩，受灾严重的棉花叶子全部被砸碎，脱落满地，严重的连桃带枝都被砸掉，只剩光秆，玉米叶子被砸撕裂，晚熟的玉米子粒被砸出白浆，受害谷子全部扑倒在地，受灾严重的叶茎被砸碎，子粒脱落。受灾的白菜、黄瓜等蔬菜被砸烂，受灾严重的双碓乡第二天房屋背阴处还有积雹半尺多深，个大如枣。同时这场冰雹还砸伤 61 人，刮倒树 1000 多棵、电线杆 56 根，部分房屋、院墙倒塌。

1985 年　6 月 1 日，全省 11 个地市的 35 县降雹，鲁西南最重，降雹持续时间 10～15 分钟，大如鸡蛋，最重 1.7 千克，290 万亩成熟的小麦受灾，损失 3 亿多千克，受灾人口 260 万。

6 月 1 日 12 时 40 分至 13 时 30 分，滕县西北部、西部的峄庄、姜屯、洪绪 3 个镇，自北向南先后受到罕见的冰雹、大风的袭击。十几分钟的降雹使即将成熟的小麦被砸成一地麦茬，树木被折断、拔起，大部分房屋瓦被刮掉、砸破，有 410 人受伤，部分鸡鸭被砸死。除上述 3 个乡镇外，还有大坞、级索、鲍沟、界河、张汪、城郊等乡镇的部分村庄也受到不同程度的危害。全县受冰雹、大风危害的成灾面积共 285014 亩，其中，小麦 186189 亩、春苗 57711 亩、棉花 9206 亩、花生 2825 亩、蔬菜 25883 亩、果园 3200 亩，刮倒树 290000 棵，刮毁、砸坏房屋 80835 间，刮倒电线杆 42 根，损坏电话线 67000 米、广播线 36000 米、高压线 290 米、低压线 700 米，砸伤（死）畜禽 148575 头（只）。4 时 10 分至 5 时，肥城仪阳乡遭冰雹袭击，冰雹最大直径 5～6 毫米，持续时间 3～5 分钟，4.2 万亩小麦受害，重灾 9000 亩，减产 30%。4 时 50 分至 5 时 25 分，受江淮低压和地面冷锋的共同影响，新泰县汶南、宫里、刘杜、石莱、果都、天宝等 26 个乡镇 225 个村庄 62639 户遭受冰雹袭击。降雹时间 22 分钟，中心最大积雹厚度 10 厘米，最大冰雹直径 8 厘米，受灾面积 253000 亩，其中，春田面积 138970 亩，麦田受灾面积 114030 亩，共计损失1122多万元。下午至晚上，潍坊市高密、昌邑两县的5个乡镇遭受雹灾，受灾面积达79559亩，绝产的有20183亩，其中，小麦9170亩，棉花9145亩，春播作物1868亩；减产5成以上的19300亩，其中，小麦8000亩，棉花11300亩；减产3～5成的40076亩，其中，小麦19400亩，棉花18300亩，春播作物2376亩。东平县降冰雹，最大直径20毫米，沙河站镇降雹最大如鸡蛋大小，砸伤17人，同时伴有阵风达25米/秒的大风。造成本县小麦大面积倒伏，全县受灾21.9万亩，小麦减产3948.7万千克，经济损失3541.6万元。

6月10日下午3～4时，受高空槽和地面冷锋影响，潍坊市辖区的临朐、诸城等县市15个乡镇受风雹袭击。其中：临朐，大风、阵风10级以上，降雹，降雹中心在上林乡南部的纪山周围，约半小时，大如鸡蛋，积雹20厘米，小麦受灾5万亩，绝产2万亩，倒房8000间，倒树12000余棵，毁苗圃750余亩、菜园3000亩、瓜园3200亩，砸黄烟32500亩、地瓜9000亩、杂粮4600亩、夏玉米45000亩，死牛5头、羊160只、鸡7000余只、猪120头，4乡镇电话中断，死亡1人，重伤19多人。诸城，有5000亩小麦减产1成，棉花有5000亩受灾，其中3000亩较重，棉苗被砸掉头的有30%，马庄山楂园山楂受损由1级果变成2～3级果。安丘，受灾面积12150亩，其中小麦5750亩，麦芒被打落1～2成；黄烟3500亩，个别烟叶被打穿，80%的植株受损，其它作物2900亩。

7月4日，泰安市郊区5个乡镇受到冰雹、大风袭击，受灾面积7万亩，其中雹灾面积5万亩，绝产2.6万亩，刮倒、折断树木、电线杆359棵（根），损坏房屋2300间，各种经济损失970万元，死亡74人。上午8时前后，济阳县回河、庙廊、店子、孙耿、江店、青宁、辛集、太平、垛石9个乡镇的112个村降雹，局部伴有7～8级大风，持续时间最长20分钟，大如鸡蛋，小如豆粒，覆地厚度3～6厘米，全县成灾面积15万亩，其中8万亩绝产，棉花占40%，玉米15%，其它45%。倒墙450米，断树7.5万棵，断高压线555米，伤550人。下午2～3时，受横槽冷涡影响，新泰市的两个办事处（石莱、楼德）及11个乡镇135个村34450户、14.5万人遭冰雹大风的袭击，方向从西南至东北，降雹时间15分钟，积雹厚度15厘米，最大直径10厘米，风力10级左右，18万亩粮田受灾，折断树木8万棵，毁坏房屋4100间，砸死家禽11000只，折断电线杆135根，经济损失1082.9万元。16～17时，滕县西南部降冰雹，受灾较重的有西岗、级索、姜屯、城郊、洪绪、张汪6个乡镇，共20个管区、103个村庄。大风波及的范围广，全县大部分乡镇受到影响。这次冰雹来势猛，强度大，伴有暴雨大风。雹子直径一般在1厘米左右。大的如鸡蛋、核桃、杏；风力8级以上。对农作物造成了严重危害。受灾总面积12.46万亩，棉花、玉米砸成光秆，刮倒树木2500棵，折断树木10160棵。

8月3日19时，商河县境内多处出现冰雹，在城南的钱铺、玉皇庙、杨庄铺、白桥、岳桥5个乡镇和怀仁、尹巷两镇的3个村，有24万亩农作物受灾，其中，绝产5万亩、减产5成以上的10多万亩。冰雹大的如鸡蛋，一般如枣，地面积雹一层。20时15～25分，沾化县大高、下洼、永丰3个乡镇的67个村遭冰雹袭击，受灾面积14.3万亩，其中重灾1.7万亩，减产7成以上，此次冰雹过程减产籽棉450万千克、粮食335万千克、油料12.5万千克、干枣10万千克、鲜果15万千克，经济损失可达700万元。

1986年 6月3日17时10～45分，胶县后屯、大庄、胶城镇、苑戈庄镇、南杜村乡、祝村乡、三官庙乡、店口乡、小麻湾镇、李哥庄镇、营房镇等乡镇降冰雹，持续时间5～20分钟，最长达30分钟左右，冰雹最大直径100毫米。155个村庄的22.9万亩粮田受灾，经济损失约907万元。18时40分至20时40分受低涡冷锋影响，新泰县宫里、谷里、果都、张庄、北师、刘杜等7个乡镇157个村3920户遭受冰雹袭击。受灾小麦94153亩，成灾5.65万亩，其中减产8成以上的2万亩、5～7成的1.95万亩、3～4成的1.7万亩，共减产小麦748万千克。经济作物受灾14930亩，损坏树木18400棵，总经济损失1501.4万元。

6月21日，滨州地区4县遭风雹袭击，风力10～11级，冰雹最大直径4.5厘米，损坏房屋2万间。

7月9日，沾化县下河、利国、河贵3乡镇和徒骇河农场的49个村遭冰雹袭击，冰雹颗粒大如鸡蛋，小如小枣，持续时间64分钟，受灾面积300平方千米，重灾29个村、2.1万人，砸伤247人，损失房屋3850间，作物受灾面积6.15万亩，其中绝产3.5万亩，直接经济损失750万元。

7月10日，18时7～10分、19时15～20分，乐陵县郭家、三间堂、大徐、城关、杨家、杨盘、西段7个乡镇、80多个村先后遭受冰雹严重袭击，持续时间一般为15分钟，最长达40多分钟，大的如鸡蛋，个别如鹅蛋，一般像枣或杏仁，小的似玉米粒，严重地带积雹厚度达4厘米左右。全县受灾面积45万亩，成灾3.2万亩。

7月14日下午，平度县田庄、张家坊、白埠、中庄、门村、张舍、官庄、灰埠、前楼、崔家集遭冰雹灾害，死亡3人，作物受灾27.38万亩，损坏树木14.49万棵，刮坏房屋60679间，经济损失2272万元。

8月5日17时55分至19时20分，受大风、冰雹、暴雨天气影响，肥城市大部分乡镇受灾，全市平均降水80.1毫米，最大风力7～8级，冰雹直径5～25毫米，持续时间3～5分钟，受灾面积达10万余亩，重灾2万亩，刮倒树木5000余棵。经济损失250万元。

9月26日下午至夜间，潍坊市安丘、昌邑、昌乐、寒亭等县局部降雹，受灾情况如下：安丘，9月26日下午4时至7时20分，官公、白芬子、雹泉、林吾、官庄5乡镇遭受冰雹袭击，降雹一般持续10分钟，最多持续20分钟，一般如蚕豆，大如鸡蛋，共计171个村受灾，受灾面积10.6万亩，其中棉田2.55万亩、地瓜2.4万亩、蔬菜1.48万亩、果树2.9万亩、其它1.27万亩，棉叶大部被砸碎，有的掉头断枝，侧叶砸碎，白菜如网状，部分苹果、山楂被砸，落地果占30%，预计直接经济损失389.4万元。9月26日下午4时50分，诸城吴家楼、程戈庄、解留、石桥子、楼子5乡镇102个村开始降雹，连续降雹半小时，大如鸡蛋，一般像葡萄，受灾总面积8.4万亩，其中棉花3.9万亩、蔬菜1.56万亩、地瓜1.7万亩、果树和其它近万亩，棉花受雹后，仅剩秸秆，每株仅剩棉桃3～4个，减产2～3成。

1987年　5月22日晚11时和23日凌晨4时，庆云全县16个乡镇、380个自然村遭受雹灾，其中严重的乡镇有：崔口、严务、常家、板营、小郑、大丁、解集、后张、大靳、杨和寺等乡镇的139个村庄，8250亩小麦绝产，2463亩棉花被砸平，全县成灾面积167820亩，占可耕地的37%，直接经济损失26.6万元，其中小麦成灾面积104600亩，占总面积的 48.43%，减产 1810 万千克；棉花成灾 53300 亩，减产 4 万担；损坏树木 44.5 万棵，占总数的 63.5%。潍坊市 12 个县区、195 个乡镇遭受大风、冰雹袭击，最大风力 7～10 级，受灾面积 326.6 万亩，总计经济损失约 9465.7 万元。其中小麦受灾面积 188.35 万亩，约计减产 7068.3 万千克，小麦重灾 55.59 万亩，倒伏 75 万亩；春播作物受灾面积 130.95 万亩，重灾 28.4 万亩。刮坏树木 190.43 万棵，其中果树 158.9 万棵，刮坏房屋 90443 间，刮倒电线杆 1073 根，伤牲畜 38037 头，伤亡 38 人，其中死亡 2 人。受灾较重的有诸城、安丘、寿光、临朐、青州等县。尤其是诸城县受灾最严重。

6 月 19 日，潍坊、烟台两地区 14 个县遭风雹袭击，降雹 15～20 分钟，积雹最厚达 15 厘米。

7 月 9 日、7 月 10 日、8 月 9 日、8 月 14 日，青岛市平度、胶南、即墨、崂山等县先后出现冰雹天气，雹径大者达 7 厘米，个别地段积雹深度达 20 厘米。降雹时多伴有狂风和阵雨。几次冰雹，使 93 个村庄的 16.3 万亩农作物遭灾，倒房 120 余间，毁树 2300 多棵。

7 月 12 日 13 时 32～50 分，乐陵县城关、郭家、朱集、三间堂、西段、胡家、黄夹、杨家，双庙赵、大孙、铁营、刘武官 12 个乡镇、354 个村遭受冰雹严重袭击，降雹时间一般 8～10 分钟左右，冰雹大的像鸡蛋，小的如枣，受灾面积 23.3 万亩，成灾面积 19.87 万亩，其中棉花 96400 亩、粮田 86000 亩、瓜菜 16300 亩，结果枣树受灾 64.3 万棵，其它果树受灾 21 万棵，造成经济损失约计 2700 万元。

1987 年有 8 次风雹袭击沾化县县境，206 个村的 29.28 万亩作物受灾，死亡 1 人，倒塌房屋 63 间，刮倒树木 2860 棵，损坏供电线路 1300 米、高压线杆 19 根。其中，5 月 23 日凌晨，全县 14 个乡镇、1 个农场、178 个自然村都不同程度遭受雹灾，大高、李家、富国镇为重灾区。全县农作物受灾面积 21.47 万亩。

1988 年　5 月 8 日下午 3 时 15 分，海阳县出现一次冰雹并伴有大风天气过程，持续时间在 20 分钟左右，冰雹如鸡蛋般大小，风力 7～8 级，阵风 10 级，受灾范围有黄崖、赵疃、大闫家、小纪、辛安、里店、东村、行村、大山等 10 个乡镇、105 个村、81600 户。其中黄崖、赵疃、大闫家 3 个乡镇 46 个村 7120 户受灾最为严重。全县经济损失达 3107 万元，其中直接经济损失 2367 万元。受灾情况：全县农作物、果园及桑园等受灾面积 23 万亩，其中重灾 13 万亩，直接经济损失达 2280 万元。小麦受灾 9.5 万亩，绝产 1.25 万亩，减产 5～6 成的有 3.1 万亩，减产 4 成的 5.15 万亩，减产小麦 885 万千克，直接经济损失 885 万元；花生受灾面积 9300 万亩，其中复膜 5500 亩，地膜完全失去作用，需全部返种，地膜费用和减产部分直接经济损失达 66 万元；6250 亩地瓜苗被砸坏，需重栽，直接经济损失 18 万元；结果果园受灾面积 10500 亩，其中绝产 6100 亩，余者减产 5 成以上，减产 800 万千克，直接经济损失 1120 万元；蔬菜受灾面积 3800 亩，其中大、中弓棚 538 个、小弓棚 2250 个、复膜土豆 1050 亩、复膜芋头 1000 亩，均遭受严重破坏，直接经济损失达 115 万元；桑园受灾面积 3000 多亩，有 70%～80%的枝叶都被砸断，经济损失 76 万元；建筑设施及其它受灾全县直接经济损失 87 万元，其中 11100 户的 24140 间房屋遭受不同程度的破坏，倒塌房屋 13 间，刮倒院墙 480 米，打碎瓦 73 万页，打坏玻璃窗 9200 个，共 16560 平方米，直接经济损失达 36.4 万元，刮倒、折断通讯、高压线杆

42根，打坏盐场塑料膜10吨，冲化原盐2000吨，育苗场断电缺氧造成虾苗死亡达2700万尾，直接经济损失50.6万元。

5月16日，鲁中山区6县降雹，伴有龙卷风，风力10～12级，冰雹最大如拳头，积雹厚度5～10厘米，受灾面积111万亩。

6月1日20时30分至21时20分，乐陵县大徐、三间堂、朱集、寨头堡、城关、铁营、胡家、刘武官等9个乡镇，先后遭受冰雹严重袭击。降雹持续时间一般15分钟左右，长者达20多分钟，冰雹大的像鸡蛋，一般的像小枣或花生米，雹区中心降雹密度每平方米达400～500粒以上。6月2日13时30分前后，王集、郑店、王寨子、张桥4个乡镇遭受雹灾，降雹持续时间8～12分钟，大的像枣，一般像玉米粒。两次冰雹受灾面积23万亩，占全县总耕地面积的23%。其中倒伏小麦8万亩，成灾面积11.2万亩，果树受灾86万棵，造成经济损失达1200万元左右。

6月1日下午6时许，博兴县遭受雹灾袭击。自北向南持续约5～20分钟，最大的冰雹直径3厘米。全县有10个乡镇约39万亩农作物受害，小麦减产1成以上，棉花有20万亩受害，其中有5万亩绝产。

6月2日，商河县东北部沙河、韩庙、赵奎元、龙桑寺、常庄、展家6个乡镇，出现了冰雹、大风，受灾面积约有19万亩，受灾作物主要是小麦、棉花和瓜菜，经济损失达100多万元。

9月6日17～20时，胶州市、胶南县、崂山县的10多个乡镇计229个村庄遭冰雹侵袭，冰雹持续时间约30分钟，最长时间达50分钟。严重的地方冰雹覆盖地面10厘米深，冰雹最大直径达80毫米，并伴有大风。灾害面积达34万亩，其中农作物24.3万亩，经济作物9.7万亩，损失水果896.5万千克、蔬菜87万千克，死亡1人，伤49人，毁坏房屋41间，死亡家禽3.3万只，经济损失总计为5473万元。

9月7日，临邑县城关、沙河、太平、李家、赵家、孟寺、孙安、张寨8乡镇出现冰雹，受灾面积157940亩。

1989年　5月8日下午15时至18时45分，强烈的冰雹分两条路径袭击青岛市：一路由平度市的西北部、西部、西南部到胶州市的东部、东南部，途经崂山区的西南部、黄岛区直至青岛市区的市北、台东和市南；一路由烟台市招远县东南部，途经莱西县东北部、东南部至莱阳县西南部。这次降雹，最大直径达60毫米，同时伴随着11级狂风。此次强冰雹天气的特点是：线长面广，风大雹急，间断出现，重复3次，视野所及，积雹成堆。雹灾面积之大，程度之重为青岛近20年来所罕见。全市有70万亩粮食作物（绝产近20万亩）、11万亩蔬菜瓜果惨遭风雹袭击；打碎屋瓦140余万页，砸破门窗玻璃70多万块；死伤各种家禽5万余只；死亡1人，砸伤1000余人。直接经济损失1.3亿元。

5月8日，鲁西北及半岛地区35县降雹，以青岛、潍坊最重，最大雹径8厘米，积雹厚度3～5厘米，伴有10级大风，受灾面积578万亩，损坏房屋45.5万间，倒树12万棵。受高空槽和蒙古气旋配合地面二型冷锋的影响，庆云县出现冰雹天气，冰雹的走向为东北－西南方向，庆云气象站降雹时间为14时53～56分，雹粒大的如玉米粒，降水量为1.9毫米，最大风速为9.3米/秒，徐元子、后张、大胡、小郑、板营、常家、解集等8个乡镇、200多个村庄受灾，灾情较为严重的有徐元子、后张、严务3个乡镇34个村庄，最大雹粒直径为15毫米。共有受灾面积12万亩，其中小麦9万亩，棉花3万亩；重灾2万亩，其中小麦1.5万亩、棉花5000亩。粮食减产137.5万千克，棉花减产3～5成。潍坊市寿光、昌邑等遭受冰雹袭击，降雹时间20分钟左右，最长达40分钟，寿光县受灾最重的是卧铺乡，积雹厚度达6厘米，雹粒一般如小枣，最大直径为4厘米，这次雹灾使县北部14个乡镇362个村程度不同地遭受到损失，据不完全统计，农作物受灾面积达50.8万亩，其中小麦24万亩，绝产2万亩，减产5成以上的3万亩，减产1至5成的达19万亩，约计减产小麦1550万千克，棉田受灾20.1万亩，全部打光需返种的6万亩，叶片破碎30%以上的5万亩，约计减产皮棉6万担，1620个塑料大棚被砸烂，刮坏房屋8370间，1213间门窗玻璃被砸碎，倒塌房屋2间，刮坏大小树木17700棵，砸伤14人，砸死羊327只，砸伤羊2600只，1300亩春地瓜被打烂，化掉原盐10万吨，毁坏草苫子3万多个，刮断高低压线路45千米，刮倒电线杆31根，这次灾害直接经济损失3934万元。昌邑县受灾较重的是南部5个乡镇，受灾地区平均风力7～8级，阵风9级，积雹厚度最大为7厘米，冰雹最大直径为6厘米，该县受灾面积52.6244万亩，其中小麦32.25万亩、棉花11.64万亩、瓜菜4.05万亩、果品4.6844万亩，另有部分树木和房屋受到不同程度的损坏，共计经济损失77815万元。

5月8日12～13时，沾化县下洼，永丰，泊头，黄升，流钟，大高，古城，李家，冯家9乡镇先后遭受冰雹灾害，粮田受灾面积45万亩，成灾面积25万亩，绝产7万亩；棉田受灾面积36万亩，成灾20万亩，绝产8万亩。

5月17日夜间，受蒙古冷空气的影响，自21时45分至22时，庆云县从西北向东南方向出现冰雹，大如鸡蛋，小如玉米粒，平均密度200个左右/平方米，并伴有5～6级大风，阵风8级以上。庆云县东辛店、解集、尚堂、大靳、中丁、杨和寺、东郎坞、常家8个乡镇110个村庄1.15万户7万人受灾。农作物受灾面积12万亩，其中成灾面积3.15万亩，小麦2.5万亩，减产3成以上，预计减产250万千克；棉花成灾0.3万亩，减产3成；蔬菜成灾0.35万亩，减产4～5成；果树受灾1500亩。

6月2日，临邑县出现了雷雨、风雹，冰雹最大直径25毫米，德平、碱李、翟家、理合、宿安、李家、孟寺、孙安、城关、张寨、沙河、太平、兴隆、夏口14个乡镇出现冰雹，受灾面积45.5万亩，倒塌房屋5000间，倒折树木6410棵，倒折高压线杆、电话线杆121根，死亡畜禽506头（只）。部分乡镇道路、通讯一度中断。济阳县三教、仁风、曲堤、姜集、稍门、青宁、店子、辛集、索庙9个乡镇遭受冰雹大风，有5个乡镇的通讯线路被砸断。成灾面积15.3万亩，其中小麦11万亩全部倒伏，减产3成以上，棉花3万亩有30%的棉苗被砸掉了头，瓜菜成灾面积1.3万亩。

6月2日凌晨和傍晚，平原县两次降雹，受灾面积16万亩，成灾面积7.9万亩，其中小麦3.74万亩，减产50%；棉花3.66万亩，有1.5万亩砸成光秆，其余光秆率10%；0.5万亩瓜果、蔬菜损失惨重。

6月2日2～19时，商河县贾庄、胡集、钱铺、杨庄铺、玉皇庙、岳桥、白桥、孙集、怀仁、奎台、尹巷、赵奎元、牛铺、商河镇、张坊、燕家、韩庙、沙河、郑路共19个乡镇及1个农场、510个村遭受雹灾，受灾面积85万亩，造成直接经济损失1亿多元。

6月2日8时50分至10时40分，宁津县尤集乡、孟集乡、柴胡店镇、宁津镇、后王乡、小店乡遭受冰雹袭击，降雹连续反复几次，多的达8次，冰雹最大直径50毫米，受灾面积 12.23 万亩，造成直接经济损失达 3000 万元。

6 月 2 日 9～10 时及 12 时 0～30 分，乐陵市先后有孔镇，张桥、胡家、三堂、城关、郭家、丁坞等 17 个乡镇、318 个村遭受风雹严重袭击，降雹持续时间一般 20～30 分钟，最长达 1 小时左右，冰雹大的像核桃、一般像小枣，并伴有 6～7 级以上阵风，严重地带，平地积雹厚度 5～7 毫米，受灾面积 27.8 万亩，成灾面积 12 万亩，损伤结果枣树 17.1 万棵、其它果树 25 万棵，倒塌房屋 3 间，砸死鸡 700 多只、羊 11 只，全市造成经济损失约 2000 万元。

6 月 29 日，鲁西北、鲁中山区及半岛地区 24 县降雹，费县积雹厚度达 10 厘米，伴有 11 级大风，全县受灾面积 200 万亩。莱芜县里辛、辛庄乡、铁车乡、苗山乡、城子坡镇、茶叶乡、腰关乡、上游镇、鹿野乡、雪野乡、颜庄、常庄 12 个乡镇遭受冰雹袭击。全市受灾面积 18.9 万亩，其中，玉米 8.46 万亩、地瓜 2 万亩、花生 3.3 万亩、果园 2.4 万亩、干果 1.8 万亩，损失花椒 9 万千克，经济总损失 1500 万元。

6 月 29 日下午，两次冰雹袭击博兴县，使主要粮棉产区的陈户、庞家、乔庄、纯化、闫坊、城关 6 乡镇 17.2 万亩农田、果菜园受灾。冰雹最大直径 5 厘米以上，一般直径在 2 厘米左右，重灾区持续降雹长达 30 分钟，个别地方地面积雹厚达 20 厘米，全县有 2.7 万亩棉田、粮田绝产返种、13 万亩减产 3 成以上。覆膜棉田、夏播作物幼苗、果菜园损失惨重，是本县 1956 年以来最重的一次雹灾。灾后棉田大面积被毁，棉铃、花蕾、枝叶铺满沟垄，玉米、大豆秃成光杆。

1990 年　5 月 5～6 日，鲁西北、鲁中山区及半岛地区 20 县遭风雹、暴雨袭击，受灾面积 171 万亩。

5 月 6 日，平度市 22 个乡镇遭冰雹袭击，严重的有万家、城关、门村等乡镇，受灾面积近 20.0 万亩，其中小麦 7.0 万多亩，棉花 4.0 万多亩，毁坏地膜 5.0 万多亩，直接经济损失 50 多万元。

6 月 13 日下午潍坊市青州、临朐、寿光、寒亭、安丘、昌乐、潍城 7 县区降雹，其中临朐、安丘部分乡镇成灾。临朐 11 个乡镇降雹，受灾较重的为杨家河、石家河、白塔、柳山、上林等乡镇，冰雹大如鸡蛋，作物受灾面积为 30 万亩，刮倒树木 6000 棵、高压电线杆、电话线杆 200 根，直接经济损失 6000 万元；安丘县大盛、柘山、南逯、车庄等 5 个乡镇遭风雹灾害，受灾面积 8 万亩。

6 月 23 日，鲁西北地区 10 县遭风雹袭击，受灾面积 114 万亩。23 日 23 时前后，夏津县宋楼、郭寨、城关、李楼、双庙、郑保屯、后屯、田庄、栾庄、渡口驿、新盛店、东李、左王庄 13 个乡镇出现雹灾，冰雹小如玉米粒，大如鸡蛋，伴有 8 级大风，降雨量 30～70 毫米，受灾面积 7.3 万亩，其中棉田 6.4 万亩，果园 4500 亩，瓜菜 1500 亩，棉花掉头率 60％以上或砸成光杆的重灾面积为 3.8 万亩，经济损失 2000 万元。

7 月 9 日 19 时 40 分至 21 时，受冷涡影响，新泰汶南、东都、沈家庄、岙阴、龙廷 5 个乡镇、77 个村庄遭冰雹袭击。降雹 6 分钟，冰雹最大直径 4 厘米，积雹厚度 6 厘米，降雹时伴有 8 级以上大风。主要受灾作物小麦、夏玉米、花生、地瓜等。受灾面积 10 万亩，成灾 3.5 万亩，减产 3～5 成的 2 万亩、6～8 成的 1 万亩、绝产 5000 亩，经济损失 402 万元；砸坏瓜菜 9500 亩，损失 450 万元；损坏果品 108 万千克，损失 32 万元；砸坏房屋365间、广播线杆20千米，损失745万元。总计经济损失1629万元。

7月9日8～9时，菏泽、东明两县遭受风雹袭击，风力10级，冰雹直径1～3厘米，持续时间15分钟左右，农作物受灾面积2.5万公顷，重灾1.9万公顷，绝产2700公顷，其中西瓜1333公顷。

7月9日下午2时许，龙口市11个乡镇遭受大风冰雹袭击，持续15～20分钟，冰雹一度铺满地面，最大雹粒如鸡蛋，直径约3～5厘米，阵风达10级以上，半小时降水达50毫米以上。据市民政局统计：全市倒塌房屋50多间，作物受灾面积10万亩，成灾3.6万亩，玉米减产250万千克，5000多亩瓜菜受到严重损坏，损失大梨1515万千克，苹果300万千克，杂果100万千克，刮断果树、材树4900棵，部分电线杆被刮倒，通讯一度中断，全市因大风、冰雹灾害损失约2800万元。

7月18日下午3时40分至6时，寿光市侯镇、岔河、广陵、王高、牛头、田柳、卧铺、台头8个乡镇遭受风雹灾害，并伴有降水，最大风力达10级，冰雹持续10分钟，大如鹅蛋，小如核桃，重灾区积雹厚度达3厘米，最大降水60毫米。据初步统计，棉花受灾面积5.5万亩，其中绝产2.1万亩，减产50%以上达3万亩；玉米受灾面积3.6万亩，其中绝产1.3万亩，减产50%以上达2万亩；大豆受灾面积7100亩，绝产5000亩。1000亩果园落果率在40%以上，其中500亩被打光，1000亩瓜菜基本绝产，刮倒房屋30间，刮坏房屋5600间，刮坏树木6000棵，刮倒电线杆560根，3个乡镇通讯中断，损坏砖坯70万块，盐田、芦苇也受灾，直接经济损失2080万元。

1991年　4月25日，惠民、阳信、无棣、沾化、宁津、乐陵、河口、利津、日照等县市66个乡镇遭冰雹袭击。4月25日凌晨0时20～30分，宁津县遭受较严重的风雹袭击，持续时间10分钟左右，阵风8～9级，阵雨10～20毫米，雹粒密集，最大直径3厘米，受灾面积52万亩，其中麦田受灾36万亩，棉花受灾11万亩，直接经济损失达2300多万元。25日凌晨1时，乐陵市21个乡镇遭受严重风雹袭击，持续时间15～20分钟，冰雹大的如枣，一般同玉米粒大，平地积雹厚度15毫米，伴有8级以上大阵风，全市受灾面积60万亩，成灾面积18万亩，损坏果树25万棵，部分通信线路被破坏，经济损失约1000万元。

5月10～14日，文登、诸城、安丘、日照、莒县、莱芜、青州、寿光、广饶、利津、东营、河口、淄川、周村、临淄、牟平等17个县市区遭风雹袭击，冰雹大的如核桃、鸡蛋，有的地方积雹厚度5厘米，受灾面积31万多亩。

6月5～8日，平度、即墨、栖霞、海阳、莱阳、牟平、招远、临淄、沂源、邹平、夏津、乳山12个县遭风雹袭击，受灾面积77.44万亩，经济损失8000多万元。

6月6日下午4时30分至5时10分，海阳县受局部强对流天气影响产生暴风雨、冰雹等灾害性天气，使郭城、发城、战场泊、山西头等乡镇遭到袭击。郭城有23个村受灾严重，40分钟的时间里，降水量达50多毫米，较严重的松树夼，前夼、柳树、车家沟等村降水达70毫米，风力5～6级，积雹最大厚度为35毫米，最大冰雹直径为5厘米，水冲积雹厚度达1.3米，致使农作物、果树、树木损失严重，部分公路被冲垮，房屋倒塌，土地被冲毁。受灾面积共7.7万多亩，其中果园1.9万亩（结果园0.81万亩，绝产0.35万亩），小麦2.468万亩（绝产0.445万亩），花生1.7万亩（复膜0.8万亩，绝产0.321

万亩），玉米 0.8 万亩（制种田 0.4 万亩需全部返种），地瓜 0.6 万亩（需返种 0.5 万亩），蔬菜 0.3 万亩（全部绝产），桑园 100 亩，倒塌房屋 7 间，冲毁土地 80 亩、河坝 10 多米，刮倒树木 130 多棵，被冰雹砸伤 3 人，砸死家禽 150 多只，广播通讯线路也遭受一定程度的破坏。直接经济损失 2300 余万元，间接损失 980 多万元，共计 3280 多万元。

6 月 19 日 19 时至 19 时 30 分，冰雹侵袭胶州市、平度市等地，降雹时间 4～23 分钟，雹径大者达 50 毫米，降雹时风雨交加。胶州市夼集乡积雹深度达 10 厘米，风力 10 级，使 5.2 万亩作物受灾，其中西瓜 500 多亩全部绝产；折倒树木 1.1 万棵，毁坏房屋 367 间，冲走场上小麦 11.5 万千克，死亡家禽 1.1 万只，有 3 人被冰雹砸伤，造成直接经济损失 410 万元。

6 月 19～21 日，平度、乐陵、武城、利津、诸城、寿光、临朐、高密、嘉祥、金乡、兖州、定陶、宁阳、沂水 14 县市遭冰雹袭击，受灾面积 112.5 万亩，经济损失 8300 万元。6 月 21 下午 2 时前后，乐陵市丁坞、郭家、杨盘、茨头堡、黄夹等 10 个乡镇，遭受风雹严重袭击，降雹持续时间一般 25 分钟左右，并伴有 8 级阵风。受灾范围 325 个自然村，受灾面积 21 万亩，成灾面积 14 万亩，损坏各种果树 15 万余棵。刮倒树木 2.5 万棵、院墙 7500 米，经济损失 4000 多万元。

6 月 21 日，500 百帕天气图上在哈尔滨有低涡，后部有横槽，齐河地区有冷锋，在德州—惠民有积雨云云团从北偏东入境。受此影响，下午 7 时，齐河潘店乡、务头乡、焦庙镇、贾市乡、仁里乡、马集乡受冰雹大风袭击，范围广，颗粒大，密度高，大的如大枣，小的如杏核，平地厚达 2 厘米，灾区损失惨重，受灾面积 15 万亩，成灾面积 13 万亩，损坏树木 1500 棵，部分房屋受损害，部分在地里干活的群众被砸伤，受灾较重的农作物是棉花，成灾面积 11.5 万亩，其中减产 3～5 成的有 5.8 万亩、6～8 成的有 3 万亩、8 成以上的有 2.7 万亩，严重减产的果树 9500 亩，绝产的瓜菜 5500 亩，直接经济损失 5000 万元。

6 月 21 日下午 3 时，受强冷空气影响，宁津县遭受风雹袭击，全县平均降雨 16 毫米，雨夹冰雹并伴有大风，冰粒密集，大的如卫生球，小的似玉米粒，降雹持续时间 15 分钟左右，阵风 8 级以上，全县大部受灾，受灾较严重的主要有后王、相衙镇、虎皮张、道口、宁津镇、柴胡店、杜集、保店 8 个乡镇，受灾面积 17 万亩，其中棉田受灾 11 万亩、成灾 9 万亩，果树成灾面积 1 万亩，直接经济损失达 3000 万元。

6 月 21 日下午，潍坊市诸城、寿光、临朐、昌邑等县遭受大风冰雹袭击，灾情较重，据初步统计，全市有 23 个乡镇、300 多个村庄受灾，作物受灾面积 29.46 万亩，损坏房屋 500 间，刮倒电线杆 90 根，刮断高压电线 4.5 千米，刮坏树木 550 棵，损坏原盐 6 万吨，直接经济损失 3145 万元。

6 月 21～23 日，东营、德州、济南、烟台、日照、聊城、菏泽、惠民、潍坊、泰安、临沂 11 个市地 33 个县市区遭风雹袭击，受灾面积 149.22 万亩，经济损失 7760 万元。

6 月 25 日，聊城、滨州、宁津、临邑、商河 5 县、市遭风雹袭击，受灾面积 44.28 万亩。

7 月 3～4 日，沾化、阳信、河口、莘县、阳谷、宁阳、曹县、鄄城等 9 县市遭风雹袭击，受灾面积 26.8 万亩。

7 月 8～10 日，平度、陵县、宁津、乐陵、临邑、齐河、平原、禹城、高青、济阳、沾化、邹平、无棣13个县、市遭风雹袭击，受灾面积92.73万亩。德州陵县郑家寨等14个乡镇435个村遭受风雹袭击，45万亩农田受灾。

7月10日，临邑县15乡镇遭暴雨、冰雹袭击，雹块大的如鸡蛋，受灾面积43万亩，其中20万亩棉田绝产或基本绝产，19.5万亩粮田平均减产50%以上，倒房1100间，折倒树木50000棵，受灾地区房屋、楼房北面玻璃基本被砸碎。

7月10～11日，商河、章丘、禹城、宁津、乐陵、广饶、博兴、昌乐8县遭风雹袭击，受灾面积40.71万亩。7月11日16时05～45分，博兴县兴福、寨郝、店子、闫坊、纯化、蔡寨6乡镇遭受冰雹袭击。一般降雹时间8～10分钟，最大冰雹直径为2厘米，降雹时伴有7～8级大风。全县受灾面积14.3万亩，成灾13.97万亩，其中粮食作物4.2万亩成灾，平均减产3～5成；经济作物9.77万亩成灾，减产3～5成的2.22万亩、减产6～8成的3.16万亩、减产8成以上的4.39万亩。受灾最重的是王浩村、贺家村、刘官村。全县直接经济损失1200余万元。

9月28日，冠县、莘县、茌平、平阴4县遭风雹袭击，受灾面积81.54万亩。

1992年　4月17～21日，五莲、单县、鱼台、枣庄、薛城、滕州、新泰、莒县、蒙阴9县市遭风雹袭击，受灾面积22.35万亩，经济损失3500万元。

5月16日，阳谷、武城、平原、夏津、禹城5县遭风雹灾害，受灾面积50.6万亩，经济损失2000万元。

5月24日，博兴、广饶、临淄、东明4县遭冰雹袭击，受灾面积30.29万亩，经济损失2000万元。

7月2日，沂源、平邑、莒南、临沭4县遭风雹袭击，农作物受灾面积21.5万亩，经济损失2200万元。

10月15日16～18时，受河套北部冷低涡东移影响，沾化县李家乡、冯家乡、下洼镇、永丰乡、富国镇、齐乡、下河乡、利国乡、河贵乡、徒骇河农场10个乡镇遭受风雹袭击。据政府统计：共砸伤890人，砸伤大牲畜530头；有50多万亩农作物受灾，其中棉花受灾面积23万亩，8万亩绝产，7.5万亩出苗小麦被砸坏，23万亩蔬菜被砸毁，12万亩造墒麦田推迟播种，3050亩果树遭受严重损失；损坏房瓦、门窗不计其数。直接经济损失4224万元，间接经济损失约达1.5亿元。

1993年　4月21日下午13时30分至14时，安丘县32个乡镇遭受大风袭击，并有安丘、庵上、贾戈、关王、刘家尧、慈埠6个乡镇降雹，雹粒大小如豆粒，每平方米20～30个，最大风力9级。据不完全统计，全县刮坏大棚、小拱棚2800个，受灾蔬菜5000亩，减产在1成左右；损坏黄烟、棉花苗床7000多个，15%的烟、棉苗受损；2700亩果园落花严重，预计减产20%以上。580亩草莓严重受损，房屋损顶8200多间，刮坏树木1200余棵、线杆60余根。约计经济损失8000多万元。

4月21～23日，潍坊、烟台、淄博、临沂、东营、菏泽、滨州、莱芜8市地的23个县区遭风雹袭击，农作物受灾面积130万亩，经济损失5000万元。

5月24日21时15分前后，夏津县苏留庄等北部10个乡镇173个村庄遭受雹灾。冰雹持续15分钟，雹粒大如核桃，一般似花生米，个别地方积雹达5厘米，至次日清晨仍有大量的冰雹没有融化尽。造成棉花 11.98 万亩、小麦 11 万亩、瓜菜 7600 亩、果树 7300 亩受到不同程度的危害，估计全县直接经济损失 4600 多万元。这次雹灾范围之大、危害之重，为多年来所未遇。

5 月 24～25 日，夏津、平原、临邑、蒙阴、沂水、阳信 6 县遭风雹袭击，农作物受灾面积 58 万亩。

6 月 7～15 日聊城、烟台、泰安、潍坊、滨州、临沂、德州、济南、东营 9 地市的 25 个县区遭风雹袭击，农作物受灾面积 218.61 万亩，经济损失 2.35 亿元。

6 月 9 日 2 时至 3 时 55 分，昌邑、寒亭的 4 个乡镇和 14 日下午昌邑、寿光、坊子、安丘等 5 县区先后遭受风雹袭击，这两次风雹共有 21 个乡镇 372 个村庄受灾，农作物受灾面积 56.7 万亩，成灾 27 万亩，其中小麦 10.45 万亩、棉花 8.75 万亩严重成灾，棉苗断头率在 80%以上，寒亭区的泊子乡棉苗受灾最重，几乎绝产。果树 4.4 万亩落果率在 10%以上，减产 3500 万千克，其它经济作物受灾 1.12 万亩，损坏民房 150 间，折断树木 4 万多棵，直接经济损失 5000 多万元。

6 月 14 日下午 5 时 40 分前后，宁津县遭受风雹袭击，阵风 7 级，风雨夹着冰雹，持续时间 10 分钟左右，冰雹最大直径 3 厘米，农作物受灾面积 29 万亩，直接经济损失 2600 多万元。

6 月 16 日，东营、德州、临沂、滨州、日照、济宁 6 地市的 16 个县区遭风雹袭击，农作物受灾面积 75.66 万亩，经济损失 1.09 亿元。

6 月 16 日下午 3 时 30 分前后，夏津县又一次遭受严重雹灾。冰雹持续 10～20 分钟。14 个乡镇 217 个村庄受灾，面积达 31.5 万亩，受灾较重的白马湖等 6 个乡镇，降雹时地面全被雹粒覆盖。并伴有 7 级大风。

6 月 22 日，聊城、德州、滨州、东营、济南、淄博、潍坊 7 地市的 16 个县遭狂风、冰雹袭击，农作物受灾 148.78 万亩，经济损失 1.29 亿元。

6 月 29 日下午 3 时 15～50 分，宁津县遭到暴雨、大风、冰雹袭击，降水量全县平均 30 毫米，最大雨量 77 毫米，阵风 9 级以上，降雹持续时间 15 分钟左右，冰雹大的如鸡蛋，一般的似小枣，小的似玉米粒，密度是本年度最大的一次。全县普遍受灾，灾情较重的是东部和南部的 18 个乡镇，直接经济损失 3000 万元。

6 月 29 日下午 4 时 10～30 分，乐陵市王集乡有 11 个村遭受冰雹袭击，降雹持续时间 20 分钟，受灾面积 46000 亩，其中重灾 20000 亩，伤 26 人，造成经济总损失 321 万元。29 日 18 时 05～13 分，博兴县庞家、城关、陈户 3 乡镇遭受了冰雹袭击，降雹范围虽小，强度极大，为博兴县 1993 年以前所未有。冰雹最大直径 5 厘米，受灾面积 15.34 万亩，重灾 15.01 万亩，灾区作物多数减产，西瓜无一能吃，直接经济损失 6331 万元。

平原县共发生 4 次雹灾，分别出现在 5 月 24 日、6 月 16 日、6 月 22 日和 7 月 8 日，总计受灾面积 33.8 万亩，经济损失近亿元，其中 6 月 22 日灾害最重，王打卦、恩城、炉坊、王庙、苏集、寇坊 6 个乡镇冰雹最大直径 20 毫米，风力 8～10 级，受灾面积 9.4 万亩，其中棉花 4.4 万亩、粮田 2 万亩、瓜菜 1.5 万亩、果园 1.5 万亩，5140 颗树木被折断、吹倒，有的连根拔起，损坏房屋 991 间，吹走小麦 57.5 万千克，直接经济损失 7500 万元。

7 月 8 日，临邑县临南、临盘、城关、赵家、孙安、孟寺、田口、兴隆、营子、李家、林子、宿安、沙河13个乡镇遭风雹袭击，受灾面积47万亩，折断树木8.4万棵，倒塌院墙4.2万米，刮倒高压线杆、广播线杆223根。胜利油田钻探公司两座近百万元井架被刮倒。

7月8日晚至9日凌晨，庆云县3次遭受龙卷风和冰雹袭击。第一次在19时50分至20时30分，第二次在23时15～40分，第三次在23时45分至0时30分。降雹时风力8～9级、阵风11级，冰雹一般大似核桃，小似小枣。全县受灾人口25.3万人，并出现人畜伤亡，受灾面积35万亩，成灾21万亩，重灾15万亩，绝产8万亩，其中，玉米、大豆等作物绝产5万亩，倒折树木15万棵，结果枣树减产30%～50%的60万棵，绝产的20万棵；果树减产30%～50%的40万棵，绝产的10万棵；折断通讯、电力线杆230根，23条输变电线路和一些通讯线路断线，造成全县停电24小时。由于树木倒伏折断，205国道10余处受阻长达9小时，损坏房屋6400间、院墙4.2万米，全县30处窑厂损坏砖瓦坯2400万块，死伤畜禽2100头（只）。据初步统计，以上各项损失约1亿元。

8月18日，安丘、诸城、长清、无棣、沾化、鄄城、高唐、临清、茌平、庆云、齐河、肥城、文登13个县市遭风雹袭击，农作物受灾面积19.03万亩，经济损失3220万元。

8月31日至9月2日，莱芜、菏泽、滨州、德州、潍坊、聊城、烟台、济宁、临沂、东营、青岛11市地的23个县、区遭风雹袭击，农作物受灾面积79.95万亩，经济损失9000万元。

9月8～13日，沾化、滨洲、惠民、广饶、招远、栖霞、芝罘、牟平、文登、荣成、冠县11个县区遭冰雹袭击，农作物受灾面积25.82万亩，经济损失6500万元。

1994年 4月27日至5月2日，滨州、日照、潍坊、济宁、泰安、青岛、临沂、烟台、聊城、枣庄10市地27个县区遭风雹袭击，农作物受灾面积220.32万亩，经济损失3.5亿元。

4月28日，高空低涡横槽、地面冷锋过境，造成雷雨、大风、冰雹天气。18时10～13分、21～25分、39分，泰安降雹8分钟，直径1厘米左右，大的2～3厘米，积雹厚度1厘米左右，严重的2～3厘米，日降水9.2毫米。泰安市郊区11个乡镇受灾，4个乡镇受灾严重，成灾面积20万亩，其中小麦5.5万亩、果树6万亩、地瓜、桑园、花生4万亩、蔬菜4.5万亩，经济损失6490万元，人畜无伤亡。4月28日下午17～19时，昌乐、临朐、高密3县10个乡镇降雹并有不同程度的灾情。昌乐县4月28日下午19时20～30分，该县南部唐吾、漳河、北唐吾和红河等8个乡镇出现雷雨天气并伴有冰雹，大小如玉米粒，除朱汉、北展都等3乡镇无灾外，其它乡镇均有灾情，全县农作物受灾面积39500亩，其中小麦18000亩、棉花和黄烟5600亩、瓜菜5800亩，另有果园、桑园受害面积10100亩。临朐县柳山镇4月28日19时45～55分降雹，最大直径2厘米，作物受害面积47290亩，其中小麦28900亩、西瓜4500亩、白菜种450亩、烟苗6040亩，另有果树6700亩、桑园700亩。高密县张鲁乡4月28日下午17时20～35分降雹，最大直径2厘米，受灾面积，棉花4000亩、蔬菜5000亩、花生1000亩、果园2000亩。

5月9～10日，招远、莱州、牟平、安丘、临朐、莒县、沂源、临沭、沂水、莒南、沂南、费县、郯城、苍山14县、市遭大风、冰雹袭击，农作物受灾面积54.76万亩，经济损失 8800 万元。

7 月 2～4 日，滨州、潍坊、济南、枣庄、泰安、聊城、临沂、济宁、东营、德州 10 市地的 19 县遭风雹袭击，农作物受灾面积 117.74 万亩，经济损失 1.4 亿元。

9 月 29 日至 10 月 3 日，文登、乳山、环翠、胶州、胶南、即墨、黄岛、崂山、莱西、栖霞、昌乐 11 个县、区遭风雹灾害，农作物受灾面积 4.3 万亩，经济损失 1.56 亿元。

10 月 3 日下午潍坊市昌乐、安丘、诸城 3 县、市遭受大风冰雹袭击，17 个乡镇受灾，受灾面积 22.939 万亩，其中果园 5.465 万亩、蔬菜 4.274 万亩、棉花 7.08 万亩、桑园 0.33 万亩、其它作物 5.79 万亩，共计经济损失 5757.25 万元。这次雹灾强度大，持续时间长，冰雹最大直径 3 厘米，降雹持续时间 10～20 分钟，积雹最大厚度 2 厘米以上。

1995 年　6 月 17 日 18 时前后，菏泽牡丹区东自安兴，西至李村 13 个乡镇遭冰雹、暴雨、大风的袭击。灾情重的乡镇有黄堽、都司、候集、胡集、小留、白虎、马村、李庄、高庄，平均降雨量 32 毫米，最大点降雨量 65.4 毫米，风力 8 级，降雹持续 8～20 分钟，最大冰雹直径 2 厘米以上。受灾面积 32.5 万亩，绝产 6.3 万亩，经济损失 1.5 亿元。

6 月 22 日 20 时 15～30 分、23 日 6 时 25～40 分、24 日 16 时前后，庆云县徐园子、大胡、严务、崔口、常家 5 个乡镇，3 天先后三次遭受冰雹；后张、东辛店两乡镇先后两次，降雹时伴有风力 8～9 级、阵风 10 级大风，风雹来势迅猛、风力大、持续时间长、危害大，冰雹大如核桃，小如小枣，地面积雹 3 厘米。成灾面积 8.1 万亩，180 万棵各类果树绝产，112 万棵用材林刮折，死亡 1 人，伤 250 多人，死伤家禽 6000 多只，经济损失 1 亿零 8 万元。6 月 22 日 20 时 30 分至 23 日 08 时，受蒙古国乌兰巴托东部低涡东南移影响，沾化县古城镇、泊头镇、永丰乡、下洼镇、冯家镇、流钟乡、黄升乡等先后遭受冰雹袭击，降雹时伴有强降水和 10 级以上大风，农作物受灾面积 17 万亩，其中棉花 11 万亩，绝产 4 万亩，春玉米 2 万亩，大豆 1 万亩，果园、蔬菜 2.5 万亩；毁坏房屋 1000 余间，倒塌院墙 3000 米；毁坏树木 1800 棵。直接经济损失 5000 万元。

6 月 22 日 23 时 50 分前后，寿光市北部的卧铺、杨庄、道口、大洼、岔河、侯镇 6 个乡镇受风雹袭击，降雹持续 5 分多钟，冰雹密度大，最大直径 5 厘米，最大风力 10 级以上，这次大风和冰雹使 6 个乡镇的 150 多个村程度不同地遭受损失，据不完全统计，全市作物受灾面积 9.3 万亩，其中棉花受灾 5 万亩，绝产 3 万亩，大豆受灾 5400 亩，绝产 1000 亩；果园受灾面积 1.9 万亩，落果率在 20%～30%，损坏房屋 595 间，刮倒电线杆 52 根，损坏、刮倒树木 1 万多棵，死亡 1 人。直接经济损失 4035 万元。

6 月 22～24 日，东营、河口、广饶、垦利、利津、滨州、无棣、沾化、庆云、德城、禹城、平原、陵县、临邑、齐河、武城、寿光、青州、临朐、高青、桓台、临淄、张店、周村、淄川、聊城、冠县、莘县、招远、商河 30 个县市区的 100 多个乡镇先后遭受暴风雨和冰雹袭击，造成惨重损失。部分重灾区连续数次受灾，暴雨狂风肆虐，雹粒最大的超过 6 厘米，农作物被砸成光秆，瓜果被砸烂，成材树木被连根拔起，房屋被揭瓦揭顶，电力、通讯线路中断，许多群众被砸伤，有的致死、致残，灾区一片狼藉。棉花、玉米、大豆、瓜果蔬菜等农作物受灾面积达 23.57 万公顷，重灾面积 17.7 万公顷，其中需翻种、改种的有 3.52 万公顷；倒折各类成材树木 183.58 万棵，毁坏塑料大棚近万个，倒折线杆

3000余根，中断供电、通讯线路600多千米；因灾伤6610人，重伤100余人，死亡2人。直接经济损失达15亿元。

6月23～24日，博兴县连续出现降雹天气，23日凌晨0时1分至5时10分，纯化、闫坊、陈户、寨郝、湖滨、曹王、博兴等乡镇自东北向西南先后遭受风雹袭击，降雹时伴有8级以上大风，最大冰雹直径2厘米，降雹持续时间达5～10分钟，全县农作物受灾面积达40万亩，成灾15万亩。由于人工增雨防雹高炮及时实施了消雹作业，灾情得到了控制，没有造成毁灭性的损失。

6月24日16～18时，受北纬45度、东经120度低涡东南移影响，沾化县遭受冰雹袭击，降雹期间伴有大风，最长持续时间20分钟，冰雹直径1～4厘米。据政府调查统计，重灾区有下洼镇、冯家镇、永丰乡、李家乡、泊头镇、富国镇、黄升乡等。全县农作物受灾面积65万亩；刮坏树木1000万棵，毁坏房屋15万间、院墙80万米，刮断电线杆500根；250万千克小麦被风卷走。直接经济损失2亿元以上。

6月24日16时07～20分，德州市德城区遭受冰雹袭击，全市6乡140个自然村受灾。冰雹小如玉米粒，大如乒乓球，最大直径60毫米，农田积雹深10厘米，732人受伤，其中，3人重伤，2人死亡，砸伤大牲畜517头，损坏房屋2.75万间，农田27.07万亩受灾，造成德城区经济损失3.5亿元。6月24日17时，冰雹大风袭击德州禹城市，其中来丰、张集、张庄、城关等乡镇受灾严重，雹粒小如枣，大如核桃，直接经济损失过亿元。6月24日下午17时和6月26日下午14时30分，平原县6乡镇78个村庄遭受风雹袭击，冰雹直径10～20毫米，持续时间15～30分钟。两次受灾总面积32.8万亩，其中棉花6.8万亩、玉米1.4万亩、果树2.6万亩、瓜菜20万亩，100间房屋后檐瓦被吹掉，200多个大棚受损。两次灾害直接经济损失2700万元。

7月1日，汶上、梁山、兖州、曲阜、泗水、邹城、东平、莘县、阳谷、蒙阴、平邑、临沭等13个县市、86个乡镇、2100多个村庄遭受特大暴风和冰雹袭击，部分灾区还伴有龙卷风，最大风力10级以上，雹粒直径一般在3～5厘米，降雹持续20分钟，造成严重人员伤亡和财产损失。农作物受灾面积19.78万公顷，成灾面积15.53万公顷；损坏房屋185347间，倒塌房屋17365间，倒塌围墙22万米；倒折树木102.4万棵；部分重灾县市交通、供电、供水和通讯等全部或部分中断。有26人死亡，274人受伤，直接经济损失23.2亿元。

8月13日13时30分至4时35分，寿光南部和寒亭北部7个乡镇遭受大风、冰雹袭击，寿光受灾的乡镇有城关、胡营、孙集、留吕4乡镇，寿光市大家洼镇雷击死亡2人，寿光气象局气象警报发射机和远程微机终端被雷击。寒亭受灾的乡镇有泊子、南孙、高里3个乡镇。农作物受灾面积6.254万亩，其中夏玉米4.12万亩，绝产1200亩，棉花1.578万亩，绝产1015亩；大豆受灾1880亩。果树受灾5255亩，损坏房屋2135间、围墙700米，刮倒树木6910棵，损坏瓜菜棚44个、鸡棚14个、电线杆22根、电线8855米。两市区共计经济损失5082万元。

1996年　5月19日下午4时30分至5时30分潍坊市寿光、寒亭、青州、昌乐、潍城、安丘、诸城等9县市区先后降雹并伴有大风，最大风力7～9级，阵风10级。市人工降雨办公室及时组织了人工消雹作业。这次降雹虽区域范围大，但成灾面积小。据初步了解，城市受灾较重，受灾的乡镇有吕标、马庄、城关、程戈庄、皇华、山东头、桃头、箭口、万家庄 9 个乡镇、167 个村庄，冰雹持续 5～10 分钟，吕标、山东头连续降了两次冰雹，雹粒大如核桃，小如玉米粒，重灾小麦倒伏、黄烟叶片全部被砸掉。全市受灾面积 9.652 万亩，其中冬小麦 4.86 万亩，减产 5%～10%、黄烟 1.92 万亩，每亩约损失百元以上、棉花 1.31 万亩、果园 7500 亩、蔬菜 5000 亩、春地瓜 2500 亩、春玉米 620 亩，共造成经济损失 1503 万元。

莱州、青州、诸城、寒亭、平度、莱西、蓬莱、胶南 8 个县市区遭受大风、冰雹灾害。诸城市吕标、马庄、城关、程戈庄、皇华、山东头、桃林、箭口、万家庄 9 个乡镇、167 个村遭风雹袭击，风力 7～9 级，局部 10 级以上，降雹持续5～10分钟，冰雹大如核桃，小如玉米粒，大面积小麦严重倒伏，黄烟叶片被砸光。全市农作物受灾面积 6400 公顷，其中小麦 3240 公顷，棉花 870 公顷，果园 40 公顷，蔬菜 330 公顷。刮倒树木 2 万余棵。直接经济损失 1503 万元。6 月 13 日下午 15 时 30 分至 18 时，潍坊市寿光、青州、昌邑、诸城、寒亭、坊子、高密、安丘、昌乐、潍城 10 个县市区共计 50 多个乡镇，先后遭受暴风雨和冰雹袭击，其中青州、寿光、昌邑、诸城、寒亭受灾较重。最大风力 8～10 级，阵风 11 级，冰雹最大密度每平方米约 5000 粒，冰雹直径 0.5～3.5 厘米。大部灾区小麦倒伏严重，房屋倒塌，树木折断，村庄停电，人员受伤。据初步统计，全市受灾总面积 93.9 万亩，其中小麦倒伏 64.8 万亩，平均减产 2 成以上，损失小麦 0.5 亿多千克，受灾瓜菜 7.42 万亩、果园 8.28 万亩、黄烟 3.8 万亩、棉花 3 万亩，刮倒树木 31 万棵，折断电线杆 3100 多根，部分电力设备被损坏，受伤 1000 多人，其中重伤 54 人，死亡 1 人。这次大风、冰雹灾害范围之广、强度之大、损失之重都是近年来所罕见的，据市政府统计，共造成经济损失 6.3 亿元。

7 月 1～2 日，栖霞、牟平、招远、海阳、莱阳、芝罘、福山、莱山、乳山、即墨、莱西、胶州、平度、高密、博山、淄川、齐河、德城、高唐、莱城等 22 个县市区遭暴风雨和冰雹袭击。农作物受灾面积 8.0734 万公顷，直接经济损失 17.49775 亿元。7 月 2 日 4 时 10 分至 5 时 55 分，平度市万家镇和胶州市苑戈庄镇等 16 个村 6.5 万亩农田遭受冰雹灾害，其中 1.2 万亩绝产，冰雹最大直径 30 毫米，刮倒树木 7599 棵、电线杆 837 根、房屋 590 间，2 人受伤。

7 月 5～6 日，德州陵县降冰雹，9 个乡镇受灾，受灾面积 15 万亩，其中重灾 12 万亩，绝产 8 万亩，直接经济损失 1 亿元。

7 月 6 日，德城、平原、邹平、安丘、高唐、茌平、冠县、聊城、临清、博山、沂源、平邑 12 个县市区遭受大风、暴雨、冰雹袭击。农作物受灾面积 5.35 万公顷，其中重灾 2.89 万公顷，损坏、倒塌房屋 9260 间，直接经济损失 5.7935 亿元。临邑县临南、林子、宿安、田口、沙河、李家、孟寺、兴隆、赵家、临盘 10 乡镇遭风雹袭击，受灾面积 14.45 万亩，刮倒树木 65360 棵，倒、损房屋 3149 间、院墙 7276 米，受灾果树 3100 棵（临南镇价值 30 多万元的菜市场大棚全部倒塌），砸死牲畜 20 头、猪 126 头，经济损失达 3500 万元。

7 月 20 日，寿光、武城、夏津、沾化、阳谷、茌平、聊城、莘县、台儿庄等县市区遭风雹、暴雨袭击，局部成灾。其中，寿光县的 4 个乡镇遭风雹灾害，农作物受灾面积 1130 余公顷，林果受灾 140 公顷，蔬菜受灾 106 公顷；刮倒树木 3550 棵；倒塌房屋 570

间。直接经济损失1160万元。沾化县的下河、河贵、农场、利国和齐圈5个乡镇遭严重风雹灾害袭击，最大风力10级以上，冰雹大如核桃，小如玉米粒，持续时间长达30分钟。农作物受灾面积7000公顷，其中重灾6660公顷，1330公顷被砸光需返种；损坏房屋1130间，倒塌44间，倒塌院墙1150米，倒折树木4436棵、线杆126根，伤3人。直接经济损失2090万元。

8月16日，莱芜莱城区的方下、牛泉、高庄3个镇13个村庄遭受冰雹袭击。降雹持续时间15分钟，大如鸡蛋，小如枣，地面积雹平均3厘米。全市农作物受灾面积4500亩，绝产2900亩，死亡1人，总经济损失2420万元。

1997年 4月28日，章丘、历城、周村、淄川、张店、临淄、高青、邹平、安丘、临朐、昌乐、临邑、五莲、莒县、东港、胶州、胶南、莘县、沂南、沂水20个县市区不同程度地遭受暴风雨、冰雹和龙卷风袭击。农作物受灾面积5.75万公顷，成灾面积1.15万公顷，其中，绝产面积1150公顷；损坏房屋44007间，倒塌583间；倒折树木67.7万棵、输电、通讯线杆913根；因灾死亡1人，伤2人。直接经济损失2.5亿元。

5月5～6日，莒南、蒙阴、沂南、泗水、金乡、汶上、曲阜、邹城、任城、泰山区、泰安市郊区、新泰、东平、宁阳、菏泽、巨野、成武、东明、单县、郓城20个县市区分别遭受暴雨、大风、冰雹或龙卷风袭击。农作物受灾面积8.28万公顷，成灾面积6.93万公顷，绝收面积6240公顷；损坏房屋3855间，倒塌30间。因灾死亡2人，伤3人。直接经济损失超过2亿元。

5月25日17时，菏泽市牡丹区的李庄、高庄、吴店、杜庄等10个乡镇遭冰雹、大风袭击。冰雹大如核桃、小如黄豆，并伴有7级大风，致使20万亩小麦倒伏，7万亩棉花叶茎被砸烂、打断，近4万亩果树的果实被打落，倒塌房屋12间，损坏房屋64间，减产粮食2万吨。

5月26日，东港、莒县、莒南3县、区的18个乡镇遭冰雹袭击，降雹持续10多分钟，雹径最大5厘米，农作物受灾面积2.75万公顷，成灾面积1.38万公顷，其中果园受灾面积730公顷，损失果品510万千克。直接经济损失1.13亿元，

5月29日，山亭、枣庄市中、滕州、微山、汶上、泗水、曲阜、兖州、泰山、宁阳、东平、肥城、泰安郊区、莱城、莘县15个县市区遭大风和冰雹袭击。受灾人口96.98万，成灾人口64.78万；农作物受灾面积91.35万公顷，成灾64.36万公顷；损坏房屋9174间，倒塌20间；倒折树木28.7万棵、电线杆917根，毁坏电力、通讯线路15万米；3人因灾死亡，16人受伤。直接经济损失3.2亿元，其中农业经济损失2.5亿元。

1998年 4月22日15时40～57分，济阳县的索庙、稍门、垛石等乡镇降冰雹，冰雹大的如鸡蛋（4厘米）、小的如黄豆，持续时间达17分钟。这次降雹全县总受灾面积14万亩，其中重灾8万亩、轻灾1.4万亩、绝产4.6万亩（小麦2.5万亩，西瓜0.8万亩，蔬菜1万亩，果树0.3万亩），小麦被砸折，个别的砸平，西瓜拱棚薄膜被击穿，瓜秧损坏，果树砸掉树叶，受灾以索庙乡最重。

6月16日15～17时，受高空低涡影响潍坊市青州的五里、支河，临朐县的嵩山、五井、冶源、寺头、吕匣、九山、白沙、沂山、石家河、纸坊共12个乡镇遭受冰雹袭击。

降雹持续时间 10 分钟，最大冰雹直径 5 厘米，最大积雹厚度 5 厘米。两县市受灾较重的村庄 169 个，受灾农作物 6.7 万亩，其中 1 万亩已收割小麦被冲淹、1.2 万亩佛手瓜、1 万亩蔬菜、1.5 万亩黄烟被砸断、砸毁、2 万亩春玉米绝产。受灾果树 8.6 万亩，落果率达 60%以上，其中 2500 户的果树绝产。冰雹砸毁树木 2 万余棵、民房 150 间，估计两市县经济损失 3750 万元。

6 月 18 日 14 时 30 分前后，受高空低涡影响，宁津县张大庄、田庄、长官、大柳、常洼、张学武、杜集、孟集、柴胡店 9 个乡镇遭受冰雹灾害，农作物受灾面积 17 万亩，重灾 7.5 万亩（基本绝产），造成经济损失 2 亿元。

8 月 30 日 14 时 30 分至 15 时，肥城桃园、仪阳、湖屯等 8 个乡镇遭风雹袭击，阵风 8～9 级，冰雹最大直径 40 毫米，共有 10 万亩农田受灾，损坏大棚 200 个，刮倒树木 3000 棵。经济损失 7000 万元。受高空低涡影响，宁津县保店、大曹、小店、张宅、相衙镇等乡镇遭受冰雹灾害，全县农作物受灾面积 20 万亩，其中绝产 3.5 万亩，减产 5 成以上的 7 万亩，造成经济损失 6800 万元。

1999 年　5 月 9 日 15 时至 16 时 30 分，肥城仪阳、过村、边院、汶阳等乡镇的 11 个自然村遭大风、冰雹袭击，大风、冰雹天气持续 30～50 分钟，最大风力 8～10 级，冰雹直径 4～6 毫米，最大达 40 毫米。受灾人口 5 万，成灾人口 2 万，重灾 0.6 万，伤 3 人，死亡 1 人。倒塌民房 25 间、院墙 1000 米，刮倒树木 1400 棵，刮断电力、电话线路 13000 米，损坏配电室 1 个，农作物受灾面积 4000 公顷，成灾 2000 公顷，绝产 260 公顷。经济损失达 1420 万元。

5 月 9 日下午，受高空槽影响，潍坊市大部分县市遭受大风、冰雹袭击，全市降小到中雨，平均雨量 10.3 毫米，冰雹最大直径 10 毫米，持续时间 2 分钟，同时伴有 8 级以上的阵风，高密市西南部的方市乡和安丘市的 23 个乡镇受灾。高密受灾面积 2.1 万亩，其中小麦 1.6 万亩，棉花 1000 亩，黄烟 4000 亩，估计减产 3～4 成，损失在 10 万元左右；安丘市毁坏大棚 7086 个、大小弓棚 6640 个，小麦倒伏 11529 亩，损坏果园 868 亩，毁坏树木 21276 棵，刮坏房屋 1300 多间，倒塌 4 间，毁坏电力、通讯电路 3100 米，经济损失 2010 万元。

5 月 25 日，临邑县宿安、李家、孟寺、孙安、沙河、临盘、临南、城关 8 乡镇出现雷雨、大风、冰雹天气（其中孟寺、孙安、城关灾情较重），受灾总面积 11.5 万亩，经济损失 3089 万元。

6 月 18 日下午，受东北冷涡影响，潍坊市临朐、昌乐、诸城、高密 4 县、市相继遭受冰雹袭击，降雹持续时间 15～20 分钟，最大冰雹直径 5 厘米。受灾面积 7.1 万亩，其中受灾较重的有黄烟 1.72 万亩、玉米 1.3 万亩、西瓜 9500 亩、花生 7500 亩、蔬菜 3500 亩、苹果 7000 亩，估计经济损失 3500 万元。

6 月 20 日，受高空冷涡及地面横槽共同影响，泰安市出现雷雨大风冰雹天气，风力 8 级以上，极大风速 11 级，冰雹最大直径 3 厘米，持续 20 分钟，同时伴有降水 37.2 毫米。泰安市郊区山口、范镇、角峪、化马湾、马庄、道朗、天平、夏张、粥店等 10 个乡镇受灾，果树受灾 4.8 万亩，绝产 2000 亩，损失果品 2750 万千克，玉米受灾面积 6.85 万亩，8500 亩春玉米基本绝产，2200 亩棉花基本绝产，倒折树木 2.4 万棵，刮倒电力和通信线杆32根，死亡1人。直接经济损失5000万元。

2000年 5月18日15时前后，受高空冷涡和渤海低压影响，龙口市丰仪、七甲、下丁家3镇和东江、石良镇部分地区出现冰雹，降雹持续时间约20分钟，冰雹平均直径1厘米，最大直径5厘米，最大积雹厚度13厘米，使果树遭受重大伤害，全市果树受灾面积5800公顷，水果减产8.5万吨，直接经济损失6500万元。

6月9日，凌晨1时50分至3时，胶州市苑戈庄、胶西、南杜村、九龙、洋河、董城6个乡镇遭受大风冰雹袭击。冰雹路径自西北向东南，持续时间20～30分钟，冰雹最大直径60毫米，最大密度3000粒/平方米。全市农作物受灾面积13.9万亩，损毁房屋及蔬菜大棚等，累计损失4360万元。同时遭受这次冰雹天气影响的还有平度市和胶南市部分乡镇，亦出现了灾情。

10月4日19时许，受高空冷涡影响，龙口市开发区海岱镇、大陈家镇、芦头镇及下丁家镇、田家、黄山镇6镇115个村遭受冰雹袭击。冰雹最大直径4厘米，地面积雹厚度3～4厘米，降雹时间15分钟左右，冰雹砸坏水果、蔬菜，击碎民房玻璃，砸坏塑料大棚，果品受损490万千克，蔬菜受损1200亩，房屋受损6200间，玻璃破碎1.5万平方米，倒塌院墙98米，损坏蘑菇大棚32个、蔬菜大棚20个、鸡棚11个，倒树465棵，倒电线杆54根。据市民政局统计，全市果园受灾面积3.27万亩，蔬菜受灾面积2.8万亩，直接经济损失7800万元。

第五章　寒潮与低温冻害

第一节　概　　述

寒潮是指来自极地或寒带的大规模强冷空气暴发，向中纬度或低纬度侵袭，其主要天气特点是影响范围广、剧烈的降温和偏北大风、时常伴有雨雪天气，造成低温严寒和霜冻，主要发生在秋末、冬季和春初。寒潮与低温冻害是冬半年影响山东的重大自然灾害，它能导致河港封冻，交通中断，威胁海上作业安全；春季寒潮霜冻有时冻伤小麦、果树花蕊和早春作物幼苗，造成减产，晚春的寒潮有时还伴有雷暴和冰雹等灾害天气；秋季寒潮带来的低温和霜冻，能造成晚秋作物减产或绝产；冬季寒潮可冻死作物、树木，冻伤和冻死人、畜，影响交通和冬季施工，引发黄河凌汛灾害等；寒潮大风是诱发沿海风暴潮灾害的主要气象因素之一。

一、寒潮

（一）寒潮的标准

山东对寒潮规定的标准是：全省 17 个市中有 8 个以上的市最低气温低于或等于 3℃，过程降温大于或等于 10℃，沿海海面有 7 级以上偏北大风时为寒潮；冷空气影响使全省有 6 个以上市，最低气温降到 3℃或以下，过程降温大于 8℃，沿海有 7 级以上偏北大风时为强冷空气。这里的过程降温是指冷空气影响前的最低气温与影响后的最低气温之差。

（二）山东寒潮概况及其天气特点

1. 影响山东的寒潮出现概况

据 1971 年秋至 1981 年春资料统计，山东共出现寒潮 29 次，平均每年度 2. 9 次。最多为 1979—1980 年度，共出现 6 次；最少是 1977—1978 年度，没有出现寒潮。按季节划分，秋季出现 10 次，冬季出现 13 次，春季出现 6 次。寒潮影响山东的时间一般从 10 月下旬开始，至次年 4 月中旬终止。

表 5.1　冬半年各月、旬影响山东的寒潮次数

月	10			11			12			1			2			3			4			合　计
旬	上	中	下	上	中	下	上	中	下	上	中	下	上	中	下	上	中	下	上	中	下	
旬平均			0.3	0.4	0.2	0.1	0.2	0.1	0.1		0.1	0.6		0.1	0.1	0.1	0.2	0.1	0.1	0.1		2.9
月平均	0.3			0.7			0.4			0.7			0.2			0.4			0.2			2.9

2. 寒潮天气特点

寒潮影响时降温幅度 1971—1980年间，在影响山东的28次寒潮过程中，各地平均过程降温幅度在9.2℃～12.5℃。鲁南、鲁西南和山东半岛地区降温幅度较小，在11℃以下，其中烟台和威海两市因受海洋影响明显，降温幅度最小，在10℃以下；其它地区均在11℃以上，济南市和泰沂山区最大，在12.0℃～12.5℃。

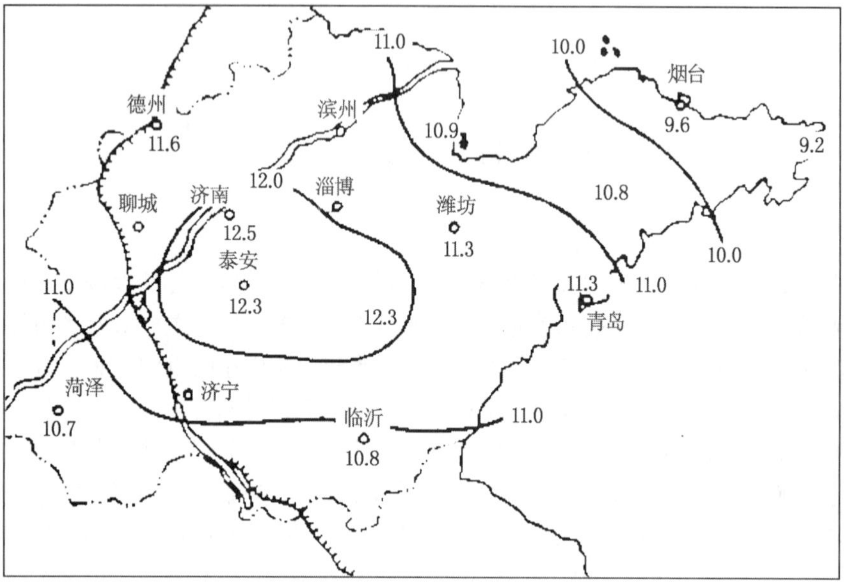

图5.1 山东寒潮过程平均降温幅度分布（1971—1980年）（单位:℃）

寒潮影响时北大风出现几率 寒潮影响山东时，北部沿海海面都能出现7级或以上偏北大风，南部沿海均可出现6～7级或以上大风，山东半岛内陆地区都能出现6级或以上大风，其它内陆地区出现6级或以上大风的几率较低，约为60%。

表5.2 山东各区域各级寒潮大风出现次数和几率（%）（1971—1980年）

风力（级）/区域	6	6～7	7	7～8	8	8～9	9	9～10	10	合计	几率
北部沿海			4	7	9	6	1	1		28	100
南部沿海		1	5	7	5	4	5		1	28	100
山东半岛内陆	5	10	7	4	2					28	100
鲁北内陆	9	5	3		1					18	64
鲁南内陆	10	5	3							18	64

寒潮影响时降水出现几率 寒潮影响山东时，多数都有降水。各地出现降水的几率不同，以鲁北地区最大，鲁中和山东半岛次之，鲁东南和鲁西南最小。过程降水量以小雨（雪）为最多，但中—大雨（雪）也占相当大的比重，特别是山东半岛地区，寒潮影响造成中雨（雪）以上降水几率达54%。

表 5.3　寒潮影响时山东各区域各级降水出现几率（%）（1971—1980 年）

项目 区域	无雨（雪）	小雨（雪）	中雨（雪）	大雨（雪）
鲁　　北	7	64	7	22
鲁 西 南	25	36	18	22
鲁　　中	11	54	14	22
鲁 东 南	21	54	11	14
山东半岛	14	32	36	18

（三）影响山东寒潮冷高压的移动路径和寒潮天气过程

1. 寒潮冷高压的路径

寒潮冷高压的移动路径，可以近似地表示冷空气的活动路径，寒潮冷高压大都来自 110^0E 以西，经蒙古西部到贝加尔湖以西地区，然后再向东南移动影响我国。1971—1980 年冬半年影响山东的 28 次寒潮，有 27 次是冷高压经过上述地区南下的。寒潮冷高压的移动路径有四条：

西北路　冷高压自新地岛以东的喀拉海向东南移到蒙古西部，或从欧洲北部经过乌拉尔山北部进入西西伯利亚平原到蒙古西部，然后经蒙古、华北影响山东。高压路径大多是西北—东南向，少数是自蒙古东移经东北平原南下影响山东。

北路　冷高压自太梅尔半岛向东南移到蒙古西部，然后经蒙古东部到东北平原南下影响山东。

西路　冷高压从欧洲南部东移，经我国新疆北部或蒙古西部，沿河西走廊、河套地区东移影响山东，或从蒙古西部向东南移动，经河套北部影响山东。

东路　冷高压自西伯利亚东部向南偏西方向移动，经贝加尔湖以东、蒙古东部和我国东北地区南下影响山东。这类冷空气出现次数少，但因冷空气源地特别寒冷（多在被称为“冷极”的雅库茨克附近），且距山东较近，所以影响时降温特别剧烈。

2. 寒潮天气过程

影响山东的寒潮天气过程大致可分为三种类型。

经向型寒潮：经向型寒潮也称第一类寒潮，是由不稳定的短波槽发展引起的强冷空气暴发。通常，高空不稳定小槽最初出现在格陵兰以东的洋面上，南下过程中不断发展，最后成为亚洲东岸的一个大槽。从不稳定小槽出现到寒潮暴发影响山东，一般需要 5～7 天，亚欧环流由纬向型转为经向型。冷空气的源地在格陵兰以东洋面，经常取西北路径，经过关键区（45^0N～60^0N、75^0E～105^0E 地区）南下。寒潮过程的最初阶段，在乌拉尔山地区形成阻高或高压脊，亚洲中纬度环流平直，西风带偏北，东亚大槽平浅。当不稳定小槽东移到西伯利亚西部时，发展成为一个比较深厚的冷性低槽，槽后冷高压在西伯利亚及蒙古发展到极盛，中心强度通常可达 1060 百帕以上。寒潮影响山东前 36～48 小时，500 百帕等压面上亚洲中高纬度为一脊一槽，不稳定小槽已发展为东亚大槽移到贝加尔湖至蒙古中部，温度槽落后于高度槽，槽后冷平流强烈，极锋在 45^0N～50^0N 之间，锋区很强，可达 20℃/10 纬距。地面强冷空气就在高空西北气流引导下，迅速向东南暴发影响山东。

横槽型寒潮：横槽型寒潮亦称为第二类寒潮，是阻塞形势崩溃引起的强冷空气暴发。

在初始阶段，500百帕等压面上乌拉尔山为一东北—西南向的长波脊，贝湖到巴湖为一横槽，50^{0}N以南地区环流平直，多小波动东移。地面图上，整个欧亚大陆几乎全部为强大的冷高压所占据。从中亚经新疆到河西走廊，不断有小槽东移。一旦乌拉尔山高压脊上游有不稳定小槽出现，阻高崩溃，东亚横槽转竖，原静止于蒙古的冷高压向南移动，便造成一次强冷空气南下侵袭山东。此类寒潮的冷空气源地在西伯利亚东部或北冰洋上。一般取西北路径南下，但当横槽偏西时，冷空气主力经河西走廊从西路东移；横槽偏东时，冷空气则从北路侵入山东。这3条路径的冷空气都能在山东造成剧烈降温，且90%能造成山东降雨（雪）。横槽转竖之前，横槽前部锋区南压明显时，先影响鲁北和山东半岛地区，这时多出现东北大风、降温和迴流降水天气。

纬向型寒潮：纬向型寒潮的500百帕环流形势，既不像经向型那样从比较平直的环流发展为强的经向环流，也不像横槽型的阻塞高压破坏，经向度减小，而是在比较平直的环流形势下，有来自西方的冷高压活动，常伴有蒙古气旋发展，导致冷空气南下。冷高压强度变化不大，自西向东移动。此类寒潮的冷空气源地在冰岛以南的洋面上，冷高压途经欧洲南部、地中海、里海和巴尔喀什湖进入我国新疆或蒙古人民共和国，然后取西路或西北路侵入山东。由于冷空气路径偏南，长途跋涉，容易变性，影响山东时强度比前两类寒潮弱。

二、冻害

山东的低温冻害主要包括初（早）、终（晚）霜冻害和低温严寒冻害，是冬半年常见的一种气象灾害。

（一）低温冻害概况

山东的低温冻害记录可追溯到公元前，据《春秋》记载："鲁定公元年（公元前509年），鲁南地区，冬，十月，陨霜杀菽。"从该年至公元1368年（元至正二十八年）的1877年内，仅记有低温冻害35次，且记载的内容比较简略。明朝开始，记载明显增多，内容也较前详细。在明朝的277年中共记有低温冻害37次，平均7.5年1次。其中，较严重的低温冻害有：明景泰五年（公元1454年）春正月，山东大寒，大雪数尺，人畜冻死万计；明崇祯十三年（公元1640年）七月，莒州，霜，大饥；八月，曹县、定陶陨霜，秋禾尽枯；菏泽，八月陨霜杀荞，民大饥，……十二月，人相食；邹县，八月陨霜，九月水冰，人相食。清朝、民国时期的305年间，共记有低温冻害111次，平均2.7年1次。其中记述内容较多的为：清康熙三年（公元1664年）三月，蓬莱大雨，奇寒；四月二十三日，新城、邹平、阳信、长清、章丘、德平陨霜杀麦；四月二十四日，益都、高苑、博兴、宁津、东昌、庆云陨霜杀麦，时麦将成，霜过，有芒无粒；十二月，益都、寿光、昌乐、安丘、诸城大寒，人多冻死，莱州奇寒，树冻折殆尽。清康熙九年（公元1670年）冬，兖州、青州、登州、莱州四府属大雨雪，奇寒；十二月，邹平井冻；曹县冬月积雪盛寒，井水皆冻，从所未闻；滕县腊雷，大雪堕指，道有僵死者；益都、昌乐、安丘、诸城大寒，人多冻死；春三月，寿光民饥，冬大寒，井水冻，人多冻死。民国十七年（公元1928年），冠县陨霜杀谷，大饥，卖子女于它省者约千余口；四月三日，鲁北、半岛地区出现霜冻，济南地面最低温度达摄氏零下三点八度，青岛最低气温达摄氏零下零点四度，地面最低温度达摄氏零下三度；八月九日，馆陶夜降苦霜，年收不足三分；本境南乡多有鬻女于山西者，中产之家亦所难免，是年灾况南重北轻，正供分别蠲缓；八月，东明、东阿严霜骤降、杀禾稼，重生苗禾凋谢无遗，岁不登，天灾、兵患，民不堪命灾。

1949 年新中国建立以来，关于低温冻害的记录完整、翔实。据灾情资料统计，1949—2000 年，其中有 41 年山东出现了不同范围的低温冻害，占总年数的 79%。其中，终霜冻灾出现 36 年，发生几率为 69%；初霜冻灾出现了 20 年，发生几率 38%；低温严寒冻灾出现了 11 年，发生几率 21%。较严重的低温冻害能够造成重大的经济损失，例如，1993 年 11 月 14 日 06 时至 21 日 06 时，山东省出现了阴雨连绵骤然降温的特殊冻害天气。最初全省出现大雾弥漫天气，中午时分从雾天转为阴雨天，雨天发展到雨夹雪天气，继续发展为中到大雪，局地暴雪。20 日转晴，气温骤然下降，白天最高气温为 9℃，到夜间最低气温低达 -19℃，一昼夜温差达 28℃，从降温角度讲为一次特强的寒潮天气。根据近百年的记录和当地群众反映，这次秋末时节出现的特强冻害是近百年来从未有过的，给蔬菜、果树、林木等造成严重破坏，损失巨大。据初步测算，仅聊城地区，这次特大冻害经济损失在 10 亿元以上，就全省而言，这次特大冻害，估计经济损失达 30 亿元以上。

（二）霜冻灾害

霜冻灾害是指作物生长季节，地面温度降至 0℃以下，使作物受到冻害的现象。当空气湿度较大时，可在地面和作物叶面形成白霜；在湿度较小时，虽无白霜，也能使作物受到冻害，俗称“黑霜”。当某日地面最低温度≤0℃，无论是否出现了白霜，均作为一个霜冻日。入秋后第一次出现的霜冻，称作初霜冻；春季最后一次出现的霜冻为终霜冻。

1. 霜冻的危害

霜冻出现的早晚和强弱对农业的影响不尽相同。初霜冻早，将影响晚秋作物的结果成熟，造成严重减产甚至绝产，初霜冻越早、越强危害越大；终霜冻出现晚，特别是小麦拔节、果树开花、棉花等春播作物出苗以后出现的霜冻，能使小麦和果树花冻伤、春苗冻死或冻伤，其危害尤为严重，并且终霜越晚、越强，对农业的危害越严重。

据民政部门 10 年灾情统计，山东 1988—1997 年每年都有霜冻灾害发生，平均每年作物受灾面积 19.08 万公顷，1988 年最多，达 75.67 万公顷，1992 年最少，仅有 1.18 万公顷；平均每年成灾面积 9.06 万公顷，也是 1988 年最多，为 39.47 万公顷，1997 年最少，只有 0.32 万公顷。

农作物受霜冻危害不仅与霜冻的强度有关，而且与作物的种类及作物所处的生育期有密切关系。霜冻对作物的致灾因子：一是因为组织中结冰导致机械损伤使细胞脱水而致害；二是霜冻使作物细胞的结构和功能受到破坏并使生理、生化系列恶化，最后导致细胞死亡；三是霜冻使光合作用受阻，抑制了光能向化学能的转化，加重了霜冻危害；四是霜冻使农作物的根系对磷的吸收量显著减少，植物组织中的无机磷比例增加，使其失去了抗寒力；五是重霜冻对作物体内的蛋白质和铵的含量产生影响，使蛋白质降解，并出现铵的累积，导致对植物生理过程产生毒害作用。

山东霜冻灾害的主要特征：一是出现的范围广、面积大；二是霜冻往往与寒潮大风、降雪等天气并发，使危害程度加重；三是终霜冻出现的几率高、危害重。由于山东春季温度回升快，小麦返青生长、果树开花和春播作物出苗较早，如遇有强冷空气活动，在很短的时间内地面温度剧降至 0℃或以下，使农作物受到严重伤害。例如，1954 年 4 月 19～20 日，全省除文登外普遍遭受霜冻灾害，受灾面积 200 万公顷，成灾 19 万公顷，冬小麦被冻伤，部分地区棉苗被冻死，全省小麦减产20%～30%。

2. 初、终霜冻的形成

初、终霜冻都是受南下冷空气影响或控制时出现的，根据霜冻的不同成因可分为三种类型。

平流霜冻 由温度低于0℃的北方冷空气侵袭而引起霜冻。春、秋季北方冷空气暴发南下时常发生这类霜冻，并能连续几天出现。

辐射霜冻 春、秋季在受南下地面冷高压控制时，天气寒冷、晴朗、无风或微风，夜间由于地表面及农作物表面大量辐射出热量，致使近地面空气冷却，地面温度降至0℃或以下而发生霜冻。这类霜冻多在地面尚未变暖的早春或地面已经冷却的晚秋出现。

平流辐射霜冻 平流辐射霜冻是在冷空气平流和辐射降温的共同作用下形成的。产生这类霜冻时，南下的冷空气温度高于0℃，还不足以引起霜冻，但因为地面的辐射冷却作用，使冷空气的温度降至0℃以下，发生霜冻。这种霜冻常出现于早秋和晚春，初霜冻和终霜冻多属于这种类型。

另外，霜冻的形成受地形的影响较大。在山区和丘陵地带，盆地、洼地、坡地下部和地势低洼的山谷处，夜间空气因冷却而密度变大时，就从高处下滑沉积在那里，使气温降得较低，霜冻也特别严重。因此，群众中有“霜打洼地”的说法。调查表明，在同样有霜冻的情况下，洼地温度比平地温度要低4℃～5℃；山坡的不同部位霜冻情况也不一样，一般山坡中部最轻，山顶次之，山脚最重；低宽平缓的谷地霜冻较轻，狭长的谷地霜冻较重；江河、湖泊、水库附近由于水汽充沛，降温时释放潜热较多，使降温速度大大变慢，不容易发生霜冻。

3. 初霜冻害的发生范围和时、空变化特征

山东全省平均初霜日期为10月27日，鲁中部分地区和半岛内陆的个别地区年平均初霜日期较早，在10月18日以前；沿海大部地区和济南、东明较晚，出现在10月28日以后；其它地区一般在10月18～28日。出现于10月15日及其以前的初霜冻往往给棉花和晚茬作物造成危害。因此规定：秋季于10月15日或以前出现的第一次霜冻为初霜冻害。

据山东1961—2000年资料，如按每年只要有一个县出现初霜冻害即作为一个初霜冻害年统计，共出现初霜冻害年24年，占总年数的60%。

初霜冻害的出现范围：按初霜冻害出现的县数，将其出现范围分为4级：

局地初霜冻害，1～2个县有初霜冻害；

小范围初霜冻害，3～10个县有初霜冻害；

大范围初霜冻害，11～27个县有初霜冻害；

全省性初霜冻害，28个或以上县有初霜冻害。

山东无初霜冻害年出现的几率最高，达40%，大范围初霜冻害年出现的几率最低，只有7.5%。

表5.4 山东不同范围初霜冻害年的出现次数和几率（%）（1961—2000年）

项目	无	局地初霜冻害	小范围初霜冻害	大范围初霜冻害	全省性初霜冻害
次数	16	6	10	3	5
几率	40	15	25	7.5	12.5

初霜冻害的地理分布特征　鲁北、泰沂山区和山东半岛内陆地区的初霜冻害出现几率在10%以上，其中鲁北北部、泰沂山区北部和半岛内陆西部地区多在20%以上，宁津最大，达33%；半岛东部和南部沿海地区初霜冻害最少，其出现几率一般为0；其它地区初霜冻害的出现几率多在3%～10%。

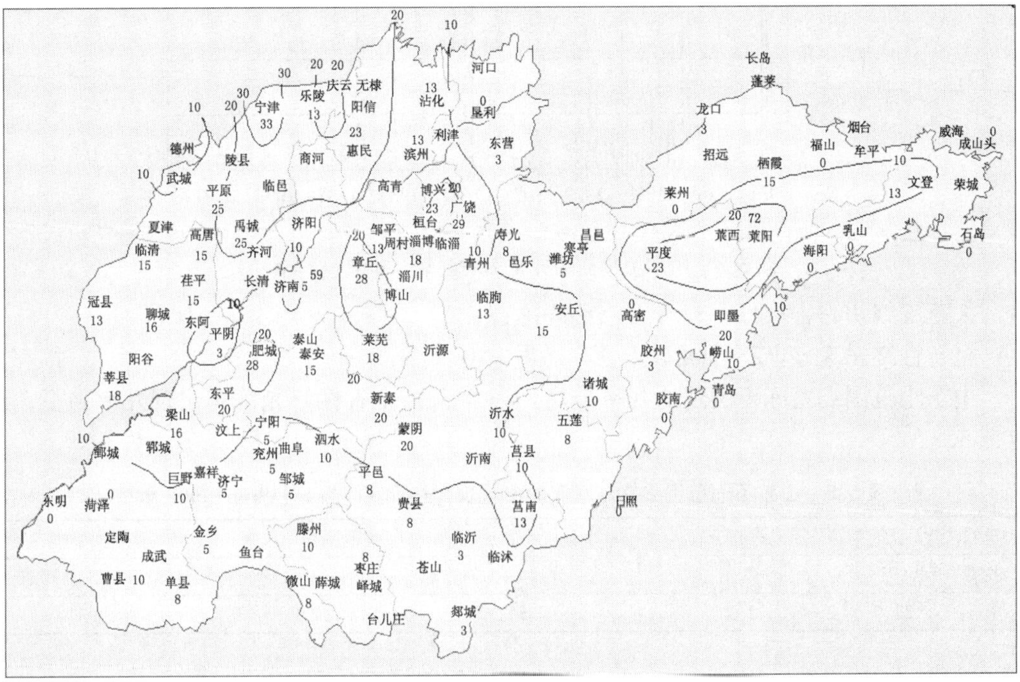

图5.2　山东初霜冻害出现几率（%）分布（1961—2000年）

初霜冻害的时间变化　山东各地初霜日期的年际变化较大，大多数地区的最早初霜日和最晚初霜日相差1～1个半月。全省最早初霜期为9月27日（1995年，高唐）；最晚初霜出现在12月3日（1988年，成山头）。全省初霜冻害（初霜日在10月15日或以前）出现县数的年际差别也很大，多者达55个县，少者县数为0。1967—1974年和1986—1989年为初霜冻害的两个多发期，1975—1985年和1990—2000年均为初霜冻害的少发期。1962、1967、1971、1981、1988年均出现了全省性的初霜冻害。

4. 终霜冻害的发生范围和时、空变化特征

山东全省平均终霜日期为4月14日，鲁北北部、泰沂山区和半岛内陆地区年平均终霜日期较晚，在4月15日以后；鲁西南、鲁南南部和半岛东部沿海地区较早，在4月10日以前；其它地区在4月10～15日。4月上中旬山东的小麦陆续进入拔节期，抗冻能力明显下降，多数果树已开花或结果，4月中下旬除花生外的大多数春播作物也已出苗生长，一旦出现霜冻，将造成严重的危害。规定：4月25日或其后出现的终霜冻为终霜冻害。山东1961—2000年发生一个县或以上的终霜冻害31年，出现几率为77.5%。

终霜冻害的出现范围　按终霜冻害出现的县数，将其出现范围分为4级：

局地终霜冻害，1～2个县有终霜冻害；

小范围终霜冻害，3～10个县有终霜冻害；

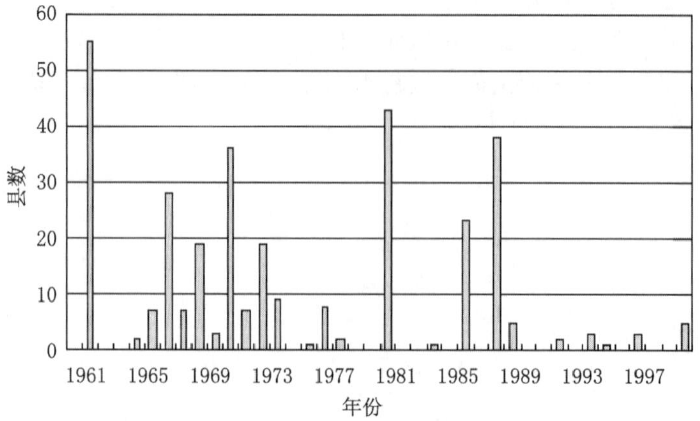

图 5.3 山东历年初霜冻害出现县数（1961—2000 年）

大范围终霜冻害，11～27 个县有终霜冻害；

全省性终霜冻害，28 个或以上县有终霜冻害。

山东小范围终霜冻害出现的几率最高，为 25%；全省性终霜冻害出现几率最低，仅有 7.5%。

表 5.5 山东不同范围终霜冻害年的出现次数和几率（%）(1961—2000 年)

项目	无	局地终霜冻害	小范围终霜冻害	大范围终霜冻害	全省性终霜冻害
次数	9	9	10	9	3
几率	22.5	22.5	25	22.5	7.5

终霜冻害的地理分布特征 泰沂山区、鲁北和山东半岛内陆大部地区终霜冻害的出现几率多在 10%以上，其中泰沂山区中部、鲁北北部和半岛内陆西部地区在 20%以上，即墨最大，达 40%；其它地区终霜冻害的出现几率多为 3%～8%。

终霜冻害的时间变化 山东终霜冻日期的年际差别也较大，大部地区的最早终霜冻日期与最晚终霜冻日期相差 1～2 个月。全省最早终霜期为 3 月 14 日（1990 年，成山头），最晚终霜出现在 5 月 21 日（1973 年，泰安）。全省终霜冻害（终霜日在 4 月 25 日或以后）出现县数的年际差别也很大，多者达 38 个县，少者县数为 0。1987—1993 年为一明显的终霜冻害偏多阶段，1994—2000 年为终霜冻害偏少阶段。1984、1991、1993 年均出现了全省性的终霜冻害。

（三）低温严寒冻害

1. 低温严寒天气的等级标准

低温严寒是指日最低气温等于或低于 -10℃，通常又将低温分为≤-10℃、≤-15℃以及≤-20℃3 个等级。为了便于分析各地区低温严寒天气出现的时间变化规律，把山东全省分为 5 个区域：鲁西北、鲁西南、鲁中、鲁东南和山东半岛地区，规定：若鲁西南有 1 个县，其它 4 个地区各有 3 个县的日最低气温≤-10℃，则定该区出现≤-10℃的低温严寒天气；鲁西北、鲁中、鲁东南各有 2 个县，鲁西南和山东半岛各有 1 个县的日最低气温≤-15℃，则定该区出现≤-15℃的低温严寒天气；各区只要有 1 个县日最低气温≤-20℃，则定该区出现≤-20℃的低温严寒天气。

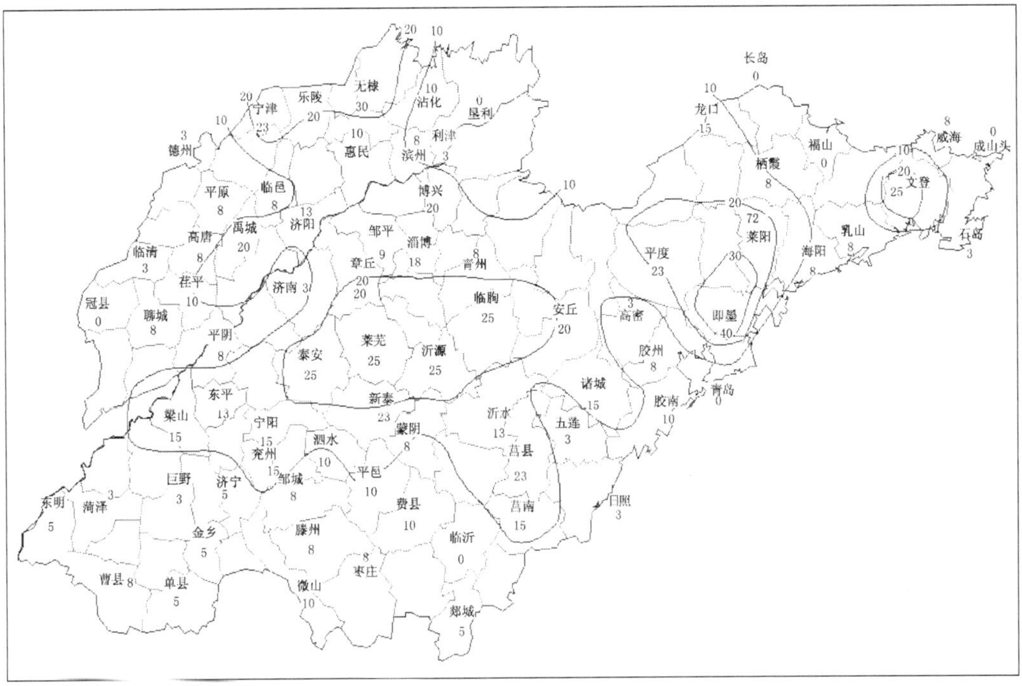

图 5.4　山东终霜冻害出现几率（%）分布（1961—2000 年）

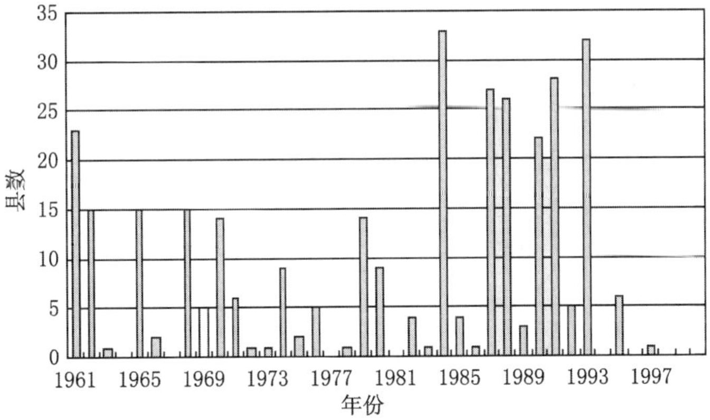

图 5.5　山东历年终霜冻害出现县数（1961—2000 年）

2. 低温严寒的时、空变化特征

山东各地低温严寒天气出现的早晚和持续时间都不相同，有的年份有的地区没有低温严寒天气出现。一般说来，山东北部低温严寒天气出现早，结束晚，低温严寒日数多；南部低温严寒天气出现晚，结束早，低温严寒日数少。等于或低于 -10℃的低温严寒天气以鲁西北地区为最多，平均每年 14.8 天；鲁东南地区最少，只有 1.8 天；其它地区在 4.4～6.4 天。等于或低于 -15℃的低温严寒天气鲁西北和山东半岛地区较多，平均每年 2.4～3.1 天，其中山东半岛地区最多；鲁东南地区最少，出现日数为 0；其它地区在 0.2～1.0 天。等于或低于 -20℃的低温严寒天气鲁西北地区最多，平均每年 1.1 天；其次是山东半岛地区，平均每年有 0.1 天；其它地区均未出现。

表 5.6　等于或低于－10℃低温严寒天气年平均日数（1971—1980 年）

地区＼月	12	1	2	3	全　年
鲁西北	2.8	6.4	5.4	0.2	14.8
鲁西南	1.1	2.1	1.2		4.4
鲁中	1.6	2.6	2.2		6.4
鲁东南	0.5	0.8	0.5		1.8
山东半岛	0.4	2.9	1.9		5.2

等于或低于－10℃的低温严寒天气初始日期全省大部地区的大多数年份出现在 12 月下旬至 1 月上旬；最早，鲁西北和山东半岛地区在 12 月中旬，其它地区在 12 月下旬；最晚，鲁东南在 1 月上旬，鲁西北在 1 月中旬，其它地区在 2 月上旬；终止日期全省大多数年份在 2 月上旬至 2 月中旬；最早，鲁西南和鲁东南在 1 月上旬，其它地区在 1 月中旬；最晚鲁西北在 3 月上旬（1971 年鲁西北≤－10℃低温严寒天气的终日为 3 月 3 日），其它地区在 2 月中旬。

3. 低温极值的地理分布

山东最低气温极值主要出现在鲁西北、泰沂山区和山东半岛内陆地区。

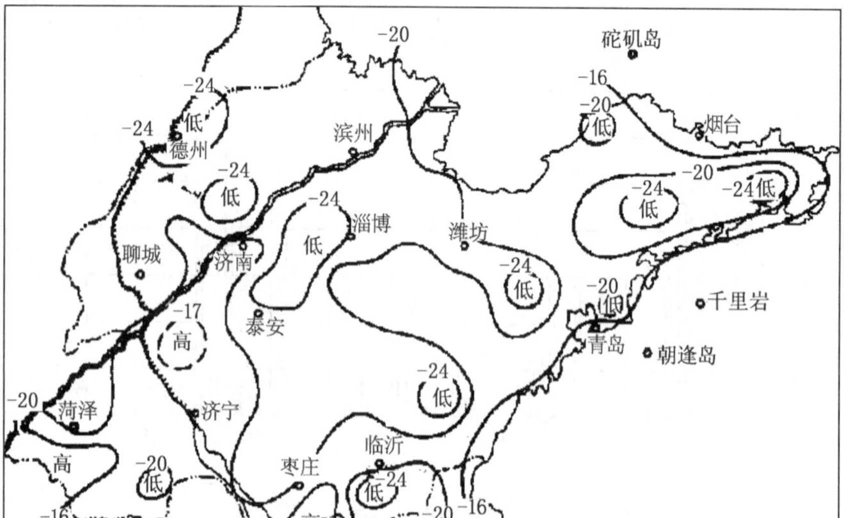

图 5.6　山东极端最低气温分布（1951—1980 年）

鲁北地区的德州，1958 年 1 月 15 日出现了－27℃的低温，为全省的低温极值。邹平 1959 年 12 月 21 日出现了－25.1℃的低温严寒天气。这一地区出现出现低温极值的主要原因：一是地处华北平原南部，寒潮南下时首当其冲，降温剧烈；二是大陆性气候显著，气温的日较差大。

泰沂山区，山峦起伏，地形复杂，低温极值就出现在有利于冷空气堆积的莒县、莱芜等低洼地区。莒县 1957 年 1 月 21 日晨曾出现－25.6℃的低温极值。

山东半岛内陆地区的低温极值出现在高密、莱阳、文登一带，最低值在－24℃～

－25℃之间。主要原因是偏北路径冷空气经渤海可直达这一地区，加之该地区为丘陵，地形复杂，容易出现低温。

（四）防御和减轻霜冻灾害的对策措施

1. 改善农田小气候环境

采用塑料薄膜、草席、防寒纱罩覆盖或架设挡风墙等防霜措施，改变农田小气候环境，提高热量条件，减少霜冻灾害损失。

2. 依据气候规律合理调整农业布局

根据当地霜冻灾害的出现规律，合理安排好农业布局、种植结构、品种搭配，选择适宜的播种期和移栽期，使作物的生育关键期躲开霜冻危害。

3. 综合栽培管理措施

浇水防霜　据山东省农业科学院试验，霜前1～12天浇水，可提高地面温度2℃～4℃，提高小麦叶面温度1℃～2℃。浇返青、拔节水的麦田，冻害率减少28.5%；浇冻水、返青、拔节水的麦田，冻害率减少49.1%。

增施肥料　施肥能提高地温，增强作物抗逆力。多施肥的麦田冻害率减少36.7%。

精耕细耙　精耕细耙，可使土壤紧实不透风，冻害减轻。耕耙粗放的麦田冻害率比精耕细耙的加重23.2%。

适时播种　适时播种的小麦在越冬时达到壮而不过旺，并在麦苗起身后镇压延迟拔节，可以减轻冻害；棉花、花生等春播作物，要分别根据出苗时避免霜冻危害的界限温度要求，按照5厘米地温实况和气象预报适时播种，并采用育苗移栽和地膜覆盖技术；夏播作物则应力争早播，以免秋季遇到霜冻危害。

喷施化学药剂，改变作物的生育期，避免霜冻危害　果树在开花期经常会遇到霜冻，为防止花芽、花和幼果受冻，可适时喷洒B_9抑制开花，使开花期推迟，避开霜冻；用40%的乙烯均匀喷洒在棉株上部，特别是青铃部位，铃期可缩短8～15天，霜前花率可增加20%以上。

4. 人工防霜的临时性措施

熏烟法、人工造雾法、加热法、覆盖法、风障法、喷雾法和冰冻法分别是在霜冻发生前和发生时减轻霜冻危害的有效措施。

5. 采取正确的灾后补救措施：

小麦在扬花前冻死者不可翻种　历史经验证明，小麦在扬花前地上部分受冻枯死之后，还能复生并有收获。因此，小麦在扬花前冻死的不可翻种。

小麦在处于扬花、授粉、半仁阶段（5月上、中旬）若遇80%以上的穗部受冻，则应尽早翻种或套种玉米、棉花等春作物。

小麦遭受春霜冻后，应禁止拉霜、扫霜，更不要割除、耙耧、放牧，以免造成受冻麦苗的机械损伤而加重减产程度。

冻后应及时追浇肥水　调查结果表明，冻后及时追浇肥水能促进受冻小麦迅速恢复生长，有明显的增产效果。小麦受冻后追施速效肥并结合浇水，比不追肥浇水的每公顷增产495千克，而且补救措施越及时，增产效果越好。冻后2天浇水比不浇水的增产66%，冻后9天浇水比不浇水的增产41%。

第二节　公元前509年—公元1839年寒潮与低温冻害灾害

东周　敬王十一年（公元前509年）　鲁南地区，冬，十月，陨霜杀菽。

西汉　永光元年（公元前43年）　宁津三月，陨霜杀桑，伤麦；秋，陨霜害稼，诸路皆饥。

西汉　天凤元年（公元14年）　夏四月，陨霜杀草、木，海濒尤甚。

东汉　元和三年（公元86年）　琅琊井水冰。

东汉　熹平六年（公元177年）　冬，大寒；北海、琅琊、井冰厚尺余。

东汉　光和六年（公元183年）　冬，东海、东莱、琅琊、昌乐、临朐、安丘、诸城、胶州、掖县、黄县井中冰厚尺余。

晋　咸宁二年（公元276年）　八月，平原、乐陵、厌次（惠民）、武定府等地，陨霜害稼。

晋　咸宁三年（公元277年）　八月，平原、泰山、宁津、陵县，陨霜害三豆。

晋　太康二年（公元281年）　二月，济南、历城、琅琊等地陨霜伤麦。

晋　太康六年（公元285年）　二月，乐安、广饶、博兴、昌乐等地，陨霜杀麦。三月，临淄、邹平、沂州、宁津、博兴、即墨、莱阳、登州等地，陨霜杀麦。

晋　太康八年（公元287年）　四月，临淄、广饶、寿光、安丘等地，陨霜杀麦。

晋　元康六年（公元296年）　三月，东海、沂州，陨霜杀麦禾。

北魏　太和九年（公元485年）　夏四月，青州、临朐、安丘、昌乐、胶州等地陨霜。

北魏　景明二年（公元501年）　三月，济南府陨霜杀桑、麦。

北魏　景明四年（公元503年）　四月，昌乐陨霜杀麦。

北魏　正始二年（公元505年）　四月，济南府陨霜。

梁　大同三年（公元537年）　六月，青州朐山境陨霜。

北宋　建隆三年（公元962年）　二月，陵县、武定府、惠民等地陨霜杀桑，民不蚕。

元　中统三年（公元1262年）　八月，河间路陨霜害稼（宁津县志）。

元　至元二十年（公元1283年）　夏，五月，武定府、惠民、无棣、阳信等地，陨霜杀麦。

元　至元二十一年（公元1284年）　三月，山东陨霜杀桑，蚕尽死，被灾者三万余家。

元　至元二十五年（公元1288年）　五月，商河陨霜杀麦。

元　至元二十六年（公元1289年）　济南，陨霜杀菽。

元　至元二十九年（公元1292年）　三月，长山、般阳、恩州、济南、淄川等地，陨霜杀桑。棣州春旱且霜。

元　元贞三年（公元1297年）　正月，临朐陨霜杀桑。

元　大德五年（公元1301年）　四月，济南陨霜杀麦。

元　大德六年（公元1302年）　三月，济阳陨霜杀麦。

元　大德七年（公元1303年）　三月，般阳郡属县，陨霜杀桑。四月，济南、般阳路陨霜杀麦。

元　大德八年（公元1304年）　三月，济阳霜杀桑。

元　大德九年（公元1305年）　春三月，长山、益都、般阳、淄川、临朐、昌乐等地，陨霜杀桑麦。

元　皇庆二年（公元1313年）　三月，济宁陨霜杀麦、杀桑。

元　延祐元年（公元1314年）　三月，东明、东平、东昌、长山、般阳、济宁等地，陨霜杀果及禾苗。闰三月，济宁路、泰安霜杀桑。

元　至正十九年（公元 1359 年）　夏，五月大雪（曲阜县志）。

元　至正二十年（公元 1360 年）　二月，东阿、泰安、东平等地陨霜杀桑。

元　至正二十三年（公元 1363 年）　三月，东平路须城、东阿、阳谷三县陨霜杀桑，废蚕事。

明　景泰元年（公元 1450 年）　朝城陨霜杀谷。

明　景泰四年（公元 1453 年）　冬十一月，日照大雪，海皆冻。十一月戊辰至次年正月，山东皆大雪数尺，人畜多冻死。

明　景泰五年（公元 1454 年）　春正月，山东大寒，大雪数尺，人畜冻死万计。

明　天顺三年（公元 1459 年）　冬十月，曲阜霜降。

明　正德二年（公元 1507 年）　十二月，大雪，平地数尺，拥门塞巷，穴之以出，人畜多冻死者。十二月二十六日大雪，至元日始霁，冻死者众。

明　正德五年（公元 1510 年）　冬，济河冰合百里，厚数尺（乐安、广饶县志）。

明　正德六年（公元 1511 年）　元旦，诸城大雾迷日，着树凝结如琼花，数日洁。冬，济水冰合百里厚数尺。

明　正德八年（公元 1513 年）　夏四月，莱阳、文登陨霜杀稼。

明　正德十四年（公元 1519 年）　春，临沂陨霜杀禾。

明　嘉靖二年（公元 1523 年）　三月，郯城陨霜杀麦禾。八月，堂邑陨霜杀稼。

明　嘉靖六年（公元 1527 年）　八月，泗水陨霜杀菽。冬，诸城大寒，民多冻死。

明　嘉靖七年（公元 1528 年）　八月，堂邑陨霜杀稼。

明　嘉靖十二年（公元 1533 年）　长清：八月陨霜。

明　嘉靖二十四年（公元 1545 年）　春二月，沂州严霜损物。淄川：三月严霜损物。

明　嘉靖二十六年（公元 1547 年）　春，博平陨霜杀麦。

明　嘉靖二十七年（公元 1548 年）　七月，新泰陨霜杀菽。冬十一月，大雪，平地三尺余，奇寒，井泉亦有冻者，人畜多冻死（东昌、登州、福山、栖霞等府县志）。

明　嘉靖三十五年（公元 1556 年）　冬，淄川大雪，井冻不可汲，僵者填道。

明　万历元年（公元 1573 年）　九月十八日，雪，行旅有冻死者（武定、蒲台府县志）。

明　万历二年（公元 1574 年）　冬，十月一日，大雨雪。平地三尺，人畜多冻死（诸城县志）。

明　万历六年（公元 1578 年）　冬，大雪弥月，平地深丈许，压没庐舍，人多僵死，道间果树、花、竹冻死者十之七，鸟、雀、鹿、兔、鱼、虾死几尽，亦一时人物之危也（峄县、沂州、临沂、安丘、泰安、金乡、滕县府县志）。

明　万历七年（公元 1579 年）　夏四月，青州大霜杀麦。诸城县：夏四月大霜，二麦俱坏。

明　万历十二年（公元 1584 年）　三月，青城大霜，百草尽萎，岁无麦。

明　万历十四年（公元 1586 年）　春，齐东陨霜，民饥。八月十七日，博平、冠县陨霜杀荞、菽，岁大饥。荒民掘草根，剥木皮为食。

明　万历十五年（公元 1587 年）　八月，濮州、观城、诸城等地陨霜杀稼。

明　万历十六年（公元 1588 年）　秋，长清陨霜杀菽。

明　万历十七年（公元 1589 年）　四月，长清陨霜杀麦。八月，曹县、菏泽、定陶、长清等地陨霜，秋禾尽伤。

明　万历十九年（公元 1591 年）　三月十三日，章丘、长清陨霜杀麦。

明　万历二十年（公元 1592 年）　夏四月，寿光大寒，民有冻死者；八月八日，泗水、诸城严霜酷杀三豆。

明　万历二十一年（公元 1593 年）　夏四月，大寒，潍县、昌乐、安丘有冻死者。安丘县：冬大寒，有冻死者。

明　万历二十二年（公元1594年）　八月，长清、泗水、沂水，陨霜杀菽。

明　万历二十三年（公元1595年）　正月，泗水，陨霜杀果。

明　万历四十三年（公元1615年）　八月，商河、乐陵、惠民、无棣、济南、新泰、莱芜等地陨霜，晚禾尽伤，人饥相食。

明　天启三年（公元1623年）　春三月，新泰、曲阜，陨霜杀桑，麦苗损。

明　天启五年（公元1625年）　四月，曹县、成武大霜杀麦禾。

明　崇祯十一年（公元1638年）　夏四月，临朐陨霜杀麦、草木，天寒如冬。

明　崇祯十三年（公元1640年）　七月，莒州霜，大饥。八月，曹县、定陶陨霜，秋禾尽枯。菏泽：八月陨霜杀荞，民大饥……十二月，人相食。邹县：八月降霜，九月水冰，人相食。

明　崇祯十四年（公元1641年）　临朐：春正月恒寒恒霾。

清　顺治元年（公元1644年）　三月初八，日无光，昼晦如夜，申时始复，冬井冻凿之不入，冲冲有声。冬，蒲台（北镇）井冻。四月，登州、栖霞，陨霜伤麦。

清　顺治七年（公元1650年）　四月，栖霞陨霜。

清　顺治九年（公元1652年）　春三月，临邑、胶州陨霜。

清　顺治十年（公元1653年）　冬，昌乐、安丘大雨雪，平地三尺，牛、羊、树木冻死几半。

清　顺治十一年（公元1654年）　登州、招远及宁津等地大雪，平地深数尺，房倾，人皆穿洞而出，人有不火食者，人多冻死。

清　顺治十二年（公元1655年）　八月，武定、惠民陨霜杀麦；九月，馆陶夜霜杀禾。

清　顺治十三年（公元1656年）　冬，高密、胶州大雪，人畜多冻死。

清　顺治十四年（公元1657年）　三月五日，高唐、馆陶陨霜杀禾；四月，平度陨霜杀麦；五月，沂州霜。

清　顺治十五年（公元1658年）　四月，高唐州陨霜杀麦，六月又霜。

清　顺治十七年（公元1660年）　金乡冬大寒，牛畜、树木多冻死。

清　康熙三年（公元1664年）　蓬莱：三月大雨，奇寒。四月二十三日，新城、邹平、阳信、长清、章丘、德平陨霜杀麦。二十四日，益都、高苑、博兴、宁津、东昌、庆云，陨霜杀麦。时麦将成，霜过，有芒无粒。十二月，益都、寿光、昌乐、安丘、诸城大寒，人多冻死；莱州奇寒，树冻折殆尽。

清　康熙四年（公元1665年）　三月，无棣陨霜。四月，平阴陨霜冻麦。

清　康熙六年（公元1667年）　四月二十三日，益都大霜杀麦。

清　康熙七年（公元1668年）　四月，益都冷雨，民多冻死者。

清　康熙九年（公元1670年）　冬，兖州、青州、登州、莱州四府属大雨雪，奇寒。十二月，邹平井冻。曹县冬月积雪盛寒，井水皆冻，从所未闻。滕县腊雷，大雪堕指，道有僵死者。益都、昌乐、安丘、诸城大寒，人多冻死。寿光：春三月民饥，冬大寒，井水冻，人多冻死。

清　康熙十年（公元1671年）　秋八月，莒州、沂州大霜杀稼。

清　康熙十一年（公元1672年）　四月，乐安、广饶陨霜杀麦。

清　康熙十二年（公元1673年）　正月四日，寿光陨霜杀麦。

清　康熙十三年（公元1674年）　四月八日，益都、寿光陨霜杀麦。

清　康熙十四年（公元1675年）　四月，平度、掖县、莱阳、昌乐、安丘、馆陶、滨州、邹平、长清、新泰、莒州、临朐、胶州等地，陨霜杀麦。淄川：四月十二日陨霜杀麦及桑，十八日复陨霜，麦枯殆尽。新泰：夏陨霜杀麦。

清　康熙二十四年（公元1685年）　四月，定陶烈风寒雨，人有冻死者。

清　康熙二十六年（公元1687年）　八月，滕县陨霜杀禾。

清　康熙三十三年（公元1694年）　正月十四日夜半，大雷雨。掖县树冰如介。

清　康熙三十六年（公元1697年）　秋八月，沂州大霜。邹县、滕县：八月陨霜杀禾。

清　康熙四十六年（公元 1707 年）　四月十八日，昌乐、潍县霜杀麦。

清　康熙四十七年（公元 1708 年）　夏四月，濮州陨霜杀麦。

清　康熙四十八年（公元 1709 年）　七月，德州陨霜杀禾。

清　康熙五十八年（公元 1719 年）　正月，井冻，奇寒（沾化、阳信、无棣、济阳县志）。

清　康熙五十九年（公元 1720 年）　八月，德州陨霜杀禾。黄县：二月雨雪黑如炭屑，麦苗多萎。

清　康熙六十年（公元 1721 年）　五月，临朐陨霜杀麦。八月十五日，青城陨霜，豆及晚谷俱死。

清　雍正元年（公元 1723 年）　三月，临朐严霜杀麦。

清　雍正七年（公元 1729 年）　三月庚午，新泰陨霜杀麦。

清　雍正十年（公元 1732 年）　八月十五日，宁津、德平陨霜。

清　乾隆十年（公元 1745 年）　正月，海水尽冰，至三月网不得下。

清　乾隆十五年（公元 1750 年）　三月十五日，青城大风雨，行人有冻死者。

清　乾隆十六年（公元 1751 年）　三月十五日，黄县雨雪杂降，行人多冻死。

清　乾隆二十六年（公元 1761 年）　冬，福山大寒，树多冻死。昌乐、临朐、安丘大寒，井水冻。文登、荣成大雪甚寒，冬大雪，雁凫多冻死。

清　乾隆四十一年（公元 1776 年）　冬大寒，海冻数十里，船滞海中，履冰溺死者多（黄县志）。

清　乾隆四十三年（公元 1778 年）　三月，黄县大寒，降霜损麦。

清　乾隆四十八年（公元 1783 年）　八月，乐安、广饶陨霜杀禾，岁饥。

清　乾隆五十年（公元 1785 年）　八月，莒州陨霜杀稼。冬十二月，诸城大雨雪，人多冻死。泗水：自春以至六月始雨，所种田禾俱晚，经霜尚未结实，故未获一粒。邹县：夏秋多红、黄、黑各色怪风，是年上半年无雨，六月始雨，秋禾晚种，霜不实，岁大歉。

清　乾隆五十二年（公元 1787 年）　三月，临朐陨霜杀麦。

清　乾隆五十四年（公元 1789 年）　夏四月，商河、昌乐陨霜杀麦。

清　乾隆五十五年（公元 1790 年）　三月，平度、邹平、临邑、长山、齐河、长清、济南、青州、益都、寿光、潍县、诸城、安丘、高密、胶州、平度、掖县等全省大部地区均遭霜害。四月，范县陨霜杀麦。

清　乾隆五十六年（公元 1791 年）　三月，寿光、安丘、诸城、平阴、阳谷、东阿、阳信、济阳等地，陨霜杀麦，复萌，不减收。

清　嘉庆元年（公元 1796 年）　正月初八，掖县严寒三日，井有冰。

清　嘉庆十年（公元 1805 年）　三月，东平、济宁、莘县、博平、金乡等地，陨霜杀麦。四月，阳谷，寿张大霜降，麦禾多冻死。

清　嘉庆十一年（公元 1806 年）　三月二十一日，嘉祥，严寒夜降，麦叶尽白，山东嘉祥县张家桥碑记载："大清嘉庆十一岁次己丑春，麦禾极盛，苗深一尺有余，已将出秀，越三月二十一日谷雨，是日北风骤起，终日不息，严霜夜降，麦叶尽白，望其苗而苗俱枯，祝其秀而秀已腐，人皆忧闷，垂头丧气，俱已无生趣矣。如是有割获者，有典卖者，亦有听之者，及至五、六日根底有芽如麦粒然，众视之皆以为时已迫近，如此渺渺尚可冀其成实耶。不意四月间，苗仍如初，于五月间俱以成熟，约一亩之所获犹有四五斗焉。嗟呼，斯亦天地之变端，今古之罕事也，……特立碑后，垂无忘云"。

清　嘉庆十四年（公元 1809 年）　冬，黄县海冻。

清　嘉庆十八年（公元 1813 年）　八月，费县陨霜，荞麦尽萎，大饥。峄县（枣庄）：八月丙辰陨霜杀麦，岁大饥。费县：夏大旱，田苗尽槁，六月初改种荞麦，八月初霜，荞麦尽萎，大饥。

清　嘉庆十九年（公元 1814 年）　招远、黄县大寒，海冻百余里，两月始解冻。

清　嘉庆二十一年（公元 1816 年）　三月二十三日，大霜伤稼。

清　嘉庆二十四年（公元1819年）　春三月，临沂、昌邑陨霜杀禾。

清　道光十一年（公元1831年）　夏，高密陨霜伤麦。

清　道光十二年（公元1832年）　四月，诸城、高密陨霜杀麦；七月，宁津、高密陨霜杀稼。德平：七月初一日陨霜伤禾。胶县：夏四月初一陨霜损麦。

清　道光十四年（公元1834年）　四月，青州府、寿光陨霜杀禾。

清　道光十五年（公元1835年）　四月，黄县陨霜杀禾。

清　道光十八年（公元1838年）　秋八月，临清、安丘等地陨霜杀稼。

清　道光十九年（公元1839年）　三月，邹平陨霜杀麦。四月，高密陨霜伤麦。

第三节　公元1840—1948年
寒潮与低温冻害灾害

清　道光二十年（公元1840年）　秋七月，临朐陨霜杀禾。

清　道光二十一年（公元1841年）　昌乐，正月二十六日自巳至申风雪俱厉，是日为嫁娶吉辰迎亲者多为风雪所阻，或住妇家，或于路借宿，无一得回家者。正月二十六日，益都、安丘、潍县、昌邑、掖县、招远、黄县等县大风飞雪，弥窗封户，行路人畜多冰死。正月，登州府各属大雪深数尺，人畜多冻死。寿光大风雪，平地深数尺，路有冰死者。

清　道光二十三年（公元1843年）　腊月八日，掖县大雪，人畜多死。

清　道光三十年（公元1850年）　三月十二日，济阳陨霜，麦禾尽槁，越数日，麦苞复萌，尚称有年。

清　咸丰五年（公元1855年）　金乡：十一月井水冻凌厚寸许。

清　咸丰七年（公元1857年）　夏，高密陨霜伤禾。峄县（枣庄）：春大饥，频河民采蒿为食，露夜多冻死。

清　咸丰八年（公元1858年）　蒙阴：春三月，寒如严冬。

清　同治十年（公元 1871 年）　夏，高密大霜，杀麦禾。费县：三月陨霜杀麦。

清　光绪二年（公元 1876 年）　八月，宁津、惠民陨霜杀禾。惠民：夏四月雨雹，鸟雀多死，秋八月陨霜杀禾，大饥。邹县：春大歉，夏大旱，冬大寒，树木冻死。

清　光绪三年（公元 1877 年）　十二月八日，威海港冻，冰连刘公岛，人自岛踏冰回岸。蓬莱十二月起，海冰两月，舟楫不通，各岛饥。

清　光绪十年（公元 1884 年）　夏四月，昌乐、安丘陨霜。

清　光绪十一年（公元 1885 年）　春三月，昌乐陨霜杀麦，数日即苏生。腊月，临朐大风雪，冻毙行人。

清　光绪十二年（公元 1886 年）　冬十二月二十六日，昌乐大风雪，行人多冻死。

清　光绪十三年（公元 1887 年）　三月，莱芜陨霜杀麦。

清　光绪十四年（公元 1888 年）　三月，巨野、郓城、寿张、阳谷等地陨霜，麦多不实。费县：春旱，四月陨霜杀麦。

清　光绪十六年（公元 1890 年）　潍县：春二月陨霜，禾麦不成实。

清　光绪十七年（公元 1891 年）　三月，邹平、新城、寿光、昌乐、潍县、安丘、昌邑等地陨霜杀禾。

清　光绪十八年（公元 1892 年）　三月，临朐降霜冻桑麦。冬，酷寒，莱芜、费县树多冻死，井皆结冰，厚数寸。费县：冬大寒，井皆结冰，厚数寸。

清　光绪十九年（公元 1893 年）　四月，昌乐陨霜，杀麦，后竟大获。

清　光绪二十二年（公元 1896 年）　峄县（枣庄）：冬霖雨五十余日，山泉皆开，淹伤二麦，大寒，树多冻死。

清　光绪二十三年（公元 1897 年）　寿光：冬大雪，严寒，人有冻死者。

清　光绪二十五年（公元 1899 年）　八月，濮州陨霜杀稼。

清　光绪二十六年（公元 1900 年）　正月十六日，蒲台（北镇）南岸夏家楼凌汛决口五道。正月十七日晨，凌汛暴涨，滨州境内张肖堂家堤埝冲漫成口，因上年冰冻结阻，本年河水陡涨，以致溜势湍急，堤口五十余丈，夺溜直趋东北，历滨州、惠民、阳信、沾化、利津等境内由洚河入海。八月，夏津、馆陶、冠县等地骤降严霜，禾稼尽枯，颗粒无收。

清　光绪二十七年（公元1901年）　长清：六月初八风雪大作，伤禾稼，县城西北隅女墙刮去十余座。

清　光绪二十九年（公元1903年）　八月二十日，商河陨霜伤禾。

清　光绪三十四年（公元1908年）　清明后，临邑天降霜灾，麦有枯槁。

清　宣统元年（公元1909年）　三月二十日，临邑陨霜杀麦。秋，商河陨霜杀禾。

清　宣统二年（公元1910年）　春三月十九日，临邑、商河、齐东、德平、乐安、广饶、新城、博兴、济阳、阳信、邹平、寿光、临朐、临淄、淄川、博山陨霜杀麦。莱芜：三月十九日大雾，朔风迷日，桑麦俱冻。

清　宣统三年（公元1911年）　三月十九日，淄川陨霜杀麦，桑叶尽萎。三月二十日，恩县陨霜；正当春和日暖，忽有寒风自东北来，一夜之间霜凝冰结，将麦苗冻枯，幸根尚未死，农民去其上节，复萌芽而秀，而实，乃亦有秋；或有听其自长者，亦颇收获不少。

民国　二年（公元1913年）　春，莱芜陨霜杀桑。

民国　三年（公元1914年）　四月，博山陨霜伤麦。

民国　五年（公元1916年）　十二月，栖霞大寒，平地积雪数尺，人畜冻死者甚多。即墨冬奇寒，树木多冻死。

民国　六年（公元1917年）　一月三日至十五日极冷，青岛大港内外全结冰，胶州湾封冻十分之九，港口外积冰厚一米多，最薄十二点五厘米，船舰严重受阻。二月一日四方一带海滨结冰，二日小港内外结冰，四日港口冰封。

民国　九年（公元1920年）　九月二十四日，夏津霜，晚禾冻枯，均未成熟，民多冻馁。

民国　十年（公元1921年）　三月，济宁陨霜杀麦。四月，鲁北亦出现霜冻灾害。东平：春寒伤麦。

民国　十一年（公元1922年）　春，临朐陨霜冻麦；单县，春饥，四月陨霜杀麦。

民国　十二年（公元1923年）　三月，临朐陨霜冻桑；四月，济南出现霜冻灾害，地面温度降至零下三点七摄氏度（数据来自历年气象记录资料，无灾情描述）。东阿：三月麦苗冻死大半。

民国　十四年（公元1925年）　四月四日至五日，济南出现霜冻灾害，最低气温达零下零点四摄氏度，地面最低温度达零下六点五摄氏度。

民国　十六年（公元1927年）　四月五日济南、青岛等地出现霜冻，济南地面温度最低达零下六点四摄氏度，青岛最低气温达零下一点一摄氏度，地面温度达零下二点二摄氏度。东平：秋早霜，二麦秋皆失收，大饥。

民国　十七年（公元1928年）　冠县陨霜杀谷，大饥，卖子女于他省者约千余口。四月三日，鲁北、半岛地区出现霜冻，济南地面最低温度达零下三点八摄氏度，青岛最低气温达零下零点四摄氏度，地面最低温度达零下三点零摄氏度。八月九日，馆陶夜降苦霜，年收不足三分；本境南乡多有鬻女于山西者，中产之家亦所难免，是年灾况南重北轻，正供分别蠲缓。

八月，东明、东阿严霜骤降、杀禾稼，重生苗禾凋谢无遗，岁不登，天灾、兵患，民不堪命灾。

民国　十八年（公元1929年）　春，东明陨霜损麦，秀穗不实，岁歉。

民国　二十年（公元1931年）　四月八日鲁北、半岛地区出现霜冻，济南地面温度最低达零下七点零摄氏度，青岛最低气温达零点二摄氏度，地面温度最低达零下五点一摄氏度。

民国　二十三年（公元1934年）　一月十日，青岛四方沿海结冰，至一月十五日胶州湾内几乎全部结冰。四月十四日，鲁北地区出现霜冻，济南最低气温达零下一点七摄氏度，地面温度最低达零下三点六摄氏度。

民国　二十四年（公元1935年）　十二月牟平大寒，温度降至零下十三点九摄氏度，翌年一、二月寒尤甚，沿海口岸封冻，舟不能行。烟台大冰冻，海冰厚六十一厘米，沿海有从黄河口飘来的流冰。烟台、威海之间结冰一百多千米，烟台至天津航线一个多月未通航。

民国　二十五年（公元1936年）　青岛一月二十五日至二月底，大港入口被冰封闭，船舶不能进出，胶州湾有流冰。威海港内冰厚四五寸，远遥海冰接近褚岛，蓬莱、黄县海冻；渤海封冻约一个月，莱州湾沿岸结冰宽达三十千米，牛车自刁龙咀从冰上行走到芙蓉岛，海冰厚达八十厘米左右。

二月大寒，平度井有冰。

民国　二十六年（公元1937年）　一月，渤海冰封，莱州沿岸冰宽十五千米至二十千米，渔船被冻在海里，船上渔民在海冰上走一天才能上岸。

民国　三十年（公元1941年）　四月五日，鲁北地区出现霜冻，济南最低气温达零下零点一摄氏度，地面温度最低达零下零点四摄氏度。

民国　三十一年（公元1942年）　一月十九日至二月十二日，胶州湾沿岸结冰，四方、沧口、大港一带尤甚。

民国　三十二年（公元1943年）　一月十九日，青岛小港被流冰阻塞。自天津开往龙口港的客轮六百余人，被冻在屺姆岛海面，十余日后，该船才破冰驶往烟台。四月七日，鲁北地区出现霜冻，济南最低气温达零下一点四摄氏度。

民国　三十三年（公元1944年）　四月二日，鲁北地区出现霜冻，济南最低气温达零下一点二摄氏度。

民国　三十六年（公元1947年）　一至二月，胶州湾沿岸全部结冰，大港封冻，船舶不能出入，至二月十八日冰势仍在加重。渤海大部分面积结冰。

民国　三十七年（公元1948年）　一月二十八日，青岛大港沿岸结冰，二十九日前海栈桥一带可见流冰。

第四节　公元1949—2000年
寒潮与低温冻害灾害

1949年　4月6日，鲁北地区出现霜冻，济南最低气温达－1.9℃。

1950年　9月26日，东阿县玉米受冻，减产4成。

1951年　1月中旬，青岛市极端最低气温达－12.6℃，并伴有西北大风，胶州湾沿岸结冰；艾山滴水成冰，冻死1人，担水时水桶冻在井台上。

1952年　3月底至4月初，冠县出现霜冻，小麦有的被冻死，减产10%～40%，椿树芽被冻死，油菜籽被冻减产5成。

4月下旬，平度县出现终霜冻。大田、张戈庄、张舍、崮山、白埠，小麦减产2～3

成。烟台地区莱阳县高格庄、纪格庄等，因霜冻，小麦冻坏，减产1成。

4月，泰安县汶口，小麦受冻，减产5成。枣庄齐村区半湖公社小麦叶子冻烂，减产一半。

9月下旬，蒙阴全县受霜冻，地瓜叶、秋菜受害严重。

10月11日，临沂全地区普遍出现白霜，地面温度北部都在0℃以下，地瓜、花生、棉花叶冻坏。

10月上旬，茌平县全县出现霜冻，霜后白菜、萝卜冻烂，产量减产30％～50％。

12月1日，郯城全县白菜、萝卜、小麦、地瓜种冻坏减产50％，霜冻、雨凇、小雪同时出现，雨凇最大直径7.0厘米，北重南轻，冻死许多人，林木严重破坏，交通、电信中断。

12月1～5日，临沂由于前期温度偏高，受强寒潮影响，日最低气温降至－5℃以下，3日达－13℃～－15℃，白菜、萝卜等秋菜全冻坏，雨凇最大直径4～7厘米，路滑难行，交通中断，电线树木严重破坏，冻死许多牲畜，撒播小麦冻伤2/5，是1949年新中国建立以来冻害损失最重的一年。

1953年　3月，平邑全县出现霜冻，小麦孕穗时严重受害，保太减产30％，天桥减产50％。微山县因霜冻小麦被打黑，减产3～5成。滕县木石、城头、级索、峄庄、界河公社，终霜冻死小麦，减产5～6成。

3月下旬，枣庄齐村区小麦受冻害，另发二茬，减产50％。青岛市受冷空气影响，北风持续6天，极大风速26米/秒，最低气温－1.2℃，即墨县，小麦、豌豆受冻害，减产3成。胶县，小麦、豌豆受冻害，小麦减产4成。胶南县，大场、海青、红石崖，小麦大部分冻坏，减产3成以上。崂山县9.3万亩小麦受冻害。4月上旬，胶县出现终霜冻，11个村，小麦、豌豆冻坏，估计小麦减产2～3成，豌豆有的绝产。4月下旬，平度出现终霜冻，南村、三合山、古岘、田庄、门村、麻兰、旧店，小麦减产3成。

4月10日，德州小麦拔节，桃、杏花盛开，突降严霜，温度下降到－3.7℃，使小麦、果树受到严重危害。

4月10～12日，鲁中、鲁南和东部11个专区受寒潮袭击，最低气温降至－2℃～－6℃，水结薄冰，地冻二指，2000万亩正在拔节的小麦因冻成灾，尤以滕县、济宁为重。

4月12日，兖州全县因霜冻受害麦田9.092万亩，占麦田总数20％，其中严重受冻死亡率在70％以上的2.9337万亩，死亡率在40％～60％的4.9502万亩，死亡率在40％以下者1.1853万亩。莒县18个公社出现霜冻，冻伤了已经拔节的小麦，减产50％，拔节已久的大麦全部冻坏，收成很少。

4月13日，巨野全县因终霜小麦平均减产3～4成。4月17日，苍山县小麦受冻，减产4成。

4月中旬，单县张集，小麦受冻，减产4成，晚麦更严重。菏泽全县遭受霜冻，小麦减产30％～50％，棉苗冻坏，桃花授粉不良。4月21日，金乡县因霜冻小麦减产3～5成。

4月下旬，成武县小麦受冻减产3成。郓城县因终霜冻小麦减产30％。

4月，泰安县省庄，小麦受冻，减产1～2成；大羊村小麦、地瓜芽受冻，减产60％；

肥城全县，小麦受冻害53万亩，小麦、果树均减产2～3成；莱阳县大夼村两次霜冻，小麦受害共800亩；枣庄薛城区小麦受冻害，减产50%。

春，东平遭受霜冻，小麦减产10%～20%，重者达30%。

9月28日，东阿县地瓜、豆子受冻，减产20%。

1954年 4月7日，莱西县出现终霜冻。全县范围内，麦苗受害重者有三分之一被霜打坏。5月上旬，平度县出现终霜冻，南村、张舍、门村、麻兰、张戈庄，小麦减产3成。

4月8日，莒县出现霜冻，冻坏了小麦叶尖和部分已经拔节的小麦植株，小麦减产20%。

4月17日，邹县夜4点到5点气温下降到0.5℃，全县普遍降霜结冰，全县47万亩小麦都受到不同程度的冻害，其中成灾面积6.6048万亩，估计减产49.6万千克。

4月20日，德州小麦拔节后期，气温突然下降至－1.9℃，对小麦危害较重。同日，梁山全县因终霜冻小麦冻死，一般减产约30%～40%，严重的减产50%～60%，轻者减产10%～20%。苍山县冻坏小麦，减产2～3成。聊城全县遭受终霜冻危害严重，小麦减产30%～50%。

4月中旬，除文登外，全省普遍遭受霜冻灾害，受灾面积3000万亩，成灾287万亩，全省小麦因此次霜冻灾害减产20%～30%。

4月28日，禹城全县19个区小麦受冻害死伤30%，全部减产。

4月下旬，茌平县全县出现霜冻，小麦叶子冻得发黑，麦穗上有冰，减产20%；邹平县乐礼出现霜冻，冻坏地瓜，受害20余亩；鄄城全县因终霜小麦冻死一部分，减产约30%；莱阳县冯格庄，孙家庄冻坏小麦，减产约2～3成。

4月，济南历城东郊北部滩头一带，小麦遭受晚霜冻害，估计减产5成以上。泰安县良庄，冻死地瓜芽30%～40%；平阴县全县小麦受冻，减产50%左右；东阿县玉米受冻，减产3成。

9月12日，垦利县晚大豆受到冻害，减产50%。

秋，寿光县遭受初终霜冻危害，全县受灾约7.03万亩。

1955年 4月上旬，胶南县出现终霜冻。红石崖、灵山卫、薛家岛等，小麦减产40%，春地瓜减产10%以上。4月下旬，平度县出现终霜冻，南村、张舍、古岘、兰底、麻兰、马戈庄、两目、大田等，小麦减产2～3成。4月22日，莒南45万亩孕穗的小麦受到冻害，减产50%～60%。

10月中旬，胶南县出现初霜冻，海青、红石崖、薛家岛、隐珠，春地瓜受害减产80%。

1956年 4月下旬，平度县阴雨、大风8级，持续8天，冻坏棉花。郓城县因终霜小麦减产30%；邹平县黄山、城关出现霜冻，小麦受冻害，减产1～2成。

4月，泰安县省庄、山口，小麦受冻，减产50%左右；东平县秀河小麦受冻，减产20%。

秋季，潍坊、淄博、泰安、济宁、惠民等地市的初霜冻分别出现在9月25日和10月3日，使许多未成熟的晚秋作物受冻死亡，造成大面积减产。

9月26日，禹城全县19个区晚秋作物受冻害，减产20%，其中，棉花减产20%以上。

1957年　1月中旬末下旬初，青岛市极端最低气温达－11.1℃，－10.0℃以下低温天气连续11天。平度县蓼兰、田庄、城关、大田、南村、崮山地冻一米，井水结冰，冻死4人，小树冻死。胶南县六汪、市美、铁山、大村等冻死小猪数头，地瓜冻坏，有的人冻掉了指甲盖。胶县营河、铺集冻死1人，部分耕牛冻掉了耳朵。

4月中旬，烟台地区莱阳县，因霜冻，小麦冻坏，减产1成。胶南县出现终霜冻。薛家岛、张戈庄、寨里、大村、海青、大场，冻坏瓜苗，小麦减产25%左右。

4月下旬，茌平县全县出现霜冻，大部分小麦叶子、麦秆结冰，减产30%，果树花冻毁。平度县出现终霜冻，门村、中庄、田庄、马戈庄、白埠、灰埠、新河、南村、张戈庄、崔家集等，小麦减产2～3成。

4月，肥城县冻坏小麦56万亩。莱芜方下及其周围农业社常庄、苗山、辛庄，终霜成灾，大部分小麦减产50%，有的绝产，春玉米冻死需重种，马铃薯被冻死，重种3次。

5月，泰安县邱家店，小麦受冻，减产3成。平阴县全县4月下雪，小麦受冻，减产2～3成。

10月上旬，垦利县晚玉米、大豆受冻害，各减产50%，棉花也有减产。

1958年　3月27～29日，日照受强冷空气影响，3天最低气温连续下降了10.5℃，春地瓜苗受冻害的有30%，20厘米高的小麦受冻，麦叶冻卷，麦芯、麦梢冻坏，白菜籽、小菜、土豆种等均遭受到霜冻危害。

3月27日至4月1日，诸城出现倒春寒，影响时有7级偏北风，气温显著下降，6天的平均气温为1.6℃，平均最低气温－4.6℃，极端最低气温－6.5℃，全县大部分小麦被冻干了叶，平均减产2～3成。

4月上旬，邹县全县不同程度地受到晚霜危害，麦叶被冻坏，以早麦和洼地麦受冻较重，减产达2～3成。

4月13日，诸城出现霜冻，全县15个公社受灾，小麦叶和茎秆部受冻，平均减产2～3成，洼地及沿河岸北坡受灾较严重，减产7～8成。东明发生终霜冻，冬小麦减产1～4成，桃花授粉不良。

4月下旬，平度县出现终霜冻，南村、三合山、崔家集、万家、门村、崮山、中庄等，小麦减产2～3成。

1959年　1月，青岛地区极端最低气温达－16.1℃（平度），－10.0℃以下低温天气长达15天。平度县三合山、云山、宅科冻死3人。胶县城关、营海、铺集、里岔冻死1人，不少农户水缸在屋里冻破，井封冻，冻死猪多头。胶南县大村、薛家岛、灵山卫、隐珠、海青等车辆不通，普遍冻坏了地瓜种，干活时手冻裂。

3月上旬，苍山县冻坏小麦，减产2～3成。

4月中旬，胶南县出现终霜冻，张戈庄、小场、琅琊、大村、海青小麦减产25%以上，同时冻死菜瓜苗子。

4月下旬，平度县出现终霜冻，新河、南村、崔家集、万家、蓼兰、兰底、灰埠小麦减产2～3成。临沂小麦受冻，一般减产2～3成。成武县，小麦受冻减产3成。昌乐县平原等5个公社，小麦受冻害，减产10%。邹平县九户公社出现霜冻，小麦受害，地瓜冻坏30%。

4月，乳山县3个公社洼地受冻，小麦受害1800亩；肥城县全县，48万亩小麦受冻，减产1～2成。济南遥墙公社西部、西北部一带，小麦遭受严重冻害，大部分小麦冻死，造成严重减产。

1960年 4月1日，莒县出现霜冻，冻坏了小麦，减产10%。4月上旬，东阿县小麦受冻，减产5成。4月下旬，高密全县出现霜冻，冻坏部分出土棉苗。

10月26日，由于冷空气的侵入，造成博兴全县都有霜冻与结冰，受冻的晚秋作物枯萎致死，严重者绝产，轻者减产。

1961年 4月9日，鲁西、鲁北、鲁中地区出现霜冻，济宁地区最低气温降至－2.4℃。惠民地区最低气温达－3.1℃。同月15日全省大部分地区又一次遭寒潮袭击，气温降至－2℃～－6℃，此期正值小麦拔节期，遭受冻害。单县全县18万亩小麦受冻，地面最低温度达－3.8℃，最低气温－0.4℃，使受冻小麦减产2成左右。

4月15日，章丘小麦拔节期间遭受严重的冻害，地面最低温度－5.2℃，加之雨雪少，使小麦严重减产，个别地区亩产只有9千克。德州气温下降到－2℃～6℃，形成霜冻灾害，给小麦、果树生长造成危害。夏津受到霜冻危害，早播棉田的30%棉苗凋萎。

4月中旬，苍山县冻坏小麦，减产3～4成。

4月，东平县大羊公社，小麦和地瓜受冻，减产70%。肥城县51万亩小麦受冻。济南英雄山公社南部南康一带，一尺多高的小麦遭受霜冻危害，造成减产7成以上，果树因受冻害，也造成严重减产。

10月6日，东阿县玉米、高粱受冻，减产3成。

10月14日，夏津受霜冻危害，晚茬高粱、玉米冻死，收入无几，棉花桃冻僵。

1962年 3月28日至4月3日，诸城出现倒春寒，有8级偏北风伴有小雨，气温显著下降，7天平均气温3.4℃，平均最低气温－0.6℃，极端最低气温－2.2℃，全县大部分麦田的小麦叶、茎、秆受冻减产2～3成，地瓜秧苗受冻。

4月，平阴县冻坏小麦，减产2～3成。长清全县1260亩受灾。莱芜县口镇公社，小麦受冻，减产60%～70%。

10月14日，冠县霜冻，地瓜、棉花提前死亡。

1963年 1月27日，长岛县各港口，发生海冻，交通运输停止。

1月下旬，胶南县极端最低气温－14.9℃，并伴有西北大风。－10.0℃以下低温天气连续达10天。大村、张戈庄、灵山卫、寨里、海青等冻死鸡与畜、地瓜种冻坏、路上冻死人，大雪封门。

2 月，长岛县发生海冻，对海带、交通有影响。4 月，平阴县冻坏小麦，减产 10%～20%。

4 月 8～9 日，鲁北及潍坊地区出现霜冻，其中潍坊最低气温降至－1.3℃。4 月上旬，胶南县最低气温－2.4℃，西北风 5～6 级，小雨雪。大场、海青等乡镇，冻坏土豆，影响小麦十几天的生长。平度县最低气温－2.4℃，冻坏小麦、地瓜芽。4 月中旬，聊城因霜冻、连阴雨造成低温，致使春播的棉花死苗、病害严重。4 月下旬，平度县出现终霜冻，张舍、古岘、蓼兰、崔家集、白埠、云山，小麦减产 2～3 成，冻死瓜芽。

1964 年　1 月底至 2 月上旬，胶南县极端最低气温达－11.0℃，藏南、大村、大场、灵山卫、寨里、张戈庄冻坏地瓜种，冻死 1 人。

4 月 3 日，全省受强寒潮袭击，最低气温普遍降到－1.8℃～－3.7℃，其中最低值出现在张店，达－3.7℃，其次是潍坊地区，达－3.3℃。同月 6～8 日，全省出现一次强寒潮、霜冻天气，最低气温出现在惠民地区，降至－2.1℃。4 月 6 日，长岛县降阵雨后转雪，共降水 13.3 毫米，出现雨凇，造成照明、通讯中断，小麦 300 亩受到损害，并出现人员死亡等。4 月上旬，平度县，最低气温－0.9℃，大风，结冰持续 4～5 天，冻坏果树。

4 月 17～22 日，武城出现低温连阴雨，连续 5 天日平均气温低于 10℃，棉花烂种严重，只能重播，同时影响小麦抽穗开花，使发育期推迟 3～5 天。

1965 年　4 月 1 日，惠民、潍坊地区出现霜冻；4 月 5～6 日鲁北和张店、潍坊地区出现局部霜冻天气，最低气温出现在潍坊，达－4.3℃；4 月 21 日鲁北、潍坊、济宁地区出现霜冻，最低气温出现在潍坊，达－1.8℃。莒县出现霜冻，冻坏了小麦，减产 10%。

4 月上旬，平度县，最低气温－2.9℃，大风、降雪持续 5～6 天。冻坏果树。

4 月 17～22 日，夏津出现低温连阴雨，连续 6 天日平均气温低于 10℃，棉花烂种严重。全县重播棉花。

谷雨后，汶上出现倒春寒，棉花生芽未出土，个别地块需要补种。

8 月 15 日，乐陵王集公社 29 个大队冻死棉花桃，减产 50%。

1966 年　3 月 28 日，苍山县冻坏小麦，减产 2 成。4 月 1 日，惠民、潍坊地区出现霜冻。4 月 4 日鲁北地区和惠民、张店地区出现霜冻。4 月 10 日鲁北、鲁中山区、潍坊、张店地区出现大范围的霜冻，最低气温出现在潍坊，低达－3.2℃。

4 月，平阴县全县冻坏小麦，减产 20%～30%。长清全县 1260 亩农作物受灾。

10 月上旬，沾化县义和公社 6000 亩棉花、2000 亩地瓜全被冻坏。10 月 28 日，巨野出现初霜冻，全县 4.6 万亩多穗高粱因受冻减产 8 成左右。10 月下旬，垦利县多穗高粱遭受冻害，减产 75%。

1967 年　3 月下旬，临沭县棉苗冻死 1/3。4 月 11 日，惠民、潍坊、张店、济宁地区出现霜冻，最低气温出现在惠民，低达－1.1℃。9 月中旬，梁山县大安山洼，晚秋作物被霜打减产40%。10月中旬，沾化县沾城公社1500亩棉花被冻坏，减产8成。永丰公社5000亩棉花受冻，减产5成。12月28日，长岛县发生海冻，直到2月19日，长达54天，对海上交通运输、海带种植有严重影响。

12月28日至1968年2月底，由于气温偏低，且少东北大风，龙口港为流冰封住，流冰范围大小无法估计，在屺姆岛观看流冰一望无边，各种船只均无法通航达2月之久。

1968年 4月上旬，茌平全县大部分公社出现霜冻，小麦因冻害减产15%。9月29日，梁山出现初霜冻，全县晚高粱减产80%，其它作物也有减产。9月下旬，沾化县下洼公社1000亩玉米被冻坏，基本无收入，棉花受损。10月18日，冠县出现霜冻，夏地瓜、棉花被冻死。10月下旬，潍县发生冻灾，蔬菜冻坏，减产90%以上。

11月8日，寒潮影响青岛地区，24小时降温达14.8℃，最低气温达-4.8℃，并伴有大风、小雨和小雪。平度县最低气温达-9.6℃，青杨、中庄，冻死葡萄80%，树木多冻死。胶县铺集，水井封冻，滴水成冰，70%的农户冻了地瓜种。胶南县灵山岛、小场、大场、灵山卫、薛家岛、海青、藏南等，日月无光，天昏暗，海水封冻3里，冻死猪无数，农活没法干，冻坏地瓜种，低温30余天。11月9日，诸城全县21个公社受冻灾，最低气温-7℃，冻土深度3厘米，萝卜全部冻烂，白菜受冻减产。莒南全县128个大队萝卜、白菜受害40%。11月9～11日，临沂地区出现重霜冻，白菜、萝卜受冻，难以储藏。

1969年 2～3月，滕县龙阳公社，由于冬季冰冻严重，冬前小麦死亡减产50%。4月4日，除半岛地区外，全省出现一次强寒潮天气，一般最低气温降至-0.6℃～-1.5℃。4月17日潍坊、张店、半岛地区出现霜冻灾害。4月中旬，邹平县郑马公社、明集公社出现霜冻，小麦受冻害，减产1～3成。

10月2日，沂源县遭受霜冻危害，冻死地瓜、蔬菜。10月上旬，莱芜常庄、矿山冻坏地瓜、萝卜、花生、白菜、辣椒、棉花，小麦因冻减产30%，个别地块因地势低洼受冻较重，减产50%以上。10月下旬，胶南县出现初霜冻，大场、海青、寨里、泊里等公社地瓜冻了头，冻坏了萝卜、白菜。

11月5日，胶县出现初霜冻，最低气温-3.6℃，地面最低温度-6.5℃，全县22个大队部分白菜、萝卜被冻坏。诸城全县20个公社受冻灾，最低气温-3.5℃，萝卜大部分冻烂，白菜受冻减产。

1970年 1月21～30日，由于气温偏低，且少东北大风，龙口港为流冰所封住，各种船只均无法通航。4月上旬，平度县出现最低气温-0.6℃，并伴有阴雨、大风，冻坏了地瓜母。4月下旬，平度县出现终霜冻，兰底、白埠等公社的部分窝瓜、棉花冻坏。

1971年 3月2日，平邑全县出现霜冻，保太公社地瓜冻坏，小树枝压断，果树因冻减产。4月9日，惠民、潍坊出现霜冻灾害。5月5日，博兴县出现晚霜冻，棉花等作物死苗严重。同年10月11日发生初霜冻，造成重大损失。

1972年 3月30日至4月9日，诸城出现倒春寒，8级偏北大风伴有小雨和小雪，积雪1厘米深，4月1日冻土4厘米深，极端最低气温－6.2℃，全县25100亩窝瓜受冻害。

3月31日至4月2日，日照出现重霜冻，3天最低气温持续下降8.2℃，全县窝地瓜40%～50%受冻害，其中最轻的西湖受冻害20%，最严重的陈町受冻害90%。3月31日至4月1日，昌潍（潍坊）霜冻较重，据调查，高密、临朐、昌乐、胶县、诸城、胶南等县窝地瓜受害，其中仅临朐县就达3万亩，诸城县达60%～70%的窝瓜受害。3月底，平邑全县范围出现较重霜冻，多数公社窝瓜冻坏，其中，地牙公社损失60%，树木也有的冻死。

4月1日，一次强寒潮袭击全省，最低气温降至－1.9℃～－5.5℃，最低值出现在潍坊地区，低达－5.5℃。4月9日又一冷空气影响惠民、潍坊、张店、济宁、临沂地区，出现霜冻，最低值出现在潍坊，最低气温达－3.9℃。临沂霜冻，冻土深度3～5厘米，全区窝瓜普遍受冻，大部冻坏1/3，造成缺苗、晚发而减产。莒南全县128个大队5万亩窝地瓜烂墩。高密全县栽种的窝瓜受冻，受冻面积减产2～3成。胶县出现终霜冻，136个村、1000亩窝瓜受冻，春菜受冻，豌豆估计减产1成，小麦产量也受影响。

4月4日，莒县出现霜冻，冻坏了已经拔节的小麦，减产10%并使已栽的窝地瓜烂掉50%。4月上旬，平度县，最低气温－6.5℃，伴有大风、小雪，冻坏棉花、地瓜。胶南县，最低气温－4.2℃，北风6～7级，有小雪，琅琊、大场、六旺、宝山、铁山等公社，冻死了窝瓜。

4月，莱芜县4个公社，冻坏小麦，减产30%左右；有230多亩窝瓜受冻，减产50%，地瓜受冻，减产20%。

10月，平阴县晚秋作物受冻，减产20%～30%。10月11日，昌乐县平原等5个公社，因受冻害，黄烟减产10%，同时冻坏地瓜和青菜。10月中旬，胶南县出现初霜冻，海青、大村、大场、隐珠、薛家岛公社多数地瓜秧被冻坏，对地瓜生长有一定影响。沾化县下洼公社1000亩棉花被冻坏，减产3～4成。10月22日，无棣全县三分之一大队的晚高粱、玉米因霜冻危害减产50%。

1974年　2月21日，平阴县普降雨加雪，由于强寒潮影响，树枝及电力、通讯线上冰凌越积越厚。冰凌灾害严重破坏了供电、通讯设施，高低压线路倒杆2772根，通讯、广播中断，直接经济损失65万元，为本县供电史上的最重大损失。灾后在县社党委的领导下，供电、邮电、广播部门集中人力物力，很快恢复了正常。4月1日，鲁北、鲁中山区出现霜冻。4月2日，鲁北地区出现霜冻，5日惠民、潍坊、张店地区出现霜冻。12日潍坊、张店地区出现霜冻。

5月5日，禹城市地面温度骤降至－8℃，全县部分棉苗冻死，多数棉苗出现干尖和叶黄。

1975年　4月1日，鲁北、鲁中山区、潍坊、张店地区出现霜冻。4月2日，鲁北、鲁中山区、潍坊、张店、烟台地区出现霜冻，潍坊最低气温为－3.4℃。4月16～20日，齐河县出现“倒春寒”，开始阵风8级（西北风），气温降到－2.0℃，降水45.6毫米，农作物生长受到很大影响。刘桥、安头等乡镇还出现冻死人畜的现象。

1976 年 12 月 25 日，寒潮影响青岛地区，48 小时降温达 12.7℃，最低气温达 -10.1℃，伴有大风和小雪。崂山县有 27 天气温在 -10℃以下，极端最低气温 -17.1℃。小麦越冬期间死亡 15%，由南方引进的出口茶树、毛竹，除少部分幸存外，大部冻死。

1977 年 5 月 13 日，济阳降水 44.7 毫米，伴有 7～8 级大风，瞬时风速 30 米/秒，24 小时温度下降 20℃，早上 8 时的气温 22℃，14 时降至 9.5℃，冻死 11 人、牲畜 27 头、羊 258 只，折断树木 1 万余棵。5 月 13、14 日两天，全省大部地区遭受低温冻害袭击，有 93 万亩棉花、花生、地瓜等作物幼苗被冻毁、冻伤。

1979 年 11 月 12～14 日，胶南县最低气温 -8.0℃。全县小麦三类苗因干旱和冻害而死亡的面积占总面积（10 万亩）的 15%左右，10 万千克芹菜因受冻全部烂掉。

1980 年 1 月 28 日，寒潮影响青岛地区，48 小时降温达 12.7℃，最低气温达 -14.3℃，并伴有大风、小雨和小雪。崂山县自 1 月 28 日至 2 月 9 日，有 10 天最低气温在 -10℃以下，部分麦苗被冻死。1 月 30 日，长岛县各港口封冻，交通运输停止。2 月 5 日，再次发生封冻，交通运输停止，并造成养殖业损失。

1983 年 武城终霜出现在 4 月 15 日，比常年偏晚 21 天，影响小麦正常孕穗、抽穗，同时也影响果树的正常开花授粉、正常坐果和幼果生长。

1984 年 4 月中旬，博兴气温迅速回升，作物生长旺盛，4 月 28 日出现晚霜冻，使正在拔节的冬小麦和早期播种已经出苗的春棉受到了冻害。9 月 9～18 日，武城长达 10 天平均气温低于 18℃，严重影响玉米等秋作物的正常灌浆成熟，致使秋作物造成严重减产。由于 9～10 月连阴雨天气较多，陵县平均气温偏低 2℃，严重影响棉花吐絮。9 月 9 日以后，夏津秋季降温较快，气温低于 18℃，影响玉米灌浆，造成减产。10 月 20 日，武城降初霜，比常年偏早 8 天，影响棉花晚秋桃正常生长。12 月 8 日，因受强冷空气影响，章丘最低气温达 -26.8℃，地面最低 -34.0℃。7 至 11 日连续 5 天，最低气温均在 -22℃以下，打破本县最低气温历史记录，致使直径 15 厘米以下的梧桐树、多年生花椒、石榴、香椿等树木，冻死 20%以上。胡山林场冻死树苗 200 余亩，枣园苗圃冻死泡桐 40 万棵，抗寒最强的冬青、雪松，亦深受冻害。县园林处冻死大雪松 100 棵，室外各类多年生花木大部死亡，直接经济损失 6 万元。因气候极端寒冷，医院就诊人数达历年同期人数之冠，老弱病残死亡人数为历年高峰之一。

1985 年 10 月 21 日，武城初霜来临，比常年偏早 7 天，影响棉花秋桃正常生长，造成棉花减产、品质下降，减少了植棉经济效益。11 月中旬，乐陵气温从 10℃突然下降到 0℃，加之 1986 年 3 月中旬出现降雪，使全县 55 万亩小麦普遍发生冻害，有 37 万亩因冻害死苗严重，成灾面积 28 万亩，其中绝产 9.6 万亩。

1987 年 5 月 3 日晨，潍坊市 12 县区遭受霜冻危害。据统计，全市受冻害面积 728

万亩，其中小麦630万亩，棉花65万亩，其它（瓜、菜、果、桑等）33万亩。受冻后的瓜、菜、果、桑等大量死苗，特别是西瓜、黄瓜、西红柿、豆角、桑树等喜温植物，受害更重，有的西瓜四月底（农历）便可成熟上市，产值达4000元/亩，由于这次霜冻而毁于一旦。这次冻害造成全市小麦减产3～4亿斤。

11月7日，最低气温降至－3.8℃，禹城全县大白菜未能及时抢收，冻在地里，造成重大损失。11月26日，强寒潮影响青岛地区，48小时降温达16.2℃，最低气温达－4.0℃，极大风速（北北东风）达32.4米/秒，并伴有小雨、小雪和冰粒。各县区未收获的大白菜、萝卜等绝大部分被冻坏，造成青岛的冬菜奇缺，价格猛涨，成为当时社会的热点问题。

11月8～30日，章丘正当小麦处于生长期，因受寒潮侵袭，温度骤降，平均气温48小时降温达14℃以上，低温时间长达10天，低温期平均最低气温－11.5℃，过程最低气温达－15.4℃，均为历史之罕见，使小麦受到历史上最严重的冻害。据调查总受害面积10.64万亩，占总面积72.5万亩的14.7%，其中死苗面积0.5万亩，一类冻害面积5.4万亩，二类冻害面积1.8万亩，三类冻害面积2.1万亩，四类冻害面积0.84万亩，秋菜受害损失近1000万元。

11月26～27日，受强寒潮影响，龙口先雨后雪，降水量19.3毫米，平均气温由11.6℃降至－2.0℃，大白菜遭受冻害，交通受阻，海里部分针良鱼受冻而发病死亡。

11月27日，菏泽市受寒潮影响，气温骤降，两天之内气温平均降低了12.9℃，28、29日出现了－10℃以下的低温，并伴有降雪天气，此次降温出现了历年同时期的最低气温。由于降温幅度大，小麦缺乏抗寒锻炼，全市814万亩小麦均受到不同程度的冻害。多数白菜、萝卜等蔬菜未能收获，被冻坏在地里。据农业局调查，全市小麦冻害死苗70%左右的有58.8万亩，占麦田总面积的7.2%，死苗50%左右的有219.7万亩，占27%，死苗20%左右的有315万亩，占39%，预计全市小麦减产6.73亿斤。

11月28日至12月2日，由于受强寒潮影响，滕州气温骤降，日最低气温达－12.2℃，日最低气温低于－10.0℃的日数达3天之久，地面最低温度达－13.5℃。由于前期气温较高，小麦、蔬菜等未经抗寒锻炼，因而造成了严重的冻害。全县早播旺苗、冬性差或半冬性的小麦地块遭受冻害。冻害较重的小麦株茎芭上部1厘米以上，80%全部干枯；冻害较轻的小麦株茎叶顶部1～2片展开叶的二分之一和心叶受冻干枯，个别小分芭受冻干枯。全县小麦受害面积约30万亩。同时全县未及时收获的大白菜、萝卜等蔬菜均遭到罕见冻害而烂掉，导致市场前所未有的菜价上涨。

11月29～30日，受强冷空气影响，宁阳县最低气温降到－10.0℃以下，使小麦和秋菜遭受严重冻害。

11月下旬末，陵县出现一次寒潮天气，气温比常年偏低5.9℃，并伴有雪和冻雨，因路滑造成交通事故8起，死亡1人，直接经济损失4万元左右，使通讯中断2小时多，使冬季大白菜遭受严重冻害。

1988年　3月4～7日，即墨县极端最低气温－10.0℃，并伴有西北大风和小雪。全县冬小麦受冻害，部分麦苗被冻死，造成小麦明显减产。4月23日，武城出现终霜，比常年偏晚29天，影响小麦正常开花、授粉，同时也影响果树的正常开花、授粉和正常结果及幼果生长。

10月13日，德州出现初霜，由于初霜出现早（常年出现在10月下旬），将未开放的棉铃冻僵，造成棉花产量减少，品质下降；同时露地蔬菜也受到不同程度危害。

11月25～28日，宁阳县遭受强寒潮袭击，4天降温18.6℃，极端最低气温达-12.6℃，使小麦及大白菜等遭受严重冻害。

1989年 3月2～3日，受蒙古低涡强冷空气和江淮气旋北抬相汇合的影响，形成大范围的雨雪天气，庆云县处于它的北部，降雨雪量达17.5毫米，2～7日连续吹东北风，最大风速9.7米/秒。由于湿度、风速大，温度低，造成了历史上罕见的冰凌灾害天气。全县邮电农市话中断25处、刮倒电线杆120根，经济损失达3万元。供电线路共有51条1093处268.5千米被损坏，79根线杆倾斜、断裂或报废，4个变电站有3个不能送电，使全县停电面积达90%以上，电瓷件损失2165支（片），直接经济损失达20多万元。

4月8～10日，受冷空气和强烈辐射降温的共同影响，青岛地区出现了严重霜冻，地面最低温度莱西市下降至-5.0℃，崂山区、即墨市、平度市、胶州市、胶南县的88.3万亩越冬小麦和500余亩蔬菜，遭受霜冻灾害，严重影响了全市的夏粮产量。

4月10日，潍坊市的五莲、诸城、安丘、高密、昌邑等县市遭受霜冻灾害，受害小麦达10万公顷，其中3333公顷枯死绝产。同时有666公顷桑园受冻，部分西瓜、蔬菜也不同程度受到冻害。受冻害较重的五莲2000公顷小麦近于绝产，全县因冻害损失1200万元。

1990年 4月4～5日，滕州出现霜冻（4月4日最低气温-1.9℃、地面最低温度-4.1℃），使正在出土或顶土的土豆约10000亩全部冻死，占总面积的14.3%。小麦叶片部分冻干枯，全市约10万亩春性强品种约20%～30%小穗冻死。由于受霜冻危害，严重地影响了产量。霜冻对果树花期危害较重，苹果大部分中心花冻死，梨边花冻害严重。幼龄树较成龄树冻害严重，弱树较强树受害重。苹果受冻率平均达71.4%、花受冻率平均是39.9%；梨受冻率平均53.94%、花果受冻率平均19.3%；桃100%受冻、花果受冻率95%。

4月23～24日，原在40°N以北的东亚大槽后部的冷空气，伴随着乌拉尔阻塞高压的崩溃而迅速南下，侵入黄淮地区，24日枣庄市最低气温由前几天的9℃～10℃，下降到4.0℃，地面最低温度由前几天的6℃～8℃，下降到-1.4℃，出现霜冻，部分低洼菜地出现薄冰。此次倒春寒降温幅度达6℃～9℃，致使一些撤膜偏晚，抗寒锻炼时间较短的芸豆遭受冻害，植株全部或部分死亡。峄城区因倒春寒形成霜冻绝产的芸豆减产损失176.5万元。肖桥乡受灾28万元。由此而知，此次倒春寒给芸豆的生产带来极大的危害，总计损失达200多万元。

11月30日至12月2日，强寒潮影响青岛地区，48小时降温达16.1℃，最低气温达-5.6℃，极大风速（西北西风）达29.5米/秒，大风持续42小时之久。莱西等市降了30多年来罕见的大雪，积雪深度达10厘米。青岛市区的供电线路有100多处断损，即墨市沉船21只，平度市尹府水库局部塌坝。

1991 年　3 月 6～7 日，东明县发生冻雨、大风、降雪天气。全县平均降水 24.2 毫米，最低气温 -4℃，最大风力 7 级，电线上积冰 5 毫米，最大厚度 8 毫米。全县供电、邮电、广播线路大面积毁坏，其中倒杆、断杆 1329 根，断线 508 千米，损坏变压器 15 台。全县 40 万亩小麦受冻害严重，倒折树木 33.7 万棵，损坏房屋 414 间，其中倒塌 42 间。3 月 7～8 日，费县遭受暴风雪、冰凌灾害。降水一般 25 毫米（积雪厚度 20～30 毫米），气温 -5℃～-4℃，风力 7～8 级，电线结冰厚度 5 毫米。全县有 16 个乡镇不同程度受灾，有 20 万亩小麦被冰凌覆盖，1 万亩果树挂满了冰凌，倒折树木 30 万棵，3000 亩塑料大棚被损坏，供电、通讯线路毁坏严重。直接经济损失 330 万元。

3 月 26 日，夏津出现寒潮天气，气温猛降 8℃～9℃，最低气温达 -3.2℃，使冬小麦普遍受害。据德州气象台资料分析，穗粒数比上年减少 5～10 粒。

3 月 27 日，武城气温骤降 7℃～8℃，出现低温冻害，日最低气温达 -1.6℃，致使冬小麦严重受冻害，影响小麦穗分化，当年穗粒数比常年减少 5～7 粒；同时影响果树发芽，造成减产。

4 月 26 日，菏泽遭受强冷空气袭击，气温骤降至零度以下，郊区 2.6 万亩西红柿全部遭到冻灾，其中 2.1 万亩枯死，直接经济损失达 3150 万元。五莲县气温陡降，出现霜冻，致使 30 万棵果树花萎谢、130 公顷蔬菜萎蔫、200 公顷棉花受冻。单县遭冷空气袭击，县城郊区 185 公顷西红柿遭冻灾，其中 140 公顷西红柿苗被冻死，直接经济损失 3150 万元。

4 月底、5 月初，牟平县遭到霜冻灾害，早熟水果受害严重，全县约有 9 万亩果树受冻，减产 30%左右。4 月至 5 月上旬，烟台市连续发生严重的低温霜冻，全市果树受害面积 29 万亩，减产水果 1.4 亿千克，小麦受害面积达 100 多万亩，减产 0.75 亿千克，直接经济损失达 2 亿元。

10 月 19 日，济阳出现霜冻，棉花受冻整株死亡，上部蕾铃受冻成为烂铃。

1993 年　4 月 3 日，庆云县有 5～6 级偏北风出现，并伴有 0.6 毫米的降水。24 小时内日平均气温下降 8.7℃，4 日最低气温达到 -0.9℃；当时果树正处于花期，受灾严重，低温使花的柱头受冻，造成不能受精结果，全县果树总面积 23433 亩普遍发生冻害，其中成灾的苹果大约 8000 亩、杏 1000 亩，桃树受灾相对较轻，约 1000 亩；苹果树花受损率在 50%左右，个别品种在 60%～80%，杏的产量因受冻而减少 80%左右。

4 月 5～10 日，青岛市连日低温，日最低气温 -3℃～-5℃，受冻小麦叶片尖端或整个叶片干枯，穗部组织坏死，全市小麦受冻害面积 4.03 万公顷，其中 1 万公顷已濒临死亡。4 月 7～9 日，淄博部分县区遭受低温冷冻灾害，其中淄川、临淄的 3 个乡镇受灾较重，小麦受灾面积 426.7 公顷，有近万棵花椒树树芽冻坏。

4 月 10 日，武城出现低温冻害，极端最低气温达 -1.7℃，果树花蕾及幼果 70%受害，同时麦叶发黄，叶尖干枯，影响小麦孕穗，造成小麦减产。夏津受冷空气影响气温骤降，最低气温达 -2.3℃，冻土深度 2 厘米，果树的花蕾和幼果 70%～80%受冻害，麦叶发黄，麦尖干枯。

4 月上旬，潍坊市出现低温和大风天气，其中 5 日、6 日、7 日地面温度分别降至 -3.8℃、-5.5℃和 -8.4℃，处于花芽期的杏树、梨树、李子和苹果树等受灾严重，经济损失约2亿元；小麦受冻害面积达3.73万公顷，比较严重的有8667.7公顷，蔬菜受冻害面积2333公顷。德州出现霜冻危害，4月上旬影响德州冷空气势力较强，气温偏低且降温幅度较大，4月8日、10日两天最低气温分别达到-1.9℃和-1.5℃，受其影响，全市小麦、果树、蔬菜均受到不同程度的危害。小麦受冻害情况：全市21万亩小麦均不同程度的受到霜冻危害，其中，约6.5万亩受害较重，小麦植株上下部均受害，表现为上部叶片、叶尖干枯，下部叶片黄枯，少部分小麦茎节受害，出现死苗，减产30%左右；其它大部分麦田受害较轻，受灾后出现短时萎缩，过后约20%的植株叶尖干枯，下部未受害。果树：凡处于开花期的果树全部受害，受害面积34000亩，减产40%，受害部位为花，表现为花内变黑腐烂，从受害程度看，梨、桃、杏受害较重，减产50%～80%，苹果较轻，减产30%，处于盛花期或开花末期者，危害较重，初花未放的较轻；早熟品种较重，晚熟品种较轻；植株高度1.5米以下者较重；市内南部轻，北部重。蔬菜受害面积1万亩，其中，受害最重的西瓜，约80%死秧，受害面积约5400亩；茄子、番茄、甘蓝类蔬菜也受到不同程度的危害，出现死秧，干叶，枯萎现象，受灾面积4000余亩。

11月7日，德州开始降雨，17日开始降雪，阴雨雪天气持续了十几天，极端最低气温在-10℃左右，23日达-10.7℃左右，这次低温阴雨天气给德州市农业生产造成较大损失。露地、大棚菜等菜类受灾15000亩，直接经济损失420万元；冬小麦普遍遭受冻害，表现为叶部受害，雪化后，受害部位萎蔫卷缩，麦苗受冻率在80%～90%，其中，冻害较重的有10%，对来年小麦丰产造成极为不利的影响。

11月14日06时至21日06时，山东出现阴雨连绵骤然降温的特殊冻害天气。最初全省出现大雾弥漫天气，中午时分从雾天转为阴雨天，雨天发展到雨夹雪天气，继续发展为中到大雪，局地暴雪。20日转晴，气温骤然下降，白天最高气温9℃，到夜间最低气温达-19℃，一昼夜温差达28℃，从降温角度讲为一次特强的寒潮天气。根据近百年的记录和当地群众反映，这次秋末时节出现的特强冻害是近百年来从未有过的，给蔬菜、果树、林木等造成严重破坏，损失巨大。据初步测算，仅聊城地区，这次特大冻害经济损失在10亿元以上。就全省而言，这次特大冻害，估计经济损失达30亿元以上。

11月17～21日，禹城市遭受罕见的强寒潮袭击，21日最低气温下降到-16.2℃，加之受大雪的影响，数万亩大白菜受冻，3万亩果树冻死30%以上，大棚损坏377个，冻死3人，冻伤138人，死伤大牲畜110头、猪羊1220头、家禽万余只，直接经济损失3083万元。

11月中旬，平阴出现暴雪天气后突然转晴，气温急剧下降，21日最低气温-13.7℃，并且低温天气持续了4天，使平阴县冬小麦和果树造成严重冻害。在全县28万亩麦田中，受冻的约8万亩，叶片已经冻死的2.8万亩；全县苹果树5.5万亩，冻死1.5万亩；冻死苗木100万棵。预计苹果减产45%以上，经济损失1亿元以上。

11月23日，夏津最低气温达-20.6℃，冬小麦被迫停止生长，较常年提前15天左右进入越冬阶段。叶片普遍受害，部分地块死苗严重。大棚蔬菜普遍遭受冻害，果树也受到不同程度的冻害。

1994年 3月26日，受强寒潮影响，巨野县气温骤然下降至 -2.4℃，地温降至 -3.1℃，致使全县27处乡镇、5.3万公顷小麦普遍遭受冻害，其中，鲁麦1号、032、031

等品种系列的2.6万公顷小麦受冻严重，80%的叶片受冻，叶片中央以上干枯，给小麦孕穗造成一定影响。

1995年　4月3日，菏泽市出现霜冻，此时正处于小麦拔节期，对小麦危害严重。4月3日地面最低温度全市在－3.6℃～－2.1℃之间。这次霜冻出现时间比常年终霜期晚5天左右，由于小麦抗寒能力减弱，造成受害麦田中20%～60%的叶片受害，全市受灾面积达250万亩，占麦田面积的33%，其中受害严重的麦田约6000亩。另外，早春蔬菜、西瓜等也严重受害。

1999年　4月12日，章丘出现一次晚霜冻，使小麦减产2～3成，全市歉收600余万斤。4月13日，霜冻造成巨野全县小麦减产4～5成。

第六章　热带气旋灾害

第一节　概　　述

热带气旋是指在热带或副热带海洋上发生的逆时针高速旋转的气旋性大气涡旋，它带来的风、雨、潮破坏力极大，常能发生大风、暴雨和风暴潮灾害。但在干旱少雨时期，热带气旋带来的降水可以缓解或解除旱情，增加水资源，又有其有利的一面。过去所谓“台风”就是指发生在西太平洋和南海上、近中心最大风力大于或等于8级的热带气旋。1989年国家气象局决定统一使用国际气象组织的定义，将热带或副热带洋面上生成的热带低压统称为热带气旋，并按近中心平均最大风力的强弱，又将热带气旋细分为4个等级。

具体规定如下：

近中心平均最大风力达12级或以上为台风；

近中心平均最大风力为10～11级的，称为强热带风暴；

近中心平均最大风力为8～9级的，称为热带风暴；

近中心平均最大风力6～7级为热带低压。

早在公元5世纪，我国学者沈怀远所著《南越志》中就提出飓风或惧风即现代的台风概念，显而易见，在当时由于没有气象和水位观测仪器，热带气旋的记载只能是定性的描述，不能肯定是否是现代意义上的热带气旋，完整、定量、长序列的热带气旋资料的采集是近半个世纪以来实现的。1949年新中国建立以来具有完整的热带气旋资料。1949—2000年影响山东的热带气旋（影响山东出现暴雨或造成山东陆地或沿海大风）总共有106个，其中有16个在山东登陆。

热带气旋是一种生命史较长，能量大，破坏力极大的猛烈的灾害性天气系统，气旋直径一般为600～1000千米，最大为2000千米，从生成到消失，一般需要5～15天，甚至更长。这期间它从生成、发展增强到最强盛期，再逐渐减弱到消失，其近中心最大风力一直在不断发生变化。因此，往往同一个热带气旋，处在不同的时期，因其强度不同而会有热带风暴、强热带风暴、台风等不同的叫法。这很可能会给群众造成误解，其实，无论是强热带风暴或热带风暴，就是群众以往所说的台风，现在所称的台风则是以往的强台风。明白这一概念，对于防御台风灾害极为重要。热带气旋形成后，它一面高速旋转，一面有规律地不断向前移动，很象河流中出现的涡旋，其破坏力极强。据估计，一个成熟的热带气旋一天内释放的能量约为2×10^{8}千焦，一般认为：强大的热带气旋的形成过程，实际上是由一个具有冷中心的热带扰动或低压逐渐转变为具有暖中心热带气旋的过程。它必须具备以下几个主要条件：一是科里奥利参数必须大于一定值，所以热带气旋只能在纬度高于 5^0 的地区生成；二是低空或在边界层中，有水平气流辐合存在；三是要有足够广阔的洋面，且海面及海面以下 60 米处的水温要高于 26℃；四是风速垂直切变要小，热带气旋形成区 200 百帕与 850 百帕的纬向风差应小于 10 米/秒；五是大气层结构处于位势不稳定状态，且对流层中部的湿度要大。简单地说，热带气旋的形成与热带暖洋面上的气流辐合及热带降雨所产生的潜热加热作用密切相关。所以，西北太平洋热带气旋主要在 5^0N～25^0N 之间的地区生成，其中尤以 10^0N～20^0N 之间生成的热带气旋最多。

一、山东热带气旋的时、空变化特征

据统计，西北太平洋（包括南海）平均每年有 27.7 个热带气旋生成，最多年达 40 个（1967 年），最少年为 14 个（1998）。而据 1949—2000 年 52 年资料统计，这期间直接影响山东造成大风或暴雨的热带气旋总共为 106 个，即年平均 2 个左右。其中，直接登陆山东的有 16 个，年平均仅 0.3 个，相当于每三年一遇。

（一）地理分布特征

影响山东的热带气旋多出现在山东半岛东部和南部沿海地区。据 1961—1990 年资料统计，山东半岛东部和鲁东南沿海地区年平均热带气旋影响次数在 0.4 次以上，其中威海市东部沿海和青岛市南部沿海地区在 1.0 次以上，以成山头为最多，达 1.5 次；鲁西北至鲁西南地区在 0.2 次以下；其它地区一般在 0.2～0.4 次。

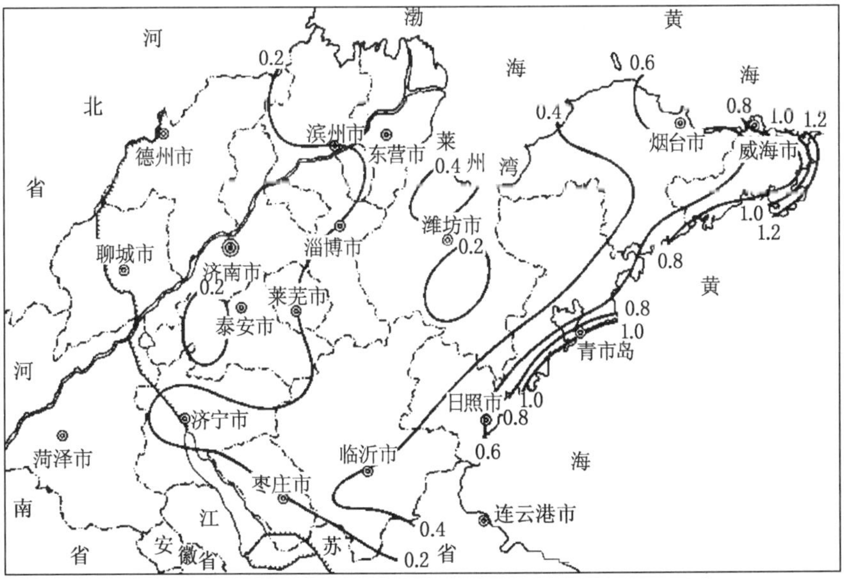

图 6.1　山东年平均热带气旋影响次数分布（1961—1990 年）

（二）　热带气旋的时间变化

1. 季节变化

影响山东的热带气旋主要形成于菲律宾东部洋面和硫球群岛附近海域，而且，只有当生成于这一海区的热带气旋向西北方向移动后，逐渐转向偏北方向移动时，才有可能影响山东。据1961—1980年资料统计，影响山东的热带气旋，最早出现在5月中旬，最晚出现在11月中旬。其中，有86.2%出现于7～9月，尤以8月中旬最为集中，共出现了12次，占总出现次数的21%。而登陆山东的热带气旋均集中出现于7～8月。

表6.1　山东各月热带气旋影响次数和百分率（%）（1961—1980年）

月　份	5	6	7	8	9	10	11	合计
次数	1	2	13	25	12	4	1	58
百分率（%）	1.7	3.4	22.4	43.1	20.7	6.9	1.7	100

2. 年际变化

影响山东的热带气旋有明显的年际变化。多的年份有4个热带气旋影响山东，少的年份一个也没有。除1986—1990年外，存在10～11年的偏少阶段和8年的偏多阶段相间出现的规律。

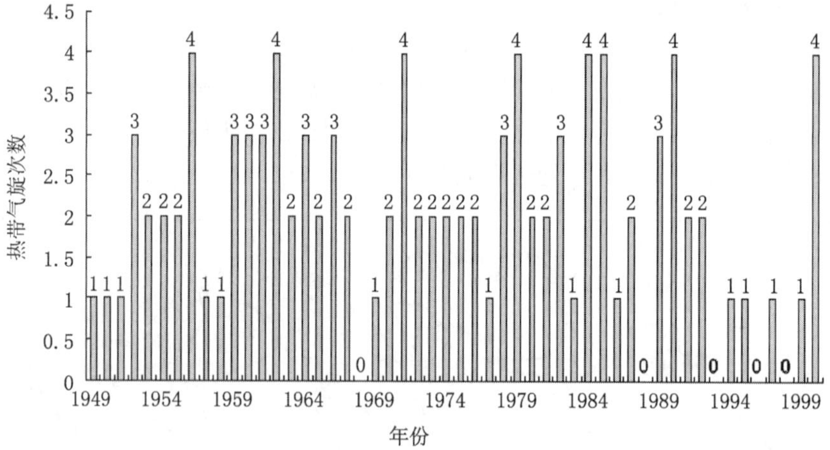

图6.2　1949-2000年历年影响山东的热带气旋次数图

表6.2　影响山东热带气旋次数的阶段变化（1949—2000年）

偏　少　阶　段		偏　多　阶　段	
年代	距平频率	年代	距平频率
1949—1958	-8/10	1959—1966	+6/8
1967—1977	-10/11	1978—1985	+5/8
1986—1988	-3/3	1989—1990	+2/2
1991—2000	-9/10		

在1949—2000年的52年中，只有15年有热带气旋在山东登陆，出现几率为29%，并有69%的登陆热带气旋出现在1960—1962年、1965—1967年、1972—1974年和1984—1986年的多发期中。

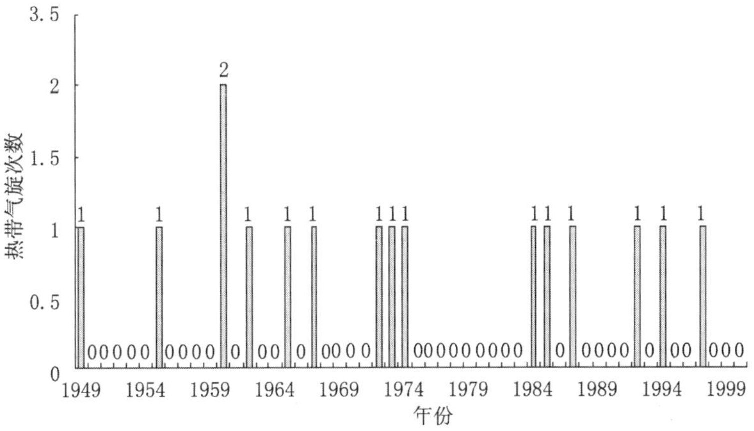

图 6.3　1949 年—2000 年历年登陆山东的热带气旋次数图

二、热带气旋的影响路径

影响山东的热带气旋（包括热带风暴、强热带风暴和台风），大多形成于菲律宾以东洋面，生成后影响山东，移动路径主要有 3 条：

（一）登陆北上类

热带气旋生成后，自菲律宾以东洋面向西北方向移动，穿过台湾省和台湾海峡后，在浙江和福建沿海登陆，再经过江西、安徽及江苏北部进入山东。此类热带气旋登陆后在陆上向北方移动，由于下垫面的摩擦作用，其势力减弱，待移到山东境内时，风力一般都已减弱到 8 级以下，故一般很少造成大风灾害。但它从热带、副热带携带来的大量水汽，却往往在山东造成大范围暴雨和特大暴雨。

（二）登陆转向类

其前期移动路径基本与登陆北上类相似。但在浙闽登陆后，北上到 30^0N 附近即逐渐转向东北方向移动，经江苏北部进入黄海。此类热带气旋在陆上活动的时间不长，入海后往往会再度加强。受其影响，鲁东南及半岛地区有暴雨或特大暴雨，山东南部沿海有较强的东北大风。

（三）黄海西折类

此类热带气旋在西太平洋上生成后，在我国东部海面上，直接向北偏西方向移动，进入黄海济州岛附近时，突然西折，并在山东半岛登陆，然后进人渤海。此类热带风暴或台风，后期突然改变移动方向，而且移动速度加快，对山东半岛影响最为严重。风暴中心经过的地区均有强风暴雨，并往往造成风暴潮灾害，危害极大。

以上 3 条路径中，以登陆转向类出现较多，平均每 3 年出现 2 次；登陆北上类和黄海西折类出现较少，均为每 3～4 年出现 1 次。

三、影响山东热带气旋的强度和移动速度

影响山东的热带气旋，有 80％左右属于台风，在影响前 24～48 小时，最大风速可达 65 米/秒。

表 6.3　影响山东的热带气旋强度（1971—1980 年）

热带气旋强度		影响前 48 小时	影响前 24 小时
中心气压（百帕）	平均	963	965
	最低	893	920
	最高	999	998
最大风速（米/秒）	平均	36	35
	最小	15	10
	最大	65	65

热带气旋在移动过程中，受到环境流场及相邻天气系统的影响，其移向和移速都可能发生变化。影响山东热带气旋由低纬向高纬移动时，一般移速是加快的。热带气旋北上转向后，由于受西风急流的牵引，其移速有明显加快的趋势。黄海西折类热带气旋进入黄海以后，其移速显著加快。

表 6.4　影响山东热带气旋的移动速度（1971—1980 年）

热带气旋移动速度（千米/小时）	影响前 48 小时	影响前 24 小时
平均	16.2	19.0
最快	31.5	31.9
最慢	0.9	6.0

四、热带气旋影响时的天气特点

（一）大风

1. 大风的地理分布　受热带气旋影响所造成的大风，主要出现在山东沿海海面，并由沿海向内陆明显减小。日照、青岛两市沿海地区、烟台市的芝罘、福山两区和威海市大部年平均热带气旋大风次数在 0.4 次以上，朝连岛、千里岩、陀矶岛等岛屿和成山头最多，在 1.3～1.8 次；潍坊、临沂两市大部、日照、东营两市西部、青岛市北部、烟台市西南部、滨州市及淄博、泰安、莱芜、枣庄、济宁、菏泽、聊城、济南、德州等内陆地区在 0.2 次以下；沿海各市的其它地区在 0.2～0.4 次。

2. 大风的季节变化　1961—1990 年，山东共出现 61 次热带气旋大风，平均每年 2.0 次。1972 年最多，达 5 次。热带气旋大风最早出现于 5 月中旬，最晚在 11 月中旬。热带气旋大风集中出现于 7 月中旬至 9 月下旬，占总次数的 90%。

表 6.5　山东各月、旬热带气旋大风次数（1961—1990 年）

月份	5			6			7			8			9			10			11			合　计
旬	上	中	下	上	中	下	上	中	下	上	中	下	上	中	下	上	中	下	上	中	下	
次数	0	1	1	0	0	1	0	4	9	10	8	7	9	4	4	0	1	0	1	1	0	61

3. 风速极值　据 1961—1980 年间影响山东的 44 次热带气旋大风统计，热带气旋大风极值，在山东沿海岛屿及山东半岛东端均超过 40 米/秒；最大风力多在 6～9 级，10 级

以上的仅占16%；极大风速多半在17.2米/秒至24.4米/秒之间，极大风速≥37.0米/秒的占总次数的29%。

（二）热带气旋降水

1. 降水出现几率　据1971—1980年影响山东的29次热带气旋统计，有降水的21次，占72%，其中出现暴雨或以上降水的17次，占总数的59%。

2. 热带气旋暴雨及其极值的地理分布　据1961—1990年资料统计，年平均热带气旋暴雨或以上降水日数山东半岛东部和鲁东南沿海地区在0.4天以上，其中成山头和石岛最多，均为0.7天；鲁北、鲁中西部、鲁西南和潍坊市中部在0.2天以下，其中，鲁西北和鲁西南地区不足0.1天；其它地区一般在0.2～0.4天。

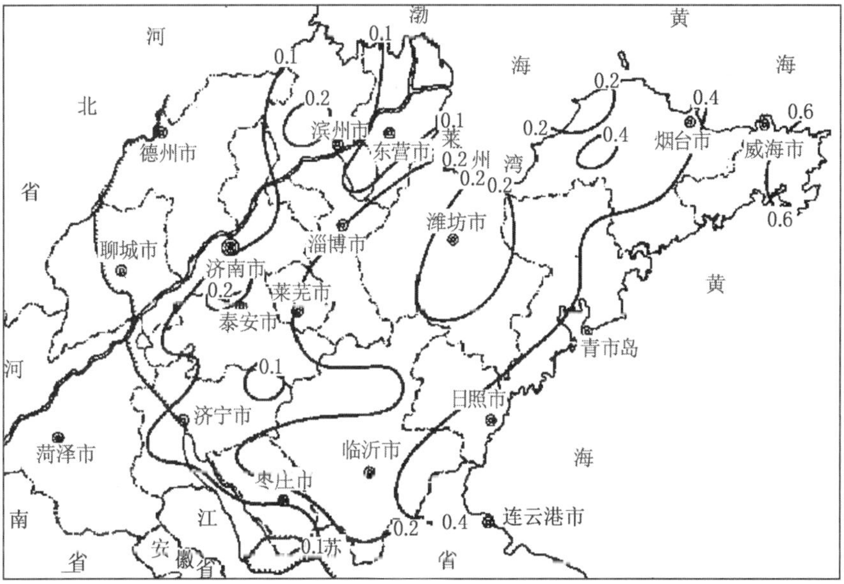

图6.4　山东热带气旋暴雨或以上降水日数分布图（1961—1990年）

热带气旋暴雨极值的地理分布受地形影响明显，极值最大区出现在鲁东南山区、山东半岛丘陵东南部和微山湖一带，最大日降水量均在200毫米以上，其中，昆嵛山、崂山、沂山的东南坡和微山湖均在400毫米以上；其它地区多在100～200毫米之间。

3. 热带气旋暴雨的季节变化

热带气旋暴雨开始于6月下旬，结束于9月下旬，集中出现于7月中旬至8月中旬，占全年的76.5%，以8月中旬为最多，占全年的35.3%。

表6.6　山东各月、旬热带气旋暴雨次数及百分率（1971—1980年）

月	6			7			8			9			合计
旬	上	中	下	上	中	下	上	中	下	上	中	下	
次数	0	0	1	1	2	3	2	6	1	0	0	1	17
百分率	0	0	5.9	5.9	11.8	17.6	11.8	35.3	5.9	0	0	5.9	100

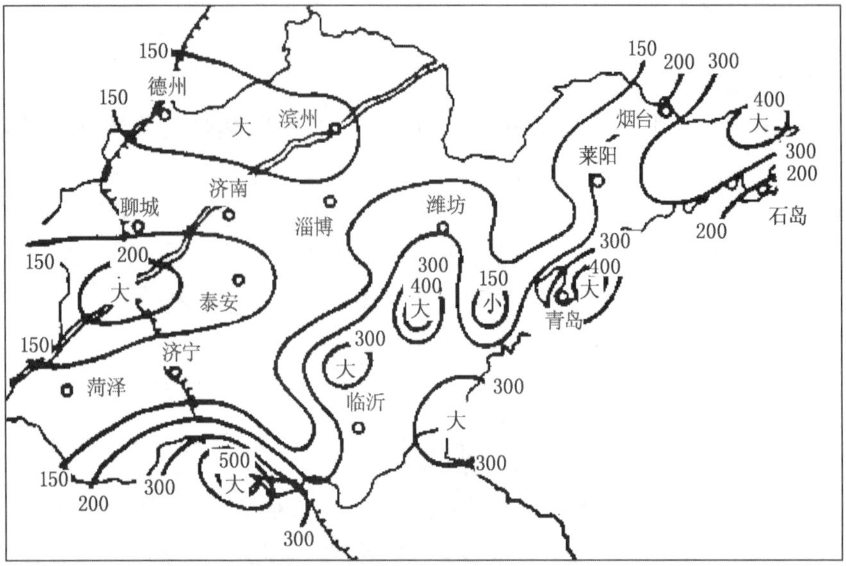

图 6.5　山东热带气旋暴雨极值分布图（1956—1975 年）

五、热带气旋诱发的风暴潮灾害

热带气旋是诱发风暴潮灾害的主要天气系统之一。1955—1994 年，由热带气旋在山东沿海引发的较大或以上风暴潮灾害共 6 次，占同期山东沿海发生的较大或以上风暴潮灾害总次数的 50%，其中特大风暴潮灾害 4 次，占同期特大风暴潮灾害总次数的 57%。由热带气旋引发的这 4 次特大风暴潮灾害分别出现于 1981 年 9 月 1 日、1985 年 8 月 18～20 日、1992 年 8 月 31 日至 9 月 1 日和 1994 年 8 月 15～16 日，其造成的受灾范围均在两个地市或以上，其中有 3 次直接经济损失超过 10 亿元。1992 年 16 号强热带风暴登陆北上后，于 8 月 31 日至 9 月 1 日自西南向东北方向移动，其中心正好穿过胶东半岛从威海市进入黄海北部，山东半岛南北两岸先后吹向岸风。当时又正值天文大潮期，大风吹送海潮涌向陆地，使山东沿岸海水陡涨，日照市石臼所潮位站最高潮位 5.53 米，为有记载以来的首位；莱州湾羊角沟潮位站最高潮位 6.45 米，超过警戒水位 0.95 米。日照、青岛、威海、烟台、潍坊、东营、滨州 7 个沿海地市均受到风暴潮危害，全省农作物受灾面积 101.8 万公顷，果园受灾 16.1 万公顷，淹没村庄 41 个，冲毁原盐 11.5 亿千克，受淹盐田 5.8 万公顷，损坏房屋 12.4 万间，冲毁桥涵公路 540 千米，损失船只 4406 只，伤亡 161 人，直接经济损失 47 亿元。

六、热带气旋灾害的防御对策

（一）在沿海地区修建防浪、防潮工程，营造防风林带，以防海浪冲蚀和海水倒灌。

（二）注意收听、收看气象部门的预报和警报，根据热带气旋未来的移动路径和强度变化，有针对性地采取防范措施，以做到更有效地防灾、减灾。

（三）提前排放水库和塘坝过量的蓄水，以便腾出库容，尽量减少热带气旋暴雨的危害。

（四）及早通知海上船只和作业人员回港避风，必要时组织危险区人员转移至安全地区。

（五）加强热带气旋预报技术及其防灾、减灾对策措施研究，提高预报和防灾、减灾的技术水平。

第二节　公元1949—2000年热带气旋灾害

1949年　7月26日，第6号台风在山东乳山登陆，受其影响，青岛市出现12级以上大风，最大风速37.2米/秒，北风，极大风速40.5米/秒，日降水量62.7毫米。仅据青岛盐业记载：7月26～30日，台风、海啸、暴雨、山洪连续数日袭击青岛盐区，部分盐场受灾严重。即墨县境内有盐田228副（1副＝2.73公顷），除大桥盐场尚存46.5副外，其余181.5副全被冲毁，停业盐民400余人，溶化原盐万担，因盐民无力修复而停产9年（至1957年由金口盐管处拨款3.11万元扶持修复）。同时原潮海盐场周围盐田190副，毁坏后至1951年始全面恢复生产。

蓬莱、福山、牟平、海阳、乳山、黄县、招远、掖县、长岛等县遭到12级台风袭击。台风7月26日上午开始时，风雨并不甚急，下午及至入夜以后，狂风暴雨，连续两昼夜。28日下午，风雨转缓。29日上午东南风又起（以前是东北风），因此吹折禾苗，拔树倒屋，海潮河流喷溢岸堤，造成极其严重的灾害。从毁坏庄稼来看，蓬莱、福山最为严重，因其地临沿海，东北风、西北风直冲而入，更加海水上涨，福山夹河水不能入海，泛滥成灾，毁地最多，如芝水区北阜村、北沙旺村，全村均被海水倒溢，颗粒不收者54户，其余的均减产8成以上。蓬、福二县，历来春田高秆农作物种的较多，一般能占60%以上，全部被风吹折，甚至连秸子都被风吹走。福山夹河大桥被水冲毁，人畜被水冲走。房屋倒塌打死人和牲畜，各县都有。蓬莱沿海7个区，共有渔船481只，这次风灾中毁掉的191只，重伤的72只，轻伤的45只。南北掖水淹土地21万多亩，倒房56600多间，撞毁渔船30余只。福山乃水果之乡，此次风灾，该县共损失水果596万余千克。仅其旺远一个区，即达300万千克。根据蓁山区上夼村统计，该村每户居民平均即损失粮食500千克。芝水区有大樱桃400余亩（每亩40余棵），70%以上被刮倒，市区海岸路破坏1078米，港内码头破坏2097米，毁粪干3万余千克。据烟台全区统计，此次台风，共淹没土地148万余亩，损失渔船252只，支前汽船6只，溶化原盐649万余担，损坏果树72400余棵、水果260.5万千克，倒塌房屋7700间，公私营企业工厂损失总值约7300万元。台风造成招远全县受灾，老界河平川处水深5尺，倒塌房屋6861间，倒树73290棵，冲毁土地4919亩。

1951年　8月21～23日，受第16号台风影响，青岛市极大风速25.1米/秒，风向北北东，潮位高，海浪大，市区低洼岸边和船只（渔船）有损失，金沙滩处水漫农田，纵深约500米，村舍被淹若干。

1956年　9月5日，原在我国福建登陆的22号台风，继续北上，后至连云港附近转向东北入海，当台风中心从青岛以南约100千米海面经过时，造成青岛市特大暴雨和9级东北大风，青岛市日降雨量269.6毫米，创历史最高记录，极大风速20.3米/秒，风向为东北风。灾情：市内发生9起死亡事件，倒塌房屋1188间，水湿粮食27万千克，由于积水发生铁路临时停车，沧口飞机场路基被冲停止使用。郊区发生死亡事件2起，倒塌房屋1268间，农田被冲0.3万亩，部分被冲农田0.49万亩，过水农田0.98万亩，冲毁菜田0.36万亩，吹落水果68.5万千克。刮倒树木7500棵，由于电线被冲，9月5日电话中断。工厂因停电造成损失34.3万余元。

1960年 7月20日，文登县遭台风、暴雨袭击，有25万亩高秆作物倒伏，涝洼地积水5万亩，部分房屋受损失。

7月28日至8月4日，10级台风先后两次袭击长岛地区，农田受灾面积达35%以上，损坏大小船115只，海带和养殖物资折价14万元，倒塌房屋32间，损坏房屋485间，刮倒树木439棵。

1962年 7月12日至8月20日，连续3个强台风6205、6207、6208号袭击全省，连降大暴雨（包括别的天气系统影响），40天内平均降水430毫米，比历年同期偏多99%。济南市历下、天桥区被淹，街道大量积水，房屋倒塌严重，水电交通一度中断，临沂、昌潍部分山区山洪暴发，鲁北、鲁南、鲁西南平原地区大片积水，积水面积达3252万亩。德州、惠民两专区灾情尤重，仅徒骇、马颊河决口即淹地36万亩，金堤河决口达12处，寿张、范县有81万亩耕地被淹没。

1963年 7月18日，受6号台风影响，文登县大部分公社日降水量大于100毫米，因雨大而急，不少路面被冲毁，近河作物被冲走，河边树木冲倒冲走。

7月19日，受6号台风影响，临淄县普降暴雨，除淮阳78毫米外，其它公社均在100毫米以上，部分公社在150毫米以上。全县受灾面积20900亩，积水半市尺（1市尺=1/3米），深者1米，砸死1人，伤11人，淄河护岸被冲毁150米。

7月19～20日，受6号台风影响，沂蒙山区大范围降暴雨，沂河临沂站洪峰流量9090立方米/秒。全区倒塌房屋15.61万间，砸死、淹死254人，伤395人。河道漫溢决口3698处，冲毁水利工程864处，冲毁地埝201.3万处，437.21万亩成灾，估计减产粮食2.63亿千克。

1972年 7月26日，受3号台风影响，招远出现8～9级大风，高秆作物倒伏、折断，平均减产2成，水果损失76.5万千克，倒塌房屋164间。由于风大引起海潮，掖县损失船只107条，冲损食盐1000多吨，被海水淤积盐田80余副，玉米、高粱部分被刮断。台风袭击长岛县，死亡渔民10人，损坏船只118只，连同养殖物资共损失295万元。烟台市幸福公社打落苹果80万千克，各项损失约181万元。文登损坏玉米7.5万千克，刮掉苹果120万千克。

7月26～27日，烟台全区各县受台风影响（瞬间大风27.0米/秒，北风，1972.7.26），造成很大损失。灾情如下：人员死亡12人（其中渔民10人），受伤182人，损坏渔船 471 只（机帆船 108 只，木帆船 363 只），其中报废 140 只，需大修 54 只，中小修 277 只，丢失 21 只，丢失渔网 1568 挂，冲垮挡浪坝 2 处，倒塌渔业仓库 156 间，损失养殖玻璃浮子 34.57 万个，损失食盐 106.5 万千克，海带 0.5 万千克。农业方面，刮倒高秆作物 200 万亩，一般减产 10%～30%，少数减产 50%，水果刮掉 1000 万千克，刮倒树 72 万棵，海水淹没农田 1.7629 万亩（绝产），损坏房屋 2000 多间，其中倒塌 989 间。

7 月下旬，第 3 号台风进入渤海湾、黄海海面及烟台地区，风力 8～11 级，最大 12 级，伴有大雨、暴雨、海潮猛涨，造成较大损失，淹死渔民 11 人，伤 182 人，打坏、漂失各类船只 900 余只，损失各种渔网 1738 挂、毛竹 1.1 万支、网杆 1510 条、盐 118 万千克，倒塌房屋 697 间，冲毁渔港、挡浪坝 2 处和修船坞道一处。荣成、掖县、黄县、沾化 4 县有 3 万亩农田被海水浸灌和冲毁，100 万亩春玉米及其它高秆作物倒伏，刮落水果 1000 万千克，倒折树木 1.7 万多棵。

8 月 18 日，受 9 号台风影响，青岛发电厂院内积水 30～40 厘米，停电几分钟。

1974 年　8 月 8 日，12 号台风在菲律宾吕宋岛西侧海面生成后北上，在福建省登陆，经江西、安徽、江苏、山东等省进入渤海。8 月 13～14 日山东出现大范围暴雨，沂河、沭河流域出现特大暴雨，安丘县石埠子 24 小时降水量达 498.6 毫米，致使潍河、涓河河水暴涨，洪水泛滥成灾，沿河地区平地水深达 2～3 米，仅诸城县就有 238 个村庄被淹，倒塌房屋 11.7 万多间，死亡 53 人，伤 4792 人。

8 月 12～14 日，由于受 7412 号台风减弱成的温带气旋北上影响，山东南部和胶东半岛地区 10 个市地降特大暴雨，雨量在 100 毫米、300 毫米、500 毫米以上的笼罩面积分别为 68400 平方千米、4600 平方千米、422 平方千米，最大点暴雨量是安丘县石埠子水文站 572 毫米。8 月 14 日沂河临沂水文站出现洪峰流量 10600 立方米/秒，下游彭家道口闸向沭河分洪最大流量 3130 立方米/秒，分洪总量 2.7 亿立方米；江风口分洪闸向武河分洪流量 1550 立方米/秒，分洪总量 0.433 亿立方米；沭河大官庄水文站 14 日 13 时洪峰流量 5400 立方米/秒，由新沭河分洪闸分洪最大泄量 4250 立方米/秒，沭河洪水与分沂入沭洪水汇合后，老沭河下泄最大流量 3830 立方米/秒，超过保证流量 28%。这次暴雨中心在潍河上游，潍河上游九台水文站 8 月 13 日出现了 1914 年以来的最大洪峰流量 5690 立方米/秒，接近该站 1914 年 9 月 8 日调查最大洪峰流量 5800 立方米/秒，下游峡山水库入库洪峰流量 10600 立方米/秒。这次暴雨洪水共有 10 个地区（临沂、济宁、枣庄、日照、济南、潍坊、滨州、东营、青岛、烟台）的 40 个县市区受灾，沭河、潍河、胶莱河、白浪河、弥河、东洳河 6 条大中型河道共决口漫溢 93 处，其中仅沭河上游就决口漫溢 68 处，共有 21 座大中型水库出险。这次洪水 10 个市地农田受灾面积 777 万亩，成灾面积 532 万亩，受灾人口 387 万，死亡 178 人，倒塌房屋 481806 间，损失粮食 45760 万千克，冲毁堤防 75.8 千米，冲毁涵闸 17 座，冲垮小（一）型水库 7 座，冲垮小（二）型水库 62 座，造成直接经济损失 64350 万元（当年价）。

8 月 13 日，诸城受 12 号台风影响，风雨交加，河水涨溢，洪水泛滥，潍河、涓河两岸水深 2～3 米，村庄全部被淹没，水淹、冲淤农田 57 万多亩，全县水淹村庄 238 个，倒塌房屋 117122 间，死亡 53 人，伤 4792 人，冲走、淹死大牲畜 780 头、生猪 13487 头，冲走大小农具 529700 多件，损坏树木 540 多万棵，损失粮食 2045 万千克。

8月14日，受12号台风减弱成的江淮气旋的影响，牟平县普降暴雨90.2毫米，全县总受灾面积26500亩，冲土地710亩，倒房95间，倒院墙12座，冲垮塘坝1座，外甲河4处决口，全县河道决口45处，冲断公路4处约430米，冲塌公路护坡石400米，冲坏涵洞1座，倒电线杆1根，死亡1人，伤1人。

8月29日，16号台风过境，长岛有15名渔民罹难，损失大小船167只，舢板118只、损坏各种网具523条（块），丢失铁锚235只、缏缆3.5万余米；100余亩贻贝损失大部；农田重灾5800亩，损树5000余棵，损失水果2万余千克；砣子大坝被冲毁100多米。

1975年 8月14～15日，受第4号台风影响，崂山县两日降雨282.6毫米，淹田0.67万亩，塌山53处。双石屋两户毁房13间，伤5人，死亡5人。全县冲垮塘坝11座，河道决口7段，冲毁渠道200米、桥7座，毁渔船15只。青岛地区各盐场60%近70万公亩盐田被淹。

1977年 9月10～12日，受7708号台风外围影响，海阳市各乡镇均有不同程度的灾情。全市刮落苹果达200万千克。

1980年 7月24～28日，东部沿海地区受14号台风影响出现大海潮，漫灌虾池13000亩，损失网具6000挂，损失贻贝1600亩，撞坏养殖船977只，直接经济损失1500万元。

1981年 8月31日至9月1日，受14号台风影响，胶南县瑯琊、海崖（大珠山）、泊里、小场、红石崖、灵山卫、隐珠、王戈庄（胶南镇）、大场公社和龙泉、小场2处盐场均受危害。主要灾害：水淹农作物0.98万余亩，撞毁、翻沉、冲走船148只、网具635挂，冲毁养虾池6个、海坝海阡2800米，损坏房屋50间。

9月1～2日，第14号台风向舟山附近的东北方向移动，其中心距青岛市最近距离480千米，青岛市出现极大风速22.1米/秒，北北东风。此时适逢大潮汐时期，台风造成的巨大涌浪高达十几米，造成海水倒灌、波浪冲击、海潮淹没灾害。据不完全统计，受灾公社22处、大队118个，4名渔民失踪，淹没土地1.67万亩，毁沉船142只，毁坏虾池1700余亩及部分盐田、房屋、码头等。市区前海一带，冲毁浴场更衣室及沿海马路。即墨县沿海地区受第14号台风袭击，淹没土地0.66万余亩，冲毁养殖场、盐场6个，冲毁渔港堤坝2175米，冲走海带吊绳27.5万千克、渔网370挂，毁船32只，总计损失100多万元。

1982年 7月底，受9号台风影响，黄河干流三门峡至花园口区间和伊河、洛河、沁河流域连降大雨、暴雨，致黄河洪水猛涨下泄，花园口洪峰流量达15300立方米/秒，是仅次于1958年的大洪水。8月1日，洪峰进入山东境内时，水位高达64.13米，较1958年尚高1.17米，洪水猛，流量又大，加之水位高，到处泛滥。沿黄菏泽、泰安、聊城、济南、德州、惠民6个地市的东明、菏泽、鄄城、梁山、平阴、东阿、阳谷、长清、历城、章丘、济南市郊区、齐河、济阳、邹平、高青、惠民、博兴、滨县、利津、垦利等21个县区的黄河滩内有680个村庄52.2万人及137万亩耕地全部遭受毁灭性的灾害，被洪水冲倒和浸塌房屋11.9万多间，冲走、浸泡、霉烂小麦1350多万千克，淹死19人，有2700多头大牲畜被洪水冲走或淹死，有6万多人患肠炎、痢疾等病。

8月13日，即墨市田横岛遭11号台风袭击，冲毁女岛渔港大坝，冲走坝石1000多立方米。

1985年　8月19日上午，9号台风由胶南县登陆，经胶县、高密、诸城、平度、昌邑、掖县、招远，下午4点从黄县的龙口一带入海，台风中心风力12级，中心附近风力9～10级。由于台风中心跨过胶东半岛腹地，造成极其严重的危害，波及青岛市和所属6县区，临沂地区的日照，潍坊市的五莲、安丘、寒亭、坊子，烟台市西部的莱阳、栖霞、蓬莱等20多个县市区。受台风影响，18日晚至19日上午，青岛、烟台、潍坊、临沂等地大都降了大暴雨和特大暴雨，一般风力8、9级，阵风达10级以上，受灾农作物687万亩，重灾171万亩，倒塌和损坏房屋28.15万间，其中倒塌房屋6.55万间；城镇和农村庭院内进水10.2万户，转移群众5万多人；倒折树木1015万棵，损失水果29450万千克；冲毁水库、塘坝、桥涵等285座。青岛港全部停止作业，铁路行车调度一度中断，公路长途运输全部中断。损坏渔船2641只、虾池、贝池等2.19万亩，刮断各种线杆2.8万根，中断线路592条，造成停电、停水，使531个县以上企业和20000个乡镇村办企业停产，其中青岛市区工厂51.5%停产。死亡51人，重伤736人，死亡畜禽15万多头（只）。各项经济损失10亿元。

8月17日夜至22日上午，受第9号台风影响，一连5天胶南全县普降暴雨至大暴雨，胶南气象站降水量为430.8毫米。台风登陆前后，风力达8～10级，持续时间达9小时。连续5天的暴雨，是胶南县站历史上有记录以来的第一次。在台风暴雨的袭击下，全县普遍受灾，灾情之重是1949年新中国建立以来少有的，造成房屋倒塌、交通、供水、供电、通讯中断。据统计，全县死亡3人，重伤3人，刮坏房屋2218间，倒塌523间，倒塌院墙4440米，刮走红瓦3万页，刮倒、淹没玉米、谷子、高粱34万亩，减产5成以上，农业、水产、林业、供电、邮电、水利、交通运输等行业直接经济损失4000万元。本次台风过程，胶南气象站与青岛市气象台进行了具体详细的天气会商，提前准确做出第9号台风将在胶南县沿海登陆的预报结论，被青岛市人民政府授予“抢险救灾模范集体”的光荣称号。

8月18～22日，第9号台风袭击了崂山县，最大风力11级，极大风速31.7米/秒，并连降暴雨，5天的总雨量327.2毫米，暴雨中心崂山九水总雨量达508.3毫米。淹粮田17万亩、菜田3.7万亩，毁树51万棵，损坏渔船900只、虾池4993亩、水库塘坝15座、码头1座、大中桥梁7座，倒塌房屋4500间，死亡5人，伤9人。全县经济损失约1.5亿元。

8月19～20日，受9号台风影响，青岛的风力达10级，阵风强达12级以上，两天雨量达254.6毫米，少数乡镇降雨达560毫米。这次台风给青岛市造成的直接经济损失达5.0811亿元，影响工业产值约8600多万元，利税近4000万元。全市有29人死亡、368人受伤。市区和近郊的109条高压供电线路断电49条。全市164条长话线路有146条中断，最严重时只有一台载波单机维持同济南方向的通讯。铁路行车调度一度中止，青岛站到站的300多货车无法作业或运转。港口停止作业两天，积压船76艘。公路长途运输被迫停运，市内交通严重受阻，3条电车线路全部停止运行。216个市属工厂停产，占总数的74.5%，并有部分企业处于半停产状态。市区有10万平方米厂房结构变形。其中，有3万平方米不能继续使用。前海海堤、栈桥回澜阁及10万余平方米市区干道、30万余平方米马路被冲坏。损坏树木3万余棵，市内许多二三十年树龄的法桐、雪松被连根拔起。此外，市区房屋倒塌175间，屋顶被刮、漏雨、进水者1000余处，临时房、棚户绝大部分受损。市属各县及农村受灾情况较市区更为严重：淹没、过水、内涝、倒伏农作物349.9万亩。刮坏、刮倒树木251.8万棵，未成熟的鲜果落地4905万千克。倒塌、损坏房屋2.63万间、墙院17.36万平方米。折断、倒伏电讯、电力杆2.84万根，农村供电、通讯、广播绝大部分中断。冲毁小（二）型水库1座，冲伤水库20座，冲垮塘坝114座，河道决口263处，损坏灌溉渠道230.4千米，冲垮、冲毁桥梁407座，损毁机井、大口井5525眼。其它大、中、小型河道、水库等水利工程普遍受到不同程度的损伤。冲毁公路321千米，交通运输中断。狂风暴雨共冲走、毁坏渔船976条；冲毁海堤、海坝8545平方米。9346亩盐田被淹，损失盐17800吨。有1.4万亩虾池被冲毁，大虾全部流失。大沽河洪水暴涨，泛滥成灾，淹没村庄46个、8000余户，冲倒房屋9200多间，冲毁土地16万亩，冲走牲畜6000多头，冲毁树木54万棵。这次台风过程，青岛市气象局进行了准确、及时的预报服务，被青岛市人民政府授予“抢险救灾模范集体”光荣称号。

8月19～21日，第9号台风袭击即墨县全境。全县7人死亡、34人受伤，16万只畜禽淹死，9638间房屋倒塌，52万亩农田积水，148万棵树木被折断，72只渔船被毁，冲毁拦海大坝200多米，损坏虾池0.74万亩，冲毁沥青、土石路面1.3万平方米，冲毁路基1.7万立方米，冲毁桥梁涵洞120多座（个），损坏高低压线路640千米，刮断电线杆3200多根。

8月19日，第9号台风袭击莱西县，10级以上大风刮了3个小时，阵风达12级以上。全县平均降水量303毫米，最大24小时降水量317.5毫米。全县总降水量4.54亿立方米。大沽河、小沽河、五沽河交汇处最大洪峰4300立方米/秒，高格庄、北墅水库多次出现险情。全县刮断、刮倒树木461.7万棵，刮落苹果、大梨、葡萄等水果2349.75万千克，被淹面积100.9万亩，倒伏玉米、高粱等高秆作物45.78万亩，绝产7.67万亩。过水和受内涝的作物114.91万亩。刮倒电线杆173根、刮歪1083根，350千米的高压输电线路26处被砸断，120千米的长途线路及全县的有线广播线路全部中断。1210多个县、乡镇、村办企业因断电停产。由于暴雨、洪水来势凶猛，7座小（二）型水库、45座塘坝、36座平塘、62座农桥、148座扬水站、2处渡槽、2000多亩鱼塘被冲毁。这次台风是1949年以来最大的一次，全县损失共达10342.2万元。

第9号台风夹着暴雨，其中心穿过胶县境内西部，平均风力8级，阵风达10级。8月18日至20日，72小时内全县平均降雨285.4毫米，其中后屯、西祝村、苑戈庄、大庄、三官庙等乡镇雨量超过300毫米，后屯乡高达388.5毫米，为1949年以后胶县短时间内连续降雨最大的一次，降雨强度50多年一遇，个别地区超过百年一遇。其中8月19日的台风暴雨，破坏尤为严重，农作物受灾面积26.7万亩，倒塌房屋1912间，冲毁虾池1400亩，冲坏道路483条，67处砖瓦厂受灾，损坏砖坯800多万块、瓦坯40多万页。刮倒树木 36.43 万棵，苹果落果 232 万千克，刮倒高压线杆 3 根、通讯线杆 1051 根，176 路外线仅剩 3 路可通话。

平度县受第 9 号台风的影响，出现大暴雨天气，总降水量 287.4 毫米，最大风力 6 级。台风影响期间被洪水冲走死亡 6 人、失踪 1 人，伤 7 人；倒塌房屋 19264 间；河堤决口 5380 米；农田受灾 24 万亩，农作物倒伏 51 万亩，造成减产 3555 万千克；牲畜死亡 1287 头；公路损坏 7 处，交通中断 12 小时；冲毁桥梁 443 座；电力线路损坏 14 处，中断供电约一天半；电信线路损坏 14 处，中断电路传输约 12 小时。

烟台市遭到 9 号台风袭击，15 个县市区全部受灾，损失极为严重。台风袭击时，最大风力 8～10 级，阵风 11～12 级，最高风速达 40 米/秒。全市连降暴雨，平均降雨量 233 毫米，有 50 多个乡镇降雨 300 毫米以上。暴风雨袭击之际，10 个县和大部分乡镇的电力、广播、通讯线路中断，不少河道决口，38 座大中型水库有 15 座溢洪。刮倒各种高秆作物 320 多万亩，刮倒、刮断树木 710 多万棵，刮落水果 2.5 亿多千克，毁坏和进水房屋 13.1 万多间，倒塌围墙 21.8 万多处 24 万米，冲毁、冲坏各种水产养殖池 7900 多亩，撞碎、撞沉各种渔船 441 只，死亡畜禽 148000 头（只），毁坏各种水利工程和桥涵 110 座，有 2200 多家城镇居民和农户进水，有的水深达 2 米，全市死亡 29 人，农村直接经济损失约 5 亿多元。因停电、停水造成停产的县属以上企业 345 个，减少工业产值 2100 多万元，厂矿建筑物倒塌、设备损失等直接经济损失约 750 多万元，全市因灾造成经济损失总计约 53000 万元。

海阳县 23 处乡镇、735 个村普遍遭受 9 号台风的袭击。上午 10 时至下午 1 时，风力增大到 8～9 级，最大阵风 11 级，风速 30 米/秒。凌晨 2 时开始降雨，到下午 3 时结束。全县平均降水 99.7 毫米，最大的高家乡达 165 毫米。正值海上天文大潮期，潮位增高 2～3 米。沿海 80 余里有 2 万多亩土地被水漫灌。据统计，全县直接经济损失达 12167 万元。全县农作物受灾面积 58 万亩，其中绝产 16 万亩，减产 5～7 成的 20 万亩，减产 3～4 成的 22 万亩，折合经济损失 4470 万元。夏玉米全部倒伏，40 万亩农作物受到了严重的涝灾，有 3 万亩花生、2 万亩玉米、2 万亩地瓜和 1 万亩杂粮被淹。干果受灾 3 万亩，其中绝产 1 万亩，减产 5～7 成的 2 万亩；受灾水果 4 万亩，其中绝产 2 万亩，减产 5～7 成的 2 万亩。两项共减产 3100 万千克，折合经济损失 2520 万元。刮倒、刮断树木 1200 万棵，其中成材树 200 万棵，幼树 1000 万棵。共计经济损失 3000 万元。撞碎和摔坏渔船 62 条，其中 12 马力的 27 条、20 马力的 25 条、40 马力以上的 10 条。共计经济损失 152 万元。共毁坏房屋 93500 间，其中倒塌 3500 间，推倒院墙 20 万米，共折合经济损失 815 万元。共毁坏电线杆和电线 850 千米，折合经济损失 500 万元。全县的通讯线路、电力线路和广播线路全部中断。70 多个砖瓦窑程度不同地受到损失，其中倒塌 5 个，共淋坏砖瓦坯 7000 万块，损失 110 万元。工业、企业、养虾池、养鱼池、大口井、平塘、旅游区设施等共计损失 600 万元。

受 9 号台风影响，长岛气象站最大风速大于 40 米/秒。共打碎、碰损各种船只 66 只，养殖损失 1372 亩，房屋损失 875 间，死亡水貂 97 只；树、苗、粮损失 9293 亩；码头、大坝、护坡均遭破坏；水利工程、公路基建、航行的坞道等均受不同程度的损坏。全县损失合计 808 万元。

8 月 22 日，菏泽市受 10 号台风的影响普降暴雨。降雨中心在曹县、定陶和菏泽市南部。降雨量在100～200毫米的乡镇有30多个，200毫米以上的乡镇有6个，最大降水量220毫米。这次暴雨强度大、受灾面积广、损失严重。雨后积水达41.5万亩，成灾面积38.7万亩，水围村庄46个，倒塌房屋4019间，倒围墙12100米，伤亡23人，死伤牲畜157头，冲毁建筑物112座，部分工厂、学校、商店、仓库进水，总计经济损失2061万元。

1986年 8月28日上午，15号台风从荣成成山头以外海面经过。受台风影响，荣成县沿海海面阵风8～9级，沿海陆地风力6～7级，局部地区受到一定损害，损坏渔船17只，沉没7只，冲毁码头3处，损失扇贝140亩、贻贝90亩，刮断树木2600棵，倒房18间，损失近300万元。

1987年 7月28～29日，第9号台风位于距青岛100千米的海面上，自西南向东北方向移动，市区出现10级大风，极大风速24.9米/秒，北风，海上风力达8～10级；崂山突降暴雨，使龙潭瀑的山洪暴发，造成480余名游客被围困山中。在部队战士的支援下，经过3个多小时的奋战，有1人身亡，其余全部脱险。

7月29日，9号台风袭击了烟台市的东部和南部地区，风力7～8级，阵风10级，局部地区伴有大暴雨，使8个县市区的130个乡镇受灾，造成136万亩玉米倒伏，刮倒成材树木38.6万棵，损坏房屋4836间，刮落水果1711万千克，冲毁虾池1.78万亩，损失海产品275.6万千克，经济损失达8598万元。

1992年 第16号强热带风暴，从苏北进入鲁东南后，经过胶东半岛进入黄海北部。从8月31日傍晚至9月2日，山东先后出现大范围暴雨、大风和风暴潮灾害。东部地区有38个县总降水量达100毫米以上。青岛市崂山区北九水总降水量达453毫米，山东沿海普遍出现8～10级大风，沿海潮位平均超过警戒线1.5～2米，海浪高达5米左右，普遍发生海水入侵，有的地方入侵达2千米以上，使沿海地区的农业、渔业、盐业和石油工业等遭到巨大灾害。据有关部门统计，全省共损坏房屋124万间，农作物受灾面积1527万亩、果园242万亩，死亡63人，重伤98人；交通、通讯和电力线路遭到严重破坏，直接经济损失总计47.07亿元。

平度市8月31日至9月1日两天降雨113.6毫米，出现瞬时极大风速23.2米/秒。作物倒伏41.16万亩，冲毁土地0.29万亩，内涝2.52万亩，刮倒树木34176棵、房屋428间，死伤各2人，直接经济损失3.5亿元。

8月31日23时至9月2日24时，受16号强热带风暴影响，潍坊市北部沿海寿光、寒亭、昌邑3县遭受风暴袭击，阵风达11级，持续30小时以上，寿光县的最高潮位达6.45米，超出警戒水位0.95米。3县区平均降雨量128.7毫米，降雨量最大的昌邑县下营镇达251.6毫米，特大的风暴潮给三县区工农业生产和人民生活造成了严重损失。据不完全统计，3县区共计冲坏防潮坝45.215里，淹没虾池4.64万亩，毁坏盐田71万公亩，损失原盐106万吨，刮坏房屋801间，沉没渔船11艘、撞坏22艘，冲坏农作物138.5万亩，另外还冲坏部分建筑物、变压器、公路、果树、机井等，各项经济损失共计4.27亿元。受16号强热带风暴的影响，烟台市遭受了历史上罕见的暴风大潮袭击，平均风力

8～9级，阵风达11级以上。这次风暴袭击遍及11个县市区，造成极其严重的经济损失。据统计，全市直接经济损失10.52亿元，死亡17人，受伤243人，倒塌房屋2425间，损坏房屋6219间。损失较重的县市区有海阳、莱阳、莱州、长岛、蓬莱、龙口、牟平、栖霞。

9月1日，受北上的16号强热带风暴影响，海阳县出现了暴风雨天气，海阳气象站降水量107.7毫米，全县超过100毫米的有12个乡镇，高家乡达180毫米。降雨时伴有8～9级大风，阵风11级。海上恰逢天文大潮期，沿海潮位比正常潮位高2.5米，使滩涂养殖损失惨重。据统计，全县滩涂及近海养殖等项共损失2.1亿元。农业损失9000余万元。造成4人死亡，毁坏船只150余条。这次灾害共造成经济损失3亿余元，为1949年新中国建立以来所罕见。烟台市福山区出现了暴雨和大风天气。8月31日20时至9月1日20时，福山区降水量达102.0毫米，极大风速23.8米/秒，整个过程降水达115.5毫米，部分乡镇降水多达168.2毫米，此次台风过程给经济造成严重损失。据调查全区总的经济损失达6000万元，其中水果受灾面积9.7万亩，落果达1250万千克，经济损失3000万元，蔬菜受灾面积5000亩，减产50万千克，倒塌房屋450间，倒、折电线杆420根、树木3700棵，海上受灾9500亩，损坏船只30多条，经济损失2000万元。长岛出现6～8级大风，极大值为26.3米/秒，日降水量为149.9毫米，过程降水量为157.9毫米。海水养殖物资卷走4000亩；20条小马力渔船、30条舢板被打碎、500条坛子网被卷走；7处渔港码头倒塌，供电通讯多处中断，80多户房屋灌进海水；部分公路、仓库损坏严重，共计损失6000万元。

青岛市受16号强带风暴影响。风力达11级，极大风速28.8米/秒，东风，全市普降暴雨到大暴雨，平均降雨量为107.7毫米。其中，胶南市24小时降雨量达172毫米。部分山区降雨量达399毫米。由于正值天文大潮期，形成风暴潮，最大浪高7.9米，超过了青岛市的警戒水位线。强热带风暴给青岛市造成重大损失，经济损失6.41亿元。其中，沿海养殖的贝类、虾、农作物和林木的损失约占全市总损失的64%。即墨市最大风速14.3米，东北东风，日降雨量119.8毫米。王村、田横、丰城、金口、温泉、岙山6个乡镇，冲毁虾池1.2万亩，冲毁贝类0.2万亩，虾池漫水0.83万亩，损坏100余只渔船、5500米大坝和5处码头，0.72万亩耕地被淹，233间房屋倒塌，刮倒玉米2.31万亩，刮倒树木10000余棵，直接经济损失1亿元。新泰市果都、天宝、羊流、旧关、泉沟、楼德、禹村、宫里、刘杜、龙廷、北师、大东庄12个乡镇出现大风暴雨，风力9级，降雨量82毫米，总受灾面积17万亩，重灾6.5万亩，经济损失493.36万元。其中玉米6.5万亩倒伏，损坏果树120棵，经济损失69.3万元；损坏树木6.76万棵，损失50.1万元；倒房301间，倒、折电线杆80根，断电线9800米，死猪100头，损失17.62万元。8月31日至9月1日，受16号强热带风暴影响，青岛崂山区降雨124.5毫米，白沙河上游降雨400多毫米，沿海又遇罕见的天文大潮，给本区特别是海上养殖业造成了严重损失：冲毁养虾池2.63万亩，绝产0.6万亩，冲毁养殖扇贝0.91万亩，损坏船350条，毁房350间，冲垮河堤、道路多处，直接经济损失2亿多元，是1949年以来本区最严重的一次灾害。

1994年 8月3～7日，受台风倒槽与较强西风槽共同影响，造成沾化县暴雨天气，过程总降水量为137.6毫米，其中8月7日的降水量达97.8毫米，徒骇河农场降水量达168.0毫米（过程降水量达320毫米）。由于降雨量大，降水集中，县城50%的院内积水，平均积水深度30厘米以上。田间积水平均深度20厘米，最深达35厘米以上，农作物全部遭受涝灾。据县政府统计：农作物成灾面积4.23万公顷，全县有50个村庄被大水围困，倒塌房屋329间，冲毁路基10千米，盐场和虾池损失惨重。

8月8日，15号台风形成于小笠原群岛海域并向西北移动，15日台风靠近江苏沿海时又突然北上，于是日夜间在乳山登陆并穿过山东半岛进入黄海北部，该台风使半岛东部出现暴雨，威海市出现大暴雨，荣成最大为123.1毫米，中心最大风力12级。这次台风给威海市和烟台市的牟平、招远、海阳、蓬莱、莱阳、龙口、莱州、福山等县市区的人民群众生命财产和工农业生产，特别是渔业和海上养殖业造成巨大损失。据威海市初步统计，全市死亡1人，失踪7人，伤20余人，直接经济损失10.36亿元。烟台市农作物受灾面积103万亩，成灾面积66.9万亩，主要受灾作物玉米倒伏率达70%，81.02万亩林果受灾，成灾面积39.93万亩。海上养殖业损失严重，损坏渔船146只，其中报废50只，部分网具被冲走，冲毁文蛤、虾池、扇贝10508亩，冲走扇贝苗80万袋，毁坏房屋1407间，其中倒塌1207间，倒折树木53595棵、电线杆764根，倒塌院墙5765米，冲毁桥梁42座、道路2400米，3处渔港严重受损，直接经济损失7.41亿元。

8月9～10日，受第14号热带风暴影响，青岛市东南东风转东北风，海上风速达8级，部分向浪岸段受灾，前海拍岸浪越堤扑向马路和工地，有人被卷入海中，东海路中段路堤被冲毁10余米，附近工厂的厂房院内进水深达80厘米，几十户居民被水淹，损失达几十万元。

8月15日，受15号台风影响，青岛市风力达9级，极大风速23.5米/秒，北风。海潮平均上升4米，2500亩菜田受灾，其中200亩绝产。胶南市灵山岛乡、琅琊镇和寨里镇损失扇贝185亩等，直接经济损失200万元左右。即墨市浅海养殖和泊港渔船遭受损失，渔船报废2条、沉没10条，扇贝70余亩被风断绠、损笼，直接经济损失258万元。

8月15～16日，烟台各县市区普遍遭受到15号台风的袭击，沿海10个县市区尤为严重。该风暴15日下午从半岛南部海域逐渐向北推移，16日下午从牟平县的姜格庄镇附近重新入海。风暴经过期间，风力7～8级，阵风达11级，海上最高浪峰达5米以上，暴风夹大雨，全市平均降雨量25毫米，最大的达103毫米，风力之大、雨量之多、海潮之凶猛、受灾范围之广、程度之深，为历史罕见。这次风暴，造成3人触电死亡，全市直接经济损失达13.8亿元，其中：全市渔业直接经济损失4.2亿元，果业损失8.2亿元，农作物损失1.2亿元，其它直接经济损失2000余万元。经济损失超亿元的有蓬莱、栖霞、长岛、招远4个县市。海阳县遭受15号台风袭击，降水量52.5毫米，十分钟平均最大风速17.3米/秒，瞬时极大风速26米/秒。主要受灾情况：刮倒玉米38.7万亩，减产267万千克，损失207多万元。摔落苹果1000万千克，损失1000多万元。倒塌房屋167间，毁坏树木760棵、电线杆147根，共损失187万元。沉没撞毁渔船132条，经济损失210余万元；冲走文蛤3100亩，损失2790万元；冲毁虾池4150亩，损失830万元；冲走扇贝8200亩，损失1640万元。总计直接和间接经济损失共达6864多万元。

烟台市福山区受15号台风影响，出现了暴雨和大风天气，此次台风在经济上造成重大损失。据调查，全区水果受害7万亩，占总面积的70%以上，亩均减产3成以上，共计减产了1500多万千克，折合人民币3000多万元；海上养殖受灾面积达3500亩，损失达440万元；渔业损失1500多万元；船舶损坏15只，损失1450万元；全区玉米受灾面积8.5万亩，占总面积的70%，减产1000多万千克，折合人民币近千万元；全区共倒塌房屋50间，损失15万元；3座桥梁被损坏，损失20万元；5条线路损坏、一根一级线杆被树木打断损失近万元。全区各类损失折合人民币7426万元。

1995年　8月14日，5号台风减弱北上，台风倒槽北伸至山东地带，泰安受倒槽辐合带控制，同时，北方有一股冷空气南下，高空配合有低槽，地面有东西向冷锋南下，受冷锋和倒槽影响，泰安气象站出现了较强的雷雨大风天气，最大风速18.8米/秒，伴有9.3毫米的降水。泰安市郊区满庄、下港、夏张、黄前、天平、马庄6个乡镇受到大风袭击，作物受灾面积9.29万亩，夏玉米受灾面积7.44万亩，成灾5.85万亩（减产5成以上）；绝产0.6万亩，棉花倒伏0.23万亩，大豆倒伏0.15万亩，果树受灾1.47万亩，落果25万千克，刮倒、折断树木2.5万棵，损坏、倒塌房屋136间，刮倒高压线杆250根，经济损失300万元。

1997年　8月18日，11号台风到达山东，减弱为强热带风暴后，相继席卷全省大部分地区，致使沿海地区遭受强风暴潮侵袭，内陆地区遭受大范围狂风暴雨的危害。台风造成的强风暴潮自日照开始袭击沿海地区，海上风力8级以上，阵风最大11级以上，由于正值天文大潮期，潮位高达5.74米，浪高达7.1米，造成严重损失。同时，猛烈的暴风雨席卷内陆大部分县市区，风力一般在8级左右，降雨平均在100毫米以上。除聊城外，全省其它16个市地有近100个县市区相继受灾，有54人因灾死亡，105人失踪，1858人因灾受伤；农作物受灾面积214.54万公顷，成灾面积132.53万公顷，绝产面积4.93万公顷；果树受灾35.58万公顷，冲毁耕地3363公顷；损坏房屋591671间、倒塌73502间；倒折树木65589棵、电力和通讯线杆3.5万余根；刮毁大棚15万个；沉没、刮走渔船451只、毁坏7137只；冲毁虾池12325公顷、扇贝610公顷，冲化原盐60多万吨；海水倒灌农田110公顷。直接经济损失135亿元。

8月18日21时30分，11号台风在浙江温岭登陆，8月19日凌晨至20日16时30分影响青岛地区。青岛验潮站的最高潮位为5.51米，突破了有潮位观测以来的历史记录。全市平均降水量243.3毫米，其中市区降水量185.4毫米，最大降雨量出现在即墨市，达481.8毫米。市区瞬时极大风速达25.6米/秒。受灾农田、菜地、果园、虾池等153.5万亩。毁坏蔬菜大棚1441个、养鸡大棚1185个，倒塌房屋6234间，刮倒电线杆1052根，冲毁路基53.7千米、码头17座、塘坝47座，损坏桥梁57座，堤坝决口6处，受灾人口38.2万，死亡14人，失踪4人。

8月19日，受11号台风影响，即墨全市平均降雨量达303.5毫米，19～20日两天降雨达482.5毫米，局部达532毫米。极大风速达19.0米/秒，倒塌房屋190间、院墙3630米，家中进水1400户，冲毁塘坝11座、桥梁4座、鱼塘12个、道路1510米，倒伏线杆51根、树木6100棵，2人死亡，2人失踪，3人受伤。大信镇两座小（一）型水库被冲垮，一座小（一）型水库漫坝溢洪。王村镇口小塘坝被冲垮。田横、丰城、温泉、蛩山4个乡镇拦海大坝决口数处，王村、田横、丰城、金口、温泉、蛩山6个沿海乡镇冲毁虾池

0.44 万亩、扇贝 0.3 万亩，损坏渔船 60 余只，直接经济损失 2.66 亿元。

受 11 号台风影响，胶南市 8 月 19 日平均降雨量 178.8 毫米，极大风力达 10 级，海上 11 级以上。全市农作物受灾面积 30.36 万亩，刮倒树木 23.63 万棵，干果经济林有 1000 亩受灾，苹果 15 万亩受灾，冲毁虾池 1.42 万亩，扇贝受损 0.66 万亩，打沉、冲走各类船只 348 条，海坝有 17 处、18310 米被冲毁。5 处码头被冲毁，冲毁饵料房、饵料池、看护房等 31 处。河堤决口 14 处、长达 1480 米，冲毁渠道 3 条、3000 米，冲垮涵闸 4 座、桥梁 6 座、机电井 21 眼，倒塌房屋 2288 间、院墙 19107 米，刮坏蔬菜大棚 428 个、鸡棚 73 个，砸死肉食鸡 5500 只，冲毁道路 10 处，刮倒电线杆 104 根、通讯线杆 237 根、2.3 千米，被海浪冲击死亡 1 人，失踪 1 人。共经济损失 2.37 亿元。

8 月 19 日 3 时至 20 日 11 时，受第 11 号台风影响，莱西市降雨量 307.7 毫米，有的乡镇多达 314 毫米，降雨时并伴有大风，最大风力 9 级。这次灾害造成 2 人死亡，房屋倒塌 342 间，农田 12.4 万亩被淹，24.3 万亩减产。刮倒线杆 460 根，倒塌院墙 11800 米，刮毁蔬菜大棚 1000 个，经济总损失 1.75 亿元。受第 11 号台风的影响，平度市瞬时极大风速达 22.3 米/秒，19～20 日两天降雨达 245.6 毫米。大部分乡镇遭暴风雨袭击，受灾面积 23.9 万亩，倒塌房屋 2915 间，刮倒树木 19780 棵，损失水果 415 万千克，直接经济损失达 7090.2 万元。

8 月 19～20 日，受 11 号台风影响，胶州市连续两天出现暴雨，总降雨量 150.8 毫米，并伴有大风，全市大部分乡镇灾情严重。据统计，全市倒塌房屋 1561 间、养鸡大棚 550 余座，损毁大棚菜 570 余亩，倒伏树木 3 万余棵、电线杆 187 根、电线 9000 余米，海水倒灌虾池 0.3 万余亩，玉米受灾 12 万亩、高粱受灾 0.3 万亩、果园受灾 0.5 万亩。桃园河下游发生两处决堤，洪水侵入李哥庄镇，该镇 8 个村庄、1.25 万亩秋庄稼被淹，0.12 万亩鱼塘、虾池被冲毁，30 千米道路交通中断，万余人受灾。

烟台市遭受到第 11 号台风的袭击，全市普降暴雨，平均降雨 215.7 毫米，最大的莱阳市中荆镇为 399 毫米。暴雨伴随大风，风力达 7～8 级，阵风 10 级。这次台风袭击时，正值天文大潮期，沿海地区出现了风暴潮，潮位比正常高 4 米，海边浪高 5 米以上。这次风暴灾使全市 408.8 万人受灾，其中成灾人口 280.4 万，因灾死亡 6 人，被困村庄 10 个。全市农作物受灾面积 256525 公顷，其中成灾面积 154694 公顷，绝产面积 9455 公顷，毁坏耕地 2902 公顷，倒塌房屋 2404 间，损坏房屋 4607 间，因灾造成直接经济损失 176876 万元，其中农业直接经济损失 142200 万元。8 月 21 日至 22 日，省民政厅查灾工作组，配合地方党政领导，深入灾区查看灾情后认为，烟台市在遭受到百年未遇的特大旱灾之后，又遭受到强热带风暴的袭击，给农业生产和海上养殖造成了巨大损失，对各级干部带领群众积极抗灾自救给予充分肯定。同时，希望各级政府应进一步贯彻“依靠群众、依靠集体、生产自救、互助互济，辅之以国家必要的救济和扶持”的救灾工作方针，全力搞好抗灾增收，努力把灾害造成的损失减少到最低限度。

受第 11 号台风袭击，海阳气象站降雨 278.3 毫米（19 日 143.5 毫米，20 日 134.8 毫米），10 分钟平均最大风速 16.4 米/秒，瞬时最大风速达 23.8 米/秒。台风袭击时正值天文大潮期，在狂风暴雨的袭击下，海阳市受灾严重。这次灾情死亡 3 人，失踪 1 人。30 多万亩玉米全部严重倒伏，经济损失 5640 多万元。26 万亩结果园全部受灾，严重的达 10 万亩，落果 1.1 亿斤，树上果也严重损伤，经济损失达 6300 多万元。海潮淹没土地 1.2

万亩，造成作物绝产，损失700万元，内陆农田积水面积达10万亩。冲毁桥梁10座，刮倒树木4960棵、电线杆42根、院墙277处，倒塌房屋257间，损坏房屋392间，大棚倒墙326个，经济损失2045万元。港养对虾5.4万亩不同程度受损失，其中被大潮冲垮虾池1.8万亩，大潮漫坝10处、1050米，经济损失9593万元。滩涂贝类中有2100亩文蛤，因围网被大潮破坏，损失达1000余万元。浅海养殖的贻贝、扇贝受损1800亩，损失2350万元。撞毁、沉船194条，损失762万元；冲毁盐田3万亩，损失原盐2600吨，损失420万元。大埠圈、丁字嘴渔港、风城商港遭到严重破坏，损失约650万元。总计经济损失达29460万元。

受第11号台风减弱成的强热带风暴影响，自19日5时48分到20日18时23分长岛县出现了一场较少见的大暴雨天气，过程降雨量达145.1毫米，24小时最大降水量为132.5毫米，是历年8月中旬降水的极大值，是历年8月降水的第三大值。同时伴有偏东转偏南大风。20日极大风速20.8米/秒，风向东风，出现在6时46分。19日22时56分到20日7时12分长达8小时16分持续偏东大风；21日最大风速16.4米/秒，风向南风，出现在1时43分，极大风速23.1米/秒，风向南南西，出现在1时37分，20日20时17分到21日5时38分长达9个多小时持续偏南大风。灾害发生之后，气象站和民政局、县委、县政府共同进行了灾情统计，全县20%玉米倒伏，果树落果严重；砣矶1人卷入海中下落不明；击沉船12马力5条、20马力2条、40马力4条、挂机16条。击毁船只12马力1条、挂机2条。部分小码头冲毁，100吨煤冲入海里，部分墙倒塌。据不完全统计，总计经济损失大约为100多万元。

受11号台风及其外围影响，烟台市福山区19日出现暴雨，日降水量达63.5毫米，极大风速为12.9米/秒，20日出现大暴雨，日降水量135.6毫米，极大风速为18.1米/秒，过程降水量达199.1毫米，为多年来所罕见。这次台风给农业生产和国民经济造成严重损失。全区农作物受灾9.7万亩、成灾约7.2万亩，果树落果47227亩、10260吨，倒伏苹果树6万棵、大樱桃196671棵、其它树木约1950棵，损坏船只28只，倒塌房屋44间，刮倒线杆74根，水利设施损失约31.1万元，总计经济损失约2421.19万元。

受11号台风影响，潍坊市遭受特大暴雨袭击，风力7～8级，全市平均降水量187.5毫米，其中诸城、安丘、昌乐3县市降雨200毫米以上，最大降雨点在诸城市九台镇降雨量达415毫米，具体受灾情况如下：全市农作物受灾面积676万亩，重灾面积317万亩，绝产面积30万亩，其中粮食作物受灾面积366万亩，重灾206万亩，绝产面积30万亩，预计减产15%以上，经济作物受灾面积94万亩，重灾6.6万亩，预计减产20%以上；瓜菜受灾面积122万亩，损坏蔬菜大棚10.2万个，果树受灾面积94万亩，重灾30万亩，落果率达25%～30%。全市共损坏养鸡大棚1.1万个，死亡家禽43.3万只，北部沿海受风暴潮袭击，渔船损坏较重。寒亭、寿光两县区有16条渔船严重碰摔受损、16条沉没、8条失踪。全市共损坏房屋3.4万间，损坏院墙51万米，冲毁地堰85万米，折损树木337万棵，冲毁道路300多千米，冲毁塘坝61座、桥涵108座，人员伤亡24人，其中死亡4人，由于这次降雨过程雨量大，并伴有大风，使全市秋作物普遍受灾，供电、通讯、邮电线路受损，部分道路被冲毁，交通受阻。据初步统计，全市直接经济损失16.55亿元。

受11号台风影响，泰安出现一次暴雨大风天气。大风从01时05分至16时20分，该期间平均风速 10.2 米/秒，极大风速 26.5 米/秒，19～20 日共降水 65.5 毫米。泰安市郊区 19 个乡镇均受到大风袭击，52 万亩玉米全部受灾，成灾面积 33.5 万亩，绝产 4 万亩，损失粮食 10137.5 万千克，林果全部受灾，成灾面积 31.6 万亩，其中苹果 19 万亩，落果率 40%，损失果品 3800 万千克，刮倒、折断树木 5.63 万棵，刮倒线杆 3.5 万米，刮断线路 3.5 万米，损坏、倒塌房屋 663 间、大棚 2584 个，总计经济损失 1.6 亿元。

受 11 号台风影响，新泰市全境，总受灾面积 3.1 万公顷，成灾 1.75 万公顷，玉米倒伏 1.48 万公顷，减产 30%，林果受灾 2700 公顷，刮倒树木 1 万余棵、通讯、电力线杆 25 千米，总经济损失为 3900 万元，无人员伤亡。

受 11 号台风减弱后的强热带风暴影响，博兴县遭受暴风雨袭击，大风从 20 日 9 时开始持续到 18 时，最大平均风速 12 米/秒，最大瞬时风速 19 米/秒，博兴气象站降雨量 132.8 毫米，使全县出现严重灾情，据有关部门统计，直接经济损失达 19318.2 万元。11 号台风减弱为强热带风暴登陆后从本地经过，带来了暴雨和大风，高秆作物全部倒伏减产，棉花蕾铃脱落，瓜菜部分被毁，林果业折毁树木 6.64 万棵，落果 50%以上，毁坏房屋 886 间，通讯电力损失惨重，冲毁电线杆 285 根、线路 14.25 千米，大部分乡镇停电和通讯中断，工业企业也造成了巨大损失，总额在 928.6 万元左右，因停电、漏电大部分企业被迫停产，4 家县属企业和 1500 多家乡镇企业的设备、材料、产品遭到严重损坏。

受 9711 号台风影响，沾化县出现 10 级以上东北风，沿海地区 12 级以上，并伴有大暴雨，最大降雨点黄升乡雨量达 195.4 毫米，沿海发生强风暴潮。大风、海潮、暴雨三灾并发，给沾化县工农业生产和人民生命及财产安全造成巨大的损失。据县政府调查统计：全县农作物受灾面积 5.8 万亩，果树落果在 80%以上；牲畜伤亡 5.5 万头；刮折、倒树木 163 万棵；倒塌房屋 24149 间；毁坏电线杆 1400 根，冲毁高压线 15 千米；冲毁公路 25800 米，流失土方 60 万立方米；潮水内侵 10 千米，倒灌内河，6 万亩农田被水淹没；冲化原盐 10 万吨，冲毁盐池 40.7 平方千米、虾池 5 万亩；沉、毁渔船 65 只，冲走水产品 2000 吨和大批渔业物资，全县直接经济损失 6.92 亿元。

2000 年　8 月 30～31 日，受 12 号台风影响，潍坊市普降大到暴雨，局部大暴雨，全市过程平均降雨量 87.9 毫米，青州、寿光雨量最大，分别为 272.3 毫米和 158.1 毫米，这两县市因暴雨而受灾。据调查共有 310 个村庄、56 个单位受灾严重。共倒房屋 5797 间，倒塌院墙 4630 处计 3.2 万米，4520 间房屋进水，冲毁公路 1 条、镇村公路 51 千米，冲毁地堰 13.6 万米，毁坏桥涵 579 座，毁坏供电线路 60 条、电线杆 440 根、通讯线路 87 条、通讯线杆 278 根；24 万亩农作物受淹，其中 3.5 万亩绝产，5.4 万亩果树受淹，预计减产 500 万千克，受灾大棚 4376 个，烤烟减产 5.5 万千克，倒折树木 13.4 万棵，畜禽损失 55 万头（只），12 家企业受淹，溶化原盐 1.8 万吨，106 处企业停产，23 处中小学停课，死亡 3 人，伤 14 人。直接经济损失 2.1 亿元。

受 12 号台风（派比安）的影响，海阳市大辛家镇出现灾情：倒塌房屋 4 间，450 亩农田被淹，冲坏虾池、围堰 11 个，面积 200 余亩；毁坏码头 6 座，直接经济损失 200 余万元。

第七章　龙卷风灾害

第一节　概　　述

雷暴云底伸展出来并到达地面的漏斗状云叫龙卷，龙卷伸展到地面时会引起强烈的旋风，这种旋风叫龙卷风。龙卷风对建筑物的破坏主要由于极高速风的冲击作用，对建筑物可产生极强的瞬时荷载，其强烈的旋转扭曲，在构筑物不同部位或同一部位先后产生极大扭矩；龙卷风中心通过时产生的突然压力降低，可使密闭或半密闭的建筑物或容器产生炸裂式破坏；龙卷风产生的飞射物等会对建筑物造成破坏。如 1975 年 6 月 7 日山东省栖霞县发生了一次较强的龙卷风。该日 13 时 30 分，唐家泊、蛇窝沟镇迎门口、卧龙沟村遭龙卷风袭击。重灾区宽约 100 米，长度约 9 千米以上。迎门口一棵 40 多厘米粗的梧桐树连根拔起后（估计 300 千克多），卷向空中 200 多米，飞行 100 多米落下，越过 5 处房子从村中心刮到村东头；村子一半房屋掀起屋顶，有的只剩房梁；一村民家中囤子放着地瓜干 100～150 千克，卷出 2～2. 5 千米。卧龙沟村 2 公顷多，共 600 多棵直径 30 多厘米的苹果树（21 年树龄）连根拔起后，100 多棵卷出 200 多米，近的 10 多米落下；一棵半搂粗的大栗树（直径 40 多厘米）连根拔起，刮出 20 米远；100 多间房屋鼓了屋顶，有的房椽卷飞；1 人旋到空中落在房顶落下摔伤。两村重伤 16 人，轻伤 20 余人。

一、龙卷风调查

龙卷风是大气中范围极小的猛烈风暴，且持续时间较短，所以常规地面气象台站对它的监测非常困难，难以在气象报表中反映出来。通过普查气象台站气象报表、省气象档案馆气候调查灾害性天气图表、气候影响评价材料、省民政厅、省档案馆的历史资料等，发现自 1950 年至 2000 年间山东共出现龙卷风 351 次。

二、龙卷风强度分类

龙卷风的空间和时间尺度都很小，目前的气象观测网和观测手段，极难甚至无法测到诸如风速、气压等气象要素值，但龙卷风的强度可以根据其经过路径上的破坏景象加以鉴别。根据藤田—皮尔森强度分类法进行分类，结果是：351 次龙卷风纪录中 F0 等级发生 61 次占 17. 4%，F1 等级发生 256 次占 72. 9%，F2 等级发生 34 次占 9. 7%，F3 以上等级没有出现过。

三、时空分布特征分析

从资料分析可知（见图 7.1），山东绝大部分地区出现过龙卷风。山东半岛、鲁中、鲁南出现次数较多，鲁西北较少。即丘陵山区及沿海、沿湖地区出现几率稍大一些，且较强龙卷风出现次数较多。说明这些地区容易产生强对流天气。

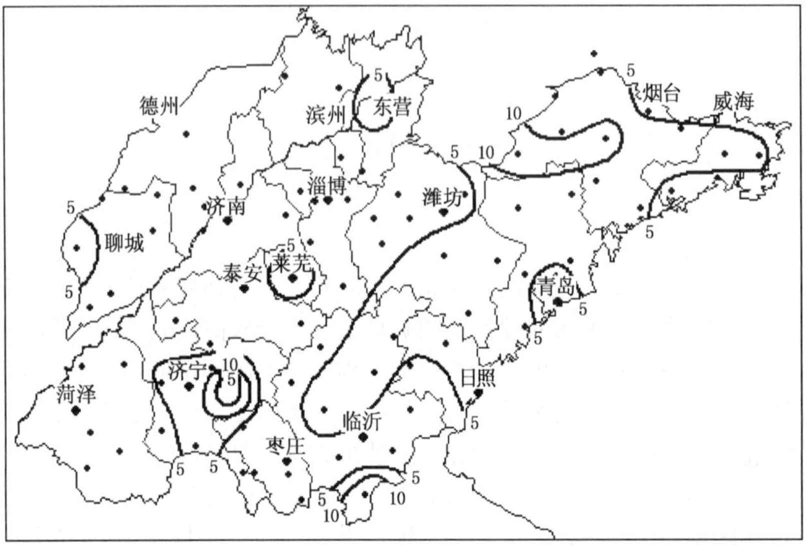

图 7.1　龙卷风出现次数分布图（1950－2000 年）

分析年际变化发现，1950 年至 2000 年山东龙卷风的活动可分二个阶段：1950 年至 1972 年发生次数较多，每年基本在 8 次以上；1973 年至 2000 年发生次数较少，每年基本在 3 次左右，最多 1990 年出现 8 次。分析原因发现，1972 年前山东各级气象台站组织过气象灾害调查，对龙卷风这种小尺度天气现象的出现调查得较为详尽。

龙卷风的发生存在明显的季节性变化，夏季发生数占全年的 74.3％，春秋两季次之，其中春季、秋季发生次数分别占全年的 10.0％、7.4％。各月龙卷风次数以 7 月发生次数最多，达 109 次，11～1 月从未发生。对有发生时间记录的 54 次龙卷风进行统计后，可知龙卷风主要发生于午后至傍晚，13～17 时共发生 32 次，占 59％，其它时间发生 22 次，占 41％。这说明午后强对流发展强盛，易导致龙卷风发生。龙卷风生命史很短，对半岛区域有持续时间记录的 18 次龙卷风进行统计，不少龙卷风仅能维持几分钟至十几分钟，持续时间在 30 分钟以下有 15 次，占 83％，在 30 分钟以上的很少，只有 3 次。

第二节　公元 36—1839 年龙卷风灾害

东汉　建武十二年（公元 36 年）　黄龙见东阿。（注：黄龙可能指黄泛区的龙卷风或较大的旋风）。

魏　景初元年（公元 237 年）　丁巳，黄龙见于泰山……。

明　正德十三年（公元 1518 年）　六月间，黑风自西北来，过邑城西北，云雾迅合，雷雨晦暝，屋瓦皆飞，扬沙簸石，大木尽拔，有二龙戏河上，承水为之断流，剥毁居庐，在死人畜以数百计，禾稼无论矣（峄县志）。

明　嘉靖三十五年（公元 1556 年）　七月二十六日，登州飓风起城东南市中，锅器起丈余，拔木坏屋。

明　万历二十八年（公元 1600 年）　平度、昌邑大风，坏民庐舍，大木尽折，卷扫石臼至数里外。

明　万历二十九年（公元 1601 年）　六月大风，云泉乡、麻沟屯大风暴起，坏垣发屋殆尽，吹起石碌碡，张姓家一靛缸吹高数丈，落五十步外，端然不侧。八月十二日，大风过坝上，拔木倾屋，吹人与牛起空中，旋转，卷谷六里，莫如所之；落雨数点，形大如瓮（宁津、诸城、寿张县志）。

明　崇祯六年（公元 1633 年）　八月，甘露集大风，连家桥乡民车牛吹入半空，移时方落（德州、德县、菏泽县志）。

清　康熙十七年（公元 1678 年）　七月大雨，胶潍二河交有龙斗。

清　康熙五十五年（公元 1716 年）　三月十三日午刻，长山西北风突起，黑云渐高，渐大，渐而黑气变为红色，大风掀天地而来，飞沙走石，猛烈异常，人畜有卷至数里外者，而大风中更有红尘缭绕，对面并立，目不见人，移时睹天日。

第三节　公元 1840—1948 年龙卷风灾害

清　咸丰九年（公元 1859 年）　夏五月初，馆陶黑风突起自西北滚至，天地昼晦，时正刈麦，农妇奔避有被风卷起越河始坠者，有姊妹同奔误落井中者，有压于大树下而死者，凡在田中之麦颗粒未收。

清　同治元年（公元 1862 年）　二月二十六日申时，黑风自西北来，昼晦如墨，飞沙扬尘，拔树掀屋，鸟、鹊、鸡、犬，触木坠井死者无数，人亦有之。有牛车载妇人被风吹至庆云界，询之系京固安人，顷刻数百里，人竟无恙，两时许变墨为赤（阳信、惠民、乐安、广饶、博兴、济阳等县志）。

清　同治九年（公元1870年）　六月二十四日夜，寿张大风雨，大木斯拔，城西北隅女墙摧倒十余垛口，乡民房舍有揭去梁木坠落村外里余者，守瓜田人有随卧揭吹起空中者。

清　光绪十二年（公元1886年）　六月三十日，午后大风突起，海岸数人摄至空中久之乃下，焦家村坏房屋无算，树多折，暴雨霹雳不绝（掖县志）。

清　光绪二十一年（公元1895年）　六月，范县大风拔木，巨舟再移于岸。

清　光绪二十七年（公元1901年）　二月中，东北狂风大作，飞沙走石，始黄色，天地昏黄不辨东西，巳刻忽变为红如霞，赤雾弥满继以黑色，白昼如昏夜，罔识径途，室中非烛不见，至更余方息。吹折栋宇屋瓦房檐不可数计，是日行人有吹没于百余里之外者。至三月初又复如是，田间麦苗有带根吹没者，有被尘土掩埋至数尺者，亦大灾也（茌平、范县、冠县、单县县志）。

第四节　公元1949—2000年龙卷风灾害

1950年　6月20日，五莲县发生龙卷风，最大风力12级，刮坏房屋200间，二人被刮走50米，碌碡刮走100米，刮走小麦垛，高粱被连根拔起，铁锅飞上天。

7月上旬，蓬莱遭受风力12级以上龙卷风袭击，影响范围为于家公社的方家村后至前卫村西北方，长5里多、宽20米左右。该龙卷风方家村北形成向北逐渐发展加强至河西魏家村南达到鼎盛，到前卫村西北开始减弱消失，持续时间15～20分。河西魏家村损失树100余棵，前卫村损失房屋40余间，因路径多经河岸，农作物损失较少。

8月，临清遭受龙卷风袭击，最大风力达11级，中心在拌庄公社的阵沿村，夜间，把瓦房顶刮掉，平房顶刮个大窟窿，家家房檐被刮坏、墙被刮倒，四五手粗的大树连根拔起，或者被刮折，麦秸垛全部刮跑，陈沿村的石碾被刮到很远的地方，盛着水的水缸挪动了5米多远，村头的高粱像被碾压过一样。烟台长岛遭受龙卷风袭击，最大风力达12级以上，影响范围宽十几米，使前后4幢房屋的瓦被风吹跑，草垛由房后搬至房前。

1951年　9月上旬，莘县遭受龙卷风袭击，最大风力达12级，影响黄河南南乐库庄—东大张—五里屯—韩庄—焦村，所经之地95%的树木被吹倒，仅焦村就伤10余人，揭房20余间，地瓜、玉米被拔出一部分。

青岛出现12级以上的龙卷风，由北向南，影响东吴家村公社。三轮车、草垛被刮上天，刮倒房屋30余间。海阳出现10级以上的龙卷风，由北向南，影响大阎家公社大阎家村，3间房被刮坏，一妇女抱大石险被刮走，身上衣服被撕扯成条状。

1952年　6月，东平遭受龙卷风袭击，风力12级以上，主要影响花兰店公社双塔大队，树木、房屋刮毁，庄稼一空。嘉祥县遭受龙卷风袭击，最大风力达10级，影响十字王大队，树木被拔掉。

7月上旬，周村出现龙卷风，由西北移向东南，其影响范围为周村公社的灯塔、前进等大队，40厘米粗的梧桐树被刮断，高粱刮坏40%。

7月，费县遭龙卷风袭击，最大风力达11级，主要影响新庄公社，长6里、宽50米，尹家岭刮坏房屋两间，刮断40厘米粗的树一棵、其它树很多。莱西出现12级以上的龙卷风，从马格庄公社经李家草泊西岭向东南向移去，进入河头店公社小李庄村，西转向北约1里消失。影响范围宽30多米、长2～3千米。所经地方的作物全部毁灭，并刮出了一个深0.33米、直径10～13米的大坑。

9月上旬，烟台掖县遭受龙卷风袭击，最大风力达10级，从西向东，影响珍珠、徐家公社，刮坏房屋200间，刮断、刮倒玉米百余亩、树木百余棵。

1953年　6月18日，沂南县遭受龙卷风袭击，最大风力12级以上，路径宽100米，刮坏房屋100余间、庄稼200余亩，伤2人。

6月中旬，东平遭受龙卷风袭击，风力12级以上，主要影响花兰店公社黄山村，房顶被揭掉，大树被拔起。

6月23日，费县遭龙卷风袭击，最大风力达10级，主要影响胡阳、方城、汪沟3个公社，长30千米、宽100米，方城公社同庄村前的房屋被刮坏，汪沟公社石岗岑村刮坏房屋100多间。

6月，安丘遭受龙卷风袭击，最大风力达11级，在所影响的长1500米范围内，倒屋拔树。临沂遭受龙卷风袭击，最大风力达12级，影响涑河公社，长约1.5千米，一间房屋被吹倒，10棵直径约2米的大树被拔起。临沭县发生龙卷风，最大风力达10级以上，主要影响西朱仓，宽度达一里，其中大树拔起，屋歪墙倒，屋顶被刮走。莱芜遭受龙卷风袭击，最大风力达12级，影响范围牛泉公社东五斗村，方圆100米，把一直径达40厘米的大树连根拔起，抛出2千米远。

7月上旬，邹平遭受龙卷风袭击，最大风力达12级，直径25～30米，影响明集公社大耿村，三分之二的房屋揭顶、倒塌，大树刮断20棵，村里水湾中的水（约20立方米）全部被吸干。

7月，栖霞遭受10级以上龙卷风袭击，主要影响寺口张家沟，龙卷风外围直径20～30米。在张家沟西山井向东到小庄公社的百家宅，房屋脊全被刮掉。胶南县发生龙卷风，最大风力达12级，自西北来经由张家楼公社苑庄大队往东南方向移去，揭房顶25间。

8月，海阳出现龙卷风，由东北向西南，影响发城公社，风力12级以上，直径约20米，刮倒树木若干棵、作物若干亩、房屋80多间。

1954年　6月中旬，高密遭受风力12级以上的龙卷风袭击，影响仁和公社大屯村。刮坏房十几间，刮倒直径1米的一棵树。

6月下旬，龙卷风袭击文登初村公社初村大队、车门奇大队，最大风力达10～11级，由西北向东南，车门奇刮断树木40棵，刮毁房屋40多间，初村大队刮坏房屋60多间。

6月，安丘遭受龙卷风袭击，最大风力达10～11级，在所影响的方圆50米范围内，拔树、刮屋、毁庄稼。临沭县发生龙卷风，最大风力达10级以上，主要影响郑黄岭、双山，宽度半里，所经过之处村庄房屋被刮光。

7月12日，龙卷风从菏泽市曹县的桃源集经过菏泽黄集乡的张老庄、岗李、万家到定陶县的苏家。直径50米，风力13级，刮倒、折断树木，作物受害严重。有一户房顶被卷起。邹县遭受龙卷风袭击，最大风力达11级，影响太平公社崔井、白彦堂等，以白彦堂、崔井受灾较重，房屋全部揭顶，石碑坊被刮倒，砸死1人，伤多人。

7月，临沂郯城遭受龙卷风袭击，最大风力达11级，主要影响塔上公社，宽达150米，刮坏房屋200多间，有3间揭顶，路上的大车被刮下河，刮倒树木无数。

9月中旬，高密县发生龙卷风，最大风力12级以上，刮坏房屋35间，刮断树木12棵，一垛棉花被刮走，1个人被刮出300米。

9月，济南遭受龙卷风袭击，最大风力达10～11级，影响董家公社东南部温家管区十里铺到东郭庄以西附近，当时地里的棉花、庄里的草屋顶全部被卷上天，一搂粗的树被拔起，房屋倒塌很多。

1955年　4月21日，牟平高陵、东屯、车夼一带遭受龙卷风袭击，宽0.5千米、长2.5千米，将一块三、四千斤重的大石头卷走30多米远。

6月17日下午，临淄区的皇城公社郑郭、五路一带，遭受龙卷风袭击，各种作物、房屋受到严重破坏，有人到石碑后面避风，被刮倒的石碑压死，折断树1500余棵，其中有两棵4尺粗的树连根被拔出。

7月2日，定陶县发生龙卷风，从西北而来，危害城关公社、东王店公社的几十个村，最大风力达11级，据2～3个村庄的统计：刮倒房屋2座，麦垛被刮走，大杨树被刮倒许多，刘庄的碑碣被刮断。

7月3日，临沂遭受龙卷风袭击，最大风力达12级，宽约0.5千米、长约10.5千米，造成巨人、虎山、寺衣庄一带庄稼受害，寺衣庄100余间房屋被吹坏，树木多数被扭断，池塘里的水被卷干。

7月15日，安丘遭受龙卷风袭击，最大风力达11级，在所影响的200米范围内，房屋卷上天空几十间。

7月下旬，费县遭龙卷风袭击，最大风力达11级，主要影响汪沟公社，长5千米、宽100米，方家村刮坏房屋10余间，小杏花庄的庙被刮坏，400余千克的碑额被刮出4米远，王家沟损失部分高粱。

8月初，临沂郯城遭受龙卷风袭击，最大风力达11级，主要影响马头公社的北新庄到刘巷口，刮坏房屋300多间，揭房顶70多间，拔树30多棵。

8月，泰安遭受龙卷风袭击，最大风力达12级，在道朗公社大马庄西北形成后向该村西南移去，至玄庄消失，大马庄西南三间草房被揭了顶，庄南三眼水井内的水全部被卷干，所影响之处农作物全部被刮倒。

9月16日21时，莱阳突遭12级龙卷风袭击，由莱阳县团旺区李格庄村起向东经过姜疃、万第、赤山等4个区7个村，而后进入海阳县，宽约200米左右，每经过1个村4～5分钟，在这4个区、7个村庄造成不同程度的危害，主要是房屋、树木损失严重，高秆作物倒伏在地，团旺区大李格庄村共有2531户，被刮坏房屋的有210户，刮坏房屋

685间，其中草房608间、瓦房77间，重的屋顶被刮去或鼓破屋笆，轻的刮去房草，凡龙卷风经过的地方，树木被刮倒，50厘米粗的树被折断、刮倒。

9月，临沂郯城遭受龙卷风袭击，最大风力达11级，主要影响归昌、相集、红花、高峰头4公社，房屋刮坏无数，树被拔起很多，损失严重。海阳遭受12级以上大风袭击，由南向北，主要影响大阎家公社大阎家村。房屋被揭顶，一人被刮出20多米远。

1956年　4月，蓬莱遭受12级以上龙卷风袭击，直径25米。从于庄公社前卫村至宋家店，由南往北移动。把1个大照壁刮走，损坏房屋40余间。

6月中旬，平度遭风力12级以上龙卷风危害，直径20米。由双流树大队开始经宅科、万家等公社部分大队。所到之处大树折断，部分房屋被刮坏。

6月21日，临沂沂南县遭受龙卷风袭击，最大风力12级以上，路径宽100米，从麦家庄起，路经朱井子、杨坡庄后、小徐，到红卫终止，刮坏房屋400余间、大树100余棵，庄稼200亩左右。

7月1日，曲阜境内西部发生一次龙卷风，从坊岭区刘家村袭来，经高家村、毕家村西北角，过泗水至姚村区宋南庄、桂家林一带消失，龙卷风经过时，拔出、折断树木甚多，仅毕家村即被刮毁房屋30余间，麦秸垛被卷走两个。

7月28日，济阳遭受龙卷风袭击，最大风力达12级左右，前楼村的3间房屋被揭顶，卷起大树甚多，有一麦垛被卷上天空，有一在地里干活的人被卷到空中，落地摔死。唐庙公社出现龙卷风，直径300～500米，卷起3间房屋，1个水车被抛出30多米。

7月，鱼台县遭受龙卷风，最大风力达11级，郭庄、郝集、苏店等的树木被折断，房屋倒塌。

1957年　6月4日，烟台掖县遭受龙卷风袭击，最大风力达12级，从本县东南到东北，影响西由、过西、平里店等公社，刮坏房屋200余间、农作物百余亩、树百余棵。

6月上旬，成武县党委—郭庄—定陶一带，遭受龙卷风袭击，最大风力达12级，宽1.25千米、长3.5千米，刮断树木200棵。临沂郯城遭受龙卷风袭击，最大风力达11级，主要影响归昌公社的西凡村，10多间房屋被揭顶，90%的房屋遭到破坏，3棵大树被刮断，1棵大槐树被卷入空中。

7月8日，枣庄峄城区遭受龙卷风袭击，最大风力达11级，40多间房屋全部被吹毁，刮倒大槐树。甘寺房屋被刮倒12间，碾盘被吹到屋上，底格、前旺家村一人高的高粱全被刮倒，叶子被卷光，房屋全部毁坏。

7月10日，苍山发生龙卷风，最大风力达12级，新兴公社刮坏房屋100多间，其中刮倒11间，南桥公社肖家店刮倒大树9棵，刮坏全部房屋，刮倒马棚三间，砸伤马；神山公社西河头村刮倒房屋100多间，房顶全被揭去，砸死5人，和常兴庄揭去房顶200多间。临沂遭受龙卷风袭击，最大风力达12级以上，宽约0.5千米、长约55千米，共刮倒房屋561间，揭去房顶3037间，砸死36人，砸伤151人，有7000余亩庄稼被风吹倒，龙卷风所到之处树木多数被折断。莒南县遭受龙卷风袭击，最大风力达12级，自临沭县韩家村公社郝庄大队来，经莒南县板泉公社的武阳街、李家武阳、徐家官房、路镇公社的赵家河子、南石桥、王家庄子、朱边公社的陈家石门、清水涧等，影响范围3个公社、9

个大队，刮坏房屋540间，刮断树木650棵，死亡1人，庄稼受损100多亩。菏泽曹县安才楼公社黄庄到徐庄一带遭受龙卷风袭击，从西南向东北长1.5千米、宽0.5千米，最大风力达12级，两个村倒塌房屋170间，砸伤10人，砸死牛1头，树木全被刮倒，同时伴有暴雨。

7月23日午后，菏泽曹县青固集公社南部出现过一次龙卷风，从西南方刮来，路径从堤南的前岩到老曾楼又向西北移去，风力在12级以上，宽0.5千米、长7.5千米，持续10余分钟，所经之处墙被刮倒，房顶被刮飞，树木全部刮倒，老曾楼全部摧毁，刮倒房屋300多间，砸死2人，砸伤150多人，砸死、砸伤大牲畜30多头。

7月28日，金乡县遭受龙卷风袭击，最大风力达12级，赵口村大、小树木全被刮倒，房屋倒塌80%，死亡13人，伤30多人。栖霞遭受风力达12级龙卷风袭击，宽约10米左右，长2.5千米多，从松山公社虎山经官里洛汤、西沟前河、策吁家、泊子村前到刘家庄。路径未过村庄。所经之地树木被刮倒，地瓜都连根被拔起。

临沭县发生龙卷风，最大风力达10级以上，主要影响临沭刘庄、芦官庄西、莒南武阳，宽度达500米，白毛公社砸死5人，所经之处树冠、屋顶全部被刮走。

1958年　5月，安丘遭受龙卷风袭击，最大风力达11级，在所影响的30米范围内，卷屋拔树。

6月21日，菏泽郓城遭受龙卷风袭击，此次龙卷风发生于菏泽郓城武安公社任怀庄城西经城北到杨庄集公社，直径500米，最大风力11～12级，其中，孙庄倒房30多间，伤32人，5亩杏树全部刮倒，并把一辆大车卷至空中。

6月下旬，阳谷县遭受龙卷风袭击，最大风力达12级，长3千米、宽约100米，冯楼、于营等刮倒房屋10间，揭掉房石檐10间，枣树被刮掉树梢不计其数，刮倒树木200余棵。

7月5日，滕县遭受龙卷风袭击，最大风力达12级以上，由滕县西南部移向东南部，从高庄汶起，经党吉山、千庄、陈岗，路径长9千米，一般宽100米，最窄10米左右，所经村庄伤188人，死亡63人，倒屋2800余间，损坏禾苗700余亩、树木无数。

7月6日，龙卷风自西南向东北经过菏泽市郓城县，芦庄科至王庄一带受灾最重，墙倒屋塌，树木折断，有的连根拔起，有人员伤亡。

1959年　6月21日13时许，龙卷风袭击青岛铁路分局塔耳堡站，风暴骤至，尘烟淹没了车站，使客车、货车各1辆被颠覆，同时刮倒铁路沿线的电线杆30余根，造成通讯中断。

6月21日，潍坊昌邑县丈岭公社出现龙卷风，直径约1000～1500米，大水缸被刮出5千米，碌碡被刮走，4个小孩被卷出半里，直径约0.3米粗的大树连根拔出。电线杆拔出40余根，火车车箱被刮下铁轨，损坏房屋273间，伤40余人。

6月下旬文登遭受风力10～12级龙卷风袭击，由西北向东南影响初村公社初村大队、车门夼大队。车门夼刮倒树40棵，刮坏房屋40多间，初村大队刮坏房屋60多间。

8月24日下午，淄博市张店出现龙卷风。影响范围，从崔军公社的南定开始，北到石桥公社以南地区，长约9～10千米，西从一里庄与边庄之间开始，东到江西村约3～8

里，最大风力达 12 级，来势凶猛，顿时天昏地暗，所到之处房屋倒塌，大小树木全部折倒，高压水泥柱从底部连续折断 10 余根。据张店区委不完全统计，这次龙卷风共造成 5 个公社受灾，农村刮坏房屋 4931 间，其中刮倒 2961 间，刮倒树木 2000 余棵，刮去柴草 5 万余千克，在工矿企业中房屋倒塌 50 多间，死亡 8 人，重伤 11 人，轻伤 37 人，其它损失不计其数。

莘县遭受龙卷风袭击，最大风力达 9～10 级，影响王铺东北—东南，吹起摔伤 1 人。

10 月，临沂郯城县遭受龙卷风袭击，最大风力达 11 级，主要影响泉源公社的龙泉寺，拔树 20 多棵，刮断庙前的石碑，房屋全部遭到破坏。

1960 年　6 月 29 日费县遭龙卷风袭击，最大风力达 11 级，主要影响城关公社、胡阳公社，长 4 千米、宽 100 米，其中，仁和庄刮坏房屋 500 余间、树木一部分。

7 月 15 日，鱼台县遭受龙卷风袭击，最大风力达 10 级，由马庄到五庄的 69 个村庄受害，刮毁房屋 6800 多间，伤 55 人、牲口 8 头。

1961 年　9 月，栖霞县遭受龙卷风袭击，最大风力达 12 级，影响赵家庄、官地、下联庄等地，直径 200 米左右，由东往西移去，高秆作物全部折断。

1962 年　5 月 25 日，平邑县遭受龙卷风袭击，最大风力达 13～14 级，长约 18 千米、宽 500～1000 米，扭断树木，刮坏、刮倒房屋，砸死牲畜。

6 月上旬，蒙阴县遭受龙卷风袭击，最大风力达 12 级，宽 100 米、长 5 千米，太庄、万宝地、保地沟等受其影响，刮毁房屋 100 间，大小树木百棵受损。

6 月 25 日 15 时，平邑县郑城区野鸡坡、卓庄、响水汪、南湾等村遭受龙卷风袭击。龙卷风所经之处，飞沙走石，石碑刮出 15 米远，河水被卷干，一牧羊人被刮出 500 米，羊群被刮散，刮倒房屋 1800 余间、树木 40 多万棵，4 人死亡，40 人受伤。

7 月 13 日，莱芜遭受龙卷风袭击，最大风力 10 级以上，长 3 千米、宽 500 米，毁坏树木、电线杆无数，其中莱芜苗山村，毁坏房屋 395 间，其中大揭顶 199 间、倒塌 13 间。临沂沂南县遭受龙卷风袭击，最大风力 12 级以上，路径宽 0.5 千米左右，刮坏房屋 3517 间、树 1700 棵、庄稼 400 亩，伤亡 160 人。

9 月 12 日，费县遭龙卷风袭击，最大风力达 11 级，主要影响石桥公社，长 6 千米、宽 300 米，其中平湖庄刮坏房屋 200 余间、小吉乐庄刮坏房屋 100 余间。

1963 年　7 月 25 日，邹县遭受龙卷风袭击，最大风力达 10 级，影响舌垟和高庄公社部分地区，将舌垟大礼堂的一头掀掉，刮坏高庄公社房屋 39 间，砸死 5 人，龙卷风所经过之处，地上软土被刮去一层（5～10 厘米），作物受损。

8 月 3 日，菏泽遭受龙卷风袭击，最大风力达 12 级，起于菏泽市的王浩屯乡李集村西，经马岭岗镇东段庄、刘坊、何楼乡的簸箕屯、高洼、张资庄、程庄西、蔡庄西、姚胡同、杜庄乡的鹿湾、杨庄、杨营、周楼、牛楼、小留镇的何庄附近，由南往北途经的 5 个乡镇都受到不同程度的危害，砸死砸伤数人，墙倒无数，作物受损严重，最严重的为马岭岗镇刘坊，房屋倒塌数间，刮倒大树 4126 棵，刮断树木无数，有四轮太平车被卷起，越房屋而过。

1964 年 6 月 23 日，莱芜遭受龙卷风袭击，最大风力达 9 级，伤 4 人，直径 35 厘米的大树被刮断 4 棵。

8 月 20 日，高密遭受 12 级以上龙卷风袭击，由北向南影响柴沟公社尚口。刮坏房屋 100 间，刮走谷垛 1 个，卷起锅一口，刮断大树。

秋，济宁县刘楼西北仲浅湖上，被龙卷风卷起一条船，船上人被摔死。

1965 年 7 月 19 日，定陶县发生龙卷风，最大风力达 12 级，危害商丘小霸—曹县王楼—定陶城—固堆—刘庄一带，龙卷风直径达 1 千米，刮倒楼房 2 座、树木许多。

7 月，东平遭受龙卷风袭击，风力 12 级以上，主要影响花兰店东王庄大队，向东北方向移去，房顶被揭掉，大树被拔起，庄稼一空。栖霞出现风力 12 级的龙卷风，影响范围长 6 千米、宽 50 米左右，由苏家店前泊子村西南向东北移去。高秆作物全部折断，直径 0.6～1 米粗的树连根拔起。新泰县遭受龙卷风袭击，风力 10 级以上，直径约 1500 米，主要影响石莱公社，刮倒树木 1000 多棵，刮坏房屋 1000 多间。

8 月初，新泰县遭受龙卷风袭击，风力达 12 级，直径约 1000 多米，主要影响东风公社，从苗庄到沂源，刮倒大树 1000 棵，刮断石碑，把碑额、碾盘刮出 20 多步。

8 月 15 日，诸城遭受龙卷风袭击，最大风力达 12 级，龙卷风直径 200～500 米，以皇华公社的许穴河子村受灾最重，地里刮去 2 厘米厚的土，损坏庄稼 200 亩、房屋 20 余间，死亡 1 人，伤 7 人，草垛、粮囤、鸡、狗被卷走，大小树木都折断。

8 月，鱼台县遭受龙卷风袭击，最大风力达 9 级，受影响的郭庄农中房屋被毁，并砸死学生。

10 月，临沂郯城县遭受龙卷风袭击，最大风力达 10 级，主要影响归义公社的归义到赵庄，玉米、高粱、豆子被刮坏，东赵庄的 1 个小孩被刮到归义。

1966 年 4 月，崂山县棘洪滩至即墨西元庄遭龙卷风袭击，有 2 人被卷起 2 米高跌伤。博山区遭受龙卷风袭击，直径达 250 米，影响桃花泉公社桃花泉东山，由西北向东南，其中有一人被刮出 50 多米，受重伤。

6 月 3 日，龙卷风影响胶县，风力达 12 级以上，经杜村—龙山—城南—营海进入崂山县。龙卷风在青年水库附近加强，100 米直径范围内的庄稼、树木、房屋全被刮坏。昌潍干部疗养院有 78 间房屋屋顶全被刮走，其中 31 间连墙刮倒。共计刮坏房屋 4231 间，19 人受伤。50 千克重的猪被卷至空中吹出 20 多米远，直径 30～40 厘米粗的杨树被拧成麻丝状，拦腰折断。平度县遭受龙卷风袭击，最大风力达 12 级，直径 100 米，由西北向东南，影响昌里、青杨、蚌桃、崮山、城关、大田、张戈庄、麻兰、古山，据统计，受其影响死亡 3 人，重伤 17 人，轻伤 784 人，刮坏房屋 2894 间，毁坏作物 3500 亩，损失粮食 1600 余千克，刮走饲料草 15 余万千克，折断和连根拔起树木 1500 余棵，损失农具不计其数。莱西出现风力 12 级以上龙卷风，从平度县大李村向东南方，至店埠刘家横村。宽 40 米、长 5 余千米。刮坏房屋 151 间，其中严重的 50 余间，有的屋顶被卷走，苹果树刮倒 100 余棵，有一棵柿子树（直径 20 厘米）树头全被卷走，一棵梧桐树（直径 25 厘米）连根拔起刮到墙外。

8 月 12 日 13 时前后，海阳县遭受风力 12 级以上龙卷风袭击，影响范围宽 100 米、长 8 千米，受影响地区遭到严重破坏，灾情较重的为盘石公社周家村，共 157 户，有 103 户受灾，毁坏房屋 535 间，其中倒塌 42 间，死伤 18 人，其中死亡 7 人、重伤 9 人、轻伤 2 人，8～10 棵大树被连根拔起，有的卷出 20 米，作物 100 多亩绝产。荣城遭受 12 级以上龙卷风袭击，自西南—东北，桥头公社南台大队，卷走 1 个拾草的人。

1967 年　7 月 13 日，鱼台县遭受龙卷风袭击，最大风力达 10 级，刮倒两层楼 5 间，砸死 7 人，草屋全被刮毁。

7 月 26 日，潍县发生龙卷风，最大风力达 12 级，持续时间 20 分，从南村公社姜家马营到泊子周家官庄宽 100 米、长 2500 米，损坏房屋 526 间，损坏庄稼 1000 多亩。

1968 年　8 月上旬，曲阜县遭受龙卷风袭击，最大风力达 9 级，刮毁房屋 300 余间、树木 400 余棵。

8 月 31 日 13 时前后，荣城遭受龙卷风袭击，最大风力 12 级以上，路径由北向南移动 2 里，影响范围自后龙水库至后前龙村北。刮坏草房 200 间。

1969 年　6 月 12 日，昌邑县遭受龙卷风袭击，最大风力达 12 级，宽度达 1000～1500 米，4 个小孩被卷出半里路，直径约 0.3 米的大树被连根拔起，沿铁路电线杆拔出 40 余棵，损坏房屋 2731 间，其中全部刮倒的 73 间、刮去房顶的 169 间、刮掉房草的 666 间，伤 40 人。

6 月 29 日下午 3 时前后，寿光王高公社陈家马庄出现龙卷风，并伴有暴雨，从村西南茅坨附近移来，向东北偏北方向移去，该大队损失最重，大部分房屋被刮坏，麦垛被刮出 50～60 米，打麦用具被刮出几里路外，树木被刮断很多，其中有 5～6 棵树连根拔起，有 1 篮球架被卷到空中，越屋而过，约 150 米处落下被摔坏并砸烂 1 磅秤。

8 月 21 日，临朐县发生龙卷风，从九山公社吴家庄经由白沙到山东村，其中，3 个大队受灾 190 户，刮坏房屋 744 间、玉米 1060 亩、谷子 180 亩、高粱 60 亩、黄烟 160 亩，刮倒、刮断树木 3600 棵，1 人被风刮出 80 余米。

9 月 2 日，兖州遭受龙卷风袭击，最大风力达 12 级以上，仅刘于 1 个村就刮倒房屋 70 多间，刮断和拔起树木 150 多棵。

1970 年　7 月上旬，烟台掖县遭受龙卷风袭击，最大风力达 10 级，从西北向东南，影响柴棚公社，刮坏房屋 737 间、树木 2000 余棵，刮走麦秸草 1 万余千克。

7 月 28 日，潍坊遭受龙卷风袭击，最大风力达 12 级，宽 50 米、长 200 米，刮坏房屋 230 间，拔出大小树木 60 棵。

7 月 29 日，宁阳县遭受龙卷风袭击，风力达 12 级，从东述公社的柳园起，到伏山的前洸河崖止，长 8.4 千米，宽 400～500 米，损坏农作物 13000 亩，其中，3380 亩减产 30%，倒塌和损坏房屋 2677 间，有的房顶被揭去，刮毁树木 1130 棵，刮毁电线杆 18 根，砸死大牲畜 1 头。龙卷风袭击沂南县，最大风力达 12 级以上，路径宽 100 米，刮坏房屋

1512间、树1000余棵、庄稼300余亩，伤亡71人。

7月30日，五莲县发生龙卷风，最大风力12级，282户社员受灾，损坏房屋1143间、树木1000余棵、农作物100余亩。费县遭龙卷风袭击，最大风力达10级，由胡阳公社南山阳起经方城、汪沟公社去沂南县，长30千米、外围直径40米，其中，刮坏房屋茶树庄60余间、养马庄7间、古城100余间，新庄90%的房屋被刮坏。

8月，邹县遭受龙卷风袭击，最大风力达11级，影响城前公社小烟庄等地，小烟庄的房屋几乎全部被摧毁，砸死2人，把狗卷至空中落下摔死。

1971年 6月12日，临沂遭受龙卷风袭击，最大风力达12级，砚台岑故家庄80%房屋被吹坏，杜家庄10%房屋被吹坏，曹家庄50%房屋吹坏。

6月20日，栖霞遭受龙卷风袭击，最大风力达10～12级，影响蛇窝公社南崮村，该村中心房顶被掀掉140多间，苹果被刮掉2500多千克，直径0.5米的树被刮倒，刮断树木13棵。

6月21日，胶县出现龙卷风，最大风力达10级，从西北向东南移动。铺集公社2个大队，刮坏树木60棵，刮倒房屋316间。

6月27日，烟台掖县遭受龙卷风袭击，最大风力达11级，从西向东，影响朱桥、梁郭公社，向招远移去，刮坏房屋500余间、树木1000余棵，早春作物被刮倒、刮断。高唐县遭受龙卷风袭击，最大风力达12级以上，中心直径100米左右，外围直径约400米，全长约12.5千米，持续时间约30分钟，造成46人死亡，169人受伤，167间房屋倒塌，232间房屋受损，刮倒和拧断树木467棵，死伤耕牛4头、猪4头、羊50只，损失被褥140床、农具、家具、衣物等若干。

8月9日，莱阳县5个公社遭受龙卷风的袭击，高格庄公社北高格庄村40多间草房被卷走，瓦被卷到地上，泉水公社姜家泊、赵疃、郝格庄部分社员的猪被卷到村外，柏林庄公社东西马山村，房顶被揭去，树被刮倒，电线被刮断，河洛公社冶房大队房屋被刮坏，西留公社上孙家、李格庄、南院、花沟4个大队揭房顶390间，刮坏大树35棵，高秆作物减产50%。莱西遭受12级以上的龙卷风袭击，龙卷风从南墅胡家沟南岭向西北方向移去，路过南宋家小沽河，宽20余米、长2千米。南宋家大队共有72户，其中57户房屋受灾，165间房草被吹走，两户房屋被鼓了屋顶。

8月10日，栖霞遭受龙卷风袭击，最大风力达12级，南交毛寨刮坏房屋300余间，刮倒房屋打死驴1头，十里堡刮坏房屋200多间，城镇河南刮坏房屋100多间。

8月28日，枣庄台儿庄区遭受龙卷风袭击，最大风力达11级左右，影响后孟、山前、山后、徐楼，其中徐楼一队400间房屋被揭走房顶者占50%，一名17岁小孩被卷起吹离200米落下，直径10～20厘米的树如扭线一样连根拔起，后孟村损坏房屋147间，其中6间全倒，砸死牛1头，伤2人，致使其中1人失明，刮倒树木不计其数。

9月3日，文登遭受12级以上的龙卷风袭击，影响辛里庄、西泊，河扬家、北鱼池、下郭家。伤4人，刮倒房屋447间，刮倒围墙200米、树木170棵、水车18部，危害作物20亩。

1972年 4月16日上午，由莱阳县冯格庄公社的西北边境起，两股百米高、蘑菇形的黑云汇合后，霎时烈风骤起，向东南直扫录格庄、泉水、照旺庄、万弟、大夼公社，长达 30 多千米，龙卷风所到之处，有的院墙被推倒，碎瓦乱石满天飞舞，30 厘米的河水被刮干，直径约 50 厘米粗的大树被连根拔起，电线杆被刮断、刮倒无数，照明电中断，夏作物受灾 50 万亩，毁坏房屋 1.5 万间，人畜亦有伤亡。

4 月 16 日，莱州珍珠公社出现一次龙卷风，刮倒、刮坏房屋 1200 余间、树木万棵。

6 月 11 日下午，胶县出现龙卷风和冰雹。最大风力 10 级，大风刮坏房屋 740 间，刮倒部分树木。在铺集公社的邢家岭—松园一带出现龙卷风，房屋被刮坏，一直径 30 厘米粗的刺槐被刮断。

7 月，临沂郯城县遭受龙卷风袭击，最大风力达 10 级，主要影响泉源公社东西房庄，刮毁房屋 200 多间。

9 月上旬，高密县发生龙卷风，最大风力达 12 级，房上瓦被刮出一里远，拔出直径 20 厘米的树，刮坏房屋 100 余间，刮断电线杆。

1973 年　5 月 26 日，龙卷风在博兴县三岔大队着地，经过乔庄大队、肖家大队，在南贾大队消失，路径长约 5 千米、地面直径约 20 米。这 4 个大队均遭受了不同程度的危害，如刮翻屋顶，揭去屋瓦，吹歪屋墙，刮断树木，卷走家具等。据 4 个大队的统计，刮坏房屋共 117 间，以乔庄大队损失最大。

6 月 20 日，龙卷风袭击即墨县城区和龙泉镇、北安镇、龙山镇，刮倒树木 3757 棵，毁房 461 间，卷走小麦 4475 千克，伤 5 人。

1974 年　6 月 6 日，栖霞、招远、诸城、安丘等县遭风雹灾，栖霞县蛇窝泊公社的 2 个大队受龙卷风袭击。4 县的 60 个公社、1561 个大队受灾，受灾农作物 122.7 万亩；倒塌、损坏房屋 8800 多间，损坏树木 3 万多棵；死亡 1 人，伤 57 人。

1975 年　6 月 7 日 13 时 30 分，栖霞唐家泊、蛇窝沟镇迎门口、卧龙沟村遭龙卷风袭击。路径估计重灾宽约 100 米、长 9 千米以上。卧龙沟村被刮坏房屋 111 间，轻伤 16 人，刮倒和拔起树木 200 棵，后山苹果树从山顶卷到山下，又越过房顶落到村外；迎门口一棵 40 多厘米粗的梧桐被连根拔起后，卷至空中 200 多米高，飞出 100 多米落下，村中一半房屋被掀掉屋顶，有的只剩房梁，一村民家囤子放的 100～150 千克地瓜干，被卷出 2～2.5 千米。两村共计重伤 16 人、轻伤 20 余人。

1976 年　7 月 21 日，沂水县城关公社的大梨行、全美官庄两个大队，道托公社的韩家曲、青山铺、前、后王家庄、横岭大队遭受龙卷风袭击。大梨行、全美官庄各损坏房屋 36 间，大梨行刮去 1 个麦秸垛，刮断一根高压线。韩家曲、青山铺、青山铺中学共损坏房屋 123 间、树木 240 棵，瓦 4000 页，玻璃损坏 50%，高 12 米的烟囱被刮倒 2 个；前、后王家庄、横岭共损坏房屋 57 间。

8 月 12 日 12 时 16～18 分，胶南县出现龙卷风。琅琊公社翟家屯等大队、寨里公社西安子等 6 个大队、胶南镇王家石桥、县气象站、县财贸干校、隐珠公社大荒大队、县磷肥厂、两河大队等均受灾。刮坏房屋 2500 多间，刮断树木 10900 棵，刮掉苹果 17500 千克，刮倒玉米 1.1 万亩。

1977 年　7 月 2 日凌晨 3 时前后，德州禹城县大程、张庄遭受强龙卷风袭击，其范围东西长 4 千米、南北宽 1.5 千米，大程、张庄共 13 个大队折断树木 2400 棵，123 间房瓦被风刮起。

7 月 7 日，即墨县移风镇南埠村遭龙卷风袭击，由南向北，路径宽 50 米、长 6.5 千米，移动至移风镇后古城村消失。刮坏树 3000 余棵，倒塌房屋 17 间。其中社办纺绳厂 12 间，厂房全部倒塌，窗台以上卷出数米，瓦片飞出 50 多米，有 2 名工人死亡，3 名工人重伤，9 名工人轻伤。该厂 25 台纺绳机、10 台草包机和 1 台“1140”机器，全部被砸坏，共损失 33000 余元。

1978 年　7 月 1 日 1 时 58 分至 2 时 7 分，海阳县出现龙卷风。受灾较重的徐家店风力 10～11 级，持续 10～15 分钟。主要受灾范围，徐家店、郭城、发城、高家、朱吴、东村 6 乡镇，共计 171 个村。初步统计，玉米受灾 94302 亩、果树 21000 亩，损失幼果 70 万斤，刮倒成材树 2558 棵。刮倒、刮坏房屋 123 间、院墙 15 处。

1979 年　7 月 12 日 14 时 30 分至 15 时，莒县城阳、陵阳、龙山、峤山 4 镇、6 个管理区、13 个大队自西南向东北出现龙卷风，起自城阳镇陈家庄子，经陵阳镇井家葛湖、西山河、东山河、龙山镇纽沟至峤山镇南涧消失，估计风力 12 级，降水 52 毫米。300 多年古槐树被刮断，直径 30 厘米柳树被扭断，大水泥缸刮起十几米高摔碎，石磨被刮翻，刮去小麦 1 万多千克，刮毁房屋 1682 间，其中倒塌 237 间，砸死 1 人、伤 21 人，砸死牛 1 头、伤 2 头，丢失猪 5 头，毁坏家具 3286 件，刮倒苹果树 33200 多棵，刮倒成材树 63000 多棵、幼树 50000 棵，刮去被褥、衣物、蚊帐等 455 件，因龙卷风过后遂即降暴雨，损失粮食 23.75 万多千克，作物受灾面积 4330 亩，其中 1800 亩玉米、高粱绝产，115 亩黄芩被刮断。

10 月 2 日下午 1 时 10～30 分，荣城县黎明、崂山、寻山、夏庄、俚岛、荫子、大疃、马道 8 个公社、43 个大队遭受龙卷风的袭击，造成严灾害。共刮坏房屋 5438 间，其中房顶全部刮走的达 1871 间，打伤 13 人，折毁树木 3 万多棵，刮走场园粮食 3.5 万多千克、花生 4.85 万多千克，刮掉苹果 0.5 万余千克，因房屋倒塌砸坏拖拉机、播种机和脱粒机各 1 台。1.1 万伏变电站输出线路电线杆刮坏 50 根，1 万伏线路电线杆被刮倒、折断 7 根，3.5 万伏线路电线杆全部被刮歪，造成半数厂矿和公社停电。灾后县委领导带领有关部门负责人和医护人员，立即分赴受灾社队，了解灾情，进行慰问，筹集木杆、麦草，组织匠人和壮工包干负责，帮助受灾大队抢修房屋，并拨救灾资金 6 万元。

1981 年　7 月 3 日，从济阳孙耿的丁杨始至庙廊的张少杨止长 11.25 千米、宽 100～300 米之间的狭长地带发生一次龙卷风，大风呼声如闷雷，屋内讲话听不清，损失严重。据统计，共造成 11 人受伤，损坏房屋 2520 间，其中全部掀掉房顶的 400～500 间、全部倒塌的 51 间，倒墙 1400 米，毁树 2 万棵，连根拔起及拦腰折断的各占一半，倒、折电话线杆、电线杆 500 根，牲畜、猪、羊死亡 110 头（只）。

7月8日16时10～40分前后，枣庄市峄城区吴林乡、左庄乡、峨山乡3乡大部分地区和底阁乡、甘沟乡的部分地区遭受强龙卷风袭击，并伴有小冰雹危害。此次龙卷风起源于枣庄市龙卷风的发源地—微山湖。自微山湖向东和东北进入峄城西部的棠阴山区，然后向东在王庄乡一带落地继续东移，16时10分前后进入吴林乡后，开始造成危害，而后经左庄、峨山、甘沟、底阁等地出境，进入苍山县兰陵地区。据对重灾的吴林、左庄、峨山三乡镇调查，共毁坏房屋9300余间，毁坏树木10730棵，1万余亩作物受灾，伤6人。

1982年　4月12日14时23分，曲阜城关遭受龙卷风袭击，起于曲阜城关内，经池涯大队出曲阜城向东南移去，至小泉村东沂河北树林中消失，路径全长1.5千米、宽约200米。开始未落地，风力不大，至古泮池小学附近开始落地，共刮坏房屋200余间，刮倒或拔出树木100余棵。古泮池小学受害尤甚，该校有14间校舍房顶全被揭走，直径40余厘米的梧桐树被连根拔出，砸伤学生17名。

8月16日，济南市历城县遭受龙卷风袭击，仅遥墙公社谷家村就刮坏房屋157间，刮倒树木100余棵、电线杆6根，伤2人，砸死马1匹。

1983年　4月25日，淄博市张店、淄川、博山、临淄区出现风雹灾害。其中南博山、源泉、太河、口头、路山一带出现龙卷风、冰雹，风力最大12级，直径50厘米的大树被拔出。损毁房屋4120间、树木51.85万棵，折断电线杆100余根，抗风能力30米/秒的11万伏高压线铁塔扭曲倾斜。受灾粮田5.2万亩，小麦绝产3200亩，春播作物重播7000亩，3万棵果树减产。并造成其它严重损失。

4月25日18～19时，费县新庄、马庄等7个公社57个大队4671户遭受龙卷风袭击，砸死、砸伤111人，其中砸死10人、重伤36人、轻伤65人，刮倒房屋14417间，砸死、砸伤家畜、家禽365头（只），砸毁大小农机具19000件，毁掉粮食100万千克，刮坏树木24364棵，果树受灾面积2000亩，刮毁广播、通讯、供电线路26475米，刮断、刮倒线杆403根。受灾最严重的是新桥公社芦家寨大队，该队350户砸死10人、重伤32人、轻伤37人，全大队有541间房屋全部倒塌。

4月25日19时，莱芜市颜庄、辛庄公社的15个大队、潘西煤矿及寄母山林场遭受龙卷风袭击。灾害造成死亡27人、伤535人，毁房16819间，毁树1.2万棵，刮断各种线杆501根、线路5300米，砸死牲畜373头，厂矿停产5天，农作物受灾面积3050亩，直接经济损失近2000万元。

6月29日1～4时，蓬莱县大部地区遭受龙卷风袭击。受灾范围长40千米、宽2千米，于家庄、小门家、大辛店、崮寺店4个公社和1个国营厂矿灾情较重。刮坏房屋4000间左右，刮倒各种树木4万棵，其中连根拔起的有200棵，刮倒玉米5100亩，其中刮坏苗者占20%，其它作物均有损伤。刮倒电线杆50根，刮断电线杆300多根。全县大部地区伴有雷雨和大风。

9月8日15时15分，在苍山县中部贾庄公社尚庄大队附近出现龙卷风，持续时间约5分钟。尚庄、上园两个村庄受灾，刮坏房屋500间，折断和刮坏树木700余棵，尚庄联中有12名学生在教室内被掉下的瓦片砸伤。

1984 年 5 月 18 日、28 日和 6 月 3 日，全省 14 个地市先后 3 次遭受大风和冰雹灾害，部分地区遭受龙卷风袭击，有 53 个县市区的 1420 多万亩农作物受灾，其中小麦 1033 万亩，倒塌、损坏房屋 5.7 万多间、院墙 6.3 万多米，倒折树木 77.5 万棵、电线杆 2100 根，损坏各种电线 160 多千米，死亡 4 人，砸伤 200 多人。

5 月 28 日 17 时至 17 时 06 分招远市遭受龙卷风袭击。姜家窑村有 160 多间房屋屋顶遭到不同程度的破坏，140 多棵树被连根拔起，其中最大的树直径 30 厘米；夏店粮库 56 间屋顶全部被揭，苇箔、瓦片全刮去，房瓦刮出 500 多米远，100 多米围墙刮倒，直径 2 米能容 1.5 吨油的空油罐（重 100～150 千克）被卷出去 100 多米，30～40 厘米大树被扭断，龙卷风经过之处有 400 多亩小麦绝产。

1985 年 7 月 9 日下午 3 时 30～50 分，莒南县陡山乡遭受龙卷风袭击，风力达 10 级以上，并伴有暴雨及冰雹。受灾范围长、宽各 4 千米。重灾村 21 个，全乡刮坏房屋 1200 间、倒塌 35 间，倒塌院墙 1300 米，刮倒、刮断树木 3000 棵，粮食作物受灾 1000 亩，黄烟受灾 800 亩，果树受灾 1400 亩，直接经济损失 42.1 万元。

8 月 3 日 9 时 40 分，莒南县道口乡开始遭受龙卷风袭击，全县 2121 个村庄受灾，重灾 180 多个。刮坏房屋 600 多间，损失 18 万元；刮断树木 4 万棵，损失 20 万元；刮断玉米 2400 亩，损失 24 万元；刮坏烤烟房 24 座，损失 1.1 万元；刮倒院墙 1300 米，损失 4500 元；造成黄烟绝产 1500 亩，损失 32.5 万元，全乡直接经济损失 96.05 万元。

9 月 5 日 11 时 30 分～12 时前后，胶南大场镇丁家柳沟村遭受龙卷风袭击，由西南向东北移动到大场镇黄岭水库。刮坏房屋 2870 间，损坏红瓦 20 余万页。其中大场镇的丁家柳沟村有 2 户房顶被刮掉，屋内的家具也被刮出房外，倒塌院墙 70 余处，共计 200 米；大场镇小石岭村 1 变电房被刮倒，变压器损坏；胶南第十一中学校的校舍被刮坏 40 间，20 多米高的伙房烟囱被刮倒。刮倒折断电线杆 325 根，刮倒树木 4180 棵，刮掉苹果 32 万斤，毁坏农作物 4600 亩、黄烟 800 亩，减产均在 2～5 成。卷走卷飞农户院中的缸盆等物品 200 多件，伤 1 人。

1986 年 8 月 10 日 5 时 30 分至 6 时 30 分，莒县的刘官庄、陵阳、寨里河、长岭、夏庄、碁山 6 乡镇遭暴风雨袭击，其中刘官庄、陵阳两镇发生龙卷风，东莞镇降冰雹。作物受灾面积 34.5 万亩，成灾面积 29.54 万亩，毁坏树木 14 万余棵，毁坏房屋 2459 间。

10 月 14 日上午 8 时 10～30 分，龙口港西北 1 千米海面上同时形成两股龙卷风（起初不接水面），南边一股自海面向东南在渔港登陆，经船厂、针织厂、自来水公司、红光新村向东南而去；另一股从电厂登陆，经桥上新村向东南移去，涡动直径约 100 米，属历史罕见龙卷，给龙口、中村、北马 3 镇造成重大损失。龙卷在海上卷起 7～8 米高的巨大水柱。据市政府统计，全市共损坏房屋 605 间，倒大墙 2385 米，刮倒、刮断电线杆 30 根，刮断电线 2750 米，刮走苇箔 940 张、小干鱼 500 余千克，翻沉 20 马力渔船 1 只（船体损坏），共有 3 人受轻伤。灾后，上级拨救灾款 3 万元。

1987 年 8 月 15 日，龙卷风袭击即墨市太祉庄、段泊岚、刘家庄镇，倒塌房屋 27 间、倒墙 2000 多米，刮坏房顶 1100 多间；损毁树木 4500 余棵，损毁高压线杆 40 根、低压线杆20多根、广播线杆20多根，损失草垛300多个；玉米、高粱受灾2600多亩，减产24万千克。直接经济损失35万元。

1988年　6月1日，莱芜市雪野水库、上游乡遭受龙卷风袭击，小麦受灾面积1300亩，刮倒树木6万棵，刮坏房屋144间、鱼箱8个、水泥船2只，伤7人。

1989年　6月27日下午5时30分至6时，莒南县从北部大店起，经延宾、扁山、十字路镇到东南部相邸、坊前、坪上7个乡镇遭龙卷风袭击，受灾面积92万亩，其中受灾村242个，重灾村有113个。据不完全统计，因龙卷风袭击倒塌房屋300间，损坏房屋1900间，受灾果树3000亩，其中倒折果树1150棵，黄烟受灾面积1600亩，基本濒于绝产，刮断高压线路7条，800亩蔬菜受害，基本绝产，倒折成材树木5万棵。大店镇西村小庄有不少直径50多厘米粗的白杨树，榆树、刺槐被连根拔起或拦腰截断。另外，坊前乡普天寺因高压线短路造成火灾，烧毁瓦房5间，烧毁小麦3.5万千克，这次风灾直接经济损失154万元。

7月14日上午9时30分至10时，枣庄市薛城区陶官乡出现龙卷风，并伴有暴雨，使微山湖边的刘桥村半个村庄受灾，受灾范围直径达50米，80间瓦房、65间草房的房顶被揭，刮倒房屋3间，70多米院墙倒塌，伤9人，其中重伤3人，牲畜死亡2头，还刮倒了一些大树和电线杆。

7月15日下午5时，东营市河口县日义和镇西南村遭受龙卷风袭击，20余人受伤，其中重伤3人，毁坏房屋100余间，倒塌院墙30余米，刮倒树木20余棵，农作物受灾面积300余亩。

7月17日17～19时泰安市王瓜店出现龙卷风，持续时间约10分钟，呈西南—东北向移动，影响范围5平方千米，最大风速10～12级。倒塌房屋1600余间，刮倒树木10万余棵，电线杆300根，倒伏玉米3.5万亩，200余亩大棚被毁，伤52人，死亡2人，砸死畜禽10万余头（只）。经济损失达800万元。

8月11日8时30分前后，日照市黄墩镇遭受龙卷风袭击，大风持续近20分钟，刮坏房屋275间，刮坏烟炉20座，倒折各种成材树木3250棵，刮坏经济树木7000余棵，刮倒各种农作物1420亩，砸断高压线4根，直接经济损失45万元。

1990年　5月6日零时至1时30分，平度市崔马、洪山2个乡镇的5个村庄遭龙卷风袭击，倒房19间，刮坏房屋2000多间、大棚93个，刮倒树3000棵、线杆25根，倒院墙800米，伤1人。

6月9日18时，德州地区齐河县的仁里集遭龙卷风袭击，有24户、120间民房被揭房顶，刮走小麦2万余千克，倒折树木190棵，伤3人。

7月13日，淄博市周村区萌山水库附近出现龙卷风，损坏房屋4059间，倒折树木3930棵，粮田受灾面积7600为亩，成灾850亩，伤2人，并造成其它损失。总经济损失达88万元。

8月13日下午4时12分，福山兜余镇蔡家夼村遭受龙卷风袭击，持续时间5分钟以上，全村37户的166间房屋被破坏，倒塌3间房屋和1个门楼，120间草、瓦房顶被席卷一空，1人受伤，大风还刮倒玉米100亩、大树20棵，袭击果园50亩，损坏苹果15万千克。刮断电线杆两根，全村通讯线路和照明线路中断。

1991年 7月18日下午2时40分至3时50分，潍坊市诸城、坊子、寒亭3区部分村庄和单位，遭龙卷风袭击，最大风力达12级以上，灾情较严重。对这次罕见的气象灾害，市气象局领导和有关同志进行实地调查，3区共有4个乡镇、11个村庄受灾，刮坏房屋3576间，刮坏厂房12个车间、1000平方米，倒树8048棵，倒电线杆63根，倒墙4277米，轻伤15人，重伤4人，部分农作物被刮倒，直接经济损失189.2万元。

1992年 5月22日，沂源县粟洼、回峪村遭受龙卷风袭击，损坏房屋188间，伤4人。直接经济损失达18万元；沂南县湖头、大王庄2个乡的7个村遭受龙卷风袭击，持续20分钟，农作物受灾118公顷，大王庄乡的高空灌溉渡槽被刮倒32处、1000余米，灾害造成的直接经济损失116万元。

6月30日，诸城市山东头、桃林、石门3个乡镇、43个村遭受严重的龙卷风和冰雹袭击，中心风力达10～12级，降雹持续半小时。农作物受灾面积2000公顷，倒折树木5万棵，2300间房屋被掀掉屋顶，刮倒院墙500米，砸死肉鸡300余只，伤5人。灾害造成直接经济损失600万元。

7月23日，冠县柳林、甘屯两个乡镇、20多个村遭龙卷风袭击，并挟带雨雹，持续13～15分钟，风力11级以上，雹粒大的如核桃，小的如玉米粒。直径40厘米的树木有的被连根拔起，有的拦腰折断，有的被拧成麻花状，倒折树木5万余棵；农作物受灾面积2030公顷，其中棉花1330公顷，玉米700公顷；一名妇女被砸死。

1993年 7月11日早晨5时，栖霞县杨础乡南部遭到龙卷风袭击。龙卷风将房屋上的瓦片刮走，造成房屋塌落；风至果园，幼果满地，有的果树连根拔起，卷出70多米；风到田地，套种玉米全部铺倒在地。据统计，果园受灾面积1810亩，玉米受灾面积1020亩，房屋损失150间，直接损失403万元。灾情发生后，杨础乡党委、政府十分重视，立即组织水利、民政、财政等有关部门，调查上报，并深入现场，组织群众抢修房屋，扶正玉米，减少灾害损失。

1994年 6月25日，潍坊市临朐县九山镇上、中、下3个城隍村遭龙卷风袭击，重灾52户，重伤8人，轻伤28人，毁坏房屋481间，毁坏直径3厘米以上树木10900棵，死亡猪29头、伤13头，毁坏大型家具、家电等260件，刮断高压线杆5根、高压线700米、低压线杆13根、低压线9900米，毁坏变压器2台、配电盘2台、校舍39间，损坏果园350亩，经济损失150多万元。

7月2～4日，无棣、临朐、青州、平阴、薛城、肥城、宁阳、东平、东阿、阳谷、沂水、沂南、莒南、微山、兖州、广饶、垦利、河口、临邑19县市区先后遭受龙卷风袭击。作物受灾面积7.85万公顷；倒塌房屋10498间，损坏房屋13286间，倒折树木43.66万棵、电线杆1183根；死亡3人，伤17人，直接经济损失1.4亿元。

8月23～24日，平度、胶州、即墨、莱西、五莲、莒县、高密7个县市遭受龙卷风和暴雨袭击，农作物受灾面积 8753 公顷，其中绝产面积 1333 公顷；刮倒、折断树木 2.2 万余棵，倒塌房屋 1035 间，直接经济损失 800 多万元。

10 月 3 日中午 12 时 30 分前后，胶州市营海镇前海庄、小海庄和大后旺等 4 个村遭到龙卷风袭击，风力达 12 级以上，持续时间 10 分钟，434 户、1640 人受灾，其中死亡 1 人，重伤 12 人，损坏房屋 4792 间，损失玉米 15 万千克、小麦 5 万千克、花生 6 万千克，刮断树木 3000 多棵、高压线杆 58 根，经济损失 1495 万元。同日，中午 12 时 50 分前后，胶南市隐珠镇郑家河岩村遭龙卷风袭击，龙卷风象一根顶天立地的黑柱子从隐珠镇闫家房子村后迳直朝东北方向的郑家河岩村滚滚而来，在十几秒钟内，将郑家河岩村东西大街以南 110 多户房屋上的瓦片等席卷一空，有两户村民的房屋倒塌，有一户村民放在院内囤子里的近 500 千克花生，连同囤子一起不翼而飞，3 人受重伤，十几人受轻伤，经济损失约几十万元。同日，下午 1 时 25 分，龙卷风冰雹袭击了黄岛区薛家岛镇瓦屋庄和西山子村，龙卷风持续了 5 分钟，造成 83 户居民和山里 3 个中小学受灾，损坏房屋 244 间，经济损失 45.1 万元。

1995 年　6 月 24 日下午 5 时 30～40 分，招远市宋家镇沟子村遭受龙卷风严重袭击，历时 10 分钟左右，中心风力达 11 级以上，这次龙卷风损失比较惨重，刮倒村办鸡场院墙 100 多米，损坏房屋 50 余间，其中鸡场损坏 32 间，民房损坏 22 间，倒塌民房 3 间，打伤 1 人，损坏窗玻璃 150 平方米，造成停电 10 余小时，果园受灾面积达 80 余亩，损失 3 成以上，减产 5 万余千克，总共经济损失达 35 万元以上。

7 月 10 日，苍山县庄坞、兴明等乡镇受龙卷风袭击，农作物受灾 3600 亩，倒塌房屋 1670 间，折坏树木 2 万棵，毁坏供电、邮电线路 8 条，死亡 1 人，直接经济损失 200 万元。

1996 年　5 月 19 日，寒亭区河滩镇 30 个村遭龙卷风和冰雹袭击，最大风力 10 级。毁坏大小拱棚 20 公顷，损坏房屋 30 间，击毁变压器 1 台。直接经济损失 120 万元。平度市明村镇和莱西市南岗、唐家庄、南墅等乡镇相继遭龙卷风和冰雹袭击，最大风力 10 级，雹粒直径 1～2 厘米，降雹持续 15 分钟，地面积雹厚度 10 厘米以上，平度市明村镇 1600 个蔬菜大棚不同程度地受损，其中全部被毁的大棚 1000 个，666 公顷黄烟和棉花受灾严重。直接经济损失 3000 万元。莱西市 2000 公顷小麦和蔬菜受灾严重，直接经济损失 300 余万元。

6 月 27 日，日照市东港区的奎山镇、五莲县的于里镇遭龙卷风袭击。刮坏房屋 2042 间，倒塌房屋 75 间，轻伤 32 人，重伤 2 人，财产、粮食损失约计 476.5 万元；园林、苹果、通讯线路、建材等损失折合 254 万元，总计经济损失 730.5 万元。

1997 年　8 月 22 日，宁阳县南驿镇遭受龙卷风袭击，最大风力达 10 级以上，历时 10 多分钟，受灾面积近万亩，受灾人口 1.3 万。其中河洼、赵家坝、前石、后石、贺庄 5 个村受灾严重，直接经济损失达 400 多万元。共刮倒、刮断树木 1100 多棵，毁坏果园 386 亩，落果 50%以上，毁坏房屋 300 多间，刮断低压线路 500 多米，毁坏变电室两座；造成玉米绝产 1500 余亩，受灾严重的农户 736 户。灾情发生后，县委、县政府分别深入灾区指挥抗灾，并到重灾户进行走访慰问。

1998年 8月4日淄博市桓台县耿桥乡、邢家乡、起凤镇、临淄区高阳镇出现龙卷风灾害，最大风力12级。农作物受灾面积19万亩，绝产5.4万亩；倒塌窑厂20处，倒塌房屋850间，8000间房屋被揭瓦，倒塌院墙3000米；刮倒电线杆880根，其中高压线杆（架）8根，刮倒50万伏输电线铁架1个；损坏机井765眼，损坏蔬菜大棚70个，倒折树木4.35万棵；因灾死亡3人，重伤20人，轻伤30人。总经济损失8500万元。

8月4日晚19时25～40分，莱西市孙受镇的郭家庄、葛埠、展家埠、朱家庄、兴旺埠5个村庄受到了龙卷风的袭击，风力达10～12级。龙卷风是在孙受镇发生，经郭家庄（西南）到展家庄（东北）消失。龙卷风造成倒塌房屋520间，损坏门窗700多个，刮倒树木1000多棵，倒伏玉米1500亩、其它农作物300多亩，减产7成，损坏电力线路730米，损坏塑料大棚5个。经济损失1055万元。

2000年 8月15日15时30分前后，寿光市侯镇遭受风力10级的龙卷风袭击，房屋、树木、电线杆、经济作物等受灾较为严重。据统计，损坏房屋115间，毁坏果园5600亩，落果率达70%左右，刮倒、折断树木550棵。直接经济损失800万元。

第八章　雷电灾害

第一节　概　　述

雷电是大气中的放电现象。它产生于强烈发展的积雨云中，由于对流，积雨云中的小水滴不断碰撞分裂，产生正负电荷并各自不断大量聚积，若云与云之间或云与大地之间的电位差达一定程度，即发生猛烈的放电现象——产生闪电和雷声。强烈的雷电有时会毁坏建筑物和击毙人畜，给人们的生命和财产带来危害，造成雷电灾害。

一、雷电灾害的危害特征

自古以来，山东就存在雷电灾害，且往往伴随大风、冰雹、暴雨灾害而发生。据《山东省志》记载：清 同治四年（公元 1865 年）正月，费县雨雪，雷甚厉，人畜有震死者。早在清朝就有因雷电而引发的火灾记录：据《掖县县志》，清 乾隆二十一年（公元 1756 年）五月八日，大雷电雨雹，雷火焚城头文昌阁。随着社会的发展，各种现代化物质设施越来越丰富，雷电灾害造成的损失也越来越突出。据 1949—2000 年的灾情资料表明，因雷电伤人或死人的现象几乎每年都发生，而因雷击引发火灾的事故也时有发生。例如 1989 年 8 月 12 日，青岛油库遭雷击引起了特大火灾。当时整个油库一片火海，出动消防车 147 辆，抢险干警 2200 人，全国各地共支援了 153 吨干粉及泡沫灭火剂。这场大火共燃烧了 97 个小时才被扑灭，大火烧掉原油 3 万吨，整个油库毁坏殆尽，变成一片废墟。在救火中 14 名消防队员牺牲，66 人受伤，5 名油库职工牺牲，12 人受伤，这次雷击事件的直接经济损失达亿元以上。一数据中心集全体技术人员历时 3 年的研究成果和宝贵数据也因一次雷灾而化为乌有，造成的间接损失无法估算。80 年代以后，雷电灾害出现新的特点，这主要是因为一些高大建筑的兴起，如高层智能大厦，微波站、天线塔等都会吸引落雷，从而使本身所在建筑及附近建筑遭到破坏。增设的各种架空长导线可以引雷入室，使避雷装置失去作用。另外，随着微电子技术高度发展及广泛应用到各个领域，雷害对象也发生了转移，从对建筑物本身的损害转移到对室内的电器、电子设备的损害，以至发生人身伤亡事故。随之防雷对象也由强电转移到弱电，雷电产生的电磁感应已成为主要危害。

200 多年前，富兰克林发明避雷针以后，建筑物等设施已得到了一定的保护。但是随着近代高科技的发展，城市高层建筑大量增加，各种现代化信息网络建立，尤其是微电子技术的高速发展，雷电灾害越来越频繁，损失也越来越大，原先的避雷针已无法完全保护建筑物、人和电器设备。握着电话话筒或进行移动通信时而遭受雷击致死的事件时有发生，原先许多从来不发生雷电灾害的行业和部门也频频受害。

二、雷电灾害发生的天气气候条件

雷电是发生在雷雨云（积雨云）中的电学现象，是在有强对流天气条件下产生的，多伴随大风、暴雨、冰雹天气出现。形成雷暴的积雨云高耸浓密，云顶常有大量冰晶，云内垂直方向的热力对流发展旺盛，不断发生起电和放电（闪电）现象，在放电过程中，闪电通道上的空气温度骤升，空气中水滴汽化膨胀，甚至还有电离现象产生，短时间内空气迅速膨胀，从而产生了冲击波，导致强烈的雷鸣（打雷）。由于雷雨云的云底是带电荷的，这种电荷能使地面发生感应，并产生与云底的电性质不同的电荷，即："感应电荷"，使云底与地面之间形成“闪道”。众所周知，电荷是同性相斥异性相吸。感应电荷在小范围的地面是同一性质，相互排斥的，其结果将使电荷移到地面弯曲得最厉害的地方去，致使高耸地面的物体上部感应电荷最多最密，对雷雨云底部不同性质电荷的吸引力也最强。当电荷积累和其它条件（如突出的建筑物、孤立的烟筒和旷地上的人等等）具备时，就会发生闪电击地，即雷击，造成雷电灾害。因此，当雷电天气出现时，地面高耸突出的物体最容易遭雷击。雷电放电主要有两类。一类放电是在云中进行的，叫做云间放电，对线路影响不大；另一类是雷云积聚大量电荷，通过击穿云块和大地之间的空气绝缘，把电荷泄放入地称为对地雷击或落地雷。这种雷击，有的放电一次之后，还沿着原通道有第二次以至其它的电荷中心重复放电几次，成为多重雷击。雷电发生时，不仅会影响飞机、导弹等的安全飞行，干扰无线电通讯，而且会击毁建筑物、输电、通讯线路、电气机车等，在某些情况下，甚至还会通过受击的线路，危及线路终端的设备和人身安全，甚至引发火灾。

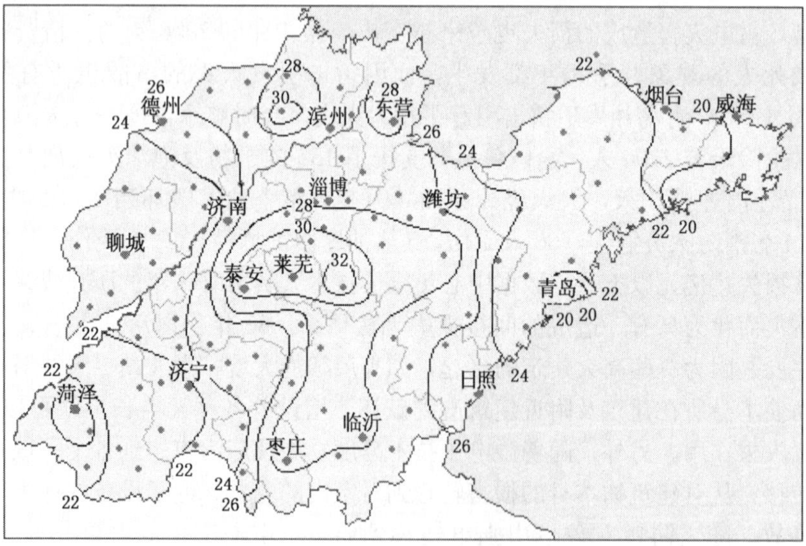

图 8.1　山东年平均雷暴日数分布图（1971—2000 年）

山东省特殊的地理条件决定了雷电出现的地理分布特点：山区多于平原，鲁中、鲁北地区多于鲁西南地区及胶东半岛地区。根据 1971—2000 年 30 年的资料统计，全省年平均雷暴日数在15～32天之间。鲁中山区和鲁北是全省最容易出现雷暴的地区，年平均雷暴日数多数在27～32天，最多的是沂源，为32天；半岛的东部沿海地区为雷暴较少出现的区域，雷暴日数一般在20天以下，最少的是石岛，只有15.8天，其次是成山头，为16.1天；其它地区多在22～26天之间变化。每年都有因雷击造成财产损失和人员伤亡的事故发生。雷电灾害主要发生在夏季，春秋季也有发生，冬季很少出现雷电灾害。

第二节　公元1367—1839年雷电灾害

元　至正二十七（公元1367年）　夏五月，益都大雷雨雹。

明　正德十三年（公元1518年）　六月间，黑风自西北来，过邑城西北，云雾迅合，雷雨晦暝，屋瓦皆飞，扬沙簸石，大木尽拔，有二龙戏河上，承水为之断流，剥毁居庐，死人畜以数百计，禾稼无论矣（峄县志）。

明　嘉靖三十九年（公元1560年）　淄川：九月连日雷震、雨，岁乃不登。

明　隆庆二年（公元1568年）　春正月十五日，诸城大雨雹。雷电起自西北，冰雹大作。金乡：三月大雷雨，坏庐舍无算。

明　天启五年（公元1625年）　四月五日，西北黑气如靛，震雷、狂风，发屋、拔木、昼晦（济南府志、长山县志）。

明　崇祯三年（公元1630年）　滕县：九月大雷电。

明　崇祯六年（公元1633年）　除夜，郓城雷雨电雹。

明　崇祯七年（公元1634年）　昌乐：春正月朔雷雪。

明　崇祯十三年（公元1640年）　无棣，春正月雷击，大雨雪。济阳：闰正月雷电大作，雨雪盈天。历城：闰正月朔雷电，雨雪盈尺。

明　崇祯十六年（公元1643年）　济阳：正月初二日日赤光，又雨相溢，除夕，雷雨大作。乐陵，三月大雨，冬十二月雷雨大作。

清　顺治元年（公元1644年）　丘县：正月初一雷，是年大旱，赤地无禾。

清　顺治四年（公元1647年）　金乡：正月朔日雷震，秋河决金龙，大水。

清　顺治八年（公元 1651 年）　夏五月，武定州风雷暴作，木尽拔，飞瓦走石。

清　顺治十年（公元 1653 年）　夏五月八日夜，馆陶大风雨雷电，拔树，孔庙柏树拔二株。

清　康熙八年（公元 1669 年）　五月二十九日，宁阳，自泗高村至香泗村大雨雹，烈风迅雷，拔木揠禾。

清　康熙九年（公元 1670 年）　滕县腊雷，大雪堕指，道有僵死者。

清　康熙二十四年（公元 1685 年）　莒县：春正月初七夜雷雨大作，三月二十二日大水。

清　康熙三十三年（公元 1694 年）　正月十四日夜半，大雷雨。掖县树冰如介。

清　康熙四十八年（公元 1709 年）　邹县：正月迅雷，秋淫雨连绵，邹县西南一带尽成泽国。

清　康熙五十二年（公元 1713 年）　十一月八日，烈风迅雷，雨雹（掖县志）。

清　康熙五十三年（公元 1714 年）　福山：十二月朔大雷雨，河水俱涨。

清　康熙五十五年（公元 1716 年）　福山、莱阳、牟平：七月五日雷雨大作，溪河横溢，大木俱拔。宁海州：七月五日各属雷雨大作，溪流横溢，大木俱拔。栖霞：七月五日雷雨大作，溪流横溢，大木俱废。黄县：七月五日雷雨大作，溪水流大，木俱拔。

清　康熙五十七年（公元 1718 年）　七月五日，招远雷雨大作，溪流横溢，大木俱拔。

清　乾隆十一年（公元 1746 年）　高密县：淫雨连日，田禾尽没，十月雷。

清　乾隆十二年（公元 1747 年）　福山、栖霞、文登：五月旱，六月又雷雨余日。

清　乾隆二十年（公元 1755 年）　金乡：正月雷电大雪，秋大水赈饥。兖州：正月雷电。

清　乾隆二十一年（公元 1756 年）　五月八日，大雷电雨雹，雷火焚城头文昌阁（掖县县志）。

清　乾隆五十三年（公元 1788 年）　胶县：夏六月初九日大雷雨，河水涨，没庐舍，溺死多人。

清　乾隆五十四年（公元 1789 年）　胶县：夏秋淫雨害稼，连绵近六十日，冬十二月十一日雪后雷电。

清　嘉庆十三年（公元 1808 年）　十月五日，午刻，掖县，雷鸣雨雹。

清　嘉庆十七年（公元 1812 年）　郓城，自二月二十三日雨雷，至八月初一日始雨，是年岁大荒。

清　嘉庆十九年（公元 1814 年）　滕县：微湖涸，十二月七日雨雪而雷。

清　道光十三年（公元 1833 年）　夏四月，历城、齐河风雷，雨雹，大者重数斤。

清　道光十五年（公元 1835 年）　三月十七日午时，郓城、濮州、寿张大风雨雹，伤麦。六月六日，天大雷电，雨雹禾尽伤。

第三节　公元 1840—1948 年雷电灾害

清　道光二十六年（公元 1846 年）　五月，新城风灾。五月二十日申刻，大雷电，暴风，拔虫埠石坊，掀吴家辛庄楼房（昌邑县志）。

清　道光二十七年（公元 1847 年）　二月二十五日辰时，定陶红风起髣山后，杂黑旋风三，扑往西南，掀房、拔木无胜数，至午大雷雨，冰雹如鸡卵；十月十三日，昌邑雷雹、雨雹。

清　道光三十年（公元 1850 年）　三月十七日申时，巨野雷电雨雹；十二月十七日，寿张雷电雨雹。

清　咸丰元年（公元 1851 年）　费县：二月雷雹雨雪，花大如盘，平地深四尺，树枝压折。峄县（枣庄）：春二月已亥，雷电大雪。夏六月，莱阳大雷、雨、风，树禾尽偃。秋，雷雨交加害稼，黄河在丰县丰北及砀山县盘龙集决口，冲入昭阳、微山等湖，鱼台、金乡、济宁、巨野、茌平、临清等州县受灾。

清　咸丰五年（公元 1855 年）　莒县：春正月二十九日夜迅雷，大风雪。济阳：正月十九日雷电。

清　咸丰九年（公元 1859 年）　高密：春大雪，雷电。

清　咸丰十一年（公元 1861 年）　夏四月九日，陵县黑风迅雷雨雹，十二、十三两日又雨雹。

清　同治三年（公元 1864 年）　临朐：春正月乙卯雷，大雪。

清　同治四年（公元 1865 年）　费县：正月雨雪，雷甚厉，人畜有震死者。巨野：正月十三日雷电交作，杂以雪雹。临沂：春正月十三日夜大雷，风雪竞夜。临朐：九月雷，雨雹。

清　同治五年（公元 1866 年）　日照：六月初一夜大雨震雷，地水涌丈余。

清　同治七年（公元 1868 年）　济宁：春正月雷震，大雪淹麦。

清　同治九年（公元 1870 年）　长清：正月十五日雷声震耳，春无雨。

清　光绪三年（公元 1877 年）　四月，城东烈风，雷雨旋降雹，大如卵，积深二寸许，麦禾、春禾俱伤（定陶县志）。

清　光绪八年（公元 1882 年）　济阳：正月初三日夜雷大震。

清　光绪二十四年（公元 1898 年）　寿光：夏四月雷震。

清　光绪三十四年（公元 1908 年）　博山：除夕雷雨。

清　宣统三年（公元 1911 年）　莱芜，元旦大雨滂沱雷鸣。临清、清平，冬十月雷电以雨。

民国十一年（公元 1922 年）　五月，雷电、大风发屋拔木，暴风伤麦。

第四节　公元 1949—2000 年雷电灾害

1949 年　蒙阴县阚庄遭雷击，死亡 1 男人。6 月中旬，临朐县寺头公社遭雷击，击死 1 人。6 月 20 日，章丘县朵庄公社遭雷击，死亡 1 人。

8 月，文登米山公社洋火人队、9 月，文登米山公社西铺头分别遭受雷击，死亡 1 人。

1950 年　微山县南阳大队，雷击死 4 头牛，击伤 1 人。蒙阴县西住佛遭雷击，死亡 1 人，伤 1 人。泰安县省庆公社遭雷击，伤 1 人；道朗公社遭雷击，死亡 3 人。栖霞县藏家庄公社遭雷击，击死 1 人，击伤 2 人。

6 月，东明县刘楼公社李官营大队有 1 人被雷击死。寿光县羊角沟遭雷击，死亡 1 人。6 月中旬，临朐县杨善公社出现雷击，击昏 1 人。

7 月 9 日，文登依家荒、简山公社东高格村遭受雷电袭击，其中依家荒大队有 1 人被击死亡。7 月，平度县兰底公社遭雷击，死亡 1 人。泗水县全庄公社苍上遭雷击，死亡 1 人。

1951 年　临沂县独树头公社遭雷击，死亡 1 人。

4 月，莱阳泉水公社车古城村被雷电击死 1 人。

夏，兖州县黄屯遭雷击，死亡 1 人。

6 月上旬，临朐县龙岗公社遭雷击，击昏 1 人。8 月，兖州县王因公社遭雷击，死亡 2 人，伤 1 人；红星公社遭雷击，死亡 1 小孩；文登初村公社佃里院村遭受雷电袭击，许多树木被打死。

1952 年　蒙阴县四马寨山遭雷击，死亡 1 人。临沂县苍山公社孙沟遭雷击，死亡 3 人；重沟公社遭雷击，死亡 1 人；洪瑞公社赵庄、东湖遭雷击，死亡 1 人。招远县遭雷击，击死耕地的农民。栖霞县苏家店公社遭雷击，伤耕牛 6 头。

5 月，临朐县龙岗公社遭雷击，击死 1 人。

6 月，胶县墨河宋家村遭雷击，死亡 1 人。寿光县丰城公社遭雷击，击死 1 人。6 月下旬，临朐县七贤公社遭雷击，击死 1 头牛。

6 月（农历），临清县遭雷击，石集有 1 人被击死。

7 月，胶县和平遭雷击，死亡 2 人；胶莱公社北店子遭雷击，死亡 2 人。蒙阴县石崖渣遭雷击，伤 1 人。9 月 3 日，莒南县大心后遭雷击，死亡 1 人。7 月下旬，临沂县朱隆公社遭雷击，死亡 1 人。

1953 年　栖霞县铁口公社遭雷击，击昏 1 人。蒙阴县莫庄遭雷击，死亡 1 人。

4 月，蒙阴县下薛家峪发生雷击，死亡 1 人。

6 月，平度县新河公社遭雷击，死亡 1 人。泰安县夏张公社遭雷击，死亡 4 人。招远县毕郭公社遭雷击，死亡 1 人。6 月 4 日，莒南县石湖泉遭雷击，死 2 头牛。6 月下旬，博兴县曹王公社东鲁大队出现雷击，烧死耕牛 3 头。

7 月，招远县毕郭公社遭雷击，死亡 1 人。平度县古岘公社遭雷击，死亡 1 人。文登di公社鹜山大队北坡遭雷电袭击，死亡 1 人，击昏 1 人。8 月，临邑县赵家公社遭雷击，死亡 1 人。阳谷县定水镇公社遭雷击，死亡 1 人。7 月 11 日，兖州县红星公社遭雷击，死亡 2 名小孩。7 月下旬，阳谷县闫楼公社谷岩寨遭雷击，死亡 1 名小孩。

1954 年　5 月 28～31 日，淄博遭雷击，死亡 1 人，伤 3 人。5 月 29 日，牟平县象岛公社遭雷击，击死 1 人。

7月，胶县沽河魏家屯，雷电击死2人。即墨县长直小北岭，雷击死亡1人。7月上旬，临朐县杨家河公社出现雷击，击死1头牛。7月中旬，宁阳县鹤山公社遭雷击，死亡1人。寿光县道口公社遭雷击，死亡1人。7月25日，东明县陆圈公社被雷电击死2人。

8月下旬，临朐县大关公社遭雷击，死亡1人。

1955年 栖霞县遭雷击，杨础公社死亡1人，柞岗头大队死亡1人，死1头牛。章丘县刁镇公社遭雷击，击死牛1头。莱西武备，雷击死亡1人。

4月下旬，寿光县道口公社遭雷击，死亡1人。

5月20日，牟平县高陵公社遭雷击，死亡1人。

6月，牟平县城关公社遭雷击，击伤1人。平度县灰卜公社遭雷击，死亡1人。微山县付村遭雷击，死亡1人。7月5日，泰安县下港公社遭雷击，死亡2人。

7月，即墨长直公社随家疃，雷电击死1人。原青岛王家庄盐场1职工，在一次降雷阵雨时，肩扛铁锨回宿舍途中，被雷击死亡。泰安县道朗公社遭雷击，伤1人。微山县韩庄，雷击死亡3人。

8月，即墨兰村，雷击死亡1人。8月中旬，莒南县南铁牛庙，雷电击死1名小孩。

1956年 夏，兖州县泗庄发生雷击，死亡1人。临沂县王桥公社遭雷击，死亡1人。栖霞县铁口公社遭雷击，击死1人。章丘县埠村公社，雷电击死1人，伤1人。蒙阴县东儒来村雷击，死亡1人，伤1人。

5月，莱西县姜山宫家泽口发生雷击，死亡1人，伤2人。嘉祥县雷击，死亡1人，伤2人。5月下旬，临朐县冶源公社遭雷击，击死1头牛，辛寨公社遭雷击，击昏4人。5月下旬和7月下旬，高密县雷击，共击死2人。

6月，兖州县泗庄遭雷击，死亡1人。6月下旬，高密县河崖公社遭雷击，死亡3人。

7月，蒙阴县台上东南200米处雷击，死亡1人；寿光县道口公社遭雷击，死亡1人；田马公社遭雷击，震昏数人。平度县旧店公社遭雷击，死亡1人，死2头牛。武城县张官寺公社一家人正在吃午饭，雷电击死3人、伤2人。7月10日，海阳县留格养猪场有20多头猪被雷电击死。7月18日，莒县城阳公社，雷电击死牛1头、震倒4人。7月中旬，临朐县龙岗公社遭雷击，击昏1人。7月22日，菏泽的小安山油坊遭雷击，死亡1人。7月23～24日，胶县艾山山相家，雷电击死2人，胶莱公社中王珠，雷电击死1人。

8月，寿光县田马公社遭雷击，死亡1人，伤1人。8月21日，莒南县朱芦河西遭雷击，伤1人。

1957年 临沂县岔河公社刘家树遭雷击，死亡2人；俄庄公社俄庄雷击，死亡1人；王桥公社遭雷击，死亡1人；洪瑞公社郭家湾遭雷击，死牛1头。栖霞县遭雷击，大柳家公社死亡1人，藏家庄公社死亡1人。莱西县河头店小里庄遭雷击，死亡1人，伤1人。

5月上旬，莒南县东书院发生雷击，死亡1人。

6月，苍山宫家泽口，雷电击死1人。微山县新庄，雷击死亡1人。蒙阴县官庄发生雷击，死亡1人。6月中旬，临沂县四山公社遭雷击，死亡1人。6月底，泰安县道朗公社遭雷击，死亡1人。

7月，曲阜县陵城公社遭雷击，击死1人；沙土公社遭雷击，死亡1人，伤3人。兖州县小孟遭雷击，死亡1人。微山县韩庄遭雷击，死亡1人。7月1日，文登公东马格、天杨山北风口、7月文登鹜山公社店子、8月文登鹜山公社小观大队、黄石顶大队被雷电袭击，共有3人被击中，2人被击伤。7月上旬，莒南县东书院遭雷击，死亡1人。7月13日，莒南县历家寨发生雷击，伤5人。7月15日，嘉祥县遭雷击，死亡1人，重伤2人。7月下旬，泗水县三中遭雷击，死亡1人。临沂县朱隆公社涧头遭雷击，死亡1人。高密县双羊公社遭雷击，死亡2人。

8月，兖州遭雷击，死亡2人，伤1人；道沟发生雷击，死亡1人，伤1人。

1958年　莱西河头店里庄，雷电击死4人，伤10人。栖霞县苏家店公社遭雷击，击死1人。蒙阴县翻庄沟里发生雷击，死亡1人。

6月，胶县营海，雷电击死5人。6月14日，栖霞县苏家店公社遭雷击，击死1人。6月21日，牟平县姜格庄公社遭雷击，击死1人。6月下旬，寿光县岌台公社遭雷击，死亡3人。高密县大牟家公社大迟家村遭雷击，死亡10余人。菏泽拳舍甫公社遭雷击，死亡1人、牛2头。

7月，平度县昌里公社遭雷击，死亡1人。胶县艾山遭雷击，死亡2人。兖州县大安遭雷击，死亡2人。泰安县夏张公社遭雷击，死亡1人。微山县韩庄遭雷击，死亡1人。莱西院上遭雷击，死亡2人。7月上旬，临沂县朱隆公社西磊石遭雷击，死亡1人、牛2头。莒南县遭雷击，死亡1人。7月下旬，莒县龙山公社遭雷击，死牛4头。

8月，胶县马店遭雷击，死亡1人。齐河泮店中学东雷电击死2人，伤7人。8月上旬，莒南县遭雷击，太坊前震伤1人，高家柳沟死亡1人。8月22日，栖霞县寨里公社自佛院大队雷击，死亡1人，伤1人，死驴1头。

1959年　临沂县遭雷击，岔河公社桥坊前死亡2人；洪瑞公社桥坊前死亡1人；城关北门死亡2人。栖霞县遭雷击，苏家店公社死亡1人；桃村公社死亡1人。

5月，平度县古岘公社遭雷击，死亡1人。栖霞县苏家店公社遭雷击，击昏1人。5月中旬，嘉祥县发生雷击，击死1人。

6月，牟平县遭雷击，莒格庄公社死亡4人，伤1人；解家庄公社死亡1人。临沂县太平公社白塔遭雷击，死亡1人。6月上旬，临朐县冶源公社雷击3人，其中1人死亡；杨善公社雷击3人；城关公社遭雷击，击死1人。6月23日，临朐县冶源公社遭雷击，死亡1人，死牛10头。6月24日，莒南县东书院遭雷击，死亡1人，伤1人。6月下旬，宁阳县东述公社遭雷击，村内击死1人。临朐县寺头公社遭雷击，击死1人。

农历6月，东明马头公社南门外有1人被雷电击死。

7月，平度县遭雷击，马戈庄公社死3人，伤4人；张舍公社死亡1人。莱西县南墅北墅石墨矿，雷电击死1人，伤8人；夏格庄雷电击死1人。牟平县姜格庄公社遭雷击，击死1人。海阳县雷电击死2人，烧伤3人。莱阳城厢公社3名学生被雷电击伤。泗水县遭雷击，死亡1人。泰安县满庄公社遭雷击，死亡1人。嘉祥县发生雷击，死亡1人。7月上旬，宁阳县蒋集公社张家龙泉遭雷击，击死1人。寿光县北洛公社遭雷击，死亡1人。莒南县由峰村遭雷击，死1头牛。临朐县冶源水库大坝遭雷击，击死2人；蒋峪公社遭雷击，死 2 头牛；柳山公社遭雷击，电话总机烧坏，话务员被震昏，柳山铁木厂和小学也同时击伤几人。7 月中旬，临沂县付庄公社西三冲遭雷击，死亡 1 人；塘崖公社朱陈遭雷击，死亡 1 人。莒南县西埠上遭雷击，死亡 1 人。7 月 21 日，莒南县历家寨遭雷击，死亡 1 人。

10 月，寿光县羊口卫东盐场遭雷击，击毁烟囱，砸死 1 人。

1960 年 平原县芦场公社遭雷击，电死 3 人，电线被烧断。

4 月，泰安县西住公社遭雷击，死亡 2 人。

5 月，寿光县上口公社遭雷击，死亡 2 人。泗水县西曲素遭雷击，死亡 1 人。临清县遭雷击，相存庄窝棚被击毁，击死 3 人；石集，死亡 1 人。栖霞县寨里公社西山庄大队遭雷击，击昏 3 人。章丘县文祖公社遭雷击，死亡 5 个小孩。

6 月，即墨县小官岛，雷电击死 1 人。胶县营海大洛戈庄，雷电击死 4 人；沽河前石龙死亡 1 人。胶南县王台镇前二沟村，雷电击死 1 人。寿光县纪台公社遭雷击，死亡 2 人，震昏 1 人。临沂县茶山公社崖头遭雷击，死亡 1 人；李官公社遭雷击，死亡 1 人；王桥公社遭雷击，击死牛 1 头。6 月 7 日，嘉祥县遭雷击，死亡 1 人。6 月下旬，泗水县城关公社遭雷击，死亡 1 人，击昏 1 人。莒南县王家坊前，雷电击伤 1 人。胶县营海公社，雷电击死 4 人。6 月 29 日，蒙阴县河东，雷电击死 1 人。

农历 6 月，东明向阳公社牛口大队 1 人被雷电击死，长兴集公社新庄村雷电击死 1 人。

7 月，平度县张戈庄公社 2 次遭雷击，共死亡 2 人。寿光县五台公社遭雷击，死亡 2 人。栖霞县庙后公社遭雷击，击死 1 人。文登县大水泊公社、天杨山公社遭受雷电袭击，死亡 1 人。阳谷县金斗营公社在金堤上被雷电击死 1 人。

8 月，微山县驭城，雷电击死 3 人。8 月下旬，莒南县石泉湖遭雷击，死 8 头牛。

9 月，寿光县留吕公社遭雷击，死亡 1 人。

1961 年 夏，兖州县大安发生雷击，死亡 1 人。临沂县遭雷击，茶山公社孙沟死亡 1 人，崖头死亡 1 人。临清县遭雷击，刘集死亡 3 人，南丁庄死亡 1 人。

3 月 29 日，临朐县尧山公社遭雷击，击死 1 人。

5 月 30 日，寿光县侯镇公社遭雷击，死亡 1 人、牛 1 头。

6 月，牟平县武宁公社遭雷击，击死 2 人。寿光县道口公社遭雷击，死亡 1 人。莱阳照王庄公社后照王庄有 1 名妇女被击死。6 月上旬，临朐县冶源公社遭雷击，击伤 5 人，其中死亡 1 人；鹿皋公社遭雷击，死亡 1 人。6 月下旬，泗水县三中遭雷击，死 1 个学生。

7 月，平度县中庄公社遭雷击，死亡 1 人。胶县城南卧龙庄，雷电击死 1 人。齐河县遭雷击，孟庄 1 个妇女看瓜，被雷电击死。兖州县新驿发生雷击，死亡 1 人。临沂县城关电厂附近遭雷击，死亡 2 人。临邑县田口公社遭雷击，死亡 2 人；双丰公社遭雷击，死亡 1 人。栖霞县官里公社遭雷击，击死 2 头牛。莱阳中荆公社东大格庄雷电击死 1 人。微山县南阳大队，雷电击死 1 小孩。7 月 22 日，临邑县田口公社遭雷击，死亡 5 人。栖霞县寺口公社遭雷击，击死 1 人。25 日，栖霞县松山公社宋元沟大队雷击，死亡 1 人。菏泽的韩岗公社莱庄洼 10 人遭雷击，5 人被救活，5 人死亡；嘉庄雷电击死 1 人。28 日，菏泽的梁山县钢铁厂遭受雷击，击死 2 人，击昏 2 人。

8 月，平度县城关公社遭雷击，死亡 1 人、驴 5 头。泰安县祝阳公社遭雷击，死亡 1 人。阳谷县寿张公社在金堤上被雷电击死 1 人。8 月 2 日，曹县刘六庄，雷电击死 3 人、击伤 1 人。8 月上旬，高密县夏庄公社遭雷击，死亡 1 人。8 月 11 日，临邑县城关公社遭雷击，死亡 1 人，伤 2 人。8 月 21 日，菏泽县徐集公社遭雷击，死亡 1 人，

9 月，兖州县泗庄遭雷击，死亡 1 人。

1962 年　临沂县岔河公社谢宅，雷电击死 1 人；王桥公社，雷电击昏 1 人；独树头公社独四大队，雷电击死 1 人。泗水县三中，雷电击死 1 人。栖霞县庙后公社遭雷击，伤 1 人；桃村公社遭雷击，击死 2 人；蛇窝公社遭雷击，击死 1 人。

4 月，平度县三合山公社遭雷击，死 2 头牛；蚌桃公社遭雷击，死亡 1 人。

5 月，平度县兰底公社遭雷击伤 1 人。临朐县冶源公社遭雷击，死亡 1 人。5 月下旬文登县泽头卜子杨大队、6 月西字大队、7 月口子公社、7 月中旬候家山前、7 月下旬南厂大队 、9 月大水泊遭受雷电袭击，有 2 人被击死亡。

6 月，胶县营海撇车沟雷电击死 1 人。莱西县发生雷击，南墅农家院死亡 1 人，李权庄伤 1 人。临沂县汤头公社王湖遭雷击，死亡 1 人。微山县昭阳大队雷电击死 3 人；留庄东雷电击死 1 人。6 月 5 日，莒南县街町遭雷击，死亡 1 人。6 月下旬，寿光县羊口盐场实验滩遭雷击，击毁风车，砸倒房屋，死亡 3 人。泗水县，雷电击死 1 人，伤 1 人。

7 月，宁阳县华米公社爵山庄遭雷击，击死 1 人；蒋集公社搬倒井遭雷击，击死 1 人。牟平县武宁公社遭雷击，击死 1 人。栖霞县杨础公社遭雷击，击死 1 人。招远县常山公社遭雷击，击死 1 人。莱阳石河头公社石河头大队遭受雷电袭击，其中 1 人触电，腿被烧伤。齐河县遭雷击，蚊台大队死亡 1 人；冯听大队死亡 1 人，伤 2 人；东营大队一个饲养员在牲口棚中被雷电击死。兖州县道沟遭雷击，死亡 1 人。巨野县姜庄一雷击中油坊，死亡 3 人，在万福河上捕鱼的人被击死 3 人。泗水县西故安遭雷击，死亡 2 人。胶县马店小后屯，雷电击伤 1 人，墨河聂庄雷电击伤 2 人。即墨兰村南张院雷击死亡 2 人。7 月 20 日，菏泽曹县土山集西门外雷电击坏马车 1 辆，击死 1 人、1 马，击坏大豆 15 亩。7 月下旬，临朐县杨善公社遭雷击，死亡 1 人；鹿皋公社的李家园村遭雷击，击死牛 10 头。

8 月 23 日，在青岛市四方区北山上，因雷击将避雨的 4 人击死。蒙阴县西住佛雷击死亡 1 人。

1963 年　临沂县王桥公社遭雷击，死亡 1 人；独树头公社巩村雷电击死 1 人。栖霞县小庄公社办公室附近遭雷击，死亡 1 人；苏家店公社遭雷击，击死 1 人；唐家泊公社遭雷击，击伤 1 人、2 头骡子；藏家庄公社遭雷击，击死 1 人。泰安县邱家站公社遭雷击，死亡 1 人。蒙阴县马家良村遭雷击，死亡 1 人；田家庄遭雷击，死亡 1 人。

4 月 10 日，临清县遭雷击，肖寨面粉厂房顶被击坏，伤 1 人；粟官屯遭雷击，伤 1 人。

5 月，胶县墨河尹家店雷电击死 1 人。

夏，兖州县小孟遭雷击，击昏 1 人，死亡 1 人。

6月，曲阜县遭雷击，张曲大队击死2人。牟平县刘家夼公社遭雷击，击死1人。招远县毕郭公社遭雷击，击死1人。微山县南阳，雷击死亡1人。6月5日，临沂县遭雷击，苍山公社东哨死亡1人，齐楼死亡2人。6月中旬，临沂县白庄公社遭雷击，死亡1人。夏津县遭雷击，场院屋内击死3人。6月下旬，嘉祥县遭雷击，死亡3人，伤多人。

农历6月底，东明张营占村1名妇女被雷电击死。

7月，平度县昌里公社遭雷击，死亡1人。胶县河平汪家庄，雷电击死1人。即墨县全口刘家周疃雷击死亡1人，兰村雷击死亡1人。招远县毕郭公社遭雷击，死亡1人。宁阳县东庄公社领山遭雷击，死亡5人。临沂县苍山公社遭雷击，死亡1人。莱阳县禄格庄公社金岗口村雷击死亡2人，击昏3人，羊郡公社南羊郡雷电击死2人。7月中旬，临沂县白庄公社遭雷击，死亡1人，伤1人。塘崖公社常旺遭雷击，死亡1人。7月下旬，莒县雷击死牛3头。

8月，兖州县泗庄遭雷击，死亡1人。8月1日，临清县遭雷击，杨存庄东田庄北，击死2人和1头牛。8月下旬，阳谷县周庄大队雷电击死1人。

9月，即墨县普东洪沟雷击死亡1人。

1964年 平原县张平府公社遭雷击，伤2人、伤牲口2头，大树被击倒2棵；苏集公社遭雷击，1人被电死。泗水县苍上遭雷击，死亡1人。临清县遭雷击，六里长屯死亡1人；留李庄击死、击伤几人。夏津县金庄打麦场雷电击中6人，其中死亡3～4人；院屋雷电击死3人。栖霞县蛇窝公社遭雷击，击死1人。蒙阴县宋家庄遭雷击，死亡1人。

4月下旬，莒南县略庄遭雷击，死亡1人。

5月4日，莱阳谭格庄公社河南村遭雷击，在村北花生地击伤2人。

夏，兖州县小孟遭雷击，死亡1人。

6月，胶县联屯李家庄，雷电击死1人。胶南县灵山镇大沙口，雷电击死1人。蒙阴县响水庄遭雷击，伤1人。莱阳泉水公社姜家泊村雷电击死1人、击坏树1棵；高格庄村雷击死亡1人、击坏树2棵、击死1只鸡、1头猪，损坏烟囱1个；东朱臬村雷电击死1人、击死牛1头，约50人被击昏。6月8日，临朐县白塔公社遭雷击，死2头牛；辛寨公社遭雷击，死亡1人；九山公社遭雷击，死2头驴。6月上旬，高密县河崖公社遭雷击，死亡1人。6月13日，栖霞县唐家泊公社遭雷击，死亡1人。6月下旬，莒南县东演马遭雷击，震伤1人。高密县康庄公社遭雷击，死亡1人。

农历6月，东明三春公社孔崮村雷电击死1人，同年，东明马头公社南关1人被雷电击死。

7月，宁阳县鹤山公社王卞遭雷击，击死1人。寿光县羊口卫东盐场十工区遭雷击，伤1人。齐河县遭雷击，大夫营一个看瓜的社员，被雷电击死。泗水县全庄公社遭雷击，死亡1人。临清县遭雷击，朱庄，雷电从广播线进房，死亡1人，伤1人。蒙阴县杏山庄遭雷击，死亡1人。即墨县灵山南残岭雷电击死2人；七级西南村雷击死亡1人，伤2人；下泊雷电击死1人。胶县铺集后涝庄雷电击死1人；龙山匡家滢雷击死亡1人；墨河雷电击死1人。平度县南村公社遭雷击，死亡1人。莱西县南墅上店雷电击死1人。7月12日，胶县墨河公社打刘中雷电击死5人。7月16日，雷暴将青岛市四方的济青干线电器终端的1、3、7号路线击断，隔电子被雷击穿，造成通讯中断；同时因雷击使电车全线停驶。7 月 19 日，莱阳团旺公社前李牧庄雷电击死 1 人。7 月中旬，高密县夏庄公社遭雷击，死亡 1 人。7 月 23 日，莒县遭雷击，死亡 4 人。7 月下旬，临朐县寺头公社遭雷击，死亡 1 人。莒县桑园公社遭雷击，死亡 1 人，死牛 2 头。

8 月，即墨县南泉雷电击死 1 人；移风雷电击死 1 人。胶县洋河邓家庄雷电击死 3 人。临邑县太平寺公社遭雷击，死亡 1 人。8 月上旬，胶县洋河公社遭雷击，死亡 3 人。8 月 27 日下午 2 时，莒南县坪上小学校舍被雷击，重伤 2 人，死亡 3 人。

1965 年　文登埔子场有 2 人被雷电击死，2 人被击伤，击死马 2 匹，击毁一些树木、电线杆等。栖霞县遭雷击，寨里公社寨里大队死亡 1 人，铁口公社伤 1 人，击死 1 头猪。章丘县枣园公社遭雷击，死亡 1 人。莱西县南墅西院上，雷电击死 3 人；唐家庄南森格庄，雷电击死 1 人。

4 月，寿光县留吕公社遭雷击，死亡 1 人。

5 月，即墨县留村石源雷电击死 3 人。蒙阴县郭家庄遭雷击，死亡 1 人。5 月 26 日，莱阳榆科顶公社榆科顶村雷电击死 1 人，击坏房屋 1 间。

夏，兖州县小孟发生雷击，死亡 2 人。

6 月，平度县大田公社遭雷击，死 1 头驴。即墨县刘家庄雷电击死 1 人。阳谷县西街雷电击死 1 人。6 月中旬，寿光县田马公社遭雷击，死亡 1 人。临朐县尧山公社遭雷击，死亡 1 人。6 月下旬，泗水县杨柳公社遭雷击，死亡 1 人。临朐县辛寨公社遭雷击，死亡 1 人；尧山公社遭雷击，死亡 1 人。

6～7 月，泰安县范镇公社遭雷击，死亡 2 人。

7 月，平度县三合山公社遭雷击，死亡 1 人；新河公社遭雷击，伤 1 人。莱西县院里村雷电击死 1 人。胶县城南北三里河雷电击死 1 人。即墨县段泊岚程戈庄雷电击死 1 人。寿光县岌台公社遭雷击，死亡 1 人；上口公社老庄大队遭雷击，死亡 1 人；上口公社后牟大队遭雷击，死亡 1 人，伤 1 人；台头公社北台头大队遭雷击，击昏 1 人；台头公社付家庄遭雷击，死亡 1 人，伤 2 人。阳谷县金斗营公社遭雷击，死亡 1 人。临沂县太平公社遭雷击，死亡 1 人；田口公社遭雷击，死亡 1 人；兴隆公社遭雷击，死亡 1 人。7 月上旬，莒县阎庄遭雷击，死亡 1 人，震倒 7 人。莒南县清泉林遭雷击，死亡 3 人，伤 4 人。7 月中旬，寿光县田柳公社遭雷击，死亡 1 人。莒南县黄庄遭雷击，死亡 1 人；东芦林遭雷击，死亡 2 人。

8 月，宁阳县东庄公社北鄙遭雷击，击死 1 人，击伤 5 人。牟平县刘家夼公社遭雷击，击死 1 人。临朐县东蒋峪遭雷击，死亡 1 人。8 月上旬，莒南县南高庄遭雷击，死亡 1 人。

9 月，即墨县段村范家街雷电击死 1 人，击昏 5 人。泰安县良庄公社遭雷击，死亡 1 人。

1966 年　栖霞县医院遭雷击，击伤 3 人；松山公社遭雷击，死亡 1 人；藏家庄公社遭雷击，击死 1 人。临沂县李官公社王屯遭雷击，重伤 1 人，轻伤 5 人。蒙阴县司家庄遭雷击，死 1 头牛。临沂县苍山公社遭雷击，死亡 1 人、猪 1 头。泰安县山角峪公社遭雷击，死亡 1 人。

4月，莱西县夏格庄村，雷电击死1人。

5月，即墨县北王村雷电击死3人。5月下旬，微山县留庄，雷电击死1人。

6月，章丘县埠村公社和旭生大队遭雷击，各死亡1人。东平县大羊公社土安大队遭雷击，死亡1人。牟平县姜格庄公社遭雷击，击死1人。莱阳遭雷击，冶房大队击死1人，击倒树木1棵；张格庄击死1人，击昏1人；东野后村击死牛4头。即墨县金口刘家周疃，雷电击死4人，击昏7人。平度县崮山雷电击死3人，伤17人、牲畜9头。6月5日，莱阳大奇公社张格庄村雷电击死1人，击昏1个小孩。6月上旬，临朐县冶源公社遭雷击，死亡1人；九山公社遭雷击，击伤1人。6月14日，寿光县岌台公社遭雷击，死亡1人，击昏数人。6月中旬，临沂县四山公社遭雷击，死亡1人。临朐县白塔公社遭雷击，死亡2人；寺头公社遭雷击，击死1头牛。6月下旬，宁阳县东述公社后村，麦场发生雷击，击伤4人，其中1人死亡。临朐县五井公社遭雷击，击昏1人；九山公社遭雷击，击伤1人。

6～7月，泰安县范镇公社遭雷击，死亡1人。

7月，平度县万家公社遭雷击，死亡1人。胶县里岔良乡遭雷击，死亡1人。寿光县台头公社遭雷击，死亡1人。兖州县王因遭雷击，死亡1人，击昏1人。临清县遭雷击，郭池庄击死4人。7月8日，莒南县东书院遭雷击，击伤1人。7月上旬，莒南县小官庄遭雷击，击伤2人。7月中旬，莒南县许家黄庄遭雷击，死亡1人、牛2头。7月20日，莒南县朱泸河西遭雷击，伤1人。7月下旬，高密县城关公社遭雷击，死亡1人。

8月，平度县古岘公社遭雷击，死亡1人。寿光县侯镇公社遭雷击，死亡1人、牛1头。曲阜县小口公社遭雷击，击死1头牛。兖州县大安遭雷击，死亡1人，伤1人。8月6日，莱阳山前店公社东野后村遭受雷电袭击，击死牛4头。8月上旬，寿光县道口公社遭雷击，死亡1人。8月31日，莒南县李家崖遭雷击，死亡1人，击坏房屋3间。8月下旬，临沂县付庄公社遭雷击，死亡5人、牛3头。

10月上旬，宁阳县伏山公社驻地遭雷击，击死1人。

1967年 平原县张华公社遭雷击，死亡2人。文登一些乡镇遭受雷击，一些电话总机被击坏，击死1人、猪2头，树木等受到损害。临沂县涑河公社遭雷击，死亡1人。临清县遭雷击，白辛庄击死1人。蒙阴县遭雷击，郑庄死亡1人；张家庄死亡1人。莱西县水集寨南，雷电击死1人，伤1人。

5月，胶县城关东庸村雷电击死1人。章丘县埠村公社遭雷击，死亡1人；高官寨公社遭雷击，击死人。

夏，兖州县王因遭雷击，死亡1人。

6月，泗水县南陈村遭雷击，死亡1人。泰安县道朗公社遭雷击，死亡1人。6月中旬，寿光县王高公社遭雷击，击死1人。6月30日，莱阳高格庄公社宅科村遭雷击，死亡2人、牛1头。6月下旬，临朐县九山公社遭雷击，击伤1人。嘉祥县遭雷击，死亡1人。寿光县前扬公社遭雷击，击昏4人。

农历6月底，东明县陆圈公社刘庄遭雷击，死亡1小孩。

7月，齐河县遭雷击，甘于头1个小孩被击死。寿光县遭雷击，羊口公社击昏1人；刀口公社丁家庄子村东南学校球状雷电进入室内，震昏4人。兖州县道沟遭雷击，死亡1

女孩。栖霞县寺口公社遭雷击，击死1头牛。微山县唐湖，雷电击死2人。胶县城南北辛冶，雷电击死1人；张应辛屯雷电击死1人。淄博桓台县索镇雷电击死4人。7月25日，菏泽大路口公社遭雷击，死亡5人。7月下旬，寿光县稻田公社遭雷击，击死2人。临朐县白塔公社遭雷击，死亡1人。

8月，临邑县太平寺公社遭雷击，死亡1人。栖霞县杨础公社遭雷击，击死1人。8月初，寿光县丰城公社遭雷击，击昏3人。8月上旬，莒南县遭雷击，死亡1人、猪1头。8月25日，招远市纪山公社洼子大队果园小屋内有9人避雨，雷电进入房屋，击死4人（2个青年妇女，1个孩子，1个57岁的老人），其余5人被震晕过去，其中有2人受轻伤。

9月上旬，临沂县塘崖公社沈牌子遭雷击，死亡1人。9月15日7时38分前后，在龙口站西方约400米处外贸新建房处，因雷击，死亡1人，伤2人。

1968年　文登一些乡镇遭受雷击，一些电话总机被击坏，击死1人，树木等受到损害。栖霞县遭雷击，庙后公社击死1人；郝家疃大队死亡1人；于家沟大队击死1人、2头驴。临沂县遭雷击，王桥公社洪湖击昏1人；独树头公社巩树击死牛2头。平原县王凤楼公社遭雷击，烧伤1人。泰安县山角峪公社遭雷击，死亡1人；夏张公社遭雷击，死亡1人。章丘县刁镇公社遭雷击，死亡1人。蒙阴县马家良村遭雷击，死亡1人；高家庄遭雷击，死亡1人。

5月，平度县新河公社遭雷击，死亡1人。临朐县龙岗公社遭雷击，死亡1人。临沂县洪瑞公社郭家湾遭雷击，死亡1人。5月上旬，寿光县南河公社遭雷击，死亡1人。5月下旬，寿光县寒桥公社遭雷击，击伤1人。

6月，章丘县胡山公社遭雷击，死亡6人；枣园公社遭雷击，死1匹马。嘉祥县东秦队遭雷击，死亡2人。6月中旬，嘉祥县山营队遭雷击，死亡10头牛、1匹马。

农历6月，东明城关公社李屯村雷电击死1人。

7月，平度县张戈庄公社遭雷击，死亡1人。即墨县又塔果园，雷电击死2人；七级镇湍湾村，雷电击死1人。胶县里岔王家庄，雷电击死1人。寿光县城关公社遭雷击，击死1人；新河公社遭雷击，死2头牛。牟平县水道公社遭雷击，击死1人；王格庄公社遭雷击，震倒2人。招远县徐家公社遭雷击，击死1人；腐山公社遭雷击，死亡1人。栖霞县寺口公社遭雷击，击昏2人。齐河县遭雷击，秋岸村一妇女被雷电击死。兖州县道沟遭雷击，死亡1人。微山县驭城雷电击死1人、伤10余人。蒙阴县朱家峪庄头遭雷击，死亡1人。嘉祥县陈庄队雷击，死亡1人。章丘胡山公社石匣大队遭雷击，群羊死亡204只。莱阳禄格庄公社荆山后村遭雷击，死亡1人、击坏树1棵、烟囱1个。7月初，阳谷县郭屯公社遭雷击，死亡1人。7月上旬，莒南县王坊前遭雷击，击伤1人。7月21日，菏泽芦里公社阵营村雷电击死1人。7月下旬，临朐县柳山公社遭雷击，死亡2人。

8月，平度县灰卜公社遭雷击，死亡1人。胶县铺集中涝庄雷电击死1人。益都县东郭大队村南九山顶雷电击死牧羊1人、羊3只、牛3头。齐河县遭雷击，幸福院1个孩子被电死。临邑县孟来公社遭雷击，死亡1人。泰安县山东农学院实习农场遭雷击，死亡4人，伤4人。

1969年 4月14日，微山县鲁桥，雷电击死1小孩。

5月，临沂县汤头公社官桥遭雷击，死亡1人。

6月，平度县门村公社遭雷击，伤1人；张舍公社遭雷击，死1头牛；青扬公社遭雷击，死亡2人。临沂县太平公社白塔遭雷击，死亡1人。章丘县埠村公社遭雷击，死亡1人。6月上旬，临沂县遭雷击，白庄公社三埠屯死亡1人；李官公社朱庄桥死亡1人，伤3人。临朐县城关公社高家庄学校遭雷击，击昏3人。6月中旬，嘉祥县李楼队遭雷击，死亡1人。6月29日，寿光县台头公社遭雷击，击死1人。6月下旬，东平县彭集公社枣楼大队遭雷击，死亡1人；彭集公社王村大队遭雷击，死亡2人。临朐县寺头公社遭雷击，死亡1人。

7月，平度县昌里公社遭雷击，死1头牛。胶县和平南庄雷电击死1人。寿光县城关公社遭雷击，击死1人。蒙阴县遭雷击，小孙家官庄死亡1人；方山后伤2人。招远县毕郭公社遭雷击，击死1人。栖霞县苏家店公社遭雷击，击死1人。临邑县夏口公社遭雷击，死亡1人。微山县刀城雷电击死1人。东明沙沃公社谢崮村雷电击死1人。文登一些乡镇遭受雷击，一些电话总机被击坏，击死4人、驴2头，1头牛被击晕，树木等受到损害。栖霞县庙后公社遭雷击，击昏1人；亭口公社遭雷击，死亡1人。临沂县四山公社南头桥遭雷击，死亡1人；朱隆公社毕家庄遭雷击，死亡1人；洪瑞公社前洪瑞遭雷击，死亡1人。泰安县良庄公社小辛庄良庄3队遭雷击，死亡2人。莱西县韶村庄雷电击死1人。7月7日，蒙阴县田庄遭雷击，死亡2人；后里后河遭雷击，死亡1学生。7月22日，菏泽寿张集公社刘北桥雷电击死1人。7月24日，蒙阴县梭庄遭雷击，死亡1人。7月下旬，临沂县罗庄公社朱庄桥遭雷击，死亡1人。

农历7月，东明县东明集雷电击死1人，击毁房屋。

8月，菏泽银山公社腊山遭雷击，死亡1人，

9月，东明大屯公社东夏营雷电击死1人、击伤2人；大屯公社王集雷电击死1人。

1969—1972年，五莲县于里公社雷击严重的3次，击死3人；山阳公社雷击严重的1次，击死1人；中至公社雷击严重的3次，击死3人；户部公社雷击严重的2次，击死3人；叩官公社雷击严重的5次，击死5人；石场公社雷击严重的5次，击死2人，击死10头牛；红英公社雷击严重的1次，击死1人；许孟公社雷击严重的1次，击死1人；汪湖公社雷击严重的6次，击死6人、2头牛；高泽公社雷击严重的3次，击死3人，击死驴2头；街头公社雷击严重的1次，击死1人；管帅公社雷击严重的2次，击死1人，击昏3人。

1970年 文登县肠里后大队有1人被雷电击死，1人被击晕，一些树木等受到损害。栖霞县孙疃大队遭雷击，死亡1人。平原县王果铺公社遭雷击，死亡1人。临沂县相公公社李家围遭雷击，死亡1人；相公公社平四湖遭雷击，死、伤各1人。蒙阴县朱家坡遭雷击，死亡1人。泰安县汶口公社遭雷击，死亡1人；省庄公社遭雷击，死亡1人；西住公社遭雷击，伤5人。莱西水集古河头，雷电击死1人。

5月，即墨县灵山松村庄，雷电击死1人。寿光县留吕公社遭雷击，击死1人。

5月下旬，临朐县蒋峪公社遭雷击，击昏1人。

夏，兖州县颜店遭雷击，死亡1小孩。

6月，微山县付村雷电击死1人；昭阳大队，雷电击死2人；留庄西，雷电击死1人。蒙阴县演马庄遭雷击，死亡1男孩。寿光县上口公社遭雷击，震昏1人；菜央子盐场雷电击死1人。临沂县茶山公社南庄大队遭雷击，击死猪和驴各1头。莱西县店埠于家小里，雷电击死1人。6月中旬，临朐县冶源公社遭雷击，死亡2人；杨善公社遭雷击，击昏1人。6月下旬，寿光县田柳公社遭雷击，击死3人，伤1人；前扬公社遭雷击，死亡2人。高密县大王公社遭雷击，死亡1人。6月下旬，莱阳西留公社上孙家村村中学校遭雷击，烧死2人。

农历6月，东明大屯公社赵景屯雷电击死1人。

7月，定陶县陈集公社谷庄生产队发生雷击，死亡3人。嘉祥县马海队遭雷击，死亡1小孩；狄苑队遭雷击，死亡1人。微山县刀城遭雷击，死1头牛；马坡，雷电击伤1人；付村雷电击死1人；夏镇雷电击死1人；韩庄雷电击死1人。泗水县城关公社遭雷击，死2头牛。临清县遭雷击，尹庄击死1人。蒙阴县大崮大队遭雷击，死亡1人。莒县遭雷击，死牛1头。高密县城关公社遭雷击，死亡1人。宁阳县蒋集公社关山口遭雷击，击死1人。寿光县岌台公社杨家庄大队学校遭雷击，击毁喇叭，击倒数人。招远县毕郭公社遭雷击，震倒十几人；阜山公社遭雷击，死亡1人；罗山公社遭雷击，死亡1人；齐山公社遭雷击，死亡1人。即墨县灵山索戈庄遭雷击，死亡1人。胶县铺集彭家庄，雷电击死1人。7月3日，临清县遭雷击，朱庄死亡1人；杨庙死亡1人，扬声器击坏很多。7月8日，宁阳县城关公社石桥遭雷击，在麦场击伤3人，其中1人死亡；城关公社关旺遭雷击，伤5人，其中2人死亡 。蒙阴县石横、王家林遭雷击，死亡1女孩、1头牛。7月上旬，临朐县冶源公社遭雷击，死亡1人；车家沟雷电击死2人。莒南县横沟遭雷击，死亡1人，伤、亡牛各1头。7月中旬，临沂县罗庄公社罗庄大队遭雷击，伤1人，房屋着火。临朐县九山公社遭雷击，死亡1人。7月20日，莒南县大铁牛庙遭雷击，死1头牛，伤1个小孩。7月25日，蒙阴县西住佛雷击，击伤3人，其中死亡1人。7月下旬，寿光县纪台公社遭雷击，击死1人，伤1人。嘉祥县梁海队发生雷击，死亡1人。

8月，寿光县南河公社遭雷击，击死1人。泰安县山东农学院遭雷击，死亡1人。临邑县宿安公社遭雷击，死亡1人。临清县遭雷击，董庄击死1人；六里长屯击死1人。栖霞县铁口公社遭雷击，击昏3人。8月11日，宁阳县堤城山公社茅庄遭雷击，击死2人。8月中旬，临朐县蒋峪公社遭雷击，击伤1人。

9月，莱阳山前店公社南鸟村雷电击死1人；朱城泊大队雷电击死2人、1头牛；东埠前村击死2人。

1971年　莱西县武备村，雷电击死1人；马连庄台上，雷电击死10人。栖霞县寺口公社遭雷击，击伤1人。招远县腐山公社遭雷击，击死1人。临沂县义堂公社南楼遭雷击，击死1人，伤5人；义堂公社后乡遭雷击，死亡1人；岔河公社大朱下雷电击死1人；苍山公社诸葛雷电击死1人。临清县遭雷击，娄塔头在村南地里击死1人。泰安县良庄公社遭雷击，死亡1人；夏庄公社赵家庄遭雷击，死亡1人；邱家站中王庄遭雷击，死亡1人；汶口公社申村遭雷击，死4人。文登县东山后大队，雷电击死1人。

5月，寿光县城关公社遭雷击，击死1人，击昏5人；寒桥公社遭雷击，死亡1人。莱阳谭格庄公社河南村雷电击死1人，重伤2人，轻伤3人。5月11日，莱阳冯格庄公社大青华连后村联中遭受雷击，击伤6人。5月22日，莱阳谭格庄公社河南村村北饲养室雷电击死1人，重伤2人，轻伤3人。5月30日，临朐县柳山公社遭雷击，死亡1人。

夏，章丘县遭雷击，高官寨公社死亡1人；垛庄公社击死牛2头；枣园公社击死1人。

6月，泗水县遭雷击，死亡1人。微山县留庄，雷电击死1人。海阳县雷电击死1人，伤4～5人。6月2日，嘉祥县遭雷击，马集队死亡1人；西官队死亡1人；东秦队死亡1人。6月5日，栖霞县寨里公社遭雷击，击伤3人。6月上旬，寿光县道口公社遭雷击，击死1人。嘉祥县马海队发生雷击，死亡1人。6月中旬，宁阳县东庄公社西崖村遭雷击，击死1人。寿光县道口公社遭雷击，击昏3人。临沂县涑河公社遭雷击，死亡1人。临朐县冶源公社水泥厂遭雷击，击昏3人；城关公社遭雷击，击死1人；尧山公社遭雷击，击死2人；柳山中学遭雷击，击死1人。6月下旬，临朐县尧山公社遭雷击，击昏1人；大关公社遭雷击，死亡1人。

7月，平度县崔家渠公社遭雷击，死亡1人。即墨县王村大桥，雷电击死1人；段泊岗段三村，雷电击死1人。蒙阴县召禾官庄遭雷击，死亡1人，伤1人。寿光县岌台公社遭雷击，击死1人。阳谷县陈荣大队在学校内，雷电击伤学生3人、老人1人。齐河县遭雷击，姚店村80厘米的树被雷击断，把1个21岁的男子砸死。泗水县孟家村遭雷击，死亡2名儿童。临邑县林子公社遭雷击，死亡1人。栖霞县杨础公社遭雷击，击死1人；苏家店公社击昏2人。微山县鲁桥，雷电击死1人。

7月5日，蓬莱县村里公社东方红水库遭雷击，死亡1人，伤9人；大季公社遭雷击，死亡1人，伤2人。

7月6日，蓬莱县城关公社在公路上发生雷击，死亡1人；南王、北王公社遭雷击，死亡2人，伤5人；崮寺公社遭雷击，死亡1人，伤1人；大柳行公社遭雷击，伤1人。

7月上旬，临朐县冶源水库遭雷击，死亡1人。

7月10日，无棣县水湾公社遭雷击，死亡3人。

7月14日，栖霞县庙后公社雷电击伤十余名学生，其中重伤5人。

7月中旬，寿光县道口公社遭雷击，击死1人。莒南县遭雷击，死亡1人。高密县元家公社遭雷击，死亡1人。蒙阴县薄板台遭雷击，死亡1人（小女孩）。临朐县柳山公社遭雷击，死亡1人，伤4人。莒南县遭雷击，死亡1人。

7月22日，莒南县东许口遭雷击，死亡2人。

7月下旬，寿光县纪台公社遭雷击，击死1人，击昏1人。嘉祥县梁海队遭雷击，死亡1人。莒南县东书院遭雷击，死亡1人；刘家官坊遭雷击，死亡1人。临沂县朱隆公社西桥遭雷击，死亡1人。

8月，平度县城关公社遭雷击，死亡3人。胶县墨河小行雷电击死1人；艾山李家庄遭雷击，死亡1人；金家大信庄雷电击死1人、牛2头。泰安县西住公社遭雷击，击死4头牛。

8月8日，临沂县塘崖公社门市部遭雷击，死亡1人。8月上旬，章丘县绣惠公社遭雷击，死亡1人；中旬，莒南县公山前遭雷击，死亡1人，伤2人；下旬，临沂县白庄公社七里沟遭雷击，死亡1人。

9月8日，莒南县大筛家遭雷击，击伤1人。9月下旬，莒南县白岑遭雷击，击死

1 人。

1972 年　临沂县洪瑞公社坊上遭雷击，死亡 1 人；郑旺遭雷击，死亡 1 人，伤 4 人。文登一些乡镇遭受雷击，一些电话总机被击毁，部分广播匣子被打坏。泰安县汶口公社申村发生雷击，伤 2 人；省庆公社遭雷击，死亡 1 人；良庄公社遭雷击，死亡 1 人。微山县，雷电击昏 1 人。

3 月，胶县营海马家辛庄雷电击死 1 人。

4 月 26 日，安丘县许营公社灵山前发生一次严重雷击，击死 11 人，击伤 5 人。4 月，栖霞县铁口公社遭雷击，击昏 8 人。胶县联屯水牛村雷电击死 1 人；城南杨家林雷电击伤 1 人，击毁房屋 1 间；营海邓家庄雷电击伤 1 人。

5 月，莱阳西留公社村西雷电击昏 2 人。即墨县双塔前碾，雷电击死 1 人。5 月 10 日，莱阳榆科顶公社雷电击坏房子 1 间，击伤 6 人。5 月 27 日，蒙阴县郑庄遭雷击，死亡 1 人。

夏，兖州县新驿遭雷击，击毁 20 只电表，伤 1 人。

6 月，益都县张孟公社王母宫大队村西南坡靠郎家庄处，落雷烧坏地瓜、黄烟 1 亩，郎家庄雷电击死 2 人。临邑县兴隆公社雷电击倒数人，其中死亡 1 人。章丘县辛家公社遭雷击，死亡 1 人。即墨县双塔果家屯雷电击死 1 人。6 月 3 日，泰安县道朗公社遭雷击，东南羊山死 2 人，伤 2 人，同时击毁电线，烧毁电话总机 1 台、变压器 1 个。6 月上旬，莒南县沙窝遭雷击，击死 3 人。

7 月，宁阳县东庄公社老庄子、芦家庄刘家屋子遭雷击，死亡 2 人。微山县人武部雷电击昏 3 人；南阳渡口，雷电击死 1 人。平度县南村公社遭雷击，死亡 2 人。泰安县山口公社遭雷击，死亡 1 人。曲阜县董庄公社遭雷击，击死 2 名学生，6 人受伤。嘉祥县新桃河遭雷击，死亡 1 人。泗水县上卢城遭雷击，死亡 1 人；谷家庄遭雷击，击昏 1 人。招远县金灵公社遭雷击，击死 2 人。临沂县洪瑞公社赵庄遭雷击，死亡 1 人，伤 2 人。临邑县夏口公社遭雷击，死亡 1 人。7 月 7 日，栖霞县大柳家公社遭雷击，击死 6 人，伤 5 人；苏家店公社遭雷击，击死耕牛 12 头。7 月上旬，宁阳县东庄公社北鄙遭雷击，在屋内击死 1 名 9 岁的小孩。7 月 16 日，蒙阴县上薛家峪遭雷击，伤 2 人。23 日，无棣县小王公社、陈家等 4 个地方同时遭雷击，死亡 4 人和 2 头骡子。7 月下旬，莱阳姜疃公社姜疃村雷电击昏 5 人。

8 月，招远县金灵公社遭雷击，击死 12 人。泰安县夏庄公社遭雷击，死亡 2 人。嘉祥县木家王发生雷击，死亡 1 人。莱西县马连庄顾家，雷电击伤 3 人，击死羊 2 只，击毁房屋 1 间。8 月上旬，宁阳县城关公社遭雷击，在屋内击死 3 人。莒南县南高庄遭雷击，击死 1 人。中旬，莒南县南高庄遭雷击，击死 1 人。24 日，沂南县岸堤公社雷电击死 5 人、1 头牛，伤 3 人。26 日，单县黄岗公社北街大队在打谷场上，有 5 名社员被雷电击死，2 人被击伤。

9 月 1 日，蒙阴县榆树山雷电击伤 1 人。9 月中旬，寿光县道口公社遭雷击，击死 2 头牛。菏泽地区梁山县靠大堤处雷电击死 1 人。9 月 17 日下午 3 时，莒南县路镇公社王家庄子遭雷击，死亡 1 人，重伤 1 人，轻伤数人。

1973 年 8 月 14 日下午 5 时，章丘枣圆公社宋李福大队村南小学一教室遭雷击，学生死亡 12 名，受伤 36 名，击毁 2 块水泥黑板、室内墙壁 5 处，击掉黄泥墙皮 3 处。

1974 年 5 月 25 日，长岛县 29 团 1 名战士遭受雷击身亡，2 名战士受伤。

1975 年 6 月 3 日，龙口海岱镇后徐家村雷电击死 1 人；4 日，龙口大陈家镇雷电击死 1 人，石良镇医院雷电击毁烟筒 1 个。

8 月，平度县宅科雷电击死 1 人；门村，雷电击死 3 人。30 日 14～15 时，海阳县大辛家镇方里村小学二楼雷电击死学生 2 名（男女各 1 名），击昏 6 名，经抢救脱险。

1976 年 5 月，平度县中庄刘蔡庄雷电击死 1 人。

1977 年 5 月，崂山县河套雷电击死 2 人。7 月，胶县沽河农场雷电击死 1 人。

1978 年 7 月 4 日下午，蒙阴镇小车队 1 人被雷击死亡。

1979 年 9 月 8 日，蒙阴高都镇黄泥沟村 1 人被雷击死亡。

1980 年 9 月 1 日，崂山县惜福镇金村 1 名男社员，被雷电击中而死。

1982 年 8 月 17 日 19 时 40 分，受冷锋影响，费县刘庄公社南辛庄大队遭受雷击，死亡 2 人，伤 1 人，1 棵大榆树被击烂。

1983 年 8 月 31 日 18～19 时，费县城关镇鲁公庙大队 1 人被雷电击死。

1984 年 5 月 28 日，胶南县大村乡小石岭村村主任在乡里开完会回家，进门时被雷电击中，当场死亡。

8 月 4～6 日，泰安、新泰、东平、汶上遭受大暴雨袭击，羊流办事处遭雷击，死亡 3 人，章丘绣惠镇雷电击中房屋 1 间，幸未有人员伤亡。

1985 年 7 月 26 日，海阳县两次降雷阵雨，雷电击死 3 人，击伤 6 人。

8 月 3 日，山东省大部地区遭雷雨灾害，临淄雷电击死 1 人。8 月 14 日下午，莒南县大店镇老龙腰北遭雷击，伤 7 人，死亡 1 人。8 月 19 日，青岛明霞路，一民宅烟筒被雷电击毁坠落，砸死 1 人。

1986 年 6 月 22 日下午，章丘公镇小康绣花厂村落雷，死亡 2 人，伤 20 人。6 月 23 日下午 6 时 30 分，德州庆云县严务姜屯村村西的麦场里 9 人遭到雷击，当即死亡 2 人，伤 4 人，击倒 3 人。死者从头顶到右脚跟被雷电击穿，右脚站立的地方有一个开口 10 厘米，内径 4 厘米，深 50 厘米的洞。上身胸部有很多血泡，下身衣服被击成碎布片。另一男性死者现年 42 岁，尸体外部无伤。6 月 24 日，邹平县邹平镇，雷电击中一家庭房屋，击死 1 人，击伤 2 人，并引起火灾。6 月 26 日，德州庆云县某村雷电击死 2 人，击伤 7 人。

7 月 27 日，莒南县筵宾乡沙汪头村遭雷击，死亡 1 人，伤 2 人。

8 月 5 日，曲阜县广播站操作台被雷电击毁，损失 1 万多元，同时击死 1 人，击伤 5 人。8 月 6 日，曲阜县被雷电击死 1 人，击伤 1 人。8 月 10 日，日照市、青岛胶南县各有 1 人被雷电击死，同时有两人被击伤。8 月 14 日，东明县降大暴雨，集楼乡部分广播器材被雷电击毁，造成很大损失。

1987 年　6 月，崂山县河套，雷电击死 1 人，伤 1 人。

7 月 1 日，莒县多部农用电话被雷电击毁，致使通讯联系中断。7 月 11 日，青岛崂山水库和莱西县水集镇电器设备遭雷击，损失共计 1.22 万元。胶南县海青乡狄家河村雷电击死 1 人，伤 2 人，毁房屋 1 间。

8 月 11 日，济宁、邹县遭暴雨袭击。暴雨来临时，雷鸣电闪，先后有 3 个乡镇、4 个村遭雷击，死亡 8 人，伤 5 人。8 月 18 日，招远县有 1 人被雷电击死。8 月 19 日，博山乡西沙井南山发生雷击，当场死亡 2 人，伤 1 人。8 月 22 日，惠民县马店乡和清河镇发生雷击，死亡 2 人。8 月 26 日，济南—杭州—上海的同轴通讯线路电缆被雷电击断，发往全国各地的电报计算机系统因雷击发生故障，同时在此次大暴雨过程中，泰安 2 人遭雷电袭击致死，章丘县文祖镇田广村小学遭雷击，有 4 人死亡，6 人受伤。

1988 年　5 月 16 日上午 8 时 30 分，莒南县柳沟乡严家沟村遭雷击，某村民一家 3 人，在屋内被击出 1 米多远，3 人被击伤住院治疗损失 1500 余元。

7 月 12 日下午 4 时 30 分，莒南县板泉镇 5 人在门楼下避雨时遭雷击，1 人当场死亡，其余 4 人被击伤。7 月 15 日，临沂地区被雷电击毁配电室一间，造成重大损失，同时，该区板泉镇的前五羊村有 5 人遭雷电袭击，其中有 1 人当场死亡，市供销社宿舍部分职工家庭电视机、电冰箱被雷电击坏。

8 月，胶南县刘家涯下湖家山，雷电击死 1 人；琅琊镇大坝上，雷电击死 1 人，同时击坏部分家电、电缆。8 月 15 日，邹平县出现特大雷击灾害，雷电击死 10 人，击伤 3 人，击死 1 头牛、3 只羊，电视台遭雷击，部分仪器、设备被严重损坏，直接经济损失达 10 多万元，气象站的仪器、电表均被雷电击毁而停止测报。

1989 年　5 月 19 日，菏泽、济宁、泰安一带遭暴雨袭击，雷电击死 1 人。

8 月 12 日上午 9 时 55 分，中国石油天然气总公司管道局胜利油田黄岛油库老罐区 5 号罐，遭雷击引起特大火灾。14 时 35 分，1、2、3、4 号罐相继爆炸，火势高达 300 多米，8 辆消防车和 3 辆指挥车被毁。原中共中央总书记江泽民 12～13 日两天内 3 次询问灭火情况。13 日，原国务院总理李鹏亲临火灾现场指挥灭火。青岛市党政警民在中共山东省委、省人民政府全力以赴关心、支援下，于 16 日上午 11 时将大火全部扑灭。16 日下午 15 时 30 分，黄岛油库开始恢复输油。据不完全统计，共有 2000 多名公安干警、消防官兵参加灭火抢险；动用消防车 159 辆、军用飞机 10 架、船只 19 艘；投入灭火干粉、灭火剂 237.6 吨。这场大火共燃烧了 97 个多小时才被扑灭，大火烧掉原油 3 万吨，在救火中 14 名消防队员牺牲，66 人受伤，5 名油库职工牺牲，12 人受伤，这次雷击事故的全部经济损失达亿元以上。

1990 年　5 月 6 日，长清县平安镇石马村有 6 户农民家庭遭雷击，损失很严重，幸未有人员伤亡。5 月 10 日，苍山县向城乡朱庄村被雷电击死 2 人，尚岩乡被雷电击伤 1 人。5 月 12 日、7 月 11 日，章丘县医院、县酒厂和明水牛牌村遭受雷击，伤 2 人、死亡 1 人。

6 月 11 日，淄博被雷电击伤 5 人。

7 月 10 日，诸城市雷电击死 1 人。7 月 29 日凌晨至上午 10 时，无棣县小泊头镇遭受雷雨袭击，降雨 150 毫米，农田积水 2333 公顷，雷电击死 1 人，伤 2 人。

8 月 8 日 13 时前后，东营市河口县四扣雷达站附近 1 人被雷电击死，高压线杆被击毁。8 月 13 日，台儿庄区雷电击伤 1 人，烟台市被雷电损坏变电所 1 处、变压器 3 个。

1991 年　5 月 10 日，淄博市临淄区齐都镇南门村一村民遭雷击死亡。5 月 14 日傍晚，青岛市区出现了两个多小时的雷雨天气，发生 4 起雷击事故，直接经济损失 2 万余元。

6 月 5 日下午，淄博市沂源县沟泉乡中心学校 50 名学生遭雷击晕倒，窒息 5～10 分钟后苏醒。

7 月 14 日，费县芍药山乡东天井汪村一村民和费城镇小埠村电工被雷电击死。费县费城镇有 3 人被雷电击死，南部乡也有 2 人遭雷击死亡。7 月 18 日，平度市两目乡发生雷击灾害，死亡 1 人，伤 1 人，房屋被击毁 3 间。

1992 年　5 月 20 日，乳山县乳山寨镇降雷阵雨，该镇小管村小学因遭受雷电袭击，有 26 间校舍门窗全部毁坏，8 间倒塌，其余也都成了危房，雷电击毁照明线路 800 米，损坏电视机 93 台、配电盘 1 个、扩大机 1 部、电表 32 个、有线喇叭 450 个，同时 21 人受伤，其中重伤 7 人。雷电造成的直接经济损失达 31 万元。

7 月 21 日，招远市大户、陈家等 4 个乡镇遭受风雹袭击，金岭镇 3 村民遭雷电袭击，1 人死亡，2 人受伤。

8 月 15 日，平度有 1 人遭雷击死亡。8 月 29 日，垦利县大河村、盐窝村有两人遭雷击死亡，县广播电视设施遭雷击损失 30 万元。

1993 年　4 月 27 日至 5 月 2 日，泰安市泰山区良庄镇西良庄村有 1 人遭雷击死亡。

7 月 9 日，泰安市郊区 1 台变压器遭雷击损坏。

9 月 20 日，邹城市尚河乡 3 人遭雷击，2 人死亡，1 人受伤。

1994 年　5 月 10 日，安丘 1 村民遭雷击死亡。

7 月 3 日，枣庄南常乡 2 村民遭雷击死亡。7 月 11～12 日，苍山县鲁城、尚岩、向城等乡镇降暴雨，并发生严重的雷击灾害，损坏变压器 30 多台，17 人遭雷击，其中 5 人受伤，12 人死亡。

8月4日，东营河口区雷电击毁变压器1台，击死1人。8月7日，东营河口区1人遭雷击死亡。8月23～24日，五莲县有45部电话机遭雷击损坏。

1997年 6月10日下午，胶州市前店口乡遭雷击，死亡1人。

8月2日凌晨，胶州市营海镇码头村遭雷击，死亡2人。

1998年 寒亭区南孙乡大柳幢村遭雷击，死亡1人。

3月17日，莱阳市出现雷暴天气，造成莱阳宾馆、烟台汽车制造厂程控交换机被击坏，另外还击坏电话一批，造成经济损失约合人民币50万元。

8月2日上午，长岛县小钦岛乡遭到雷击，死亡1人，4人受伤，多人有明显的触电感。8月30日下午，淄博遭雷击，死亡2人。8月，山东济宁鲁抗集团遭雷击造成设备损坏，经济损失200万元。

1999年 8月29日下午，招远市青龙镇、道头镇遭受暴风雨和冰雹袭击，大丁家、东建两村变压器被雷电击坏；安沟村两村民被雷电击伤。

2000年 8月10日6～11时，莱芜市鹿野乡1人遭雷击死亡。8月29日9～10时，威海环翠区出现雷暴天气，田村镇一建筑工地3名工人遭雷击死亡。

第九章　雨凇与雾凇灾害

第一节　概　　述

雨凇又称冻雨，是指过冷却液态降水碰到地面物体后冻结而成的均匀而透明的坚硬冰层。雾凇是空气中的水汽直接凝华或雾滴冷却冻结在物体上的乳白色结晶物，常呈毛茸茸的针状或表面起伏不平的粒状，多附着在细长的物体上或物体的迎风面上。

一、雨凇、雾凇的灾害特征

雨凇出现时，常使工业、通信、交通运输、农业等部门遭受严重的损失。雨凇在树木、电线、房屋、庄稼、公路、铁路等各种近地面物体上结上一层厚厚的冰壳，会使汽车或火车轮子打滑，无法行驶；能压断树木、电线，压倒电线杆，中断通信。

古代及近代有关雨凇灾害记载很少，随着社会的发展，各种交通通信设施发达，雨凇的危害也越来越大，如1979年1月28日，受寒潮影响，山东南部和东部地区出现大范围雨凇，致使济宁、临沂、潍坊、烟台、青岛等地市的53条通信线路受到破坏，总共阻断通信1668小时。在同年2月21日，山东又出现了一次范围更大，危害更严重的雨凇，全省有11个地市、74个县、830个公社的通信线路受到不同程度的破坏，累计中断通信达7986小时。

由于雾凇多附着在细长的物体上或物体的迎风面上，往往对线杆、树枝造成较大的威胁，但因雾凇的重量一般远不如雨凇，且其结构松脆、密度小、受震易脱落，故它造成的危害也不及雨凇大。但严重的雾凇对电业、通讯部门会造成很大的影响。

1949年新中国建立以前，有关雾凇灾害的记载很少，建国以后记载较多，较为严重的一次雾凇灾害记录发生在郓城。据《郓城县志》记载：1985年2月21日晚，郓城出现特大雾凇，广播电话线被压断，仅电话线杆就折断1500余根，高压电线也被压断，停电近两个月；大部分树枝被压断，经济损失惨重。

二、雨凇、雾凇的形成及其时空分布特征

（一）雨凇的形成及其时空分布特征

雨凇是由过冷却雨、毛毛雨降落到温度在冰点以下的地面或物体表面上冻结而形成的。在寒潮影响或有冷空气活动下最易出现。根据统计研究，形成雨凇的有利天气形势和气象条件，主要是当地当时的大气层结为上暖下冷的气团所控制，在暖层下，是一个温度低于0℃的气层，雨凇发生时，气温在0℃～4℃之间，当气温在0℃～2℃时，出现雨凇

的几率最高；且雨凇发生时，地面风向大多为北－东东北风。雨凇的发生与低层冷空气自偏东路径入侵有密切关系。

山东雨凇灾害季节性很强，一般出现在 12 月到翌年 3 月，1、2 月出现最多，最早可出现在 11 月，最晚出现在 4 月。

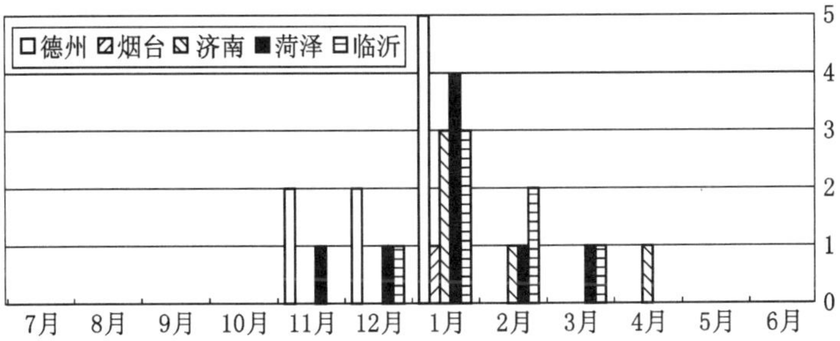

图 9.1　山东各代表站各月雨凇出现日数（1971—2000 年）

雨凇的地域分布差异也较明显，各地出现雨凇天气的时间和几率差异较大，一般鲁西、鲁北地区出现较早，半岛和鲁南地区出现较晚。鲁西、鲁中山区及胶莱河西岸出现几率较多，山东半岛东部沿海出现最少，泰山的出现几率为全省之冠。各地（17 地市）雨凇年平均日数分布如图 9.2，鲁西、鲁西北大部、鲁西南西北部、鲁东南大部、鲁中东部和半岛西部在 0.5 天以上，其它地区在 0.5 天以下，其中威海不足 0.1 天。

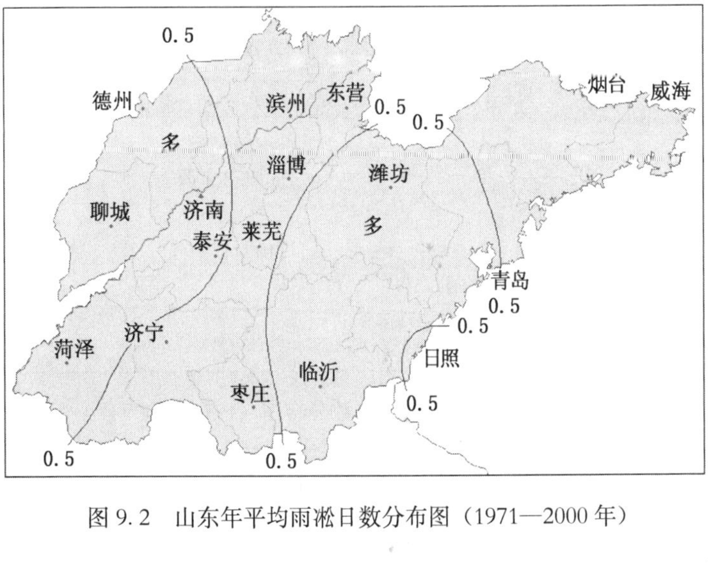

图 9.2　山东年平均雨凇日数分布图（1971—2000 年）

雨凇最大直径可达 246 毫米，最重可达 3980 克/米，均出现在泰山。实际上，架空线路的最大结冰比离地 2 米的电线结冰架上观测到的要大得多。据山东省长途电线业务总站的资料记载，1979 年 1 月 28 日的雨凇，曾观测到在直径 4 毫米的铁线上，结冰重达 4.5 千克/米。

近十几年来，由于全球气候变暖，山东冬季持续偏暖，多出现在冬半年的雨凇灾害呈现出明显的减少趋势。1949 年新中国建立以来，雨凇灾害主要出现在 20 世纪 50 年代到

80年代中期，80年代后期至2000年没有雨凇灾害记录。据山东省长途电信线务站的冰凌灾情报告，出现雨凇较多的年份为1965—1966年、1968—1969年、1971—1972年、1975—1976年、1978—1979年，这几年雨凇对通信线路都造成了较严重的危害。

（二）雾凇的形成及其时空分布特征

雾凇的形成与许多气象要素有关。据统计，雾凇在形成之前一般先有雾；在有积雪的情况下，由于雪的热传导能力小，而辐射冷却很强，因而使雪面上的空气发生较强的降温，故常常容易出现雾和雾凇；形成雾凇时，气温基本上在0℃以下，在有积雪时气温更低；当相对湿度较高（一般在96%以上）、风速较小（3米/秒以下）或静风时，出现雾凇的几率较大。特别是在严冬雪后骤晴，夜间风很小时，次日晨出现雾凇的可能性大。

山东雾凇出现在冬半年，1月出现最多。各地出现雾凇的时间和几率差异也较大，全省大部分地区雾凇出现最早初日在11月，部份地区最早可出现在10月；最晚终日大部分地区在3月，半岛和鲁北个别站在4月。全省年平均雾凇日数分布，北部多于南部，内陆多于沿海，分布大致是自西北向东南递减，以德州和聊城地区较多，其西部为4天以上，半岛东南部、东南沿海和鲁南部分地区年平均雾凇日数不足1天。如同雨凇出现几率一样，泰山出现雾凇最多，最多年份达83天。全省除山区外，平原地区雾凇的最大重量远不如雨凇，雾凇最大直径可达420毫米，最重可达3020克/米。

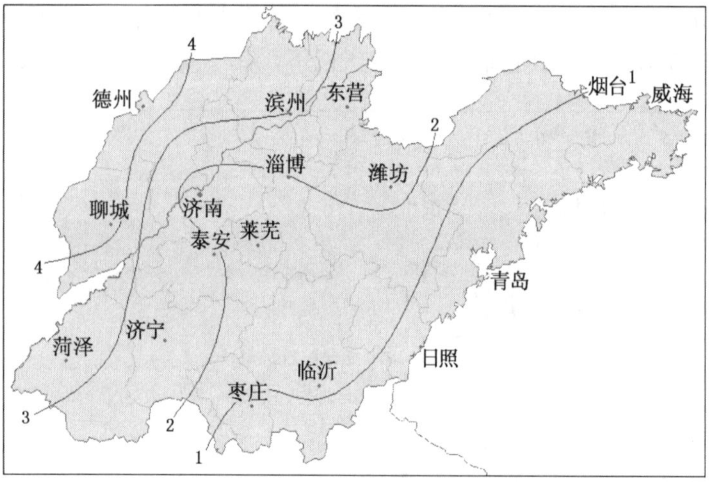

图9.3　山东年平均雾凇日数分布图（1971—2000年）

与雨凇灾害一样，雾凇灾害也表现出明显的下降趋势。随着社会经济的不断发展，工业生产的增多，雾日的出现几率也增多，这对雾凇的形成是有利的，但冬季持续偏暖，雨雪偏少又不利于雾凇的形成。20世纪60年代至80年代，山东雾凇灾害较多，20世纪80年代后期至2000年的十几年里很少发生雾凇灾害。

第二节　公元1511—2000年雨凇与雾凇灾害

明　正德六年（公元1511年）　元旦，诸城大雾迷日，着树凝结如琼花，数日沽。

民国　三十二年（公元1943年）　一月中旬，黄县的羊岚、城关、海岱出现雨凇，冻死小麦、葡萄百分之五十，大白菜冻坏。

1950年　1月，商河全县出现雨凇，使果树和地面结冰，造成行人和牲畜受伤。历城出现雨凇，树枝压断，由于路滑牛旺庄有1人从山上摔死。

春，乐陵县出现雨凇、雾凇，直径一般3毫米，最大4毫米，出现范围全县，电话中断半天多。

12月下旬，东阿县出现雨凇，直径15～20毫米，中断交通。桓台县出现雨凇，直径一般3毫米，最大5毫米，出现范围全县，影响交通。

12月，菏泽出现雨凇，最大直径3厘米，影响电讯、交通，压毁树木。

1952年　1月，烟台地区蓬莱县出现雨凇，直径10～15毫米，有100多根电线杆混线，造成线路不通。3月上旬，桓台县出现雨凇，直径一般10毫米，最大15毫米，出现范围全县，影响交通。

10月，定陶县保宁公社出现雨凇，直径17～30毫米，压断树枝。影响交通。

12月1～5日，临沂由于前期温度偏高，受强寒潮影响，日最低气温降至－5℃以下，3日达－13℃～－15℃，白菜、萝卜等秋菜全被冻坏，雨凇最大直径4～7厘米，路滑难行，交通中断，电线、树木严重破坏，冻死许多牲畜，撒播小麦冻伤2/5，是1949年以来雨凇危害最重的一年。

12月1日，郯城全县白菜、萝卜、小麦、地瓜种被冻坏，造成减产50%，霜冻、雨凇、小雪同时出现，雨凇最大直径7.0厘米。灾情北重南轻，冻死许多人，林木严重受损，交通、电信中断。

1953年　2月中旬，安丘全县出现雨凇，行走困难，阻碍交通。3月上旬，胶南全县范围内出现雨凇，直径一般12毫米，最大30毫米，影响电讯与交通、坠断电线，使行人摔跤。3月，滕县出现雨凇，全县部分树枝被压断。

12月，即墨县全县出现雨凇，直径一般20毫米，最大30毫米，冻坏白菜，影响交通。

日照普遍出现雨凇，平均直径18毫米，最大40毫米，折断树枝，冻死小麦、韭菜、大蒜。

1954年　1月下旬，牟平县大窑出现雨凇，直径2～3毫米，影响交通，行走不便，摔伤行人1人。

2月中旬，临沭县出现雨凇，直径10～20毫米，中断交通3天。2月25日，胶县全县出现雨凇，直径一般5～10毫米，最大20毫米，影响交通，跌伤人。

10月下旬，阳谷县寿张、西湖、足水3个镇出现雨凇，最大直径2厘米，造成行走困难，树枝压断。12月下旬，东阿县出现雨凇，阻碍交通。

菏泽雨凇全年8天，时间最长的一次出现在12月23日22时至30日18时52分，长达164小时以上，影响电讯、交通，压毁树木。

1955年　11月，栖霞县宋家沟出现雨凇，直径6～7厘米厚；张家沟出现雨凇，直径2厘米，路很滑难行走，部分树枝压断。

秋天，栖霞县下马家出现雨凇，路很滑难行走，压断很多树枝；朱留出现雨凇，道路很滑，影响交通；百佛院出现雨凇，直径半寸，路很滑，推小车无法走；苏家店出现雨凇，路滑，走路很困难。

12月29日，胶县全县出现雨凇，直径一般5～10毫米，最大20毫米，影响交通，跌伤行人。

12月29～31日，定陶县出现雨凇，直径10～30毫米，压断树枝，影响交通。

1956年　10月11日，安丘全县出现雨凇，路滑难行走，电线压断。

秋，栖霞县车奇出现雨凇，直径3厘米，路很滑，压断很多山上的树枝。

11月，济宁地区出现雨凇，最大直径50毫米，从沙沟到韩庄最重，压倒线杆200多根，严重影响通讯和供电。12月，东阿县出现雨凇，直径10毫米，中断交通，摔死人。

1957年　青岛市曾经有7天出现过雾凇天气，其中1月18～19日，雾凇持续42小时55分之久，给电业、通讯、交通造成很大损失。

1～2月，滕县出现雾凇，全县部分树枝压断。

3月10～11日，益都县出现雨凇，压断电线、树枝。

12月下旬，桓台县出现雨凇，直径一般4毫米，最大10毫米，出现范围陈庄、田庄、唐山3公社，影响交通，摔死牲口，汽车下路。

1959年　1月中旬，定陶县出现雨凇，直径15～40毫米，压断树枝、电线。

2月，滕县出现雾凇，全县部分树枝压断。

12月20日，兖州全县及其附近地区出现雾凇，最大直径35毫米，中断通信一天半。

1960年　1月，滕县出现雾凇，全县部分树枝压断。1月9日，兖州全县13个公社普遍出现雾凇，最大直径8毫米，有的广播线被坠断。

2月中旬，定陶县万福公社出现雨凇，直径11～34毫米，压断树枝，影响交通。

春，昌乐县尧沟、南郝等6个公社出现雨凇，直径在15～20毫米，电话线被坠断35%，电话中断2天。

1961年　1月下旬，沂水县出现雨凇，直径30～40毫米，阻断行人，折断树枝，压断电线。

3月下旬，昌乐全县14个公社出现雨凇，直径在30毫米，电话中断，电线杆歪倒，电话中断7天。

1962年　1月，滕县出现雾凇，全县部分树枝压断。1月18日，潍县出现雨凇，直径在10～15毫米，电话线被坠断，断线杆600余根。

3月7日，梁山县出现雾凇，电线被压断。

11月19～21日，莱芜全县因雨凇通讯线路中断，通讯线杆全倒，市内电话中断，抢修20多天。

11月19日，栖霞县城义镇出现雨凇，直径5厘米，倒电线杆70余根。青岛市出现雾凇，形成的冰凌压倒（断）电线杆423根，造成青岛的长途通讯几乎全部中断；电业系统的35千伏和10千伏的输电线路有多处折杆、断线，被迫停止供电。

11月19～22日，昌邑县出现雨凇，直径一般30～40毫米，最大50毫米，全县通讯、广播中断，倒歪电线杆200余根，断线40余处，公路运输困难。

11月，新泰县出现雨凇，冻坏地瓜、白菜等，妨碍交通。栖霞县张家沟出现雨凇，路很滑难行走，部分树枝压断。

12月8日，安丘县出现雨凇，直径一般50～60毫米，最大80毫米，全县通讯80%中断，到外地长途中断，全县东西向排列的电线杆大部分倾斜，部分歪倒，电线大部分被压断，半月后方修复，公路交通中断一个星期左右，是历年最重的一次。

1963年　2月，滕县出现雾凇，全县部分树枝压断。11月，泰安县出现雨凇，压倒电线杆300余根，通讯中断。11月中旬，沾化县四扣公社出现雨凇，直径6～7毫米，影响交通，人行走摔倒。

1964年　1月下旬，牟平县出现雨凇，直径在2～3毫米之间，影响交通，电线压断。姜格庄出现雨凇，直径1.5～2毫米，影响交通，行走不便，摔坏行人。

2月9日，文登全县出现雨凇，直径15～20毫米，最大直径30～40毫米，压断电话线，影响通话达6个半小时左右。

3月27日，枣庄齐村区付庄公社小白庄出现雨凇，电线被坠断，压折树枝80%。

4月5日，蓬莱全县出现雾凇，通讯全部中断，电线杆大部分被压倒，果树树枝有的被压断，花芽受冻害造成减产。

4月6日，桓台县出现雨凇，直径一般5毫米，最大10毫米，出现范围全县，电话中断1天。烟台地区蓬莱、招远、栖霞、黄县出现雨凇，直径20～30毫米，最大直径80～90毫米。栖霞县出现雨凇，全县的电信处于瘫痪状态，断电线杆80余根，倒电线杆数量占全部电线杆的80%；蓬莱电线杆被压断，线路中断；招远倒线杆60余根，线路中断。长岛县初降阵雨后转雪，共降13.3毫米，出现雨凇，照明、通讯线路中断，小麦受灾300亩，并造成人员死亡等灾情。

4月6～7日，临朐县出现雨凇，2～4厘米的树枝压断很多，小麦、瓜苗受冻很重，榆钱和杏花冻坏，交通运输一度断绝，全县14个公社电话中断，共断线杆57根，倒线杆924根，断线10多千米。

4月，招远县出现雨凇，直径一般20～30毫米，最大40毫米，倒线杆60余根，线路中断。栖霞县张家沟出现雨凇，路很滑难行走，部分树枝压断；隋家沟出现雨凇，直径1.7厘米，路滑走路困难，影响通车。

10月19日，平度城东至古岘约25千米的范围内，城东十里铺大孙戈庄，大田到马戈庄之间出现雨凇，直径一般30毫米，最大80毫米。断电线无数，拉断电线杆160余根。电话中断48小时。

12月，莱阳全县出现雨凇，直径一般40毫米，最大50毫米，影响交通，电线结冰，北半部地区较重，线路损坏达80%，以西留最重。

1965年　1月，平阴县，出现雨凇，平阴到济南的电话线坠毁，通讯中断，电线杆歪倒。2月12日，冠县雨凇，最大直径35毫米，电话中断，交通不便。

3月10日，青岛出现了严重的雾凇天气，树上、电线上到处结满了雾凇形成的冰凌，电车无法开通，造成市内电车停驶。

1966年　2月21日，枣庄台儿庄区泥沟公社泥沟出现雨凇，路滑难行，车不能开，电线被坠断。巨野全县出现雨凇，直径5～10毫米，交通停止，电信、广播中断，路滑难以行人。

2月21～22日，菏泽出现雨凇，最大直径1.0厘米，影响电讯、交通，压毁树木。

3月4～5日，安丘县出现雨凇，直径一般20～30毫米，最大40毫米，出现范围全县，南部、西部地区较重。通讯线断杆倒，农村电话基本中断，本县南部、西部地区的十几个公社电话中断2天。

3月5日，巨野全县出现雨凇，直径20～40毫米，交通停止，电信、广播中断，路滑难以行人。定陶县出现雨凇，压断电线、树枝，影响交通。邹县雨凇最大直径15毫米，全县5个公社电话线压断，果树被冻死或压断枝。鱼台出现雨凇，最大直径6厘米，70%的电线、电线杆被毁，毁树不计其数。

3月5～6日，青岛市即墨县、胶县、胶南3县出现大范围雨凇，直径一般为10～20毫米，最大20～30毫米。青岛市许多电线杆被压倒，造成青—济长途电话线路中断达18小时之久；铁路轨道结冰，青岛至北京的列车，在南泉站停车40分钟；电车线路结冰，造成全市电车停车7个多小时；即墨到长直的电线杆倒了200多根；3县均遭压断电线，影响交通，跌伤人，影响小麦生长的灾害。

3月5～8日，平邑全县出现雨凇，压断电线杆10根、压歪13根，电话中断，电厂停电19.5小时，交通中断，压坏树木2万余棵、房屋600多间，其中360间较重。临沭县出现雨凇，直径30～50毫米，交通、邮电、广播中断，树枝大部分被压断。沂南县出现雨凇，直径一般20毫米，最大40毫米，出现范围全县，全县15个公社干线全部压断，县与各公社电话5天左右不通，共断线杆487根，线路断11316头次，全县唯一电厂停电10天左右，广播站10天停止播音，压坏、压断树木115000多棵，全县压倒房屋700余间。

3月5～9日，除沂源、蒙阴两县，临沂地区其余11个县都出现雨凇，最大直径6～10厘米，严重程度为70年所仅有。电讯、供电中断，工厂停工，交通中断3～5天。邮电局统计：全地区181个区中有126个中断通话，约损失20余万元。农业损失重大，特别是林业，直径3～5厘米的树枝压断，小麦死苗。其中，费县全县倒电线杆1004根，断电线杆498根，断线1024处，区社停止通话4天以上，损失8万余元，电厂停电3天，广播线路断杆6000余根，7天无广播，被折断树枝、树干的树木140万棵，其中，果树28万棵。苍山县毁坏树木339万棵、电线杆5280根。莒南县断电线杆2415根，果树芽被冻掉，树枝压断61%，冻死小猪十几头，地瓜窖漏水83个，损失地瓜种7.5万千克。

3月6日，即墨、乳山、海阳县出现雨凇，直径20～50毫米。即墨影响交通，倒电线杆200多根；乳山电线下垂；海阳路滑，交通不便。金乡雨凇最大直径40毫米，树枝压断，13个公社电话线路中断，电线杆被拉断，影响客车2天、货车3天不通车，东西线比南北线受灾重。郯城全县出现雨凇，最大直径7.0厘米，北重南轻，中断交通、电信数日，林木严重破坏。

3月上旬，沂水县出现雨凇，直径30～100毫米，中断电话，全县中断线路6条，压倒电线杆115根。单县17个公社出现雨凇，直径40～50毫米，树木损失80%，电话线杆全部压断，电话中断。郓城县出现雨凇，直径3.5～5.0毫米，压断电话线，交通中断，广播停止。高密出现雨凇，最大直径30毫米，影响交通，使行人不便，摔伤人，并影响小麦生长和春播。

3月，昌乐县尧沟、朱刘公社出现雨凇，直径在5毫米，电话中断，影响通话。肥城县，出现雨凇，全县40000亩春地瓜受冻。微山全县出现雨凇，最大直径5厘米，南北轻中间重，压断电线杆，小麦受害。

4月4～7日，临朐县出现雨凇，3～7厘米的树枝被压断很多，大关和尧山的电话线被压断10余处，交通一度受到影响。

11月21日，梁山县出现雾凇，电线被压断，交通困难。

11月，栖霞县石家沟出现雨凇，直径2～3厘米，路滑翻车，马死、人伤。

1967年　1月，滕县出现雾凇，全县部分树枝压断。

1968年　1月28～29日，定陶县出现雨凇，直径20～40毫米，压断树枝、电线。

1月，招远县出现雨凇，路滑，影响交通，小广播中断。荣城县出现雨凇，影响部分广播线。滕县出现雾凇，全县部分树枝压断。

2月，荣成县出现雨凇，直径5～10毫米，最大60毫米。压断电线和线杆，交通停运1～2天。历城孙村公社西部吴家管区范围内，由于雨凇道路结冰，济青公路停止通车达5～6天。

11月，章丘县普集公社，出现雨凇，村里社员因雨凇路滑走路跌断腿；肥城全县因雾凇，30%的果树受灾。

12月，乐陵县出现雨凇，直径一般2毫米，最大3毫米，部分电线压断一部分，交通中断，机动车不能行驶，自行车不能骑。

1969年 1月26日，阳信出现雨凇，最大直径15毫米，全县受灾，洋湖、水落坡较重，电线杆被拉倒，电线被坠断，汽车3天不能通行，小麦受灾。定陶县出现雨凇，压断电线、树枝，影响交通。潍坊县出现雨凇，直径在10～25毫米，全县交通几乎断绝，电话线被压断，电话线杆被拉断400多根。

1月26～29日，冠县出现雨凇，最大直径66毫米，影响交通，小骡子被摔死，人被摔伤，交通不便，电话线路发生中断。

1月26～30日，茌平县出现雨凇，直径一般达2厘米，最大达4厘米，影响电讯，交通事故显著增多，造成翻车、撞车、撞人事故达10余起。

1月27日，巨野全县出现雨凇，直径15～30毫米，交通、电信、广播中断，路滑难以行人。费县出现雨凇，直径一般20毫米，最大30毫米，全县压倒树枝、电线很多。即墨县、胶县、胶南县3县出现大范围雨凇，直径一般为10～20毫米，最大30毫米，压断电线，影响交通和小麦生长。

1月27～29日，宁阳伏山出现雨凇，持续4天左右，最大直径54毫米，造成伏山公社通往汶上的线路部分压断和电线杆裂折，影响了通话的正常进行，同时东庄公社陈村的雨凇持续13天，个别果树被冻死，路滑难以行人，机动车不能开动。苍山县出现雨凇，直径15～40毫米，毁坏部分树木、电线杆。

1月27～30日，东阿县出现雨凇，直径10毫米，中断交通，并造成人畜伤亡。

1月27～31日，临沭县出现雨凇，直径20～40毫米，交通、邮电、广播中断，树枝大部分被压断。

1月下旬，牟平、即墨县出现雨凇，直径10～20毫米，最大30毫米，牟平压断线路1处，即墨影响交通。沂水县出现雨凇，直径20～30毫米，中断交通，折断树枝。单县17个公社出现雨凇，直径10～15毫米，树木损失10%，电话中断。沾化县20个公社出现雨凇，直径6～40毫米，妨碍交通，人、车辆不能行走，马营公社电线杆压断；义和公社压断电线16～17条，电线杆歪倒；新户公社压断电话线。

1月，齐河北关因雨凇路滑，汽车司机已刹住车，又滑出十几米，把北关的一位老人轧伤。滕县出现雨凇，全县部分树枝压断。平阴全县出现雾凇，交通停止3天。长清出现雾凇，电话线被压断8～9条。

春节前，长清县孝里公社出现雨凇，3厘米厚，电线杆折断89根。

2月12日，阳信县雨凇兼有大风，严重影响交通，人车不能通行。

2月12～15日，威海市、荣成以北出现雨凇，直径10～20毫米，最大60毫米。威海压断线路，通讯中断3天，交通停止1～2天，果树受灾3000亩；荣城压倒线杆，交通停止1～2天，其中温泉、羊亭和风林的西南部较重，电线压断，有的电线杆被拉倒，中断有线通讯长达3天，汽车停开1～2天，部分作物、果树也受到危害。威海全市约有3000余亩豌豆受冻减产。

2月13日，胶县全县出现雨凇，直径一般为5～10毫米，最大20毫米，影响交通，跌伤人。安丘县出现雨凇，直径一般20毫米，最大40毫米，出现范围全县大部分公社，南部、西部地区较重，北部地区次之。南部地区线路中断，白芬子公社杨埠岭北侧，压断电线杆30余根，荆山洼一带电话中断。

2月13～14日，临沭县出现雨凇，直径10～20毫米，交通中断3天。

2月13～19日，临朐县连续7天雨凇，1～4厘米粗的树枝压断很多，花椒树冻死不少，通往柳山的电话线被压断多处。

2月中旬，利津县出现雨凇，最大直径35毫米，倒电线杆、断电线9处，电讯中断72小时。沾化县出现雨凇，直径5～20毫米，出现范围全县20个公社，阻碍交通，车辆、行人不能行走。

2月，昌乐县共14个公社出现雨凇，直径在20毫米，电话线被坠断，5～6天不能通话。泰安全县出现雾凇，小麦受冻减产，影响交通和农事活动。益都县出现雨凇，持续8天，一般直径30毫米，最大40～50毫米，压断电线，电讯中断，铁路交通受影响。滕县出现雾凇，全县部分树枝压断。

3月9～12日，定陶县出现雨凇，压断电线、树枝，影响交通。

3月10～12日，茌平县出现雨凇，直径一般达2厘米，最大达4厘米，影响电讯，交通事故增多，造成车辆不通，线路中断。

3月11～12日，东阿县出现雨凇，直径5毫米，中断交通，并造成人畜伤亡事故发生。

10月，章丘县出现雨凇，直径一般10毫米，最大20毫米，出现范围黄河、高官寨等3公社，路面很滑，无法行人、行车，一般持续2～3天，高官寨持续5天。

1970年　2月24日，沂水县出现雨凇，直径10～15毫米，中断交通。

2月24～25日，威海市出现雨凇，直径2～3毫米，部分电线被压断，短时中断交通。

4月1日，乐陵全县出现雾凇，坠断电线19处，木质电线杆被拉断了几十根，城关较重。

11月26日，东阿县出现雨凇，直径5毫米，妨碍交通。

12月22日，定陶县出现雨凇，直径20～40毫米，压断树枝、电线。茌平县出现雾凇，直径一般在2厘米左右，在博平汽车站附近造成翻车事故。

12月，齐河靳家公社太平庄因雨凇路滑，两辆车错车时把济阳县的一个人轧死。新泰红旗西庄雨凇把高压线压断。

1971年　1月20日，胶南全县出现雨凇，1月29日该县王戈庄、宝山再次出现雨凇。压断电线，影响交通和小麦生长。

1月27～29日，昌邑全县出现雨凇，直径一般10毫米，最大20毫米，通讯广播中断，公路运输困难。

1月下旬，牟平县龙泉公社出现雨凇，直径在2～3毫米之间，影响交通，电线被压断；院格庄公社出现雨凇，直径1.5～2毫米，压断树枝，摔坏行人1人；高陵公社出现雨凇，直径1～2毫米，汽车摔坏，死亡1人。

1月，招远县出现雨凇，路滑，影响交通，小广播中断。

2月28日，定陶县出现雨凇，直径20～30毫米，压断树枝，影响交通。

3月1～2日，临沂地区13个县均遭雨凇影响，全区断线杆98根，倒线杆206根，歪线杆89根。中断通话57个区，全地区经济损失12万元。

3月1～4日，曹县出现雨凇，直径34～60毫米，全县电线被压断50%以上，19个公社电话中断，广播中断5天，交通中断。昌邑全县范围出现雨凇，直径一般20～30毫米，最大40毫米，通讯广播暂停，歪杆断线多处，公路运输困难。

3月上旬，沂南全县出现雨凇，直径一般5毫米，最大15毫米，持续时间1～2天，损失部分电线杆和部分树枝。沂水县出现雨凇，直径20～30毫米，中断交通，马绍—圈里—官庄的线路中断，军用线被压坏。单县17个公社出现雨凇，直径20～30毫米，树木、电话线杆损失30%，电话中断1天。

3月，成武县出现雨凇，全县断电话线1000多处，9个公社电话中断。昌乐县朱刘等2个公社出现雨凇，直径在5毫米，电话中断1天。新泰县汶南公社出现雨凇，压断电线、电线杆。栖霞县桃林出现雨凇，直径3厘米，倒电话线杆5根。

12月8日，定陶县出现雨凇，直径10～30毫米，压断树枝，影响交通。

12月14日，定陶县出现雨凇，直径14～20毫米，压断树枝，影响交通。

12月23～24日，定陶县出现雨凇，直径11～34毫米，压断树枝，影响交通。

12月30～31日，定陶县出现雨凇，直径20～40毫米，压断树枝、电线。茌平县出现雾凇，直径一般2厘米，最大达5厘米，影响电讯，交通事故增多，造成翻车、撞车、撞人事故，经济损失万余元。

12月，肥城县全县出现雾凇，全县30%的果树被冻坏。

1972年　1月19～21日，定陶县出现雨凇，直径20～40毫米，压断树枝、电线。

1月20日，东阿县出现雨凇，直径5毫米，妨碍交通。即墨县、胶南县出现雨凇，直径分别为20～30毫米、6～15毫米。压断树枝，影响小麦生长，影响交通，其中，即墨全县交通停止2～3天。

1月22～27日，曹县出现雨凇，直径20～30毫米，电线、广播线、电话线受到损失。

1月23日，平度县、胶县出现雨凇，直径分别为10～20毫米、10～30毫米。压断电线杆、电线，影响交通，跌伤人。安丘全县出现雨凇，直径一般40毫米，最大60毫米，县到社的线路部分不通，农村社到队线路全部不通，交通中断，潍徐公路停运2～3天，一般公路停运4～5天，大小医院都住满了摔伤的病人。潍县马司、木村等6个公社出现雨凇，直径在10～20毫米，电话线压断，电话不通。东明县出现雨凇，直径15～20毫米。80%广播线、电话线被损坏，20%的高压线被损坏，交通中断。巨野全县出现雨凇，直径10～30毫米，交通停止，电信、广播中断，路滑难以行人。高密雨凇，最大直径30毫米，严重影响交通，汽车不能行驶，居民行走摔伤多人，大王庄公社跌死2人，河崖公社跌死1人，城关公社跌死1人，大牟家公社冻坏1台机器，压断树枝及电话线，中断交通、通讯2～3天。

1月23～24日，文登县全县出现雨凇，直径5～50毫米，昆仑山里的最大直径200毫米，压断电话线1千米，电视台电缆被压断；文城公社的电话线压断，影响通话达240分钟。莱阳、牟平、即墨、栖霞、海阳县出现雨凇，直径5～20毫米，最大30毫米，影响交通。栖霞死亡2人，伤1人。牟平电线压断，影响通话，伤2人。

1月23～25日，沂南全县出现雨凇，直径一般10毫米，最大20毫米，压断树枝和部分电线杆，影响交通2～3天。

1月23～26日，东阿县出现雨凇，直径5毫米，妨碍交通。昌邑县出现雨凇，直径一般20～30毫米，最大40毫米，出现范围饮马公社以北，通讯广播暂停，其它地区影响通讯广播质量，公路运输困难。

1月23～28日，菏泽除梁山县外全区出现雨凇，最大直径4.0厘米，影响电讯、交通，压毁树木。

1月23～29日，定陶县出现雨凇，直径20～30毫米，压断电线、电线杆。

1月27日，栖霞县甘里堡出现雨凇，路滑翻车，压死1人。

1月下旬，莱阳全县出现雨凇，直径一般40毫米，最大50毫米，全县道路结冰，影响交通。牟平县出现雨凇，直径在2～3毫米之间，影响交通，电线被压断。其中，姜格庄出现雨凇，直径1～2毫米，影响交通，行走不便，摔伤行人3人；大窑公社出现雨凇，直径2～3毫米，影响交通，行走不便，压断电线3处；院格庄公社出现雨凇，直径1～2毫米，压断电线1处，摔伤行人2人；全公公社出现雨凇，直径1.5～3毫米，影响交通，2000余棵树木被压断树枝。沂水县出现雨凇，直径40～60毫米，中断交通，折断树枝。单县17个公社出现雨凇，直径20～25毫米，树木、电话线杆、电线杆压断10%，电话中断。

1月，平阴县出现雨凇，全县中断交通2天。成武县出现雨凇，全县压倒线杆500根，断线杆70根，断电话线200处，40个公社电话中断。栖霞县东杏山出现雨凇，直径1厘米，路滑影响交通；朱留出现雨凇，路滑影响通车，部队拉练很多人被摔伤；杨础出现雨凇，直径2厘米，汽车因路滑，死、伤各1人；隋家沟出现雨凇，直径，路滑走路困难，影响通车。

2月9～11日，定陶县出现雨凇，直径20～40毫米，压断树枝、电线。

2月上旬，鄄城全县出现雨凇，直径5～10毫米，由县到公社6条东西向的电线被压断，路滑难以行人。

2月下旬，牟平县象岛公社出现雨凇，直径1.5～2毫米，压断电线1处，摔伤行人3人。

2月，嘉祥出现雾凇，最大直径25毫米，压断树枝。

1976年　2月14～16日，龙口因降雨气温较低，出现雨凇，厚度一般为15毫米，全县广播线水泥方杆折断100多根，龙口电厂至化肥厂2千米高压线路电线杆折断60%以上，被迫停电，致使化肥厂停产；龙口镇内龙口至王屋9681化肥厂、煤矿筹建组等单位均由于电线结冰或断线而无法送电；电话线杆倒40多根，长途线路除龙口至掖县（为保证畅通采取了紧急措施才保住）未中断外，其余线路全部中断，短途线路有十几处中断。

1979年　1月27～29日凌晨，宁阳县城关、伏山、东述、东庄等公社出现雨凇。压断树枝、电话线，拉断广播线杆等，毁坏房屋361间。

1月28日受寒潮影响，山东南部和东部地区出现大范围雨凇，致使济宁、临沂、潍坊、烟台、青岛等地市的53条通信线路受到破坏，总共中断通信1668小时。同年2月21日，山东又出现了一次范围更大、危害更严重的雨凇，全省有11个地市74个县830

个公社（现在的乡）的通信线路受到不同程度的破坏，累计中断通信达7896小时。

1月28日和2月3日，青岛市区和部分属县，两次遭受雨凇灾害，致使鲁东电网平度段终止供电；胶南雨凇结冰在20～70毫米，加上东北大风，毁坏船只、折断电线杆和树木甚多，损失200余万元；青岛市区供电线路被压断，直接波及邮电、铁路、工业、交通等，致使工厂停产、行车指挥失灵；邮电部门至京、沪、济等地的电报、电话全部中断，国际电报无法外发。

2月5日开始，菏泽雨凇3天，长达46小时，压断输电线、电话线、广播线，交通中断，树枝被压坏。

1985年 2月21～24日，受高空槽影响，潍坊市各县区出现雨凇灾害，电力、邮电、广播事业受灾严重，折断线杆几千根，大部分县乡通讯、电力中断。

2月21日晚，郓城出现特大雾凇，广播电话线被压断，仅电话线杆就折断1500余根，高压电线也被压断，停电近两个月，大部分树枝被压断，经济损失惨重。

2月23日，长岛县出现雨凇，将电线和庄稼等封冻，树木和庄稼受到损害。

第十章　干热风灾害

第一节　概　　述

干热风亦称“干旱风”，群众俗称“火风”、“旱风”或“西南风”，是一种针对农作物而言的气象灾害。山东主要发生的是小麦干热风，出现在春末夏初。

干热风是一种在小麦抽穗、扬花和灌浆期间（5 月中旬至 6 月上旬）出现的农业灾害性天气。影响山东的干热风分为轻干热风和重干热风，常用的轻干热风气象指标：日最高气温大于或等于 32℃，14 时相对湿度小于或等于 30%，14 时风速大于或等于 2 米/秒；重干热风气象指标：日最高气温大于或等于 35℃，14 时相对湿度小于或等于 25%，14 时风速大于或等于 3 米/秒。影响山东干热风主要有两种类型，一种是高温低湿型，特点是大气燥热，地面吹偏南风，这种高温干旱的天气使小麦干尖、炸芒、植株枯黄，这是山东麦区主要的干热风类型。另外一种是雨后青枯型（枯熟型），特点是雨后高温或雨后猛晴，造成小麦青枯或枯熟，多发生在山东中、南部。

由于山东历年小麦播种面积占总耕地面积的一半以上，所以干热风灾害对农业生产危害很大。历史上，广大农民群众对干热风灾害早就有所认识，如农谚“伏里东风似火烧，麦干粒秕棉落桃”，“麦子怕热风，热风减收成”，“禾怕午时风”，“南洋风一场空”等等都反映了干热风对农作物的危害。但是干热风作为一种农业气象灾害提到日程上予以系统地调查、分析和研究，在我国是从 20 世纪 50 年代以后开始的。山东首次对干热风灾害进行调查是 1964 年，当时由国务院农林办公室组织气象和农业两部门的科技人员到山东及河南、陕西等地深入社队进行了大规模的调查。此年是典型的雨后青枯型干热风年，山东春季多阴雨，小麦生育不良，锈病严重，全省小麦锈病面积约达 170 多万公顷，占小麦总播种面积的 50%，5 月底天气突晴，出现干热风，直到 6 月 4 日，使小麦提前枯熟 6～7 天，减产 10%～20%。20 世纪 70 年代中期以后，北方麦区组织了干热风科研协作组，至 20 世纪 80 年代初，干热风的研究工作推向了高潮，提高了广大人民群众和各级领导对干热风灾害的认识。

一、山东干热风灾害概况

为了便于讨论全省干热风灾害的发生状况，首先确定全省干热风日和全省干热风过程的标准。

全省轻干热风日：全省 34 个指标站中，有 2/3（23 个站）或以上达到轻干热风标准；

全省重干热风日：全省34个指标站中有1/2（17个站）或以上达到轻干热风标准，且其中有1/3（11个站）或以上达到重干热风标准。全省干热风过程：连续出现的全省干热风日为一次全省干热风过程，过程中至少有一天全省重干热风日，则定为全省重干热风过程。

按照全省每年出现的干热风日数及其对小麦产量造成的损失，将历年的干热风强度分为重、轻、无3种年型。重干热风年，一般出现2天以上重干热风或4天以上轻干热风，可使小麦千粒重减少3～5克，减产达10%以上；轻干热风年，一般仅出现1天重干热风或3天以下轻干热风，可使小麦千粒重减少1～3克，减产5%左右；无干热风年，没有干热风出现或仅出现了1天轻干热风，小麦产量基本不受影响。据1959—1980年的资料统计，山东共出现干热风年14年，出现几率64%，其中，重干热风7年，轻干热风7年，出现几率均为32%。共出现干热风过程27次，年均1.2次，其中，重干热风过程17次，年均0.8次；轻干热风过程10次，年均0.5次。最多的年份（1962、1965、1968年）出现3次干热风过程，干热风过程长的可达3天，短的只有1天。1959—1980年共出现干热风42天，年均1.9天，其中，重干热风25天，年均1.1天；轻干热风17天，年均0.8天。干热风最重的是1965年，全省大部地区分别于5月21～23日、5月26～31日和6月4～7日出现了8～13天干热风天气，全省小麦减产15%～20%。

干热风可造成小麦出现大范围的严重减产。例如，1974年，全省麦区于5月25日～6月8日分别出现了6～12天高温低湿型干热风，使小麦减产20%～30%。

二、干热风灾害成因分析

（一）山东干热风形成的气候、环流背景

每年春末夏初，我国北方内陆地区气候干燥，日照充足，空气剧烈增暖，因而形成干热的变性气团，长期在这种气团控制之下，往往形成干热风天气，具体天气形势分析则是：该时期东亚大槽强度已明显减弱，主体东移，但在120°E附近尚留有小槽，中亚（70°E～80°E）的高压脊继续维持，华北地区处在槽后脊前。这一时期500百帕高度流场和500百帕湿度（T－Td）场，辐合带稳定在长江流域，黄淮海地区在西北气流控制下，它的上游柴达木盆地和河西走廊一带，为一水汽来源枯竭的“干”中心。由于青藏高原夏季相对于周围大气是个热源，春季增温急剧，也往往是高温中心，因此，凡西来气团与之叠加，都有同时增温减湿效应，当它移至黄河中、下游时，有利于干热风天气的形成或加剧。同时，由于青藏高原的存在，地形对西来气流的摩擦作用，使高原东部的陕、晋、豫交界一带的低层，形成一个反气旋环流，它的辐散中心，5月份在吕梁山脉南端，强度较强，6月上旬向东南方向移动两个纬距，强度减弱，在此反气旋北侧40°N附近，和南侧长江流域以南，分别有两个锋区，对应地面常有两条锋带，一条在内蒙和东北；另一条在华南，黄淮海地区正处于槽后脊前的西北下沉气流控制之下，由于气流下沉的干绝热增温作用，加之低空和地面处在两条锋带之间的反气旋区内，天气晴朗，气温高，空气干燥，在这种环流背景下形成了干热风天气。

（二）干热风的致灾因子分析

1. 高温低湿型干热风

此类干热风主要是通过高温的热害和低湿的干害共同作用而危及小麦，风则加剧危害的程度。高温使叶片气孔麻痹失去关闭能力，蒸腾强度加大。当气温由30°C左右上升到

34^0C～36^0C时，单位面积内植株耗水量增加60%，而根系的吸水能力一般不能适应这种急剧变化，从而引起细胞失水，使植株体内水分失去平衡，即植株根系吸收的水分不能弥补叶片蒸腾的水分损失，造成植株代谢活动受阻，破坏了光合作用的正常进行、积累与转运，轻者炸芒，叶片凋萎，颖壳灰白；重者则严重炸芒，顶部小穗颖壳和叶片大部干枯，呈灰白色，粒秕色暗，造成小麦严重减产。

2. 雨后青枯型干热风

雨后青枯型干热风对小麦的危害俗称"沤根"。它与高温低湿型干热风的不同之处在于：一是危害的时间不同，高温低湿型以在小麦灌浆中后期危害最重，而雨后青枯型以灌浆末期危害最重；二是危害原因不同，高温低湿型是受干和热两个因素影响，而雨后青枯型则受湿和热两个因素影响。小麦的根系活动开花后逐步衰老，乳熟后期根系活力大减，已经失去对不良条件的抵抗力，一旦出现降水，土壤水汽过多，土壤水分比例失调，通气性变坏，根系呼吸受阻，吸水能力减弱；加之雨后天晴，最高气温在32℃或以上时，蒸腾作用加强，植株体内水分失去平衡，从而发生青枯。因此，雨后青枯是雨和热共同作用的结果，雨是根本因子，热是重要条件，只有具备了雨这个因子，热才能发挥作用。如果无雨或降雨量过小，最高气温超过32℃也不致于青枯；反之，如果降雨量达10毫米以上，即使温度不很高也会产生危害。

（二）干热风成灾的相关因素

干热风对小麦的危害除与干热风本身的轻重程度有关外，还与小麦所处的生育期有密切关系。在小麦开花期内发生干热风，易造成小花败育、不孕小穗数增加和穗粒重降低；发生在灌浆期，则会使小麦生理机能失调，光合作用受阻，灌浆速度下降，导致穗粒重、千粒重的降低。

不同气候类型的年份、不同地区的小麦对干热风危害的反应大不一样。如果春季多雨，特别是4月份多雨，易受干热风危害。春季多雨年份，其危害程度一般是湖洼地重于平原地，平原地重于山丘地；春旱年份，则是山丘沙岗地重于平原地，平原地重于湖洼地。

三、山东干热风的时、空变化特征

（一）地理分布特征

干热风在山东的地理分布有两个特点。一是影响范围广，几乎遍及全省各地；二是山东背陆面海的地理位置和鲁中、半岛地区多山地丘陵的地形、地貌，决定了干热风的危害程度自西北向东南逐渐减轻。鲁西、鲁北地处山麓冲积平原和黄河冲积平原的低洼盐碱地带，受低洼地形与盐碱土壤影响，使干热风加重，成为全省的重干热风区；鲁中、鲁南为山地丘陵，地势凸起，受地形抬升作用，干热风减轻；胶东半岛和沿海地区，受海洋水汽调节作用，空气湿度较大，干热风减轻乃至消失。对于雨后青枯型干热风来讲，却有不同，以鲁中、鲁南较重，泰安、临沂、潍坊、枣庄4市年平均次数为0.3～0.4次，即10年3～4遇；其它地区0.1～0.2次，即10年1～2遇。

据1971—2000年资料统计，年平均干热风日数鲁西北地区、鲁西南大部和鲁中地区北部在4天以上，其中济南最多，达6.3天；山东半岛东部和鲁东南沿海地区在1天以下；其它地区一般在1～4天。

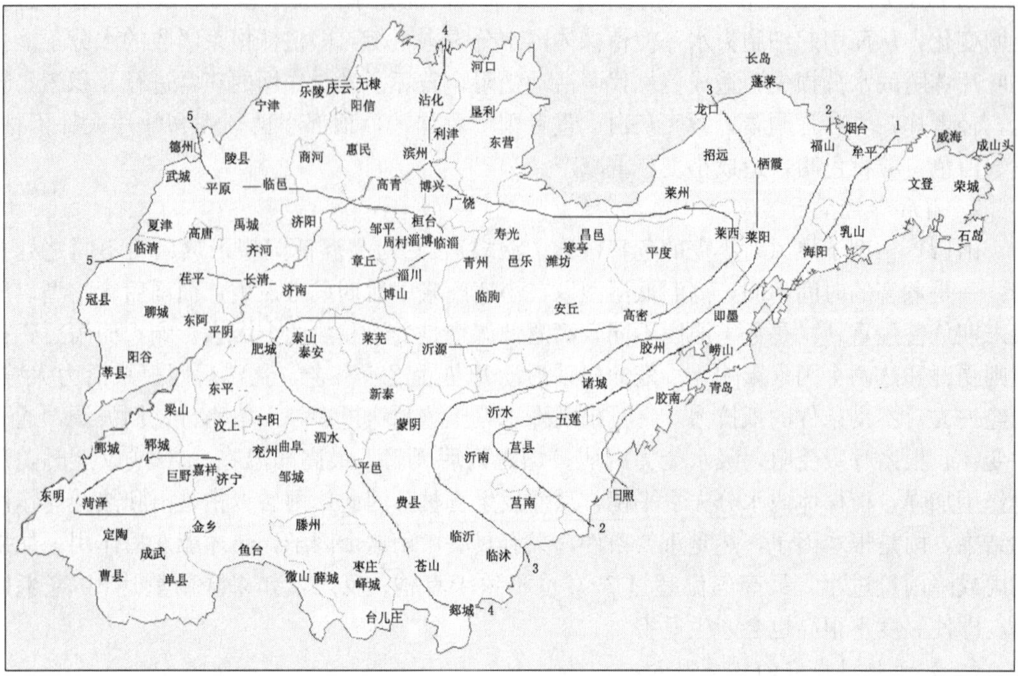

图 10.1　山东年平均干热风日数分布图（1971—2000 年）

（二）干热风的时间变化

1. 季节变化

山东小麦干热风发生的时段是 5 月中旬至 6 月上旬，集中出现时期是 5 月下旬至 6 月上旬，但各地出现时段和频率又略有不同。鲁西南（以菏泽为代表）集中出现在 5 月 31 日至 6 月 5 日，占出现总次数的 68%；鲁西北（以德州为代表）集中出现在 6 月 3 日至 8 日，占出现总次数的 49%；鲁东地区（以潍坊为代表）集中出现在 6 月 5 日至 10 日，占出现总次数的 50%。

表 10.1　山东 5 月第 3 候至 6 月第 2 候各候干热风出现几率（%）

月份 / 候号 / 项目	5 月				6 月	
	3	4	5	6	1	2
干热风几率（%）	3	10	37	43	50	43
重干热风几率（%）	0	7	13	10	17	20

2. 年际变化

全省选取 26 个代表站，据 1971—2000 年资料，计算各年全省平均干热风出现日数。结果表明，每年在 5 月中旬至 6 月上旬都有干热风出现，其全省平均日数多者达 7 天，少者仅有 1 天。

山东干热风日数具有明显的阶段变化，在 1971—1989 年间，存在 2～6 年的偏多阶段和 2～4 年的偏少阶段相间出现的规律，1990—1999 年为长达 10 年的偏少阶段。

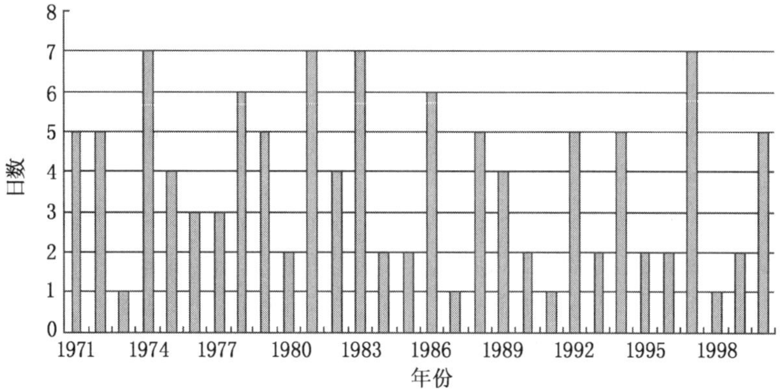

图 10.2　山东历年干热风出现日数（1971—2000 年）

表 10.2　山东干热风日数的变化阶段（1971—2000 年）

偏多阶段		偏少阶段	
年代	距平频率	年代	距平频率
1971—1975	＋4/5	1976—1977	－2/2
1978—1983	＋5/6	1984—1987	－3/4
1988—1989	＋2/2	1990—2000	－7/11

四、防灾减灾对策措施

根据试验研究和群众实践经验，减轻干热风危害的技术措施可归结为“躲、抗、改、防”4 个方面。“躲”是指通过调整小麦播种期或化学调控等措施，使小麦灌浆高峰期避开干热风发生期；“抗”是指选育抗干热风的小麦品种，通过肥水管理和化控、化调等手段，提高小麦自身抗干热风的能力；“改”是指通过植树造林，改善小麦的生态环境，减轻干热风的危害；“防”是指干热风出现之前，采用灌水、喷施激素等方法，防御干热风的危害。

（一）营造农田防护林

营造农田防护林，改善农田小气候，是防御干热风的根本途径。研究表明，护田林带最大防风范围可达树高的 20 倍，14 时的气温比无林网区低 1.0℃～1.2℃，空气相对湿度高 5%～10%，风速减小 30%～40%，蒸发量减少 14%～38%，小麦蒸腾量减少 19%，土壤含水量提高 20%左右，小麦产量比无林网区增产 7%左右。

（二）提高干热风的预报水平

提高干热风的预报水平，在干热风灾害发生前，做出较为准确的干热风出现时间、地点、强度预报，以便及时采取防御干热风的措施。

（三）浇麦黄水防御干热风

有灌溉条件的地区，在干热风发生前 2～3 天对麦田灌溉一次。灌溉后 2～3 天，地温平均降低 3^0C～5^0C，空气相对湿度提高 5%～10%，14 时的叶面温度可降低 1℃～2℃，麦黄水的小气候效应可维持 3～5 天，可以有效的防御干热风。浇麦黄水还能够加快小麦的灌浆速度，延长灌浆时间，一般千粒重可提高1～3克，产量增加5%～8%。浇麦黄水需注意以下几点：一是浇水的时间一般应在麦收前7～8天的小麦乳熟末期到腊熟始期；二是要根据土壤质地和肥力水平确定是否浇麦黄水；三是当土壤耕作层水分下降到田间持水量的50%～55%或以下时不易浇麦黄水；四是浇麦黄水时防止小麦倒伏，在浇后5～6小时内，不能出现4～5级或以上大风。

（四）选用抗干热风能力强的小麦品种

选用适当的小麦品种是减轻干热风危害的有效措施之一。主要包括：选用高秆或中秆的小麦品种；选择早熟和中早熟小麦品种；选用耐碱性强的小麦品种。

（五）喷施化学药剂抗干热风

1. 石油助长剂　每亩用石油助长剂100克，兑水100千克，在小麦扬花期喷洒于叶片，可有效增强光合强度，抑制蒸腾作用，增加叶片含水量，从而增强小麦抗干热风的能力。在小麦扬花期和灌浆期各喷洒一次，效果更好。

2. 磷酸二氢钾　每亩用磷酸二氢钾100克，兑水50千克，在小麦孕穗、抽穗、扬花期各喷洒一次，可使小麦植株体内磷、钾含量增加，促进小麦体内的新陈代谢，增加叶片含水率，增强抗干热风能力。

3. 草木灰水　在小麦拔节、抽穗期，每亩用3～6千克草木灰，加水50千克，浸泡半天后过滤喷液，可提高小麦植株的含钾量，增强光合作用，使小麦茎秆健壮，叶片含水率增加，蒸腾强度降低，达到抗干热风的目的。

4. 减灾增产剂　抗旱剂、农药微肥的多功能复合制剂，具有减少作物蒸腾，促进植株发育的作用，不仅能够减轻干热风的危害，还可以起到防治病虫害、补充小麦植株营养的作用。

第二节　公元1438—1839年干热风灾害

明　正统三年（公元1438年）　四月，历城烈风连日，麦苗尽败。

明　正统四年（公元1439年）　夏，德州烈风连日，禾苗尽败。

明　天顺三年（公元1459年）　四月，连日烈风，麦苗尽败，顺天、河间以及济南皆烈风弥旬，麦苗尽萎（平原县志、宁津县志）。

明　嘉靖四年（公元1525年）　夏四月，有风如火，日半明，忽风如火炽，行路人中之悉病伤害，多至死者，农夫不知避忌，死者犹众（诸城县志）。

明　万历二十二年（公元1594年）　四月，冠县有气自南来，其热如炙，树叶尽卷。

明　崇祯十一年（公元1638年）　淄川：六月旱，夏旱，夕时有赤气如火……。

清　康熙十三年（公元 1674 年）　四月、五月，大风霾，气蒸如火，飞尘四塞，入夜处处闻击声，就视寂然，久之乃安。

清　雍正元年（公元 1723 年）　四月七日，恩县热风如火，灼人。四月，蒲台（北镇）热风伤稼，大饥。

清　雍正二年（公元 1724 年）　四月初七日，过午大风自西北来，中有光若火触人，腥恶，须臾昏晦人不相见（博山县志）。

清　道光十四年（公元 1834 年）　五月十二日，大风自西北来，映地俱赤，热如火（即墨县志）。

夏五月十二日，胶州有风自西南至，色赤，热如火，人畜多有渴死者。

第三节　公元 1840—1948 年干热风灾害

清　道光二十一年（公元 1841 年）　三月，安丘大热十余日，如焚，墙壁皆不可近。

民国　八年（公元 1919 年）　五月，济南地区出现轻度干热风，六月又出现一次轻度干热风。

民国　十年（公元 1921 年）　五月二十七至二十八日，济南地区出现轻度干热风。

民国　十七年（公元 1928 年）　五月二十七至二十八日，济南地区、鲁北、鲁西地区出现重度干热风。

民国　十九年（公元 1930 年）　五月八至九日，济南地区出现轻度干热风。

民国　二十一年（公元 1932 年）　五月十九至二十日，济南地区出现轻度干热风。

民国　二十二年（公元 1933 年）　五月六至七日，济南地区出现轻度干热风。

民国　二十三年（公元 1934 年）　五月十三至十五日，济南地区出现轻度干热风。六月十六至十七日又出现一次轻度干热风天气过程。

民国　二十四年（公元 1935 年）　五月九至十日，济南地区出现轻度干热风。二十一日至二十四日又出现一次轻度干热风。

民国　二十五年（公元1936年）　五月二十八至二十九日，济南地区出现轻度干热风。

民国　二十八年（公元1939年）　五月二十五至二十七日，济南地区出现轻度干热风。六月四至六日鲁北、鲁西出现重度干热风。

民国　二十九年（公元1940年）　五月十九至二十日，济南地区出现轻度干热风。

民国　三十年（公元1941年）　五月二十七至二十九日，鲁北、鲁西出现轻度干热风，五月三十日至三十一日出现重度干热风。

民国　三十一年（公元1942年）　六月四至六日，济南地区出现轻度干热风。

民国　三十二年（公元1943年）　五月六至七日，济南地区出现轻度干热风。

民国　三十三年（公元1944年）　五月二十七至二十九日，济南地区出现轻度干热风。

民国　三十四年（公元1945年）　五月八至九日，鲁北、鲁西出现轻度干热风，五月二十六至二十八日出现重度干热风，五月二十九至三十日又出现轻度干热风。

第四节　公元1949—2000年干热风灾害

1949年　阳信全县出现干热风天气，小麦减产5成。5月8～10日，济南地区出现轻度干热风。

1950年　定陶全县出现干热风天气，估计小麦减产2成。

1951年　5月，沂水出现干热风天气，全县普遍受灾，小麦减产2～3成，重者达4～5成。昌潍地区出现干热风天气，受灾范围，潍县2000亩、昌乐两个公社，估计小麦减产3成。阳信全县出现干热风天气，小麦减产4成。5月8～9日，6月9～12日，济南地区出现两次轻度干热风。

1952年　昌潍地区出现干热风天气，受灾范围，安丘全县、益都26.6万亩，估计小麦减产4成；胶县7个公社，估计小麦减产2～4成。海阳春季偏西风，不下雨，出现干热风天气，危害面积15万亩，估计小麦减产2成。

春季，东阿出现干热风天气，估计小麦减产5成。

1953 年　益都、安丘、诸城、高密等县受干热风危害，受灾面积达 13 万亩，小麦普遍减产 2～5 成。

5 月下旬，诸城县出现干热风天气，持续 4 天，受灾面积 12910 亩，占总面积的 8.5％，估计减产小麦 3 成。

5 月，曲阜县出现干热风天气，成灾面积 40 万亩，造成小麦死亡、地瓜等秋季作物枯萎，估计小麦减产 3 成。

1954 年　昌潍地区出现干热风天气，受灾范围安丘大部分乡镇、益都县 167820 亩，估计小麦减产 2～5 成。苍山县出现干热风天气，造成平原地区麦棵干黄籽粒小，估计小麦减产 3 成。桓台出现干热风天气，估计全县小麦减产 2～5 成。

5 月，沂水出现干热风天气，受灾范围全县，估计小麦减产 2～3 成、重者达 5 成。

1955 年　4 月，东阿县出现干热风天气，全县 50 万亩小麦受灾，估计减产 25％。5 月中旬，单县出现干热风天气，16 个公社小麦成灾，估计减产 3 成。沂南县出现干热风天气，危害全县，估计小麦减产 4 成、重者 7 成。5 月，费县出现干热风天气，危害全县，估计小麦减产 4 成。

6 月 3～6 日，德州、惠民、济南 3 地区出现重度干热风，菏泽地区出现轻度干热风。

1956 年　益都县出现干热风天气，小麦成灾面积 200870 亩，估计减产 3 成。惠民县出现干热风天气，危害范围陈集公社，估计小麦减产 7 成。

6 月，沂水出现干热风天气，受灾范围全县，估计小麦减产 2～3 成、重者达 4～5 成。

1957 年　5 月 27～29 日，德州、济南、聊城、菏泽、临沂 5 地区出现轻度干热风。

5 月下旬，沂南县出现干热风天气，危害全县，估计小麦减产 3 成、重者 4 成。诸城出现干热风天气，持续 3～4 天，成灾面积 6700 亩，占总面积的 5.5％。估计小麦减产 3 成。

1958 年　乳山县出现干热风天气，危害两公社，估计小麦减产 2 成。海阳县出现干热风天气，受灾面积 110013 亩，减产 850 万千克，估计小麦减产 2 成以上。益都县出现干热风天气，受灾面积 84100 亩，估计小麦减产 2 成。

5 月，费县出现干热风天气，危害全县，估计小麦减产 4 成。沂水出现干热风天气，受灾范围全县，估计小麦减产 2 成、重者达 5～6 成。5 月 24～26 日，济南、菏泽、临沂 3 地区出现轻度干热风。5 月 27～30 日，德州、济南地区出现重度干热风，惠民、聊城、菏泽、济宁、临沂 5 地区出现轻度干热风。

1960 年　垦利县出现严重干热风，小麦减产 5 成。东明县出现干热风天气，小麦减产 2 成以上。鄄城县出现干热风天气，估计小麦减产 20％。

5 月，东阿县出现干热风天气，全县 45 万亩小麦受害成灾，估计减产 50％。

1961 年　鄄城县出现干热风天气，估计小麦减产 20%。东明县出现干热风天气，小麦减产 2 成以上。定陶全县出现干热风天气，估计小麦减产 2 成。梁山出现干热风，小麦约减产 4～6 成。桓台出现干热风天气，危害范围全县，田庄、唐山、荆家公社一带几乎绝产，估计小麦减产 3 成。临邑出现重干热风天气，全县播种小麦 105 万亩，绝产 50 万亩，平均亩产仅有 8.5 千克，减产 77.3%。博兴县出现轻干热风 13 天、重干热风 3 天，造成小麦减产。

5 月，曲阜出现干热风天气，全县 40 万亩农作物受灾。造成小麦死亡、地瓜等秋季作物枯萎，估计小麦减产 6 成。5 月 29～31 日，德州、济南地区出现重度干热风，菏泽、济宁、潍坊地区出现轻度干热风。5 月下旬，单县出现干热风天气，危害 14 个公社，估计小麦减产 2 成。

6 月 5～7 日，德州地区出现重度干热风，菏泽、济南、惠民地区出现轻度干热风。

1962 年　菏泽市出现干热风天气，估计小麦减产 3～4 成。鄄城县出现干热风天气，估计小麦减产 25%。阳信全县出现干热风天气，小麦减产 5 成。邹县出现干热风天气，小麦籽粒干瘪，减产 5～7 成。东明出现干热风天气，和风灾一起，使本县马头、大屯、三春局部、沙沃西部、城关堤外小麦基本上绝产。成武出现干热风天气，危害全县，估计小麦减产2～3成。苍山出现干热风天气，造成全县小麦炸芒籽粒瘦小，估计小麦减产 2～3 成。昌潍地区出现干热风天气，危害面积益都 187300 亩、临朐、安丘、高密县部分公社、寿光县南部地区，估计小麦减产 2～6 成。海阳出现干热风天气，受灾面积 248393 亩，估计小麦减产 2 成，成灾 85192 亩，全县减产小麦 537 万千克。博兴县轻干热风 14 天，造成小麦减产。

5 月 19～22 日，德州、济南、惠民、潍坊、菏泽地区出现重度干热风，聊城、济宁、临沂 3 地区出现轻度干热风。

1963 年　5 月，曲阜出现干热风天气，危害面积全县 40 万亩，造成小麦非正常成熟、地瓜等秋季作物枯萎，估计小麦减产 3 成。

6 月 10 日，费县出现干热风天气，危害全县，估计小麦减产 5 成。

1964 年　博兴县轻干热风 12 天，重干热风 2 天。临沂县出现干热风天气，危害范围全县各公社，估计小麦减产 5～6 成。

5 月底至 6 月 4 日，出现干热风，使小麦提前成熟 6～7 天，全省小麦减产 10%～20%。

6 月 6 日，费县出现干热风天气，危害全县，估计小麦减产 5 成。

1965 年　菏泽出现干热风天气，估计小麦减产 2～3 成。沾化县出现干热风天气，小麦成灾面积 50 万亩，估计减产 6～7 成。苍山出现干热风天气，造成全县小麦炸芒籽粒瘦，估计减产 2～3 成。定陶全县出现干热风天气，估计小麦减产 2 成。昌潍地区出现干热风天气，危害范围平度 6 个公社、昌邑 3 公社、安丘县大部分公社、益都县 11.6 万亩，估计小麦减产 2～3 成。巨野县出现 9 次干热风，期间正处于小麦灌浆的关键期，造成小麦千粒重降低1～3克，城关、大义、柳林小麦减产4～5成。梁山县出现干热风，小麦约减产3成。博兴县轻干热风12天，重干热风2天。

4月，东阿县出现干热风天气，估计小麦减产3成。5月10日，费县出现干热风天气，危害全县，估计小麦减产3成。

5月21日至6月8日，山东各地分别出现8～13天的干热风天气，全省小麦减产15%～20%。

5月22～23日，莒县刮干热风，小麦减产10%以上。

1966年　菏泽出现干热风天气，估计小麦减产2～3成。阳信全县出现干热风天气，小麦减产5成。鄄城县出现干热风天气，估计小麦减产2成。博兴县轻干热风9天、重干热风3天，造成小麦减产。

4月下旬，东阿县出现干热风天气，估计小麦减产5成。5月，曲阜县出现干热风天气，全县40万亩农作物受灾，造成部分小麦死亡、地瓜等秋季作物枯萎，估计小麦减产4成。章丘县一次干热风，使30万亩小麦受害，损失1000余万千克。

1967年　昌潍地区出现干热风天气，益都、潍县小麦受灾面积283950亩，估计减产2～3成。鄄城县出现干热风天气，估计小麦减产25%。郓城出现干热风天气，小麦成灾10万亩，估计减产3成。成武出现干热风天气，危害全县，估计小麦减产2成。阳信全县出现干热风天气，小麦减产5成。定陶全县出现干热风天气，估计小麦减产3成。梁山出现干热风，小麦约减产2成。博兴县轻干热风9天，重干热风4天。

5月，曲阜出现干热风天气，全县40万亩农作物受到危害。造成小麦非正常成熟，玉米、高粱叶干枯。估计小麦减产3成。

5月11日，费县出现干热风天气，危害全县，估计小麦减产3成。5月中旬至小麦成熟前，武城共出现干热风12天，其中重干热风7天，致使全县小麦提早成熟7～10天，千粒重下降5～7克，全县小麦平均减产15%～20%。5月26～27日，莒县出现重干热风，小麦减产20%。

1968年　郓城县出现干热风天气，小麦受灾7万亩，估计减产1.5成。成武出现干热风天气，危害全县，估计小麦减产2成。梁山出现干热风，小麦约减产2成。临沭县出现干热风天气，危害5个公社，估计小麦减产3～4成。鄄城县出现干热风天气，估计小麦减产20%。陵县出现干热风天气，危害10个公社，估计小麦减产2～6成。沾化出现干热风天气，成灾面积50万亩，估计小麦减产5～6成。巨野出现重干热风6次，其中6月2～6日连续出现5天干热风，小麦千粒重降低3～5克，小麦减产1成以上。博兴县轻干热风8天，重干热风2天，造成小麦减产。

春，商河出现干热风天气，受灾面积30万亩，估计小麦减产3～4成。

自5月13日开始，德州连续出现干热风天气，至5月底共出现5天，6月2～6日又连续5天干热风，日最高气温39℃左右，相对湿度15%以下，风速达7～8米/秒（约4级风），小麦较上年减产33.9%。

5月中旬至小麦成熟前，武城出现干热风10天，其中重干热风2天，迫使全县小麦提前成熟5～7天，千粒重下降5克左右，造成全县小麦平均减产15%左右，给小麦生产造成严重损失。5月下旬，沂南县出现干热风天气，危害全县，估计小麦减产2～3成。

5月，东阿县出现干热风天气，危害全县45万亩农作物，估计小麦死伤减产30%。

1969年 惠民出现干热风天气，危害全县，估计小麦减产3成。陵县出现干热风天气，危害8个公社，估计小麦减产2～6成。博兴县轻干热风3天，重干热风1天，造成小麦减产。

5月中旬，沂南县出现干热风天气，危害全县，估计小麦减产2成。5月下旬，单县出现干热风天气，危害全县，估计小麦减产2成。

1970年 惠民出现干热风天气，危害全县，估计小麦减产4成。陵县出现干热风天气，危害16个公社，估计小麦减产2～5成。阳信全县出现干热风天气，小麦减产5成。沾化出现干热风天气，危害面积50万亩，估计小麦减产5成。无棣全县出现干热风天气，小麦减产3～5成。成武出现干热风天气，危害全县，估计小麦减产3～4成。东明出现干热风天气，同旱灾一起影响，使全县小麦减产4～5成。临沂全县出现干热风天气，估计小麦减产4～5成。苍山出现干热风天气，造成全县小麦籽粒细瘦，估计减产2～3成。鄄城县出现干热风天气，估计小麦减产30%。定陶全县出现干热风天气，估计小麦减产2成。昌潍地区出现干热风天气，昌乐、昌邑、平度、胶县、胶南5个县39个公社的农作物受到危害，估计小麦减产2～4成。博兴县轻干热风4天，重干热风1天，造成小麦减产。

5月上旬，沂南县出现干热风天气，危害全县，估计小麦减产3成。

1971年 5月，夏津出现干热风天气，危害全县25万亩小麦，估计减产2～3成。菏泽出现干热风天气，估计小麦减产4～6成。鄄城出现干热风天气，估计小麦减产30%。郓城县出现干热风天气，10万亩小麦受灾，估计减产2.5成。巨野全县出现干热风天气，小麦减产5～6成。定陶全县出现干热风天气，估计小麦减产4成。成武出现干热风天气，危害全县，估计小麦减产4成。东明出现干热风天气，使全县小麦减产2成。沾化出现干热风天气，农作物成灾面积55万亩，估计小麦减产3～4成。阳信全县出现干热风天气，小麦减产5成。昌潍地区出现干热风天气，安丘、临朐、昌乐3县全部，昌邑、平度、胶县、胶南4县的20个公社，益都、潍县、诸城3县的605573亩作物受害，估计小麦减产2～6成。桓台全县范围出现干热风天气，估计小麦减产2～3成。梁山出现干热风，小麦约减产3成。博兴县轻干热风9天、重干热风5天。

5月中旬，沂南全县出现干热风天气，估计小麦减产3成。5月中旬至小麦成熟前，武城共出现干热风12天，其中重干热风8天，迫使全县小麦提前成熟7天左右，千粒重下降5～7克，全县小麦减产15%～20%。5月下旬，单县出现干热风天气，危害全县，估计小麦减产3成。

1972年 博兴县轻干热风5天，重干热风2天。海阳出现干热风天气，危害面积80万亩，17个公社成灾面积28万亩，绝产2万亩，估计小麦减产2成以上。

1974 年 5 月 25 日至 6 月 8 日，山东省内麦区分别出现了 6～12 天的干热风天气，小麦减产 20%～30%。

1979 年 6 月 12～13 日，山东出现了两天干热风天气，由于气温高，风速大，造成小麦早熟，全省小麦减产 14%～15%。

1980 年 5 月 27～29 日，博兴县连续出现干热风，使正在灌浆的小麦炸芒、卷叶，部分干枯致死。5 月下旬至小麦成熟前，武城共出现干热风 8 天，其中重干热风 2 天，小麦千粒重下降 5 克左右，造成全县小麦减产。

1982 年 5 月中旬至小麦成熟前，武城共出现干热风 12 天，其中重干热风 5 天，迫使全县小麦提前 7 天左右成熟，千粒重下降 5～7 克，造成全县小麦减产。济宁小麦受两次青枯型干热风过程的影响，千粒重一般降低 4.6 克，有的高产晚熟地块降低 10 克左右。

5 月下旬末和 6 月 12～13 日前后，分别出现两次干热风天气，受害面积占小麦总播种面积的 90%左右，全省小麦减产 3.7～7.4 亿千克。

5 月下旬至 6 月上旬，济南市郊区和历城县出现干热风 3～6 天，迫使小麦提前收获，千粒重平均下降 4～5 克。

1983 年 5 月下旬至小麦成熟前，武城县共出现干热风 8 天，其中重干热风 4 天，迫使全县小麦提前成熟 5 天左右，造成全县小麦减产。

1985 年 6 月 5～6 日、9～12 日，泰安出现干热风。5～6 日，泰安处在高压脊后部，湿度小，850 百帕受暖高压脊控制，有明显的暖平流，地面受暖气团影响；9～12 日，高空呈两槽一脊型，泰安受高压脊控制，850 百帕河套有暖中心东移，暖平流较强，地面处高压后部。泰安市郊区 19 个乡镇普遍遭受干热风灾害。小麦叶干枯、炸芒、逼熟，千粒重平均下降 1.5 克左右。

1986 年 5 月中旬至小麦成熟前，武城县共出现干热风 10 天，其中重干热风 1 天，迫使小麦提前成熟 3～5 天，千粒重下降 3～5 克，全县小麦均造成减产。5 月下旬，博兴出现干热风，造成小麦干枯减产。

1987 年 6 月 3～4 日，6～8 日，章丘遭受雨后干热风，平均每亩减产 55 千克，全县减产 4000 余万千克。

1992 年 5 月 21 日，胶州市出现重干热风天气，日最高气温 33.0℃，14 时相对湿度 16%、风速 2 米/秒，75%以上的小麦穗炸芒，颖壳微张，90%以上的小麦叶子边缘变色。

5 月 21 日、27 日、28 日德州市德城区发生干热风天气，对小麦成熟产生危害，特别是 27 日和 28 日干热风对小麦危害较重。全市 10.25 万亩麦田普遍出现颖壳变白或变黄现象，干旱地块出现高温逼熟现象。

5月下旬至小麦成熟前，武城共出现干热风9天，其中重干热风3天，迫使小麦提前成熟5天左右，千粒重下降5克左右，全县小麦均出现不同程度的减产。

1994年 6月1～2日、4日，泰安市出现干热风，泰安1～2日高空受大陆暖高压脊控制，850百帕处于槽前的西南气流之中，有明显的暖平流，地面受冷锋前面的暖气团控制，整层湿度小；4日高空处于横槽前部，850百帕为暖高压脊控制，地面处冷锋前部暖气团中，整层湿度小。泰安市郊区19个乡镇普遍出现干热风天气。小麦叶干、炸芒、逼熟，千粒重平均下降1.0克左右。

1996年 5月下旬，受连续的干热风天气的影响，山区、沿黄地区及黄河故道地区许多地块的小麦被风吹干枯死，收成大减。

5月31日，泰安区受暖中心控制，日最高气温32.1℃，14时相对湿度23%、风速4米/秒，泰安市郊区19个乡镇普遍出现干热风天气。小麦叶片由黄绿色迅速变为黄白色。6月8～9日，受暖空气的影响，莱阳连续出现2天轻干热风天气。6月8日，日最高气温33.8℃，14时相对湿度18%、风速2米/秒；6月9日，日最高气温33.9℃，14时相对湿度19%、风速2米/秒。这次轻干热风天气过程，造成该市2.7万公顷成熟后期的小麦受灾。受害小麦部分叶片卷曲呈绳状，虽然这次灾害受灾面积较大，但由于该市冬小麦绝大数处在灌浆后期，对冬小麦的后期成熟影响较轻。

1997年 5月31日，泰安处于850百帕低涡横槽前，有一暖高压脊控制黄淮流域，且中层比较干燥，地面处弱的锋前，且锋后风力较小。日最高气温32.0℃，14时相对湿度25%、风速8米/秒，泰安市郊区19个乡镇普遍出现干热风天气，叶片由黄绿色迅速变为黄白色。

第十一章　雾　　灾

第一节　概　　述

雾是水汽在低层大气中的凝结现象，当低层大气中的水汽达到饱和状态时，水汽凝结物悬浮在空中，使能见度降低，当水平能见度降到1千米以内时，就形成大雾。大雾天气不仅容易引发各种交通事故，造成人员伤亡，而且由于雾气中含有一些污染物，对人体健康也很不利；连续数天的大雾还会影响农作物的生长，诱发各种病害，造成作物大量减产。随着我省的工业和交通运输业的不断发展，大雾的危害性也越来越大。

一、雾灾的危害

较早记载的一起因大雾造成的海难事故发生在清朝，据记载“清 光绪二十六年（公元1900年）三月初一日，日本东京丸在长山岛海面遭风迷雾触礁，救客商、水手、华人一百二十一名。”随着交通运输业的发展，大雾对海、陆、空交通运输的影响越来越大，飞机不能正常起飞和着落，列车被延误，高速公路和海港码头被迫关闭，街道上行驶的汽车，江河湖面和海上航行的船舶等因雾天能见度差引起的交通事故也越来越多，人们正常的工作和生活受到严重影响。如1997年11月，山东省连续3次出现大雾天气，累计9～11个大雾日，给公路交通带来严重危害，特别是11月22～24日，济南持续3天大雾弥漫，能见度时高时低，济南交通部门在大雾较浓的时段内，临时封闭了高速公路的部分路段，飞机场多数航班也被推迟。大雾天气导致交通事故增多，11月1～23日，全省死亡3人以上的特大交通事故共发生5起。据不完全统计，1950—1992年，山东海区因雾而造成的海事和海难达59起，共死亡128人。其中，帆船触礁、沉没各1只，发生碰撞沉没2只，死亡12人；机动帆船因雾相撞沉没、触礁、搁浅的2只，撞伤的9只，死亡19人；客货轮触、撞沉没的6艘，触礁搁浅15艘，碰撞事故16起，共死亡97人。此外，因雾影响使各类船只误入海带、紫菜养殖区多起，不仅使海带等受到不同程度的破坏，而且经常发生“缠摆”、“打摆”等事故，对船只的正常航行威胁很大。至于因雾使船只不得不在海上抛锚或减速行驶而造成的人力、物力和时间上的浪费，更是无法估量。

由于社会的发展，工业化生产也越来越多，大量的工业废气被排放，大气污染日趋严重，大气中含有大量污染物，出现大雾时更加重了空气污染程度，不仅影响农作物的生长，而且危害人体健康，使发病率上升，甚至造成人员伤亡。雾对农业生产的危害表现在连续数天大雾，农作物缺乏光照，影响作物生长、有利病害发生，连续3天以上的大雾就容易使小麦患锈病和赤霉病，影响玉米的扬花抽穗，造成大量减产。明朝最早记载了雾对农业的影响，如：明 万历十一年（公元1583年）七月，掖大星雾，杀禾稼，木尽脱。

二、雾灾的特点

雾灾的出现有很强的地域性和季节性，还有一定的阶段性。山东半岛沿海地区是雾灾发生最多的地方，据记载统计，1949—2000年，因浓雾影响，能见度恶劣，青岛沿海就发生了5起较大的碰船、触礁或搁浅的重大海损事故。其次，鲁西北、鲁西南和济南、潍坊等地也常因大雾发生较严重的交通事故，尤其在国道和高速公路上最容易因大雾引发交通事故，例如，1998年11月22日清晨6时，国道206线寒亭区与昌邑区分界处，因大雾天气，发生连锁交通事故，在不到半公里的路面上，先后有26辆机动车辆发生刮撞，该次事故中，共有18辆机动车因撞坏无法行驶而动用了吊车，幸无人员伤亡。

雾灾有很强的季节性。内陆地区的雾灾多发生在秋、冬季，1、11、12月份较多；半岛沿海地区多发生在春、夏季，5、6、7月份较多。同时雾灾的发生还表现出明显的阶段性，据统计，1949年以前，雾灾记录主要是影响农作物，1949年以后，雾灾对交通运输的影响记录增多。这主要是因为经济发展，道路交通增多，交通运输业发展所致。1951—2000年，发生较大的雾灾有12年，50年代至60年代记录很少，70年代和80年代多为海雾灾害记录，90年代，雾灾记录频繁，造成的损失也越来越严重。如1995年全年济青高速公路由大雾天气引起的事故达79起，死5人，伤23人，经济损失100多万元。

三、雾的形成及其时空分布特征

形成雾的基本条件是近地面空气中水汽充沛，有使水汽发生凝结的冷却过程和凝结核的存在。贴地气层中的水汽压大于其饱和水汽压时，水汽即凝结或凝华成雾。根据雾形成的天气条件，可将雾分为气团雾及锋面雾二大类。气团雾是在气团内形成的，锋面雾是锋面活动的产物。根据气团雾的形成条件，又可将它分为冷却雾、蒸发雾及混合雾三种。根据冷却过程的不同，冷却雾又可分为辐射雾、平流雾及上坡雾等。其中最常见的是辐射雾和平流雾。

辐射雾是由地面辐射冷却使贴地气层变冷而形成的。有利于形成辐射雾的条件是：①空气中有充足的水汽，②天气晴朗少云，③风力微弱（1米/秒～3米/秒），④大气层结稳定。辐射雾有明显的地方性。城市及其附近，烟粒、尘埃多，凝结核充沛，因此特别容易形成浓雾（常称都市雾）。如果机场位于城市的下风方，这种雾就会笼罩机场，严重地影响飞机的起飞和着陆。平流雾是暖湿空气流经冷的下垫面而逐渐冷却形成的。海洋上暖而湿的空气流到冷的大陆上或者冷的海洋面上，都可以形成平流雾。形成平流雾的有利天气条件是：①下垫面与暖湿空气的温差较大，②暖湿空气的湿度大，③适宜的风向（由暖向冷）和风速（2米/秒～7米/秒），④层结较稳定。平流雾的范围和厚度一般比辐射雾大，在海洋上四季皆可出现。由于它的生消主要取决于有无暖湿空气的平流，因此只要有暖湿空气不断流来，雾可以持久不消，而且范围很广。海雾是平流雾中很重要的一种，有时可持续很长时间。在我国沿海，以春夏为多雾季节，这是因为平流性质的海雾，只当夏季风盛行时才能到达陆上。

由于自然地理和气候条件的影响，山东省大雾的局地性强，地区差异较大，分布也比较复杂，内陆地区多为辐射雾，沿海地区多平流雾。大雾天气一年四季均可发生，据统计，1971—2000年间，山东省各地年平均雾日数（见图11.1），鲁东南、半岛南部地区一般为30~50天，最多可达60天以上，成山头最多为83天，鲁西和鲁北的大部分地区多在20～35天之间，其它地区一般为10～20天，鲁南地区的邹城、泗水及半岛北部的莱州雾日数最少。

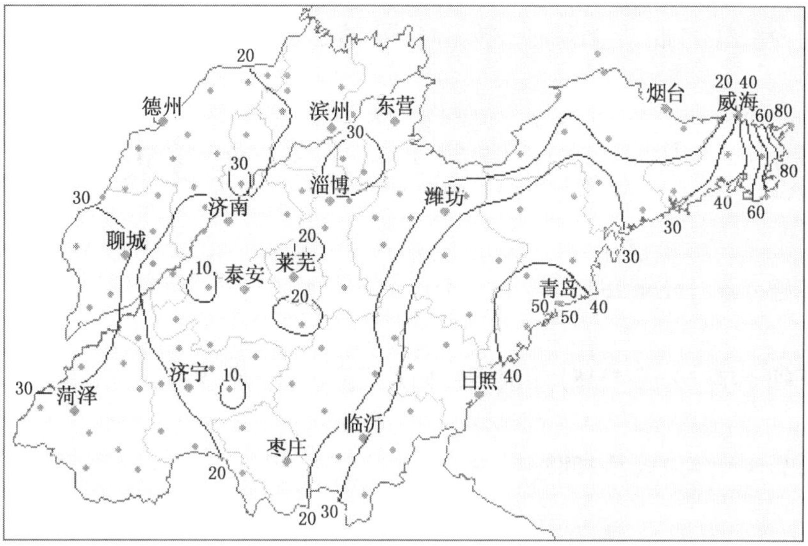

图11.1　山东年平均雾日数分布图（1971—2000年）

山东内陆和半岛地区雾日呈现不同的分布规律，半岛地区夏季最多，春季次之，冬季较少，秋季最少；内陆地区秋、冬季雾日多于春、夏季。雾的局地性强，地区差异很大，如济南、淄博雾日多出现在12月，3～6月最少；潍坊8月最多；莱州湾、黄河口一带沿海，雾日主要出现于11月至次年2月，以辐射雾为主；蓬莱至威海一带，雾多出现在3～8月，其中以7月为最多，以平流雾为主；成山头至石岛沿海，雾日主要出现在4～8月，最高值在7月；文登至石臼所一线，雾日多出现在3～7月，最高值出现在4月，但青岛例外，青岛的雾日最高值出现在7月。

山东各地年总雾日数极值分布极不均匀。泰山雾日数最多的年份达到了214天（出现在1985年和1991年），而最少年份仅有145天（1981年和1988年）；鲁西北平原地区最多雾日数可达60天，少雾年只有10天左右；鲁西南地区多雾年在30～35天之间，而少雾年多数不到10天，有的年份仅有5天（菏泽，1999年）；半岛的东部沿海地区多雾年为90～110天，少雾年只有60～70天。

山东省地处黄、渤海之间，受渤海沿岸流冷水团影响较大，在遇到温暖空气活跃时，常发生海雾。因此，山东省为全国的海雾多发区，尤以黄海沿岸为最多。海雾形成的主要条件是：暖湿气团的湿度较大，使低层空气易于饱和，有利于海雾的形成。下垫面与暖湿气团的温差较大，雾季各月85%～90%的雾是出现在气温高于海温的情况下。有适宜的风向和风速，一般风速在0～12米/秒内均可形成海雾，风速在3～8米/秒（风力2～4级）之间出现海雾的几率较大；海雾多出现在偏南风流场里，海平面气压均为东高西低形势。另外，海雾多发生在稳定的大气层结里，其厚度一般不超过400～500米。

山东东南沿海的海雾，主要受黄海暖流的影响。黄海暖流自黄海沿岸124°E附近向北延伸。冬半年由于沿岸水温比外海低，冬季多为偏北风，气流从低温区吹向高温区，不能冷却凝结，一般不能形成海雾，因此山东东南沿海冬半年一般不出现海雾，夏半年由于盛行东南季风，黄海上的暖湿气流从高温区吹向岸边的相对低温区，则易受冷却而凝结成雾。因此，山东东南沿海夏半年常出现海雾。当东南风或偏东风强度适宜时，海雾随风飘移，从海上向沿岸登陆。但当风向一转，海雾也随之退去，生消突然。

第二节　公元1511—1839年雾灾灾害

明　正德六年（公元1511年）　元旦，诸城大雾迷日，着树凝结如琼花，数日洁。

明　正德十年（公元1515）　巨野：四月阴雾，六月杀谷。

明　万历十一年（公元1583年）　七月，掖大星雾，杀禾稼，木尽脱。

明　万历十七年（公元1589年）　秋，九月二十九日大雾，尽日不散，至酉时大雨倾注，次日方止（诸城县志）。

明　万历四十五年（公元1617年）　朝城：十月始，雾杀谷，豆皆腐。

明　崇祯十四年（公元1641年）　黄雾四塞，日无光，是年大饥，斗米二千余钱，死者大半，人相食（栖霞县志）。

清　康熙八年（公元1669年）　冬十一月大雾作臭（无棣县志）。

清　康熙十一年（公元1672年）　秋禾未登，秫方结苞，大雾不实（平阴县志）。

清　康熙四十三年（公元1704年）　六月二十七日午后大雾，气如硫磺，虫尽死（莒州州志）。

清　康熙四十七年（公元1708年）　红雾伤麦（定陶县志）。

清　雍正二年（公元1724年）　十二月十五日，掖县大雾。

清　乾隆四十一年（公元1776年）　元旦，黄雾蔽空（黄县志）。

清 嘉庆四年（公元1799年） 十二月朔，蓬莱大雾竟日，觌面不见人，气如硫磺。

清 嘉庆十五年（公元1810年） 正月，荣成大雾。

清 嘉庆十六年（公元1811年） 秋，新城大雾，虫生，害菽豆（济南府志）。

清 道光四年（公元1824年） 曹县：六月多雾，白露后始得透雨。

清 道光十八年（公元1838年） 四月下旬雨后大雾，麦尽坏（再续掖县志）。

第三节 公元1840—1948年雾灾灾害

清 道光二十九年（公元1849年） 正月元旦，黑雾竟日，人对面咫尺不见（定陶县志）。

清 道光三十年（公元1850年） 正月朔，登州阴雾。正月朔大雾，雨水，山野枯草皆被冰，树木如介（蓬莱县志）。

清 咸丰元年（公元1851年） 十二月除夕，泰安……大雾。

清 咸丰二年（公元1852年） 正月二十四日，黄雾四塞，昼晦（德平县志、陵县志）。二月，荣成大雾弥天，渔民多受其害。

清 咸丰三年（公元1853年） 正月二十日，黄雾四塞，著人衣皆黄（黄县志）。二月二十三日，白雾迷天，至二十九日始消（定陶县志）。

清 咸丰六年（公元1856年） 二月初十日，黄雾四塞（栖霞县志）。三月甲申，黄雾四塞，草木皆如舟（峄县志）。

清 咸丰八年（公元1858年） 春，曹邑城中起黑雾，各家门联尽如烟薰。

清 同治二年（公元1863年） 三月十六日，泰安大雾。

清 同治六年（公元1867年） 二月，日照大雾。

清 光绪八年（公元1882年） 十一月晦日大雾（掖县志）。

清　光绪十九年（公元 1893 年）　冬，雾霾数十日（临邑县志）。

清　光绪二十六年（公元 1900 年）　三月初一日，日本东京丸在长山岛海面遭风迷雾触礁，救客商、水手、华人一百二十一名。

清　光绪三十四年（公元 1908 年）　元旦大雾（德平、莘县、齐河县志）。

清　宣统二年（公元 1910 年）　莱芜：三月十九日大雾，朔风迷日，桑麦俱冻。

清　宣统三年（公元 1911 年）　德平：元旦大雾。

第四节　公元 1949—2000 年雾灾灾害

1975 年　6 月 19 日，在青岛胶州湾内" 马蹄礁" 附近，因浓雾影响，能见度恶劣，同一天内发生 4 起碰船、触礁或搁浅的重大海损事故。

1979 年　7 月 24 日，一艘巴西籍 5 万吨油轮，因海雾影响，在青岛胶州湾西部撞上黄岛油港码头，造成损失 550 余万元。

12 月，"鲁胶南渔 0041 号"渔船，因雾中返航，触礁沉没，船员 12 人丧生，1 人幸免。

1980 年　11 月 7 日，"青渔 420"号渔轮，在北纬 33°18′、东经 122°34′海域，因雾与大连"新华 2"号轮相撞沉没，船员 2 人丧生，经济损失 100 万元。

1984 年　5 月 17 日 2 时 30 分，山东省国际海运公司的"金线泉"轮从香港回青岛途中遇浓雾，在北纬 27°、东经 121°10′处与香港华夏公司的"海利"轮发生碰撞。半小时后"海利"轮沉没。

1986 年　12 月 29 日，德州夏津县的马庄两汽车相撞，司机正发生争执，这时开来一辆汽车，因大雾，路滑，将前面正在争执的一名司机当场挤死。

1990 年　6 月 13 日 5 时 34 分，广州海运局"兴安岭"货船载煤炭 25160 吨由石岛开往黄埔，遇浓雾，在北纬 34°08′40″、东经 122°41′处与装尿素的希腊"旗首"轮发生严重碰撞。

1994 年　11 月 19～30 日，山东省范围内连续出现了天阴雾浓的天气，大雾给交通运输带来了严重影响，能见度只有 20 米左右，济青高速公路因被浓雾笼罩，车速降到 20 千米/小时，仅从 19 日至 21 日上午 10 时，全线共接到交通事故报警 29 起，事故日发生率高出正常天气 4 倍多，伤 8 人，直接经济损失 45 万元。11 月下旬的大雾，使济南机场有 30 个航班延误。

1995 年 1 月下旬，济南机场因大雾有 30 个航班延误。大雾使白天照明用电剧增，济南市平均每天增加 3 万千瓦时。大雾使光照严重不足，造成大棚菜的菜苗和果实腐烂变质，病害加重，给菜农造成较大损失。大雾天气也不利于大气污染物扩散，给人们身体健康造成危害。1995 年，全年济青高速公路由大雾天气引起的事故 79 起，死亡 5 人，伤 23 人，损失 100 多万元。11 月，临邑多大雾，不利交通安全，境内发生多起人身伤亡事故，影响大棚蔬菜生产。

1997 年 11 月，山东省连续出现大雾天气，累计 9～11 个雾日，给公路交通带来严重危害，特别是 11 月 22～24 日，济南持续 3 天大雾弥漫，能见度时高时低，街上的汽车都以小于 20 千米/小时的速度缓缓行使，济南市交通部门在大雾较浓的时段内，临时封闭了高速公路的部分路段，飞机场多数航班也被推迟，大雾天气导致交通事故增多，11 月 1～23 日，全省死亡 3 人以上的特大交通事故共发生 5 起。

1998 年 11 月 22 日清晨 6 时，206 国道寒亭区与昌邑区分界处，因大雾天气，发生连锁交通事故，在不到 0.5 千米的路面上，先后有 26 辆机动车发生刮撞，该次事故中，共有 18 辆机动车因撞坏无法行驶而动用了吊车，幸无人员伤亡。

1999 年 山东省雾天共发生交通事故 848 起，占全年总数的 2.13%，死亡人数占 1.73%，较常年偏多 539 起。

第十二章 雪 灾

第一节 概 述

积雪对农作物的越冬保温可起到积极的作用，旱季融雪可增加土壤水分，促进农作物返青生长。但是雪量过大，积雪过深，持续时间过长，则影响交通、压塌房屋、大棚等，进而形成雪灾。

一、山东雪灾概况

（一）历史上的雪灾

山东最早的雪灾记载见著于公元二世纪，自东汉 中平四年（公元 187 年）至元 至正十九年（公元 1359 年）的 1546 年间只有 3 次有关大雪或雪灾的简略记录。

在明朝的 277 年共记有雪灾 9 次，平均约 30 年一次，其中灾情较重的为：明 正德二年（公元 1507 年）十二月，东昌、武定、德平、肥城、平阴、青州等府大雪，平地数尺，拥门塞巷，穴之以出，人畜多冻死者；十二月二十六日大雪，至元日始霁，冻死者众。明 万历六年（公元 1578 年）冬，峄县、沂州、临沂、安丘、泰安、金乡、滕县大雪弥月，平地深丈许，压没庐舍，人多僵死，道间果树、花、竹冻死者十之七，鸟、雀、鹿、兔、鱼、虾死几尽，亦一时人物之危也。

清朝开始，关于雪灾的记载明显增多，清朝民国时期共记有雪灾 28 次，平均约 11 年一遇，灾情较重的有：清 康熙九年（公元 1670 年）冬，兖州、青州、登州、莱州四府属大雨雪，奇寒；文登大雪平地丈余，人多冻死。十一月，兖州府大雪，冻死者甚众，果木俱死。十二月，滕县腊雪，大雪堕指，道有僵死者。清 道光二十一年（公元 1841 年）正月，登州府各属大雪深数尺，人畜多冻死；寿光大风雪，平地深数尺，路有冰死者。正月二十六日自巳至申昌乐风雪俱厉，是日为嫁娶吉辰迎亲者多为风雪所阻，或住妇家，或于路借宿，无一得回家者。正月二十六日，益都、安丘、潍县、昌邑、掖县、招远、黄县等县大风飞雪，弥窗封户，行路人畜多冰死。春，即墨大风雪，飞沙，人多冻死。

（二）1949 年新中国建立以来的雪灾

1949—2000 年共发生雪灾 12 次，平均 4～5 年一次。其中灾情较重的有：1997 年 1 月 4 日 20 时至 6 日 8 时，烟台全市 10 个县市区的 51 个乡镇遭受暴雪袭击，全市平均降雪 19. 2 毫米，最大 46. 5 毫米。这次降雪时间长、雪量大，是近十几年来少见的，给交通运输和工农业生产造成重大损失，有的企业因交通中断无法运送原材料和产品，造成停产半停产，交通事故增多，蔬菜大棚积雪过重，压塌大棚，蔬菜、草莓等经济作物被冻坏，损失惨重，据统计，全市损坏大棚 11788 个，成灾面积 397.1 公顷，造成农业直接经济损失 1855.7 万元，同时造成交通、工业经济损失 3600 万元，全市直接经济损失 5455.7 万元。

二、山东降雪和积雪的时、空变化特征

（一）降雪和积雪的地理分布

年平均降雪日数，山东半岛东北部和泰山在 30 天以上，其中威海最多，达 41 天；半岛其它地区和鲁中北部一般在 15～30 天；其它地区多在 15 天以下，台儿庄最少，不足 10 天。

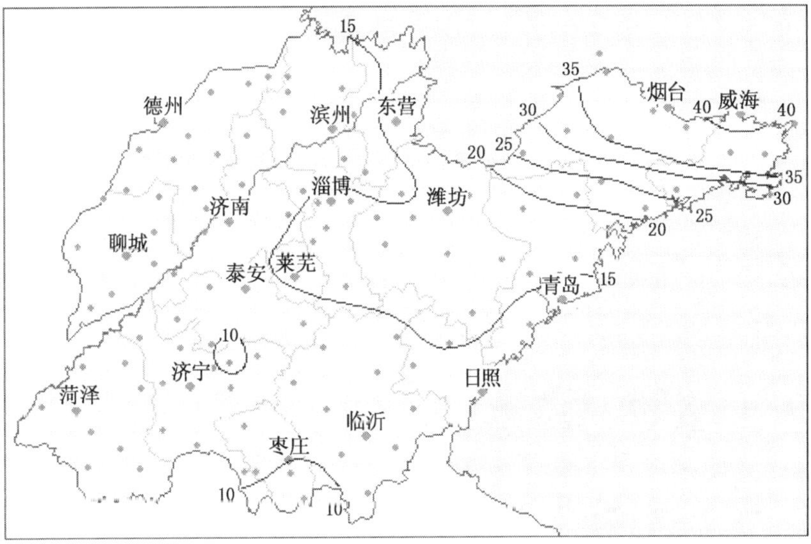

图 12.1　山东年平均降雪日数分布图（1971—2000 年）

年平均积雪日数，山东半岛东北部和泰山在 20 天以上，其中泰山最多，达 47 天；鲁南、鲁东南沿海地区不足 10 天，其中日照最少，仅有 6 天；其它地区多在 10～20 天。

最大积雪深度，鲁北和泰沂山区大部、山东半岛地区在 20 厘米以上，其它地区一般在 20 厘米以下。

（二）降雪和积雪的初、终日期

山东降雪初日大致具有自东北向西南推迟的分布特征，半岛的东北部地区普遍较早，鲁西南地区普遍较晚，较早的地区比较晚的地区一般要早一个月左右。泰山最早，年平均降雪初日在 10 月下旬；半岛的东北部地区在 11 月中旬，半岛的其它地区和鲁中山区的东北部地区一般在 11 月下旬；鲁北和鲁中山区的大部地区多在 12 月上旬；其它地区出现在 12 月中旬。

年平均降雪终日的分布特点与降雪初日基本相反。泰山降雪结束最晚，年平均降雪终日在 4 月下旬；鲁西南大部地区降雪结束较早，年平均日期在 3 月上旬；半岛东北部地区较晚，在 3 月下旬；其它地区在 3 月中旬。

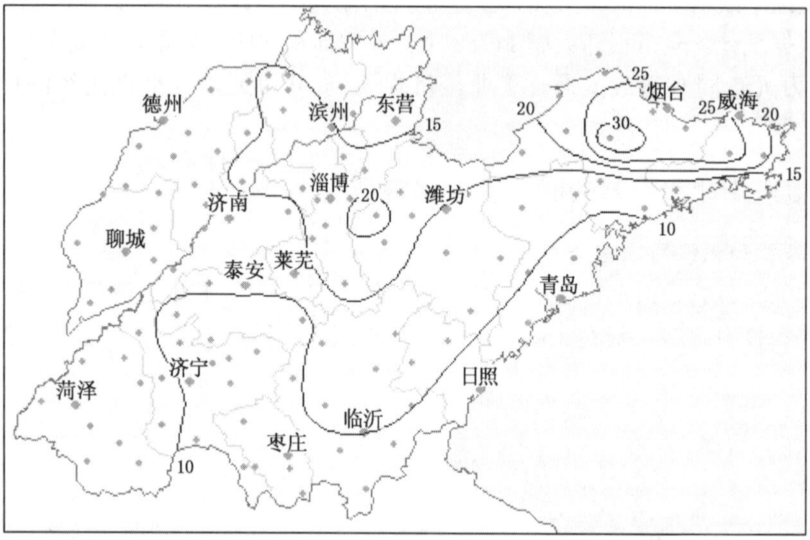

图 12.2　山东年平均积雪日数分布图（1971—2000 年）

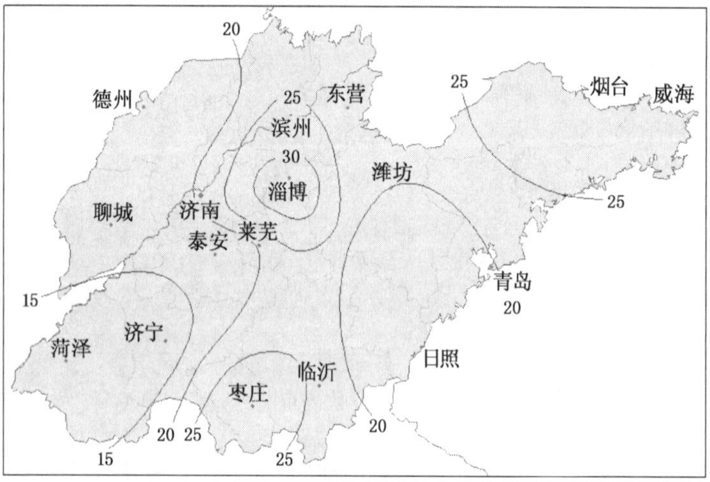

图 12.3　山东最大积雪深度分布图（单位：厘米）（1971—2000 年）

年平均积雪初日，泰山最早，在 11 月中旬；其次是半岛东北部地区，出现在 11 月下旬；鲁北、鲁中山区和半岛中西部地区一般在 12 月上中旬；其它地区在 12 月下旬。

年平均积雪终日的分布特点与积雪初日相反，泰山最晚，在 4 月上旬；半岛东北部和鲁中山区的北部地区在 3 月上旬；鲁西南、鲁中山区的南部和鲁东南沿海地区在 2 月中旬；其它地区在 2 月下旬。

三、山东雪灾的形成类型

雪灾按其发生的过程可分为两类：猝发型和持续型。

猝发型雪灾发生在暴风雪天气过程中或以后，在几天内保持较厚的积雪，温度急降，并伴有大风，对交通、大棚等构成威胁，本类型多见于深秋和气候多变的春季，如 1998

年3月31日晚，莘县、东阿、东昌、阳谷、临清5县市区遭受雨雪大风袭击，阵风8级，最大降水量29毫米，部分地块积雪达100毫米，最低气温-2℃，大棚蔬菜严重受灾，小麦和桃树、杏树等果树受到不同程度损害，5县市区共有50个乡镇受灾，农作物受灾面积6.3万公顷，其中小麦3.7万公顷，蔬菜1.3万公顷，果树受灾面积1.3万公顷；3.2万个蔬菜大棚倒塌，直接经济损失6000多万元。

持续型雪灾是指积雪厚度随降雪天气逐渐加厚，密度逐渐增加，稳定积雪时间长，可从秋末一直持续到第二年的春季，但此类型在山东境内比较少见。例如：1993年11月6～20日，武城县出现连续雨雪天气，降水量81.7毫米，积雪长达12天，最大雪深16厘米，累积光照仅14.6小时，受强冷空气和深厚的积雪大量吸收空气中的热量的影响，气温急剧下降，连续出现4天最低气温-10℃以下的严寒天气，其中11月21日、23日的最低气温达-16℃左右，因积雪路滑，交通运输部门停车5～7天，损失达10多万元，全县大棚蔬菜普遍遭受严重冻害，有50多个蔬菜大棚被积雪压塌，造成绝产，各种果树的主干受到不同程度的冻害，大主枝、新梢和绝大多数花芽被冻死，总经济损失达8000万元以上。

第二节　公元187—1839年雪灾灾害

东汉　中平四年（公元187年）　十一、二月晦，东莱雨水、大雪、电、雹。

北宋　端拱元年（公元988年）　闰五月，郓州风雪伤麦。

元　至正十九年（公元1359年）　夏，五月大雪（曲阜县志）

明　景泰四年（公元1453年）　冬十一月，日照大雪，海皆冻。十一月戊辰至次年正月，山东皆大雪数尺，人畜多冻死。

明　景泰五年（公元1454年）　春正月，山东大寒，大雪数尺，人畜冻死万计。

明　正德二年（公元1507年）　十二月，大雪，平地数尺，拥门塞巷，穴之以出，人畜多冻死者。十二月二十六日大雪，至元日始霁，冻死者众（东昌、武定、德平、肥城、平阴、青州等府县志）。

明　嘉靖二十七年（公元1548年）　冬十一月，大雪，平地三尺余，奇寒，井泉亦有冻者，人畜多冻死（东昌、登州、福山、栖霞等府县志）。

明　嘉靖三十五年（公元1556年）　冬，淄川大雪，井冻不可汲，僵者填道。

明　万历元年（公元 1573 年）　九月十八日，雪，行旅有冻死者（武定、蒲台府县志）。

明　万历二年（公元 1574 年）　冬，十月一日，大雨雪，平地三尺，人畜多冻死（诸城县志）。

明　万历六年（公元 1578 年）　冬，大雪弥月，平地深丈许，压没庐舍，人多僵死，道间果树、花、竹冻死者十之七，鸟、雀、鹿、兔、鱼、虾死几尽，亦一时人物之危也（峄县、沂州、临沂、安丘、泰安、金乡、滕县府县志）。

明　崇祯十三年（公元 1640 年）　历城：闰正月朔雷电，雨雪盈尺。

清　顺治十年（公元 1653 年）　冬，昌乐、安丘大雨雪，平地三尺，牛、羊、树木冻死几半。

清　顺治十一年（公元 1654 年）　登州、招远及宁津等地大雪，平地深数尺，房倾，人皆穿洞而出，人有不火食者，人多冻死。

清　顺治十三年（公元 1656 年）　冬，高密、胶州大雪，人畜多冻死。

清　顺治十五年（公元 1658 年）　莘县：冬大雪连阴四十余日。朝城：冬多大雪连阴四十余日。

清　康熙九年（公元 1670 年）　冬，兖州、青州、登州、莱州四府属大雨雪，奇寒。十二月，曹县冬月积雪盛寒，井水皆冻，从所未闻。滕县腊雪，大雪堕指，道有僵死者。

兖州府：十一月大雪，冻死者甚众，果木俱死。文登：冬大雪平地丈余，人多冻死。

清　康熙三十二年（公元 1693 年）　新泰、鱼台，四月雪。

清　雍正八年（公元 1730 年）　莒县：二月二十八日大雪伤麦，

清　乾隆十年（公元 1745 年）　济南府：冬大雪塞途。

清　乾隆十六年（公元 1751 年）　三月十五日，黄县雨雪杂降，行人多冻死。

清　乾隆二十六年（公元 1761 年）　冬，文登、荣成大雪寒甚。文登、荣成冬大雪，雁凫多冻死。

清　乾隆四十一年（公元 1776 年）　新泰：冬大雪，深五尺许。

清　乾隆五十年（公元 1785 年）　冬十二月，诸城大雨雪，人多冻死。潍县：冬饥，大雪平地深五六尺。

清　嘉庆八年（公元 1803 年）　费县：正月大雪，平地深三尺。

清　嘉庆二十四年（公元 1819 年）　昌邑：十二月大雨雪，潍水溢。益都：大雨雪。东平、临朐、济宁：冬大雪。

清　道光十三年（公元 1833 年）　东平、济宁：冬大雪。

清　道光十六年（公元 1836 年）　潍县：冬十二月人雪。

第三节　公元 1840—1948 年雪灾灾害

清　道光二十一年（公元 1841 年）　正月，登州府各属大雪深数尺，人畜多冻死；寿光大风雪，平地深数尺，路有冰死者。昌乐，正月二十六日自巳至申风雪俱厉，是日为嫁娶吉辰迎亲者多为风雪所阻，或住妇家，或于路借宿，无一得回家者。正月二十六日，益都、安丘、潍县、昌邑、掖县、招远、黄县等县大风飞雪，弥窗封户，行路人畜多冰死。

春，即墨大风雪，飞沙，人多冻死。

清　道光二十三年（公元 1843 年）　腊月八日，掖县大雪，人畜多死。

清　咸丰元年（公元 1851 年）　费县：二月雷雹雨雪，花大如盘，平地深四尺，树枝压折。

清　同治三年（公元 1864 年）　临朐：春正月乙卯雷、大雪……冬雪深三尺。

清　光绪五年（公元 1879 年）　菏泽：三月十七日大雪，冻结数日，果木不实。

清　光绪十一年（公元 1885 年）　腊月，临朐大风雪，冻毙行人。

清　光绪十二年（公元 1886 年）　冬十二月二十六日，昌乐大风雪，行人多冻死。

清　光绪二十一年（公元 1895 年）　寿光：春二月大雪深尺许。

清　光绪二十三年（公元 1897 年）　冬，寿光大雪，严寒，人有冻死者。

清　宣统二年（公元 1910 年）　巨野：冬大雪数尺。

清　宣统三年（公元 1911 年）　阳信，元旦大雨雪……三月十一日子时疾风暴雨，辰雪二寸，……。元旦大雾，雪深数尺（德平县志）。齐河：元旦大雪数尺。

民国　五年（公元 1916 年）　十二月，栖霞大寒，平地积雪数尺，人畜冻死者甚多。

第四节　公元 1949—2000 年雪灾灾害

1952 年　11 月下旬，胶州大雪，大白菜未捆被雪埋住，严重冻害。入冬后，雨雪不断。湖西专区雨雪连下 30 余日，嘉祥、鱼台、单县、成武 4 县冻毁麦苗 58 万亩。

1981 年　1 月 23～26 日，牟平全县，由于降雪量大，县境内主次干线交通中断 3～4 天。11 月 30 日，牟平县普降 88 毫米的雨雪，境内所有公路交通主要干线、支线中断 2～4 天。

1985 年　12 月 7～10 日，龙口市连续降雪，总降雪量 12.0 毫米，积雪深度达 11 厘米，日平均气温由 2.5℃降至 -5.2℃，因雪大气温骤降，使龙口近海鳗鱼大量患病死亡，死鱼随海潮涌上沙滩堆积，厚度达 20 厘米，约计 10 余万千克，成为奇闻。同时因雪大积雪深，视线差，路面滑，公路交通受阻 8～12 天。

1986 年　1986 年 12 月至 1987 年 1 月，平原县共出现雨雪 22 天，连续积雪日数多达 14 天，据统计，公路两次车辆停止行驶达 7 天，行人滑倒摔伤 20 多人。

1989 年　3 月 2 日下午至 3 日凌晨，邹平县普降大雪，降水量达 46.6 毫米，部分地面积雪达 1 尺以上，电力、通讯线路附冰严重，杆倒线断，全县电力供应、通讯联络处于瘫痪状态，一些果树和用材林也被压断枝条。全县共倒电线杆 61000 根，线路中断 3080 千米，经济损失 1500 万元。同时，章丘、槐荫、临淄、桓台、滨州、济阳 6 个县市区部分乡镇也发生雪灾，降水量在 25～46 毫米之间。据统计，6 县市区共损坏蔬菜塑料大棚 8500 个，菜苗被冻死亡严重。济阳县倒电线杆 295 根，中断线路 453 千米，灾情较重的崔寨乡损坏蔬菜塑料大棚 2500 个，倒树木 2.3 万棵，倒电线杆 26 根。

1990 年　1 月 26～30 日，禹城县降大雪，雪后气温降至 -18.8℃，路面结冰，交通阻滞，至 2 月下旬，出现交通事故 10 余起。

11 月 30 日夜间至 12 月 1 日，蓬莱全县降特大暴雪，平均降雪量 34.3 毫米，最大乡镇 62.8 毫米，最小乡镇 21.7 毫米。气象局观测资料 26.7 毫米，积雪深度 29 厘米，为历年来所罕见。主要灾情：全县电业系统烧毁零克 52 组，断线 18 处，毁坏线夹 249 个、石横担36条、羊角保险17个、线杆6根、导线2800米，全县共有40多条线路断电；交通系统，全县有151千米公路干线、257千米支线受损，其中砂保护层破坏1.50万立方米，折合经济损失12万元，磨耗层损坏1米以上的共6.20万立方米，经济损失达49万元。

1991年　3月6～7日，东明县发生冻雨、大风、降雪天气。全县平均降水24.2毫米，最低气温－4℃，最大风力7级，电线上积冰厚度5毫米，最大厚度8毫米。全县供电、邮电、广播线路大面积毁坏，其中倒杆、断杆1329根，断线508千米，损坏变压器15台。全县40万亩小麦受冻害严重，倒折树木33.7万棵，损坏房屋414间，其中倒塌42间。

3月7～8日，费县遭受暴风雪、冰凌灾害。降水一般25毫米，气温－5℃～4℃，风力7～8级，电线结冰厚度5毫米。全县有16个乡镇不同程度受灾，有20万亩小麦被冰凌覆盖，1万亩果树挂满了冰凌，倒折树木30万棵。3000亩塑料大棚被损坏，供电、通讯线路毁坏严重。直接经济损失330万元。

1993年　11月6～20日，德州武城县出现连续雨雪天气，降水量81.7毫米，积雪长达12天，最大雪深16厘米，累积光照仅14.6小时。受强冷空气和深厚的积雪大量吸收空气中的热量的影响，气温急剧下降，连续出现4天－10℃以下的严寒天气，其中11月21日、23日的最低气温达－16℃左右。因积雪路滑，交通运输部门停车5～7天，损失达10多万元。全县大棚蔬菜普遍遭受严重冻害，有50多个蔬菜大棚被积雪压塌，造成绝产。各种果树的主干受到不同程度的冻害，大主枝、新梢和绝大多数花芽被冻死，总经济损失达8000万元以上。

11月15～20日，聊城地区连降大雪，气温骤然降至－16.9°℃，致使全区遭受冻害。4万公顷果树主干受到不同程度冻伤，树梢被冻死；1.3万公顷越冬菜、大棚菜严重受冻。直接经济损失10亿元。

11月份，临邑县出现大范围雨雪天气，县气象站最大积雪深达14厘米，过程降水32.5毫米，最低气温－14.1℃，最大雪压1.5千克/平方米，全县18个乡镇遭受雪灾，大白菜、大棚菜受害最重，70%以上大棚受到不同程度损坏，倒塌大棚470多个（其中绝产230多个）经济损失500万元 。夏津出现连阴雨及早雪严寒危害。自11月6日至20日，连阴雨转雪达半月之久，降水量77.1毫米，积雪11天，最大雪深16厘米，光照仅7.1小时，不及常年同期的十分之一。受强大的冷高压和深厚的积雪大量吸收空气中热量的共同影响，气温急剧下降，连续出现4天严寒天气。21日和23日的最低气温分别为－20.5℃和－20.6℃，造成全县90%以上的房屋渗漏，交通运输部门因积雪路滑停止出车6～7天，损失6万多元；商业供销系统营业额比去年同期少100多万元；全县大棚蔬菜普遭严重冻害，其中19%绝产；各种果树主干受到不同程度的冻害，大主枝、新梢和绝大部分花芽被冻死。估计直接经济损失达亿元。全县水利工程和百米林带工程被迫中断。

1997年　1月4日20时至6日8时，烟台市全市10个县市区的51个乡镇遭受暴雪袭击，全市平均降雪19.2毫米，最大46.5毫米。这次降雪时间长、雪量大，是近十几年来少见的，给交通运输和工农业生产造成重大损失，有的企业因交通中断无法运送原材料和产品，造成停产半停产，交通事故增多，蔬菜大棚积雪过重，压塌大棚，蔬菜、草莓等经济作物被冻坏，损失惨重。据统计，全市损坏大棚 11788 个，成灾面积达 397.1 公顷，造成农业直接经济损失 1855.7 万元。同时造成工业、交通经济损失约 3600 万元。全市直接经济损失 5455.7 万元。

1 月 5 日，福山区降雪量达 9.5 毫米，雪深达 15 厘米，给塑料大棚造成巨大损失，全区损坏大棚 1747 个，经济损失 1303 万元，草莓受灾 1250 亩，经济损失 7.4 万元，蔬菜受灾 721 亩，经济损失 124 万元，其中福山镇、兜余镇大棚受灾较重。

1998 年　3 月 31 日晚，莘县、东阿、东昌府、阳谷、临清 5 县市区遭受雨雪大风袭击，最大降水量 29 毫米。部分地块积雪达 100 毫米，最低气温 -2℃。大棚蔬菜严重受灾，小麦和桃树、杏树等果树受到不同程度损害。5 县市区共有 50 个乡镇受灾。农作物受灾面积 6.3 万公顷，其中，小麦 3.7 万公顷，蔬菜 1.3 万公顷，果树受灾面积 1.3 万公顷；3.2 万个蔬菜大棚倒塌。直接经济损失 6000 多万元。

3 月 31 日至 4 月 1 日，青州、寒亭、安丘、临朐、昌乐等县市区部分乡镇遭受雨雪冻害，农作物受灾面积 4130 公顷，直接经济损失 7500 万元以上。青州部分乡镇、78 个村受灾，农作物受灾面积 347 公顷，成灾面积 287 公顷，果树及大棚受灾严重，直接经济损失 5000 万元；寒亭部分乡镇受灾，农作物受灾面积 572 公顷，其中小麦 333 公顷、瓜菜 220 公顷，果树受冻 19 公顷，直接经济损失 571 万元；安丘 4 个乡镇受灾，农作物受灾面积 1200 公顷，成灾面积 750 公顷，直接经济损失 980 万元；临朐大多数乡镇受灾，部分乡镇降雪达 70 毫米，农作物受灾面积 1330 公顷，成灾面积 1330 公顷，损坏蔬菜大棚 430 个，2 万多亩果树严重减产，直接经济损失 820 万元；昌乐农作物受灾面积 682 公顷，减产在 3 成以上。

3 月 31 日晚至 4 月 1 日，沂源、博山、淄川、临淄、张店 5 县区遭雨雪和降温袭击，平均降水量 17 毫米。受灾人口 30 万，农作物受灾面积 1 万余公顷，其中蔬菜 0.75 万公顷、林果 0.25 万公顷，直接经济损失 3550 万元。沂源县受灾较重，16 个乡镇全部受灾，主要受灾作物是春季塑料大棚和玻璃温室蔬菜、大棚草霉、杏、桃、早熟苹果等，受灾面积近 1000 公顷。博山区杏、桃、樱桃等受灾面积达 2200 公顷。灾情发生后，政府及有关部门及时赶赴受灾现场察看灾情，采取调集大棚农用物资、提高大棚内温度提温、划锄喷肥等各种措施，减轻灾害造成的损失。

1999 年　12 月 17 日凌晨至 12 月 21 日傍晚，龙口出现前所未有的连续降雪天气，过程降雪量达 28.1 毫米，18 日降雪量 10.4 毫米，突破日降雪量最大记录。19 日和 21 日积雪深度达 27 厘米，突破历史最大记录。降雪缓解了旱情，对小麦越冬非常有利。但降雪时间长，积雪深度大，形成雪阻，使交通中断，事故增多，同时积雪压坏了部分塑料大棚。

第十三章　风暴潮灾害

第一节　概　　述

风暴潮是热带气旋（台风、飓风）、温带气旋和寒潮过境引起的海面异常升高或降低现象。亦称风暴增（减）水、“风暴海啸”或“气象海啸”，是山东沿海地区发生次数少，但危害极其严重的气象海洋灾害。影响山东的主要有台风引起的热带风暴潮和由温带气旋、寒潮等引起的温带风暴潮两大类。热带风暴潮多见于夏秋季节，而温带风暴潮常出现在冬半年。风暴潮是一种重力长波，影响范围一般为数十至上千千米，时间尺度或周期约为1～100小时，介于地震海啸和低频的天文潮汐之间，振幅一般数米，最大可达二三十米。风暴潮到达浅水区域迅猛增长，当风暴增水与天文潮相叠（尤其是与天文大潮期间的高潮相叠）加时，常使海面迅速上升，加之风暴潮往往伴狂风恶浪而至，溯江河洪水而上，常常使其影响所及的滨海区域潮水暴涨，甚者海潮冲毁海堤海坝，吞噬码头、工厂、城镇和村庄，使物资不得转移，人畜不得逃生，从而酿成巨大灾难；风暴潮还给沿海的滩涂开发和海水养殖带来严重的破坏，并可能在风暴潮灾过后伴随着瘟疫流行、土地盐碱化，使粮食失收、果树枯死、耕地退化，并污染沿海地区的淡水资源，而使人畜饮水出现危机，生存受到威胁；沿海某些海岸也因风暴潮多年冲刷而遭到侵蚀。这种因潮灾带来的次生灾害，几年内也难消除。因此，沿海地区的工业、农业、渔业、盐业、交通运输业及各项海洋工程等海岸带开发利用必须重视风暴潮的影响。

一、历史上的风暴潮灾害

风暴潮在我国历史文献中又多称为“海溢”、“海侵”、“海啸”、“风潮”及“大海潮”等，把风暴潮灾害称为“潮灾”。

山东最早的风暴潮记载见著于公元前48年（西汉 初元元年），自此直到元朝结束的1416年中只记有风暴潮15次，平均90余年才记下来一次风暴潮，不仅记载的次数少、内容简略，而且在元朝的163年中竟没有一例风暴潮记载，事实上风暴潮不会一次都没发生。显然，该期的风暴潮灾害漏记的较多。

在明朝的277年中，共记有风暴潮灾害16次，平均约17年一次。其中，记录较详细且灾情较重的有：明 万历四十一年（公元1613年）七月七日，青州、广饶、寿光海潮（入侵）一百二十里，害民田产无算。与此同时，潍县、寿光、昌邑均潮溢逾百里，害民舍无算。七月七日，蓬莱、福山、文登等县大风雨，黑风大作大雨如注，连绵三昼夜，庐舍倾坏，文庙古柏及民间树株皆拔，稼禾一空，又二日霖雨再作，海啸入城，沿海居民溺死无算。

清朝、民国时期，共记有风暴潮灾害59次，平均约5年一次。其中，灾情较重的为：清 乾隆四十七年（公元1782年）八月五日，寿光风潮大作，海溢百余里。波涛汹涌，直与巨淀扣连，居民及牲畜淹死无算。无棣至潍县等地同时发生潮灾。诏免田租。清 道光二十五年（公元1845年）二月二十九日，特大海潮，海丰（无棣）、阳信、沾化、利津、博兴、乐安（广饶）、寿光、昌邑、潍县等县受灾。海潮内侵达百余里，仅海丰（无棣）、沾化、利津三县，即：碱废土地六万五千余亩。

二、1949年新中国建立以来的风暴潮灾害

（一）灾情概况

统计资料表明：1949—2000年的52年间，山东受热带气旋和温带气旋、寒潮影响而出现的影响范围不等、危害程度不同的风暴潮灾害共53次，年均1.0次，有35年出现了风暴潮灾害，占总年数的67%，1953、1956、1960、1980、1987年同为最多，均出现了3次风暴潮灾害。一次风暴潮的最大受灾范围达26个县市区。

按照风暴潮灾害的影响范围，将其分为三类：

（1）局地风暴潮灾害：受灾范围1～2个县市区，

（2）小范围风暴潮灾害：受灾范围3～10个县市区，

（3）大范围风暴潮灾害：受灾范围11个或以上县市区。

在1949—2000年共出现局地风暴潮灾害26次，占总次数的49%；小范围风暴潮灾害共出现22次，占42%；大范围风暴潮灾害仅出现了5次，只占9%。

1964年4月5～6日、1969年4月23日、1981年9月1日、1985年8月18～20日、1992年8月31日至9月1日、1994年8月15～16日和1997年8月18～20日出现了7次特大风暴潮灾害，给沿海地区的经济和人民生命财产造成了重大损失。例如，1969年4月23日因受温带气旋影响，黄海、渤海海面东北风8～10级，最大风力达12级，莱州湾沿岸海水上涨3米以上。羊角沟最高潮位在黄海基准水面以上6.74米，最大增水3.75米，3米以上的增水持续了8小时之久，最高潮位超过当地警戒水位1.74米，超出多年平均水位3.15米。无棣、沾化、广饶、寿光、潍县、昌邑等地发生特大潮灾。潮水淹没陆地一般达20～27千米，莱州湾最远达40千米。是我国北方罕见的风暴潮灾害。羊角沟镇内一片汪洋，街中水深0.5～1.0米，多数房屋进水被淹。这次潮灾造成106个村庄被淹，共淹没农田30多万公顷，冲走原盐10.6亿千克，倒塌房屋830间，死亡5人。1992年8月31日至9月1日，日照、青岛、威海、烟台、潍坊、滨州、东营等地沿海因台风发生特大潮灾。农作物受灾面积101.8万公顷，果园受灾16.1万公顷，淹没村庄41个，冲毁原盐11.5亿千克，受淹盐田5.8万公顷，损坏房屋12.4万间，冲毁桥涵公路540千米，损失船只4406只，伤亡161人，直接经济损失47亿元。

（二）风暴潮的时、空变化特征

1. 地理分布特征

据1949—2000年资料统计，莱州湾沿海地区、山东半岛东南部和鲁北沿海地区出现风暴潮灾害的总次数在10次以上，出现几率在19%以上，其中莱州湾西南沿海地区在20

次以上，寿光市羊角沟镇最多，达 21 次，出现几率达 40％以上；其它沿海地区的风暴潮灾害出现次数多在 5～10 次，出现几率为 10％～19％。

2. 时间变化特征

（1）年变化

由于造成山东出现风暴潮灾害的主要天气系统是热带气旋和温带气旋，因此，山东风暴潮灾害年变化的高发期与这两种系统的高发期相一致。即集中出现在盛夏期（7～8 月），其次是春季的 4 月和秋季的 11 月。

表 13.1　山东各月出现的风暴潮灾害次数及百分比（％）（1949—2000 年）

月　份	1	2	3	4	5	6	7	8	9	10	11	12	全　年
次　数	0	3	3	8	2	1	8	13	4	3	6	2	53
百分比	0	6	6	15	4	2	15	24	7	6	11	4	100

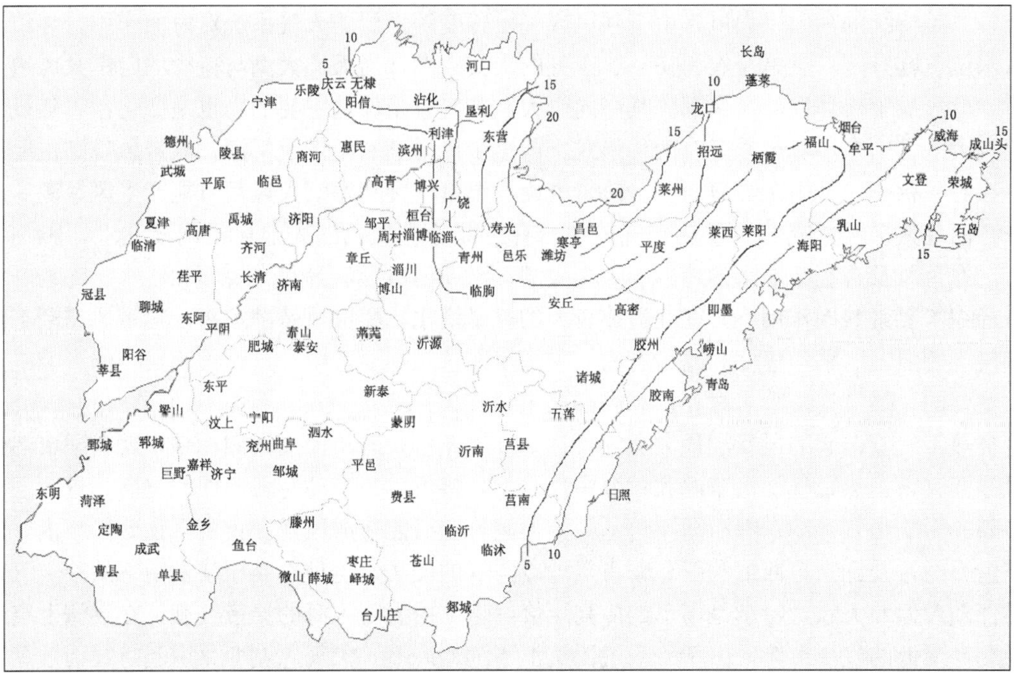

图 13.1　山东风暴潮灾害出现次数分布（1949—2000 年）

（2）年际变化

山东风暴潮灾害的出现次数有明显的年际变化，全年出现次数最多可达 3 次，少的年份 1 次也没有。1952—1956 年、1960—1962 年、1972—1976 年、1979—1982 年和 1986—1990 年为风暴潮灾害的多发期。多发期的长度为 3～5 年，多发期开始年份的间隔为 7～12 年。

三、山东沿海风暴潮的成因

风暴潮只在一些特定的天气形势下方能发生。形成风暴潮一般有 3 个条件：一是有利

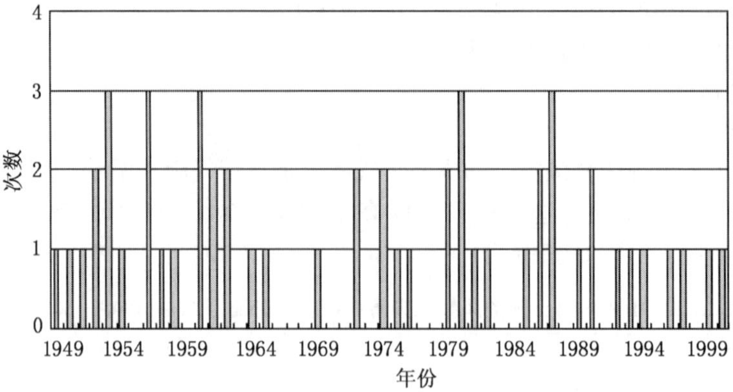

图 13.2 山东历年风暴潮灾害出现次数（1949—2000 年）

的地形，即海岸线或海湾地形呈喇叭口状，海滩平缓，使海浪直抵湾顶，不易向四周扩散；二是持续的刮向岸大风，由于强风或气压骤变等强烈的天气系统对海面作用，导致海水水位急剧升降；三是逢农历初一、十五的天文大潮，当天文大潮与持续的向岸大风遭遇时，就形成了破坏性的风暴潮。其中向岸大风等气象条件是主要的，也是变化性、随机性比较大的。山东沿海风暴潮有两种形式：即热带风暴潮和温带风暴潮。温带风暴潮主要出现在春、秋季。就山东沿海而言，热带气旋、温带气旋和寒潮大风都可能产生风暴潮。夏季在西北太平洋生成的大量热带气旋中，有一部分进人我国大陆后沿闽浙北上，影响山东。在台风及有利于增水的地形、天文大潮、汛期河口径流等水文要素和浅水、岛屿、河口径缩等要素共同作用下，往往造成较大的风暴增水，酿成风暴潮灾害。热带风暴潮与热带气旋的强度、移动速度和路径有密切关系，在这三大要素中，热带气旋路径的影响是至关重要的。热带气旋沿东海和黄海中部北上，在山东半岛登陆，穿越山东半岛侵入渤海。这类热带气旋引起的风暴潮最大振幅可达 2.0 米左右，若与天文大潮相叠，就会酿成热带风暴潮灾害；热带气旋沿东海和黄海中部北上，接近山东半岛时转向西北方向，进入辽东半岛，影响山东半岛东部沿海，若遇天文大潮，有可能造成风暴潮灾害。在冬半年内，山东沿海经常受到来自西伯利亚、蒙古等地冷空气的侵袭。这种冷高压暴发南下的冷空气总是伴随着偏北大风，特别是南下的冷高压恰好遇上由大陆入海的温带气旋，在渤海上空形成北高南低的气压形势，由于冷暖气团交汇于渤海海域，天气急剧变化引起持续而强劲的大风，使渤海南岸莱州湾畔水位发生异常变化。高低压配合型是温带风暴潮的典型天气形势，北高南低型多出现在春、秋季，地面天气图上基本构成以渤海海峡为界的北高南低形势，渤海处于北方高压南沿，南方低压北沿，冷锋呈东北—西南向，这种天气形势很有可能导致渤海和莱州湾沿岸 1.0～3.5 米或以上的增水。如果这种天气形势稳定，就极易酿成灾害。在此天气形势下，渤海和莱州湾常刮东北大风。北黄海及渤海海峡为偏东大风控制，大量海水在偏东大风直接作用下向渤海湾内输送、堆积，若这种天气过程持续 2 天，增水可达 2～3 米左右。莱州湾畔的当地群众谚语："东南转东北，不死也见鬼。"正是这种天气型大风过程引起风暴潮的绝妙写照。例如 1969 年 4 月 23 日黄河三角洲及莱州湾一带出现的严重风暴潮就是在这种天气型下形成的。4 月 21 日晚至 22 日，渤海及黄海北部吹 5～6 级东南风，23 日晨北方冷锋过境转 5～6 级东北风。此时，因苏北有一发展的气旋波经鲁东南入海，使渤海一带的气压梯度不断加大，中午前后，山东北部沿海东北风已增至9级以上。23日11时22分，滨州极大风速达35.0米/秒；13时10分，羊角沟站极大风速达34.9米/秒，东北大风一直持续到24日中午。由于前期持续的东南大风使海水从黄海北部大量涌入渤海，突然转强而持久的东北大风后，再将海水迅速涌向渤海的西南部，致使渤海湾及莱州湾的潮位猛增。在2～3小时内，风暴潮就冲破了70千米的海堤，向内陆推进达20～40千米，造成了极其严重的灾害。

当低压或倒槽位于朝鲜半岛或日本海，冷高压位于我国西北大陆，形成西高东低的天气形势，在这种稳定的天气形势下则整个渤海就会吹西北大风。强劲的西北大风导致渤海湾大减水。由于莱州湾浅滩水浅，坡度比较小，因此莱州湾畔减水尤为明显，就会出现人们常讲的“负风暴潮”。

据分析，渤海沿岸地区发生风暴潮趋于频繁的原因主要有两个：一是海平面升高，主要是由于人类活动产生的温室效应，引起全球气温升高，南极和格陵兰冰盖及高山冰体融化导致全球性海平面上升，据推算，近百年来全球海平面平均以0.1厘米/年至0.2厘米/年的速度在上升；二是由于地壳运动，人类大量抽取地下水，导致近海平原海岸下沉，海平面相对上升。

四、防灾、减灾对策措施

1. 修建防潮、防浪工程，营造沿海防风林带，将风暴潮拒于海岸大堤之外。

2. 加强风暴潮预报技术和防御对策措施研究，改进预报方法，提高抗御风暴潮灾害的水平。

3. 要注意收听、收看气象部门的大风、风暴潮预报和警报，有针对性地采取防御风暴潮的措施，进行更有效的防灾、减灾。

4. 要及时通知海上船只和作业人员合理避让，必要时要组织危险区人员转移至安全地区。

第二节　公元前48年—公元1839年风暴潮灾害

西汉　初元元年（公元前48年）　五月，渤海水大溢，溺杀人物，琅琊郡人相食。

西汉　初元二年（公元前47年）　正月，齐地震，渤（北）海水溢流，杀人物。

东汉　本初元年（公元146年）　海水溢，乐安（广饶）、北海，溺杀人物。

东汉　永康元年（公元167年）　八月，六州大水，渤海海溢伤人。

东汉　建宁三年（公元170年）　六月，海水溢北海郡，溺杀人物。

东汉　建宁四年（公元171年）　二月十四日，地震，北海（渤海）海水泛溢。

东汉　熹平二年（公元173年）　六月，北海地震，东莱（指烟台、威海、青岛等地）、北海海水溢出，漂没人物。

西晋　永宁元年（公元301年）　十月，潍县、寒亭海水溢。

北魏　景明二年（公元501年）　三月，无棣县海水溢。

北魏　正始二年（公元505年）　三月，海水溢出于青州、乐陵之隰沃县和寿光县，流漂一百五十二人。

唐　龙朔三年（公元663年）　胶州大风雨，海水溢。

唐　上元三年（公元676年）　八月，青州大风海水溢，漂溺居民五千余户，齐、淄等七州大水。

唐　开元十一年（公元723年）　胶州大风雨，海水溢。

唐　天宝十一年（公元752年）　六月，密州（高密）大风雨，海水溢，毁城郭。

唐　元和八年（公元813年）　大风海啸，潮溢，浸盐山、无棣等四县。棣城百里，顿成泽国，田园禾稼皆毁，村屯树木尽杀。

唐　元和十一年（公元816年）　六月，密州（高密）大风，海潮泛滥，毁城郭。

北宋　乾兴元年（公元1022年）　十月己酉夜，沧州盐山、无棣二县海潮溢，坏公私庐舍，溺死者甚众。

北宋　庆历六年（公元1046年）　七月，地震海啸，海底有声如雷。

北宋　皇祐五年（公元1053年）　三月二十五日，寿光大风，海水溢，溺死人畜无算；宋黄庶诗云：皇祐五年三月乙巳，齐大风海水暴上，寿光、千乘（广饶）两县，民数百家被其灾，而死者几半，丞相平阳公以同年李君子仪往赈之……。

元　至正元年（公元1341年）　潍县地震，海水溢。

明　成化七年（公元1471年）　闰九月，海丰（无棣）、寿光、黄县、胶州、日照等地大风雨，海水溢，淹田宅人畜无算。

明　正德元年（公元 1506 年）　七月六日，荣城、威海、文登、蓬莱，大雨海溢，禾稼淹没，地变为咸卤。荣城：七月初六日大雨，海溢港水逆流三十里，禾稼渰没，地变为咸卤。文登：七月大雨，海溢逆流三十余里，稼禾淹没，地为咸卤。

明　嘉靖十八年（公元 1539 年）　七月二十六日，日照县大风雨，海水溢岸五里，漂没禾稼。辛卯夜，沂州府大风雨，海水溢岸五里。

明　嘉靖二十四年（公元 1545 年）　招远县大风卷海水南溢，淹禾豆。

明　嘉靖三十六年（公元 1557 年）　七月，惠民、沾化、无棣大水，海潮南溢八十余里。

明　嘉靖三十七年（公元 1558 年）　二月五日，惠民、无棣海潮南溢六十余里，大饥。

明　万历十一年（公元 1583 年）　蓬莱、黄县：秋雨，咸水杀稼禾，饥。

明　万历十二年（公元 1584 年）　九月，潍县海水溢，漂没人物。

明　万历二十二年（公元 1594 年）　胶州大饥，海水溢，禾稼一空。

明　万历二十四年（公元 1596 年）　招远、登州（蓬莱）大风卷海水南溢，淹禾豆。

明　万历三十九年（公元 1611 年）　七月七日，蓬莱大风雨，越二日海溢，海啸入城，沿海居民溺死无算。

明　万历四十一年（公元 1613 年）　七月七日，青州、广饶、寿光海潮（入侵）一百二十里，害民田产无算。与此同时，潍县、寿光、昌邑均潮溢逾百里，害民舍无算。蓬莱、福山、文登等县：七月七日大风雨，黑风大作大雨如注，连绵三昼夜，庐舍倾坏，文庙古柏及民间树株皆拔，稼禾一空，又二日霖雨再作，海啸入城，沿海居民溺死无算。安丘县：海潮一百二十里，害民田产无算。

明　万历四十二年（公元 1614 年）　六月，黄县飓风，海水溢，淹禾稼屋舍。

明　万历四十三年（公元 1615 年）　六月，黄县飓风，海水溢，淹禾稼屋舍，沙压近海土田。

明　万历四十八年（公元 1620 年）　七月八日，登州府大风，海水溢，文登、靖海卫伤运船九十六只，溺死水工二百余人，漂没粮三万五千余石。蓬莱海溢，大风拔木折屋，压死人畜甚众。

明　天启二年（公元1622年）　七月，惠民、沾化、无棣海水溢。

清　康熙六年（公元1667年）　三月十日，海啸，潮到滨州东境，溺死多人。寿光、无棣海水溢，伤人畜。

清　康熙七年（公元1668年）　三月二十九日，利津、沾化、惠民大风海潮南溢八十里，人畜死者千百计。四月，广饶、潍县大风海潮溢四十余里，泛涨两昼夜。

清　康熙十年（公元1671年）　六月十三日，胶州、文登、荣城、威海大雨，海溢四十五里，海水逆流，漂损庐舍，禾稼尽淹，冲压田地二百五十余顷。文登：六月十三日大雨三日，海啸，河水逆行庐舍。荣城：六月大雨三日，海啸，河水逆行，漂损庐舍，稼禾尽伤。

清　康熙十二年（公元1673年）　四月，惠民、无棣海水溢，没屋浸禾，溺死渔人六百有奇。

清　康熙十六年（公元1677年）　无棣大风，海水南溢百余里，麦田淹没。

清　康熙十七年（公元1678年）　秋，诸城海溢四十五里。

清　康熙二十四年（公元1685年）　莒县：春正月初七夜雷雨大作，三月二十二日大水。河有海鱼，秋潦。

清　康熙三十二年（公元1693年）　寿光：春二月海溢六十里，坏田庐，死人畜无算。

清　康熙四十二年（公元1703年）　惠民、沾化、无棣海啸，横水泛溢，舟行平地。

清　康熙五十三年（公元1714年）　沾化、无棣海溢。

清　康熙五十五年（公元1716年）　二月，沾化海溢。

清　雍正四年（公元1726年）　十月三日，潍县、昌邑海大溢，溺杀人物，田伤泻卤。

清　雍正六年（公元1728年）　寿光海溢，水落巨鱼出，长六丈。

清　雍正十三年（公元1735年）　日照海溢，大饥。

清　乾隆五年（公元1740年）　七月四日，牟平海啸水溢。

清　乾隆九年（公元1744年）　日照海水溢到城东郭外。

清　乾隆十年（公元1745年）　七月十九日，潍县海潮溢。

清　乾隆十一年（公元1746年）　平度海溢，淹西界田禾。

清　乾隆十二年（公元1747年）　胶县：秋七月大风害稼。海水溢，大饥。

清　乾隆十三年（公元1748年）　五月，日照海潮泛溢。

清　乾隆十四年（公元1749年）　三月，寿光海水溢。十月二十二日，荣成大风泛海，死者甚众。

清　乾隆十六年（公元1751年）　三月十五日，潍县、昌邑海水溢；掖县大风雨，薄暮海溢，声达城市，漂没人畜无算。四月，平度海溢，淹西界田禾。诏免田租，发粟赈济。秋，寿光大水，潮淹沿海地三十六顷八亩余。

清　乾隆十八年（公元1753年）　八月二十三日夜，海丰（无棣）、利津、寿光，海水溢出数十里，漂没民屋，卤坏民田。十一月八日，掖县、潍县、昌邑受风潮灾害。

清　乾隆二十年（公元1755年）　寿光、利津潮水为灾，诏免田租。

清　乾隆二十四年（公元1759年）　利津、沾化海水溢，潮水为灾，漂没田禾庐舍。

清　乾隆三十三年（公元1768年）　利津海水泛滥，溺死百余人。

清　乾隆三十四年（公元1769年）　寿光潮水漫溢。

清　乾隆三十五年（公元1770年）　八月二十一日，寿光大风雨，海溢，伤民畜无算。

清　乾隆三十九年（公元1774年）　寿光：春，海潮为灾。

清　乾隆四十三年（公元1778年）　寿光海水大溢，居民淹死者无算。

清　乾隆四十七年（公元1782年）　八月五日，寿光风潮大作，海溢百余里。波涛汹涌，直与巨淀扣连，居民及牲畜淹死无算。无棣至潍县等地同时发生潮灾。诏免田租。

清　乾隆四十八年（公元1783年）　山东沿海，海溢。

清　乾隆五十八年（公元1793年）　寿光海溢，诏免田租。平度海溢，淹傅家四社等处三十九屯。

清　嘉庆十二年（公元1807年）　秋七月，胶州大风害稼，海水溢，巨鱼见灵山岛。

清　嘉庆二十三年（公元1818年）　四月九日大海潮，无棣、利津、沾化、阳信、广饶受灾。

清　道光七年（公元1827年）　八月，诸城海溢，沿海禾尽淹死。

清　道光十五年（公元1835年）　秋，胶州大水伤稼，暴风损海舟。土埠岛东碎一商船，淹死三十五人。

清　道光十六年（公元1836年）　牟平海潮溢，淹没民田。

清　道光十八年（公元1838年）　十月，海水溢羊角沟，商船没十余艘。

第三节　公元1840—1948年风暴潮灾害

清　道光二十三年（公元1843年）　七月十六日，威海、牟平暴风雨，海溢，伤禾稼。

清　道光二十五年（公元1845年）　二月二十九日，特大海潮，海丰（无棣）、阳信、沾化、利津、博兴、乐安（广饶）、寿光、昌邑、潍县等县受灾。海潮内侵达百余里，仅海丰（无棣）、沾化、利津三县，即：碱废土地六万五千余亩。

清　咸丰二年（公元1852年）　沾化、阳信：六月大风拔木偃禾，海水溢，秋废。

清　同治四年（公元1865年）　二月，无棣海水溢。

清　光绪元年（公元1875年）　七月十八至二十日，东北大风，三只船被打上岸，街道行驶小船。英“哀朗炮台号”打碎散落在东沙滩。

清　光绪五年（公元 1879 年）　二月，昌邑大潮，沿海地亩硷废。初七日，大风、海潮异常，掖县濒海受灾尤剧。六月十四日，烟台出现一次特大海潮，城区水深近三尺。

清　光绪七年（公元 1881 年）　七月十六日，日照大水漂没庐舍，濒海居民多溺死者。

清　光绪十六年（公元 1890 年）　十月，寿光海潮泛溢，北岸尽成泽国；羊角沟海潮涌溢，北岸尽成泽国，南岸晏如。

清　光绪十七年（公元 1891 年）　七月十一日，文登一带大雨、海溢，河（海）水暴涨，冲毁庐舍数千间，自嘉庆二十三年（1818 年）大水至今七十余年复遭水害。

清　光绪十八年（公元 1892 年）　十月，寿光海水溢，羊角沟商船漂没十余艘。昌邑海水漫溢沿海，坏庐舍，田成卤。

清　光绪二十六年（公元 1900 年）　春，寿光海水溢。

清　光绪二十九年（公元 1903 年）　六月初三，大雨、大潮，烟台东、西两河河堤全被冲毁，倒房无数，溺死六七百人。青岛六月初三雨水大，海潮溢，河水涨，受灾重。

清　光绪三十二年（公元 1906 年）　十二月十八日，烟台遭大风袭击，船只损失惨重，码头被毁。

民国　三年（公元 1914 年）　沾化海溢，沿海居民多淹死；寿光海水溢，羊角沟损商船百余艘。

民国　七年（公元 1918 年）　阴雨数月，黄县河水暴涨，海水登陆，廒上、邹刘家林场水深近三尺。

民国　九年（公元 1920 年）　六月三十日，掖县大风雨，海潮暴涨，沿岸禾稼俱淹，潮落地变斥卤。

民国　十年（公元 1921 年）　利津面条沟一带被海水（淹），潮碱地甚多。

民国　十六年（公元 1927 年）　九月十五日，沾化东北风大作，海潮深至三尺余，三日始退，居民淹死者甚多，地亩尽成斥卤。蓬莱沿海大风，引起海啸，淹死四十余人。

民国　二十八年（公元 1939 年）　八月十一日，渤海南岸北风大作，海溢六十里。无棣、沾化、利津等县淹没耕地六百一十九万亩，倒塌房屋四万五千万间，死伤约五百人。寿光沿海同时发生大海潮，羊角沟最高潮位七米（换算成黄海高程为四点一三米），海侵三十余里，盐田全被淹，倒塌房屋数百间，漂没船只数百只。昌邑海水溢，入侵六十里。

八月三十一日九时台风在胶州湾西岸登陆，而后穿越山东半岛，晚间抵达黄河口。在青岛登陆前，于三十日二十三时四十分瞬时最大风速为每秒四十点三米；平均风速大于每秒二十米的时间长达二十五小时。惊涛骇浪，潮水猛涨，青岛海岸低洼住宅区，尽成泽国。狂风、暴潮、大浪、暴雨共同肆虐，房屋倒塌一千零九十二间，浸水住宅三千八百三十三间，冲毁道路九十四条、桥梁二十六座，淹没田禾九千一百一十九亩、果树一万七千二百三十五棵，损失船舶一百四十三只，死亡十七人，伤四人，灾情极为严重。山东半岛以及胶东各县，该时正值秋禾成熟，即待收获，罹此浩劫，损失之严重，实无法估计。寿光海水南溢三十里，毁房数百间，毁船百余艘，盐田淹没。

民国　三十七年（公元 1948 年）　七月六至七日，九级台风，青岛大海潮，前海浪高数丈，贵州路、团岛二路一带冲毁三百余户。海阳七日拂晓前，海水猛涨，沿海六区淹土地三千多亩、盐田九千多亩，毁船十五只，一千多户居民受灾。八月风暴潮，荣成毁耕地二千九百八十二亩，毁盐田二十一万三千二百一十二亩，溶盐二千九百五十五担。即墨东部沿海淹农田一千一百七十亩，冲毁农田四千五百亩。

第四节　公元 1949—2000 年风暴潮灾害

1949 年　7 月 26 日，11 级台风在山东沿海登陆。日照 62 个村庄淹没农田 1300 多亩，毁盐田 894 亩，溶原盐 3.45 万千克，毁海船 8 只，淹死 2 人，大宗渔具、渔网被冲走。青岛崂山县 15 个村庄受灾，淹田 5336 亩。乳山县 6 个村庄的盐滩被冲毁，溶原盐 3 万担，淹地 10780 亩。海阳县风暴潮成灾，267 个村庄被淹，损失渔船 11 只，死亡 4 人。文登县暴雨如注，东南风 11 级，潮声如雷，冲毁农田、房舍，停在五垒岛海口的渔船和商船被漂荡到五垒岛大街上。威海海潮淹地 8257 亩，损盐 541.5 万千克，伤船 40 只，毁房 5455 间，死伤 10 人。烟台 26 日上午 10 时许台风袭来，海浪顿时高达数丈，堤溃舟沉，下午 3 时半到 4 时，风力最大，台风持续到 27 日傍晚，死亡 25 人，伤 18 人，沉船 131 只，损坏船 148 只。掖县 10 个村被淹，毁田 3000 多亩，无棣、沾化淹地 2.6 万亩，损失惨重。昌邑海水内侵 20 千米，淹田 8000 亩。招远倒房 18700 间，死亡 18 人。蓬莱船只搁浅，沿海村庄进水。8 月即墨因台风暴潮，毁船 55 只，冲毁盐田 2360 亩。

7 月 27～28 日，沾化县，北风大作，海潮侵入七、八区沿海 4 个乡，淹没土地 9628 亩，毁坏房屋百余间，冲走粮食、牲畜、农具、衣物一宗。

7 月 29 日，受风暴潮影响，牟平县海水倒灌 6867.63 亩，冲盐 8347.65 万吨，损失舢板 107 条、筏子 42 条。

7 月 30 日夜至 31 日，受台风影响，莱阳市出现大风、暴雨天气，并引起风暴潮，羊郡、穴坊等 13 个村进水，屋内积水约 0.7 米，淹死禾苗面积及其占作物总面积的百分比：

羊郡区1000亩，占29%；东羊郡113亩，占10%；东朱臬2335亩，占75%；西朱臬175亩，占9.7%；潍港村241亩，占11%；东埠前村1166.5亩，占25%；西埠前450亩，占地14%。穴坊区淹9个村的禾苗462658亩，并有5个村晒盐全被海水冲毁。这次灾害还刮倒树木2万棵，房屋倒塌3478间，作物被淹46.8万余亩，作物倒伏减产约半，食盐损失约1万吨。

1950年　7月5日，文登县小观、东里刀发生海水倒灌，东南风伴有大雨。海水倒灌面积200～300亩。持续时间5小时，平均水深150～180厘米，最大水深200～250厘米。淹死2人，淹没土地200～300亩。

1951年　8月19日，日照风暴潮，淹农田1000多亩。

1952年　9月下旬，惠民、昌潍、文登、莱阳4个专区的部分沿海地区遭大风海潮袭击。

10月21日，掖县、昌邑、潍县、寿光等地因温带气旋入海引起潮灾，淹村庄20多个、农田0.33万亩。冲毁盐滩242处，损失船舶12只，伤亡6人，海水内侵10～20千米。羊角沟增水2.53米，高潮位5.93米，超警戒水位0.93米，属较大潮灾。

1953年　7月，日照台风潮灾，受淹村庄5个，淹农田1万亩。8月3～5日荣成河堤决口，海水倒灌，塌房962间，死亡35人，伤344人。

8月10日，牟平县海水倒灌3100亩，冲盐100万千克，淹没土地2300亩。

1954年　6月5～6日，文登出现大风暴潮，毁船61只，损失渔网1603挂，渔民死亡49人。威海海潮淹没农田，羊角沟增水2.99米，最高潮位4.95米，码头上水。

7月30日，牟平县海水倒灌1400亩，化盐1600吨，1400亩庄稼淹死。

1956年　4月8日，寿光羊角沟大海潮，最高潮位5.7米，持续17小时，潮水溢至道口、官台的部分村庄，淹死14人，毁盐滩204处，溶原盐70600担。

8月2～4日，受台风影响持续3天，胶南海水顶托，出现几十年未有的大海潮；崂山毁房407间，毁树5359棵；即墨受灾17.5万亩，倒房204间，毁船4只，死亡13人。

9月5日受台风影响，即墨倒房7423间，死伤31人，损坏渔船50条；荣成拔树9万棵，毁船82只；日照淹没农田0.3万亩、鱼池0.3万亩、盐田0.56万亩，损失船舶17只，伤亡26人，减产粮食40.5万千克；青岛沿岸低洼处受淹，9月6日实测高潮位5.36米，创历史最高记录；胶南淹地1453亩，塌房6543间，毁船66只，伤亡9人，淹死家畜20余头。

1957年　4月9日，因受温带气旋入海影响，无棣、广饶发生潮灾，淹没农田5.8万亩，受淹村庄18个，广北盐场被淹，无棣海潮南侵40千米。

1958年　2月25日，羊角沟增水2.37米，最高潮位4.96米，码头一部分被水淹，有一些渔具受到损失。

1960年　4月10日，羊角沟发生大海潮，增水2.58米，高潮时刻增水2.25米，最高潮位5.81米，超警戒水位0.81米。莱州湾西南岸被水淹，属较大潮灾。

7月31日至8月1日，台风先在福建连江，后又在青岛登陆。羊角沟增水2.24米，最高潮位5.39米，超过警戒水位0.39米。

11月22日羊角沟最大增水2.92米，高潮增水2.73米，最高潮位5.66米，超警戒水位0.66米。莱州湾沿岸增水大于2.0米，许多地段被淹。

1961年　5月3日，受黄海气旋影响，使羊角沟增水2.44米，最高潮位5.36米，部分岸段上水；龙口站增水大于1.0米；青岛沉船4只，死亡16人；即墨死亡渔民5人。

10月19日受寒潮大风影响，羊角沟增水2.69米，最高潮位5.68米，超警戒水位0.68米，莱州湾一带被淹，属较大潮灾。

1962年　8月7～8日，掖县、广饶发生潮灾，淹农田0.5万亩，另有许多盐场被淹，损失很大，详情无记载。

1964年　4月5～6日，因受冷空气影响，山东莱州湾附近的无棣、沾化、利津、垦利、广饶、寿光、潍县、昌邑、平度、掖县发生特大潮灾，这是一次强温带风暴潮过程，淹没农田115.46万亩，受淹村庄273个，冲走原盐1.74万吨，倒塌房屋4953间，冲毁码头一座、防潮堤7.2万立方米，损失船舶268只，死亡148人，伤327人。羊角沟高潮6.24米，5日最大增水3.35米，高潮时刻增水2.56米。5～6日，5米以上高潮位持续35小时，最高水位超警戒水位1.24米，街内飘入船只，海潮南侵20～50千米，直接经济损失2500万元；威海海上损失11万元。另据寿光县志记载，该县受灾面积101.8万亩，经济损失2390万元；昌邑盐场经济损失16.8万元；莱州湾沿岸增水大于2.0米，海水内侵一般为10多千米，最远达29千米，受淹面积几千平方千米，属严重潮灾，其中掖县因海水倒灌，淹农田4600余亩，溶盐4000余吨。烟台毁船108只，死亡28人。东营利津县，东北风8～10级，风雪交加，气温下降，海潮猛涨，使盐窝四段以下至海口一片汪洋，淹死16人，毁船6只，冲毁房屋，拔断树木，冲走大量物资，损失10.6万元，是历史上少见的一次特大海潮。

4月5日，沾化县出现东北大风潮，潮水淹没海拔3.4米以下区域，10.07万亩耕地被淹，死亡53人，病伤113人，倒塌房屋415间，淹死耕畜35头、猪羊538只，海上沉船38只，冲走渔具大宗。

1965年　11月7日，受强冷空气影响，羊角沟8日增水2.52米，最高潮位5.07米，超警戒水位，龙口增水1.09米，均出现轻度潮灾。青岛2艘在渤海湾捕捞船只沉没，死亡25人。

1969年　4月23日，因受大风影响，无棣、沾化、广饶、寿光、潍县、昌邑等地发生特大潮灾。一般岸段潮水内侵陆地达10～20千米，莱州湾最远达40千米。淹没农田面积超过500万亩，100多个村庄被淹，冲走原盐106万吨，倒塌房屋830间，死亡5人。仅寿光县便淹地451.3平方千米，直接经济损失250万元。这次潮灾是寒潮大风引起的，黄海、渤海海面东北风8～10级，莱州湾沿岸海水上涨3米以上。23日13时羊角沟的最大风速34.9米/秒，16～17时羊角沟增水3.75米，最高潮位6.74米，增水3米以上持续8小时。莱州湾巨浪滔天，巨浪与风结合冲向陆地，毁海堤70多千米，损失惨重。

1972年　7月26日，烟台、黄县、掖县、荣成、广饶、沾化因7203号台风进入黄海后西折，在荣成登陆，快速穿过胶东半岛进入渤海。山东半岛附近海面出现8～11级大风，最大风力达12级。据不完全统计，烟台地区有3万亩农田被海水浸灌和冲毁，100多万亩高秆作物严重倒伏，倒房1140间，毁船900多艘，伤亡193人，损失水果1000多万千克，拔树10万多棵。其中，长岛毁船118只，10名渔民罹难。龙口最高潮位3.40米，超警戒水位0.3米，烟台、羊角沟增水超过1.0米。

1973年　5月1日，受黄海气旋形成的大风影响，使羊角沟出现2.13米的增水，最高潮位4.89米，龙口增水0.55米。荣成损失海带1.7万亩，死亡渔民3人，倒房978间。

1974年　11月9日，受偏北大风影响，使羊角沟增水2.16米，最高潮位5.0米，埕口增水1.85米，龙口增水0.65米；莱州湾西南岸增水大于1.8米，寿光、无棣、沾化等地出现潮灾。

1975年　8月13日，青岛出现风暴潮，仅崂山县就冲垮塘坝11座、桥7座，毁渔船15只。

1976年　3月18日凌晨，狂风大作，潮水猛涨，文登海潮高达1.6米以上，冲走盐地埂土2000多立方米。

1979年　2月21日，受寒潮大风影响，海水暴涨，羊角沟增水2.85米，最高潮位5.33米，2米以上增水持续17小时；埕口增水3.14米，下营增水1.99米，龙口增水1.0米；埕口最高潮位4.63米，为自有资料以来第二个高记录。这是一次强寒潮风暴潮过程，导致沾化、无棣等地的潮灾。沾化县东北大风引发大海潮，淹没海拔2.4米以下区域，淹地面积50.4万亩。

1980年　4月5日，因大风影响，广饶、寿光发生潮灾。潮水上涨很快，防潮堤16处决口，冲毁原盐8.5万吨，损失渔船20多只，毁渔具甚多。羊角沟增水3.15米，最高潮位6.01米，超警戒水位1米多，建港路大桥被冲塌，为一次严重潮灾。9月1日，受12级台风影响，东部沿海地区出现大风暴潮，沉船220多只，死伤270人。其中，乳山县一半渔船受损，丢15只，损失126万元；青岛地区受灾亦十分严重。

7月24～28日，东部沿海地区受台风影响出现大海潮。漫灌虾池13000亩，损失网具6000挂，损失贻贝1600亩，撞坏养殖船977只，直接经济损失1500万元。

1981年 9月1～2日，日照、青岛、烟台特大潮灾。淹没农田4.04万亩，受淹村庄52处，淹没盐田0.24万亩，冲毁水闸35座、码头2处，损失船舶453只，直接经济损失1844万元。其中，青岛最高潮位5.29米，崂山县冲垮海堤13处，淹农田4450亩，毁船107只。

9月1日，受8114号台风外围影响，海阳县沿海一带暴发海啸。淹没粮田2500亩、果园1000亩；1000亩养鱼池、55亩扇贝被冲走；沉船4只，死亡2人，重伤1人；撞毁大小船只25只，漂走养殖船5只。风城港大坝冲坏400米，丁字嘴码头损坏500米；冲坏盐田10万亩。经济损失977万元。

9月1日夜间，因受8114号台风影响，乳山县沿海社队遭8～9级东南风和特大海潮袭击，全县捕捞和养殖船只有50%受到不同程度地破损，损坏比较严重的达56只，其中12马力以上的渔船15只，丢失渔船15只，丢损各种网具819挂；和尚洞、沙港码头被冲垮21米，挡浪墙冲垮10米，海珍品养殖实验场及石堡水产组的围墙冲垮110米；对虾养殖遭到很大破坏；5、6万亩农作物受到风灾和海潮袭击，约减产20%左右，其中，潮水淹没绝产的1200亩；大风刮掉水果250万千克等，共造成损失63万千克。

1982年 11月9～10日，东营利津县，狂风暴雨，西北风8～10级，降雨量60～80毫米，引起海潮猛涨，海潮内侵20千米，北部防潮坝外遍地是水，造成了1949年新中国建立以来的第二次大海潮，损坏电话线、高压线、广播线杆2392根，造成了电话线路中断3天、停电6天；刮倒房屋963间，伤亡879人，砸死牲畜20余头；毁坏树木700余棵，损失粮食2.5万余千克，淹农田12万亩。经济损失达83.3万元。

11月9日，沾化县，东北大风引发大海潮，淹没海拔2.2米以下的区域，有30.8万亩土地被淹。

1985年 8月18～20日，青岛、烟台发生特大风暴潮灾，淹没农田26.7万亩、虾池3.14万亩，倒房6.6万间，伤亡787人，直接经济损失10多亿元。仅青岛所属6县就死亡29人，重伤368人，毁船1490只，损失5亿元。这次8509号台风影响时间长，适遇天文大潮（初一到初四），又是海平面最高的月份，台风中心附近风力大，台风路径经过的地方大多是工业发达、人口密集的大城市，南至上海，北到大连和营口均受其害。山东沿岸增水最大在下营站1.52米，羊角沟、龙口、烟台增水超过1.0米，乳山口、青岛、石臼所增水大于0.5米，青岛最高潮位5.31米。胶南19日平均风力10级，暴雨连降3日，农作物减产36万亩，绝产3.45万亩，冲毁虾池2334亩，损失虾9万千克，冲毁机井、大口井35眼、渡槽7座、桥涵164座、堤坝2处，15座小型水库塌坡裂缝，刮走渔船337艘，刮倒作物22.7万亩，刮倒树木31万棵，损失水果520万千克。崂山毁树51万棵，损渔船900只。

1986 年　8 月 28～29 日受台风暴潮影响，荣成损失船只 17 艘，冲坏码头 3 处，毁养殖场 230 亩，总经济损失 300 多万元。

12 月 14 日，因冷空气过境，羊角沟增水 2.25 米，最高潮位 5.22 米；埕口、下营、龙口增水分别为 1.66 米、2.01 米和 1.05 米。沿海养殖业和渔具受到相当程度的损失，属轻度潮灾。

1987 年　7 月 29 日，台风暴潮袭击烟台、威海等 8 个县市，经济损失 8598 万元。

10 月 29 日下午 2 时至晚上，潍坊，特大海潮伴着 8～10 级暴风袭击了寿光、昌邑、寒亭 3 县区北部沿海地区，给 3 县区虾场建设工程造成了严重损失。其中，寿光县大家洼镇第三养虾场工地百余民工被 4 米深的海水围困，新修的大坝被冲毁 8000 余米，淹没拖拉机、小推车等施工工具一大批；寒亭区央子镇有 40 多名民工被海水围困，海潮冲毁新修的防潮坝 6000 余米，冲坏新建虾池 1600 余亩及一批设备物资；昌邑县有 4000 米长的防潮坝损坏严重。据初步统计，在这场风暴潮中，3 县区直接经济损失在 1000 万元以上。

10 月 30 日，受大风影响，羊角沟增水 1.74 米，最高潮位 5.21 米，超警戒水位。莱州湾沿岸增水大于 1.0 米，浪高 3 米，因滩涂开发施工，寿光、寒亭、昌邑损失各种物料价值 1645 万元，属较大潮灾。

11 月 26～27 日受寒潮大风影响，羊角沟增水 2.14 米，最高潮位 5.84 米，超警戒水位 0.84 米；埕口、下营增水大于 2.0 米，龙口增水大于 1.0 米。寿光、寒亭、昌邑、垦利、广饶、东营和掖县等市县区部分乡镇发生较大潮灾。淹没虾池 3 万亩、盐田 4 万亩，冲失原盐 2000 吨，冲毁防潮堤 65.4 千米，损失船 41 只，毁坏扬水站、水闸等建筑物 93 处，另有大批工程物资和生活用品被潮水淹没，粗略估算，总经济损失约 2208 万元。

1989 年　8 月底至 9 月初，受 8914 号台风外围影响（没有在山东登陆），因台风半径 560 千米，9 月 2 日台风中心距山东沿岸最近仅 470 千米，此时台风中心气压 980 百帕，台风中心附近最大风速 30 米/秒，又正值农历八月初天文大潮，风暴增水与天文大潮叠加，再加上 4.8～6.5 米的巨浪，使得南起岚山头、北到成山头一带发生严重潮灾。漂失渔船 1000 多艘，死亡 5 人，损失养殖对虾、贻贝 1.8 万亩。每块重 3.5 吨的扭工字形防浪设施被移位 20 余米，每块重 3.2 吨的三角护块被冲走，移位 1600 米。总经济损失超过 1980 万元。青岛最高潮位 5.29 米，石臼所最高潮位 5.39 米，超警戒水位。

1990 年　5 月 1 日，荣成出现特大潮灾。淹没扇贝池 2 万亩，冲毁码头 400 多米，损失船 281 只，死亡 21 人，直接经济损失 2.8 亿元。本年度成山头出现最高潮位 2.64 米，超当地警戒水位。

8 月 21 日晚 9 时，日照市岚山头办事处沿海发生大海潮，海潮上延 15 米，削革滩头 8 米，沿海村庄程度不同地遭到海潮袭击，其中 2 个村的 59 户房屋进水，倒塌房屋 20 间，130 间变成危房，损坏虾池 4 万公顷，经济损失 80 万元。

1992 年　8 月 31 日至 9 月 1 日，日照、青岛、威海、烟台、潍坊、滨州、东营等地沿海因台风发生特大潮灾。农作物受灾面积 1527 万亩，果园受灾 242 万亩，淹没村庄 41

个，冲毁原盐 115 万吨，受淹盐田 87 万亩，损坏房屋 12.4 万间，损失船只 4406 只，伤亡 161 人，直接经济损失 47 亿元。潍坊市昌邑、寿光、寒亭及青州、临朐、五莲等县市分别遭受风暴潮和暴风雨袭击，阵风达 11 级，持续 30 小时以上，沿海潮位高达 3.13～6.45 米，寿光县的最高潮位达 6.45 米，超出警戒水位 0.95 米。寿光、寒亭、昌邑 3 县区平均降雨量 128.7 毫米，降雨量最大的昌邑县下营镇达 251.6 毫米，特大的风暴潮给工农业生产和人民生活造成了严重损失。据不完全统计，有 2000 多米防潮大坝被冲垮，淹没虾池 0.31 万公顷，毁坏盐田 0.77 万公顷，损失原盐 106 万吨，沉没渔船 11 只，撞坏 22 只，冲坏农作物 9.23 万公顷，果树受灾面积 1333 公顷；另外还冲坏部分建筑物、变压器、公路、果树、机井等，损坏房屋 1405 间，其中倒塌 595 间；毁坏较大型建筑物 11 座，冲毁公路 2 千米，毁坏塑料大棚 190 多个，倒折线杆 18 根，死亡 1 人，重伤 2 人。各项经济损失共计 4.27 亿元。日照市普降暴雨、大暴雨，全市平均降雨量 123.6 毫米，最大点雨量 190.5 毫米，风力 8 级以上，沿海风力最大达 10 级，海潮最高潮位达 5.4 米，超过警戒潮位 87 厘米。沿海防护坝、拦海潮坝、滩涂虾池大坝有 120 多处被冲垮，333 公顷虾池被冲。2 万公顷玉米受灾，倒折树木 15 万棵。死亡 4 人，伤 19 人，2 人被洪水冲走下落不明。灾害造成直接经济损失约 1 亿元。8 月 31 日威海市环翠区、荣成市、文登市、乳山县遭暴风雨和海潮袭击。陆地阵风 8～10 级，海上阵风 11～12 级，全市平均降雨 120 毫米，局部达 180 毫米，部分沿海出现海啸和风暴潮，海水大量倒灌，个别地区海潮冲进陆地达 4 里。海潮毁坏防潮堤 4500 米、养殖场水坝 2 座，冲毁码头 7 座、岸壁 500 米，撞毁渔船 791 只，其中大部分报废。淹没农田 20 万公顷、虾池 4000 公顷及扇贝、筏养魁蚶、牡蛎、裙带菜等海水养殖场 2847 公顷，冲化原盐 0.85 万吨、卤水 3.5 万吨。灾害还使 5.39 万公顷农作物、3.02 万公顷果树受灾；损失水果 18012 万千克；损坏、倒塌房屋 7431 间，其中倒塌 1250 间；倒折树木 23.3 万棵；冲毁公路 8 处，毁坏路面 10.45 万平方米，冲毁桥涵 35 座，中断通讯专线 6 条、高压线路 5 条，折断线杆 387 根；死亡 4 人，重伤 1 人，10 人失踪。灾害造成的直接经济损失将近 10 亿元。烟台市遭受了历史上罕见的暴风大潮袭击，平均风力 8～9 级，阵风达 11 级以上。这次风暴袭击遍及 11 个县市区，造成极其严重的经济损失。据统计，全市直接经济损失 10.52 亿元，死亡 17 人，伤 243 人，倒塌民房 2425 间，损坏民房 6219 间。损失较重的县市区有海阳、莱阳、莱州、长岛、蓬莱、龙口、牟平、栖霞。

9 月 1 日，烟台市海阳县受北上的 9216 号台风影响出现了暴风雨天气，海阳气象站降水量 107.7 毫米，海阳县降水量超过 100 毫米的有 12 个乡镇。高家乡达 180 毫米。降雨时伴有 8～9 级大风，阵风 11 级。海上恰逢天文大潮期，沿海潮位比正常潮位高 2.5 米，使滩涂养殖损失惨重。据统计，全县滩涂及近海养殖等项共损失 2.1 亿元；农业损失 9000 余万元；有 4 人死亡，毁坏船只 150 余只。这次灾害共造成经济损失 3 亿余元，为 1949 年以来所罕见。莱阳市沿海一带出现风暴潮，3 处防潮坝决口，受灾虾池 7400 亩，绝产 2300 亩，倒伏夏玉米 1.43 万公顷，成灾 0.8 万公顷，果园受灾 1.07 万公顷，成灾 0.53 万公顷，损失水果 1200 万千克，刮倒树木 1 万棵，刮倒、刮歪线杆 300 多根，共计经济损失 5640 万元。滨州地区无棣、沾化两县遭严重海潮袭击，风力达 8～9 级，潮位达 4.6 米，防潮坝多处被冲垮，沿海村庄积水深达 1 米以上。两县共损失原盐 11.35 万吨，冲毁虾池 1413 公顷，毁坏公路 105.4 千米、高压输电线路及通讯线路 148 千米、桥涵 50

座；倒塌房屋 997 间，4000 多名群众被海潮围困，大批渔船及网具被冲走，东风港和富国港的待运物资几乎全部被冲光。灾害共造成直接经济损失达 16052 万元。暴风海潮袭击东营市，风力 8 级以上，阵风 10 级，海潮最高潮位 3.8 米，冲毁防潮坝 23.9 千米、公路 3 千米，毁坏船只 105 只，3 个沿海村庄进水；冲毁虾池、盐场，冲走大虾 50 万千克，冲化原盐 7.98 万吨。暴风还使 4.93 万公顷棉花、2.67 万公顷玉米严重倒伏，毁坏塑料大棚 500 多个，倒折树木 20 万棵、线杆 160 根，7333.3 公顷果树严重落果；损坏房屋 5600 多间，倒塌 623 间；死亡大牲畜 469 头。直接经济损失约 2.5 亿元。

温带风暴潮过程较常年偏多。据羊角沟统计，0.5 米以上的增水过程 32 次，1.00 米以上的增水过程 15 次。烟台和石臼所年最高高潮位分别达到 4.73 米和 5.53 米，均超过当地的警戒水位。

1993 年　11 月 15～23 日，长岛县遭受罕见的风暴潮袭击，持续时间长达 9 天，风力 8～9 级，阵风 10 级以上。由于风大浪高，持续时间长，使海上养殖损失严重，扇贝养殖架子成行成片大面积被卷走。全县损失扇贝 300 公顷；毁坏大小船只 30 多只，1 人死亡，2 人失踪。直接经济损失 9000 万元。

莱州湾增水大于 1.0 米达 6 次，低洼地段受灾。11 月 15 日 20 时起，无棣县沿海地区普遍遭受猛烈风暴潮袭击。期间正值本月天文大潮期，风力达 9 级以上，最高潮位达 4.1 米，浪高 4 米以上，至 17 日早 8 时，大口河、水沟、旺子、金尖、沙头等沿海渔村，鲁北化工总厂、埕口盐场、县属盐场，第一、第二海水养殖公司先后进水。据统计，各盐场冲化原盐 7 万吨，倒塌房屋 213 间；冲失、损坏网架 4123 盘、网杆 560 根、网具 2520 挂，损坏通讯线杆 230 根、线路 2.3 万米；损坏输电线杆 120 根、线路 243 米，冲毁路基 40 千米；冲垮防潮坝 52 千米；损坏虾池 3000 亩。共计造成直接经济损失达 3344.33 万元。

1994 年　8 月 15～16 日，威海、荣成、文登、乳山、牟平、海阳、莱阳、蓬莱、长岛发生特大潮灾。淹没农田 215.4 万亩，损失水产养殖 7.9 万亩，冲失原盐 1500 吨，倒房 4508 间，冲毁桥涵 35 座、防潮堤 300 米，损失船只 1040 只，伤亡 32 人，直接经济损失 21.4 亿元。这次潮灾是 15 号台风引起的，中心最大风力 12 级，损失惨重。

8 月 15 日晚，受 9415 号台风的影响，蓬莱市遭受到风暴潮的袭击，同时伴有降水，全市平均为 22.8 毫米，最大的是大辛店镇 33 毫米，最小的大柳行乡 11 毫米，雨量分布极为不均。受灾面积之大，损失之重，是多年来少见的。(一) 农业灾情：全市 25 万亩玉米倒伏 90%，平均减产 3 成，减产 3600 万千克，损失达 3500 万元；杂粮作物 1.7 万亩，减产 178.5 万千克，损失达 420 万元；果园受损 22.5 万亩，落果 0.67 亿千克，损失达 1.34 亿元；蔬菜受灾面积 0.30 万亩，毁坏大棚 437 个，损失达 260 万元；刮倒树木 3.7 万棵，损失达 60 万元。累计损失 1.764 亿元。（二）海上灾情：损坏渔船 68 只，总价值 150 万元；全市 2 万亩扇贝养殖面积，有 1.1 万亩受损严重，总价值达 9000 万元；毁坏护浪堤坝 0.50 千米，总价值 850 万元；毁坏扇贝育苗袋 4500 万个，总价值 1000 万元。累计海上损失 1.11 亿元。（三）建筑设施灾情：冲毁道路 4 条、桥涵 7 座，总损失 130 万元，其中蓬丰路一座 7 孔长 70 米、宽 7.5 米石拱中桥全部冲毁，损失 50 万元；蓬莱市因风暴损坏房屋 1700 间，倒塌院墙 6 千米，损坏电力线路 62 千米，损失 2140 万元。累计损失达 2320 万元。据初步核算，蓬莱市因受灾造成经济损失共计 3.106 亿元。对本次重大灾害性天气，蓬莱市气象局提前 48 小时和 24 小时均做出了准确预报，并及时向市政府做了汇报，通过有线广播、警报器系统等对全市进行了服务。蓬莱市委、市政府号召全市人民紧急行动，全力抗灾，开展生产自救和“双增双节”活动，多渠道增加收入，把灾害损失减少到最低限度。

羊角沟出现增水大于 1.0 米的 14 次、大于 1.5 米的 3 次、大于 2.0 米的 1 次，最高潮位 5.28 米。

1996 年　4 月 29 日 8 时至 30 日凌晨，蓬莱市马格庄镇、大季家镇遭受 10 级风暴及海潮侵袭，500 余只船只受损，其中报废 81 只；海上养殖受灾面积 1500 公顷，其中绝产面积 240 公顷，直接经济损失达 1100 多万元。在抢险中，刘家旺渔业公司的 2 名职工遇难身亡。

4 月 29 日晚，长岛县遭 8～9 级大风和海潮袭击，全县损失渔船 20 只、扇贝 80 公顷，死亡 2 人，失踪 2 人，造成直接经济损失 3600 万元。

1997 年　8 月 18～20 日，11 号台风到达山东，减弱为强热带风暴后。席卷全省大部分地区，致使沿海地区遭受强风暴潮侵袭，内陆地区遭受大范围狂风暴雨灾害，造成人员、基础设施和财产的严重损失。此次风暴潮来势迅猛，其范围之广、危害之大，为近年来所罕见。台风造成的强风暴潮自日照开始侵袭山东整个沿海地区，海上风力 8 级以上，阵风最大 11 级以上，由于正值海水天文大潮期，潮位高达 5.74 米，浪高达 7.1 米，造成海上生产严重损失。同时，猛烈的暴风雨袭击了内陆大部分县市区。据气象部门测报，18 日 6 时至 20 日 6 时，共有 46 个县市区降雨在 100 毫米以上，其中，即墨、莱西、牟平、海阳、诸城、荣成、文登、乳山、环翠、五莲、沂南、沂水、莒南、苍山、费县 15 个县市区降特大暴雨。这次灾害使全省除聊城外 16 个市地近 100 个县市区受灾，54 人因灾死亡，105 人下落不明，1858 人受伤，1.5 万人一度被水围困；农作物受灾面积 214.54 万公顷，成灾面积 132.53 万公顷，绝产面积 4.96 万公顷；果树受灾面积 35.58 万公顷；冲毁耕地 3363 公顷；冲毁各类水库塘坝 809 座、桥涵 769 座；损坏房屋 59.17 万间，倒塌房屋 7.35 万间；倒折树木 655.9 万棵、电力和通讯线杆 3.5 万多根；刮毁蔬菜大棚 15 万个；冲毁沿海防潮堤 7.5 万米、沿海水闸 12 座；沉没刮走渔船 451 只，毁坏渔船 7137 只，冲毁虾池 1.23 万公顷、扇贝 610 公顷、盐池 1.1 万公顷，冲化原盐 60 余万吨；海水倒灌农田 110 公顷。直接经济损失超过 135 亿元。受灾较重的有日照、烟台、青岛、威海、东营等地市。

日照先是东港区、岚山办事处沿海乡镇遭受大海潮袭击，继而全市遭特大暴雨袭击。海上潮位达 5.7～7.1 米，浪高 5.4 米以上，码头附近达 13 米以上。全市平均降雨量 166.5 毫米，最大点雨量（莒县库山乡）达 335 毫米。全市农作物受灾面积 8.08 万公顷，成灾面积 1.57 万公顷；莒县库山乡 6700 人被洪水围困；6 名渔民出海作业下落不明；因灾死亡 15 人，伤 1560 人；损坏房屋 18180 间，倒塌 11500 间；倒折树木 138 万棵；冲毁虾池 480 个近 506 公顷；冲毁桥涵 89 座；冲毁、沉没渔船 3417 只。直接经济损失 11

亿元。

青岛市普降大到特大暴雨，沿海地区遭受风暴潮袭击。台风经过时，阵风 9～10 级。即墨市平均降雨量达 382.1 毫米。全市有 8.3 万公顷玉米严重倒伏，1.23 万公顷林果严重受损；1441 个蔬菜大棚被毁；冲毁耕地 8859 公顷；倒折树木 33.29 万棵、电力、通讯线杆 2803 根；沉没渔船 344 只，损坏 2678 只；损坏房屋 266612 间，倒塌 5973 间；冲毁拦海大坝 12450 米；因灾死亡 9 人，失踪 2 人。直接经济损失 12.27 亿元。

8 月 19 日夜 11 号台风袭击利津县境，出现狂风暴雨和风暴潮。24 小时内全县平均降水量 160 毫米以上；风力 8～9 级，阵风 10 级，沿海风力达 12 级。引起海水倒灌，淹没近海农田、设施。全县农田受灾面积 74 万亩，其中棉花 12 万亩，大豆 37 万亩，玉米 9 万亩，林果 4 万亩，其它作物 12 万亩。倒塌房屋 1352 间，损坏房屋 11800 间。刮断、刮倒树木 45 万棵、高压线杆 540 根、电话线杆 174 根。损坏蔬菜大棚 4000 个。总受灾人口达 26.5 万，死亡 4 人。沿海的刁口乡和县林场受海潮袭击，淹没林木 8000 余亩、虾池 2.3 万亩、盐场 11 万亩；损坏扬水站 1 座；冲毁公路 5.3 千米、桥梁 2 座、房屋 85 间、院墙 700 余米；淹死肉鸡 5000 余只、大牲畜 600 余头、羊 1000 余只。共造成直接经济损失 3.2 亿元。

1998 年　7 月 18 日 0 时至 18 时，威海市普降暴雨，全市平均降雨量 132.3 毫米，有 21 个镇降雨量在 100 毫米以上，其中俚岛、马道两镇降雨量分别达 217 毫米和 209 毫米。降雨主要集中在凌晨 2 时至中午 12 时，时值海上高潮位，入海河水受海潮顶托，溢出河堤，给沿海的寻山、俚岛、马道、成山卫、龙须岛等镇造成较为严重的灾害，受灾较重的镇有 11 个。初步统计，全市受淹农田 1400 公顷，倒塌桥涵 6 座，倒塌房屋 12 间、围墙 310 米，冲走海带 280 吨，淹死水貂 2300 只，过水农户和居民 620 户，冲坏虾池 1000 亩。造成直接经济损失 870 多万元。

1999 年　3 月 18～19 日，据威海市民政局和垦利县人民政府报告，荣城市、垦利县沿海连续遭受风暴潮袭击，风力 7～8 级，阵风 9 级。荣成东北部沿海乡镇渔业生产损失严重，全市有 12 艘渔船撞毁沉没，损失海带 9680 亩、扇贝 450 亩、牡蛎 520 亩，直接经济损失达 4350 万元；垦利县有 3 艘渔船先后在防潮闸河门以东海域发生事故，其中，2 艘沉没、1 艘损坏，有 9 人遇险，其中 6 人获救、3 人失踪。

2000 年　4 月 9 日下午，受蒙古槽南下影响，潍坊市全境遭受大风袭击，平均风力 7～8 级，阵风 11 级，全市冬暖式蔬菜大棚、大拱棚有 50950 个受损、15633 亩小拱棚被毁坏。大风刮倒、刮坏房屋鸡舍、烤烟房 12388 间，刮倒树木 24030 棵、电线杆 630 根，损坏黄烟、草莓小棚及地瓜苗床 12583 个，刮坏地膜 500 亩，刮倒院墙 588 米，北部受风暴潮侵袭倒塌防潮大坝 310 米，塌陷大坝坡面 4397 平方米，全市直接经济损失 1.4 亿元。

第十四章　泥石流灾害

第一节　概　　述

泥石流是一种含有大量泥沙、石块等固体物质的洪流，它呈粘性层流或稀性紊流等运动状态，是各种自然因素（气象、水文、地形地貌、地质、土壤、植被等）和人为因素综合作用的结果。当它突然暴发时，来势凶猛，历时短暂，具有极大的破坏力，常给经济建设和人民生命财产造成重大灾害。

一、山东泥石流灾情概况

山东历史悠久，人类活动频繁，远在春秋战国时期的《孟子篇》中就记载："牛山（今淄博市临淄区）之木尝美矣，斧斤伐之，牛羊又从而牧之，人见其濯濯也，以为未尝有林焉"。说明孟子时牛山森林已被破坏。原始森林的毁坏，使水土流失和滑坡泥石流广泛发生。据《山东史志》记载：清 康熙十年（公元 1671 年）八月，费县地震、暴雨，蒙山后石屋村全被泥石流掩埋，仅露树梢，有一名牧羊人幸存。

清朝末年至 1949 年新中国建立前，近半个世纪内，由于连年战火，民不聊生，以致植被破坏、梯田失修，鲁中南地区满目荒山秃岭，胶东丘陵地区面蚀、沟蚀也很严重。1950 年华东林业调查队山东队报告："鲁山区域，童山濯濯，最近几十年来，破坏情况年年加重，今日鲁山各山坡不仅无林，甚至无草"。

1949 年新中国建立以后，党和政府十分重视水土流失的防治工作，山东水土保持工作有了较大发展，泥石流灾害的发生也得到一定程度地控制，但仍然时有发生。1950－2000 年的 51 年间共出现泥石流灾害 61 次，平均每年 1.2 次，其中 1962 年和 1963 年最多，各有 8 次，26 年无泥石流灾害发生，25 年为有灾年，即 49.1%的年份出现泥石流灾害。如 1963 年 6 月 13 日夜，徂徕山太平顶南侧 2 小时降雨 200 多毫米，并发生 500 平方米的山崩，石块泥水沿 45 度陡坡倾泻而下，强劲的固体径流沿沟冲垮 250 座谷坊、一座塘坝和一座小（一）型水库，还冲毁土地 5000 亩、民房 820 间，整个发生区、流过区到沉积区总长约 4000 米：流过区 1500 米，有粒径 3～5 米的巨石在列队，出现 3 个间歇性石垒；沉积区沿谷地而下，长 2000 多米，堆积砾石厚 3～5 米，漂石粒径 0.1～0.6 米。据在现场的林业队员看到，从上而下，石块碰击冒出的火花象似一条火龙。又如 2000 年 8 月 8～9 日，岱岳区下港乡、黄前镇持续降大暴雨，突如其来的暴雨造成山洪暴发，下港乡发生了严重的山体大面积滑坡和泥石流。据统计，因泥石流造成 11 人死亡、6 人失踪、3人受伤；冲毁房屋235间、道路30千米、桥涵70座、大桥12座、农田118公顷；死亡牲畜130头、家禽500只；黄前镇两条通往济南的公路被冲毁，电力、通信线路全部中断，6个村受灾。

截至2000年，山东尚有部分山丘、风沙区水土流失仍很严重，特别是贫困的山区，加之近年来人为造成的新的水土流失日益加剧，山东发生泥石流灾害的隐患仍不可掉以轻心。

二、泥石流灾害的时、空变化特征

（一）地理分布特征

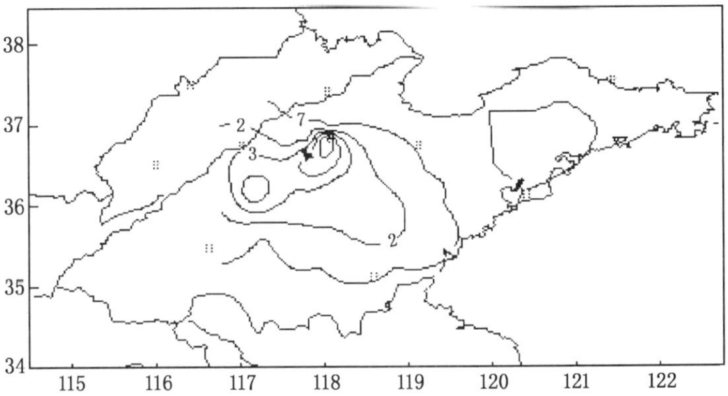

图14.1　山东泥石流出现总次数分布（1950—2000年）

山东的泥石流灾害主要发生在鲁中山区和半岛丘陵地区，只在33个县内出现过泥石流灾害。鲁中山区的北部较多，在3次以上，其中博山境内最多，达7次。

（二）时间变化

1. 年变化

统计各月泥石流发生的次数可知，泥石流灾害均发生在4～9月，其中7月最多，有34次，占全年的55%；春季4～5月最少，只有2次，占4%。

表14.1　山东各月泥石流出现次数及其占全年的百分率（1950—2000年）

月　份	1	2	3	4	5	6	7	8	9	10	11	12	全　年
次　数	0	0	0	1	1	8	34	12	5	0	0	0	61
百分率（%）	0	0	0	2	2	13	55	20	8	0	0	0	100

2. 年际变化

泥石流的发生有明显的年际变化，其多发期为1961—1965年、1977—1979年、1988—1991年和1998—2000年，各多发期的首、尾间隔为7～12年，连续最长无泥石流的年数为4年。

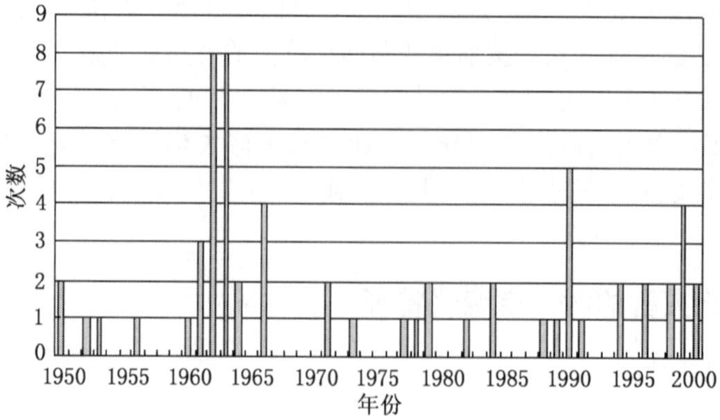

图 14.2　山东历年泥石流出现次数（1950—2000 年）

三、泥石流的成因

（一）暴雨是引发泥石流的主要原因

将一次暴雨引发多处泥石流灾害归为一次暴雨泥石流天气过程，据 1956－2000 年资料统计，共有 42 次暴雨泥石流天气过程。由于发生的季节不同，其环流形势有很大不同，我们按其出现的季节对暴雨泥石流天气的环流形势和影响系统进行分类归型。

1. 4 月引发泥石流的暴雨环流形势和天气系统

1998 年 4 月 23 日出现气旋暴雨，500 百帕河套北部低槽和高原东部低槽及南支槽互相叠加，槽前西南气流加强，700 百帕东北低槽与高原低槽相衔接，槽前西南气流影响山东，850 百帕沿海高压脊与高原高压之间的低压槽影响山东，强冷空气从西北路南下影响山东。

2. 5 月引发泥石流的暴雨环流形势和天气系统

500 百帕河套地区低槽与南支槽相结合，低槽在东移过程中形成低涡，700 百帕河套东部低涡东移影响山东，850 百帕在高原东部低槽东移影响山东，地面上江淮静止锋在高空低槽的诱发下生成气旋波，向东北方向移动，影响山东，产生暴雨，造成泥石流灾害。

3. 6 月引发泥石流的暴雨环流形势和天气系统

6 月共有 6 次泥石流灾害，有 4 次是低涡暴雨引发的，1 次是江淮切变线上低涡倒槽影响产生的暴雨，1 次为低槽冷锋暴雨。

（1）低涡暴雨的大气环流特征　受西风带低涡槽影响，500 百帕低涡中心在 40^0N～47^0N、115^0E～125^0E 范围内，低涡槽较深，700 百帕和 850 百帕有低槽或低涡相配合，地面有冷锋或气旋影响山东。槽前西南气流较强，有时 700 百帕低槽超前于 850 百帕低槽；有时低涡槽前西南气流与副高边缘西南气流相叠加，影响山东。

（2）江淮切变线上的低涡倒槽暴雨　500 百帕高原东部有西风槽，淮河中游存在切变线低涡，700 百帕和 850 百帕均有长江流域切变线上小低涡北部倒槽影响山东。

4. 7 月引发泥石流的暴雨环流形势和天气系统

7 月共出现 17 次暴雨引发泥石流灾害，其中 94.1%（16/17）的环流特征为：38^0N～52^0N、102^0E～120^0E 范围内 500 百帕为低涡控制，低涡南部低槽影响山东。低槽后部的西北气流引导北方弱冷空气南下，槽前西南气流与副高边缘的西南气流相叠加，把南方暖湿气流向北输送，冷暖空气在山东交汇，产生暴雨天气。

5. 8月引发泥石流的暴雨环流形势和天气系统

8月有9次暴雨引发泥石流灾害，其西风带环流与7月份相似。500百帕贝加尔湖地区在43^0N～52^0N、105^0E～120^0E范围内有低涡中心，低涡槽伸至河套地区；或有较深的低槽伸至河套地区，低槽影响山东。副高以偏强为主，9次中有7次副高较强，控制华东地区，山东位于副高边缘，该类占8月泥石流暴雨的77.8%；有2次副高偏弱，位置偏东，中心位于日本海，台风在副高西部边缘，在华东沿海北上影响山东。该类只占8月泥石流暴雨的22.2%。

6. 秋季引发泥石流的暴雨环流形势和天气系统

秋季造成泥石流灾害的暴雨共有4例，都出现在9月15日以前，均是由气旋和冷锋影响造成的。以西风带中的影响系统为主，在中高纬度500百帕上45^0N～55^0N、90^0E～120^0E范围内有低涡存在，低涡南部低槽东移，槽前西南气流与副高边缘的西南气流相叠加影响山东；低层850～700百帕有低槽、低涡或切变线与500百帕低槽相配合影响山东；地面上有气旋或冷锋影响山东。副热带高压还较强，控制华东和华南，脊线在25^0N～35^0N之间，588线北缘在30^0N～45^0N，西伸脊点在100^0E～128^0E之间。

（二）泥石流的发生与前期有较长时间的降水有关

在先有较长时间降水的情况下，由于土层含水饱和，径流系数加大，汇流时间缩短，使地表滑动力和内水压力加大，如遇突发性强降雨，就更容易发生泥石流。但调查还发现，即使在前期少雨的情况下，短时间内强集中暴雨同样也可以诱发泥石流，只是在这种情况下，要求暴雨的强度比前者更大。

（三）地质条件是泥石流形成的内因和必要条件

地形地貌条件制约着泥石流的形成与运动，在不同的地形地貌条件下，泥石流具有不同的规律和特性。山东地形复杂，多山地和丘陵，相对高差较大，对暴雨和特大暴雨的形成极为有利，为激发泥石流也提供了很好的条件。泰山、徂徕山都发生过严重的泥石流，沂山、蒙山也有泥石流的痕迹，在山麓谷口还存有泥石流的冲积堆。

（四）人类活动对自然环境的破坏，加重了泥石流灾害

毁林开荒、陡坡垦植、矿山开采中的滥挖滥采和不合理弃渣，山区修建公路、铁路时非科学地就地取料等，都加剧了泥石流的形成和危害。

四、防御对策措施

（一）非应急性的对策措施

（1）避让对策　在泥石流易发地区，工矿、村镇、铁路、公路、桥梁、水库的选址、旅游开发等一定要在查明泥石流沟谷及其危害状况的情况下进行，要避开泥石流能直接造成危害的地段。如实在无法避开时应修建防护工程或采取其它措施。

（2）生物措施　这是一种长期的有助于减少或避免泥石流发生的手段。主要方法是封山育林、退耕还林，固结表土，保持水土，降低泥石流发生几率与规模。

（3）工程设施　主要是为保护危害对象免遭破坏而采取的防护、排导、拦挡及跨越等工程设施。例如护坡、挡墙、顺坝、丁坝等工程。为改善泥石流的流向与流速修建的排泄沟、导流堤、急流槽、渡槽等工程。为了拦截下泄物，消弱泥石流冲击能量，修建拦砂

坝、储淤场、截流工程等。

（4）综合防治措施　将生物措施与适用于某一泥石流危害区的几项工程措施相互结合，对泥石流小流域进行统一全面整治，有效地预防和减少泥石流灾害的发生。

（5）开展泥石流的预测预报工作　从空间上可根据地质、地形地貌、降雨等条件以及泥石流发育程度、规模进行危险区域划分，划分出高度危险、中等危险和一般危险区，研究泥石流预报的技术方法，提高预测预报的水平。

（二）应急性措施

山东每年7～8月为泥石流易发时段，采取泥石流应急避防措施。首先要避开泥石流危险地，尽快在泥石流到来之前采取防范行动。受到泥石流严重威胁的工矿、村镇，要提前做好应急部署；对泥石流发育地区人员，要进行搬迁或采取必要的防护措施。

（1）普及泥石流的防御知识　汛期组织演习有纪律地疏散撤离。例如北京北山泥石流易发区当地政府总结了一套泥石流应急防范方法："三包四落实"。其中三包就是包村、包队、包户及至到人。即从乡领导开始逐一向下负责，包揽汛期泥石流安全工作，使老、弱、病、残、幼、妇的安全均有人负责。

（2）做到以预防为主　泥石发生在夏汛暴雨期间，而该季节又是人们选择去山区狭谷游玩的时间。因此，人们出行时一定要事先收听当地天气预报，不要在大雨天或在连续阴雨几天当天仍有雨的情况下进入山区沟谷旅游。

（3）选择附近安全的地带修建临时避险棚　将临时避险棚建在较高的基岩台地，低缓山梁上等。切忌建在沟床岸边、较低的阶地、台地及坡脚、河道拐弯的凹岸或凸岸的下游端边缘。

（4）长时间降雨或暴雨渐小后或刚停，不应马上返回危险区　泥石流常滞后大雨发生。例如1991年6月10日北京密云县降雨一天，晚八时许雨停，口门村外出躲避山洪的部分村民回家，结果遭泥石流袭击，造成5人死亡。另外，具有阵流的粘性泥石流，其阵流间隙有时会被误认为泥石流结束。总之，只有当确认泥石流不会发生或泥石流已全部结束时才能解除警报。

（5）不可存在侥幸心理　当白天降雨量较多后，晚上或夜间必须密切注意降雨，最好提前转移，不能存在侥幸心理在室内就寝。

（6）密切注视泥石流的发生发展，减少或避免次生灾害发生　当出现泥石流体堵塞河流，形成堵坝时，应尽快采取毁"坝"措施，使上游水体尽快下泻，避免次生洪水灾害，同时通知上、下游受害的地区，做好防灾避险。当公路、铁路、桥梁被冲毁后应及时采取阻止车辆通行的行动，以免车辆被颠覆，造成人员伤亡。

（7）采取正确的逃逸方法　泥石流不同于滑坡、山崩和地震，它是流动的，冲击和搬运能力很大，所以，当处于泥石流区时，不能沿沟向下或向上跑，而应向两侧山坡上跑，离开沟道、河谷地带，但注意不要在土质松软、土体不稳定的斜坡停留，以免斜坡失稳下滑，应在基底稳固又较为平缓的地方。另外，不应上树躲避，因泥石流不同于一般洪水，其流动中可沿途切除一切障碍，所以上树逃生不可取。应避开河（沟）道弯曲的凹岸或地方狭小高度又低的凸岸，因泥石流有很强的掏刷能力及直进性，这些地方很危险。

（三）泥石流过后的自救与防疫工作

当工矿、村镇、游客遭到泥石流袭击，并出现严重灾情后，应立即组织人员进行伤员抢救，以及水、电、交通线路的抢修，以保障救灾工作顺利进行，伤员得到及时救治。河（沟）经泥石流的洗劫之后，面目皆非，百孔千疮，不仅原河（沟）床被冲淤得难以辨认，穿越或沿河（沟）谷的道路也被掩埋破坏得无影无踪，沿途漂砾、泥沙满沟，行走时极容易造成跌伤、嗑碰，因此进行救灾抢险时应注意避免发生各种外伤。

泥石流发生时常席卷、淹浸、淤埋沿途的房屋、牲畜及杂、污物，泥石流结束之后应对必要的地段进行清理消毒，避免与防止流行病的发生和传播，做好卫生防疫工作。

第二节　公元1671—2000年泥石流灾害

清　康熙十年（公元1671年）　八月，费县地震、暴雨，蒙山后石屋村全被泥石流掩埋，仅露树梢，有一名牧羊人幸存。

清　康熙二十四年（公元1685年）　凡蒙之山，大都不毛，稍有可耕之土，又岁岁冲决，非成河即沙压，沧海桑田，变幻顷刻，土瘠民穷，鹑衣蜗居，遇雨则万山建瓴，澎湃而下，田庐荡洗，遇旱则众壑扬尘，田枯泽竭，涓滴难求。

民国　二十六年（公元1937年）　农历六月二十四日夜，沭水村遭山洪为害，一百余户的村民，连同进住次日赶集的客商，几乎全部丧生，死亡逾千人，原低于两岸的河床，一次被砂石填满。

1950年　7月17日，淄博境内出现大雨，山洪暴发，8个区的219个村受灾，冲毁农田177925亩。

8月16日下午，临沂市沂水县，风雨交加，山洪暴发，河堤大部冲光，冲淹作物达19.4万亩。8月17日夜大雨，有一、六、七、十一、十二、十四、十六、十七8个区受水灾，因雨量过大，冲毁堤坝5处，淹没土地13274亩，河水出槽，平均地面水深近70厘米，淹死1人、牲畜26头。

1952年　6月7日，济南市区大雨两小时，南部山区山洪暴发，冲毁巽安水门，大水流入东关一带民房。自来水厂、发电厂受洪水侵袭，马鞍山以东的山洪冲毁齐鲁大学（今山东医学院）以西民房10间，经西围壕直灌北坦，将林祥桥及其以北木桥和数十间民房冲毁。四里山以西的山洪由王家庄，漫过经十路，涌入西围壕，又由北坦及生产路溢出，冲毁北园农作物，被洪水淹后的城区马路淤泥厚达20厘米。

1956年　9月5日，荣城县全县降特大暴雨，卫得山南北坡不同程度地发生山洪暴发，夏庄公社邹家庵村塌方10多处，最大面积达3亩地，北坡冲淹良田100多亩。

1960年　8月16日，临沂市沂水县，降水中心在姚店子乡附近，日降水量达600毫米，山洪暴发，河水猛涨，姚店子村冲走28人，全部淹死，沿河房屋冲走50余间，冲毁土地50余亩。

1961年　8月10～14日，淄博市周村、淄川、张店区连降大暴雨，孝妇河、范阳河上游泛滥，山洪倾泻，河水暴涨，黄土崖闸前水位3.5米，流量150立方米/秒。周村和张店西北部以及淄川商家等地受灾6.34万亩，成灾3.16万亩，减产粮食1590吨。冲毁河坝10座，冲坏水库13座。周村倒房441间，死亡1人，伤5人。

1962年　6月6日，淄博市博山蕉庄、池上一带大雨，山洪暴发，冲走学生1人。

7月13日，沂源、淄川、博山出现暴雨。沂源悦庄雨量200.9毫米，张家坡倒房300多间，冲走2人，冲倒树木23万棵，孟坡村老泉子山东侧滑坡，冲走5人（其中1人死亡）。博山和淄川共24个乡镇受灾，山洪暴发，冲毁、水淹土地2.73万亩，其中绝产7354亩，倒地堰6.03万条，倒房1275间；冲毁山林6260亩、成材树7.07万余棵；冲淹粮食近8吨，冲毁水库4座、窑炉4座，死亡15人，伤16人。经济损失2416万元。同期，益都县南部公社，山洪暴发，淄河水位上涨，淹没22户。7月25日，益都县南部公社，山洪暴发，减产粮食176万千克。

济南市郊区七、八月份降雨606毫米，山水沟、柳行河、兴济河等携带大量泥沙冲入市区。特别是7月13日暴雨，市内街道积水半米以上，解放桥被洪水冲毁。据调查，这次洪水毁田2.5万亩，冲断道路百余处，冲垮桥10多座，倒房7217间，死亡30多人，倒树数千棵，流失土壤十余万立方米。

8月13日，济南市章丘县，全县普降暴雨，个别地区降雨量200～300毫米，引起了山洪暴发，造成历史上罕见的大水灾，其损失是相当严重的，据调查：全县有380个生产队被淹，积水面积40万亩，16万亩农田绝产，倒塌房屋25699间，死亡40人，伤28人，山地堰坝毁坏，水土流失灾害之重是历史上没有过的。

1963年　5月29日，淄博市淄河中、下游以及孝妇河、范阳河交汇处大暴雨，山洪暴发。淄河溢，淹张店城区；桓台县受灾8.15万亩，其中绝产5.57万亩。并造成其它严重损失。

6月13日夜，徂徕山太平顶南侧2小时降雨200多毫米，并发生500平方米的山崩，石块泥水沿45度陡坡倾泻而下，强劲的固体径流沿沟冲垮250座谷坊、一座塘坝和一座小（一）型水库，还冲毁土地5000亩、民房820间，整个发生区、流过区到沉积区总长约4000米：流过区1500米，有粒径3～5米的巨石在列队，出现3个间歇性石垒；沉积区沿谷地而下，长2000多米，堆积砾石厚3～5米，漂石粒径0.1～0.6米。据在现场的林业队员看到，从上而下，石块碰击冒出的火花像似一条火龙。

7月2～19日，淄博市连降大到暴雨，19日峨庄降雨122毫米，山洪暴发，河水陡涨，16个水库决口。张店、周村、临淄、淄川、博山、桓台该时段累计受灾农田7.32万亩，冲毁地堰1.68万条，倒房555间，损坏房屋2426间，淹、砸、触电死亡18人，伤9人。

1964 年　9 月 12 日，淄博市普降暴雨，南部山洪暴发，河水上涨，博山福门桥水深近 70 厘米，全市（不包括沂源、高青县）淹地近 87 万亩，绝产 17.3 万亩；倒房 2.5 万间，冲毁树木 235 万棵，冲毁水库 1 座、拦河坝 20 余处、桥 5 座，冲走粮食 100 吨；死亡 22 人，伤 52 人，死亡牲畜 123 头。9 月 13 日，702 次列车行至胶济铁路淄博段 309 千米 25 米处，因路基塌陷造成列车颠覆，司机、副司机、司炉当场死亡，中断行车 12 小时 15 分钟。

1966 年　7 月 13 日夜，淄川区峨庄山溜，紫峪小（二）型水库倒坝，溃决产生的每秒数百立方米的洪流汹涌而下，相距大坝 2 千米的左岸，有个 30 多户的北响泉村坐落在河道拐弯的崖头上，当洪水来到时并没转弯，而是直线爬越 4 米多高的阶地，使村庄瞬间变成乱石堆。洪水过后，下游河滩胸径 15－30 厘米的树木，全部向下游呈 45°的歪斜而且水位以下的树皮全部被滚石砸光。河滩河底沉积的漂石直径多在 0.1～0.3 米上下，可以设想当时洪流中的石流状况。

7 月 14～15 日，淄博市境内淄河上游暴雨。杨家庄雨量 300 毫米，山洪暴发，淄河等河流泛滥，临淄白兔丘淄河流量达 2030 立方米/秒，水位 33.02 米，为历史最高记录。淄川区峨庄乡紫峪、土泉水库决口，响泉村冲没，造成严重损失。全市死亡 189 人（其中峨庄死亡 153 人），伤 15 人；冲毁良田 1.9 万亩，冲毁塘坝与护堤 45 处、地堰 1.8 万条，冲毁桥梁 4 座，并冲毁部分公路；淄河大桥被冲毁 80 米；冲走树木 24 万余棵、牲畜 300 多头；冲没、倒塌房屋 810 间、栏圈 123 个；物资损失 56 万余元，并造成其它损失。

1970 年　7 月 22～24 日，临沂市蒙阴县连续三天降雨，雨量达 448.5 毫米，其中 22 日 7 个小时降雨 345 毫米，山洪暴发，河水漫溢。蒙阴县冲垮小型水库和溃决塘坝 40 多座，冲毁东汶河大堤 200 余米，淹地 40000 余亩，受涝面积 17 万亩。蒙阴镇姜家沟村的一座蓄水不足 20 万立方米的塘坝，水漫坝顶，冲毁农作物 130 余亩，冲走树木 1500 余棵、猪、羊 80 多只，冲倒房屋 16 间，砸死耕牛 2 头，淹粮食 4000 余千克，另有 40 多户的房屋因被水淹半月不能住。

1971 年　6～9 月，连续降大雨和暴雨，全省平均降雨 712 毫米，仅次于雨量最大的 1964 年（838 毫米），是 1950 年以来第二个大水年。临沂、枣庄两地市雨量最大，其次是济宁、昌潍、德州、惠民、烟台、菏泽、聊城等地区。山洪暴发冲毁了山区的无数梯田，平原积水形成大片涝灾区。

1973 年　7 月 23 日，临沂市蒙阴县，24 小时降水量 339.4 毫米，山洪暴发，全县 40 座小型水库和塘坝被冲跨，淹耕地 4 万亩。

1975 年　8 月 13 日，崂山县大暴雨，全县平均降雨 147 毫米（13 日夜李村 222.05 毫米）。河堤决口 158 处，受灾面积 1.9 万亩。李村、北宅两公社遭淹 856 户，双石屋塌山，两户 13 间房被毁，死 5 人，伤 5 人。

1977年 6月23日，淄博市境内淄河上、中游暴雨成灾。黑旺1小时雨量100多毫米，山洪暴发，淄河洪峰达3米，注入太河水库一干渠万米山洞，施工的40名民兵困在洞内，抢救脱险24人，死亡16人；本市其它地方因灾死亡9人，伤5人。全市因山洪暴发倒房36间、毁地1万余亩、道路30千米、林木3000多棵，并造成其它损失。

1978年 7月13日，肥城城关公社箱子庄大队受大风、暴雨、泥石流袭击，受灾46户，其中16户的房屋全部被冲毁，重伤52人，死亡12人，石块漫过滩地约0.4平方千米，长度约1千米。

1979年 夏，白天，泰山西坡发生暴雨水石流，崩山数百平方米，汹涌倾泻的水石流，卷走一只正在放牧的大黄牛。

7月31日晨，栖霞县由北向南4小时零30分钟，分别降雨70～327毫米，其中200毫米以上的暴雨中心在牙山大柳家、亭口一带，山坡上出现长10～20米、宽3～5米、厚0.3～0.5米的滑坡4000余处，泥石聚集的急流冲塌梯田地堰10.4万道、塘坝37个、小（二）型水库3座，造成河堤决口2564处，冲毁桥涵195座，冲毁公路面64千米，冲倒房屋2961间，淤塞平塘369个，死亡29人，冲走牛羊206头（只）、各种农业机械52台、粮食65万千克，冲毁土地29674亩，水冲砂压农田44792亩，减产粮食822万千克，并给清水河下游33.9千米的河床淤积230万立方米的泥砂。

1982年 6月16日，淄博市淄川区口头、东坪、峨庄、田庄等地暴雨，山洪暴发，冲地1784亩，毁地堰300多条，冲毁道路70余处。

1984年 7月11～12日，沂源、莱芜县分别降雨267～400毫米和220毫米，沂源西五陡、莱芜基山一带滑坡35处，山洪泥石俱下，两县冲毁塘坝21座、小（二）型水库1座，冲决小（一）型水库5座，冲跨谷坊数十座，造成河道决口350处，冲毁公路10千米、桥11座、电线杆380根，冲走牲畜1100头，倒房2997间，死亡6人，伤20人，冲毁农田8.8万亩。

1988年 7月11日，凌晨2～5时，海阳县3个乡镇降特大暴雨，雨量达220毫米，并伴有6级大风。局部地区山洪暴发，冲倒民房9间，冲毁农作物1400公顷，因民房倒塌砸死1人。

1989年 7月18日下午5时至19日晨6时30分，济南市章丘县垛庄镇和文祖镇14个行政村程度不同地遭受暴雨和山洪灾害。文祖镇降雨量达153毫米，垛庄镇145毫米，833公顷农作物被淹，倒塌民房8间，冲毁地堰500条。

1990年 6月14～19日，泰安市郊区的化马湾、角峪两乡镇降特大暴雨，雨量达307毫米，造成山洪暴发，冲淹农作物377公顷，倒折树木12万棵，冲毁道路47条、长5234米，冲毁桥梁10座，塘坝决口5处，冲毁水渠3256米、机井12眼，倒塌房屋129

间、院墙 24444 米。

7 月 9 日 19 时 40 分至 24 时，莱芜市大槐树、茶叶口等 4 个乡镇遭冰雹和暴风雨袭击，降雹 15 分钟，雹粒大如核桃。降雹后又降雨 124 毫米，导致山洪暴发，河流溢洪，沙淤粮田 43 公顷，农作物受灾 3700 公顷，成灾 2000 公顷，砸落水果 100 多万千克，倒折树木 26000 棵，倒塌房屋 12 间，冲毁地堰 7000 米、桥涵 32 座、道路 5 处计 26 千米，倒折电线杆 31 根，直接经济损失 1888 万元。

7 月 13 日，泰安老城、潮泉受暴雨袭击，降水量 80.0 毫米以上，局部达 220.0 毫米，出现山洪，冲毁良田 150 亩、地堰 800 米、道路 3.5 千米、桥涵 8 处、机井 6 眼、扬水站 1 处，倒塌房屋 140 间，刮倒树木 13700 棵，倒伏玉米 2 万亩。

7 月 15 日晚 7 时 30～50 分，淄博市的周村、淄川两个区的萌水、商家两个乡镇 13 个村遭受暴风雨袭击，风力 11 级以上，降雨 55 毫米，损坏房屋 4200 间，刮倒围墙 2217 米，倒折树木 4000 棵，农作物受灾面积 533 公顷、成灾 66 公顷，倒折线杆 150 根，损坏线路 1500 米，有 2 人受伤，其中 1 人重伤。博山区白塔镇万山村发生泥石流，冲倒房屋 2 间，死亡 3 人，伤 4 人。

8 月 26 日晚 8 时至 27 日晨 3 时，临朐县米山乡降特大暴雨，降雨量达 203 毫米，造成山洪暴发，冲毁农作物 120 公顷，冲毁民房 135 间、烤烟房 5 间，进水民房 2400 间、烤烟房 214 间，损坏涵洞 153 座，淹死牲畜 263 头（只），倒电线杆 42 根，断线 2880 米，冲垮河堤 320 米，冲毁桥涵 12 座、公路 24 千米、地堰 7100 米。

1991 年　7 月 24～25 日，受地面倒槽和静止锋影响，临沂市费县遭受特大暴雨洪水袭击，费县平均降水量 121.9 毫米，最大 165 毫米，造成山洪暴发，河水猛涨，全县 8 座大中型水库溢洪，再加上上游洪水下泻，浚河洪水流量达 3920 立方米/秒，出现了近 40 年来少有的洪水灾害。据统计全县农作物受灾面积 31 万亩、重灾 10.5 万亩，冲走各种树木 49 万棵，其中果树 13 万棵，冲毁塘坝 125 座、桥涵 67 座，石沟拦河闸 11 个被冲毁、桥身下陷，上冶、龙王口水库出现渗透，冲毁道路 730 千米、地堰 13 万米，冲倒高低压和通讯线杆 41 根，浚河两岸 8 个乡镇、32 个村和一个林场进水，36 人被洪水围困，失踪 1 人，共毁坏房屋 4030 间，冲走畜禽 3.7 万头（只），直接经济损失 2100 万元。

1994 年　6 月 29 日，泰安市郊区，莱芜市莱城区、钢城区，沂源，临朐，济南市历城区、章丘 7 县市区暴雨成灾，平均降雨量在 100 毫米以上，最大点雨量达 300 毫米。由于降雨时间短、雨量集中，造成山洪暴发，河水外溢，水库决口，给灾区人民生命财产造成重大损失：冲毁大小桥梁 101 座、扬水站 20 座、水渠 1 万米、河堤 8000 米、塘坝 10 座、地堰 4.5 万米、粮田 3520 公顷、公路 30.3 万米、高压线路 1 万米；倒折树木 170 万棵，倒塌房屋 2547 间；因灾死亡 9 人，15 人下落不明。沂源县三岔乡受灾最重，南流水一座小型水库和一个塘坝被冲毁，坡丘水库也面临决口，冲毁沿线机井 22 眼、河堤 8000 米、公路 12 千米、桥涵 40 多座，通讯线路全部中断；全乡所有企业全部被淹，冲毁粮田 200 公顷，冲毁房屋 200 间，倒折经济树木 100 万棵；冲走粮食 7.25 万千克；5 人死亡，15 人失踪。

1996 年　7 月 19 日，邹城、安丘市降暴雨成灾。其中邹城市东部降雨量超过 100 毫米，致使王村乡的东大河河水暴涨，两座桥梁被冲垮；该乡大北村村民王兆启被洪水冲走下落不明。安丘市召忽镇平均降雨量 89 毫米，局部山区山洪暴发，30 公顷农作物受灾严重。

8 月 10 日 21 时至 11 日 6 时，博山区石马镇、白塔镇遭大到暴雨袭击。石马镇平均降雨量达 239 毫米，白塔镇 147 毫米，致使山洪暴发，造成严重损失。2 人死亡，1 人失踪，7 人重伤；农作物受灾面积 260 公顷、成灾面积 123 公顷，其中 75 公顷绝产；倒塌民房 150 间；冲毁道路 1500 米，堵塞道路 6 处；13 座砖厂被淹，冲走河边饭店 40 家。直接经济损失 1400 万元。

9 月 12 日，沂水县沙沟镇 40 分钟降雨 119 毫米，形成山洪，冲毁农作物 333 公顷，其中 6.66 公顷被冲光；冲毁中型桥 1 座、干渠 100 米、乡村道路 2 千米；冲倒房屋 28 间、树木 300 多棵。直接经济损失 114 万元。

1998 年　4 月 23 日下午至晚 23 时，临朐县上林镇和沂山乡的 32 个行政村受灾，降雨量 100 毫米以上，形成山洪，淤没良田 160 公顷，其中麦田 44 公顷、瓜菜 115 公顷；刮坏大棚 414 个；倒塌房屋 4 间，倒折树木 987 棵，冲毁道路 52 千米、河堤 350 米、桥涵 3 处；1 人死亡。直接经济损失 1580 万元。

7 月 24 日，临沂市莒南县涝坡、柳沟、文疃、陡山、相邸、坊前、大店、北园等乡镇降暴雨，造成山洪暴发，受灾群众 21 万人，成灾 13 万人，受灾作物 30 万亩，成灾 16 万亩，重灾 3.6 万亩，经济损失 1.2 亿元。

1999 年　8 月 10～13 日，高密、诸城遭受特大暴雨袭击，最大点雨量达 670 毫米。由于短时间内降雨极其集中，造成山洪暴发，冲毁河堤 24300 多米，590 个村庄大量进水，30 多个村庄被水围困，25000 多人被紧急转移安置，已查明 9 人因灾死亡。两市受灾人口 88.4 万人、成灾人口 40 万人；农作物受灾面积 12 万公顷、成灾面积 5.53 万公顷，其中 2 万多公顷绝产；倒塌房屋 16500 间，损坏房屋 96000 多间，1.75 万吨粮食被浸泡，4300 多户、15000 多人倾家荡产，无家可归；死亡家禽 65 万余只，死亡大牲畜近万头；交通、电力、通讯、水利等设施遭受重大破坏，部分厂矿企业停产。初步统计灾害造成直接经济损失 9.3 亿元。

8 月 9～11 日，崂山区出现连续降雨过程，累计降雨量达 85 毫米。其中 8 月 12 日 22～23 时，北宅、王哥庄两个街道办事处在 1 小时内降雨量达 67 毫米，造成山洪暴发。截止 13 日 8 时，上述两个街道办事处被冲毁道路 210 米、桥涵 5 座，农作物受灾面积 325 公顷，成灾面积 50 公顷；460 户居民家中进水，198 户民房漏雨。灾害造成农业直接经济损失 400 万元。

9 月 9 日上午 9 时前后，泗水县遭暴雨袭击，平均降雨量 110 毫米。星村等 10 多个乡镇、200 余村受灾，山洪冲走 1 名 9 岁小孩；全县受灾人口 8 万人，成灾人口 3 万人；农作物受灾面积 6666 公顷、成灾 2666 公顷；冲毁公路 30 千米、桥涵 10 座。直接经济损失 1000 万元。

2000 年　8 月 8 日晚至 9 日，岱岳区下港乡、黄前镇持续降大暴雨，其中下港乡降雨量 245 毫米，黄前镇降雨量 329 毫米，突如其来的暴雨造成山洪暴发，下港乡发生了严重的山体滑坡和泥石流。据统计，两乡镇共造成农作物受灾面积 600 公顷，毁坏道路 50 千米、桥涵 101 座、电力线路 30 千米、通信线路 40 千米；损坏房屋 800 间，其中倒塌 535 间；因泥石流造成死亡 14 人、失踪 6 人、重伤 2 人、轻伤 1 人，直接经济损失 4000 余万元。受灾严重的下港乡发生山体大面积滑坡和泥石流，范围长 350 米、宽 40 米、深 5 米。该乡吕庄因泥石流死亡 10 人，失踪 6 人、重伤 2 人、轻伤 1 人，冲毁房屋 80 间、道路 15 千米、桥涵 40 座、大桥 8 座、农田 64 公顷，死亡大牲畜 20 头，经济损失 1000 万元；勤村死亡 1 人，冲毁民房 155 间、道路 15 千米、桥涵 30 座、大桥 4 座、农田 54 公顷，死亡牲畜 110 头、家禽 500 只，经济损失 800 万元。黄前镇两条通往济南的公路被冲毁，电力、通信线路全部中断，6 个村受灾，已知 3 人死亡（其中 2 人是历城区广播电视局工作人员，1 人为当地群众）。

8 月 9～10 日，济南市突降暴雨。历城区平均降雨量 103.4 毫米，其中南部山区、柳埠等乡镇在短时间内降雨量达 204 毫米，造成山洪暴发，3 人被冲走淹死。初步统计，全区共倒塌房屋 1349 间、院墙 3677 米，损坏树木 4530 棵，冲走、淹没粮田 1002 公顷，绝产 533 公顷，冲毁地堰 43824 米；冲走、死亡牲畜 1500 余头，冲垮道路 58590 米、桥梁 29 座、河道护坝 1410 米、旱井 227 眼、塘坝 7 座、水池 18 个；中断通讯线路 6.8 千米，倒折线杆 350 根；损坏大棚 208 个。其中西营、柳埠两镇受灾最为严重。西营镇八十崖村 51 户、180 人普遍受灾，其中 1 人死亡，6 户房屋、家产全部被冲光，19 户家产、房屋大部被冲走，整个村庄被毁。

第十五章　赤潮灾害

第一节　概　　述

赤潮（RED TIDE）是人为因素和气象条件共同引起的的一种海洋生物灾害，具有日益增多的趋势。中国早在2000多年前就发现赤潮现象，一些古书文献或文艺作品里都有一些有关赤潮的记载。赤潮是指海洋浮游生物在一定条件下暴发性繁殖引起海水变色的现象，它也是一种海洋污染现象。赤潮大多数发生在内海、河口、港湾或有升流的水域，尤其是暖流内湾水域。海洋浮游微藻是引发赤潮的主要生物，在4000多种海洋浮游微藻中有260多种能形成赤潮，其中有70多种能产生毒素。赤潮的颜色是由形成赤潮的优势和不浮游生物种类的色素决定的。如夜光藻形成的赤潮呈红色，而绿色鞭毛藻大量繁殖时却呈绿色，硅藻往往呈褐色。赤潮实际上是各种色潮的统称。赤潮可杀死海洋动物，危害甚大。

随着现代化工农业生产的迅猛发展，沿海地区人口的增多，大量工农业废水和生活污水排入海洋，其中相当一部分未经处理，导致近海、港湾富营养化程度日趋严重。同时，由于沿海开发程度的增高和海水养殖业的扩大，也带来了海洋生态环境和养殖业自身污染问题；海运业的发展导致外来有害赤潮种类的引入；全球气候的变化有利于赤潮的发生发展。因此，近年来赤潮灾害频繁发生。

一、山东省赤潮灾害概述

山东近海海域是对虾及经济鱼类的产卵场、索饵场，也是山东省发展养殖业的重要海湾，是我国对虾、经济鱼类、贝类的养殖基地。由于入海河流排污严重，造成近岸水质恶化，导致赤潮灾害不断加重。

山东沿海早在20世纪50年代至70年代就已发现夜光藻和原甲藻引起的赤潮。但在当时对渔业资源影响较小，如1952年黄河口曾出现夜光藻赤潮；1974、1978年分别在乳山县沿海和胶州湾出现了小面积的赤潮；进入80年代以来，每年都有大量的贝类死亡，成为我国赤潮多发、危害严重的海区之一；1986年莱州湾渔场严重污染，造成30万吨毛蚶濒临绝迹，直接经济损失1.5亿元；1986—1987年，长岛海域相继出现养殖扇贝大量死亡的现象，受灾面积达60%，直接经济损失3000多万元；1987年莱州湾对虾产量比正常年份减产60%以上，下降到历史最低水平；1989年，山东沿海发生大面积的赤潮，无棣、长岛、昌邑、利津及东营等县市的沿海均发生赤潮。这次赤潮灾害使莱州湾东岸滩涂文蛤死亡率达 90%以上，直接经济损失 1000 万元；莱州湾西岸滩涂每年 1 万吨毛虾资源形不成汛期；潍坊市两个县的对虾养殖减产近 3000 吨。这次赤潮灾害范围之广、持续时间之长、损失之严重，是国内外所罕见的，全年损失达 1.5 亿元之多。

1990 年 5 月，由于降水量大，小清河、胶莱河等河流连续将上游多年积存的污染物排入海湾，直接污染了寿光县沿海，并波及到整个莱州湾渔业水域，激发了 1990 年莱州湾赤潮的发生，结果使寿光县渔业经济损失达 5000 万元；莱州市 3 万亩虾田大幅度减产 840 吨，扇贝减产 640 吨，海洋捕捞业减产 5000 吨，造成经济损失达 3200 多万元。山东省近海海域自 6 月 12 日至 9 月 10 日共发生大面积赤潮灾害 7 次，其中仅莱州就发生了 6 次。

由此可见，赤潮灾害给山东省的海水捕捞和海水养殖业造成巨大的损失。近几年来沿海发生赤潮的频率逐渐增多，发生的范围不断扩大，每次赤潮持续的时间也在延长，由过去的 1～2 天发展到 7 天以至更长，发生赤潮的时间也从夏季扩大到春季和秋季，其危害程度也日益严重。无论赤潮发生的次数，还是发生规模均比以前有明显的增长趋势。

二、赤潮的危害

相当一部分赤潮是无害的，它们自生自灭，然而，世界航运的不断发达，促进了赤潮藻种在全球范围内的传播，更主要的原因是随着经济发展，沿海富营养化加剧，为赤潮发生提供了条件。近年来赤潮的频繁发生和规模的不断扩大，破坏了渔业资源和海产养殖业，赤潮毒素也严重威胁着人类的生命安全。

赤潮所造成的危害是多方面的，主要表现是：

（一）海洋生态系统是一种生物与环境、生物与生物之间相互依存、相互制约的复杂系统。系统中的物质循环、能量流动都是处于相对稳定，动态平衡的状态。当赤潮发生时这种平衡遭到干扰和破坏。在植物性赤潮发生初期，由于植物的光合作用，水体会出现高叶绿素 a、高溶解氧、高化学耗氧量。这种环境因素的改变，致使一些海洋生物不能正常生长、发育、繁殖，导致一些生物逃避甚至死亡，破坏了原有的生态平衡。赤潮生物的急剧繁殖改变了海水的理化性质，引起海洋生态的异常变化，造成海洋食物链局部中断，威胁海洋生物的存在。

（二）在发生赤潮时，海水中的营养物质（如磷、氮）相当丰富，促使赤潮生物异常增殖，而这些生物往往是非常微小的浮游生物，它们机械地堵塞了海洋生物（如鱼、虾、贝类）的鳃部，使其窒息而死。

（三）由于赤潮生物的大量繁殖之后接着死亡，在细菌分解作用下，消耗大量的氧气，使水中的溶解氧急剧下降，甚至产生硫化氢等有害物质，导致其它生物（如鱼、虾、贝类）缺氧窒息或中毒而死。

（四）有些赤潮的体内或代谢产物中含有生物毒素，能直接毒死鱼、虾、贝类等生物。

（五）赤潮对人类健康的危害：有些赤潮生物分泌赤潮毒素，当鱼、虾、贝类处于有毒赤潮区域内，摄食这些有毒生物，虽不能被毒死，但生物毒素可在体内积累，其含量大大超过食用时人体可接受的水平。这些鱼、虾、贝类如果不慎被人食用，就引起人体中毒，严重时可导致死亡。由赤潮引发的赤潮毒素统称贝毒。贝毒中毒症状为：初期唇舌麻木，发展到四肢麻木，并伴有头晕、恶心、胸闷、站立不稳、腹痛、呕吐等，严重者出现昏迷，呼吸困难。赤潮毒素引起人体中毒事件在世界沿海地区时有发生。据不完全统计，近30年来，全世界因赤潮毒素的贝类中毒事件约300多起，死亡300多人。

总之，赤潮的危害之一是使局部海区污染越来越严重，因为赤潮生物耗尽了海水中的溶解氧之后，使局部海区自净能力降低，赤潮所导致大量鱼虾蟹贝等尸体腐烂变质分解后，又向海水中释放大量的营养物质，这又可能导致下一次赤潮的发生。危害之二是有些赤潮生物本身含有毒素，如贝类在体内积累大量的毒素，一旦被捕获后再被人所食，就会中毒，危及人们的身体健康和生命。

三、赤潮的成因

赤潮是一种复杂的生态异常现象，发生的原因也比较复杂。关于赤潮发生的机理虽然尚无定论，它不仅有生物和化学方面的原因，而且它还受海况、潮流和海洋气象条件的影响，但是赤潮发生的首要条件是赤潮生物增殖要达到一定的密度，否则，尽管其它因子都适宜，也不会发生赤潮。

海水富营养化是赤潮发生的物质基础和首要条件。由于城市工业废水和生活污水大量排入海中，造成海域富营养化。此时，水域中氮、磷等营养盐类，铁、锰等微量元素以及有机化合物的含量大大增加，促进赤潮生物的大量繁殖。赤潮检测的结果表明，赤潮发生海域的水体均已遭到严重污染，呈现富营养化，氮、磷等营养盐大大超标。研究表明，工业废水中含有的某些金属可以刺激赤潮生物的增殖。在没有铁、锰元素的海水中，即使在最适合的温度、盐度、PH值和基本的营养条件下，赤潮生物卵甲藻和真甲藻也不会增加种群的密度。其次一些有机物质也会促使赤潮生物急剧增殖。如用无机营养盐培养简裸甲藻，生长不明显，但加入酵母提取液时，则生长显著，加入土壤浸出液和维生素B12时，光亮裸甲藻生长特别好。

水文气象和海水理化因子的变化也是赤潮发生的重要原因。海水的温度是赤潮发生的重要环境因子，20℃～30℃是赤潮发生的适宜温度范围。科学家发现一周内水温突然升高2℃以上是赤潮发生的先兆。海水的化学因子如盐度变化也是促使赤潮生物大量繁殖的原因之一。盐度在26～37的范围内均有发生赤潮的可能，但是海水盐度在15～21.6时，容易形成温跃层和盐跃层。温、盐跃层的存在为赤潮生物的聚集提供了条件，易诱发赤潮。由于径流、涌升流、水团或海流的交汇作用，使海底层营养盐上升到水上层，造成沿海水域高度富营养化。营养盐类含量急剧上升，引起硅藻的大量繁殖。这些硅藻过盛，特别是骨条硅藻的密集常常引起赤潮。这些硅藻类又为夜光藻提供了丰富的饵料，促使夜光藻急剧增殖，从而又形成粉红色的夜光藻赤潮。据监测资料表明，在赤潮发生时，水域多为干旱少雨，天气闷热，水温偏高，风力较小，或者潮流缓慢等水域环境。

海水养殖的自身污染亦是诱发赤潮的因素之一。随着全国沿海养殖业的大发展，尤其是对虾养殖业的蓬勃发展，也产生了严重的自身污染问题。在对虾养殖中，人工投喂大量配合饲料和鲜活饵料。由于养殖技术陈旧和不完善，往往造成投饵量偏大，池内残存饵料增多，严重污染了养殖水质。另一方面，由于虾池每天需要排换水，所以每天都有大量污水排入海中，这些带有大量残饵、粪便的水中含有氨氮、尿素、尿酸及其它形式的含氮化合物，加快了海水的富营养化，这为赤潮生物提供了适宜的生物环境，使其增殖加快，特别是在高温、闷热、无风的条件下最易发生赤潮。由此可见，海水养殖业的自身污染也使赤潮发生的频率增加。

赤潮现象在下列情况下容易发生：

（一）炎热夏季，季风盛行和连续强台风过后或是雨后天晴的时候；

（二）水体交换不良，多汇面、锋面、海水停滞的内湾和沿岸；

（三）海水成层状态特征显著，出现上层温跃层，中间有逆温层或有上升流的海域；

（四）在含有氮、磷废水及生活污水排出的地方；

（五）当底层出现无氧化或低氧水团时。

第二节 公元1949—2000年赤潮灾害

1952年 5～6月，在黄河口一带海区发生赤潮，它是由夜光藻引起的。其范围长70千米、宽20千米，海面呈红色并有臭味。海上有重达数斤的梭鱼、鲈鱼、鮸鱼等死鱼漂浮，同时还造成贝类大量死亡。黄河口附近南大咀、羊角沟一带毛虾定置网作业产量大大减少。

1974年 乳山县沿海出现了小面积的赤潮。

1978年 胶州湾出现了小面积的赤潮。

1986年 莱州湾渔场严重污染，造成30万吨毛蚶濒临死亡，直接经济损失1.5亿元。

1986—1987年，长岛海域相继发生赤潮，出现养殖扇贝大量死亡的现象，受灾面积达60%，直接经济损失3000多万元。

1987年 莱州湾发生赤潮，对虾产量较常年减产60%以上，下降到历史最低水平。

1989年 无棣、长岛、昌邑、利津及东营等县市的沿海均发生大面积的赤潮。这次赤潮灾害使莱州湾东岸滩涂文蛤死亡率达90%以上，直接经济损失1000万元；莱州湾西岸滩涂每年1万吨毛虾资源形不成汛期；潍坊市两个县的对虾养殖减产近3000吨。这次赤潮灾害范围之广、持续时间之长、损失之严重，是国内外罕见的，全年损失达1.5亿元之多。

8月5日～10月15日，山东省惠民、东营附近海域相继发生赤潮，后者受灾虾池26000亩，直接经济损失超亿元。潍坊、烟台沿海亦出现赤潮。

1990年 赤潮灾害与1989年相比，发生的次数更多，持续时间更长，范围更大。同年5月，由于降水量大，小清河、胶莱河等河流连续将上游多年积存的污染物排入海湾，直接污染了寿光县沿海，并波及到整个莱州湾渔业水域，激发了1990年莱州湾赤潮的发生，结果使寿光县渔业经济损失达5000万元；莱州市3万亩虾田大幅度减产840吨，扇贝减产640吨，海洋捕捞业减产5000吨，造成经济损失达3200多万元。山东省近海海域自6月12日～9月10日共发生大面积赤潮灾害7次，其中仅莱州就发生了6次。

6月12～14日，老铁山水道南侧有300平方千米面积海域因赤潮受灾。6月18日莱州湾1/3的面积出现赤潮。6月26日胶州湾有8万平方千米的面积产生赤潮。8月19～20日莱州湾西部10平方千米海域出现赤潮，8月26日莱州湾刁龙咀1200平方千米海域有赤潮，8月30日莱州湾约1000平方千米的海域发生赤潮。本年度胶州湾因海域污染导致连续4天鱼、虾、贝类大量死亡；崂山区对虾受灾面积1万多亩，其中绝产110亩，经济损失800多万元；胶南红石崖镇800亩虾池受灾，其中400亩死虾率在30%以上，有80亩绝产；黄岛前湾豚鱼苗死亡5万尾，价值20多万元；胶州湾1亿尾放流对虾死亡率在70%以上，损失1000多万元。

1992年　4～5月，渤海、黄海近海海域发生两次较大面积的赤潮。4月份青岛、石臼所附近海域先后发生7次赤潮，5月11日青岛以东偏南200海里处发现长约200千米、宽约5～6千米带状分布的赤潮，局部有死鱼现象。

第十六章　蝗　　灾

第一节　概　　述

全世界的蝗虫有 1 万种以上，其中对农、林、牧业可造成危害的蝗虫约 300 种左右。我国已知蝗虫在 900 种以上，其中对农、林、牧业可造成危害的约 60 余种。蝗虫具有群聚和群迁习性。蝗灾属于毁灭性的生物灾害，它和水灾、旱灾一起构成人类社会的三大自然灾害，一旦暴发，对国家粮食产量、农民增收、社会安定可造成严重的影响。根据我国几千年来史料记载，造成农业上毁灭性灾害的蝗虫，主要是飞蝗（东亚飞蝗）。飞蝗主要分布在难以改造的特殊环境如海滩、河泛区、湖滨、内涝滋生地等荒地。

一、山东蝗灾灾情概况

山东是蝗灾较重的省份，其特点是灾害出现频次高、面积大，出现时间多集中于山东农业生产的关键期（春末至夏初和秋季）。因此，对农业的危害尤为严重。

山东最早的蝗灾记载见著于公元前 707 年（周 桓王十三年），元朝以前，对蝗灾的记载较少，内容也比较简略，这期间共出现蝗灾 85 次，约 24 年一次。其中记述内容较多的为：唐 贞元元年（公元 785 年）六月，飞蝗蔽日，旬日不息，所至草木叶及畜毛靡有孑遗，饿殍枕道，斗米千钱，民蒸蝗暴干食之。

明朝开始，有关蝗灾的记载明显增多，对灾情的记述也比较详细。明朝的 277 年间，共出现蝗灾 117 次，平均 2.4 年一次。其中灾情较重的有：明　天顺元年（公元 1457 年）七月，济南蝗，民大饥……树殆尽，父子或相食。蝗，洊饥，发茔墓，砍道树殆尽，或父食其子，发太仓银以赈。明 崇祯十三年（公元 1640 年）冠县、馆陶，五月，大旱，蝗蝻生，粟一石值银十两，草根树叶计斛易银，人相食；夏，大疫，死者相枕，盗掘食新死人，甚至父子相食，行人路绝，一村之中不相来往。范县岁饥，大疫，烟火几绝，甚至父子相食。沂州蝗遍地盈尺，百树无叶，赤地千里，斗麦贰千，民掘草根，剥树皮，父子相食，骸骨纵横，婴儿抛弃满道，人多坠草标求售，辗转沟壑者无算；次年春，复疫疠继起，死亡过半，灾变之异，从未甚于此者。安丘县，秋大蝗，蝻从平地涌出，道路场圃皆满，乘屋渡河，不可捕截，田禾食尽，亦有啮人衣物及小儿者。大饥，斗粟至千余钱，人刮木皮，挑草根而食，间亦有饿死者。

清朝、民国时期，关于蝗灾的记载内容更加丰富，此期内，山东共发生蝗灾 139 次，平均 2.2 年一次，其中灾情较重的为：清 乾隆五十年（公元 1785 年）安丘春夏大旱，……大蝗，飞蔽天日，每落地辄数尺，大树多压折，人有不辨路径陷入沟渠不能自出，遂为蝗所食者。范县，秋蝗，人相食。即墨旱蝗，饿殍遍野。潍县春夏大旱，大蝗，人有不辨路径，为蝗所食者。

1949年新中国建立以来，山东共有29年发生蝗灾，平均1.8年一次。1998—2000年，连续3年东亚飞蝗在山东大发生。其中，2000年是山东近30年来蝗灾发生面积最大的一年，夏蝗发生面积28.6万公顷，蝗区分布于8个市地、31个县区、193个乡镇，主要集中在黄河滩区、渤海湾周围以及东平湖、南四湖等内陆湖区，部分地区夏蝗平均密度较常年偏高2～3倍。

二、山东蝗灾区的特点

山东蝗虫灾害主要分布在沿黄一带。黄河流域（特别是中、下游）在大水泛滥后，则经常发生严重的旱灾。水、旱灾害的交替发生，使湖滨、海滨、河泛区、内涝地区出现许多大面积的荒滩或抛荒地，这就直接形成了适于飞蝗发生并猖獗的自然地理条件。郑州以下黄河河泛蝗区以及渤海湾蝗区也都直接受黄河历代决溢改道以及河口泥沙堆积等影响形成。黄河较大的改道对于河泛蝗区飞蝗发生地的形成以及湖滨蝗区的形成都有较明显的影响。

黄河中、下游沿岸的东亚飞蝗区，除利津以下的海滨蝗区外，主要有两个类型：河漫滩蝗区（一般可分上、中、下3个滩区，中滩是飞蝗的主要发生地）和黄河故道及泛滥蝗区（黄河改道后遗留的故道和决口的泛滥区，即黄泛区）。黄河流量、水位与淹滩面积有一定关系，一般是流量大、水位高，淹滩面积多，对东亚飞蝗在滩区的发生具有较大影响。上水时期与积水时间对东亚飞蝗的影响：5月河水漫滩并于6月退水时，减轻当年夏蝗发生程度。7月上、中旬上水到8月上、中旬退水时，则秋蝗发生面积最小。8月底以前上水、退水，秋蝗随退水产卵，来年夏蝗将偏重发生。在9月上、中旬秋蝗产卵盛期上水时东亚飞蝗向未淹水的较高的老滩集中，来年夏蝗在较高地带常出现小面积高密度蝗群。如果来年黄河流量较小时，滩地上水面积减少，东亚飞蝗发生面积增加；相反，绝大部分滩地来年上水，则东亚飞蝗发生较轻。

据1971—1997年共27年的蝗虫发生情况分析，黄河流域东亚飞蝗偏重发生年份有17年，除1985—1986年的发生与黄河无关外，其余年份均与黄河断流有直接关系。

1949年新中国建立以后，通过“改治并举”的综合防治策略，使千百年来猖獗的蝗灾得到基本控制。20世纪80年代以来，随着气候干旱和异常导致黄河多次出现断流，沿海、河泛区、湖滨的水位发生变动，以及农田搁荒、耕作粗放和生态植被的破坏，加之对蝗灾的监测、治理及进一步研究等方面有些放松，使不少蝗区的蝗害时有抬头，而且形成了一些新的蝗区，经过种群的不断积累，造成了1998—2000年的山东东亚飞蝗连年大发生。

黄河三角洲历来是蝗灾重发区，蝗区面积为275500公顷，占全国的四分之一、全省的二分之一。

三、蝗灾形成的主要影响因素

东亚飞蝗发生区为典型的大陆季风气候区。温度和降水是影响东亚飞蝗发生和分布最重要的气候因素。旱、涝与东亚飞蝗的发生关系极为密切，旱、涝相间是导致飞蝗暴发的重要条件。

温度是影响东亚飞蝗发生期、发育进度的主要因子，在适温范围内，温度越高，发育进度越快，发生期越早。有效积温是影响东亚飞蝗发生代数的关键因素。温度对东亚飞蝗的数量变动的作用，在正常温度下，温度高低影响性成熟期的长短和产卵间距的大小，并影响到产卵量的多少。在春秋两季出现温度迅速下降，都会对蝗虫的生长发育造成不利影响，甚至导致死亡。

水（降水和洪水）是影响东亚飞蝗发生数量变动及发生地域的关键因素。滨湖蝗区飞蝗发生变动的主要原因是湖水涨落不定，其历年发生面积的大小即决定于湖水水位高低及其升降时期。河泛蝗区的飞蝗发生动态特点受河道变化所引起的漫溢影响，发生面积决定于洪峰高低及其升降时间。沿海蝗区的飞蝗发生动态，除主要受水作用外，还受土壤盐分的影响，与海水侵袭、顶托、降水多少和地下水位直接相关。已定型的内涝蝗区，由于积涝不易排出，积涝面积的大小及时间久暂，直接决定该年飞蝗发生面积与程度。

降水量的分布是具有地带性的气象因素，降水量多少及降水时间，直接影响到东亚飞蝗的发生程度。鲁西内涝蝗区如果7月降水量小于100毫米，4月的下半月和5月上半月晴日出现百分率大于70％，则当年秋蝗可能大发生；7、8月降水量集中，而9、10月降水量小于100毫米，则来年夏蝗发生严重。鲁北沿海蝗区5、6月降水总量小于100毫米，晴日出现百分率大于70％，8月降水量小于180毫米，则秋蝗可能大发生；若8月降水量大于180毫米，翌年5月降水量小于100毫米，则夏蝗将大发生。

降水量过大，引起洼地或湖泊积水，淹没蝗虫孳生区，可提高蝗卵的死亡率。在蝻期由于降水造成低温多湿的环境，能直接延缓或抑制其发育，也有利于病菌的繁殖，促发流行性疾病。高强度的降水，对幼蝻有显著的机械杀伤作用，从而降低了虫口密度。但在某些条件下，适当的降水可保持土壤适宜的含水量，有利于飞蝗的产卵和孵化出土。

东亚飞蝗分布区多在沿河、沿湖（库）周围，这些地方水文变化幅度大，由于水位的涨落不定和河水的季节或年度间变化幅度大等原因，给东亚飞蝗孳生创造了良好环境。如微山湖水位下降和干涸，黄河的河道断流等，均有利于东亚飞蝗的暴发。

黄河的流量变化与河道断流是影响黄河中下游蝗区东亚飞蝗发生规模和发生程度的最重要因素。其中黄河流量变化及其河水淹滩时间对蝗虫的发生面积和发生程度有直接影响，当黄河洪峰偏晚或河水流量小时，对当年夏蝗发生有利；当河水流量大、持续时间短、退水早时，对翌年夏蝗的发生有利；当河水流量大、持续时间长、退水晚时，对翌年夏蝗的发生不利。黄河的频繁断流与黄河中下游蝗虫频繁暴发有着密切关系，其中蝗虫的发生面积与黄河断流时间的长短和断流距离为极显著相关，发生密度为中等程度相关。

第二节　公元前707年—公元1839年蝗灾

周　桓王十三年（公元前707年）　秋，鲁（现今鲁南地区）有螽（即蝗虫）。

周　定王二年（公元前605年）　冬，蝝生，饥。

周　定王四年（公元前603年）　秋，八月，鲁有螽。

周　定王十三年（公元前594年）　秋，鲁有螽，鲁初税亩，鲁蝝生。

周　敬王三十四年（公元前486年）　冬十有二月螽。

西汉　中元三年（公元前147年）　夏，大旱，秋蝗。

西汉　元光五年（公元前130年）　六月，夏蝗，秋蝗。

西汉　太初元年（公元前104年）　夏，大旱，蝗从东方蜚至敦蝗，三年秋，夏蝗。

西汉　征和三年（公元前90年）　秋，蝗。

西汉　征和四年（公元前89年）　夏蝗。

西汉　元始二年（公元2年）　青州蝗；大旱，蝗，民流亡，诏捕蝗诸吏，以石豇受钱。

西汉　地皇三年（公元22年）　天下旱，蝗。黄金一斛，粟一斛（东昌府志、单县志）。

东汉　建武二十二年（公元46年）　昌乐、临朐、胶州，蝗。

东汉　建武二十五年（公元49年）　青州蝗入县境，辄死，有年。

东汉　永平十五年（公元72年）　八月旱，蝗起泰山，谷不收，民饥。

东汉　元兴元年（公元105年）　秋，八月，青州蝗食生草尽，至于次年。

东汉　兴平元年（公元194年）　春正月，蝗虫起，百姓大饥，是岁谷一斛五十余万钱，人相食（单县志）。夏，大蝗（宁津县志）。夏，东郡蝗（东昌府志）。

魏　黄初三年（公元222年）　冀州大蝗，民饥。

魏　青龙二年（公元234年）　夏四月，济、光、齐等州，蝗。

东晋　大兴元年（公元 318 年）　七月，蝗害禾菽，食生草俱尽（滕县县志）。秋，八月，蝗食生草尽（寿光、安丘县志）。

东晋　太元十五年（公元 390 年）　八月，兖州蝗。

北魏　永平三年（公元 510 年）　八月，蝗害稼（寿光、安丘县志）。

北齐　天保九年（公元 558 年）　夏，山东大蝗，差人夫捕而坑之。

北齐　乾明元年（公元 560 年）　黄县螽、水伤稼。

唐　贞观四年（公元 630 年）　秋，观、兖、辽等州蝗。

唐　开元元年（公元 713 年）　大蝗，从姚崇之请，始下捕蝗令（长山县志）。

唐　开元四年（公元 716 年）　山东蝗虫大起，崇奏毛诗去秉彼螽贼，以付炎火……虫既解畏人，易为驱之……蝗群解火，夜必赴火，火边挖坑，且焚且瘗，除之可尽。夏，蝗食稼，声如风雨，夜设大火于坎旁，蝗灭。

唐　开元二十五年（公元 737 年）　具州蝗，有白鸟数十万，群飞食之，一夕而尽，禾稼不伤（恩县志）。

唐　兴元元年（公元 784 年）　秋，螟、蝗自山而东际于海，晦天蔽野，草木叶皆尽（青州府志）。

唐　贞元元年（公元 785 年）　六月，飞蝗蔽日，旬日不息，所至草木叶及畜毛靡有孑遗，饿殍枕道，斗米千钱，民蒸蝗暴干食之（长山县志）。六月，蝗，是岁大饥，斗米千钱，饿殍载道（滨州志）。夏，蝗，东自东海，西尽河陇，群飞蔽天，旬日不息，所至，草木叶及畜毛靡有孑遗，饿殍枕道，民蒸蝗，曝扬去翅足而食之（单县志）。六月，滨棣蝗，大饥。六月，蝗，大饥（惠民县志）。夏，大旱蝗，蝗飞蔽天，旬内不止（安丘县志）。

唐　贞元二年（公元 786 年）　夏，蝗，群飞蔽天，旬日食草木叶俱尽，饿殍枕野（东阿县志）。

唐　开成元年（公元 836 年）　夏，郓、曹、青、兖四州螟、蝗害稼，草木叶皆尽。

唐　开成二年（公元 837 年）　夏，六月，淄、青蝗。寿光蝗。

唐　开成五年（公元840年）　夏，淮南、兖州等螟、蝗害稼。郓、曹、淄、青、兖五州蝗害稼。秋，郓、曹、濮等州螟、蝗害稼。

唐　大中四年（公元850年）　秋，八月，兖州蚜蝣生，有螽青色，随啮之化为水。

唐　乾符二年（公元875年）　秋，七月大蝗（临朐县志）。蝗虫遍野，飞蝗蔽天，所过去处田禾一空（鄄城县志）。

唐　光启元年（公元885年）　秋，蝗，自东方来，群飞蔽天（单县志）。

五代后晋　天福七年（公元942年）　四月，山东、河南、关西诸郡蝗害稼，至八年四月，天下诸州飞蝗害田，食草木叶皆尽。

五代后晋　天福八年（公元943年）　春夏旱，秋冬水、蝗大起，北抵幽蓟，南逾江淮，竹木叶皆尽。……饿死及流亡者不计其数。

五代后汉　乾佑元年（公元948年）　蝝生，寻为鸲鸽食殆尽（曹县、定陶县志）。秋，旱、蝗，有鹳鸽食蝗，禁捕鹳鸽（东昌府志）。

五代后汉　乾佑二年（公元949年）　六月，濮、曹、兖、淄、青、齐、博等州蝗。

北宋　建隆二年（公元961年）　五月，曹州、濮州、观城、范县、鄄城蝗。

北宋　建隆三年（公元962年）　七月，河北旱，兖、济、德等州蝝，是岁以河北诸州旱、蝗，悉蠲其租。

北宋　雍熙三年（公元986年）　七月，鄄城县有蝗自死。

北宋　淳化元年（公元990年）　七月，沧州蝗蝻食苗。棣州飞蝗并起害稼。

北宋　至道二年（公元996年）　七月，历城、长清等县有蝗，大伤禾稼。此即迁今县治之年。

北宋　大中祥符四年（公元1011年）　七月诸城、胶州蝗。

北宋　大中祥符九年（公元1016年）　六月，蝗生弥野，食民田殆尽，入公私户舍，及霜寒始毙（平原县志）。

北宋　景佑元年（公元1034年）　淄州诸路蝗，募民掘蝗种万余石。

北宋　宝元二年（公元 1039 年）　六月，曹、濮、兖、单等州蝗。夏，菏泽蝗。

北宋　熙宁五年（公元 1072 年）　平原大蝗。

北宋　崇宁二年（公元 1103 年）　诸路蝗，今有司酺祭勿捕，及至官舍之馨香来荐，而田间之苗叶已无矣（宁津县志）。

北宋　崇宁三年、四年（公元 1104、1105 年）　连岁大蝗，其飞蔽日，山东、河北野无青草。

北宋　崇宁四年（公元 1105 年）　河南北诸州郡，连岁大蝗，山东尤甚。

金　正隆二年（公元 1157 年）　东明、齐河、黄县、胶州秋蝗。

金　大定二年（公元 1162 年）　八月，山东大蝗。蝗害稼，民殍殁者众（宁海州志、牟平县志）。

金　大定三年（公元 1163 年）　四月，飞蝗自北来，蔽天有声（菏泽县志）。

金　大定十六年（公元 1176 年）　商河、武定府、齐河、东平、诸城、胶州大蝗；莱阳、文登、黄县，旱螟；山东旱蝗。

金　泰和四年（公元 1204 年）　山东连年旱、蝗，潍、密等五州尤甚。

金　泰和八年（公元 1208 年）　夏，五月，山东蝗。

元　中统四年（公元 1263 年）　八月，蝗，实禾尽食（滨州志）。

元　至元四年（公元 1267 年）　是岁，山东诸路蝗。金乡、无棣、胶州蝗灾。

元　至元八年（公元 1271 年）　长山、德县、淄川、德州、莱州蝗。

元　至元十二年（公元 1275 年）　东明水旱蝗大饥，给钞赈之，是年贼窃势甚猖獗。

元　至元十八年（公元 1281 年）　夏津、武城等县蝗。

元　至元十九年（公元 1282 年）　五月，大蝗，山东、河南、直隶、京师飞蔽天日，所落坑堑尽平，人马难行，民大饥，都城银一锭易米八斗。

元　至元二十二年（公元 1285 年）　大都、汴梁、益都、庐州、河间、济宁、归德、保定蝗。

元　至元二十六年（公元 1289 年）　七月，东平、济宁、东昌、益都、镇定、广平、归德、汴梁、怀孟蝗。

元　元贞元年（公元 1295 年）　五月，济宁之济州蝗；六月，任城、鱼台、东平、汶上、德州蝗。六月蝗，八月旱蝗（东明县志）。

元　元贞二年（公元 1296 年）　五月，巨野、平原蝗、螟；六月，齐河、金乡、鱼台蝗。

元　大德二年（公元 1298 年）　四月，山东蝗。夏，四月，山东燕南数路蝗。

元　大德五年（公元 1301 年）　阳谷、高唐、茌平、堂邑等县蝗。

元　大德七年（公元 1303 年）　益都蝗。

元　大德十一年（公元 1307 年）　大名路旱蝗，民饥，诏并赈饥（东明县志）。德州蝗，八月赈东昌郡饥。

元　至大元年（公元 1308 年）　五月，益都诸郡蝝。

元　至大二年（公元 1309 年）　四月，益都、东平、东昌、济宁、泰安、高唐、曹、濮、德等州蝗；七月，济南、济宁、般阳、曹、濮、德、高唐等州蝗。

元　至大三年（公元 1310 年）　四月，宁津、平原、齐河等七县蝗；四月，堂邑、茌平、阳谷、高唐、禹城等县蝗。

元　延祐七年（公元 1320 年）　八月，堂邑县蝻。

元　至治三年（公元 1323 年）　夏六月，益都路蝗。

元　泰定元年（公元 1324 年）　六月，东昌、益都、济宁、东平等郡蝗。

元　泰定二年（公元 1325 年）　五月，德州、历城、章丘、淄川等县蝗。春饥，六月蝗（长山县志、齐东县志、章丘县志、德县县志）。六月蝗，十二月饥（平原县志）。

元　泰定四年（公元 1327 年）　夏，大旱，蝗骤起，旦夕满野，十二月又蝗（博兴县志）。博兴、临淄、胶西等县蝗。

元　至顺元年（公元 1330 年）　五月，高唐、冠州、东平、平原、曲阜、巨野蝗；六月，博兴等州蝗。

元　至正十九年（公元 1359 年）　五月，须城、金乡、东阿、阳谷、长山、莱芜、高苑、益都、临淄、潍、胶、博兴等地皆蝗。济南、章丘、邹平三县蝻，五谷不生。自大都以南，山东西至汴梁、郑、许等州皆蝗，食禾稼，草木俱尽，所至蔽日，碍人马，不能行，填坑堑皆盈，饥民捕蝗以为食，或曝干而积之，又罄，则人相食。五月，河南、河北、诸州大水，蝗飞蔽天，人马不能行。章丘、邹平、淄州蝗，五谷不登，大饥。

元　至正二十四年（公元 1364 年）　山东蝗，大饥。

明　洪武三年（公元 1370 年）　寿光，蝗虫为害。

明　洪武五年（公元 1372 年）　夏六月，青州、临朐、诸城蝗。六月，济南蝗，赈饥免田租。

明　洪武七年（公元 1374 年）　六月，自保定、河间以至山东飞蝗如雨。

明　洪武二十四年（公元 1391 年）　即墨蝗，大饥。

明　建文元年、二年、三年（公元 1399、1400、1401 年）　连续三年蝗（登州府志）。

明　建文四年（公元 1402 年）　冬十月，诸城蝗，诏赈恤。

明　永乐元年（公元 1403 年）　夏，山东蝗饥。

明　永乐三年（公元 1405 年）　济南，五月蝗。山东蝗饥。禹城，蝗。

明　永乐四年（公元 1406 年）　八月，济南、济宁、金乡蝗，发粟赈济。

明　永乐五年（公元 1407 年）　临沂，连年旱、蝗（1404—1407 年）。

明　永乐六年（公元 1408 年）　夏五月，蝗，……遣使捕之（诸城县志）。五月，济南蝗。

明　永乐十年（公元 1412 年）　夏四月，山东蝗伤稼，饥。禹城，蝻复生。

明　永乐十四年（公元1416年）　七月，山东蝗。七月，遣使捕山东州县蝗。蝗，免永乐十二年通赋，发粟赈之。

明　洪熙元年（公元1425年）　夏四月，旱蝗（寿光县志、寒亭档案）。

明　宣德五年（公元1430年）　六月，蝗。乙卯，御制捕蝗诗，宣示畿甸（宁津县志）。夏蝗，秋七月，修荒政（曲阜县志）。

明　宣德六年（公元1431年）　夏，曲阜蝗。本府境内蝗蝻害稼，虽恶力捕痊而日益加烦。

明　宣德九年（公元1434年）　七月，山东蝗，蝗蝻覆地尺许，伤稼。遣官督捕山东蝗（成武县志）。

明　宣德十年（公元1435年）　四月，济南、德州蝗蝻伤稼；山东蝗蝻伤稼。四月，又蝗。遣科道锦衣卫官督捕，蠲秋粮（平原县志）。

明　正统二年（公元1437年）　四月，山东蝗、旱饥。无棣、胶州、德州、平原蝗。

明　正统五年（公元1440年）　六月，东昌、兖州诸府蝗。次年秋，仍蝗害。

明　正统六年（公元1441年）　夏四月，济南、东昌、青、莱、兖、登诸府蝗，冬十一月，免山东被灾税粮。秋，临朐、平原、宁海（牟平）、黄县、莱州、济南蝗，免税粮。

明　正统七年（公元1442年）　夏四月，山东蝗。昌乐蝗。

明　正统十二年（公元1447年）　夏，济南蝗。旱蝗，岁饥（金乡县史志）。

明　正统十三年（公元1448年）　夏五月，诸城蝗。莱饥，逾年，蝗飞蔽天。诸城境内旱蝗，上命停征。郯城、费县连岁荒歉，全免。

明　正统十四年（公元1449年）　飞蝗蔽天（曹县、成武、定陶县志）。夏，济南、青州蝗。

明　景泰三年（公元1452年）　六月蝗，九月赈被灾州县（济南府志）。

明　天顺元年（公元1457年）　七月，济南蝗，民大饥……树殆尽，父子或相食。蝗，洊饥，发茔墓，砍道树殆尽，或父食其子，发太仓银以赈。平阴蝗。

明 天顺二年（公元1458年） 夏四月，济南、兖州、青州蝗。四月，金乡、平阴、临朐蝗，免秋粮；东明大蝗，即而抱草死，臭不可近。

明 成化元年（公元1465年） 八月，旱、蝗。继水，大饥，人相食（禹城县志）。

明 成化九年（公元1473年） 八月，山东旱蝗继水，民饥。骼无余肉。济南府：八月旱蝗。胶县：大饥秋八月旱蝗旋大水。平原：大旱蝗。

明 成化十九年（公元1483年） 滨州：春旱秋蝗，是年柴米昂贵。

明 成化二十年（公元1484年） 兖州府：春至秋不雨，蝗蝻满地，人相食。

明 成化二十一年（公元1485年） 春至秋不雨，蝗蝻遍地，人相食。春至秋，鱼台不雨，蝗蝻遍地，人相食。临沂县：春至秋不雨，蝗灾，人相食。历城、德州、聊城、胶州、诸城、沂州、安丘等十五县春至秋不雨，蝗蝻遍地，人相食。

明 弘治五年（公元1492年） 飞蝗蔽日（沂州志）。

明 弘治六年（公元1493年） 费县：旱蝗。

明 正德二年（公元1507年） 秋，蝗蝻害稼（东昌府志）。秋，蝻生（夏津县志）。

明 正德四年（公元1509年） 淄川、新城蝗。金乡：旱蝗。济宁：州县旱蝗。

明 正德七年（公元1512年） 六月，濮州、清平、博平、平阴蝗害稼。齐河飞蝗蔽天，六月黑眚见，夜伤人，民皆击铜器以自卫，至冬乃息。秋七月，飞蝗蔽日，食稼殆尽（成武县志）。秋八月，飞蝗蔽天。又黑风竟日，咫尺不辨（菏泽县志）。武定、定陶飞蝗蔽天。

明 正德八年（公元1513年） 飞蝗蔽日（莱阳、海阳、荣成、登州、福山府县志）。齐河蝗，秋蝻生。飞蝗蔽天，又黑风竟日，咫尺不辨（菏泽县志）。文登：四月损霜杀稼，飞蝗蔽日。历城：蝗。

明 正德十一年（公元1516年） 牟平：蝗。

明 正德十四年（公元1519年） 飞蝗蔽天，害稼（泗水县志）。

明 正德十五年（公元1520年） 飞蝗蔽天，虫螟遍野，至次年尤甚（单县县志）。

明　嘉靖二年（公元 1523 年）　东阿：春夏旱，秋有蝗。

明　嘉靖三年（公元 1524 年）　七月，飞蝗伤稼（利津县志）。平原：三月旱，蝗蝻遍野。陵县、乐陵，蝗蝻遍野。

明　嘉靖五年（公元 1526 年）　七月，武定蝗……飞蝗蔽天。惠民：七月蝗。

明　嘉靖六年（公元 1527 年）　蝗（德平、肥城、平阴县志）。秋，费县蝗，冬大寒。

明　嘉靖七年（公元 1528 年）　蝗害稼（济南府志）。平阴又蝗，恩县、章丘、长清、齐东、德平大蝗。春，蝗蝻食麦殆尽；秋，飞蝗蔽天害稼（费县县志）。春，大蝗，饥，人相食（安丘、昌乐县志）。平度大旱蝗。寿张：春夏不雨，秋蝗遍野。德平：大蝗。平原：旱蝗。

明　嘉靖八年（公元 1529 年）　七月，飞蝗蔽天，捕之，弥月而止（长山县志）。蝗蝻生（济阳县志）。秋，蝗飞蔽天，岁大饥（平原、武城、临清、濮州州县志）。巡抚王尧封命官，以粟易蝗，民捕之，不旬日，足千石（范县县志）。飞蝗蔽天，食尽田禾，是年大饥（鄄城县志）。夏，昌乐、章丘、金乡，旱蝗。七月蝗。平度、潍县：旱蝗。莱阳：旱蝗。济宁：旱蝗。

明　嘉靖九年（公元 1530 年）　夏五月，飞蝗自兖州来，群队如云，所过无遗稼，北至莘忽黑蜂满野，啮蝗尽死，即而雷雨交作，蝗尽化为泥，田禾不至损伤。泰山蝗，九年、十年如之。是岁旱蝗，河南、山东、山西大饥。

明　嘉靖十年（公元 1531 年）　夏津：八月蝗。蝗（惠民、平原、历城、章丘、武定、商河县志）。济南诸州邑蝗，复生蝗。次年免被灾税粮（济南府志）

明　嘉靖十一年（公元 1532 年）　自三月不雨，至六月蝗起，八月潦（堂邑志、东昌府志）。即墨飞蝗蔽日，大伤禾稼；夏，大蝗蔽天映日，田禾一空。长清：旱蝗，大水害稼。莘县：六月蝗伤禾。朝城：六月蝗禾尽伤。堂邑：六月蝗起。

明　嘉靖十二年（公元 1533 年）　青潍蝗，食禾稼殆尽。寿光蝗为灾。嘉祥旱蝗，民饥。十二年至十四年蝗。长清：旱蝗，八月陨霜。临朐：春旱，夏蝗。兖州、阳谷：春夏不雨至秋七月，飞蝗遍野。山东饥。

明　嘉靖十三年（公元 1534 年）　武定，秋蝗生，民饥。无棣、莱阳、利津，蝗食禾稼尽。高密大蝗。阳谷：夏不雨，至秋七月飞蝗遍野。惠民：正月雨药麦，秋蝗民饥。

明　嘉靖十五年（公元 1536 年）　六月，利津、滨州蝗。馆陶：夏六月蝗蔽灭。临清：六月旱螟。蝗蝻遍生，知县驱民捕之（阳谷县志）。夏，昌乐、安丘蝗。

明　嘉靖十七年（公元 1538 年）　六月，星殒如雨。蝗自东入境，越城渡河而西，所过田禾一空。孝妇河竭，自辰至午。飞蝗蔽天，害稼（长山县志）。平原：蝗蝻食禾殆尽。

明　嘉靖十八年（公元 1539 年）　六月，蒲台（北镇）蝗。蝗蝻食禾殆尽（陵县县志）。蝗蝝害稼尤甚，室庐床榻皆满（滕县县志）。

明　嘉靖十九年（公元 1540 年）　十月以旱、蝗，免山东济南府……东昌等卫秋粮。

明　嘉靖二十年（公元 1541 年）　沂州四月旱，蝗。夏，六月蝗（蒲台、淄川县志）。秋，大蝗，令民捕蝗易粟（博平县志）。秋，飞蝗自西北来，食苗几尽，复向东北去（日照县志）。

明　嘉靖二十一年（公元 1542 年）　蝗飞蔽天（利津县志）。

明　嘉靖二十三年（公元 1544 年）　夏，飞蝗蔽天，禾不能擎，栖集大树，枝为所折（定陶县志）。

明　嘉靖二十四年（公元 1545 年）　临沂县：夏旱蝗。

明　嘉靖二十五年（公元 1546 年）　淄川、新城、海丰（无棣）：春夏旱，至五月大蝗。二月不雨至六月大蝗（海丰县志）。

明　嘉靖二十八年（公元 1549 年）　长山、淄川、肥城：春夏旱蝗。淄川：蝗蝻螟交作，六月雹，禾不登，春夏旱蝗。淄博（长山县）：春夏旱蝗。平原：旱蝗。

明　嘉靖三十年（公元 1551 年）　蝗，饥（德州志）。飞蝗入境（陵县、平原县志）淄博、高苑：秋蝗。

明　嘉靖三十三年（公元 1554 年）　曲阜：夏旱蝗。

明　嘉靖三十四年（公元 1555 年）　秋，费县蝗。肥城：旱蝗，食禾殆尽。

明　嘉靖三十七年（公元 1558 年）　飞蝗食稼，入人房舍，床榻为满（泗水县志）

明　嘉靖三十八年（公元 1559 年）　莒县：夏旱，蝗蔽日。新泰：旱蝗。安丘、历城、潍县，夏大旱，六月蝗。

明　嘉靖三十九年（公元 1560 年）　秋，七月蝻自西北来，所过田禾一空（青州府志）。蝗生平地厚寸许，禾稼树叶俱为食空，入人户榻夜服签藉，多残焉，后生一飞虫如蜂，蝗即杀之（汶上县志）。春，东阿、寿张、博平飞蝗蔽天；博平，令民以蝗易粟，出官粟几千石。新泰：旱蝗。淄川：五至八月蝗蝻螟……害稼，岁乃不登。淄博、新城：旱蝗，田无禾。东阿：旱有蝗。博平：春大旱，秋大蝗。寿张大旱，飞蝗蔽天。新泰旱、蝗。新城旱、蝗，无禾。东平蝗，伤禾稼。

明　嘉靖四十三年（公元 1564 年）　昌乐飞蝗蔽天，食田禾殆尽。旱蝗（嘉祥县志）。

明　嘉靖四十四年（公元 1565 年）　青州府：夏四月大蝗。

明　隆庆二年（公元 1568 年）　德州：夏大旱蝗。

明　隆庆三年（公元 1569 年）　五月，昌乐、安丘蝗。胶县：夏六月旱蝗。肥城：旱蝗。夏六月，蝗飞蔽日，覆蝻生遍野，伤禾殆尽，冬无水（东昌府志、恩县志）。夏六月，山东蝗。秋，白头雀群飞于田野，蝗不为灾（博平县志）。

明　隆庆四年（公元 1570 年）　新城：蝗。

明　万历五年（公元 1577 年）　淄川：大旱，蝗蝻食禾殆尽。

明　万历七年（公元 1579 年）　夏，蝗蝻遍野害稼，民饥（泗水县志）。

明　万历十年（公元 1582 年）　夏六月，昌乐、安丘蝗。

明　万历十一年（公元 1583 年）　六月，昌乐、安丘、诸城大蝗。飞蝗从东来（商河县志）。蝗，十二月天鼓鸣（莒州志）。滨州：春旱，秋蝗，复大水及雹，是年柴米昂贵。

明　万历十二年（公元 1584 年）　蝗虫伤谷（淄川县志）。旱蝗（嘉祥县志）。

明　万历十四年（公元 1586 年）　蝗害稼（莒州志）。

明　万历十五年（公元 1587 年）　莱芜蝗。秋，食晚禾。蠲赈有差（平原县志）

明　万历十六年（公元 1588 年）　淄博、新城：夏大旱，蝗。

明　万历十八年（公元 1590 年）　八月初四日辰时，蝗飞蔽日（新城、高苑县志）。

明　万历十九年（公元 1591 年）　夏六月，蝗（东昌、聊城、夏津府县志）。六月，蝗入境，邑西郊数里外，食苗殆尽，后蝻复作（恩县县志）。夏，德平大蝗。

明　万历二十一年（公元 1593 年）　蝗飞蔽天，自西北来由三岔散去（利津县志）。

明　万历二十四年（公元 1596 年）　莱芜蝗。蝗蝻出境，有年（泗水县志）。嘉祥旱蝗，秋蝻生。淄川蝗伤禾。汶上：秋蝻生。

明　万历二十五年（公元 1597 年）　秋，汶上蝗生。

明　万历二十七年（公元 1599 年）　五月，博平蝗。

明　万历三十年（公元 1602 年）　高唐，蝗。夏津，飞蝗遍野。

明　万历三十三年（公元 1605 年）　六月蝗，七月蝻害稼（德平县志）。五月，大蝗；秋，蝻生，蝗蝻蔽地，田禾食尽，哭声遍野（安丘县志）。五月，蝗蔽地，禾尽；秋，蝻复生（昌乐县志）。五月，乐安（广饶）、昌乐、安丘大蝗，秋蝗生。蝗（堂邑县志）。

明　万历三十四年（公元 1606 年）　蝗蔽日，食禾过半，三日飞去。七月，蝗蝻复生。田禾被伤（寿张县志）。蝗飞蔽天，稼大伤（冠县县志）。夏蝗，秋蝻（东阿、德平县志）。飞蝗蔽天，旋折如绵（汶上县志）。

明　万历三十五年（公元 1607 年）　有飞蝗自东北来，障天蔽日，经过二十余日不尽，有落下者，遗种明年蝻复生（东明县志）。大蝗（临淄县志）。蝗虫为灾（寿光县志）。

明　万历三十六年（公元 1608 年）　蝗，十二月留税银三分之一赈饥民（平原县志）。大蝗，后又生豆虫，遍地食豆几尽（东明县志）。

明　万历三十七年（公元 1609 年）　五月，蝗；七月，蝻害稼（堂邑县志）。山东旱，九月蝗。济阳：大旱，蝗生岁饥。

明　万历三十八年（公元 1610 年）　大蝗，蝗虫为害（曹县、东明县志）。飞蝗蔽野，巡抚命官以米易蝗，民捕之不计其数（范县县志）。平度：旱蝗饥、人相食。

明　万历三十九年（公元 1611 年）　青城：秋，旱蝗。

明　万历四十年（公元 1612 年）　鲁、豫大蝗，距县近将至忽有鸟数万余，迎而啗之，逐不入境（东明县志）。蝗，大饥（菏泽县志）。

明　万历四十二年（公元1614年）　菏泽：旱蝗岁饥。莒县：蝗。莘县、莱芜，大旱、蝗。馆陶、聊城，旱、蝗。

明　万历四十三年（公元1615年）　秋七月，山东蝗（无棣县志）。夏，旱蝗，秋，大饥。粟价涌贵，民刮木皮和糠秕而食，林木为之一尽，饿死者道相枕藉，乃有割尸肉而食者，即而递相食，法不能止，又有奸民掠卖男女贩之远方，辄获重利，谓之贩销，往来络绎道路不绝，哭号之声震动天地，周岁之间兵死者，狱死者，饥寒死者，疾疫死者，流亡者弃道旁者，贩之四方者，全齐生齿十去其六，民间相传，从来未有此厄（安丘县志）。秋，蝗蝻遍野，食禾几尽（荣成县志）。旱蝗，岁大饥，人相食（嘉祥、寿光县志等）。昌乐：夏旱蝗，大饥，人相食。肥城：旱蝗。平阴：旱蝗。寿光：旱，蝗，岁大饥，人相食。临朐：夏旱蝗，秋大饥。莘县：自春至秋不雨，多蝗大旱。朝城：大旱，自春至秋不雨，多蝗。阳信：大旱，雨雹，蝗蝻满地，禾麦全无。诸城：大旱蝗。高密县：旱蝗大饥，人相食。胶县：夏大旱，有蝗蚜蚄复起禾稼，人相食。

掖县春旱，蝗，大饥，人相食，死者山积。巨野春、夏旱蝗，大饥，人相食。临朐等地连年大旱，五谷不生，树木枯死，蝗蝻遍野，老弱转乎沟壑，壮者散之四方，子女贩销与外省，残朽者骨肉相食，逃死者十之七八，尚存者十之二三，人烟鲜少，历年风雨殿宇倾颓……

明　万历四十四年（公元1616年）　山东蝗，饥甚，人相食（齐河、胶州县志）。赈山东饥。莘县、朝城、大旱，多蝗，蝗落处壕沟尽平，复生蝻，晚禾尽食。天大旱，蝗蝻为害，漫天遍野都是蝗虫（曹县县志）。蝗蝻冰雹（巨野县志）。蝗生，害禾，大饥（德州、长清、定陶、济南府县志）。历城：春旱饥，蝗生。肥城：七月旱，蝗。临朐：旱蝗。沾化：旱饥蝗生。平原：旱蝗。莘县：大旱多蝗。朝城：大旱多蝗，沟壕皆干，复生蝻，晚禾食尽。沾化、平原、肥城旱、蝗。朝城大旱多蝗。成武大旱，蝗起，青齐尤甚，妇女贩卖，流离载道。曲阜旱、蝗，饥，人相食。掖县、寿光旱蝗，大饥。

明　万历四十五年（公元1617年）　蝗灾（乐安县志、广饶续修县志）。蝗灾，民移食东部（海丰县志）。新泰、莱芜、肥城复蝗，田禾俱尽，饿殍枕野。秋，临淄、乐安（广饶）、寿光、昌乐、安丘、诸城大蝗（奉檄捕蝗三百石准给儒学生员）。大旱，飞蝗发生，灾情严重（曹县县志）。阳信：旱蝗为灾，饥民益重。费县：蝗。齐东、曹县大旱、蝗。成武大旱、蝗蔽天，赈荒。临朐旱蝗为灾，饥民严重。海丰（无棣）饥，移民，旱蝗。

明　万历四十六年（公元1618年）　成武大旱，蝗蔽天，赈荒。

明　万历四十七年（公元1619年）　福山：八月蝗。登州府：夏各属大旱，八月蝗。夏，商河蝗；八月，济南、曲阜、黄县、东昌、登州蝗。

明　天启元年（公元1621年）　七月蝗（阳信、济阳县志）。蝗（登州、宁海府州志）。元年、二年蝗（栖霞县志）。淄川、邹平、齐东：旱蝗。惠民：七月旱蝗。

明　天启二年（公元1622年）　蝗（登州、文登、荣成府县志）。新泰蝗，有秃鹫食之。秋七月，蝗（泰安重修县志）。新泰：七月大水，八月蝗。蝗食禾苗，岁饥（单县县志）。

明　天启三年（公元1623年）　秋七月，大蝗（安丘、昌乐县志）。

明　天启五年（公元1625年）　夏六月，济南飞蝗蔽天，田禾俱尽。新泰、胶州大蝗。东明春大旱，四月始雨，秋禾甫起，飞蝗至，大啮禾稼。泗水蝗蝻害稼。

明　天启六年（公元1626年）　五月，北直、河南、山东等处地方苦干，又苦蝗。麦田业已失望，秋成又不知如何。商河、历城、曲阜六月旱蝗。夏，旱蝗大起，冲天翳日，苗禾一空（曹县、成武县志）。历城：夏旱蝗。广饶：蝻生食禾。临淄、乐安（广饶）：秋大水，蝻生。商河：闰月旱蝗。诸城县：夏旱蝗。胶县：夏六月旱蝗。

明　崇祯三年（公元1630年）　益都、寿光、昌乐蝗害稼。

明　崇祯七年（公元1634年）　昌乐：春正月朔雷雪，夏大旱，蝗蝻生。山东、河南生蝗虫，民大饥。入秋，飞蝗忽生，各邑皆受其灾，历独无之，说者谓有贵公为县，故蝗不入境云（历城（历乘卷））。安丘、寿光、诸城大蝗。

明　崇祯八年（公元1635年）　济南：秋旱蝗。历城：秋七月旱蝗。八月，飞蝗蔽天，害稼（平阴、肥城县志）。泗水蝗蝻害稼。费县，蝗。

明　崇祯九年（公元1636年）　七月蝗，大饥，斗粟千钱，疫疠大作（登州、青州府志）。

明　崇祯十年（公元1637年）　六月，山东蝗，民大饥。七月，山东、河南蝗，民大饥。六月蝗。七月，曲阜蝗，民大饥。安丘、诸城、成武蝗，大饥。莱阳（包括海阳）连年旱蝗，秋大饥。平原、鱼台，旱、蝗。

明　崇祯十一年（公元1638年）　夏六月，有虫五色，一、二日食苗尽。秋，七月，飞蝗蔽天，食树叶，蝗蝻入人室（馆陶县志）。

莘县、朝城，春大旱，蝗落树摧，屋损。秋七月，蝗复生（聊城地区农牧渔业志）、（馆陶县志）。麦后大蝗，秋，牛疫（曹县县志）。蝗（滨州、宁海、菏泽、齐东、牟平、栖霞州县志）。

夏，海丰（无棣）、阳信、商河、蒲台（北镇）、濮州蝗。其年春不雨，夏蝗飞蔽天，食谷殆尽。秋螽蝝遍野丛集，禾菽穗累累如贯珠，蝗飞蔽天，无禾。

历城：大旱，蝗。昌乐：秋大旱，蝗。泰安、新泰：旱，蝗。莘县：春大旱蝗，四月始雨，秋七月复蝗。蓬莱：春不雨、夏蝗。登州府：各属春不雨，夏蝗。文登：春不雨，夏蝗飞蔽天，食谷殆尽，秋螽蝝遍，野蝗复大起，无禾。菏泽：旱蝗。诸城、胶县：夏六月大旱蝗。两京、山东、河南大旱蝗。六月，山东大旱，蝗。齐河、濮州大旱、蝗。历城、安丘，六月大旱、蝗。黄县、文登、福山，春不雨，夏蝗。

秋，蚜蝗生，形类蚕，身有五色，食苗立尽（临清州志）。

明　崇祯十二年（公元1639年）　夏六月，山东旱蝗，大饥，人相食。六月，鲁、豫、晋旱蝗；十二月，鲁、豫、晋、陕人相食。蒲台（北镇）飞蝗蔽空，食禾殆尽。馆陶，蝗蝻食麦。齐河，蝗旱，瘟疫大作，人死无算。郓城蝗灾，至平地尺半，禾草树叶一空，大饥，人相食。鄄城、高唐，旱蝗。登州蝗。曹州，黑鼠遍野，蝗飞蔽天，蝻生遍地，蠃虫蜂虻之属群飞掩日，渡河而南。泗水螽蝝害稼，野无遗草。十月，草木生花，大饥，人相食，比屋而是。蒙阴，十二至十四年，蝗蝻连灾，禾食即尽，人相食。

青州府：益都大蝗，水涸，大饥。济南：旱蝗。长清：旱蝗。泰安：旱蝗，州大饥，人相食。临朐：自正月不雨至于七月蝗蝻盈野。齐河：蝗旱，瘟疫大作，人死无数。馆陶：旱蝗捕食麦。寿张：旱蝗大饥，人相食。莘县：旱蝗，八月蝗至次年五月始雨。朝城：旱蝗，八月蝻至次年五月始雨。鱼台：旱蝗，豆虫食禾稼。文登：飞蝗蔽空，饥。寿张，旱蝗，大饥，人相食。诸城：夏六月旱蝗，潍水断流。胶县：夏六月大旱蝗。菏泽：大旱，蝗飞蔽天，蝗生遍地。

阳信，夏四月，蝗蝻入城，行如流水。寿张，蝗食禾，大饥，人相食。齐河蝗旱。临邑、济南郡、长岛，旱、蝗，民饥。鱼台、濮州，旱、蝗。曹县夏大旱，飞蝗蔽天。滋阳（兖州）、莱阳（海阳），连年旱、蝗。

明　崇祯十三年（公元1640年）　冠县、馆陶，春，大风霾，五月，大旱，蝗蝻生，粟一石值银十两，草根树叶计斛易银，人相食；夏，大疫，死者相枕，盗掘食新死人，甚至父子相食，行人路绝，一村之中不相来往。范县岁饥，大疫，烟火几绝，甚至父子相食。

螽蝝害稼，野无遗草；十月，大饥，人相食（泗水县志）。

蝗遍地盈尺，百树无叶，赤地千里，斗麦贰千，民掘草根，剥树皮，父子相食，骸骨纵横，婴儿抛弃满道，人多坠草标求售，辗转沟壑者无算；次年春，复疫疠继起，死亡过半，灾变之异，从未甚于此者（沂州志）。

大旱，蝗，大饥，斗米价银三两，瘟疫盛行，人相食（单县县志）。

秋，大蝗，蝻从平地涌出，道路场圃皆满，乘屋渡河，不可捕截，田禾食尽，亦有啮人衣物及小儿者。大饥，斗粟至千余钱，人刮木皮，挑草根而食，间亦有饿死者（安丘县志）。

旱蝗继发，人多病饿死，斗粟千钱（鄄城县志）。蝗，大饥（新泰县志）。

自春至秋无雨，蝗食稼殆尽，秋大饥，人相食（福山、文登县志）。

历城：闰正月朔雷电，雨雪盈尺，夏五月大旱蝗。青州府：自六月不雨至八月蝗，大饥。人相食，草根木皮俱尽；益都、沂水、临淄、昌乐、蒙阴：斗粟二千钱。泰安、新泰：旱蝗。淄川：大饥，人相食。肥城：旱蝗禾稼俱尽，人相食。临朐：大旱，蝗。五月旱蝗，大饥，人相食，土地荒芜。海阳：（公元1638—1640年）连年蝗旱，人相食。莱州府：莎鸡遍天，蝗，饥，人相食。登州府：夏各属大旱，飞蝗蔽天。菏泽：春季不雨，岁种不入至于六月，飞蝗蔽天，既而蝗蝻相生，禾尽食草，草尽食树叶，屋垣井灶皆满。邹县：三月初旬徒起黑风，房舍飞掀，人迷路迹，夏生蝗，八月降霜，九月水冰，人相食。兖州府：连岁旱蝗。济宁：旱蝗大饥，泗水断流。金乡：旱蝗，大饥。高密县：旱蝗，大饥，人相食。胶县：夏五月大旱蝗，冬十二月大饥，人相食。费县：大旱飞蝗蔽天害稼，人相食。

两京、山东、河南……大旱、蝗，至冬大饥，人相食，草禾俱尽，道殣相望。

峄县（枣庄）大地，前此旱，蝗频年，至此赤地千里。栖霞大旱，飞蝗，秋大饥。

明 崇祯十四年（公元1641年） 山东大蝗（无棣县志）。六月初旬，飞蝗骤至，食苗几半，至末旬蝻生，积地至三、五寸。七月中旬，米价腾涌……，弃尸东郊外，人争剖之，顷刻俱尽（冠县县志）。

莘县、朝城，秋，大蝗，来自东南，平地丛积尺余，越城逾屋，所过树木压折，食草禾皆空。

遍野蝻崇复作，二麦俱尽，居民死亡惨半，四境荒凉，蒿蓬满目（东明县志）。

蝗蝻遍地，野无禾，天民食藜菜（菏泽县志）。十四至十六年蝗虫遍野，兼瘟疫盛行（鄄城县志）。蝗，疫，大饥（临沂县志）。夏，蝗蝻为害，食麦禾皆尽（范县县志）。茌平、堂邑大饥，蝗飞蔽天，蝗虫遍野，瘟疫横生，死者十之八、九，赤地千里，人相食。秃鹫食蝗，旋吐，旋食（日照县志）。大饥，人相食，蝗伤麦（利津县志）。历城：大旱，蝗。平阴：大饥，旱蝗。茌平：大饥，蝗蝻遍野，瘟疫横出，死者十分之九，赤地千里，人相食。莘县：春旱，春夏间瘟疫盛行，秋大蝗来自东南，平地丛积尺余，…越城遍屋，所过树木压折，草禾皆空。朝城：大饥，春旱，人食树皮、叶，夏复蝗。堂邑：春又不雨，斗米千钱，秋蝗起。济宁：旱蝗，大饥。诸城县：夏六月旱蝗。胶县：夏六月大旱蝗饥。六月，山东大旱，蝗，洊饥。平原，夏旱蝗，父子夫妇相食，村落无人。堂邑春又不雨，六月，大旱蝗，父子相食，死者十之八九。济宁旱，蝗，大饥，人相食。

明 崇祯十五年（公元1642年） 二麦叶花，蝻复生，县城迤北，啮麦无遗，居民挖堑设火而蚕食愈甚，忽有黑蜂攫蝻而食，啮蝻或入土转化为蜂，迨三月蝻尽而蜂不知所之（东明县志）。大兵破城，飞蝗蔽日，集树枝折（滋阳县志）。

清 顺治二年（公元1645年） 九月，冠县蝗蝻食麦苗。

清 顺治四年（公元1647年） 六月，益都、定陶旱蝗。

清 顺治六年（公元1649年） 平原：五月旱蝗。德州、堂邑、博兴，蝗。

清　顺治九年（公元1652年）　费县：蝗。

清　顺治十年（公元1653年）　七月，临清蝨螣害稼。

清　顺治十二年（公元1655年）　丘县：六月旱蝗蔽天。临清：六月旱蝗蔽天。

清　顺治十三年（公元1656年）　丘县：闰五月，飞蝗食禾。博山，蝗，大饥，饿尸枕藉。淄川，蝗无秋。

清　顺治十六年（公元1659年）　莱芜，螟蝗害稼。

清　康熙六年（公元1667年）　秋七月，东明蝗，县丞督民捕灭，蒙蠲租三分。博兴蝗蝻起，知县捕之。海丰（无棣）：旱蝗。商河：旱蝗。济阳：夏蝗害稼。

清　康熙十年（公元1671年）　博平、清平，秋禾被蝗害。夏六月，馆陶，蝗食禾，发积谷二百七十五石一斗，又请发临清仓谷八百石，蠲正赋七千五百八十两。历城：旱蝗。

清　康熙十一年（公元1672年）　五月，历城、章丘、淄川、长清蝗。博平等五县蝗。寿张、惠民、武定、阳信飞蝗害稼。

五月二十二日，夏蝗蝻生，自徐淮来，入邹境，飞则蔽天掩日，止则积野折枝，官民惊惧，知县命急督居民男妇老幼悉出捕，悬赏鼓众，一面设醮虔祷。蝗被鞭死者积地盈尺，飞逐水滨溺死者几至断流，禾稼无伤，秋成得望（邹县志）。

六月，冠县飞蝗至，谷田有未食者，有食已无者；闰七月，城南、城北蝻生，食晚苗殆尽。

夏六月，菏泽有蝗，自东南来，群飞蔽日，七月，蝗生遍地，秋禾大损。六月，定陶飞蝗蔽日。东明，大蝗，督捕驱埋。六月十八日，莱芜飞蝗蔽天，自东南来，止邑之颜庄，厚三尺，阔三里长，不可胜计；十九日益集，知县出示捕之，翌日皆向西北去，竟不成灾。六月，费县蝗。日照高家庄有蝻甚盛，县尹杨士雄率民捕之，忽有虾蟆（即蛤蟆）数万，成群食蝻殆尽。秋，临清、夏津蝗。秋七月，馆陶飞蝗蔽日，一面请蠲，一面悬赏食乡民掩捕，数日之内四关厢集蝗如阜，秋禾颓然。朝城，夏蝗，秋蝻，禾稼殆尽。莘县，蝗，蒙蠲本年钱粮十分之一。

阳信：旱蝗。费县：六月蝗雨雹。是年府属十一县皆有蝗，益都蚈蚄害稼（青州府志）。

清　康熙十八年（公元1679年）　河南、山东二省旱蝗为灾。

清　康熙二十一年（公元1682年）　沾化旱蝗，蚈蝗害稼。莒州蝻害稼，州守督民捕灭，遍野腥臭。

清　康熙二十五年（公元 1686 年）　五月，章丘飞蝗布天，经七日夜，南山伤稼。长山、历城蝗。新城蝗蝝生。秋，汶上蝻生。德平、德州：旱蝗。

清　康熙二十八年（公元 1689 年）　六月，青州蝗，七月蝻生。夏，泰安、新泰蝗损稼。

清　康熙二十九年（公元 1690 年）　夏秋，新泰蝗害损禾，奉旨蠲租一年，汶上蝗灾。

清　康熙三十年（公元 1691 年）　六月二十九日，栖霞飞蝗蔽天，自西南来，八月蝻生，寻扑灭，饥。七月初十，文登，飞蝗突至食苗，东至十里头止，寻遭雨毙。福山、滨州、沾化、寿光、滕县、汶上蝗灾。邹平、蒲台（北镇）、莒州、登州飞蝗蔽天。新城蝗蝝生。夏，昌乐蝗蝻灾。掖县飞蝗蔽天，食禾叶殆尽，是年，麦二岐，谷三岐。德平、德州：旱蝗。

清　康熙三十二年（公元 1693 年）　秋八月，德平蝗，九月螟。高苑飞蝗伤稼。嘉祥蝗虫遍野。

清　康熙三十三年（公元 1694 年）　五月，广饶、乐安、汶上、高苑、乐陵，蝗。夏，宁阳，蝗、蝻并生，知县率民扑灭，秋大稔。

清　康熙四十三年（公元 1704 年）　淄川：谷贵民饥，六月初八日雨，七月蚜蚄生，继之以蝗，岁歉。沾化：旱蝗，大饥，民食草木及土。

清　康熙四十四年（公元 1705 年）　沾化：蝗蚄，免租。

清　康熙四十七年（公元 1708 年）　乐安、广饶蝗灾；春，沾化蝗蝻生；夏，武定、沾化、商河，蝗害稼。茌平：大旱兼蝗。

清　康熙四十八年（公元 1709 年）　夏六月，博兴、寿光蝗，秋七月蝻生；七月，沾化蝻生。益都，夏蝗，秋七月蝻生。

清　康熙五十年（公元 1711 年）　秋，滕县飞蝗蔽天。莘县，夏旱，蝗又来，知县率吏属捕之，三日捕灭几尽。大雨，余蝗投水死（聊城地区农牧渔业志）。

清　康熙五十五年（公元 1716 年）　益都：夏五月旱蝗。

清　康熙五十九年（公元 1720 年）　夏，胶州蝗。九月，掖县有蝗自南来，入海死，余食麦苗，至十月望始尽。

清　康熙六十年（公元1721年）　阳信蝗食稼。莱芜、新泰：旱蝗。

清　康熙六十一年（公元1722年）　邹县，大旱，无麦，蝗。鱼台，大旱，湖水尽涸，蝗虫遍地，人多饿死。

清　雍正元年（公元1723年）　费县：六月蝗饥。临朐：春大饥，三月严霜杀麦，八月旱蝗，九月始种麦。六月，沂水、费县、临朐蝗，饥。新泰，夏旱，蝗，无麦；八月黑风，昼晦，旱蝗。九月，栖霞蝗，食麦苗殆尽，小雪后始灭，次年无麦。

清　雍正二年（公元1724年）　夏四月，蝗蝻遍野，是年蠲免山东租银一百万两，临朐与焉（临朐县志）。十一月蝗，自东来，集海蠕食麦苗，至腊始尽（掖县县志）。

清　乾隆四年（公元1739年）　掖县、东明蝗。定陶蝗，蝻生。

清　乾隆五年（公元1740年）　邹县：因旱蝗无草，牛羊多饿死。

清　乾隆十二年（公元1747年）　夏，黄县蝗，食谷叶殆尽，大饥。

清　乾隆十三年（公元1748年）　四月，掖县蝗，至八月始尽，是岁大饥，民流道殣充斥。莱阳飞蝗蔽日，食禾麦无遗种，诏免田赋，并赈饿民。栖霞飞蝗，至次年春斗米千钱，民间鬻卖男女，诏免田赋。秋，文登、荣成，飞蝗蔽日，蠲租赋。夏，高密大蝗，平地涌出，道路场圃皆满，所过田禾根株无遗，遣使赈济。平度，飞蝗蔽日麦禾无遗种，遣官赈济。诸城，大饥，大蝗。安丘县：春大蝗、大疫、大水、大饥。胶县：春三月蝗生，夏六月大水，没田禾，饥。

清　乾隆十五年（公元1750年）　汶上蝗。夏，掖县飞蝗蔽天日。

清　乾隆十六年（公元1751年）　诸城蝗。

清　乾隆十七年（公元1752年）　惠民、乐陵、商河等县蝗蝻生，旋即捕灭。五月，阳信蝗蝻生发。定陶蝗蝻甫生，旋即捕灭，不至伤稼。东明，蝗，捕灭之；飞蝗遍野，制台方砚成率属僚来县灭蝗。

清　乾隆二十二年（公元1757年）　馆陶：旱蝗为灾，人相食。

清　乾隆二十四年（公元1759年）　泰安，六月蝗；秋蝻，寻扑灭之。东昌、聊城蝗蝻害稼。济南府：旱蝗。平原：旱蝗。

清　乾隆二十八年（公元1763年）　三月，临邑、……蒲台（北镇），飞蝗七日不绝。

秋，东昌府、聊城蝗。

清　乾隆二十九年（公元1764年）　夏六月，安丘蝗，十四日飞蝗大至，二十六日蝻生，逄王、杞城尤甚。夏，淄川、益都蝗。秋，聊城蝗。

清　乾隆三十年（公元1765年）　滋阳（兖州）：旱蝗。

清　乾隆三十三年（公元1768年）　秋，聊城蝝蝗生。

清　乾隆三十九年（公元1774年）　七月，安丘大蝗，十九日蝗落地厚数尺，飞落树上巨干皆折。寿光、沂水蝗。费县飞蝗蔽天，食禾殆尽。济南府、淄川：夏秋旱蝗。文登：八月蝗。

清　乾隆四十年（公元1775年）　济南府、淄川：夏秋旱蝗。平原：秋旱蝗。

清　乾隆四十一年（公元1776年）　秋八月，诸城蝗，集树树折，近十余里，禾黍一空。秋，德平有蝗。

清　乾隆四十七年（公元1782年）　德州：夏蝗。平原：旱蝗。

清　乾隆四十九年（公元1784年）　济南府：四月旱蝗，麦禾俱无，大饥，出贷仓谷。峄县（枣庄）：旱有蝗。费县：夏蝗蝻为定。

清　乾隆五十年（公元1785年）　临清，秋，蝝蝗生。安丘春夏大旱，……大蝗，飞蔽天日，每落地辄数尺，大树多压折，人有不辨路径陷入沟渠不能自出，遂为蝗所食者。范县，秋蝗，人相食。安丘：大旱、大蝗、冬大雪春夏大旱。即墨旱蝗，饿殍遍野；春夏，潍县大旱，大蝗，人有不辨路径，为蝗所食者。

清　乾隆五十一年（公元1786年）　范县，春，无麦，大疫，秋蝗，人相食。

清　乾隆五十三年（公元1788年）　六月，平度飞蝗蔽日。九月，安丘蝻。平度：大旱蝗，田禾俱尽。

清　乾隆六十年（公元1795年）　秋，商河蝗伤稼。

清　嘉庆六年（公元1801年）　费县：蝗。

清　嘉庆七年（公元1802年）　八月二十七日，黄县蝗自西飞来，连日残食麦苗，官命民捕之，斗蝗易以十钱。十月，文登蝗，食麦苗殆尽。秋，宁阳蝻生。高唐、禹城、邹平、即墨，蝗。秋，莘县、阳谷飞蝗入境，蝻复生。博平飞蝗入境，西北乡蝻复发。夏，峄县（枣庄）大旱，是岁蝗飞蔽天，食禾豆几尽，大饥。秋，费县、诸城、招远、掖县、邹平等有蝗。峄县（枣庄）：夏大旱蝗。费县：蝗饥。

清　嘉庆八年（公元1803年）　掖县自三月至五月，遍地生蝗，官民力捕，不为灾。春，诸城蝗。夏，峄县（枣庄）弥月不雨，蝗败稼。秋，宁阳蝗，章丘飞蝗蔽日。商河，嘉庆八、九年，两年蝗伤禾稼，有收买蝗子之食，民趋利争掘，不数日而尽。费县：正月大雪，平地深三尺，夏蝗。

清　嘉庆九年（公元1804年）　夏，章丘、新城，蝗蝝生。章丘蝻生，寿光蝗。夏，益都蝗，知县督民急捕之，又以钱购蝗，民争捕送，数日而灭。栖霞，春旱，蝗生，厚不见地，知县率民捕埋，秋，岁大熟。临朐：旱蝗。

清　嘉庆十年（公元1805年）　夏，昌邑、新泰蝗。秋，峄县（枣庄）、昌乐、宁海、牟平蝗害稼。寿光旱，蝗，饥。博兴有蝻，蝗。秋七月，益都飞蝗为灾，蝗自西来，飞蔽日月，所过禾稼一空，刈而藏之于室，多方保护者尚有所获，否则转盼已尽；后东去投海死。安丘县：秋旱蝗。

清　嘉庆十一年（公元1806年）　夏，新泰有蝗。昌邑蝗食禾至尽。

清　嘉庆十六年（公元1811年）　临清蝗，饥。邹县旱，有蝗。

清　嘉庆十七年（公元1812年）　正月辛卯，大风昼晦。二月乙巳，又风，无麦，夏蝗。十月，彗星见。是岁麦苗尽枯，蝗自西南来，平地深半尺，所过谷菜俱空，入室食人，食啮衣服，人多流亡（峄县志）。邹县：夏旱蝗岁歉。

清　嘉庆十八年（公元1813年）　秋，商河有蝗，害稼。

清　嘉庆十九年（公元1814年）　夏，东明、博兴飞蝗。夏，曹县飞蝗遍野，虫螫蝗死，禾不受害。夏，菏泽宝镇都飞蝗大起，有蜂螫之，蝗尽死。秋，陵县有蝗。齐河：蝗。

清　嘉庆二十三年（公元1818年）　秋，寿张、阳谷飞蝗蔽野。博兴：有蝗。

清　道光元年（公元1821年）　六月，临清蝗。博兴：秋有蝻。

清　道光三年（公元1823年）　夏六月，莘县蝻蝗并生。阳谷蝗为灾。六月，博平西南乡蝻子生发，东北乡飞蝗停落。

清　道光四年（公元 1824 年）　三月，博平蝗蝻复生，北乡、东乡间有萌动。金乡蝗。

清　道光五年（公元 1825 年）　东阿春旱，多异风，有蜚，秋大蝗；冠县，旱，蝗生。长清：旱蝗生。东平：旱蝗。济宁：蝗旱。金乡蝗旱。博兴蝗。邹县春旱，多异风，秋蝗。

清　道光六年（公元 1826 年）　邹县：春旱多异风，秋蝗蝻为灾。

清　道光九年（公元 1829 年）　诸城：夏旱蝗，饥民采草木实云。

清　道光十三年（公元 1833 年）　费县：秋飞蝗蔽天为灾。

清　道光十五年（公元 1835 年）　六月，飞蝗蔽野，诏免山东积欠钱粮（阳谷县志）。闰六月，巨野蝗。济阳蝗蝻遍野，不第害稼，草根树叶均被食尽。七月，滨州、博兴、应城蝗。秋，嘉祥、观城蝗生。肥城：春旱秋蝗。东平：春旱秋蝗。济宁：春旱秋蝗。

清　道光十六年（公元 1836 年）　肥城，旱，蝗食谷殆尽。

清　道光十七年（公元 1837 年）　诸城：秋八月旱蝗。胶县：大旱自五月至七月不雨，秋九月蝗蝻生。费县：蝗。济宁、单县、金乡、东平、费县，蝗。泗水蝗蝻伤稼，逃散及饿死者甚多。肥城蝗蝻，春大饥，死者枕藉。昌邑，春旱，蝗。掖县，夏秋蝗。秋七月，巨野蝗。

清　道光十八年（公元 1838 年）　四月，荣成青鱼滩等处蝗蝻孳生，知县率乡民捕打数日净尽。是年夏、秋俱丰稔。闰四月，阳谷、寿张、郓城蝗蝻生。博兴旱，蝗。邹县夏有蝗。费县蝗。秋七月，临清螟、蝗害稼。泗水蝗蝻伤稼，逃散及饿死者甚多。东明，蝻遍野，值大雨，有虾蟆食之，竟不为灾。峄县（枣庄）：夏旱蝗。

第三节　公元 1840—1948 年蝗灾

清　道光二十年（公元 1840 年）　胶县：夏旱蝗。

清　道光二十七年（公元 1847 年）　阳信：夏蝗。

清　咸丰三年（公元 1853 年）　夏，单县蝗，惠民、无棣、阳信飞蝗蔽日。恩县飞蝗蔽天，禾尽伤。

清　咸丰四年（公元1854年）　春，武定，蝻生数里，鸦鸟食之净。恩县，飞蝗入境，蝻生害稼。

清　咸丰五年（公元1855年）　七月，恩县蝗从南来，飞蔽天日，集田害稼。秋，莱阳飞蝗蔽日伤禾，昌乐蝗蝻害稼。

高密：旱，蝗。费县：六月飞蝗蔽天，害稼。济阳：正月十九日雷电，夏蝗。沾化：夏蝗。阳信：夏蝗。鱼台：大水，秋蝗食禾。

清　咸丰六年（公元1856年）　定陶，五月飞蝗遍野，六月蝻生，食禾害稼，次年五月，亦如之。七月，肥城飞蝗蔽天，害稼，岁凶。七月，临朐蝗，冬饥；安丘，夏大旱，秋大蝗，菽不实。新城、历城、齐河，秋蝗。鄄城、濮州，秋蝻生，禾稼食尽。鱼台，夏，蝗食麦，秋，蝗伤禾。峄县（枣庄），春大旱，蝗败稼，夏六月丙戌始种秋禾。益都，春大旱，秋蝗食麦苗。郓城、巨野、寿张蝗蝻生。昌乐，夏大旱，秋飞蝗为灾，菽不实。牟平、宁海，有蝗，大疫。利津，旱蝗。冬十月，蝗蝻生汶河两岸麦苗几尽。

益都：春大旱，蝗，秋蝗食麦苗。宁阳：旱，蝗，大饥。东平：旱蝗为灾，秋无收。滋阳（兖州）、金乡：旱，蝗。费县：六月蝗蝻食禾殆尽。

清　咸丰七年（公元1857年）　安丘，四月蝝生，知县江督捕甚力，幸不为灾；新城，闰五月二十二日蝗生，有飞虫如蜂，啮之尽死，秋禾无害。清平，五月飞蝗蔽天，六月蝻出西乡，禾稼殆尽。六月大蝗，蝗自东南来，飞蝗蔽日，所过食禾俱尽，豆苗亦多被啮断。寿张、鄄城，六月飞蝗蔽天，七月蝻生。七月，无棣蝗。宁津，春、夏雨泽应时，蝻孽萌生。恩县，飞蝗蔽空，米价昂，讹言四起。夏津、淄川，蝗食禾稼，岁大饥。临朐蝗灾，西境尤甚。即墨大蝗害稼，啮人，收获多以夜，饥。秋，博山、平度飞蝗蔽天。广饶、乐安蝗。黄县，夏秋间蝗，八月蝗生子，食禾殆尽。峄县（枣庄），春大饥，濒河民采蒿为食，露宿多冻死，夏旱，蝻生，败禾稼。曲阜，雹、旱、蝗三灾均有，五谷不登，人将相食。临沂，蝗、蝻遍野，饥。秋，费县，蝝为灾，集人家厚数寸，小儿卧者多被咬伤。

滋阳（兖州）：春大饥，秋旱，蝗。郓城：夏旱，六月飞蝗蔽日，七月蝗生。武城：旱，蝗。寿光：夏旱，蝗。馆陶：旱、蝗为灾，岁大饥，至有以人肉充饥者。昌乐：夏蝗蝻生，大雨雹，禾稼几尽。高密：夏陨霜伤禾，蝗，灾民欠租赋。临朐：春饥，夏五月蝗灾。益都：春饥，夏五月蝗。六月，临清飞蝗蔽天，禾稼都尽，大饥。

清　咸丰八年（公元1858年）　二月，博山蝻子遍野，捕两月始尽。春，高密蝝生，伤禾稼，免民歉租赋。费县：雨雹，大如拳，秋蝗，饥。

清　咸丰九年（公元1859年）　高密：春大雪，雷电，秋蝗为灾。

清　咸丰十年（公元1860年）　高密：秋旱，蝗。

清　同治元年（公元1862年）　费县：五月飞蝗遍野，害稼。

安丘，六月大蝗，飞蔽天日，汶河以北田禾几尽；六月，昌邑蝗灾。七月大蝗，蝝生，蝗过处遍地生蝝，扑者束生。秋，阳谷、莘县大旱，飞蝗蔽天，晚禾一粒未获。

清　同治二年（公元1863年）　曹县，蝗生遍野，忽出无数小虾蟆，皆自北向南，见蝗便吞食之，不日而尽，其患始息。夏，东明飞蝗过境，蝻遍野，三年不绝。

清　同治三年（公元1864年）　秋，昌乐蝗害稼。

清　同治五年（公元1866年）　濮州，六月，飞蝗盈野，害田禾，大树被压折。

清　同治六年（公元1867年）　临清、阳谷、馆陶，旱、蝗为灾，岁大饥，至有以人肉充食者。范县，蝗蝻生后，有人缢死。

清　同治八年（公元1869年）　费县：六月蝗。阳谷、寿张，春旱，夏蝗。巨野：春旱夏飞蝗，食禾几尽。郓城，春旱，夏飞蝗，食禾几尽，忽逢大雨而苗复苏，竟成有收年。

清　同治九年（公元1870年）　诸城：自五月至七月不雨，秋七月蝗。长清：正月十五日雷声震耳，春无雨，五月二十七日始雨，七月蝗虫生，伤禾稼，岁大饥。德州：春旱，大疫，虫伤禾稼。泰安，蝗伤秋禾将半。

清　同治十一年（公元1872年）　七月，博山蚜蝗害稼，捕者数步之内即得升许。

清　光绪二年（公元1876年）　秋，濮州飞蝗云集，食草尽而菽不害。郓城，春、夏旱，牛病更甚，退水淤地，民种晚豆，有飞蝗云集，食草殆尽，草尽而豆得收。昌邑，春季大旱，秋南部飞蝗伤禾。

临朐：自正月至七月无雨，社有流亡，秋蝗害稼。郓城：春夏旱，淤地飞蝗云集，食草殆尽，而平原高阜皆收。

清　光绪三年（公元1877年）　六月，定陶飞蝗落，生蝻害稼；七月二十四日，临沂蝗飞蔽天。费县大旱，蝗蝻食禾殆尽。

清　光绪四年（公元1878年）　东昌各州县被水、旱、虫、碱、风之灾，清廷缓免其新旧漕粮额赋。泰安，蝗。

清　光绪七年（公元1881年）　费县：六月雨雹，飞蝗云集害稼，七月大风拔木。

清　光绪十一年（公元 1885 年）　七月，宁津有蝻南飞，蔽日，未集县境。冠县，飞蝗入境，知县赴田野督率乡民昼夜驱捕，并捐廉设买蝗局，月余蝗尽，恐留遗种，复出资收买蝗子。滋阳（兖州）：秋七月旱，蝗。

清　光绪十二年（公元 1886 年）　六月，阳谷蝗生遍野，知县令捕获。七月，广饶、安乐、博兴蝗蝻生。寿光，秋蝗害禾。淄川，蝗害稼。

清　光绪十三年（公元 1887 年）　寿光，蝗虫成灾，收买蝗子。秋，广饶飞蝗自东方来，小清河以南禾苗被害殆尽。

清　光绪十四年（公元 1888 年）　长清，夏旱，秋飞蝗蔽日，疫症流行，死者甚众。

清　光绪十七年（公元 1891 年）　夏，宁津飞蝗蔽日，捕逐不为灾，后蝝子生，损伤禾稼。恩县，蝗蝻生，食禾。茌平，蝗虫遍野，伤禾稼殆尽。

清　光绪十八年（公元 1892 年）　四月，汶上蝗生于乱石中，势甚盛，后焚以火立灭。临清，五月飞蝗入境，六月蝻出。六月，寿光蝗虫为害。昌乐，夏，飞蝗过境；秋，蝗蝻为灾。邹平，飞蝗害稼。昌邑：六月飞蝗过境，十月海水漫溢，沿海坏庐舍。

清　光绪二十一年（公元 1895 年）　寿光：春二月大雪深尺许，夏五月旱，飞蝗过。昌乐：六月大水，连日大风雨，毁屋舍无算，蝗害稼。

清　光绪二十二年（公元 1896 年）　新城，春、夏旱，秋蝗蝻为灾。夏津，蝻食稼，饥。长清，蝗虫伤禾稼。

清　光绪二十五年（公元 1899 年）　六月，广饶、乐安飞蝗遍野；恩县，蝗蝻生，害稼；博兴飞蝗蔽野，秋旱岁歉。

清　光绪二十六年（公元 1900 年）　六月，淄川蝗飞蔽日，至七月生蝻害稼。八月初，惠民沙河两岸麦苗为蝗所食；莫不耕翻另用，苗出后，农皆惴惴，忽来山鸦成群，将蝗一一啄尽。八月，阳信蝗食麦，博山蝗自西北来，经宿尽毙，惟七区受灾最深。邹平，大旱，蝗飞蔽天，蝻生遍地。

清　光绪二十八年（公元 1902 年）　六月，峄县（枣庄）蝗伤稼；七月，蝗复生遍野，豆角内生虫，减收。阳信，蝗虫生。

清　光绪二十九年（公元 1903 年）　长清，蝗虫食秋禾殆尽。

清　光绪三十二年（公元 1906 年）　五月，乐安、博兴、广饶飞蝗蔽天；六月，莱芜飞蝗蔽天，禾稼无恙。博山，南虹见，越二日，飞蝗蔽天，禾苗伤。

清　宣统元年（公元 1909 年）　范县，夏旱，秋生紫蝗，食晚禾殆尽。秋，曹县蝗虫自东南来，谷被吃光。博山：春旱，四月始雨，秋蝗生。寿光：春旱，饥，夏蝗生。北镇：蝗虫。

清　宣统二年（公元 1910 年）　淄川：六月蝗。济宁：秋蝗，旱。

民国　元年（公元 1912 年）　金乡蝗虫铺天盖地而来，顿时将庄稼全部吃光。初秋，飞蝗自西北来，龙池一带，谷子、高粱叶尽被吃光；七月二十七日，飞蝗蔽日，自西南飞行东北，一昼夜高粱、谷子叶被吃光。

民国　二年（公元 1913 年）　广饶城北丁家乡一带旱蝗，西南乡大水。春夏之交，利津大旱蝗，田苗啮食殆尽。菏泽：夏旱，秋蝗。

民国　三年（公元 1914 年）　东明夏旱，秋蝗，粮食歉收。博山：夏旱，蝗。

民国　四年（公元 1915 年）　六月，无棣蚜蚄生，飞蝗至；长清，蝗蝻生，伤禾稼；八月，飞蝗蔽天；博兴，夏蝗，秋蝻，五谷多伤。飞蝗自淄河下游蔽空而到，继而蝻子生，公家在归武署设局收买蝻子，稼不至大伤。

民国　五年（公元 1916 年）　阳信：五月飞蝗入境，六月蝗蝻为灾，秋减收，五谷昂贵。六月，莱芜大旱，蝗出害稼。长清，六、七月间，飞蝗蔽日，蝻子遍地。夏，东平虫蝗为灾。博山，夏蝗，秋蝻子害豆。平度，秋禾被虫、被蝗，四年缓征之村庄仍缓征。

民国　六年（公元 1917 年）　秋，莱芜飞蝗遍野，蝝生。利津蝗蝻为灾，多在海滩淤地。烟台、牟平、莱阳，夏大旱，秋遭蝗灾，岁饥。莱芜：自上年九月无雨至本年五月中旬得雨始耕，秋飞蝗遍野。

民国　七年（公元 1918 年）　七月，无棣飞蝗蔽日；寿光飞蝗蔽天，起落无定，为害严重，是年，利津蝗灾甚重。夏，商河、齐河飞蝗入境，岁大歉。博山：蝗，秋蝻子生。

民国　八年（公元 1919 年）　五月，恩县蝗虫发生，城东南尤甚，恩平交界庄村两县互打，旬日捕来，是岁半熟。六月八日，临邑飞蝗自东北来，未几瘟疫剧烈。阳信，六月八日，飞蝗蔽日，自东北来，田禾食尽；六月，长清蝗虫生，秋飞蝗蔽日。泰安，夏旱，六月二十一日飞蝗大至，缀禾黍至地；七月初，曲阜有蝗自西南来，损害秋禾。七月二十三日，莱芜蝗蝻大至，弥月无雨。

闰七月，阳信遍地飞蝗，满坑盈沟，两月不绝；蚜蚄又生，晚禾不食，麦苗食尽，另种又食尽；济阳，夏大旱，蝗蝻遍野，谷禾不收，秋后复将麦苗食尽，次年收粮价甚贵。夏，利津、商河飞蝗蔽日。秋，德平儒林寺一带，飞蝗降落，禾稼被食。博山飞蝗至，继生蝻子，公家收买，设局在农会，岁不致大饥。济宁，旱蝗灾，冬疫，是年缓米。寿光春正月杏花开，夏旱豆苗枯，秋蝗。临淄，春夏，旱、蝗，秋大疫。莱阳，秋，飞蝗蔽日，食禾几尽。博兴，旱，河流涸竭；蝗蝻遍野，五谷不登。平度，秋禾被虫、被蝗，五年缓征者仍缓征。七月朔，蟓生，岸谷几遍，厚者余二寸，侵及村屋缘壁，入人家，谷蔬食尽，唯蒺藜存。临淄：秋蝗。

民国　九年（公元 1920 年）　朝城（今属莘县），春无麦，大旱，赤地无禾，不旱之处生蝗蝻。夏，莱阳，蝗蝻生，有海鸟来，食之尽。临淄：春夏旱，秋蝗。东平：旱，蝗，秋失收，岁饥。

民国　十年（公元 1921 年）　飞蝗（博山续志）。大旱，春播推迟，麦苗多枯死，飞蝗过境，蔽天遮日，庄稼尽被虫吃光，饥（寒亭蝗勘资料）。

民国　十一年（公元 1922 年）　东阿先旱后涝，有蝗灾。博平，有蝗虫、粘虫、谷子白发病。博山，蝻子生。

民国　十五年（公元 1926 年）　夏，高唐烈风、暴雨，七天七夜，蝗灾，水灾皆有。

民国　十六年（公元 1927 年）　七月，山东旱灾、蝗灾并发，灾情严重。灾区计有五十六个县，面积达六万平方千米，占全省面积百分之六十，灾民共有两千零八十六万余人，占全省人口百分之五十以上。沾化县李雅庄一百三十户，八十户外出讨饭，三十二户卖儿卖女，全村饿死百余人。

鲁有蝗，旱灾尤甚，受灾者九百万人。五月，莘县、沾化蝗蝻生，岁大饥。夏，恩县蝗自西北来，遮天蔽日，后复蝻生，遍地皆是，岁歉。秋，齐河大旱，飞蝗过境，食苗尽。广饶城北之李佛、万全、马琅各乡及城南安二、安七各保皆蝗虫为灾。秋，曲阜飞蝗蔽天，蝻子遍野，秋豆秋禾食之殆尽；饥寒之状莫可言谕，幸有赈济稍有补救。

临邑：水愆期，飞蝗过境，籽粒不收。曲阜：凶旱，秋飞蝗遮天，蝻子遍野，豆、禾食之殆尽，大饥。

民国　十七年（公元 1928 年）　菏泽：五月飞蝗成灾，赤地千里，旱象严重。

东阿，五月飞蝗蔽野，旱苗无余，六月蝗蝻生，食晚禾殆尽。馆陶，春连日大风，夏雨不时降，飞蝗入境。寿张遍地飞蝗，草芽吃光，大饥。

五月，曲阜蝗蝻生，田禾食尽。六月，范县蝗虫生，除豆类外，秋禾食尽。七月，广饶第四区及第八区之北部，飞蝗蔽野，继生蝻子，田禾尽损。夏，东明亢旱，五月间飞蝗大至，田苗啮食过半，继之蝗蝻复生，绵延遍野，村人挖沟驱之不能制止，所有高粱、谷禾、玉蜀黍俱被食尽，邑之全境不免，而四、五、六等区尤甚，勘定成灾九分；是年大蝗，赤地千里，民多菜色，当赈而未之赈也。鄄城，夏蝗遍野，旱秋作物受害。巨野，春饥，秋蝗成灾。利津飞蝗蔽野，农业失收。秋，临朐飞蝗大至，区域广漠，灾情奇重。掖县蝗食麦叶，秋蝗食稼，岁饥。秋，平度飞蝗食麦，城东尤重。

民国　十八年（公元1929年）　六月，齐东蝗蝻生害稼。七月，恩县飞蝗入境，继蝻生堤下、东洼一带，田禾被食特甚；捕打旬余，捕捉殆尽，未成巨灾。馆陶秋蝗复为害，继之以蝻，蝻又成蝗，愈捕愈多，至八月忽来山蜂无数将蝗螯死，其患乃息。临邑，飞蝗过境，嗣后覆遗死蝗蝻，县府及公安局饬民众扑灭净尽，秋禾幸未大受损。夏，长清奇热，飞蝗为灾。掖县飞蝗为灾，食谷殆尽，自春迄秋亢旱，岁洊饥。

清平、金乡、恩县、陵县、武城、寿光、黄县、掖县、堂邑等三十余县发生蝗灾。北镇：蝗害稼。

民国　十九年（公元1930年）　五月，恩县飞蝗来，六月蝻复生，督捕并令附近乡村初小学童停课帮捕，终未尽。五月，掖县因连年飞蝗遗卵，海苇田孵生跳蝻，民众掘沟截捕并掩埋，幸不为灾（烟台农业志）。

民国　二十年（公元1931年）　秋，广饶第八区之耿家井、卢家乡一带，蝗虫为灾，岁凶。东明夏蝗，疟疾流行，蝗虫猖獗。

民国　二十一年（公元1932年）　七月间，东明，第六区东境发生蝗蝻，逐渐蔓延全区，满地跳跃，啮食田禾，村民纷纷报告区公所及县政府，请求设法捕灭，率民夫不分昼夜捕打，未兆大祸。广饶城北至万家、芦家、袁家、李佛诸乡并患虎疫蝗灾。

曲阜：七月蝗虫食豆叶殆尽。

民国　二十二年（公元1933年）　秋，馆陶县第五、六、七、八等区，东富贵庄等八十三村庄，飞蝗遍野，蚕食禾苗，当经民众聚捕，是年蝗灾东富庄等六十五村较重，社里堡等十八村较轻。

民国　二十六年（公元1937年）　春、夏蝗大发生，群聚飞起遮天盖地，庄稼被吃成光秆。

民国　二十八年（公元1939年）　利津，蝗灾严重。

民国　二十九年（公元1940年）　秋，飞蝗吃高粱粒子。

民国　三十一年（公元1942年）　莘县发生蝗虫六百六十六点六七公顷。高唐、博平、清平发生蝗虫、粘虫、豆虫、蚜虫、谷子白发病、高粱黑穗病。寿张，有旱灾，蝗灾。

巨野，大旱，秋蝗，为害甚重。东明重旱，秋蝗成灾。菏泽秋蝗，秋禾大部分被吃毁，秋粮田灾减产。嘉祥蝗灾。济宁夏蝗大发生，没湖村庄田野遍地皆蝗。

民国　三十二年（公元 1943 年）　七月，鄄城飞蝗成灾。高唐，旱、蝗灾，人畜饿死者甚多，吃树皮、树叶，人外逃，卖儿卖女甚惨。齐河蝗灾。单县飞蝗蔽天，所到之处，作物树叶殆尽。

春季垦利、广北海滨发现蚂蚱，北起黄河南至清河，东至海滨，西至垦利边缘，在两千平方千米之面上到处发现蝗蝻，其对田禾为害，空前严重。聊城，蝗虫成灾。

民国　三十三年（公元 1944 年）　定陶飞蝗蔽天，谷子、高粱被食殆尽，其它较轻。六月，蝗遍地，秋苗食殆尽。

夏，曹县飞蝗所到之处，庄稼顷刻食尽，秋作物一扫而光。

秋，聊城，遍地飞蝗，大部分作物因虫绝产。寿张、张秋，发生飞蝗。

民国　三十四年（公元 1945 年）　五、六月间，寿光县北部发生蝗蝻十余股，封锁挖沟百余里，结合捕打和火攻，灭蝗一十二万两千七百七十千克；广垦交界大洼尽及沿海荆荒中发现蝗蝻卵厚处，一步见方可挖出蝗卵七十多管（每管九十九粒），捕灭蝗蝻八十五万千克（每千克三千个）战斗五十天。

垦沾沿海荆荒处，蝗蝻全部就歼，参加群众一十三万零四百七十三人，经一周的捕打，消灭蝗蝻三十万零九千一百七十八千克，救出禾苗七十四万两千零二十七万公顷，挖封销钩及灭蝗沟七十七点二三公顷，长达一百五十千米以上。

渤海区蝗虫蔓延，垦利、沾化、广饶、寿光、昌邑、潍县、博兴七县受灾面积达二十八点八万平方百米，行署组织男女老幼二十六万多人，奋战五十天，灭蝗五十六点五万千克，扑灭了百年未见的蝗灾。

莘县，蝗，飞上蔽天，落下盖地。冠县，夏秋，蝗蝻生，禾稼多受害。

民国　三十六年（公元 1947 年）　冀南蝼蛄成灾，蝗灾等也有发生。

民国　三十七年（公元 1948 年）　淄川：春旱秋涝，夏有蝗，粮食歉收。利津宁家、徐玉、左王、东堤二百二十四点七五平方千米蝗灾严重，全县减产四成。

十一月十日，乳山、招远、海阳等县统计，土蚂蚱危害约三百三十三点三余平方百米，捕灭土蚂蚱三万六千八百千克，其中海阳县磐石区桃园村，有的户地瓜补栽三次，豌豆补种二次，仍因笨蝗危害没有收成。文登县劳模张富贵放小鸡吃小蚂蚱，三十只吃了零点二六平方百米地小蚂蚱。

第四节　公元 1949—2000 年蝗灾

1949 年　8 月 24 日，宁阳县 122 个村、12944.6 亩土地遭受蝗灾袭击。一区茅庄、台里、八里庙等 11 个村宽 6 里、长 7 里范围内受害最严重，全县动员 10650 名民工、县委直属机关 53 人，展开捕蝗运动。

济南长清县夏、秋出现蝗灾，作物受灾面积 11 万亩。乳山县尚山村有 166 户，因土蝗吃毁麦苗造成饥荒。土蝗发生严重地区农民多不敢霜前播种，有的农家连续播种 3 次，仍保不住苗。

1950 年　全省有 54 个县遭受了 30 多种病虫害，受灾面积 350 余万亩，尤以惠民、德州两专区的蝗灾为甚。沾化发生蝗灾，农作物受灾面积 87 万亩。

在胶东、鲁中南、昌潍等地区发生土蝗较重。胶东的牟平、乳山、海阳、昆嵛 4 县 20 余个区发生土蝗，五莲县发动 6 万余人捕打土蝗 97879 千克。

1951 年　惠民、德州、滕县、临沂等专区 50 余个县市发生飞蝗，为害之烈为历年所罕见，据记载凫山县一部分飞蝗起飞到邹县。莱阳、文登、胶州、沂水等专区 43 个县发生土蝗，受灾面积 40 万公顷，使用劳力 821 万个工日进行捕打。菏泽专区 8 个县受灾面积 5000 公顷。

7 月，博兴的二、三、五、六区（今湖滨、陈户、店子、闫坊乡镇）蝗虫大发生，危害农田 5 万余亩，作物叶子被吃光，减产严重。

1952 年　泰安发生蝗灾面积 12 万亩，泰安抽调干部共 67 名，组织带领泰安人民灭蝗。微山湖蝗区飞蝗密度每 10.89 平方米，一般在 1000 头以上，密集地段高达几万头。

5 月 17 日至 6 月 13 日，沾化县发生蝗蝻 29.6 万亩次，最大密度 100 头/平方米～150 头/平方米。

1953 年　济宁、临沂、泰安、惠民、莱阳等 11 个专区、102 个县发生土蝗，其中严重的 72 个县，发生面积 32.94 万公顷，其中 63 个县纯土蝗面积 24.689 万公顷。43 个县飞蝗、土蝗混生面积 8.251 万公顷。惠民专区发生蝗灾 5 万公顷，其中飞蝗尚不足十分之一，每 10.89 平方米有 10～20 头，重的 5000～6000 头。沾化县 8 区刘坨乡有几十个村庄，因连年遭受土蝗为害，曾数次要求搬家。

1954 年　胶县 10 个区发现蝗虫，受灾面积 8 万余亩，自此，胶县列为国家蝗区。党和人民政府对蝗害进行了大规模综合治理，经 10 余年努力，至 60 年代中期，消灭了飞蝗，控制了蝗害，结束了蝗害史。

6 月 15 日前后，泰安共发生蝗灾面积 64936 亩，发动整、半劳力 5 万多人，以人工和药杀相结合的方法，连续打二至三遍，用“六六六”药粉 1.5 万千克。到 20 日检查，均消灭 90%以上。

1955 年　5 月下旬至 6 月 10 日，聊城、济宁、德州等地区发生蝗灾，受灾面积 16.6 万亩，密度较大者每平方米达 100 头蝗虫。

1957 年　临清、馆陶、武城 3 县夏蝗大发生，发生面积 5.87 万公顷，比 1956 年增加 261 倍。主要由于 1956 年卫运河决口，3 县被淹。

1958 年 沾化发生蝗灾，作物受灾 70.6 万亩次，其中飞蝗危害 10.6 万亩次。汶上发生蝗灾 21 万亩。

惠民、济宁、临沂、菏泽等 6 个地区、59 个县发生夏蝗面积 72.17 万公顷，比 1957 年增加 1.7 倍，是 1949 年以来发生面积最大的一年。1957 年全省被淹 180 余万公顷，济宁专区遭受百年未有的特大洪水，该专区发生夏蝗 43.93 万公顷。据记载，1958 年 8 月 26～27 日有 7 个县飞蝗降落。

1959 年 全省土蝗大发生，发生面积达 68.97 万公顷。菏泽地区 8 个县减产损失 184.335 万千克。汶上发生蝗灾 8 万亩，被列为重点蝗区。

6 月，沾化县发生蝗灾，作物受灾 104.3 万亩次，其中飞蝗危害 1 万亩次。6 月 10 日，在渤海农场、郭局、罗家 3 处始用飞机治蝗。至 7 月 8 日，蝗虫基本被消灭。

1960 年 菏泽地区 8 个县土蝗发生面积 22.44 万公顷，减产粮食 238.67 万千克。

8 月，淄博市出现虫灾，子蝗、造桥虫、钻心虫繁衍危害，黑旺至辛店铁路一度飞蝗盖地，火车为之减速，虽组织人力用农药大力突击扑灭，仍受灾 28.84 万亩，成灾 20.82 万亩，减产粮食 2.82 万吨。

1961 年 东营垦利县 90 万亩土地上发生蝗灾，虽经捕打，仍有 27 万亩作物严重受害，其中 49263 亩绝产。

1962 年 飞蝗大发生，济宁、聊城、德州、惠民、菏泽等 10 个地市发生 177.52 万公顷，比 1961 年增加 69.94 万公顷，德州、聊城两个水灾特大地区发生飞蝗 84.10 万公顷，占全省的 47.4%，比 1961 年扩大 5.5 倍，并出现部分高密度的蝻群，一般 20～30 头，最高达万头以上。

1961、1962 年，德州武城县连续两年蝗虫大面积发生，全县受灾面积 28 万亩，其中，马庄、大屯、四女寺、藤庄、郝王庄、蔡村 6 个公社蝗灾最重。德州夏津县连续两年蝗虫大面积发生，发生面积大约 30 万亩，白马湖、渡口驿乡危害较重，该两年用飞机治蝗，基本未形成大面积的蝗灾。

1963 年 沾化夏、秋先后出现两次蝗灾，发生面积达 181.2 万亩。德州宁津县蝗灾面积达 27.6 万亩，其中 12.4 万亩基本绝产。

1964 年 1961—1964 年，博兴县连年蝗虫猖獗，每年平均有 10 万亩农田受灾，经过飞机治蝗，方得平息。

1965 年 7 月下旬至 8 月底，东营垦利县沿海场、社大面积发生蝗虫，成灾面积 11.3 万亩。

1968 年 济宁、惠民地区夏蝗大发生，分别发生 8.28 万公顷、4.81 万公顷。

1970 年　春夏之交，德州武城县出现蝗灾，春苗（谷子、高粱、玉米）全部被毁，在当时基本靠天吃饭的条件下，大面积农田绝产，损失惨重。

1971 年　9 月，东营垦利县 15 个公社都发生蝗虫，受灾面积 20 余万亩。

1986 年　土蝗发生逐渐加重，主要在潍坊和临沂地区山丘地带，全省发生面积 7.51 万公顷，呈上升趋势。济宁市 9 个县减产损失 10.5 万千克。

1987 年　5～6 月，蒙阴县的岱崮、坦埠、野店、高都、旧寨 5 个乡镇、60 个自然村遭受蝗灾，受灾面积 15 万亩，其中粮田 7.9 万亩，绝产 3.5 万亩。

土蝗在淄博市南部山区发生，对春季作物如黄烟、谷子、甘薯危害严重，一般被害率 20%～30%，严重的重新返种。

1987 年是 20 世纪 60 年代以来发生土蝗较重的一年，以笨蝗、负蝗为主。济南、潍坊、临沂、济宁等地市山区发生重，每平方米 7～15 头，重的 20～30 头，有 3760 公顷作物被吃成光秆，4000 多棵果树被吃光叶子。

1988 年　5 月 12 日，临沂、潍坊、枣庄、济宁、泰安、济南、淄博 7 地市、27 个县市区发生了土蝗和红蜘蛛虫害。全省受灾面积达 16.1 万公顷，并持续发展。潍坊市有 7 个县市土蝗灾严重，部分土地还出现红蜘蛛虫害，全市受灾面积 8 万公顷。土蝗多发生在干旱严重的地块，密度一般每平方米为 10～20 头，最高达 50～70 头。龄期大部分为 2～3 龄，少部分为 3～4 龄。土蝗多的地块果林和春播农作物幼苗叶秆被吃光，有些春小麦被吃掉叶子成了光秆，造成小麦绝产。

8 月 4 日，惠民县梁家乡有 4 个村庄的 3.3 公顷大豆和玉米发生蝗灾，每平方米有蝗虫 20～50 头，并有继续蔓延趋势。

全省土蝗大发生，发生面积达 41.96 万公顷，面积之大、密度之高为历年所罕见。主要分布在临沂、潍坊、枣庄、济宁、泰安、济南、青岛、淄博、烟台等地市的 30 多个县市区，发生笨蝗为主，后期还发生尖翅蝗等。每平方米 5～20 头，重的 50～120 头，危害小麦、玉米、大豆、黄烟、果树等。

1989 年　4 月 10 日，五莲等县 5.7 万公顷小麦出现蝗虫，密度为每平方米 30～50 头。4 月 15 日，胶南县 5 个乡镇、58 个行政村的 6267 公顷农作物遭受蝗虫危害，其中山林 5133 公顷，果树 600 公顷，农田 400 公顷，最大密度为 77 头/平方米。

1989 年飞蝗大发生，最高密度每平方丈 2 万头，微山湖蝗区发生十分严重，微山县发生飞蝗面积占全省的 68.6%，滕州市发生蝗灾面积之大，密度之高，为历年所罕见。烟台、临沂、菏泽 3 地市、26 个县的 8953 公顷农田发生土蝗，减产粮食 53.64 万千克。

1990 年　济宁市 9 个县因土蝗危害减产粮食 8.952 万千克。

1991 年　8 月 2 日，博兴县土蝗成灾，有蝗面积 15 万亩，特点是发生、生长快，密度大。受灾范围为闫坊、纯化、陈户、寨郝、博兴5个乡镇，最大密度190头/平方米～200头/平方米，中等密度为20头/平方米～30头/平方米，玉米、大豆等绿叶植物被吃的像筛底，造成农作物大面积减产，直接经济损失200万元左右。

1994年 枣庄市民政局5月16日报告，进入5月份以来，枣庄市市中区的渴口，山亭区的半湖、辛召、付庄，峄城区的棠阴，薛城区的张范，滕州市的柴湖店等8个乡镇发生蝗灾，其中半湖和棠阴2个乡镇受灾最重。全市受灾面积1.33万公顷。山亭区半湖乡焦山区自5月初至5月8日，有240公顷农作物发生蝗虫，每平方米30头左右，500棵柿子树和13公顷花椒树叶全被吃光；峄城区棠阴乡有600公顷农作物受灾，每平方米有蝗虫40头以上。有关部门分析认为，这种蝗虫系当地土蝗，3月份出土时已4～5龄，主要集中在山区、梯田，吞食地瓜、花生苗和果树叶。

5月29日，蒙阴、苍山两县部分乡镇发生蝗灾。蒙阴县有20多个行政村发生大面积蝗灾，受灾面积600多公顷，主要是地瓜、高粱、黄烟等秋季作物。受灾严重地块蝗虫密度每平方米40多头，作物茎叶全被吃光。苍山县的蝗灾主要集中于下村乡，受灾面积595公顷，有300多公顷受灾严重，蝗虫发生密度为每平方米15～20头。

1996年 6月下旬，苍山县磨山、贾庄、长城、车辋、芦柞、神山、卞庄等乡镇的23447公顷农田发生蝗虫、天蛾等病虫灾害。

1998年 德州庆云县由于持续的高温少雨，6月下旬，蝗灾发生严重。庆云县的11个乡镇均出现不同程度的蝗灾，其中中丁、大靳、严务、崔口等乡镇受灾较为严重。据统计，全县45万亩农田全部有蝗虫发生，平均每平方米有蝗虫10～15头，大洼地块达60头以上，发生较轻的每平方米有蝗虫30多头。重灾发生面积25万亩，每平方米有蝗虫100头以上。玉米、大豆被害株率20%～30%，严重地块达70%以上。有2.5万亩大豆因蝗虫危害而绝产。全县蝗虫成灾面积12.6万亩，绝收面积2250亩。直接经济损失达6300万元。县委、县政府对灾情非常重视，成立灭蝗领导小组，针对全县灾情，提出防治方案，集中人力、物力开展灭蝗工作。灾情发生后，动用灭蝗机具2.7万台，使用农药60吨。

进入6月份，夏津蝗灾大面积发生，其严重程度是自20世纪60年代以来所没有的。据县农业局植保站调查，全县19乡镇6670公顷作物不同程度受灾，成灾面积3340公顷，绝收面积135公顷。其中受灾严重的有白马湖、郑保屯、新盛店、雷集4乡镇，特殊环境每平方米50头以上，严重的100头以上，大田每平方米一般6～10头，靠近特殊环境的20～30头，部分受灾严重的大田作物已导致返种。直接经济损失达2500万元。县委、县政府对治蝗灭蝗工作非常重视，召开了全县统一灭蝗紧急动员大会，筹集资金10万元用于统一灭蝗。6月29日全县统一行动，组织3万人上阵，对全县适宜蝗虫生长的特殊环境和达到防治指标的大田进行了集中防治。

1999年 6月上旬，济南长清县平安、崮山、归德、孝里4个镇，发生了面积达1万公顷的蝗灾，其中造成严重灾害的达2670公顷，部分地块的玉米幼苗被蚕食殆尽，有些地块的蝗虫密度达 200 头/平方丈（1 平方丈 = 100/9 平方米），超过防治标准 100 倍。发生原因：一是冬季气温偏高，雨雪少，有利于蝗卵越冬；二是 5 月份降水多，农田土壤湿度大，有利蝗卵的羽化；三是麦收后空气流畅，表墒蒸发快，气温适宜，有利于蝗蝻的生长发育。

2000 年　6 月 5～10 日，滨州市组织 95 人组成的查蝗员专业队伍，对全区 28 个蝗区逐一进行拉网普查。无棣县普查 17 个蝗区，其中 11 个蝗区发生飞蝗，沾化县普查 11 个蝗区，其中有 9 个蝗区发生飞蝗。全市蝗区有 6.3 万公顷，其中现已涉蝗区有 20 个、4.3 万公顷，飞蝗密度达到或超过防治指标的有 2.83 万公顷。发生面积之大、密度之高，为近 20 年较严重年份之一。全市 20 个蝗区主要分布在无棣、沾化两县沿海地区的芦苇、夹荒（荒地开发）等地，其中两县夹荒地受灾的有 6700 公顷左右，危害到春、夏苗的生长，灾情已成定局。

东营夏蝗发生面积 104532 公顷，夏蝗发生的特点一是蝗蝻出土晚，很不整齐，且发育进度较慢；二是面积大，平均密度较常年高 2～3 倍，且分布均匀；三是农田夹荒地、低洼地重于草荒地。黄河三角洲历来是蝗灾重发区，现仍有蝗区面积 27.5 万公顷，占全国四分之一、全省二分之一。

济宁蝗情主要发生在微山湖周边地区，受灾较重的是微山县、任城区、鱼台县等 3 个县区，蝗灾发生面积 6.67 万公顷。对于这次蝗灾，各级党委、政府非常重视，及时组织人力、物力和财力予以防治，市财政拿出专款 10 万元、省拨农药 100 多吨用于防虫减灾。菏泽：据区农业部门植保站提供的资料，全区主要有 18 个蝗区，总面积 5.34 万公顷，主要分布在东明、菏泽、鄄城、郓城 4 县市的沿黄滩区，滩区蝗区面积 4.6 万公顷，占全区整个蝗区面积的 86%。夏蝗发生面积达 2.51 万公顷。

泰安市蝗情主要集中在东平县东平湖区，夏蝗发生面积 4300 公顷。

2000 年是山东近 30 年来蝗情发生面积最大的一年。全省蝗区分布于 8 个市地、31 个县区、193 个乡镇，此次蝗情主要发生在东营、滨州、济宁、菏泽、泰安 5 个地市。全省夏蝗发生面积 28.6 万公顷，比去年多 6.7 万公顷。蝗区主要集中在黄河滩区、渤海湾周围以及东平湖、南四湖等内陆湖区。从 6 月 5 日起，全省地面防治工作全面展开。

附录一　宋、元、明、清时期县名与现今地名对照表

宋代	元代	明代	清代	现今地名
齐州历城	济南路历城	济南府历城	济南府历城	济南市
历城	历城	历城	历城	济南市历城区
临淄	临淄	临淄	临淄	淄博市临淄区
淄州淄川	淄川	淄川	淄川	淄博市淄川区
			博山	淄博市博山区
承县	峄州	峄县	峄县	枣庄市峄城区
将陵	陵州	德州	德州	德州市
	宁津	宁津	宁津	宁津
	齐东	齐东	齐东	邹平、高青
德州安德	德州安德	陵县	陵县	陵县
德平	德平	德平	德平	临邑、陵县
乐陵	乐陵	乐陵	乐陵	乐陵
		庆云	庆云	庆云
商河	商河	商河	商河	商河
临邑	临邑	临邑	临邑	临邑
	济阳	济阳	济阳	济阳
禹城	齐河禹城	齐河禹城	齐河禹城	齐河、禹城
平原	平原	平原	平原	平原
滨州渤海	滨州渤海	滨州	滨州	滨州
	蒲台	蒲台	蒲台	滨州、博兴
招安	沾化	沾化	沾化	沾化
	利津	利津	利津	利津
千乘	乐安	乐安	乐安	广饶
博兴	博兴州	博兴	博兴	博兴
高苑	高苑	高苑	高苑	高青县高城镇
	青城	青城	青城	高青
	新城	新城	新城	桓台
长山	长山	长山	长山	属邹平、淄博
邹平	邹平	邹平	邹平	邹平
棣州厌次	棣州厌次	武定州	武定府惠民	惠民
阳信	阳信	阳信	阳信	阳信
无棣	无棣	海丰	海丰	无棣
潍州北海	潍州北海	潍县	潍县	潍坊市寒亭区
昌邑	昌邑	昌邑	昌邑	昌邑
胶水	胶水	平度州	平度州	平度
高密	高密	高密	高密	高密

续表

宋代	元代	明代	清代	现今地名
胶西	胶州胶西	胶州	胶州	胶州
夏津	夏津	夏津	夏津	夏津
武城	武城	武城	武城	武城
昌乐		昌乐	昌乐	昌乐
临朐	临朐	临朐	临朐	临朐
青州益都	益都路益都	青州府益都	青州府益都	青州
寿光	寿光	寿光	寿光	寿光
		威海卫	威海	威海
牟平	宁海州、牟平	宁海州	宁海州	牟平
		成山卫	荣成	荣成
文登	文登	文登	文登	文登
即墨	即墨	即墨	即墨	即墨
莱阳	莱阳	莱阳	莱阳	莱阳
	栖霞	栖霞	栖霞	栖霞
	招远	招远	招远	招远
莱州掖县	莱州掖县	莱州府掖县	莱州府掖县	莱州
黄县	黄县	黄县	黄县	龙口
登州蓬莱	登州蓬莱	登州府蓬莱	登州府蓬莱	蓬莱
两水镇	福山	福山	福山	福山
沂州临沂	沂州临沂	沂州	沂州府兰山	临沂市
沂水	沂水	沂水	沂水	沂水
莒县	莒州莒县	莒州	莒州	莒县
	日照	日照	日照	日照
		郯城	郯城	郯城
	卞庄	卞庄	卞庄	苍山
费县	费县	费县	费县	费县
	蒙阴	蒙阴	蒙阴	蒙阴
奉符	泰安州奉符	泰安州	泰安	泰安
密州诸城	密州诸城	诸城	诸城	诸城
安丘	安丘	安丘	安丘	安丘
章丘	章丘	章丘	章丘	章丘
莱芜	莱芜	莱芜	莱芜	莱芜
新泰	新泰	新泰	新泰	新泰
龚县	宁阳	宁阳	宁阳	宁阳
	肥城	肥城	肥城	肥城
郓州须城	东平路须城	东平州	东平州	东平
平阴	平阴	平阴	平阴	平阴
长清	长清	长清	长清	长清
任城	济州任城	济宁州	济宁州	济宁市
中都	汶上	汶上	汶上	汶上

续表

宋代	元代	明代	清代	现今地名
兖州瑕县	兖州滋阳	兖州府滋阳	兖州府滋阳	兖州
曲阜	曲阜	曲阜	曲阜	曲阜
泗水	泗水	泗水	泗水	泗水
邹县	邹县	邹县	邹县	邹城
滕县	滕州滕县	滕县	滕县	滕州
鱼台	鱼台	鱼台	鱼台	鱼台
金乡	金乡	金乡	金乡	金乡
	嘉祥	嘉祥	嘉祥	嘉祥
兴仁府济阳				今属曹县
乘氏	曹州济阴	曹州	曹州府菏泽	菏泽
濮州鄄城	濮州鄄城			鄄城
		濮州	濮州	河南范县濮城
临濮				位鄄城西南
雷泽				位鄄城东南
郓城	郓城	郓城	郓城	郓城
寿张	寿张	寿张	寿张	属范县（河南）、阳谷
济州巨野	巨野	巨野	巨野	巨野
成武	成武	成武	成武	成武
单州单父	单州单父	单县	单县	单县
定陶	定陶	定陶	定陶	定陶
楚丘	楚丘	曹县	曹县	曹县
南华	南华	东明	东明	今属菏泽市
冤句	宛亭			东明县东明集镇
博州聊城	聊城	聊城	聊城	聊城
临清	临清	临清州	临清州	临清
堂邑	堂邑	堂邑	堂邑	属聊城
高唐	高唐	高唐州	高唐州	高唐
博平	博平	博平	博平	属茌平
	茌平	茌平	茌平	茌平
东阿	东阿	东阿	东阿	东阿
阳谷	阳谷	阳谷	阳谷	阳谷
朝城	朝城	朝城	朝城	今属莘县
莘县	莘县	莘县	莘县	莘县
冠氏	冠州	冠县	冠县	冠县
观城	观城	观城	观城	属莘县
清平	清平	清平	清平	属高唐、临清
	馆陶	馆陶	馆陶	（河北）馆陶
	恩州	恩县	恩县	属平原、夏津
	范县	范县	范县	（河南）范县

附录二　宋、元、明、清时期（山东省）路府州县一览表

宋代：京东路（熙宁七年分东西两路）、河北路（熙宁六年分东西两路）

路		府州	县名	备注
京东东路	府一、州七、军一、县三十八	济南府（齐州）	历城、禹城、章丘、长清、临邑	
		青州	益都、寿光、临朐、博兴、千乘、临淄	
		密州	诸城、安丘、莒县、高密、胶西	
		沂州	临沂、承县、沂水、费县、新泰	
		登州	蓬莱、文登、黄县、牟平	
		莱州	掖县、莱阳、胶水、即墨	
		潍州	北海、昌邑、昌乐	
		淄州	淄川、长山、邹平、高苑	
		淮阳军	下邳、宿迁	属江苏
京东西路	府四、州五、军一、县四十三	应天府	宁陵、宋城、毂熟、下邑、虞城、楚丘	宁陵、宋城、毂熟、下邑、虞城属河南
		袭天府（兖州）	瑕县、奉符、泗水、龚县、仙源、莱芜、邹县	
		兴仁府（曹州）	济阴、宛亭、乘氏、南华	
		东平府（郓州）	须城、阳谷、中都、寿张、东阿、平阴	
		徐州	彭城、沛县、肖县、滕县、丰县	彭城、沛、肖、丰属江苏
		济州	巨野、任城、金乡、郓城	
		单州	单父、砀山、成武、鱼台	砀山属安徽
		濮州	鄄城、雷泽、临濮、范县	范县属河南
		拱州	襄邑、柘城	襄邑、柘城属河南
		广济军	定陶	
河北东路	府四、州十、军五、县五十七	大名府	元城、莘县、大名、内黄、成安、魏县、馆陶、临清、夏津、清平、冠氏、宗城	元城、大名、成安、魏、宗城属河北；内黄属河南
		开德府	濮阳、观城、临河、清丰、卫南、朝城、南乐	濮阳、临河、清丰、卫南、南乐属河南
		德清军		属河北
		沧州	清池、无棣、盐山、乐陵、南皮	清池、盐山、南皮属河北
		保顺军		属河北
		冀州府	信都、莜县、南宫、枣强、武邑、衡水	均属河北
		河间府	河间、乐寿、束城	均属河北
		博州	聊城、高唐、堂邑、博平	
		棣州	厌次、商河、阳信	
		莫州	任丘	均属河北
		雄州	归信、容城	均属河北
		霸州	文安、大城	均属河北
		德州	安德、平原	
		滨州	渤海、招安	
		恩州	清河、武城、历亭	清河属河北
		永静军	东光、将陵、阜城	东光、阜城属河北
		清州	乾宁	均属河北
		信安军		属河北
		保定军		属河北

注：宣和七年，废保定军为保定县，隶莫州

元代：中书省南部（世祖至元二十七年立中书省）

<table>
<tr><th colspan="3">路府州名称</th><th>县　名</th><th>备　注</th></tr>
<tr><td rowspan="2">大名路</td><td colspan="3">领司一、县五、州三、州领六县、
录事司、元城、大名、南乐、魏县、清河</td><td rowspan="2">五县均属河北；
长垣、清丰、白马、
内黄、浚州属河南</td></tr>
<tr><td colspan="2">开州
滑州
浚州</td><td>濮阳、东明、长垣、清丰
白马、内黄</td></tr>
<tr><td rowspan="2">河间路</td><td colspan="3">领司一、县六、州六、州领十八县
录事司、河间、隶宁、齐东、宁津、临邑、青城</td><td rowspan="2">河间、肃宁、清池、南皮、
盐山属河北；景州、清州、
献州、莫州及其属县均属河北</td></tr>
<tr><td colspan="2">沧州
景州
清州
献州
莫州
陵州</td><td>清池、乐陵、南皮、无棣、盐山
莜县、故城、阜城、东光、添桥
会州、靖海、兴济
乐寿、交河
莫亭、任丘
将陵</td></tr>
<tr><td rowspan="5">山东东西道隶政廉访司</td><td rowspan="2">济南路</td><td colspan="2">领司一、县四、州二、州领七县
录事司、历城、章丘、邹平、济阳</td><td></td></tr>
<tr><td>棣州
滨州</td><td>厌次、商河、阳信、无棣
渤海、利津、沾化</td><td></td></tr>
<tr><td rowspan="2">般阳路</td><td colspan="2">领司一、县四、州二、州领八县
录事司、淄川、长山、新城、蒲台</td><td></td></tr>
<tr><td>莱州
登州</td><td>掖县、胶水、招远、莱阳
蓬莱、黄县、福山、栖霞</td><td></td></tr>
<tr><td>宁海洲</td><td colspan="2">牟平、文登</td><td></td></tr>
<tr><td>东平路</td><td colspan="3">领司一、县六
录事司、须城、东阿、阳谷、汶上、寿张、平阴</td><td></td></tr>
<tr><td>东昌路</td><td colspan="3">领司一、县六
录事司、聊城、堂邑、莘县、博平、茌平、丘县</td><td></td></tr>
<tr><td rowspan="2">济宁路</td><td colspan="3">领司一、县七、州三、州领九县
录事司、巨野、郓城、肥城、金乡、砀山、虞城、丰县</td><td rowspan="2">砀山属安徽
虞城属河南
丰县、沛县属江苏</td></tr>
<tr><td colspan="2">济州
兖州
单州</td><td>任城、鱼台、沛县
滋阳、曲阜、泗水、宁阳
单父、嘉祥</td></tr>
<tr><td colspan="3">曹　州
濮　州
高唐州
泰安州
德　州
恩　州
冠　州</td><td>济阴、成武、定陶、禹城、楚丘
鄄城、朝城、馆陶、临清、观城、范县
高唐、夏津、武城
奉符、长清、莱芜、新泰
安德、平原、齐河、清平、德平</td><td></td></tr>
<tr><td rowspan="2">山东东西道宣慰司</td><td rowspan="2">益都路</td><td colspan="2">领司一、县六、州八、州领十五县
录事司、益都、临淄、临朐、高苑、乐安、寿光</td><td rowspan="2"></td></tr>
<tr><td>潍州
胶州
密州
莒州
沂州
滕州
峄州
博兴州</td><td>北海、昌邑
胶西、即墨、高密
诸城、安丘
莒县、沂水、日照、蒙阴
临沂、费县
滕县、邹县</td></tr>
</table>

附录二　宋、元、明、清时期（山东省）路府州县一览表

明代：山东南部（洪武九年为承宣布政使司，领府六、属州十五、县八十九）

府、州名称	县　　名
济南府 （领州四、县二十六） 泰安州 德州 武定州 滨州	历城、章丘、邹平、淄川、长山、新城、齐河、齐东、济阳、 禹城、临邑、长清、肥城、青城、陵县 新泰、莱芜 德平、平原 阳信、海丰、乐陵、商河 利津、沾化、蒲台
东昌府 （领州三、县十五） 临清州 高唐州 濮州	聊城、堂邑、博平、茌平、莘县、清平、冠县 丘县、馆陶 恩县、夏津、武城 范县、观城、朝城
青州府 （领州一、县十三） 莒州	益都、临淄、博兴、高苑、乐安、寿光、昌乐、临朐、安丘、 诸城、蒙阴沂水、日照
兖州府 （领州四、县二十三） 济宁州 东平州 曹州 沂州	滋阳、曲阜、宁阳、邹县、泗水、滕县、峄县、金乡、鱼台、 单具、城武、嘉祥、巨野、郓城 汶上、东阿、平阴、阳谷、寿张 曹县、定陶 郯城、费县
莱州府 （领州二、县五） 平度州 胶州	掖县 潍县、昌邑 高密、即墨
登州府 （领州一、县七） 宁海州	蓬莱、黄县、福山、栖霞、招远、莱阳、文登

清代：山东（领府十、州三、散州八、县九十六）

府、州名称	县　　名
济南府 （领州一、县十五） 德州	历城、章丘、邹平、淄川、长山、新城、齐河、齐东、济阳、禹城、 临邑、长清、陵县、德平、平原
东昌府 （领州一、县九） 高唐州	聊城、堂邑、博平、茌平、清平、莘县、冠县、馆陶 恩县
兖州府 （领县十）	滋阳、曲阜、宁阳、邹县、泗水、滕县、峄县、汶上、阳谷、寿张

续表

府、州名称	县　名
沂州府 （领州一、县六） 莒州	兰山、郯城、费县 沂水、蒙阴、日照
曹州府 （领州一、县十） 濮州	菏泽、单县、巨野、郓城、城武、曹县、定陶 范县、观城、朝城
济宁直隶州 （领县三）	金乡、嘉祥、鱼台
泰安府 （领州一、县六） 东平州	泰安、肥城、新泰、莱芜 东阿、平阴
武定府 （领州一、县九） 滨州	惠民、青城、阳信、海丰、乐陵、商河 利津、沾化、蒲台
临清直隶州 （领县三）	武城、夏津、丘县
登州府 （领州一、县九） 宁海州	蓬莱、黄县、福山、栖霞、招远、莱阳 文登、荣成、海阳
莱州府 （领州一、县三） 平度州	掖县 潍县、昌邑
青州府 （领县十一）	益都、博山、临淄、博兴、高苑、乐安、寿光、 临朐、安丘、昌乐、诸城
胶州直隶州 （领县二）	高密、即墨

参考文献

[1] 王建国，山东气候，气象出版社，2005.
[2] 魏光兴等，山东省自然灾害史，地震出版社，2000.
[3] 山东省地方史志编纂委员会，山东省志·气象志，山东人民出版社，1994.
[4] 中央气象局研究所等，华北、东北近五百年旱涝史料，1975.
[5] 高秉伦等，山东省主要自然灾害及减灾对策，地震出版社，1994.
[6] 王彦善等，十年灾情与救灾，黄河出版社，2000.
[7] 山东省灾害防御协会，防灾减灾与增加农民收入，2001.
[8] 中国气象局预测减灾司等，气象服务应用手册，2000.
[9] 山东省水利厅水旱灾害编委会，山东水旱灾害，黄河水利出版社，1996.
[10] 中国气象局编，台风年鉴，气象出版社，1949—1989 .
[11] 陈宗庸主编，山东省海洋志，海洋出版社，1993.
[12] 杨武圣等，小麦干热风，气象出版社，1988.
[13] 杨华庭等，中国海洋灾害 40 年资料汇编（1949－1990），海洋出版社，1993.
[14] 陆人骥，中国历代灾害性海潮史料，海洋出版社，1984.
[15] 赵传集，山东自然灾害防御，青岛出版社，1992.
[16] 山东省植物保护总站，山东省历代蝗虫发生危害实录（公元前 707—公元 1949），1990.
[17] 曹钢锋等，山东天气分析与预报，气象出版社，1988.
[18] 山东省民政厅，新灾情况，1950—2000.
[19] 赵传集，山东历代自然灾害志，1980.
[20] 蔡克明，山东省自然灾异史料，1994.
[21] 山东省地方史志编纂委员会，山东省志·水利志，山东人民出版社，1993.
[22] 山东省民政厅，山东省民政厅灾情调查报告，1950—2000.
[23] 青岛年鉴编辑部，青岛年鉴，1994—2000.
[24] 青岛市档案馆，青岛大事记史料，青岛市出版局，1997.
[25] 临沂地区气象局，临沂地区气象志，1992.
[26] 青岛史志办公室，青岛市志·自然地理志/气象志，新华出版社，1997.
[27] 青岛市水利志编委会，青岛市水利志，青岛出版社，1996.
[28] 临沂市地方史志编纂委员会，临沂地区志，中华书局，2001.
[29] 烟台市农业局，烟台农业志，山东省出版总社烟台分社，1988.
[30] 姜立才等，山东省自然灾害区划图集，气象出版社，1996.

后　记

《中国气象灾害大典·山东卷》是中国气象局于2001年7月份下达的编纂任务。山东省气象局领导非常重视，及时组成了编纂委员会，具体领导、指导编写小组的工作。经过4年的资料收集、整理、文字编写，经编纂委员会4次审查、修改，现已完成。

《中国气象灾害大典·山东卷》共分20个部分，16个灾种，共65万余字。选用资料上限为公元前841年（周·共和元年），下限至2000年，历史跨度2840余年。共查阅有关文献、方志、报刊、专著、档案约160余部，收集灾情照片27幅及灾害记录5800余条。

气象灾害资料收集整理，过去有人做过大量的工作，如《华北、东北近五百年旱涝史料·山东省》、《山东历代自然灾害志》等，而把古代、近代、现代2840多年时间跨度的多种灾害资料汇聚到一起整编出版，在历史上还是首次。

《中国气象灾害大典·山东卷》的编辑出版，必定为防灾、减灾，进行灾害学科研提供大量详实的基础资料，为建立灾害数据库、实施灾害应急救援决策打下坚实的基础。

在本书的编写过程中，得到了山东省各市县气象局的大力支持和帮助，在此表示感谢。

本书虽经多次修改，但因历史跨度大，内容涉及面广，加之编撰人员水平有限，不足之处在所难免，望广大读者批评指正。

《中国气象灾害大典·山东卷》
编写组
2005年7月